# Nachrichtenübertragung

## Grundlagen und Technik

Unter Mitarbeit zahlreicher Fachleute

herausgegeben von

**Dr.-Ing. E. Hölzler**
Mitglied des Vorstandes
der Siemens AG

**Dr.-Ing. D. Thierbach†**
Ehem. Abteilungsdirektor
der Siemens & Halske AG

Mit 417 Abbildungen

## Springer-Verlag

Berlin/Heidelberg/NewYork

1966

ISBN 978-3-642-49106-1     ISBN 978-3-642-87577-9 (eBook)
DOI 10.1007/978-3-642-87577-9



Titelnummer 1325

# Vorwort

Im Geiste der Zusammenarbeit, der ein Gemeinschaftswerk vieler
Verfasser entstehen ließ, hätten diese Zeilen das Signum der beiden
Herausgeber tragen sollen. Unerwartet mitten im Wirken an diesem
Buch hat der Tod dem einen von uns die Arbeit aus der Hand genommen.
DIETWALD THIERBACH hat die Hauptlast bei der Planung des Buches
getragen, in vielen Gesprächen die einzelnen Teile geformt, die Arbeiten
in Gang gesetzt und koordiniert. Alle Mitarbeiter danken ihm dafür und
trauern darum, daß er das Erscheinen dieses Buches, dessen Titel seine
Lebensarbeit umreißt, nicht erleben durfte. So müssen die einführenden
Worte ohne ihn geschrieben werden.

Angeregt durch einen Hinweis meines verehrten Lehrers K. KÜPF-
MÜLLER wünschte sich der Springer-Verlag von uns eine geschlossene
Darstellung der Nachrichtenübertragung, ihrer Grundlagen und ihrer
Technik. Der Zeitpunkt für ein solches Vorhaben schien in der Tat
günstig. Nach einer raschen, zeitweilig stürmischen Entwicklung in den
vergangenen fünfzig Jahren hat diese Technik durch den Zusammenschluß des Weltnachrichtennetzes mit Tiefseekabeln und Satellitenverbindungen einen Stand erreicht, der eine geschlossene Schilderung
als reizvoll und nützlich erscheinen läßt.

Zwar gibt es ohne Zweifel eine Reihe von wertvollen Publikationen
über die Grundlagen wie auch über Teilgebiete dieses Themas. Ferner
waren es gerade Erkenntnisse auf dem Gebiet der Übertragung elektrischer Signale, die der Nachrichtentechnik ihr wissenschaftliches
Gepräge gegeben haben, so daß die Lehre davon heute an Hoch- und
Ingenieurschulen breit vertreten ist. Die meisten neueren Erkenntnisse
und Fortschritte finden sich jedoch in einzelnen Artikeln der Fach-
zeitschriften, was bei der Fülle des in vielen Sprachen gebotenen Stoffes
die Auswahl des Wesentlichen und die Übersicht sehr schwer macht.
So wurde dieses Buch beschlossen.

Nach Durchsicht, Besprechung und Aufbau des Stoffes kamen wir
auf 29 Verfasser aus dem Zentral-Laboratorium für Nachrichtentechnik
der Siemens AG. Die Beteiligung so vieler Fachleute soll Gewähr
dafür bieten, daß die einzelnen Spezialgebiete authentisch vertreten
sind. Der Gefahr, daß das Gesamtbild dadurch leiden könnte, haben
wir versucht durch die koordinierende Arbeit von drei Redakteuren
vorzubeugen.

Das Buch gliedert sich in zwei Teile, A und B. Im Teil A sind Grundlagen zusammengefaßt, die dem Leser leicht bei der Hand sein sollen. Hier findet man einiges aus der Systemtheorie, über Modulation, ferner über die Übertragungsmittel Freileitungen, Kabel, Hohlleiter, Hohlkabel. Es folgt das Wichtigste über die Ausbreitung elektromagnetischer Wellen im Raum und über Richtfunkantennen. Teil A schließt mit einem Abschnitt über Planungsfragen, die alle Übertragungssysteme betreffen, sowie über Nachrichtennetze. Es schien uns besonders wichtig, eine solche „Grundphilosophie" zusammenzustellen.

Im Teil B werden Aufbau und Funktion der verschiedenen Übertragungssysteme und -geräte behandelt, beginnend mit der Niederfrequenz-Fernsprechtechnik und mit der Telegraphie- und Datenübertragung. Die nächsten Kapitel handeln von den Endgeräten der Trägerfrequenz- und Pulstechnik. Es folgen die Kabel- und Richtfunklinien. Besondere Kapitel sind für die Kurzwellenverbindungen und für den Verkehrsfunk vorgesehen. Den Schluß bildet ein Kapitel über Satellitenverbindungen.

Bei der Beschränkung des Stoffes auf die reine elektrische Übertragung haben wir die Signalquellen, wie Mikrophone, Telephone, Fernschreiber, nicht aufgenommen, entsprechend auch nicht die Studios, Sender und Empfänger für den Ton- und Fernsehrundfunk. Die Übertragung der Programme zwischen den Studios und den Sendern auf dafür geschaffenen Übertragungssystemen wird selbstverständlich behandelt. Worauf es uns ankam: Das Schicksal der Sprach- und Vermittlungssignale, der Telegraphie-, Ton- und Fernsehrundfunksignale auf dem Wege von der Quelle bis zum Ende der Übertragungsstrecke zu verfolgen und die technischen Lösungen zu schildern, mit denen die notwendigen, vom großen Netz her gestellten Forderungen erfüllt werden. Bei dieser grundsätzlichen Betrachtungsart, die auch der Gerätebeschreibung zugrunde liegt, glaubten wir auf eine besondere Darstellung von Privatnetzen mit ihren Spezialbedingungen, auf Besonderheiten der Übertragung von Meßwerten und Radarsignalen verzichten zu dürfen.

Die verwendeten Formeln sind Größengleichungen; komplexe Größen sind, wie es mehr und mehr üblich wird, im Druck im allgemeinen nicht besonders gekennzeichnet, Vektoren jedoch halbfett kursiv gesetzt. Abbildungen und Gleichungen wurden kapitelweise durchnumeriert, ebenso die Schrifttumshinweise.

Das Buch hat seinen Platz zwischen einführenden Lehrbüchern, meist von einem Verfasser geschrieben, und von Handbüchern, wo Fachgebiete nebeneinanderstehen und auf Zusammenhang weniger Wert gelegt wird. Neben den Studierenden und Ingenieuren, die sich ausschließlich oder teilweise mit der Nachrichtenübertragung befassen, werden, so hoffen wir, auch Professoren und Dozenten zu den Lesern gehören.

Mein Dank gebührt zunächst den Verfassern, die neben ihrer eigentlichen Aufgabe noch gern die Mühe der gegenseitigen Abstimmung übernommen haben. Wo technische Ausführungen geschildert werden, waren sie bestrebt, den allgemeinen Stand wiederzugeben. Neben Geräten und Systemen des Hauses Siemens, die uns naturgemäß naheliegen, haben sie daher oft auch andere Formen beschrieben.

Ich danke weiter den Redakteuren für ihre koordinierende Arbeit, F. BATH für den Teil A (Grundlagen), W. v. WERTHER für die Kapitel B 1 bis B 5 (Drahtnachrichtentechnik) und H. WERRMANN für die Kapitel B 6 bis B 9 (Funktechnik). F. BATH hat insbesondere nach dem Tode von D. THIERBACH die gesamte Redaktion wahrgenommen. Andere derartige Arbeiten, deren es vielerlei gab, sowie die Verbindung zum Verlag besorgte H. KNAPP.

Schließlich danke ich dem Verlag Springer für das geduldige Verständnis, das er gegenüber der vielfältigen Partnerschaft auf unserer Seite gezeigt hat, für die reibungslose Abwicklung der Druckarbeiten und für die traditionsgemäß gute Ausstattung des Buches.

München, im Sommer 1966 **Erwin Hölzler**

# Verzeichnis der Mitarbeiter

*Redakteure*

BATH, Fritz, Dr. phil.

KNAPP, Herbert, Dr.-Ing.

WERRMANN, Hellmut, Dr.-Ing.

WERTHER, Walter von, Dr. phil.

*Autoren*

ALSLEBEN, Erich, Dr.-Ing.

ARENS, Walter, Dipl.-Ing.

BARTHEL, Kurt, Ober-Ing.

BATH, Fritz, Dr. phil.

BENDEL, Hermann, Ober-Ing.

BRANDT, Rudolf von, Dipl.-Ing.

BUCHTA, Karl, Dipl.-Ing.

CHRISTIANSEN, Hans Martin,
Dipl.-Ing.

EBERL, Walter, Dr.-Ing.

FREYTAG, Hansheinrich,
Dipl.-Ing.

GUTTENBERG, Wolfgang von,
Dr. phil.

HORMUTH, Wilhelm, Dipl.-Ing.

JAUMANN, Andreas, Dr.-Ing.

KERSTEN, Rudolf, Dr.-Ing.

KIENLIN, Ulrich von, Dipl.-Ing.

KNAPP, Herbert, Dr.-Ing.

KOPP, Hans, Dipl.-Ing.

KÜNEMUND, Friedrich, Dipl.-Ing.

LARSEN, Herbert, Dr. phil.

LEYPOLD, Dieter, Dipl.-Ing.

NOACK, Hermann, Dipl.-Phys.

PILZ, Gerhard, Dr.-Ing.

SCHAU, Harald von, Dipl.-Ing.

SEIBT, Eduard, Dipl.-Ing.

SIMON, Adolf, Dipl.-Ing.

STÖHR, Walter, Dipl.-Ing.

TRENTINI, Giswalt von,
Dipl.-Phys.

VOSS, Hans Heinrich, Dr. rer. nat.

ZUHRT, Harry, Dr.-Ing.

Zu Beginn der Arbeiten gehörten alle Herren dem Zentral-Laboratorium für Nachrichtentechnik der Siemens AG. an.

In andere Siemens-Werke übergetreten sind:

W. EBERL:     jetzt Kabelwerk und

H. v. SCHAU:  jetzt Wernerwerk für Weitverkehrs- und Kabeltechnik

# Inhaltsverzeichnis

## B. Übertragungssysteme

# Einleitung

## Von F. Bath

Der Nachrichtenübertragungstechnik kommt heute eine große wirtschaftliche Bedeutung zu, sowohl als Instrument der Wirtschaft, die sich des Fernsprechers und des Fernschreibers bedient, als auch als Gegenstand der Wirtschaft selbst, mit dessen Herstellung sich eine ansehnliche Industrie beschäftigt. Deshalb sollen der Einführung in dieses Buch einige wirtschaftliche Betrachtungen vorangestellt werden.

Es gibt heute mehr als 180 Millionen Fernsprecher in der Welt, die sich auf die Erdteile verteilen, wie in Tab. 1 aufgeführt.

In etwa 10 bis 12 Jahren wird es doppelt so viele Fernsprecher geben, wobei das Wachstum naturgemäß in den Entwicklungsländern am stärksten ist, in Asien z. Z. 13%, im Weltmittel 6,5% jährlich. Da die Bevölkerung nicht annähernd so stark wächst, nimmt die Fernsprech*dichte*, das ist die Anzahl der Fernsprecher je 100 Einwohner, ebenfalls stark zu. Abb. 1 zeigt dieses Wachstum für einige Länder. Es fällt besonders auf, daß eine *Sättigung*, auch in den Ländern mit der höchsten Fernsprechdichte, noch nicht zu erkennen ist.

Tabelle 1

*Verteilung der Fernsprecher in der Welt*

| | |
|---|---|
| Nordamerika . . . . . . . | 52,4% |
| Europa . . . . . . . . . . | 31,4% |
| Asien . . . . . . . . . . | 9,6% |
| Mittel- und Südamerika . . . | 3,1% |
| Ozeanien . . . . . . . . . | 2,1% |
| Afrika . . . . . . . . . . | 1,4% |
| | 100,0% |

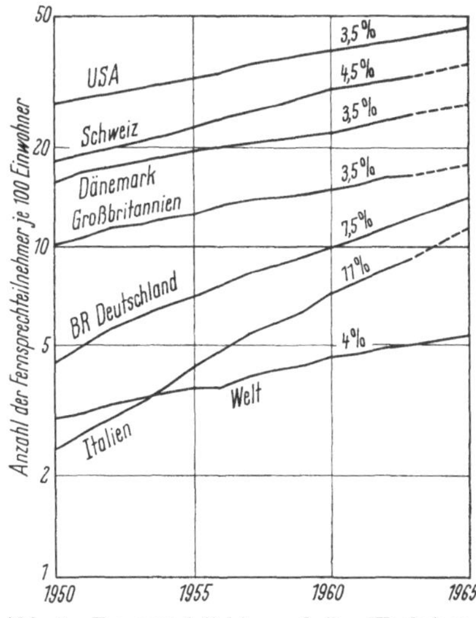



Abb. 1. Fernsprechdichte und ihr Wachstum in % pro Jahr

Ein weltumspannendes Nachrichtennetz schafft jedem Fernsprechteilnehmer die Möglichkeit, mit jedem anderen in Verbindung zu treten.

Es ist bemerkenswert, daß dieses Netz, gemessen in Sprechkreiskilometern, z. Z. noch stärker wächst als die Teilnehmerzahl. Man kann deshalb mit einer Verdopplung in *weniger* als 10 Jahren rechnen.

Von großem Interesse ist nun die Frage, von welcher Art die zu erwartenden großen Neuanschaffungen und Erweiterungen sein werden. Einen Anhalt dafür gibt die Zusammensetzung des Vorhandenen (s. Tab. 2).

Tabelle 2. *Verteilung der Kosten des Nachrichtennetzes in der Bundesrepublik Deutschland*

| Kabel und Verlegung | 55% |
|---|---|
| Übertragungseinrichtungen | 15% |
| Vermittlungseinrichtungen | 30% |
| | 100% |

Im Jahre 1965 gab es in der Bundesrepublik Deutschland über 8 Millionen Fernsprechteilnehmer. Auf einen Teilnehmer bezogen kostet das Nachrichtennetz etwa 1700,— DM (100% in Tab. 2). Für die Welt werden diese Zahlen nicht sehr viel anders sein. Ein großer Teil dieses Betrages entfällt auf Kabel und hiervon liegt wieder der größte Teil im Ortsnetz. Der große Anteil der Ortsnetzkosten erklärt sich daraus, daß ja jedem Teilnehmer eine eigene Leitung bis zum Amt zur Verfügung gestellt werden muß. Ein wichtiger Abschnitt dieses Buches ist deshalb den Kabeln gewidmet.

Nachrichtenübertragung ist stets zugleich auch Energieübertragung. Ein wesentlicher Unterschied zur Starkstromübertragung besteht darin, daß bei der Nachrichtenübertragung der größte Teil der Energie in den Leitungen verbraucht werden darf. Wegen der hohen Kosten der Teilnehmeranschlußleitung läßt man hier einen verhältnismäßig großen Verlust zu. Die Tendenz zu immer dünneren Leitungen im Ortsnetz ist deshalb ein Kennzeichen der Entwicklung. Man kann auch mehr Leitungen in einem Kabel unterbringen und damit die anteiligen Kosten je Leitung am Mantel und an der Verlegung verringern. Das andere Kennzeichen der modernen Kabelentwicklung ist der allmähliche Ersatz der Papierisolierung durch Kunststoffe. Diese sind weniger gegen Feuchtigkeit empfindlich, bieten bei der Kabelmontage Erleichterungen und lassen eine rationellere Fertigung zu.

Man hat oft versucht, den hohen Aufwand für die Leitungen in den Netzausläufern durch Trägerfrequenz-Mehrfachausnutzung der Kabelleitungen zu verringern. Bisher konnte aber die unverstärkte Kupferleitung bei kurzen Entfernungen unter etwa 15 km nicht unterboten werden. In der Mehrfachausnutzung der Leitungen ist hier die Vermittlungstechnik erfolgreicher, die ja die Leitungen — von den Amtsverbindungsleitungen im Ortsnetz an aufwärts — *zeitlich nacheinander* verschiedenen Teilnehmern zuteilt. Erst etwa vom Knotenamt aufwärts, wo die Entfernungen groß genug und die Bündel stark genug werden, konnte sich die Trägerfrequenztechnik durchsetzen.

In den unteren Netzebenen sind es Trägerfrequenzsysteme für symmetrische Leitungen, im Weitverkehr sind es, je nach Dichte der Besiedlung, Trägerfrequenzsysteme für Freileitungen, symmetrische und koaxiale Kabel sowie Richtfunklinien. Über die Ozeane führen Träger-frequenzseekabel, Kurzwellenverbindungen und Satelliten-Richtfunk-verbindungen. Hohlkabel werden erst in 10 bis 15 Jahren notwendig werden, wie sich aus den Schätzungen des Bedarfs schließen läßt.

Während der wirtschaftliche Wert der Anlagen von tieferen zu höheren Netzebenen abnimmt, nimmt der technische Schwierigkeitsgrad zu. Dies zeigt sich nicht nur bei der Entwicklung der Geräte im Labora-torium, sondern auch bei ihrem Betrieb und ihrer Wartung. Zugleich nimmt die Menge der Einrichtungen insgesamt mit der Zeit lawinen-artig zu. So ergibt sich die Notwendigkeit der Entwicklung extrem zuverlässiger Bauelemente und Anlagen.

Man kann sagen, daß die Erfindung des Transistors gerade in dieser Hinsicht zur rechten Zeit kam. Mit Transistoren kann man heute nicht nur Verstärker mit breiteren Bändern bauen als mit Röhren, sie sind auch kleiner, billiger und *zuverlässiger* als Röhren, verbrauchen weniger Leistung, entwickeln weniger unerwünschte Wärme und haben eine sehr lange Lebensdauer. Der Transistor verdrängt deshalb die Röhre aus fast allen Nachrichtengeräten. Wo größere Leistungen verlangt werden, wird sich die Röhre allerdings noch eine Zeitlang behaupten. Wenn in diesem Buch trotzdem noch einiges über Röhrengeräte gesagt wird, so deshalb, weil die vielen vorhandenen Anlagen mit Röhren ausgerüstet sind, weil die Umstellung auf Transistoren auch für Neu-anlagen noch nicht abgeschlossen ist und schließlich weil unsere heutigen Erfahrungen im wesentlichen auf Röhrengeräten beruhen. Auf die Unterschiede zwischen Röhren- und Transistorgeräten wird im Buch an vielen Stellen eingegangen.

Es muß ferner betont werden, daß auch die anderen Bauelemente, wie Spulen, Kondensatoren und Widerstände, eine bewundernswürdige Entwicklung durchgemacht haben. Auch sie sind wesentlich kleiner geworden und mußten für höhere Frequenzen, auf engere Toleranzen und bessere Stabilität hin weiterentwickelt werden. Weitere große Schritte scheinen in der Technik dünner Schichten und der Halbleiter-schaltkreise bevorzustehen.

Im wesentlichen verursacht durch diese Entwicklung der Bauelemente sind die Nachrichtengeräte kleiner und zuverlässiger geworden. Die Zwischenverstärker der Fernkabellinien sind z. B. so klein geworden und Reparaturen und Wartungsarbeiten so selten, daß man sie statt bisher in Verstärkerhäusern in kleinen unterirdischen Gehäusen unterbringen kann. Hierin werden die Landkabel- den Seekabelanlagen ähnlicher, deren Verstärker nur schwer zugänglich sind und die deshalb besonders betriebssicher sein müssen.

Ein weiteres Merkmal ist die gänzlich andere Stromversorgung. Die Spannungen sind von 200 V auf 40 V herabgesetzt und sind somit, mindestens in den Endgeräten, dem Menschen nicht mehr gefährlich. Aber auch die Leistung für einen Verstärker beträgt nur noch den 30. Teil. Während die Röhrenzwischenverstärker meist mit *Wechselspannungen* von einigen hundert Volt ferngespeist werden, wendet man bei Transistoren *Gleichstrom*speisung an. Ein wesentlicher Anteil der Kostenersparnisse bei Transistorverstärkern ist durch die einfachere Stromversorgung verursacht.

Ein ganz wichtiges Kennzeichen der meisten in der Welt eingeführten Trägerfrequenzsysteme ist ihr Aufbau aus Primärgruppen mit 12 Fernsprechkanälen, von denen 5 eine Sekundärgruppe mit 60 Kanälen bilden. 5 Sekundärgruppen geben eine Tertiärgruppe mit 300 Kanälen und 3 Tertiärgruppen eine Quartärgruppe mit 900 Kanälen. Dieser systematische Aufbau gibt dem ganzen Netz eine große Anpassungsfähigkeit. Es gibt für jede Gruppenart eine „Durchschaltebene" mit genormten Pegeln. Man spart bei der Durchschaltung, wo sie möglich ist, nicht nur eine Menge Modulationsgeräte, sondern vermeidet auch Schwierigkeiten mit auflaufenden Dämpfungsschwankungen und -verzerrungen, die sich bei zu häufiger Zerstückelung der Leitungen ergeben würden. Daß der organische Aufbau der Nachrichtenübertragungsgeräte in der ganzen Welt derselbe ist, ist ein Erfolg internationaler Zusammenarbeit im CCITT[1] und CCIR[1], der nicht hoch genug bewertet werden kann. Auf diese Weise können Leitungen an den Landesgrenzen und Geräte verschiedener Hersteller leicht zusammengeschaltet werden. Es kommt hinzu, daß das Wartungspersonal der Fernmeldeverwaltungen es nur mit *einem* Schema zu tun hat.

Mit den kleineren aber in großer Menge eingesetzten 12-Kanalsystemen kommt man mit 10 belegten Leitungen auf 120 Sprechkreise je Trasse, auf speziellen symmetrischen Trägerfrequenzkabeln gibt es 120-Kanalsysteme (bis 552 kHz). Da man aber in einem Kabel nicht mehr als 16 Leitungen entkoppeln kann und auch die Frequenz nicht wesentlich über 500 kHz steigern kann (ebenfalls wegen der Kopplungen), ist man bei symmetrischen Kabeln mit rund 2000 Kanälen an einer ziemlich festen Grenze angelangt. Sind mehr Sprechkreise erforderlich, so kann man nur koaxiale Leitungen anwenden, bei denen es keine ernsten Schwierigkeiten der Entkopplung gibt. Das kleinste Trägerfrequenz-

---

[1] CCITT = Comité Consultatif International Télégraphique et Téléphonique. CCIR = Comité Consultatif International des Radiocommunications.

system für sog. Kleinkoaxialpaare ist ein 300-Kanalsystem, das mit 2, 4 oder 6 koaxialen Leitungen für 300, 600 bzw. 900 Sprechkreise geeignet ist. Ferner gibt es Trägerfrequenzsysteme mit 960 und mit 2700 Kanälen auf einer größeren koaxialen Leitung; an der Planung eines Systems mit 3 oder 4mal so vielen Kanälen wird gearbeitet. Alle diese Systeme benutzen die frequenzbandsparende Einseitenband-modulation.

In Bezirkskabeln werden in Zukunft wahrscheinlich Systeme mit Pulsmodulation eine wichtige Rolle spielen. Diese Systeme sind billiger als solche mit Zwei- oder Einseitenbandmodulation. Die Anforderungen an die Nebensprechdämpfung der Kabel sind geringer. Ein Nachteil ist, daß sie sich nicht in den schematischen Aufbau der anderen oben-genannten Trägerfrequenzsysteme mit ihren Gruppen von Kanälen ein-ordnen, weil jedes Sprachsignal einzeln codiert wird.

Anders ist das bei dem wahrscheinlich für Hohlkabel einmal in Frage kommenden System mit Pulscodemodulation, wo das aus den genannten Gruppen aufgebaute Frequenzmultiplexsignal als Ganzes codiert werden kann.

In die oberste Netzebene, in der die größten Städte eines Landes mit starken Leitungsbündeln verbunden werden, teilen sich die Weit-verkehrskabel und die Richtfunklinien.

In der Richtfunktechnik gibt es eine ähnlich umfangreiche Typen-zahl von Systemen wie bei Kabeln, von 12 Kanälen bis zu 1800 Kanälen. Die Basisbänder sind nach genau dem gleichen Schema aus Primär-, Sekundär- usw. Gruppen aufgebaut und haben gleichartige Anschluß-punkte, so daß Kabellinien und Richtfunklinien im Netz beliebig ge-mischt werden können. Richtfunklinien werden in Frequenzbereichen betrieben, wo elektromagnetische Störungen durch Gewitter oder elek-trische Anlagen nicht vorkommen. Sie sind deshalb genauso störungsfrei wie die durch den Mantel geschützten Kabel. Dem gelegentlich durch Mehrwegeausbreitung auftretenden Feldstärkeschwund an der Empfangs-antenne wird durch automatisch einschaltbare Ersatzkanäle auf benach-barten Frequenzen begegnet. Richtfunksysteme eignen sich gut für Verbindungen, die über die Länge eines Funkfeldes — etwa 40 bis 50 km — keinen Abzweig erfordern. Etwas Ähnliches wie Niederfrequenz-Beipack-leitungen bei Kabeln für beliebige Abzweige unterwegs gibt es beim Richtfunk nicht.

Man hat oft einen Mangel an Frequenzband befürchtet, der der Anwendung der Richtfunktechnik eine Grenze setzen könnte. Prak-tisch hat man aber bis jetzt alle Bedürfnisse befriedigen können und braucht wohl auch in Zukunft deswegen noch lange keine Sorge zu haben. Man hat es gelernt, Antennen zu bauen, die die ausgestrahlte Leistung in einem scharfen Bündel konzentrieren und nur sehr wenig

Leistung in unerwünschte Richtungen strahlen. So ist es meistens möglich, auch an Punkten, wo viele Richtfunklinien zusammenlaufen, durch Richtungs- und Frequenzentkopplung den Erfordernissen der Netzgestaltung zu entsprechen.

Die Krönung der Richtfunktechnik bilden die Verbindungen über künstliche Erdsatelliten; ihnen ist ein eigenes Kapitel gewidmet. Man kann es als sicher annehmen, daß diese Verbindungen sich ihren Platz im weltweiten Fernsprechnetz neben den Seekabeln erringen werden.

Das weltweite Nachrichtennetz wird ganz überwiegend vom Fernsprechen bestimmt, d. h. wirtschaftlich getragen und gestaltet und nach übertragungstechnischen Gesichtspunkten für das Fernsprechen dimensioniert. Die anderen Nachrichtenträger, die in der ganzen Welt noch eine wichtige Rolle spielen, sind Gäste in diesem Netz und passen sich den Bedingungen des Gastgebers meistens an. Es sind dies die Telegraphie und die Datenübertragung sowie der Ton- und Fernsehrundfunk, der ja außer seinen Studios und Sendern auch Verbindungswege in allen Netzebenen braucht. Während die Telegraphie und die Datenübertragung meist nur Bänder brauchen, die schmaler sind als ein Fernsprechband — mehrere Telegraphiekanäle benutzen ein Fernsprechband —, teilt man einem Tonrundfunksignal 3 Fernsprechbänder zu. Ein Fernsehsignal braucht sogar ein 5 bis 7 MHz breites Band und kommt an die Stelle von 1200 oder 1800 Sprachsignalen. Während bei der Sprachübertragung auf die Verzerrung der Phase keine Rücksicht genommen wird, kommt es bei der Telegraphie und dem Fernsehrundfunk auf Formtreue der Signalübertragung an. Die Modulationsverfahren für diese Nachrichtenarten nehmen darauf Rücksicht.

Ein besonderer Abschnitt ist den Kurzwellen-Richtfunkverbindungen gewidmet, die früher die einzigen Fernsprechverbindungen über die Ozeane waren. Entsprechend den besonderen Ausbreitungsbedingungen haben diese Systeme nur wenige Kanäle und eine Reihe von ganz speziell hierfür entwickelten Einrichtungen. Sie werden ohne Zweifel auch weiterhin ihre große Bedeutung im Weltnachrichtenverkehr behalten, nur werden sie von den Linien starken Verkehrs, insbesondere zwischen Nordamerika und Europa, durch Seekabel und Satellitenverbindungen auf Linien schwächeren Verkehrs gedrängt.

Eine auf den Zweck angepaßte eigene Entwicklung hat der Verkehrsfunk, ein Bruder des Richtfunks, genommen. Er bildet das einzige Mittel der Fortsetzung des öffentlichen Fernsprechnetzes zu Kraftfahrzeugen, Eisenbahnen und Schiffen. Mit Verkehrsfunkgeräten werden auch viele nichtöffentliche Dienste betrieben, wie Polizei-, Feuerwehr-, Taxidienste. Die Technik unterscheidet sich vom Richtfunk stark wegen der meist sehr ungünstigen Verhältnisse der Wellenausbreitung, weil es oft nicht möglich ist, bündelnde Antennen zu verwenden, wegen der geringen Stromversorgungsleistung in Kraftfahrzeugen und vor allem, weil hier meist ein Kanal von mehreren Teilnehmern benutzt werden muß, eine Zusammenfassung von mehreren Kanälen also nicht in Betracht kommt.

Zugleich mit der Entwicklung der Nachrichtenübertragungssysteme sind auch die theoretischen Grundlagen vertieft worden, besonders hinsichtlich der Modulationsverfahren und ihrer störungsvermindernden Wirkung sowie der Signalverzerrungen durch die stets unvollkommenen Übertragungskanäle. Für die Richtfunktechnik wurden die physikalischen und statistischen Erscheinungen der Wellenausbreitung erforscht. Schließlich ist das umfangreiche internationale Normenwerk noch einmal zu nennen, in dem Empfehlungen für die wichtigsten Eigenschaften der Nachrichtenkanäle niedergelegt sind, z. B. für die Dämpfung und die Laufzeit, die Geräusche, das Nebensprechen und die Echoerscheinungen und für die Regeleinrichtungen. Aus ihnen leiten sich wesentliche Richtlinien für die Entwicklung und den Bau der Nachrichtenübertragungssysteme ab.

# A. Grundlagen der Übertragungstechnik

## 1. Form und Eigenschaften der Signale

Von H. Zuhrt

### 1.1 Einteilung der Signale

Die Aufgabe der elektrischen Übertragungstechnik ist die Übertragung elektrischer Signale. Diese werden an einem Ort in die Übertragungsanlage eingespeist und an einem anderen Ort wieder ausgegeben. Für die Übertragungstechnik sind nur die Eigenschaften der Signale, d. h. ihre Form und deren Änderung in der Zeit von Interesse, nicht aber ihre Herkunft noch ihre Umformung aus den Nachrichtenquellen in den elektrischen Zustand. Der Form nach kann man sowohl bei den eigentlichen Nachrichtensignalen als auch bei den Störungen diskontinuierliche und kontinuierliche Signale unterscheiden.

#### 1.1.1 Diskontinuierliche Nachrichtensignale

Die einfachste und älteste Art der Nachrichtenübertragung ist die Übertragung von Telegraphiezeichen. Die Telegraphiesignale haben sprunghafte Übergänge, sind also diskontinuierlich. Ein wesentliches Merkmal der heutigen Telegraphie ist die Quantisierung der Zeit. Jedes Telegraphiezeichen besteht aus gleich langen Schritten der Schrittdauer $T$, die im einfachsten Fall durch zwei verschiedene Stromwerte, 0 und 1 oder $-1$ und $+1$, gekennzeichnet, also binär sind. Die gesamte Nachrichtenfunktion ist bei einer echten Nachricht für den Empfänger nicht determiniert, sondern zufällig, z. B. im letzten Fall eine zufällige Folge von Plus- und Minusschritten. Jeder Schritt liefert ein Binärzeichen oder 1 bit. Bit ist die Abküzung des englischen „binary digit" und wird nach den Begriffsbestimmungen des Normblattes DIN 44300 als Kurzform für Binärzeichen und in der Informationstheorie als Einheit des Informationsinhaltes benutzt, vgl. S. 40. Bei $N$ Schritten oder $N$ bit sind $2^N$ verschiedene Variationen möglich, so daß mit 4 Schritten pro Zeichen 16, mit 5 Schritten 32 verschiedene Variationen möglich und damit die 10 Ziffern bzw. die Buchstaben des Alphabets darstellbar sind.

Bei ausreichendem Signal-Geräusch-Abstand können mehr als zwei verschiedene Stromwerte übertragen werden. Bei einer $m$-stufigen Telegraphie sind bei $N$ Schritten $m^N$ Variationen möglich. Das entspricht $N$ ld $m$ Binärzeichen (ld = dualer Logarithmus = log zur Basis 2), so daß jeder Schritt bereits ld $m$ bit enthält. Die pro Sekunde übertragene Anzahl der Schritte wird in Baud, die übertragene Anzahl der bit in bit/sec gemessen. Die letzte Zahl ist ein Maß für die übertragene Nachrichtenmenge, während die Anzahl der Telegraphieschritte pro Sekunde in Baud (1 Baud = 1 Schritt pro Sekunde) ein Maß für die Telegraphiergeschwindigkeit gibt. Hinsichtlich der Signalleistung sind die maximale Leistung und die mittlere Leistung zu unterscheiden. Letztere hängt von der Größe der verschiedenen Stromwerte und der Häufigkeit des Auftretens der einzelnen Stufen ab.

Außer den Telegraphiezeichen sind die meisten Steuersignale diskontinuierlich. Zu ihnen gehören besonders die Vermittlungssignale, z. B. Wählsignale, die Schaltbefehle einer Fernsteuerung usw.

### 1.1.2 Kontinuierliche Nachrichtensignale

Im Gegensatz zu den Telegraphie- und Steuersignalen sind die übrigen primären Nachrichtensignale meist kontinuierlich. Zu den kontinuierlichen Signalen gehören außer den zur Überwachung und Regelung von Verstärkung und Frequenz übertragenen Pilottönen vor allem Sprache und Musik. Beide können ebenso wie die Zeitfunktionen der Telegraphie als stochastische oder zufällige Signale aufgefaßt werden. Für die Übertragungstechnik interessiert der Frequenz- und Amplitudenbereich (Dynamik) der Signale. Beide Größen, namentlich die letztere, streuen, bei der Sprache in ziemlich weiten Grenzen bei verschiedenen Sprechern. Ebenso streut die mittlere Sprachleistung.

Der Frequenzbereich liegt bei Sprache und Gesang etwa zwischen 80 und 16000 Hz, in Musik sind Frequenzen von etwa 16 bis 16000 Hz enthalten.

Die Dynamik läßt sich am anschaulichsten durch eine Verteilungskurve darstellen, die angibt, in wieviel Prozent der Zeit ein bestimmter Strom- oder Spannungswert im Mittel über- oder unterschritten wird. Die Kurve kann experimentell als Mittelwert verschiedener Sprecher aufgestellt werden, sie hängt von der Anzahl der gleichzeitigen Sprecher (wichtig für Mehrkanalübertragung) ab. Die von HOLBROOK und DIXON [1] veröffentlichten Verteilungskurven zeigt Abb. 1 für 1, 2, 4, 8 und 64 Sprecher. Mit wachsender Zahl nähert sich die Kurve der für gleichmäßiges Rauschen geltenden GAUSSschen Verteilungskurve, der sog. Normalverteilung, die in Abb. 2 in anderer Darstellung gezeichnet ist, vgl. z. B. [2]. Als mittlere Sprechleistung für Mehrkanalanlagen betrachtet

CCITT[1] einen Wert von 22 μW am Anfang der Fernleitung, dazu kommen 10 μW für Vermittlungssignale, so daß bei Mehrkanalsystemen mit

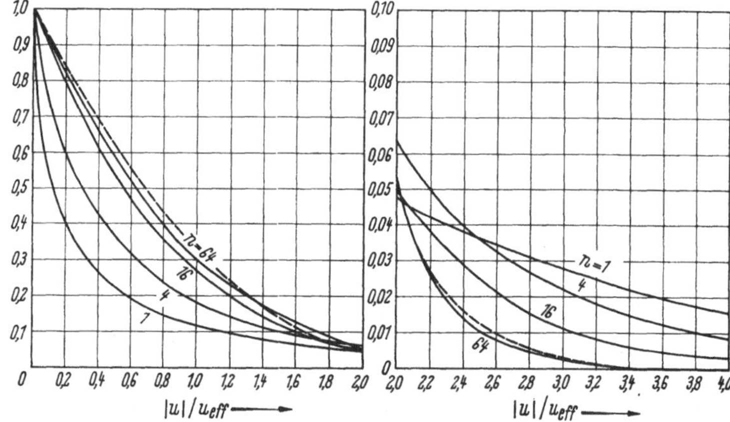

Abb. 1
Verteilungskurven der augenblicklichen Spannung bei $n$ Sprechern (nach HOLBROOK-DIXON)
– – – – GAUSSSche Verteilungskurve (Normalverteilung); Ordinate: Wahrscheinlichkeit, daß
Abszisse erreicht oder überschritten ist

einer mittleren Belastung von 32 μW/Kanal gerechnet wird, vgl. S. 273. Bei Musik kann die Lautstärke noch stärker als bei der Sprache streuen, man rechnet mit einem Dynamikbereich von 1 : 1000.

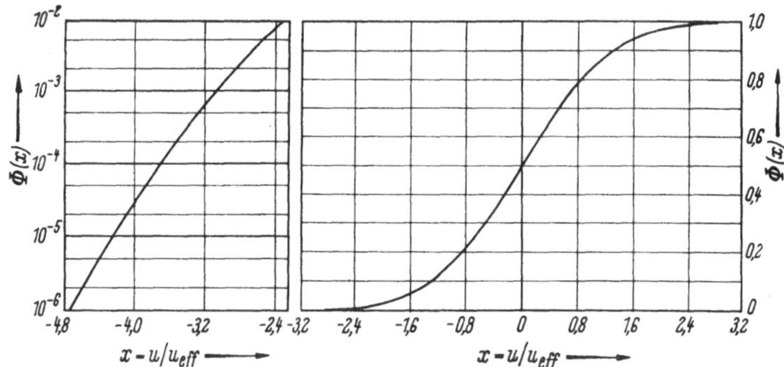

Abb. 2 GAUSSSche Verteilungskurve (Fehlerintegral)

$$\Phi(x) = \frac{1}{\sqrt{2\pi}} \int_{-\infty}^{x} e^{-\frac{t^2}{2}}\, dt$$

Ordinate: Wahrscheinlichkeit, daß Abszisse unterschritten ist

Zu den kontinuierlichen Signalen rechnet man auch weiter die Bild- und Fernsehsignale. Auf das genaue Signalbild wird später eingegangen

---

[1] CCITT = Comité Consultatif International Télégraphique et Téléphonique.

(S. 256). Hier genüge die Bemerkung, daß das Fernsehsignal ein Gemisch aus dem kontinuierlichen Bildinhalt und regelmäßig wiederkehrenden Steuersignalen für Zeilen- und Bildsynchronisation ist. Bei 625 Zeilen enthält das Bild etwa $3 \cdot 10^5$ Bildpunkte. Soll ein guter Auflösungsgrad der einzelnen Punkte erreicht werden, so müssen Frequenzen bis etwa 5 MHz übertragen werden [3], vgl. die Frequenzpläne S. 620.

### 1.1.3 Störsignale

Außer den Nachrichtensignalen treten Störungen auf, die teils in den Geräten entstehen, teils in den Übertragungskanal eindringen. Die Störungen können sinusförmig oder allgemeiner kontinuierlich sein, hervorgerufen durch fremde Sender oder durch Beeinflussung von Starkstromleitungen oder benachbarten Nachrichtenleitungen her (Nebensprechen). Es können weiter periodische oder nichtperiodische Impulsstörungen sein, hervorgerufen durch Schaltimpulse, Zündstörungen von Kraftmaschinen, atmosphärische Störungen u. dgl. Durch nichtlineare Kennlinien entstehen weiterhin neue Frequenzen, die die Intermodulations- oder Klirrgeräusche ergeben, und schließlich ist als immer vorhandene Störung das Rauschen zu nennen, hervorgerufen durch den quantenhaften Aufbau der Elektrizität. Hierzu gehören die Wärmebewegungen der Elektronen in Widerständen oder die quantenhaften Ströme in Röhren und Transistoren. Da das Rauschen stets vorhanden ist und durch besondere Übertragungsverfahren zwar relativ zu den Nutzsignalen geschwächt, aber nicht beseitigt werden kann, bestimmt es im wesentlichen die Reichweite und Bemessung der Übertragungsanlagen. Das Rauschen ist ein statistischer Vorgang von bestimmter Leistungsdichte in einer durch den Übertragungskanal bedingten Frequenzbandbreite. Für alle technisch auftretenden Frequenzen kann an der Entstehungsstelle des Rauschens mit einer über der Frequenz gleichmäßig verteilten mittleren Rauschleistungsdichte gerechnet werden. Der Augenblickswert der Spannung oder Leistung ist dagegen eine statistische Größe, die nach einer GAUSSschen Verteilungsfunktion verteilt ist. Die Verteilungsfunktion gibt die Wahrscheinlichkeit an, mit der ein bestimmter Wert unterschritten wird, vgl. Abb. 2. Nach Abb. 2 wird z. B. bei einer Spannung mit dem Effektivwert $u_{\text{eff}}$ bei einer GAUSSschen Verteilung ein negativer Wert von der Größe $-3 u_{\text{eff}}$ im Mittel in 1,35 ‰ der Zeit unterschritten bzw. der positive Wert $+3 u_{\text{eff}}$ in dem gleichen Prozentsatz der Zeit überschritten.

Wichtig als Bemessungsgrundlage ist die mittlere Rauschleistung. Beim Wärmerauschen hängt die mittlere Leistung von der Temperatur des Widerstandes ab. Durch das Wärmerauschen entsteht an den Klemmen eines isolierten Widerstandes $R$ bei der absoluten Temperatur $T$

in einem Band der Breite $\Delta f$ eine Rauschspannung, deren Effektivwert bei allen technisch auftretenden Frequenzen durch

$$U^2_{R_{eff}} = 4\,kT\,\Delta f\,R \tag{1}$$

gegeben ist [4], wobei die Augenblickswerte eine GAUSSsche Verteilung entsprechend Abb. 2 haben.

Für die Berechnung der wirksamen Rauschleistungen kann das Rauschen eines Widerstandes $R$ im Ersatzbild durch einen Generator mit der effektiven Quellenspannung (1) in Reihe mit einem rauschfreien Widerstand der Größe $R$ beschrieben werden [5]. An einen angeschlossenen rauschfrei gedachten Verbraucher gibt daher ein rauschender Widerstand maximal bei Anpassung eine Rauschleistung

$$P_R = \frac{U^2_{R_{eff}}}{4\,R} = kT\,\Delta f \tag{2}$$

unabhängig von der Größe des Widerstandes ab. In den Gleichungen ist $k = 1,38 \cdot 10^{-23}$ Wsec/°K die BOLTZMANNsche Konstante, $T$ die absolute Temperatur. Für Zimmertemperatur, genauer für $T = T_0 = 290\,°$K, wird

$$P_R = kT_0\,\Delta f = 4 \cdot 10^{-21}\,\frac{\Delta f}{\text{Hz}}\,\text{Watt.} \tag{3}$$

Durch das stets vorhandene Eigenrauschen des angeschlossenen Verbrauchers erhöht sich die am Eingang wirksame Rauschspannung gegenüber Gl. (3). Man pflegt die wirklich vorhandene Rauschleistung entweder durch eine fiktive Rauschtemperatur $T$ anzugeben, aus der die Rauschleistung nach Gl. (2) folgt, oder durch die Bezugstemperatur $T_0$ und eine Rauschzahl $F$, aus der dann die Rauschleistung zu

$$P_R = F\,kT_0\,\Delta f \tag{4}$$

folgt. Der logarithmische Wert $10\,\lg F$ dB (bzw. $\frac{1}{2}\ln F$ Np) wird als Rauschmaß bezeichnet.

## 1.2 Verzerrung der Signale

Die von der Nachrichtenquelle gelieferten Signale erfahren auf ihrem Weg zum Empfänger beim Durchgang durch Netzwerke und Leitungen lineare und nichtlineare Verzerrungen. Lineare Verzerrungen liegen vor, wenn das Verhältnis von Ausgangswert zu Eingangswert nur von der Frequenz abhängt, nichtlineare Verzerrungen, wenn dieses Verhältnis von der Größe des Signals abhängt.

### 1.2.1 Lineare Verzerrungen

**a) Berechnung der Empfangsfunktion mit Fourier-Transformation**

$\alpha$) *Spektralfunktion.* Die Grundlage für die Berechnung linearer Verzerrungen liefert die Darstellung einer Funktion als FOURIER-Reihe oder

-Integral. Nach FOURIER kann man eine reelle periodische Funktion $s(t)$ mit der Periodenlänge $2T$ durch Reihen von Sinus- und Kosinusschwingungen mit der Grundfrequenz $f_0 = 1/2T$ und den zugehörigen ganzzahligen Oberwellen darstellen, wenn die Funktion bestimmte Bedingungen erfüllt, z. B. aus endlich vielen stetigen und monotonen Stücken besteht, was bei den praktisch auftretenden Zeitfunktionen stets erfüllt ist. In diesem Fall konvergiert die Reihe

$$s(t) = \sum_{n=0}^{\infty} (a_n \cos n\,\omega_0\, t + b_n \sin n\,\omega_0\, t) = \sum_{n=0}^{\infty} c_n \cos (n\,\omega_0\, t - \varphi_n) \qquad (5)$$

und stellt die Funktion $s(t)$ dar, wobei sie an Sprungstellen den Mittelwert liefert.

Durch Multiplikation von Gl. (5) mit $\cos n\,\omega_0\, t$ bzw. $\sin n\,\omega_0\, t$ und Integration über die volle Periode erhält man die FOURIER-Koeffizienten

$$a_0 = c_0 \cos \varphi_0 = \frac{1}{2T} \int_{-T}^{T} s(t)\, \mathrm{d}t, \qquad (5\,\mathrm{a})$$

$$a_n = c_n \cos \varphi_n = \frac{1}{T} \int_{-T}^{T} s(t) \cos n\,\omega_0\, t\, \mathrm{d}t, \quad n \neq 0 \qquad (5\,\mathrm{b})$$

$$b_n = c_n \sin \varphi_n = \frac{1}{T} \int_{-T}^{T} s(t) \sin n\,\omega_0\, t\, \mathrm{d}t, \qquad (5\,\mathrm{c})$$

$$c_n = \sqrt{a_n^2 + b_n^2}, \quad \tan \varphi_n = \frac{b_n}{a_n}. \qquad (5\,\mathrm{d})$$

Die Werte $c_n$ sind die zu den Kreisfrequenzen $n\,\omega_0$ gehörenden Amplituden, bilden also das Amplitudenspektrum der periodischen Funktion $s(t)$. Sie sind nur an den Frequenzen $n f_0$ vorhanden, geben mithin ein Linienspektrum. Die Werte $P_n = \frac{1}{2} c_n^2$ sind die Leistungen bei den einzelnen Frequenzen an einem Widerstand 1, bilden mithin das Leistungsspektrum. Die gesamte Leistung am Widerstand 1 ist

$$P = \sum_{n=0}^{\infty} \tfrac{1}{2} c_n^2. \qquad (5\,\mathrm{e})$$

Die Werte $\varphi_n$ sind das Phasenspektrum der Funktion $s(t)$. Amplitudenspektrum und Phasenspektrum bilden zusammen das komplexe Spektrum der Zeitfunktion $s(t)$, also der Spannungs- oder Stromkurve.

Drückt man den cos und sin in Gl. (5) durch die Exponentialfunktionen aus, so wird

$$s(t) = \sum_{n=-\infty}^{\infty} C_n\, \mathrm{e}^{j\,n\,\omega_0\, t} \qquad (6)$$

mit

$$C_n = |C_n|\, \mathrm{e}^{-\mathrm{j}\,\varphi_n} = \frac{1}{2T} \int\limits_{-T}^{T} s(t)\, \mathrm{e}^{-\mathrm{j}\,n\,\omega_0 t}\, \mathrm{d}t. \qquad (6\,\mathrm{a})$$

Gl. (6) liefert als strenge mathematische Umformung von Gl. (5) auch bei Multiplikationen die richtigen Werte, während die der üblichen Wechselstromrechnung entsprechende Darstellung

$$s(t) = \mathrm{Re}\left\{\sum_{n=0}^{\infty} C_n\, \mathrm{e}^{\mathrm{j}\,n\,\omega_0 t}\right\} \qquad (6\,\mathrm{b})$$

bei Weglassen von Re (= Realteil von) nur bei linearen Vorgängen anwendbar ist, vgl. Beispiel 3 auf S. 24.

Die auftretenden negativen Frequenzen sind eine reine Rechengröße. Ihre Einführung bringt eine wesentliche Vereinfachung der Rechnungen mit sich. Der wirkliche physikalische Wert einer Größe für die Kreisfrequenz $n\,\omega_0$ ist stets die Summe der zu $+n\,\omega_0$ und $-n\,\omega_0$ gehörenden Werte. Da die Zeitfunktionen $s(t)$ reell sind, ist nach Gl. (6a) stets $C_{-n} = C_n^*$, wobei der Stern die konjugiert komplexe Größe bedeutet. Mithin sind der Realteil und der Absolutwert der komplexen Amplitude $C_n$ gerade, der Imaginärteil und der Winkel ungerade Funktionen der Frequenz. Die Zusammenfassung der komplexen Teilschwingungen mit den Kreisfrequenzen $+n\,\omega_0$ und $-n\,\omega_0$ ($n \neq 0$) in Gl. (6) ergibt daher eine reelle Schwingung der Kreisfrequenz $n\,\omega_0$ mit der wirklichen physikalischen Amplitude $C_{nw} = 2\,|C_n|$, der mittleren Leistung am Widerstand 1 von der Größe $P_{nw} = \frac{1}{2}\,C_{n\omega}^2 = 2\,|C_n|^2$ und der Phase $\varphi_n$. Für $n = 0$ ist nach Gl. (6) und (6a) $C_{0w} = C_0$, $P_{0w} = C_0^2$.

Durch den Grenzübergang $T \to \infty$ erhält man aus Gl. (6) und (6a) die Formeln für nichtperiodische Zeitfunktionen $s(t)$, wenn diese bestimmte Bedingungen erfüllen. Hinreichend ist, daß $s(t)$ in jedem endlichen Intervall aus endlich vielen stetigen und monotonen Stücken besteht und von $t = -\infty$ bis $t = +\infty$ absolut integrierbar ist. Durch die Forderung der Integrierbarkeit schließen wir ungedämpfte andauernde Vorgänge zunächst aus.

Für den Grenzübergang $T \to \infty$ geht der Frequenzabstand $f_0 = 1/2T$ gegen $\mathrm{d}f$, während $n\,\omega_0$ die kontinuierlich veränderliche Kreisfrequenz $\omega$ und $C_n$ eine kontinuierliche Spektralfunktion der Amplitude wird, die einer komplexen Amplitudendichte $S(f)$ entspricht, die aus $C_n = S(f)\,\mathrm{d}f$ folgt. Aus Gl. (6) und (6a) erhält man dadurch die Beziehungen

$$s(t) = \int\limits_{-\infty}^{\infty} S(f)\, \mathrm{e}^{\mathrm{j}\,\omega t}\, \mathrm{d}f, \qquad (7)$$

$$S(f) = \int\limits_{(-\infty)}^{\infty} s(t)\, \mathrm{e}^{-\mathrm{j}\,\omega t}\, \mathrm{d}t. \qquad (7\,\mathrm{a})$$

Zeitfunktion und Spektralfunktion sind nach Gl. (7) und (7a) FOURIER-Transformierte. Die Funktion $S(f)$ ist dabei die Dichte der komplexen Amplitude, im üblichen GIORGIschen Maßsystem also gemessen in V/Hz = Vs bzw. A/Hz = As. Man kann die komplexe Spektraldichte $S(f)$ in Betrag und Phase oder in Real- und Imaginärteil zerlegen:

$$S(f) = |S(f)|\, e^{-j\varphi(f)} = A(f) + j\, B(f). \tag{8}$$

$|S(f)|$ wird häufig Amplitudendichte, $S(f)$ Spektraldichte (ohne den Zusatz komplex) genannt. Da in Gl. (7a) ein Vertauschen von $f$ und $-f$ dasselbe wie ein Vertauschen von j mit $-$j ergibt, sind für positive und negative Frequenzen die absoluten Werte und die Realteile der Spektraldichte gleich, die Phasen und Imaginärteile entgegengesetzt gleich, wodurch die Summe der Beiträge der Frequenzen $+f$ und $-f$ in Gl. (7) reell wird.

Da sämtliche zeitlichen Vorgänge, die einen stromlosen oder einen stationären Vorgang beenden, in einem bestimmten Zeitpunkt einsetzen, den wir als $t = 0$ wählen können, kann die untere, in Klammern gesetzte Grenze in Gl. (7a) allgemein durch 0 ersetzt werden. Die Gl. (7) und (7a) liefern dann die einseitige FOURIER-Transformation.

Für den bisher ausgenommenen Fall ungedämpfter andauernder Zeitvorgänge würde $S(f)$ für einige $f$ (bei einem bei $t = 0$ einsetzenden konstanten $s(t)$ z. B. für $f = 0$) unendlich groß werden und damit das Integral (7) divergieren. Fügt man in diesem Fall zunächst ein Dämpfungsglied $e^{-ct}$ mit einem kleinen positiven $c$, das man später gegen Null gehen läßt, hinzu, so gilt die einseitige FOURIER-Transformation, die nach dem letzten Absatz den allgemeinsten Schaltvorgang enthält, für die Funktion $s_c(t) = e^{-ct}\, s(t)$, falls nur $s(t)$ beschränkt ist, also unterhalb einer festen Schranke $M < \infty$ bleibt, ja sogar wenn $s(t)$ wie $e^{\alpha t}$ mit $\alpha < c$ gegen unendlich geht, weil dann $s_c(t)$ längs der ganzen Zeitachse von $t = 0$ bis $t = \infty$ absolut integrierbar ist [6]. Diese Bedingung wird aber von allen praktisch vorkommenden Zeitfunktionen $s(t)$ erfüllt.

Das Einsetzen von $s_c(t) = e^{-ct}\, s(t)$ anstelle von $s(t)$ in Gl. (7) und (7a) mit der unteren Grenze 0 ergibt nun, wenn man noch als neue Frequenzvariable $\underline{\omega} = \omega - j\, c$ oder $p = j\, \underline{\omega} = c + j\, \omega$ mit $dp = j\, d\omega = 2\pi\, j\, df$ einführt, die Formeln der LAPLACE-Transformation:

$$s(t) = \frac{1}{2\pi\, j} \int\limits_{c-j\infty}^{c+j\infty} S(p)\, e^{pt}\, dp, \tag{9}$$

$$S(p) = \int\limits_{0}^{\infty} s(t)\, e^{-pt}\, dt. \tag{9a}$$

Betrachtet man die komplexe Frequenz $p$ oder $\underline{\omega}$ nicht nur auf dem in Abb. 3a eingezeichneten Integrationsweg von Gl. (9), sondern als komplexe Variable in der gesamten $p$- bzw. $\underline{\omega}$-Ebene, so ist die Spektraldichte $S(p)$ nach Gl. (9a) in der Halbebene $\mathrm{Re}(p) > c$ eine analytische Funktion von $p$, da $S(p)$ für $\mathrm{Re}(p) > c$ bei beschränktem $s(t)$ existiert und nach $p$ beliebig oft differenzierbar ist. Man kann daher auf $S(p)$ sämtliche Rechenmethoden der Funktionentheorie anwenden. Insbesondere geht das Integral von Gl. (9) für $c \to 0$ und damit das Integral von Gl. (7) mathematisch streng in das Hakenintegral mit dem in Abb. 3b gezeichneten Integrationsweg über, bei dem die Singularitäten

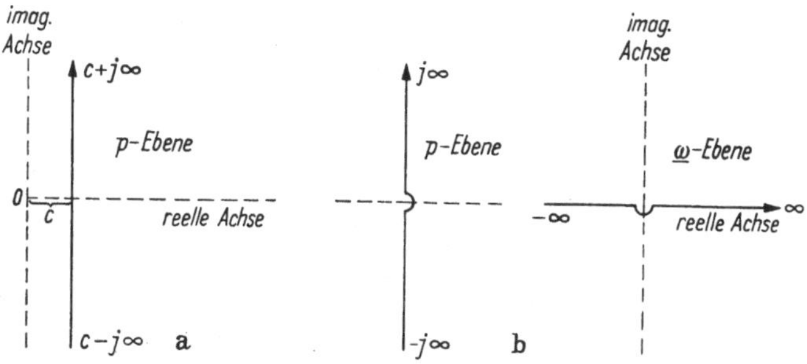



Abb. 3a u. b. Integrationswege
a) von Gl. (9) in der $p$-Ebene, b) des Hakenintegrals in der $p$- und $\underline{\omega}$-Ebene

von $S(p)$ auf kleinen Halbkreisen mit $r \to 0$ umgangen werden. Da das Integral über einen vollen Kreis um eine singuläre Stelle einer analytischen Funktion $2\pi\,\mathrm{j}$ mal dem Residuum ist (vgl. z. B. [7 bis 9]), ist der Beitrag der Singularitäten zu den Integralen in Gl. (9) und (7) gleich $\pi\,\mathrm{j}$ mal der Summe der Residuen. Eine Singularität der Spektraldichte bedeutet also eine unendlich große Spektraldichte in einem beliebig kleinen Frequenzbereich mit einem Integralwert gleich dem halben Residuum, also einen DIRAC-Impuls (vgl. Beispiel 2) mit diesem Integralwert. Hat der Integrand, was für die wichtigsten praktischen Fälle ausreicht, an der Unstetigkeitsstelle $f_\nu$ einen einfachen Pol, also die Form $\dfrac{Z(f)}{f - f_\nu}$, so ist das Residuum

$$\mathrm{Res}\left\{\frac{Z(f)}{f - f_\nu}\right\} = Z(f_\nu) \tag{10}$$

und das Umlaufsintegral um $f_\nu$

$$\oint \frac{Z(f)}{f - f_\nu}\,\mathrm{d}f = 2\pi\,j\,Z(f_\nu). \tag{10a}$$

Nach den durchgeführten Überlegungen gelten die Gleichungspaare (7) und (7a) der FOURIER-Transformation jetzt für alle zu einer endlichen Zeit $t_0$ einsetzenden, stückweis stetigen und beschränkten

Zeitfunktionen $s(t)$ und damit für alle praktisch auftretenden Fälle, wenn man im Zeitintegral von Gl. (7a) den Faktor $e^{-ct}$ hinzufügt und nach Einsetzen der Grenzen $c$ gegen Null gehen läßt (oder einfacher das unbestimmte Integral von Gl. (7a) für $t = \infty$ Null setzt) und unter dem Frequenzintegral in Gl. (7) von $\omega = -\infty$ bis $\omega = +\infty$ das Hakenintegral versteht, also das Linienintegral von $-\infty$ bis $+\infty$ ohne Berücksichtigung der singulären Stellen plus der Summe der halben Residuenlösungen. Die Gl. (7) und (7a) der FOURIER-Transformation sollen also stets bedeuten:

$$s(t) = \int_{-\infty}^{\infty} S(f)\, e^{j\omega t}\, \mathrm{d}f \equiv \frac{1}{2\pi} \int_{-\cup\rightarrow} S(f)\, e^{j\omega t}\, \mathrm{d}\omega, \tag{11}$$

$$S(f) = \int_{t_0}^{\infty} s(t)\, e^{-j\omega t}\, \mathrm{d}t \equiv \lim_{c\to 0} \int_{t_0}^{\infty} s(t)\, e^{-ct-j\omega t}\, \mathrm{d}t. \tag{11a}$$

Der Einfachheit halber werden wir namentlich in Gl. (11) häufig die erste Form schreiben.

Beispiele:

1. Für die zu einer beliebigen Zeit $t = t_0$ einsetzende normierte Sprungfunktion

$$s(t) = \begin{cases} 0 & \text{für} \quad t < t_0 \\ 1 & \text{für} \quad t > t_0 \end{cases} \tag{12}$$

wird die Spektraldichte nach Gl. (11a)

$$S(f) = \lim_{c\to 0} \int_{t_0}^{\infty} e^{-ct-j\omega t}\, \mathrm{d}t = \frac{e^{-j\omega t_0}}{j\omega}. \tag{12a}$$

Die Dimension von $S(f)$ ist wegen der Normierung von $s(t)$ die Zeit, sonst Dimension von $s(t)$ mal Zeit. Das Amplitudenspektrum ist $\dfrac{1}{\omega}$, die Phase $-\dfrac{\pi}{2} - \omega t_0$ für positive $\omega$, $\dfrac{\pi}{2} + |\omega|\, t_0$ für negative $\omega$.

Die Spektraldichte (12a) liefert nach Gl. (11) mit Berücksichtigung des Residuums bei $\omega = 0$ und Zerlegung der Exponentialfunktion die zugehörige Zeitfunktion

$$s(t) = \int_{-\infty}^{\infty} S(f)\, e^{j\omega t}\, \mathrm{d}f = \frac{1}{2\pi} \int_{-\infty}^{\infty} \frac{e^{j\omega(t-t_0)}}{j\omega}\, \mathrm{d}\omega = \frac{1}{2} + \frac{1}{\pi} \int_{0}^{\infty} \frac{\sin\omega(t-t_0)}{\omega}\, \mathrm{d}\omega. \tag{12b}$$

Der Integrand im letzten Integral stellt den kontinuierlichen Anteil der Spektraldichte (12a) in reeller Form dar, während das Glied $\frac{1}{2}$ die Residuumlösung für die Stelle $\omega = 0$, also die Amplitude des enthaltenen

Gleichstroms ist. Da das DIRICHLETsche Integral $\int\limits_{0}^{\infty} \dfrac{\sin \alpha x}{x}\, dx$ gleich $\dfrac{\pi}{2}$ für

positives $\alpha$, $-\dfrac{\pi}{2}$ für negatives $\alpha$ ist, liefert Gl. (12b) tatsächlich die Ausgangsfunktion (12).

2. Für die normierte Stoßfunktion oder den DIRAC-Impuls $\delta(t)$, das ist ein Impuls zur Zeit $t = 0$ mit dem Integralwert $I_\delta = 1\,\mathrm{s}$, der also definiert ist durch

$$\delta(t) = 0 \qquad \text{für} \quad t \neq 0,$$

$$\lim_{\varepsilon \to 0} \int\limits_{-\varepsilon/2}^{\varepsilon/2} \delta(t)\, dt = I_\delta = 1\,\mathrm{s} \quad \text{für} \quad t = 0, \tag{13}$$

wird nach Gl. (11a)

$$S(f) = \int\limits_{-\infty}^{\infty} \delta(t)\, e^{-j\omega t}\, dt = \lim_{\varepsilon \to 0} \int\limits_{-\varepsilon/2}^{\varepsilon/2} \delta(t)\, dt = I_\delta. \tag{13a}$$

Die Amplitudendichte ist also konstant. Der eingeführte Integralwert $I_\delta$ hat dabei den Zahlenwert 1 und die Einheit Sekunde. Er tritt im folgenden bei allen Stoßvorgängen mit dem DIRAC-Impuls aus Dimensionsgründen auf. Die Phase ist für alle Frequenzen 0. Für einen um die Zeit $t_0$ verschobenen DIRAC-Impuls liefert das erste Integral von Gl. (13a) mit $\delta(t - t_0)$ statt $\delta(t)$ die Spektralfunktion $S(f) = I_\delta\, e^{-j\omega t_0}$, also eine konstante Amplitudendichte mit einem geradlinigen Phasenverlauf $\varphi = -\omega t_0$.

3. Für einen Rechteckimpuls mit endlicher Breite $T$ und der Höhe 1 wird

$$S(f) = \int\limits_{-T/2}^{T/2} e^{-j\omega t}\, dt = T\, \frac{\sin \omega\, T/2}{\omega\, T/2}, \tag{14}$$

während eine regelmäßige Folge derartiger Rechteckimpulse mit der Folgefrequenz $f_0 = 1/T_0$, also der Periodendauer $T_0 > T$, nach Gl. (6) und (6a) eine FOURIER-Reihe (6) mit den Koeffizienten

$$C_n = \frac{1}{T_0} \int\limits_{-T/2}^{T/2} e^{-jn\omega_0 t}\, dt = \frac{T}{T_0}\, \frac{\sin n\, \omega_0\, T/2}{n\, \omega_0\, T/2} \tag{14a}$$

liefert.

4. Für eine zur Zeit $t = \tau$ eingeschaltete Wechselspannung nehmen wir, wie in der komplexen Wechselstromrechnung üblich, ein komplexes Glied von Gl. (6), setzen also $s(t) = e^{j\omega_n t + j\varphi_n}$ und erhalten nach Gl. (11a) als zugehörige Spektralfunktion

$$S_n(f) = \lim_{c \to 0} \int\limits_{t = \tau}^{\infty} e^{-ct}\, e^{j(\omega_n t + \varphi_n)}\, e^{-j\omega t}\, dt = e^{j\varphi_n}\, \frac{e^{j(\omega - \omega_n)\tau}}{j(\omega - \omega_n)}. \tag{15}$$

$\beta$) *Übertragungsfaktor und Empfangsfunktion.* Gibt man eine beliebige Zeitfunktion $s_1(t)$, dargestellt durch Gl. (6) oder (11), mit der Spektralzerlegung (6a) oder (11a) auf ein Netzwerk, das für periodische Zeitfunktionen den Übertragungsfaktor

$$A(f) = |A(f)|\, e^{-j\,\varphi(f)} \tag{16}$$

hat, wobei $|A|$ der Betrag und $\varphi$ die Phase im Bogenmaß ist, so liefert Gl. (6) für die Zeitfunktion am Ausgang des Netzwerkes, da jede Teilschwingung mit dem Übertragungsfaktor zu multiplizieren ist, den Wert

$$s_2(t) = \sum_{n=-\infty}^{\infty} C_n\, A(n f_0)\, e^{j n \omega_0 t} \tag{17}$$

für periodische Vorgänge bzw. Gl. (11)

$$s_2(t) = \int_{-\infty}^{\infty} S(f)\, A(f)\, e^{j\omega t}\, df \tag{18}$$

für beliebige Vorgänge. Unter dem Integral ist wie in Gl. (11) das Integral in der komplexen $\underline{\omega}$-Ebene zu verstehen, also das Hakenintegral oder ein durch einen unendlich großen Halbkreis geschlossenes Umlaufsintegral mit der Residuumlösung (s. S. 16 und [8, 9]).

Der Übertragungsfaktor $A(f)$ ist das Verhältnis von Ausgangsgröße zu Eingangsgröße des Netzwerkes für eine Frequenz $f$. Bei gleichen Dimensionen von Ausgangs- und Eingangsgröße oder bei Rechnung mit normierten Größen ist der Übertragungsfaktor eine reine Zahl. In diesem Fall kann der Übertragungsfaktor $A(f)$ durch das Übertragungsmaß $g(f) = a(f) + j\, b(f) = -\ln A(f)$, also durch

$$A(f) = e^{-g(f)} = e^{-a(f)-j\,b(f)} \tag{16a}$$

ausgedrückt werden, wobei mit Einsetzung von Gl. (16) $a = -\ln A = \ln 1/A$ das Dämpfungsmaß in Neper[1], $b = \varphi$ das Phasenmaß im Bogenmaß ist. Ebenso wie bei der Spektralfunktion sind beim Übertragungs-

---

[1] Als Dämpfungsmaß oder Dämpfung wird in der Nachrichtentechnik allgemein das in logarithmischem Maß gemessene Verhältnis zweier gleicher linearer Größen (Spannungen, Ströme) oder quadratischer Größen (Leistungen) bezeichnet. Es gelten bei linearen Größen (z. B. Spannungen), je nachdem, ob man den natürlichen bzw. den BRIGGSschen Logarithmus nimmt, die Definitionsgleichungen

$$a = \ln \frac{U_1}{U_2}\,\mathrm{Np}, \qquad a' = 20 \lg \frac{U_1}{U_2}\,\mathrm{dB}.$$

Da bei gleichem Verhältnis $U_1/U_2$ die Zahlenwerte von $a$ und $a'$ verschieden sind, müssen die Hinweiswörter oder Pseudoeinheiten Neper (Np) bei $a$, Dezibel (dB) bei $a'$ hinzugefügt werden [10]. Die Umrechnung von Np auf dB ist nach den Definitionsgleichungen $1\,\mathrm{Np} = 20 \lg e\,\mathrm{dB} = 8{,}686\,\mathrm{dB}$. Bei einem Leistungsverhältnis ist in den Definitionsgleichungen der Faktor 1/2 hinzuzufügen, also

$$a_P = \frac{1}{2} \ln \frac{P_1}{P_2}\,\mathrm{Np}, \qquad a_P' = 10 \lg \frac{P_1}{P_2}\,\mathrm{dB}$$

zu setzen. Bei gleichen Widerständen an den Stellen 1 und 2 haben dann die entsprechenden Dämpfungen gleiche Zahlenwerte: $a = a_P$ und $a' = a_P'$.

faktor und Übertragungsmaß Absolutwert und Realteil gerade, Phase oder Imaginärteil ungerade Funktionen der Frequenz. Bei realisierbaren Netzwerken sind Übertragungsfaktor und Übertragungsmaß analytische Funktionen in der komplexen Frequenzebene bis auf einzelne Singularitäten (Pole oder Verzweigungsschnitte [8, 9]).

Bei komplizierteren oder experimentell gegebenen Signalfunktionen $s_1(t)$ und Übertragungsfaktoren $A(f)$ ist das Integral (18) nur numerisch lösbar. Eine Näherungslösung kann man bei einer auf die Zeit $T$ begrenzten Signalfunktion $s_1(t)$ erhalten, wenn man $s_1(t)$ in genügend großem Abstand $T_0 > T$ regelmäßig wiederholt und die entstandene periodische Funktion nach Gl. (6) und (6a) als FOURIER-Reihe entwickelt. Gl. (17) liefert dann im Bereich $T_0$ eine angenäherte Ausgangsfunktion.

Wegen der Schwierigkeit der exakten Berechnung nimmt man in der Systemtheorie sowohl für die Eingangszeitfunktion $s_1(t)$ und das zugehörige $S(f)$ als auch für den Übertragungsfaktor $A(f)$ anstelle der wirklichen Funktionen ohne Rücksicht auf die Realisierbarkeit einfache Funktionen an, um den prinzipiellen Verlauf der Ausgangsfunktion (18) zu erkennen [3, 8].

Während die angenommene Zeitfunktion stets näherungsweise realisiert werden kann, ist die Annahme einer willkürlichen Übertragungsfunktion problematischer, indem Real- und Imaginärteil des Übertragungsfaktors bzw. Dämpfung und Phase in jedem realisierbaren Netzwerk aus derselben Funktion von $j\omega$ folgen und damit bestimmte Bedingungen erfüllen müssen. Bei bekanntem Netzwerk ist der Zusammenhang zwischen beiden nach den KIRCHHOFFschen Gesetzen ohne weiteres gegeben, bei Annahme oder Messung des Realteiles kann der zugehörige Imaginärteil unter gewissen Voraussetzungen berechnet werden und umgekehrt. Das Umlaufsintegral einer Funktion $\dfrac{g(\omega)}{\underline{\omega} - \omega'}$ der komplexen Frequenz $\underline{\omega}$ ($\omega'$ reell) über die untere Halbebene liefert nämlich nach dem CAUCHYSCHEN Integralsatz unter der Voraussetzung, daß $g(\underline{\omega})$ in der unteren $\underline{\omega}$-Halbebene eine reguläre analytische Funktion ohne Pole und im Unendlichen beschränkt ist, nach Trennung in Real- und Imaginärteil zwischen dem Realteil $a(\omega)$ und dem Imaginärteil $b(\omega)$ der Funktion $g(\omega)$ auf der reellen $\omega$-Achse die sog. HILBERT-Transformation mit den Gleichungen

$$a(\omega') = a(\infty) - \frac{1}{\pi} \int_{-\infty}^{\infty} \frac{b(\omega)}{\omega - \omega'}\,d\omega, \quad b(\omega') = b(\infty) + \frac{1}{\pi} \int_{-\infty}^{\infty} \frac{a(\omega)}{\omega - \omega'}\,d\omega,$$

$$(19)$$

nach denen man aus dem gegebenen Realteil den zugehörigen Imaginärteil berechnen kann und umgekehrt [8, 9, 11]. Die Integrale sind die Linienintegrale auf der reellen $\omega$-Achse.

Für die Nachrichtentechnik interessiert der Zusammenhang zwischen Dämpfung und Phase. Da nach Voraussetzung für Gl. (19) in der unteren $\omega$-Halbebene keine Pole vorhanden sein dürfen, gilt die Beziehung für Übertragungsmaße $g$, die in der unteren $\omega$-Halbebene bzw. in der rechten Hälfte der $p$-Ebene keine Pole und keine Nullstellen haben, das sind Netzwerke minimaler Phase [9]. Unter der Berücksichtigung, daß $a(\omega)$ eine gerade, $b(\omega)$ eine ungerade Funktion der Frequenz ist, können die Gl. (19) umgeformt werden in die gleichwertige, für praktische Rechnungen oft geeignetere Form

$$a(\omega') = a(\infty) - \frac{2}{\pi} \int\limits_0^\infty \frac{b(\omega)}{\omega^2 - \omega'^2}\, d\omega, \qquad b(\omega') = \frac{2\omega'}{\pi} \int\limits_0^\infty \frac{a(\omega)}{\omega^2 - \omega'^2}\, d\omega.$$

$$(19\,\text{a})$$

Die Gl. (19) setzten voraus, daß $a$ und $b$ für $\omega \to \infty$ endlich bleiben. Die Gl. (19a) konvergieren noch, wenn die Dämpfung logarithmisch gegen $\infty$ geht. Das trifft bei allen Netzwerken mit konzentrierten Elementen zu. Wendet man den CAUCHYSCHEN Integralsatz statt auf $\frac{g(\omega)}{\omega - \omega'}$ auf die Funktion $\frac{g(\omega)}{\omega(\omega - \omega')}$ an, so erhält man anstelle von Gl. (19a) die Beziehungen

$$a(\omega') = a(0) - \frac{2\omega'^2}{\pi} \int\limits_0^\infty \frac{b(\omega)/\omega}{\omega^2 - \omega'^2}\, d\omega,$$

$$b(\omega') = \omega' \left(\frac{b}{\omega}\right)_\infty + \frac{2\omega'}{\pi} \int\limits_0^\infty \frac{a(\omega)}{\omega^2 - \omega'^2}\, d\omega,$$

$$(19\,\text{b})$$

die auch noch anwendbar sind, wenn die Phase mit $\omega$ gegen $\infty$ geht. Die beiden letzten Formeln von (19a) und (19b) unterscheiden sich nur durch einen (willkürlichen) linearen Phasenverlauf entsprechend einer konstanten Laufzeit. Bei Netzwerken mit konzentrierten Elementen wird $(b/\omega)_{\omega \to \infty}$ stets Null.

Die Gln. (19) bis (19b) geben bei bekannter Phase die zugehörige Dämpfung, bei bekannter Dämpfung die minimale Phase, deren gesamter Änderungsbereich bei der vorgegebenen Dämpfung nicht unterschritten, sondern nur durch Hinzufügen rein phasendrehender Netzwerke, sog. Allpaßnetzwerke oder Laufzeitglieder, vergrößert werden kann. Der angegebene Zusammenhang zwischen Real- und Imaginärteil ist sowohl bei willkürlicher Wahl des Übertragungsfaktors als auch bei der Berechnung von Entzerrern zu beachten. Er bewirkt auch, daß ein Netzwerk minimaler Phase, das Schwankungen oder Abweichungen der Dämpfungskurve entzerrt, gleichzeitig die Abweichungen der Phasenkurve vom Sollwert entzerren muß.

Häufig gelingt die Lösung der Gln. (19) durch Erraten der zugehörigen analytischen Funktion. So gehört zu einem cosinusförmig schwankenden Realteil, da die zugehörige analytische Funktion die Exponentialfunktion ist, ein sinusförmig schwankender Imaginärteil, also zum Realteil $a(\omega) = \Delta a \cos \omega t$ das Übertragungsmaß $g(\omega) = \Delta a \, \mathrm{e}^{\pm j \omega t}$, mithin der Imaginärteil $b(\omega) = \pm \Delta a \sin \omega t$. Das Einsetzen von $a(\omega) = \Delta a \cos \omega t$ in die zweite Gl. (19) mit $b(\infty) = 0$ wegen der ungeraden Funktion liefert mit der Substitution $\omega - \omega' = x$ für den zugehörigen Imaginärteil mit Zerlegung von $\cos \omega t = \cos(\omega' + x) t$ und Berücksichtigung der späteren Gl. (25a) nach Wiedereinführung von $\omega$ statt $\omega'$

$$b(\omega) = \frac{\Delta a}{\pi} \int\limits_{-\infty}^{\infty} \frac{\cos(\omega' + x)}{x} \, \mathrm{d}x = - \Delta a \sin \omega t,$$

so daß nur das Minuszeichen in $g(\omega)$ in Betracht kommt.

Als zweites Beispiel sei ein idealisierter Tiefpaß mit $a = 0$ für $\omega < \omega_g$, $a = a_0$ für $\omega > \omega_g$ betrachtet. Hierzu gehört die analytische Funktion $g(\omega) = j \dfrac{a_0}{\pi} \ln \dfrac{\omega_g + \omega}{\omega_g - \omega}$. Sie erfüllt die Bedingung für den Realteil, da der Logarithmus einer positiven Zahl reell, der einer negativen Zahl $\ln(-x) = \ln x \pm j \pi$ ist. Der Imaginärteil ist daher die zugehörige Phase.

Setzt man derartige Funktionen für $A$ bzw. $g$ an, so ist zwar die Bedingung der analytischen Funktion erfüllt, über die Realisierbarkeit aber ebenfalls nichts gesagt, da der angenommene Realteil in wirklichen Netzen nicht zu existieren braucht. Die im zweiten Beispiel ermittelte Phase würde z. B. für $\omega = \omega_g$ nach Gl. (20) unendlich große Laufzeiten ergeben, das Netzwerk also nicht realisierbar sein. Bei realisierbaren Netzen mit minimaler Phase sind die Gln. (19) von selbst erfüllt.

Anstelle der Phase ist bei experimentell vorliegendem Übertragungsfaktor häufig die Phasenlaufzeit $t_p$ oder die für die Messung besser zugängliche Gruppenlaufzeit $t_g$ gegeben. Beide Werte sind durch

$$t_p = \frac{\varphi(\omega)}{\omega}, \qquad t_g = \frac{\mathrm{d}\,\varphi(\omega)}{\mathrm{d}\,\omega} \tag{20}$$

definiert. Aus $t_g$ kann durch Integration die Phase bis auf eine willkürliche Konstante gewonnen werden.

Beispiele für die Berechnung der Empfangsfunktion:

### 1. Verzerrungsfreies System

Wir normieren in allen Beispielen den Maximalwert des Übertragungsfaktors auf 1. Für einen Übertragungsfaktor $A = \mathrm{e}^{-j \omega t_0}$ folgt aus Gl. (18) und (7) $s_2(t) = s_1(t - t_0)$. Das heißt, daß bei einem Übertragungsfaktor

mit der Dämpfung 0 und geradlinigem Phasenverlauf $\varphi = -\omega\,t_0$, wie
er z. B. bei einer verlustlosen Leitung vorliegen würde, die Kurvenform
$s_1(t)$ unverändert bleibt und nur um die Laufzeit $t_0$ verschoben ist.
$t_0$ ist als Quotient aus Phasenwinkel und Kreisfrequenz die Phasenlaufzeit. Für eine konstante Dämpfung $a$ statt 0 tritt nur der Faktor $e^{-a}$
hinzu. Für konstante Dämpfung und Phasenlaufzeit tritt also keine Verzerrung ein, in allen übrigen Fällen wird das Eingangssignal verzerrt.

### 2. Stoßvorgang im idealisierten Tiefpaß

Ein kurzzeitiger Impuls kann mathematisch durch den DIRAC-Impuls
$\delta(t)$ dargestellt werden, dessen Spektrum nach G. (13a) konstant ist.
Als idealisierten Tiefpaß mit der Grenzfrequenz $\omega_g$ betrachten wir den

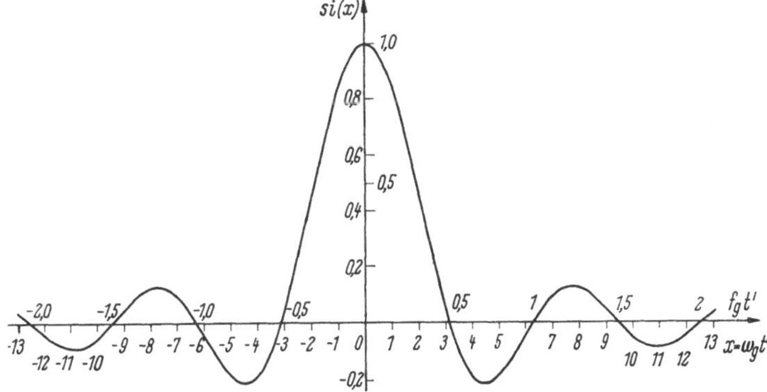

Abb. 4. $\operatorname{si} x = \dfrac{\sin x}{x}$, Stoßvorgang im idealisierten Tiefpaß

streng nicht realisierbaren Übertragungsfaktor $A\,(f) = e^{-j\,\omega\,t_0}$ für $\omega < \omega_g$,
$A = 0$ für $\omega > \omega_g$. Gibt man den DIRAC-Impuls auf einen derartigen
Tiefpaß, so wird die Empfangsfunktion nach Gl. (18) und (13a) mit
$t' = t - t_0$

$$s_2(t) = \int\limits_{-\omega_g}^{\omega_g} I_\delta\, e^{j\,\omega t'}\, df = \frac{I_\delta}{2\pi}\left[\frac{e^{j\,\omega t'}}{j t'}\right]_{\omega=-\omega_g}^{\omega_g} = \frac{\omega_g I_\delta}{\pi}\operatorname{si}\omega_g\,t'. \qquad (21)$$

Die beim Stoßvorgang im idealisierten Tiefpaß auftretende Funktion
$\operatorname{si} x = \dfrac{\sin x}{x}$ ist in Abb. 4 gezeichnet.

Der Stoßvorgang ist durch die Einschränkung des Frequenzbandes
verbreitert und zeigt außerdem ein Überschwingen von maximal 21 %.
Die mittlere Breite des Empfangsimpulses erhält man, wenn man das
Integral über den Stoßvorgang, also das Integral über $s_2(t)$ von $t = -\infty$
bis $+\infty$, durch ein gleich großes Rechteck mit dem Maximalwert $\omega_g/\pi$
ersetzt, zu [3, 12]

$$\tau = \frac{1}{2 f_g}. \qquad (22)$$

Die normierte Maximalspannung des Empfangsimpulses ist nach Gl. (21) $s_{2\,\mathrm{max}} = 2 f_g I_\delta$. Da die normierte Energie des sekundären Stoßes $W_2 = 2 f_g I_\delta^2$ ist, wie aus der Integration von $s_2(t)^2$ oder aus dem konstanten primären Spektrum $S_1(f) = I_\delta$ folgt, wird ausgedrückt durch die sekundäre Energie $s_{2\,\mathrm{max}} = \sqrt{2 f_g W_2}$.

Das scheinbare Vorhandensein eines Sekundärwertes bei negativen Zeiten erklärt sich aus der Benutzung des idealisierten, nicht realisierbaren Tiefpasses. Eine Realisierung würde nach S. 22 eine unendlich große Laufzeit verlangen, so daß das Maximum in Abb. 4 im positiv Unendlichen liegt und die Zeitfunktion für negative Zeiten Null ist. Bei realisierbaren Vierpolen mit endlichen Laufzeiten verschwinden die Anteile für negative Zeiten ähnlich wie in Beispiel 5, während die mittlere Breite des Zeichens nur unwesentlich verändert wird.

### 3. Ein- und Ausschalten einer Gleich- oder Wechselspannung im idealisierten Tiefpaß und Bandpaß

Zur Eingangszeitfunktion $s_1(t) = \mathrm{e}^{\mathrm{j}(\omega_0 t + \varphi_0)}$ für $t > 0$ (der Realteil gibt das Einschalten einer Wechselspannung zur Zeit $t = 0$) gehört die Spektralfunktion von Gl. (15) für $\tau = 0$ und mithin nach Gl. (18) mit dem Übertragungsfaktor $A = \mathrm{e}^{-\mathrm{j}\omega t_0}$ des idealisierten Tiefpasses die Ausgangszeitfunktion (unter Weglassen von Re)

$$s_2(t) = \int\limits_{-\infty}^{\infty} S(f)\, A(f)\, \mathrm{e}^{\mathrm{j}\omega t}\, \mathrm{d}f = \frac{1}{2\pi} \int\limits_{-\omega_g}^{\omega_g} \frac{\mathrm{e}^{\mathrm{j}\varphi_0}}{\mathrm{j}(\omega - \omega_0)}\, \mathrm{e}^{\mathrm{j}\omega(t - t_0)}\, \mathrm{d}\omega. \quad (23)$$

Mit $t - t_0 = t'$ ergibt das

$$s_2(t) = \mathrm{e}^{\mathrm{j}(\omega_0 t' + \varphi_0)} \frac{1}{2\pi} \int\limits_{-\omega_g}^{\omega_g} \frac{\mathrm{e}^{\mathrm{j}(\omega - \omega_0)t'}}{\mathrm{j}(\omega - \omega_0)}\, \mathrm{d}\omega. \quad (23\,\mathrm{a})$$

Zerlegung der Exponentialfunktion und Berücksichtigung des Residuums für $\omega = \omega_0$ liefert die Lösung

$$s_2(t) = \mathrm{e}^{\mathrm{j}(\omega_0 t' + \varphi_0)} \left[ \frac{1}{2} + \frac{1}{2\pi} \left\{ \mathrm{Si}(\omega_g - \omega_0)\, t' + \mathrm{Si}(\omega_g + \omega_0)\, t' - \right. \right.$$
$$\left. \left. - \mathrm{j}\, \mathrm{Ci}(\omega_g - \omega_0)\, t' + \mathrm{j}\, \mathrm{Ci}(\omega_g + \omega_0)\, t' \right\} \right]. \quad (24)$$

Dabei sind die Funktionen Si und Ci die z. B. in [13] tabulierten Integralsinus- und Integralkosinusfunktionen

$$\mathrm{Si}\, x = \int\limits_{0}^{x} \frac{\sin x}{x}\, \mathrm{d}x, \qquad \mathrm{Ci}\, x = \int\limits_{-\infty}^{x} \frac{\cos x}{x}\, \mathrm{d}x \quad (25)$$

mit

$$\mathrm{Si}\, \infty = \frac{\pi}{2}, \qquad \mathrm{Ci}\, \infty = 0. \quad (25\,\mathrm{a})$$

Das erste Glied $\frac{1}{2}$ ist die Residuenlösung (s. S. 16) für $\omega = \omega_0$. Die physikalisch vorhandene Zeitfunktion ist der Realteil von Gl. (24).

Beim Einschalten einer Spannung zur Zeit $t = \tau$ ist nach Gl. (15) $t'$ im Integral von Gl. (23a) und damit in der geschweiften Klammer von Gl. (24) durch $t' - \tau$ zu ersetzen.

Für $\omega_0 = 0$, $\varphi_0 = 0$ erhält man aus Gl. (24) den Einschaltvorgang eines Gleichstroms zur Zeit $t = 0$ zu

$$s_2(t) = \frac{1}{2} + \frac{1}{\pi}\,\mathrm{Si}\,\omega_g\,t'. \tag{26}$$

Die Einschaltkurve zeigt Abb. 5. Die Tangente an der steilsten Stelle $t' = 0$ schneidet die Ordinaten 0 und 1 an den Stellen $t' = \pm\dfrac{1}{4f_g}$.

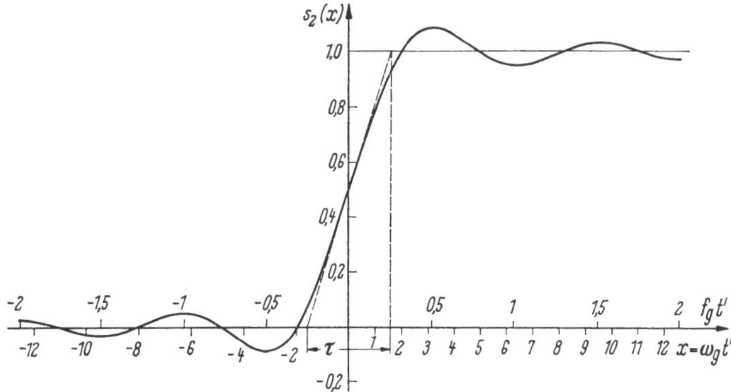


Abb. 5. $s_2(x) = \dfrac{1}{2} + \dfrac{1}{\pi}\,\mathrm{Si}\,x$, Einschalten eines Gleichstroms im idealisierten Tiefpaß

Definiert man diese Zeitspanne als Einschwingzeit, so besteht zwischen Bandbreite und Einschwingzeit wieder die Gl. (22).

Bei einem idealisierten Bandpaß mit dem Übertragungsfaktor $A = \mathrm{e}^{-\mathrm{j}\,\omega\,t_0}$ in den Grenzen $\omega_1$ und $\omega_2$ ist das Integral in Gl. (23) von $-\omega_2$ bis $-\omega_1$ und von $\omega_1$ bis $\omega_2$ zu erstrecken. Vernachlässigt man für ein Schmalbandsystem mit $\varDelta\omega = \omega_2 - \omega_1 \ll \omega_0$ das erste Integral wegen des großen Nenners, so bleibt als Lösung Gl. (24) mit $\omega_2 - \omega_0$ statt $\omega_g - \omega_0$ und $\omega_1 - \omega_0$ statt $-\omega_g - \omega_0$. Abb. 6 zeigt einen Einschwingvorgang für ein symmetrisches Schmalbandsystem $\left(\omega_0 = \dfrac{\omega_1 + \omega_2}{2}\right)$.

Den Ausschaltvorgang sieht man am besten als Einschaltvorgang einer gleich großen negativen Spannung an. Für das Abschalten einer durchgehenden Wechselspannung zur Zeit $t = 0$ hat man daher von der durchgehenden Spannung $\mathrm{e}^{\mathrm{j}\,(\omega_0 t + \varphi_0)}$ den Wert von Gl. (24) abzuziehen, wodurch sich für den Ausschaltvorgang in Gl. (24) nur das Vorzeichen der geschweiften Klammer ändert. Für das Ein- und Abschalten einer

Gleichspannung zur Zeit $t = -T/2$ bzw. $+T/2$ (Kurvenform eines Telegraphieschrittes) ergibt sich daher mit Berücksichtigung der Zeitverschiebung aus Gl. (26)

$$s_2(t) = \frac{1}{\pi}\,\mathrm{Si}\,\omega_g\left(t' + \frac{T}{2}\right) - \frac{1}{\pi}\,\mathrm{Si}\,\omega_g\left((t' - \frac{T}{2}\right). \tag{27}$$

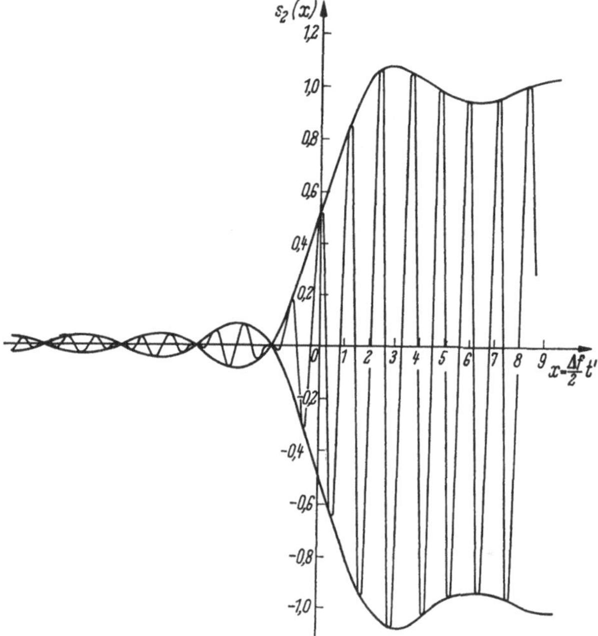


Abb. 6. Einschalten einer Wechselspannung in einem symmetrischen Schmalbandsystem
$(\Delta f / f_0 = 2{,}4)$

### 4. cos²-Übertragungsfaktor

Das in den bisherigen Beispielen auftretende starke Überschwingen wird durch einen allmählichen Abfall des Übertragungsfaktors an den Grenzen des Übertragungsbereichs wesentlich verkleinert. So erhält man z. B. für einen cos²-Übertragungsfaktor, also für den idealisierten Übertragungsfaktor

$$A = \cos^2\frac{\pi}{2}\frac{\omega}{\omega_g} = \frac{1 + \cos\pi\,\dfrac{\omega}{\omega_g}}{2}\quad\text{für}\quad \omega \lessgtr \omega_g \tag{28}$$

mit einfachen Rechnungen entsprechend Gl. (21) für den Stoßvorgang die sekundäre Zeitfunktion

$$s_2(t) = \frac{\omega_g I_\delta}{2\pi}\left\{\mathrm{si}\,\omega_g t + \frac{1}{2}\,\mathrm{si}(\omega_g t + \pi) + \frac{1}{2}\,\mathrm{si}(\omega_g t - \pi)\right\}. \tag{29}$$

Die Kurve zeigt Abb. 7. Sie zeigt nur sehr kleine Überschwingungen, die mittlere Breite der Kurve wird $\tau = \dfrac{1}{f_g} = \dfrac{1}{2f_m}$, wenn $f_m$ die mittlere Bandbreite ist, so daß für Einschwingzeit und mittlere Bandbreite

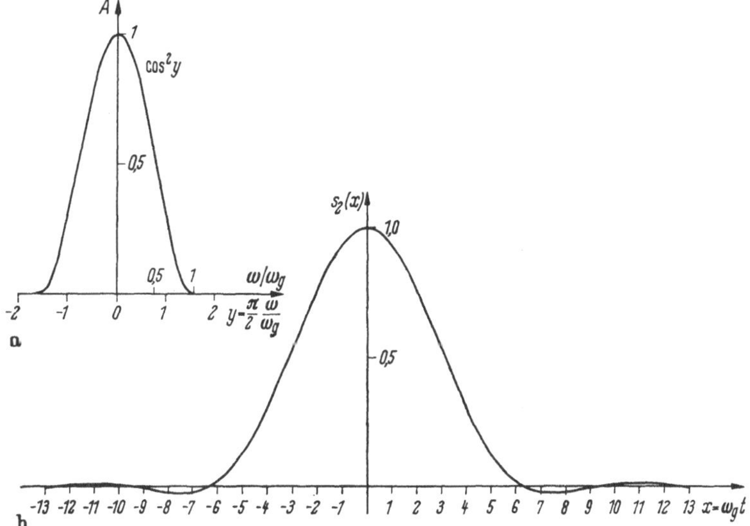



Abb. 7 a u. b. Stoßvorgang mit cos²-Übertragungsfaktor
a) Übertragungsfaktor,  b) Einschaltkurve

wieder die Beziehung (22) besteht. Bei einer GAUSSschen Glockenkurve als Übertragungsfaktor verschwindet das Überschwingen vollkommen.

### 5. *Periodische Dämpfungs- und Phasenverzerrung, Echomethode*

Dem normalen Übertragungsmaß $g_0(f)$ eines Netzwerkes sei eine kleine kosinusförmige Dämpfungsverzerrung $a(f) = \Delta a \cos \omega t_e$ überlagert. Bei realisierbaren Netzwerken gehört nach S. 22 zu dieser Dämpfungsverzerrung eine Phasenverzerrung $b(f) = -\Delta a \sin \omega t_e$. Wir betrachten daher den Übertragungsfaktor

$$A(f) = A_0(f)\, e^{-a(f)-jb(f)} \approx A_0(f)\,\{1 - a(f) - j\,b(f)\}$$
$$= A_0(f)\,\{1 - \Delta a\, e^{-j\omega t_e}\}. \tag{30}$$

Die benutzte Näherung gilt für kleine Schwankungen $\Delta a \ll 1$. Ist $s_{20}(t)$ die zu $A_0(f)$ gehörige Zeitfunktion, so liefert das Einsetzen in Gl. (18) für die sekundäre Zeitfunktion mit Dämpfungsschwankungen sofort

$$s_2(t) = s_{20}(t) - \Delta a\, s_{20}(t - t_e). \tag{31}$$

Die sinusförmigen Dämpfungs- und Phasenverschiebungen rufen also Echos mit der Amplitude $\Delta a$ und der zeitlichen Verschiebung $t_e$

hervor. Eine reine Dämpfungsverzerrung ohne die zugehörige Phasenverschiebung würde in der Rechnung auch voreilende Echos ergeben.

Da jede beliebige Dämpfungs- oder Phasenverzerrung im Übertragungsbereich nach FOURIER-Reihen entwickelt werden kann und jedes Glied ein vor- und nacheilendes Echo entsprechend dem nacheilenden Echo in Gl. (31) liefert, gibt die Methode allgemein die sekundäre Zeitfunktion für beliebige Übertragungsmaße mit kleinen Schwankungen (maximale Dämpfungs- oder Phasenabweichungen klein gegen 1 Np bzw. 1 Radiant). Für eine größere Schwankungsamplitude $\Delta a$ müßte man bei Anwendung der Echomethode die Exponentialfunktion in Gl. (30) durch die Exponentialreihe

$$e^{-a-jb} = \sum_{n=0}^{\infty} \frac{(-a-jb)^n}{n!} = \sum_{n=0}^{\infty} \frac{(-\Delta a)^n}{n!}\, e^{-jn\omega t_s} \qquad (30\,\mathrm{a})$$

ersetzen, was beim Einsetzen in Gl. (18)

$$s_2(t) = \sum_{n=0}^{\infty} \frac{(-\Delta a)^n}{n!}\, s_{20}(t - n\,t_e) \qquad (31\,\mathrm{a})$$

liefert. Jede einzelne sinusförmige Dämpfungs- oder Phasenschwankung liefert dann eine Reihe nachlaufender Echos.

Eine andere allgemeine Lösungsmöglichkeit ist die Entwicklung der Dämpfungs- oder Phasenabweichungen in Potenzreihen von $\omega$, was oft, z. B. bei Filtern oder Leitungen, eine bessere Näherung gibt. Die Berechnung von $s_2(t)$ ist mit den bisher benutzten Formeln bei kleinen Abweichungen und in Spezialfällen, z. B. bei rein quadratischer Phasenkennlinie, durchführbar, läßt sich aber nicht mehr aus $s_{20}(t)$ aufbauen. Bei großen Abweichungen muß wie im allgemeinen Fall Gl. (18) numerisch gelöst oder die Signalfunktion $s_1(t)$ periodisch ergänzt und $s_2(t)$ angenähert nach Gl. (17) berechnet werden, s. S. 20.

**b) Berechnung der Empfangsfunktion durch Impulszerlegung.** Eine zweite Möglichkeit der Berechnung von Einschaltvorgängen liegt in der Impulszerlegung. Da die Spektralfunktion eines kurzen Impulses (DIRAC-Impuls) nach Gl. (13a) eine Konstante ist, ist die Antwort eines Netzwerkes mit dem Übertragungsfaktor $A(f)$ auf einen Stoßvorgang zur Zeit $t = 0$ mit dem Integralwert $I_\delta$ nach Gl. (18) und (13a) gegeben durch

$$s_2(t) = I_\delta \int_{-\infty}^{\infty} A(f)\, e^{j\omega t}\, \mathrm{d}f = I_\delta\, h(t), \qquad (32)$$

wobei nach Gl. (13) $I_\delta = 1$ sec ist, während $h(t)$ durch das Integral in Gl. (32) definiert ist.

Diese Antwortfunktion $h(t)$ auf einen DIRAC-Impuls, die wir kurz als Impulsantwort bezeichnen wollen, charakterisiert das Netzwerk genauso gut wie der Übertragungsfaktor. Es lassen sich mit ihr sämtliche Zeitfunktionen berechnen. Da jede primäre Zeitfunktion $s_1(t)$ nach Abb. 8a in lauter dicht benachbarte DIRAC-Impulse von der Integralgröße $I_\tau = s_1(\tau)\, d\tau$ zerlegt werden kann und die Antwort des Netzwerkes auf

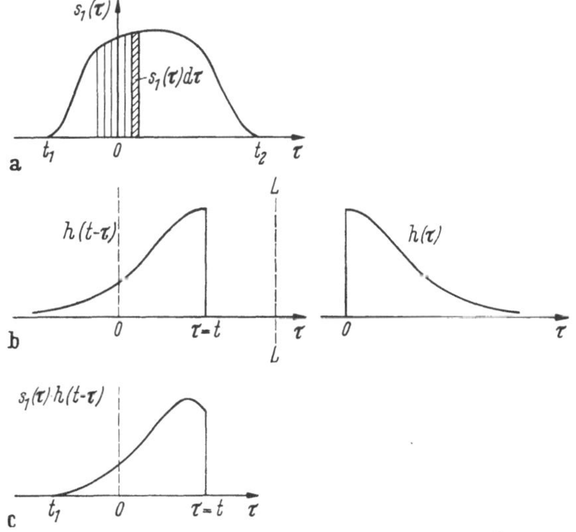

Abb. 8a—c. Zur Berechnung des Faltungsintegrals

$$\int\limits_{-\infty}^{\infty} s_1(\tau)\, h(t-\tau)\, d\tau$$

einen zur Zeit $t = \tau$ erfolgenden Impuls $I_\tau\, h(t - \tau)$ ist, wird die sekundäre Zeitfunktion durch Addition aller Antwortfunktionen

$$s_2(t) = \int\limits_{-\infty}^{\infty} s_1(\tau)\, h(t - \tau)\, d\tau \tag{33}$$

oder mit der Substitution $t - \tau = \tau'$ und Wiedereinführung der Integrationsvariablen $\tau$

$$s_2(t) = \int\limits_{-\infty}^{\infty} s_1(t - \tau)\, h(\tau)\, d\tau. \tag{33a}$$

Die Integrationsgrenzen $\pm\infty$ werden eingeengt durch die endliche Zeitdauer von $s_1(t)$ und dadurch, daß bei realisierbaren Netzwerken $h(t)$, da die Wirkung nicht vor der Ursache vorhanden sein kann, für negative Argumente Null sein muß, was bei idealisierten Netzwerken nicht der Fall ist.

Die Integrale in Gl. (33) und (33a) sind sog. Faltungsintegrale. Man erhält nämlich den Wert $s_2(t)$ für eine bestimmte Zeit $t$, wenn man z. B. nach der ersten Form (33) die Funktionen $s_1(\tau)$ und $h(\tau)$ in größerem Abstand auf ein Blatt Papier zeichnet, vgl. Abb. 8b, das Blatt um eine senkrechte Linie $L$ faltet, so daß der Wert $h(0)$ auf die Linie $\tau = t$ fällt und dann die untereinanderstehenden Werte von $s_1$ und dem gefalteten $h$ multipliziert und diese Werte integriert, also die Fläche in Abb. 8c berechnet [14].

Beispiel:

Als Beispiel für die Methode wollen wir den bereits auf S. 24 behandelten Fall der Einschaltung einer Wechselspannung $e^{j(\omega_0 t + \varphi_0)}$ zur Zeit $t = 0$ in einem idealisierten Tiefpaß behandeln. Nach Gl. (21) und (32) ist die Impulsantwort in einem idealisierten Tiefpaß

$$h(t') = \frac{1}{\pi}\,\frac{\sin\omega_g t'}{t'}\,. \tag{34}$$

Mithin wird nach Gl. (33a) mit $t' = t - t_0$ statt $t$

$$s_2(t) = \int_{-\infty}^{\infty} s_1(t' - \tau)\,h(\tau)\,\mathrm{d}\tau = \int_{\tau = -\infty}^{t'} e^{j\omega_0 t' + j\varphi_0}\,e^{-j\omega_0\tau}\,\frac{\sin\omega_g\tau}{\pi\,\tau}\,\mathrm{d}\tau\,. \tag{35}$$

Die obere Grenze $t'$ folgt, da $s_1$ für negative Argumente Null ist. Die Zerlegung des Sinus in Exponentialfunktionen und Integration liefert unter Berücksichtigung von Gl. (25) und (25a) unmittelbar den Wert von Gl. (24).

### 1.2.2 Nichtlineare Verzerrungen

Nichtlineare Verzerrungen entstehen, wenn Eingangs- und Ausgangsgröße nicht proportional sind, sondern irgendeine Funktion $s_2 = f(s_1)$ besteht. Im regulären Fall nichtlinearer Verzerrung ist die Verzerrung durch schwach gekrümmte Kennlinien hervorgerufen. Ein solcher Gang läßt sich stets durch die ersten Glieder einer Potenzreihe

$$s_2(t) = \alpha_1 s_1 + \alpha_2 s_1^2 + \alpha_3 s_1^3 + \cdots \tag{36}$$

darstellen, wobei $\alpha_1$, $\alpha_2$, ... vom Arbeitspunkt abhängen. Unregelmäßige nichtlineare Verzerrungen liegen z. B. bei einem wellenförmigen Verlauf der Kennlinie $s_2 = f(s_1)$, bei Übersteuerungen, Hysteresiskurven, Kompanderkennlinien und ähnlichem vor. Für diese Fälle läßt sich keine allgemeine Rechenvorschrift angeben. Man muß mit Hilfe der jeweiligen Kennlinie die Ausgangsfunktion $s_2(t)$ berechnen oder graphisch konstruieren und kann sie dann als FOURIER-Reihe oder -Integral nach den Gl. (6) oder (11) entwickeln.

Durch die gekrümmte Kennlinie entstehen bei einer einzelnen Sinusspannung $s_1(t) = S_1 \cos(\omega t - \varphi)$ Oberwellen. Ein Maß für den Oberwellengehalt und damit für die Verzerrung ist der Klirrfaktor, der als die Wurzel aus dem Verhältnis der Leistungen sämtlicher Oberwellen zur Gesamtleistung definiert ist. Sind $A_1$, $A_2$, ... die aus Gl. (36) folgenden Amplituden der einzelnen Oberwellen, so ist

$$k = \sqrt{\frac{A_2^2 + A_3^2 + \cdots}{A_1^2 + A_2^2 + A_3 \cdots}} \, . \tag{37}$$

Bei kleinem Klirrfaktor kann der Nenner durch die Signalamplitude $A_1 = \alpha_1 S_1$ ersetzt werden. Berücksichtigt man nur die $n$-te Oberwelle, so hat man den Klirrfaktor $n$-ter Ordnung. Bei der Kennlinie Gl. (36) sind z. B. die Klirrfaktoren 2. und 3. Ordnung bei kleinen Werten gegeben durch

$$k_2 = \frac{1}{2} \frac{\alpha_2}{\alpha_1} S_1, \qquad k_3 = \frac{1}{4} \frac{\alpha_3}{\alpha_1} S_1^2. \tag{38}$$

Die zugehörigen Klirrdämpfungen sind die logarithmischen Maße $a_k = -20 \lg k$ dB bzw. $-\ln k$ Np.

Besteht das primäre Signal aus der Summe mehrerer Schwingungen mit verschiedenen Frequenzen $\omega_1$, $\omega_2$, ..., $\omega_n$, so treten durch die nichtlineare Kennlinie sämtliche Kombinationsschwingungen mit den Frequenzen

$$\omega_k = m_1 \omega_1 \pm m_2 \omega_2 \pm m_3 \omega_3 \pm \cdots \pm m_n \omega_n \tag{39}$$

auf, wobei $m_1$, $m_2$, ..., $m_n$ beliebige ganze positive Zahlen sind, deren Summe gleich $n$ ist. Die Summe sämtlicher entstehenden Kombinationsschwingungen gibt das Klirr- oder Intermodulationsgeräusch. Die Klirrspannung einer bestimmten Kombinationsschwingung ergibt sich als eine Faltungssumme. Setzt man die Eingangsspannung als eine Summe

$$s_1 = \sum_{n=-N}^{N} S_n \, \mathrm{e}^{\mathrm{j}\omega_n t + \mathrm{j}\varphi_n} \tag{40}$$

mit $\omega_n = n \, \Delta\omega$ an, so wird nämlich das quadratische Glied von Gl. (36)

$$\alpha_2 s_1^2 = \alpha_2 \left\{ \sum_{n=-N}^{N} S_n \, \mathrm{e}^{\mathrm{j}\omega_n t + \mathrm{j}\varphi_n} \sum_{m=-N}^{N} S_m \, \mathrm{e}^{\mathrm{j}\omega_m t + \mathrm{j}\varphi_m} \right\}. \tag{40a}$$

Faßt man zunächst die Glieder mit gleicher Kombinationsfrequenz $\omega_k$ (also die Werte $\omega_n$ und $\omega_{k-n}$) zusammen und summiert dann über alle $k$, so erhält man

$$\alpha_2 s_1^2 = \alpha_2 \sum_{k=-2N}^{2N} \left\{ \sum_{n=-N}^{N} S_n \, S_{k-n} \, \mathrm{e}^{\mathrm{j}(\varphi_n + \varphi_{k-n})} \right\} \mathrm{e}^{\mathrm{j}\omega_k t} = \sum_{k=-2N}^{2N} A_k \, \mathrm{e}^{\mathrm{j}\omega_k t} \tag{40b}$$

bzw. bei kontinuierlichen Spektren die entsprechenden Integrale.

Die in der geschweiften Klammer von Gl. (40b) stehende Summe ist nach Multiplikation mit $\alpha_2$ die komplexe Amplitude $A_k$ bei der Frequenz $\omega_k$. Bei reellen Koeffizienten $S_n$ ($\varphi_n = 0$) ist die Summe eine Faltungssumme bzw. ein Faltungsintegral, das, wie auf S. 29ff. angegeben, berechnet werden kann (Faltung so, daß die Ordinatenachse auf $\omega_k$ fällt).

Für ein gleichmäßiges Sendespektrum mit $S_n = \text{konst} = S_0$ und $\varphi_n = 0$ z. B. erhält man hiernach, vgl. Abb. 9a u. b, den Wert $A_k = \alpha_2 (2N - k) S_0^2$ als Amplitude bei der Frequenz $\omega_k = k\,\Delta\omega$ und damit das Amplitudenspektrum von Abb. 9c für $\alpha_2\, s_1^2$.

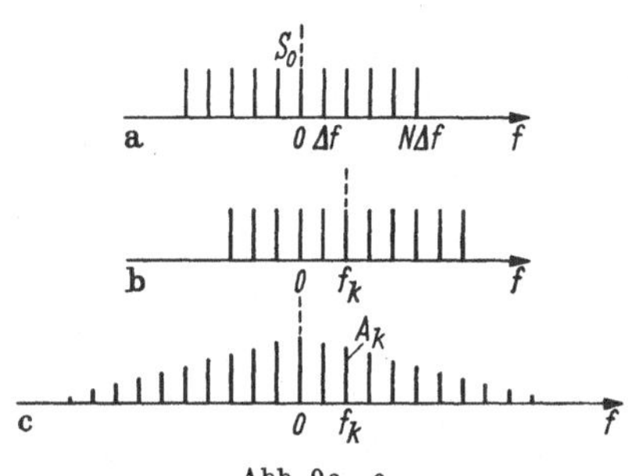

Abb. 9a—c
Faltung eines gleichmäßigen Linienspektrums

Bei komplexen Koeffizienten kann man durch Aufspaltung in Real- und Imaginärteil die geschweifte Klammer in (40b) in mehrere reelle Faltungsintegrale zerlegen.

Durch nochmalige Multiplikation von $s_1^2$ mit der ursprünglichen Funktion erhält man die Klirrprodukte 3. Ordnung usw., Kurven findet man in [15], auch für andere Sendespektren. Ähnliche Kombinationstöne wie aus den Potenzen entstehen bei der Produktbildung aus zwei verschiedenen Zeitfunktionen, wie es z. B. bei der Modulation der Fall ist. Weitere Berechnungen von Klirrleistungen s. S. 36ff. und S. 510ff.

Durch die nichtlinearen Produkte wird das Frequenzband erweitert. Bei der Übertragung in mehreren Kanälen können dadurch benachbarte Kanäle gestört werden.[1] Hat das Sendespektrum die Grenzen $f_1$ und $f_2$, so liegen sämtliche Intermodulationsfrequenzen 2. Ordnung in den Frequenzbändern 0 bis $f_2 - f_1$ und zwischen $2f_1$ und $2f_2$, die kubischen Produkte zwischen $2f_1 - f_2$ bis $2f_2 - f_1$ und zwischen $3f_1$ und $3f_2$. Ist $f_2 \leqq 2f_1$, das Sendespektrum also schmaler als eine Oktave, so fallen die Klirrprodukte 2. Ordnung immer außerhalb des Hauptspektrums, während ein Teil der Differenztöne 3. Ordnung stets in das Hauptspektrum fällt. Bei Mehrkanalverbindungen, deren gesamter Frequenzbereich kleiner als eine Oktave ist, stören daher die quadratischen Klirrprodukte nicht. Dagegen fallen Klirrprodukte 3. Ordnung stets in das

---

[1] Insbesondere entsteht bei der Übertragung mit Träger durch die sog. Kreuzmodulation ein verständliches Nebensprechen. Das Glied dritter Ordnung in Gl. (36) liefert nämlich bei einem unmodulierten Träger $\Omega_1$ und einem modulierten Träger $\Omega_2$ aus den drei erzeugenden Kreisfrequenzen $\Omega_1$, $\Omega_2$ und $\Omega_2 - \omega$ eine Kreisfrequenz $\Omega_1 - \Omega_2 + (\Omega_2 - \omega) = \Omega_1 - \omega$, also eine Modulation von $\Omega_1$ mit dem Seitenband von $\Omega_2$.

Nutzband, wobei sich bei der Übertragung über mehrere Verstärker ein Teil der Intermodulationsprodukte bei geradlinigem Phasenverlauf gleichphasig, also linear in der Spannung, ein Teil quadratisch addiert, vgl. [*15, 16*] und S. 516.

Mitunter werden absichtlich nichtlineare Kennlinien zur Erreichung besonderer Zwecke benutzt, z. B. beim Momentanwertkompander. Der Name Kompander ist eine Zusammenziehung aus Kompressor und Expander. Im Kompressor werden mit einer schwächer als linear ansteigenden Kennlinie, z. B. der Kennlinie $u_2/u_0 = \ln(1 + \alpha\, u_1/u_0)$, die kleineren Spannungswerte relativ stärker verstärkt, im Expander wird durch eine inverse Kennlinie die Kompression wieder rückgängig gemacht. Wegen der im Kompressor entstehenden Oberwellen muß das übertragene Frequenzband verbreitert oder bei Unterdrückung ein großer Klirrfaktor in Kauf genommen werden. Der Momentanwertkompander ist daher für eine kontinuierliche Übertragung nicht geeignet, er kann aber bei einer diskontinuierlichen Übertragung mit synchronem Empfang ohne zusätzliche Frequenzbanderweiterung und ohne Entstehung eines Klirrfaktors benutzt werden, vgl. S. 68 ff. Durch das Anheben der kleinen Spannungswerte wird das Signal-Geräusch-Verhältnis bei kleinen Spannungen vergrößert und damit bei gleicher Verständlichkeit eine größere Rauschleistung zulässig.

Da die Koeffizienten $\alpha$ in Gl. (36) vom Arbeitspunkt des nichtlinearen Gliedes abhängen, können sie verändert werden. Bei einer Vorwärts- oder Rückwärtsregelung z. B. können sie bei Sprachübertragungen mit veränderlicher Lautstärke von den langsam veränderlichen Mittelwerten der Eingangs- oder Ausgangsspannung mit merkbarer oder ohne merkliche Zeitkonstante abhängig gemacht werden. Bei kleinen Wechselstromamplituden (Vernachlässigung von $\alpha_2, \alpha_3, \ldots$) ergibt sich dann nach Gl. (36) bei genügend langsamer Regelung eine nichtlineare Änderung der Amplituden der höheren Frequenzen ohne einen Klirrfaktor. Praktische Anwendungen sind z. B. der Volumenregler (s. S. 324 ff.) und der Silbenkompander (S. 321 ff.). Während der Volumenregler die Verstärkung so ändert, daß die mittlere Leistung unabhängig von der Lautstärke des jeweiligen Sprechers und damit die Aussteuerung konstant ist, was z. B. bei Kurzwellen-Funkverbindungen wichtig ist, wird beim Silbenkompander die Verstärkung gegensinnig zur angebotenen Sprachleistung nur so weit gepreßt, daß durch eine inverse Kennlinie im Expander die ursprüngliche Dynamik wiederhergestellt werden kann. Da der Frequenzbereich bei den praktisch erforderlichen Zeitkonstanten sich nur wenig ändert und bei höheren Frequenzen nur geringe Verzerrungen bei plötzlichen Änderungen des Mittelwertes auftreten, kann der Silbenkompander im Gegensatz zum Momentanwertkompander (s. oben) bei normalen Sprachübertragungen benutzt werden. Genau wie beim Momentanwertkompander wird durch das Anheben der leisen Stellen das Signal-Geräusch-Verhältnis bei kleinen Spannungen vergrößert, so daß ein größeres Rauschen zugelassen werden kann.

## 1.3 Rechenmethoden bei stochastischen Signalen

Während bei den bisher betrachteten Signalen der zeitliche Verlauf bekannt sein mußte oder berechnet werden konnte, treten in der Nachrichtentechnik häufig stochastische Signale auf, bei denen der zeitliche Ablauf eines einzelnen Vorgangs, einer sog. Musterfunktion, unbekannt ist und nur statistische Mittelwerte bestimmbar sind. Typische Beispiele für solche Funktionen sind das Rauschen und der Strom in Mehrkanalanlagen in dem gemeinsamen Leitungsteil. Anstelle eines Augenblickswertes läßt sich nur noch die Wahrscheinlichkeit angeben, mit der bei diskontinuierlichen Signalen ein bestimmter Wert auftritt, bzw. bei kontinuierlichen Signalen die Wahrscheinlichkeit, mit der der Augenblickswert in einem bestimmten Bereich liegt (Wahrscheinlichkeitsfunktion) oder die Wahrscheinlichkeit, mit der ein bestimmter Augenblickswert unterschritten wird (Verteilungsfunktion), vgl. die früher angegebene GAUSSsche Verteilungsfunktion, Abb. 2, S. 10.

Bei der Aufnahme z. B. einer Rauschkurve erhält man aus derselben Quelle lauter verschiedene Kurven. Bei der Angabe von Mittelwerten hat man daher zwischen dem zeitlichen Mittelwert bei einer einzelnen Kurve und dem Scharmittelwert, d. h. dem Mittelwert irgendeiner Größe zu einem bestimmten Zeitpunkt, z. B. 5 sec nach dem Einschalten, bei verschiedenen Kurven zu unterscheiden. Häufig sind beide Mittelwerte gleich, wir haben einen ergodischen Fall. Die meisten technischen Vorgänge, aber nicht alle, sind ergodisch. Nicht ergodisch wäre z. B. ein Vorgang, bei dem sich der Widerstand mit der Temperatur oder der Zeit ändert. Die wichtigsten Mittelwerte sind der Mittelwert des Spannungs- (bzw. Strom-) Quadrates oder die mittlere Leistung und der Mittelwert des Quadrates einer Spektralgröße oder die mittlere Leistungsdichte bei einer bestimmten Frequenz $f$.

Eine weitere, bei statistischen Vorgängen auftretende Größe ist die Korrelationsfunktion, die als zeitlicher Mittelwert des Produktes zweier um die Zeit $\tau$ verschobener stochastischer Kurven definiert ist. Sie gibt die statistische Abhängigkeit zweier um $\tau$ verschobener Kurven an. Wird die gleiche Kurve verschoben, so hat man die Autokorrelationsfunktion

$$R(\tau) = \lim_{T \to \infty} \frac{1}{2T} \int\limits_{-T}^{T} s(t)\, s(t + \tau)\, \mathrm{d}\tau. \tag{41}$$

Sie gibt ein Maß für die Schwankungen der Kurve. Für $\tau = 0$ gibt Gl. (41) die mittlere Leistung. Für große $\tau$ geht $R(\tau)$ gegen 0, da sich wegen der abwechselnden Vorzeichen die positiven und negativen Werte aufheben, falls keine verborgene Abhängigkeit in Form einer periodischen Spannung, z. B. einer Brummspannung, enthalten ist. Je schneller $R$ mit wachsendem $\tau$ gegen 0 geht, um so stärkere Schwankungen hat die Kurve. Zwischen der Autokorrelationsfunktion und der Leistungsdichte, die bei statistischen Vorgängen allgemein durch

$$\Phi(f) = \lim_{T \to \infty} \frac{1}{2T} |S(f)|^2 \quad \text{mit} \quad S(f) = \int_{-T}^{T} s(t)\, e^{-j\omega t}\, dt \tag{42}$$

definiert ist, besteht dieselbe Abhängigkeit (7) und (7a) wie zwischen der Zeitfunktion $s(t)$ und dem Spektrum der Amplitudendichte $S(f)$. Beide sind FOURIER-Transformierte:

$$R(\tau) = \int_{-\infty}^{\infty} \Phi(f)\, e^{-j\omega\tau}\, df, \tag{43}$$

$$\Phi(f) = \int_{-\infty}^{\infty} R(\tau)\, e^{j\omega\tau}\, d\tau. \tag{43a}$$

Die Autokorrelationsfunktion ersetzt in gewisser Weise die fehlende Zeitfunktion. Im Rahmen des Buches würde es zu weit führen, näher auf die Rechnungen mit der Autokorrelationsfunktion einzugehen. Im allgemeinen, z. B. bei allen Problemen mit Rauschen und rauschähnlichen Vielkanalsignalen, kommt man mit den unbestimmten Zeitfunktionen aus, indem man für die Spannung eine Summe bzw. ein Integral von Sinusfunktionen mit statistisch gleichmäßig verteilten Phasenwinkeln ansetzt und die sich hiermit ergebenden Mittelwerte berechnet. So kann z. B. eine Rauschspannung als eine Summe

$$u_R = \sum_{n=-\infty}^{\infty} |U_n|\, e^{j(n\,\Delta\omega t - \varphi_n)} \tag{44}$$

mit dem späteren Grenzübergang $\Delta\omega \to 0$ angesetzt werden, wobei $\varphi_n$ statistisch gleichmäßig verteilt ist und $|U_n|$ aus der Leistungsdichte $W(f)$ bzw. der zugehörigen Leistung $W(f)\,\Delta f$ und dem Widerstand $R$ folgt:

$$|U_n|^2 = R\,W(f)\,\Delta f, \qquad \varphi_{-n} = -\varphi_n \tag{44a}$$

gleichmäßig verteilt von 0 bis $2\pi$.

Die rechte Seite von Gl. (44) ist formal eine Funktion der Zeit, aber keine bestimmte Funktion, da das $\varphi_n$ im Argument eine stochastische Größe ist, so daß sich aus (44) nur Mittelwerte zahlenmäßig berechnen lassen. Wegen der Rechnung mit positiven und negativen Frequenzen sind die wirklichen Werte der Amplitude und der Leistungsdichte der Rauschspannung (44) $2|U_n|$ bzw. $2W(f)$, vgl. S. 14.

Da Real- und Imaginärteil von $|U_n|\, e^{-j\,\varphi_n}$ bei gleichmäßig verteilten $\varphi_n$ GAUSSsche Verteilungen sind, stellt Gl. (44) die Gleichung einer Rauschspannung dar, da diese als Summe unendlich vieler statistisch verteilter Einzelspannungen nach dem zentralen Grenzwertsatz der Wahrscheinlichkeitsrechnung eine GAUSSsche Verteilung haben muß. Alle mit Gl. (44) nach den gewöhnlichen Rechenmethoden und anschließendem Grenzübergang $\Delta\omega \to 0$ berechneten Mittelwerte müssen dieselben wie bei einer Rechnung mit der Autokorrelationsfunktion sein.

Beispiel:

Als Beispiel einer Berechnung wollen wir die an einer Kennlinie $u_2 = u_1 + c_3\,u_1^3$ bei einer Eingangsspannung $u_1$ nach Gl. (44) entstehende Klirrleistung 3. Ordnung berechnen. Die Klirrfrequenz $f_k = k\,\Delta f$ entsteht aus der Summe der 3 Werte $f_n$, $f_{m-n}$ und $f_{k-m}$ für beliebiges $n$ und $m$. Da bei der Produktbildung sämtliche möglichen Permutationen auftreten, ergeben je drei gleiche Zahlen mit der Summe $k$ eine Gruppe mit 3! Gliedern mit gleicher Amplitude und gleichem Winkel. Wegen des gleichen Winkels sind die Amplituden zu addieren, so daß die Amplitude der Gruppe 3! $c_3\,U_n\,U_{m-n}\,U_{k-m}$ $(U \equiv |U|)$, die Leistung das Quadrat davon wird. Da die einzelnen Gruppen für gleiches $k$, aber verschiedene Einzelzahlen verschiedene Winkel haben, sind die einzelnen Gruppen leistungsmäßig zu addieren. Das ergibt für die Frequenz $f_k$ das Quadrat der Klirrspannung 3. Ordnung

$$U_3^2(f_k) = c_3^2\, 3!\, \sum_{n=-N}^{N} \sum_{m=-2N}^{2N} U_n^2\, U_{m-n}^2\, U_{k-m}^2 \tag{45}$$

oder bei stetiger Verteilung mit Gl. (44a) die Klirrleistung

$$P_3(f_k) = W_3(f_k)\, \mathrm{d}f_k$$

$$= R^2\, c_3^2\, 3!\, \left\{ \int\limits_{f_n=-\infty}^{\infty} \int\limits_{f_m=-\infty}^{\infty} W(f_n)\, W(f_m - f_n)\, W(f_k - f_m)\, \mathrm{d}f_n\, \mathrm{d}f_m \right\} \mathrm{d}f_k .$$

$$\tag{45a}$$

Die auftretenden Summen oder Integrale können bei bekannter Leistungsdichte $W$ als zweimalige Faltungsintegrale, wie auf S. 29 ff. angegeben, berechnet werden. In Gl. (45) und (45a) steht 3!, da jede Gruppe in der Summe 3!-mal auftritt, insgesamt also $(3!)^2$-mal. Die in Gl. (44) bis (45a) auftretenden Spannungen und Leistungen sind die halben wirklichen Werte bei der betreffenden Frequenz, vgl. S. 14.

Die Kennlinienkonstante $c_3$ läßt sich durch den Klirrfaktor ausdrücken. Nach Gl. (38) wird für eine Bezugsspannung (Meßspannung) $U_{0w} = 2 U_0$ oder eine Bezugsleistung $P_{0w} = 2 P_0 = 2 U_0^2/R$ der Klirrfaktor $k_3 = c_3 U_0^2 = c_3 P_0 R$. Beim Einsetzen in Gl. (45) und (45a) sieht man, daß dieselben Gleichungen gelten, wenn man sämtliche Spannungen und Leistungen als bezogene Größen (auf eine beliebige Spannung oder Leistung) ansieht und in Gl. (45) $c_3$, in (45a) $R c_3$ durch den Klirrfaktor $k_3$ für die gleiche Bezugsspannung ersetzt. Nach Gl. (45a) und der entsprechenden Gleichung für die Klirrleistung 2. Ordnung (Zweifachintegral und $2!\,k_2^2$ statt $3!\,k_3^2$) lassen sich die Klirrleistungen für beliebige Leistungsspektren berechnen, z. B. die Werte in [15] und auf S. 510ff.

Gl. (45) bzw. (45a) enthält sämtliche Klirrprodukte 3. Ordnung. Will man nur die Werte der Gruppe I nach BROCKBANK und WASS [15], die sich über mehrere Verstärkerabschnitte linear addieren (s. S. 33) erhalten, so muß man vor Anwendung von Gl. (45a) das Ausgangsintervall 0 bis $f_2$ in eine höhere Frequenzlage ($2 f_2$ bis $3 f_2$) transformieren. Die Glieder der Gruppe I sind dann diejenigen Klirrleistungen, die in den Ausgangsbereich $2 f_2$ bis $3 f_2$ (nach Rücktransformation 0 bis $f_2$) fallen.

## 1.4 Anforderungen an die Übertragungsstrecke vom Standpunkt des Empfängers

Wie aus Abschn. 1.2 und 1.3 hervorgeht, erfahren die von der Nachrichtenquelle kommenden Signale auf dem Übertragungsweg Veränderungen und Verzerrungen, die nach den Beispielen in den vorgenannten Abschnitten berechnet werden können und bei genügend gutem Übertragungsfaktor, insbesondere genügender Bandbreite, klein gehalten werden können. Außerdem kommen durch Kopplungen von fremden Leitungen und durch Rauschspannungen unerwünschte Störungen hinzu. Die Aufgabe der Übertragungstechnik ist es, die Übertragungskanäle so zu dimensionieren, daß mit möglichst geringem Kostenaufwand ein für den jeweiligen Zweck ausreichender Empfang ermöglicht wird. Die Empfänger bedingen daher die erforderliche Übertragungsgüte. Dabei sind drei Hauptforderungen zu unterscheiden: Erkennbarkeit, Verständlichkeit und Formtreue.

Bei Telegraphiezeichen genügt es, daß die Zeichen erkannt werden. Es können Verformungen des z. B. ursprünglich rechteckigen Signals auftreten, wenn nur das Vorhandensein oder Nichtvorhandensein eines Signals bzw. bei mehrstufiger Telegraphie zwei benachbarte Stufen unterschieden werden können. Bei zu großer Verzerrung des Signals, hervorgerufen durch zu kleine Bandbreite oder zu große Störspannung, wird das nicht mehr der Fall sein. Ein Maß für die Verzerrung ist bei Telegraphiezeichen die Schrittverzerrung, das ist die maximale Abweichung des zeitlichen Abstandes der Flankenmitten vom Sollwert relativ zur normalen Schrittdauer. Für sie ist vom CCITT ein zulässiges Höchstmaß festgesetzt. Ein Fehler kann auftreten, wenn die zulässige Telegraphieverzerrung überschritten wird. Unabhängig davon tritt ein Fehler auf, wenn der im Augenblick der Messung bzw. der Abtastung des Signals hinzukommende Augenblickswert des Rauschens größer als eine halbe Stufe ist. Solange die Störspannung kleiner ist, kann die Störung durch Neuaussendung (Regenerierung) des Signals vollkommen entfernt werden. Die Fehlerwahrscheinlichkeit kann angegeben werden, wenn aus der Verteilungskurve der Störungen (z. B. der GAUSSschen Kurve bei Rauschen) die Wahrscheinlichkeit bekannt ist, mit der die halbe Stufenhöhe des Telegraphiezeichens (einseitig für die äußeren, doppelseitig für die inneren Stufen des Signals) erreicht oder überschritten wird.

Bei Sprache würde ein derartig großes Rauschen die Verständlichkeit erheblich stören. Ein Maß für die Verständlichkeit ist die experimentell zu ermittelnde prozentuale Silbenverständlichkeit. Sie wird im wesentlichen durch Frequenzband und Rauschen bedingt. Eine genügende Verständlichkeit bei normaler Sprachübertragung erhält man bei einem Frequenzband von 300 bis 3400 Hz und einem von der verlangten Güte abhängigen Geräuschabstand (nach CCITT zulässiger Geräuschpegel −50 dB am relativen Pegel Null, vgl. S. 253). In dem Geräusch sind dabei sowohl das Empfängerrauschen als auch Nebensprechen und Klirrgeräusche enthalten, und zwar mit Berücksichtigung einer frequenzmäßigen Bewertung. Da nämlich gleiche Störleistungen bei verschiedenen Frequenzen infolge der verschiedenen Empfindlichkeit des menschlichen Ohres und in gewissem Maße auch der Übertragungsgeräte subjektiv verschieden stören, z. B. ein Brummton von 50 Hz weniger als ein Pfeifton gleicher Stärke von 800 Hz, sind die Geräuschleistungen mit einem frequenzabhängigen Bewertungsfaktor für die Ermittlung der eigentlichen Störwirkung zu multiplizieren. Nach der vom CCITT festgelegten Psophometerkurve (s. S. 251) ist z. B. bei weißem Rauschen das bewertete Rauschen für einen Sprachkanal von 300 bis 3400 Hz um 2,5 dB kleiner als das unbewertete Rauschen. Da das menschliche Ohr bei quasistationärem Schall und damit bei normaler Sprache wenig phasenempfindlich ist, können bei Sprachübertragungen größere Phasenverzerrungen zugelassen werden. Geringe Änderungen der Augenblickswerte können ebenfalls auftreten, ohne die Verständlichkeit zu stören, so daß Übertragungen mit Pulscodemodulation (vgl. S. 74ff.) möglich sind. Bei Rundfunkübertragungen wird eine bessere Übertragungsgüte, ein größeres Frequenzband und ein kleineres Geräusch gefordert, s. S. 253.

Bei hochwertigen Bild- und Fernsehübertragungen schließlich ist eine Formtreue der übertragenen Kurven erforderlich. Die Frequenzkurven des Übertragungsfaktors und die Modulationsverfahren müssen geringe Verzerrungen ergeben und phasentreu sein.

## 1.5 Einige Anwendungen der Informationstheorie auf die Übertragungstechnik

Der Zweck jeder Nachrichtenübertragung ist die Übertragung von Informationen. In den letzten Jahren wurde, aufgebaut auf den Arbeiten von WIENER, HARTLEY, KOTELNIKOW und anderen [*17* bis *19*] und insbesondere durch die Arbeiten von SHANNON [*20, 21*], eine Informationstheorie geschaffen, durch die man erstmalig mathematische Ausdrücke und Zahlenwerte für die in einer Nachricht enthaltene Information und damit eine Vergleichsmöglichkeit zwischen verschiedenen Nachrichten und eine Beurteilungsmöglichkeit für die Ausnutzung der Übertragungskanäle hinsichtlich der gesendeten Nachricht bekam. Die Theorie sagt aus, wieviel Information eine Nachricht enthält, wie groß das Optimum für die Übertragung über einen bestimmten Übertragungskanal ist u. dgl. Sie gibt aber keine spezielle Lösung, sagt also nicht, wie das Optimum erreicht werden kann. Im folgenden sollen einige Grundbegriffe und Anwendungen der Informationstheorie, soweit sie für die Übertragungstechnik von Bedeutung sind, erläutert werden. Dabei wurde versucht, die Darstellung auch für die Nachrichtentechniker, die mit den Begriffen der Wahrscheinlichkeitstheorie und Mengenlehre weniger vertraut sind, verständlich zu machen.

### 1.5.1 Digitale Signale

Wir betrachten zuerst digitale Signale, die im Gegensatz zu den analogen oder kontinuierlichen Signalen mit Hilfe von einzelnen, einer endlichen Menge entnommenen Zeichen dargestellt werden können. Jede derartige Übertragung einer Information vom Sender zum Empfänger, die Menschen oder Geräte sein können, setzt die Einigung auf ein Alphabet voraus. Die Elemente des Alphabets heißen Zeichen. Das Alphabet kann z. B. im einfachsten Fall aus 2 Zeichen (+ und —, 0 und 1, rot und grün od. dgl. mit zugehöriger Bedeutung) bestehen. Es kann die 26 Buchstaben des normalen Alphabets als Zeichen enthalten, es kann aus Buchstabengruppen bestehen, z. B. den $26^3$ Gruppen aus je 3 Buchstaben (abc, dee, qtz usw.). Es kann außerdem besondere Zeichen für Zwischenraum, Interpunktionszeichen u. dgl. enthalten. Die Zeichen können aber auch verschiedene Spannungsstufen oder Zeitstufen sein.

Bei einem binären Alphabet, bei dem die beiden Zeichen gleiche Wahrscheinlichkeit haben, erhält der Empfänger mit jedem gesendeten Zeichen, also jeder gesendeten binären Ziffer, die Entscheidung zwischen zwei möglichen, gleichwahrscheinlichen Zuständen und damit eine gewisse Information. Diese Information wird als Nachrichteneinheit definiert und mit 1 bit (vom englischen binary digit) bezeichnet, vgl. S. 8. Bit ist ähnlich wie Neper und Bel eine Hilfseinheit, die bei Zahlenangaben auf das benutzte Logarithmensystem mit der Basis 2 hinweist [10].

Werden nacheinander 5 Binärzeichen gesendet, so hat der Empfänger 5 bit erhalten. Da zwei verschiedene Zeichen zur Verfügung stehen, kann man mit fünf gesendeten Binärzeichen $2^5 = 32$ verschiedene Variationen bilden, so daß die 5 bit eine Entscheidung zwischen 32 Möglichkeiten liefern. Hätte man ein Alphabet aus 32 Zeichen genommen, so würde die Sendung eines einzigen Zeichens den gleichen Entscheidungsgehalt von 5 bit haben. Entsprechend hat bei einem Alphabet aus $n$ Zeichen jedes Zeichen einen Entscheidungsgehalt von

$$I = \operatorname{ld} n \text{ bit.} \tag{46}$$

Dabei ist ld die Bezeichnung für den dualen Logarithmus = Logarithmus zur Basis 2. Ausgedrückt durch den natürlichen bzw. den BRIGGSschen Logarithmus ist

$$\operatorname{ld} x = \frac{\ln x}{\ln 2} = \frac{\lg x}{\lg 2}. \tag{46a}$$

Der Numerus $n$ in Gl. (46) gibt die Anzahl der möglichen Nachrichten bei der Sendung eines einzelnen Zeichens. Bei der Aussendung von $N$ Zeichen aus einem Alphabet von $n$ Zeichen ergibt sich, da jede einzelne Sendung einen Entscheidungsgehalt von $\operatorname{ld} n$ bit hat, ein gesamter Entscheidungsgehalt oder eine gesamte Nachrichtenmenge von $N \operatorname{ld} n$ bit entsprechend einer Auswahl aus $M = n^N$ möglichen, gleichwahrscheinlichen Nachrichten. $M$ ist der Nachrichtenumfang.

Durch den Empfang eines Zeichens ist für den Empfänger die Unsicherheit, die vor dem Empfang dadurch bestand, daß der Empfänger nicht wußte, welches der ihm bekannten Zeichen erscheinen wird, beseitigt worden. Die Unsicherheit war um so größer, je mehr Auswahl bestand. Der Entscheidungsgehalt ist daher in gewisser Weise ein Maß der Unsicherheit der Nachricht.

Der Entscheidungsgehalt gibt unabhängig von dem in der Nachricht enthaltenen Sinn die Anzahl der Bit oder bei binärer Übertragung direkt die Anzahl der Binärziffern, die übertragen werden sollen und ist damit für die Dimensionierung der Nachrichtenverbindung maßgebend. Die eigentliche Informationstheorie dagegen beschäftigt sich mit der in der Nachricht enthaltenen Information.

Dazu ist ein neuer Begriff, der Informationsgehalt, erforderlich. Nur wenn sämtliche vorhandenen $n^N$ Möglichkeiten mit gleicher Wahrscheinlichkeit auftreten können, z. B. bei den Nummern von Lotterielosen, gibt der Entscheidungsgehalt auch den Informationsgehalt an. Die mit $N$ Zeichen wirklich übertragene Information ist dagegen meist kleiner als der Entscheidungsgehalt $I$, da manche der möglichen Variationen nicht auftreten oder keinen Sinn haben und damit keine Information liefern. Bei Digitalrechnern z. B. wird mit Hilfe einer bestimmten Zuordnungsvorschrift, eines Codes, jede Dezimalzahl aus 4 Binärzeichen gebildet, d. h. aus einem Entscheidungsgehalt von 4 bit. Da von den $2^4 = 16$ Variationen nur 10 benutzt werden, der Empfänger aus je vier gesendeten bit nur eine Dezimalziffer erhält, die bei gleicher Wahrscheinlichkeit der Ziffern einer Information von ld $10 = 3{,}32$ bit entspricht, ist der wirkliche Informationsgehalt von je 4 Binärzeichen in diesem Falle nur 3,32 bit. Der Unterschied liegt offenbar darin, daß einige der möglichen Variationen nicht auftreten, oder anders und allgemeiner ausgedrückt, daß die möglichen Variationen nicht mehr mit gleicher Wahrscheinlichkeit erscheinen. Für die Bestimmung der Information kommt es allgemein auf die Wahrscheinlichkeiten der einzelnen Zeichen an. Tritt in einem Alphabet das Zeichen $i$ mit der Wahrscheinlichkeit $p_i$ auf, z. B. $p_i = 1/10$, so entspricht der Informationsgehalt dieses Zeichens, wenn es bei der Sendung erscheint, offenbar dem eines Buchstabens aus einem Zehneralphabet bei gleichmäßiger Verteilung, der Informationsgehalt ist also ld 10 oder allgemein

$$I_i = \mathrm{ld}\,\frac{1}{p_i} = -\,\mathrm{ld}\,p_i. \tag{47}$$

Je unwahrscheinlicher ein Ereignis auftritt, um so höher ist sein Informationsgehalt.

Für eine längere Nachricht interessiert der mittlere Informationsgehalt pro Zeichen. Bei der Sendung von $N$ Zeichen tritt das Zeichen $i$ im Mittel $p_i\,N$ mal auf. Die Information für die $N$ gesendeten Zeichen ist daher im Mittel $\sum\limits_{i=1}^{n} p_i\,N\,\mathrm{ld}\,\dfrac{1}{p_i}$ bit, also der mittlere Informationsgehalt pro gesendetem Zeichen

$$H = -\sum_{i=1}^{N} p_i\,\mathrm{ld}\,p_i \text{ bit}. \tag{48}$$

Ein Zeichen mit kleiner Wahrscheinlichkeit hat zwar einen hohen Informationsgehalt, der Beitrag für den mittleren Informationsgehalt ist aber wegen des seltenen Auftretens geringer. Das Maximum des Ausdrucks (48) liegt bei gleichmäßiger Verteilung $p_i = 1/n$ mit $H_{\max} = H_0 = \mathrm{ld}\,n = I$ in Übereinstimmung mit Gl. (46). Der Wert (48) wird nach SHANNON wegen der weit über das Formale hinausgehenden Ähnlichkeit mit der Entropie des idealen Gases (vgl. z. B. [22]) Entropie genannt.

Wenn die Wahrscheinlichkeit des Auftretens eines Zeichens, wie häufig bei Zahlen, nur von dem gerade gesendeten Zeichen und nicht von den vorhergehenden Zeichen abhängt, wäre der Wert (48) der wirkliche Informationsgehalt. Der Wert stimmt mit dem obigen Beispiel überein, dort ist $p_i = 1/10$ für $i = 0, \ldots, 9$ und $p_i = 0$ für $i = 10, \ldots, 15$. Nimmt man bei einem Alphabet von 27 Zeichen (26 Buchstaben $+$ 1 Zwischenraumzeichen) die im deutschen Text ermittelten Wahrscheinlichkeiten der einzelnen Buchstaben, so erhält man eine Entropie von 4,037 bit/Zeichen [23], während der Entscheidungsgehalt $\mathrm{ld}\,27 = 4{,}75$ bit/Zeichen ist.

Die Abnahme liegt daran, daß infolge der verschiedenen Wahrscheinlichkeiten eine Einschränkung der wirklich auftretenden Nachrichten gegeben ist, also auch eine Einschränkung der vorhandenen Unsicherheit. Berücksichtigt man die Kopplungen der einzelnen Zeichen mit den vorhergehenden Buchstaben und Wörtern, so wird die Anzahl der wirklich auftretenden Nachrichten weiter eingeengt, der Informationsgehalt also weiter verkleinert. Man müßte bei der Sprache theoretisch statt der einfachen Buchstaben Buchstabengruppen aus 2, 3 usw. zusammenliegenden Buchstaben als Zeichen eines neuen Alphabets einführen und jedesmal die Entropie, bezogen auf einen einzelnen Buchstaben, berechnen. Da die Sprache wirkliche Information übermittelt, muß sich ein endlicher Grenzwert ergeben, die Entropie der deutschen Sprache. Praktisch ist diese Bestimmung natürlich nicht sehr weit durchführbar. Man ist auf Schätzungen angewiesen, die auf etwa 1,5 bit/Buchstaben lauten [24].

Nach den vorstehenden Ausführungen kann man die in einer bestimmten Nachricht enthaltene Information oft berechnen, vor allem bei zahlenmäßigen Daten. Wir wollen als Beispiel den in einem Geburtsdatum, z. B. 22. 04. 1912 enthaltenen Informationsgehalt berechnen. Da die Tage und Monate gleichmäßig verteilt sind, ist der Informationsgehalt der beiden ersten Ziffern, wenn wir die Monate abwechselnd zu 30 und 31 Tagen ansetzen, $H_1 = \frac{1}{2}\,(\mathrm{ld}\,30 + \mathrm{ld}\,31) = 4{,}93$ bit, der der dritten und vierten Ziffer $H_2 = \mathrm{ld}\,12 = 3{,}58$ bit. Der Informationsgehalt der übrigen Ziffern hängt von der Wahrscheinlichkeit der Jahrgänge ab. Berücksichtigen wir die geringere Zahl der älteren Jahrgänge dadurch, daß wir in erster Näherung für die 63 Jahre 1900 bis 1962 gleiche Wahrscheinlichkeit $p$, für die 36 Jahre 1864 bis 1899 ein Viertel dieser Wahrscheinlichkeit $p/4$ und für die älteren Jahrgänge die Wahrscheinlichkeit 0 annehmen, so wird $\left(\text{wegen } \sum p_i = 63p + 36\,\dfrac{p}{4} = 1\right)$ $p = \dfrac{1}{72}$ und mithin die Entropie der beiden letzen Ziffern nach Gl. (48) $H_3 = 63\,\dfrac{1}{72}\,\mathrm{ld}\,72 + 36\,\dfrac{1}{288}\,\mathrm{ld}\,288 = 6{,}41$ bit, während die fünften und sechsten Ziffern selbstverständlich sind, also keine Information enthalten. Die gesamte Entropie ist daher $H = H_1 + H_2 + H_3 = 14{,}92$ bit, während der Entscheidungsgehalt der 8 Ziffern $8 \cdot 3{,}32 = 26{,}56$ bit ist, wenn wir auf die Dezimalziffer als Zeichen beziehen (vgl. S. 41), oder $8 \cdot 4 = 32$ bit, wenn wir bei Darstellung der Dezimalziffern durch 4 Binärziffern auf die binäre Ziffer beziehen.

Wir sehen aus dem Beispiel, daß es nur Sinn hat, dem Erscheinen eines Zeichens einen Informationsgehalt zu erteilen, wenn die Wahrscheinlichkeiten bekannt sind. Daher kann man den Informationsgehalt eines Ruhestromes, etwa bei einer Diebstahlsicherung, nicht angeben. Eine Information findet nur beim Umschlagen statt. Da die Wahrscheinlichkeit nicht angegeben werden kann, ist die Größe der Information nicht angebbar. Auch wenn sich ein Empfänger durch Abfragen von dem Zustand der Leitung überzeugt und findet den Ruhestrom vor, so hat er nicht jedesmal die Information von 1 bit erhalten, denn er hat ja den Ruhestrom nahezu sicher erwartet, die vorhandene Unsicherheit war minimal. Ebenso kann bei einem Pilotton keine Entropie angegeben werden. Anders verhält es sich mit einem Zwischenraumzeichen oder Startzeichen. Denn für diese Zeichen existiert eine bestimmte Wahrscheinlichkeit des Auftretens und damit ein bestimmter Informationsgehalt.

Informationsgehalt und Entropie sind nach den obigen Ausführungen exakt definierte Größen, die nur von der Zahl der mit Berücksichtigung der Wahrscheinlichkeiten möglichen Nachrichten abhängen, dagegen unabhängig von dem „Wert" einer einzelnen Nachricht, z. B. für einen Menschen als Empfänger, sind. Denkprozesse sind in den Begriffen nicht enthalten.

Aus den bisher behandelten Grundbegriffen Entscheidungsgehalt, Informationsgehalt und Entropie (mittlerer Informationsgehalt) lassen sich weitere Begriffe ableiten. Multipliziert man die Werte mit der Anzahl der gesendeten Zeichen, so erhält man den in der Gesamtnachricht enthaltenen gesamten Entscheidungsgehalt bzw. Informationsgehalt in bit. Multipliziert man den Entscheidungsgehalt bzw. die Entropie mit der sekundlich gesendeten Anzahl der Zeichen, so erhält man im ersten Fall den für die Dimensionierung der Nachrichtenverbindung maßgebenden scheinbaren oder potentiellen Nachrichtenfluß in bit/sec, im zweiten Fall den wirklichen Nachrichtenfluß oder Informationsfluß. Ist der gesamte Entscheidungsgehalt in Speichern festgelegt, so erhält man durch Division durch die Speicheranzahl bzw. durch die Speicherfläche oder das Speichervolumen die Entscheidungsdichte in bit/Speicher bzw. bit/cm$^2$ oder bit/cm$^3$.

Der keine Information enthaltende Teil einer Nachricht ist die Redundanz. Sie ist definiert als Differenz zwischen dem Entscheidungsgehalt und der Entropie. Bezogen auf den Entscheidungsgehalt erhält man die relative Redundanz. Mit den Zahlenwerten der obigen Beispiele ist die relative Redundanz bei der Zahlenbildung des Digitalrechners $\frac{4-3{,}32}{4} \cdot 100 = 17\%$, die der deutschen Sprache ungefähr $\frac{4{,}75-1{,}5}{4{,}75} \cdot 100 = 68\%$, die der Datumsangabe $\frac{26{,}56-14{,}92}{26{,}56} \cdot 100 = 44\%$ bzw. $\frac{32-14.92}{32} \cdot 100 = 53\%$.

Bei der Redundanz 0 entsteht bei jeder Änderung eines Zeichens ein neues mögliches Wort (Codewort) mit anderem Sinn. Bei Vorhandensein einer Redundanz kann durch Änderung eines Zeichens außer einem falschen Codewort auch ein nicht vorhandenes und damit sinnloses Wort entstehen.

Neben der natürlichen Redundanz kann man Redundanz absichtlich hinzufügen, z. B. zur Verschlüsselung einer Nachricht oder zur Erkennung und Korrektion von Übertragungsfehlern. Durch die hinzugefügten redundanten Zeichen wird der vorhandene Entscheidungsgehalt $I$ auf den Wert $I_v$ vergrößert. Die gesamte Redundanz ist die Summe aus der absichtlichen Redundanz $R_a = I_v - I$ und der auf Grund der Statistik vorhandenen Redundanz $R_{st} = I - H$.

Die Fehlererkennung und -korrektur ergibt sich folgendermaßen: Fügt man bei einer binären Übertragung zu $m$ Informationszeichen $r$ Redundanzzeichen hinzu, so ist der Nachrichtenumfang von je $2^m$ Werten auf $2^{m+r}$ Werte, also um einen Faktor $2^r$ gewachsen, bei $m = 4$ und $r = 3$ also auf das $2^3 = 8$fache. Ordnet man daher in diesem Fall das richtige Codewort und die sieben durch einen einfachen Fehler entstehenden Worte dem Codewort zu, so sind sämtliche einfachen Fehler korrigiert, da sämtliche durch einen einfachen Fehler entstehenden Wörter das richtige Codewort geben. Erst bei zweifachen Fehlern würde man in das Gebiet eines anderen Codewortes kommen. Da sich die Bereiche der einzelnen Codewörter nicht überschneiden dürfen, müssen sich 2 Codewörter um mindestens 3 Binärstellen unterscheiden, sie haben den HAMMING-Abstand 3. Ein Beispiel zeigt Tab. 1 für 16 Codewörter mit $m = 4$ und $r = 3$. Allgemein kann man 1- bis $e$-fache Fehler korrigieren, wenn der

Tabelle 1. *16 Codewörter mit 4 Informations- und 3 Redundanzzeichen mit einem Mindestabstand 3*

| | |
|------|------|
| 0000 | 000 |
| 0001 | 111 |
| 0010 | 110 |
| 0011 | 001 |
| 0100 | 101 |
| 0101 | 010 |
| 0110 | 011 |
| 0111 | 100 |
| 1000 | 011 |
| 1001 | 100 |
| 1010 | 101 |
| 1011 | 010 |
| 1100 | 110 |
| 1101 | 001 |
| 1110 | 000 |
| 1111 | 111 |

HAMMING-Abstand zweier Codewörter mindestens $2e + 1$ und $2^r$ größer oder gleich der Summe aus dem richtigen Wort und den durch $1, 2, \ldots, e$ Fehlern entstehenden Wörtern, also $2^r \geqq \sum\limits_{i=0}^{e} \binom{m+r}{i}$ ist.

Die Fehlerwahrscheinlichkeit verringert sich durch die hinzugefügten Redundanzzeichen erheblich. Ist $p$ die Wahrscheinlichkeit, daß ein Zeichen falsch übertragen wird, also $1 - p$ die Wahrscheinlichkeit, daß es richtig übertragen wird, so ist bei $n$ Zeichen die Wahrscheinlichkeit einer richtigen Übertragung $(1 - p)^n$, die einer falschen Übertragung also $1 - (1 - p)^n \approx n\,p$ bei kleinem $p$. Die Wahrscheinlichkeit, daß bei $n$ Zeichen ein bestimmtes, z. B. das erste Zeichen falsch ist, ist $p(1 - p)^{n-1}$, also die Wahrscheinlichkeit, daß irgendein Zeichen falsch ist, $n\,p(1 - p)^{n-1}$. Mithin ist die Wahrscheinlichkeit, daß mindestens 2 Zeichen falsch sind, $1 - (1 - p)^n - n\,p\,(1 - p)^{n-1} \approx \binom{n}{2} p^2$. In dem obigen Beispiel mit $m = 4$, $r = 3$ ist also die Fehlerwahrscheinlichkeit von $4p$ beim ungeschützten Code auf $\binom{7}{2} p^2 = 21 p^2$ beim geschützten Code, für $p = 10^{-3}$ also von $4 \cdot 10^{-3}$ auf $2{,}1 \cdot 10^{-5}$ gesunken.

Bisher hatten wir eine störungsfreie Übertragung betrachtet. Wenn $x$ gesendet wird, wird mit Sicherheit $x$ empfangen. Für einen gestörten Kanal reichen die bisherigen Begriffe nicht aus. Wenn $x$ gesendet wird, kann in diesem Fall $x$ empfangen werden, es kann aber auch durch die Störung ein Zeichen $y$, z. B. durch Störung eines Binärzeichens in einem binären Fünfercode oder durch Veränderung der Spannung einer mehrstufigen Telegraphie, empfangen werden. Jedes auftretende Paar $x$, $y$ hat jetzt eine gewisse Wahrscheinlichkeit $p(x, y)$. Diese ist offenbar entweder gleich der Wahrscheinlichkeit $p(x)$ für das Auftreten von $x$ multipliziert mit der Wahrscheinlichkeit $p_x(y)$ für das Auftreten von $y$, wenn $x$ bereits aufgetreten ist, oder gleich der Wahrscheinlichkeit $p(y)$ für das Auftreten von $y$, multipliziert mit der Wahrscheinlichkeit $p_y(x)$ für das Auftreten von $x$, wenn $y$ bereits eingetreten ist:

$$p(x, y) = p(x)\,p_x(y) = p(y)\,p_y(x). \tag{49}$$

Jedes Paar $x$, $y$ hat einen bestimmten Informationsgehalt. Der Informationsgehalt eines Zeichens $x$, das mit der Wahrscheinlichkeit $p(x)$ gesendet wurde, war $\operatorname{ld} \dfrac{1}{p(x)}$ und konnte als ein Maß der Unsicherheit für das Auftreten von $x$ aufgefaßt werden. In einem störungsfreien Kanal war nach dem Empfang von $x$ die Unsicherheit beseitigt und der gesamte Informationsgehalt übertragen. Im gestörten Kanal bleibt nach dem Empfang eines Zeichens $y = $ oder $\neq x$ noch die oben definierte Wahrscheinlichkeit $p_y(x)$ für das Auftreten von $x$ übrig und damit ein nicht übertragener Informationsgehalt $\operatorname{ld} \dfrac{1}{p_y(x)}$. Der wirklich übertragene Informationsgehalt oder der Transinformationsgehalt des Paares $x$, $y$ beträgt daher $\mathrm{ld}\,\dfrac{1}{p(x)} - \mathrm{ld}\,\dfrac{1}{p_y(x)}$ und mithin der mittlere Transinformationsgehalt oder die Syn-Entropie als der Mittelwert über alle Wertepaare $x$, $y$ [25]

$$H_T = \sum_{(x)}\sum_{(y)} p(x,y)\,\mathrm{ld}\,\frac{1}{p(x)} - \sum_{(x)}\sum_{(y)} p(x,y)\,\mathrm{ld}\,\frac{1}{p_y(x)} = H(x) - H_y(x).$$

$$(50)$$

Da nämlich die Summe von $p(x,y)$ über alle $y$ die Wahrscheinlichkeit $p(x)$ gibt, ist der erste Ausdruck die normale Entropie, während ner zweite Ausdruck als Äquivokation oder Rückschlußentropie bezeichdet wird.

Nach Gl. (49) ist $\mathrm{ld}\,\dfrac{p_y(x)}{p(x)} = \mathrm{ld}\,\dfrac{p_x(y)}{p(y)}$ und damit nach Gl. (50) als zweite Form

$$H_T = \sum_{(x)}\sum_{(y)} p(x,y)\,\mathrm{ld}\,\frac{1}{p(y)} - \sum_{(x)}\sum_{(y)} p(x,y)\,\mathrm{ld}\,\frac{1}{p_x(y)} = H(y) - H_x(y).$$

$$(50\,\mathrm{a})$$

Der letzte Ausdruck heißt die Irrelevanz oder Streuentropie. Während der Transinformationsgehalt eines einzelnen Paares $x,y$ bei falscher Übertragung negativ ist, sind die in Gl. (50) und (50a) auftretenden Mittelwerte (Entropien) nie negativ.

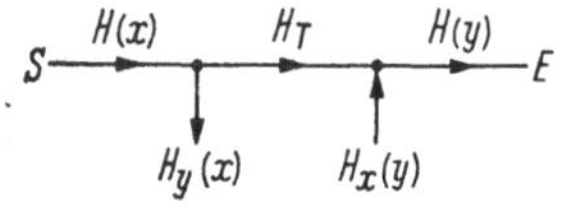

Man kann sich die einzelnen Entropiewerte nach Gl. (50) und (50a) schematisch durch Abb. 10 darstellen: Die Störung bewirkt, daß von der Entropie des Senders $H(x)$ ein Teil, die Äquivokation $H_y(x)$, vernichtet wird, oder daß die Entropie $H(y)$ auf der Empfangsseite nicht nur von der übertragenen Transinformationsentropie $H_T$ herrührt, sondern z. T. von der Entropie der Störung $H_x(y)$. Die wirklich übertragene Information ist der Transinformationsgehalt oder die Syn-Entropie $H_T$.

Abb. 10. Schematische Darstellung der Entropiewerte bei einem gestörten Kanal

Als Beispiel betrachten wir einen binären Kanal mit gleicher Sendewahrscheinlichkeit für 0 und 1 und einer Fehlerwahrscheinlichkeit $p$, bei dem also $p_x(y) = p$ und $p_x(x) = 1 - p$ ist. Da auch auf der Empfangsseite die 0 und 1 mit gleicher Wahrscheinlichkeit auftreten, ist $H(x) = H(y) = 1$ bit. Der prozentuale Verlust am mittleren Informationsgehalt wird daher nach Gl. (50a) und (49)

$$v = \frac{H_x(y)}{H(y)} = H_x(y) = \sum_{x=0,\,1}\ \sum_{y=0,\,1} p(x)\,p_x(y)\,\mathrm{ld}\,\frac{1}{p_x(y)}$$

$$= (1-p)\,\mathrm{ld}\,\frac{1}{1-p} + p\,\mathrm{ld}\,\frac{1}{p} \qquad (51)$$

oder für kleine $p$ mit Gl. (46a) und $\ln(1-p) \approx -p$

$$v \approx p\left(\frac{1}{\ln 2} + \operatorname{ld}\frac{1}{p}\right) = p\left(1{,}443 + 3{,}322\lg\frac{1}{p}\right). \tag{51a}$$

Für eine Fehlerwahrscheinlichkeit von $p = 10^{-2}$ wird demnach der Informationsverlust $v = 8{,}1 \cdot 10^{-2}$, für $p = 10^{-6}$ wird $v = 21{,}4 \cdot 10^{-6}$ usw. Der prozentuale Informationsverlust ist also wesentlich größer als die Fehlerwahrscheinlichkeit.

Die Gln. (50) und (50a) gelten auch, wenn $x$ und $y$ verschiedenen Alphabeten angehören, wenn z. B. zwei verschiedene Werte $x_1 = +1$ und $x_2 = -1$ gesendet werden, aber (z. B. durch die Impulsverzerrung in einem zu schmalen Kanal) drei Werte $y_1 = +1$, $y_2 = -1$ und $y_3 = 0$ empfangen werden.

### 1.5.2 Analoge Signale

Die bisherigen Betrachtungen galten für diskontinuierliche Nachrichten. Auch bei kontinuierlichen Nachrichtensignalen, z. B. der Übertragung einer Spannungskurve, kann man trotz der unendlich vielen Kurvenwerte Zahlenwerte für den übertragenen Informationsgehalt angeben. Denkt man sich die kontinuierliche Spannung in feine, aber endlich große Stufen unterteilt, so erhält man offenbar die Entropie, also den mittleren Informationsgehalt eines Spannungswertes aus Gl. (48), wenn man für $p_i$ die Wahrscheinlichkeit setzt, mit der die Spannung innerhalb einer Stufe liegt: Bei genügend feiner Unterteilung wäre $p_i = p(x)\,\mathrm{d}x$, wobei $p(x)$ die Wahrscheinlichkeitsdichte ist. Im mathematischen Grenzfall $\mathrm{d}x \to 0$ würde dann jedes Glied von Gl. (48) und damit die Entropie entsprechend der unendlich großen Stufenzahl unendlich groß werden. In Wirklichkeit kann man wegen der stets vorhandenen Störgeräusche die Unterteilung nicht unendlich fein machen. Nimmt man eine unbekannte endliche Grenze der Unterteilung an, so liefert Gl. (48) für die Entropie

$$H = -\int\limits_{x=-\infty}^{\infty} p(x)\operatorname{ld}p(x)\,\mathrm{d}x - \operatorname{ld}\mathrm{d}x. \tag{52}$$

Dabei ist $p(x)$ die Wahrscheinlichkeitsdichte der einzelnen Spannungswerte und $\operatorname{ld}\mathrm{d}x$ eine unbekannte, mit $\mathrm{d}x \to 0$ gegen unendlich gehende Konstante. Diese Konstante fällt heraus, da die praktisch allein interessierende übertragene Transinformation nach Gl. (50) oder (50a) stets die Differenz von 2 Entropiewerten ist.

Wie aus der früheren Behandlung der Transinformation hervorgeht, hängt diese von dem vorhandenen Kanal und der Nachrichtenquelle ab. Man erhält die größte über einen bestimmten Kanal zu überübertragene Information, wenn man das Optimum für alle möglichen

Nachrichtenquellen heraussucht. Mit Hilfe der Variationsrechnung läßt sich zeigen, (vgl. z. B. [26]), daß das Integral in Gl. (52) und damit die Entropie für eine kontinuierliche Nachrichtenfunktion mit einer vorgegebenen mittleren Leistung $P$ für eine GAUSSsche Wahrscheinlichkeitsverteilung der Funktionswerte ein Maximum wird und hier den Wert

$$H_{\mathrm{max}} = \mathrm{ld}\sqrt{2\pi\,\mathrm{e}\,P} + \mathrm{const} \tag{53}$$

liefert. Zahlenmäßig ist Gl. (53) nur in Verbindung mit einer zweiten Gleichung auswertbar, wodurch die unbekannte Konstante und die Dimension unter dem Logarithmus herausfallen.

Der Wert (52) bzw. (53) ist der mittlere Informationsgehalt pro gesendetem Spannungswert. Die gesamte in der Kurve enthaltene Entropie erhält man durch Multiplikation mit der Anzahl der in einer bestimmten Zeit $T$ möglichen unabhängigen Spannungswerte. Wegen der Frequenzbegrenzung der Übertragungskanäle können sich die einzelnen Spannungswerte nicht beliebig schnell ändern, sie hängen von den vorhergehenden Werten ab, sind also redundant. Die Anzahl der unabhängigen Spannungswerte ergibt sich aus dem Abtasttheorem der Nachrichtentechnik (vgl. S. 63 ff.). Nach ihm ist eine auf ein Frequenzband $B$ beschränkte kontinuierliche Zeitfunktion durch die unendlich vielen Spannungswerte im Abstand $1/2B$ eindeutig bestimmt. Bei einer langen Nachricht fallen daher genau $2B$ Abtastpunkte in den Zeitraum einer Sekunde, so daß der optimale, keine Redundanz enthaltende Nachrichtenfluß in einer auf die Bandbreite $B$ beschränkten Nachricht mit der Leistung $P$ gleich $2B\,H_{\mathrm{max}}$ ist, also mit dem Wert (53)

$$F = 2B\,H_{\mathrm{max}} = B\,\mathrm{ld}(2\pi\,\mathrm{e}\,P) + \mathrm{const}. \tag{54}$$

Das Optimum gilt für eine GAUSSsche Verteilung der Kurvenwerte, wie sie bei Rauschen oder bei Mehrkanalsignalen vorliegt. Aus Gl. (54) folgt der maximale Transinformationsfluß nach Gl. (50) oder (50a). Hat die gesendete Nachricht die Leistung $P$ und kommt durch den Übertragungskanal eine Geräuschleistung $N$ hinzu, so daß die gesamte Empfangsleistung $P + N$ ist, so ist der maximal mögliche Transinformationsfluß nach Gl. (50a) als Differenz des der empfangenen Signalleistung $P + N$ entsprechenden optimalen Informationsflusses und des der Geräuschleistung $N$ entsprechenden Streuflusses

$$C = B\,\mathrm{ld}\,\frac{P+N}{N}. \tag{55}$$

Die Umrechnung auf den BRIGGSschen Logarithmus liefert nach Gl. (46a) mit $\lg 2 = 0{,}30103 \approx \dfrac{3}{10}$

$$C \approx B\,\frac{10}{3}\,\lg\left(1 + \frac{P}{N}\right) = \frac{1}{3}\,B\,\varrho, \tag{55a}$$

wobei $\varrho = 10 \lg(1 + P/N)$, also für $P \gg N$ das normale Signal-Geräusch-Verhältnis in dB ist.

$C$ ist die von SHANNON eingeführte Kanalkapazität als der größte Nachrichtenfluß, den man über einen Kanal der Bandbreite $B$ bei einem Geräuschabstand $\varrho$ dB übertragen kann. Die wesentliche Erkenntnis von SHANNON liegt nun darin, daß man über einen Kanal mit der Kanalkapazität $C$ von einer Nachrichtenquelle mit der Entropie $H$ bei geeigneter Codierung diese Nachrichtenmenge mit einer Geschwindigkeit von $C/H$ mit einem beliebig kleinen Fehler wirklich übertragen kann, daß also die Kanalkapazität nicht größer als der wirkliche Nachrichtenfluß (Informationsfluß) zu sein braucht, daß aber eine schnellere fehlerlose Übertragung nicht möglich ist. Die Annäherung an die Kanalkapazität erfordert nur eine kompliziertere Codierung und damit zusammenhängend eine größere Zeitverzögerung zur Entschlüsselung, bewirkt aber keinen Fehler. Die Übertragung gelingt unabhängig davon, ob die Bandbreiten von Kanal und Nachricht von vornherein übereinstimmen oder nicht. Es muß nur unter Einbeziehung der gesamten Übertragungszeit $T$ der gesamte Nachrichtenquader aus $B$, $T$ und $\varrho = 10 \lg \left(1 + \dfrac{P}{N}\right)$ zur Verfügung stehen. Mißt man $C$ in bit/sec, $H$ in bit/Zeichen, so ergibt sich $C/H$ in Zeichen/sec. Ist $Z$ die in der Zeit $T$ übertragene Anzahl von Zeichen, so muß demnach bei fehlerfreier Übertragung $Z/T$ kleiner als oder gleich $C/H$ sein, so daß zwischen Entropie, Geschwindigkeit der Übertragung und der Kanalkapazität die Beziehung

$$H\,Z \leqq C\,T = B\,T\,\mathrm{ld}\left(1 + \frac{P}{N}\right) \approx \frac{1}{3}\,B\,T \cdot 10\lg\left(1 + \frac{P}{N}\right) = \frac{1}{3}\,B\,T\,\varrho \tag{56}$$

besteht. Für die Übertragung kommt es nur auf das rechtsstehende Produkt in Gl. (56) an. Die einzelnen Größen sind dagegen beliebig wählbar. Man kann also Frequenz und Zeit oder Frequenz und Störabstand miteinander vertauschen.

Bei optimaler Codierung ist die Gleichheit beider Seiten von (56) erreichbar. In den praktischen Fällen ist man von der Gleichheit der beiden Seiten meist weit entfernt, indem die für die Übertragung benutzte und erforderliche Kanalkapazität wesentlich größer als der wirkliche Informationsfluß ist, da die erforderliche Codierung unbekannt oder praktisch nicht durchführbar ist. Man kann aber durch eine günstige Wahl der Codierung Verbesserungen erreichen. Die günstigste Wahl besteht im allgemeinen aus 2 Schritten. Der erste und wesentliche Schritt ist die Verminderung der Redundanz, wodurch der vorhandene potentielle oder scheinbare Nachrichtenfluß verkleinert und dem Informationsfluß angenähert wird, so daß dadurch eine kleinere Kanalkapazität benützt werden kann. Der zweite Schritt besteht dann aus einer Umformung der in der Nachrichtenquelle enthaltenen Größen von $B$, $T$ und $\varrho$ auf die Größen des Kanals. Zur näheren Erläuterung seien einige Beispiele betrachtet:

Der Entropiegehalt der Sprache ist etwa 1,5 bit/Buchstaben. Rechnet man bei der gesprochenen Sprache mit 20 bis 30 Buchstaben/sec, so ist der wirkliche Nachrichtenfluß, der dem Informationsgehalt der Sprache entspricht, etwa 30 bis 50 bit/sec. Bei optimaler Übertragung müßte man also die Sprache über einen Kanal mit einer Kanalkapazität von 50 bit/sec übertragen können. Die für die normale Sprachübertragung wirklich benutzte und erforderliche Kanalkapazität ist wesentlich größer, bei einem Sprachkanal von 3 kHz Bandbreite mit einem Geräuschabstand von 30 dB nach Gl. (55a) 30000 bit/sec, also 600 mal soviel. Ist die für die Übertragung erforderliche Kanalkapazität größer, als es dem Informationsfluß entspricht, so ist dies ein Zeichen, daß die Nachricht nicht optimal codiert ist. Die zur Erreichung von 50 bit/sec erforderliche Codierung ist unbekannt. Sie müßte die Sprache in lauter Buchstabengruppen teilen, die sämtlich gleiche Wahrscheinlichkeit haben. Die praktisch bisher erreichte Verkleinerung ist wesentlich kleiner. Durch Anwendung eines Silbenkompanders (s. S. 33 und 321 ff.) kann man den erforderlichen Geräuschabstand auf etwa 20 dB verkleinern. Durch Anwendung eines Vocoders (s. S. 331 ff.) kann man mit einer Übertragungsbandbreite von 400 Hz, also bei einer Verkleinerung der Kanalkapazität auf $\frac{1}{8}$, noch eine brauchbare Sprachübertragung erzielen.

Sehr viel Redundanz enthält auch ein Fernsehbild, da jedesmal sämtliche Bildpunkte übertragen werden, während nur die Änderungen eine Information enthalten. Würde man den Bildinhalt speichern und nur die Änderungen übertragen, so stände für die Übertragung dieser Änderungen wegen ihres seltenen Auftretens eine größere Zeit zur Verfügung, so daß mit einem schmaleren Frequenzband gearbeitet werden könnte. Eine andere Möglichkeit wäre, eine bestimmte Anzahl Helligkeitsstufen festzulegen und als Information des Bildinhaltes in jeder Bildzeile die Helligkeitsstufen und die Zahl der aufeinanderfolgenden Bildpunkte dieser Helligkeit zu senden. Würde man diese Zahlen mit gleicher Geschwindigkeit senden und im Empfänger speichern, so benötigte man wieder ein wesentlich kleineres Frequenzband.

Der zweite Schritt besteht in der Anpassung des Nachrichtenquaders der Quelle an den Nachrichtenquader des Übertragungskanals. Man kann die drei in Gl. (56) auftretenden Größen $B$, $T$ und $\mathrm{ld}\left(1 + \dfrac{P}{N}\right)$ miteinander vertauschen. Eine Vertauschung von Frequenzband und Zeit ist seit langem bekannt. Bei doppelter Bandbreite kann man die Telegraphiergeschwindigkeit verdoppeln, da die Impulsdauer halbiert wird. Man kann aber auch eine Nachricht von bestimmter Bandbreite durch ein schmaleres Band übertragen. Soll die Übertragungszeit erhalten bleiben, so muß man dafür einen größeren Signal-Geräusch-Abstand aufwenden. Werden z. B. binäre Signale über ein Band $B$ mit einem Signal-Geräusch-Verhältnis $P/N = 3$, also $1 + P/N = 4$ übertragen, so kann man die gleiche Nachricht über ein Frequenzband $\frac{1}{2}B$ übertragen, wenn man die Leistung so weit vergrößert, daß $1 + \dfrac{P'}{N'} = 4^2$ ist. Da die Rauschleistung in der halben Bandbreite $N' = \frac{1}{2}N$ ist, müßte die Leistung auf $P' = 2,5 P$ vergrößert werden, bei $\frac{1}{3}B$ auf $7P$ usw. Statt binär müßte man bei halber Frequenzbreite mit 4 Telegraphiestufen senden, indem z. B. aus je zwei aufeinanderfolgenden binären Werten 00, 01, 10 und 11 je eine Spannungsstufe gebildet wird.

## Schrifttum

[1] HOLBROOK, B. D., u. J. T. DIXON: Load Rating Theory for Multi-Channel Amplifiers. Bell System Techn. J. 18 (1939), 624—644.

[2] WAERDEN, B. L. VAN DER: Mathematische Statistik. Berlin/Göttingen/Heidelberg: Springer 1957.

[3] KÜPFMÜLLER, K.: Die Systemtheorie der elektrischen Nachrichtenübertragung. 2. Aufl. Stuttgart: Hirzel 1952.

[4] NYQUIST, H.: Thermal Agitation of Electrical Charge in Conductors. Phys. Rev. 32 (1928), 110—113.

[5] HÖLZLER, E., u. H. HOLZWARTH: Theorie und Technik der Pulsmodulation. Berlin/Göttingen/Heidelberg: Springer 1957.

[6] DOETSCH, G.: Anleitung zum praktischen Gebrauch der Laplace-Transformation, 2. Aufl. München: Oldenbourg 1961.

[7] FRANK, PH., u. R. v. MISES: Die Differential- und Integralgleichungen der Mechanik und Physik. Bd. I, 2. Aufl. Braunschweig: Vieweg 1930.

[8] KADEN, H.: Impulse und Schaltvorgänge in der Nachrichtentechnik. München: Oldenbourg 1957.

[9] BODE, H. W.: Network Analysis and Feedback Amplifier Design. New York: Van Nostrand 1945.

[10] ZUHRT, H.: Über Größen und Einheiten der Dimension Eins. Arch. elektr. Übertr. 19 (1965), 281—288.

[11] WUNSCH, G.: Die praktische Bedeutung des Zusammenhanges zwischen Hilbert-Transformation und harmonischer Analyse für die Nachrichtentechnik. Arch. elektr. Übertr. 13 (1959), 503—508.

[12] NYQUIST, H.: Certain Topics in Telegraph Transmission Theory. Trans. Amer. Inst. Electr. Engrs. 47 (1928), 617—644.

[13] JAHNKE-EMDE-LÖSCH: Tafeln höherer Funktionen, 6. Aufl. Stuttgart 1960.

[14] KRAUS, G.: Ein Näherungsverfahren zur Ermittlung von Einschwingvorgängen in linearen elektrischen Netzen. Öst. Z. Telegraphie-, Telephon-, Funk- u. Fernsehtechn. 2 (1948), 53—61.

[15] BROCKBANK, R. A., u. C. A. A. WASS: Nonlinear Distortion in Transmission Systems. J. IEE 92, Part III (1945), 45—56.

[16] ZUHRT, H.: Ein Beitrag zum Additionsgesetz der Klirrspannungen in Weitverkehrssystemen mit Amplitudenmodulation. NTZ 11 (1958), 424—428.

[17] WIENER, N.: Cybernetics or Controll and Communication in the Animal and the Maschine. New York: J. Wiley 1948.
[18] HARTLEY, R. V. L.: Transmission of Information. Bell System Techn. J. 7 (1928), 535—563.
[19] KOTELNIKOW, W. A.: Über die Kanalkapazität des Äthers und der Drahtverbindungen in der elektrischen Nachrichtentechnik. Tagungsber. von der ersten Allunionskonferenz der Nachrichtentechn. 1933 (russisch).
[20] SHANNON, C. E.: A Mathematical Theory of Communication. Bell System Techn. J. 27 (1948), 379—423 u. 623—656. — Communications in the Presence of Noise. Proc. IRE 37 (1949), 10—21.
[21] CHINTSCHIN, A. J., in: Arbeiten zur Informationstheorie I. Berlin: Deutscher Verlag der Wissenschaften 1957.
[22] BRILLOUIN, L.: Science and Information Theory. New York: Academic Press 1956.
[23] MEYER-EPPLER, W.: Grundlagen und Anwendungen der Informationstheorie. Berlin/Göttingen/Heidelberg: Springer 1959.
[24] KÜPFMÜLLER, K.: Die Entropie der deutschen Sprache. Fernmeldetechn. Z. 7 (1954), 265—272.
[25] MARKO, H.: Die Ausnutzbarkeit eines Telegraphiekanals zur Informationsübertragung. NTZ 15 (1962), 451—466.
[26] NEIDHARDT, P.: Einführung in die Informationstheorie. Berlin: Verlag Technik 1957.

# 2. Übertragungsverfahren

Von W. ARENS und H. ZUHRT[1]

## 2.1 Notwendigkeit und Zweck der Modulation

Eine Übertragung der von der Nachrichtenquelle kommenden Signale in ihrer natürlichen Frequenzlage hat den Nachteil, daß nur eine Nachricht über die Leitung gesendet werden kann, so daß die Leitungen schlecht ausgenutzt sind. Durch eine Verlagerung des natürlichen Frequenzbandes in höhere Lagen können mehrere Gespräche frequenzmäßig nebeneinandergelegt werden (Frequenzmultiplexverfahren), durch Übertragung einzelner Abtastwerte, aus denen das Signal wieder ergänzt wird, können mehrere Gespräche zeitlich ineinandergeschachtelt werden (Zeitmultiplexverfahren).

Zur besseren Ausnützung der Übertragungskanäle wird das Nachrichtensignal daher vor der Übertragung moduliert und gebündelt. Am Ausgang des Übertragungskanals sind eine entsprechende Demodulation und Entbündelung erforderlich.

---

[1] Die Abschn. 2.1 und 2.2 sind von H. ZUHRT, die Abschn. 2.3 und 2.4 von W. ARENS.

Die Modulationsverfahren können in kontinuierliche und diskontinuierliche Verfahren eingeteilt werden.

Das von der Nachrichtenquelle kommende primäre Signal $u(t)$ ist stets eine ganz oder stückweise kontinuierliche Zeitfunktion. Bei den kontinuierlichen Modulationsverfahren bleibt die kontinuierliche Form der Nachricht bei der Übertragung erhalten, während bei den diskontinuierlichen Verfahren im modulierten Signal nur einzelne diskontinuierliche Punkte des ursprünglichen Signals vorhanden sind.

## 2.2 Kontinuierliche Modulationsverfahren

Die kontinuierlichen Modulationsverfahren benutzen einen Träger

$$u_0(t) = U_0 \cos(\Omega_0 t + \Phi) = \mathrm{Re}\left\{U_0\, e^{j(\Omega_0 t + \Phi)}\right\}, \tag{1}$$

dessen Bestimmungsstücke Amplitude $U_0$, Kreisfrequenz $\Omega_0$ oder Phase $\Phi$ einzeln oder gemischt im Rhythmus des Nachrichtensignals geändert werden. Wird zur Nachrichtenübertragung die Änderung der Amplitude benutzt, so werden wir von Amplitudenmodulation sprechen, wird die Änderung des Winkels $\Omega t + \Phi$ benutzt, von Winkelmodulation, unabhängig von dem Vorhandensein anderer Änderungen.

### 2.2.1 Amplitudenmodulation (AM) und Einseitenbandmodulation (EM)

Ändert man die Amplitude des Trägers im Rhythmus des Signals, das im einfachsten Fall aus einer einzigen Kosinusschwingung $\cos(\omega_m t + \varphi_m)$ besteht, so erhält man als moduliertes Signal mit $\Phi = 0$ (was nur einer Zeitverschiebung der Größe $t_0 = \dfrac{\Phi}{\Omega_0}$ entspricht) und bekannten trigonometrischen Umformungen

$$\begin{aligned}
u(t) &= U_0[1 + m\cos(\omega_m t + \varphi_m)]\cos\Omega_0 t \\
&= U_0\cos\Omega_0 t + \tfrac{1}{2} m\, U_0 \cos[(\Omega_0 + \omega_m) t + \varphi_m] + \\
&\quad + \tfrac{1}{2} m\, U_0 \cos[(\Omega_0 - \omega_m) t - \varphi_m].
\end{aligned} \tag{2}$$

Das modulierte Signal besteht also bei einer einzelnen Sinusspannung als Modulationsspannung aus einem Träger $\Omega_0$ und 2 Seitenfrequenzen $\Omega_0 + \omega_m$ und $\Omega_0 - \omega_m$, bei einer Summe von Sinusspannungen aus zwei entsprechenden Seitenbändern, wobei das obere Seitenband die reguläre Folge der Frequenzen, das untere Seitenband die umgekehrte Frequenzfolge (Kehrlage) hat. $m$ ist der Modulationsgrad, $m \leqq 1$.

Die Gesamtleistung von Gl. (2) ist

$$P = \tfrac{1}{2} U_0^2 + \tfrac{1}{4} m^2 U_0^2, \tag{3}$$

so daß bei voller Modulation $m = 1$ die Sendeleistung gleich dem 1,5-fachen der Trägerleistung ist.

Das zu Gl. (2) gehörige Zeigerdiagramm hat einen konstanten Zeiger der Kreisfrequenz $\Omega_0$ und der Größe $U_0$ und 2 Zeiger der Größe $\tfrac{1}{2}\, m\, U_0$, die zur Zeit $t = 0$ mit $U_0$ die Winkel $\pm\, \varphi_m$ bilden und die sich mit der Winkelgeschwindigkeit $+\omega_m$ bzw. $-\omega_m$ relativ zum Zeiger $U_0$ drehen,

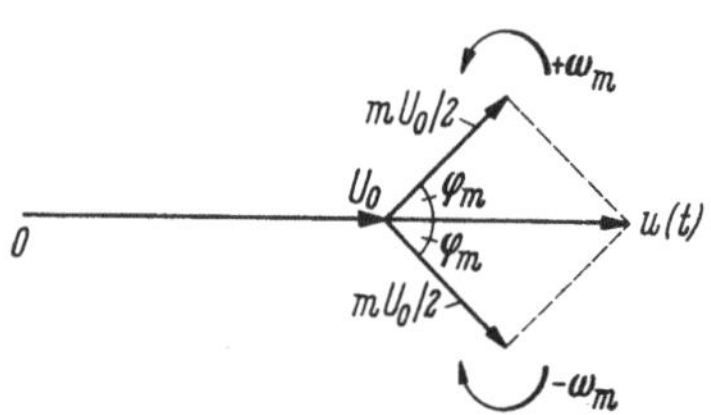



Abb. 1. Zeigerdiagramm der Amplitudenmodulation

vgl. Abb. 1. Da die Winkel in jedem Augenblick gleich sind, bewegt sich der Endpunkt des Summenzeigers auf der Geraden $U_0$.

Eine ideale Demodulation muß aus $u(t)$ von Gl. (2) wieder das Modulationsglied gewinnen. Das geschieht durch Gleichrichtung, z. B. an einer geknickten oder quadratischen Kennlinie (lineare oder quadratische Gleichrichtung) und Unterdrückung der entstehenden, bei $2\,\Omega_0$ liegenden höheren Frequenzen durch einen Tiefpaß. Die Amplitudenfunktion bzw. die Hüllkurve der Hochfrequenz (bei linearer Gleichrichtung) oder die bei der Bildung von $u^2$ entstehenden Produkte (bei quadratischer Gleichrichtung) liefern die unverzerrte Nachricht. Hat der Hochfrequenzweg aber Dämpfungs- und Phasenverzerrung, so treten in der letzten Form von Gl. (2) ungleiche Änderungen an Amplituden und Phasen auf, wodurch die Zerlegung der Kosinuswerte nicht mehr die erste Form

$$u(t) = P_0(t) \cos \Omega_0\, t, \quad \text{sondern}$$

die allgemeinere Form

$$u(t) = P(t) \cos \Omega_0\, t -$$
$$- Q(t) \sin \Omega_0\, t$$
$$= A(t) \cos\left(\Omega_0\, t + \Phi(t)\right) \qquad (4)$$

mit einem gegenüber Gl. (2) veränderten $P$ und $Q$ ergibt. Dadurch ist die Amplitudenfunktion

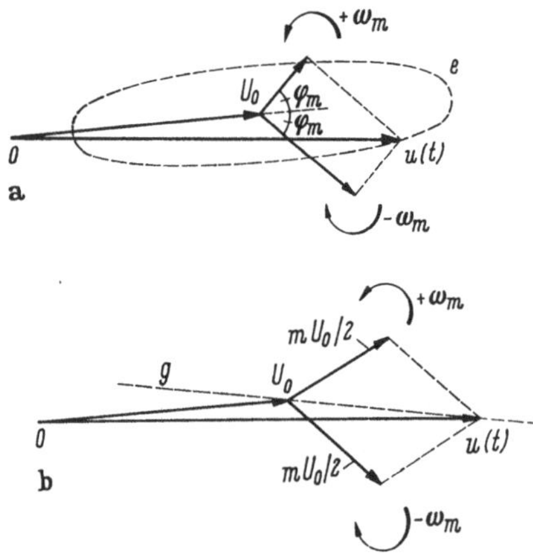



Abb. 2a u. b. Zeigerdiagramm der Amplitudenmodulation bei a) reiner Dämpfungsverzerrung, b) reiner Phasenverzerrung

$e$ Modulationsellipse;    $g$ Modulationsgerade

$$A(t) = \sqrt{P(t)^2 + Q(t)^2} \qquad (5)$$

und damit die Empfangsfunktion in beiden Gleichrichtungsarten nichtlinear verzerrt, es entstehen Oberwellen und bei Vorhandensein mehrerer Signalfrequenzen Summen- und Differenztöne. Im Diagramm bewegt sich der Endpunkt des Zeigers bei ungleicher Größe der Seitenzeiger (Dämpfungsverzerrung) statt auf einer Geraden auf einer Modulationsellipse, bei reiner Phasenverzerrung auf einer schrägen Geraden, vgl. Abb. 2. Der zeitliche Ablauf ist verändert, außer der Amplitudenmodulation ist sekundär eine Phasenmodulation vorhanden, vgl. z. B. [1, 2].

Bei der bisher betrachteten normalen Amplitudenmodulation (AM) ist das Modulationsband zweimal vorhanden. Es muß daher die Übertragung eines einzelnen Seitenbandes mit oder ohne Träger für die Nachrichtenübertragung genügen. Der Vorteil ist eine wesentliche Leistungs- und Frequenzbandersparnis. Durch das Fehlen eines Seitenbandes ergibt Gl. (2) mit $m' = \frac{1}{2}m$ nach Gl. (4) und (5) bei linearer Gleichrichtung die Empfangsfunktion (Amplitude

$$u_2(t) = A(t)$$
$$= \sqrt{[U_0 + m'\,U_0\cos(\omega_m t + \varphi_m)]^2 + [m'\,U_0\sin(\omega_m t + \varphi_m)]^2}$$
$$= U_0\sqrt{1+x}. \tag{6}$$

Die Reihenentwicklung der Wurzel ergibt eine nichtlineare, überwiegend quadratische Verzerrung mit den Klirrfaktoren

$$k_2 = \tfrac{1}{4}m', \qquad k_3 = \tfrac{1}{8}m'^2 \tag{7}$$

bei kleinem $m'$. Für beliebige Werte von $m'$ müssen mehr Glieder der Reihe berücksichtigt werden. Bei mehreren Signalfrequenzen entstehen Kombinationsschwingungen wie bei regulärer nichtlinearer Verzerrung. Bei quadratischer Gleichrichtung von Gl. (2) mit einem Seitenband entsteht zwar bei einer einzigen Signalfrequenz, wie in Gl. (2) angesetzt, keine niederfrequente nichtlineare Verzerrung, wohl aber beim Vorhandensein mehrerer Signalfrequenzen.

Überträgt man bei der Einseitenbandübertragung nur ein Seitenband und setzt dem Empfänger einen Träger gleicher Frequenz zu, so kann man die nichtlinearen Verzerrungen durch genügend große Trägeramplitude genügend klein machen. Da bei großem Zusatzträger und nachfolgender Gleichrichtung praktisch das reine Seitenband empfangen wird, gehen Dämpfungs- und Phasenverzerrungen des Hochfrequenzweges wie normale niederfrequente Verzerrungen ein. Ebenso entsprechen Sendeleistung und Frequenzbandbedarf einer niederfrequenten Übertragung, so daß das Einseitenbandsystem ohne Träger als ideales Bezugssystem benutzt werden kann. Durch das Fehlen des Trägers entfällt auch das durch Kreuzmodulation entstehende verständliche Nebensprechen (s. S. 32).

Ein Unterschied zur direkten Niederfrequenzübertragung entsteht insofern, als bei einer gekrümmten Kennlinie wegen des relativ schmalen Bandes der transformierten Frequenzen die quadratischen Klirrfaktoren meist keine Rolle spielen, da die entstehenden Frequenzen außerhalb des Bandes liegen, wenn dieses kleiner als eine Oktave, die Trägerfrequenz also größer als die höchste Modulationsfrequenz ist. Dagegen fallen Differenztöne dritter Ordnung wie bei direkter Übertragung in das Band, wie auf S. 32ff. näher beschrieben. Der hinzugefügte Träger bringt zwei weitere Änderungen. Entspricht der Winkel nicht dem Phasenwinkel des ursprünglichen Trägers, sondern unterscheidet sich von ihm um einen Winkel $\Phi_0$, so geht dieser Winkel in jede Seitenbandfrequenz ein, so daß die Wiedergabe nicht formgetreu wird. Da das Ohr bei Sprachübertragungen relativ unempfindlich gegen Phasenverschiebungen der einzelnen Komponenten ist, ist die Übertragung für Sprache geeignet, aber z. B. nicht für die Übertragung von Telegraphie oder Fernsehzeichen. Deshalb wird bei Telegraphie gewöhnlich eine Zweiseitenband-Amplituden-Modulation oder eine Frequenzmodulation angewendet. Eine Einseitenbandmodulation kann nur als zweite Modulationsstufe benutzt werden (s. S. 84ff.).

Eine zweite Verfälschung tritt ein, wenn die Frequenz von der ursprünglichen Trägerfrequenz abweicht, da dann alle Seitenfrequenzen um diesen Frequenzbetrag verschoben sind.

Geht das Seitenband, wie z. B. im Fernsehen, bis zur Frequenz Null, so ist eine Aussiebung des Trägers nicht möglich. Hier kann das Restseitenbandverfahren verwendet werden. Unter einem Restseitenbandfilter versteht man ein Hochpaßfilter (oder Tiefpaßfilter), dessen Flanke die Trägeramplitude halbiert und nach beiden Seiten symmetrisch ist. Für die auf der Flanke liegenden Frequenzen liegt dann Zweiseitenbandübertragung, für die oberhalb (bzw. unterhalb) der Flanke liegenden Frequenzen Einseitenbandübertragung vor. Durch den vorhandenen Restträger ist eine phasentreue Übertragung möglich. Eine Anwendung findet das Verfahren vor allem bei der Fernsehübertragung über Kabel (s. S. 87 und 620).

**Einfluß von Störungen bei Amplitudenmodulation.** Kommt bei einer direkten Übertragung oder bei einer Einseitenbandübertragung ohne Träger eine Stör- oder Rauschspannung hinzu, so wird sie genau wie die Nutzspannung übertragen, so daß das Signal-Geräusch-Verhältnis am Eingang und Ausgang des Übertragungskanals dasselbe bleibt, also keine Verbesserung dieses Verhältnisses eintreten kann. Das Verhältnis von Signal- zu Rauschleistung bleibt unverändert

$$s = \frac{P_s}{P_R} = \frac{P}{P_R}, \tag{8}$$

wobei $P_s$ die Signalleistung, $P$ die gleich große Sendeleistung und $P_R$ die Rauschleistung im Basisband ist.

Bei einer Zweiseitenbandübertragung mit dem Modulationsgrad $m$ liefern die beiden Seitenbänder von Abb. 1 nach der Demodulation eine Niederfrequenz $\omega_m$ mit der Amplitude $m\,U_0$, also der Signalleistung

$P_s = \frac{1}{2} m^2 U_0^2$. Da die gesamte Leistung $P$ durch Gl. (3) gegeben ist, ist die Signalleistung um den Faktor $\dfrac{1}{m^2} + \dfrac{1}{2} = \dfrac{2 + m^2}{2\,m^2}$ kleiner als die Sendeleistung. Da außerdem die Rauschleistung aus dem doppelten Band wirksam ist, ist das Signal-Geräusch-Verhältnis bei Zweiseitenbandübertragung mit Träger

$$s_{\mathrm{ZB}} = \frac{P_s}{2\,P_R} = \frac{m^2}{2 + m^2}\,\frac{P}{P_R}, \tag{9}$$

also für volle Modulation $m = 1$ bei gleicher Sendeleistung trotz doppelter Bandbreite um den Faktor 3 schlechter als bei Einseitenbandübertragung ohne Träger.

### 2.2.2 Winkelmodulation

Ändert man statt der Amplitude des Trägers in Gl. (1) den Winkel durch die Signalspannung, so hat man die primäre Zeitfunktion

$$s_1(t) = U_0 \cos[\Omega_0 t + \Phi(t)] = \mathrm{Re}\left\{ U_0\, e^{\mathrm{j}[\Omega_0 t + \Phi(t)]} \right\}. \tag{10}$$

Da die Länge des in der geschweiften Klammer stehenden Zeigers konstant gleich $U_0$ ist, beschreibt der Endpunkt des Zeigers einen Kreisbogen mit veränderlicher Winkelgeschwindigkeit. Ändert sich dabei der Winkel im Rhythmus der Signalfunktion $u(t)$, ist also mit einer Proportionalitätskonstanten $\alpha$

$$\Phi(t) = \alpha\, u(t), \tag{11}$$

so spricht man von einer Phasenmodulation (PM). Ändert sich die Frequenz, d. h. der Differentialquotient des Winkels im Rhythmus des Signals, ist also die Änderung der Kreisfrequenz

$$\omega(t) = \frac{\mathrm{d}\,\Phi(t)}{\mathrm{d}t} = \beta\, u(t), \tag{12}$$

so spricht man von einer Frequenzmodulation (FM).

Die größte Winkelabweichung vom Zeiger der Trägerspannung wird als Phasenhub $\Delta\Phi$, die größte Abweichung der Frequenz als Frequenzhub $\Delta F$ bzw. $\Delta\Omega$ bezeichnet. Das Verhältnis vom Frequenzhub zur höchsten Modulationsfrequenz $f_g$ ist der Modulationsindex $\eta$. Da die Kreisfrequenz die Ableitung des Winkels ist, ist für eine einzelne Signalfrequenz $f_m$ nach Gl. (12)

$$\Delta\Omega = \omega_m\, \Delta\Phi, \tag{13}$$

also der Modulationsindex gleich dem Phasenhub. Ein Unterschied zwischen den beiden Modulationsarten existiert nicht. Er tritt erst auf, wenn das Signal $u(t)$ aus einer Summe von Sinusspannungen besteht, indem gleiche Amplituden der Einzelfrequenzen bei Frequenzmodulation gleiche Frequenzhübe, bei Phasenmodulation gleiche Phasenhübe und mithin proportional mit der Frequenz anwachsende Frequenzhübe erzeugen. Durch eine Verzerrung der Amplituden proportional mit der Frequenz kann man demnach eine Frequenzmodulation in eine Phasenmodulation umformen und umgekehrt. Da, wie weiter unten gezeigt wird, die höheren Frequenzen bei der Frequenzmodulation stärker durch Rauschen gestört sind, werden die oberen Frequenzen vor der Modulation häufig angehoben (pre-Emphasis) und nach der Demodulation wieder entzerrt (de-Emphasis). Die Frequenzmodulation nähert sich dann bei höheren Frequenzen der Phasenmodulation.

**Seitenbänder der Winkelmodulationen.** Für eine einzelne sinusförmige Modulationsspannung ist die Sendefunktion nach Gl. (10) mit $U_0 = 1$

$$s_1(t) = \mathrm{Re}\left\{ e^{j(\Omega_0 t + \Delta\Phi\sin\omega_m t)} \right\}. \tag{14}$$

Der Faktor von $e^{j\Omega_0 t}$ ist eine periodische Funktion mit der Periodendauer $1/f_m$ und läßt sich daher nach FOURIER zerlegen. Nach Gl. (6a) aus Kap. A. 1 und einer bekannten Integraldarstellung der BESSELschen Funktionen wird

$$s_1(t) = \mathrm{Re}\left\{ \sum_{n=-\infty}^{\infty} \mathrm{J}_n(\Delta\Phi)\, e^{j(\Omega_0 t + n\omega_m t)} \right\}, \tag{15}$$

worin $\mathrm{J}_n$ die z. B. in [3] tabellierten BESSELschen Funktionen $n$-ter Ordnung sind. Für negative Indizes gilt $\mathrm{J}_{-n}(\Delta\Phi) = (-1)^n\, \mathrm{J}_n(\Delta\Phi)$.

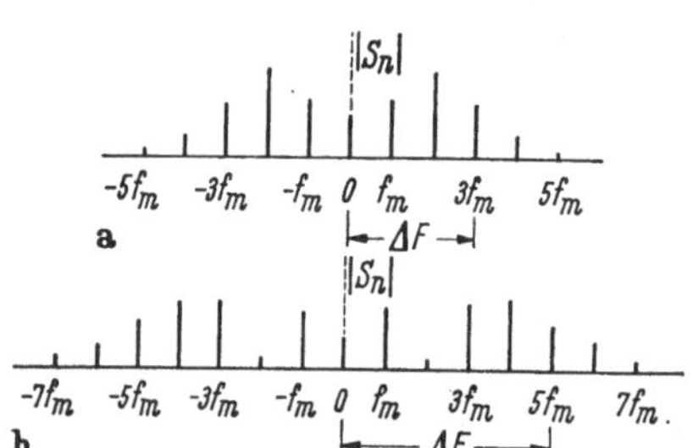


Abb. 3a u. b. Amplitudenspektren von sinusförmig frequenzmodulierten Signalen
a) Phasenhub $\Delta\Phi = 3$,　b) $\Delta\Phi = 5$

Die Zerlegung (15) zeigt einen Träger der Größe $\mathrm{J}_0(\Delta\Phi)$ und eine unendliche Reihe von Seitenschwingungen, deren Amplituden nach den BESSELschen Funktionen $\mathrm{J}_n(\Delta\Phi)$ verlaufen und die sich im Diagramm mit den Winkelgeschwindigkeiten $\Omega_0 \pm n\,\omega_m$ drehen. Als Beispiel sind in Abbildung 3 die Amplitudenspektren für $\Delta\Phi = \dfrac{\Delta\Omega}{\omega_m} = 3$ und 5 gezeichnet. So wie hier liegen allgemein außerhalb des Frequenzhubes $\Delta F$ noch ein bis zwei nicht zu vernachlässigende Seitenfrequenzen, so daß das Hochfrequenzsignal praktisch ein Band zwischen

$$B_h = 2(\Delta F + f_m) \quad \text{und} \quad 2(\Delta F + 2f_m) \tag{16}$$

ausfüllt.

Bei kleinem Hub sind im wesentlichen die beiden ersten Seitenbänder maßgebend, so daß hier das in Abb. 4 gezeichnete Diagramm gilt. Bei der Drehung der Seitenbandzeiger mit der Winkelgeschwindigkeit $\pm\omega_m$ gegenüber dem feststehenden Hauptzeiger beschreibt der Endpunkt des Zeigers eine senkrechte Gerade bis zum Endpunkt $\Delta\Phi$. Durch Hinzunahme der weiteren Zeiger der Seitenschwingungen beschreibt der Endpunkt einen Kreisbogen.

Besteht das Signal $u(t)$ aus einer Summe von Sinusfunktionen, so läßt sich für jede einzelne Funktion die Entwicklung (15) durchführen. Das gesamte Resultat enthält in den Seitenbändern sämtliche Kombinationsfrequenzen. Durch Multiplikation der einzelnen Seitenbänder mit dem zugehörigen Übertragungsfaktor läßt sich prinzipiell die sekundäre Zeitfunktion $s_2(t)$ am Ausgang eines beliebigen Netzwerkes ermitteln. Ist der Frequenzhub klein gegen die Trägerfrequenz, was praktisch stets erfüllt ist, so kann die Ausgangsfunktion auf die Form von Gl. (4) mit langsam veränderlichen Werten $P(t)$ und $Q(t)$ gebracht werden:

$$s_2(t) = P(t) \cos\Omega_0 t - Q(t) \sin\Omega_0 t. \tag{17}$$

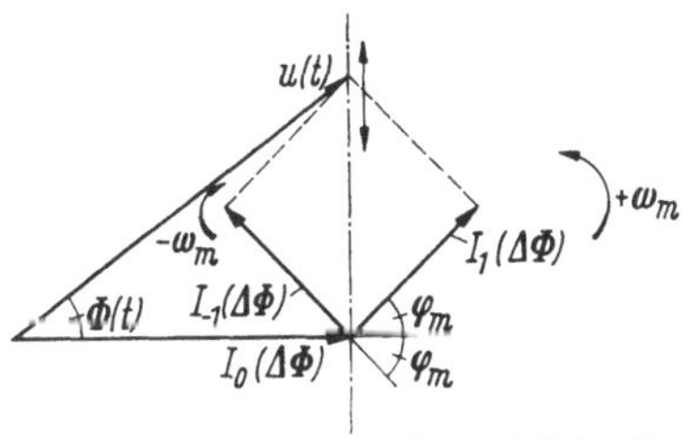

Abb. 4. Zeigerdiagramm eines winkelmodulierten Signals bei kleinem Frequenzhub oder in einem schmalen Kanal

Während bei einer beliebigen, z. B. experimentell gegebenen Zeitfunktion $s(t)$ eine Zerlegung in $A(t) \cos\varphi(t)$, also in Amplitude und Winkel, auf unendlich viele Arten möglich erscheint, ist die Zerlegung der Form (17) in Amplitude und Winkel eindeutig. Setzt man die rechte Seite von Gl. (17) gleich $A(t) \cos[\Omega_0 t + \Phi(t)]$, so erhält man durch Zerlegung des Kosinus und Koeffizientenvergleich die Amplitude $A(t)$ und den Winkel $\Phi(t)$ zu

$$A(t) = \sqrt{P(t)^2 + Q(t)^2}, \quad \Phi(t) = \arctan\frac{Q(t)}{P(t)}. \tag{18}$$

Durch Differentiation des Winkels folgt die Augenblicksfrequenz

$$\Omega(t) = \Omega_0 + \frac{\mathrm{d}\Phi(t)}{\mathrm{d}t} = \Omega_0 + \frac{PQ' - QP'}{P^2 + Q^2}, \tag{19}$$

wobei der Strich die Ableitung nach $t$ bedeutet.[1]

$s_2(t)$ ist die Ausgangsfunktion vor dem Demodulator. Durch eine Beschneidung des Frequenzbandes, durch die die äußeren Seitenbänder wegfallen, sowie durch Dämpfungs- und Phasenverzerrungen innerhalb des Durchlaßbandes entstehen Änderungen von $P$ und $Q$ gegenüber den Werten $s_1(t)$ aus Gl. (15) und damit nichtlineare Verzerrungen von Phase und Frequenz in der Ausgangsfunktion vor dem Demodulator.

---

[1] *Anmerkung:* Für eine beliebige Zeitfunktion $s(t)$ ist die Augenblicksfrequenz durch den letzten Bruch gegeben, wenn man $P(t)$ gleich $s(t)$ und $Q(t)$ gleich dem zugehörigen Imaginärteil von $s(t)$ (vgl. S. 20ff.) setzt.

Die eigentliche, niederfrequente Empfangsfunktion hängt außer von den hochfrequenten Veränderungen von $s(t)$ wesentlich vom Demodulator ab. Bei einem idealen Frequenzdemodulator sollte die Ausgangsspannung proportional der augenblicklichen Frequenzänderung, also gleich dem Bruch von Gl. (19) sein. Der einfachste Demodulator wäre eine verlustlose Spule, da ein frequenzmodulierter Strom $i = I_0\, e^{\mathrm{j}\,\Omega_0 t + \mathrm{j}\,\Phi(t)}$ eine Spannung $u = L\dfrac{di}{dt} = \mathrm{j}\, L\, I_0\, [\Omega_0 + \Phi'(t)]\, e^{\mathrm{j}\,\Omega_0 t + \mathrm{j}\,\Phi(t)}$ ergibt, die durch Gleichrichtung die Ausgangsgröße $U(t) = L\, I_0 [\Omega_0 + \Phi'(t)]$ liefert, die direkt proportional der Augenblicksfrequenz ist. Allgemein kann man zur Demodulation die Flanke eines Schwingungskreises oder bei Gegentaktdemodulation die Differenz der gleichgerichteten Spannungen zweier gegeneinander verstimmter Schwingungskreise benutzen. Da die Ausgangsspannung außer von der Frequenz von der Amplitude abhängt, muß die Amplitudenabhängigkeit durch Benutzung eines von der Amplitude unabhängigen Spannungsverhältnisses (Ratiodetektor) oder durch eine vorhergehende Amplitudenbegrenzung beseitigt werden. Die Begrenzung liefert eine Reihe von Oberwellen in der Nähe der Vielfachen der Trägerfrequenz, die leicht ausgesiebt werden können. Für einen stationären Vorgang würde man nach Konstanthalten der Amplitude bei einer geradlinigen Demodulationskennlinie für eine Zeitfunktion (17) die Ausgangsgröße (19) erhalten.

Für die Berechnung von Einschaltvorgängen muß sichergestellt sein, daß die Kennlinie auch noch für Frequenzen oberhalb des Frequenzhubes geradlinig ist. Sonst muß man die genaue Demodulationsschaltung zugrunde legen und die Umformung von $s_2(t)$ und folgende Gleichrichtung nach den allgemeinen Methoden von Abschn. 1.2.1 und 2.2.1 berechnen.

**Einfluß von Störungen bei den Winkelmodulationsverfahren.** Durch das erforderliche Konstanthalten der Amplitude werden Pegelschwankungen und die durch Störspannungen und Rauschen hervorgerufenen Amplitudenänderungen weitgehend eliminiert. Die Unabhängigkeit gegenüber Pegelschwankungen stellt einen wesentlichen Vorteil der Winkelmodulationsverfahren dar. Als zweiter Vorteil kommt bei großem Frequenz- oder Phasenhub eine Verminderung der Störgeräusche oberhalb eines bestimmten Schwellenwertes hinzu. Sie ergibt sich folgendermaßen: Bei idealer Amplitudenbegrenzung kommen nur die von den einzelnen Stör- bzw. Rauschspannungen verursachten Winkelstörungen in Betracht. Die von einer einzelnen Stör- oder Rauschspannung $u_n$ mit der Amplitude $U_n$ und dem Frequenzabstand $f_n$ vom Träger $F$ erzeugte Phasenänderung ist nun nach Abb. 5, solange die Störamplitude $U_n \ll U_0$ ist,

$$\varphi_n(t) = \frac{U_n \cos(\omega_n t + \psi_n)}{U_0} = \Delta\,\varphi_n \cos(\omega_n t + \psi_n). \qquad (20)$$

Die zugehörige Frequenzänderung ist

$$f_n(t) = \frac{1}{2\pi} \frac{\mathrm{d}\varphi_n}{\mathrm{d}t} = - \frac{U_n f_n \sin(\omega_n t + \psi_n)}{U_0}. \tag{21}$$

Da bei idealer Demodulation die Ausgangsspannung proportional dem Phasen- bzw. Frequenzhub ist, sind die bei einem einzelnen Sinusstörer entstehenden Verhältnisse von Signal- zu Störleistung bei Phasen- bzw. Frequenzmodulation

$$s_{\mathrm{PM}} = \left\{\frac{\Delta\Phi}{\Delta\varphi_n}\right\}^2 = \Delta\Phi^2 \frac{U_0^2}{U_n^2}, \qquad s_{\mathrm{FM}} = \left\{\frac{\Delta F}{\Delta f_n}\right\}^2 = \frac{\Delta F^2}{f_n^2} \frac{U_0^2}{U_n^2} \tag{22}$$

gegenüber $U_0^2/U_n^2$ bei niederfrequenter oder Einseitenbandübertragung.

Der von einer einzelnen Störspannung erzeugte Frequenzhub und damit die bei FM entstehende Empfangsstörung wächst nach Gl. (21) linear mit dem Abstand vom Träger an, vgl. Abb. 6. Handelt es sich

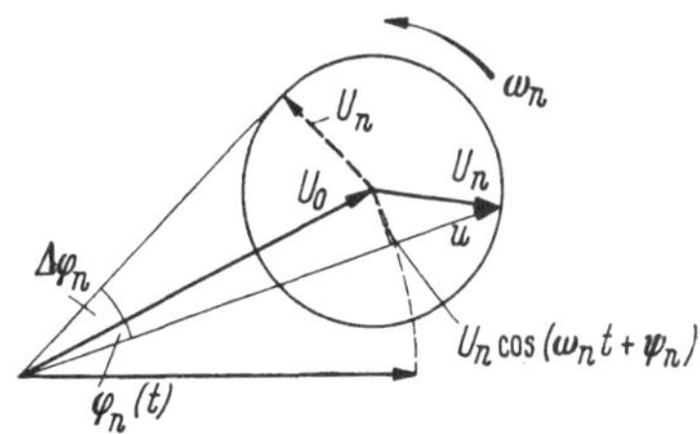


Abb. 5. Wirkung einer einzelnen sinusförmigen Stör- oder Rauschspannung bei Phasen- oder Frequenzmodulation

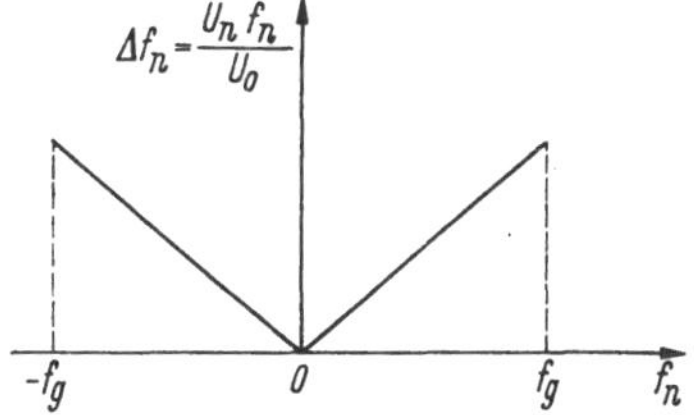


Abb. 6. Abhängigkeit des von einer sinusförmigen Störspannung erzeugten Frequenzhubes von der Frequenzdifferenz $f_n$ zwischen Nutz- und Störton

um eine gleichmäßige Rauschstörung, so sind wegen der statistischen Verteilung der Winkel der einzelnen Rauschspannungen die Leistungen von Gl. (20) bzw. (21) zu addieren. Bei einem nachfolgenden Tiefpaß mit der Grenzfrequenz $f_g$ wird daher der vom Rauschen erzeugte effektive Hub, wenn man $U_n^2 = 2W_0\,\mathrm{d}f$ für die einzelne Rauschspannung und $U_R^2 = 2W_0 f_g$ für die gesamte Rauschspannung von der Breite $f_g$ des Basisbandes setzt,

$$\Delta\varphi_R = \sqrt{\int_{-f_g}^{f_g} \frac{2W_0}{U_0^2}\,\mathrm{d}f} = \frac{\sqrt{2}\,U_R}{U_0},$$

$$\Delta f_R = \sqrt{\int_{-f_g}^{f_g} \frac{2W_0 f_n^2}{U_0^2}\,\mathrm{d}f_n} = \sqrt{\frac{2}{3}}\,f_g \frac{U_R}{U_0}, \tag{23}$$

wobei $U_R$ die äquivalente Rauschspannungsamplitude im Basisband $B = f_g$ ist. Daher werden die Verhältnisse von Signalleistung zu Rauschleistung bei weißem Rauschen bei niederfrequenter Begrenzung auf $f_g$

$$s_{\text{PM}} = \frac{\Delta \Phi^2}{\Delta \varphi_R^2} = \frac{1}{2} \Delta \Phi^2 \frac{P}{P_R}, \qquad s_{\text{FM}} = \frac{\Delta F^2}{\Delta f_R^2} = \frac{3}{2} \left\{ \frac{\Delta F}{f_g} \right\}^2 \frac{P}{P_R} \qquad (24)$$

gegenüber $\dfrac{P}{P_R} = \dfrac{U_0^2}{U_R^2}$ bei direkter bzw. bei Einseitenbandübertragung.

$\Delta F$ kann nach Gl. (16) durch die Hochfrequenzbandbreite $B_h$ ausgedrückt werden, wobei $f_m$ in Gl. (16) gleich $f_g$ ist.

Die Frequenzmodulation ergibt nach Gl. (24) bei weißem Rauschen bei der vorausgesetzten idealen Amplitudenbegrenzung (Einfluß unvollkommener Amplitudenbegrenzung, s. [4]) einen spannungsmäßigen Störverbesserungsfaktor von $\sqrt{\dfrac{3}{2}} \dfrac{\Delta F}{f_g}$ gegenüber einer Einseitenbandmodulation. Die Ableitung von Gl. (23) und (24) gilt jedoch wegen der Voraussetzung kleiner Störspannung in Gl. (20) und Abb. 5 nur, solange die gesamte Rauschspannungsspitze kleiner als etwa die halbe Signalspannung ist, so daß die gesamte Winkeländerung in Abb. 5 kleiner als 30° ist. Da wegen der GAUSSschen Verteilung die Rauschspitze keine obere Grenze hat, darf sie daher für die Anwendung von Gl. (24) die Signalspannung nur mit sehr kleiner Wahrscheinlichkeit überschreiten. Ist die augenblickliche Rauschspannung nahezu genauso groß wie oder größer als die

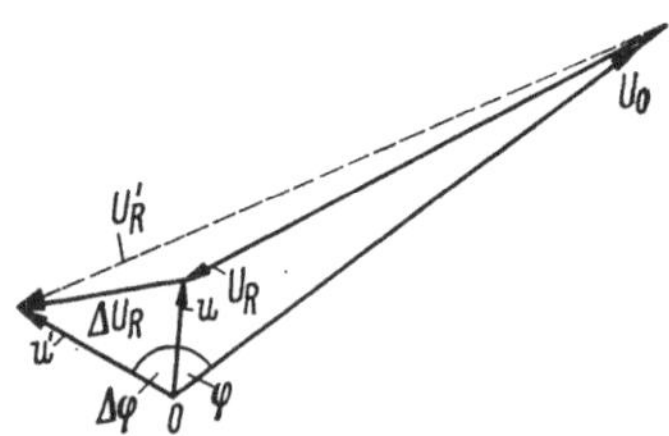

Abb. 7. Die von einer prozentual kleinen Rauschspannungsänderung $\Delta U_R$ bewirkte Winkeländerung $\Delta \varphi$ bei großer Rauschspannung

Signalspannung $U_0$, so kann bei Gegenlage des augenblicklichen Zeigers der Rauschspannung, vgl. Abb. 7, die kleinste Rauschspannungsänderung $\Delta U_R$ eine starke Änderung $\Delta \varphi$ des Phasenwinkels hervorrufen, so daß eine plötzliche Verschlechterung eintritt und das Signal-Geräusch-Verhältnis schlechter als bei Amplitudenmodulation wird. Sämtliche Verfahren mit Winkelmodulation haben eine derartige Ansprechschwelle (s. S. 78).

Die Störverbesserung wird durch eine große Bandbreite erkauft. Für kleinen Modulationsindex $\Delta F/f_g \leqq 1$ fällt die Störverbesserung fort, es bleibt als Vorteil der Frequenzmodulation die Unabhängigkeit vom Pegel. Werden mehrere Sprachkanäle mit praktisch gleicher Leistung frequenzmäßig gebündelt, so ist nach Abb. 6 der Rauschanteil der oberen Kanäle größer. Eine gleichmäßigere Verteilung des Rauschens kann durch das bereits erwähnte Anheben der höheren Signalfrequenzen (pre-Emphasis) erreicht werden, s. S. 58 und 94.

Das Signal-Geräusch-Verhältnis $s_{\text{FM}}$ von Gl. (24) gilt angenähert auch für frequenzgetastete Telegraphie, die wegen der Abflachung des Fre-

quenzsprunges einer normalen Frequenzmodulation entspricht, nur ist
hier der Faktor von $P/P_R$ im allgemeinen wenig von 1 verschieden,
da der Hub $\Delta F$ immer kleiner als die halbe Breite $f_g$ des Telegraphiekanals ist. Der Faktor gibt hier direkt die Verbesserung gegenüber
einer Wechselstromtelegraphie mit Amplitudenmodulation, da bei dieser
wegen der gleichen Wahrscheinlichkeit von Pausen und Zeichen der
mittleren Sendeleistung $P$ die doppelte Zeichenleistung entspricht
und mithin das Signal-Geräusch-Verhältnis in den Zeichenzeiten
$2P/2P_R = P/P_R$ ist.

## 2.3 Diskontinuierliche Modulationsverfahren

Auf S. 52 wurde schon angedeutet, daß in der Praxis vor allem
2 Bündelungsverfahren verwendet werden, nämlich das Frequenzmultiplexverfahren, bei dem die einzelnen Nachrichtensignale — mit
Hilfe der Amplitudenmodulation in der Frequenz gestaffelt — kontinuierlich übertragen werden und das Zeitmultiplexverfahren, bei dem
die Nachrichtensignale — in der Zeit gestaffelt — diskontinuierlich
übertragen werden. Die im zweiten Fall verwendete Art der Modulation,
meist als „Pulsmodulation" bezeichnet, wird im folgenden behandelt.
Das Wort „Puls" wird dabei — in Anlehnung an den menschlichen Puls —
für eine, mindestens annähernd periodische Folge von Impulsen verwendet, als Impuls wird ein einmaliger Vorgang bezeichnet, dessen
Augenblickswert nur für beschränkte Zeit merklich von Null abweicht.

Wie schon auf S. 9 erwähnt, sind die Telegraphiesignale und Steuersignale (Wählsignale, Vermittlungssignale, Fernsteuersignale) von Natur
diskontinuierlich. Im folgenden werden nur die Modulationsverfahren
behandelt, welche die diskontinuierliche Übertragung ursprünglich
kontinuierlicher Signale ermöglichen, z. B. Sprache.

Die Grundlage aller Pulsmodulationssysteme bildet das im nächsten
Abschnitt behandelte Abtasttheorem.

### 2.3.1 Abtasttheorem

Eine ausführliche Ableitung des Abtasttheorems findet sich in [2],
S. 98ff. Den Grundgedanken zeigt schon der Kinofilm: 24 Bilder je
Sekunde geben den Ablauf bewegter Vorgänge für unser Auge natur-
getreu wieder; es genügt also, von einem kontinuierlichen Vorgang
eine gewisse Mindestanzahl von Augenblickszuständen je Zeiteinheit zu
übertragen, der Verlauf der Funktion in den Zwischenzeiten kann dann
interpoliert werden. Zu quantitativen Angaben führt die Überlegung,
daß eine sinusförmige Schwingung durch die Gleichung

$$s_1(t) = U_1 \sin(\omega_m t + \varphi_1)$$

bestimmt ist, d. h. durch die 3 Größen $U_1$, $\omega_m$ und $\varphi_1$. Wenn man also 3 Punkte einer Schwingung je Periode kennt, dann ist sie vollständig bestimmt. Das erreicht man nach Abb. 8, wenn $s_1(t)$ im Takt einer Frequenz $f_0$, die etwas größer als $2 f_m$ sein muß, „abgetastet" wird, d. h., wenn die Augenblickswerte zu den Zeiten $t = 0, T_0, 2 T_0 \ldots$ ($T_0 = 1/f_0$) festgestellt werden. Allgemein gilt nach dem Überlagerungsgesetz für eine beliebige Zeitfunktion, deren Spektrum in dem Frequenzband 0 bis $B_0$ liegt, die Bedingung: $f_0 = 1/T_0 > 2 B_0$. Für Telephonsprache, für die ein Band von weniger als 4000 Hz

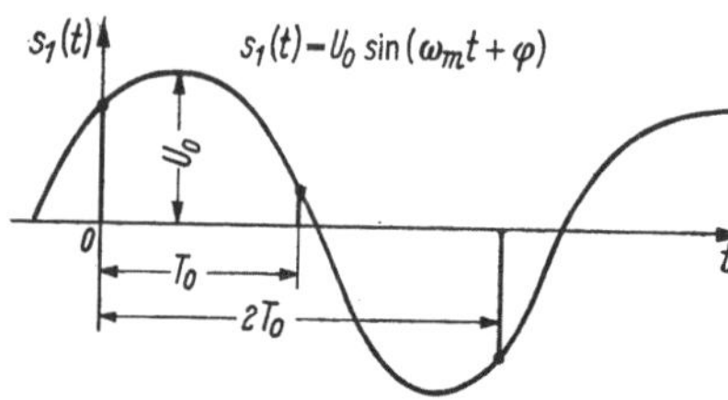


Abb. 8. Abtastung einer sinusförmigen Spannung

ausreicht, hat sich eine Abtastfrequenz $f_0$ von 8000 Hz, entsprechend dem Abtastintervall $T_0 = 125$ µsec eingeführt.

In Abb. 9 ist der Abtastvorgang anschaulich dargestellt. Wenn der Schalter mit 8000 U/sec umläuft, verbindet das Schaltersegment die Nachrichtenquelle im Takt von 125 µsec kurz mit der Übertragungsleitung. Die mathematische Fassung dieses Vorganges lautet: Die Übertragungsfunktion $s(t)$ ist das Produkt der Signalfunktion $s_1(t)$ mit der

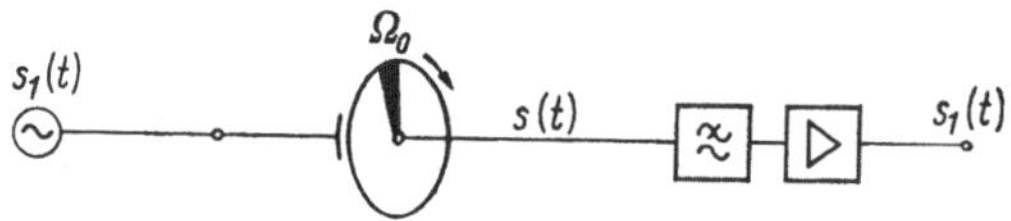


Abb. 9. Modell einer Abtasteinrichtung

Abtastfunktion $s_0(t)$, die zwischen den Werten 0 und 1 wechselt und daher durch einen Puls aus gleichen Impulsen im zeitlichen Abstand $T_0$ dargestellt werden kann:

$$s(t) = s_1(t)\, s_0(t) = U_0 \cos\omega_m t \sum_{n=-\infty}^{n=+\infty} a_n \cos n\, \Omega_0 t$$

$$= U_0\, a_0 \cos\omega_m t + \sum_{n=1}^{n=+\infty} U_0\, a_n [\cos(n\,\Omega_0 - \omega_m)t + \cos(n\,\Omega_0 + \omega_m)t]\,;$$

$$\tag{25}$$

$\Omega_0/2\pi = f_0 = 1/T_0:$    Abtastfrequenz;

$\omega_m/2\pi = f_m < f_0/2:$    Signalfrequenz;

$a_n:$ FOURIER-Koeffizient $n$-ter Ordnung der Abtastfunktion $s_0(t)$.

Für einen rechteckigen Abtastimpuls mit der Amplitude 1 und der Dauer $\tau$ gilt:

$$a_n = \frac{\tau \sin n\, \pi\, \tau/T_0}{T_0\, n\, \pi\, \tau/T_0} = \frac{\tau}{T_0}\, \mathrm{si}(n\,\pi\,\tau/T_0)\,. \tag{26}$$

Daraus folgt mit $n = 0$ für die Amplitude $a_0$ der Grundschwingung $f_m$:

$$a_0 = \tau/T_0. \tag{27}$$

Das Spektrum des Signals $s(t)$ ist in Abb. 10 dargestellt. Es enthält neben der ursprünglichen Signalfunktion $s_1(t)$ Seitenbänder symmetrisch zur Abtastfrequenz $f_0$ und deren Harmonischen $n\,f_0$. Die Abtastfrequenz $f_0$ selbst und ihre Harmonischen sind im Spektrum nicht enthalten. Aus Abb. 10 sieht man auch wieder die Grenzbedingungen für die Abtastfrequenz: $s_1(t)$ kann nur dann unverzerrt aus $s(t)$ wiedergewonnen werden, wenn sich die Seitenbänder nicht überlappen. Dies ist offensichtlich der Fall, wenn $f_m$ kleiner als $f_0/2$ ist. Auf der Empfangsseite kann man $s_1(t)$ mit Hilfe

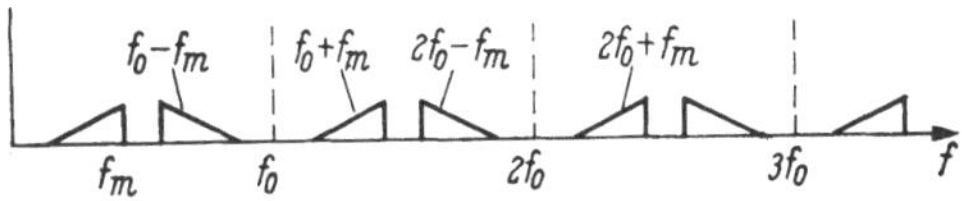

Abb. 10. Amplitudenspektrum der Funktion $s(t)$

eines Tiefpasses der Grenzfrequenz $f_0/2$ wiedergewinnen. Damit der Tiefpaß realisierbar ist, muß aber $f_0/2$ etwas größer als $f_m$ sein; daher hat man, wie oben erwähnt, für Telephonsprache $f_0 = 8000$ Hz vereinbart.

Da nach Abb. 10 jedes einzelne Seitenband die Signalfunktion $s_1(t)$ vollständig wiedergibt, kann man auch mit einem Bandpaß ein solches Seitenband herausgreifen und erhält dann, ebenso wie bei normaler Einseitenbandmodulation, die Signalfunktion $s_1(t)$ in eine höhere Frequenzlage transponiert. Wenn andererseits die Signalfunktion schon in einer solchen transponierten Lage auftritt, dann kann man sie durch Abtastung mit der Abtastfrequenz $f_0$ in die Niederfrequenzlage zurücktransponieren. Eine genauere Begründung dafür wird in [2], S. 128 gegeben. Diese Eigenschaften des Abtastspektrums können für den direkten Übergang von Zeitmultiplexsignalen zu Frequenzmultiplexsignalen und umgekehrt benutzt werden.

### 2.3.2 Zeitmultiplexverfahren

Wie man das Abtastverfahren zur Bündelung mehrerer Signalkanäle benützen kann, zeigt Abb. 11 schematisch. Sie unterscheidet sich von Abb. 9 dadurch, daß auf Sende- und Empfangsseite durch eine Welle gekuppelte Scheiben umlaufen, die jeweils mehrere, verschiedenen Signalfunktionen zugeordnete Segmente tragen. Dieses Prinzip wurde schon im vorigen Jahrhundert bei der Mehrfachtelegraphie nach Baudot mit mechanischen Schaltern praktisch angewendet.

Ein Beispiel möge den zeitlichen Ablauf bei der Bündelung von 24 Gesprächen zeigen. Da jedes Gespräch alle $T_0 = 125\ \mu\mathrm{sec}\ (\triangleq 8000$ Hz) abgetastet werden muß, folgen die Abtastimpulse in Abständen von $T_0/z = 125/24 = 5{,}2\ \mu\mathrm{sec}$; die einzelnen Impulse am Ausgang des

Übertragungssystems müssen daher kürzer als 5,2 μsec sein, damit sie vom Zeitschalter der Empfangsseite sauber auf die verschiedenen Nachrichtenkanäle verteilt werden können.

Der für Trennung und richtige Zuordnung der Gespräche notwendige Gleichlauf zwischen den Sende- und Empfangsschaltern, die in der Praxis

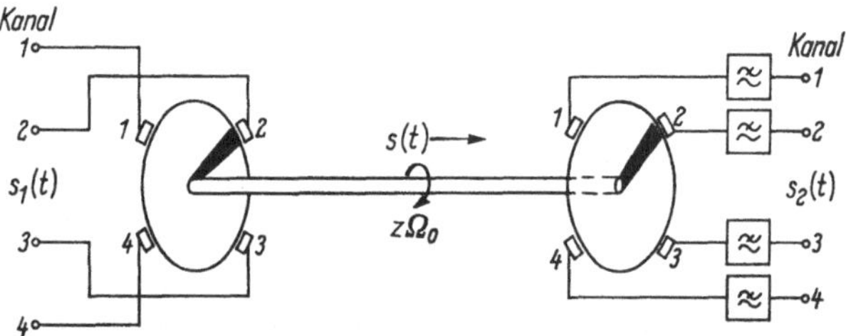


Abb. 11. Modell einer 4-Kanal-Zeitmultiplexübertragung

elektronische Zeitgatter sind, muß durch Nachregeleinrichtungen hergestellt werden. Dazu wird ein Synchronisiersignal übertragen, z. B. in Form eines Pulses, dessen Impulse sich durch Form oder Dauer von den Abtastimpulsen deutlich unterscheiden. Es genügt auch, der Signalfunktion in einem der Nutzkanäle ein Kriterium zuzufügen, z. B. in der Form eines Kenntons, der im Nutzspektrum sonst nicht enthalten sein darf. Auf der Empfangsseite muß dann durch eine Suchvorrichtung zunächst der Kenntonkanal gefunden werden; dann kann der Puls dieses Kanals zur Synchronisierung verwendet werden.

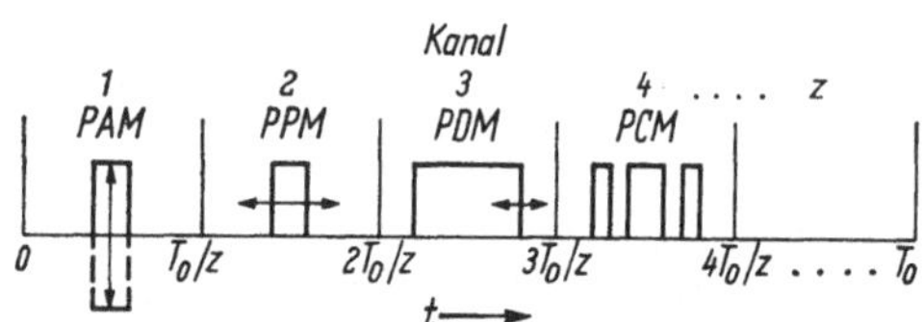


Abb. 12. Verschiedene Arten der Pulsmodulation

Die Bündelung im Zeitmultiplexverfahren ist nicht auf die Amplitudenmodulation des Pulses beschränkt, wie sie direkt durch die Abtastung entsteht. Sie läßt sich nach Abb. 12 ebensogut durchführen, wenn der Puls in der zeitlichen Lage (Pulsphasenmodulation) oder Dauer (Pulsdauermodulation) der einzelnen Impulse moduliert wird. Bei der Pulscodemodulation tritt an die Stelle eines Impulses eine Gruppe meist binärer Impulse, die den Abtastwert in digitaler Form darstellt. Die einzige, notwendige Bedingung für alle Pulsmodulationsverfahren ist nach Abb. 12, daß sich die Pulse zeitrichtig in den „Pulsrahmen" einfügen, d. h. daß die Dauer der Impulse oder Impulsgruppen kleiner als $T_0/z$ ist. Das Übertragungssystem muß daher eine gewisse Mindestbandbreite haben, die für die aufgezählten Pulsmodulationssysteme weiter unten angegeben wird.

### 2.3.3 Pulsamplitudenmodulation (PAM)

Bei der Abtastung entsteht ein „bipolarer" amplitudenmodulierter
Puls, dessen Spektrum durch Gl. (25) und Abb. 10 dargestellt ist. Er
ist gekennzeichnet durch das Auftreten positiver und negativer Impulse
sowie durch das Fehlen der Abtastfrequenz und ihrer Harmonischen
im Spektrum. Daneben wird in der Praxis auch der „unipolare" ampli-

tudenmodulierte Puls viel
verwendet, der nach Abb. 13
durch Addition eines un-
modulierten Pulses zum bipolaren amplitudenmodulierten Puls entsteht. Wie man
aus der Entstehung sieht,
enthält das Spektrum des
unipolaren Pulses die Ab-
tastfrequenz und deren Harmonische. Die folgenden Betrachtungen über die zur
PAM-Übertragung notwen-

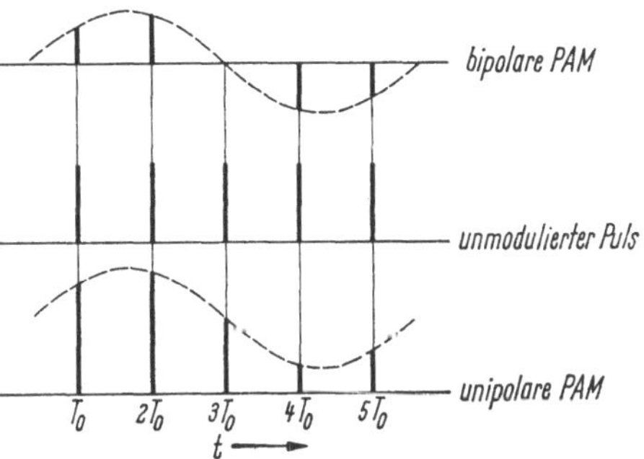


Abb. 13. Zusammenhang von unipolarer und bipolarer Pulsamplitudenmodulation

dige Bandbreite und das Verhalten gegenüber Störungen auf dem Übertragungsweg gelten für unipolare und bipolare Pulse.

**Mindestbandbreite.** Die Mindestbandbreite für die Übertragung einer
einzelnen Signalfunktion $s_1(t)$ mit Bandbreite $B_0$ bei PAM ist $B_0$, wie
man aus Abb. 10 sieht. In diesem trivialen Fall gilt: $s(t) = s_1(t)$. Bei der
PAM-Übertragung von $z$ Signalen der Bandbreite $B_0$ erhält man für die
theoretische Mindestbandbreite den Wert $z\,B_0$. Da man nämlich über
einen schematisierten Tiefpaß mit Grenzfrequenz $f_g$, Gl. (22) nach S. 23,
einen Impuls von der mittleren Dauer $\tau = \frac{1}{2} f_g$ übertragen kann, erhält man mit $f_g = 2z\,B_0 = z\,f_0$ (Abtasttheorem) $\tau = 1/z\,f_0 = T_0/z$.
Das entspricht dem Grenzwert für den Abstand der Impulse im Pulsrahmen von Abb. 12. Der mit einem schematisierten Tiefpaß übertragene
Impuls hat nach Gl. (21), S. 23, und Abb. 4 die Form der Funktion
si$(x)$, die jeweils zu den Abtastzeitpunkten der Nachbarkanäle Null
ist. Nebensprechen durch Nachschwingen in den Nachbarkanal tritt
also in diesem Idealfall nicht auf. Mit wirklichen Übertragungssystemen
geformte Impulse sollen nur wenig nachschwingen und brauchen deshalb
mehr Frequenzband als im Grenzfall. Praktisch muß man den zwei-
bis dreifachen Wert der Mindestbandbreite vorsehen, um eine Nebensprechdämpfung von etwa 60 dB nach den internationalen Empfehlungen
(s. S. 255) zu erreichen. Dies ist notwendig, um das Gesprächsgeheimnis
zu gewährleisten. Bei der Übertragung von PAM-Signalen durch Ampli-

tudenmodulation eines Hochfrequenzträgers muß der vier- bis sechsfache Wert von $z\,B_0$ gefordert werden.

Die Überlegungen über die Bandbreite und die entsprechende Impulsdauer $\tau$ gelten für die Übertragungssysteme. In der örtlichen Abtasteinrichtung ist es zweckmäßig, möglichst kurze Abtastimpulse zu verwenden.

**Geräuschminderung durch Banderweiterung.** Bei der Untersuchung der Geräuschminderung durch Banderweiterung in diesem und den folgenden Abschnitten gleicher Überschrift

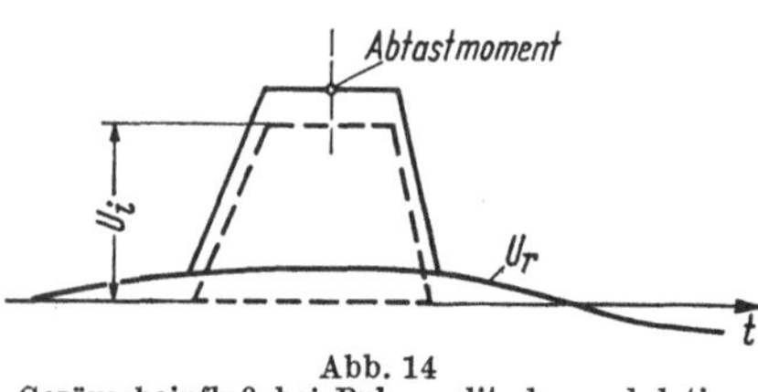


Abb. 14
Geräuscheinfluß bei Pulsamplitudenmodulation

wird als Vergleichsbasis angenommen, daß die mittlere Leistung $P_0$ der Pulssendestufe unabhängig von der Nutzbandbreite des Übertragungssystems gehalten wird.

Für PAM zeigt Abb. 14 einen Impuls, dem Rauschspannungen $U_r$ überlagert sind. Wenn wir annehmen, daß bei der Demodulation der Spannungswert $U_i$ durch Abtastung in der Impulsmitte festgestellt wird (praktisch meist verwendetes Verfahren), dann ist das Signal-Geräusch-Verhältnis proportional $U_i^2/U_r^2$.

Die Rauschleistung $U_r^2/R$ ist nach S. 12 proportional $B_n$. Dasselbe gilt aber auch für die Impulsspitzenleistung $P_i = U_i^2/R$. Man kann nämlich $P_i$ bei wachsendem $B_n$ und entsprechend abnehmender Impulsdauer $\tau$ durch „Hochtasten" der PAM-Sendestufe erhöhen. $P_i$ steigt proportional dem „Tastverhältnis" $\dfrac{\text{Impulsdauer } \tau}{\text{Impulsabstand } T_0/z}$ gegenüber $P_0$, der konstantgehaltenen mittleren Leistung. Da auch $1/\tau$ und damit $P_i = U_i^2/R$ proportional $B_n$ sind, ebenso wie die Rauschleistung, ist das Signal-Geräusch-Verhältnis $U_i^2/U_r^2$ bei einer Störung durch Rauschspannungen unabhängig von $B_n$; man erhält bei PAM keine Geräuschminderung durch Banderweiterung. Dies gilt für beliebige PAM-Demodulationsverfahren.

Da es Pulsmodulationsverfahren gibt, die bei Banderweiterung Geräuschminderung ergeben, wird PAM in der Praxis selten für Übertragungssysteme verwendet, sondern vor allem in Zwischenstufen der Modem-Einrichtungen.

**Geräuschminderung durch Momentanwertkompander.** Wie schon auf S. 33 erwähnt wurde, kann man bei Sprache und Musik eine subjektive Geräuschminderung dadurch erreichen, daß man mit Kompandern das Geräusch in den Pausen und bei leisen Stellen des Nutzsignals weitgehend unterdrückt. Bei diskontinuierlicher Übertragung kann man mit Vorteil den Momentanwertkompander verwenden.

Wenn man nach Abb. 15 die Abtastwerte $s(t)$ eines Signals $s_1(t)$ über eine nichtlineare „Presser"-Kennlinie überträgt, erhält man am Ausgang Abtastwerte $s'(t)$, bei denen die kleinen Spannungen durch das Pressen gegenüber den größeren angehoben sind. Man kann offenbar auch $s'(t)$ durch Übertragung über einen dem Presser inversen Dehner wieder in $s(t)$ wandeln und so $s_1(t)$ unverzerrt wiedergewinnen. Dies gilt sogar, wenn man den gepreßten Puls $s'(t)$ durch einen idealisierten

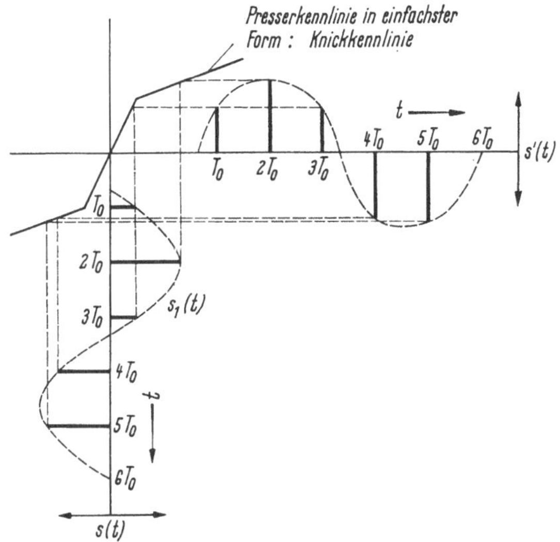


Abb. 15. Wirkung des Pressers

Tiefpaß auf die theoretische Mindestbandbreite $B_0$ beschneidet. Dabei entsteht eine neue Funktion $s_2(t)$, die in den Abtastzeitpunkten die der Pressung entsprechenden Werte $s'(t)$ hat[1]. Von dem ursprünglichen Signal $s_1(t)$ unterscheidet sich $s_2(t)$ durch zusätzliche Komponenten, die z. B. für eine Modulationsschwingung der Frequenz $f_m$ die Frequenzen $n f_0 - (2q + 1) f_m$ haben $(n, q = 1, 2, 3 \ldots)$. Der Anteil dieser Schwingungen, der ins Band des ursprünglichen Signals $s_1(t)$ fällt, stellt die bei der Pressung entstehenden Harmonischen der Signalschwingungen vollständig dar. Wenn dann $s_2(t)$ im Band $B_0$ ohne Dämpfungs- und Phasenverzerrungen übertragen wird, können durch Abtastung zu den ursprünglichen Abtast-Zeitpunkten $s'(t)$ und daraus durch Dehnung $s(t)$ unverzerrt wiedergewonnen werden.

Theoretisch fordert also der Momentanwertkompander keine gegenüber dem Ursprungssignal erhöhte Bandbreite. Praktisch kann man aber

---

[1] $s_2(t)$ ist in Abb. 15 nicht dargestellt, entspricht also nicht der gestrichelt eingezeichneten Hüllkurve des gepreßten Pulses $s'(t)$, zu deren Übertragung ein breiteres Band als $B_0$ erforderlich ist.

die linearen Verzerrungen der Übertragungswege kaum ausreichend kleinhalten, so daß der Momentanwertkompander nur bei Systemen mit Banderweiterung über die Mindestbandbreite hinaus benutzt werden kann. Da man z. B. bei PAM, wie auf S. 67 erwähnt, etwa das Dreifache der theoretischen Mindestbandbreite aufwenden muß, kann man in diesem Fall den Momentanwertkompander anwenden und so ohne große Schwierigkeiten eine subjektive Geräuschminderung von 15 bis zu etwa 25 dB erzielen. Für die praktische Ausführung müssen die Presser- und Dehnerkennlinien genügend genau invers sein, damit keine unzulässigen nichtlinearen Verzerrungen des Ausgangssignals entstehen.

Wichtig ist ferner, daß man nach Abb. 15 offenbar entweder die Signalfunktion $s_1(t)$ pressen und dann abtasten kann, oder umgekehrt, zuerst abtasten und dann den Puls pressen kann. Ebenso ist auch die Reihenfolge bei der Demodulation frei. Man kann also wahlweise jedem Sprachkanal einen Einzelkompander geben, oder das Zeitmultiplexsignal in einem Gruppenkompander formen.

### 2.3.4 Pulsphasenmodulation (PPM)

Wenn man echte Geräuschminderung durch Banderweiterung anstrebt, muß man Pulsmodulationssysteme verwenden, die der Winkelmodulation bei kontinuierlicher Übertragung verwandt sind (s. S. 57), d. h., die Information nicht in die Impulsamplitude, sondern in die zeitliche Lage oder die Dauer der Impulse legen.

Das bekannteste derartige Verfahren ist die „Pulsphasenmodulation" (PPM). Hier muß auf eine Besonderheit in der deutschen Bezeichnung hingewiesen werden, um Irrtümer zu vermeiden: Die international verwendete Abkürzung PPM stammt von dem englischen Ausdruck „Pulse Position Modulation", der mit „Pulslagenmodulation" zu übersetzen ist und das Modulationsverfahren richtig beschreibt. Im Deutschen ist — der Abkürzung wegen — der nicht ganz exakte Ausdruck „Pulsphasenmodulation" eingeführt. Bei der Pulslagenmodulation ist die Zeitlage der Impulse relativ zur Ruhelage — also deren Zeitauslenkung — proportional zur Signalspannung. Bei der Pulsphasenmodulation im strengen Sinn trifft dies dagegen nur annähernd für kleine Zeithübe der Impulse zu.

Die echte Pulsphasenmodulation entsteht nämlich aus der Phasenmodulation, wenn man die Abtastschwingung ($f_0$) durch die Schwingung ($f_m$) mit dem Phasenhub $\Delta\Phi$ phasenmoduliert und z. B. aus jedem positiven Nulldurchgang der phasenmodulierten Schwingung $s_1(t)$ einen Impuls ableitet. Für $s_1(t)$ gilt nach Gl. (14) auf S. 58

$$s_1(t) = \sin(\Omega_0 t + \Delta\Phi \sin\omega_m t) = \sin\varphi(t).$$

Für $\Delta\Phi \ll 1$ gilt die Näherung:

$$s_1(t) = \sqrt{1 + \Delta\Phi^2 \sin^2\omega_m t}\, \sin(\Omega_0 t + \arctan\,\Delta\Phi \sin\omega_m t);$$

Impulse entstehen laut Definition jedesmal, wenn das Argument der sin-Funktion ganzzahlige Vielfache von $2\pi$ durchläuft. Für $\Delta\Phi = 0$ ist dies der Fall für $t = n\,T_0$ ($n = 0, 2, 4\ldots$), mit $\Delta\Phi \neq 0$ für die Zeiten $t = n\,T_0 - \Delta T$, wobei $\Delta T$ die Zeitauslenkung der modulierten Impulse aus der jeweiligen Ruhelage bezeichnet. Für den Zusammenhang zwischen $\Delta T$ und der modulierenden Schwingung $\sin\omega_m t$ ergibt sich dann als Näherungslösung:

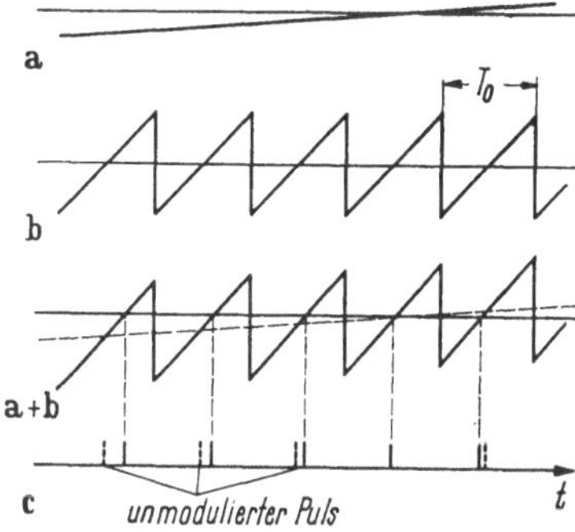

$$\Delta T = \frac{T_0\,\Delta\Phi \sin\omega_m t}{2\pi}. \qquad (28)$$

In den Grenzen der gegebenen Näherungslösung, die in der Praxis bei Vielkanal-Zeitmultiplexsystemen eingehalten werden, ist also die



Abb. 16 a—c
Erzeugung von phasenmodulierten Pulsen

Bezeichnung Pulsphasenmodulation zulässig. Bei der wirklichen Erzeugung „phasenmodulierter" Pulse geht man nicht von einer phasenmodulierten Schwingung aus, sondern z. B. nach Abb. 16 von der Überlagerung der modulierenden Schwingung und einer sägezahnförmigen Spannung mit Abtastfrequenz, wobei der Durchstoß der Summenschwingung durch ein bestimmtes Potential die Impulslage bestimmt.

**Zeithub bei PPM.** Wenn man PPM zur Bündelung von mehreren Signalen anwendet, dann ist der größte mögliche „Zeithub" $\Delta T$ eng begrenzt. Bei der Übertragung von $z$ Gesprächen steht jedem Impuls ein Zeitraum von $T_0/z$ zur Verfügung, ebenso wie bei PAM. Der Zusammenhang zwischen der Impulsdauer $\tau$ und $\Delta T$ als Funktion der Anzahl $z$ der Kanäle lautet nach Abb. 17:

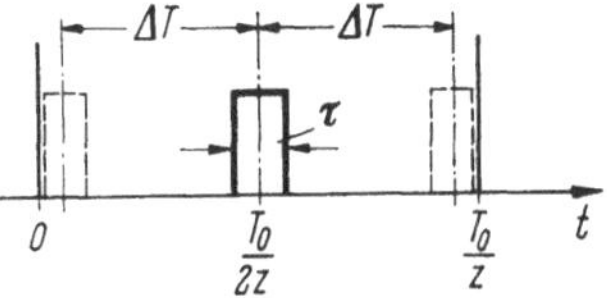

Abb. 17. Zeithub $\Delta T$ bei Pulsphasenmodulation

$$\Delta T = (T_0/z - \tau)/2 \approx T_0/2z. \qquad (29)$$

$\Delta T$ ist demnach fast unabhängig von $\tau$, wenn $\tau$ kleiner als $T_0/5z$ ist. Zwischen dem Zeithub $\Delta T$ und dem entsprechenden Phasenhub $\Delta\Phi$ gilt nach Gl. 28 die Beziehung:

$$\Delta T/T_0 = \Delta\Phi/2\pi. \qquad (30)$$

Für $T_0 = 125\,\mu\text{sec}$, $z = 24$, $\tau = 0{,}5\,\mu\text{sec}$ erhält man z. B. $\Delta T = 2{,}35\,\mu\text{sec}$, $\Delta\Phi = 2\pi\,\Delta T/T_0 = 0{,}118\,\text{rad}$ ($\hat{=} 6{,}8°$).

**Spektrum bei PPM.** Das Spektrum ist bei PPM viel komplizierter als bei PAM. Es besteht beim modulierten Puls aus Linien bei den Frequenzen $n f_0$, die jeweils mit dem Phasenhub $n \Delta \Phi$ phasenmoduliert, d. h. von Seitenlinien im Abstand $\pm q f_m$ umgeben sind. Die FOURIER-Koeffizienten für die Spektrallinien $a_{nq}$ sind:

$$a_{nq} = \sin\left[(n \Omega_0 + q \omega_m)\frac{\tau}{2}\right] I_q(n \Delta \Phi)\frac{1}{n \pi}. \qquad (31)$$

$n$ und $q$ umfassen alle ganzen Zahlen von $-\infty$ bis $+\infty$; $I_q$ ist die BESSEL-Funktion $q$-ter Ordnung.

Speziell gilt für die Gleichstromkomponente: $a = \tau/T_0$; die Modulationsschwingung ($f_m$) hat mit Gl. (29) und (30) die Komponente $a_{01}$:

$$a_{01} \approx \frac{1}{2}\frac{\tau f_m \Delta \Phi}{T_0 f_0} \approx \frac{\tau f_m \pi}{T_0 f_0 z} \quad \text{für} \quad \omega_m \frac{\tau}{2} \ll 1. \qquad (32)$$

Aus der Formel kann man erkennen, warum man PPM-Signale nicht direkt durch einen Tiefpaß demodulieren sollte: Der Koeffizient $a_{01}$ ist um den Faktor $f_m \pi/f_0 z$ kleiner als bei PAM nach Gl. (27). Da außerdem $f_m$ als Faktor auftritt, wäre für frequenzunabhängigen Dämpfungsgang des Nutzsignals eine Entzerrung je Kanal notwendig. Da beide Eigenschaften erhöhten Aufwand je Gespräch erfordern würden, wandelt man das PPM-Signal zur Demodulation meist zuerst in PAM oder Pulsdauermodulation um.

**Geräuschminderung durch Banderweiterung und Mindestbandbreite bei PPM.** Die Geräuschminderung bei PPM hängt neben dem Zeithub nach Gl. (29) von der Steilheit der Impulsflanken ab, wie anhand von Abb. 18 abgeleitet werden soll. Zu dem Impuls der Spannung $U_i$ ist eine störende Spannung $U_r$ addiert. Bei der Demodulation wird der Zeithub $\Delta T$ gegenüber der Nullage an der steilsten Stelle etwa in der Mitte der Impulsflanke bei einer festen Bezugsspannung $U_b$ ausgewertet.

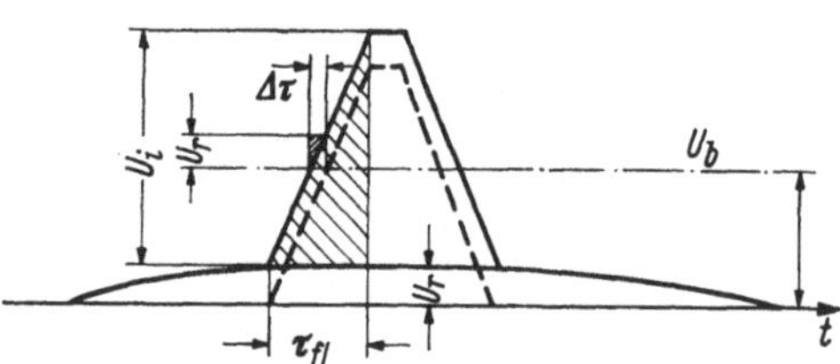

Abb. 18. Geräuschminderung bei Pulsphasenmodulation

Infolge der Störspannung entsteht der Störzeithub $\Delta \tau$, der um so kleiner ist, je kleiner die Anstiegszeit $\tau_{fl}$ der Impulsflanke ist. Aus der Ähnlichkeit der schraffierten Dreiecke folgt:

$$\Delta \tau = \tau_{fl} U_r/U_i. \qquad (33)$$

Für einen schematisierten Tiefpaß mit der Grenzfrequenz $f_g$ (entsprechend Nutzbandbreite $B_n$) und mit guter Annäherung auch für wirkliche Tiefpässe, die bei der Frequenz $f_g$ die Dämpfung 6 dB erreichen, gilt für die Einschwingzeit:

$$\tau_{fl} = \frac{1}{2f_g} = \frac{1}{2B_n}\,. \tag{34}$$

Der Quotient $U_r/U_i$ in Gl. (33) ist nach den gleichen Überlegungen wie oben bei PAM unabhängig von $B_n$. Das Signal-Geräusch-Leistungsverhältnis nach der Demodulation ist daher proportional $(\Delta T/\Delta\tau)^2$. Da $\Delta T$ durch das Glied $\tau$ in Gl. (29) nur wenig von der Bandbreite abhängt, während nach Gl. (34) $\Delta\tau = \text{const}/B_n$ ist, ist die Geräuschleistungsminderung bei PPM proportional dem Quadrat der Banderweiterung, ebenso wie bei der kontinuierlichen Winkelmodulation.

Die praktisch erforderliche Mindestbandbreite ergibt sich bei PPM aus der gleichen Bedingung, wie bei PAM, mindestens 60 dB Nebensprechdämpfung zu erreichen. Mit gut ausführbaren Netzwerken erhält man $B_n = 4z\,B_0$ in der Basisbandlage oder $8z\,B_0$ bei AM-Übertragung auf einem Hochfrequenzträger. Wenn man $B_n$ über diese Werte hinaus erhöht, erzielt man wegen der Flankenversteilerung eine zusätzliche Geräuschminderung, verbraucht aber sehr viel Frequenzband. Da auch bei PPM das Prinzip des Momentanwertkompanders angewendet werden kann, ist es daher meist besser, auf diese Weise einen subjektiven Gewinn ohne Banderweiterung über den Wert $4z\,B_0$ hinaus zu erzielen.

### 2.3.5 Pulsdauermodulation (PDM).

Bei der Pulsdauermodulation (PDM) wird die Dauer von Impulsen durch die Signalspannung gesteuert. Dabei hält man z. B. die eine Flanke

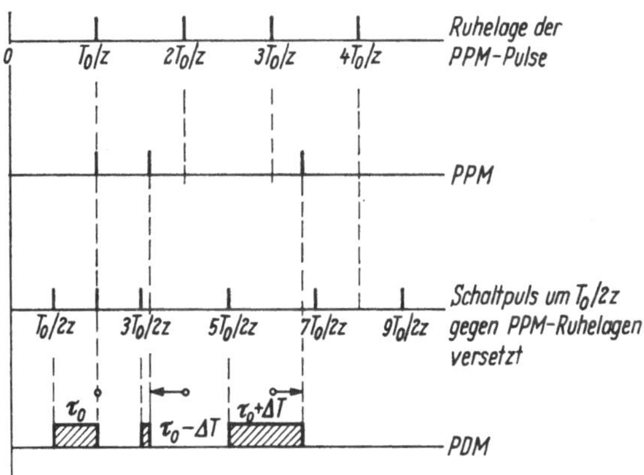


Abb. 19. Ableitung von Pulsdauermodulation aus Pulsphasenmodulation bei $z$ Kanälen

fest. Die Dauer des Impulses schwankt zwischen 0 und $2\tau_0$, die unmodulierten Impulse haben die Dauer $\tau_0$. Abb. 19 zeigt den Zusammenhang mit PPM. Die feste, linke Flanke wird von einem periodischen „Schaltpuls" abgeleitet. Für die Dauer $\tau_0$ und den Zeithub gilt offenbar nach Abb. 19:

$$\Delta T = \tau_0 = T_0/2z. \tag{35}$$

Der Zeithub $\Delta T$ ist demnach bei PPM nach Gl. (29) und PDM etwa gleich. Man erkennt auch, daß die mittlere Impulsdauer $\tau_0$ und damit die mittlere Sendeleistung bei PDM wesentlich größer sind als bei PPM.

Neben der hier abgeleiteten Form der PDM mit einer festen Flanke gibt es auch eine Form, bei der sich beide Flanken gegenläufig bewegen. Dieser Typ kommt in der Praxis selten vor.

**Spektrum bei PDM.** Das Spektrum bei PDM besteht ebenso wie bei PPM aus Linien bei den Frequenzen $n f_0$, die mit dem Phasenhub $n \Delta \Phi$ moduliert, d. h. im Abstand $\pm q f_m$ von Seitenlinien umgeben sind. Der FOURIER-Koeffizient $a_{01}$ $(n = 0, q = 1)$ für die Modulationsfrequenz $f_m$ lautet für maximalen Zeithub $\Delta T = \tau_0$:

$$a_{01} = \tau_0/T_0. \tag{36}$$

Er ist im Gegensatz zu dem entsprechenden Koeffizienten bei PPM nach Gl. (32) unabhängig von $f_m$, ebenso wie bei PAM nach Gl. (28). Allerdings fallen hier, ebenso wie bei PPM, Seitenbänder des Typs $(n f_0 - q f_m)$ in den Bereich der Modulationsfrequenz $f_m$. Bei den kleinen Werten von $\Delta \Phi$, wie sie bei Mehrfachausnutzung vorkommen, spielen die durch diese unerwünschten Seitenbänder verursachten nichtlinearen Verzerrungen eine untergeordnete Rolle. Man kann daher bei PDM wie bei PAM mit einem Tiefpaß das Band der Signalfrequenzen aus dem Pulsspektrum zurückgewinnen. Wegen dieser Eigenschaft geht man zur Demodulation von PPM nicht selten den Weg über PDM; mit Hilfe eines periodischen, aus der Pulswiederholungsfrequenz $z f_0$ gewonnenen Schaltpulses kann man nämlich PPM leicht in PDM wandeln.

**Geräuschminderung durch Banderweiterung bei PDM.** Bei PDM gilt für den Störzeithub $\Delta \tau$ Gl. (33) und Abb. 18 wie bei PPM. Mit zunehmender Bandbreite $B_n$ werden die Flanken steiler, $\Delta \tau$ fällt mit $1/B_n$. Die Rauschspannung $U_r$ wächst mit $\sqrt{B_n}$. Im Gegensatz zu PPM kann aber die Impulsspannung $U_i$ bei größerer Bandbreite $B_n$ nicht erhöht werden, weil die mittlere Impulsdauer $\tau_0$ nach Gl. (35) nicht verkleinert werden kann. Der Störzeithub $\Delta \tau$ ist daher nur proportional $1/\sqrt{B_n}$. Das Signal-Geräusch-Leistungsverhältnis ist damit proportional $B_n$, nicht wie bei PPM proportional $B_n^2$. Aus diesem Grund wird PDM nicht als Übertragungsverfahren, sondern nur in Zwischenstufen bei der Modulation und Demodulation verwendet.

### 2.3.6 Pulscodemodulation (PCM)

Wie schon eingangs erwähnt, schafft die diskontinuierliche Übertragung auch die Möglichkeit, kontinuierliche Signale in digitale Signale zu wandeln. Diese sind von Natur wenig störanfällig und können daher über schlechte Kanäle übertragen werden. Nach den Sätzen der Informationstheorie für die Kanalkapazität muß Geräuschunempfindlichkeit allerdings durch erhebliche Banderweiterung erkauft werden. Das entsprechende Verfahren ist die Pulscodemodulation (PCM), zu der von der PAM 2 Schritte führen, „Quantisierung" und „Codierung".

**Quantisierung.** Quantisierung bedeutet, daß die durch Abtastung gewonnenen Augenblickswerte eines Signals nicht genau übertragen werden, sondern näherungsweise entsprechend der Einordnung in eine vorgegebene Anzahl von „Quantisierungsstufen" nach Abb. 20. Der Bereich der Nutzspannungen bei den meisten Signalarten (Dynamik) der elektrischen Nachrichtentechnik liegt bei 1 : 100 bis 1 : 1000. Erfahrungsgemäß kann man Sprache mit 128 ($2^7$) Stufen sehr gut übertragen, 512 ($2^9$) Stufen genügen für das Summensignal von großen Trägerfrequenzbündeln mit 1000 und mehr Gesprächen für hohe Übertragungsqualität.

Da die wirklichen Abtastwerte mit einem Fehler, der ma-

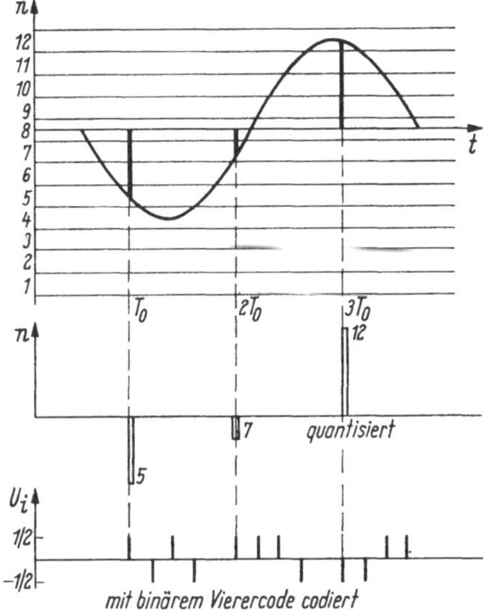


Abb. 20. Quantisierung und Codierung

ximal die halbe Stufenhöhe erreicht, übertragen werden, entsteht „Quantisierungsgeräusch" $N_Q$. Wenn alle Stufen gleich hoch sind und $a$ die Stufenhöhe bezeichnet, gilt nach [5] $N_Q = a^2/12$. Das Quantisierungsgeräusch ähnelt durch seinen Schwankungscharakter dem weißen Rauschen, unterscheidet sich aber in seiner Störwirkung dadurch, daß es theoretisch nur auftritt, wenn Signalspannung vorhanden ist, also z. B. nicht in Sprechpausen. Da allerdings die Signalspannung praktisch nie ganz verschwindet (Atmen des Teilnehmers, Raumgeräusch, Netzbrummen), ist das Quantisierungsgeräusch in der Praxis doch ständig vorhanden. Man kann diesen Fehler verringern und die Übertragungsqualität verbessern, wenn die Stufen in der Mitte des Aussteuerungsbereiches in Abb. 20 kleiner sind als am Rand, so daß die Annäherung durch die Stufen bei kleinen Signalspannungen besser ist als bei großen. Die gleiche Wirkung erreicht man, wenn bei konstanter Stufenhöhe die kleinen Signalspannungen relativ zu den großen angehoben werden, d. h. wenn man das Prinzip des Momentanwertkompanders anwendet.

Die Übertragungsqualität bei Einzelkanalübertragung mit PCM-Zeitmultiplexbündelung kann mit den sonst üblichen Begriffen des Klirrfaktors und der Geräuschleistung nicht vollständig gekennzeichnet werden. Zusätzliche Kriterien liefern die Anzahl der Quantisierungsstufen und die Kompanderkennlinie.

Man darf daher auch nicht annehmen, daß sich solche PCM-Kanäle, obwohl ihre Qualität subjektiv normalen Telephonkanälen entspricht, bei anderen Signalarten als Sprache immer genauso verhalten, wie diese normalen Sprachkanäle.

Wenn die Signalfunktion ein durch das Frequenzmultiplexverfahren zusammengefaßtes Bündel von z. B. 1000 Gesprächen ist, dann genügt auch eine nicht allzu große Anzahl von Quantisierungsstufen, weil sich dabei die Geräuschleistung $N_Q$ etwa gleichmäßig auf alle 1000 Kanäle verteilt, also das einzelne Gespräch um diesen Faktor weniger gestört wird. In diesem Fall hat das Quantisierungsgeräusch wirklich den Charakter von Rauschen, da es weitgehend unabhängig davon ist, ob und wie der betrachtete einzelne Sprachkanal besprochen wird. Eine genauere Berechnung [6] ergibt im einzelnen Telephonkanal bei $256 = 2^8$ Stufen eine Geräuschleistung von 1200 pW, bei $512 = 2^9$ Stufen 350 pW. Die mittlere Nutzleistung in einem Sprachband am gleichen Bezugspunkt ist nominell nach S. 273 32 μW, also $10^4$ bis $10^5$ mal größer; ein solches Signal-Geräusch-Verhältnis genügt für gute Übertragungsqualität.

**Codierung, Mindestbandbreite und Signal-Geräusch-Verhältnis.** Mit Hilfe der Quantisierung läßt sich, wie eben gezeigt, ein Analogsignal mit beliebiger Annäherung durch eine fortlaufende Reihe von Ziffern — den Ordnungszahlen der entsprechenden Quantisierungsstufen — darstellen. Die Grundgesetze für die Übertragung solcher digitaler Informationen sind auf S. 8 und vor allem auf S. 39ff. ausführlich behandelt.

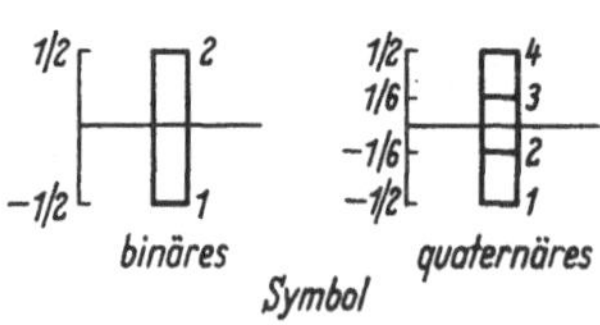

Abb. 21. Störempfindlichkeit verschiedenwertiger Symbole

In der Praxis der PCM-Systeme werden heute bis zu etwa 500 Quantisierungsstufen verwendet. Zur Übertragung der entsprechenden Ziffern von 1 bis 500 wird man einen Code wählen, der einen Kompromiß zwischen Bandbreitebedarf und Störempfindlichkeit darstellt. Der Zusammenhang dieser beiden Größen — eine wichtige Erkenntnis der Informationstheorie — ergibt sich für ein Beispiel mit 256 Stufen aus folgender einfacher Überlegung:

$$256 = 2^8 = 4^4 = 16^2 = 256^1; \quad 3^5 = 243;$$

Jedes von 256 verschiedenen Zeichen kann man demnach mit einer Folge von acht 2wertigen (binären) Symbolen, von vier 4wertigen (quaternären), von zwei 16wertigen, von einem 256wertigen oder annähernd von fünf 3wertigen (ternären) Symbolen übertragen. Die für die Übertragung der verschiedenen Code erforderlichen Bandbreiten verhalten sich dabei wie die Zahlen $n$ der je Zeichen verwendeten $m$-wertigen Symbole. Wenn wir nach Abb. 21 die Spannung eines $m$-wertigen Symbols konstant $= 1$ halten, dann darf offensichtlich die Störspannung nicht ganz halb so groß wie das Element $1/(m - 1)$ eines $m$-wertigen Symbols sein. Tab. 1 zeigt den Zusammenhang zwischen der Störspannung und der Bandbreite abhängig von $m$.

Tabelle 1. *Höchste zulässige Störspannung abhängig vom Typ des Code*

| Bezeichnung der Code | binär | ternär | quaternär | senidenär | 256-wertig | $m$-wertig |
|---|---|---|---|---|---|---|
| Wertigkeit der Symbole $m$ | 2 | 3 | 4 | 16 | 256 | $m$ |
| Anzahl $n$ der Symbole/Zeichen (für 256 Stufen) | 8 | 5 | 4 | 2 | 1 | $\mathrm{ld}(256/m)$ |
| Bandbreite des $m$-wertigen Code / Bandbreite des binären Code | 1 | $\dfrac{5}{8}$ | $\dfrac{1}{2}$ | $\dfrac{1}{4}$ | $\dfrac{1}{8}$ | $1/\mathrm{ld}(m)$ |
| Störspannung bei $m$-wertigem Code / Störspannung bei binärem Code | 1 | $\dfrac{1}{2}$ | $\dfrac{1}{3}$ | $\dfrac{1}{15}$ | $\dfrac{1}{255}$ | $\left(\dfrac{1}{m-1}\right)$ |
| in dB | 0 | $-6$ | $-9{,}5$ | $-23{,}5$ | $-48$ | $-20\lg(m-1)$ |

Wie die Tabelle zeigt, müßte man einen mäßigen Bandbreitegewinn, der nur einem logarithmischen Gesetz folgt, durch eine etwa proportional $m$ wachsende Störempfindlichkeit erkaufen. In der Praxis wird daher fast nur der „robuste" binäre Code verwendet. Dies gilt um so mehr, weil man bei der Übertragung $m$-wertiger Code mit der möglichen Mindestbandbreite durch Einschwingen stark verformte Impulse erhält, deren Störempfindlichkeit erheblich größer ist, als sich aus den idealisierten Verhältnissen von Abb. 21 ergibt.

In der Praxis verwendet man als Übertragungsbandbreite für einen binären Code mit z. B. 8 Symbolen je Zeichen (256 Stufen) mindestens das Zehnfache der Abtastfrequenz $z\,B_0$, also wenig mehr als die theoretische Grenze $8z\,B_0$. Dieser günstige Wert wird durch die große Unempfindlichkeit binärer Symbole gegen das Nebensprechen der Nachbarimpulse möglich. Eine weitere Erhöhung der Bandbreite bringt bei PCM keine Verbesserung, sondern ist schädlich, weil die störende Rauschleistung proportional der Bandbreite wächst.

**Summierung der Geräusche bei PCM.** Wenn bei PCM das Signal-Geräusch-Verhältnis im Übertragungsweg so hoch gewählt wird, daß die Geräusche entsprechend den Überlegungen im vorigen Abschnitt praktisch keine Fehlzeichen auslösen, dann kann das PCM-Signal infolge seines digitalen Charakters am Ende der Leitung regeneriert werden, so daß es mit der Sendefunktion wieder vollkommen übereinstimmt. PCM hat daher die einzigartige Eigenschaft, daß auf diese Weise Analogsignale über eine sehr große Anzahl von Verstärkerfeldern mit regenerierenden Verstärkern übertragen werden können, ohne daß unterwegs Geräusche auflaufen. Die Geräuschleistung am Ende der ganzen Verbindung ist praktisch durch das Quantisierungsgeräusch bestimmt und daher nur von der gewählten Zahl der Stufen abhängig.

### 2.3.7 Geräuschschwelle bei den diskontinuierlichen Modulationsverfahren

Alle Modulationsverfahren, kontinuierliche und diskontinuierliche, die Geräuschminderung durch Banderweiterung erzielen, haben einen charakteristischen Schwellwert für das Signal-Geräusch-Verhältnis auf dem Übertragungsweg. Unterhalb dieser Schwelle schlägt die Geräuschminderung ins Gegenteil um, weil dann, primitiv ausgedrückt, der Empfänger das Nutzsignal mit dem stärkeren Störsignal verwechselt und sich daher bemüht, das Nutzsignal zu unterdrücken. Bei den diskontinuierlichen Modulationsverfahren gibt es einen solchen Schwellwert bei PPM, PDM und PCM, dagegen nicht bei PAM.

Für PPM und binäre PCM können wir die gleiche Betrachtung anwenden. In beiden Fällen ist nämlich der Schwellwert dann erreicht, wenn die Spitzen der Geräuschspannung auf dem Übertragungsweg halb so groß wie die Spannung der Nutzimpulse sind. Bei PPM werden dann zusätzlich falsche Impulse erzeugt oder richtige gelöscht; bei PCM mit binären Symbolen wird der Wert 0 zu 1 gemacht oder umgekehrt und damit das betroffene Zeichen verfälscht (falsche Quantisierungsstufe). Bei Zeitmultiplexsystemen trifft dabei der einzelne Störimpuls nur einen einzelnen Kanal, bei der Übertragung von Trägerfrequenzbündeln mit PCM werden alle Kanäle betroffen. Um solche Störungen zu vermeiden, muß man anstreben, daß so große Störspannungsspitzen mit extrem kleiner Wahrscheinlichkeit auftreten.

Wenn die Störspannungen Rauschcharakter haben, wie das bei der Übertragung der Multiplexsignale häufig der Fall ist, genügt es nicht, im Basisband den Effektivwert der Rauschspannung $U_R$ kleiner als die halbe Impulsspannung zu halten. Nach S. 12 gehorcht eine Rauschspannung einer GAUSSschen Verteilungsfunktion. Für diese ist in Tab. 2 angegeben, mit welcher Wahrscheinlichkeit $w(x)$ der Effektivwert $U_R$ um den Faktor $x$ einseitig, d. h. nach positiven oder negativen Werten überschritten wird.

Tabelle 2. *Einseitige Überschreitungswahrscheinlichkeit für weißes Rauschen*

| Spannungsfaktor $x$, bezogen auf $U_r$ | 1 | 2 | 3 | 4 | 5 | 6 |
|---|---|---|---|---|---|---|
| Spannungsfaktor $x$, bezogen auf $U_r$ in dB | 0 | 6 | 9,5 | 12 | 14 | 15,5 |
| Überschreitungs-wahrscheinlichkeit $w(x)$ | 0,158 | $2,3 \cdot 10^{-2}$ | $1,35 \cdot 10^{-3}$ | $3 \cdot 10^{-5}$ | $2,5 \cdot 10^{-7}$ | $10^{-9}$ |

Wenn man z. B. anstrebt, daß die Rauschspannung mit einer Wahrscheinlichkeit von höchstens $2,5 \cdot 10^{-7}$ ein Fehlzeichen verursacht, dann muß ihr Effektivwert $U_r$ bei PCM-Übertragung mit binären Symbolen um den Faktor $2 \cdot 5 = 10 \ (\triangleq 20 \text{ dB})$ unter der Impulsspannung $U_i$ liegen. Dieser Faktor muß im Betrieb mit ausreichender Sicherheit gehalten werden, da die Tabelle zeigt, wie rasch $w(x)$ mit abnehmendem $x$ wächst.

## 2.4 Bündelung und Modulation in mehreren Schritten

Alle eben behandelten Modulationsverfahren dienen dazu, folgende zwei Aufgaben zu lösen:

a) Zusammenfassung vieler Primärsignale in ein Bündel zur Übertragung über eine gemeinsame Leitung, weil die anteiligen Kosten für die Übertragung eines Signals mit wachsender Bündelstärke und Entfernung erheblich unter den Kosten für die Einzelübertragung des Signals liegen (vgl. Eisenbahn und Auto).

b) Anpassung der Signale oder Signalbündel an die Eigenschaften einer gegebenen oder einer möglichst wirtschaftlichen Leitung derart, daß die gewünschte Übertragungsqualität sicher erreicht wird. Eine wesentlich höhere Qualität, als gefordert wird, anzustreben, ist unwirtschaftlich.

Diese beiden Aufgaben können in vielen Fällen nicht in einem Schritt und mit einem Modulationsverfahren gelöst werden, sondern nur in mehreren Schritten und durch Kombination verschiedener Verfahren. In den meisten Fällen wird von den angewendeten Verfahren außerdem gefordert, daß die Primärsignale so umgeformt werden, daß für die Übertragung möglichst wenig Frequenzband verbraucht wird. Bei Übertragung über metallische Leitungen wird dies verlangt, weil die

Dämpfung der Leitungen mit der Frequenz steigt und man daher mit wachsender Bandbreite des übertragenen Signals immer mehr Aufwand zum Ausgleich der Dämpfung treiben muß. Bei Richtfunk sind alle in Frage kommenden Frequenzbänder bei der heutigen Verkehrsdichte so stark belegt, daß man mit Rücksicht auf diese „Frequenzbandnot" mit möglichst schmalen Bändern auszukommen versucht. Es gibt aber Sonderfälle, in denen die Geräuschminderung durch Frequenzbanderweiterung unentbehrlich ist und deshalb der größere Verbrauch an Frequenzband in Kauf genommen werden muß.

Anhand von Beispielen sollen in den folgenden Abschnitten die praktisch wichtigsten Fälle behandelt werden.

Zusammenfassung zu starken Bündeln ist vor allem für Telephonsprache und Telegraphie wichtig. Da von der Netzplanung im Weitverkehr vor allem große Bündel von Fernsprechkanälen gefordert werden und die Telegraphiekanäle in der heute gebräuchlichsten Form der Fernschreibsignale wesentlich weniger Band verbrauchen als Fernsprechsignale, ist es naheliegend, für die Telegraphiesignale keine eigenen Leitungen zu verwenden, sondern sie durch geeignete Modulationsverfahren so zu formen, daß sie — in kleinen Bündeln — über Fernsprechkanäle übertragen werden können.

Daneben gibt es das Problem, die Fernsprechsignale mit den weniger zahlreichen Primärsignalen (Ton und Fernsehen) so zu kombinieren, daß auch diese Signalarten über die billige Sammelschiene laufen können. Da diese Signalarten allerdings mehr Frequenzband brauchen als Telephonkanäle, kann man sie nicht über einzelne Telephonkanäle übertragen, sondern muß zugunsten dieser Signalarten viele Sprachkanäle opfern. Dabei wird aber aus Aufwandsgründen zu fordern sein, daß die Leitungskosten wegen dieser anspruchsvollen Signalarten nicht erhöht werden müssen. Das Modulationsverfahren muß daher die Aufgabe übernehmen, die übertragenen Signale ebenso widerstandsfähig gegen die Fehler der Übertragungswege wie Telephonsprache zu machen.

### 2.4.1 Modulationsverfahren zur Bündelung

Wie eben ausgeführt wurde, lassen sich die meisten Übertragungsprobleme auf die Aufgabe zurückführen, viele Fernsprechsignale in starken Bündeln zusammenzufassen. Dieses Problem wird daher im folgenden Abschnitt zuerst behandelt.

**Bündelung von Fernsprechsignalen.** Auf Hauptstrecken zwischen großen Städten werden heute schon Bündel von weit mehr als 1000 Gesprächen benötigt. Von der Netzplanung wird außerdem Flexibilität gefordert, d.h. die großen Bündel sollen sich zum „Rangieren" (s. S. 260ff.) bequem in Teilbündel zerlegen und aus solchen Teilbündeln aufbauen lassen.

Diese Aufgabe läßt sich durch Einseitenbandmodulation (EM) nach dem „Frequenzmultiplexverfahren" am besten erfüllen. Dafür sprechen vor allem folgende Gründe:

a) Für die Übertragung von Sprachsignalen ist Phasentreue nicht erforderlich, es kann daher EM mit vollständig unterdrücktem Träger verwendet werden (s. S. 55 ff.). Die Unterdrückung der Träger ist bei Frequenzmultiplexbündelung vieler Gespräche besonders wichtig, weil sonst durch Nichtlinearitäten des Systems verständliches Nebensprechen entstehen würde.

b) EM ist das Verfahren mit dem geringsten Bandbreitenbedarf, man benötigt für ein Bündel von $z$ Kanälen mit Bandbreite $B_0$ wenig mehr als die Bandbreite $z\,B_0$. Dies ist vor allem für Kabelsysteme günstig, weil die Kabeldämpfung etwa mit der Wurzel aus der Frequenz steigt, so daß man mit wachsender Bandbreite immer größere Dämpfungen je Längeneinheit ausgleichen, also mehr Aufwand treiben muß.

c) Das Summensignal aus vielen mit EM gebündelten Gesprächen ist dem weißen Rauschen sehr ähnlich (s. S. 274). Insbesondere ist die Summenleistung von $z$ Gesprächen nur das $z$-fache der mittleren Leistung eines Gespräches und daher wesentlich kleiner als bei anderen Verfahren (z. B. AM, PPM), bei denen auch in nichtbesprochenen Kanälen dauernd Träger übertragen werden müssen.

d) Der von der Netzplanung gewünschte Aufbau eines großen Bündels aus leicht trennbaren Teilbündeln ist bei EM gut zu verwirklichen und, wie unten gezeigt wird, sogar die wirtschaftlichste Lösung für den Aufbau der Bündel.

Abb. 22 zeigt als Beispiel das Frequenzschema eines 960-Kanal-Frequenzmultiplexsystems und läßt den stufenweisen Aufbau aus Teilbündeln deutlich erkennen. Für die Bündelung werden dabei nur verhältnismäßig wenige verschiedene Träger und Filtertypen benötigt. Wollte man dagegen das gleiche Bündel durch direkte Umsetzung von 960 einzelnen Sprachsignalen in die jeweilige Frequenzlage im Multiplexsignal bilden, dann müßte man 960 in der Frequenz verschiedene Träger und vor allem 960 verschiedene extrem scharfe Filter haben, die imstande wären, in den verschiedenen Frequenzlagen das obere Seitenband eines umgesetzten Sprachsignals vom unteren Seitenband zu trennen. Da das Sprachband bei 300 Hz beginnt, sind die Eckfrequenzen der beiden Seitenbänder voneinander nur 600 Hz entfernt; solche Filter müßten daher auch bei den obersten Kanälen bei etwa 4 MHz innerhalb 600 Hz einen Dämpfungsanstieg von 60 dB ermöglichen.

Wie man aus Abb. 22 sieht, ist eine wichtige Bündeleinheit die 12-Kanal-Gruppe, „Primärgruppe" oder auch kurz „Gruppe" genannt. Sie wird zunächst in der Frequenzlage 60 bis 108 kHz als „Grundprimärgruppe" aufgebaut. Für dieses kleine Bündel ist die Frage,

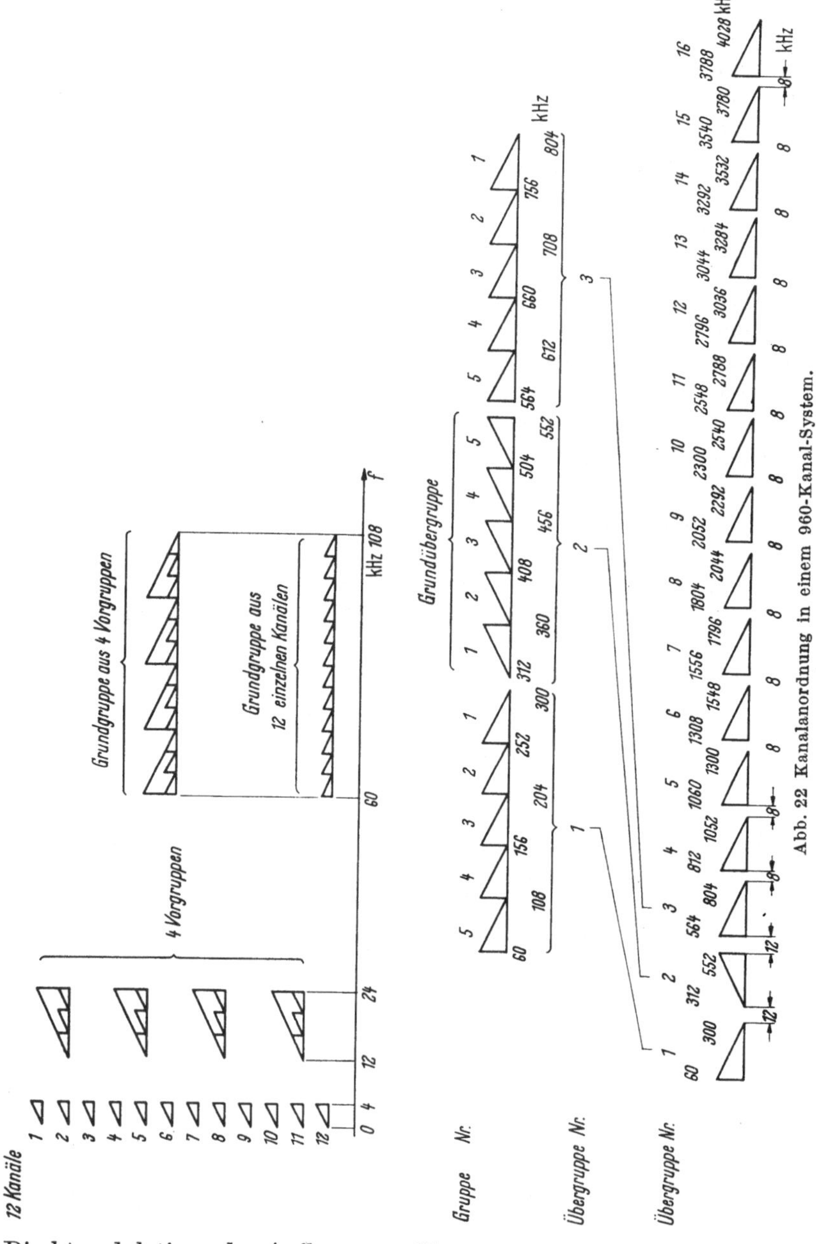


Abb. 22 Kanalanordnung in einem 960-Kanal-System.

Direktmodulation oder Aufbau aus „Vorgruppen“, nicht mehr so leicht zu entscheiden. Der obere Teil von Abb. 22 zeigt beide Möglichkeiten. Im ersten Fall werden 12 verschiedene Kanalfilter und 12 Träger verschiedener Frequenz benötigt. Diese Filter in Lagen zwischen 60 und

108 kHz kann man nicht als reine Spulenfilter realisieren, sondern muß Quarze oder andere Resonatoren sehr hoher Güte verwenden, um die notwendige Flankensteilheit zu erreichen. Zum Aufbau der Vorgruppen dagegen werden nur drei verschiedene Typen von Kanalfiltern, die ihrer tiefen Frequenzlage wegen (12 bis 24 kHz) als Spulenfilter ausgeführt werden können, und 3 Träger verschiedener Frequenz benötigt. Für die Umsetzung der vier gleichen Vorgruppen in ihre endgültige Lage muß man 4 Vorgruppenfilter und 4 Vorgruppenträger zusätzlich aufwenden. Die Vorgruppenfilter sind allerdings leicht zu realisieren, da das Frequenzband der Vorgruppe erst bei 12 kHz beginnt, so daß für die Trennung von oberem und unterem Seitenband 24 kHz Lücke zur Verfügung stehen. Im zweiten Fall werden also insgesamt 16 Filter und 16 Träger gebraucht, aber nur sieben verschiedene Typen. Diese Typen sind einfacher als im ersten Fall, die Träger gleicher Frequenz können aus gemeinsamen Generatoren entnommen werden. Das Auffinden günstiger Lösungen ist ein komplexes Problem, das weiter unten, seiner großen wirtschaftlichen Bedeutung wegen, ausführlich behandelt wird (s. S. 398).

Wie man aus Abb. 22 unten sehen kann, sind zwischen den verschiedenen Bündeln auch Lücken vorgesehen, die eine Abtrennung einzelner Normbündel mit „Durchschaltefiltern" ermöglichen. Der Verlust an Frequenzband durch diese Lücken ist, auf das ganze Band bezogen, unerheblich: Man überträgt 960 4 kHz-Bänder in einem Band von 60 bis 4028 kHz, benötigt also 3968 kHz für $960 \cdot 4 = 3840$ kHz Signalbandbreite.

Die EM-Bündel — von der Gruppe aufwärts — haben eine so große Bedeutung im Weitverkehr, daß verschiedene Bündelgrößen und ihre wichtigsten Kombinationen Gegenstand internationaler Empfehlungen sind.

Eine scharfe obere Grenze für das Frequenzmultiplexverfahren gibt es nicht, da man durch immer weitergehende Gruppenbildung immer breitere Basisbänder aufbauen kann. Das Prinzip, zur Demodulation örtlich erzeugte Träger zu verwenden, führt bei wachsender Bandbreite zu sehr harten Forderungen an die Frequenzstabilität der Generatoren. Die Forderung, daß die Frequenzablage in keinem Sprechkanal größer als 2 Hz werden darf, entspricht z. B. bei 50 MHz einer zulässigen relativen Frequenzabweichung kleiner als $4 \cdot 10^{-8}$, die u. U. noch auf viele unabhängige Generatoren aufgeteilt werden muß. Als Ausweg ist es aber grundsätzlich möglich, Frequenzvergleichspilote mit im Verhältnis zum Multiplexsignal geringer Spannung mitzuübertragen und zur Kontrolle zu benützen.

Neben dem Frequenzmultiplexverfahren in Form der eben besprochenen „Trägerfrequenztechnik" wird auch das auf S. 65ff. erläuterte

6*

Zeitmultiplexverfahren zur Bündelung von Gesprächen benützt. Seine Anwendung ist auf Sonderfälle beschränkt, bei denen es keine Rolle spielt, daß dazu ein 3- bis 10mal breiteres Frequenzband verbraucht wird als bei der EM-Frequenzmultiplextechnik.

In einem typischen Anwendungsfall sollen für Niederfrequenz-Sprachübertragung bemessene, billige Ortsleitungen bei steigendem Verkehrsbedarf nachträglich mehrfach ausgenützt werden, um die oft kostspielige Verlegung neuer Kabel einzusparen. In diesem Fall verbietet z. B. die bei höheren Frequenzen zu geringe Nebensprechdämpfung der Leiterpaare in einem vielpaarigen Ortskabel die Anwendung der Trägerfrequenztechnik, während es mit geräuschmindernden Verfahren wie PPM und PCM möglich ist, Bündel mit bis zu 60 Gesprächen mit

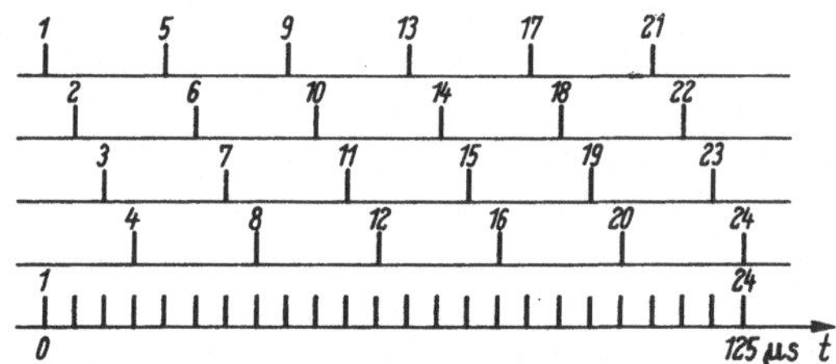

Abb. 23. Zeitschema eines Zeitmultiplexsystems mit vier 6-Kanal-Gruppen

ausreichender Qualität zu übertragen. Man benötigt dazu Bandbreiten von einigen MHz, wobei der Frequenzgang der Leitungsdämpfung nur ganz roh entzerrt zu werden braucht. Man verwendet allerdings in diesem Fall die Zeitmultiplextechnik nicht, weil sie das beste Bündelungsverfahren ist, sondern weil sie direkt ein für die schlechten Übertragungsbedingungen genügend robustes Multiplexsignal liefert. Näheres darüber findet sich auf S. 480ff.

Beim Aufbau von Zeitmultiplexbündeln verwendet man, ebenso wie bei der Frequenzmultiplextechnik, das Untergruppenprinzip, man faßt also z. B. nach Abb. 23 vier zeitlich versetzte 6-Kanal-Gruppen zu einem 24-Kanal-Bündel zusammen. Man kann so mit geringeren Anforderungen an die Zeitgenauigkeit auskommen als bei Direktmodulation. Grundsätzlich ist auch hier die Abtrennung von Teilbündeln mit „Zeitfiltern" möglich. Allerdings besteht dafür, zumindest bei dem als Beispiel gewählten Fall, kein Bedarf.

**Bündelung von Telegraphiesignalen.** Wie oben schon erwähnt wurde, schafft man im allgemeinen für die Übertragung von vielen Telegraphiesignalen keine besonderen Wege, sondern überträgt Teilbündel von Telegraphiesignalen über normale Sprachkanäle. Diese Bündel müssen daher so geformt werden, daß sie sich den Eigenschaften der Sprachkanäle voll anpassen. Dies soll am Beispiel der Wechselstromtelegraphie

(WT) zur Übertragung von maximal 24 Fernschreibsignalen in einem Sprachkanal erläutert worden.

Fernschreibsignale lassen sich — mit Rücksicht auf die mit der Tastatur einer Fernschreibmaschine erreichbare Geschwindigkeit — mit 50 Schritten/sec (Baud) übertragen, wenn man das international genormte Fünferalphabet verwendet. Der einzelne Schritt hat dabei eine Dauer von 20 msec. Um die Primärsignale hinreichend verzerrungsfrei zu übertragen (s. Abb. 4 auf S. 340), muß die Gleichstromkomponente mitübertragen werden und eine Bandbreite $B_T$ zur Verfügung stehen, die etwas größer ist als die Grenzfrequenz $f_g$ des schematisierten Tiefpasses zur Übertragung eines Impulses mit der Dauer $\tau$. Für $f_g$ gilt nach S. 23: $\tau = \frac{1}{2} f_g$; $B_T$ muß also etwas größer als 25 Hz sein, z. B. mit gut

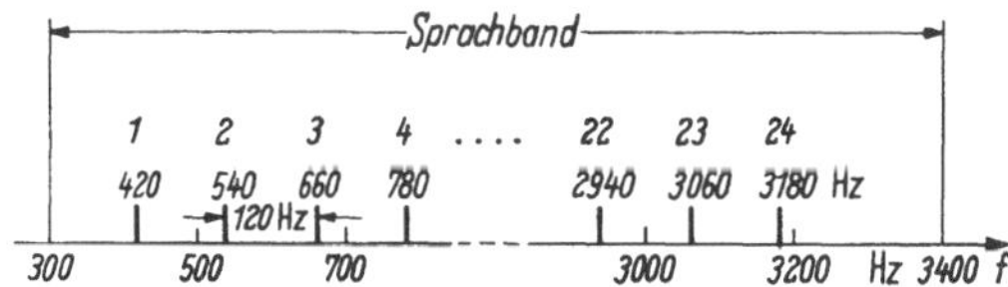


Abb. 24. Frequenzschema eines 24-Kanal-WT-Systems

realisierbaren Filtern 40 Hz. Wenn man, wie bei WT üblich ist, zur Bündelung das Frequenzmultiplexverfahren anwendet, dann müssen die verschiedenen Primärsignale in der Frequenz gestaffelten Trägern aufmoduliert werden. Abb. 24 zeigt das Schema zur Bündelung von 24 Fernschreibsignalen mit AM, die sog. AM-WT. Da die Gleichstromkomponente mit übertragen werden muß, dürfen die Träger nicht unterdrückt werden, es wird normale AM mit 100% Modulationsgrad verwendet; die zwei den binären Primärsignalen entsprechenden Zustände sind also „Träger ein" und „Träger aus". Das Schema zeigt für den Abstand zweier Träger den Wert 120 Hz. Für Primärsignale mit etwa 40 Hz Bandbreite ergeben sich demnach zwischen den Seitenbändern benachbarter WT-Kanäle Lücken von 40 Hz, die für die Trennung der Kanäle durch einfache Filter ausreichen. Es sei an dieser Stelle hervorgehoben, daß man auf Übertragungswegen, die direkt keine formtreue Übertragung gestatten (z. B. EM mit unterdrücktem Träger), bei Verwendung von Unterträgern immer formtreue Übertragung erreichen kann.

Da für die Sprachübertragung gewisse nichtlineare Verzerrungen zugelassen sind, kann man dafür sorgen, daß die Differenztöne 2. Ordnung zwischen den Trägern nicht auf die Träger fallen und dadurch unschädlich sind. Das ist, wie eine einfache Rechnung zeigt, dann der Fall, wenn alle WT-Träger auf Frequenzen liegen, die ungeradzahlige Vielfache des halben Abstandes zwischen den Trägern sind, also in unserem Fall ungeradzahlige Vielfache von 60 Hz.

Den kubischen Differenztönen kann man dagegen in einem Frequenzraster mit gleichmäßigem Abstand zwischen benachbarten Trägern nicht ausweichen. Man muß sich daher so einrichten, daß die kubischen Differenztöne, wie sie in einem normalen Sprachkanal zulässig sind, keine Störung ergeben.

Mit Rücksicht auf die Übersteuerungsgrenze eines einzelnen Sprachkanals und des ganzen Multiplexsystems für viele Gespräche darf ein Sprachkanal bei WT-Betrieb nicht wesentlich stärker belastet werden als normal, d. h., die Mittelleistung und die Spitzenleistung bei WT-Betrieb müssen sich nach den für Sprachübertragung vorgesehenen Werten richten.

Im ungünstigsten Fall können sich die Amplituden der $z$ gleich großen Trägerspannungen $U_{T\,\text{eff}}$ linear addieren. Daher gilt für die höchste mögliche Spannung $U_{\max} = \sqrt{2}\, z\, U_{T\,\text{eff}}$; für den Effektivwert $U_{\text{eff}}$ der $z$ Trägerspannungen ergibt sich:

$$U_{\text{eff}} = \sqrt{z/2}\; U_{T\,\text{eff}},$$

da man annehmen kann, daß im Mittel immer nur $z/2$ Träger gleichzeitig vorhanden sind (Zustand „Träger ein" und „Träger aus" gleichwahrscheinlich angenommen). Die Leistung $P$ der $z$ Träger ist dementsprechend um den Faktor $z/2$ größer als die Leistung eines Trägers $P_T$. Für $z = 24$ ist z. B. $U_{\max} = 34\, U_{T\,\text{eff}}$, $U_{\text{eff}} = 3,5\, U_{T\,\text{eff}}$, $P = 12\, P_T$. Auf S. 273 bzw. 255. wird gezeigt, welche Mittelwerte der Leistung und welche maximalen Spannungen in einem Sprachkanal eines Vielkanalsystems zulässig sind. Aus diesen Angaben kann dann der zulässige Wert für die einzelne Trägerspannung abgeleitet werden. Bei der Beurteilung der größten möglichen Spannung ist zu bedenken, daß sie mit der Wahrscheinlichkeit Null auftritt, die mit endlicher Wahrscheinlichkeit auftretenden Spannungsspitzen sind kleiner. Sie können nach [7] abgeschätzt werden: Die Wahrscheinlichkeit, daß eine bestimmte Spannung überschritten wird, ist für $z = 24$ etwas kleiner als die Überschreitungswahrscheinlichkeit von weißem Rauschen mit der gleichen mittleren Leistung $P$ wie das WT-Signal (vgl. Tab. 2 auf S. 79).

Neben der hier als Beispiel behandelten AM-WT kann man die WT-Träger auch in der Frequenz modulieren und kommt so zur FM-WT. Dieses Bündelungsverfahren setzt sich heute allmählich gegen die AM-WT durch, da es gewisse Vorteile aufweist, vor allem die allen FM-Systemen eigene Unempfindlichkeit gegen Schwankungen der Dämpfung im Übertragungssystem. Die damit aufgebauten Systeme werden im Abschnitt „Übertragungssysteme und Verfahren" S. 356 ff. ausführlich behandelt, ebenso wie die Möglichkeiten des Zeitmultiplexverfahrens.

Die mit 24 fach-WT über einen Sprachkanal übertragene Nachrichtenmenge beträgt $24 \times 50$ bit/sec = 1200 bit/sec, wogegen die theoretische

Nachrichtenkapazität eines Sprachkanals mit einem Signal-Geräusch-Verhältnis von 50 dB, wie es den internationalen Normen entspricht, und 3100 Hz Bandbreite nach Gl. (55), S. 48, über 50000 bit/sec erreicht. Diese Diskrepanz ist im wesentlichen dadurch bedingt, daß man, vor allem aus Gründen des Aufwandes, nicht die bestmöglichen Modulations- und Codierungsverfahren anwendet.

**Zusammenfassung verschiedenartiger Signale zu Bündeln.** Dieses Problem ergibt sich in der Praxis, wenn man Signale, die breitbandiger sind als Sprache, z. B. Fernseh- und Rundfunksignale, über Vielkanal-Telephoniesysteme übertragen will. Diese andersartigen Signale treten

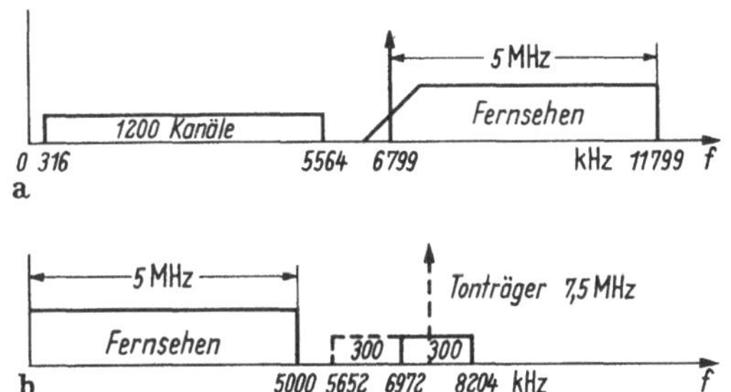


Abb. 25a u. b. Gemeinsame Übertragung von Fernsehen und Fernsprechen

dann an die Stelle eines Teilbündels von Gesprächen oder des gesamten Gesprächsbündels. Da man dabei die für die Sprachübertragung bemessenen Übertragungswege unverändert benützen will, kommt man ohne geräuschmindernde Verfahren nur dann aus, wenn die neuen Signale keinen größeren Signal-Geräusch-Abstand beanspruchen als die von ihnen verdrängten Sprachmultiplexsignale. Diese Bedingung ist bei monochromem Fernsehen mit einer Sicherheit von einigen dB erfüllt, dagegen nicht bei Rundfunksignalen. Erschwerend ist es, daß Fernsehsignale phasentreu übertragen werden müssen. Im folgenden werden anhand von einigen praktisch wichtigen Beispielen Lösungsmöglichkeiten angedeutet.

Abb. 25 zeigt zwei Möglichkeiten, in einem gemeinsamen Basisband Fernsehen und Gesprächsbündel zusammenzufassen. Version a) ist für Kabelübertragung bestimmt, Version b) für FM-Richtfunkübertragung.

Im Fall a) ist das Übertragungssystem so bemessen, daß es Frequenzen von etwa 300 kHz aufwärts überträgt, weil tiefere Frequenzen (vor allem unter etwa 60 kHz) in den Verstärkern zu großem Aufwand führen würden und weil das Nebensprechen zwischen Koaxialpaaren im gleichen Kabel zu stark wäre. Das Fernsehsignal kann daher nicht in der Videolage zugesetzt werden, sondern muß einem Träger aufmoduliert werden. Dieser Träger darf auch nicht vollständig unterdrückt werden, um die notwendige phasentreue Übertragung zu ermöglichen. Man wählt in diesem Fall die Restseitenbandmodulation (s. S. 53ff.). EM ist beim Fernsehsignal, das bis zu ganz tiefen Frequenzen herunterreicht, nicht anwendbar, weil das ungewünschte Seitenband nicht ausreichend unterdrückt werden kann, ohne den unteren Rand des gewünschten Seitenbandes in Mitleidenschaft zu ziehen. Das Fernsehsignal belegt dabei die Bandbreite von etwa 1200 Gesprächen, verdrängt aber 1500 Gespräche, weil zwischen den verbleibenden 1200 Gesprächen und dem Fernsehsignal eine ausreichende Trennlücke vorgesehen werden muß. Das Signal-Geräusch-Verhältnis ist unter den oben erwähnten Voraussetzungen für die Fernsehübertragung ausreichend. Die Lage des Trägers bei 6799 kHz ist standardisiert worden, weil sie die Umsetzung des Primärsignals in *einer* Modulationsstufe ermöglicht. Dazu muß nämlich die obere Frequenzgrenze des Primärsignals von 5 MHz ausreichenden Abstand von der unteren Grenze des umgesetzten Fernsehsignals haben, weil das Primärsignal durch die Symmetrie des Modulators *allein* nicht ausreichend unterdrückt werden kann, sondern zusätzlich durch Filter gedämpft werden muß. Ausführlich wird diese Betriebsart im Abschnitt „Linien mit Koaxialleitungen" auf S. 619ff. behandelt.

Bei FM-Richtfunkübertragung ist es dagegen ohne weiteres möglich, ganz tiefe Frequenzen zu übertragen (Zweiseitenbandübertragung!). Das Videosignal wird daher nach Abb. 25b direkt in das Basisband eingeführt und so der Aufwand für die Restseitenbandmodulation eingespart.

Man verliert auch in diesem Fall 1500 Gespräche und behält bei dem dargestellten, standardisierten 1800-Kanal-System ein Bündel von mindestens 300 Gesprächen übrig, ebenfalls wegen der Notwendigkeit, eine ausreichende Trennlücke zu schaffen. In vielen Betriebsfällen ist es günstig, das über dem Fernsehsignal verbleibende Basisband nicht mit einem Gesprächsbündel zu belegen, sondern mit Tonsignalen, z. B. dem zum Fernsehen gehörigen Ton. Dieser Fall ist in Abb. 25 gestrichelt angedeutet.

Wie in der Einleitung schon erwähnt wurde, stellen Tonsignale höhere Anforderungen an das Übertragungssystem als Sprachsignale. Es ist daher in diesem Fall naheliegend, ein geräuschminderndes Verfahren anzuwenden, insbesondere, da über dem Fernsehsignal ein Frequenzband von mehr als 1 MHz zur Verfügung steht. Für die Tonübertragung ist daher Frequenzmodulation eines Hilfsträgers von 7,5 MHz vorgeschlagen worden. Für den Frequenzhub des Hilfsträgers wird der Wert $\pm 200$ kHz empfohlen. Somit wird für die Übertragung des 10 kHz breiten Tonsignals eine Bandbreite von mehr als 400 kHz verbraucht. Mit dieser großen Frequenzbanderweiterung wird daher mühelos die erforderliche Qualitätsverbesserung erreicht.

Es ist auch möglich, mehrere Unterträger über dem Fernsehband anzuordnen und sie mit verschiedenen Tonsignalen zu modulieren. Die Spannungen der Unterträger relativ zum Fernsehsignal müssen dabei so klein gehalten werden, daß die Differenztöne 2. Ordnung, die in das Fernsehband fallen, dort keine unzulässigen Störungen hervorrufen.

Zwei weitere Möglichkeiten zur Übertragung von Tonsignalen zusammen mit Sprachbündeln sollen hier nur angedeutet werden. Da das Rundfunkband 10 kHz breit ist, für die Sprachkanäle aber nur 4 kHz Bandbreite vorgesehen wird, ist es naheliegend, sowohl bei Trägerfrequenzbündeln als auch bei Zeitmultiplexbündeln je 3 Sprachkanäle für einen Rundfunkkanal frei zu machen. Dies ist in beiden Fällen ausführbar, erfordert aber zusätzliche Maßnahmen zur Geräuschverbesserung, da für Rundfunksignale, wie oben erwähnt, ein besseres Signal-Geräusch-Verhältnis als für Sprachsignale notwendig ist. Diese Aufgabe wird beim „Trägerfrequenz-Rundfunk" mit dem „Rundfunkkompander" (s. S. 610ff.) gelöst, bei Zeitmultiplexsystemen kann der Momentanwertkompander helfen, soweit die Reserven der Geräte nicht ohnehin ausreichen.

### 2.4.2 Modulationsverfahren zur Anpassung schmalbandiger Signale an die Übertragungswege

Die für diesen Fall wichtigsten Aufgaben sind die Übertragung einzelner Sprach- und Telegraphiesignale. Auf Leitungen wird diese Aufgabe heute aus wirtschaftlichen Gründen nur für kurze Entfernungen gestellt und erfordert keine besonderen Modulationsverfahren, da man dann einfach die Primärsignale über symmetrische Leiterpaare übertragen kann. Für die drahtlose Übertragung muß man aber geeignete Modulationsverfahren wählen. Wir behandeln als Beispiele im folgenden die Übertragung von Sprache und Telegraphie im Kurzwellenbereich und die Übertragung von Sprache zwischen festen und beweglichen Stationen im Ultrakurzwellenbereich (Verkehrsfunk).

**Kurzwellenübertragung.** Die Bedeutung des Weitverkehrs auf Kurzwellen verlagert sich in unserem Jahrzehnt unter der Konkurrenz der Unterwasser-Fernsprechkabel und der kommenden Satellitenverbindungen von den großen interkontinentalen Hauptstrecken (z. B. Europa—USA) auf Verbindungen zu weniger entwickelten Gebieten. Trotzdem ist der Bedarf an Kurzwellenkanälen als dem bei kleinem Verkehrsvolumen wirtschaftlichsten Nachrichtenträger für den Weitverkehr auch heute so groß, daß der Kurzwellenbereich von etwa 3 bis 30 MHz möglichst gut genutzt werden muß. Dies ist schwierig, weil Kurzwellen unter günstigen Bedingungen mit geringer Dämpfung um die ganze Erde reichen, so daß jeder Kanal im Grenzfall nur einer Station zugeteilt werden kann. Da man für jedes Gespräch zwei Kanäle von je mindestens 4 kHz Bandbreite braucht, gibt es also im ganzen nur einige 1000 Kanäle. Die zweite, typische Eigenschaft der Kurzwellen ist das häufige Auftreten von Mehrfachausbreitung mit großen Weglängendifferenzen, die zu sehr ausgeprägtem, selektivem Schwund schon innerhalb eines Bandes von 4 kHz führt.

Die beste Antwort auf die beiden erwähnten Probleme ist für Sprachübertragung EM mit weitgehend unterdrücktem Träger:

a) Es wird dabei weniger Frequenzband verbraucht als bei allen anderen Verfahren (AM, FM).

b) Selektiver Schwund innerhalb des Sprachbandes schadet bei EM mit unterdrücktem Träger weniger als bei Verfahren mit Trägern, bei denen selektiver Schwund des Trägers selbst zu völlig unbrauchbarem Empfang führt.

Die EM hat den Nachteil komplizierterer Technik bei Sender und Empfänger (Abtrennung des ungewünschten Seitenbandes, Schwundregelung, Wiederzusetzen des Trägers auf der Empfangsseite) als AM oder FM, hat sich aber aus den unter a) und b) angeführten Gründen in den meisten Anwendungsfällen durchgesetzt (s. S. 706ff.).

Im Telegraphieverkehr auf Kurzwellen (s. S. 704ff.) werden nur so schmale Frequenzbänder belegt, daß man sich die Zweiseitenbandübertragung gestatten kann. Das heute meist benützte Verfahren ist dabei die Frequenzmodulation. Gegen Fehler, z. B. durch selektiven Schwund, schützt man sich heute im allgemeinen durch fehlererkennende Verfahren.

**Verkehrsfunk auf Ultrakurzwellen.** Da die Frequenzen über 30 MHz praktisch nicht mehr von der Ionosphäre reflektiert werden, ist ihre Reichweite, im Gegensatz zu den Kurzwellen, begrenzt. Die gleichen Kanäle können daher in angemessenem Abstand neu belegt werden.

Da überdies der grundsätzlich nutzbare Bereich breit ist (nach heutigem Stand 70 bis etwa 500 MHz, in diesen Bereich müssen sich allerdings viele Dienste teilen), ist die „Frequenznot" nicht ganz so groß wie im Kurzwellenbereich. Da außerdem bei Mehrwegeausbreitung keine so großen Weglängenunterschiede auftreten wie bei den Kurzwellen, ist auch der Schwund nicht so stark *frequenz*selektiv wie bei diesen. Dagegen tritt — wichtig für mobilen Funk — stark *orts*veränderlicher Schwund auf, da sich Interferenzmaxima und Minima im Abstand einer halben Wellenlänge folgen können. Für 300 MHz ist die Wellenlänge 1 m: Bei einem Fahrzeug, das sich in einer Interferenzzone mit 50 km/h bewegt, kann daher die Übertragungsdämpfung im Takt von etwa 15 Hz schwanken. Für diese Probleme ist FM die beste Antwort:

a) Bei schnellem Interferenzschwund ändert sich bei FM die niederfrequente Restdämpfung nicht, solange der Begrenzer im Empfänger wirksam bleibt.

b) Durch Frequenzbanderweiterung um Faktoren zwischen 5 und 10 gegenüber EM kann man beträchtliche Geräuschminderung erzielen.

c) Bei Gleichkanalbetrieb ist die Störwirkung des schwächeren, störenden Senders entsprechend der Geräuschminderung nach b) kleiner als bei AM oder EM.

Aus diesen Gründen wird für mobilen Funk fast ausschließlich FM verwendet, näheres wird im Abschnitt „Verkehrsfunktechnik" S. 797 ff. gebracht.

### 2.4.3 Modulationsverfahren für Breitbandsignale

Wie oben S. 80 ff. schon ausgeführt wurde, ergeben sich Breitbandsignale durch Bündelung sehr vieler Sprachsignale und alternativ durch teilweise oder vollständige Belegung des gleichen Basisbandes mit Fernsehsignalen, Rundfunksignalen u. ä. Es soll nun betrachtet werden, wie solche Breitbandsignale an die wichtigsten Übertragungsmedien, nämlich Kabel, Richtfunksysteme und als Zukunftslösung an Hohlkabel durch geeignete Modulationsverfahren angepaßt werden.

**Modulationsverfahren für Kabelübertragung.** Hochwertige symmetrische und koaxiale Leitungen sind so gebaut, daß die Signale der Trägerfrequenztechnik auf ihnen direkt übertragen werden können. Das gilt nach den Ausführungen des vorigen Abschnittes auch für alle anderen Varianten der Basisbandausnützung, soweit diese für Kabelübertragung bestimmt sind.

Die größten heute verwendeten Trägerfrequenzsysteme haben eine Kapazität von 2700 Gesprächen. Nach dem heutigen Stand der Technik sind Systeme mit noch größerer Kapazität sicher realisierbar

Obwohl sich die EM als Bündelungsverfahren und als Übertragungsverfahren über koaxiale Kabel sehr gut bewährt hat, liegt der Gedanke nahe, für sehr große Übertragungskapazitäten und sehr lange Strecken (interkontinentale Unterwasserkabel) erneut zu prüfen, ob EM in jedem Fall das günstigste Verfahren ist. Als Alternativen zu EM wird man dabei Verfahren untersuchen, bei denen die Forderungen an die Genauigkeit der Dämpfungsregler und der Leitungsentzerrer sowie an die Linearität der Zwischenverstärker weniger hoch sind als bei EM-Übertragung.

Solche Verfahren sind FM und PCM. Beide verbrauchen aber für gleiche Kapazität viel mehr Frequenzband, FM in diesem Fall mindestens um den Faktor 4, PCM um den Faktor 12. Da die Kabeldämpfung mit der Wurzel aus der Frequenz steigt, geht in roher Näherung der Verstärkerabstand bei gleicher Verstärkerfelddämpfung und Kapazität wie bei EM für FM auf die Hälfte, für PCM auf ein Drittel des Wertes bei EM zurück. Wenn auch die Verstärkerabstände bei Berücksichtigung des geräuschmindernden Charakters für FM und PCM nicht so ungünstig sind, so ergibt doch auch eine genaue Analyse [8], daß für die gleiche

Kapazität und Entfernung bei EM die wenigsten Verstärker gebraucht werden. Da die Verstärker in den drei Fällen etwa gleich viel kosten dürften, ist EM doch das wirtschaftlichste Verfahren für die Übertragung einer großen Anzahl von Gesprächen.

Anders liegen die Dinge bei billigen, ursprünglich nicht für Breitbandübertragung bemessenen Leitungen. Diese sind nicht geeignet, größere Trägerfrequenzbündel zu übertragen, da ihre Nebensprechdämpfung bei höheren Frequenzen ungenügend ist und auch eine hinreichend genaue Entzerrung des Amplitudengangs sehr kostspielig wäre. Dagegen lassen sich Zeitmultiplexsignale, wie schon auf S. 84 erwähnt, für nicht zu große Gesprächsbündel gut übertragen, und zwar ohne besondere zusätzliche Modulationsstufen. Auch der Einsatz solcher Systeme ist vor allem ein wirtschaftliches Problem, er lohnt sich erst von einer gewissen Mindestlänge an, die sich aus einem Vergleich der Multiplexgerätekosten mit einem vielpaarigen Niederfrequenzkabel ergibt.

**Modulationsverfahren für Richtfunkübertragung.** Die Mikrowellen-Richtfunksysteme tragen heute zusammen mit den Breitband-Kabelsystemen den gesamten Weitverkehr. Um einen einheitlichen und flexiblen Netzaufbau zu erreichen, muß daher gefordert werden, daß an den Basisbandklemmen der Richtfunksysteme die gleichen Trägerfrequenzbündel zur Verfügung stehen wie bei Kabelsystemen. Zur Umsetzung solcher Trägerfrequenzbündel in die Radiofrequenzlage sind folgende 3 Modulationsverfahren geeignet:

a) Umsetzung des Trägerfrequenzsignals in die gewünschte RF-Lage (EM-Verfahren, s. S. 678ff.).

b) Frequenzmodulation der RF-Schwingung mit dem Trägerfrequenzsignal (FM-Verfahren, s. S. 664ff.).

c) Umformung des Trägerfrequenzsignals in ein diskontinuierliches Signal (PPM, PCM) und dessen Übertragung durch AM oder FM eines RF-Trägers (z. B. PCM-AM).

Die Verfahren nach a), b) und c) verhalten sich in ihrem Verbrauch an Frequenzband etwa wie 1 : 3,5 : 20 (PCM-AM). Allerdings ist die Frequenznot im Mikrowellenbereich, der etwa von 2000 bis 12000 MHz reicht, nicht so groß wie im Kurzwellenbereich, so daß die Entscheidung nicht allein vom Frequenzbandverbrauch abhängt. Dies gilt um so mehr, als in einem komplizierten Netz nicht nur der Frequenzbandverbrauch auf einer Hauptlinie maßgebend ist, sondern ebensosehr die Frage, unter welchen Entkopplungsbedingungen bei den verschiedenen Verfahren Gleichkanalbetrieb möglich ist. In dieser Beziehung ist z. B. PCM-AM den beiden anderen Verfahren überlegen, weil für ungestörten Betrieb 10 dB Entkopplung genügen, wogegen bei den anderen Verfahren etwa 65 dB Entkopplung gefordert werden müssen. Dieser Unterschied ist in der Unempfindlichkeit von digitalen Signalen gegen Störungen begründet.

Bei der Mikrowellenausbreitung auf Sichtstrecken längs der Erdoberfläche tritt bei sehr breiten RF-Bändern (Größenordnung 30 MHz) merkliches selektives Fading auf. Dadurch ist eine obere Grenze für die RF-Bandbreite eines einzelnen Richtfunkkanals vorgezeichnet. Diese Einschränkung für die Bandbreite gilt nicht für die Ausbreitung von Mikrowellen zwischen der Erde und Satelliten, weil in diesem Fall nicht mit Mehrwegeausbreitung gerechnet werden muß. Durch die beschränkte Bandbreite kann man daher bei PCM-AM mit dem besonders hohen Verbrauch an Bandbreite in einem Kanal weniger Kapazität erreichen als bei EM und FM. Bei FM liegt die Grenze etwa bei einem System mit 2700 Gesprächen, für das die doppelte Basisbandbreite, die bei FM das theoretische Minimum an RF-Bandbreite ist, 25 MHz beträgt. Bei EM wäre die Kapazität im gleichen RF-Band die doppelte. Doch ist es bei EM nach dem heutigen Stand kaum möglich, die für ein System mit sehr großer Kapazität (mehr als 960 Kanäle) notwendigen, hochlinearen Mikrowellen-Leistungsstufen zu bauen. Dieses Problem ist nämlich bei Mikrowellenverstärkern, bei denen die unvermeidliche Verstärkerlaufzeit nur wenig Gegenkopplung zuläßt [9], viel schwieriger als bei Leitungsverstärkern für Koaxialkabelsysteme zu lösen.

a) *Richtfunkübertragung mit Frequenzmodulation.* Für Mikrowellensysteme mit großer Kapazität ist die FM das heute allgemein übliche und durch internationale Empfehlungen standardisierte Modulationsverfahren. Es ist erprobt für Systeme bis zu einer Kapazität von 1800 Gesprächen und — mit gewissen Einschränkungen bei der Planung der Funkfelder — wohl auch für eine Kapazität von 2700 Gesprächen geeignet. Mit wachsender Kapazität, also breiter werdendem Basisband, wird allerdings der für die Geräuschminderung maßgebende Modulations-index $\dfrac{\text{Frequenzhub/Kanal}}{\text{Basisbandfrequenz}}$ viel kleiner als 1, so daß die Geräuschminderung durch Banderweiterung kein Argument ist, das die FM vor der EM auszeichnet. Die Vorzüge von FM liegen vielmehr hauptsächlich in folgenden Eigenschaften:

1. Die Basisband-Restdämpfung ist weitgehend unabhängig von der durch Schwund variablen Funkfelddämpfung. Die linearen Dämpfungs- und Phasenverzerrungen im Basisband sind vernachlässigbar, solange die linearen Dämpfungsverzerrungen in einem RF-Band von doppelter Basisbandbreite klein sind. Diese Bedingung ist bei schwundfreier Ausbreitung und richtig bemessenen Selektionsmitteln gut zu erfüllen, wird aber durch starken selektiven Schwund verletzt.

2. Die nichtlinearen Dämpfungsverzerrungen des RF-Übertragungsweges sind unschädlich, in den Begrenzern werden sogar absichtlich starke Verzerrungen hervorgerufen, um das FM-Signal von ungewollter AM zu befreien.

3. Die Intermodulationsgeräusche können durch sorgfältigen Ausgleich der Gruppenlaufzeitverzerrungen im Weg der frequenzmodulierten Signale, also durch passive Netzwerke, in den zulässigen Grenzen gehalten werden, solange nicht durch Mehrwegeausbreitung auf dem Funkweg zusätzliche variable Gruppenlaufzeitverzerrungen entstehen.

Bei FM entsteht nach S. 61 aus weißem Rauschen am Empfängereingang nach der Frequenzdemodulation in die Basisbandlage eine Geräuschleistungsdichte, die 6 dB je Oktave im Basisband ansteigt. Die

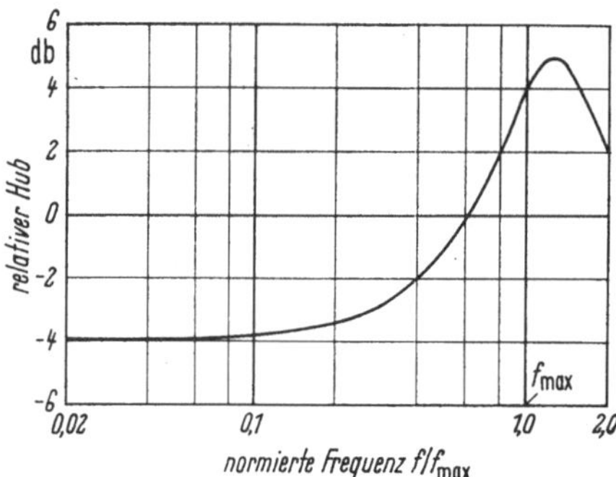


Abb. 26. Vorverzerrung für Fernsprechen nach CCIR

obersten Kanäle im Basisband sind demnach stark benachteiligt, z. B. bei einem Basisband von 300 bis 8200 kHz (1800-Kanal-System) gegenüber den untersten Kanälen um 29 dB. Man könnte dem dadurch entgegenwirken, daß man schon auf der Sendeseite die Spannungspegel der höheren Frequenzen um 6 dB je Oktave steigen läßt, so daß man hinter einem Frequenzmodulator konstanten Phasenhub erhält (Phasenmodulation). Das hätte aber zur Folge, daß die unteren Kanäle mit ihrem niedrigen Spannungspegel durch Intermodulationsprodukte der oberen Kanäle stark gestört würden. Man muß daher durch Wahl einer geeigneten Vorverzerrung (pre-emphasis) versuchen, einen Mittelweg zwischen den Extremfällen der Frequenzmodulation und der Phasenmodulation zu finden und so die Summe der Intermodulationsgeräusche und der thermischen Geräusche in allen Kanälen etwa gleich groß zu machen. Man benützt dazu nach einer internationalen Empfehlung ein Netzwerk vor dem Frequenzmodulator, das einen Dämpfungsverlauf nach Abb. 26 hat. Damit erreicht man für die Kanäle in der oberen Hälfte des Basisbandes etwa konstanten Phasenhub, für die unteren Kanäle etwa konstanten Frequenzhub. Hinter dem Frequenzdemodulator muß der Dämpfungsgang der Vorverzerrung durch ein komplementäres Netzwerk wieder ausgeglichen werden.

Mit den oben besprochenen anderen Belegungsarten des Basisbandes nach Abb. 25 kann man über FM-Richtfunksysteme Fernseh- und

Rundfunksignale alternativ oder auch simultan zu Trägerfrequenz-bündeln übertragen.

Eine wichtige Eigenschaft der FM-Übertragung ist es, daß man an Zwischenverstärkerstellen *ohne* Demodulation ins Basisband und neue Modulation nach Abb. 28 in der Zwischenfrequenz durchschalten kann. Man vermeidet dadurch die Intermodulationsgeräusche, die durch die unvermeidliche Nichtlinearität der Modulationsgeräte entstehen und auch lineare Verzerrungen, für die vor allem bei der Über-tragung von Fernsehsignalen sehr scharfe Forderungen ge-stellt werden müssen.

Abzweigen und Sperren von Teilen des Basisbandes ist nur in der Basisbandlage möglich, dagegen nicht beim FM-Signal, weil dessen Spek-trum bei Modulation mit Schwingungen verschiedener Frequenz nicht in einfacher Weise durch Filter zerlegbar ist wie bei EM. Abb. 27 zeigt dies am Spektrum eines FM-Signals bei Modulation mit zwei Schwingungen der Frequen-zen $f_1$ und $f_2$ s. K. KÜPFMÜLLER, Systemtheorie [*1*], S. 282.

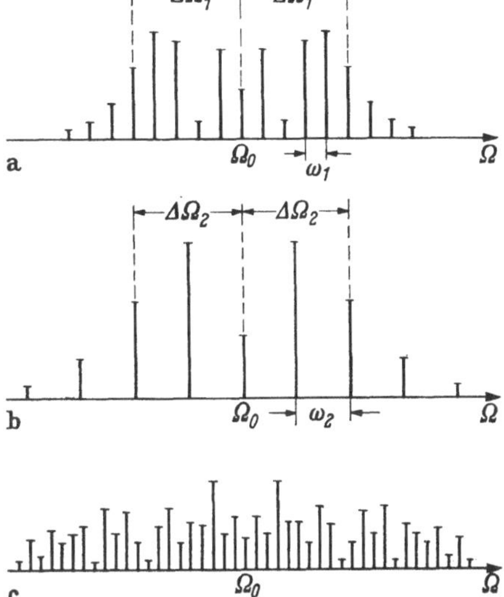

Abb. 27 a—c
Spektrum einer frequenzmodulierten Schwingung

Wenn dagegen bei FM Teile des modulierenden Basisbandsignals nicht belegt werden, dann ist es möglich, dem FM-Signal die ausgespar-ten Teilbündel *ohne* Demodulation ins Basisband unterwegs aufzumodu-lieren. Dazu gibt es nach Abb. 28 zwei Möglichkeiten:

1. Man läßt das FM-Signal einen „Phasenmodulator" 1 durchlaufen, also ein Netzwerk, dessen Phasenmaß im Takt der Modulationsfrequen-zen $f_m$ gesteuert wird.

2. Man benützt einen Umsetzer 2, dessen Oszillatorfrequenz durch die Modulationsfrequenzen frequenzmoduliert wird.

Beide Schaltungen gestatten es, dem FM-Signal verzerrungsfrei neue Signale aufzumodulieren. Wenn der Basisbandbereich für die neuen Signale nicht frei gehalten wird, dann überlagern sich die neuen Signale der vorhandenen Belegung. Dies wird für „Omnibusdienstleitungen" ausgenützt, bei denen dann alle Überwachungsbeamten in den Zwischen-stellen längs einer Richtfunkverbindung in „Konferenzschaltung" sprechen können.

*b) Richtfunkübertragung mit Einseitenbandmodulation.* Im Gegensatz zu FM behält bei EM-Richtfunksystemen das Breitbandsignal in allen Frequenzlagen vom Basisband bis hinauf zum RF-Band den gleichen Charakter. Dämpfungsschwankungen, lineare Dämpfungsverzerrungen und störende Fremdspannungen haben daher immer, unabhängig, in welcher Stufe sie eindringen, die gleiche Wirkung. Nur bei den nichtlinearen Verzerrungen besteht eine Erleichterung darin, daß Intermodu-

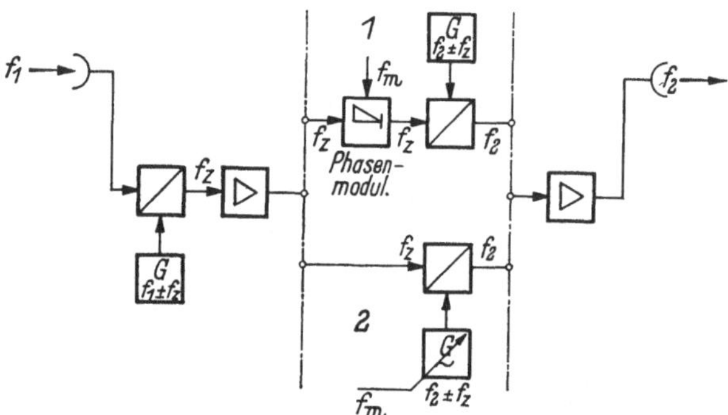



Abb. 28. Zwischenfrequenzdurchschaltung eines FM-Richtfunksystems mit Einspeisemodulator für Teilbündel

lationsprodukte geradzahliger Ordnungen in Zwischenfrequenz- und Radiofrequenzlage, die stets schmaler als eine Oktave sind, nicht in das Signalband fallen.

Typisch für EM-Systeme sind vor allem folgende Eigenschaften:

1. RF-Band wenig größer als Basisbandbreite.

2. Alle Kanäle sind gleichwertig, da die Funkfelddämpfung über das RF-Band, von selektivem Schwund abgesehen, konstant ist.

3. Der Mittelwert der ausgestrahlten Leistung ist um etwa 10 dB kleiner als der Spitzenwert; in Zeiten schwacher Belegung wird besonders wenig Leistung ausgestrahlt. Bei gleicher Spitzenleistung wie bei FM wird also EM andere Systeme im gleichen RF-Bereich weniger stören als FM, bei der die Sender, unabhängig von der Belegung, konstante Leistung abgeben.

Das Basisbandsignal kann nicht in einer Stufe direkt in die RF-Lage umgesetzt werden, weil dann, ähnlich wie beim Aufbau von Trägerfrequenzbündeln, das gewünschte Seitenband nicht vom ungewünschten Seitenband getrennt werden kann. In mehreren Stufen ist die Umsetzung mit gut realisierbaren Filtern lösbar.

Die in der Trägerfrequenztechnik übliche Demodulation mit einem auf der Empfangsseite lokal erzeugten Träger ist bei EM-Mikrowellenübertragung nicht möglich. Wollte man nämlich keine größere Abweichung vom Sollwert als 2 Hz zulassen, wie das für Trägerfrequenzbündel gefordert werden muß, dann müßten die virtuelle Nullfrequenz auf der Sende- und der Empfangsseite eine absolute Frequenzgenauigkeit von je 1 Hz erreichen. Das bedeutet z. B. bei 2000 MHz eine zulässige relative Abweichung kleiner $5 \cdot 10^{-10}$. Dieser Wert kann nach heutigem Stand nicht mit vertretbarem Aufwand erreicht werden. Aus diesem Grund ist es notwendig, einen Rest der Nullfrequenzschwingung oder eine geeignete Pilotschwingung zu übertragen und daraus auf der Empfangsseite den Träger zur Demodulation wiederzugewinnen. Diese Bezugsschwingung kann mit im Verhältnis zur Spitzenleistung geringer Leistung übertragen werden. Sie wird auch als Kriterium für die erforderliche exakte Schwundregelung benötigt.

Das EM-Signal muß in jedem Zwischenverstärker auf eine so tiefe Frequenzlage umgesetzt werden, daß eine scharfe Trennung des Signalbandes von dem am Empfängereingang entstehenden breitbandigen Rauschen möglich ist, ohne daß dabei unzulässige lineare Dämpfungsverzerrungen im Signalband entstehen. Durch die Trennung wird verhindert, daß Rauschbänder oberhalb und unterhalb des Signalbandes mit verstärkt und ausgesendet werden und so in unerwünschter Weise das RF-Band belegen. In Zwischenverstärkern werden dann Empfänger und Sender in dieser Zwischenfrequenzlage verbunden, Demodulation ins Basisband ist also unterwegs nicht erforderlich.

Abzweigung und Sperrung von Teilbündeln wäre bei EM, im Gegensatz zu FM, theoretisch in der RF-Lage möglich. In der Praxis muß man aber aus Filtergründen auch bis ins Basisband demodulieren. Vorher ausgesparte Teilbündel können bei EM ebenso wie bei FM in der RF-Lage zugesetzt werden.

c) *Richtfunkübertragung mit Pulsmodulation.* Die PCM-Übertragung von Breitbandsignalen ist möglich, bietet aber bei Mikrowellensystemen — im Gegensatz zu der im nächsten Abschnitt behandelten Hohlkabelübertragung — keine besonderen Vorteile. Digitale Signale benötigen zwar gegenüber gleichartigen Störsignalen nur etwa 10 dB, gegenüber Rauschen etwa 20 dB Abstand (dies gilt für binäre Signale, s. S. 79ff.), dieser Wert darf aber nur in einem sehr kleinen Prozentsatz der Zeit unterschritten werden, weil in diesen Zeiten die Übertragung vollkommen zusammenbricht. Da man aber bei Mikrowellenübertragung auf Sichtstrecken mit Schwundeinbrüchen bis zu etwa 40 dB zu rechnen hat, muß der Abstand in schwundfreien Zeiten auf etwa 60 dB erhöht werden und liegt damit in der gleichen Größenordnung, wie sie bei FM-Übertragung erforderlich ist. Da man aber bei PCM für die gleiche Kanalkapazität erheblich mehr RF-Band verbraucht als bei FM und auch der Mehraufwand gegenüber FM bei der Modulation nicht ganz gering ist, besteht im allgemeinen kein großer Anreiz zur Verwendung von PCM in der Mikrowellentechnik. Bei sehr dicht belegten Richtfunknetzen können sich Vorteile ergeben, weil Gleichkanalbetrieb bei nur 10 dB Entkopplung möglich ist, wenn die Richtfunkstrecken so kurz sind, daß man mit tiefen Schwundeinbrüchen nicht zu rechnen braucht.

Die Übertragung von Breitbandsignalen mit PPM bietet ebenfalls keine Vorteile gegenüber FM und verbraucht mehr Frequenzband, da man nach S. 73 für PPM-Übertragung eines Signals über einen RF-Träger etwa das achtfache Basisband braucht, wogegen man bei FM mit dem 3,5fachen des Basisbandes auskommen kann.

Wenn man in den niederen Netzebenen nur kleine Gesprächsbündel übertragen will und diese nicht als Frequenzmultiplexbündel, sondern als eine Anzahl von einzelnen Niederfrequenzkanälen benötigt, dann kann das Zeitmultiplexverfahren, vor allem in der Form von PPM, günstig sein. Man verbraucht zwar mehr RF-Band als bei FM, wie eben erwähnt, erhält aber in manchen Fällen wirtschaftliche und technische Vorteile: Spezifische, technische Vorteile sind vor allem folgende:

1. Alle Kanäle sind gleichwertig.

2. Die Kanäle sind voneinander unabhängig; z. B. können alle Kanäle gleichzeitig mit Vollaussteuerung betrieben werden, ohne daß dabei das Gesamtsignal gestört wird, wie das bei einem EM-Frequenzmultiplexsignal der Fall wäre.

Diese Punkte haben vor allem Bedeutung für die Übertragung mehrerer Rundfunksignale.

**Modulationsverfahren für Hohlkabelübertragung.** Für die folgenden Überlegungen zur Wahl von Modulationsverfahren für das Hohlkabel (s. S. 154 ff.) müssen wir nur zwei Eigenschaften des Hohlkabels vorausnehmen, nämlich seinen Vorteil, daß der nutzbare Übertragungsbereich 50 000 MHz und mehr beträgt — also das Fünffache des gesamten Mikrowellenbereiches — und seinen Nachteil, daß die Modenwandlung zur Bildung eines kräftigen Störsignals auf dem Übertragungsweg führt.

Die riesige nutzbare Bandbreite bedeutet, daß man mit Frequenzband nicht sparen muß, da selbst, wenn man je Gespräch 500 kHz verbraucht, noch immer eine für die übersehbare Zukunft ausreichende Gesamtkapazität von 100 000 Gesprächen oder alternativ von 100 Fernsehkanälen bleibt. Das durch die Modenwandlung entstehende Störsignal macht andererseits ein möglichst störungsfestes Nutzsignal erforderlich. Als Ausweg bietet sich die Geräuschminderung durch Banderweiterung an. PCM bietet diese Eigenschaft von allen heute bekannten Verfahren am ausgeprägtesten. Da das Hohlkabel im Gegensatz zur Mikrowellenausbreitung eine zeitlich weitgehend konstante Übertragungsdämpfung hat, ist es auch nicht notwendig, einen beträchtlichen Sicherheitszuschlag für einen Dämpfungsanstieg zu machen, der bei Mikrowellensystemen den Vorteil von PCM gegenüber FM aufhebt.

Von der Netzplanungsseite wird zu fordern sein, daß sich das Hohlkabel in das vorhandene Weitverkehrsnetz einfügt, d. h. daß auch an den Basisbandklemmen dieses Übertragungsmediums die normalen Trägerfrequenzbündel anzutreffen sind. In welche Bündelgrößen man dabei die Gesamtkapazität von z. B. 100000 Gesprächen unterteilen kann, ist nach dem heutigen Stand noch durch technische Grenzen bestimmt. Die Abtastfrequenz ist nach dem Abtasttheorem mindestens das Doppelte der obersten Basisbandfrequenz. Bei dem standardisierten 960-Kanalsystem ist das z. B. die Frequenz 4028 kHz, für die eine Abtastfrequenz von etwa 10 MHz angemessen ist. Nach S. 76 ff. muß man ferner für ausreichende Übertragungsqualität eines Trägerfrequenzsignals etwa 500 Quantisierungsstufen wählen, die durch 9 binäre Symbole übertragen werden können. Damit kommt man zu einer Pulsfolgefrequenz von $10 \cdot 10^6 \cdot 9 = 9 \cdot 10^7$ Hz, also einem potentiellen Nachrichtenfluß von 90 Mbit/sec. Es ist auch möglich, einige solche PCM-Raster, z. B. 2, mit einer Kapazität von je 960 Gesprächen im Zeitmultiplexverfahren zu einem PCM-Raster mit der doppelten Kapazität zusammenzufassen. Für die Übertragung dieses Signals benötigt man dann in der Basisbandlage etwa 100 MHz (etwas mehr als das Zehnfache der TF-Bandbreite von $2 \cdot 4 = 8$ MHz), und entsprechend mit AM auf einem RF-Träger das Doppelte, also etwa 200 MHz.

Für die weitere Bündelung zum Gesamtmultiplexsignal muß man dann noch einmal zum Frequenzmultiplexverfahren greifen. Wenn man dazu das technisch einfachste Verfahren, die AM, wählt, kann man das Gesamtsignal in vier aufeinanderfolgenden Stufen aufbauen. Das Signal kann in diesem Fall in den Leitungsverstärkern nicht in der RF-Lage verstärkt werden, weil man dann den Vorteil der PCM — die Regeneration der binären Pulse — nicht ausnützen könnte, sondern muß bis in die Zeitmultiplex-Basisbänder zerlegt und demoduliert werden. Dazu ist es notwendig, die verschiedenen modulierten AM-Träger durch Weichen zu trennen und dann durch Verstärkung und Gleichrichtung die einzelnen PCM-Basisbandsignale zu gewinnen. Dann können die Pulse regeneriert und wieder in ihre RF-Lage gebracht werden. Es ist demnach auch möglich, in jeder Verstärkerstelle einzelne PCM-Bündel abzuzweigen. Näheres findet sich im Abschnitt „Hohlkabellinien" auf S. 589 ff.

Da das Fernsehband nach der mitteleuropäischen Norm bis 5 MHz reicht, müßte man für die Übertragung des Fernsehsignals eine etwas höhere Abtastfrequenz als 10 MHz, z. B. 12 MHz, wählen. Die Zahl der notwendigen Quantisierungsstufen für ausreichende Qualität ist noch nicht ausreichend bekannt, 500 Stufen sind aber wahrscheinlich mehr als ausreichend.

Allgemein gilt, daß die Entwicklung noch so im Anfangsstadium ist, daß für die Parameter noch keine allgemeinen Empfehlungen bestehen.

Auch die Wahl von PCM für Hohlkabelübertragung ist noch nicht als endgültig zu betrachten, da FM mit großem Frequenzhub, bei der die Banderweiterung ebenso groß ist wie bei PCM, ebenfalls sehr hohe Geräuschminderung gestattet.

### Schrifttum

[1] KÜPFMÜLLER, K.: Die Systemtheorie der elektrischen Nachrichtenübertragung. 2. Aufl. Stuttgart: Hirzel 1952.

[2] HÖLZLER, E., u. H. HOLZWARTH: Theorie und Technik der Pulsmodulation. Berlin/Göttingen/Heidelberg: Springer 1957.

[3] JAHNKE-EMDE-LÖSCH: Tafeln höherer Funktionen. 6. Aufl. Stuttgart: Teubner 1960.

[4] ZUHRT, H.: Störverminderung bei Frequenzmodulation in Abhängigkeit von der Amplitudenbegrenzung. Hochfrequenztechn. u. Elektroakustik 59 (1939), 37—44.

[5] MAYER, H. F.: Prinzipien der Puls-Code-Modulation. Berlin: Siemens & Halske 1952, 21.

[6] BOSSE, G.: Codemodulation für die Trägerfrequenztechnik. Entwicklungsber. Siemens & Halske 20 (1957), 223—225.

[7] KRAUS, G., u. H. KLUPSCH: Die statistische Verteilung von Augenblickswert und Amplitude einer Summe von $n$ gleich großen Wechselspannungen mit inkommensurablen Frequenzen. Arch. elektr. Übertragung 17 (1963), H. 1, 6—12.

[8] HÖLZLER, E., F. BATH, u. H. HOLZWARTH: Gedanken zur Weiterentwicklung der großen Übertragungssysteme. Jahrbuch des elektrischen Fernmeldewesens 1963.

[9] HOLZWARTH, H., u. G. GÜNTHER: Die durch die Elektronenlaufzeit bedingte Grenze des Gegenkopplungsfaktors bei Verstärkern. Entwicklungsber. Siemens & Halske 21 (1958), 191—204.

# 3. Übertragungsmittel

Von W. EBERL, W. HORMUTH, H. LARSEN, W. STÖHR und G. v. TRENTINI[1]

## 3.1 Freileitungen und Kabel

### 3.1.1 Ausbreitung elektromagnetischer Wellen längs homogener Leitungen

Die Nachrichtensignale werden auf einer Leitung als elektromagnetische Wellen mit endlicher Fortpflanzungsgeschwindigkeit übertragen und infolge der Verluste in den Leitern und im Dielektrikum gedämpft.

---

[1] Der Abschn. 3.1 ist von W. EBERL, die Abschn. 3.2 und 3.3 von H. LARSEN, der Abschn. 3.4 von W. HORMUTH und der Abschn. 3.5 von W. STÖHR und G. v. TRENTINI.

Die davon herrührende Formänderung der Signale wird durch die Fortpflanzungskonstante $\gamma$ der Leitung bestimmt. Die homogene Leitung hat überall längs der Ausbreitungsrichtung $z$ die gleiche Fortpflanzungskonstante. Der Verlauf der Signale ist durch die Wellenspannung $u$ (Spannung zwischen den Leitern oder auch Spannung einer ins Feld eingebrachten Meßsonde) und des Stromes $i$ auf den Leitern gegeben. Sie können beliebige Formen haben. Es genügt jedoch, sich in den weiteren Betrachtungen auf eine mit der Kreisfrequenz $\omega$ eingeschwungene Welle mit den Amplituden $U$ und $I$ zu beschränken, da alle anderen Signalformen sich als Summen oder Integrale solcher Teilwellen darstellen lassen, s. z. B. [1]. Hierfür gelten die Differentialgleichungen

$$\frac{dU}{dz} = -\gamma\, U \tag{1}$$

$$\frac{dI}{dz} = -\gamma\, I \tag{2}$$

mit den Lösungen

$$U(z) = U(0)\, e^{\mp \gamma z} \quad \text{bzw.} \quad I(z) = I(0)\, e^{\mp \gamma z}. \tag{3}$$

Die Gl. (3) sagt aus, daß gleichermaßen eine Vorwärtswelle (oberes Vorzeichen) und eine Rückwärtswelle (unteres Vorzeichen) existieren können, wovon für die Übertragungstechnik nur die Vorwärtswelle erwünscht ist. Spannung und Strom sind durch die Beziehung

$$U(z) = Z\, I(z) \tag{4}$$

verknüpft. $Z$ ist der Wellenwiderstand der Leitung. Er ist bei der homogenen Leitung ebenfalls überall gleich.

Die Fortpflanzungskonstante

$$\gamma = \alpha + \mathrm{j}\,\beta \tag{5}$$

enthält die Dämpfungskonstante $\alpha$ und die Phasenkonstante $\beta$. Die Fortpflanzungsgeschwindigkeit $v$ ist durch

$$v = \frac{\omega}{\beta} \tag{6}$$

gegeben.

Jede Leitung ist durch vier aus dem Aufbau und den Materialkonstanten Leitfähigkeit, Permeabilität und Dielektrizitätskonstante bestimmbare Parameter definiert. Es sind dies die Beläge des Widerstandes $R$, der Induktivität $L$, der Kapazität $C$ und der Ableitung $G$. Mit diesen Größen erhält man die Differentialgleichungen in der bekannten Form

$$\frac{dU(z)}{dz} = -(R + \mathrm{j}\,\omega\, L)\, I(z) = -\gamma\, Z\, I(z) \tag{7}$$

$$\frac{dI(z)}{dz} = -(G + \mathrm{j}\,\omega\, C)\, U(z) = -\frac{\gamma}{Z}\, U(z). \tag{8}$$

Mit den Gln. (7) und (8) lassen sich die Übertragungskonstanten $Z$ und $\gamma$ durch die Leitungsbeläge $R, L, C$ und $G$ ausdrücken:

$$Z = \sqrt{\frac{R + j\,\omega\,L}{G + j\,\omega\,C}} = Z_1 + j\,Z_2 \tag{9}$$

$$\gamma = \sqrt{(R + j\,\omega\,L)\,(G + j\,\omega\,C)} = \alpha + j\,\beta. \tag{10}$$

In vielen praktischen Fällen, besonders bei homogenen Kabeln, ist der Einfluß der Ableitung vernachlässigbar. Für $G = 0$ erhält man aus den Gln. (9) und (10) eine Reihe im übrigen allgemeingültiger Beziehungen, die einen Überblick über die gegenseitige Abhängigkeit der einzelnen Größen geben: Die Auflösung nach den Real- und Imaginärteilen gibt zunächst:

$$Z_1 = \sqrt{\frac{L}{C}}\,\sqrt{\frac{1}{2} + \frac{1}{2}\sqrt{1 + \left(\frac{R}{\omega\,L}\right)^2}} \tag{11a}$$

$$Z_2 = -\frac{R}{\sqrt{LC}}\,\frac{1}{\sqrt{\frac{1}{2} + \frac{1}{2}\sqrt{1 + \left(\frac{R}{\omega\,L}\right)^2}}} \tag{11b}$$

und

$$\alpha = \frac{R}{\sqrt{\frac{L}{C}}\,\sqrt{\frac{1}{2} + \frac{1}{2}\sqrt{1 + \left(\frac{R}{\omega\,L}\right)^2}}} \tag{12a}$$

$$\beta = \omega\,\sqrt{L\,C}\,\sqrt{\frac{1}{2} + \frac{1}{2}\sqrt{1 + \left(\frac{R}{\omega\,L}\right)^2}}. \tag{12b}$$

Daraus folgt (noch genau)

$$Z_1\,Z_2 = -\frac{R}{2\,\omega\,C} \tag{13}$$

$$\alpha\,\beta = \frac{R\,\omega\,C}{2} \tag{14a}$$

$$\frac{\beta}{\alpha} = -\frac{Z_1}{Z_2} = \frac{\omega\,L}{R}\left[1 + \sqrt{1 + \left(\frac{R}{\omega\,L}\right)^2}\right] \tag{14b}$$

$$\alpha\,Z_1 = \frac{R}{2} \tag{15a}$$

$$\beta\,Z_2 = -\frac{R}{2} \tag{15b}$$

$$\frac{\alpha}{Z_2} = -\omega\,C \tag{15c}$$

$$\frac{\beta}{Z_1} = \omega\,C \tag{15d}$$

$$\gamma = j\,\omega\,C\,Z \tag{16}$$

und als Näherung

für    $\omega \to \infty$        für    $\omega \to 0$<br>oder    $R \to 0$

$$Z_1 \to \sqrt{\frac{L}{C}} \qquad\qquad Z_1 \to \sqrt{\frac{R}{2\,\omega\,C}} \tag{17}$$

$$Z_2 \to -\frac{R}{2\,\omega\,\sqrt{LC}} \qquad\qquad Z_2 \to -\sqrt{\frac{R}{2\,\omega\,C}} \tag{18}$$

$$\alpha \to \frac{R}{2\sqrt{\dfrac{L}{C}}} \qquad\qquad \alpha \to \sqrt{\frac{R\,\omega\,C}{2}} \tag{19}$$

$$\beta \to \omega\,\sqrt{LC} \qquad\qquad \beta \to \sqrt{\frac{R\,\omega\,C}{2}} \tag{20}$$

$$\frac{Z_2}{Z_1} \to -\frac{R}{2\,\omega\,L} \qquad\qquad \frac{Z_2}{Z_1} \to -1 \tag{21}$$

$$\frac{\alpha}{\beta} \to \frac{R}{2\,\omega\,L} \qquad\qquad \frac{\alpha}{\beta} \to 1 \,. \tag{22}$$

Die Formeln der linken Spalte führen auf die den Leitungsaufbau kennzeichnenden charakteristischen Werte eines reellen und frequenzunabhängigen Wellenwiderstandes $Z_c$ und einer frequenzunabhängigen Fortpflanzungsgeschwindigkeit $v_c$. Man muß dabei beachten, daß die Induktivität $L$ frequenzabhängig ist und für $\omega \to \infty$ den Wert $L_\infty$ hat. Dann sind

$$Z_c = \sqrt{\frac{L_\infty}{C}} \tag{23}$$

und

$$v_c = \frac{\omega}{\beta_c} = \frac{1}{\sqrt{L_\infty\,C}} \,. \tag{24}$$

Der Widerstand $R$ ist ebenfalls frequenzabhängig. Er wächst für $\omega \to \infty$ proportional zu $\sqrt{\omega}$ an. Die Dämpfungskonstante $\alpha$ ist in diesem Bereich daher proportional zur Wurzel aus der Frequenz. In gleicher Weise fällt auch $Z_2 \sim \dfrac{1}{\sqrt{\omega}}$. Im Bereich $\omega \to 0$ sind Dämpfungskonstante, Phasenkonstante $\sim \sqrt{\omega}$, der Wellenwiderstand $\sim \dfrac{1}{\sqrt{\omega}}$. Im Zwischenbereich eignen sich die Formeln (11) bis (16) gut für zahlenmäßige Auswertungen [die Wurzel in (11) und (12) geht für $R/\omega L \gg 1$ gegen $1 + 1/8\,(R/\omega L)^2$]. Die Gl. (14a) und (14b) geben den wichtigen Zusammenhang zwischen den Dämpfungskonstanten und den Phasenkonstanten für beliebige homogene Kabel an.

Bei $G \neq 0$ gilt für die Dämpfungskonstante im Bereich $R/\omega L \gg 1$ angenähert:

$$\alpha = \frac{R}{2\sqrt{\dfrac{L}{C}}} + \frac{G}{2}\sqrt{\frac{L}{C}}. \tag{25}$$

Die Abb. 1 zeigt den Frequenzgang der Dämpfungs- und Phasenkonstanten für einige wichtige Leitungstypen. Im doppeltlogarithmischen Maßstab (Dämpfungs- und Phasenkonstante haben den gleichen Maßstab, wenn $\alpha$ in Np/km, $\beta$ in rad/km aufgetragen wird) zeigt der Frequenzgang drei deutlich erkennbare Bereiche: Der Wurzelgang bei

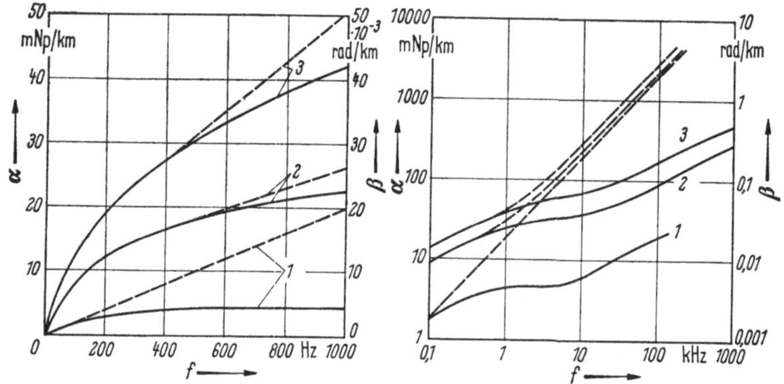

Abb. 1. Dämpfungskonstante $\alpha$ ——— und Phasenkonstante $\beta$ - - - -
1 Cu-Freileitung 3 mm; 2 Koaxialpaar 2,6/9,5 mm; 3 Sternvierer-Stammleitung 1,3 mm

niedrigen und hohen Frequenzen wird durch einen mittleren Bereich geringerer Frequenzabhängigkeit verbunden, der je nach dem Leitungsaufbau unterschiedliche Frequenzlage und Breite haben kann. Der Frequenzgang in diesem Bereich wird einerseits durch die Frequenzabhängigkeit von $R$ bestimmt, andererseits durch den von $R/\omega L$ abhängigen Wurzelausdruck in Gl. (12a). In gleicher Weise geht in diesem Bereich der Frequenzgang der Phasenkonstanten entsprechend Gl. (12b) vom Wurzelgang in den frequenzproportionalen Verlauf über. Für die Nachrichtenübertragung werden frequenzkonstante Dämpfung und frequenzproportionale Phase gewünscht. Nur dann werden die Signale ohne Formänderung übertragen. Die Leitungen erfüllen diese Forderung ausreichend nur in einem schmalen Frequenzbereich. Für die Übertragung breiter Frequenzbänder ist eine Entzerrung nötig (s. S. 527).

### 3.1.2 Die inhomogene Leitung

Die Voraussetzungen der ideal homogenen Leitung lassen sich praktisch nie vollkommen verwirklichen. Die nicht vermeidbaren Ungenauigkeiten im Aufbau, aber auch konstruktive Erfordernisse, wie Stützen, Abstandhalter und Verbindungsstellen bewirken Inhomogenitäten längs der Leitung. Stößt die Welle im Leitungszug auf eine Inhomogenität, die durch Schwankungen der Leitungsabmessungen, durch einen fehlangepaßten Abschluß oder eine andere Störung im gleichmäßigen Leitungsaufbau verursacht sein kann, so wird ein Teil der Energie reflektiert, d. h., es entsteht eine rückwärts laufende Teilwelle, deren Amplitude von der Größe der Störung abhängt. Ist der vom mittleren Wellenwiderstand $Z_0$ abweichende Wert des Widerstandes $Z(z)$, so gibt der Reflexionsfaktor

$$r(z) = \frac{Z(z) - Z_0}{Z(z) + Z_0} \tag{26}$$

die am Ort der Reflexion entstehende Amplitude der Rückwärtswelle im Verhältnis zur Amplitude der Vorwärtswelle an.

Auf den Leitungsanfang ($z = 0$) bezogen, ergibt sich die Eingangsreflexion

$$r(0) = \frac{U_r}{U_0} = r(z)\, e^{-2\gamma z}. \tag{27}$$

Die Amplitude der rücklaufenden Welle überlagert sich am Leitungsanfang der ursprünglich vorhandenen Welle und verändert damit den am Leitungsanfang aus dem Verhältnis $U(0)/I(0)$ definierten Eingangswiderstand $W(0)$

$$W(0) = Z_0 \frac{1 + r\, e^{-2\gamma z}}{1 - r\, e^{-2\gamma z}}. \tag{28}$$

Da sich die Phase der rücklaufenden Welle mit der Frequenz ändert, wird der Eingangswiderstand $W(0)$ frequenzabhängig schwanken Es entsteht eine „Welligkeit"

$$\frac{W(0) - Z_0}{W(0) + Z_0} = 2r\, e^{-2\gamma z}. \tag{29}$$

Die weiterlaufende Welle wird durch die Reflexionen geschwächt. Es tritt eine „Stoßdämpfung" auf. Bei nur kleinen Inhomogenitäten ist diese Stoßdämpfung gering und meist vernachlässigbar. Wenn die Inhomogenitäten jedoch periodisch auftreten, besteht eine Grenzfrequenz, oberhalb derer die Leitung sperrt. Dies ist z. B. bei der PUPIN-Leitung und bei koaxialen Leitungen mit längsinhomogenen Dielektrikum (Scheibenisolierung) der Fall.

**Störungen durch Inhomogenitäten.** Die Reflexionen an vielen kleinen Inhomogenitäten im Zuge einer Leitung verursachen Störungen, die besonders bei der Übertragung von Schaltvorgängen und Impulsen (z. B. Fernsehübertragung) stark werden können. Die Summe der zurücklaufenden Teilwellen ergibt einen Rückfluß, der an der Nachrichtenquelle ein unerwünschtes Echo bildet. Von den rücklaufenden Wellen wird ein Teil am Kabelanfang und an den Inhomogenitäten, die sie bis dorthin passieren, erneut reflektiert. Dieser Teil läuft als Mitfluß hinter dem ursprünglichen Signal her und hängt sich diesem als „Schleppe" an. Dieser Mitfluß verursacht empfindliche Störungen besonders bei Fernsehsignalen. Die Abb. 2 zeigt die Entstehung von Rückfluß und Mitfluß. Der gesamte Mitfluß setzt sich aus vier Anteilen zusammen:

a) der Mitfluß, der durch das Zusammenwirken aller innerhalb der Leitung auftretenden Reflexionen entsteht,

b) und c) der Mitfluß, der durch das Zusammenwirken der inneren Reflexionen mit den Reflexionen am Leitungsanfang und am Leitungsende entsteht,

d) der Mitfluß, der durch die Reflexionen am Leitungsanfang und Leitungsende allein entsteht.

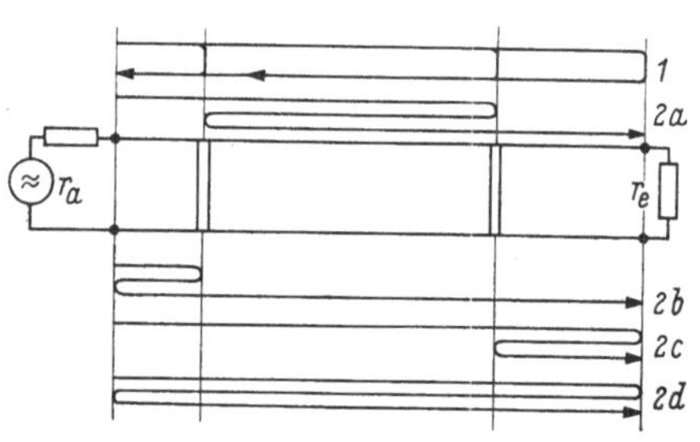


Abb. 2. Entstehung von Rückfluß und Mitfluß
*1* Rückfluß; *2* Mitfluß; *a* durch doppelte innere Reflexionen; *b* durch Zusammenwirken innerer Reflexionen mit $r_a$ und *c* $r_e$ an den Enden; *d* durch Zusammenwirken der Endreflexionen

Der letzte Anteil ist bei langen Leitungsstrecken ohne Bedeutung, da der Mitfluß infolge des langen Weges stark gedämpft wird. Die Wirkung der Inhomogenitäten innerhalb der Leitung hingegen nimmt mit wachsender Leitungslänge zu. Die Schwankungen des Wellenwiderstandes sind durch zufällige, material- und fertigungsbedingte Abweichungen im Aufbau der Leitung verursacht. Sie folgen einer statistischen Schwankungsfunktion

$$S(z) = Z(z) - Z_0, \tag{30}$$

die durch ihr quadratisches Mittel $\bar{S}^2$ gekennzeichnet wird. Den Zusammenhang mit dem Mitfluß erhält man über die Autokorrelationsfunktion der Schwankungen

$$\varphi(z) = \frac{1}{\bar{S}^2} \lim_{l \to \infty} \frac{1}{2l} \int_{-l}^{+l} S(z)\, S(\zeta + z)\, \mathrm{d}\zeta \tag{31}$$

und deren FOURIER-Transformierte, das Leistungsspektrum $\Phi$ [*1*]. Wenn die Autokorrelationsfunktion bekannt ist, lassen sich die zugehörigen Werte für das quadratische Mittel des entstehenden Mitflusses angeben.

**Die Pupin-Leitung.** Ein anderer Fall der inhomogenen Leitung ist bei der PUPIN-Leitung gegeben, wo man Inhomogenitäten absichtlich in die Leitung einbringt, um damit bestimmte gewünschte Leitungseigenschaften zu erreichen. Aus der Gl. (25) für die Dämpfungskonstante kann man ersehen, daß der erste Summand, die Widerstandsdämpfung, um so kleiner wird, je höher das Verhältnis $L/C$ ist. Solange die Widerstandsdämpfung dominiert, kann man daher die Gesamtdämpfung herabsetzen, wenn man $L$ erhöht. Man kann die wirksame Induktivität am einfachsten dadurch vergrößern, daß man in regelmäßigen Abständen Spulen in die Leitung einfügt. Damit entsteht die nach dem Erfinder als PUPIN-Leitung benannte inhomogene bespulte Leitung.

Aus der Gl. (25) erkennt man, daß der Verringerung der Gesamtdämpfung durch die Vergrößerung der Induktivität eine Grenze gesetzt ist. In dem gleichen Maße, in dem die Widerstandsdämpfung sinkt, steigt die Ableitungsdämpfung an. Der niedrigste Wert der Dämpfung

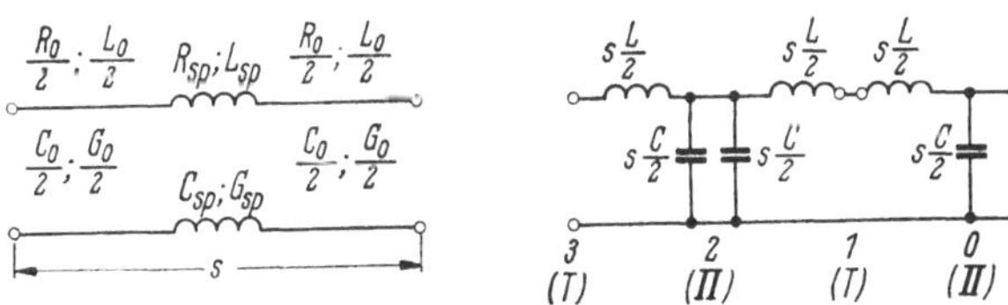

Abb. 3. Spulenfeld und Spulenleitung

wird erreicht, wenn beide Summanden gleich sind. Dabei muß berücksichtigt werden, daß sowohl der Widerstand als auch die Ableitung mit der Zahl und Größe der Spulen ansteigen und durch die Bespulung auch die Phasenkonstante und der Frequenzgang der Dämpfungs- und Phasenkonstanten stark geändert worden. Für die praktische Wahl von Spuleninduktivität und Spulenabstand sind diese Größen und der erforderliche Gesamtaufwand mehr bestimmend als das erreichbare Minimum der Dämpfung.

Die exakte Ableitung der Übertragungseigenschaften aus den Leitungsparametern und den Spulendaten ist kompliziert und für eine anschauliche Betrachtung wenig geeignet. Man erhält jedoch eine das wesentliche Verhalten kennzeichnende und auch quantitativ praktisch ausreichende Näherung, wenn man von zwei vereinfachten Ersatzbildern ausgeht (Abb. 3):

Das erste ist die Darstellung des Spulenfeldes von der Länge $s$ als quasi-homogene Leitung mit den Belägen

$$R + j\,\omega\,L = R_0 + \frac{R_{sp}}{s} + j\,\omega\left(L_0 + \frac{R_{sp}}{s}\right)$$
$$G + j\,\omega\,C = G_0 + \frac{G_{sp}}{s} + j\,\omega\left(C_0 + \frac{C_{sp}}{s}\right). \tag{32}$$

Der Index $_0$ bezeichnet die Eigenschaften der Leitung, der Index $_{sp}$ die der Spule. Mit den für homogene Leitungen im Bereich $\omega\,L > R$ geltenden Näherungen erhält man

$$Z \approx \sqrt{\frac{L}{C}} \left.\begin{array}{c} \\ \\ \\ \end{array}\right\}$$

$$v \approx \frac{1}{\sqrt{LC}}$$

$$\alpha \approx \frac{R}{2\sqrt{\dfrac{L}{C}}} + \frac{G}{2}\sqrt{\frac{L}{C}} \, . \tag{33}$$

Das zweite Ersatzbild ist die Darstellung der Leitung als Kettenschaltung von Reaktanzvierpolen (Spulenleitung). Es liefert die charakteristische Frequenzabhängigkeit des Wellenwiderstandes und der Phasenkonstanten. Der einzelne Vierpol besteht je aus den Größen $s\,L$ und $s\,C$ eines Spulenfeldes. Zweckmäßig teilt man die Vierpole in Halbglieder $\frac{1}{2}\,s\,L$ bzw. $\frac{1}{2}\,s\,C$ auf. Man sieht dann, daß je nach der Zusammenfassung der Halbglieder ($0-2$ oder $1-3$ in Abb. 3) die Leitung als Kettenschaltung entweder von $\pi$-Gliedern ($0-2$) oder $T$-Gliedern ($1-3$) aufgefaßt werden kann. Von Spulenglied zu Spulenglied bleiben die Amplituden von Spannung und Strom ungeändert, die Phase dreht um den Betrag $b = s\,\beta$. In einem Zeigerbild (Abb. 4) enden die Zeiger der den Orten $1, 2, 3 \ldots$ zugeordneten Spannungen und Ströme auf einem Kreis. Aus der Geometrie des Zeigerbildes können wir unmittelbar folgende Beziehungen ablesen:

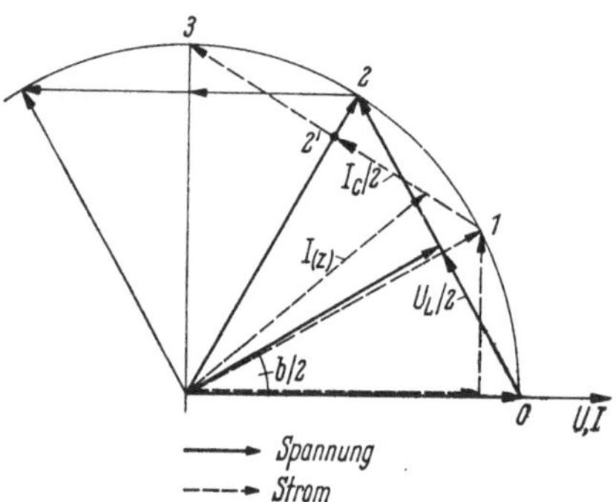


Abb. 4. Zeigerbild der Spulenleitung

$$U(1) = U(0) \cos\frac{b}{2} \; ; \quad I(2) = I(1) \cos\frac{b}{2} \; ; \left.\begin{array}{c} \\ \\ \end{array}\right.$$

$$\frac{U_L}{2} = \frac{s}{2}\,\omega\,L\,I(1) = U(0)\sin\frac{b}{2} \; ; \quad \frac{I_c}{2} = \frac{s}{2}\,\omega\,C\,U(0) = I(1)\sin\frac{b}{2} \; ; \tag{34}$$

$$\sin\frac{b}{2} = \frac{s}{2}\,\omega\sqrt{LC} \, . \tag{35}$$

Wir definieren weiter $Z(0) = \dfrac{U(0)}{I(0)}$ als „Wellenwiderstand" am Ort $0$ und erhalten

$$Z(0) = Z(\pi) = \frac{\sqrt{\dfrac{L}{C}}}{\cos\dfrac{b}{2}} \tag{36}$$

$$Z(1) = Z(T) = \sqrt{\frac{L}{C}}\,\cos\frac{b}{2} \, .$$

Für $\cos b/2 = 0$; d. h., $b = \pi/2$ verschwindet der Strom auf der Leitung, die Leitung sperrt. Die zugehörige Kreisfrequenz

$$\omega_g = \frac{2}{s\sqrt{LC}} \tag{37}$$

ist die *Grenzkreisfrequenz* der Spulenleitung.

Es ist üblich, die laufende Frequenz auf $\omega_g$ zu normieren. Mit $\eta = \omega/\omega_g$ erhält man nun den Frequenzgang der Phasenkonstanten

$$\beta = \frac{2}{s}\arcsin\eta \tag{38}$$

und des Wellenwiderstandes

$$Z(\pi) = \frac{\sqrt{\dfrac{L}{C}}}{\sqrt{1-\eta^2}} \; ; \quad Z(T) = \sqrt{\frac{L}{C}}\,\sqrt{1-\eta^2}. \tag{39}$$

Der Wellenwiderstand hat unterschiedlichen Frequenzgang (Abb. 5) an den Orten $(\pi)$ und $(T)$, d. h. je nachdem, ob die Leitung mit einem halben Spulenfeld oder mit einer halben Spule beginnt.

Zur näherungsweisen Berechnung der Dämpfungskonstanten muß man berücksichtigen, daß sich Betrag und Phase des Leitungsstromes längs des Spulenfeldes ändern, und damit auch die Verluste, die im Widerstandsbelag entstehen. Die Änderung ist um so größer, je näher $\eta \to 1$. Im Zeigerbild (Abb. 4) bewegt sich die Spitze des Zeigers für den Strom $I(z)$ über das Spulenfeld (vom Ort *1* zum Ort *3*) nicht auf dem Kreisbogen, sondern auf der Sehne *1—3*. Man kann somit aus dem Zeigerbild die Widerstandsverluste des Spulenfeldes ermitteln und erhält schließlich die zuerst von PLEIJEL angegebene Formel für die Gesamtdämpfung

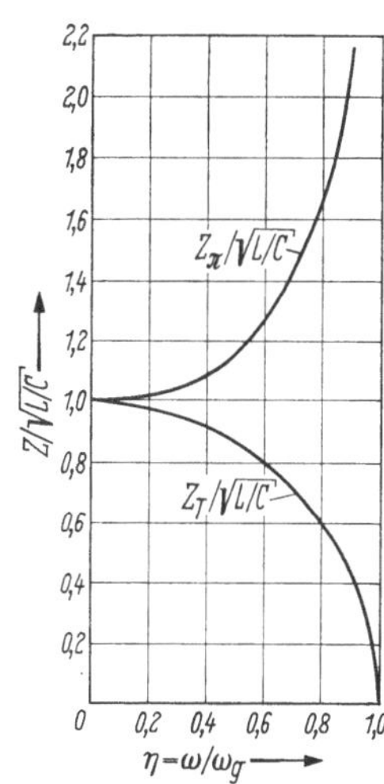


Abb. 5. Wellenwiderstand der Spulenleitung

$$a = s\,\alpha \approx \frac{1}{\sqrt{1-\eta^2}}\left[\frac{s\,R_0(1-\tfrac{2}{3}\eta^2)+R_{sp}}{2\sqrt{\dfrac{L}{C}}} + \frac{s\,G}{2}\sqrt{\frac{L}{C}}\right]. \tag{40}$$

Abb. 6 zeigt den Verlauf von Dämpfung und Wellenwiderstand bespulter und unbespulter 0,9 mm-Kabelleitungen. Durch passende

Wahl von Spuleninduktivität und Spulenabstand lassen sich gewünschte Übertragungseigenschaften in weiten Grenzen realisieren. Es gibt daher eine Vielzahl von Bespulungssystemen für die verschiedenen Übertragungsaufgaben und Leitungstypen. Für die heute fast nur noch auf Kabelleitungen für den Niederfrequenzbereich eingesetzte Bespulung ist in Deutschland ein Spulenabstand von 1,7 km und eine Spuleninduktivität von 80 mH eingeführt. Im Ausland werden überwiegend ein Spulenabstand von 1,83 km und eine Spuleninduktivität von 88 mH verwendet.

Die abgeleiteten Übertragungseigenschaften der bespulten Leitung sind nur dann genau vorhanden, wenn alle Spulenfelder in ihrer Länge und in ihren elektrischen Eigenschaften gleich sind. Weichen sie voneinander ab, so entstehen Reflexionen, die Schwankungen im Frequenzgang des Eingangswiderstandes und der Dämpfung bewirken. Diese sind besonders bei verstärkten Zweidrahtleitungen kritisch. Es müssen daher enge Toleranzen für den Spulenabstand und die Gleichmäßigkeit der Spulenfelder eingehalten oder durch einen Ausgleich mit Spulenfeldergänzungen hergestellt werden.

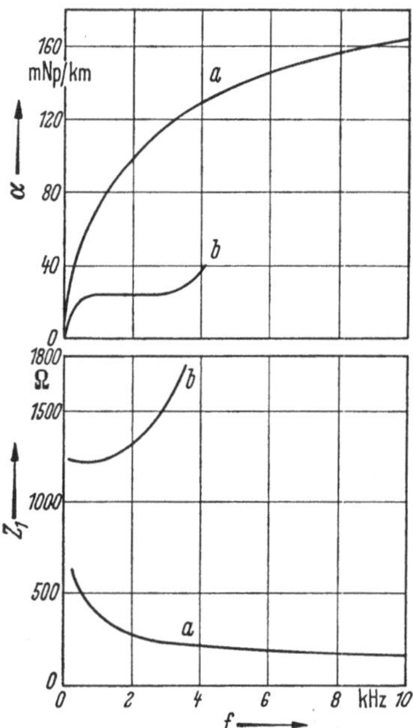

Abb. 6. Dämpfungskonstante $\alpha$ (oben) und Realteil des Wellenwiderstandes $Z_1$ (unten) für die Stammleitungen eines 0,9 mm Sternvierers
$a$ unbespult; $b$ bespult mit 80 mH in 1,7 km Abstand

### 3.1.3 Nebensprechen

Sowohl in Kabeln als auch auf den Gestängen der Freileitungen werden gewöhnlich mehrere Leitungen in enger Nachbarschaft parallel geführt. Die auf einer dieser Leitungen übertragenen Nachrichten dürfen auf keiner anderen abgehört werden können. Außerdem dürfen die auf benachbarten Leitungen übertragenen Signale die Nachrichtenübertragung nicht stören. Die gegenseitige Beeinflussung parallelgeführter Leitungen, das *Nebensprechen*, muß daher so klein wie möglich gehalten werden.

In einem Bündel von $n$ Leitungen enthalten Spannung und Ströme einer Leitung $r$ auch Anteile, die von den Spannungen und Strömen der anderen Leitungen $s$ herrühren ($r, s$ = Zählindizes).

Die Differentialgleichungen der Leitungen müssen daher um diese
Anteile erweitert werden:

$$-\frac{dU_r}{dz} = \gamma_r\, Z_r\, I_r + \sum_{s=1}^{n}{}' m_{rs}(z)\, I_s$$
$$-\frac{dI_r}{dz} = \frac{\gamma_r}{Z_r}\, U_r + \sum_{s=1}^{n}{}' k_{rs}(z)\, U_s \qquad\qquad r = 1, 2, \ldots, n \quad (41)$$

(wobei durch $\sum'$ angedeutet ist, daß der Summand $r = s$ fortgelassen
wird).

Für das Bündel von $n$ Leitungen erhält man $n$ Gleichungspaare,
in denen die Wechselwirkung der durch die „Kopplungen" $m_{rs}(z)$ und
$k_{rs}(z)$ induzierten Spannungen und influenzierten Ladungen beschrieben
wird.

Durch eine Reihe von praktischen Einschränkungen können die allgemeinen Zusammenhänge weitgehend vereinfacht werden:

Zunächst setzen wir homogene Leitungen in einem einheitlichen
Medium voraus und betrachten so hohe Frequenzen, daß das Magnetfeld in den Leitern ganz an die Oberfläche verdrängt ist. Die elektrischen
und magnetischen Feldlinien verlaufen dann orthogonal, so daß das
eine Feld durch das andere Feld und damit auch die Kopplungsgrößen
$m_{rs}$ und $k_{rs}$ durcheinander bestimmt sind [2]. Dann gilt für alle Leitungen

$$\frac{d^2U_r}{dz^2} + \frac{\omega^2}{v^2}\, U_r = 0 \qquad \left(v = \frac{1}{\sqrt{\mu\,\varepsilon}}\right) \tag{42}$$

und deren allgemeine Lösung

$$U_r(z) = A_r\, e^{-\gamma z} + B_r\, e^{+\gamma z}. \tag{43}$$

Eine für alle Leitungen gleiche Fortpflanzungskonstante ist nur
bei parallel geführten Freileitungen vorhanden. Bei verdrallten Kabelleitungen weichen die Fortpflanzungskonstanten der einzelnen Leitungssysteme wegen unterschiedlicher Drallänge und damit auch verschiedener
Länge sowie wegen unterschiedlicher Umgebung so stark voneinander
ab, daß die Differenzen das Nebensprechverhalten wesentlich beeinflussen. Man muß also jeder Leitung eine individuelle Fortpflanzungskonstante $\gamma_r$ zuordnen, so daß Gl. (43) geschrieben werden muß:

$$U_r(z) = A_r\, e^{-\gamma_r z} + B_r\, e^{+\gamma_r z}. \tag{43a}$$

Die beiden Wellenamplituden $A_r$ und $B_r$ enthalten sowohl die Anteile,
die von den Anregungs- und Abschlußbedingungen an den Enden der
Leitung herrühren, als auch die Anteile der durch Nebensprechen von
anderen Leitungen übertragenen Spannungen.

Wenn die Kopplung zwischen den Leitungen klein ist, läßt sich die
Betrachtung dadurch weiter vereinfachen, daß man die Rückwirkung
auf die „störende" Leitung, d. h. den Energieverlust durch das Neben-

sprechen und den Einfluß der durch Nebensprechen von anderen Leitungen auf dieser Leitung erzeugten Spannungen und Ströme vernachlässigt. Die Spannung und der Strom auf der störenden Leitung sind dann von den Spannungen und Strömen auf anderen Leitungen unabhängig. Es bleibt zu berücksichtigen, daß Nebensprechen auf einer „gestörten" Leitung nicht nur durch die direkte Kopplung mit der störenden entsteht, sondern auch *indirekt* über das von dieser auf anderen Leitungen erzeugte Nebensprechen. Dabei kann man sich auf die Berücksichtigung einer „dritten" Leitung beschränken, d. h. die Anteile

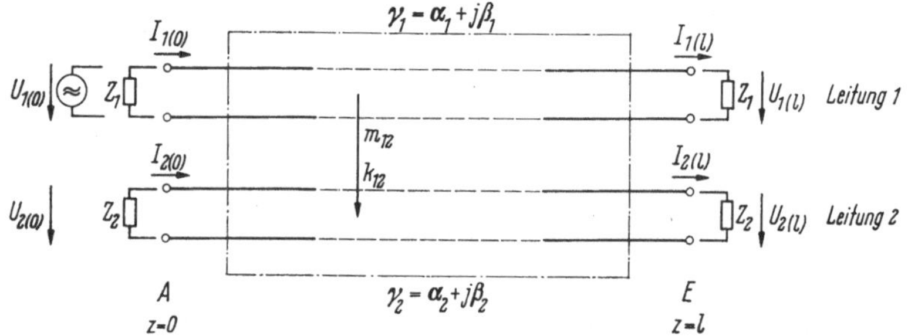


Abb. 7. Nebensprechen zwischen zwei Leitungen

vernachlässigen, die beim Übergang von der störenden zur gestörten Leitung nacheinander zwei und mehr Zwischenleitungen durchlaufen.

Die unmittelbar für die Übertragung bestimmten Leitungen wird man durch die geometrische Anordnung und den Leitungsaufbau von vornherein nach Möglichkeit „entkoppeln", so daß für sie die vorhergehend genannten Voraussetzungen erfüllt sind. Aus einem Bündel von $n$ solcher Leitungen, das — einschließlich einer äußeren leitenden Hülle — aus $2n + 1$ Leitern gebildet wird, lassen sich auf verschiedene Weise insgesamt $2n$ Leitungskreise bilden, z. B. außer den $n$ Leiterpaaren weitere $n$ Leitungskreise, die je aus einem Leiterpaar als Hinleitung und der Hülle als Rückleitung bestehen. Diese sind untereinander stark gekoppelt, so daß die oben genannten Voraussetzungen nicht mehr gelten. Es läßt sich zeigen, daß es unter den verschiedenen Möglichkeiten durch Zusammenfassung von Leitern „höhere" Leitungskreise zu bilden, stets solche gibt, die zu nahezu entkoppelten Kreisen führen [*3*].

Damit sind die Voraussetzungen geschaffen, die Behandlung des Nebensprechens auf zwei getrennt erfaßbare Fälle zurückführen: Das direkte Nebensprechen zwischen 2 Leitungen und das indirekte Nebensprechen über die Vermittlung einer dritten Leitung.

Die 4 Klemmenpaare zweier Leitungen, zwischen denen Nebensprechen auftritt, bilden einen Achtpol (Abb. 7). Wenn wir die Sendespannung $U_0$ nacheinander an eines der Klemmenpaare anlegen, treten als Nebensprechen folgende Spannungen auf:

| Sendespannung $U_0$ an | Nebensprechspannung $U$ gemessen an | Bezeichnung |
|---|---|---|
| Leitung 1 (0) | Leitung 2 (0) | Nahnebensprechen (0) |
| 1 (0) | 2 ($l$) | Fernnebensprechen $1 \rightarrow 2$ |
| 2 (0) | 1 (0) | Nahnebensprechen (0) |
| 2 (0) | 1 ($l$) | Fernnebensprechen $2 \rightarrow 1$ |
| 1 ($l$) | 2 ($l$) | Nahnebensprechen ($l$) |
| 1 ($l$) | 2 (0) | Fernnebensprechen $1 \rightarrow 2$ |
| 2 ($l$) | 1 ($l$) | Nahnebensprechen ($l$) |
| 2 ($l$) | 1 (0) | Fernnebensprechen $2 \rightarrow 1$ |

Je 2 der ingesamt 8 Schaltungen liefern identische Ergebnisse, so daß sich folgende vier unabhängige Nebensprechbeziehungen ergeben:

Nahnebensprechen am Leitungsanfang

Nahnebensprechen am Leitungsende

Fernnebensprechen $1 \rightarrow 2$

Fernnebensprechen $2 \rightarrow 1$

Als *Nah- und Fernnebensprechdämpfung* wird der Logarithmus der Leistungsverhältnisse

$$a_n \quad \text{bzw.} \quad a_f = 10 \lg \frac{P_1}{P_2}\, \text{dB}$$

oder

$$= \frac{1}{2} \ln \frac{P_1}{P_2}\, \text{Np} \tag{44}$$

definiert.

Da die Leitungen mit ihren Wellenwiderständen abgeschlossen sind, gilt auch

$$a_n \quad \text{bzw.} \quad a_f = \ln \frac{|U_1|}{|U_2|} + \ln \sqrt{\frac{|Z_2|}{|Z_1|}}. \tag{45}$$

Für die Bewertung des Fernnebensprechens als Störung kommt es auf das Verhältnis zwischen der Fernnebensprechspannung und der an der gleichen Stelle vorhandenen Nutzspannung an, die gegenüber der Sendespannung durch die Leitungsdämpfung $a$ gedämpft ist. Die auf das gleiche Ende bezogene Fernnebensprechdämpfung ist daher um $a$ kleiner als $a_f$:

$$a_f - a = \ln \frac{|U_1(l)|}{|U_2(l)|} + \ln \sqrt{\frac{|Z_2|}{|Z_1|}}. \tag{45a}$$

Die Dämpfungen können mit Hilfe von Eichleitungen oder Pegelmeßgeräten gemessen werden. Es ist jedoch vorteilhaft, für die Untersuchung der Frequenzabhängigkeit des Nebensprechens Spannungen und Ströme an den Enden der Leitung nach Betrag und Phase zu erfassen, und deren Quotienten zu bilden. Man erhält ein mit den Kopplungen direkt zusammenhängendes Paar von Meßwerten, die man als *Kopplungswiderstand* $Z_m$ und *Kopplungsleitwert* $Y_k$ nach Abb. 8 definieren kann:

$$Z_m = R_m + \mathrm{j}\,\omega\,M = \frac{E_2}{I_1} = \frac{2\,U_2}{U_1}\,Z_1$$

$$Y_k = G_k + \mathrm{j}\,\omega\,K = \frac{I_{2k}}{U_1} = \frac{2\,U_2}{U_1\,Z_2} \tag{46}$$

bzw.

$$\frac{U_1}{U_2} = \frac{2Z_1}{Z_m} = \frac{2}{Y_k\,Z_2}. \tag{47}$$

Der Zusammenhang mit der Nebensprechdämpfung ist durch

$$a_n \quad \text{bzw.} \quad a_f - a = \ln \frac{2\sqrt{|Z_1 Z_2|}}{|Z_m|} = \ln \frac{2}{|Y_k|\sqrt{|Z_1 Z_2|}} \tag{48}$$

gegeben.

Über die in einem Elementarabschnitt $\mathrm{d}z$ zwischen 2 Leitungen vorhandenen elektrischen und magnetischen Kopplungen $k'(z)\,\mathrm{d}z$ und

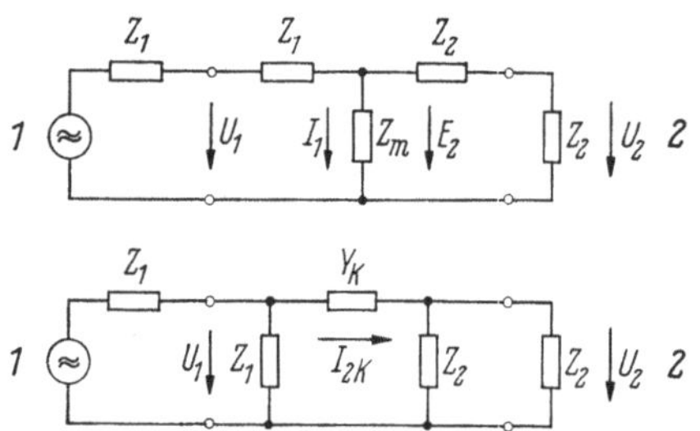

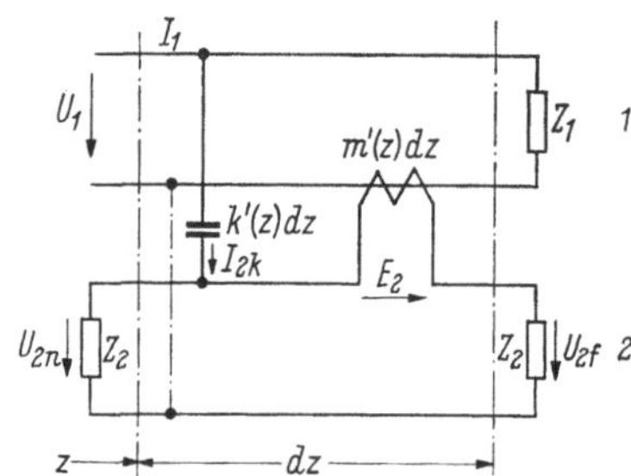

Abb. 8. Ersatzschaltbilder für den Kopplungswiderstand $Z_m$ (oben) und den Kopplungsleitwert $Y_k$ (unten)

Abb. 9. Elektrische und magnetische Kopplung ($k'$ und $m'$: Beläge)

$m'(z)\,\mathrm{d}z$ werden in der gestörten Leitung örtlich Ströme und Spannungen erzeugt, die sich nach beiden Seiten fortpflanzen und in den Abschlußwiderständen am Anfang und Ende der Leitungen Anteile zur Nebensprechspannung bilden (Abb. 9). Die Gesamtwirkung der stets gleichzeitig vorhandenen elektrischen und magnetischen Kopplung wird als elektromagnetische Kopplung bezeichnet. Sie ist in Richtung auf das nahe und ferne Ende verschieden. Für das Nahnebensprechen addieren sich die Wirkungen der elektrischen und magnetischen Kopplungen, für das Fernnebensprechen subtrahieren sie sich. Die Summe aller Teilspannungen ergibt für das Nahnebensprechen

$$\frac{U_2(0)}{U_1(0)} = \frac{1}{2}\,\mathrm{j}\,\omega \int_0^l \left[ k'(z)\,Z_2 + \frac{m'(z)}{Z_1} \right] e^{-(\gamma_1 + \gamma_2)}\,\mathrm{d}z \tag{49}$$

und für das auf $z = l$ bezogene Fernnebensprechen $(a_f - a)$

$$\frac{U_2(l)}{U_1(l)} = \frac{1}{2}\,j\,\omega \int\limits_0^l \left[ k'(z)\, Z_2 - \frac{m'(z)}{Z_1} \right] e^{(\gamma_1 - \gamma_2)(l-z)}\, dz\,. \tag{50}$$

Damit lassen sich Größe und Frequenzabhängigkeit der Nebensprechdämpfungen berechnen, wenn die Größe der örtlichen Kopplungen bekannt ist. Für den Fall, daß wir zwei gleiche Leitungen vor uns haben $(\gamma_1 = \gamma_2,\ Z_1 = Z_2)$ und die Kopplung an allen Orten gleich ist, erhalten wir für das Nebensprechen

$$\frac{U_2(0)}{U_1(0)} = \frac{1}{4}\,\frac{j\,\omega}{\gamma}\left( k'\,Z + \frac{m'}{Z} \right)(1 - e^{-2\gamma l}) \tag{51}$$

näherungsweise mit $\dfrac{j\,\omega}{\gamma} \approx \dfrac{\omega}{\beta} = v$

$$\frac{U_2(0)}{U_1(0)} = \frac{1}{4}\,v\left( k'\,Z + \frac{m'}{Z} \right)(1 - e^{-2\gamma l}) \tag{51a}$$

und für das Fernnebensprechen

$$\frac{U_2(1)}{U_1(1)} = \frac{1}{2}\,j\,\omega\left( k'\,Z - \frac{m'}{Z} \right) l \tag{52}$$

Die Frequenz- und Längenabhängigkeit des Nahnebensprechens wird durch den Ausdruck $(1 - e^{-2\gamma l})$ bestimmt, dessen Ortskurve in Abb. 10 dargestellt ist. Das Nahnebensprechen erschöpft sich, die Nahnebensprechdämpfung nimmt schließlich mit wachsender Länge nicht mehr weiter ab, da die vom Anfang der Leitung weit entfernten Anteile stark gedämpft werden. Für das auf das Leitungsende bezogene Fernnebensprechen addieren sich die Anteile der einzelnen Leitungsabschnitte in gleicher Weise, so daß die

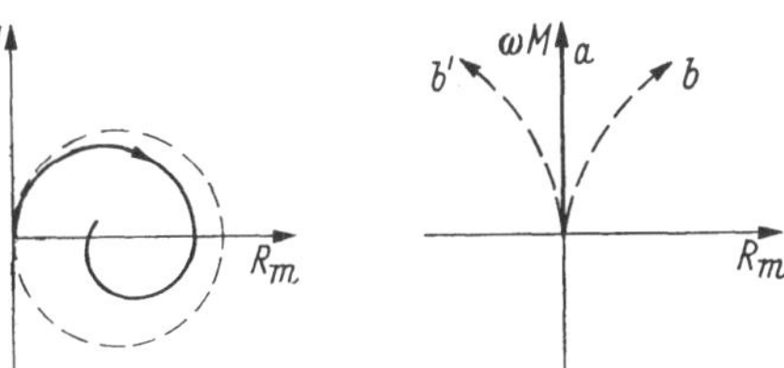


Abb. 10. Ortskurven der Nebensprechspannung links: Nahnebensprechen bei gleichmäßiger Kopplung; rechts: Fernnebensprechen $a$ ohne, $b - b'$ mit Phasendifferenz

Spannung linear mit der Länge anwächst. Wenn die Kopplung nicht einen über die Leitungslänge homogenen Belag bildet, sondern die Kopplungen der einzelnen Leitungsabschnitte voneinander unabhängig statistisch verteilt sind, kann man annehmen, daß sich die Teilleistungen addieren. Für das Nahnebensprechen bedeutet dies in gleicher Weise, daß die entfernten Leitungsabschnitte immer kleiner werdende Beiträge liefern, für das Fernnebensprechen wächst die Spannung im Mittel mit der Wurzel aus der Länge.

Sind die Fortpflanzungskonstanten der beiden Leitungen nicht genau gleich ($\gamma_1 - \gamma_2 = \Delta\gamma$), dann bleibt in Gl. (50) unter dem Integral der Faktor $e^{-\Delta\gamma z}$ bestehen und bewirkt eine Drehung der Ortskurve. Beim Tausch der Indizes kehrt sich das Vorzeichen und damit die Drehrichtung um. Für das Fernnebensprechen $1 \to 2$ und $2 \to 1$ gelten verschiedene Ortskurven, es entsteht ein Tauscheffekt (Abb. 10). Bei homogenen Leitungen, soweit sie nicht durch Schirme voneinander getrennt sind, gilt folgende Beziehung zwischen den elektrischen und magnetischen Kopplungen:

$$k(z)\, Z_{c2} = \frac{m(z)}{Z_{c1}}. \tag{53}$$

Für $Z \to Z_c$, d. h., für $\omega \to \infty$ oder $R \to 0$ verschwindet daher das direkte Fernnebensprechen unabhängig von der Höhe der Kopplung.

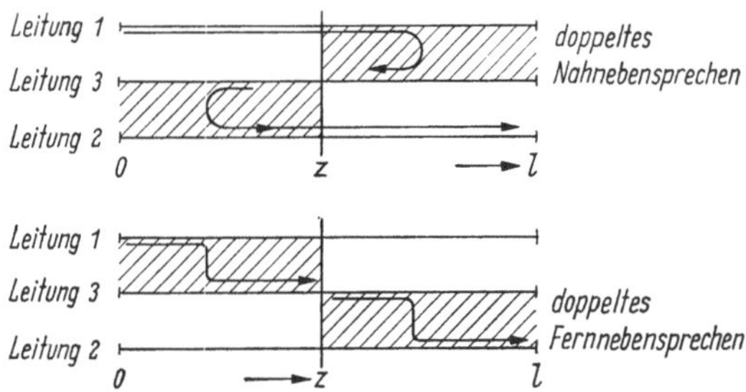


Abb. 11. Nebensprechen über eine dritte Leitung

Je besser die Voraussetzungen für die Auslöschung des direkten Fernnebensprechens erfüllt sind, desto stärker tritt das Fernnebensprechen in den Vordergrund, das indirekt durch reflektiertes Nachnebensprechen oder über dritte Leitungen entsteht. Das reflektierte Nahnebensprechen kann man durch Anpassung der Leitungsabschlüsse an die Wellenwiderstände niedrig halten. Das erfordert eine gute Gleichmäßigkeit und geringe Streuung der Leitungseigenschaften. Fernnebensprechen über dritte Leitungen entsteht als doppeltes Nahnebensprechen und als doppeltes Fernnebensprechen (Abb. 11). Von der störenden Leitung *1* werden auf der Leitung *3* Spannungen und Ströme erzeugt, die an einer beliebigen Stelle $z$ sowohl über die hinter dem Ort $z$ liegenden Kopplungen als Nahnebensprechen als auch über die vor $z$ liegenden Kopplungen als Fernnebensprechen entstehen. Bei Kurzschluß oder Leerlauf der Leitung *3* kommen weitere Anteile hinzu, die von den an Leitungsanfang und -ende reflektierten Wellen herrühren. Die Gesamtspannung am Ort $z$ liefert mit der dort vorhandenen Kopplung zwischen Leitung *3* und Leitung *2* einen Anteil zu der am Ende $l$ der Leitung *2* entstehenden Nebensprechspannung. Läßt man $z$ die gesamte Leitungslänge durchlaufen, so erhält man schließlich die gesamte, auf die Leitung *2* übertragene Nebensprechspannung. Wenn die Auslöschung des direkten Fernnebensprechens zwischen den Leitungen vollständig ist, existiert nur doppeltes Nahnebensprechen. Da das Nahnebensprechen sich über größere Längen erschöpft, tragen hierzu nur Kopplungen wesentlich bei, die verhältnismäßig nahe beieinanderliegen. Der Weg, der bis zum Ende der Leitung *2* durchlaufen

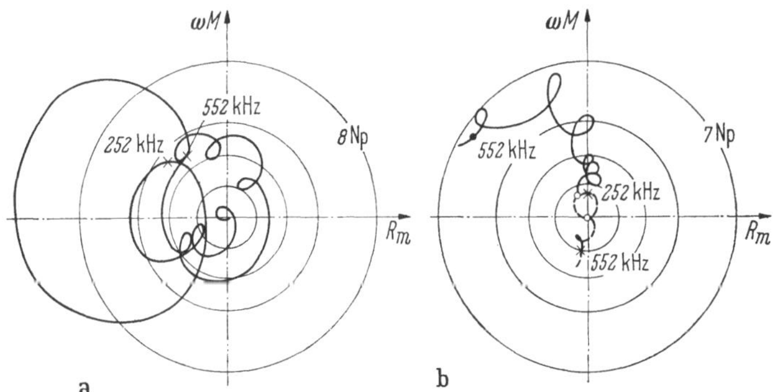


Abb. 12a u. b. Ortskurven der Fernnebensprechspannung
a) bei doppeltem Nahnebensprechen,　b) bei doppeltem Fernnebensprechen

wird, ist stets länger als die Leitungslänge und für die einzelnen Anteile verschieden. Die Teilspannungen kommen daher mit stark unterschiedlicher Phase an.

Hierdurch entstehen Verschleifungen im Verlauf der Ortskurve der Nebensprechspannung (Abb. 12). Treten die Kopplungen in periodischen Abständen auf, so kommt es zu „Resonanzfrequenzen", bei denen sich alle Teilspannungen phasengleich addieren und selektiv für einen schmalen Frequenzbereich hohe Spannungen entstehen. Im Mittel steigt die Nebensprechspannung über dritte Kreise mit dem Quadrat der Frequenz an. Mit wachsender Leitungslänge treten immer neue Kopplungspaare hinzu. Die durch doppeltes Nahnebensprechen entstehende Fernnebensprechspannung erschöpft sich nicht, sondern wächst näherungsweise linear mit der Leitungslänge, wenn die Kopplungen systematisch sind, mit der Wurzel aus der Länge, wenn die Kopplungen statistisch verteilt sind.

Ist die Auslöschung des direkten Fernnebensprechens zwischen den Leitungen nur unvollständig, so muß auch das doppelte Fernnebensprechen beachtet werden. Der Weg, den die einzelnen Anteile der Nebensprechspannung zurücklegen, ist stets gleich der Leitungslänge (Abb. 11). Die Teilspannungen kommen daher am Ende der Leitung *2* im wesentlichen phasengleich an und addieren sich. Es können alle

Kopplungen von der Leitung *1* auf die Leitung *3* mit allen in der z-Richtung nachfolgenden Kopplungen von Leitung *3* auf Leitung *2* zusammenwirken. Die Ortskurve der Spannung des doppelten Nebensprechens läuft längs der reellen Achse, der Betrag wächst mit dem Quadrat der Frequenz und mit dem Quadrat der Leitungslänge bei systematischen Kopplungen, linear mit der Leitungslänge bei statistisch verteilten Kopplungen (Abb. 12). Daher ist der Effekt des doppelten Fernnebensprechens bei langen Leitungen von Bedeutung, wenn hohe Kopplungen zu dritten Kreisen vorhanden sind.

Eine besondere Form des doppelten Nahnebensprechens tritt auf, wenn an einem Verstärkerpunkt dritte Leitungen unverstärkt durchlaufen (Abb. 13). Vom Verstärkerausgang der Leitung *1* wird Energie durch Nahnebensprechen auf die Leitung *3* übertragen und gelangt durch Nahnebensprechen zwischen den Leitungen *3* und *2* auf den Verstärkereingang der Leitung *2*. Das Nebensprechen wird mit verstärkt, die Nebensprechdämpfung wird um den Betrag der Verstärkung vermindert. Die Kopplungen zur Leitung *3* dürfen daher nur sehr gering sein, oder es muß durch Sperren in der Leitung *3* verhindert werden, daß die Nebensprechspannung an den Eingang des Verstärkers *2* gelangt.

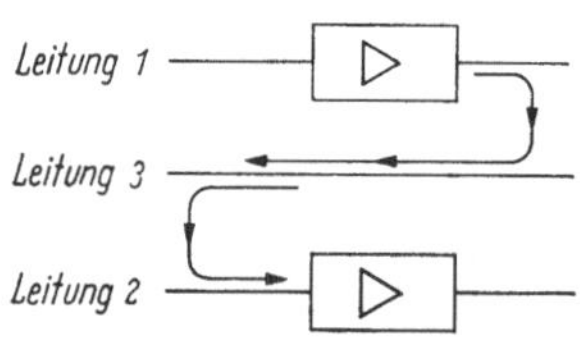


Abb. 13. Nebensprechen an einer Verstärkerstelle über eine durchgehende dritte Leitung

In vielen Fällen ist die für einen Leitungsabschnitt zwischen 2 Verstärkern geforderte Nebensprechdämpfung (s. S. 506ff.) allein durch die Konstruktion und Baugenauigkeit der Leitungen nicht erreichbar. Die Nebensprechdämpfung muß dann durch einen nachträglichen Ausgleich erhöht werden. Geeignete Maßnahmen sind Kreuzungen, durch die ein Teil der Nebensprechspannungen umgepolt wird und der Einbau von konzentrierten Gegenkopplungen.

### 3.1.4 Freileitungen

**Konstruktion und Übertragungseigenschaften.** Die Freileitung hat bei gegebenem Leiterquerschnitt die niedrigste Dämpfung und die größte Reichweite. Sie erfordert nur geringen Aufwand an Material und Baukosten. Die Zahl der auf einem Gestänge unterbringbaren Leitungen ist jedoch beschränkt. Die Leitungen sind außerdem allen Umgebungseinflüssen ungeschützt ausgesetzt. Temperatur, Witterung, Eis und Schnee haben starken Einfluß auf die Übertragungseigenschaften. Stürme und andere äußere Einflüsse können die Leitungen beschädigen oder zerstören. Betrieb und Unterhaltung von Freileitungen erfordern daher viel Aufwand. Freileitungen werden überwiegend als Teilnehmerleitungen auf dem Lande und in den Randbezirken der Städte eingesetzt.

Als Weitverkehrsleitung werden sie heute nur noch dort verwendet, wo wenige Gespräche über große Entfernungen in dünn besiedelten Gebieten zu übertragen sind. Die Konstruktion einer Trägerfrequenzfreileitung zeigt Abb. 14.

Je Traverse werden bevorzugt 4 Doppelleitungen angeordnet. Auf einem Gestänge werden meist nicht mehr als 4 Traversen, d. h. insgesamt 16 Doppelleitungen, geführt. Alle Leitungen laufen parallel. Der Mastabstand beträgt gewöhnlich 50 m.

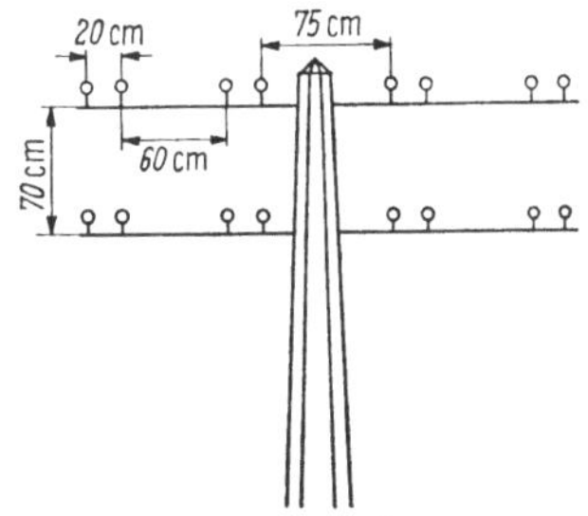

Die Übertragungseigenschaften werden durch den Leiterdurchmesser $2r_i$ und den Schleifenabstand $a$ bestimmt.

Für die *Kapazität* gilt

$$C = \frac{\pi\,\varepsilon_0}{\ln\dfrac{a}{r_i}}. \tag{54}$$

Abb. 14. Aufbau und Abmessungen einer Trägerfrequenzfreileitung

Mit den Abmessungen nach Abb. 14 erhält man $C = 5{,}8$ nF/km.

Der *Induktivitätsbelag* setzt sich aus den Anteilen $L_a$ des äußeren und $L_i$ des Magnetfeldes innerhalb der Leiter zusammen. Das Magnetfeld innerhalb der Leiter verschwindet bei hohen Frequenzen durch die Stromverdrängung, der Anteil $L_i$ ist frequenzabhängig.

$$L = L_a + L_i = \frac{\mu_0}{2\pi}\left[\ln\frac{a}{r_i} + \frac{\mu}{\mu_0}\,F_1\left(\frac{r_i}{\vartheta}\right)\right], \tag{55}$$

wobei $\vartheta$ die „äquivalente Leitschichtdicke" $\vartheta = \sqrt{\dfrac{2}{\omega\,\mu\,\varkappa}}$ ist.

Die Funktion $F_1(r_i/\vartheta)$ hat für $r_i/\vartheta < 1$ den Wert $0{,}25$ und sinkt darüber langsam ab. Für Kupferleitungen ($\mu = \mu_0$) hat der Anteil $L_i$ daher einen festen Grundwert von $0{,}1$ mH/km. Der Wert für $L_a$ liegt bei etwa 2 mH/km.

Der Belag des *Verlustwiderstandes* ist bei tiefen Frequenzen gleich dem Gleichstromwiderstand $R_0$. Bei hohen Frequenzen steigt er proportional der Wurzel aus der Frequenz entsprechend

$$\frac{R}{R_0} = \frac{1}{2}\,\frac{r_i}{\vartheta} + \frac{1}{4}. \tag{56}$$

Der Belag der *Ableitung G* wird durch die dielektrischen Verluste und die Oberflächenverluste der Stützen und Isolatoren und des Dielektrikums, insbesondere an der Drahtoberfläche, gegeben. Sie ist sehr stark wetterabhängig und erhöht sich bei Regen und insbesondere Rauhreif u. U. um mehrere Zehnerpotenzen. Aus Messungen zeigte sich, daß die Ableitung weitgehend proportional mit der Frequenz ansteigt, d. h.

daß man mit $G = \omega\, C \tan\delta$ mit einem fast frequenzunabhängigen Verlustwinkel rechnen kann, der bei trockenem Wetter etwa $3 \cdot 10^{-3}$ beträgt und der bei Regen und Rauhreif bis $1 \cdot 10^{-1}$ ansteigen kann.

Der charakteristische Wert des Wellenwiderstandes aller Freileitungskonstruktionen beträgt etwa 600 $\Omega$. Die Dämpfungskonstante ist oberhalb $f = 500$ Hz durch

$$\alpha = \frac{R}{2Z_1} + \frac{GZ_1}{2} \tag{57}$$

bestimmt.

Für eine 3 mm-Kupferfreileitung ist in Abb. 1 der Verlauf der Dämpfungs- und Phasenkonstanten dargestellt. Bei 20 °C beträgt die Dämpfung für $f = 800$ Hz 4,3 mNp/km, für $f = 150$ kHz 23 mNp/km. Die Ableitungsdämpfung der Freileitung steigt bei schlechten Wetter und insbesondere bei Rauhreif stark an und kann bei hohen Frequenzen größer als die Widerstandsdämpfung werden. Die Temperatur- und Wetterabhängigkeit erfordert besondere Regeleinrichtungen in den Verstärkern zum Ausgleich der entstehenden Schwankungen.

**Nebensprechausgleich durch Kreuzungen.** Auf dem gleichen Gestänge parallel geführte Leitungen sind stark miteinander gekoppelt. Bei den in Abb. 14 angegebenen Abmessungen beträgt der Belag der kapazitiven Kopplung zwischen 2 Leitungen 100 bis 150 pF/km, die magnetische 0,9 bis 1,4 µH/km. Das hierdurch entstehende Nebensprechen wirkt nur als Nahnebensprechen, da das direkte Fernnebensprechen praktisch völlig ausgelöscht wird. Fernnebensprechen tritt als doppeltes Nahnebensprechen über dritte Leitungen auf. Für kurze, nur im Sprachfrequenzbereich betriebene Teilnehmerleitungen bleibt die in diesem Fall kritische Nahnebensprechdämpfung meist ohne besondere Maßnahmen genügend weit über der zulässigen Grenze. Sie läßt sich außerdem dadurch wesentlich heraufsetzen, daß man die Kopplungen durch Kreuzen der Leitung umpolt, so daß eine gleiche Zahl von positiv und negativ wirkenden Kopplungen entsteht, die sich kompensieren. Da die Leitungslänge insgesamt stets sehr kurz gegen die Wellenlänge der höchsten übertragenen Frequenz bleibt, reicht im Prinzip eine einzige Kreuzung in der Mitte der Leitung für den Ausgleich des Nahnebensprechens aus.

Anders sind die Verhältnisse bei langen Trägerfrequenzfreileitungen. Eine Nahnebensprechdämpfung, die eine Übertragung in beiden Sprechrichtungen in gleicher Frequenzlage ermöglichen würde, läßt sich nicht erreichen. Man setzt daher auf Freileitungen nur Systeme mit getrennten Frequenzbändern für die Sprechrichtungen ein. Für diese ist die Nahnebensprechdämpfung verhältnismäßig unkritisch und nur als Echo störend. Der vom CCITT festgelegte Mindestwert von 4,8 Np [4] kann bei sorgfältig gebauten Leitungen ohne besondere Maßnahmen gehalten

werden. Der kritische Nebensprechfall ist das Fernnebensprechen, das
als doppeltes Nahnebensprechen übertragen wird. Als dritte Kreise
wirken vor allem die aus je 2 Leiterpaaren gebildeten Phantomkreise,
die mit den Stammkreisen sehr stark gekoppelt sind (150 bis 300 pF/km).
Der gleichmäßige Kopplungsbelag ergibt ein systematisch linear mit der
Leitungslänge ansteigendes Fernnebensprechen, das durch Kreuzungen
ausgeglichen werden kann. Wenn mehr als 2 Leitungen auf einem Gestänge geführt werden, müssen die Leitungen so gekreuzt sein, daß alle
auftretenden Nebensprechbeziehungen ausgeglichen sind. Daraus ergeben sich Kreuzungspläne, nach denen alle Leitungen in regelmäßigen
Abständen gekreuzt werden (Abb. 15) [5]. Man muß darauf achten,
daß durch diese Kreuzungen nicht das direkte Nahnebensprechen
zwischen den Leitungen ungünstig be-
einflußt wird. Wenn der Kreuzungs-
abstand einer Viertelwellenlänge der
Betriebsfrequenz entspricht, tritt nämlich infolge der Phasendrehung keine
Auslöschung, sondern eine Addition
der Nebensprechanteile der gegeneinander gekreuzten Leitungsabschnitte auf.
Der störenden Leitung wird dabei selek-

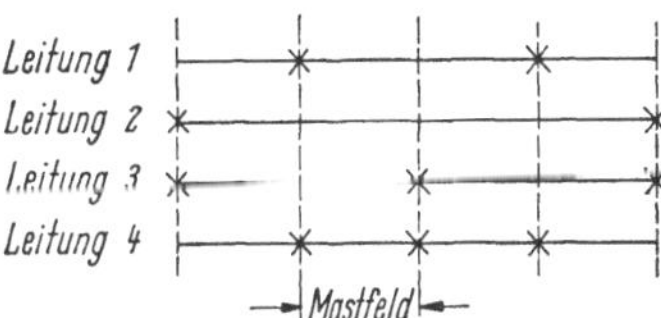


Abb. 15. Nebensprechausgleich durch
Kreuzen. Grundschema für ein Gestänge
mit 4 Leitungen nach KLEIN [5]

tiv durch Nebensprechen so viel Energie entzogen, daß die Dämpfung
stark ansteigt. Die Dämpfung soll jedoch nach CCITT vom regelmäßigen Verlauf im Übertragungsbereich nicht mehr als 0,05 Np abweichen.
Auch zwischen gekreuzten Leitungen tritt noch Nebensprechen auf, da
der Ausgleich wegen der stets vorhandenen Bauungenauigkeiten nicht
vollständig gelingt. Für eine sorgfältig gebaute Trägerfrequenzfreileitung
darf der Durchgang der Drähte im Mittel nicht mehr als 2 cm differie-
ren, die Mastabstände müssen im Mittel auf 2 m genau stimmen. Die
Schwierigkeiten, beim Leitungsbau genügend gleichmäßige Übertragungseigenschaften und eine ausreichende Entkopplung zu erzielen,
schränken den Einsatz von Freileitungen für die Übertragung großer
Nachrichtenbündel, sei es über viele Leitungen oder über breite Frequenzbänder, ein. Hinzu kommt, daß die Freileitung gegen Störungen durch
fremde elektromagnetische Felder nicht geschützt ist. Durch Kreuzungen
und gute Symmetrie des Leitungsaufbaus lassen sich die in der Leitungsschleife induzierten Störungsspannungen zwar vermindern, doch ist
die Übertragung von Nachrichten im Frequenzbereich eines nahen
Funksenders nicht möglich. Schließlich machen sich bei höheren Frequenzen die Verluste durch Abstrahlung ungünstig auf den Dämpfungsverlauf bemerkbar.

**Die Starkstromfreileitung als Nachrichtenleitung.** Die großen Freileitungen der Energieversorgungsunternehmen haben auch im Frequenz-

bereich der Nachrichtenübertragung äußerst günstige Eigenschaften. Eine aus 2 Leiterseilen von 120 mm² Querschnitt einer Drehstromfreileitung für 110 kV gebildete Leitung hat bei einem Leiterabstand von etwa 3 m z. B. eine Dämpfungskonstante bei $f = 100\,\text{kHz}$ von $\alpha = 3{,}5\,\text{mNp/km}$ bei einem Wellenwiderstand von ungefähr $700\,\Omega$. Damit wäre die Übertragung von Nachrichten ohne Zwischenverstärker über viele hundert Kilometer möglich. Das gibt einen Anreiz, diese Leitungen auch für die Nachrichtenübertragung einzusetzen. Davon wird in den Nachrichtennetzen der Energieversorgungsunternehmen Gebrauch gemacht [6]. Die Betriebsbedingungen der Starkstromfreileitungen sind durch die Anforderungen der Energieverteilung gegeben. Sie stimmen nicht mit den Betriebsbedingungen für eine Nachrichtenleitung überein. Die Leitungen sind nicht mit ihrem Wellenwiderstand abgeschlossen und miteinander stark gekoppelt. Sender und Empfänger der Nachrichtensignale müssen über Weichen angeschlossen werden, die einerseits die Hochspannung von den Nachrichtengeräten fernhalten, andererseits die Ausbreitung der Nachrichtensignale auf die gewünschte Übertragungsstrecke beschränken. Unabhängig von der zur Ankopplung angeschlossenen Doppelleitung werden durch die elektrischen und magnetischen Kopplungen auch die übrigen Leitungskreise — bei einem Gestänge mit 6 Leiterseilen sind dies mit der Erdrückleitung insgesamt 6 — mit angeregt, da die Kopplungen nicht wie bei Nachrichtenfreileitungen ausgekreuzt werden können. Man nutzt diesen Umstand sogar vorteilhaft aus, weil auf diese Weise auch bei einer örtlichen Unterbrechung der angekoppelten Leitung die Nachrichtenübertragung aufrechterhalten bleibt. Die Verluste in den Ankopplungsweichen und durch die Kopplung auf fremde Leitungskreise bewirken, daß die Betriebsdämpfung einer Übertragungsstrecke erheblich von der Wellendämpfung abweicht. Störungen durch Funksender und durch Koronaentladungen an der Oberfläche der Leitungen bedingen hohe Sendepegel und begrenzen den ausnutzbaren Frequenzbereich. Bei der Vermaschung des Leitungsnetzes läßt es sich nicht vermeiden, daß Nachrichtenenergie auch in fremde Leitungsabschnitte dringt. Man kann die Bedingungen für die Geheimhaltung in öffentlichen Nachrichtennetzen mit wirtschaftlichen Mitteln nicht einhalten. Der Einsatz der Starkstromfreileitung bleibt daher auf die privaten Nachrichtennetze der Energieversorgungsunternehmen beschränkt.

### 3.1.5 Kabel

Im Kabel sind die Leitungen gegen mechanische und elektrische Umgebungseinflüsse durch einen Mantel geschützt. Kabel werden in der Fabrikation und zum Transport auf Trommeln gewickelt und am Einsatzort oberirdisch, in der Erde oder im Wasser verlegt. Dabei werden die einzelnen Fabrikationslängen zur Kabelstrecke zusammengeschaltet. Die im Kabel zur Seele zusammengefaßten Leitungen werden verseilt, damit die Kabelseele biegbar wird.

Der *Kabelmantel* muß eine dichte, mechanisch widerstandsfähige und dauerhafte Hülle bilden, das elektrische und magnetische Feld der Leitungen nach außen begrenzen und die Kabelseele vor dem Einfluß von Fremdfeldern schützen. Man bevorzugt Metallmäntel aus Blei, Aluminium oder Stahl, die entweder nahtlos gepreßt oder aus Bändern geformt und in der Längsnaht geschweißt werden, kann aber vorteilhaft auch nahtlos gepreßte Kunststoffmäntel, z. B. aus Polyäthylen, einsetzen. Bei diesen übernehmen unter dem Kunststoffmantel über die Kabelseele gefaltete oder gesponnene Metallbänder die Funktion der leitenden und schirmenden Hülle. Sie bilden gleichzeitig eine zusätzliche Abdichtung gegen die bei Kunststoffen in geringem Maße vorhandene Gas- und Wasserdampfdurchlässigkeit, wenn sie mit dem Kunststoffmantel fest verbunden werden (Schichtenmantel).

Auswahl und Aufbau der Mantelkonstruktion hängen vornehmlich von mechanischen Anforderungen, wie Zug- und Druckfestigkeit, Sicherheit gegen Beschädigungen, Beständigkeit gegen Korrosion und Alterung ab. Hierzu werden gegebenenfalls zusätzliche Bewehrungen aus Stahldrähten oder -bändern und korrosionshemmende Schutzhüllen vorgesehen. Die elektrische Wirksamkeit wird durch den Widerstand und die Induktivität der Metallhüllen und die Spannungsfestigkeit der isolierenden Hüllen bestimmt. Für Kabel, die gegen Beeinflussung durch Fremdströme und atmosphärische Entladungen besonders geschützt werden müssen, wird die Mantelkonstruktion durch die hieraus entstehenden Forderungen bestimmt.

Die *Kabelseele* wird aus der für den jeweiligen Zweck benötigten Anzahl von Leitungen gebildet. Es lassen sich im Prinzip beliebig viele, auch verschiedenartige Leitungen auf diese Weise zum Kabel zusammenfassen. Die Zahl der Leitungen wird durch den sich ergebenden Kabeldurchmesser begrenzt, der — von Ausnahmefällen abgesehen — 100 mm nicht überschreiten soll, da sich dickere Kabel nicht mehr wirtschaftlich fertigen und transportieren lassen und auch nicht mehr in Röhren eingezogen und ohne Schwierigkeiten verlegt werden können.

Als Elemente des Kabelaufbaus gibt es zwei Arten von Leitungen, die sich im Aufbau und in den Übertragungseigenschaften grundsätzlich unterscheiden, symmetrische Leitungen und koaxiale Leitungen.

### a) Symmetrische Leitungen

*Aufbau.* Die symmetrische Leitung besteht aus zwei gleichen isolierten Adern, die innerhalb einer „Verseilgruppe" symmetrisch angeordnet und verseilt sind.

Die *Aderisolierung* legt den Abstand zwischen den Leitern fest, bestimmt die wirksame Dielektrizitätskonstante und sichert die notwendige Isolation. Die Isolierhülle kann „*hohl*" oder „*fest*" sein (Abb. 16). Bei der hohlen Ausführung wird das Isoliermaterial in Form einer überlappenden Bandwendel auf den Leiter aufgesponnen, wobei vielfach Fadenwendeln als Abstandhalter dienen. Das meistverwendete Material für diese Konstruktion ist Papier, das in getrocknetem Zustand eine gute und vor allem preiswerte Isolierung ist. In gleicher Weise lassen sich auch Kunststoffäden und -bänder verarbeiten, z. B. Styroflex. Zu den hohlen Isolierungen gehört auch der hohle Isolierschlauch aus Kunststoff, der nur punktweise eingedrückt am Leiter anliegt (Ballonisolierung). Die feste Isolierung bildet um den Leiter eine im Querschnitt

Abb. 16. Formen der Aderisolierung

einheitliche Hülle. Hierzu gehören die Papiermasseisolierung (Pulp) und alle Kunststoffisolierungen. Das Isoliermaterial selbst kann mit Luft gefüllt, d. h. „verschäumt" sein, z. B. bei der Pulpisolierung und bei Zellpolyäthylen.

Die einfachste Verseilgruppe ist das Paar (Abb. 17), bei dem die beiden Adern einer Doppelleitung symmetrisch verdrallt sind. Es hat jedoch Vorteile, höhere Verseilgruppen aus Vielfachen von 2 Adern zu bilden, und zwar wegen der besseren Ausfüllung des Kabelquerschnitts und wegen der Möglichkeit, *Phantomkreise* zu betreiben. Bei der Gruppenbildung faßt man entweder eine entsprechende Anzahl von *Adern* in symmetrischer Anordnung zusammen und erhält so aus $n$ Adern $n-1$ unabhängige Leitungskreise. Auf diese Weise kommt man zunächst zum *Sternvierer*, bei dem 2 Stammkreise und 1 Phantomkreis bestehen, die aus der Geometrie gegeneinander entkoppelt sind. Die nächsthöhere Gruppe ist 1 Achter, in dem neben 4 Stammkreisen und 2 Viererphantomen noch 1 Achterphantom gebildet werden kann. In diesem Element sind die benachbarten Stämme nicht entkoppelt und müssen durch periodischen Wechsel benachbarter Adern (Kreuzungen) entkoppelt werden. Der andere Weg ist die Bildung höherer Gruppen jeweils aus 2 Gruppen der nächstniedrigen Ordnung. Das einzige praktisch bedeutsame Element dieser Art ist der DIESSELHORST-MARTIN- (DM-) Vierer, der aus 2 Paaren gebildet wird. Die Entkopplung der Kreise muß hier durch die Staffelung der Schlaglängen (Dralle) der Verseilung geschehen.

Die Abb. 17 zeigt die Unterschiede der Verseilgruppen: Der Vorteil des Sternvierers ist die günstige Raumausnutzung, der des DM-Vierers der bessere Phantomkreis. Der Achter bildet eine günstige Lösung mit guter Raumausnutzung und Phantomkreisen mit günstigen Eigenschaften [7].

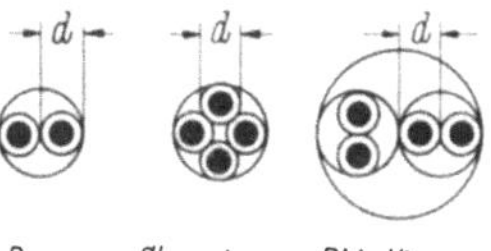


Abb. 17. Verseilgruppen

Die *Kabelseele* wird aus den Verseilgruppen entweder in konzentrischen Lagen oder aus Bündeln mit einer gleichbleibenden Zahl von Gruppen aufgebaut (Abb. 18) [*8*].

Bei einer Halbmesserzunahme $\Delta r$ je Lage nimmt die Kreisringfläche um $2\pi(\Delta r)^2$ zu. Da die einzelne Verseilgruppe etwa die Fläche

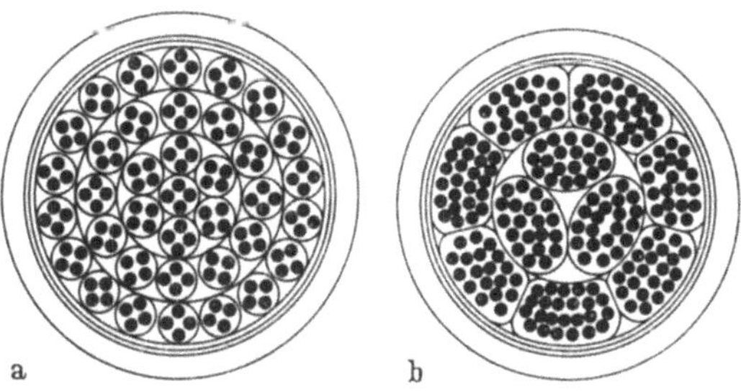

a                                      b

Abb. 18 a u. b. Lagenverseilung und Bündelverseilung

$(\Delta r)^2$ einnimmt, muß jede folgende Lage $2\pi \approx 6$ Gruppen mehr enthalten als die vorhergehende. Bündel sind im Kabelquerschnitt flachgedrückt. Ihre Fläche ist etwa $1{,}5\,(\Delta r)^2$ zu setzen, so daß die Bündelzahl je Lage um 4 anwächst.

*Übertragungseigenschaften.* Für die Übertragungskonstanten ist der bestimmende Leitungsparameter die Kapazität. Sie ist groß im Verhältnis zu Freileitungen wegen der kleinen Entfernungen zwischen den Adern und der Nähe der Adern benachbarter Leitungen. Diese nehmen nämlich infolge der Verseilung in bezug auf das elektrische Feld der symmetrischen Leitung das Potential Null an und bilden um die Leitung einen Schirm, der ähnlich wie die äußere leitende Kabelumhüllung das elektrische Feld begrenzt und die Kapazität erhöht [*9*]. Die bestimmenden geometrischen Größen sind der Leiterhalbmesser $r_i$, der Mittenabstand der Adern $2a$ und der Halbmesser der „Ersatzhülle" $r_h$ (Abb. 19). Aus der Dielektrizitätskonstante des Isoliermaterials und dem verbleibenden Luftraum ergibt sich weiter eine „resultierende" Dielektrizitätskonstante $\varepsilon_{\text{res}}$, die von der Dichte der Packung abhängt und stets kleiner als die Dielektrizitätskonstante des Isoliermaterials ist. Der Einfluß der Geometrie läßt sich durch eine Funktion $F(a/r_i, a/r_h)$ darstellen, so daß sich für die Kapazität $C$ der Zusammenhang

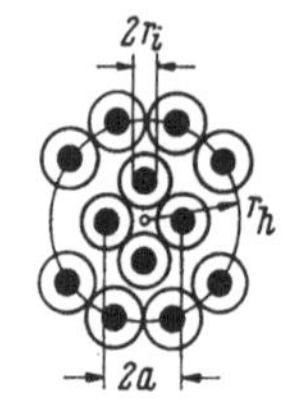

Abb. 19. Sternvierer im Kabelverband

$$C = 2\pi\,\varepsilon_0\,\varepsilon_{\text{res}}\,F\left(\frac{a}{r_i},\frac{a}{r_h}\right) \tag{58}$$

ergibt.

In vielpaarigen Kabeln ist für alle Leitungen, für welche die äußere leitende Hülle weiter entfernt ist als die Leiter der umgebenden Adern benachbarter Leitungen, $r_h$ proportional $a$, so daß bei gleichbleibender Dichte der Packung die Kapazität nur noch vom Verhältnis $a/r_i$ abhängt.

Es läßt sich dann für jede Verseilgruppe $F = C/2\pi\,\varepsilon_0\,\varepsilon_r$ als Funktion von $d/2r_i$ darstellen (Abb. 20).

Die Dichte der Packung, mit der die Verseilgruppen im Kabelverband zusammenliegen, ist bei den verschiedenen Kabelaufbauten und auch innerhalb eines vielpaarigen Kabels nicht immer gleich, so daß auch bei gleichen Ader- und Verseilgruppenabmessungen die Werte der Betriebskapazitäten streuen. Da der praktisch realisierbare Bereich des Verhältnisses Aderdurchmesser/Leiterdurchmesser nur etwa zwischen 1,5 (sehr dünne Isolierschicht) und 3 liegt, ist auch der Bereich der verwirklichbaren Kapazitätswerte verhältnismäßig eng begrenzt. Schließt man für hochwertige Übertragungsleitungen ungeeignete Isolierstoffe mit hoher Dielektrizitätskonstante aus, so kann man für $\varepsilon_{\text{res}}$ einen Bereich von etwa 1,20 (hohle Schlauchisolierung) bis 2,0 (feste Polyäthylen- oder Papierisolierung) annehmen. Damit erstreckt sich der Bereich der Kapazitäten von etwa 20 bis 60 nF/km.

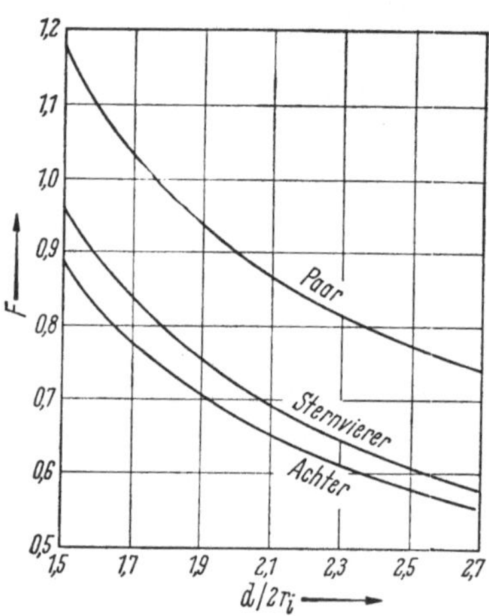


Abb. 20. $F = \dfrac{C}{2\pi\varepsilon_0\varepsilon_r}$ als Funktion der Adergeometrie $\dfrac{d}{2r_i}$

Das magnetische Feld der Leitung wird im Gegensatz zum elektrischen von den benachbarten Leitern nur wenig beeinflußt. Es wird im allgemeinen durch die äußere Kabelhülle begrenzt. Die Hülle und die Leiter der Nachbarschaft haben mit zunehmender Stromverdrängung eine wachsende Rückwirkung, die auf die Induktivität der Leitung verkleinernd wirkt. Man stellt die Gesamtinduktivität $L_g$ als Summe von 4 Anteilen dar:

$$L_g = L_i + L + L_h + L_n. \tag{59}$$

$L_i$ ist die innere Induktivität der Leiter. Sie nimmt durch die Stromverdrängung mit wachsender Frequenz etwa proportional zu der Wurzel aus der Frequenz ab.

$L$ ist die durch die geometrischen Abmessungen bestimmte, frequenzunabhängige äußere Induktivität

$$L = \frac{\mu_0}{2\pi} \ln \frac{2a}{r_i}. \tag{60}$$

Die Anteile $L_h$ und $L_n$ geben den Einfluß der äußeren Hülle und der benachbarten Leiter an. Da beide den Feldraum eingrenzen, wirken sie auf die Gesamtinduktivität verkleinernd, d. h., sie haben negatives Vorzeichen. Die Verminderung der Induktivität durch die Hüllenwirkung beträgt bis zu 20%. Die Induktivitäten der Kabelleitungen liegen zwischen 0,6 und 0,8 mH/km.

Auch zum Gesamtverlustwiderstand $R_g$ der Leitung tragen neben den Verlusten der Leiterbeläge selbst die Wirbelstromverluste in der Hülle und in den benachbarten Leitern bei:

$$R_g = R_i + R_h + R_n. \tag{61}$$

$R_i$ ist der Leiterwiderstand, der vom Gleichstromwiderstand ausgehend infolge der Stromverdrängung bei hohen Frequenzen mit der Wurzel der Frequenz ansteigt.

$R_h$ ist ein äquivalenter Widerstandsanteil, der die Verluste in der Hülle berücksichtigt, $R_n$ gibt die durch die Nähewirkung benachbarter Leiter verursachten Zusatzverluste an.

Der charakteristische Wert des Wellenwiderstandes unbespulter symmetrischer Leitungen liegt zwischen 120 und 190 $\Omega$, die Fortpflanzungsgeschwindigkeit beträgt 200 bis 260 Mm/sec.

*Nebensprechen.* Die enge Nachbarschaft einer Vielzahl von Leitungen macht besondere Maßnahmen zur Herabsetzung der Kopplungen und des Nebensprechens erforderlich. In den Verseilgruppen mit mehreren Stammleitungen (Sternvierer, Achter) sind die Stammleitungen untereinander und zu den Phantomleitungen durch ihre Lage bzw. durch Kreuzungen (beim Achter) grundsätzlich bereits bei der Herstellung der Verseilgruppe entkoppelt. Kopplungen zwischen diesen Leitungen treten nur durch Unsymmetrien im Aufbau, d. h. Unterschiede in den Materialeigenschaften und Abmessungen der Adern und Ungenauigkeiten der Verseilung auf. Zur Herstellung der Adern und Verseilgruppen ist eine hohe Präzision erforderlich, damit die Kopplungen klein bleiben.

Nebeneinanderliegende Verseilgruppen müssen verschiedene Dralle haben. Dadurch wird erreicht, daß sich die gegenseitige Lage der Leitungen und damit die Kopplungen zwischen ihnen periodisch verändern. Wenn über eine Periode die Kopplungen mit positivem und negativem Vorzeichen sich ausgleichen, verschwindet die Summenkopplung in jeder Länge, die eine ganze Zahl von Perioden enthält und nimmt dazwischen nur Werte an, die innerhalb einer Periode auflaufen. Die Periodenlänge und die Kurvenform des Kopplungsverlaufs hängen vom relativen Drallabstand und von der Entfernung der Leitungen ab. Je geringer der Drallabstand, desto länger ist die Periode [*10, 11*].

Die Bedingungen, daß der Kopplungsverlauf eine periodische Funktion mit dem Mittelwert Null sein muß, läßt sich nicht vollständig realisieren. Es bleiben nach jeder Periode Restkopplungen, die sich über die Länge addieren. Wenn diese Restkopplungen systematisch sind, wächst die Kopplung linear mit der Leitungslänge. Dieser Fall tritt z. B. ein, wenn das Verhältnis der Drallängen ungeradzahlig ist, d. h. 1 : 1, 1 : 3, 3 : 5 usw. Solche Drallverhältnisse, vor allem die niedrigzahligen, müssen beim Kabelaufbau vermieden werden. Statistische Restkopplungen ergeben sich aus den stets vorhandenen Unsymmetrien in der Lage der Leiter innerhalb der Periodenlänge. Die Summenkopplung wächst mit der Wurzel aus der Leitungslänge. Die Unsymmetrien wirken sich stärker aus, wenn die Periode lang ist. Man muß aus diesem Grunde für benachbarte Leitungen Dralle mit genügendem Abstand auswählen. Weiter entfernte Leitungen können geringere Drallabstände, im Grenzfall sogar gleiche Dralle haben.

Zwischen den Leitungen einer nach diesen Gesichtspunkten richtig aufgebauten und gefertigten Kabellänge treten Kopplungen auf, die innerhalb der Kabellänge und auch über die einzelnen Fabrikationslängen nach einer Gaußschen Normalverteilung statistisch verteilt sind, die den Mittelwert Null und eine Streuung hat, die dem quadratischen Mittel der Kopplung entspricht.

Das Nebensprechen einer aus gleichen Teillängen zusammengefügten Kabelstrecke ergibt sich aus der Summe der Wirkungen der in den einzelnen Längen enthaltenen Kopplungen. Die Summe statistisch verteilter Größen folgt selbst wieder einer statistischen Verteilung, die mit guter Näherung wieder als Normalverteilung angesehen werden kann.

Bei niedrigen Frequenzen, solange die Teillänge $l$ kurz gegen die Wellenlänge ist, kann man die Verteilung der Kopplungen innerhalb der Länge vernachlässigen und eine in der Mitte der Länge konzentrierte Kopplung annehmen, die sich aus der an der Teillänge gemessenen kapazitiven Kopplung $k$ und der magnetischen Kopplung $m$ ergibt. Für das *Nahnebensprechen* ist die (komplexe) elektromagnetische Kopplung $k_n = k/4 + m/Z^2$, wobei für $Z$ der bei der jeweiligen Frequenz vorhandene (komplexe) Wert des Wellenwiderstandes einzusetzen ist [s. Gl. (49). Der Faktor $\frac{1}{4}$ ergibt sich aus der Definition der Kopplung $k$ für die Messung bei offener Leitung].

Nach Gl. (53) ist $m/Z_c^2 \approx k/4$. Da bei Ortskabelleitungen und bespulten Niederfrequenzleitungen $|Z^2| \gg Z_c^2$ ist, kann der Beitrag der magnetischen Kopplung zu $k_n$ meist vernachlässigt werden.

Das quadratische Mittel $\sqrt{\overline{|k_n^2|}}\,(0)$ der auf den Leitungsanfang bezogenen Kopplung ist dann für eine Strecke aus $n$ Teillängen

$$\sqrt{\overline{|k_n^2|}}\,(0) = \sqrt{\overline{|k_n^2|}}\, e^{-\alpha l} \sqrt{\frac{1 - e^{-4n\alpha l}}{1 - e^{-4\alpha l}}} \tag{62}$$

und

$$e^{-\bar{a}_n} = \tfrac{1}{2}\,\omega\,\overline{|k_n^2|}\,Z.$$

$\bar{a}_n$ ist das zu erwartende Leistungsmittel der Nahnebensprechdämpfung. Bei höheren Frequenzen darf die Phasendrehung innerhalb der Teillänge nicht mehr vernachlässigt werden. Höhe und Frequenzgang der an der Teillänge meßbaren Nahnebensprechdämpfung hängen stark von der örtlichen Verteilung der Kopplungen ab. Für die Addition der Anteile aufeinanderfolgender Längen gilt im Prinzip Gl. (49). Nahnebensprechdämpfungen, die einen trägerfrequenten Gegenrichtungsbetrieb in einem Kabel ermöglichen würden, sind ohne besondere Schirmungsmaßnahmen nicht erreichbar. Man setzt für jede Sprechrichtung ein getrenntes Kabel ein.

Für das *Fernnebensprechen* der Teillänge ist die Kopplung $k_f = \dfrac{k}{4} - \dfrac{m}{Z^2}$ maßgebend. Wegen $|Z^2| \gg Z_c^2$ verschwindet $k_f$ bei niedrigen Frequenzen nicht, es tritt daher keine Auslöschung des Fernnebensprechens auf. In einer aus $n$ Teillängen zusammengesetzten Kabelstrecke wirkt die Summe aller Teilkopplungen. Diese ist im quadratischen Mittel:

$$\sqrt{\overline{|k_{fS}^2|}} = \sqrt{\overline{|k_f^2|}}\,\sqrt{n}, \tag{63}$$

so daß man für das zu erwartende Leistungsmittel der Fernnebensprechdämpfung $\overline{(a_f - a)}_S =$ der Strecke aussagen kann:

$$\overline{(a_f - a)}_S = \overline{(a_f - a)} - \tfrac{1}{2}\ln n, \tag{64}$$

wobei $\overline{a_f - a}$ der Mittelwert der Fernnebensprechdämpfung der Teillängen ist.

Die phasenrichtige Addition der Teilspannungen am fernen Ende unabhängig vom Ort der Kopplungen ist nur gegeben, wenn die Fortpflanzungskonstanten der beiden Leitungen genau gleich sind. Für Leitungen, die verschiedene Dralle haben, ist dies nicht der Fall, da durch die Verdrallung die wahre Leitungslänge $l'$ von der Kabellänge $l$ abweicht:

$$l' = l\left[1 + \frac{1}{2}\left(\frac{u}{s}\right)^2\right], \tag{65}$$

wobei $u$ den mittleren Umfang der Verseilgruppe, $s$ die Drallänge bedeuten. Zwischen 2 Leitungen mit den Drallen $s_1$ und $s_2$ tritt daher eine Phasendifferenz $\Delta b$ im Verhältnis zur Phase einer unverdrallten gleichen Leitung $b_0$ auf:

$$\frac{\Delta b}{b_0} = \frac{1}{2}\, u^2 \left( \frac{1}{s_1^2} - \frac{1}{s_2^2} \right). \tag{66}$$

Gleicherweise haben Leitungen in verschiedenen Verseillagen eines Kabels wegen ihrer unterschiedlichen Länge und wegen der unterschiedlichen Größe der auf die Kabellänge bezogenen Kapazität und Induktiviät voneinander abweichende Phasenkonstanten.

Die Differenzen in der Phase bewirken eine Spreizung im Verlauf der Ortskurven der Fernnebensprechspannung beim Tausch der Leitungen (Abb. 10), welche den Ausgleich des Fernnebensprechens erschwert. Es müssen daher besondere Maßnahmen beim Aufbau der Kabel und bei der Zusammenschaltung der Teillängen getroffen werden, damit die Phasendifferenzen klein bleiben.

Weiterhin hat das indirekte Fernnebensprechen über dritte Kreise einen nicht vernachlässigbaren Einfluß. Ein Kabel mit 7 Sternvieren z. B. hat neben den 14 Stammleitungen und 7 Phantomleitungen, die durch ihre Anordnung und Verseildralle gegeneinander entkoppelt sind, noch sieben weitere mögliche Leitungskreise, die mit den Stammleitungen gekoppelt sein können und als dritte Kreise zum Fernnebensprechen zwischen den Stammleitungen beitragen. Eine besondere Rolle spielt bei Sternviererkabeln der Vierer-Erdkreis. Die Kopplung zwischen ihm und den beiden Stammleitungen des Sternvierers verlaufen periodisch, sind aber örtlich um $\pi/2 \cdot s$ gegeneinander versetzt. Hierdurch entsteht ein systematisches Fernnebensprechen, das linear mit der Drallänge und der Kabellänge anwächst. Die Ortskurve der Nebensprechspannung läuft längs der reellen Achse und kehrt ihr Vorzeichen beim Tausch der Leitungen um (systematischer Tauscheffekt). Man kann dieses Nebensprechen durch Kreuzungen in regelmäßigen Abständen ausgleichen.

Mit wachsender Frequenz nimmt der Anteil auch der über unsystematischen Kopplungen zu dritten Leitungen entstehender Fernnebensprechspannung im Mittel proportional zum Quadrat der Frequenz zu. Das bewirkt, daß der durch Gl. (64) gegebene Zusammenhang zwischen dem Nebensprechen der Teillängen und der Kabelstrecke nicht mehr gilt. Das an einer Teillänge meßbare Nebensprechen gibt keine ausreichende Aussage über das zu erwartende Nebensprechen der Strecke. Dieses muß daher nach dem Zusammenschalten der Teillängen an der verlegten Kabelstrecke gemessen und, wenn nötig, ausgeglichen werden. Zum Ausgleich wendet man Kreuzungen an festgelegten oder durch Messung bestimmten Stellen an oder baut konzentrierte Gegenkopplungen, Kondensatoren, deren Größe durch Messung bestimmt wird, an einer oder mehreren Stellen der Kabelstrecke ein.

Phasendifferenzen und Nebensprechen über dritte Kreise können den Ausgleich sehr erschweren. Der Aufwand wächst mit der Zahl der gemeinsam geführten Leitungen und mit der Frequenz, da der Ausgleich jeweils zu allen Leitungen und im gesamten Frequenzband wirksam sein muß.

*Anwendung.* Kabel mit symmetrischen Leitungen können in den Orts-, Bezirks- und Fernnetzen eingesetzt werden. Sie sind dort besonders vorteilhaft, wo die Bedingungen der Mehrfachausnutzung der Leitung nicht gegeben sind, z. B. bei Teilnehmerleitungen, oder wo die Bündelung mittlerer Sprechkreiszahlen über nur kurze Entfernungen erforderlich ist, z. B. im Nahbereich der Bezirksnetze.

Die Leitung zwischen dem Teilnehmer und der Fernsprechvermittlungsstelle führt sowohl den Speisegleichstrom für die Teilnehmerstation als auch Wählsignale zur Herstellung der Verbindung und die Sprechströme. Für die Reichweite ist in erster Linie der Leitungswiderstand, in zweiter Linie die Kapazität maßgebend. Diese Größen bestimmen auch im Sprachfrequenzbereich entsprechend Gl. (17) bis (20) die Übertragungseigenschaften der Leitung.

Es werden Leiterdurchmesser zwischen 0,4 und 0,8 mm eingesetzt, die Kabel sind aus Paaren oder Sternvierern aufgebaut. Die Kapazitäten ergeben sich aus der gewählten Aderisolierung und Verseilart. Die nachfolgende Zusammenstellung ergibt einen Überblick über die Eigenschaften gebräuchlicher Ortskabelleitungen:

Tabelle 1. *Eigenschaften von Ortskabelleitungen*

| Leiterdurchmesser mm | Verseilart | Isolierung | $R$ bei 20 °C $\Omega$/km | $C$ nF/km | $\alpha$ bei $f = 800$ Hz mNp/km | $|Z|$ bei $f = 800$ Hz $\Omega$ |
|---|---|---|---|---|---|---|
| 0,4 | Paar | Papier | 290 | 50 | 190 | 1070 |
| | Sternvierer | Papier | 290 | 50 | 190 | 1070 |
| | Sternvierer | Papierhohlraum | 290 | 34 | 160 | 1300 |
| | Sternvierer | Voll-PE* | 290 | 40 | 170 | 1200 |
| 0,6 | Paar | Papier | 126 | 46,5 | 122 | 730 |
| | Sternvierer | Papier | 126 | 46,5 | 122 | 730 |
| | Sternvierer | Papierhohlraum | 126 | 36 | 107 | 835 |
| | Sternvierer | Zell-PE* | 126 | 36 | 107 | 835 |
| | Sternvierer | Voll-PE* | 126 | 45 | 119 | 750 |
| 0,8 | Sternvierer | Papierhohlraum | 71 | 36 | 80 | 630 |
| | Sternvierer | Zell-PE* | 71 | 36 | 80 | 630 |

* PE = Polyäthylen

Für niederfrequente Fernsprechübertragung und Sonderdienste, z. B.
Rundfunkleitungen werden oft bespulte Leitungen eingesetzt, wenn die
Dämpfung herabgesetzt werden soll und die Entfernung oder die Zahl
der benötigten Sprechkreise den Einsatz von Trägerfrequenzsystemen
aus symmetrischen oder koaxialen Leitungen nicht lohnt. Es werden
Leiterdurchmesser zwischen 0,8 und 1,4 mm verwendet, die Kabel werden
aus Paaren, Sternvierern oder DM-Vierern aufgebaut. Ein neues, günstiges
Verseilelement für diesen Bereich ist der Achter (Abb. 17). Die bestimmenden Leitungseigenschaften sind der Widerstand und die Kapazität,
hinzu kommt die Induktivität der Spule und der Spulenabstand. Durch
Bespulen der Phantomleitung kann man bei Vierer- und Achterleitungen
zu je 2 Stammleitungen einen dritten Sprechkreis mit ähnlichen Eigenschaften gewinnen. Dabei kommt die Phantomleitung des Achters den
Eigenschaften der Stammleitung am nächsten. Die nachfolgende Tabelle
zeigt die Übertragungseigenschaften einiger gebräuchlicher Leitungen:

Tabelle 2. *Eigenschaften von Pupinleitungen* (Spulenabstand 1,7 km)

| Leiter-durch-messer mm | Verseilart | Leitung | Spulen-induk-tivität mH | $\alpha$ bei $f = 1,5\,\mathrm{kHz}$ mNp/km | $|Z|$ $\Omega$ | Grenz-fre-quenz $f_g$ kHz |
|---|---|---|---|---|---|---|
| 0,8 | Sternvierer | Stamm | 80 | 34,5 | 1120 | 4,4 |
| | DM-Vierer | Stamm | 80 | 32 | 1160 | 4,5 |
| | DM-Vierer | Phantom | 40 | 28,4 | 655 | 5,2 |
| | Achter | Stamm | 80 | 32 | 1160 | 4,5 |
| | Achter | Phantom | 40 | 32 | 580 | 4,5 |
| 0,9 | Sternvierer | Stamm | 140 | 20 | 1520 | 3,4 |
| | Sternvierer | Phantom | 83 | 21 | 728 | 2,77 |
| | Sternvierer | Stamm | 80 | 24 | 1170 | 4,6 |
| | DM-Vierer | Stamm | 80 | 24,3 | 1170 | 4,6 |
| | DM-Vierer | Phantom | 40 | 22 | 660 | 5,2 |
| 1,4 | Sternvierer | Stamm | 80 | 11 | 1140 | 4,5 |
| | DM-Vierer | Stamm | 80 | 12 | 1145 | 4,5 |
| | DM-Vierer | Phantom | 40 | 11 | 640 | 5,0 |

Als symmetrische Leitungen für Trägerfrequenzweitverbindungen
werden bevorzugt Sternvierer eingesetzt, weil sie bei gleichen Eigenschaften weniger Raum brauchen als Paare, einen gleichmäßigen Kabelaufbau ermöglichen und bei der Verseilung weniger Dralle benötigen.
Die Übertragungseigenschaften im benutzten Frequenzbereich werden
durch den Widerstand, die Kapazität und die Induktivität der Leitung
und deren frequenzabhängige Veränderung bestimmt. Auch die Ableitung hat an der oberen Grenze des Frequenzbereichs einen merklichen
Einfluß. Man nimmt daher für hochwertige Leitungen an Stelle der sonst

üblichen Papierhohlraumisolierung eine Hohlraumisolierung aus dem dielektrisch besseren Werkstoff Styroflex.

Die nachfolgende Übersicht gibt die charakteristischen Werte der wichtigsten Leitungstypen an:

Tabelle 3. *Eigenschaften von symmetrischen Trägerfrequenzkabelleitungen*

| Leiter-durch-messer mm | Isolierung | Kapazität $C$ nF/km | Frequenz $f$ kHz | Dämpfung (bei $\alpha + 10\,°C$) mNp/km | Realteil des Wellenwider-standes $Z_1$ $\Omega$ |
|---|---|---|---|---|---|
| 0,9 | Papier | 34 | 108 | 350 | 146 |
| 1,2 | Papier | 26,5 | 252 | 340 | 172 |
| 1,3 | Styroflex | 22 | 552 | 340 | 188 |

## b) Koaxiale Leitungen

*Aufbau.* Die koaxiale Leitung, auch Koaxialpaar genannt, besteht aus einem inneren Leiter, der von einem Außenleiter rohrförmig völlig umschlossen ist. Im Gegensatz zur symmetrischen Leitung sind die

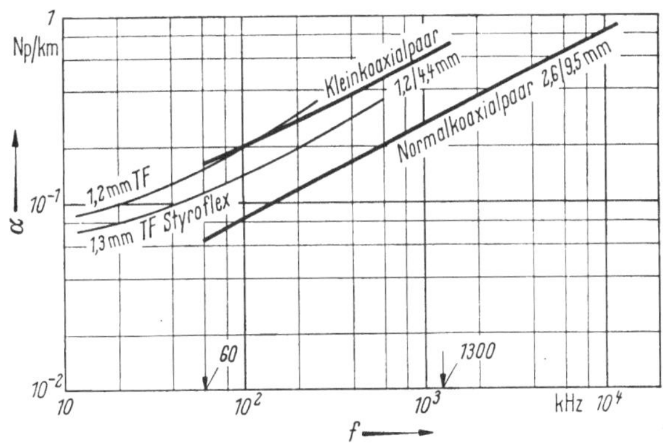


Abb. 21. Dämpfungskonstanten von symmetrischen und koaxialen Trägerfrequenzleitungen

beiden Leiter sowohl im Aufbau als auch in ihren Eigenschaften voneinander verschieden. Der Raum zwischen beiden ist ganz oder teilweise von einem Dielektrikum ausgefüllt, das den Innenleiter in seiner Lage festhält und der Konstruktion die notwendige Formbeständigkeit und Festigkeit verleiht. Art und Menge des Isoliermaterials bestimmen die resultierende Dielektrizitätskonstante und die Ableitungsverluste der Leitung, aber auch ihre mechanischen Eigenschaften. Alle Kabel müssen biegbar sein und sich auf Trommeln wickeln lassen. In besonderen Fällen verlangt man, daß sie flexibel sind, d. h. sich ohne Änderung der Eigenschaften viele Male leicht biegen lassen.

Der Innenleiter kann je nach Anwendungszweck und Abmessung ein Vollkupferleiter, eine mehrdrähtige Litze oder ein Rohr sein. Rohrförmige Leiter werden zweckmäßig aus Bändern geformt, die geschweißt und gewellt werden können oder zwei gesickte Halbschalen bilden, die sich gegenseitig abstützen. Der Innenraum des Rohres kann Elemente aufnehmen, die die Zugfestigkeit oder Stabilität der Konstruktion erhöhen.

Man kann drei verschiedene Formen der Isolierung unterscheiden [12] (Abb. 22):

Die *homogene Isolierung* füllt den Raum zwischen Innen- und Außenleiter voll aus. Sie wird angewendet, wenn Spannungsfestigkeit oder mechanische Festigkeit es erfordern, besonders bei dünnen Leitungen und wenn der Außenleiter keine eigene Festigkeit besitzt, z. B. bei Geflechten. Als Isoliermaterial wird vorwiegend Polyäthylen eingesetzt, auch als Zellpolyäthylen mit etwa 50 Vol.-% Luftanteil. Besonders niedrige Dielektrizitätskonstanten, aber auch nur geringere mechanische Festigkeit erreicht man mit Schaumpolystrol, das sich mit bis zu 97 Vol.-% Luftanteil herstellen läßt. Für Sonderfälle höherer Temperaturfestigkeit verwendet man Polypropylen und Polytetrafluoräthylen (Teflon).

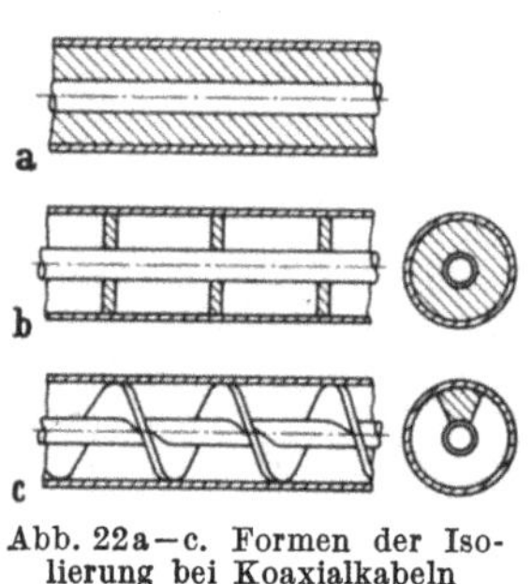

Abb. 22a—c. Formen der Isolierung bei Koaxialkabeln
a) homogene Isolierung, b) längsinhomogene Isolierung, c) querinhomogene Isolierung nach MARTIN [12]

Als *längsinhomogene Isolierung* sind die Konstruktionen mit Scheiben als Abstandhalter und die sog. Ballonisolierung aus einem hohlen, in Abständen an den Innenleiter angedrückten Isolierschlauch anzusehen. Als Material für die Scheiben dienen Polystyrol, Polyäthylen und bei höherer Temperaturbeanspruchung vorteilhaft Polyvinylcarbazol (Luvican).

Die *querinhomogene Isolierung* ist dadurch gekennzeichnet, daß in jedem Querschnitt nur ein gleichbleibender Teil mit Dielektrikum ausgefüllt ist. Hierunter fallen alle Lösungen, in denen das Isoliermaterial in Form von Wendeln um den Innenleiter angeordnet ist.

Bei den Außenleiterkonstruktionen kann man unterscheiden zwischen selbsttragenden Ausführungen, Konstruktionen, die einer Stütze bedürfen und Konstruktionen ohne eigene Formgebung. Selbsttragend sind Rohre, die durch Wellung oder Sickung eine hohe Formstabilität und gute Biegbarkeit besitzen. Hierzu gehören geschweißte und gewellte Rohre und die Konstruktion aus gesickten, zu Halbschalen geformten Kupferbändern.

Glatte Rohre, die nahtlos gepreßt aufgezogen oder aus Bändern mit offener Kante geformt werden, bedürfen beim Biegen der Abstützung durch die Isolierung (Al-Rohr, Außenleiter der koaxialen Paare nach CCITT).

Außenleiter aus Drahtgeflechten und Bändern besitzen keine eigene Formstabilität.

*Übertragungseigenschaften.* Aus den Radien $r_i$ und $r_a$ des Innen- und Außenleiters und dem gewählten Dielektrikum ergibt sich der charakteristische Wellenwiderstand

$$Z_c = \sqrt{\frac{L_\infty}{C}} = \frac{1}{2\pi}\sqrt{\frac{\mu_0}{\varepsilon_0\,\varepsilon_{\text{res}}}}\ln\frac{r_a}{r_i} = \frac{60\,\Omega}{\sqrt{\varepsilon_{\text{res}}}}\ln\frac{r_a}{r_i} \tag{67}$$

($\varepsilon_{\text{res}}$ ist die aus der Konstruktion resultierende relative Dielektrizitätskonstante).

Die Formeln (17) bis (22) für $G = 0$ und $\omega \to \infty$ gelten für Koaxialpaare mit sehr guter Näherung in einem weiten Frequenzbereich. Berücksichtigt man, daß

$$L = L_\infty + L_i \tag{68}$$

$$R \approx \omega L_i \sim \sqrt{\omega} \tag{69}$$

und $R/\omega L \ll 1$, so erhält man:

$$Z_1 \approx Z_c + \frac{R}{2\omega L_\infty} \tag{70}$$

$$Z_2 \approx -\frac{R}{2\omega L_\infty} \tag{71}$$

$$Z = Z_c + \frac{A}{\sqrt{\omega}}(1 - \text{j}) \tag{72}$$

$$\alpha = \frac{R}{2Z_1} \tag{73}$$

$$\beta - \omega\sqrt{L_\infty C} \approx \alpha. \tag{74}$$

Für die charakteristische Dämpfungskonstante $\alpha_c = R/2Z_c$ erhält man bei gleichem Leitermaterial für Außen- und Innenleiter

$$\alpha_c = \frac{\sqrt{\varepsilon_{\text{res}}}}{2r_a\,\vartheta\,\varkappa}\sqrt{\frac{\varepsilon_0}{\mu_0}}\,\frac{1+\varrho}{\ln\varrho} \tag{75}$$

$r_a, r_i$　Radien von Außen- bzw. Innenleiter, $\varrho = r_a/r_i$
$\vartheta$　　äquivalente Leitschichtdicke
$\varkappa$　　Leitfähigkeit des Materials für Außen- und Innenleiter.

Man erkennt, daß es ein Verhältnis $\varrho_0$ gibt, bei dem die Dämpfung bei festem $r_a$ ein Minimum wird. Dieses ist

$$\varrho_0 = 3{,}6. \tag{76}$$

Der charakteristische Wellenwiderstand des so dimensionierten Koaxialpaars ist

$$Z_c = \frac{77\,\Omega}{\sqrt{\varepsilon_{\text{res}}}}. \tag{77}$$

Für die Beläge $L_\infty$ und $C$ gilt:

$$L_\infty = \frac{\mu_0}{2\pi} \ln \frac{r_a}{r_i} \tag{78}$$

$$C = \frac{2\pi \, \varepsilon_0 \, \varepsilon_{\text{res}}}{\ln \dfrac{r_a}{r_i}}, \tag{79}$$

so daß die charakteristische Phasenkonstante

$$\beta_c = \omega \sqrt{L_\infty \, C} = \omega \sqrt{\mu_0 \, \varepsilon_0} \sqrt{\varepsilon_{\text{res}}} \tag{80}$$

wird.

Die abgeleiteten Beziehungen gelten nur für Koaxialpaare, bei denen der Außenleiter ein homogenes Rohr bildet oder als solches angesehen werden kann. Außenleiter aus Wendeln oder Geflechten ergeben eine zusätzliche Induktivität, durch die besonders bei hohen Frequenzen abweichende Übertragungseigenschaften entstehen.

Kabel mit längs- oder querinhomogenen Dielektrikum (Scheiben- oder Bandwendelisolierung) zeigen Anomalien im Verhalten des Wellenwiderstands in der Nähe einer Grenzwellenlänge, die durch den mittleren Umfang des Kabels bestimmt wird. Wellenwiderstand, Dämpfungs- und Phasenkonstante steigen oberhalb der Grenzwellenlänge stark an. Der Effekt ist bei scheibenisolierten Kabeln geringer als bei wendelisolierten [13].

Kabel mit Scheibenisolierung haben außerdem eine durch den Scheibenabstand bestimmte Grenzfrequenz mit Tiefpaßwirkung. Diese kann durch die Wahl des Scheibenabstandes so beeinflußt werden, daß sie oberhalb der durch die vorgenannte Grenzwellenlänge gegebenen Frequenz liegt.

Bei langen Kabelverbindungen für den Fernsprechweitverkehr erfordert die Leitungsdämpfung eine große Zahl von Zwischenverstärkern, deren Verstärkung als Funktion der Frequenz sehr genau gleich der Kabeldämpfung sein muß, wenn die Dämpfungsverzerrungen der Gesamtverbindung in zulässigen Grenzen bleiben sollen.

Es ist aus diesem Grunde wichtig, daß man den Frequenzgang der Dämpfungskonstanten möglichst genau kennt. Das gleiche gilt beim Fernsehen und bei manchen Antennenkabeln für die Phasenkonstante. Hierzu sind die Formeln (70) bis (74) für zahlenmäßige Auswertungen nützlich.

Schließlich können wir noch zusätzlich die Ableitungsdämpfung berücksichtigen:

Es gilt

$$a_G \approx \tfrac{1}{2} G Z_1. \tag{81}$$

Mit

$$G = \omega \, C \tan \delta \tag{82}$$

und Gl. (75) erhalten wir

$$a_G \approx \tfrac{1}{2}\,\beta\,\tan\delta.\tag{83}$$

Da der Verlustwinkel der meisten Isoliermaterialien nahezu frequenz-unabhängig ist, wächst die Ableitungsdämpfung proportional zur Frequenz. Sie ist bei Kabeln, die bis zu höchsten Frequenzen ausgenutzt werden, nicht mehr vernachlässigbar.

Neben der absoluten Größe müssen auch die mögliche Änderungen und die Gleichmäßigkeit der Übertragungseigenschaften beachtet werden. Am wichtigsten ist die Änderung der Eigenschaften mit der Temperatur. Die Änderung der Dämpfungskonstanten ergibt sich aus der Änderung des Widerstandes $R$ und des Wellenwiderstandes $Z_1$. Der Widerstand von Kupferleitern ändert sich bei niedrigen Frequenzen um etwa $4^0/_{00}$ pro Grad, im Bereich der Stromverdrängung um etwa $2^0/_{00}$ pro Grad. Der Wellenwiderstand wird mit zunehmender Tempera-tur wegen der Wärmeausdehnung der Materialien geringfügig höher, so daß im Frequenzbereich der Stromverdrängung in den Leitern der Temperaturkoeffizient der Dämpfung zwischen $1^0/_{00}$ pro Grad und $2^0/_{00}$ pro Grad liegt.

An die Gleichmäßigkeit der Übertragungseigenschaften, insbesondere des Wellenwiderstandes, werden wegen der notwendigen Begrenzung des Mitflusses hohe Anforderungen gestellt. Dies gilt sowohl für die Schwan-kungen innerhalb einer Kabellänge als auch für die Unterschiede zwischen den Wellenwiderständen der zu einer Kabelstrecke zusammengefügten Einzellängen und erfordert eine hohe Präzision in der Konstruktion und Herstellung der Leitungen. Als Maß für die innere Gleichmäßigkeit gilt bei der Prüfung mit Impulsen der maximale Reflexionsfaktor inner-halb der Kabellänge oder auch der äquivalente Reflexionsfaktor, der einer Wellenwiderstandsabweichung am Anfang entspricht, welche die gleiche reflektierte Leistung ergibt wie die Summe aller über die Kabel-länge verteilten Reflexionen. Bei stationärer Messung mit Sinusspannun-gen gibt die Welligkeit des Eingangswiderstandes in Abhängigkeit von der Frequenz ein Maß für die innere Gleichmäßigkeit. Die stationäre Messung ist äquivalent der Messung mit Impulsen [14].

Eine hohe Spannungsfestigkeit zwischen Innen- und Außenleiter ist erforderlich, wenn Signale mit hoher Betriebsspannung und Leistung übertragen werden müssen (z. B. Hochfrequenz-Sende-Antennenkabel) und wenn bei langen Kabelstrecken die unbemannten Zwischenver-stärker über die Koaxialpaare ferngespeist werden.

Maßgebend für die Spannungsfestigkeit ist die Feldstärke am Innen-leiter. Bei festgehaltenem Radius des Außenleiters und gegebener Spannung gibt es einen optimalen Radius für den Innenleiter, bei dem die Feldstärke ein Minimum hat. Die Dimensionierung der Leitung nach diesem Optimum gibt niedrigere Wellenwiderstände als die Bemessung nach der optimalen Dämpfung.

Bei Werten unterhalb der Durchschlagsspannung können, von den Leitern ausgehend, Glimmentladungen entstehen, die durch Unebenheiten, Kanten und Grate sowie Verunreinigungen an der Leiteroberfläche begünstigt werden. Diese Entladungen stören die Nachrichtenübertragung und führen u. U. zu einer langsamen Zerstörung des Isoliermaterials und zum Durchschlag. Die Spannung, bei der solche Glimmentladungen einsetzen, muß ausreichend hoch über der Betriebsspannung .

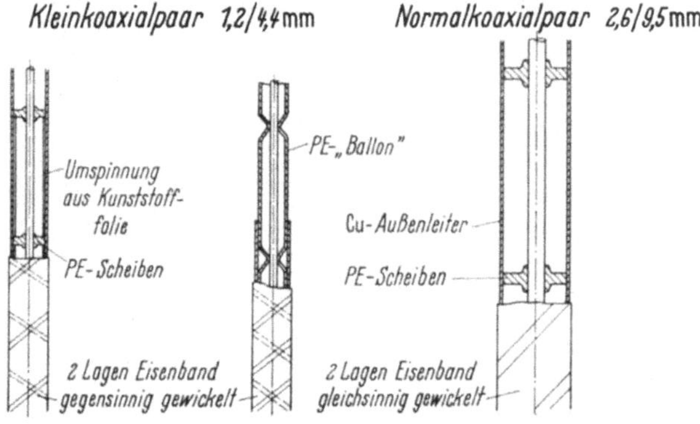


Abb. 23. Klein- und Normalkoaxialpaar (PE-Polyäthylen)

liegen. Es ist daher notwendig, daß die Leiteroberflächen glatt und frei von Verunreinigungen sind und daß bei homogener Vollisolierung Lufteinschlüsse in der Nähe des Innenleiters vermieden werden.

Bei Hochfrequenzantennenkabeln zur Übertragung hoher Senderleistungen wird die übertragbare Leistung durch die thermisch zulässige Verlustleistung begrenzt. Diese hängt von der Dämpfung, der für das Isoliermaterial maximal zulässigen Betriebstemperatur und von den durch die Konstruktion und die Umgebung gegebenen Bedingungen der Wärmeableitung ab. Außerdem wirken sich die Betriebsbedingungen, z. B. die Anpassung des Verbrauchers, auf die übertragbare Leistung aus.

*Anwendung.* Für den Fernsprechweitverkehr hat das CCITT 2 Typen von Leitungen genormt und empfohlen [*15*]:

Das normale Koaxialpaar mit einem Innenleiter von 2,6 mm Durchmesser und einem Außenleiter, dessen Innendurchmesser 9,5 mm beträgt (kurz 2,6/9,5 mm) und das kleine Koaxialpaar 1,2/4,4 mm (Abb. 23). Das Normalkoaxialpaar hat über einem Kupferinnenleiter von 2,6 mm Durchmesser eine Isolierung aus in regelmäßigen Abständen aufgesteckten oder aufgespritzten Scheiben aus Polyäthylen (PE). Der Außenleiter ist ein rohrförmig auf den lichten Durchmesser 9,5 mm gebogenes Kupferband von 0,25 mm Dicke, dessen Kanten geprägt oder gezahnt sind, so daß sie stumpf aneinander stoßen oder ineinander greifen. Als mechanische Stütze und gleichzeitig als magnetische Abschirmung sind darüber 2 Eisenbänder gewickelt. Der Nennwert des Wellenwiderstandes bei 1 MHz ist 75 $\Omega$, die Dämpfung beträgt bei 4 MHz 0,55 Np/km (Abb. 21). Die wirksame Dielektrizitätskonstante der Scheibenisolierung ist nur etwa $\varepsilon_r = 1,1$, so daß die Fortpflanzungsgeschwindigkeit $v = 286$ Mm/s beträgt.

Die für die Nachrichtenübertragung erforderlichen 2 Koaxialpaare können in einem Kabel geführt werden, da die Nebensprechdämpfung zwischen den Koaxialpaaren ausreichend hoch ist.

Die jeweils erforderliche Anzahl von Koaxialpaaren wird zusammen mit symmetrischen Leitungen für Dienst- und Überwachungszwecke, aber auch parallel zu führenden Leitungen für kürzere Abschnitte verseilt. Es sind Kabelaufbauten mit 2, 4, 6, 8 und 12 Koaxialpaaren üblich.

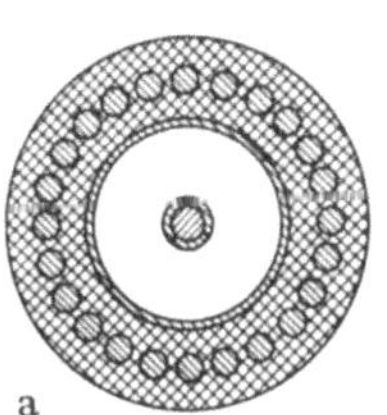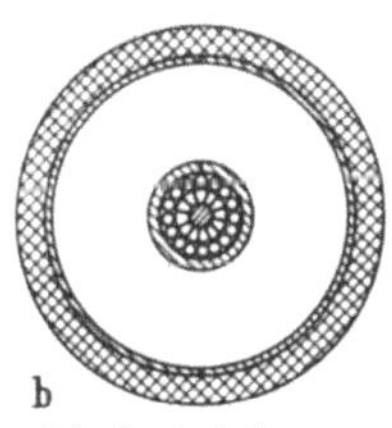

Abb. 24a u. b.  Koaxiale Seekabel
a) bewehrtes Seekabel,    b) Leichtgewichtkabel

Es hat sich gezeigt, daß für kürzere Entfernungen und die Zusammenfassungen kleinerer Sprechkreiszahlen ein Koaxialpaar mit kleineren Abmessungen Vorteile bietet. Das Kleinkoaxialpaar 1,2/4,4 mm hat bei 1 MHz eine Dämpfung von 0,61 Np/km und einen Wellenwiderstand von 75 $\Omega$. Für die Konstruktion der Leitung gibt es mehrere Ausführungen, von denen zwei in Abb. 23 dargestellt sind. Die eine hat eine Scheibenisolierung, über die eine rohrförmige Hülle aus einem Kunststoffband gesponnen wird, die andere hat eine sog. Ballonisolierung, die aus einem Polyäthylenschlauch gebildet wird, der in regelmäßigen Abständen bis an den Innenleiter eingedrückt ist. Der Außenleiter ist nach CCITT ein Rohr aus einem Kupferband von 0,18 mm Dicke, das glatt über der Isolierung liegt (Abb. 23).

Mit den beiden Konstruktionen lassen sich alle derzeitigen Anforderungen erfüllen, die für die Trägerfrequenz-Fernsprech- und Fernsehübertragung gestellt werden.

· Fernsprechverbindungen zwischen den Kontinenten über Seekabel sind möglich geworden, seit es betriebssichere und druckfeste Unterwasserverstärker gibt. Die hierfür eingesetzten Kabel sind vollisolierte koaxiale Kabel. Die Verlege- und Einsatzbedingungen erfordern, daß die Kabel hohe Zug- und Druckfestigkeit aufweisen. Es gibt 2 Kabelkonstruktionen (Abb. 24): Die ersten Transatlantikfernsprechkabel haben den auch bei früheren Telegraphenseekabeln üblichen Aufbau, bei dem der elektrisch wirksame Teil, hier ein koaxiales Paar mit Innenleiter, Vollpolyäthylenisolierung und Außenleiter aus Kupferbändern, von einer äußeren Bewehrung aus Stahldrähten umgeben ist, die das Kabel schützt und ihm die notwendige Zugfestigkeit verleiht. Beim neuen, sog. „Leichtgewichtkabel" [16] sind die zugfesten Organe im Inneren des hohlen Mittelleiters angeordnet. Der Vorteil der neuen Konstruktion ist augenfällig.

Bei gleichem Außendurchmesser ist der elektrisch wirksame Querschnitt wesentlich größer, die Dämpfung kleiner, bei der gleichen Anzahl von Verstärkern kann ein breiteres Frequenzband übertragen werden. Das Gewicht des Kabels im Wasser beträgt dabei nur rund ein Drittel des Gewichts der früheren Konstruktion.

Tabelle 4

|  | Bewehrtes Seekabel | Leichtgewichtkabel |
|---|---|---|
| $r_i/r_a$ | 4,1/15,8 mm | 8,6/25,4 mm |
| Außendurchmesser | 32,3 mm | 33 mm |
| Gewicht im Wasser | 0,98 t/km | 0,33 t/km |
| $\alpha$ bei 15 °C | 0,11 Np/km | 0,13 Np/km |
|  | bei $f = 200$ kHz | bei $f = 608$ kHz |
| $Z_1$ | 55 Ω | 44 Ω |

Das niedrige Gewicht der Leichtgewichtkonstruktion im Wasser ermöglicht die Herstellung und Verlegung noch dickerer Kabel, die noch breitere Frequenzbänder übertragen können.

Die Kabel für die Übertragung hochfrequenter, elektrischer Energie, z. B. zwischen Sender und Antenne, nehmen eine Sonderstellung ein, da sie neben der Aufgabe, Nachrichten ungestört und mit möglichst kleiner Dämpfung zu übermitteln auch hohe Energien bei hohen Betriebsspannungen übertragen müssen. Dies erfordert, daß außer der Dämpfung und Gleichmäßigkeit auch die Beanspruchung der Kabelisolierung durch die entstehende Wärme und die Betriebsspannung bei der Konstruktion und beim Einsatz der Kabel berücksichtigt werden müssen.

Wenn am Eingang eines Kabels der Länge $l$ die Leistung $P_1$ übertragen wird, ist die auf dem Kabel entstehende Verlustleistung

$$P_v = P_1(1 - e^{-2\alpha l}), \qquad (84)$$

der Scheitelwert der (sinusförmigen) Betriebsspannung ist bei Abschluß mit dem Wellenwiderstand

$$U_{\max} = \sqrt{2 Z P_1}. \qquad (85)$$

Für den Wellenwiderstand sind die Werte $Z = 50$ Ω und $Z = 60$ Ω gebräuchlich.

Die am besten geeignete Form der Isolierung ist die Hohlraumisolierung mit längs- und querinhomogenem Dielektrikum (Abb. 22).

Das für die Isolierung in beiden Fällen eingesetzte Material muß
eine möglichst kleine Dielektrizitätskonstante und kleine dielektrische
Verluste haben, möglichst hohe Betriebstemperaturen zulassen und eine
hohe Dauerspannungsfestigkeit besitzen. Ein Vorteil der Isolierung mit
Stützscheiben ist es, daß hierfür Materialien mit hoher Wärmebeständig-
keit und hoher mechanischer Festigkeit (z. B. Luvican) eingesetzt

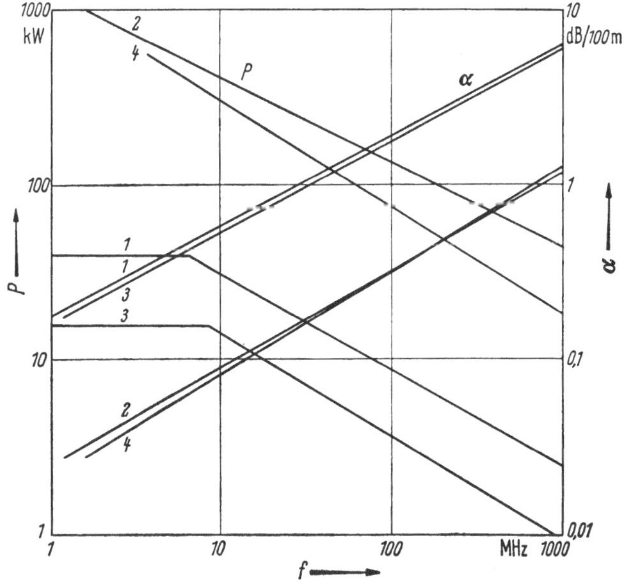



Abb. 25. Dämpfung $\alpha$ und übertragbare Leistung $P$ von Hochfrequenz-Antennenkabel $Z = 50\ \Omega$
*1* Scheibenisolierung 6/15 mm;   *2* Scheibenisolierung 43/105 m;   *3* Wendelisolierung 5/8″
(6,2/13,5 mm);   *4* Wendelisolierung 41/8″ (43,6/97,8 mm)

werden können, die es ermöglichen, Betriebstemperaturen bis 190 °C
zuzulassen und entsprechend hohe Leistungen zu übertragen.

Für die praktischen Anwendungen gibt es eine Reihe von Kabeltypen verschiedener Abmessungen. Abb. 25 zeigt Dämpfung und übertragbare Leistung für einige Ausführungen mit Hohlraumscheiben-
isolierung und Wendelisolierung.

Koaxiale Hochfrequenzkabel mit Vollisolierung werden vorzugsweise als Antennenkabel für Sender geringerer Leistung und als Ver-
bindungs- und Verteilkabel von der Antenne zum Empfänger sowie als
Schalt- und Meßkabel eingesetzt. Als Isoliermaterial wird vorwiegend
Polyäthylen verwendet, der Außenleiter ist ein Geflecht aus Kupfer-
drähten. In besonderen Fällen werden die Kabel zur Erzielung beson-

derer Störarmut mit doppelten Geflechten oder besonderer Schirmung ausgestattet.

*Nebensprechen zwischen koaxialen Leitungen.* Wenn auf dem Schirm oder Außenleiter einer koaxialen Leitung ein von irgendeiner äußeren Störquelle herrührender Strom fließt, entsteht auch im Inneren der koaxialen Leitung ein Spannungsabfall, der an den Enden der Leitung als Störspannung wirkt. Je geringer dieser Spannungsabfall ist, desto besser ist die Schirmwirkung. Ein Maß hierfür ist der Belag des Kopplungswiderstandes $R_K$. Er ist folgendermaßen definiert: Über dem Außenleiter der koaxialen Leitung von der Länge $l$ fließe der Störstrom $I_{St}$. Dann entsteht an den offenen Eingangsklemmen der am Ende kurzgeschlossenen, elektrisch kurz angenommenen, koaxialen Leitung die Spannung $U_2$. Für den Kopplungswiderstand gilt dann [*17*].

$$R_K = \frac{U_2}{I_{St}\, l}. \tag{86}$$

Bei Gleichstrom oder Wechselstrom niedriger Frequenz ist er einfach gleich dem Gleichstromwiderstand des Außenleiters, mit wachsender Frequenz weicht er erheblich davon ab. Seine Größe bestimmt die von äußeren Störquellen herrührende Beeinflussung der auf der Koaxialleitung übertragenen Nachrichtensignale und umgekehrt auch die Störwirkung, die eine auf der Koaxialleitung übertragene Hochfrequenzenergie auf außerhalb der Leitung liegende Empfänger hat.

Der Kopplungswiderstand eines homogenen Rohres nimmt mit wachsender Frequenz in dem Maße ab, wie sich infolge der Stromverdrängung die Stromdichte an der dem Störfeld abgekehrten Seite des Rohres vermindert. Die Beeinflußbarkeit und Störwirkung wird also mit zunehmender Frequenz geringer.

Die praktisch herstellbaren und wegen der verlangten Biegbarkeit erforderlichen Konstruktionen von Außenleitern und Schirmen haben einen Kopplungswiderstand, dessen Verlauf nur in einem nach oben begrenzten Bereich dem des idealen homogenen Rohres entspricht. Durch stets vorhandene Spalten und Öffnungen tritt ein Teil des magnetischen Außenfeldes des Störstroms in den Innenraum der Koaxialleitung ein und induziert dort eine Spannung, die mit steigender Frequenz wächst. Die Schirmwirkung läßt sich durch die Verwendung magnetischer Materialien wesentlich erhöhen. Die Abb. 26 zeigt den frequenzabhängigen Verlauf des Kopplungswiderstandes einiger typischer Schirmkonstruktionen.

Zwischen zwei in einem Kabel parallel geführten Koaxialpaaren entsteht infolge der Kopplungswiderstände ein Nebensprechen; d. h. in der Leitung *2* tritt sowohl am Anfang als auch am Ende eine von Strom $I_1$ in der Leitung *1* herrührende Spannung $U_2$ auf. Betrachten wir zunächst zwei (elektrisch kurze) Leitungen allein, ohne die in Wirklichkeit stets vorhandenen Leiter der Umgebung zu berücksichtigen, dann können wir den Entstehungsmechanismus des Nebensprechens und die maßgebenden Größen schnell übersehen (Abb. 27).

Der Strom $I_1$ der Leitung *1* erzeugt außerhalb der Leitung eine dem Kopplungswiderstand $R_{K1}$ proportionale Längsspannung $E_1$. Diese treibt durch das „Zwischensystem" der beiden Außenleiter einen Strom $I_{12}$, dessen Größe von der Impedanz dieses Zwischensystems abhängt. Der Strom $I_{12}$ seinerseits bewirkt als äußerer Störstrom eine dem Kopplungswiderstand $R_{K2}$ proportionale Spannung $U_2$ in der Leitung *2*. Sie ist um so kleiner, je kleiner die Kopplungswiderstände sind und je höher

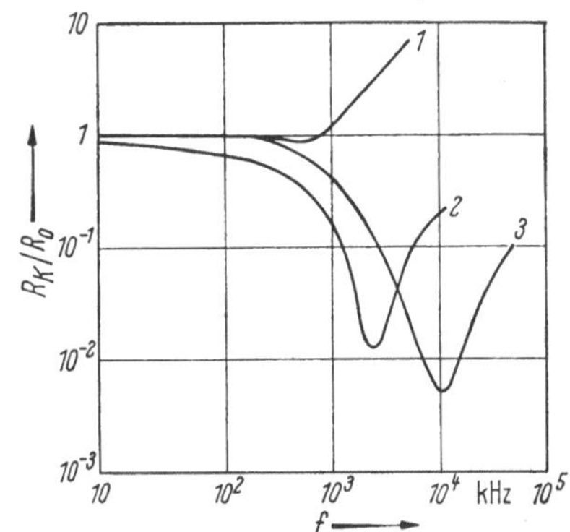


Abb. 26. Kopplungswiderstände von koaxialen Leitungen ($R_0$ = Gleichstromwiderstand)
*1* Kupferdrahtgeflecht 0,25 mm; *2* Normalkoaxialpaar 2,6/9,5 mm; *3* Kupferrohrmantel (gefalzt) 0,2 mm

die Impedanz des Zwischenkreises ist. Da die Kopplungswiderstände der Leitungen mit wachsender Frequenz sinken und die Impedanz des Zwischenkreises, die bei der Verwendung von Eisenschirmen im wesentlichen durch deren Induktivität bestimmt wird, proportional zur Frequenz wächst, sinkt die Spannung $U_2$ mit wachsender Frequenz stark ab, die daraus abgeleitete Nebensprechdämpfung steigt an.

In Wirklichkeit sind die Verhältnisse dadurch komplizierter, daß die beiden Leitungen, deren gegenseitige Beeinflussung betrachtet werden soll, nie allein im Kabel vorhanden sind. Durch die

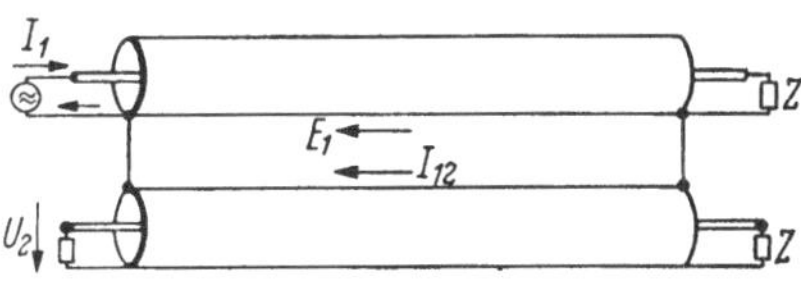


Abb. 27
Nebensprechen zwischen koaxialen Leitungen

Längsspannung $E_1$ werden auch die Leitungssysteme angeregt, die aus den übrigen Leitern des Kabels einschließlich der äußeren Hülle gebildet werden können und die ihrerseits wieder mit dem betrachteten Zwischensystem der Außenleiter *1* und *2* gekoppelt sind. Der die Spannung $U_2$ erzeugende Strom auf dem Außenleiter *2* ist daher von dieser Kopplung, d. h. der Zahl der im Kabel vorhandenen Koaxial- und Beipackleitungen und ihrer gegenseitigen Lage und vom Aufbau des Mantels abhängig.

Wenn man von den Effekten absieht, die an den Enden der Leitung durch unterschiedliche Abschlußbedingungen der Zwischenkreise entstehen (die Zwischenkreise können kurzgeschlossen sein, wenn z. B. die Außenleiter an den Enden miteinander und mit dem Mantel verbunden sind, aber auch z. T. offen, wenn die Außenleiter und andere im Kabel vorhandene Leitungen nicht geerdet werden), so bildet die Kopplung zwischen zwei langen koaxialen Leitungen *1* und *2* einen Belag, der durch einen Kopplungswiderstand $R_{K12}$ dargestellt werden kann.

*Nebensprechen.* Maßgebend für die Höhe der Nebensprechdämpfungen ist die Größe des resultierenden Kopplungswiderstandes $R_{K12}$, die durch die Schirmung der Koaxialpaare und ihre Anordnung im Kabelverband bestimmt wird. Man erkennt, daß $a_n$ stets der höhere der beiden Werte ist. Im Gegensatz zu symmetrischen Kabeln kann durch entsprechende Schirmung $a_n$ so hoch gehalten werden, daß die für einen Gegenrichtungsbetrieb im gleichen Kabel notwendige Nebensprechfreiheit erreicht wird. Das Fernnebensprechen hingegen wächst linear mit der Leitungslänge an. Da es einen gleichmäßigen Belag darstellt, kann es ähnlich wie bei Freileitungen ausgeglichen werden. Die Abb. 28 zeigt typische Kurven für den Frequenzgang der Nah- und Fernnebensprechdämpfung.

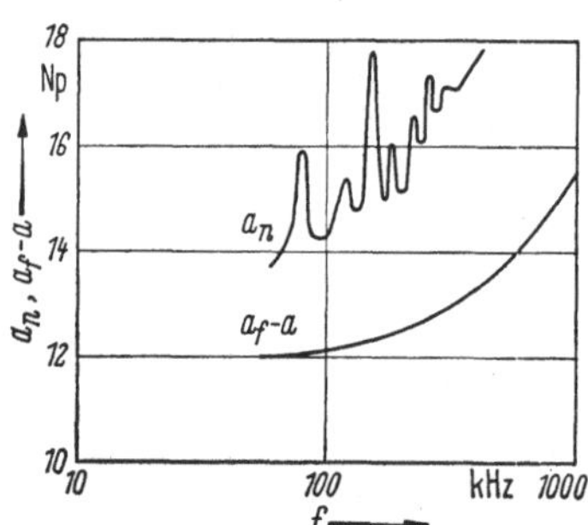


Abb. 28. Nebensprechen zwischen benachbarten Normalkoaxialpaaren 2,6/9,5 mm ($l$ = 4,3 km)

c) **Beeinflussung durch fremde elektromagnetische Felder.** Die starken Magnetfelder von Starkstrom- und Hochfrequenzanlagen und von atmosphärischen Entladungen beeinflussen benachbarte Nachrichtenkabel. Die in den Kabeln induzierten Spannungen können die Nachrichtenanlagen gefährden und stören. Die Gefährdung wird besonders durch Kurzschlußströme benachbarter Starkstromanlagen und durch Blitzeinschläge hervorgerufen, wobei die Kabelisolierung zerstört werden kann. Störungen werden z. B. durch die Oberwellen der mit Erdrückleitung arbeitenden Bahnanlagen und durch nahe starke Sendeanlagen verursacht, deren Frequenzen in den Bereich der Betriebsfrequenzen der Nachrichtenanlagen fallen. Die Gegeninduktivität der Erdkreise der sich beeinflussenden Leitersysteme bestimmt die Höhe der induzierten Spannung:

$$|E| = |I|\,\omega\,M\,l. \tag{87}$$

Diese Gegeninduktivität ist außer von der Entfernung der Leiter im wesentlichen von der Bodenleitfähigkeit abhängig. Sie ist kleiner für gut leitenden Erdboden, größer in schlecht leitendem (felsigem) Gelände (Abb. 29).

Da Kurzschlußströme von Hochspannungsleitungen kurzzeitig Werte von einigen tausend Ampere annehmen können und Parallelführungen mit Nachrichtenkabeln von einigen Kilometern vorkommen, kann die induzierte Spannung recht beachtliche Werte annehmen, wie folgendes Beispiel zeigt: Bei einem Kurzschlußstrom von 3 kA und 0,1 km Entfernung ($M = 0,4$ mH/km) erhält man für 50 Hz:

$$E = 3 \cdot 10^3 \text{ A} \cdot 314/\text{sec} \cdot 0,4 \cdot 10^{-3} \text{ H/km} \approx 380 \text{ V/km}.$$

Wenn das Kabel einen gut leitenden Mantel hat, wirkt dieser als Kompensationsleiter. Das Rückwirkungsfeld des im Kabelmantel indu-

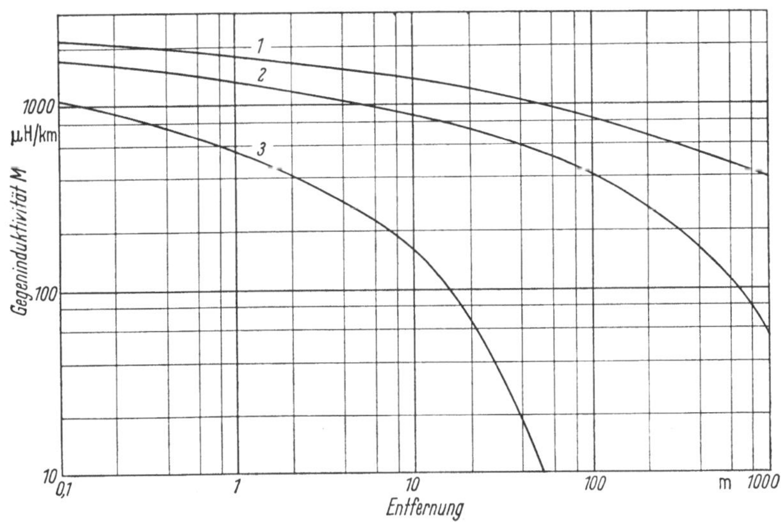


Abb. 29. Gegeninduktivität zwischen beeinflussender und beeinflußter Leitung bei einer Frequenz von 50 Hz

zierten Stromes vermindert die in der Schleife Ader/Kabelhülle induzierte EMK. Diese Verminderung wird durch den *Reduktionsfaktor* $r_K$ angegeben:

$$r_K = \frac{E_a}{E} \tag{88}$$

$E_a$　　induzierte EMK Ader/Mantel,
$E$　　induzierte EMK in der ungeschützten Ader.

Der Reduktionsfaktor ist auch durch das Verhältnis des Kopplungswiderstandes $R_k$ [Definition s. Gl. (83)] zum Wechselstromwiderstand $R$ der Kabelhülle gegeben:

$$r_k = \frac{R_k}{R} \approx \frac{R_m}{R_m + j \omega (L_i + L_a)} \tag{89}$$

$R_m$　　Gleichstromwiderstand der Kabelhülle
$L_i$　　innere Induktivität der Kabelhülle
$L_a$　　äußere Induktivität der Kabelhülle.

Eine gute Schirmwirkung, d. h., einen niedrigen Reduktionsfaktor erhält man nach Gl. (89) dadurch, daß man den Widerstand der Kabelhülle klein und seine Induktivität groß macht. Der kleine Widerstand bei verhältnismäßig geringem Gewicht ist der besondere Vorteil des Aluminiummantels. Die Induktivität wird wirksam durch eine Stahlbandbewehrung vergrößert. Durch das Ansteigen der Permeabilität der Stahlbänder mit der Feldstärke kann man erreichen, daß der Reduktionsfaktor im Bereich der zu befürchtenden Beeinflussungsfeldstärken besonders niedrig wird (Abb. 30). Ein anderes Mittel zur Erhöhung der

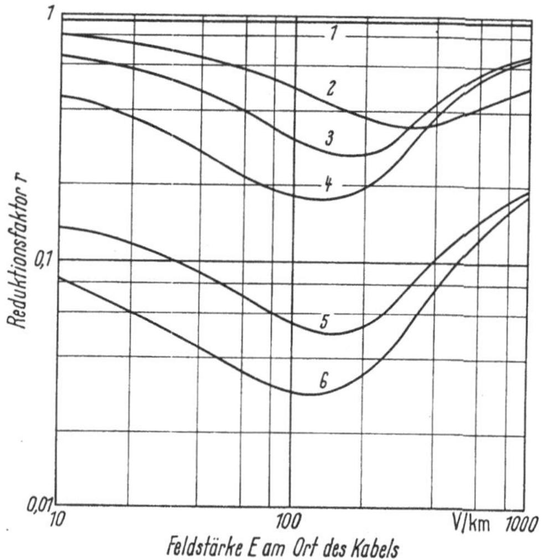



Abb. 30. Vergleich von Reduktionsfaktoren verschiedener Kabelmäntel für Nachrichtenkabel mit einem Durchmesser von 30 mm bei einer Frequenz von 50 Hz

*1* blanker Bleimantel; *2* Stahlwellmantel; *3* Stalpethmantel; *4* Aluminiummantel; *5* Bleimantel mit Stahlbandbewehrung; *6* Al-Mantel mit Stahlbandbewehrung

Induktivität der Mantelerdschleife ist die Einschaltung von Induktivitäten im Zuge des Kabelmantels, die man dadurch bildet, daß man das gesamte Kabel in einer oder einigen Windungen um einen Eisenkern legt. Die Kabelleitungen können auch dadurch geschützt werden, daß sie in Abständen, in denen die induzierte Spannung noch genügend unter der Spannungsfestigkeit der Isolierung bleibt, durch geerdete hochspannungsfeste Übertrager getrennt werden.

Die Oberwellen der Starkströme und Felder benachbarter Sender erzeugen in den symmetrischen Leitungen des Kabels Störspannungen, die über die Unsymmetrie der Leitungen aus den Erdkreisen übertragen werden. Das Verhältnis der Spannung im symmetrischen Kreis zu der des unsymmetrischen Kreises ist von der Höhe der Erdkopplungen des symmetrischen Kreises und von der Spannungsverteilung auf dem unsymmetrischen Kreis abhängig. Es wird als *Empfindlichkeitsbeiwert* bezeichnet. Für stark gestörte Kabel ist eine hohe Symmetrie der Leitungen erforderlich [*18*].

**d) Blitzschutz.** Eine besondere Rolle spielt die Beeinflussung von Freileitungs- und Kabelanlagen durch Blitze. Abgesehen von dem seltenen Fall des direkten Einschlages, bei dem durch die eintretenden hohen Blitzströme die Leitungen oder der Kabelmantel zerstört werden, ist vor allem die Wirkung von Blitzeinschlägen in der Nähe von Leitungen und Kabeln von Bedeutung. Freileitungen müssen gegen die dann entstehenden Überspannungen durch Ableiter geschützt werden, welche die auf der Leitung fließenden Ströme zur Erde abführen. Der Schutz durch Überspannungsableiter ist besonders an den Stellen nötig, wo Freileitungen in Kabel übergeführt oder in Ämter eingeführt werden, damit die angeschlossenen Kabel und Geräte vor Beschädigungen geschützt werden.

Kabel, die sich im Bereich der nach einem Blitzeinschlag in der Erde fließenden Ströme befinden, können durch die auf das Kabel übertretenden Ströme und die entstehenden Spannungen Schaden leiden. Wenn der Kabelmantel durchgehend leitende Verbindung mit dem umgebenden Erdreich hat, tritt ein Teil des Blitzstroms in der Nähe der Einschlagstelle in den Kabelmantel ein, fließt auf diesem weiter und verteilt sich von dem Mantel aus über eine größere Länge auf das umgebende Erdreich. Der auf dem Mantel fließende Strom verursacht einen Spannungsabfall, so daß sich zwischen den Kabeladern, die von Amt her das Potential der fernen Erde führen, und dem Mantel eine Spannung aufbaut. Diese Spannung kann so hoch werden, daß die Isolierung zwischen Adern und Mantel durchschlagen und damit zerstört wird. Besonders kritisch ist dieser Fall, wenn die Bodenleitfähigkeit gering ist, da dann die Blitzströme auf weite Strecken auf dem Kabelmantel fließen. Das Kabel ist um so besser geschützt, je höher die Leitfähigkeit des Kabelmantels ist und je höher die Durchschlagsfestigkeit der Isolierung zwischen der Ader und dem Mantel ist. Man kann daher zur Beurteilung der Blitzsicherheit einer Mantelkonstruktion einen ,,Qualitätsfaktor $q$'' definieren, der durch die Beziehung

$$q = \frac{\text{Stoßspannungsfestigkeit der Isolierung}}{\text{Längswiderstand des Kabelmantels}}$$

gegeben ist.

Wenn der Kabelmantel durchgehend gegen Erde isoliert ist, z. B. durch eine äußere Kunststoffhülle, dann tritt in der Nähe eines Blitzeinschlags an dieser Hülle die volle Potentialdifferenz auf, die der umgebende Boden gegen das ferne Erdpotential annimmt. Der isolierende Mantel kann an dieser Stelle durchschlagen werden. Dann tritt ein Teil des Blitzstroms auf den leitenden Teil des Mantels oder die Adern über und fließt dort nach der fernen Erde ab. Dabei können so hohe Spannungsabfälle auftreten, daß weitere Überschläge rückwärts gegen Erde erfolgen, welche die Kunststoffhülle punktförmig perforieren. Wenn diese Hülle gleichzeitig die Funktion der Abdichtung oder eines Korrosionsschutzes darunterliegender Metallhüllen zu erfüllen hat, muß man mit dem Ausfall der Betriebsfähigkeit des Kabels durch Eindringen von Feuchtigkeit rechnen. In Gebieten mit hoher Blitzgefährdung müssen daher Kabel mit besonderen Mantelkonstruktionen eingesetzt werden, für die eine durchgehend leitende Verbindung mit der Erde und ein möglichst hoher Qualitätsfaktor $q$ gefordert werden.

## 3.2 Hohlleiter

### 3.2.1 Ausbreitung im metallischen Hohlleiter

Das Grundphänomen der Wellenausbreitung ist erkennbar an der einfachsten Form eines metallischen Hohlleiters, der aus zwei parallelen reflektierenden Platten im Abstand $a$ voneinander besteht. Eine ebene

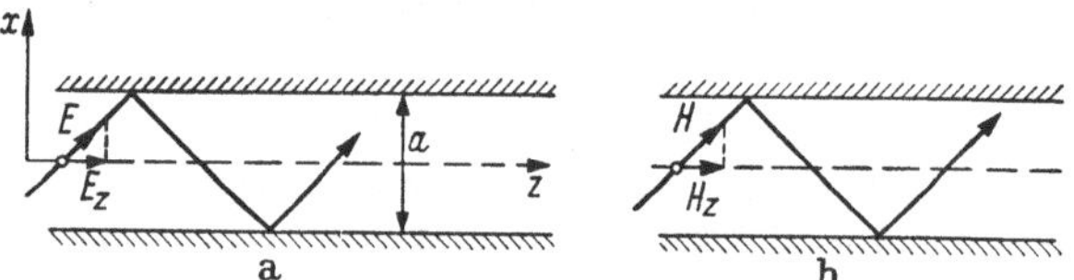


Abb. 31. $E$- und $H$-Wellen in metallischen Hohlleitern

Welle mit linearer Polarisation, die man in den Zwischenraum zwischen den Platten einstrahlt, läuft mit der Lichtgeschwindigkeit $c$ auf einem Weg, der in Abb. 31 skizziert ist. Man kann zwei ausgezeichnete Polarisationszustände unterscheiden:

a) Der elektrische Vektor $E$ liegt in der durch die Längsachse $z$ und das Einfallslot gebildeten Einfallsebene und der magnetische Vektor $H$ liegt senkrecht dazu. Die geführte Welle erhält eine Komponente $E_z$ in Ausbreitungsrichtung. Man nennt diese Hohlleiterwellen $E$-Wellen.

b) Es liegt $H$ in der Einfallsebene und $E$ senkrecht dazu. Es gibt eine Längskomponente $H_z$ und man spricht von $H$-Wellen.

In Richtung der $x$-Achse stellt sich ein periodischer Feldverlauf ein, ähnlich dem einer stehenden Welle. Die Anzahl $m$ von Knotenbereichen hängt offenbar vom Verhältnis $a/\lambda$ ab und wird zur Charakterisierung des Feldtyps als Index gebraucht in der Form $E_m$ oder $H_m$. Man denke sich noch ein zweites Plattenpaar im Abstand $b$ voneinander senkrecht zum ersten Paar angebracht. Es gibt dann auch in $y$-Richtung „stehende Wellen", die je nach dem Verhältnis $b/\lambda$ eine bestimmte Anzahl $n$ möglicher Knotenflächen besitzen. Damit tritt ein zweiter Index im Wellensymbol auf, und man unterscheidet in Wellenleitern mit geschlossener Querschnittsberandung $E_{mn}$- und $H_{mn}$-Wellen.

In der Praxis kommen Hohlleiter mit rechteckigem und kreisförmigem Querschnitt am häufigsten vor, in Spezialfällen auch mit elliptischem Querschnitt. Die Größe des Feldes an jedem Punkt des Hohlraumes und die geometrische Form der Kraftlinien sind in den Lösungen der MAXWELLschen Feldgleichungen für den Ausbreitungsraum enthalten. Die Lösungen werden mathematisch durch Randbedingungen festgelegt, die für den theoretisch einfachsten Fall einer ideal leitenden Wand das Verschwinden der elektrischen Tangentialfeldstärke an der Innenwand fordern. Alle Feldfunktionen, die diese Bedingungen erfüllen, heißen Eigenfunktionen des betreffenden Hohlleiters. Es zeigt sich, daß die in Ausbreitungsrichtung $z$ gemessene Hohlleiterwellenlänge $\lambda$ größer als $\lambda_0$ (= Vakuumwellenlänge) ist und von einer charakteristischen, durch die Geometrie des Querschnitts bestimmten Zahl abhängt, die man den Eigenwert der Hohlleiterwelle nennt. Zu jeder Eigenfunktion gehört normalerweise ein Eigenwert. Haben 2 oder $p > 2$ Eigenfunktionen den gleichen Eigenwert, so heißt die betreffende Welle ein- bzw. $(p-1)$-fach entartetet.

Der Eigenwert trägt 2 Indizes und sei mit $\chi_{mn}$ bezeichnet. Die Phasenkonstante $\beta$ eines Hohlleiters ohne Materie im Innenraum lautet

$$\beta_{mn} = \frac{2\pi}{\lambda_{mn}} = \sqrt{k^2 - \chi_{mn}^2}. \tag{90}$$

Die Größe

$$k = \frac{2\pi}{\lambda_o} = \frac{\omega}{c} \tag{91}$$

ist die Ausbreitungskonstante einer freien Welle im Vakuum. Die Größe $c$ ist die Lichtgeschwindigkeit mit dem genauesten derzeit bekannten Wert von $299\,793 \pm 0{,}3$ km sec$^{-1}$.

Der Gl. (90) sieht man an, daß $\beta_{mn}$ nur dann reell ist und mithin nur dann eine periodische Wellenausbreitung möglich ist, wenn $k > \chi_{mn}$ ist. Die Ausbreitung wird reell bei

$$2\pi f_{cmn} = c\,\chi_{mn}. \tag{92}$$

Man nennt $f_{cmn}$ die Grenzfrequenz (cut-off) der betreffenden Wellenform.

Aus den Zahlen $\chi_{mn}$ kann eine nach wachsender Größe geordnete Reihe gebildet werden. Die niedrigste Zahl gehört zum Wellentyp mit der niedrigsten Grenzfrequenz, den man Grundwelle nennt. Wenn die Betriebsfrequenz so groß ist, daß mehrere Wellenformen oder Wellenmoden ausbreitungsfähig sind, erhält man einen mehrwelligen Betriebszustand (multimodewaveguide). Darüber wird im nächsten Abschnitt (S. 150ff.) noch mehr zu sagen sein.

Laut Gl. (90) verläuft die Phase mit der Frequenz nicht linear. Das bedeutet, daß Hohlleiterwellen Dispersion besitzen und daß Phasen- und Gruppengeschwindigkeit verschieden groß sind. Die beiden Geschwindigkeiten stehen in dem Zusammenhang

$$v_p \, v_g = c^2 \qquad (93)$$

$v_p$    Phasengeschwindigkeit  
$v_g$    Gruppengeschwindigkeit.

Da nach der Definition die Phasengeschwindigkeit aus der Phasenkonstante wie folgt hervorgeht

$$v_p = \frac{\omega}{\beta_{mn}} = \frac{c\,k}{\beta_{mn}} = \frac{c}{\sqrt{1 - \left(\frac{f_{cmn}}{f}\right)^2}} \qquad (94a)$$

erhält man mit Gl. (93)

$$v_g = c\,\sqrt{1 - \left(\frac{f_{cmn}}{f}\right)^2}. \qquad (94b)$$

In Abb. 32 sind diese Beziehungen skizziert. Die Dispersion wird mit zunehmender Entfernung von der Grenzfrequenz immer schwächer. Bislang wurde das Leitermaterial als ideal leitend behandelt. Bei endlicher Leitfähigkeit entsteht durch die Wärmeproduktion der Wandströme eine Dämpfung auch oberhalb der Grenzfrequenz. Die Dämpfung nimmt ab, wenn die Lineardimensionen des Querschnitts erweitert werden. Im allgemeinen ist es wegen der Mehrwelligkeit jedoch kein gangbarer Weg, die Dimensionen beliebig zu erweitern, um auf möglichst niedrige Dämpfung zu kommen. Es erhebt sich die Frage, welches die Grundwellen sind und wie breit die Frequenzbereiche mit

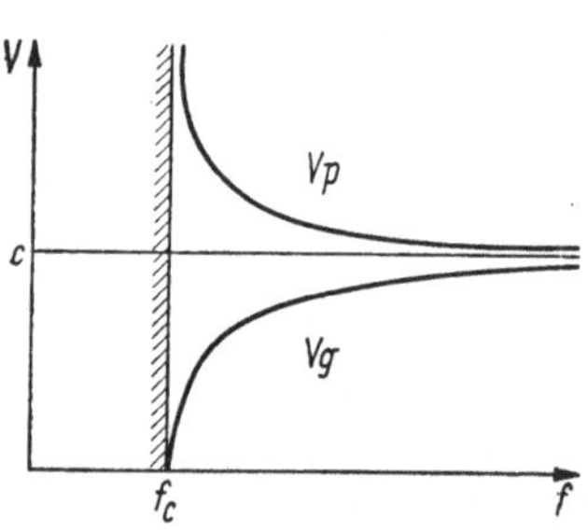


Abb. 32. Frequenzabhängigkeit von Phasen- und Gruppengeschwindigkeit im metallischen Hohlleiter

einwelligem Zustand gemacht werden können. Dabei soll nicht auf Sonderformen, wie z. B. Steghohlleiter, eingegangen werden.

**a) Rechteckiger Querschnitt.** In der Praxis wird dieser Querschnitt vorgezogen, wenn man eine definierte Polarisation erhalten will. Die Eigenwerte in einem Rechteck mit den Seitenlängen $a$ und $b$ (es sei $a > b$) sind durch

$$\chi_{mn} = \sqrt{\left(m\,\frac{\pi}{a}\right)^2 + \left(n\,\frac{\pi}{b}\right)^2} \qquad (95a)$$

$m$, $n$ ganze Zahlen

für $E$- und $H$-Wellen zugleich gegeben. Als Grundwelle fungiert die $H_{10}$-Welle, die die Grenzwellenlänge $\lambda_c = 2a$ hat. Die niedrigste Dämpfung hat man für $a/b = 0{,}85$, jedoch wäre im Minimum der Hohlleiter nicht mehr einwellig. Man zieht in der Praxis $a/b = 2$ vor und erhält damit Einwelligkeit im Frequenzband $2:1$. Die $H_{10}$-Dämpfung hat ein Minimum bei $f/f_c = 2{,}36$.

**b) Kreisquerschnitt.** Für Rundhohlleiter mit dem Radius $r_0$ lauten die Eigenwerte für $E$-Wellen

$$\chi_{(m\,n)} = j_{m\,n}/r_0 \tag{95b}$$

und für $H$-Wellen

$$\chi_{[m\,n]} = j'_{m\,n}/r_0 \tag{95c}$$

$j_{mn}$　$n$-te Nullstelle der BESSEL-Funktion $J_m(x)$

$j'_{mn}$　$n$-te Nullstelle von $\dfrac{\mathrm{d}}{\mathrm{d}x} J_m(x)$.

Die niedrigste Grenzfrequenz hat $H_{11}(j'_{11} = 1{,}8412)$, als nächste Welle folgt $E_{01}(j_{01} = 2{,}4048)$. Der Einwelligkeitsbereich von $H_{11}$ umfaßt also ein Band von $1{,}306:1$. Die niedrigste Dämpfung hat $H_{11}$ im Bereich der Einwelligkeit. Die Dämpfungen werden nach Gl. (96a bis c) berechnet.

### 3.2.2 Antennenhohlleiter für große Leistungen

Die Sendeantennen für den UKW-Bereich werden vornehmlich über koaxiale Leitungen gespeist. Bei so hohen Frequenzen, wie sie in den Fernsehbändern IV und V benutzt werden und bei Antennenhöhen von oft mehr als 100 m Höhe wachsen die Verluste an Sendeleistung in der Zuleitung empfindlich an, bzw. die Kabeldurchmesser müssen unhandlich groß werden. Selbst durch dickere Kabel läßt sich die Dämpfung nicht mehr beliebig klein halten, weil die Grenze der Einwelligkeit dann erreicht ist, wenn der zwischen Innen- und Außenleiter gemittelte Umfang gleich der Wellenlänge wird. Die physikalische Ursache der hohen Dämpfung liegt in der vergleichsweise großen Stromdichte am Innenleiter. Man wird durch diesen Umstand auf die Hohlleiter verwiesen, und zwar für Fernsehsender auf solche mit rechteckigem Querschnitt, weil sie in einer Frequenzoktave einwellig sind. Derzeit werden Hohlleiter für große Leistungen nur bei Fernseh-Rundstrahlsendern benutzt.

Im Bereich 470 bis 790 MHz wird der mit R 6 bezeichnete Rechteckquerschnitt der Norm DIN 47302 mit den Innenabmessungen $381 \times 190{,}5$ mm verwendet. Wegen der Korrosion in der Atmosphäre ist eine Aluminiumlegierung (Al-Mg-Si) dem Kupfer vorzuziehen. Der Leitfähigkeitsunterschied des Aluminiums gegenüber Kupfer fällt nicht so sehr ins Gewicht, Abb. 33 zeigt einen Vergleich der Leistungswirkungsgrade von Koaxialkabel und Hohlleitung. Man entnimmt dem Diagramm, daß der Wirkungsgrad der Leistungsübertragung eines Koaxialkabels 36/105 bei 790 MHz beträchtlich tiefer liegt als der einer Hohlleitung, sei sie aus Kupfer oder Aluminiumlegierung.

Die Querschnittsabmessungen können bei R 6 mit einer Genauigkeit von ±0,4 mm eingehalten werden. Beim Aneinanderfügen der Teilstücke, die in Längen von 3 bis 4 m hergestellt werden, entstehen Reflexionen, die sich im allgemeinen leistungsmäßig addieren. Weitere Quellen von Reflexionsstörungen sind Verformungen des Materials

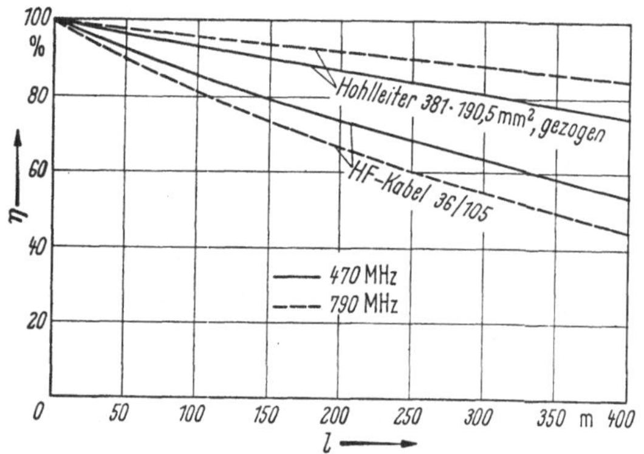


Abb. 33. Leistungswirkungsgrad von Koaxialkabeln und Hohlleitern aus Aluminiumlegierung

beim Aufbringen der Verbindungsflansche und Achsenversetzungen der Teillängen. Messungen zeigen, daß der Gesamtreflexionsfaktor durch die Anzahl der Teillängen und in überwiegendem Maße durch die Formgenauigkeit in unmittelbarer Nähe der Flansche bestimmt wird. Mit den Toleranzen der DIN-Vorschrift kann die Reflexion einer Teillänge auf 5⁰/₀₀ begrenzt werden, so daß die Gesamtreflexion einer Leitung aus 100 Teillängen nicht mehr als 5% beträgt.

### 3.2.3 Antennenhohlleiter für Breitband-Richtfunksysteme

Die Abb. 34 bringt die Dämpfungen einiger in der Richtfunktechnik verwendeter Hohlleiter mit rechteckigem, quadratischem und kreisrundem Querschnitt. Quadratische und kreisrunde Formen sind hier deswegen von Interesse, weil in diesen zwei Grundwellen mit zueinander senkrechten Polarisationsrichtungen unabhängig voneinander übertragen werden können, so daß die Kapazität der Anlage verdoppelt werden kann. Die für einen störungsfreien Betrieb erforderliche Entkopplung von 25 dB über ein Funkfeld kann eingehalten werden. Auf eine Hohlleiterteillänge von 5 m entfällt eine Entkopplung von etwa

45 dB, die man nur durch besondere Kompensationsmaßnahmen erreichen kann, da die üblicherweise erreichbaren Herstellungsgenauigkeiten (Gleichheit und Orthogonalität der Diagonalen bei Quadrathohlleiter, Rundheit des Kreisquerschnitts) dazu nicht ausreichen würde. Der Rundhohlleiter ist in dieser Hinsicht vorteilhafter als der quadratische, da man Ungenauigkeiten an den Enden, Flanschen und Zentrierungen durch Dreharbeiten beseitigen kann.

Es ist bemerkenswert, daß die der amerikanischen Norm angepaßten Rundhohlleiter mit 71,42 mm Innendurchmesser bereits im 4 GHz-Band mehrwellig sind. Die Grenzfrequenz der Grundwelle $H_{11}$ beträgt 2,46 GHz, darauf folgen $E_{01}$ ab 3,22 und $H_{21}$ ab 4,08 GHz. Die $E_{01}$ und $H_{21}$ werden bei Versatz der Achsen in Richtung der elektrischen Maximalfeldstärke und bei Achsenkrümmungen in dieser Ebene angeregt. Da die Polarisationsweichen die aus dem Rundhohlleiter entnommene Energie in einwelligen Rechteckhohlleitern weiterführen, entsteht für die unerwünschten Wellenformen ein an beiden Enden geschlossener Raum, der unter Umständen in Resonanz geraten kann. In diesem Fall erhöht sich die Betriebsdämpfung, die Reflexion und die Polarisationskopplung der $H_{11}$. Man muß die unbeabsichtigte Krümmung der Leitung und den Versatz an den Flanschen entsprechend niedrig halten und darf in beabsichtigten Krümmungen nur einwellige Hohlleiter verwenden.

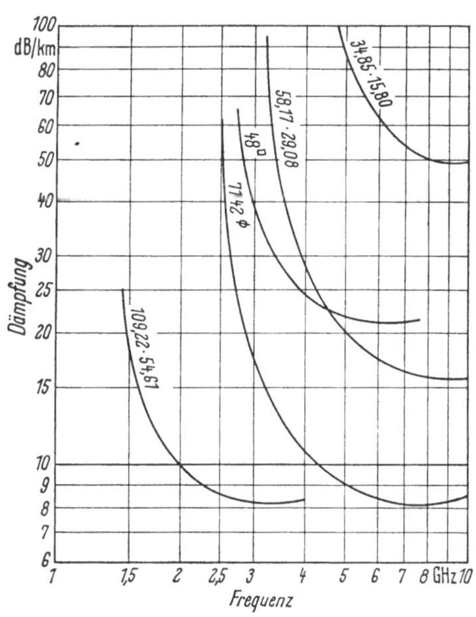


Abb. 34. Dämpfung einiger Hohlleitertypen für den Richtfunkbereich

Für Kupfer ziehhart          Multiplikation  mit  1,06
Für Al-Mg-Si-Legierung  Multiplikation  mit  1,45

Mit geraden Rundhohlleitern können besonders kleine Reflexionen eingehalten werden, z. B. kann eine aus 10 Längen zu 5 m bestehende Leitung im 4 GHz-Band mit weniger als 1 % Reflexion betrieben werden, sofern man Durchmessersprünge an den Enden der Rohre durch leichte Ausdrehung beseitigt.

Auch der elliptische Querschnitt hat technische Bedeutung erlangt, und zwar vornehmlich für Anwendungen, bei denen auf leichte und wiederholbare Verlegung in Krümmungen Wert gelegt wird. Die elliptische Form gestattet es, die Hohlleiterwand aus einem gewellten Aluminiumrohr herzustellen, wodurch die Biegbarkeit wesentlich gesteigert wird. Die Verformungskräfte sind verhältnismäßig geringer als bei massiven Wänden und die Querschnittsdeformation beim Biegen bleibt gering.

## 3.3 Hohlkabel

### 3.3.1 Allgemeine Gesichtspunkte für ein Hohlkabelsystem

Wie im vorhergehenden Abschnitt ausgeführt, erstreckt sich der Übertragungsbereich koaxialer Fernkabel bis etwa 50 MHz, die Richtfunktechnik belegt Frequenzbereiche zwischen 2 und 12 GHz. Oberhalb von 12 GHz wird die Strahlung durch die freie Atmosphäre durch Streuung an kondensiertem Wasserdampf und durch Resonanzanregung der elektrischen Dipolschwingungen des unkondensierten Wasserdampfes sowie der magnetischen Dipolschwingungen des Sauerstoffmoleküls stark behindert. Die Quantenenergie der Millimeterwellen kommt bereits in die Größenordnung der Energiestufen der atmosphärischen Gasmoleküle, so daß resonanzartige Absorptionsgebiete von mehreren Gigahertz Breite entstehen. Um 23 GHz liegt eine Resonanz des unkondensierten Wasserdampfes mit einer Absorption von 23 mNp/km (bei einem Wassergehalt von 7,5 g/m$^3$). Eine sehr viel höhere Absorption erzeugt das $O_2$-Molekül mit 1,8 Np/km bei 60 GHz. Denkt man also an eine übertragungstechnische Erschließung der Millimeterwellen, so wird man zweckmäßig einen der äußeren Atmosphäre entzogenen Wellenleiter in Form eines metallischen Hohlleiters wählen.

Es wurde schon sehr früh der Vorschlag gemacht [19], die in metallischen Rohren dämpfungsarm geführten Wellen der Übertragung über große Entfernungen dienstbar zu machen. Bei der Berechnung der Dämpfung dieser Wellen stellte sich heraus [20], daß es eine Familie von $H$-Wellen gibt, deren Dämpfung mit zunehmender Frequenz monoton fällt. Seit dieser Entdeckung hat man sich darum bemüht, eine dieser Wellen, nämlich die mit $H_{01}$ bezeichnete Wellenform im kreiszylindrischen Rohr der Weitverkehrsübertragung nutzbar zu machen, und gegenwärtig wird in den nachrichtentechnischen Forschungslaboratorien vieler Länder an der Realisierung eines Übertragungssystems auf unterirdisch verlegten Hohlleitungen gearbeitet.

Besondere Schwierigkeiten einer Übertragung mit der $H_{01}$-Welle rühren davon her, daß neben der $H_{01}$-Welle zahlreiche andere Wellenformen mit voneinander verschiedenen Übertragungskonstanten ausbreitungsfähig sind und die Energie zwischen der Nutzwelle und den

anderen, unerwünschten Wellenformen hin- und hergestreut werden
kann, wenn der Übertragungsraum des Wellenleiters von der Idealform
eines geraden Kreiszylinders abweicht. Diesen Umwandlungseffekten
sind durch die Konstruktion des Wellenleiters und seiner Verlegung
Rechnung zu tragen. Unter einem Hohlkabel schlechthin soll im folgenden ein mit der dämpfungsarmen $H_{01}$-Welle betriebener Rundhohlleiter
verstanden werden, der gemäß seiner Konstruktion und Montage die
elektrischen Bedingungen für eine leitungsgebundene Übertragung
sehr breiter Frequenzbänder über weite Entfernungen erfüllt. Auch das
Modulationssystem muß den charakteristischen Übertragungsverzerrungen in einem Wellenleiter mit Umwandlungseffekten angepaßt
werden. Die binäre Pulscodemodulation (PCM) gewährt die theoretisch größtmögliche Unempfindlichkeit gegen Verzerrungen und hat
den Vorteil, die Signale nach dem Durchlaufen bestimmter Strecken
regenerieren zu können (s. auch das Kapitel über Hohlkabellinien
S. 589 ff.).

Die Übertragungskapazität eines Hohlkabels ist ein Vielfaches
derjenigen eines Koaxialkabels oder eines Richtfunksystems. Das nutzbare Frequenzband wird zwischen 30 und 100 GHz liegen und bietet
Platz für mehr als hunderttausend Sprechkreise. Die untere Grenze
ist für einen vorgegebenen, wirtschaftlich erträglichen Rohrdurchmesser
durch die Dämpfung und durch die Phasendispersion gegeben, die beide
mit niedriger Frequenz zunehmen. Die obere Grenze ist einerseits durch
die verfügbaren Generatoren gegeben, andererseits durch die immer
kleineren Dimensionen der Rechteckhohlleiter des Schaltungssystems,
das der Zuführung und Verarbeitung der hochfrequenten Signale dient.
Legt man einen Rohrdurchmesser zwischen 50 und 70 mm lichter Weite
zugrunde, so kann man an der unteren Frequenzgrenze mit einer Dämpfung von weniger als 0,4 Np/km rechnen und erzielt Verstärkerabstände
von mehr als 20 km. Die geringen Verzerrungen und die Regenerier-
fähigkeit der Signale lassen erwarten, daß man Übertragungssysteme
über sehr große Entfernungen bauen kann.

### 3.3.2 Wellen im idealen Rundhohlleiter

Die allgemeine Klassifikation der Hohlleiterwellen wurde bereits
auf S. 148 ff. behandelt, so daß wir uns nunmehr auf diejenigen Moden
des idealen Kreiszylinders beschränken dürfen, die für die Hohlkabeltechnik von spezieller Bedeutung sind. Die Nullstellen der BESSEL-
Funktion $J_1$ und der Ableitung $J_0'$ sind identisch, so daß die Eigenwerte
der $H_{0n}$- und der $E_{1n}$-Wellen zusammenfallen. Die Entartung der
$H_{0n}$-Wellen im ideal leitenden Metallrohr ist für die Hohlkabeltechnik
eine bedeutsame Tatsache.

Die Welle $H_{01}$ hat lediglich eine elektrische Komponente $E_\varphi$ in Umfangsrichtung, die am Rande $r = r_0$ eine Knotenlinie hat. Am Rande existiert nur eine Längskomponente $H_z$ des Magnetfeldes und daher gibt es Oberflächenströme nur in Umfangsrichtung. Es ist für die $H_{0n}$-Wellen typisch, daß sie keine Längsströme führen, daher entstehen auch keine Kontaktprobleme beim Verbinden von Hohlkabeln. Die fallende Dämpfungscharakteristik hat ihre Ursache darin, daß Längsströme fehlen und die Umfangsströme mit steigender Frequenz bei gleichem Leistungsfluß durch den Hohlraum abnehmen. Durch Berechnung der Verlustleistung der Oberflächenströme im Leiter mit dem spezifischen Widerstand $\sigma$ findet man für die Dämpfung der $H_{0n}$-Wellen die Formel

$$\alpha_{[0n]} = \frac{j_{0n}'^2}{4\pi\sqrt{\pi}} \sqrt{\frac{\sigma}{\mu_0}} \frac{1}{r_0^3} \frac{c}{f^{3/2}\left[1 - \left(\frac{f_{c[0n]}}{f}\right)^2\right]^{1/2}}. \tag{96a}$$

Die Dämpfung fällt annähernd wie $f^{-?/2}$ und nimmt mit der dritten Potenz des Radius ab. Die $H_{01}$-Welle hat von allen $H_{0n}$-Wellen die niedrigste Dämpfung.

Die Dämpfungsformel für die nicht-kreissymmetrischen $H_{mn}$-Wellen mit $m \neq 0$ enthält einen mit $\sqrt{f}$ ansteigenden, von den Längsstromanteilen herrührenden Summanden, weshalb die Dämpfungskurve ein Minimum durchläuft. Es gelten folgende Formeln für $H_{mn}$

$$\alpha_{[mn]} = \frac{j_{mn}'^2}{4\pi\sqrt{\pi}\left[1 - \left(\frac{m}{j_{mn}'}\right)^2\right]} \times$$

$$\times \sqrt{\frac{\sigma}{\mu_0}} \frac{1}{r_0^3} \frac{c}{f^{3/2}\sqrt{1 - \left(\frac{f_{c[mn]}}{f}\right)^2}} +$$

$$+ \frac{\sqrt{\pi}\,m^2}{j_{mn}'^2 - m^2} \frac{\sqrt{\sigma\,\varepsilon_0}}{r_0} \times$$

$$\times \sqrt{f}\sqrt{1 - \left(\frac{f_{c[mn]}}{f}\right)^2} \tag{96b}$$

und für $E_{nm}$

$$\alpha_{(mn)} = \frac{1}{r_0} \sqrt{\pi\,\sigma\,\varepsilon_0} \frac{\sqrt{f}}{\sqrt{1 - \left(\frac{f_{c(mn)}}{f}\right)^2}}. \tag{96c}$$

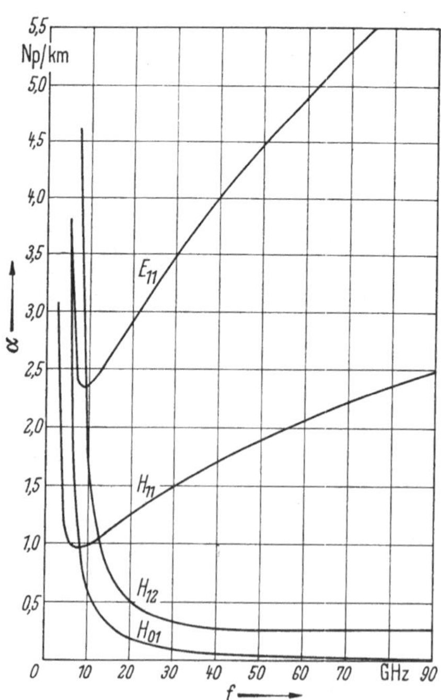


Abb. 35. Dämpfung einiger wichtiger Wellentypen im Rundhohlleiter. Für Kupfer $2r_0 = 70$ mm

In Abb. 35 ist die Dämpfung von $H_{01}$ und einiger wichtiger Wellenformen dargestellt. Es ist ein Rohr mit 70 mm lichter Weite aus Kupfer ($\sigma = 1{,}75 \cdot 10^{-6}\ \Omega$ cm) zugrunde gelegt. Die $H_{01}$-Welle wird von der Grenzfrequenz $f_c = 5{,}23$ GHz ab existenzfähig. Die folgende Tab. 5 enthält die Grenzfrequenzen und Dämpfungen etwas ausführlicher.

Die Ausnutzung dieser günstigen Dämpfungswerte für $H_{01}$ wird technisch dadurch erschwert, daß die $H_{01}$-Welle durch Streuung Energie

Tabelle 5

$\alpha$ Np/km

| | $f_c$ GHz | 30 | 40 | 50 | 60 | 70 | 80 | 90 | 100 |
|---|---|---|---|---|---|---|---|---|---|
| $H_{01}$ | 5,23 | 0,107 | 0,070 | 0,050 | 0,037 | 0,030 | 0,025 | 0,021 | 0,017 |
| $H_{02}$ | 9,57 | 0,375 | 0,235 | 0,165 | 0,125 | 0,098 | 0,081 | 0,068 | 0,058 |
| $H_{11}$ | 2,51 | 1,50 | 1,72 | 1,92 | 2,10 | 2,27 | 2,42 | 2,65 | 2,70 |
| $H_{12}$ | 7,27 | 3,35 | 2,83 | 2,70 | 2,62 | 2,54 | 2,55 | 2,58 | 2,60 |
| $H_{13}$ | 11,65 | 6,20 | 4,10 | 3,10 | 2,55 | 2,23 | 2,00 | 1,85 | 1,73 |
| $H_{21}$ | 4,16 | 2,72 | 3,08 | 3,40 | 3,70 | 3,95 | 4,20 | 4,45 | 4,70 |
| $H_{31}$ | 5,73 | 3,80 | 4,30 | 4,75 | 5,17 | 5,50 | 5,58 | 6,23 | 6,57 |
| $E_{11}$ | 5,23 | 3,40 | 4,00 | 4,45 | 4,90 | 5,30 | 5,66 | 6,00 | 6,32 |

an andere Wellentypen verlieren kann. Durch Abzählung der Nullstellen $j_{mn}$ und $j'_{mn}$ stellt man fest, daß es bei 70 mm Durchmesser und 30 GHz 58 $E$-Wellen und 67-$H$-Wellen gibt und daß die Gesamtzahl sich asymptotisch der Funktion $2{,}55\ (2r_0/\lambda_0)^2$ annähert. Die $H_{01}$-Welle gilt als instabil, wenngleich diese Bezeichung nicht glücklich gewählt ist, denn es handelt sich bei der Ausbreitung dieser Welle in einem Kreiszylinder keineswegs um eine Art instabilen Gleichgewichts zwischen mehreren Wellenformen zuungunsten einer einzigen, sondern um eine partielle Zerstreuung der von der $H_{01}$-Welle getragenen Energie in eine Reihe anderer Wellenformen. Die Zerstreuung findet an denjenigen Stellen des Hohlleiters statt, an denen entweder die Querschnittsfigur vom Kreis abweicht oder die Achse eines Längsschnitts gekrümmt ist. Die durch Streuung der $H_{01}$-Welle entzogene Energie bedingt eine Erhöhung der Übertragungsdämpfung der $H_{01}$-Welle über das durch Formel (96a) gegebene Maß hinaus. Da der Vorgang der Streuung reversibel ist, entstehen neben der Dämpfungserhöhung auch Signalverzerrungen infolge der vielfachen Umwandlungs- und Rückumwandlungseffekte zwischen den mit verschiedenen Geschwindigkeiten laufenden Wellen. Eine der wichtigsten theoretischen Aufgaben der Hohlkabeltechnik ist die Bestimmung der Umwandlungseffekte an Deformationen, die als kleine Störungen der idealen Form des geraden Kreiszylinders in die Rechnung eingeführt werden.

### 3.3.3 Ausbreitung im deformierten Rundhohlleiter

**a) Streuung an geometrischen Störstellen[1].** Es sind folgende Arten von Geometriestörungen an Hohlkabeln zu unterscheiden:

1. Querschnittsstörungen

    unstetige Sprünge von einer Rohrlänge zur benachbarten

    stetige Veränderungen innerhalb derselben Rohrlänge

2. Richtungsstörungen

    Achsknicke an den Verbindungsstellen von Rohrlängen

    Krümmungen

Die Störungen werden stets als kleine Abweichungen von der Idealform vorausgesetzt und in eine Näherungstheorie eingeführt, die nur die niedrigste Ordnung berücksichtigt.

Die Rechnungen sind derart umfangreich, daß hier nur die Ergebnisse mitgeteilt werden können. Man betrachtet zuerst sprunghafte

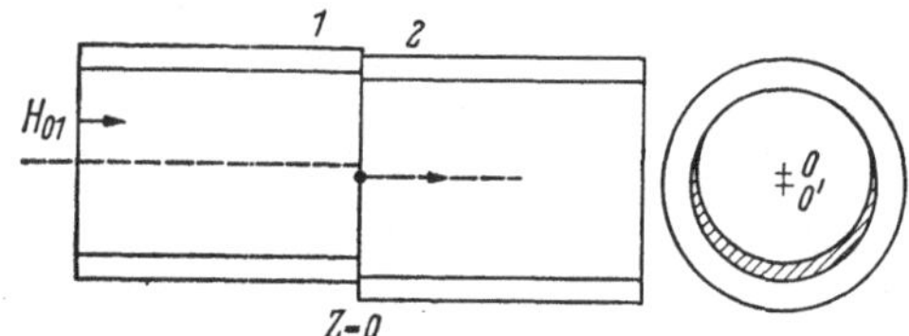



Abb. 36. Stoßstelle zwischen idealem und deformiertem Hohlleiter
*1* ideales Rohr; *2* deformiertes Rohr

Querschnittsstörungen und nimmt an, daß an der Stelle $z = 0$ ein idealer, nur $H_{0n}$ führender Hohlleiter an einen schwach deformierten Hohlleiter stoße (Abb. 36). Später werden infinitesimale Sprünge im Abstand $\Delta z$ aneinandergereiht und der Grenzübergang $\Delta z \to 0$ gemacht, um die Wirkung kontinuierlicher Verbeulungen zu berechnen.

Die Kontur des deformierten Rohres kann in eine FOURIER-Reihe nach vielgeteilten $m$ der Umfangsperiode $2\pi$ entwickelt werden[2]. Der Rohrradius $r(\varphi)$ des deformierten Rohres laute

$$r(\varphi) = r_0 \left[ 1 + \sum_{m=0}^{\infty} \delta_m \cos m(\varphi - \varphi_{0m}) \right]. \tag{97}$$

Darin bedeutet $\varphi_{0m}$ einen Anfangswinkel und $\delta_m$ die relative Deformation des ursprünglichen Radius $r_0$ mit der Symmetriezahl $m$. Zum

---

[1] Streuung wird hier im Sinne von räumlich verteilter Reflexion und Umwandlung in andere Moden verstanden.

[2] Es wird später gezeigt, daß dieses $m$ gleich dem oben benutzten Symmetrieindex $m$ ist.

Beispiel beschreibt $\delta_0$ einen Durchmessersprung unter Erhaltung der Kreissymmetrie, $\delta_1$ einen Versatz der Querschnittsmittelpunkte in Richtung $\varphi = \varphi_{01}$ um den Betrag $r = r_0(1 + \delta_1)$. Eine ellipsenähnliche Verformung mit dem Achsenverhältnis $(1 + \delta_2)/(1 - \delta_2)$ mit der großen Achse in Richtung $\varphi = \varphi_{02}$ wird durch den Symmetrieindex $m = 2$ gekennzeichnet (s. Abb. 37). Es wird die Frage gestellt, wie die Symmetrie der an der Sprungstelle aus einer $H_{0n}$-Welle entstehenden Sekundärwellen mit der geometrischen Symmetrie der Deformation zusammenhängt und mit welcher Amplitude sie sich nach vorne und nach hinten

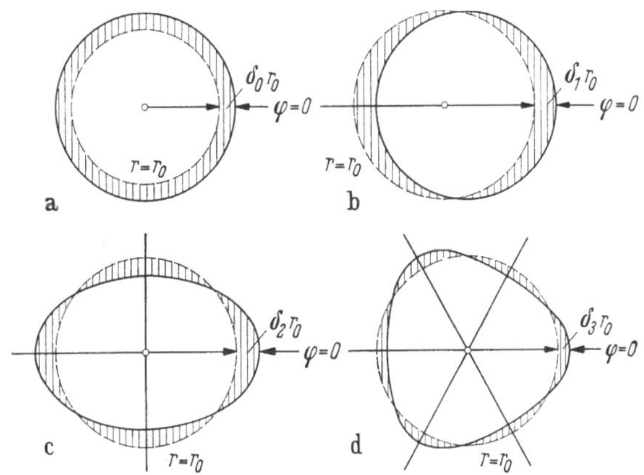


Abb. 37 a—d. Zur Definition der Deformationsparameter
a) Durchmesseränderung,  b) Achsenversetzung,  c) Elliptizität,  d) 3 zählige Deformation

ausbreiten. Man gewinnt diese Amplituden, die man Transmissions- bzw. Reflexionskoeffizienten nennt, wenn sie auf die Amplitude $1$ der Primärwelle bezogen sind, aus einem System linearer Gleichungen, den sogenannten Anpassungsbedingungen. Diese besagen, daß die elektrischen und magnetischen Tangentialfeldstärken beiderseits des Sprunges in der für beide Hohlleiter gemeinsamen Querschnittsfläche stetig ineinander übergehen müssen. Das System der Eigenfunktionen ist für beide Hohlleiterquerschnitte voneinander verschieden. Die Gesamtheit ist eine Reihenentwicklung nach dem jeweiligen Eigenfunktionssystem des Hohlleiters und diese Entwicklungen müssen rechts und links von der Sprungstelle miteinander übereinstimmen. Daraus ergeben sich die gesuchten Bestimmungsgleichungen für die Koeffizienten der Reihen.

Die Ergebnisse der Rechnung sollen hier zusammengestellt werden, da sie für die Toleranzberechnungen von grundlegender Bedeutung sind. Die Transmission vom Wellentyp $H_{0n}$ in einen Typ $H_{\mu\nu}$ werde mit $T_{[0n][\mu\nu]}$, die Reflexion dementsprechend mit $R_{[0n][\mu\nu]}$ bezeichnet. Die Größe $Y_{[\mu\nu]} = \beta_{[\mu\nu]}/\omega\,\mu_0$ ist der Wellenleitwert der Welle $H_{\mu\nu}$ im undeformierten Hohlleiter, $Y_{[\mu\,\nu]}$ das Entsprechende im deformierten Teil. Bei Beschränkung auf die ersten Potenzen von $\delta$ erhält man

$$T_{[0\,n]\,[0\,n]} = \frac{2}{\sqrt{\dfrac{Y_{[0n]}}{\overline{Y}_{[0n]}}} + \sqrt{\dfrac{\overline{Y}_{[0n]}}{Y_{[0n]}}}} \approx 1;$$

$$R_{[0\,n]\,[0\,n]} = \frac{Y_{[0n]} - \overline{Y}_{[0n]}}{Y_{[0n]} + \overline{Y}_{[0n]}} \approx \frac{1}{2}\,\delta_0\,\frac{\left(\dfrac{j'_{0\,n}}{k\,r_0}\right)^2}{1 - \left(\dfrac{j'_{0\,n}}{k\,r_0}\right)^2},$$

     (98a)

$$T_{[0\,n]\,[\mu\,\nu]} = \frac{1}{2}\,q_{[0\,n]\,[\mu\,\nu]}\,\frac{Y_{[\mu\,\nu]} + Y_{[0n]}}{\sqrt{Y_{[0n]}\,Y_{[\mu\,\nu]}}};$$

$$R_{[0\,n]\,[\mu\,\nu]} = \frac{1}{2}\,q_{[0\,n]\,[\mu\,\nu]}\,\frac{Y_{[\mu\,\nu]} - Y_{[0n]}}{\sqrt{Y_{[0n]}\,Y_{[\mu\,\nu]}}}.$$

     (98b)

Hier sind also Reflexionen nicht nur die Wellen desselben Modus, sondern auch rückwärtslaufende Wellen der umgewandelten Moden. Die auf-

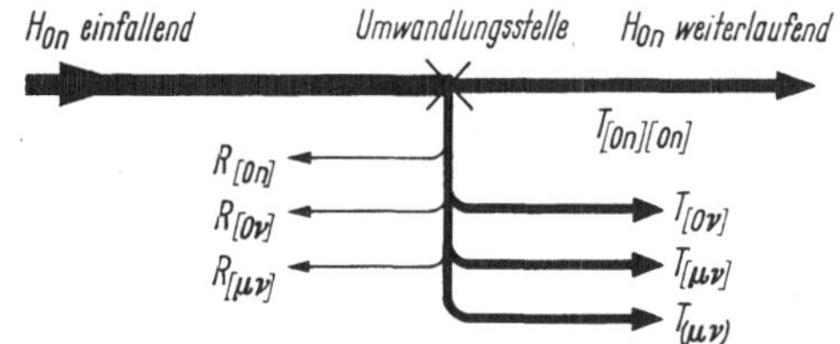



Abb. 38. Schema der Streukoeffizienten einer Umwandlungsstelle

tretenden Gruppen von Transmission und Reflexion sind in Abb. 38 dargestellt.

Die Größen $q_{[0\,n]\,[\mu\,\nu]}$ haben folgende Bedeutungen:

Streuung $H_{0n} \to H_{0\nu}$    $q_{[0n][0\nu]} = 2\,\delta_0\,\dfrac{j'_{0\nu}\,j_{0n}}{j'^2_{0\nu} - j'^2_{0n}}$      (99a)

Streuung $H_{0n} \to H_{\mu\nu}$    $q_{[0n][\mu\nu]} = \sqrt{2}\,\delta_\mu\,\dfrac{j_{\mu\nu}}{\sqrt{j'^2_\mu - \mu^2}}\,\dfrac{j'_\mu\,j'_{0n}}{j'^2_{\mu\nu} - j'^2_{0n}}$    (99b)

Streuung $H_{0n} \to E_{\mu\nu}$    $q_{[0n](\mu\nu)} = 0.$      (99c)

Der Inhalt dieser Formeln ist in wenigen Worten zusammenzufassen.

1. Die Symmetriezahl $\mu$ des von $H_{0n}$ aus angeregten Typs stimmt mit der Symmetriezahl der Deformation $\delta_m$ überein.

2. Bei Durchmessersprüngen $\delta_\mu$ nach Formel (97) treten keine $E_{\mu\nu}$- sondern nur $H_{\mu\nu}$-Wellen auf.

3. Die Transmission ist, abgesehen von der engeren Umgebung der Grenzfrequenz von $H_{\mu\nu}$ fast frequenzunabhängig, weil die Wellenleitwerte $Y$ nahezu frequenzunabhängig sind, und kann dargestellt

werden in der Form

$$T = t\,\delta. \tag{100a}$$

4. Die Reflexion nimmt als Differenz sich wenig unterscheidender Größen mit steigender Frequenz gleichmäßig ab und bleibt stets viel kleiner als die Transmission.

In erster Näherung ist die $H_{0n}$-Reflexion an einem Durchmessersprung $\delta_0$ dem Unterschied der Wellenleitwerte proportional. Man kann allgemein schreiben

$$R = r\,\delta. \tag{100b}$$

In Abb. 39 ist das allgemeine Verhalten der Koeffizienten $t$ und $r$ am Beispiel von $r_{01}$, $t_{02}$ und $r_{02}$ dargestellt, und die Tab. 6 enthält die Endwerte von $t_{[01][\mu\nu]}$ für die elementaren Querschnittsdeformationen der ersten vier Ordnungen $\delta_0$ bis $\delta_3$.

Werden zwei Hohlleiter so aneinandergesetzt, daß die Achsen beider einen Winkel $\psi$ miteinander bilden, dann tritt bei kleinen Winkeln eine Streuung in die $E_{11}$-Welle so wie in die $H_{1n}$-Familie ein. Für kleine Winkel $\psi$ gilt

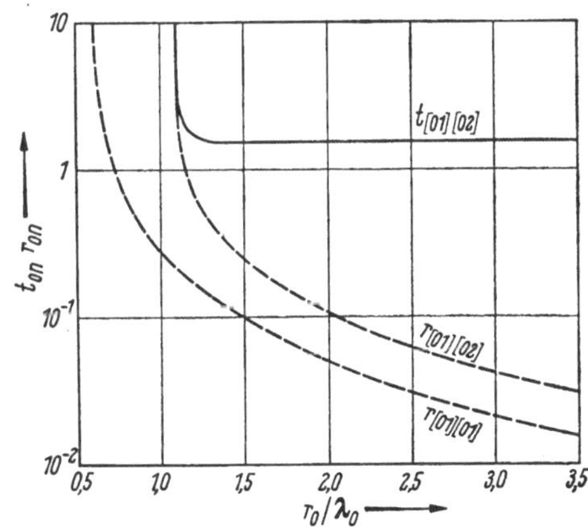

Abb. 39. Einige Transmissions- und Reflexionskoeffizienten in Abhängigkeit von $r_0/\lambda_0$

$$T_{[01](11)} = \frac{\sqrt{2}\,\pi}{j'_{01}} \frac{r_0}{\lambda_0}\,\psi = 1{,}16\,\frac{r_0}{\lambda_0}\,\psi. \tag{101a}$$

Einen stetig gekrümmten Wellenleiter kann man aus geraden, mit Knicken aneinandergereihten Stücken von der Länge $\Delta s$ durch einen

Tabelle 6

| $[\mu\nu]$ | [02] | [03] | [04] | [11] | [12] | [13] | [14] | |
|---|---|---|---|---|---|---|---|---|
| $t_{[01][\mu\nu]}$ | 1,557 | 0,878 | 0,627 | 1,052 | 2,140 | 0,800 | 0,520 | |

| $[\mu\nu]$ | [21] | [22] | [23] | [24] | [31] | [32] | [33] | [34] |
|---|---|---|---|---|---|---|---|---|
| $t_{[01][\mu\nu]}$ | 4,090 | 1,257 | 0,651 | 0,455 | 10,566 | 0,945 | 0,559 | 0,408 |

| $[\mu\nu]$ | [41] | [42] | [43] | [44] |
|---|---|---|---|---|
| $t_{[01][\mu\nu]}$ | 3,217 | 0,779 | 0,496 | 0,372 |

Grenzübergang $\Delta s \to 0$ hervorbringen. Man findet, wenn man den Knickwinkel durch den Krümmungsradius

$$R = \frac{\Delta s}{\psi}$$

ersetzt, einen Streukoeffizienten, der eine Dimension trägt, nämlich die einer reziproken Länge. Streukoeffizienten für stetig verteilte Störungen haben den Charakter eines Leitungsbelages und sollen hier *Kopplungen* heißen. Für schwache Krümmung kann man nach dem Vorbild von Gl. (100) wiederum einen linearen Ansatz machen

$$k_{[0\,1],\,p} = C_p \frac{1}{R}. \tag{101b}$$

Der Index $p$ steht für (11) oder [1$\nu$], da sowohl $E_{11}$ als auch $H_{1\nu}$ entstehen können. Die dimensionslose Größe $C_p$ lautet für die wichtige $H_{12}$-Welle [22]:

$$C_{[0\,1][1\,2]} = \frac{a}{\sqrt{2}}\ \frac{j'_{01}\,j'^2_{12}}{(j'^2_{12} - j'^2_{01})^2\,\sqrt{j'^2_{12} - 1}}\ \frac{(\beta_{[0\,1]} + \beta_{[1\,2]})^2}{\sqrt{\beta_{[0\,1]}\beta_{[1\,2]}}} \approx 1{,}96\frac{a}{\lambda_0}. \tag{101c}$$

Diese Größe ist für ein Rohr von 70 mm Durchmesser in Abb. 40 (S. 166) angegeben. Sie steigt nahezu proportional zur Frequenz und zum Rohrdurchmesser an.

**b) Ausbreitung in Hohlleitern mit kontinuierlich verteilten Unregelmäßigkeiten.** Es entstehen sprunghafte Querschnittsdeformationen im allgemeinen nur an der Verbindungsstelle zweier Teillängen. In den Teillängen selbst haben die Deformationen nach ihrer Entstehungsweise in einer ungleichmäßig arbeitenden Herstellungsmaschine stets eine endliche Längsausdehnung. Die Deformationsgrößen $\delta_m$ sind stochastische Funktionen $\delta_m(z)$ von der Längskoordinate. Das nächste wichtige Problem der Hohlkabeltechnik ist daher die Beschreibung der Ausbreitung in mehrwelligen Hohlleitern mit kontinuierlich verteilten Kopplungen.

Eine beulenförmige Deformation erhält man durch Aneinanderreihen kurzer Stücke von der Länge $\Delta z$ mit jeweils konstanter Deformation $\delta_m(z)$, $\delta_m(z + \Delta z)$, ... usw. Die Transmission an der Sprungstelle zweier Stücke geht aus Gl. (100a) hervor und ist gleich dem Unterschied der beiden Transmissionen zu setzen:

$$\Delta T_{[0\,1][\mu\nu]} = t_{[0\,1][\mu\nu]}\,[\delta_\mu(z + \Delta z) - \delta_\mu(z)].$$

Nach dem Grenzübergang $\Delta z \to 0$ erhält man für die Vorwärtsstreuung eine $z$-abhängige Kopplung nach folgender Definition:

$$k_{[0\,1][\mu\nu]} = \lim_{\Delta z \to 0} \frac{\Delta T_{[0\,1][\mu\nu]}}{\Delta z} = t_{[0\,1][\mu\nu]}\,\delta'_\mu(z). \tag{102}$$

Unter Kopplung schlechthin kann stets die Vorwärtsstreuung verstanden werden, weil die Reflexion nach dem Vorangegangenen zu vernachlässigen ist. Die Vernachlässigung ist im Hinblick auf die beabsichtigte Verwendung eines PCM-Systems getroffen. Sie ist dann nicht zulässig, wenn man ein FM-System anwenden würde, weil dann auch die Reflexionen $R_{[0\,1]\,[0\,1]}$ berücksichtigt werden müßten.

Wir stellen die Frage, wie der Übertragungsfaktor der $H_{01}$-Welle verändert wird, wenn im Hohlleiter beliebig verteilte Kopplungen zu beliebig vielen Wellentypen vorhanden sind. Die Feldvektoren an jedem Punkt $(r, \varphi, z)$ des Hohlleiters lassen sich in der Form eines Separationsansatzes

$$\begin{aligned} \boldsymbol{E} &= \boldsymbol{p_e}\, \Phi(r, \varphi)\, V(z) \\ \boldsymbol{H} &= \boldsymbol{p_m}\, \Psi(r, \varphi)\, I(z) \end{aligned} \tag{103}$$

anschreiben. Darin bedeutet $\boldsymbol{p}$ einen Einheitsvektor, der die räumliche Polarisation festlegt, die Funktionen $\Phi$ bzw. $\Psi$ enthalten die Verteilung von $\boldsymbol{E}$ bzw. $\boldsymbol{H}$ innerhalb des deformierten Querschnitts, und die lediglich von $z$ abhängigen Funktionen $V$ und $I$ beschreiben die Längsausbreitung. Für diese gelten, wie hier nicht näher erörtert werden soll, lineare Differentialgleichungen, die für homogene, kopplungsfreie Hohlleiter völlig gleich gebaut sind, wie die auf S. 101 aufgestellten Leitungsgleichungen Gl. (1) für Spannung und Strom in einer Lecherleitung. Man kann zeigen, daß die Welle im deformierten Hohlleiter als Superposition von Eigenfunktionen des undeformierten Hohlleiters darstellbar ist, wobei die Ausbreitungsfunktion $V_r(z)$ eines beliebigen Modus $r$ dieser Entwicklung einem System von Leitungsgleichungen zu entnehmen ist, welches um die Summe aller Kopplungen $k_{rs}(z)$ vom Modus $r$ in die Moden $s$ erweitert ist. Man erhält

$$\frac{dV_r}{dz} = -\gamma_r\, V_r - \sum_{s=1}^{n}{}' k_{rs}(z)\, V_s(z) \tag{104}$$

$\Sigma'$ deutet die Fortlassung des Summanden $s = r$ an.

Unter $\gamma_r = \alpha_r + \mathrm{j}\,\beta_r$ ist die Ausbreitungskonstante des Modus $r$ zu verstehen. Es würde für die weitere Diskussion wertlos sein, die Gleichungen in dieser allgemeinen Form zu behandeln, wir beschränken uns auf den Fall $n = 2$, d. h., daß Kopplungen über dritte, vierte ... usw. Wellentypen vernachlässigt werden sollen, weil diese Effekte von der Ordnung $k^3$, $k^4$ ... usw. werden. Da die Kopplung nicht ein dissipativer, Verlustwärme erzeugender Vorgang ist, ist es vorteilhaft, den Kopplungstermen den Faktor $\mathrm{j} = \sqrt{-1}$ beizufügen. Wir setzen in spezieller Weise an

$$\begin{aligned} \frac{dV_1}{dz} &= -\gamma_1\, V_1 - \mathrm{j}\, k(z)\, V_2 \\ \frac{dV_1}{dz} &= -\gamma_2\, V_1 - \mathrm{j}\, k(z)\, V_1. \end{aligned} \tag{105}$$

Als Randbedingung setzen wir eine reine $H_{01}$-Welle am Leitungseingang voraus. Das bedeutet, daß

$$V_1(0) = 1, \qquad V_2(0) = 0$$

sein sollen. Für die Lösungen machen wir zweckmäßigerweise den Ansatz

$$V_1(z) = \varrho(z) \cos \vartheta(z) \tag{106a}$$

$$V_2(z) = \varrho(z) \sin \vartheta(z) \tag{106b}$$

mit
$$\vartheta(z) = -e^{-\delta\gamma z} \int_0^z k(\zeta)\, e^{\delta\gamma\zeta}\, d\zeta \tag{107a}$$

$$\ln \varrho(z) = -\gamma_1 z - \delta\gamma \int_0^z \sin^2 \vartheta(z)\, dz \tag{107b}$$

und
$$\delta\gamma = \gamma_2 - \gamma_1 = (\alpha_2 - \alpha_1) + j(\beta_2 - \beta_1) = \delta\alpha + j\,\delta\beta. \tag{108}$$

Als Konversionsfaktor der Strecke $z$ bezeichnet man den Betrag des Amplitudenverhältnisses

$$\left| \frac{V_2}{V_1} \right|_z = |\tan \vartheta| \approx |\vartheta(z)| \quad (\text{für } |\vartheta| \ll 1).$$

Für schwache Kopplungen hat die Größe $|\vartheta|$ unmittelbar die Bedeutung des Konversionsfaktors. Als effektive Dämpfung $A$ bezeichnet man den Logarithmus des Amplitudenbetrages der Nutzwelle am Ende der Strecke, bezogen auf den Anfangswert, also

$$A = \ln \left| \frac{V_1(0)}{V_1(z)} \right| = \ln |\varrho(z) \cos \vartheta(z)| \approx \alpha_1 z + \Delta a_1 - \ln \left( 1 - \frac{1}{2} |\vartheta|^2 \right). \tag{109}$$

Darin steht $\Delta a_1$ zur Abkürzung für

$$\Delta a_1 = \mathrm{Re} \left\{ \delta\gamma \int_0^z \vartheta^2(z)\, dz \right\}. \tag{110a}$$

Die Gl. (109) bedeutet physikalisch, daß sich die effektive Dämpfung aus drei Anteilen zusammensetzt:

$\alpha$) Dämpfung $\alpha_1 z$ der Nutzwelle durch Umwandlung in JOULEsche Wärme.

$\beta$) Dämpfungserhöhung $\Delta a_1$ durch Bildung JOULEscher Wärme aus der Störwelle.

$\gamma$) Leistungsentzug der Störwelle aus der Nutzwelle (Konversionsverlust).

Die Phasenkonstante der Nutzwelle erleidet durch die Konversion eine Beeinflussung, welche aus

$$\Delta b_1 = Jm \left\{ \delta\gamma \int_0^z \vartheta^2(z)\, dz \right\} \tag{110b}$$

zu berechnen ist. Daß in den Gl. (110a) und (110b) die Konversion quadratisch vorkommt, rührt davon her, daß dafür der in $H_{01}$ rück-umgewandelte Anteil der Störwelle verantwortlich ist.

**c) Verhalten in Krümmungen.** Aus Gl. (107a) lassen sich unmittelbar einige Schlüsse ziehen, die sich auf die grundsätzlichen Erscheinungen in Krümmungen beziehen. Man betrachte eine Leitung mit konstanter Kreisbogenkrümmung. Setzt man den konstanten Kopplungsfaktor nach Gl. (101b) in Gl. (107a) ein, so erhält man für den Konversions-faktor einer Krümmung mit der Länge $l$

$$|\vartheta_p(l)| = \frac{k_p}{\sqrt{\delta\alpha^2 + \delta\beta^2}} \sqrt{1 + \mathrm{e}^{-2\delta\alpha l} - 2\mathrm{e}^{-\delta\alpha l}\cos\delta\beta\, l}. \qquad (111)$$

Der Betrag des Konversionsfaktors schwankt mit einer Längenperiode

$$\Lambda_p = \frac{2\pi}{\delta\beta}. \qquad (112)$$

Ausgehend von der Vorstellung eines periodischen Leistungsaustausches zwischen den miteinander gekoppelten Wellenformen $H_{01}$ und „$p$" nennt man $\Lambda_p$ die Schwebungslänge der Welle „$p$" mit $H_{01}$.

*1. $E_{11}$-Kopplung.* Eine besondere Stellung in gekrümmten Hohl-leitern nimmt die $E_{11}$-Kopplung ein. In ideal dämpfungsfreien Hohl-leitungen mit $\delta\alpha = 0$ ist wegen der Entartung auch $\delta\beta = 0$ und aus Gl. (111) ergibt sich eine proportional zur Bogenlänge zunehmende Konversion vom Betrag

$$|\vartheta_{(11)}(l)| = k_{(11)}l = \frac{1{,}16\,r_0}{\lambda_0}\,\frac{1}{R}. \qquad (113)$$

Die Amplitude von $H_{01}$ schwankt daher gemäß Gl. (106a) mit dem Kosinus dieses die Bogenlänge $l$ enthaltenden Argumentes. Für die Wel-lenlängen

$$\lambda_i = \frac{1}{2i-1}\,\frac{2\sqrt{2}}{j'_{01}}\,\frac{l\,r_0}{R}\,; \quad i = 1, 2, 3, \ldots \qquad (114)$$

würde völlige Auslöschung der $H_{01}$-Welle eintreten. Aus diesem Grunde sind blanke, ideal leitende Hohlleiter für die Ausführung von Krümmun-gen im Gelände ungeeignet. Die Hohlleitung muß so modifiziert werden, daß die Entartung aufgehoben wird. Die verbleibende periodische Abhängigkeit der Konversion von $\delta\beta\, l$ läßt sich durch Erhöhung des Dämpfungsunterschiedes $\delta\alpha$ vermindern, wie man aus Gl. (111) erkennt.

*2. $H_{1n}$-Kopplung.* Die $H_{12}$-Welle wird in Krümmungen am stärksten gekoppelt (Abb. 40), sie hat jedoch eine natürliche Phasendifferenz zur $H_{01}$-Welle, weshalb es auch im blanken Hohlleiter nicht zu einem voll-ständigen Energieaustausch mit $H_{01}$ kommen kann. Da der Dämpfungs-unterschied $\alpha_{[12]} - \alpha_{[01]}$ geringer ist als bei allen übrigen $H_{1n}$-Wellen, ist der $H_{12}$-Konversion ein besonderes Augenmerk zuzuwenden, wenn die Leitungsführung nicht gerade ist.

Man erkennt, daß eine Hohlleiterstrecke nicht wie ein konventionelles Kabel verlegt werden kann. Es sind bestimmte Toleranzen an die Krümmungsradien der beabsichtigten Krümmungen und an die Genauigkeit der geradegeführten Streckenabschnitte zu stellen.

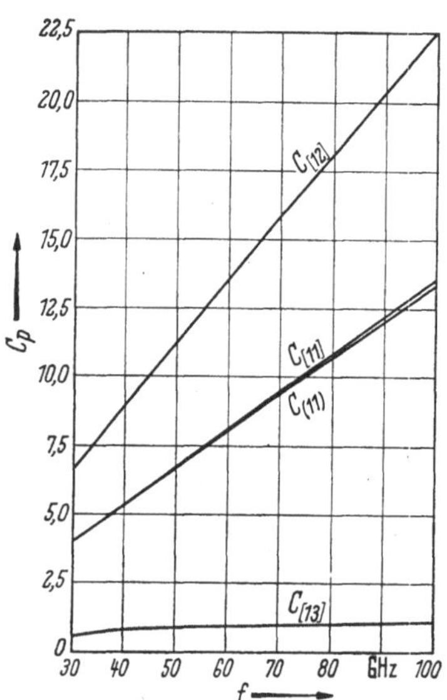


Abb. 40. Kopplungskonstanten in Krümmungen. Berechnet für $2r_0 = 70$ mm

In der Praxis sind 4 Arten von Leitungskrümmungen zu unterscheiden:

$\alpha$) Durch das Gelände oder durch die Einführung der Leitung in das Amt bedingte Krümmungen. Diese Aufgabe wird durch besondere Leitungskrümmer gelöst, über deren Konstruktion noch zu sprechen sein wird.

$\beta$) Unbeabsichtigte Krümmungen, die durch ungenaue Ausrichtung der Leitung, wie z. B. durch Nivellierfehler von Auflagern oder durch nicht gerade Teillängen bedingt sind. Diese Krümmungen sind statistischer Natur, die Korrelationsreichweite der Richtungsstörung ist mindestens so groß wie der Abstand der Auflager oder wie die zu verbindenden Teillängen.

$\gamma$) Zwischen den Auflagern würde eine elastische Durchbiegung des Hohlleiters auftreten und damit eine systematische Krümmung entstehen.

$\delta$) Die Wanddicke des Hohlleiters kann in solcher Weise schwanken, daß auch bei äußerlich vollkommen gerader Leitungsführung die Achse des Leitungsquerschnitts den Ausbuchtungen der Wand folgend gekrümmt ist. Dies ist im allgemeinen eine statistische Deformation mit Korrelationsreichweiten, die kürzer als die Teillänge oder der Stützenabstand sein können.

Man kann bei $\delta$) von einer inneren Wellung der Achse sprechen, die durch mechanische Messung von außen nicht festellbar ist. Die Fälle $\beta$) und $\gamma$) könnte man als äußere Wellungen bezeichnen.

### 3.3.4 Selbstreinigende Leitungstypen

Ein $H_{01}$-Hohlleiter ist für die Übertragungstechnik nur dann brauchbar, wenn die $E_{11}$-Entartung aufgehoben ist und ein bestimmtes Mindestmaß des Dämpfungsverhältnisses $\alpha_{(11)}/\alpha_{[01]}$ eingehalten wird. Je nachdem, ob der Hohlleiter gerade verlegt oder als Leitungskrümmer benutzt werden soll, stellt man an das Dämpfungsverhältnis verschiedene Anforderungen. Wir besprechen zunächst die geraden Leitungen.

Zur Aufhebung der $E_{11}$-Entartung sind mehrere Vorschläge gemacht worden, z. B. der, den Hohlleiter schwach elliptisch anstatt kreisförmig zu machen. Man erzielt damit jedoch keine ausreichende Dämpfungserhöhung. Die Verluste werden stärker von der Wellenimpedanz des Wandmaterials bestimmt als durch geringe Deformationen der Querschnittsfigur. Man nennt solche Hohlleiter, deren leitende Innenwand modifiziert ist mit der Absicht, das Dämpfungsverhältnis $\alpha_{(11)}/\alpha_{[01]}$ zu erhöhen, selbstreinigende Hohlleiter. Der Zweck dieser Maßnahme ist, die Laufstrecke der unerwünschten Wellenformen, die durch die Unregelmäßigkeiten der Leitung unterwegs gebildet werden, möglichst kurz zu machen. Dadurch wird nicht nur der Konversionsverlust erniedrigt, sondern auch die Möglichkeit zur Rekonversion und der damit verbundenen Entstehung eines phasenverschobenen sekundären Mitflusses in der Nutzwelle unterbunden.

Man kann zwei Arten selbstreinigender Hohlleiter unterscheiden, nämlich solche mit anisotroper Wandleitfähigkeit und solche mit isotropem Aufbau der Wandmaterialien.

**a) Anisotrope Wellenleiter.** Nur die nichtkreissymmetrischen $H$-Wellen und alle $E$-Wellen führen Längsströme auf der Hohlleiterwand. Wird die metallische Wand durch einen quer zur Zylinderachse geschichteten Aufbau aus metallischen Ringen abwechselnd mit Isolierstoffringen ersetzt, so entsteht offensichtlich für alle Wellen mit einer Längsstromkomponente eine erhöhte Dämpfung. Wenn die Schichtung fein gegen die Hohlleiterwellenlänge ist, kann man die Wand mathematisch als homogenen jedoch anisotropen Leiter betrachten. Es gibt eine Reihe praktischer Ausführungsformen anisotroper Hohlleiter. Am wirkungsvollsten ist ein Aufbau der aus dünnem isoliertem Rund- oder Profildraht besteht, der zu einer anliegenden Wendel gewickelt ist, Auf die Wicklung folgen 2 Isolierstoffschichten, die innere mit geringerer dielektrischer Absorption, die äußere aus einem stark dämpfenden Material bestehend. Das Ganze steckt in einem Schutzrohr. Man erzielt mit diesem Aufbau sehr hohe Dämpfungsverhältnisse $\alpha_{(11)}/\alpha_{[01]}$, nämlich in der Größenordnung von $10^3$. Die Berechnung der Übertragungskonstanten findet man z. B. in [26], der Einfluß von Herstellungstoleranzen des Wendelhohlleiters ist in [27] und [28] behandelt.

**b) Isotrope selbstreinigende Wellenleiter.** Das Reflexionsvermögen an einer dielektrischen Grenzfläche hängt bekanntlich von der Polarisation des elektrischen Feldvektors, bezogen auf die Einfallsebene ab. Wenn die Innenwand des homogenen metallischen Hohlleiters mit einer dünnen dielektrischen Schicht bedeckt wird, werden diejenigen Wellen besser reflektiert, die nur eine $E$-Komponente senkrecht zur

Einfallsebene haben, als die anderen Wellenformen. Die $H_{0n}$-Wellen werden viel weniger durch den Belag nach Dämpfung und Phasenmaß beeinflußt, als Wellen mit Komponenten $E_r$ und $E_z$, also $E$-Wellen und nichtkreissymmetrische $H$-Wellen. Die $H_{01}$-Welle erfährt durch einen Belag mit der Dicke $d$, einer relativen Dielektrizitätskonstanten $\varepsilon_r$ und einem Verlustfaktor $\tan\delta$ einen Dämpfungszuwachs

$$\delta\alpha_{[01]} = \frac{\mathrm{j}_{01}^{\prime\,2}}{3(1 - v_{[01]}^2)}\,\beta_{[01]}\left(\frac{d}{r_0}\right)^3 \varepsilon_r \tan\delta\ . \tag{115}$$

Für die $H_{[mn]}$- und $E_{(mn)}$-Wellen verläuft der Zuwachs hingegen mit $d/r_0$; man hat folgende Formeln

$$\delta\alpha_{[mn]} = \frac{m^2}{(\mathrm{j}_{mn}^{\prime\,2} - m^2)\,(1 - v_{[mn]}^2)}\,\beta_{[mn]}\,\frac{d}{r_0}\,\frac{\tan\delta}{\varepsilon_r(1 + \tan^2\delta)} \tag{116}$$

$$\delta\alpha_{(mn)} = \beta_{(mn)}\,\frac{d}{r_0}\,\frac{\tan\delta}{\varepsilon_r} \tag{117}$$

$$(v_p = f_{cp}/f)\,.$$

Die Phasenverschiebung zwischen $E_{11}$- und $H_{01}$-Welle beträgt

$$\frac{\delta\beta}{\beta_{[01]}} = \left(1 - \frac{1}{\varepsilon_r}\right)\frac{d}{r_0}\,. \tag{118}$$

Die Formeln gelten genügend genau für $d/r_0 \leqq 10^{-3}$. Eine Ableitung findet man in [29]. Messungen haben ergeben, daß man mit Verlustfaktoren von $10^{-2}$ bis $10^{-1}$ Dämpfungsverhältnisse $\alpha_p/\alpha_{[01]}$ von der Größenordnung 10 bis $10^2$ erreichen kann [30]. Betrachtungen über den Einfluß von Unregelmäßigkeiten des Belages sind in [31] angestellt worden.

Die Gesamtdämpfung eines mit konstanter Krümmung verlegten dielektrisch beschichteten Hohlleiters beträgt wegen der $E_{11}$-Bildung in der Krümmung

$$\alpha_{[01]}' = \alpha_{[01]} + \left(\frac{k_{(11)}}{\delta\beta}\right)^2(\alpha_{(11)} - \alpha_{[01]})\,. \tag{119}$$

Macht man die Schicht dicker, so wird wegen Gl. (118) $\delta\beta$ größer und die Konversion $k_{(11)}/\delta\beta$ wird kleiner. Wegen (115) und (117) erhöhen sich andererseits die Dämpfungen und daher gibt es eine optimale Schichtdicke. Für ein Dielektrikum mit $\varepsilon_r = 3{,}15$, $\tan\delta = 0{,}1$ findet man für einen dielektrisch beschichteten Hohlleiter, der mit einem Radius von 250 m gekrümmt und bis 90 GHz betrieben werden soll, beispielsweise

$$d_{\mathrm{opt}} = 0{,}064\ \mathrm{mm} \quad \text{für} \quad 2r_0 = 70\ \mathrm{mm}.$$

Die $H_{01}$-Dämpfung wird um 0,017 Np/km durch die Schicht erhöht und der Zuschlag durch Umwandlung in $E_{11}$ beträgt 0,049 Np/km, die $E_{11}$-Dämpfung erhöht sich durch den Belag von 6,5 auf 113 Np/km.

Die Gesamtdämpfung des gekrümmten Abschnitts beträgt daher $\alpha'_{[01]} = 0,086$ Np/km.

Ob die mit dem dielektrisch beschichteten Hohlleiter erreichten Zusatzdämpfungen für die Störwellen allgemein ausreichend sind für eine verzerrungsfreie Übertragung, wird im 10. Abschnitt untersucht werden.

### 3.3.5 Bauelemente für die Hohlkabeltechnik

**a) Krümmer.** Das vorstehende Zahlenbeispiel zeigt, daß Krümmungen mit Radien $R < 100$ m mit dem dielektrisch beschichteten Hohlleiter ohne große Zusatzdämpfung bewältigt werden können. Wenn Krümmungen mit ungefähr 1 m Radius ausgeführt werden sollen, empfiehlt es sich, den Durchmesser des Hohlleiters zu reduzieren und damit die Kopplung $k_p$ zu vermindern. Man benötigt für eine ausreichende Phasenverschiebung entsprechend dicke Schichten in der Größenordnung $d/r_0 \approx 10^{-2}$ und muß ein Dielektrikum mit möglichst niedrigem Verlustfaktor verwenden. Auf diesem Wege ergibt z. B. ein Krümmer von 16 mm Rohrdurchmesser, mit 1,5 m Radius und 0,13 mm Schichtdicke bei einem Umlenkwinkel von 45° eine $H_{01}$-Dämpfung von 0,023 Np bei $f = 35$ GHz [30]. Dies entspricht der Dämpfung von 270 m gerader Leitung mit 70 mm Durchmesser.

Die Phasenverschiebung für Krümmer mit sehr engen Radien um und unter 1 m würden Schichtdicken von Millimetern erfordern. Es würden technologische Schwierigkeiten entstehen und die dielektrische Absorption bei hohen Frequenzen unzulässig groß werden. Daher greift man in solchen Fällen zum Wendelhohlleiter mit verlustarmer Mantelschicht oder zum gerillten Hohlleiter. Wenn man in die Hohlleiterwand eine Wendelnut mit gegen die Wellenlänge enger Steigung einschneidet, erhält man eine Verschiebung gegen $E_{11}$ von der Größe

$$\frac{\delta \beta}{\beta_{[01]}} \approx \frac{t}{r_0} \frac{a}{h} \tag{120}$$

$t$ Nutentiefe, $a$ Nutenbreite, $h$ Ganghöhe.

Mit Nutentiefen von einigen Zehntelmillimeter lassen sich $\delta \beta/\beta$-Werte von $10^{-2}$ erzeugen, ohne daß dielektrische Zusatzdämpfungen in Kauf zu nehmen wären. Die $H_{01}$-Dämpfung wird durch die Wegverlängerung in der Nut um einen nahezu frequenzunabhängigen Faktor erhöht.

Eine weitere Senkung der Umwandlungsverluste läßt sich dadurch erzielen, daß an die Stelle von Kreisbogenkrümmern mit konstantem Krümmungsradius Krümmer mit ortsabhängiger Krümmung treten. Man läßt sie Krümmung vom Wert Null allmählich bis zu einem Maximalwert wachsen und wieder zu Null abnehmen. Mathematisch gesehen besteht die Aufgabe darin, die Funktion $k(\zeta)$ unter dem Integral (107a) bei gegebener Länge $l$ des Krümmers und vorgegebener Winkelumlenkung $\Theta$ so zu bestimmen, daß die entstehende Konversion für ein gegebenes Frequenzband minimal wird. Diese Aufgabe ist formal derjenigen analog, die Stromverteilung in einer linearen Antenne für maximale Richtwirkung zu bestimmen und wurde unter Zugrundelegung einer transzendenten Funktion gelöst [32]. Mit Hilfe dieser Maßnahme lassen sich Krümmungsradien in der Größenordnung von Dezimetern erreichen.

**b) Übergänge.** In einem Hohlleiter, dessen Durchmesser sich erweitert, entstehen aus der $H_{01}$-Welle $H_{02}$, $H_{03}$ ... usw. mit abnehmender Stärke. Da es keine Typenfilter gibt, die über breite Frequenzbereiche $H_{02}$ selektiv ausfiltern könnten, muß in Durchmesserübergängen die $H_{02}$-Konversion möglichst niedrig gehalten werden.

Ein kegelförmiger Übergang mit $r_2/r_1 = 2:1$ dürfte etwa nur 0,5° Wandneigung haben, wenn der $H_{02}$-Leistungspegel etwa um 50 dB kleiner sein soll als der $H_{01}$-Pegel.

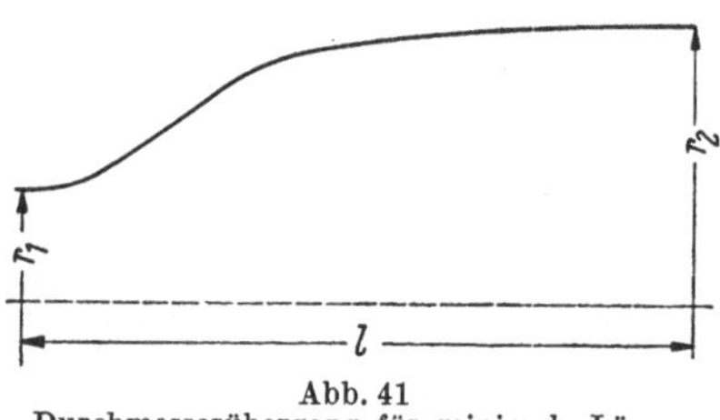

Abb. 41
Durchmesserübergang für minimale Länge

Die Konversion hängt vom Verhältnis der Länge $l$ des Übergangs zur Schwebungslänge $\Lambda$ ab. Die Schwebungslänge selbst ist dem Quadrat des Radius proportional. Man hat also im engeren Teil des Übergangs kürzere Schwebungslängen und kann daher dort eine größere Wandsteigung wählen als im weiten Teil. Ein kontinuierlicher Übergang nach der in Abb. 41 gezeigten Art hat eine wesentlich geringere Baulänge, etwa nur $^1/_{20}$ der Länge eines Konus gleicher Konversion. Die analytische Behandlung dieser Aufgabe im Sinne einer Optimalkurve mit Tiefpaßcharakter der Konversion findet man in [33, 34, 35].

**c) Verbindungsstellen.** Eine Hohlkabelstrecke wird aus starren Teilstücken von 5 bis 10 m Länge aufgebaut. Im Vergleich zum Koaxialkabel entstehen etwa 100mal mehr Verbindungsstellen, daher müssen die durch Achsenversatz, Achsenknick und Durchmessersprung erzeugten Leistungsverluste entsprechend scharf toleriert werden. An jeder Sprungstelle wird der $H_{01}$-Welle durch eine Toleranz $\delta_m$ eine Leistung $N_m$ entzogen, die sich als Leistungssumme über alle $H_{mn}$-Wellen infolge Streuung und Reflexion ergibt zu

$$N_m = 2\,\delta_m^2 \sum_n (t_{mn}^2 + r_{mn}^2). \tag{121}$$

Der Faktor 2 steht wegen der beiden möglichen Polarisationsrichtungen von $\delta_m$. Es entsteht dadurch eine Zusatzdämpfung für die $H_{01}$-Welle, die wir mit $\tilde{\alpha}_m$ bezeichnen wollen, und die durch

$$\mathrm{e}^{-2\,\tilde{\alpha}_m\,l} = 1 - N_m \tag{122}$$

definiert ist ($l$ = Abstand der Stoßstellen). Sofern man $\alpha_m$ vorgibt, kann man die Toleranzgröße $\delta_m$ aus der Formel

$$\delta_m = \sqrt{\dfrac{\tilde{\alpha}_m\,l}{\sum\limits_n (t_{mn}^2 + r_{mn}^2)}} \tag{123}$$

ausrechnen. Die Größen $t_{mn}$ und $r_{mn}$ kann man aus der Tab. 6 entnehmen. Die folgende Tabelle enthält die mittleren Flanschtoleranzen $\delta_m$, die bei Stoßlängen von $l = 5\,\mathrm{m}$ eine Zusatzdämpfung der Nutzwelle von 10 mNp/km hervorrufen.

Tabelle 7

| Symmetrien | 0 | 1 | 2 | 3 | 4 |
|---|---|---|---|---|---|
| $\delta_m$ in ‰ | 3,50 | 2,8 | 1,65 | 0,64 | 2,21 |
| für 70 mm Dmr.:   $r_0 \delta_m$ in µm | 123 | 98 | 58 | 22 | 77 |

Die Toleranzwerte sind in genügender Entfernung von der Grenzfrequenz des jeweiligen $H_{mn}$ frequenzunabhängig. Die scharfe Toleranz für $\delta_3$ hängt mit dem großen Streukoeffizienten von $H_{31}$ zusammen (s. Tab. 6).

Diese scharfen Forderungen können grundsätzlich so erfüllt werden, daß die Enden der Teillängen eine zur Hohlleiterachse genau koaxiale Paßfläche erhalten, über die ein zylindrisches Zentrierstück geschoben wird (Abb. 42). Das Zentrierstück trägt an beiden Enden ein Außengewinde, in welches 2 Überwurfmuttern eingreifen, mit denen die beiden Hohlleiter bis zum Stirnkontakt aneinandergezogen werden können. Im Betriebsfall ist das Kabel mit trockenem Stickstoff gefüllt, daher müssen die Muffen gasdicht sein. Wenn Wendelkabelstücke miteinander zu verbinden sind, braucht der Wendeldraht nicht leitend verbunden zu werden.

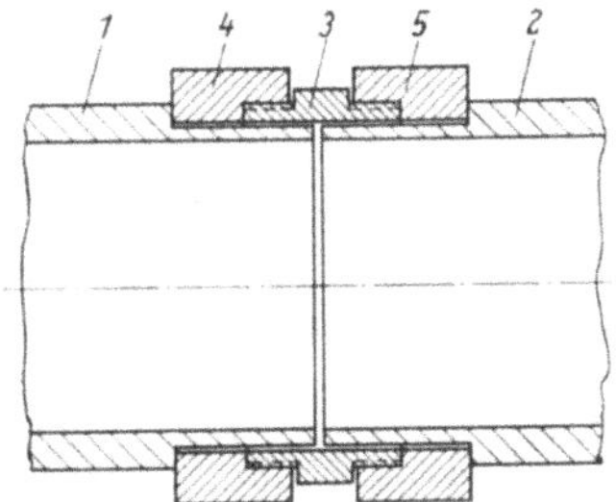


Abb. 42. Prinzipieller Aufbau einer Verbindungsmuffe

### 3.3.6 Toleranzen der Hohlleiter

**a) Toleranzen für kontinuierliche Deformation.** Neben sprunghaften Deformationen gibt es auch solche, die innerhalb einer bestimmten Länge vom Wert Null aus anwachsen und wieder abnehmen. Die Deformationsgrößen $\delta_m(z)$ sind statistische Funktionen der Längskoordinate.

Eine statistische Korrelation der Werte $\delta_m(z)$ erstreckt sich natürlicherweise höchstens über eine Länge $l$, die einer Teillänge entspricht. Die spezielle Form der Autokorrelation ist für die hier aufzustellenden Toleranzbeziehungen von geringem Einfluß. Man kann beispielsweise annehmen, daß die Kopplung innerhalb einer gewissen Länge $s$ konstant und gleich ihrem quadratischen Mittelwert sei. Die in die Welle $m$ konvertierte Leistung ist für jede Strecke $s$ auszurechnen und die Leistungen aller $n = L/s$ Teilstrecken einer Strecke $L$ sind zu addieren. Wenn $|\vartheta_m(s)|^2$ die Konversionsleistung für eine Strecke $s$ ist, entsteht auf $n$ solchen Strecken die Konversionsleistung $n|\vartheta_m(s)|^2$ und die Zusatzdämpfung der Gesamtstrecke beträgt

$$\tilde{\alpha}_m L = \frac{1}{2}\, n\, |\,\vartheta_m(s)\,|^2 = \frac{1}{2}\,\frac{L}{s}\,|\,\vartheta_m(s)\,|^2 . \tag{124}$$

Für eine konstante Kopplung mit „Rechteckverlauf" gab Gl. (111) einen Zusammenhang zwischen Kopplung und Konversion. Am größten wird $\vartheta_m$ offenbar, wenn $s = \frac{1}{2}\,\Lambda_m$ und die Gl. (111) lautet mit den quadratischen Mittelwerten geschrieben

$$\overline{|\,\vartheta_m(s)\,|^2} = \frac{\overline{k_m^2}}{\delta\alpha^2 + \delta\beta^2}\,(1 + e^{-\delta\alpha s})^2 \approx 4\,\frac{\overline{k_m^2}}{\delta\beta^2} = \frac{1}{\pi^2}\,\overline{k_m^2}\,\Lambda_m^2 . \tag{125}$$

Mit Gl. (124) und (125) zusammen hat man schließlich

$$\tilde{\alpha}_m = \frac{1}{\pi^2}\,\overline{k_m^2}\,\Lambda_m . \tag{126a}$$

Zwischen der Deformation und der Kopplung einer Rechteckbeule von der Länge $\Lambda_m/2$ findet man leicht den Zusammenhang

$$\sqrt{\overline{k_m^2}} = 4\,\sqrt{\overline{\delta_m^2}}\; t_{[0\,1],\,m}\,\frac{1}{\Lambda_m} , \tag{127}$$

worin $t_{[0\,1],\,m}$ der Streukoeffizient nach Gl. (100a) ist. Setzt man dies in (126a) ein, so enthält man endlich eine Formel zur Berechnung der mechanischen Toleranz $\delta_m$ aus einer beliebig vorgegebenen Zusatzdämpfung $\tilde{\alpha}_m$ der $H_{01}$-Welle infolge der kontinuierlichen Konversion in die Welle $m$. Sie lautet

$$\sqrt{\overline{\delta_m^2}} = \frac{\pi}{4}\,\frac{\sqrt{\tilde{\alpha}_m\,\Lambda_m}}{t_{[0\,1],\,m}} . \tag{126b}$$

Für die Symmetrieindizes $m = 0 \ldots 4$ gibt die Tab. 8 diese Toleranzwerte für $\tilde{\alpha}_m = 10\ \mathrm{mNp/km}$.

Tabelle 8

| m | 0 | 1 | 2 | 3 | 4 |
|---|---|---|---|---|---|
| $\sqrt{\overline{\delta_m^2}}$ in $^0/_{00}$ | 1,07 | 1,49 | 1,08 | 0,52 | 0,86 |
| für 70 mm Dmr.: $r_0\sqrt{\overline{\delta_m^2}}$ in $\mu$m | 37 | 52 | 38 | 18 | 30 |
| bei GAUSSscher Autokorrelation | (30) | (43) | (31) | (13) | (22) |

Die Wahl der Autokorrelationsfunktion von $\delta_m(z)$ ist auf das Ergebnis nur von geringem Einfluß. Legt man, wie von LARSEN in [23] durchgeführt, eine Autokorrelation vom Typ $e^{-(z/z_0)^2}$ zugrunde, so ist in Formel (126b) der Faktor $\pi/4$ durch 0,646 zu ersetzen. Die damit erhaltenen Toleranzwerte sind in der Tabelle in Klammern gesetzt. Eine ausführliche Betrachtung über die statistischen Toleranzen geben ROWE und WARTERS in [24].

Die Toleranzen fallen wesentlich schärfer aus als für sprunghafte Störungen, da sie sich auf den ungünstigsten Fall der sog. Schwebungsresonanz beziehen. Wenn die Schwebungslängen groß sind, wie z. B. bei $H_{21}$ ($\Lambda = 3$ m für $f = 50$ GHz und 70 mm Dmr.), wird das Auftreten einer Schwebungsresonanz allerdings unwahrscheinlicher, da die bisherigen Untersuchungen metallischer Hohlleiter viel kürzere Beulenlängen ergeben haben. Man sieht daraus, daß es wichtig ist, die Störungen sowohl auf Größe als auch auf Längsausdehnung zu kontrollieren. Ein Meßverfahren hierzu ist in [36] beschrieben.

**b) Verlegungstoleranzen.** Eine Hohlleiterstrecke wird aus starren Teillängen aufgebaut, die entweder an einzelnen Punkten unterstützt wird, oder auf einer durchlaufenden Bettung in ganzer Länge aufliegt. Im ersten Fall würde die Leitung zwischen den Stützen etwas durchhängen. Der Durchhang ist zwar gering, kann aber dann eine merkliche systematische Störung darstellen, wenn der Stützenabstand einem ganzzahligen Vielfachen der Schwebungslängen der Wellen $E_{11}$ oder $H_{1n}$ gleichkommt. Aus diesem Grunde ist eine Bettung des Hohlleiters in weichem Sand vorzuziehen. Sofern die Teillängen selbst genügend biegesteif sind, werden kleine Unebenheiten des Sandbettes von selbst ausgeglichen. Wenn die Teillängen in sich selbst gerade und biegesteif genug sind, kann die kürzeste Periode einer Wellung offenbar nicht kleiner als 2 bis 3 Teillängen sein. Die Erfahrung hat gezeigt, daß auf einer Periode von drei Längen die Achsendeviation nur einige Millimeter beträgt. Beim Stützenverfahren dürfte man wegen des Durchhangs den Stützenabstand nicht weiter als eine halbe Teillänge machen. Die Achsendeviationen verhalten sich bei gleichen Krümmungsradien jedoch wie die Quadrate der Längen der gekrümmten Bereiche, infolgedessen dürften die Fehler des Stützennivellements nur $(1/2 \cdot 3)^2 = 1/36$ des obigen Betrages ausmachen, wenn die Krümmungsradien erhalten bleiben sollen. Solche Genauigkeiten bleiben, selbst wenn sie erreichbar wären, im Erdreich sicher nicht auf längere Dauer erhalten.

**c) Innere Wellung.** Die Toleranzen dieser Art von Achsendeviation fallen erheblich schärfer aus als die Verlegungstoleranzen. Der Grund dafür liegt in folgendem: Die Verlegungswellungen haben ein Längenspektrum vom Vielfachen einer Teillänge, wie vorhin festgestellt wurde. Die inneren Wellungen hingegen beginnen mit ihrem Längenspektrum, soweit man es messen konnte, bereits bei Zentimetern und erstrecken sich maximal bis zur Größe der Teillänge selbst. Die Schwebungslängen der $H_{12}$-Wellen beginnen schon bei etwa 0,5 m, die Kopplung $C_{[12]}$ ist (s. Abb. 40) größer und der Dämpfungsunterschied zu $H_{01}$ ist geringer als bei allen anderen $H_{1n}$-Wellen. Diese Tatbestände begünstigen die Bildung von $H_{12}$ vor allen anderen Moden. Wegen des oben erwähnten Umrechnungsgesetzes mit dem Quadrat der Längenperioden sieht man ein, daß die Deviationstoleranzen der inneren Wellungen um einen Faktor $(0{,}5\,\mathrm{m}/5\,\mathrm{m})^2 = 1/100$ schärfer sein müssen als bei den langwelligen Verlegungstoleranzen. (Dabei wurde die Teillänge mit 5 m gerechnet.)

Die exakte statistische Theorie zeigt, daß der ungünstigste Fall dann vorliegt, wenn die Korrelationsreichweite der Achsendeviation gleich der halben Schwebungslänge von $H_{12}$ ist, siehe [23, 24]. Die Schwebungslänge ist der Frequenz proportional, daher wird innerhalb des Übertragungsbereichs in denjenigen Frequenzgebieten ein Ansteigen der effektiven Übertragungsdämpfung zu beobachten sein, in denen die Schwebungslängen sich mit hervortretenden Perioden des Längenspektrums der Wellung decken. Dieselbe Betrachtung gilt natürlich auch für $E_{11}$- und $H_{1n}$-Konversion. Es ist daher wichtig, das räumliche Periodenspektrum der inneren Wellung zu kontrollieren, wozu Meßsonden sehr nützlich sind [25].

### 3.3.7 Signalverzerrung und erforderliche Störwellendämpfung für PCM

**a) Signalverzerrungen.** Die hauptsächlichen Ursachen der Verzerrungen liegen einerseits in der natürlichen Dispersion, welche von der Existenz einer Grenzfrequenz herrührt, und andererseits in dem Mitfluß, der aus den rückumgewandelten Störwellen stammt. Dieser Anteil ist statistischer Natur und verursacht unregelmäßige Schwankungen von Phasen- und Dämpfungsgang über der Frequenzachse.

*1. Dispersion.* Die Phasenkonstante nach Gl. (10) kann in der Umgebung $\omega - \omega_0$ eines Trägers $\omega_0$ in eine Potenzreihe entwickelt werden

$$\beta(\omega) = \beta(\omega_0) + \left(\frac{d\beta}{d\omega}\right)_{\omega_0}(\omega - \omega_0) + \frac{1}{2}\left(\frac{d^2\beta}{d\omega_2}\right)_0(\omega - \omega_0)^2 + \cdots, \quad (128\,\mathrm{a})$$

in der die Entwicklungskoeffizienten bestimmte physikalische Bedeutungen haben. Das lineare Glied enthält die spezifische Gruppenlaufzeit $\tau_g$ genommen an der Stelle des Trägers, mit dem Wert

$$\tau_g(\omega_0) = \left(\frac{d\beta}{d\omega}\right)_{\omega_0} = \frac{1}{c}\frac{1}{\left[1 - \left(\frac{\omega_c}{\omega_0}\right)^2\right]^{1/2}}. \quad (128\,\mathrm{b})$$

Das quadratische Glied stellt die lineare Verzerrung der Gruppenlaufzeit dar, nämlich

$$\left(\frac{d\tau_g}{d\omega}\right)_{\omega_0} = \left(\frac{d^2\beta}{d\omega^2}\right)_{\omega_0} = \frac{1}{c}\,\frac{\omega_c^2}{\omega_0^3}\,\frac{1}{\left[1-\left(\frac{\omega_c}{\omega_0}\right)^2\right]^{3/2}}\,. \tag{128c}$$

Die Gl. (128c) sagt aus, daß an den Grenzen eines schmalen Bandes von der Breite $\Delta f$ sich die spezifischen Gruppenlaufzeiten um den Betrag

$$\Delta\tau_g = -\frac{1}{c}\,\frac{\Delta f}{f_0}\left(\frac{f_c}{f_0}\right)^2\,\frac{1}{\left[1-\left(\frac{f_c}{f_0}\right)^2\right]^{3/2}} \tag{129}$$

voneinander unterscheiden.

In der Praxis genügt die Entwicklung Gl. (128a) bis zum quadratischen Glied. Die Laufzeitverzerrung nimmt nach Gl. (129) mit der dritten Potenz der Trägerfrequenz und wegen des Faktors $f_c^2$ mit dem Quadrat des Hohlleiterradius ab.

Die Dämpfungsverzerrung beträgt, wie man aus Gl. (96a) leicht findet,

$$\Delta a = -\frac{\Delta f}{2f_0}\,\frac{3-(f_c/f_0)^2}{1-(f_c/f_0)^2}\,a\,. \tag{130}$$

Bei Modulationsbandbreiten von $\Delta f/f_0 \approx 10^{-2}$ liegt die Dämpfungsverzerrung in einem Verstärkerfeld bei $10^{-1}$ Np, während der Laufzeitunterschied nach Gl. (129) ein Vielfaches der Impulsdauer erreichen kann. Daher ist die Laufzeitverzerrung entscheidend für die Verzerrung des Signals. Im Abschn. 5.4.3 wird darauf näher eingegangen.

*2. Rekonvertierter Mitfluß.* In Anlehnung an die Koaxialkabeltechnik, wo man den Anteil der Signalenergie, der durch mehrfache Reflexionen im Kabel geschwächt und verspätet nach dem Hauptsignal am Ende der Leitung ankommt, als Mitfluß bezeichnet, soll in der Hohlkabeltechnik der aus den Störwellen nach $H_{01}$ rückumgewandelte Energieanteil rekonvertierter Mitfluß heißen. Der Unterschied ist nur der, daß hier die doppelte Transmission, beim Koaxialkabel die doppelte Reflexion eingeht. Diese Begriffsbildung ist deshalb sinnvoll, weil vor dem Empfänger ein $H_{01}$-Wellenumwandler sitzt, der nur diejenigen Energieanteile zum Empfänger durchläßt, die in Form von $H_{01}$ ankommen. Der rekonvertierte Mitfluß ist wegen des zweimal durchlaufenen Streuvorgangs in den Streukoeffizienten oder Kopplungsfaktoren quadratisch. Höhere Ordnungen können wegen ihrer Kleinheit in der Praxis vernachlässigt werden. Zum Unterschied gegen den Reflexionsmitfluß im Koaxialkabel kann der Streumitfluß im Hohlkabel jedoch auch zeitlich vor dem Nutzsignal am Leitungsende eintreffen, weil die Streuung in Wellenformen mit einer größeren Gruppengeschwindigkeit erfolgen kann, als sie die $H_{01}$-Welle besitzt.

Welcher Art die Signalverzerrungen durch den rekonvertierten Mitfluß sind und von welchen Parametern des Hohlkabels und des Signals sie abhängen, läßt sich anschaulich dartun am Modell einer Strecke mit diskreten Umwandlungsstellen, deren Abstand dem Grenzwert Null zustreben soll. Macht man auf diese Weise den Übergang zu den kontinuierlich verteilten statistischen Deformationen, so erhält

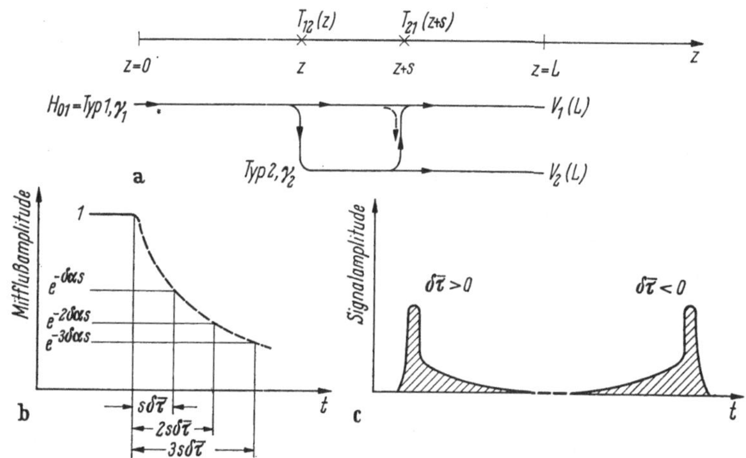


Abb. 43a—c. Entstehung des rekonvertierten Mitflusses
a) Mitflußbildung an einem Störstellenpaar, b) Relaxation der Mitflußschleppe von diskreten Störstellenpaaren, c) nach- und voreilende Mitflußschleppe bei kontinuierlich verteilten Störstellen

man auch den *zeitlichen* Ablauf des Mitflußvorgangs. Es soll angenommen werden, daß die Nutzwelle (Typ 1) mit einer einzigen Störwelle (Typ 2) gekoppelt sei. Auf der Strecke von der Länge $L$ sollen sich an den Stellen $z$ und $z + s$ zwei diskrete Deformationen befinden. Aus der Abb. 43a liest man leicht ab, daß unter Vernachlässigung von Reflexion und Mehrfachstreuung folgende $H_{01}$-Amplitude am Streckenende ankommt:

$$V_1(L) = V_1(0)\, T_{11}^2\, \mathrm{e}^{-\gamma_1 L} + V_1(z)\, T_{12}(z)\, \mathrm{e}^{-\gamma_2 s}\, T_{21}(z+s)\, \mathrm{e}^{-\gamma_1(L-z-s)}$$

$$(131)$$

die Größe $\ln 1/T_{11}$ stellt offenbar die Zusatzdämpfung infolge von Konversion dar und entspricht dem Anteil $-\ln(1 - \frac{1}{2}|\vartheta|^2)$ von Gl. (109). Hier kommt es mehr auf den zweiten Summanden an, der den Mitfluß bedeutet. Man kann wegen

$$V_1(z) = V_1(0)\, \mathrm{e}^{-\gamma_1 z}$$

die Gl. (130) auch so schreiben

$$V_1(L) = V_1(0)\, \mathrm{e}^{-\gamma_1 L}\, [T_{11}^2 + T_{12}(z)\, T_{21}(z+s)\, \mathrm{e}^{-\delta\gamma s}] \qquad (132)$$

mit $\qquad \delta\gamma = \gamma_2 - \gamma_1 = \delta\alpha + \mathrm{j}\,\delta\beta = \delta\alpha + \mathrm{j}\,\omega\,\delta\tau.$

Der Unterschied der spezifischen Laufzeiten $\delta\tau = \tau_2 - \tau_1$ kann positiv oder negativ sein. Von der Dispersion wollen wir hier absehen und $\delta\tau$ als Konstante bezüglich der Frequenz behandeln. Man betrachte Paare von Konversionsstellen mit dem durchschnittlichen Betrag $\bar{T}_{12} = \bar{T}_{21}$, deren gegenseitige Entfernungen $s$, $2s$, $3s$, ... usw. betragen sollen. Die entsprechenden Mitflüsse sind um die Zeiten $s\,\delta\tau_g$, $2s\,\delta\tau_g$, ... usw. verzögert und die Amplituden verhalten sich zueinander wie $e^{-\delta\alpha s}$, $e^{-2\delta\alpha s}$, ... usw. In Abb. 43b ist die diskrete Reihe dieser Mitflüsse skizziert. Die Einhüllende der Amplituden fällt exponentiell ab. Betrachten wir ein Kontinuum und drücken die Variable $s$ im Diagramm durch die laufende Zeit $t = s\,\delta\tau_g$ aus, dann folgt die Einhüllende dem Zeitgesetz

$$e^{-t\,\delta\alpha/\delta\tau_g}.$$

Denkt man sich einen kurzen Impuls übertragen, so erhält dieser eine Mitflußschleppe, deren statistischer Mittelwert dem Relaxationsgesetz

$$\sqrt{\overline{q^2(t)}} = \sqrt{\overline{q^2(0)}}\, e^{-t/\Theta} \tag{133}$$

mit der Relaxationszeit $\Theta = \dfrac{\delta\tau_g}{\delta\alpha}$ gehorcht.

Für blanke Rohre läßt sich $\Theta$ durch die Schwebungslänge bzw. durch die Eigenwerte folgendermaßen ausdrücken

$$\Theta = \frac{\delta\tau_g}{\delta\alpha} = \frac{1}{f\,\Lambda\,\delta\alpha} = \frac{1}{8\pi^2}\,\frac{c}{\delta\alpha(f\,r_0)^2}\begin{cases}(j_{mn}'^2 - j_{01}'^2) & \text{für Konversionen in } H_{mn}, \\ (j_{mn}^2 - j_{01}'^2) & \text{für Konversionen in } E_{mn}.\end{cases} \tag{134}$$

Je nachdem ob $\delta\tau_g \gtrless 0$, ist der Mitfluß nacheilend und abklingend oder voreilend und anschwellend, wenn immer $\delta\alpha > 0$ gilt. Die Abb. 43c stellt einen Signalimpuls mit der mittleren Einhüllenden seines Mitflusses dar. Das Bild gilt dann, wenn die Impulsdauer kurz ist gegenüber der Laufzeitdiffernz innerhalb der Korrelationsreichweite der Kopplungen und wenn die Dämpfungsdifferenz auf der Strecke, die der Impuls auf der Leitung einnimmt, klein ist.

Die Tab. 9 soll einen Begriff von der Größenordnung der Relaxationszeiten geben. Sie ist berechnet für ein Kupferrohr mit 70 mm Durchmesser bei 50 GHz.

Tabelle 9

| Grenzfrequenz $\Theta$ | | | Grenzfrequenz $\Theta$ | | |
|---|---|---|---|---|---|
| Welle | GHz | nsec | Welle | GHz | nsec |
| $H_{01}$ | 5,2271 | — | $H_{13}$ | 11,6451 | 287,3 |
| $H_{02}$ | 9,5706 | 377,4 | $H_{21}$ | 4,1665 | —2,0 |
| $H_{11}$ | 2,5117 | —7,7 | $H_{31}$ | 5,7312 | 0,8 |
| $H_{12}$ | 7,2730 | 82,7 | $H_{41}$ | 7,2541 | 3 |

Das Exponentialgesetz Gl. (133) ermöglicht ein anschauliches Verständnis der Signalverzerrung bei einem Pulsmodulationssystem. Wenn eine Folge von Impulsen mit der Wiederholungsfrequenz $f_p$ gesendet wird, addieren sich die Mitflußschleppen der Impulse, die mit den Zeitunterschieden $1/f_p$, $2/f_p$ ... usw. gegenüber einem beliebig herausgegriffenen Zeichen gestartet sind. Da die Phasen statistisch regellos sind, sind die Leistungen zu addieren, und es ist die Frage, ob die Summe der Mitflußleistungen an der Stelle eines beliebig herausgegriffenen Zeichens ausreicht, dieses betreffende Zeichen zu verfälschen. Diese Mitflußsumme ist offenbar durch den Parameter $\delta\alpha$ des Hohlkabels beeinflußbar, man kann also auf diesem Wege entscheiden, ob ein Kabel bestimmter Bauart, dessen Selbstreinigungswirkung durch die Größe $\delta\alpha$ gekennzeichnet ist, für die vorgesehene Übertragungsaufgabe geeignet ist oder nicht. Am unangenehmsten ist in dieser Beziehung, wie man sieht, die $H_{02}$-Umwandlung wegen ihrer außerordentlich langen Relaxationszeit, zumal es nur begrenzt möglich ist, die Dämpfung von $H_{02}$ durch Typenfilter zusätzlich zu erhöhen.

Zur Aufstellung einer Formel für die Mitflußsumme eines Pulses benutzen wir eine Berechnung von UNGER [37], in der in Anlehnung an bekannte Betrachtungen in der statistischen Theorie von Fernsehkabeln die Mitflußschleppe für ein Rechteckzeichen von der Dauer $\tau_i$ angegeben wird. Die Kopplung zu einer Störwelle ist eine statistische Funktion, so daß man eine Aussage nur für eine mittlere Mitflußschleppe machen kann. Den quadratischen Mittelwert der Kopplung $\sqrt{\overline{k_m^2}}$ über eine Kabelstrecke kann man, wie dies in Gl. (126a) geschehen ist, in Beziehung setzen zur Zusatzdämpfung $\tilde{\alpha}_m$ [s. Gl. (122)], die für die $H_{01}$-Welle durch die teilweise Konversion in die Welle $m$ entsteht. Die Größe $\tilde{\alpha}_m$ ist also eine die Güte des Kabels kennzeichnende Zahl. Man findet, wie hier nicht abgeleitet werden soll, für den quadratischen Mittelwert des zeitlichen Ablaufes der Mitflußschleppe eines Rechteckzeichens den Ausdruck

$$\sqrt{\overline{q_m^2(t)}} = 2\tilde{\alpha}_m \sqrt{\frac{L}{\delta\alpha_m}} \sqrt{\sinh\frac{\tau_i}{\Theta_m}}\, e^{-t/\Theta_m}. \tag{135}$$

Die mittlere Mitflußsumme $\Sigma$ an einer beliebigen Stelle einer Impulsreihe wird aus der Leistungsaddition der Mitflußschleppen aller Impulse gebildet, die im Zeitabstand $t_p = 1/f_p$ aufeinanderfolgen. Wir erhalten die Formel

$$\Sigma_m = \sqrt{\overline{q_m^2(t_p)} + \overline{q_m^2(2t_p)} + \cdots} = 2\tilde{\alpha}_m \sqrt{\frac{L}{\delta\alpha_m}} \sqrt{\frac{\sinh\tau_i/\Theta_m}{1 - e^{-2t_p/\Theta_m}}}\, e^{-t_p/\Theta_m}. \tag{136}$$

Anhand der Gl. (136) kann man denjenigen Dämpfungsunterschied $\delta\alpha_m$ berechnen, den man in einer Leitung aufzuwenden hat, damit eine vorgeschriebene mittlere Verzerrung $\Sigma_m$ (bezogen auf die Amplitude 1 des empfangenen Zeichens) nicht überschritten werde. Das Pulssystem ist durch die Größen $\tau_i$ und $t_p$, die statistische Güte des Kabels durch $\tilde{\alpha}_m$ gekennzeichnet.

**b) Erforderliche Dämpfung der Störwellen für Pulscodemodulation.** Die Beziehung (136) werde für den Fall numerisch ausgewertet, daß eine ununterbrochene Reihe von Ja-Zeichen gesendet werde, die plötzlich abbricht. Dies läßt sich durch die Festsetzung $\tau_i = t_p$ ausdrücken, wofür man aus Gl. (136) den Spezialfall

$$\Sigma_m = \sqrt{2}\,\alpha_m \sqrt{\frac{L}{\delta\alpha_m}}\; e^{-\frac{1}{2}\delta\alpha_m \tau_i/\delta\tau_{gm}}$$

$$(136\,\mathrm{a})$$

erhält. Mit Hilfe von Gl. (134) kann man $\delta\tau_{gm}$ durch Schwebungslänge und Trägerfrequenz $f_0$ ersetzen und erhält $\Sigma_m$ als Funktion der Variablen $x = \frac{1}{2}\tau_i f_0 \Lambda_m$. Diese Variable von der Dimension einer Länge kennzeichnet durch die Größen $f_0$ und $\tau$ einerseits das System und durch die Schwebungslänge $\Lambda_m$ andererseits den Wellentyp $m$, der die Verzerrung hervorruft. Die Abb. 44 stellt die Auflösung der Gl. (136 a) nach $\delta\alpha_m$ für eine Mitflußsumme $\Sigma = 0{,}05$ dar. Die Ordinate $\delta\alpha_m$ gibt den in der Leitung aufzuwendenden Dämpfungsunterschied $\alpha_m - \alpha_{[01]}$ an. Sie läuft im Diagramm über 3 Zehnerpotenzen. Dieser Bereich kann unter die bekannten Hohlkabeltypen aufgeteilt werden.

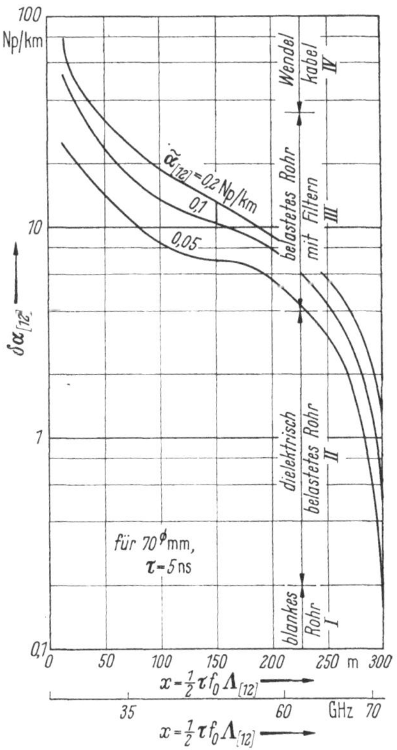


Abb. 44. Für PCM-Übertragung erforderliche Mindestdämpfung der Störstellen

Spezialisiert man sich auf die $H_{12}$-Umwandlung, die durch die praktisch bedeutsame innere Wellung hervorgerufen wird, so gelangt man zu folgenden Festsetzungen: Der von $\delta\alpha = 4$ bis $40$ Np/km reichende Bereich kommt dem dielektrisch belasteten Hohlleiter zu, der in regelmäßigen Abständen mit Wendelfiltern versehen ist, in denen diejenige Dämpfung nachgeholt wird, die der dielektrische Belag allein nicht aufbringt. Die Wendelfilter können mit einer $H_{12}$-Dämpfung von mindestens $0{,}3$ Np/m angesetzt werden, ein Wendelkabel bringt es auf mindestens $40$ Np/km. Auf der Abszisse sind diejenigen $x$-Werte hervorgehoben, die für ein Hohlkabel mit 70 mm Durchmesser zwischen 35 und 70 GHz in Frage kommen, wenn die Impulsbreite $\tau_i = 5$ nsec beträgt, was einer Codierung von etwa 1000 Telefoniekanälen entspricht. Als Kurvenparameter ist $\tilde{\alpha}_{[12]}$ angeschrieben. Für eine durch innere Wellung hervorgerufene Zusatzdämpfung von $\tilde{\alpha}_{[12]} = 0{,}1$ Np/km entnimmt man dem Diagramm einen erforderlichen Dämpfungsunterschied $\delta\alpha_{[12]}$ zwischen 2 und 18 Np/km.

Da diese Betrachtung nur mit statistischen Mittelwerten arbeitet, können Spitzenwerte des Mitflusses die gesetzte 5 %-Grenze überschreiten. Das wesentliche Ergebnis möge jedoch in der Zuordnung der Anforderungen an die Klassen I–IV einer Hohlkabelstrecke gesehen werden. Der auffallend starke Abfall von $\delta\alpha_{[12]}$ nach größeren $x$-Werten bzw. höheren Frequenzen hin rührt vom Abnehmen der Relaxationszeit her, da der Laufzeitunterschied mit zunehmendem Abstand von der Grenzfrequenz ab- und der Dämpfungsunterschied $\delta\alpha$ zunimmt.

## 3.4 Wellenausbreitung

Wie in nachfolgenden Kapiteln eingehender beschrieben wird, werden Nachrichten häufig in größeren Bündeln von Kanälen über Richtfunksysteme übertragen. Einflüsse der Erdatmosphäre und der Erdoberfläche auf die drahtlose Übertragung können die Übertragungsqualität solcher Verbindungen beeinflussen. Um möglichst hohe Qualität zu erzielen, ist es erforderlich, diese Einflüsse zu kennen und zu berücksichtigen.

In den Frequenzbereichen, die gewöhnlich für Breitband-Richtfunkverbindungen verwendet werden, ist das Verhalten der unteren Atmosphäre, der Troposphäre, im Kurzwellenbereich auch das Verhalten der höheren Atmosphäre, der Ionosphäre, mitbestimmend. Für Satellitenverbindungen sind nur solche Frequenzen geeignet, die Troposphäre und Ionosphäre ausreichend gut durchdringen können.

### 3.4.1 Aufbau der Erdatmosphäre

Im unteren Bereich unserer Erdatmosphäre, der Troposphäre, besteht eine starke Wechselwirkung zwischen der Erdoberfläche und der umgebenden Lufthülle. In diesem Gebiet bildet sich das Wetter aus. In großem Maßstab gesehen, nimmt hier die Temperatur mit der Höhe ab. In begrenzten Höhenbereichen kann jedoch in Zeiten mit Windstille bei Abkühlung von unten oder beim Einströmen von warmer Luft in der Höhe eine Umkehr des Temperaturverlaufs (Temperaturinversion) entstehen.

Ein Temperaturgefälle in Richtung von kleinen zu größeren Höhen wird durch einen negativen Temperaturgradienten, ein Temperaturanstieg entsprechend durch einen positiven Gradienten ausgedrückt. Bei kleinem negativem oder bei positivem Temperaturgradienten ist die Atmosphäre stabil, das aus der Erdoberfläche verdampfte Wasser kann nicht aufsteigen, und es bilden sich Schichten mit starkem Gradienten des Brechwertes. Wenn dagegen die Temperatur um ungefähr 1 °C je 100 m Höhe abnimmt oder auch bei Wind entsteht Turbulenz; die Atmosphäre wird gut durchgemischt, und bestehende Schichten werden aufgelöst. Es ist auch möglich, daß sich stabile Schichten zwischen turbulenten Zonen befinden [*38, 39*].

Über der Troposphäre liegt die Stratosphäre. Dort nimmt die Temperatur mit der Höhe wieder zu. Die Stratosphäre ist also im stabilen Gleichgewicht. Es treten Höhenwinde auf, jedoch ohne vertikale Durchmischung der Luftmassen. Da der Wasserdampfgehalt in der Stratosphäre sehr gering ist, können keine Schichten mit starkem Gradienten des Brechwertes entstehen, jedoch sind auch Inhomogenitäten festgestellt worden.

In der Ionosphäre, in noch größeren Höhen, entstehen durch die von der Sonne ausgehende Strahlung unterschiedlichen Durchdringungsvermögens ionisierte Schichten, die vom Sonnenstand, von der Sonnenfleckentätigkeit, von Strömungen ionisierter Gase (Driften), von elektrischen Strömen und vom Erdmagnetfeld abhängig sind. Die Ionisierung erreicht ein Maximum in etwa 290 km Höhe und fällt nach größeren Höhen hin langsam, nach kleineren Höhen hin schneller ab. Es gibt aber flache Einsattelungen zwischen den so entstehenden ionosphärischen Schichten.

Die unterste Schicht, die $D$-Schicht, liegt in rund 80 km Höhe. Die $E$-Schicht in 100 bis 125 km Höhe und die $F_1$-Schicht in rund 160 km Höhe sind nur am Tage vorhanden, und die oberste Schicht, die $F_2$-Schicht in etwa 210 bis 350 km Höhe, bleibt in abgeschwächtem Maß auch bei Nacht bestehen. Für die Funkausbreitung zeigen die Schichten unterschiedliches Verhalten, was später noch zu besprechen sein wird [*40*].

### 3.4.2 Freie Ausbreitung

**Definition.** Für die praktische Anwendung kann man nicht voraussetzen, daß sich die elektrischen Wellen in der Atmosphäre geradlinig ausbreiten. Durch die Brechung werden die Strahlenbahnen leicht gekrümmt. Nach dem aus der Optik bekannten HUYGENSschen Prinzip kann man sich vorstellen, daß die Empfangsfeldstärke aus unendlich vielen Beiträgen von allen Punkten einer Wellenfront zusammengesetzt ist, wobei unter Berücksichtigung der Phasenbedingungen jedoch der

Hauptteil der Energie nur innerhalb der ersten FRESNEL-Zone über-
tragen wird. Die erste FRESNEL-Zone ist ein Rotationsellipsoid, in dessen
Brennpunkten sich Sende- und Empfangsantenne befinden, wobei der
Umweg über einen Punkt auf der Oberfläche des Ellipsoids um eine
halbe Wellenlänge länger ist als der direkte Weg zwischen den beiden
Antennen. Ein Schnittkreis senkrecht zur großen Achse $d$ des FRESNEL-
Ellipsoids in den Entfernungen $d_1$, $d_2$ von den Brennpunkten $(d_1 + d_2 = d)$
hat den Radius

$$r_F = \sqrt{\frac{\lambda\, d_1\, d_2}{d}}. \tag{137}$$

Es ist z. B. $r_F = 30{,}6$ m für $\lambda = 7{,}5$ cm (4 GHz); $d_1 = d_2 = \dfrac{d}{2} = 25$ km.

Wenn nun die erste FRESNEL-Zone frei von Hindernissen ist, spricht
man gewöhnlich von freier Ausbreitung. Die Freiraumfeldstärke entsteht jedoch nur dann, wenn durch Spiegelung, diffuse Reflexion oder
Streuung auch über Bereiche außerhalb der ersten FRESNEL-Zone keine
wesentlichen Beiträge zum Empfangsfeld übertragen werden [41].

**Die Funkfelddämpfung.** Strömt in die Eingangsklemmen einer Sendeantenne mit der Absorptionsfläche $A_1$* die Sendeleistung $P_1$ ein, so
erhält man bei freier Ausbreitung an den Ausgangsklemmen einer Empfangsantenne mit der Absorptionsfläche $A_2$ eine von der Funkfeldlänge $d$,
von der Wellenlänge $\lambda$ und von der mittleren effektiven Antennenfläche
$A = \sqrt{A_1\, A_2}$ abhängige Empfangsleistung $P_2$. Die Dämpfung zwischen $P_1$
und $P_2$ wird als Funkfelddämpfung bezeichnet, und es gilt

$$a = 10\,\lg \frac{P_1}{P_2}\, dB = 20\,\lg \frac{\lambda\, d}{A}\, dB. \tag{138}$$

Es wird z. B. für Parabolantennen mit 3 m Durchmesser $A = 3{,}75$ m²; $\lambda = 7{,}5$ cm;
$d = 50$ km; $a = 60$ dB.


### 3.4.3 Beugung an Hindernissen und längs der gekrümmten Erdoberfläche

Wird die Wellenausbreitung durch Hindernisse beeinträchtigt,
so entstehen Beiträge zum Empfangsfeld nur über solche Punkte der
von der Sendeantenne ausgehenden Wellenfront, die außerhalb der
Sichtbehinderung liegen. Es entstehen Beugungseffekte, die für ver-
einfachende Modelle berechnet werden können. Solche Berechnungen
wurden für Beugung z. B. an abschirmenden Kanten, an Zylinder-
oberflächen und für die Bodenwelle längs der gekrümmten Erdoberfläche
durchgeführt. Die Verluste durch die Hindernisse nehmen bei höheren
Frequenzen schnell zu. Durch Bergkämme, die im Verhältnis zur Wellen-

---

* vgl. Abschn. A. 3.5, S. 195

länge noch als abschirmende Kante angesehen werden können, entstehen Zusatzdämpfungen zur freien Ausbreitung, deren Größe aus Abb. 45 zu entnehmen ist. Wenn das Hindernis in die erste FRESNEL-Zone etwas eindringt, so wird die Empfangsfeldstärke gegenüber der freien Ausbreitung etwas verstärkt, bei Berührung der Sichtlinie entstehen 6 dB, bei vollkommener Bedeckung der ersten FRESNEL-Zone 16 dB Zusatzdämpfung. Beugung an solchen Hindernissen sowie an der gekrümmten Erdoberfläche kann für Frequenzbereiche bis etwa 1 GHz hinauf für Nachrichtenübertragung ausgenutzt werden, in den oberen Frequenzbereichen allerdings nur für Verbindungen wenig über den Horizont hinaus. Kurven für die Grundwellenausbreitung längs der Erdoberfläche und für Frequenzen zwischen 30 MHz und 10 GHz sind nach der Theorie von VAN DER POL und BREMMER [42] berechnet worden und in dem CCIR-Atlas für die Grundwellenausbreitung (Genf 1959) zusammengestellt.

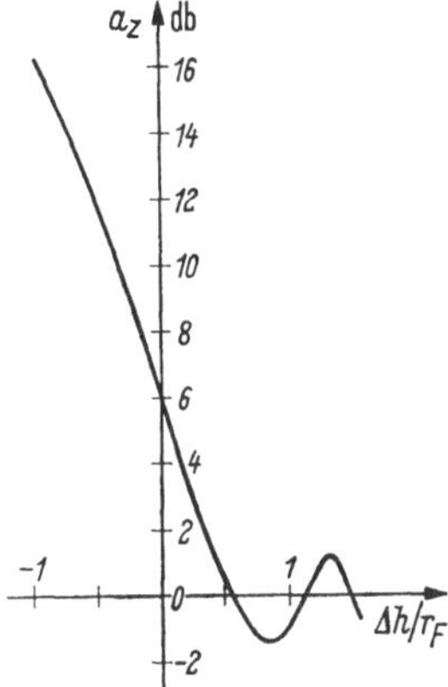

Abb. 45. Zusatzdämpfung $a_z$ zur freien Ausbreitung in Abhängigkeit von der relativen Sichtbehinderung $\dfrac{\Delta h}{r_F}$ (Beugung an Bergkämmen) $r_F$ Radius des Schnittkreises durch das FRESNEL-Ellipsoid beim Hindernis; $\Delta h$ Höhe der geometrischen Sichtlinie über dem Hindernis

### 3.4.4 Brechung in der Troposphäre

In der Atmosphäre werden alle Strahlen in Richtung auf das dichtere Medium gebrochen, bei einer Atmosphäre, deren Dichte mit der Höhe abnimmt, also zur Erde hin. Um die Sichtverhältnisse eines Funkfeldes zu klären, ist es üblich, Geländeschnitte herzustellen. Die Brechung in der unteren Atmosphäre, der Troposphäre, wird vielfach dadurch berücksichtigt, daß man beim Anfertigen der Geländeschnitte anstelle des natürlichen Erdradius $r_E = 6370$ km mit einem um den Faktor $k$ vergrößerten Erdradius rechnet. Für eine „Normalatmosphäre" ohne Schichtenbildung rechnet man für die zwischen Erdstationen üblichen Höhen mit $k = 4/3$. Für einen Punkt, der von den Endpunkten $A$ und $B$ eines Funkfeldes die Entfernungen $d_1$ und $d_2$ hat, erhebt sich die Erdoberfläche gegenüber der Sehne um die Höhe $h$, gegeben durch

$$h = \frac{d_1 d_2}{2 k r_E}. \tag{139}$$

Zum Beispiel wird für $d_1 = d_2 = \dfrac{d}{2} = 25\,\text{km}$, $k = \dfrac{4}{3}$, $h = 37\,\text{m}$.

In Sonderfällen können die für ein bestimmtes geographisches Gebiet geltenden Faktoren $k$ aus meteorologischen Daten berechnet werden.

Bei Verbindungen zwischen Flugzeugen in größeren Höhen sowie zwischen Satellitenstationen und Erdstationen ist anstelle der hier zugrunde gelegten linearen Abhängigkeit des Brechwertes von der Höhe mit einem Exponentialgesetz zu rechnen. Die Strahlenwege müssen dann auf kompliziertere Weise berechnet werden [38].

In einer inhomogenen Atmosphäre können noch weitere Veränderungen der Strahlengänge sowie zusätzliche Ausbreitungswege entstehen. Dies soll innerhalb der nächsten Abschnitte berücksichtigt werden.

### 3.4.5 Interferenzschwund, Mehrfachempfang (diversity), Schwundstatistik

Am Ausbreitungsvorgang sind häufig eine oder mehrere durch Reflexion oder Streuung entstehende Komponenten beteiligt, deren Amplituden von den Reflexions- oder Streueigenschaften und deren Phase von der Länge der Ausbreitungswege abhängen. Diese Komponenten setzen sich unter Einschluß von direkt übertragenen Komponenten zu einem Interferenzfeld zusammen, dessen Stabilität von der Stabilität der Ausbreitungswege abhängt. Bei ungünstigen Amplituden- und Phasenverhältnissen kann sich starker Interferenzschwund ausbilden [43]. Durch Mehrfachempfang [44] kann erreicht werden, daß bei Interferenzschwund jeweils auf einem der Empfangszweige ausreichend guter Empfang möglich ist. Bei räumlichem Mehrfachempfang wird die gleiche Nachricht über zwei übereinander, bei Streuausbreitung auch nebeneinander angeordnete Empfangsantennen aufgenommen und getrennten Empfängern zugeleitet; bei frequenzmäßigem Mehrfachempfang wird die gleiche Nachricht über verschiedene Frequenzen übertragen.

Schwund ist gleichbedeutend mit vergrößerter Dämpfung auf dem Übertragungsweg. Dadurch wird der Geräuschabstand beim Empfänger verschlechtert. Da im Empfänger bei Schwund die Verstärkung so geregelt wird, daß nach der Demodulation eine konstante Signalleistung entsteht, wird das am Empfängereingang vorhandene Geräusch in gleichem Maße verstärkt, also bei Schwund angehoben. Damit das Geräusch einer Richtfunkverbindung nicht größer wird als ein bestimmter Planungswert, über dessen zulässige Größe z. B. das CCI Empfehlungen herausgegeben hat, müssen für die einzelnen Funkfelder Schwundreserven vorgesehen werden. Angaben über die Stärke und Häufigkeit des Schwundes können durch statistische Auswertung von Ausbreitungsmessungen an den für die Verbindung vorgesehenen Funkfeldern gewonnen werden, oder es können auch Erfahrungswerte benutzt werden, die von bereits eingerichteten Funkfeldern mit ähnlichen Ausbreitungsverhältnissen bekannt sind.

Die Stärke und Häufigkeit des Schwundes hängt von der Frequenz, der Funkfeldlänge, vom Gelände, von den meteorologischen Bedingungen über dem Gelände und von der Richtung der Funkstrahlen in bezug auf troposphärische Schichten ab. Solche Schichten bilden sich leicht über Flußtälern, Moorgebieten, großen Wasserflächen und deren Umgebung usw. aus. Bei Einfallswinkeln über etwa $\frac{1}{2}$ Grad durchdringen Funkstrahlen solche Schichten wesentlich besser als bei flacherem Einfall, und das Schwundverhalten wird günstiger.

In gut geplanten Funkfeldern ist z. B. im 4 GHz-Bereich bei 50 km Funkfeldlänge in 1 % der Zeit des ungünstigsten Monats eines Jahres mit etwa 10 bis 14 dB Dämpfung durch Schwund zu rechnen, für 0,1 % der Zeit können etwa 10 dB, für 0,01 % der Zeit etwa 20 dB zusätzliche Dämpfung angenommen werden.

Mehrere aneinandergereihte Funkfelder einer Richtfunkverbindung sind nur mit sehr geringer Wahrscheinlichkeit gleichzeitig von sehr starkem Schwund betroffen. Es ist daher zulässig, die in den einzelnen Funkfeldern für bestimmte große Geräuschleistungen geltenden Überschreitungswahrscheinlichkeiten zu addieren. Andererseits müssen die z. B. für eine bestimmte Stunde errechneten Mittelwerte der Geräuschleistung sowie die in schwundfreien oder schwundarmen Zeiten entstehenden Geräuschleistungen der einzelnen Funkfelder addiert werden. Hierdurch werden statistische Angaben für das Geräusch der ganzen Verbindung gewonnen [45].

### 3.4.6 Reflexion an der Erdoberfläche und an atmosphärischen Schichten

**Reflexion über See.** Besonders ausgeprägt ist die Reflexion über glatten Wasserflächen. Bei flachem Einfall des reflektierten Strahles an der Wasseroberfläche liegt der Betrag des Reflexionskoeffizienten unabhängig von der Polarisationsrichtung nahe bei Eins. Unter Berücksichtigung der zwischen Antennen starker Bündelung möglichen Strahlenwege ist bei Richtfunkverbindungen nur Reflexion mit flachem Einfall zu erwarten. Bei steilerem Einfall, z. B. bei Verbindungen mit Antennen schwächerer vertikaler Bündelung, ist bei vertikaler Polarisation die Reflexion schwächer als bei horizontaler Polarisation.

Mit zeitlichen Änderungen der Brechungseigenschaften der Troposphäre ändern sich auch die Ausbreitungswege. Es entsteht meist langsamer Interferenzschwund, der von schnellerem Schwund überlagert sein kann, wenn zusätzliche Ausbreitungswege, z. B. über troposphärische Schichten, vorhanden sind. Bei Funkfeldern über See ist meist Mehrfachempfang erforderlich.

**Reflexion über Land.** Der Erdboden, insbesondere unter Berücksichtigung von Bebauung und Vegetation, ist im Vergleich zur Wellenlänge meist als rauh anzusehen, so daß Bodenreflexionen, zumindest im Dezimeterwellen- und Zentimeterwellenbereich, sich nicht stark auswirken können. Bei Messung der Höhenabhängigkeit der Empfangsfeldstärke lassen sich in manchen Fällen im Bereich der ersten und weniger folgender FRESNEL-Zonen stabile Interferenz-Maxima und -Minima bis etwa $\pm 3$ dB feststellen.

**Reflexion an troposphärischen Schichten, Mehrwegeausbreitung, Überreichweiten und Duktbildung.** Durch sehr glatte Schichten in der Troposphäre kann Spiegelung, durch weniger glatte Schichten partielle Reflexion entstehen. Solche Schichten können oberhalb des Hauptstrahls liegen und zu meist schnellem Interferenzschwund Anlaß geben. Schichten können sich aber auch in der Nähe des Erdbodens ausbilden und so bewirken, daß auch über rauhem Gelände zeitweise durch Spiegelung Mehrwegeausbreitung entsteht. Bodennahe Schichten entstehen häufig über ebenem, windgeschütztem Gelände, z. B. über breiteren Flußtälern, sowie über Moorgebieten und über größeren Wasserflächen.

Der Auswirkung des Interferenzschwundes durch Schichtenbildung in der Troposphäre kann in den meisten Fällen in ausreichendem Maße durch entsprechende Leistungsreserven (Schwundreserven) begegnet werden.

Schichten über dem Hauptstrahl können auch unerwünschte Überreichweiten erzeugen, so daß jenseits des Horizontes zeitweise anomal hohe Feldstärken entstehen können und weit entfernte, auf der gleichen Frequenz arbeitende Empfangsanlagen gestört werden. Solche Überreichweiten entstehen auch bei Duktbildung über See [43, 46]. Ein Dukt entsteht, wenn die atmosphärische Brechung so stark wird, daß die Krümmung der Strahlenbahnen größer als die Erdkrümmung wird, daß also der Strahl zur Erdoberfläche zurückkehrt und dort reflektiert werden kann. Wegen einer gewissen Ähnlichkeit zur Ausbreitung in Wellenleitern nennt man einen Dukt bisweilen auch einen atmosphärischen Wellenleiter. Aus Gründen, die sich mit Hilfe der Wellentheorie erklären lassen, gibt es Empfang durch Duktausbreitung meist nur bei Dezimeterwellen und Zentimeterwellen. Wenn sich ein Dukt bildet, so können reguläre Funkverbindungen beeinträchtigt werden. Strahlen, welche in flachem Winkel auf Schicht- oder Duktgrenzen treffen, werden weggebrochen. Es entsteht tiefer, mit schnellen Schwankungen überlagerter Schwund, wenn solche Schichten im Ausbreitungsweg zwischen Sende- und Empfangsanlagen liegen. Bei Erhebungswinkeln über etwa $\frac{1}{2}$ Grad werden auch solche Schichten mit mäßigen Dämpfungen durchdrungen.

**Reflexion an ionosphärischen Schichten.** Durch starke Brechung in ionosphärischen Schichten kehrt, ähnlich wie bei Reflexion, die Raumwelle zur Erdoberfläche zurück. Durch erneute Reflexionen an der Erdoberfläche und an ionosphärischen Schichten können über mehrere Sprünge erdumspannende Entfernungen erreicht werden. Hier soll nur

die Funkausbreitung im Dekameterwellenbereich (Kurzwellenbereich)
betrachtet werden.

Wellen niedriger Frequenzen können die unterste ionosphärische
Schicht, die $D$-Schicht, nicht durchdringen. Es entsteht eine untere
Grenze der für Reflexion an den höheren Schichten ($E$-, $F_1$- und $F_2$-
Schicht) brauchbaren Frequenzen (LUF, lowest usable frequency).
Wellen höherer Frequenzen durchdringen auch die oberen Schichten
der Ionosphäre ohne Reflexion. Es entsteht damit eine obere Frequenzgrenze (MUF, maximum usable frequency). Da die $E$- und $F_1$-Schicht
nur am Tage vorhanden sind und auch die $D$- und $F_2$-Schicht ein sehr
kompliziertes Verhalten aufweist, ändern sich die unteren und die oberen
Frequenzgrenzen mit dem Tagesgang und dem Jahresgang der Ionisierung sowie mit der etwa 11 jährigen Sonnenfleckenperiode. Sie hängen
aber auch von der zu überbrückenden Entfernung (Sprungzahl und
Abstrahlwinkel) sowie von der geomagnetischen Breite des zu überbrückenden Gebietes der Erde ab [47]. Die günstigsten Frequenzen werden
nach Daten der Ionosphärenvoraussage bestimmt. Durch Interferenzen
zwischen Strahlen unterschiedlicher Ausbreitungswege, bei kleineren
Entfernungen einschließlich der Bodenwelle, entsteht bei der Raum-
wellenausbreitung schneller Interferenzschwund.

Während starker Sonneneruptionen wird die Ionisierung der $D$-Schicht
wesentlich erhöht. Auch Kurzwellen der Frequenzbereiche, die normalerweise die $D$-Schicht durchdringen, werden bei starker Ionisierung
absorbiert, so daß auf der sonnenbeschienenen Hälfte der Erde alle
Fernverbindungen im Kurzwellenbereich unterbrochen werden können
(drop-out; MÖGEL-DELLINGER-Effekt).

### 3.4.7 Troposphärische und ionosphärische Streuung

**Troposphärische Streuung.** Einen weiteren Ausbreitungsmechanismus
stellt die Streuung dar [39, 48]. Am Boden und an Gegenständen können
Streukomponenten entstehen, welche sich den über andere Ausbreitungswege übertragenen Komponenten überlagern. Diese Streukomponenten
können Anlaß zu Interferenzen geben. Vorwärtsstreuung an Inhomogenitäten der Troposphäre und Stratosphäre ermöglicht die Überbrückung
von Entfernungen weit über den Horizont hinaus. Da das von den Haupt-
keulen der Sende- und Empfangsantenne gemeinsam erreichte Streuvolumen mit vielen einzelnen Streuelementen wirksam ist, entstehen
viele Komponenten der Empfangsspannung (Abb. 46). Durch Interferenz der einzelnen Komponenten, bei kürzeren Funkfeldern auch einschließlich der Bodenwelle, entsteht schneller Schwund. Langsame
Änderungen der Empfangsfeldstärke entstehen durch Variationen der
Brechungseigenschaften der Troposphäre. Sind bei Spiegelung an troposphärischen Schichten gespiegelte und gestreute Komponente etwa gleich

groß, so bildet sich ebenfalls Interferenzschwund aus. Auch durch Flugzeuge, die das Funkfeld überfliegen, können Schwundfrequenzen bis zu 100 Hz entstehen. Bei Streustrahlverbindungen nimmt der Gewinn der Antenne mit kleiner werdendem Öffnungswinkel nicht dem Winkel entsprechend zu, weil bei starker Antennenbündelung nur ein begrenzter Teil des physikalisch möglichen Streuvolumens ausgenutzt wird und weil außerdem innerhalb einer sehr großen Empfangsfläche einer Antenne das Empfangsfeld nicht mehr homogen ist. Man spricht in diesem Fall von Gewinnminderung.

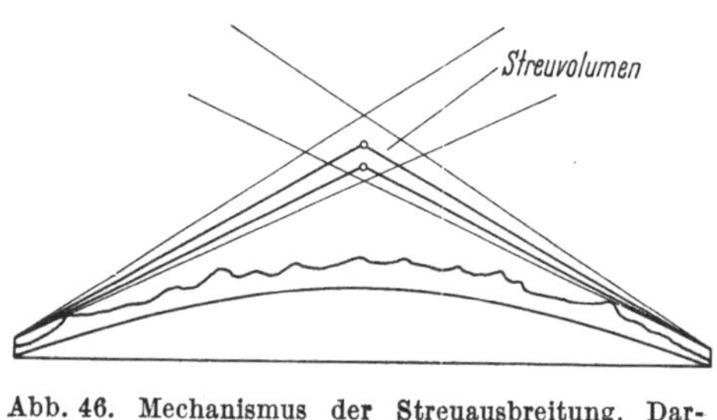


Abb. 46. Mechanismus der Streuausbreitung. Dargestellt sind zwei interferierende Strahlen verschiedener Länge

Die Reichweite von troposphärischen Streustrahlverbindungen hängt wesentlich vom Geräteaufwand ab. Funkfelder von etwa 200 bis 500 km Länge sind üblich. Eine Grenze besteht bei etwa 1000 km Länge, weil in der nötigen Höhe keine Streuung mehr stattfindet.

Die ausnutzbare Nachrichtenbandbreite wird durch die Selektivität des Schwundes begrenzt. Der Schwund ist um so selektiver, je größer die Wegunterschiede zwischen den beteiligten Komponenten sind. Je kleiner das wirksame Streuvolumen ist, desto kleiner sind die möglichen Wegunterschiede der beteiligten Komponenten und desto geringer wird die Selektivität des Schwundes. Durch Antennen sehr starker Bündelung kann daher die ausnutzbare Bandbreite vergrößert werden. Streustrahlverbindungen haben gewöhnlich bis zu 120 Fernsprechkanäle. Es wurden jedoch auch Versuche unternommen, Fernsehbilder zu übertragen.

**Ionosphärische Streuung.** Auch an den untersten Schichten der Ionosphäre ist bei flachen Einfallswinkeln stets Streuung vorhanden, die sich allerdings nur in einem verhältnismäßig eng begrenzten Frequenzbereich praktisch auswirkt. Im Dekameterwellenbereich sind die an der Ionosphäre gespiegelten Komponenten wesentlich größer als die Streufeldstärke. Andererseits nimmt die Streufeldstärke mit steigender Frequenz sehr schnell ab, so daß nur in einem Frequenzbereich zwischen rund 30 und 60 MHz die ionosphärische Streuung für Nachrichtenverbindungen ausgenutzt werden kann. Beim Eindringen von Meteoriten in die Erdatmosphäre entsteht durch zusätzliche Ionisierung für kurze Zeit eine wesentliche Verbesserung der Übertragungsfähigkeit. Im übrigen ist auch die ionosphärische Streuausbreitung mit schnellem Schwund behaftet. Nur innerhalb eines Entfernungsbereichs von 1000 bis 2200 km kann einerseits ein gemeinsames Streuvolumen in rund 85 km von

Sende- und Empfangsantenne erreicht werden und können anderseits genügend kleine Einfallswinkel an der Schicht entstehen.

### 3.4.8 Absorption in der Troposphäre

Eine Begrenzung der für Nachrichtenübertragung geeigneten Frequenzen ist durch die atmosphärische Absorption gegeben [43]. Im Bereich um 23 GHz entsteht selektive Absorption durch Wasserdampf und im Bereich um 60 GHz selektive Absorption durch Sauerstoff. Bereits bei Frequenzen ab rund 5 GHz macht sich die Regenabsorption bemerkbar. In strengem Sinn handelt es sich hierbei um Streuung an Regentropfen oder an den in Wolken enthaltenen Wassertröpfchen. Regentropfen haben Durchmesser von etwa 0,2 bis 7 mm und Wassertröpfchen in Wolken Durchmesser von etwa $2 \cdot 10^{-3}$ bis 0,2 mm. Mit kleiner werdender Wellenlänge nimmt die atmosphärische Dämpfung schnell zu und erreicht sehr große Werte für Wellenlängen, welche etwa mit der Größe der Wassertropfen übereinstimmen.

### 3.4.9 Störgeräusche

**Geräuschabstand.** Die bei der Nachrichtenübertragung empfangenen Signale müssen sich in genügendem Maße aus den stets vorhandenen Geräuschen und Störungen abheben. Durch entsprechenden Aufwand auf der Sender- und Empfängerseite, durch Wahl großer Antennen und durch Beschränkung bezüglich der für die Nachrichtenübermittlung ausgenutzten Entfernungsbereiche kann das Signal-Geräusch-Verhältnis oder der Geräuschabstand weitgehend beeinflußt werden.

Auf die in den Nachrichtengeräten entstehenden Geräusche soll hier nicht näher eingegangen werden. Sie sind an anderen Stellen dieses Buches beschrieben, z. B. Kapitel B. 6., S. 652 ff. Die Empfangsantennen nehmen jedoch auch Fremdstörungen auf, welche hier erläutert werden sollen.

**Atmosphärische Störungen.** Durch elektrische Entladungen in der Atmosphäre entstehen sehr große Störfeldstärken. Diese können als Oberflächenwelle oder ionosphärische Raumwelle, z. T. auch längs der Kraftlinien des äußeren Erdmagnetfeldes über extrem große Entfernungen unserer Erde übertragen werden. Insbesondere in Gebieten in der weiteren Umgebung des Äquators besteht eine andauernde Gewittertätigkeit. Die dort entstehenden Störfeldstärken werden in mittlere und höhere Breitengrade übertragen, wobei die Störfeldstärken mit steigender Frequenz steil abfallen und sich in Frequenzbereichen über 20 MHz neben anderen Störquellen nicht mehr bemerkbar machen.

Im Gebiet der höchsten Frequenzen macht sich eine neue Quelle atmosphärischer Störungen bemerkbar, allerdings nur in Empfangsgeräten mit extrem hoher Empfindlichkeit, z. B. bei Molekularverstärkern [49]. In Frequenzgebieten, wo die Wasserdampf- und Regenabsorption wirksam ist, entstehen neben der Dämpfungszunahme auch Rauschbeiträge aus der Atmosphäre, die von der Größe der Absorption abhängen. Die Rauschbeiträge hängen von der Luftfeuchtigkeit der Atmosphäre, vom Wassergehalt der Wolken sowie von der Regenmenge innerhalb der Empfangskeule der Antenne ab. Bei Satellitenverbindungen werden bei Empfang aus niedrigerem Erhebungswinkel wesentlich größere Rauschbeiträge aufgenommen als bei Empfang aus dem Zenit, wo der Weg der Strahlen durch die dichtere Atmosphäre am kürzesten ist. Aus der Erdoberfläche selbst entstehen weitere Rauschbeiträge. Um all diese Rauschbeiträge möglichst klein zu halten, werden Empfangsrichtungen unter etwa 3° Erhebungswinkel nicht ausgenutzt, und es werden besonders nebenzipfelfreie Antennen benutzt.

**Kosmische Störungen.** Auch aus dem Weltall treffen Störungen auf der Erdoberfläche ein. Eine starke Störquelle ist die Sonne, aber auch die Milchstraße enthält mehrere besonders intensive Störquellen. Diese Störungen machen sich besonders im Meterwellengebiet bemerkbar und nehmen mit steigender Frequenz ab. Über etwa 1 GHz sind sie geringer als die in Empfängern höchster Empfindlichkeit entstehenden Geräusche.

**Störungen durch elektrische Geräte.** Störungen durch elektrische Geräte müssen durch besondere Maßnahmen möglichst gering gehalten werden. Bei Nachrichten- und Radargeräten, welche Störspannungen abstrahlen können, müssen Ober- und Nebenwellen durch Filter herabgesetzt werden.

Bei Richtfunklinien und -netzen muß für eine gute Entkopplung zwischen den einzelnen Funkfeldern gesorgt werden. Geeignete Mittel dazu sind verschiedene Frequenzen, verschiedene Polarisation, scharfe Antennenbündelung mit verschiedener Strahlrichtung, genügender Abstand. Da das Frequenzband meist knapp ist, greift man häufig zu den anderen genannten Maßnahmen.

Die Störungen durch elektrische Maschinen und sonstige Geräte sowie Zündstörungen von Verbrennungskraftmaschinen sind vom Gebiet der längsten Wellen bis etwas über den Meterwellenbereich hinaus wirksam. Durch Entstörungsmaßnahmen und durch Auswahl störungsfreier Bezirke für empfindliche Empfangsanlagen kann die Wirkung dieser Fremdstörungen herabgesetzt werden.

### 3.4.10 Nutzbare Frequenzbereiche oberhalb 1,5 MHz

Aus den Ausbreitungsbedingungen für die einzelnen Frequenzbereiche und unter Berücksichtigung der nicht vermeidbaren Störungen ergeben sich für die hier betrachteten Anwendungsgebiete Grenzen hinsichtlich der nutzbaren Frequenzbereiche. Sie sind in der folgenden Tabelle zusammengestellt.

Tabelle 10

| Art der Funkausbreitung | Grenzen der Frequenzbereiche | | Ursache für die Begrenzung der Bereiche | |
|---|---|---|---|---|
|  | von etwa | bis etwa | untere Grenze | obere Grenze |
| ionosphärische Raumwelle | 2 MHz | 30 MHz | Absorption, Abschattung | mangelnde Spiegelung |
| Streuung in der Ionosphäre | 30 MHz | 60 MHz | Überdeckung durch ionosphärische Raumwelle | mangelnde Streuung |
| Streuung in der Troposphäre | 100 MHz | 6 GHz | Überdeckung infolge anderer Ausbreitungsarten | Streueigenschaften der Troposphäre und Absorption |
| Beugung und Brechung in der Troposphäre | 30 MHz | 1 GHz | Störungen durch Kurzwellenverbindungen | Dämpfungszunahme |
| Hindernisfreie Sicht | 400 MHz | 40 GHz | Sichtbedingungen (1. FRESNEL-Zone) | Absorption ab etwa 10 GHz |
| Nachrichtenverbindungen zwischen festen Erdstationen mittels Erdsatelliten | 2 GHz | 10 GHz | atmosphärische und kosmische Störungen | Absorption und Rauschen in der Atmosphäre |

## 3.5 Antennen

Die grundsätzliche Funktion einer Antenne besteht in der möglichst verlustarmen Umwandlung einer leitungsgebundenen Welle in eine Welle im freien Raum und umgekehrt, wobei die Ausstrahlung bzw. der Empfang in bestimmten Richtungen bevorzugt wird.

Im Sendefall durchfließt der hochfrequente Strom die Antenne als strahlungsgedämpfter Leitungsstrom und setzt sich im freien Raum als Verschiebungsstrom, das elektrische Feld bildend, fort. Die Verteilung des Leitungsstroms auf der Antenne bestimmt das elektrische Feld. Leitungsstrom und Verschiebungsstrom bilden einen geschlossenen Stromkreis. Jede Änderung des elektrischen Feldes im Takt der Hochfrequenz erzeugt ein magnetisches Feld, das entstehende magnetische Feld durch Induktionswirkung ein elektrisches Feld. Auf dieser Verkettung der elektrischen und magnetischen Felder beruht das Fortschreiten der entstehenden Welle im Raum. Die umgekehrte Betrachtung gilt für den Empfangsfall.

Je nach dem gewählten Frequenzbereich und den gewünschten Strahlungseigenschaften sowie den verlangten Anpassungsbedingungen sind die Antennen unterschiedlich aufgebaut. Im folgenden sollen hauptsächlich Richtantennen für den Bereich der Kurzwellen, der Ultrakurzwellen und der Mikrowellen betrachtet werden.

Nach einer kurzen Einführung in die Grundbegriffe und Gesetze der Antennentechnik werden die in der Anwendung häufigsten Antennenarten beschrieben und ihre wesentlichen Eigenschaften angegeben.

### 3.5.1 Grundbegriffe und Gesetze der Antennentechnik

Die Eigenschaften einer Antenne werden durch folgende Bestimmungsgrößen gekennzeichnet:

durch die Strahlungscharakteristik,
durch den Gewinn oder die Absorptionsfläche und
durch den Eingangswiderstand an der Speisestelle.

**Strahlungscharakteristik.** Nur der hypothetische Kugelstrahler würde in allen Richtungen die gleiche Strahlstärke, d. h. gleiche Strahlungsleistung pro Raumwinkel liefern. Alle technisch realisierbaren Antennen haben bevorzugte Strahlrichtungen. Wird eine ungestörte Wellenausbreitung angenommen und die normierte Feldstärke im Fernfeld in Polarkoordinaten $\varphi$ und $\vartheta$ auf einer Kugel mit der Antenne als Mittelpunkt angegeben, so gibt die Strahlungscharakteristik die räumliche Feldstärkeverteilung $E(\varphi, \vartheta)$ an. Bei der Charakteristik interessieren neben dem gesamten Verlauf besonders die Form und Richtung der Hauptkeule, die Lage und Größe der Nebenzipfel und die Strahlungsdämpfung im rückwärtigen Bereich. Bei Richtantennen ist eine Bündelung der Strahlung in nur einer bevorzugten Richtung angestrebt. Sie wird durch die Halbwertsbreiten der Strahlungsdichte, d. h. der Strahlungsleistung pro Fläche senkrecht zur Ausbreitungsrichtung charakterisiert. Die Halbwertsbreiten, mit $\Delta\varphi$ und $\Delta\vartheta$ bezeichnet, sind die Winkelbereiche zwischen den Werten, bei denen die Strahlungsdichte gegenüber dem Maximalwert auf die Hälfte abgenommen hat.

Es ist im allgemeinen ausreichend, die Richtcharakteristik in zwei zueinander senkrechten Hauptebenen zu kennen, wenn die Antennenabmessungen in diesen Ebenen ihre Extremwerte haben. Bei linear polarisierten Antennen stimmen diese Abmessungen meist mit den Richtungen des elektrischen und des magnetischen Feldvektors überein. Den Verlauf der elektrischen Feldstärke in den Hauptebenen beschreibt dann das $E$- und das $H$-Diagramm. Sie liegen in den durch die Hauptstrahlrichtung und den elektrischen bzw. magnetischen Feldvektor gebildeten Ebenen. Sie sind bei den meisten Richtantennen horizontal und vertikal zur Erdoberfläche orientiert. Auch bei zirkular polarisierten Antennen für Richtfunkstrecken, bei denen der Feldvektor eine Kreisbahn beschreibt, werden diese Hauptebenen beibehalten.

**Gewinn.** Die von einer Punktquelle mit der Strahlstärke $\Phi$ ausgehende Kugelwelle liefert in einem Abstand $r$, der sehr groß gegenüber der Wellenlänge ist, die Strahlungsdichte

$$S = \Phi\,\frac{1}{r^2}. \tag{140}$$

Da im Fernfeld die elektromagnetische Welle nahezu eben ist, ergibt sich aus dem POYNTINGschen Vektor die Strahlstärke

$$\Phi = \tfrac{1}{2}\,E\,H. \tag{141}$$

Beide Feldvektoren stehen zueinander und zur Fortpflanzungsrichtung der Welle senkrecht. Die magnetische Feldstärke $H$ ist mit der elektrischen Feldstärke $E$ durch die Beziehung

$$H = \frac{E}{Z_0}$$

verknüpft, wobei

$$Z_0 = \sqrt{\frac{\mu_0}{\varepsilon_0}} = 377\,\Omega$$

der Wellenwiderstand im freien Raum ist. Also gilt

$$\Phi = \frac{1}{2Z_0}\,E^2.$$

Durch die Bündelung ist die Strahlstärke in bestimmten Richtungen gesteigert, in anderen vermindert. Den Quotienten aus der maximalen Strahlstärke $\Phi_0$ in der Hauptstrahlrichtung $\varphi_0$, $\vartheta_0$ einer Antenne zur Strahlstärke $\Phi_K$ des Kugelstrahlers bei gleicher abgestrahlter Leistung $P_r$ bezeichnet man als Gewinn $G$ (directivity). Die in den gesamten Raum (Raumwinkel $4\pi$) abgestrahlte Leistung ist

$$P_r = 4\pi\,\Phi_K \tag{142}$$

für den Kugelstrahler und

$$P_r = \frac{1}{2Z_0}\oint\limits_K E^2(\varphi,\vartheta)\,\mathrm{d}\omega \tag{143}$$

für eine Richtantenne, wobei $\mathrm{d}\omega$ das Raumwinkelelement ist. Damit ergibt sich der Gewinn der Richtantenne bezogen auf den Kugelstrahler

$$G = \frac{\Phi_0}{\Phi_K} = 4\pi\,\frac{\Phi_0}{P_r} = 4\pi\,\frac{\dfrac{1}{2Z_0}\,E^2(\varphi_0,\vartheta_0)}{\dfrac{1}{2Z_0}\displaystyle\oint_K E^2(\varphi,\vartheta)\,\mathrm{d}\omega}$$

$$G = 4\pi\,\frac{E^2(\varphi_0,\vartheta_0)}{\displaystyle\int\limits_0^{2\pi}\int\limits_0^{\pi} E^2(\varphi,\vartheta)\sin\varphi\,\mathrm{d}\varphi\,\mathrm{d}\vartheta}$$

$$G = \frac{4\pi}{\displaystyle\int\limits_0^{2\pi}\int\limits_0^{\pi} C^2(\varphi,\vartheta)\sin\varphi\,\mathrm{d}\varphi\,\mathrm{d}\vartheta}\,. \tag{144}$$

Dabei ist

$$C(\varphi,\vartheta) = \frac{E(\varphi,\vartheta)}{E(\varphi_0,\vartheta_0)}$$

die auf die maximale Feldstärke normierte Richtcharakteristik der
Antenne. Der Gewinn kann also grundsätzlich aus der Integration der
räumlichen Richtcharakteristik berechnet werden. Bei rotationssymmetrischer Charakteristik ist eine solche Rechnung einfach ausführbar,
da dann

$$G = \frac{2}{\displaystyle\int\limits_0^{\pi} C^2(\varphi)\sin\varphi\,\mathrm{d}\varphi} \tag{145}$$

ist. Bei unsymmetrisch gestalteter Richtcharakteristik sind die Auswertung und erst recht die Messung schwierig.

Es muß auch berücksichtigt werden, daß die Polarisation des Feldes
im Raum verschieden sein kann. Bei komplizierter aufgebauten Antennen
mit exakter linearer oder zirkularer Polarisation in der Hauptstrahlrichtung treten außerhalb dieser Richtung mehr oder weniger große
Kreuzkomponenten auf, die zur ursprünglichen Polarisation senkrecht
oder gegensinnig zirkular gerichtet sind. Sie müssen bei einer exakten
Auswertung berücksichtigt werden.

Bei einer Antenne mit ausgeprägter Hauptstrahlung und verhältnismäßig kleinen Nebenzipfeln kann der Gewinn aus der einfach meßbaren
Halbwertsbreite grob abgeschätzt werden. Für eine solche Richtantenne
mit schmaler Hauptkeule gilt angenähert

$$G \approx \frac{3\cdot 10^4}{\Delta\varphi\,\Delta\vartheta} \tag{146}$$

und für eine symmetrische Rundstrahlantenne mit Bündelung in nur
einer Ebene ist

$$G \approx \frac{10^2}{\Delta\varphi}\,. \tag{147}$$

Sowohl die Gewinn- als auch die Diagrammessungen können wegen den normalerweise reziproken Eigenschaften der Antennen im Sende- oder im Empfangsfall ausgeführt werden. Oft bezieht man den Gewinn auf die gesamte vom Sender an den Antenneneingang gelieferte Leistung. In diesem Falle müssen die ohmschen und die dielektrischen Verluste der Antenne sowie die Anpassungsfehler berücksicht werden. Dieser „praktische Gewinn" (gain) ist

$$G_p = \eta \, G,$$

wobei $\eta \leq 1$ als der Strahlungswirkungsgrad der Antenne bezeichnet wird.

**Absorptionsfläche und Übertragungsgleichung.** Bei ungestörter Wellenausbreitung kann die Übertragungsdämpfung zwischen einer Sende- und einer Empfangsantenne gleicher Polarisation einfach abgeleitet werden. Ein Kugelstrahler als Sendeantenne liefert im Abstand $r$ nach den Gln. (140) bis (142) die Strahlungsdichte

$$S_K = \frac{1}{r^2} \, \Phi_K = \frac{1}{r^2} \, \frac{P_r}{4\pi}.$$

Wird statt des Kugelstrahlers eine Sendeantenne mit dem Gewinn $G_s$ angenommen, so ist die Strahlungsdichte im Abstand $r$ um den Faktor $G_s$ größer, also

$$S = S_K \, G_s = \frac{1}{r^2} \, \frac{P_r}{4\pi} \, G_s.$$

Bringt man in das Strahlungsfeld senkrecht zur Strahlrichtung eine Absorptionsfläche $A$, so ist die von ihr aufgenommene Leistung

$$P_e = S \, A.$$

Auch einer Empfangsantenne kann man eine Absorptions- oder Wirkfläche zuordnen, die nicht mit ihrer geometrischen Fläche übereinzustimmen braucht. Definiert man die Absorptionsfläche einer Antenne als diejenige Fläche, durch die bei einer ungestörten, senkrecht auftreffenden ebenen Welle die von der Antenne maximal entziehbare Leistung tritt, so kann man ihren Gewinn durch das Verhältnis ihrer Absorptionsfläche zu der eines Bezugsstrahlers ausdrücken [50]. Es errechnet sich z. B. die Absorptionsfläche des Kugelstrahlers zu

$$A_{wK} = \frac{\lambda^2}{4\pi}$$

und die des Halbwellendipols senkrecht zu seiner Achse zu

$$A_{wD} = \frac{3 \cdot 1{,}09 \, \lambda^2}{8\pi} \approx \frac{\lambda^2}{8}.$$

Hat allgemein die Empfangsantenne die Absorptionsfläche $A_w$, so ist ihre Empfangsleistung $P_e = S \, A_w$ und damit ergibt sich das Verhältnis der empfangenen zur abgestrahlten Leistung zu

$$\frac{P_e}{P_r} = \frac{G_s\, A_w}{4\,\pi\, r^2}\,.$$ (148)

Wegen der Reziprozität von Sende- und Empfangsantennen hat auch jede Sendeantenne eine Absorptionsfläche, so daß ihr Gewinn als Verhältnis ihrer Absorptionsfläche zu der des Kugelstrahlers ausgedrückt werden kann. Es ist

$$G_s = \frac{A_{ws}}{A_{wK}} = \frac{4\pi}{\lambda^2}\, A_{ws}\,.$$ (149)

Setzt man $G_s$ gemäß Gl. (149) in (148) ein, so gilt

$$\frac{P_e}{P_r} = \frac{A_{ws}\, A_{we}}{r^2\, \lambda^2} = \frac{G_s\, G_e\, \lambda^2}{(4\pi)^2\, r^2}\,,$$ (150)

wobei $A_{ws}$ die Absorptionsfläche der Sendeantenne, $A_{we}$ die der Empfangsantenne und $G_s$ bzw. $G_e$ die entsprechenden Gewinne sind.

Definiert man als Streckendämpfung

$$a = 10\log\frac{P_r}{P_e}\,,$$

so ergibt sich aus Gl. (150)

$$a = 10\log\frac{r^2\, \lambda^2}{A_{ws}\, A_{we}}\,.$$ (150a)

Setzt man $\sqrt{A_{ws}\, A_{we}} = A_w$, so ist

$$a = 10\log\frac{r^2\, \lambda^2}{A_w^2} = 20\log\frac{r\,\lambda}{A_w}\,.$$ (150b)

Bei Flächenstrahlern, deren Abmessungen groß gegenüber der Wellenlänge sind, ist $A_w = q\,A$, wobei $q$ der Flächenwirkungsgrad und $A$ die geometrische Fläche (Apertur) sind. Dann ist allgemein im Sende- sowie Empfangsfall

$$G = 4\pi\, q\, \frac{A}{\lambda^2}\,.$$ (151)

**Eingangswiderstand und Anpassung.** Hat die Antenne einen Eingangswiderstand

$$Z_A = R_A + \mathrm{j}\, X_A\,,$$

der von der Frequenz abhängt, so findet maximale Energieübertragung statt, wenn die angeschlossene Last den konjugiert komplexen Widerstand

$$\overline{Z}_A = R_A - \mathrm{j}\, X_A$$

hat. Da normalerweise an die Antenne eine Speiseleitung angeschlossen wird, die im weitgehend angepaßten Zustand betrieben werden soll, ist ein reeller Antenneneingangswiderstand gleich dem reellen Wellenwiderstand $Z$ der Leitung anzustreben. Man erreicht dies durch geeignete Bemessung der Antenne und falls nötig durch eine komplexe Anpassungsschaltung. Ist $Z_A \neq Z$, so tritt Reflexion auf. Der Reflexionskoeffizient ist

$$p = \frac{Z_A - Z}{Z_A + Z} \tag{152}$$

und die Welligkeit

$$m = \frac{1 + |p|}{1 - |p|} \, . \tag{153}$$

Daraus ergibt sich das Verhältnis der reflektierten zur einfallenden Leistung

$$\frac{P_R}{P_0} = |p|^2 = \left( \frac{m-1}{m+1} \right)^2 .$$

Bei einer weiteren Reflexion am Sender treten ferner Laufzeiteffekte auf, und die Belastung des Senders wird frequenzabhängig. Zur Verbesserung der Anpassung können zwischen Antenne und Leitung geeignete Widerstandstransformationsglieder geschaltet werden. Da im allgemeinen der Antenneneingangswiderstand stark von der Frequenz abhängt, gelingt die Anpassung nur in einem begrenzten Bereich.

Der Widerstandsverlauf bestimmt meist die nutzbare Bandbreite der Antenne. Allerdings können auch ihre Strahlungseigenschaften stark von der Frequenz abhängen und eine Begrenzung darstellen.

### 3.5.2 Lineare Strahler

**Grundprinzip des Dipols.** Mit zeitlich veränderlichen Strömen und Ladungen auf einem Leiter sind immer elektromagnetische Felder verknüpft. Da die Stromverteilung auf einem sehr dünnen, geraden Leiter mit großer Annäherung sinusförmig ist, wird die Feldstärke im Fernfeld

$$E(\varphi) = \mathrm{j} \, \frac{60 \, I \, e^{-\mathrm{j}\frac{2\pi}{\lambda} r}}{r} \, \frac{\left[ \cos\left( \frac{\pi l}{\lambda} \sin\varphi \right) - \cos\left( \frac{\pi l}{\lambda} \right) \right]}{\cos\varphi} . \tag{154}$$

$I$ ist der sinusförmige Strom, $r$ der Abstand vom Leiter mit der Länge $l$. Der erste Term beschreibt Amplitude und Phase, der zweite die Strahlungscharakteristik. In Abb. 47 sind für 3 Strahlerlängen

$$\text{a)} \; l = \lambda/2, \quad \text{b)} \; l = \lambda \quad \text{und} \quad \text{c)} \; l = \tfrac{5}{4}\lambda$$

die Stromverteilungen und die Strahlungsdiagramme bei zentraler Speisung angegeben. Die Strom- und Spannungsverteilung baut sich als stehende Welle von den Dipolenden her auf. Das Rundstrahldiagramm hat in Richtung des Leiters die Feldstärke Null und bis zu einer Dipollänge von angenähert $l = \tfrac{5}{4}\lambda$ ein eindeutiges rotationssymmetrisches Maximum senkrecht dazu. Allerdings ist ein $\tfrac{5}{4}\lambda$-Dipol verstimmt und muß abgestimmt werden, d. h., der am Anschlußpunkt auftretende Blindanteil muß kompensiert werden.

Für den $\lambda/2$-Dipol ergibt sich aus Gl. (154) mit $l = \lambda/2$ das normierte Diagramm

$$C = \frac{\cos\left(\dfrac{\pi}{2}\sin\varphi\right)}{\cos\varphi}.$$

Daraus läßt sich ein Gewinn von $G = 1{,}64$ gegenüber dem Kugelstrahler ermitteln (im logarithmischen Maßstab $10\log G = 2{,}15$ dB).

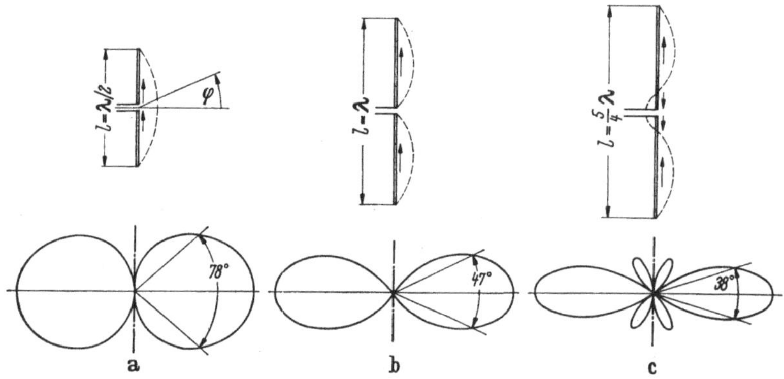


Abb. 47. Stromverteilung und Strahlungsdiagramm bei sehr dünnen Dipolantennen

Der $\lambda$-Dipol mit stärkerer Bündelung hat einen Gewinn von $G = 2{,}41$ (3,82 dB). Beide Resonanzstrahler haben einen reellen Eingangswiderstand $R_A$. Bei abweichenden Längen wird der Widerstand komplex. Der $\lambda/2$-Dipol ist im Strombauch angeschlossen und hat dort einen relativ kleinen Widerstand von $R_A = 73\ \Omega$. Er ist gleich dem Strahlungswiderstand $R_0$, der sich aus der abgestrahlten Leistung und dem Quadrat des Stromes an dieser Stelle herleitet. Für den $\lambda$-Dipol ist $R_0 = 200\ \Omega$. Da die Antenne im Stromknoten (Spannungsbauch) gespeist wird, ist der Eingangswiderstand sehr groß und beträgt mehrere $1000\ \Omega$. Zur rechnerischen Abschätzung des Eingangswiderstandes kann man die Antenne als Leitung auffassen und ihr einen mittleren Wellenwiderstand zuschreiben. Maßgebend ist der Schlankheitsgrad $s = l/2\varrho$, wenn $2\varrho$ der Durchmesser des Leiters ist. Mit zunehmender Dicke wird der Wellenwiderstand und damit auch der transformierte Eingangswiderstand eines $\lambda$-Dipols kleiner. In Abb. 48 ist beispielsweise der nach HALLÉN [51] berechnete Verlauf des Eingangswiderstandes zweier Dipolantennen mit $s = 2000$ und $s = 60$ als Funktion von $l/\lambda$ in der komplexen Ebene dargestellt. Es sind Widerstandsspiralen, die mit der Frequenz und der Dicke des Dipols enger werden. Außerdem verschieben sich die

Resonanzlängen der Dipole; vor allem der $\lambda$-Dipol muß beträchtlich verkürzt werden. Durch die Formgebung der Speisezone werden die Resonanzlänge und der Widerstandsverlauf zusätzlich beeinflußt.

**Dipolantennen.** Einige technische Grundformen von $\lambda/2$-Dipolantennen sind in Abb. 49 dargestellt. Während Kurzwellenantennen gewöhn-

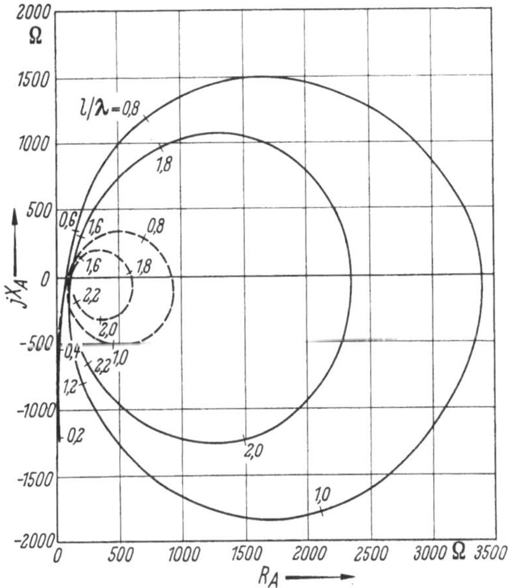


Abb. 48. Verlauf des Eingangswiderstandes zweier Dipolantennen als Funktion von $l/\lambda$ nach HALLÉN [51]
——— $s = 2000$; - - - - $s = 60$

lich über Paralleldrahtleitungen gespeist werden, benutzt man bei Mikrowellenantennen vorteilhaft Koaxialleitungen oder Hohlleitungen. Zur Symmetrierung dient eine sogenannte Symmetrierschleife, die auch die Mantelwelle unterdrückt. In Abb. 49a ist ein Halbwellendipol mit einer Symmetrierschleife dargestellt. Durch eine V- oder U-förmige Anordnung gelingt es, eine angenähert ungerichtete Strahlung zu erhalten (Abb. 49b). Der sog. Faltdipol (Abb. 49c) erlaubt eine große Variation des Eingangswiderstandes. Er besteht aus zwei (oder mehreren) parallelen $\lambda/2$ langen Dipolen, die an den Enden miteinander leitend verbunden sind. Ihre Ströme haben gleiche Richtungen. Bei gleich dicken Leitern in sehr kleinem Abstand beträgt der Eingangswiderstand $R_A \approx 300\ \Omega$. Durch geeignet gewählte, unterschiedliche Durchmesser können andere Widerstandswerte erreicht werden. Das Diagramm und der Gewinn entsprechen denen des einfachen $\lambda/2$-Dipols. Eine metallische Halterung ist im Spannungsknoten, d. h. in der Mitte des durchgehenden Leiters ohne nennenswerte Störungen möglich. Bei einem vertikalen, axial eingespeisten Dipol (Abb. 49d) bildet der dünne $\lambda/4$-Stab die eine Hälfte und das dicke $\lambda/4$-Rohr die ander Hälfte des Dipols. Es entsteht so ein $\lambda/4$-Sperrtopf, und die Mantelwelle auf dem Tragrohr wird weitgehend unterdrückt.

In Abb. 50 sind einige Grundformen von $\lambda$-Dipolantennen dargestellt. Sie bestehen aus runden oder elliptischen Metallzylindern. Durch eine geeignete Wahl des Schlankheitsgrades kann der Eingangswiderstand in weiten Grenzen variiert und an die Speiseleitung angepaßt werden. Bei kleinen Schlankheitsgraden können relativ größere Bandbreiten als bei ähnlich aufgebauten Halbwellendipolen erreicht werden. Die Dipole können im Spannungsknoten durch metallische Stützen

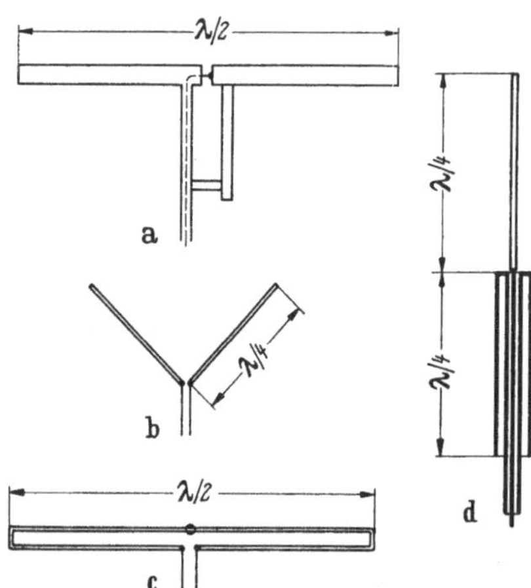

Abb. 49 a—d. $\lambda/2$-Dipolantennen
a) Rohrdipol mit Symmetrierschleife, b) V-Dipol,
c) Faltdipol, d) Vertikaldipol mit Sperrtopf

gehaltert werden, wenn ihr Abstand zur Reflektorwand etwa $\lambda/4$ beträgt. Außer einer symmetrischen Speisung durch eine Paralleldrahtleitung (Abb. 50a) ist eine unsymmetrische Speisung durch eine koaxiale Leitung

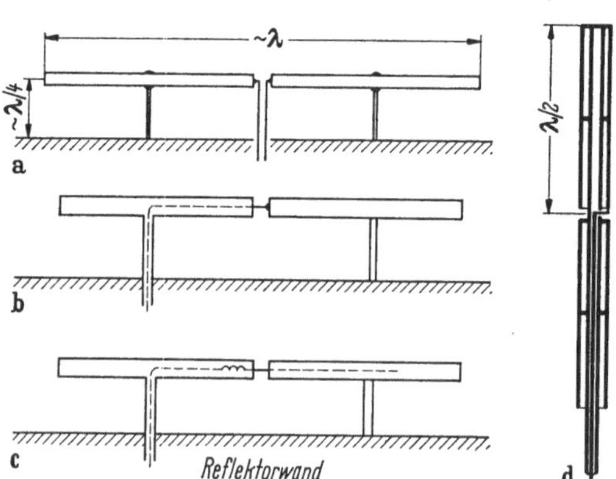


Abb. 50 a—d. $\lambda$-Dipolantennen (Metallrohre mit symmetrischer bzw. unsymmetrischer Speisung und kompensierenden Elementen)

möglich, die im Innern einer Stütze geführt wird (Abb. 50b). Gegebenenfalls können transformierende und kompensierende Leitungsstücke in den Rohrdipol nahe am Anschlußpunkt geschützt eingebaut werden (Abb. 50c). Bei der vertikalen Anordnung kann der Innenleiter der Koaxialleitung an den oberen $\lambda/2$-Zylinder und der Außenleiter an den unteren $\lambda/2$-Zylinder angeschlossen werden. Zwei Sperrtöpfe trennen die strahlenden Zylinder vom Tragrohr (Abb. 50d).

In Abb. 51 sind weitere Dipolantennen gezeigt, die in einem größeren Frequenzbereich ohne Kompensationsglieder arbeiten. Der Wellenwiderstand wird durch aufgespreizte Stäbe (Abb. 51a), durch Gitter (Abb. 51b, Schmetterlingsantenne), durch Flächen (Abb. 51c) oder besser durch dicke Zylinder und Kegel (Abb. 51d bis f) klein gehalten. Die Strahlungs-

dämpfung längs der Leiter ist groß, so daß keine stehenden Wellen mehr auftreten und auch das Strahlungsdiagramm sich nur wenig mit der Frequenz ändert. Bei der Diskonantenne (Abb. 51e) ist der Innenleiter der koaxialen Speiseleitung mit einer Scheibe, der Außenleiter mit einem Konus verbunden, dessen Seitenlänge größer als $0,3\,\lambda$ ist. In einem Frequenzbereich von $4:1$ sind ein brauchbares Diagramm und eine Anpassung entsprechend einer Welligkeit $m \leqq 2$ vorhanden. Die Doppelkonusantenne (Abb. 51f) ist erst im Bereich der Mikrowellen günstig, da die Seitenlänge der Kegel größer als $2\lambda$ sein soll. Bei geeigneter Wahl des

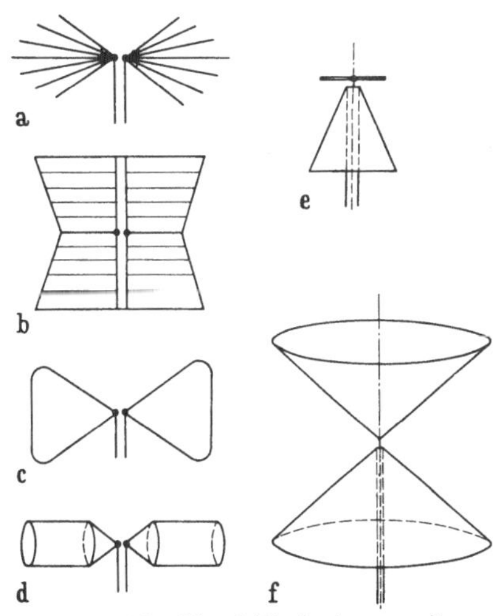

Abb. 51 a—f. Breitband-Dipolantennen mit symmetrischer oder unsymmetrischer Speisung

a) Spreizdipol, b) Schmetterlingsantenne, c) Flachdipol, d) Zylinderdipol, e) Diskonantenne, f) Doppelkonusantenne

Konuswinkels wird die Welle schon zwischen den Kegeln abgestrahlt und die Anordnung wirkt als rotationssymmetrischer Hornstrahler. Die Randströme sind gering, die Störungen durch die Begrenzung der Kegel sind vernachlässigbar.

**Vertikale Antennen (Unipol, Monopol).** Bei Kurzwellen werden vertikale Stabantennen mit einem Gegengewicht (Erdnetz, radiale Drähte) verwendet (Abb. 52a). Wirkt das Gegengewicht als vollkommen leitende Fläche, so bleiben wegen der Spiegelung die Eigenschaften der Dipolantenne grundsätzlich erhalten. Ein Stab mit der Höhe $H$ wirkt dann als Dipol mit der Länge $l = 2H$. Der Eingangswiderstand am Fußpunkt ist halb so groß wie beim Dipol und für $H = \lambda/4$ beispielsweise $R_A = 73/2\ \Omega$.

Zur Verbesserung der Bandbreite kann an geeigneter Stelle ein Dämpfungswiderstand eingebaut werden. Ferner kann ein halber Faltdipol verwendet werden. Meist werden jedoch Reusenantennen gebaut (Abb. 52b). Dabei sind an einem isoliert aufgestellten und abgespannten Mast viele Drähte ausgespannt, die, vom Fußpunkt und von der Mastspitze ausgehend, einen dicken Doppelkegel, eventuell mit zylindrischem Mittelteil, bilden.

Neuerdings sind extrem breitbandige Vertikalantennen durch sorgfältige Formgebung, vor allem in der Umgebung der Speisestelle, entwickelt worden [52]. Die optimal breitbandigen Strahler konnten nach den Methoden der strengen Feldtheorie nicht dimensioniert werden. Die günstigste Form wurde daher auf experimentellem Wege, geleitet durch Vorstellungen aus der Theorie gedämpfter Leitungen, ermittelt.

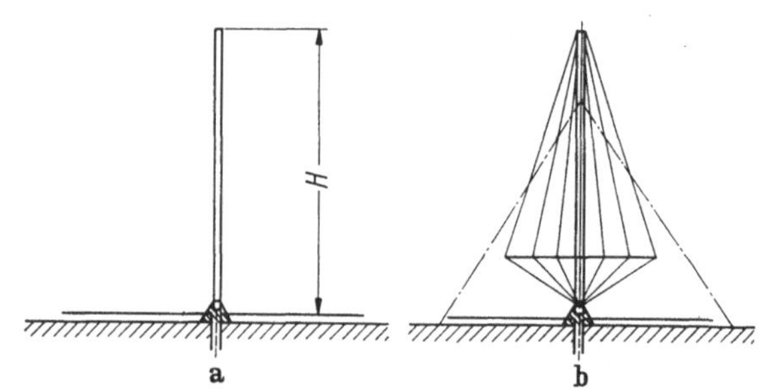

Abb. 52a u. b. Vertikalantenne
a) Stabantenne,  b) Reusenantenne

Ein solcher Strahler besteht aus der homogenen Fußpunktszone, deren Wellenwiderstand der Speiseleitung angepaßt ist, und einer danach folgenden, im allgemeinen inhomogenen, strahlungsbedämpften Zone, in der sich die leitungsgeführte Welle in die Raumwelle umwandelt. Nach geeigneter Gestaltung der Fußpunktszone, für die sich konusförmige Leitungen oder Kreisbogenleitungen als besonders günstig erweisen, muß die Form der Antenne so gewählt werden, daß der Übergang vom Fußpunkt zur Umwandlungszone kontinuierlich ist und die Speiseleitung somit in einem sehr großen Frequenzbereich angepaßt ist. Der Schlankheitsgrad der Antenne muß im Bereich $s = 1$ liegen. Da die Antenne als eine am Ende offene Leitung aufzufassen ist, hat sie eine untere Grenzfrequenz.

In Abb. 53 sind ein solcher Breitbandstrahler und der Verlauf seines Eingangswiderstandes dargestellt. Oberhalb einer relativen Länge $H/\lambda = 0,26$ wird der Reflexionsfaktor $p < 10\%$, oberhalb einer relativen Länge von 0,32 wird $p \leq 5\%$.

In diesem Zusammenhang ist es interessant, daß eine Dualität zwischen den genannten Strahlern und Absorbern für elektromagnetische Wellen besteht. Auch bei optimal bemessenen Absorbern ergibt sich, daß oberhalb des Verhältnisses von Absorbertiefe zu Wellenlänge

$H/\lambda = 0{,}25$ Reflexionsfaktoren kleiner 10% erzielt werden können, d. h., sowohl diese Antennen als auch die Absorber haben ausgesprochenen Hochpaßcharakter.

Auch die Strahlungsdiagramme der beschriebenen Antennen sind wesentlich günstiger als bei schlanken Strahlern (Abb. 54). Insbesondere

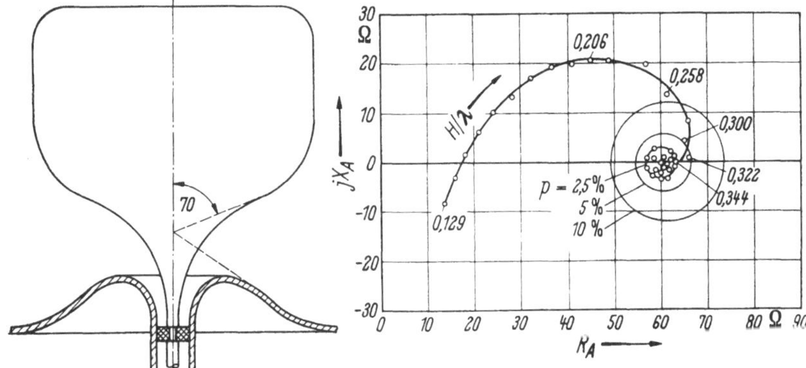


Abb. 53. Breitbandstrahler mit Hochpaßcharakter, rechts Eingangswiderstand mit Meßpunkten

verbleibt das Maximum der Strahlung unabhängig von der Betriebswellenlänge senkrecht zur Achse des Strahlers, wenn das Gegengewicht sehr groß gegenüber der Wellenlänge ist. Während die untere Grenz-

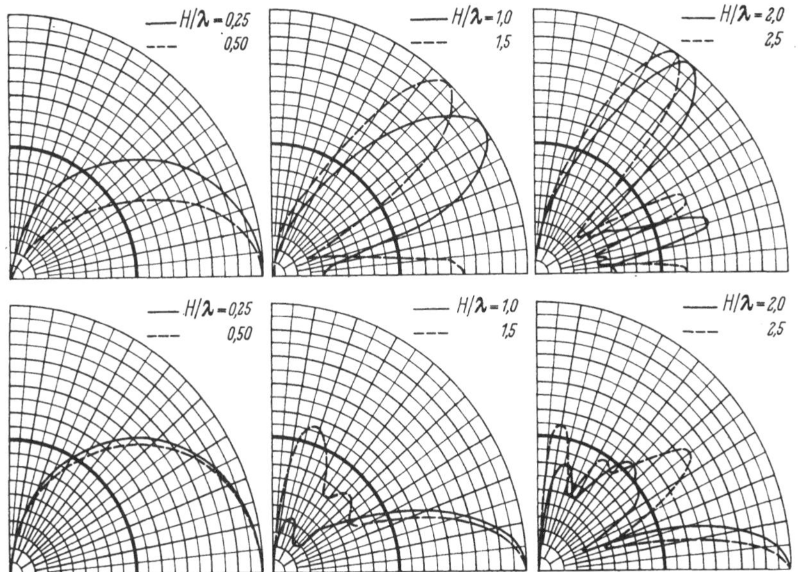


Abb. 54. Normierte Feldstärkediagramme, oben einer Vertikalantenne mit dem Schlankheitsgrad $s = 31$ und unten eines Breitbandstrahlers mit dem Schlankheitsgrad $s \approx 1$ nach Abb. 53 im Bereich $0{,}25 \le H/\lambda \le 2{,}5$

frequenz der beschriebenen Breitbandantennen durch die auftretende Fehlanpassung bedingt ist, wird eine obere Grenze nur durch die Form des Strahlungsdiagramms gesetzt. Wie aus Abb. 54 ersichtlich, werden die Nebenzipfel oberhalb $H/\lambda = 2{,}0$ sehr groß. Damit ergibt sich ein nutzbarer Wellenbereich von mindestens $8:1$ mit monoton steigendem Gewinn. Auch dieser Antennentyp eignet sich für den Aufbau in Reusenform. Der stetige Verlauf der Konturen kann durch Polygone angenähert werden. Für Anwendungen im Mikrowellenbereich kann durch geeignete Anordnung verschiedener dielektrischer Materialien rings um die Antenne die Nebenzipfeldämpfung verbessert werden [53].

### 3.5.3 Reflektorwirkung durch Zusatzstrahler oder leitende Flächen

**Richtdiagramm eines Strahlerpaares.** Die Richtdiagramme punktförmiger Strahleranordnungen lassen sich durch Superposition der Einzelfelder nach Amplitude und Phase einfach berechnen. Ein einzelner Strahler möge im Aufpunkt die Feldstärke $E_0$ erzeugen. Für ein Strahlerpaar nach Abb. 55 mit gleichen Amplituden und der Phasendifferenz $\delta$ gilt (Zeitglied weggelassen):

$$E = E_0\, e^{\mathrm{j}(\delta/2 + \psi/2)} + E_0\, e^{\mathrm{j}(-\delta/2 - \psi/2)} = 2 E_0 \cos(\delta/2 + \psi/2).$$

$\psi$ ist der Phasenunterschied im Aufpunkt durch den unterschiedlichen Abstand. Da die Wegdifferenz beider Strahlen in großer Entfernung gleich $d \sin\varphi$ ist, ist

$$\psi = \frac{2\pi}{\lambda}\, d \sin\varphi$$

und das Strahlungsdiagramm ist

$$\frac{E}{E_0} = 2 \cos\left(\delta/2 + \frac{\pi}{\lambda}\, d \sin\varphi\right). \tag{155}$$

Normierte Feldstärkediagramme sind für einige Fälle in der Abb. 55 angegeben. Die Strahlungscharakteristik ist rotationssymmetrisch zur Verbindungslinie der Strahler. Ein Strahlungsmaximum tritt senkrecht dazu auf, wenn das Paar gleichphasig gespeist wird ($\delta = 0°$), vor allem bei $d/\lambda = 1/2$ (Abb. 55a). Das Paar hat eine Rundstrahlcharakteristik mit einer Halbwertsbreite der Strahlungsdichte von $60°$.

Bei $d/\lambda = 3/4$ (Abb. 55b) ist die Bündelung stärker, jedoch bilden sich 2 Nebenzipfel in der Achsrichtung aus. Für $d/\lambda = 1$ haben diese die Größe der Hauptstrahlung erreicht und mit weiter wachsendem Abstand steigt die Zahl der Strahlungskegel an.

Für das gegenphasige Paar ($\delta = 180°$) und $d/\lambda = 1/2$ (Abb. 55c) treten 2 Strahlungskeulen in der Verbindungslinie beider Strahler auf. Eine einseitige Längsstrahlung wird bei $\delta = 90°$ und $d/\lambda = 1/4$ (Abb. 55d) erreicht. Bei dem geringen Abstand sind keine Nebenzipfel vorhanden, doch ist die Bündelung gering (Halbwertsbreite 180°).

**Einseitige Strahlung eines linearen Strahlers.** Erweitert man die bisher für punktförmige Strahlungsquellen durchgeführten Betrachtungen auf

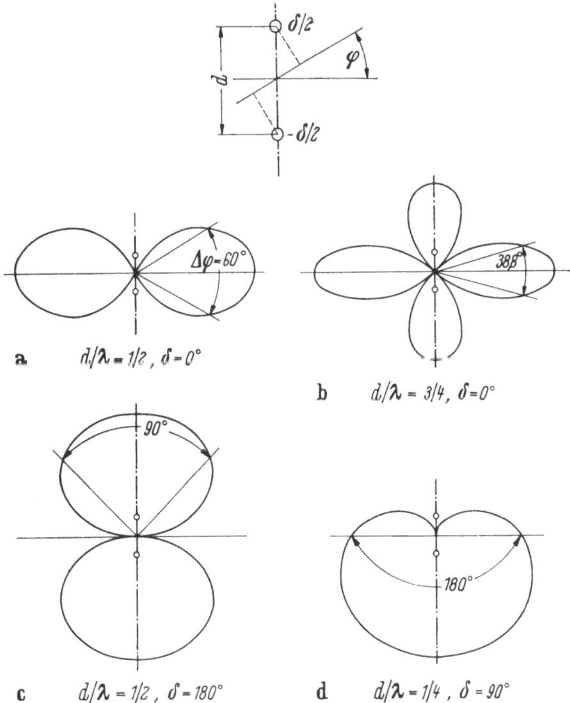


Abb. 55. Strahlungsdiagramme eines Strahlerpaares mit der Phasendifferenz δ

räumlich ausgedehnte Strahler, z. B. Dipole, so gelten die abgeleiteten Beziehungen nur für die Symmetrieebene senkrecht zu den Strahlerachsen.

Die mit einem gespeisten Zusatzstrahler erreichte Richtwirkung läßt sich auch durch einen strahlungserregten, induktiv abgestimmten Dipol erzielen. Er wird im Abstand von $\lambda/10$ bis $\lambda/4$ hinter dem gespeisten $\lambda/2$-Dipol angeordnet und hat eine um etwa 5% größere Länge. Der Gewinn in der Hauptstrahlrichtung ist 2- bis 2,5mal so groß.

Breitbandiger ist ein System, das aus einem Dipol und einer ebenen Reflektorwand besteht, die einen Abstand von $S = \lambda/8$ bis $\lambda/4$ haben. Der Einfluß der leitenden Wand kann durch ein gegenphasiges Spiegelbild dargestellt werden (Abb. 56a). Das $H$-Diagramm ist durch

$$C_W = \left| \sin\left( \frac{2\pi S}{\lambda} \cos\varphi \right) \right| \tag{156}$$

gegeben, und das Strahlungsmaximum tritt bei $\varphi = 0$ auf. Dort ist der Gewinn 3- bis 4mal so groß. Der Gewinn durch die Wand ist bei Gruppen mit zahlreichen Dipolen geringer; er wird etwa verdoppelt. Außer mit einer homogenen Metallplatte können etwa dieselben Wirkungen mit Drahtgittern oder parallel zum Vektor $E$ angeordneten Metallstäben erreicht werden, wenn die Zwischenräume $\lambda/10$ oder kleiner sind.

Eine weit bessere Bündelung ergibt der Winkelreflektor. Dabei ist die Metallwand abgewinkelt und auf der Winkelhalbierenden ist im Abstand $S$ eine Dipolantenne angebracht. Die Wirkung kann bei großen

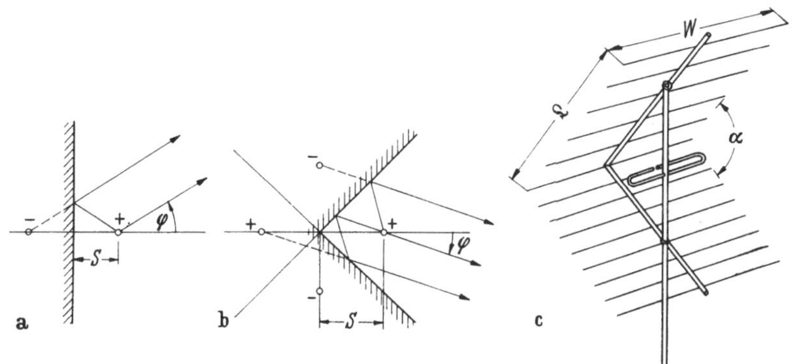

Abb. 56. Dipolantennen mit verschiedenen Reflektoren

Wänden durch 1- bzw. 2malige Spiegelung am Ersatzbild mit $\alpha = 90°$ einfach abgeleitet werden (Abb. 56b). Das $H$-Diagramm ist dann gegeben durch

$$C = \left| \cos\left(\frac{2\pi S}{\lambda}\cos\varphi\right) - \cos\left(\frac{2\pi S}{\lambda}\cdot\sin\varphi\right) \right|. \tag{157}$$

Bei beschränkter Reflektorgröße treten gewisse Abweichungen auf. Die Seitenlänge $L$ und die Breite $W$ sollen wenigstens eine Wellenlänge betragen (Abb. 56c). Der günstigste Winkel ist etwa $\alpha = 100°$ und der relative Abstand $S/\lambda = 0{,}25$ bis $0{,}45$. Die Halbwertsbreiten betragen dann etwa $50°$ und der Gewinn steigt mit dem Faktor 5,5 bis 8,7, d. h., der Gewinn gegen den Kugelstrahler ist 9 bis 14. Bei größeren Reflektorabmessungen (etwa $2\lambda$) lassen sich Gewinne von annähernd 25 erreichen, wenn $\alpha = 60°$ und $S = 0{,}5\lambda$ sind. Die Bandbreite nimmt allerdings wegen der stärkeren Rückwirkungen auf den Dipolwiderstand etwas ab.

In der Praxis werden hauptsächlich $\lambda/2$-Flachdipole und Faltdipole in Winkelreflektoren (Abb. 56c) verwendet, jedoch sind auch zwei oder sogar mehrere nebeneinandergesetzte $\lambda/2$-Dipole oder $\lambda$-Dipole möglich, wenn der Reflektor breit genug ist. Für Kurzwellen kann die vertikale Reusenantenne mit Erdnetz und zwei senkrechten, zwischen Masten ausgespannten, den Winkelreflektor bildenden Drahtwänden benutzt werden.

### 3.5.4 Gruppen linearer Strahler (Querstrahler)

**Allgemeine Eigenschaften von Querstrahlern.** Durch mehrere, in einer Reihe angeordnete, gleichphasig gespeiste, punktförmige Strahler kann die Strahlungsbündelung und damit der Gewinn in der Ebene senkrecht zur Reihe vergrößert werden. Bei $n$-Strahlern mit gleichen Amplituden, die in gleichen Abständen $d$ angeordnet sind, ist das normierte Rundstrahldiagramm

$$C(\varphi) = \frac{1}{n} \, \frac{\sin\left(n \, \dfrac{\pi \, d}{\lambda} \sin \varphi\right)}{\sin\left(\dfrac{\pi \, d}{\lambda} \sin \varphi\right)} \, . \tag{158}$$

Optimale Gewinne werden bei etwa $d/\lambda = 0,8$ bis $0,9$ erreicht, jedoch werden zur Verminderung von Nebenzipfeln meist kleinere Abstände von etwa $d/\lambda = 0,5$ verwendet. Für eine Strahlerreihe der Länge $L = nd \geqq 5\lambda$ ist der maximal erreichbare Gewinn

$$G = 2 \, \frac{L}{\lambda} \, . \tag{159}$$

Die Halbwertsbreite beträgt

$$\Delta \varphi = 50{,}5 \, \frac{\lambda}{L} \, \text{Grad} \tag{160}$$

und das erste rotationssymmetrische Nebenblatt ist um etwa $13 \, \text{dB}$ gegenüber der Hauptstrahlung gedämpft.

Die Nebenzipfel können vermindert werden, wenn die Amplituden zu den Enden der Strahlerreihe hin abnehmen. Eine Binominalverteilung gibt theoretisch überhaupt keine Nebenzipfel, doch fällt der Gewinn stark ab, da die erzielbare Bündelung schwächer ist. Für eine konstante Belegung $t$, der eine $\cos^2$-Verteilung überlagert ist,

$$f(x) = t + (1 - t) \cos^2 \left(\frac{\pi \, x}{L}\right)$$

mit der Ortsveränderlichen

$$- \frac{L}{2} \leqq x \leqq + \frac{L}{2}$$

und der Amplitude $0 \leqq t \leqq 1$, gilt für den Gewinn [54]

$$G = 2 \, \frac{L}{\lambda} \, \frac{1}{1 + 0{,}5(1 - t)^2} \tag{161}$$

und für die Halbwertsbreite

$$\Delta \varphi = 50{,}5 \, \frac{\lambda}{L} \, [1 + 0{,}636(1 - t)^2] \, \text{Grad} . \tag{162}$$

Dabei ist die Nebenzipfeldämpfung

$$a_N = 13 + 29(1 - t) - 10(1 - t)^2 \, \text{dB}, \tag{163}$$

also für eine reine $\cos^2$-Verteilung ($t = 0$) maximal $32 \, \text{dB}$.

Ähnliche Werte liefert die sog. DOLPH-TSCHEBYCHEFF-Verteilung, welche bei einer vorgegebenen Nebenzipfeldämpfung die optimale Bündelung ergibt. Diese ist aber geringer als bei konstanter Belegung, ebenso wie der Gewinn.

Wird hinter der Strahlerreihe eine Reflektorwand in geeignetem Abstand angeordnet, so entsteht statt der Rundstrahlung eine Richtstrahlung senkrecht zur Reflektorwand. Das Diagramm in der Hauptebene der Strahlerreihe ergibt sich durch Multiplikation der Gln. (158) und (156). Um die Bündelung auch in der anderen Ebene zu steigern, müssen mehrere Strahlerreihen vor der Wand angeordnet werden.

Diese strahlende Fläche setzt sich aus einer Strahlergruppe zusammen, deren Eigenschaften aus den zueinander senkrechten Reihen in der $x$- und $y$-Richtung abgeleitet werden können. Der maximal erreichbare Gewinn ist bei großer rechteckiger Apertur [54]

$$G = \pi\, G_x\, G_y, \tag{164}$$

wenn $G_x$ bzw. $G_y$ jeweils der Gewinn einer rundstrahlenden Reihe sind. Für Strahler mit gleicher Amplitude ist dann mit Gl. (159)

$$G = \pi\, \frac{2L_x}{\lambda}\, \frac{2L_y}{\lambda} = 4\pi\, \frac{A}{\lambda^2}, \tag{165}$$

wenn $L_x$ die Länge der Reihe in $x$-Richtung, $L_y$ die Länge in $y$-Richtung und $A = L_x L_y$ die geometrische Fläche der Gruppe darstellen. Durch Vergleich mit der Gl. (149) ergibt sich ein Flächenwirkungsgrad $q = 1$. Für den Gewinn aus den Halbwertsbreiten gilt mit Gl. (160)

$$G = \frac{3{,}24 \cdot 10^4}{\Delta\varphi\,\Delta\vartheta}. \tag{166}$$

Die Näherung nach Gl. (146) ist in diesem Fall also ziemlich gut.

**Oberwellenantennen.** Eine Strahlerreihe läßt sich grundsätzlich durch einen in Oberwellen erregten linearen Leiter darstellen. In Abb. 57a ist ein solcher zentral gespeister Resonanzstrahler mit der prinzipiellen Stromverteilung gezeichnet. Das Strahlungsdiagramm ist jedoch stark aufgeblättert, und es ergibt sich keine eindeutige Hauptkeule. Sie läßt sich erreichen, wenn die gegenphasigen Leiterstücke zu $\lambda/4$-Umwegleitungen ausgebildet sind, die nicht strahlen. In Abb. 57b ist eine sog. MARCONI-FRANKLIN-Antenne dargestellt. Durch Knicken können weitere brauchbare Formen, wie etwa die CHIREIX-MESNY-Antenne, gefunden werden. Abb. 57c zeigt eine solche Antenne. Jedes $\lambda/2$-lange Leiterstück hat eine vertikal gerichtete Komponente, deren Felder sich addieren, während die horizontalen Komponenten gegeneinandergerichtet sind und die Felder sich weitgehend aufheben. Diese Antennen werden im KW- und seltener im UKW-Bereich verwendet, im Mikrowellenbereich gibt es verbesserte Anordnungen. Statt des dünnen

Leiters wird ein Bandleiter mit niedrigem Wellenwiderstand und großer Strahlungsdämpfung benutzt. Damit gelingt es, die Belegung an den Antennenenden stark abzuschwächen und die Nebenzipfel zu reduzieren. In Abb. 57d ist der prinzipielle Aufbau einer solchen Zickzackbandantenne gezeigt [55]. Der Bandleiter ist nahe vor der Metallwand

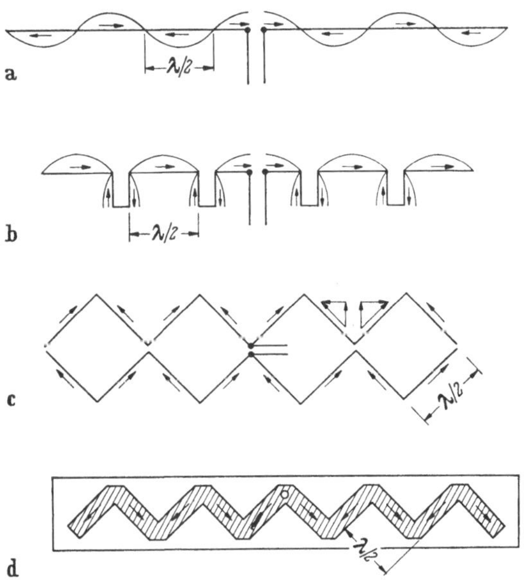

Abb. 57a—d. Oberwellenantennen

a) Linearantenne, b) MARCONI-FRANKLIN-Antenne, c) CHIREIX-MESNY-Antenne, d) Zickzackbandantenne

angeordnet und wird im Zentrum von einer koaxialen Leitung gespeist. Dabei ist der Außenleiter mit der Wand und der Innenleiter mit dem Band verbunden. Die Abstrahlung kann durch die Wahl des Abstandes der Bandleitung von der Wand je nach der Antennenlänge und zugelassenen Nebenzipfeln beeinflußt werden. Beispielsweise ist bei einer Antennenlänge von $5\lambda$, einem Wandabstand von $\lambda/10$ und einer Breite des Bandleiters von $\lambda/8$ die Nebenzipfeldämpfung größer als 20 dB, die Halbwertsbreite $\Delta\varphi = 12°$ und der Gewinn 35.

**Dipolfelder.** Querstrahlende Dipolgruppen lassen sich aus getrennten Dipolen aufbauen, die durch ein Speiseleitungssystem gleichphasig miteinander verbunden sind.

Verhältnismäßig einfach ist die Serienspeisung mit durchgehender Paralleldrahtleitung und im Abstand $\lambda/2$ alternierend angeschlossenen $\lambda$-Dipolen (Abb. 58a). Allerdings sind die Strahlungseigenschaften einer solchen Anordnung, ebenso wie bei den vorhergehend beschriebenen Oberwellenantennen stark frequenzabhängig.

Für den Breitbandantrieb ist die Parallelspeisung geeignet, bei der die Leitungen zu jedem Dipol gleich lang sind. So kann beispielsweise ein Dipolfeld aus 4 Ganzwellendipolen aufgebaut sein, die vor einer Reflektorwand von der Größe $2\lambda \times 1\lambda$ angeordnet sind (Abb. 58b). Die $\lambda$-Dipole aus Metallrohren haben bei einem Schlankheitsgrad von 15 bis 20 eine tatsächliche Länge von etwa $0{,}7\lambda$. Sie sind im Spannungsknoten gehaltert und haben einen Wandabstand $S \approx 0{,}3\lambda$. Ihr Eingangswiderstand beträgt mit Berücksichtigung der gegenseitigen Kopplung etwa 240 $\Omega$, so daß nach der Parallelschaltung der Leitungen

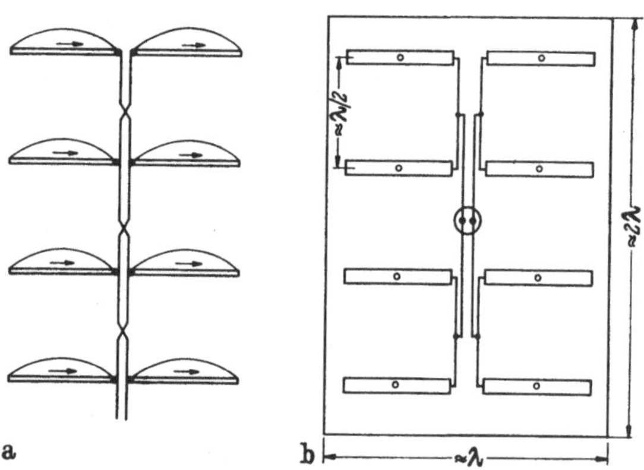

Abb. 58a u. b. Einheitsfeld aus 4 Ganzwellendipolen
a) Serien- und b) Parallelspeisung

über eine Symmetrierschleife eine gute Anpassung an die 60 $\Omega$-Koaxialleitung möglich ist [56]. Das Strahlungsdiagramm für ein solches Feld mit $d = \lambda/2$ und $S = \lambda/4$ (Abb. 59) vor unendlich ausgedehntem Reflektor kann durch Multiplikationen nach den genannten Gln. (154), (156) und (158) berechnet werden.

Das beschriebene Dipolfeld wurde für verschiedene Frequenzbereiche der Meter- und Dezimeterwellen gebaut. Mit Rücksicht auf gute Anpassung und geringe Frequenzabhängigkeit des Strahlungsdiagramms hat es eine relative Bandbreite von etwa 1,6 : 1. Der Gewinn in der Mitte des Bereichs, auf den Kugelstrahler bezogen, beträgt $G = 28$. Die Rückstrahldämpfung ist sowohl bei Vollreflektoren als auch bei durch Streben gebildeten Reflektoren größer 20 dB, die Nebenzipfeldämpfung größer als 12 dB.

Der Reflexionsfaktor, der bei diesem Aufbau maximal 5% beträgt, kann in dem relativ breiteren Bereich von 1,7 : 1 auf die Hälfte gesenkt werden, wenn koaxial gespeiste, im Innenraum Kompensationsschaltungen enthaltende Dipole verwendet werden (Abb. 50c). Durch geeignete Verschränkung der Strahler aller Dipole in Ebenen senkrecht zum

Reflektor und geeignete Bemessung der Reflektorbreite konnte die Strahlung im $E$-Diagramm weitgehend frequenzunabhängig gehalten werden. Dies ist von großer Bedeutung, wenn mehrere Felder in Winkeln zueinander angeordnet werden und über das gesamte Frequenzband konstante Strahlungscharakteristik dieser Gruppe resultieren soll.

Die gegenseitige Beeinflussung neben- oder übereinandergesetzter Einheitsfelder ist vernachlässigbar gering. Sie können daher je nach der

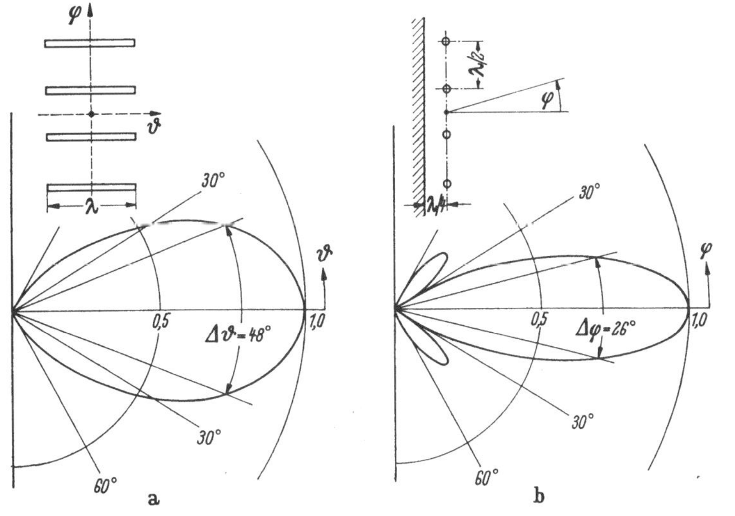


Abb. 59a u. b

a) $E$-Diagramm, b) $H$-Diagramm einer Gruppe von 4 Ganzwellendipolen vor einer Reflektorwand

gewünschten Bündelung und dem verlangten Gewinn zu größeren Gruppen zusammengesetzt werden. Der erzielbare Gewinn einer ebenen Gruppe ist proportional der Felderzahl. Die breitbandige Anpassung von Gruppen an die Zuleitung kann verbessert werden, wenn zwei gleiche Teilgruppen um $\lambda/4$ in der gemeinsamen Strahlrichtung, in der die Feldstärken der Gruppen gleich sind, versetzt werden und dieser Versatz durch einen Phasenunterschied von ebenfalls $\lambda/4$ in den Zuleitungen ausgeglichen wird.

Schließlich können durch unterschiedliche Wellenwiderstände der Leitungen zu den einzelnen Feldern bzw. Dipolen die Amplituden geeignet abgestuft und dadurch die Nebenzipfel vermindert werden. Auch ist es möglich, die Leitungslängen und damit die Phasen der einzelnen Felder bzw. Dipole geringfügig zu verändern. Damit verschieben sich etwas die Hauptstrahlrichtung und die Lage und Größe der Nebenzipfel. Der Gewinn nimmt allerdings in beiden Fällen ab.

14*

Bei der technischen Verwirklichung müssen zumindest die Speise-stellen der Dipole durch Isoliermaterialien gegen Feuchtigkeit und Vereisung geschützt sein. Im Bereich der Dezimeterwellen ist es vorteil-haft, die gesamte Anordnung mit einer Fiberglashaube abzudecken.

**Gruppe von Schlitzstrahlern.** Im Mikrowellenbereich können statt Dipolgruppen auch einfacher aufgebaute Schlitzstrahlergruppen ver-wendet werden. Sie bestehen aus schmalen, meist $\lambda/2$-langen Schlitzen im Hohlleiter, die von den Wandströmen der Hohlleiterwelle erregt sind. Durch die Lage und gegebenenfalls durch zusätzliche Koppel-stifte kann die vom Schlitz in den freien Raum gekoppelte Strahlung nach Amplitude und Phase beeinflußt werden. Die Strahlung ist senkrecht zum Schlitz polarisiert, also komplementär zum Dipol. Ein Flächen-strahler aus vielen Elementen läßt sich verhältnismäßig einfach aus nebeneinander angeordneten Hohlleitern mit Schlitzen herstellen. Ein guter Flächenwirkungsgrad oder eine große Nebenzipfeldämpfung kann erreicht werden. Wegen der Dispersion und der Serienspeisung im Hohl-leiter sind die Eigenschaften der Antenne aber relativ stark frequenz-abhängig.

### 3.5.5 Längsstrahler

**Allgemeine Eigenschaften.** Während bei den bisher betrachteten Querstrahlern die Hauptstrahlrichtung senkrecht zur Hauptausdehnung der Antenne steht, fallen bei Längsstrahlern beide zusammen. Der Auf-bau und die Wirkungsweise solcher Antennen ist sehr unterschiedlich.

Zur Erklärung kann man von einer gespeisten Strahlerreihe (Punkt-quellen) mit jeweils 90°-Phasenunterschieden und Abständen von $\lambda/4$ ausgehen (s. Abb. 55d). Für eine solche Reihe mit einer größeren Zahl von Strahlern und der Länge $L$ ist die Halbwertsbreite

$$\Delta \varphi = 108 \sqrt{\frac{\lambda}{L}} \text{ Grad.}$$

Bei einer geeigneten Veränderung der Phase längs der Reihe wird eine stärkere Bündelung erreicht. Haben außerdem die einzelnen Elemente eine gewisse Querausdehnung, wie es bei Verwendung von Dipolen der Fall ist, so ergeben sich mit einem solchen Längsstrahler angenähert folgende optimale Werte

$$\Delta \varphi = 50 \sqrt{\frac{\lambda}{L}} \text{ Grad} \tag{167}$$

$$G = 4\pi \frac{L}{\lambda}. \tag{168}$$

Dabei treten verhältnismäßig große Nebenzipfel auf, die nur um etwa 10 dB gedämpft sind. Bei großen Längen $L$ und kleinen Nebenzipfeln werden diese Werte ähnlich wie bei querstrahlenden Dipolgruppen nicht erreicht. Der Gewinn geht zurück, die Halbwertsbreite wird größer.

Zum Vergleich beider Antennentypen ergibt sich allgemein aus den Gln. (165) und (168) für den gleichen Gewinn

$$4\pi\left(\frac{B}{\lambda}\right)^2 = 4\pi\,\frac{L}{\lambda}\,,$$

also
$$L = B^2/\lambda,\tag{169}$$

wenn $B$ die Breite eines quadratischen Querstrahlers und $L$ die Länge des Längsstrahlers ist. Beispielsweise ist dann für $B = 1\,\lambda$ die äquivalente Länge $L = 1\,\lambda$. Für $B = 3\lambda$ ist sie aber bereits $L = 9\lambda$. Die Antennenabmessungen sind daher bei den Längsstrahlern für kleine Gewinne, bei den Querstrahlern für große Gewinne günstiger.

**Oberflächenwellenantennen.** Als längsstrahlende Richtantennen mit größerer Bündelung haben Reihen *gespeister* Dipole nur wenig Anwendung gefunden. Dagegen wird häufig die einfacher aufgebaute, *strahlungsgekoppelte* Dipolreihe verwendet. Diese nach den Erfindern genannte YAGI-UDA-Antenne besteht prinzipiell aus einem gespeisten Dipol mit einem Reflektordipol dahinter und einer davor angeordneten Reihe paralleler Leitdipole (Abb. 60a). Dabei können sämtliche Dipole im Spannungsknoten an einer durchgehenden Metallstange befestigt (geerdet) werden. Sind

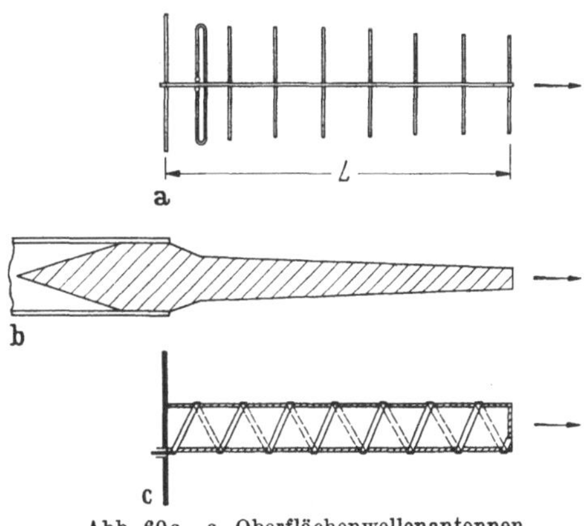

Abb. 60a—c. Oberflächenwellenantennen
a) YAGI-Antenne, b) Stielstrahler, c) Wendelantenne

nur wenige, dünne Leitdipole (Direktoren) vorgesehen, so sind diese um etwa 4% kürzer als die Resonanzlänge $\lambda/2$, also kapazitiv verstimmt. Während der induktiv verstimmte Reflektordipol eine zur erregenden Strahlung nahezu gegenphasige Sekundärstrahlung liefert, weicht die Phase bei dem kapazitiv verstimmten Leitdipol nur wenig ab. Die Feldstärke wird daher in der Richtung der Leitdipolreihe verstärkt. Bei einer größeren Zahl dieser Sekundärstrahler entsteht eine fortschreitende Oberflächenwelle, deren Phasengeschwindigkeit gegenüber der der Raumwelle herabgesetzt ist und die entlang der Struktur geführt wird. Maßgebend für die Funktion ist die gesamte Phasenverschiebung längs der Antenne gegenüber der

Raumwelle. Während sie bei kurzen Antennen etwa 60° beträgt, steigt sie für $L \approx 6\lambda$ auf 120° und nähert sich für $L = 20\lambda$ etwa 180° an. Die Dimensionierung ist daher von Fall zu Fall verschieden und auch innerhalb der Reihe können die Abmessungen variieren.

Zur Speisung dient normalerweise ein Faltdipol mit hohem Eingangswiderstand, da die Rückwirkungen groß sind und vor allem der Eingangswiderstand stark vermindert wird. Die Bandbreite einer YAGI-Antenne mit guten Eigenschaften ist relativ geringer als die der parallel gespeisten Querstrahler und beträgt etwa 1,1 : 1. Mit gewissen Einbußen an Gewinn, Nebenzipfeldämpfung und Güte der Anpassung kann allerdings eine Dimensionierung mit etwas größerer Bandbreite gefunden werden.

Einen optimalen Gewinn hat beispielsweise eine Anordnung aus einem Faltdipol (Länge $0{,}45\lambda$), zwei Reflektordipolen (Länge $0{,}53\lambda$) und 10 Leitdipolen (Länge von $0{,}43\lambda$ auf $0{,}36\lambda$ abfallend, Abstände etwa $0{,}165\lambda$, Schlankheitsgrad etwa 100). Bei einer Gesamtlänge $L = 1{,}9\lambda$ ist der Gewinn gleich 20, die Nebenzipfeldämpfung im $E$-Diagramm ist größer als 20 dB und die Reflexion kleiner als 15%.

Zur Wellenführung können statt Dipolen auch anders geartete Elemente benutzt werden. Wirkungsvoll und für alle Polarisationen geeignet sind runde Leitscheiben, Leitringe oder eine Leitwendel. Ihre Durchmesser betragen je nach Gesamtlänge und Abständen etwa $\lambda/4$ bis $\lambda/3$ [57]. Für Zentimeterwellen werden ferner dielektrische Platten, Stäbe, Rohre usw. mit kleinem Verlustwinkel als Oberflächenwellenantennen verwendet. Ein Stielstrahler besteht beispielsweise aus einem Polystyrolstab ($\varepsilon_r \approx 2{,}5$), der in das Ende eines Rundhohlleiters eingesetzt ist (Abb. 60b). Eine $H_{11}$-Welle im Hohlleiter pflanzt sich als $HE_{11}$-Welle längs des Stabes fort. Während bei Stäben, deren Durchmesser größer als $\frac{3}{4}\lambda$ ist, ein großer Teil der Energie im Innern fortgeführt wird, befindet sich die Energie bei dünnen Stäben hauptsächlich außerhalb und wird schlauchartig, mit nach außen exponentiell abfallender Feldstärke als Oberflächenwelle entlang der Grenzfläche geführt. Mit abnehmendem Stabquerschnitt nimmt die Feldausdehnung zu, die Führung der Welle wird schwächer, und die Wellenlänge steigt von $\lambda/\sqrt{\varepsilon_r}$ auf nahezu $\lambda$ an. Durch kontinuierliche oder sprunghafte Durchmesseränderung kann die Phasengeschwindigkeit geeignet variiert und die Abstrahlung längs des Strahlers beeinflußt werden [58]. Für eine Stablänge von etwa $6\lambda$ ist der Stabdurchmesser zweckmäßig am Anfang angenähert $\lambda/2$ und am Ende etwa $\lambda/4$.

Mit einem Stielstrahler werden bei optimaler Bemessung eine Halbwertsbreite von etwa $60\sqrt{\lambda/L}$ Grad und ein Gewinn von $10\,L/\lambda$ erreicht, der auf etwa $7\,L/\lambda$ für größere Längen absinkt. Vorteilhaft ist die gegenüber Leitdipolstrukturen wesentlich größere Bandbreite.

**Wendelantennen.** Ein einseitig gespeister, zu einer geraden Wendel gebogener Leiter ist ein Strahlerelement, dessen Strahlungseigenschaften durch Wahl des Verhältnisses der Wendelabmessungen zur Wellenlänge in weiten Grenzen verändert werden können. Bestimmend für das Strahlungsdiagramm, die Größe und den Frequenzgang des Eingangswiderstandes sowie das Achsenverhältnis der Polarisationsellipse ist die Ladungsverteilung auf der Wendel. Von den vielen möglichen Strahlungsarten sei nur die praktisch wichtige axiale Strahlung betrachtet. Die Wendel hat dann einen Durchmesser von etwa $\lambda/3$ und ist mit dem Innenleiter, der ebene Reflektor mit dem Außenleiter einer koaxialen Speiseleitung verbunden. Zur Halterung kann in der Wendelachse eine durchgehende Stange eingesetzt sein, an der mit Isolierstützen die einzelnen Windungen befestigt sind. Für Dezimeter- und Zentimeterwellen ist auch eine geschlossene Bauform möglich. Dabei wird ein Metallband mit konstanter Steigung in einen Polyesterfiberglas-Zylinder eingebettet (Abb. 60c).

Bei einer solchen Wendel entsteht eine in Achsrichtung fortschreitende Welle. Der Strom in den ersten Windungen ist strahlungsgedämpft und regt eine Oberflächenwelle an, da die Wendel als solche eine wellenführende Struktur darstellt. Zwischen den Leitungsströmen der weiteren Windungen und der Oberflächenwelle besteht eine ständige Wechselwirkung. Diese verursacht einen gewissen Phasenausgleich, so daß die Antennenanordnung über einen großen Frequenzbereich von annähernd 1,8 : 1 gut wirksam ist. In diesem Bereich beträgt der Wendelumfang in Luft $\frac{3}{4}\lambda$ bis $\frac{4}{3}\lambda$, wenn der Steigungswinkel 12 bis 16° ist. Dabei soll die Zahl der Windungen möglichst größer als 3 und der Leiterdurchmesser rund $\lambda/50$ sein. Der Durchmesser der Reflektorwand ist größer als $\frac{3}{4}\lambda$.

Von besonderer Bedeutung für die Strahlungseigenschaften einer Wendel und die Anpassung an die Zuleitung ist die Ausbildung der Fußpunktszone, an der der Innenleiter der unsymmetrischen Speiseleitung die Funktion des Strahlers übernimmt. Als besonders günstig erweist es sich, unmittelbar am Wendelmantel derart einzuspeisen, daß der Abstand zwischen Wendel und Reflektor nur etwa $0{,}01\lambda$ beträgt. Dadurch wird der Eingangswiderstand niedrig und rückt in den Bereich der üblichen Kabelwellenwiderstände. Zusätzlich werden bei dieser Art der Speisung die Nebenzipfel verringert. Die kapazitive Komponente des Eingangswiderstandes kann durch eine parallelgeschaltete Stichleitung geeigneter Länge kompensiert werden.

Als Beispiel seien die Daten einer ausgeführten Wendelantenne für einen Frequenzbereich der relativen Breite von 1,6 : 1 genannt: Bei neun in Fiberglas eingebetteten Windungen und einem quadratischen Reflektor mit der Seitenlänge $0{,}8\lambda$ betrugen in Bandmitte die Halbwertsbreiten $\Delta \varphi = \Delta \vartheta = 42°$, der Gewinn 14 (gegenüber dem zirkular polarisierten Kugelstrahler), die minimale Dämpfung der Nebenzipfel 10 dB, die Rückstrahldämpfung in der ungünstigsten Richtung 18 dB, der Reflexionsfaktor, bezogen auf einen Wellenwiderstand von 60 Ω, $r \leqq 10\%$.

**Rhombusantennen.** Für Kurzwellen werden oft die verhältnismäßig einfach aufgebauten Rhombusantennen verwendet. Diese Antennen bestehen grundsätzlich aus zwei symmetrisch gespeisten Drähten, die parallel zur Erdoberfläche geführt, aufgespreizt und wieder zusammengeführt werden. Vorteilhaft werden jeweils mehrere Drähte ausgespannt, deren Abstände untereinander mit der Aufspreizung zunehmen und so einen der Länge nach angenähert konstanten Wellenwiderstand

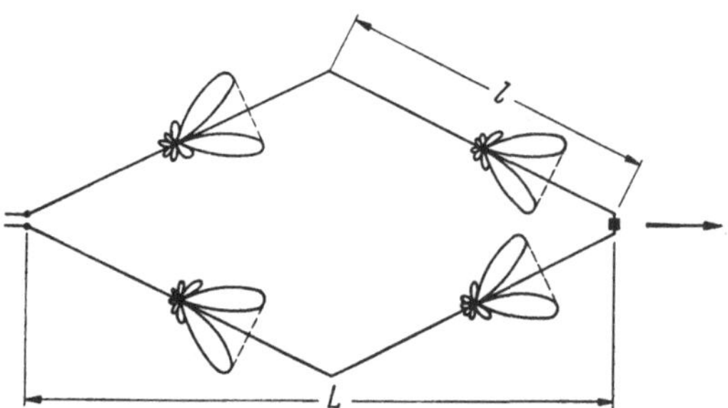

Abb. 61. Rhombusantenne mit Teilstrahlungen

ergeben. Am Ende ist ein reeller Widerstand gleich dem Wellenwiderstand angeschlossen, so daß keine Reflexionen auftreten und eine nahezu fortschreitende Welle längs der strahlungsgedämpften Leiter entsteht. Der Eingangswiderstand bleibt weitgehend frequenzunabhängig und die Antenne ist über einen großen Frequenzbereich ohne Nachstimmung brauchbar. Das Strahlungsdiagramm, der Antennengewinn und der Erhebungswinkel der Hauptstrahlung ändern sich allerdings mit der Frequenz. Ferner gehen je nach dem Verhältnis Antennenlänge zu Wellenlänge etwa 20 bis 40% der Leistung im Abschlußwiderstand verloren und bei größerer Senderleistung muß der konzentrierte Widerstand durch eine längere Paralleldrahtleitung mit großen Verlusten (Eisendrähte) ersetzt werden.

Die prinzipielle Form und die Teilstrahlungen einer Rhombusantenne sind in Abb. 61 angegeben. Optimale Eigenschaften ergeben sich, wenn die Strahlungen der vier geraden Leitungsteile in gleiche Richtung weisen. Mit zunehmender Frequenz nehmen die Winkel ihrer Hauptstrahlungen gegen die Drähte ab und entsprechend geringer muß die Aufspreizung der Drähte sein.

Ein Betrieb ist aber in einem Frequenzbereich der relativen Breite bis etwa 4:1 möglich, wenn die Länge einer Rhombusseite $l = 2\lambda_{max}$

ist. Beispielsweise ist für einen Bereich von 5 bis 17,5 MHz die gesamte Länge $L = 230$ m $= 3{,}83\,\lambda_{max}$ und die Höhe über dem Boden $H = 40$ m $= 0{,}66\,\lambda_{max}$. Bei ebenem, gut leitendem Boden nimmt dann durch das Zusammenwirken mit dem Spiegelbild der maximale Gewinn mit der Frequenz von etwa 10 auf 300 zu [59]. Die Polarisation ist vorwiegend horizontal gerichtet und der Erhebungswinkel der Hauptstrahlrichtung verändert sich mit der Frequenz. Während die Bündelung stark ist, ist die Nebenzipfeldämpfung ziemlich gering (etwa 6 bis 8 dB). Mit mehreren, geeignet kombinierten Rhomben lassen sich größere Nebenzipfeldämpfungen erreichen [60].

**Rückwärtsstrahlende Antennen.** Die bisher betrachteten Längsstrahler werden an dem der Abstrahlrichtung entgegengesetzten Ende gespeist. Dies ist bei den sehr breitbandigen rückwärtsstrahlenden Antennen nicht der Fall.

Wie bei dem Breitbandstrahler (Abb. 53) ist es notwendig, eine Struktur zu verwenden, die sich von der Speisestelle her kontinuierlich vergrößert. Je nach Wellenlänge verschiebt sich der aktive, abstrahlende Bereich, wobei der anschließende, in den Abmessungen größere Teil der Antenne den Durchgang der Strahlung verhindert und reflektierend wirkt.

Eine einfache Bauform dieser Art ist eine alternierend gespeiste, abgestufte Dipolreihe. Den prinzipiellen Aufbau für einen Betrieb in zwei voneinander getrennten Frequenzbereichen I und II zeigt Abb. 62a. Jede Gruppe ist etwa bis zu einer Bandbreite von 2 : 1 brauchbar, wenn der Dipolabstand $d$ angenähert zwischen $\lambda_{max}/24$ und $\lambda_{min}/12$ liegt. Für einen Schlankheitsgrad der Strahler von etwa $s = 40$ nehmen die Längen $l_n$ von etwa $0{,}4\,\lambda_{min}$ für den ersten, kürzesten Dipol auf etwa $0{,}5\,\lambda_{max}$ für den letzten, längsten Dipol der Gruppe zu. Der Längenzuwachs $\Delta l$ von Dipol zu Dipol ist konstant und beträgt etwa $\lambda_{min}/25$ bis $\lambda_{min}/50$. Bei der technischen Ausführung wird im Meter- und Dezimeterwellenbereich eine Parallelleitung aus 2 Metallrohren mit etwa 70 bis 100 $\Omega$ Wellenwiderstand benutzt. Zur störungsfreien Speisung wird in einem Rohr ein koaxiales Kabel geführt.

An der Speisestelle werden der Außenleiter mit dem Tragrohr und der Innenleiter mit dem zweiten Rohr verbunden. Der Reflexionsfaktor ist dann für beide Frequenzbereiche kleiner als 30% und der Gewinn etwa 6 bis 8. Die Halbwertsbreiten betragen angenähert 50 bis 60° im $E$-Diagramm und 70 bis 90° im $H$-Diagramm, und die Nebenzipfeldämpfung ist im rückwärtigen Halbraum größer als 20 dB.

Für einen größeren, durchgehenden Frequenzbereich kann die *logarithmisch periodische* Dipolantenne [61] mit ähnlichen Eigenschaften verwendet werden, wo $d$ und $l$ in einem geeignet gewählten Verhältnis zunehmen (Abb. 62b). Strahlungsdiagramm und Eingangswiderstand wiederholen sich periodisch mit dem Logarithmus der Frequenz. Für aufeinanderfolgende Strahlerlängen $l_n$ und -abstände $R_n$ beträgt das Verhältnis

$$\tau = \frac{l_n}{l_{n+1}} = \frac{R_n}{R_{n+1}} = 0{,}7 \text{ bis } 0{,}98 \,.$$

Die obere Grenze liefert eine lange Anordnung mit vielen Elementen, die untere Grenze liefert eine kurze Anordnung mit wenigen Elementen

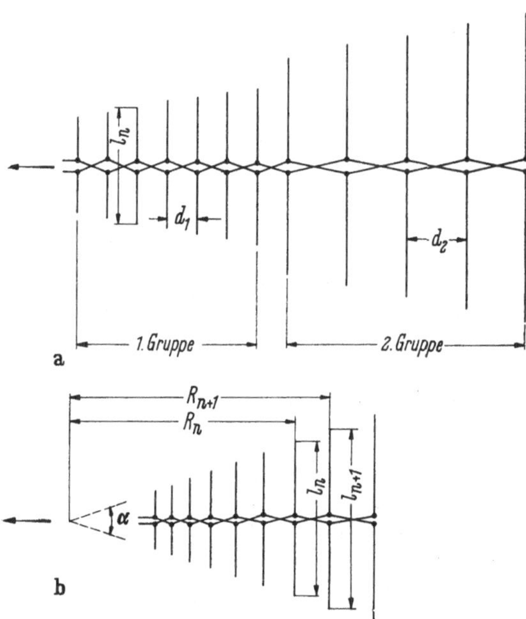

Abb. 62a u. b. Alternierend gespeiste, abgestufte Dipolreihe (a) und logarithmisch periodische Dipolantenne (b) (Einspeisung von links, Strahlung nach links)

und ziemlich starken Änderungen der Eigenschaften innerhalb einer Periode.

Außer mit Dipolen werden logarithmisch-periodische Antennen durch andere Draht- oder Metallstrukturen aufgebaut, die den gleichen Gesetzen für die Formgebung folgen. Für Kurzwellen in einem relativen Bereich von etwa 10:1 wird beispielsweise eine aus zwei oftmals zwischen Nylonseilen hin- und hergeführten Drähten mit zunehmenden Teillängen und Abständen bestehende Antenne verwendet (Abb. 63a). Jede Drahtgitterstruktur ist ferner durch einen zentralen Draht verbunden. Die Antenne wird in Bodennähe an der Spitze der Anordnung symmetrisch gespeist. Für die horizontal polarisierte Abstrahlung sind die horizontal gerichteten Drahtstücke wesentlich. Die etwa $\lambda/2$ langen Drahtstücke wirken hauptsächlich als Erreger, die davorliegenden kürzeren Drahtstücke wirken wellenführend, die dahinter angeordneten wirken reflektierend. Da der Strahlungsschwerpunkt mit der Frequenz wandert, bleiben der Abstrahlungswinkel und das Diagramm weitgehend frequenzunabhängig. Bei einem Erhebungswinkel von etwa 16° beträgt der Gewinn in der Hauptstrahlrichtung — zusammen mit der Bodenreflexion — etwa 20. Die Welligkeit bleibt im ganzen Bereich unterhalb $m = 2$.

Weitere sehr breitbandige Antennen mit ähnlichem Aufbaugesetz und zirkularer Polarisation sind ebene Spiralantennen. Die konische Wendelantenne, bestehend aus zwei symmetrischen Wendelarmen mit konstantem Steigungswinkel, hat einen Konuswinkel von etwa 20°. Ihre Speiseleitung wird vorteilhaft in dem einen Spiralarm bis zur Spitze geführt und dort angeschlossen (Abb. 63 b). Der hauptsächlich abstrahlende Bereich wandert mit der Frequenz und liegt bei einem Wendeldurchmesser von etwa $\lambda/\pi$.

**Längsstrahlergruppen.** Verstärkte Bündelung und vergrößerter Gewinn werden mit einer Gruppe neben- und übereinander angeordneter,

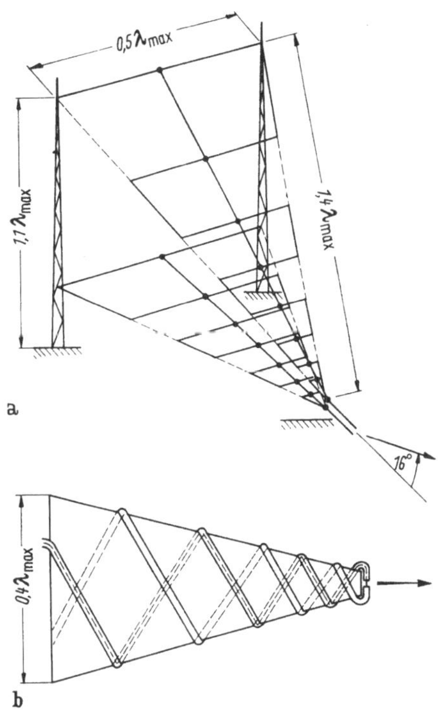


Abb. 63 a u. b. Logarithmisch periodische Kurzwellenantenne (a) und konische Breitband-Wendelantenne für Dezimeterwellen (b)

gleichphasig gespeister Längsstrahler erreicht. Wenn der gegenseitige Abstand weniger paralleler Längsstrahler geeignet gewählt ist, steigt der Gewinn bei einer Verdopplung der Strahler ähnlich wie bei 2 Dipolfeldern um nahezu den Faktor 2. Bei großer Zahl der Strahler hängt der Gewinn jedoch nur von den Querabmessungen der Gruppe ab. Das gesamte Strahlungsdiagramm ergibt sich wie bei den Dipolgruppen durch Multiplikation des Diagramms des Einzelstrahlers mit dem der Gruppe. Entsprechend Gl. (169) ist der Beitrag zur Bündelung durch den Längsstrahler in einem großen Flächenstrahler unbedeutend. Der Vorteil besteht dann nur darin, daß der gegenseitige Abstand der vorgebündelten Strahler, bedingt durch ihre großen Absorptionsflächen, relativ groß und damit die Anzahl der Strahler und der Speiseleitungen verhältnismäßig klein ist. Bei zu großen Abständen treten stärkere Nebenzipfel auf und bei zu kleinen Abständen kann sich die gegenseitige Strahlungskopplung störend bemerkbar machen. Für Gruppen mit wenigen kurzen Strahlern ($L < 2\lambda$) beträgt der optimale Abstand etwa 1 bis $2\lambda$, für Gruppen mit vielen langen Strahlern ($L > 2\lambda$) etwa 3 bis $4\lambda$; er ist außerdem etwa proportional zu $\sqrt{L/\lambda}$ [62].

Für ein einfaches Wendel*paar* (mit je 9 Windungen, entsprechend S. 215ff.) im Abstand der mittleren Wellenlänge wächst der Gewinn im Frequenzbereich 1,6 : 1 beispielsweise etwa um den Faktor 1,8 — bei 14 dB Nebenzipfeldämpfung und verstärkter Bündelung in der Ebene der Gruppe. Noch etwas ungünstiger liegen die Verhältnisse bei Gruppen mit größerer Bandbreite. Daher werden die logarithmisch periodischen Antennen nicht parallel, sondern spitzwinklig angeordnet. Die Spitzen treffen zusammen und da der Strahlungsschwerpunkt mit der Frequenz wandert, bleibt $d/\lambda$ für die abstrahlende Zone etwa gleich.

### 3.5.6 Aperturstrahler

Da die Antennenabmessungen bei Mikrowellen im allgemeinen groß gegenüber der Wellenlänge sind, können quasioptische Systeme verwendet werden. Diese „Flächenstrahler" sind nicht mehr aus vielen, einzeln gespeisten Elementen aufgebaut. Vielmehr wird die von einem Erreger, dem sog. Primärstrahler, ausgehende Strahlung durch eine Reflektor- oder Linsenanordnung beeinflußt und in eine ebene Welle umgewandelt. Maßgebend für die von einem solchen System ausgehende Strahlung ist die Feldverteilung in der Öffnung oder Apertur. Die Apertur ist normalerweise die Projektionsfläche der strahlenden Antennenanordnung auf die zur Hauptstrahlrichtung senkrechte Ebene.

Allgemeine Angaben über Strahlungsdiagramm und Gewinn lassen sich verhältnismäßig einfach bei kreisförmiger Apertur mit gleichphasiger, rotationssymmetrischer Feldverteilung machen. Ist $f(x)$ diese normierte Verteilung und ist $0 \leq x \leq 1$ die normierte, vom Zentrum ausgehende radiale Veränderliche in der Apertur vom Durchmesser $D$, so berechnet sich der normierte Diagrammverlauf im *Fernfeld* aus

$$C(\varphi) = \int_0^1 f(x)\, J_0(u\,x)\, x\, \mathrm{d}x \tag{170}$$

mit $u = \dfrac{\pi D}{\lambda}\sin\varphi$. Dabei ist $J_0(u\,x)$ die BESSEL-Funktion nullter Ordnung. Ist beispielsweise das Feld über die Apertur nach Amplitude und Phase konstant, d. h. $f(x) = 1$, dann ergibt sich das Strahlungsdiagramm zu

$$C(\varphi) = \frac{J_1(u)}{u}, \tag{171}$$

wenn $J_1(u)$ die BESSEL-Funktion erster Ordnung ist. Das normierte Diagramm ist in Abb. 64 dargestellt. Die Halbwertsbreite ist $\Delta\varphi = 58{,}5\lambda/D$ Grad und aus Gl. (145) errechnet sich der Gewinn. Er entspricht dem Wert der Gl. (151):

$$G = \left(\frac{\pi D}{\lambda}\right)^2 .$$

Der Flächenwirkungsgrad ist $q = 1$ und die Absorptionsfläche der Antenne ist gleich der geometrischen Aperturfläche.

Geeignete, zum Aperturrand hin abfallende, rotationssymmetrische Feldverteilungen mit einem konstanten Anteil $t$ sind beispielsweise von der Form

$$f(x) = \frac{t + (1 - x^2)^n}{t + 1} . \qquad (172)$$

In der Abb. 65 sind für einige Werte $n$ und $t$ die Belegungen über die Apertur angegeben. Aus der Gl. (170) lassen sich das Diagramm und daraus sowohl die Halbwertsbreite $\Delta\varphi$ als auch der Gewinn $G$ berechnen. Allgemein ist

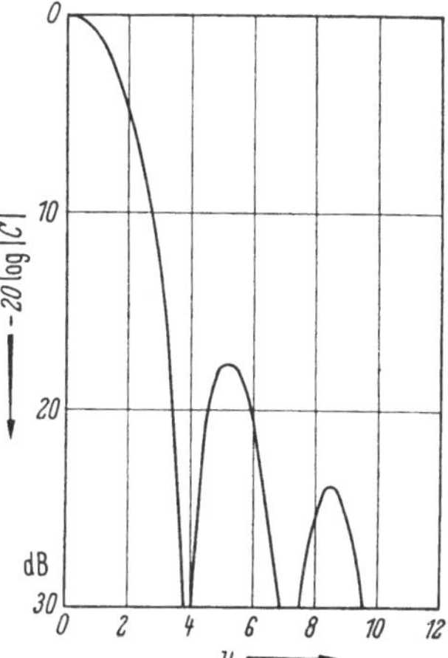

Abb. 64. Strahlungsdiagramm einer kreisförmigen Apertur mit konstanter Belegung

$$\Delta\varphi = K \cdot 58{,}5\,\frac{\lambda}{D}\,\text{Grad} \qquad (173)$$

und

$$G = q\left(\frac{\pi D}{\lambda}\right)^2 . \qquad (174)$$

Der Faktor $K$ gibt die Strahlverbreiterung und $q$ den Flächenwirkungsgrad gegenüber dem Aperturstrahler mit konstanter Belegung an. Diese Werte und die Dämpfung des größten Nebenzipfels sind in der

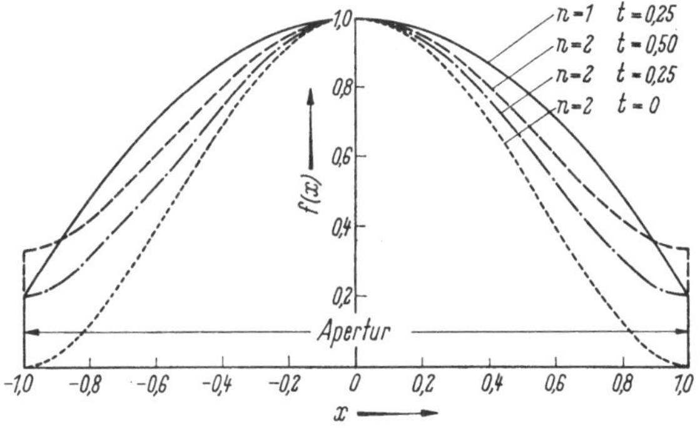


Abb. 65. Feldverteilung $f(x) = \dfrac{t + (1 - x^2)^n}{t + 1}$ über die Apertur

Tab. 11 für einige ausgewählte Belegungen nach Gl. (172) zusammengestellt [63]. Eine starke Abhängigkeit der einzelnen Größen von der Feldverteilung in der Apertur ist erkennbar. In der ersten Zeile sind die Werte für die konstante Amplitudenverteilung angegeben ($n = 0$). Der Gewinn und die Halbwertsbreite sind optimal, aber die Nebenzipfeldämpfung beträgt nur 17,6 dB.

Sehr kleine Nebenzipfel bei verhältnismäßig wenig geringerem Gewinn hat beispielsweise eine Verteilung mit $n = 2$ und $t = 0,25$, wobei

Tabelle 11

| $n$ | $t$ | Flächenwirkungsgrad $q$ | Strahlverbreiterung $K$ | Nebenzipfeldämpfung in dB |
|---|---|---|---|---|
| 0 | 0    | 1,00 | 1,00 | 17,6 |
| 1 | 0    | 0,75 | 1,24 | 24,7 |
| 1 | 0,25 | 0,87 | 1,17 | 23,7 |
| 1 | 0,50 | 0,92 | 1,11 | 22,0 |
| 2 | 0    | 0,55 | 1,44 | 30,7 |
| 2 | 0,25 | 0,81 | 1,21 | 32,3 |
| 2 | 0,50 | 0,88 | 1,14 | 26,5 |
| 3 | 0    | 0,45 | 1,62 | 36,1 |
| 3 | 0,25 | 0,79 | 1,23 | 32,3 |
| 3 | 0,50 | 0,87 | 1,14 | 30,8 |

die Amplitude am Rand auf $^1/_5$ ($-14$ dB) des zentralen Maximalwertes abgefallen ist. Je nach den an die Antenne gestellten Anforderungen kann eine geeignete Belegung $f(x)$ gewählt werden.

Für nicht kreisförmige Aperturen gelten ähnliche Überlegungen, die jedoch die Richtungsabhängigkeit der Belegung in der Aperturebene berücksichtigen müssen.

Zusätzlich muß bei diesen Betrachtungen, unabhängig von der Form der Apertur, die durch die gewählte Polarisation bedingte Winkelabhängigkeit der Primärstrahlung erfaßt werden.

**Rotationsparabolantennen.** Die einfachste, stark bündelnde Mikrowellenantenne besteht aus einem metallischen Rotationsparaboloid als Reflektor, in dessen Brennpunkt ein kleiner zum Scheitel des Paraboloids gerichteter Erregerstrahler angeordnet ist (Abb. 66a). Die von dem Erreger divergierend ausgehenden Strahlen sind nach der Reflexion parallel zur Achse des Parabolreflektors gerichtet und in der Öffnungsebene (Apertur) des Reflektors phasengleich.

Maßgebend für das Antennendiagramm sind das Primärdiagramm des Erregers, der im allgemeinen ein Hornstrahler ist sowie der Durchmesser $D$ und die Brennweite $F$ des Reflektors. Von der Hornöffnung soll eine Kugelwelle ausgehen, deren Phasenzentrum mit dem Brennpunkt zusammenfällt und deren Amplitude kontinuierlich und weitgehend rotationssymmetrisch zum Reflektorrand hin abfällt und im Bereich außerhalb des Reflektors sehr kleine Werte hat. Da eine sprunghafte Begrenzung des Primärdiagramms nicht zu verwirklichen ist, muß ein Kompromiß zwischen der am Rand übergestrahlten Energie und der zu geringen Ausleuchtung des Randbereichs gefunden werden. Einen höheren Flächenwirkungsgrad haben flache Reflektoren

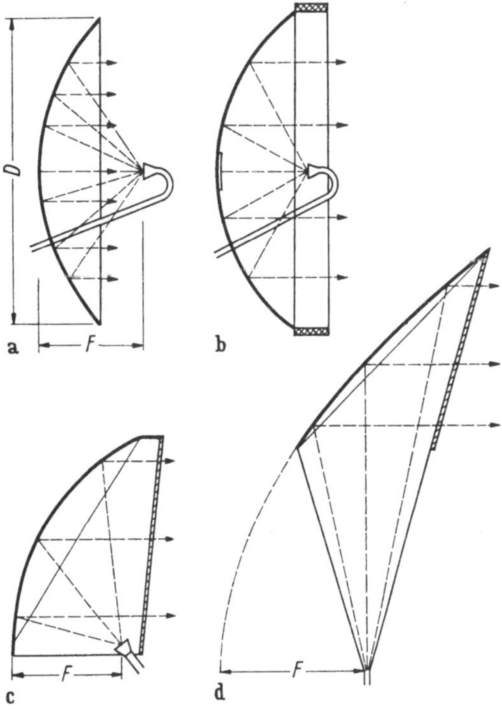

Abb. 66a—d. Parabolantennen

a) rotationssymmetrische Form,   b) mit Abschirmzylinder,   c) Muschelantenne,   d) Hornparabolantenne

($F/D \approx 0{,}4$), doch sind die Nebenzipfel im rückwärtigen Halbraum größer als bei tiefen Reflektoren ($F/D \approx 0{,}25$). Soll beispielsweise bei einem tieferen Reflektor, bei dem der Hornstrahler in der Öffnungsebene angeordnet ist, die Aperturfeldstärke am Rand auf etwa $1/4$ (12 dB) gegenüber der des Zentrums vermindert sein, so darf — wegen der größeren Streckendämpfung des Randstrahls von 6 dB gegen den Zentralstrahl — das Primärdiagramm erst auf 6 dB abgefallen sein. Die Überstrahlung ist daher relativ groß, es entstehen Nebenzipfel und der Gewinn der Antenne wird vermindert. Zudem treten bei tiefen, stärker gekrümmten

Reflektoren größere Polarisationsfehler als Folge größerer Einfallswinkel auf (Kreuzpolarisation).

Im Bereich der Dezimeterwellen werden als Erreger außer einem Dipol mit Reflektor kurze gerade oder konische Wendeln, ebene Spiralen, logarithmisch periodische Antennen und ähnliche Formen verwendet. Eine völlige Symmetrie des Primärdiagramms ist jedoch nicht erreichbar. Gewisse Abweichungen in der Phasenfront treten ebenfalls auf.

Im Bereich der Zentimeterwellen wird der Erreger bei linearer Polarisation einfach durch einen Rechteckhohlleiter ($H_{10}$-Welle) dargestellt, dessen Wände sich geringfügig trichterförmig erweitern. Die Öffnung wird nicht quadratisch, sondern rechteckig gewählt, da die Bündelung in der $E$-Ebene sonst stärker ist als in der $H$-Ebene. Für zirkulare Polarisation oder für die gleichzeitige Übertragung zweier senkrecht zueinander linear polarisierter Signale werden quadratische ($H_{10}$-Wellen) oder runde ($H_{11}$-Wellen) Hohlleiter verwendet, die ebenfalls trichterförmige Erweiterungen aufweisen.

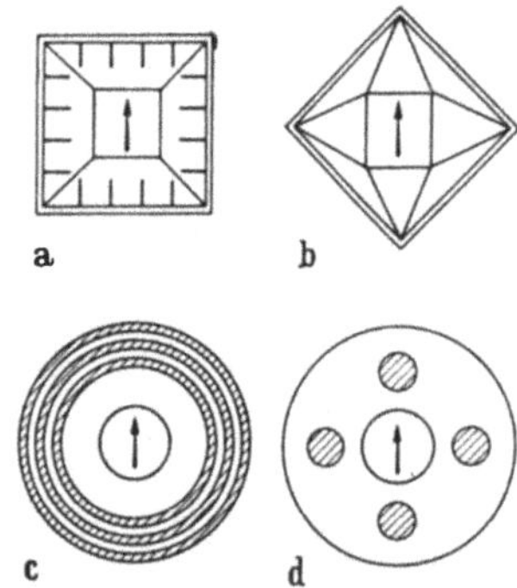

Abb. 67 a—d. Primärstrahler für gekreuzte oder zirkulare Polarisation
a) Vielstegehorn, b) Diagonalhorn, c) Rundhorn mit $\lambda/4$ tiefen Sperrtöpfen, d) Hohlleiter mit Rundflansch und vorgesetzten Scheiben

Eine angenäherte Symmetrie der Diagramme wird bei quadratischer Öffnung durch eingesetzte Stege oder durch Anregung des Feldes in der Diagonalrichtung erreicht (Abb. 67a, b) [64]. Bei runder Öffnung werden beispielsweise am Rande ringförmige $\lambda/4$-Sperren angebracht (Abb. 67c). Diese Zusätze verändern das Strahlungsdiagramm des Erregers und bewirken eine bessere, richtungsunabhängigere Ausleuchtung. Verstärkt wird dieser Effekt durch einen größeren Flansch in der Ebene der Hornöffnung und zusätzlich in Strahlrichtung vorgesetzte, Teilreflexionen bewirkende, phasenkorrigierende Scheiben oder Gitter (Abb. 67d).

Auch andere Öffnungsformen, z. B. ein Vieleckhorn oder dielektrische Einsätze — ähnlich wie kurze Stielstrahler — sind möglich.

Die durch die Erregerstrahler bedingten Phasenfehler werden durch die Ungenauigkeiten des Antennenaufbaus, beispielsweise die Abweichungen der Reflektoroberfläche von der Parabelform, verstärkt. Wegen des Hin- und Rücklaufs der Welle soll der meist aus Aluminiumblech gedrückte Reflektor keine größeren Konturfehler als $\pm\lambda/20$ bis $\lambda/30$ haben; für extreme Anforderungen an die Nebenzipfeldämpfung sind die Toleranzen sogar noch enger zu setzen.

Eine weitere Beeinträchtigung der Amplitudenverteilung und Phasenbeziehungen tritt durch den zentral angeordneten Erreger auf. Seine Strahlung fällt auf den Parabolreflektor und wird von dort reflektiert. Der aus der Scheitelzone zurückkommende Anteil trifft wieder auf das Speisehorn und beeinflußt dessen Anpassung an die Zuleitung. Soll die Antenne in einem gewissen Frequenzbereich gut angepaßt sein (z. B. Reflexionskoeffizient $p < 3\%$ im Frequenzbereich 1,15 : 1), so muß im Scheitel des Reflektors eine Kreisplatte angeordnet werden. Ihr Durchmesser und ihr Abstand vom Scheitel müssen so gewählt sein, daß dadurch zusätzliche, kompensierende Reflexionen im Hornstrahler auftreten. Diese Scheitelplatte verursacht jedoch Störungen im Strahlungsdiagramm, ebenso wie die Streuungen der Hauptstrahlung am Horn, an der Speiseleitung und an den Halterungen für den Erreger.

Der mit rotationssymmetrischen, im Brennpunkt gespeisten Parabolantennen maximal erreichte Flächenwirkungsgrad $q$ beträgt 60 bis 70%, normalerweise wird jedoch nur ein Wirkungsgrad von 50 bis 60% erhalten. Bei einer Parabolantenne mit $D = 3$ m und $F = 1,15$ m beträgt z. B. im 6 GHz-Bereich $q = 0,55$ und $K = 1,22$. Der erste Nebenzipfel ist etwa um 20 bis 22 dB gedämpft, und die Nebenzipfeldämpfung ist im Winkelbereich außerhalb $\pm 30°$ gegen die Hauptstrahlrichtung größer als 45 dB.

Durch einen tiefen Reflektor und einen vollständigen oder in gewissen Winkelbereichen am Paraboloidrand angebrachten Abschirmzylinder (Abb. 66 b), der vorzugsweise innen mit Absorbermaterial ausgekleidet ist, kann dieser Wert auf über 50 dB und im rückwärtigen Bereich auf mehr als 65 dB verbessert werden. Das $E$-Diagramm einer solchen Parabolantenne ist in Abb. 68 aufgetragen [65].

**Schräg eingestrahlte Parabolantennen.** Eine Verminderung der Nebenzipfel in einer, beispielsweise horizontalen Ebene kann durch eine von der Kreisform abweichende Umrandung des Parabolreflektors erreicht werden. In der gewünschten Ebene kann der Reflektor weitergeführt werden, so daß er eine angenähert elliptische Form hat.

Die Störungen des Primärstrahlers im Strahlengang und die Rückwirkungen des Reflektors auf seine Anpassung können vermindert werden, wenn ein schräg angestrahlter, unsymmetrisch ausgeschnittener Parabolreflektor verwendet wird (Abb. 66c). Die Rückwirkung verursacht eine Fehlanpassung des Erregers. Der Reflexionsfaktor errechnet sich zu

$$|p| = \frac{G_E\, C^2(\alpha)\, \lambda}{4\pi F} \tag{175}$$

[66]. Dabei sind $G_E$ der Gewinn in der Hauptstrahlrichtung des Erregers, $C(\alpha)$ sein normiertes Feldstärkediagramm, $F$ die Brennweite. Wird der Erreger um den Winkel $\alpha$ gegen die Parabolachse geschwenkt, so reduziert sich die Rückwirkung entsprechend $C^2(\alpha)$. Der etwas stärker

bündelnde Hornstrahler ist dabei zur Achse des Parabolreflektors geneigt im Brennpunkt angeordnet. Die Apertur ist vollständig frei. Zur Unterdrückung der Überstrahlung werden abschirmende Boden- und Seitenwände eingeführt. Es ist vorteilhaft, diese mit absorbierenden Materialien auszukleiden, um Mehrfachreflexionen zu vermeiden. Diese muschel-

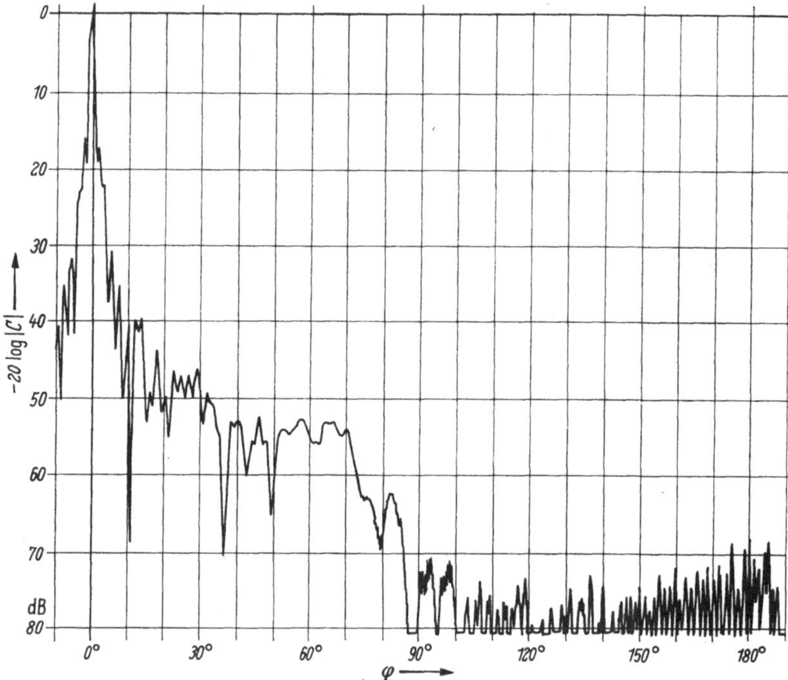

Abb. 68. Strahlungsdiagramm einer Parabolantenne mit Abschirmblende für Breitbandrichtfunk, $D = 3$ m, $F = 0,75$ m, $f = 5925$ MHz, Gewinn 20000, entsprechend 43 dB

förmige Antenne kann mit einer dünnen Fiberglasplatte abgedeckt sein, so daß eine geschlossene, wetterfeste Anordnung entsteht.

Von gewissem Nachteil für die Funktion sind die notwendige kurze Brennweite, unsymmetrische Feldverteilung in der Apertur und verstärkte Kreuzpolarisation.

Eine für Breitbandrichtfunk entwickelte Antenne dieser Art, deren Apertur mit einer Rotationsparabolantenne von $D = 3$ m vergleichbar ist, hat in der horizontalen Ebene das in Abb. 69 dargestellte $E$-Diagramm. Ihr Flächenwirkungsgrad ist etwa $q = 0,58$. Die Nebenzipfeldämpfung beträgt in der horizontalen Ebene mehr als 60 dB außerhalb 45° und mehr als 70 dB außerhalb 80° beiderseits der Hauptstrahlrichtung [65].

**Hornparabolantennen.** Bei der Hornparabolantenne werden die Wände eines langen Hornstrahlers mit quadratischem oder rundem Querschnitt verlängert, bis sie einen Parabolreflektor erreichen, dessen Brennpunkt mit der Spitze des Horns zusammenfällt (Abb. 66d) [67]. Die vordere Wand erhält eine meist mit einer Fiberglasplatte abgedeckte Öffnung, welche der Projektionsfläche des etwa unter 45° angestrahlten parabolischen Reflektorausschnitts entspricht. Von der Trichterspitze geht

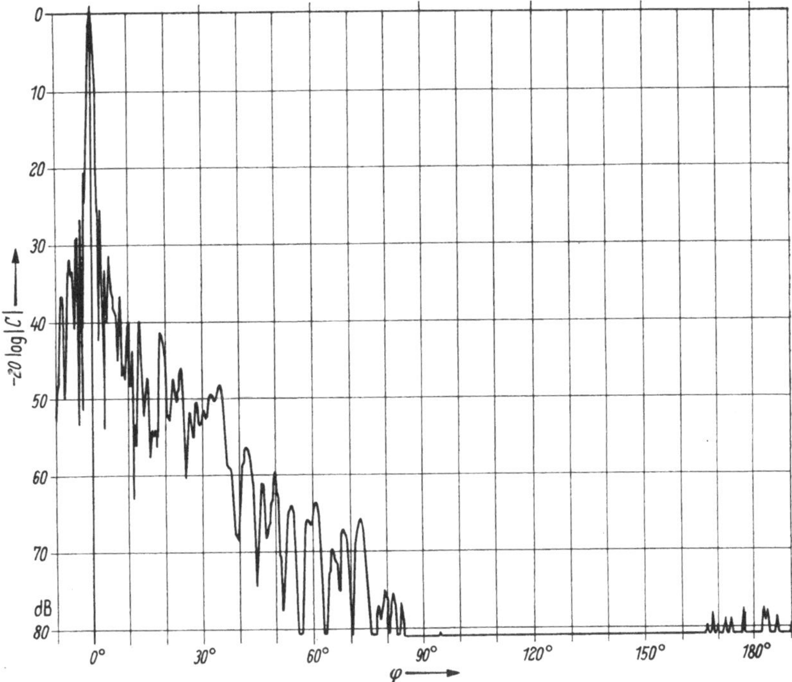

Abb. 69. Strahlungsdiagramm einer schräg angestrahlten Parabolantenne mit Abschirmwänden für Breitbandrichtfunk, $f = 5925$ MHz, Gewinn 21000, entsprechend 43,3 dB

eine Kugelwelle aus, die sich ungestört im Trichter ausbreitet und durch den Reflektor in eine angenähert ebene Welle umgelenkt wird. Mit einem runden Trichter ist die Abstrahlung beliebig polarisierter Strahlung möglich. Die Feldstärkeverteilung in der Apertur wird weitgehend vom Wellentyp im Hohlleiter bestimmt, wenn der Trichterwinkel nicht zu groß ist. Damit wird diese Anordnung allerdings ziemlich lang und schwer; die elektrischen Eigenschaften sind aber gut. Durch die geschlossene Form sind der Wirkungsgrad hoch und die seitlichen und rückwärtigen Nebenzipfel sehr klein. Besonders groß ist die Bandbreite. Gute Diagramme und Anpassung sind grundsätzlich im Bereich mehrerer Oktaven möglich. Die Frequenzgrenzen werden nur vom angeschlossenen Hohlleiter bestimmt, die untere Grenze durch seine Grenzfrequenz, die obere durch gegebenenfalls auftretende unerwünschte höhere Wellentypen.

15*

Diese Eigenschaften des Hornparabols stellen einen wesentlichen Vorteil gegenüber den Rotationsparabol- und den Muschelantennen dar, bei denen die Ausleuchtung des Reflektors vom Primärdiagramm des Erregers abhängig ist. Ein kleiner Hornstrahler verändert aber seine Bündelung; die Halbwertsbreite ist in erster Näherung umgekehrt proportional der Frequenz. Mit einer konischen Wendel oder logarithmisch periodischen Antenne als Erreger bleibt das Amplitudendiagramm zwar über einen großen Frequenzbereich erhalten, jedoch verschiebt sich das Phasenzentrum.

Eine Hornparabolantenne für Richtfunkverbindungen, bestehend aus einem quadratischen Trichter mit einem Öffnungswinkel von 40° und einer angenähert trapezförmigen Apertur von 7,7 m² hat beispielsweise im 6 GHz-Bereich einen Wirkungsgrad $q$ von 0,62 bis 0,65 (je nach Polarisation), eine Halbwertsbreite von 2°, einen Reflexionskoeffizienten $p < 1\%$ und in der transversalen (horizontalen) Ebene im Winkelbereich außerhalb von $\pm 30°$ bereits eine Nebenzipfeldämpfung von mehr als 60 dB. Bei sich kreuzenden Richtfunkstrecken oder nebeneinander aufgestellten Antennen ist diese hohe Dämpfung notwendig. Dafür ist es unwichtig, daß die Hornparabolantenne vor allem bei vertikaler Polarisation am oberen Reflektorrand (bei 60 bis 70°) eine Überstrahlung und damit eine Nebenzipfeldämpfung von nur 35 bis 40 dB hat. Bei nachsteuerbaren, rauscharmen Antennen, die für Satelliten-Bodenstationen verwendet werden, kann dieser Nebenzipfel stören. Jedoch nimmt die Nebenzipfeldämpfung im äußeren Winkelbereich der Antenne wie bei allen Aperturstrahlern mit $D/\lambda$ zu.

Bei einer großen liegenden Hornparabolantenne für Satellitenverbindungen [68] von 54 m Länge, mit rundem Trichter von 31,5° Öffnungswinkel und einer kreisförmigen Apertur von 20,6 m (Reflektor 29,6 m lang und 20,6 m breit) ist diese Nebenzipfeldämpfung bei 4 GHz und zirkularer Polarisation auf etwa 55 bis 60 dB gestiegen. Dagegen ist in der transversalen Ebene die Nebenzipfeldämpfung von 60 dB bereits für Winkel über $\pm 10°$ erreicht. Es wird ein Flächenwirkungsgrad von über 70% angegeben, die Halbwertsbreite beträgt 0,23°.

**Cassegrain-Antennen.** Sind die Abmessungen von Rotationsparabolantennen sehr groß gegenüber der Wellenlänge, so kann in Analogie zu den optischen Teleskopen das von Cassegrain gefundene, die Bautiefe verkürzende Mehrspiegelsystem angewendet werden (Abb. 70). Der Erreger ist dann in der Achse des parabolischen Hauptreflektors, etwa im Scheitel, angebracht. Die bei großen Rotationsparabolantennen erforderliche lange Zuleitung vom Reflektor bis zum Erreger im Brennpunkt, deren Dämpfung nicht zu vernachlässigen ist, kann entfallen.

Der Fangreflektor, ein konvexes Rotationshyperboloid, ist so angeordnet, daß der eine Brennpunkt mit dem Strahlungszentrum des erregenden Hornstrahlers und der andere mit dem Brennpunkt des Paraboloids zusammenfallen. Damit wird die vom Horn ausgehende Strahlung so am Fangreflektor gespiegelt, daß ihr Phasenzentrum der Brennpunkt des Parabolreflektors ist (Abb. 70a). Die effektiv wirksame Brennweite des Systems ist

$$f = \frac{f_1}{f_2}\,F\,, \tag{176}$$

also gegenüber $F$ beträchtlich verlängert. Damit ist die Streckendämpfung innerhalb des Erregerdiagramms auch bei einem tiefen Parabol-

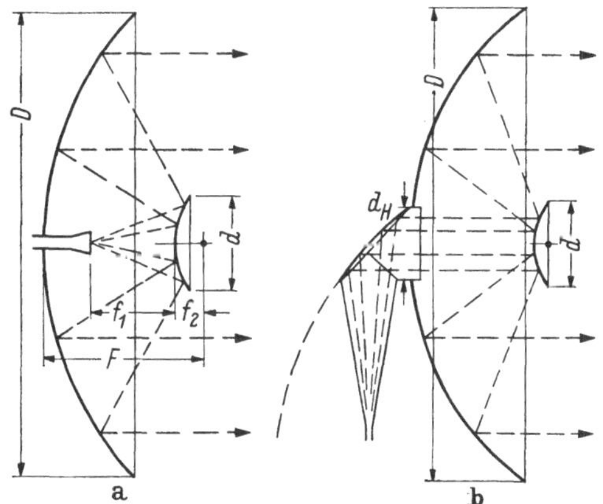

Abb. 70a u. b. CASSEGRAIN-Antenne
a) mit kleinem Hornstrahler,  b) mit Hornparabolerreger

reflektor wenig unterschiedlich. Von Vorteil ist ferner die geringe Überstrahlung am Rand des Parabolreflektors, da das Reflexionsdiagramm des Fangreflektors an den Flanken steil abfällt. Dies ist um so mehr der Fall, je größer das Verhältnis des Fangreflektordurchmessers $d$ zur Wellenlänge, d. h. je geringer der Anteil der Beugung am Rand des Fangreflektors ist. Umgekehrt muß aber $d/D$ klein sein, damit die strahlende Apertur im Zentrum nicht zu stark abgeschattet ist. Als Grenze gilt angenähert $d/\lambda \geqq 6$ und $d/D \leqq 1/8$; d. h. $D \geqq 50\,\lambda$. Nachteilig ist die teilweise Abschattung der Apertur durch den Fangreflektor mit seiner Stützkonstruktion, durch die die Nebenzipfel im vorderen Winkelbereich verstärkt und der Gewinn vermindert werden. Dazu kommt als weiterer Nachteil die vom Erreger ausgehende Überstrahlung am Fangreflektor, die die vorderen Nebenzipfel ebenfalls verstärkt. Die stärkere Bündelung des Primärstrahlers macht größere Hornstrahler notwendig. Sie müssen sorgfältig dimensioniert werden, damit ein gut ausgebildetes Phasenzentrum vorhanden ist. Außer dem Diagonalhorn (Abb. 67b) werden „Multimode"-Hornstrahler verwendet, deren Strahlungsdiagramme sich aus dem Zusammenwirken mehrerer Wellentypen im Horn ergeben. So können beispielsweise die Symmetrie des Diagramms und die Nebenzipfeldämpfung durch eine Stufe im Rundhorn verbessert werden, wodurch in geeigneter Weise außer der $H_{11}$-Welle auch die $E_{11}$-Welle angeregt wird [69]. Bei Antennen für Satelliten-Bodenstationen werden als Erreger meist Gruppen von Hornstrahlern oder Stielstrahlern verwendet. Sie ermöglichen durch geeignetes Zusammenschalten auch eine Peilung zur automatischen Nachführung der Antenne. Ferner können die Strahler für verschiedene Frequenzbereiche ineinandergeschachtelt werden.

Für eine CASSEGRAIN-Antenne mit 26 m Durchmesser und $D/\lambda = 83$, $F/D = 0,423$, $d/\lambda = 11,7$ ergibt sich beispielsweise ein Flächenwirkungsgrad $q = 0,46$ bis $0,54$ und eine Nebenzipfeldämpfung von mehr als 40 dB für einen Winkelbereich über $\pm 25°$ bis $30°$ beiderseits der Hauptstrahlrichtung [70]. Eine wesentlich größere Nebenzipfeldämpfung von mehr als 60 dB im Bereich über $\pm 15°$ bis zu $20°$ hat eine CASSEGRAIN-Antenne von etwa 18 m Durchmesser für höhere Frequenz mit $D/\lambda = 427$, $F/D = 0,30$, $d/\lambda = 24,6$ [71]; dafür ist der Flächenwirkungsgrad mit $q \approx 0,40$ geringer.

Bessere Ergebnisse sind mit schräg eingestrahlten Anordnungen zu erwarten, bei denen der Fangreflektor außerhalb der Apertur angeordnet wird.

**Cassegrain-Antennen mit Hornparabolspeisung.** Sehr große CASSEGRAIN-Antennen können vorteilhaft von einem als Hornparabolantenne ausgebildeten Erreger gespeist werden. Die prinzipielle Anordnung und den Strahlengang zeigt Abb. 70b [72]. Der Hornparabolerreger besteht aus einem runden Trichter, einem Parabolreflektor und einem vorgesetzten Zylinder, der im Scheitel des Hauptreflektors endigt. Sein Durchmesser $d_H$ (Aperturdurchmesser des Erregers) ist nur wenig kleiner als der Durchmesser $d$ des Fangreflektors. Im Gegensatz zur divergierenden Strahlung eines kleinen Speisehorns, dessen Halbwertsbreite proportional dem Verhältnis Wellenlänge zu Aperturdurchmesser ist, erzeugt der Hornparabolerreger in der Öffnungsnähe ein nahezu paralleles Strahlenbündel. Der Fangreflektor wird nahezu unabhängig von der Frequenz voll angestrahlt, und auch die Ausleuchtung des Hauptreflektors bleibt nahezu gleich. Dazu ist notwendig, daß $d_H \gg \lambda$ ist und der Fangreflektor sich noch im Nahfeld des Hornparabols befindet. In erster Näherung haben alle 3 Reflektoren eine parabolische Konturform. Um jedoch gewisse Phasenabweichungen im Nahfeld auszugleichen, ist es vorteilhaft, die Kontur des Fangreflektors zu korrigieren, so daß das Phasenzentrum der reflektierten Strahlung weitgehend mit dem Brennpunkt des Hauptreflektors zusammenfällt. Bei rauscharmen Antennen soll allerdings die von der Randzone reflektierte Strahlung noch in den äußeren Bereich des Hauptreflektors fallen. Zur Verminderung der Überstrahlung am Hauptreflektor erhält der Fangreflektor eine entsprechend geänderte Randzone.

Die Antenne zeichnet sich durch geringe Überstrahlung am Fang und am Hauptreflektor aus und ist sehr breitbandig. Ferner gelingt es durch dieses Erregersystem die Strahlung weitgehend verlust- und störungsfrei umzulenken. Weder die Polarisationsart noch die eventuell zur Peilung zusätzlich verwendeten Wellentypen werden dabei nennenswert verändert. Der Anteil der Kreuzpolarisation ist hauptsächlich durch die Feldverteilung im Speisehorn bestimmt und nahezu unabhängig von der Tiefe des Hauptreflektors. Trichter mit kleinen Öffnungswinkeln und damit geringerer Feldunsymmetrie nach Umlenkung im Hornparabol sind günstig. Dreh- und schwenkbare Antennen, wie sie für Satelliten-Bodenstationen verwendet werden, können aus tiefen Parabolreflektoren mit relativ kurzen und dünnen Stützen für den Fangreflektor aufgebaut werden. Damit sind die seitlichen und rückwärtigen Nebenzipfel klein und der Rauschbeitrag durch die Bodenstrahlung sehr gering. Ferner soll die Trichterachse bei horizontal liegendem Speisehorn mit der horizontalen Schwenkachse der Antenne zusammenfallen. Ist im runden Trichter eine Hochfrequenz-Drehkupplung mit großem Durchmesser eingebaut, so werden die am Trichterende angeschlossenen Hohlleiter und Geräte (z. B. der heliumgekühlte Vorverstärker) bei einer Schwenkung der Antennen nicht mitbewegt.

Beispielsweise werden mit einer 25 m-CASSEGRAIN-Antenne, $D/\lambda = 350$, $F/D = 0{,}26$, $d/D = 0{,}092$, $d_H/d = 0{,}78$, $d/\lambda = 25$, Trichterwinkel $16°$, etwa folgende Werte erreicht: Flächenwirkungsgrad $q = 0{,}50$ bis $0{,}60$, Strahlverbreiterung $K = 1{,}2$, Nebenzipfeldämpfung $> 50$ dB im Winkelbereich außerhalb $\pm 8°$ bis $14°$ und $> 70$ dB im Winkelbereich außerhalb $\pm 60°$ bis $90°$ (diese Werte sind von der Meßebene und Polarisation ein wenig abhängig).

**Horn- und Linsenantennen.** Wird ein Hornstrahler, dessen Länge groß gegenüber der Wellenlänge ist, von einem in der Grundwelle erregten Hohlleiter gespeist, so breitet sich in seinem Trichter eine angenähert kugelförmige Welle aus. In der Apertur ist die Amplitude der Feldstärke in der $E$-Ebene etwa konstant und in der $H$-Ebene etwa sinusförmig verteilt. Die Phase ändert sich kontinuierlich über der Apertur. Der maximale Phasenunterschied zwischen dem Mittel- und dem Randstrahl ist wegen der Wegdifferenz

$$\gamma = \frac{2\pi}{\lambda}\,\frac{D^2}{8L}\,,\tag{177}$$

wenn $D$ der Durchmesser bzw. die Breite der Hornöffnung und $L$ die Länge der Hornwand bis zur Spitze sind. In der $E$-Ebene kann normalerweise ein Phasenunterschied bis zu etwa $\pi/2$, in der $H$-Ebene bis zu etwa $3\pi/4$ zugelassen werden (Abb. 71a). Bei einem runden Hornstrahler gilt angenähert der zweitgenannte Wert und die Mindestlänge ergibt sich aus Gl. (177) zu

$$L \geqq \frac{D^2}{3\lambda}. \tag{178}$$

Diese Beziehung zeigt, daß Hornstrahler mit großer Apertur sehr lang sein müssen (z. B. $D = 20\lambda$ ergibt $L \geq 133\lambda$).

Durch eine die Phasenunterschiede ausgleichende Linse in der Hornöffnung können wesentlich kürzere Hornstrahler gebaut werden ($L \approx D$, Abb. 71b). Durch die Linse wird die kugelförmige Wellenfront in eine ebene Wellenfront umgewandelt. Die erforderlichen Linsensysteme sind sehr aufwendig und werden nur für Antennen im Bereich der Zentimeter- und Millimeterwellen verwendet.

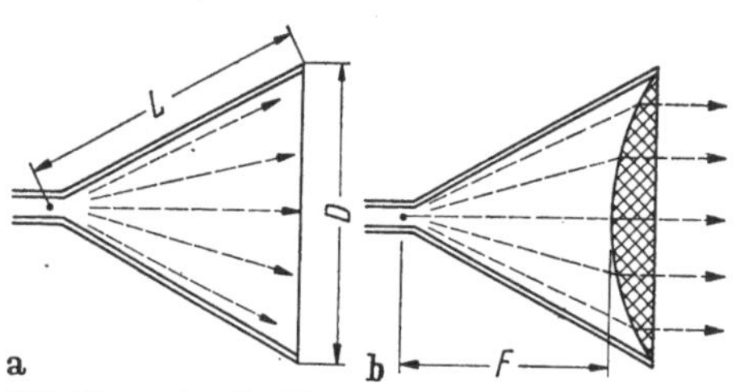

Abb. 71a u. b. Strahlengang in einer Hornantenne (a) ohne und (b) mit dielektrischer Linse

Der Erreger von Linsenantennen muß sich im Brennpunkt der Linsensysteme befinden. Es kann ein kleiner Hornstrahler sein, der räumlich von dem Linsensystem getrennt ist oder ein großes Horn, in dessen Apertur die Linse angeordnet ist. Die geschlossene Form hat ähnlich wie eine Hornparabolantenne eine wesentlich bessere Nebenzipfeldämpfung.

Da alle geeigneten Linsensysteme als ein Dielektrikum mit $\varepsilon_r \neq 1$ vorstellbar sind, haben sie strahlenbrechende und reflektierende Wirkung. Es ist daher sinnvoll, die Linse zu halbieren und die Hälften um $\lambda/4$ in der Strahlrichtung zu versetzen. Dadurch wird ähnlich wie bei versetzten Dipolfeldern die Anpassung verbessert. Statt dieser Kompensation kann eine Anpassung der reflektierenden Linsenoberfläche durch eine vorgesetzte transformierende $\lambda/4$-Schicht bewirkt werden. Dadurch werden sowohl der Reflexionsfaktor am Horneingang verringert als auch die Dämpfung der Nebenzipfel erhöht.

Die der optischen Linse entsprechende *dielektrische Linse* kann aus einem homogenen verlustarmen Dielektrikum mit dem Brechungsindex $n = \sqrt{\varepsilon_r}$ bestehen, wobei die dem Erreger zugewandte Kontur hyperbolisch geformt, die abgewandte Kontur plan ist. Die *metallische Verzögerungslinse* besteht aus kleinen leitenden Körpern, die in einer dielektrischen Schaumstoffmasse räumlich verteilt sind [73]. Die eingebetteten Körper können bei linearer Polarisation durch streifenförmig ausgebildete, in parallelen Schichten *senkrecht zum elektrischen Feld-*

*vektor* angeordnete Metallfolien dargestellt werden. Bei zirkularer Polarisation müssen gitterförmig im Raum verteilte leitende Kugeln oder Scheiben vorgesehen werden, deren Ausdehnung im Verhältnis zur Wellenlänge klein ist.

Mit einer metallischen Verzögerungslinse von quadratischer Öffnungsfläche wurden für $D/\lambda = 40$ in einem Frequenzbereich von 1,16 : 1 ein Flächenwirkungsgrad von $q = 48\%$ und ein Reflexionsfaktor von $p \leqq 2\%$ erreicht.

Eine Verzögerungslinse anderer Art ist die *Schrägplatten-Umweglinse* (Abb. 72a), bei der die achsennahen Strahlen einen Umweg gegenüber den Randstrahlen durchlaufen müssen. Der wirksame Brechungsindex ist $n = 1/\cos\alpha$, wobei $\alpha$ der Winkel der Metallplatten gegenüber der Achse

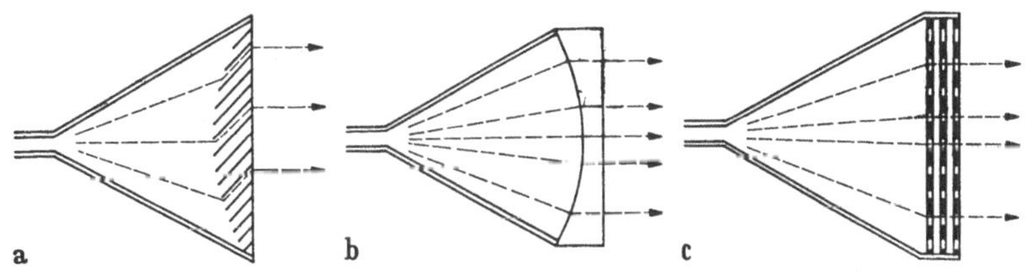

Abb. 72a—c. Linsenarten
a) Schrägplattenumweglinse,   b) Metallplattenlinse,   c) Lochplattenlinse

ist. Der Abstand der Platten muß kleiner als die halbe Wellenlänge sein. Auf Grund ihres Aufbaus ist die Linse nur für die Übertragung linear polarisierter Wellen geeignet. Durch symmetrische Führung der Umwege relativ zur Achse können die elektrischen Eigenschaften verbessert werden.

Zur Gruppe der Beschleunigungslinsen gehört die *Metallplattenlinse* (Abb. 72b). Da die Phasengeschwindigkeit einer Welle in einem Hohlleiter größer ist als im freien Raum, ordnet man *parallel zu den elektrischen Feldlinien* Metallplattenschächte an, deren Tiefe von der Mitte nach dem Rand zunimmt. Für den Brechungsindex ergibt sich, wenn der Plattenabstand $a > \lambda/2$ ist,

$$n = \sqrt{1 - \left(\frac{\lambda}{2a}\right)^2}\,.$$

Wegen der in Hohlleiterschächten auftretenden Dispersion ist diese Linsenart relativ schmalbandig. Sie ist nur für den Betrieb in *einer* Polarisationsrichtung parallel zu den Metallplatten geeignet. Eine Linse mit quadratischer Öffnungsfläche hatte für $D/\lambda = 40$ in einem Frequenzbereich von 1,135 : 1 einen Flächenwirkungsgrad von $q = 40\%$ und einen Reflexionsfaktor von $p \leqq 5\%$.

Die Wirkungsweise der *Lochplattenlinse* beruht auf der Beugung der Wellen an kleinen Öffnungen einer metallischen Blende [74]. Ist der

Durchmesser der Öffnung kleiner als die Wellenlänge, so tritt durch den Beugungsvorgang eine Phasenvoreilung auf, die um so größer ist, je kleiner die Öffnung ist. Wenn größere Phasenverschiebungen und bessere Anpassung erzielt werden sollen, so müssen mehrere zueinander parallele Lochplatten in geringen Abständen hintereinandergeschaltet werden (Abb. 72c). Auch diese Anordnung ist schmalbandig, jedoch auch bei zirkularer Polarisation brauchbar. Beispielsweise hat eine Lochplattenlinse mit einer Öffnungsfläche $D/\lambda = 40$ in einem Frequenzbereich von $1{,}08 : 1$ einen Flächenwirkungsgrad von $q = 53\%$ und einen Reflexionsfaktor von $p \leqq 6\%$.

Bei allen oben betrachteten gewölbten Linsen kann die gesamte Dicke durch Stufen in Phasensprüngen von jeweils $360°$ vermindert werden. Dadurch werden die erzielbaren Bandbreiten bei Verzögerungslinsen aber weiter eingeschränkt. Linsenantennen sind bezüglich der erreichbaren Bandbreite, des Flächenwirkungsgrades und des Aufwandes den Parabolantennen unterlegen. Sie erweisen sich jedoch als vorteilhaft, wenn der Strahl bei feststehender Antenne mit mehreren Erregern in verschiedenen Strahlrichtungen oder mit einem bewegbaren Erreger geschwenkt werden soll.

### 3.5.7 Umlenkspiegel

Bei Mikrowellen-Richtfunkverbindungen werden häufig Umlenkspiegel benutzt, wobei zwischen antennennahen und antennenfernen Spiegeln zu unterscheiden ist.

Durch Verwendung von Umlenkspiegeln an der Spitze des Antennenmastes (Abb. 73a) kann die Antenne in geringer Höhe montiert werden. Dadurch kommt man mit kurzen dämpfungsarmen Antennenzuleitungen aus. Die Antenne wird so angeordnet, daß sie vertikal strahlen oder empfangen kann. Der ebene Umlenkspiegel wird unter einem Winkel von $45°$ gegenüber der Antennenachse und der Richtung der Funkstrecke montiert, so daß er die von der Antenne kommende Strahlung in die Horizontale und die zu empfangende Strahlung in die Vertikale umlenkt. Das Verhalten des Umlenkspiegels im Strahlengang einer Antenne läßt sich mit Hilfe der Kirchhoffschen Beugungsformel beschreiben. Bei geeigneter Bemessung kann der als Blende wirkende Spiegelrand zu einer gewissen Verstärkung der auszusendenden oder zu empfangenden Strahlung beitragen (Abb. 73b). Im allgemeinen ist es jedoch zweckmäßig, den Umlenkspiegel mit Rücksicht auf den Windwiderstand nur so groß zu bemessen, daß bei der Umlenkung kein Leistungsverlust auftritt. Die geometrische Form des Spiegels ergibt sich im wesentlichen aus der Ausleuchtungsfunktion der mit ihm gekoppelten Antenne. In Abb. 73b ist eine parabolische Belegung mit $10\,\mathrm{dB}$ Randabfall vorausgesetzt [s. Gl. (172) mit $n = 1$ und $t = 0{,}46$]. Ein Nachteil der mit

Umlenkspiegeln arbeitenden Relaisstellen besteht darin, daß die Entkopplung von Sende- und Empfangssystem infolge von Beugungs- und Streuerscheinungen am Mast und an den Spiegeln geringer ist als bei einer Relaisstelle, deren Antennen Rücken an Rücken angeordnet sind. Man kann daher auch bei mäßigen Anforderungen an die Übersprechdämpfung nicht mit gleichen Sende- und Empfangsfrequenzen arbeiten und muß auf der mit Umlenkspiegeln ausgerüsteten Relaisstelle 2 Frequenzen benutzen. An die Steifigkeit der Türme müssen besonders hohe Anforderungen gestellt werden, da die beschriebenen antennen-

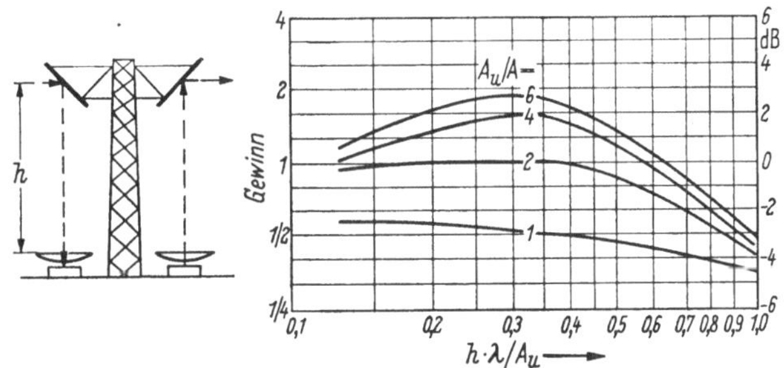


Abb. 73a u. b. Antennennahe Umlenkspiegel

links a) Anordnung einer Relaisstelle, rechts b) Gewinn als Funktion des Verhältnisses der wirksamen Spiegelfläche $A_u$ zur Antennenapertur $A$

nahen Umlenkspiegel größer sind als bei Relaisstellen mit gleichwertigen Parabolantennen und ein etwa auftretender Winkelfehler durch den Spiegel verdoppelt wird.

Als antennenfern bezeichnet man Umlenkspiegel, die so weit von einer Sendeantenne entfernt sind, daß sie im Bereich einer ebenen Welle liegen. Bei den für Weitverkehrsverbindungen üblichen Antennengrößen ist diese Bedingung bei einem Mindestabstand von etwa $r \geqq 2D^2/\lambda$ erfüllt. Antennenferne Umlenkspiegel werden bisweilen als passive Relaisstellen verwendet, wenn zwischen den Endstellen einer Funkverbindung keine optische Sicht besteht. Ein ebener Umlenkspiegel dieser Art strahlt eine auftreffende ebene Welle wie ein gleichmäßig ausgeleuchteter Flächenstrahler zurück. Wenn die ausgehende Welle geringe Nebenstrahlung aufweisen soll, muß der Spiegel möglichst plan sein und an seine Form müssen bestimmte Anforderungen gestellt werden. Die Lage der Nebenmaxima wird durch die wirksame Breite des Spiegels bestimmt, die proportional dem Kosinus des Einfallswinkels ist. Die Größe der Nebenmaxima ist nur eine Funktion der Spiegelform. Will man in einer bestimmten Ebene, z. B. in der Horizontalen geringe Nebenstrahlung erreichen, so läßt man den Umlenkspiegel in dieser Ebene spitz auslaufen [75]. Die geometrisch einfachste Anordnung dieser Art ist die Rautenform. Mit einem antennenfernen, als passive Relaisstelle arbeitenden Umlenkspiegel wird die

Streckendämpfung einer Richtfunkstrecke im Vergleich zu einer gleich langen Strecke ohne Umlenkspiegel größer.

Man unterscheidet 3 Fälle von Richtfunkstrecken mit Reflektoren:
Antennenferne Umlenkung über einen Reflektor,
Umlenkung mit 2 Reflektoren, die benachbart montiert werden,

Umlenkung mit 2 Reflektoren, die so weit voneinander entfernt sind, daß der Abstand zwischen ihnen als zusätzliches Funkfeld betrachtet werden kann.

Die genannten Anordnungen sind in Abb. 74 dargestellt. Schließlich ist es prinzipiell möglich, die Umlenkung auch mit zwei passiven Parabolantennen zu verwirklichen, die durch eine Speiseleitung miteinander verbunden sind.

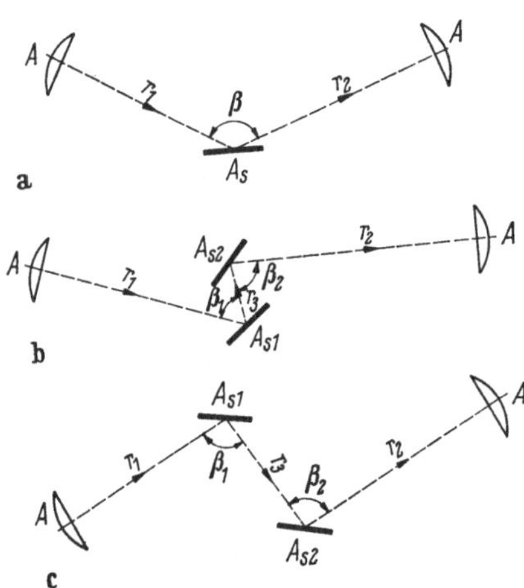
Abb. 74a—c. Antennenferne Umlenkspiegel
a) mit einem Reflektor,  b) mit Doppelreflektor,
c) mit zwei weit voneinander entfernten Reflektoren

Für den Fall eines Umlenkspiegels entstehen 2 Funkfelder, deren Funkfelddämpfungen $a_1$ und $a_2$ nach der auf S. 196 genannten Formel Gl. (150a) berechnet werden kann. Bezeichnet man die Teilstrecken mit $r_1$ und $r_2$, so ergibt sich, wenn $A_w$ die Wirkflächen der Parabolspiegel in den Endstellen und $A_{wS}$ die Wirkfläche des Umlenkspiegels sind

$$a_1 + a_2 = a_U = 20 \log \frac{r_1 r_2 \lambda^2}{A_w A_{wS}} . \tag{179}$$

Für einen ebenen Spiegel der Fläche $A_S$ ist

$$A_{wS} = A_S \cos \frac{\beta}{2} ,$$

wobei $\beta$ der Winkel zwischen ein- und ausfallendem Strahl bedeutet. Daher wird $A_{wS}$ sehr klein, wenn $\beta$ sich 180° nähert. Es ist zweckmäßig, bei solchen stumpfen Winkeln statt eines Umlenkspiegels zwei benachbarte Umlenkspiegel gleicher Größe (Abb. 74b) oder passive Antennen zu verwenden.

Ohne Umlenkspiegel würde für die hintereinandergeschalteten Funkfelder der Längen $r_1$ und $r_2$ nach Gl. (150a):

$$a_A = 20 \log \frac{(r_1 + r_2) \lambda}{A_w} \tag{180}$$

betragen.

Damit ergibt sich für die Zusatzdämpfung durch den Umlenkspiegel

$$a = a_U - a_A = 20 \log \frac{r_1 \, r_2}{(r_1 + r_2) \, A_{wS}} \, . \tag{181}$$

Für passive, umlenkende Antennen ist $A_{wS}$ durch $A_w$ zu ersetzen.

Bei Einsatz des Doppelspiegels tritt zu der Funkfelddämpfung ein weiterer Dämpfungsanteil, der jedoch normalerweise kleiner als 1 dB ist.

Müssen mit Rücksicht auf die Hindernisse in einem Gelände zwei weiter voneinander entfernte Umlenkspiegel verwendet werden (Abb. 74c), so ergibt sich für die Funkfelddämpfung

$$a_1 + a_2 + a_3 = a_U = 20 \log \frac{r_1 \, r_2 \, r_3 \, \lambda^2}{A_{wS} \, A_{wS1} \, A_{wS2}}, \tag{182}$$

wobei　$A_{wS1} = A_{S1} \cos \frac{\beta_1}{2}$　und　$A_{wS2} = A_{S2} \cos \frac{\beta_2}{2}$　sind.

### 3.5.8 Elemente der Antennenzuführungen

Einen wesentlichen Bestandteil einer Antennenanlage bilden die Zuleitung zur Antenne und die energieverteilenden Elemente in der Antenne. Die Einzelreflexionen sowie die Summe der Reflexionen im Zuge der Leitung müssen klein sein. Außerdem werden geringe Dämpfung gefordert und bei Sendeantennen hohe Anforderungen an die elektrische Belastbarkeit (Spannungsfestigkeit) gestellt. Während bei den Kurzwellen- und Meterwellenantennen fast ausschließlich Koaxialkabel als Verbindungsleitungen zur Antenne eingesetzt werden, kommen im Bereich der Dezimeter- und Zentimeterwellen vorzugsweise Hohlleiter in Betracht.

Da besonders die Antennen für den Meter- und Dezimeterwellenbereich aus mehreren gleichen Einheiten zusammengesetzt sind und diese Einheiten je nach den zu erzielenden Strahlungseigenschaften mit nach Amplitude und Phase verschiedenen Strömen gespeist werden müssen, sind frequenzunabhängige Energieverteiler und phasendrehende Elemente erforderlich.

Für eine schmalbandige Anordnung genügt es, die Zuleitungen zu den einzelnen Antennen sternförmig parallel zu schalten und den dadurch erhaltenen niedrigeren Widerstand durch eine Transformationsleitung, deren Wellenwiderstand gleich dem geometrischen Mittel aus dem Widerstand an der Verzweigungsstelle und dem Wellenwiderstand der Speiseleitung ist, wieder anzupassen. Die Länge der Transformationsleitung beträgt $\lambda/4$. Werden die Wellenwiderstände der dem Verzweigungspunkt folgenden Zuleitungen unterschiedlich gewählt und durch weitere Transformationen den Teilantennen angepaßt, so kann unterschiedliche Energieverteilung erreicht werden.

Breitbandiger sind mehrstufige Übertrager, die aus mehreren $\lambda/4$-langen Leitungsstücken mit unterschiedlichen Wellenwiderständen

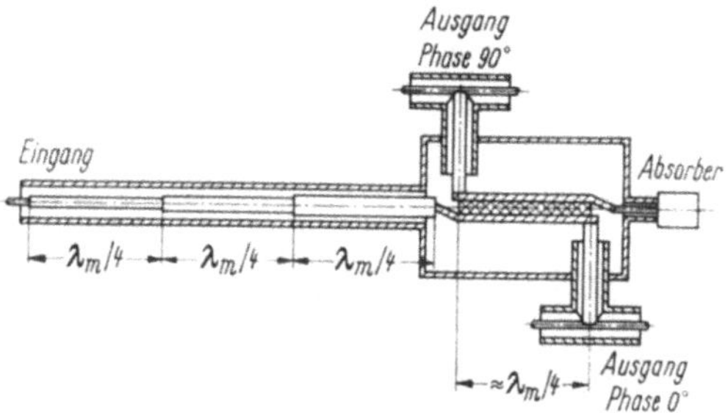


Abb. 75. Dreistufiger Übertrager mit Streifenleitungsrichtungskoppler (mittlere Wellenlänge $\lambda_m$)

bestehen. Abb. 75 zeigt links z. B. einen 3stufigen Übertrager für insgesamt vier parallelgeschaltete Teilantennen (rechts), wobei zwei eine um 90° voreilende Phase gegenüber den anderen beiden erhalten sollen. Die Forderung nach konstanter Phasendifferenz wird durch einen 3 dB-Richtungskoppler erfüllt, der auch die Leistungsaufteilung übernimmt. Dieses Element wird zweckmäßig mit $\lambda/4$-langen Streifenleitungen aufgebaut, die zu beiden Seiten einer dielektrischen Platte geführt werden (Abb. 75 rechts) [76].

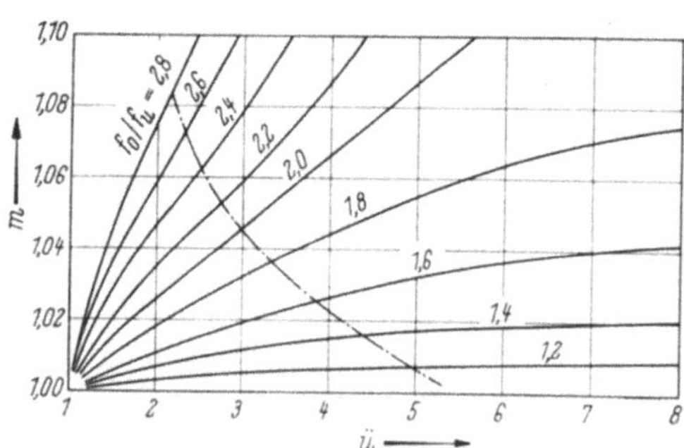


Abb. 76. Welligkeit eines zweistufigen, einfach kompensierten TSCHEBYCHEFF-Übertragers als Funktion des Übersetzungsverhältnisses $\ddot{u}$

Für die Verteiler haben sich auch durch Blindwiderstände kompensierte Stufenleitungen bewährt. Relativ große Bandbreite bei einer vorgegebenen Fehlanpassung erhält man, wenn man eine Stufung nach TSCHEBYCHEFF vornimmt. Man läßt dazu die Ortskurve des Eingangsscheinwiderstandes mehrere Male durch den Anpassungspunkt laufen und verteilt die Anpassungsstellen derart über das geforderte Übertragungsband, daß man zwischen ihnen gleich große Fehlanpassungen erhält [77]. In Abb. 76 sind die mit zweistufigen, einfach kompensierten Übertragern dieser Art erzielten Welligkeiten $m$ als Funktion des Übersetzungsverhältnisses $\ddot{u}$ angegeben, wobei als Parameter das Verhältnis der oberen zur unteren Betriebsfrequenz $f_o/f_u$

dient. Unterhalb der in der Abbildung eingetragenen Grenzlinie wäre ein einstufiger, zweifach kompensierter Übertrager etwas günstiger. Die Übertrager lassen sich auch zu größeren Gruppen zusammenschalten.

Die Anwendung der beschriebenen Schaltelemente ist nicht auf die Parallelschaltung begrenzt. Als breitbandige Kompensations- oder Symmetrierglieder können sie bei fast allen Antennenarten eingesetzt werden. Sie können in Koaxialbauweise, als Hohlleiterelement und (bei kleinen Leistungen) als gedruckte Streifenleitungen auf dielektrischen Trägern ausgeführt werden.

### 3.5.9 Antennenauswahl in der Praxis

Bei der Auswahl der Antennen unterscheidet man zweckmäßig die Bereiche der Kurzwellen, der Meter- und Dezimeterwellen und der Zentimeterwellen.

Die einfachste Form der Kurzwellenantennen ist der horizontal ausgelegte Dipol, der kleinen Gewinn und geringe Bandbreite hat. Durch Gruppenbildung und Einführen der Reusenform können Gewinn und Bandbreite verbessert werden. Die gleichen Betrachtungen gelten für vertikal polarisierende Antennen. Mit optimal bemessenen Reusen sind Bandbreiten bis 8 : 1 zu erreichen. Zusammen mit einem nachstellbaren Winkelreflektor wurden gerichtete Strahlungsdiagramme in der gleichen Bandbreite erzielt. Noch größere Bandbreiten, jedoch bei schlechterer Anpassung, werden mit logarithmisch-periodischen Antennen erreicht. Große Gewinne liefern Rhombusantennen, die jedoch große Geländeflächen benötigen. Das gleiche gilt für neuerdings entwickelte Trichterantennen und LUNEBERG-Linsen für den Kurzwellenbereich.

Im Bereich der Meter- und Dezimeterwellen haben sich vorwiegend Dipole und Dipolkombinationen durchgesetzt. Die einfachste praktisch verwendete Form ist der Dipol im Winkelreflektor. Die YAGI-Antenne hat bessere Richteigenschaften, sie ist jedoch recht schmalbandig. Durch Koppelstrahler, die sehr nahe dem gespeisten Dipol angeordnet sind, kann die Bandbreite erhöht werden. Besonders gute Strahlungseigenschaften und Anpassung in einem Frequenzbereich von 1,8 : 1 haben parallel gespeiste, ebene Dipolgruppen, die vorwiegend für Sendeantennen eingesetzt werden. Durch Zusammenschalten von Einheitsfeldern lassen sich Gewinne bis zu etwa 1000 erzielen.

Für den gleichen Bereich sind auch längsstrahlende Wendelantennen mit zirkularer Polarisation geeignet. Ihre Bandbreite entspricht etwa derjenigen der Dipolfelder und kann durch konische Formgebung etwas gesteigert werden. Bandbreiten bis 10 : 1 können auch in diesem Bereich mit logarithmisch-periodischen Antennen erreicht werden. Die Gruppen von Dipolfeldern oder Wendelantennen werden bei Wellenlängen unterhalb etwa 30 cm wegen der vielen Speiseleitungen und Verteilerelemente sehr aufwendig.

Für den Bereich der Zentimeterwellen verwendet man daher, wenn ein großer Gewinn verlangt wird, Parabolantennen. Die einfachste Bauform ist die Rotationsparabolantenne. Für Breitband-Richtfunkverbindungen werden schräg angestrahlte Parabolausschnitte mit abschirmenden Wänden (Muschel- und Hornparabolantennen) eingesetzt, die eine bessere Nebenzipfeldämpfung aufweisen. Bezüglich der Kreuzpolarisation sind zentrisch erregte Parabolantennen günstiger. Bei diesen beträgt die Polarisationsentkopplung 30 dB und mehr. Bei schräg angestrahlten Parabolantennen werden nur etwa 20 dB erreicht, jedoch ist die gegenseitige Entkopplung zweier neben- oder hintereinander montierter Antennen wegen der seitlichen und rückwärtigen Abschirmung wesentlich größer. Seitliche Entkopplungen von etwa 100 dB und rückwärtige Entkopplungen von etwa 110 dB werden unabhängig von der Polarisationsrichtung erreicht.

Die verschiedenen Formen der CASSEGRAIN-Antenne eignen sich besonders für scharfe Bündelung, wie sie bei Streustrahlverbindungen und bei Erdefunkstellen für Nachrichtenverbindungen über Satelliten verlangt werden.

## Schrifttum

[1] KADEN, H.: Impulse und Schaltvorgänge in der Nachrichtentechnik. München: R. Oldenbourg 1957.

[2] KLEIN, W.: Die Theorie des Nebensprechens auf Leitungen. Berlin/Göttingen/Heidelberg: Springer 1955.

[3] KLEIN, W.: Die Leitungsbildung in einem vielpaarigen Sternviererkabel. Arch. elektr. Übertr. 15 (1961) 508—514.

[4] CCITT: Rotbuch Band III, S. 41—182. New Delhi 1960. Deutsche Kurzfassung Fernsprech-Übertragung. Teil: Trägerfrequenz-Fernsprechen 40—41. Siemens & Halske AG. 1963.

[5] KLEIN, W.: Das Nebensprechen auf einem Freileitungsgestänge. Arch. elektr. Übertr. 4 (1950) 293—300, 361—366.

[6] PODSZECK, H.-K.: Trägerfrequenz-Nachrichtenübertragung über Hochspannungsleitungen, 3. Aufl. Berlin/Göttingen/Heidelberg: Springer 1962.

[7] DEMMEL, G.: Der Achter, ein neues Aufbauelement für symmetrische Nachrichtenkabel. NTZ 15 (1962) Nr. 3, 129—134.

[8] EBERL, W.: Neue polyäthylenisolierte Teilnehmer-Fernsprechkabel in Bündelaufbau. Siemens-Z. 36 (1962) 313—314.

[9] MARTIN, H.-E.: Die Berechnung der Übertragungseigenschaften symmetrischer Leitungen unter Berücksichtigung des Verdrallungseffektes. Arch. elektr. Übertr. 18 (1964) 293—308.

[10] KLEIN, W.: Über den Entstehungsmechanismus des Nebensprechens symmetrischer Leitungen. Arch. elektr. Übertr. 16 (1962) 525—531.
KADEN, H., u. H. E. MARTIN: Das Nebensprechen über dritte Leitungen in vielpaarigen Kabeln bei stochastischer Kopplungsverteilung. Arch. elektr. Übertr. 19 (1965) 350—360.

[11] BREMICKER, H.: Über die Amplitude der drallabhängigen elektromagnetischen Kopplungen in symmetrischen Kabeln. Diss. TH Darmstadt (1953).

[12] MARTIN, H.-E.: Aufbau und Anwendung von Koaxialkabeln. Nachrichtentechn. Fachber. 19 (1960) 117—126.

[13] GÜNTHER, G.: Über das Verhalten koaxialer Kabel mit Scheibenisolierung im Frequenzbereich über tausend Megahertz.
KADEN, H.: Über das Verhalten koaxialer Kabel mit Bandwendelisolierung im Frequenzbereich über tausend Megahertz. Arch. Elektrotechn. 41 (1953) 40—45, 45—64.

[14] MARTIN, H.-E., u. D. DOSSE: Zusammenhang zwischen den Reflexionen in Hochfrequenzkabeln bei stationärem und bei impulsmoduliertem Betrieb. Arch. elektr. Übertr. 16 (1962) 56—66.

[15] CCITT: Rotbuch Band III S. 41—182. New Delhi 1960. Deutsche Kurzfassung Fernsprech-Übertragung. Teil: Trägerfrequenz-Fernsprechen 73—85. Siemens & Halske AG. 1963.

[16] BROCKBANK, R. A., E. F. S. CLARKE u. F. JONES: Anglo-Canadian Transatlantic Telephone Cable (CANTAT): Cable Development, Design and Manufacture. Post Off. Electr. Engng. J. 56 (1963) Part 2, 82—90.

[17] KADEN, H.: Wirbelströme und Schirmung in der Nachrichtentechnik, 2. Aufl. Berlin/Göttingen/Heidelberg: Springer 1959.

[18] CCITT: Directives concerning the protection of telecommunication lines against harmful effects from electricity lines (1963).

[19] SOUTHWORTH, G. C.: Hyper Frequency Wave Guides, General Considerations and Experimental Results. Bell Syst. Techn. J. 15 (1963) 2, 284—309.

[20] CARSON, J. R., S. P. MEAD u. S. A. SCHELKUNOFF: Hyper Frequency Wave Guides. Mathematical Theory, l. c. 310—332.

[21] JOUGUET, M.: Les effets de la courbure sur la propagation des ondes electromagnetiques dans les guides a section circulaire. Cables et Transmission, Vol. 1 (1947) July, 133—153.

[22] BUN-ICHI u. OGUCHI: Beeinflussung der zirkularen $TE_{01}$-Wellen in gekrümmten Wellenleitern durch zirkulare $TE_{1m}$-Wellen. J. Inst. Electr. Commun. Eng. Japan, Vol. 41, Jan. 1958, 35—42.

[23] LARSEN, H.: Die Übertragungseigenschaften von $H_{01}$-Hohlleitungen mit statistisch verteilten Unregelmäßigkeiten. Frequenz 14 (1960) 4, 380—386.

[24] ROWE, H. E., u. W. D. WARTERS: Transmission in Multimode Waveguide with Random Imperfection. Bell Syst. Techn. J. 41 (1962) 3, 1031—1170.

[25] HAKEN, W.: Das Toleranzproblem der Hohlkabeltechnik. Frequenz 17 (1963) 7, 263—270.

[26] PIEFKE, G.: The Influence of Helix Wire Diameter in a Helix Waveguide. Proc. Instn. electr. Eng. B 106. Supplement No. 13 (1959) 110—118.

[27] UNGER, H. G.: Mode Conversion in Metallic and Helix Waveguide. Bell Syst. Techn. J. 40 (1961) 2, 613—626.

[28] UNGER, H. G.: Winding Tolerances in Helix Waveguide, l. c. 627—643.

[29] UNGER, H. G.: Circular Electric Wave Transmission in dielectric-coated Waveguide. Bell Syst. Techn. J. 36 (1957) 1253—1278.

[30] LARSEN, H., u. W. JANSSEN: Messungen an dielektrisch belasteten $H_{01}$-Hohlleitungen. Frequenz 15 (1961) 10, 332—338.

[31] JANSSEN, W.: Bestimmung der Modenumwandlung in Rundhohlleitern mit unregelmäßigem dielektrischen Belag. Arch. elektr. Übertr. 15 (1961) 525 bis 536.

[32] KERSHENZEWA, N. P.: Hohlleiterkrümmer mit variabler Krümmung. Radiotechnik u. Elektronik 5 (1960) 5, 733—739.

[33] ANDREASEN, M. G.: Stetige Übergänge für die $H_{01}$-Welle mit besonderer Berücksichtigung des konischen Übergangs. Acta Polytechn. Scandinavica, EL 4 (254/1959).

[34] ANDREASEN, M. G.: Kurze Übergänge für die $H_{01}$-Welle, l. c. EL 3 (253/1959).

[35] UNGER, H. G.: Circular Waveguide Taper of Improved Design. Bell Syst. Techn. J. 37 (1958) 4, 899—912.

[36] BACHEL, J.: Meßverfahren zur Bestimmung der Innenmaße von Hohlleitern. Frequenz 14 (1960) 377—380.

[37] UNGER, H. G.: Regellose Störungen in Wellenleitern. Arch. elektr. Übertr. 15 (1961) 9, 393—401.

[38] BEAN, B. R.: The Radio Refractive Index of Air. Proc. IRE 50 (1962) 3, 260—273.

[39] DU CASTEL, F.: Propagation Troposphérique et Faisceaux Hertziens Transhorizon. Télécommunications par Satellites. Paris: Éditions Chiron 1961.

[40] Proc. IRE 47 (1959) Nr. 2, 131—296. Ausgabe mit 21 Arbeiten über Ergebnisse der Ionosphärenforschung im Internationalen Geophysikalischen Jahr 1957/1958.

[41] ZUHRT, H.: Elektromagnetische Strahlungsfelder. Berlin/Göttingen/Heidelberg: Springer 1953.

[42] VAN DER POL, B., u. H. BREMMER: The diffraction of electromagnetic waves from an electric point source around a finitely conducting sphere. Philos. Mag. 24, 141—175, Juli 1937; 24, 825—864, November 1937; 25, 817—834, Juni 1938; 27, 261—275, März 1939.

[43] KERR, D. E.: Propagation of Short Radio Waves. New York: McGraw-Hill 1951.

[44] BRENNAN, D. G.: Linear Diversity Combining Techniques. Proc. IRE 47 (1959) 6, 1075—1102.

[45] HORMUTH, W.: Statistik der schwundabhängigen Geräuschleistung für Breitband-Richtfunkverbindungen mit vielen Funkfeldern. Arch. elektr. Übertrag. 12 (1958) H. 8, 346—356.

[46] BEAN, B. R.: Climatology of Ground-Based-Ducts. J. Res. Nat. Bur. Stand. 63 D (1959) 1, 29—34.

[47] RAWER, K.: Die Ionosphäre. Groningen-Holland: P. Noordhoff N. V. 1953.

[48] WHEELON, A. D.: Radio-Wave Scattering by Tropospheric Irregularities. J. Res. Nat. Bur. Stand. 63 D (1959) 2, 205—233.

[49] HOGG, D. C., u. R. A. SEMPLAK: The Effect of Rain and Water Vapor on Sky Noise at Centimeter Wavelengths. Bell Syst. techn. J. 40 (1961) 5, 1331—1348.

[50] RÜDENBERG, R.: Der Empfang elektrischer Wellen in der drahtlosen Telegraphie. Ann. Phys. 25 (1908) 446—466.

[51] KRAUS, J. D.: Antennas, Kap. 9, New York: McGraw-Hill 1950. — E. HALLÉN: Theoretical investigations into the transmitting and receiving qualities of antennas. Nova acta 11 (1938) 1—44.

[52] MEINKE, H.: Die richtige Dimensionierung des Fußpunktes von Breitbandantennen. NTZ 12 (1959) 286—290. — STÖHR, W., u. O. ZINKE: Wege zum optimalen Breitband-Rundstrahler. Frequenz 14 (1960) 26—35. — STÖHR, W., u. O. ZINKE: Eingangswiderstand optimaler Breitband-Rundstrahler. NTF 23 (1960) 62—67. — MEINKE, H.: Die Stromverteilung auf Breitbandstrahlern und ihr Strahlungsdiagramm. NTF 23 (1961) 56—61.

[55] MEINKE, H., u. H. KRAUS: Verringerte Frequenzabhängigkeit des Strahlungsdiagramms von Breitband-Rundstrahlern. NTZ 14 (1961) 221—225.

[54] ELLIOTT, R. S.: Beamwidth and Directivity of Large Scanning Arrays. Microwave J. 6 (1963) H. 12, 53—60; 7 (1964) H. 1, 74—82.

[55] v. Trentini, G.: Flachantenne mit periodisch gebogenem Leiter. Frequenz 14 (1960) H. 7, 239—243.

[56] Körner, H., u. W. Stöhr: Breitbandantenne für UKW-Richtfunkverbindungen. Frequenz 6 (1952) H. 5/6, 154—162.

[57] Simon, J. C., u. G. Weill: Un nouveau type d'aérien à rayonnement longitudinal. Ann. Radioeléctr. 8 (1953) 183. — v. Trentini, G.: Wellenführende Systeme für Längsstrahler. NTZ 12 (1959) H. 10, 501.

[58] Mallach, P.: Dielektrische Richtstrahler. FTZ 2 (1949) H. 2, 33—39.

[59] Brückmann, H.: Suppression of Undesired Radiation of Directional HF-Antennas and Associated Feed Lines, Proc. IRE Aug. 1958, 1510.

[60] Laport, E. A., u. A. C. Veldhuis: Improved Antennas of the Rhombic Class. RCA-Rev. März 1960, 117.

[61] du Hamel, R. H., u. D. E. Isbell: Broadband Logarithmically Periodic Antenna Structures. IRE-National Conv. Rec. 1957 Part 1, 119—128. — du Hamel, R. H., u. F. R. Ore: Logarithmically Periodic Antenna Designs. IRE-National Conv. Rec. I, AP, März 1958, 139—151. — Isbell, D. E.: Log Periodic Dipole Arrays, IRE-Transactions AP-8 (1960) H. 3, 260—267.

[62] Jasik, H.: Antenna Engineering Handbook, Kap. 16. New York: McGraw-Hill 1961.

[63] Hansen, R. C.: Microwave Scanning Antennas, Vol. I, Kap. 1. New York: Academic Press 1964.

[64] Broussaud, G.: Sur quelques Perfectionnements aux Circuits Hyperfréquences pour Faisceaux Hertziens. Ann. Radioeléctr. 12 (1957) 222. — Schuster, D., C. T. Stelzried u. G. S. Levy: The Determination of Noise Temperatures of Large Paraboloidal Antennas. IRE-Trans., AP-10 (1962) 286. — Love, A. W.: The Diagonal Horn Antenna. Microwave J. 5 (1962) 3, 117 bis 122. — Thust, P.: Hornstrahler mit vieleckiger Apertur für die gleichzeitige Übertragung zweier linear und senkrecht zueinander polarisierter Wellen. Frequenz 17 (1963) Sonderausgabe 487—490. — Thust, P.: Hornradiator with sector-shaped directional-radiation pattern. IEEE-Proc. 53 (1965) 1239.

[65] Gillitzer, E.: Antennen für ein 6 GHz-Breitband-Richtfunksystem für 1800 Sprechkreise (FM 1800/6000). NTZ 18 (1965) H. 8, 479—484.

[66] Silver, S.: Microwave Antenna Theory and Design. Kap. 8 u. 12. New York: McGraw-Hill 1949.

[67] Laub, H., u. W. Stöhr: Hornparabolantenne für Breitband-Richtfunkanlagen. Frequenz 10 (1956) H. 2, 33—44.

[68] Hines, J. N., Li Tingye u. R. H. Turrin: The Electrical Characteristics of the Conical Horn-Reflector Antenna. Bell Syst. Techn. J. 42 (1963) H. 4—2, 1187—1211.

[69] Potter, P. D.: A New Horn Antenna with Suppressed Sidelobes and Equal Beamwidths. Microwave J. 6 (1963) H. 6, 71—78.

[70] Potter, P. D.: The Application of the Cassegrainian Principle to Ground Antennas for Space Communications. IRE-Transaction on Space Electronics and Telemetry 1962, 154—158.

[71] La Page, B. F., E. W. Blaisdell. u. L. J. Ricardi: West Ford Antenna and Feed System. IEEE-Proc. 52 (1964) H. 5, 589—598.

[72] v. Trentini, G.: Erregersysteme für Cassegrain-Antennen. Frequenz 17 (1963) Sonderausgabe 491—499. — v. Trentini, G., K. P. Romeiser u. W. Jatsch: Dimensionierung und elektrische Eigenschaften der 25 m-Antenne der Erdefunkstelle Raisting für Nachrichtenverbindungen über Satelliten. Frequenz 19 (1965) 402—421.

[73] Kock, W. E.: Metallic Delay Lens. Bell System Techn. J. 27 (1948) 58—82.

16*

[74] BROUSSEAU, G.: Étude de la diffraction des ondes electromagnetiques par un réseau de plaques percées de trous. Ann Radioélectr. 10 (1955) Jan., 39.

[75] UNGER, H. G.: Ebene Spiegel zur Strahlumlenkung bei Richtantennen. Frequenz 6 (1952) 272—278. — F. G. KOCH: Flächenstrahler mit kleinen Nebenmaxima. Fernmeldetechn. Z. 7 (1954) 498—509. — G. F. KOCH: Die verschiedenen Ansätze des Kirchhoffschen Prinzips und ihre Anwendung auf die Beugungsdiagramme bei elektromagnetischen Wellen. AEÜ 14 (1960) 77—98 u. 132—153.

[76] LAUB, H.: Breitbandige Sendeantenne im Fernsehbereich IV/V. S & H-Entwicklungsber. 26 (1963) 370—372.

[77] LAUB, H., u. W. STÖHR: Zuleitungen für hochbelastbare Dezimeterwellen-Antennen. Frequenz 14 (1960) 142—155.

# 4. System- und Netzplanung

## Von R. VON BRANDT

In diesem Kapitel sollen zunächst die wichtigsten Begriffe behandelt werden, die man zur Klassifizierung und quantitativen Beurteilung von Nachrichtenverbindungen verschiedener Art benötigt. Dabei beziehen sich die folgenden Abschn. 4.1 Grundbegriffe und 4.2 Übertragungskriterien auf die Gesamtverbindung zwischen Nachrichtenquelle und Nachrichtensenke, während der Abschn. 4.3 Planungsgrundlagen für Mehrkanalsysteme behandelt, die Teile der Gesamtverbindung bilden. Im allgemeinen besteht die Gesamtverbindung aus mehreren Abschnitten mit wesentlich voneinander verschiedenen Übertragungssystemen. Die Wahl der Übertragungssysteme richtet sich jeweils nach dem Übertragungsmittel (s. S. 100ff.), der Länge des Abschnitts und der Zahl der auf dem Abschnitt einzurichtenden Nachrichtenkanäle. In den Abschn. 4.4 bis 4.6 wird schließlich auf die Struktur und die Technik der Fernverkehrsnetze für Fernsprechen, Telegraphie und Rundfunk eingegangen.

## 4.1 Grundbegriffe

### 4.1.1 Einteilung der Leitungsarten

In Abb. 1 sind drei charakteristische Arten von Nachrichtenverbindungen dargestellt, in welche sich die meisten vorkommenden Fälle einordnen lassen.

Der Fall a) ist der elektrisch einfachste einer verstärkerlosen Zweidrahtleitung, über die abwechselnd in der einen und in der anderen Richtung Nachrichten übertragen werden können. Das typische Beispiel hierfür sind Fernsprechverbindungen für kurze Entfernungen. Sie sind „zweiseitig gerichtet" und enthalten im Teilnehmerapparat eine Brückenschaltung, durch die Sprech- und Hörströme — zur Verringerung des Rückhörens ausreichend entkoppelt — über die Zweidrahtleitung fließen.

Der Fall b) ist der nächst einfache. Er stellt zwei getrennte Leitungen dar, die mit Verstärkern für jeweils eine Übertragungsrichtung ausgerüstet sind. Solche Leitungen kommen in Verteilnetzen für Rundfunk und Fernsehen vor. Oft genügt auch eine einzige einseitig gerichtete Leitung, z. B. zwischen einer Rundfunk-Verteilerzentrale und einem Rundfunksender. Eine Anwendung des Falles Abb. 1b) auf Fernsprechstationen mit völlig getrenntem Mikrophon- und Telephonkreis wäre zwar denkbar und hätte den Vorteil, die nachfolgend geschilderten Rückkopp

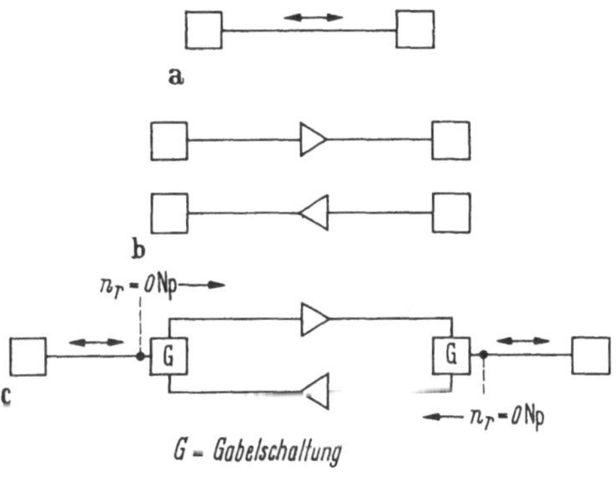


Abb. 1a—c. Nachrichtenverbindungen
a) Zweidrahtleitung ohne Verstärker, b) 2 getrennte Zweidrahtleitungen mit Verstärkern, c) Zweidraht/Vierdrahtleitung mit Verstärkern

$n_r = 0$ Np: Punkt des relativen Pegels Null

lungsprobleme zu vermeiden, aus wirtschaftlichen Gründen ist der vierdrähtige Anschluß der Station jedoch heute nicht realisierbar.

Der Fall c) ist der übertragungstechnisch schwierigste, nämlich der Fall der zweiseitig gerichteten, zweidrähtig endenden und unterwegs mit Verstärkern ausgerüsteten Leitung. Dieser Fall liegt bei langen Fernsprech- und Fernschreibverbindungen vor. Die Schwierigkeit besteht darin, daß zwei gegensinnig mit Verstärkern ausgerüstete Leitungszweige an beiden Enden über Gabelschaltungen $G$ an die teilnehmerseitigen Zweidrahtleitungen angeschlossen werden müssen. In Fernsprechkreisen werden die Gabeln als Brückenschaltungen (s. S. 295) ausgebildet. Die Vierdrahtschleife kann dabei infolge unvollkommener Symmetrie der Brückenzweige Anlaß zu Echostörungen oder gar Instabilität (Pfeifen) geben. In Fernschreibkreisen besteht diese Gefahr nicht, denn der Übergang von Zweidraht- auf Vierdrahtbetrieb wird hier durch Relaisgabeln erreicht, die keine Rückkopplungsschleife bilden (s. S. 357).

Wenn im Fall c) die Verstärker im wesentlichen nur die Dämpfung der zwischen den Gabeln liegenden Leitung aufzuheben haben, spricht man von Vierdrahtverstärkern. Wenn jedoch beide Gabeln unmittelbar den Verstärkern zugeordnet sind und diese sowohl die Dämpfung der Gabeln als auch die Dämpfung eines Teiles der anschließenden Zweidrahtleitung aufheben müssen, handelt es sich um sogenannte Zweidrahtverstärker. Neben Zweidrahtverstärkern nach Abb. 1 c sind auch solche mit negativen Impedanzen (NLT-Verstärker) von Interesse. Die hiermit zusammenhängenden Fragen werden auf S. 302 näher behandelt.

Die in Abb. 1 b) und c) gezeigten Vierdrahtleitungen müssen nicht unbedingt aus 2 Doppeladern eines Kabels bestehen, sondern können auch mittels Trägerfrequenz-Zweidrahtsystemen (Z-Systemen, s. S. 557 ff.) in Getrenntlage auf einer Doppelader gebildet werden.

### 4.1.2 Definition der Pegel

Sobald in einer Verbindung Verstärker vorkommen, besteht die Notwendigkeit, einen Pegelplan aufzustellen. Nach diesem Plan muß mittels eines Meßtones die Strecke „eingepegelt" werden, d. h., die unterwegs vorkommenden Dämpfungen und Verstärkungen sind so einzustellen, daß der Meßpegel an bestimmten Punkten mit dem im Plan festgelegten Pegel übereinstimmt. Dies ist nötig, um sicherzustellen, daß die Leistung des zu übertragenden Nutzsignals immer genügend hoch über dem Grundgeräusch und genügend tief unter der Aussteuerungsgrenze der Verstärker liegt, so daß die resultierende Geräuschleistung in den zulässigen Grenzen bleibt.

Man bezeichnet als Leistungspegel $n$ (von französich: niveau de puissance) das logarithmische Verhältnis einer Leistung zu einer Bezugsleistung. Je nachdem, ob die Bezugsleistung einen definierten „absoluten" Wert hat (z. B. 1 mW) oder ob die Leistung eines Meßtones an irgendeiner Stelle des Übertragungsweges auf die Leistung dieses Tones an einem definierten Punkt des Übertragungsweges bezogen ist, unterscheidet man zwischen *absolutem* und *relativem* Leistungspegel. Analoges gilt für Spannungspegel, deren Anwendung im speziellen Meßdienst zweckmäßig ist. In der allgemeinen Systemplanung sind sie weniger gebräuchlich, da sie außer von der übertragenen Leistung auch von dem Verbraucherwiderstand am Meßpunkt abhängen. An einem Verbraucherwiderstand von 600 $\Omega$ sind absolute Leistungspegel und Spannungspegel gleich, wenn als Bezugsgrößen 1 mW Leistung bzw. 0,775 V Spannung gelten.

Die Definitionsgleichungen der Pegel an einem Punkt $x$ der Leitung lauten:

$$n_{\mathrm{abs}x} \text{ (bezogen auf 1 mW)} = \frac{1}{2}\ln\frac{P_x}{1\,\mathrm{mW}}\,\mathrm{Np} = 10\lg\frac{P_x}{1\,\mathrm{mW}}\,\mathrm{dB},$$

$$n_{\mathrm{abs}x} \text{ (bezogen auf 0,775 V)} = \ln\frac{U_x}{0,775\,\mathrm{V}}\,\mathrm{Np} = 20\lg\frac{U_x}{0,775\,\mathrm{V}}\,\mathrm{dB},$$

$$n_{\mathrm{rel}x} = \frac{1}{2}\ln\frac{P_x}{P_0}\,\mathrm{Np} = 10\lg\frac{P_x}{P_0}\,\mathrm{dB}.$$

$P_0$ eingespeiste Leistung am Punkt des relativen Pegels Null.

Als *Bezugspunkt* für den relativen Pegel wählt man den Anfang des mit Verstärkern ausgerüsteten Übertragungssystems. Dieser Bezugspunkt mit dem relativen Pegel Null ist bei Fernsprechsystemen gewöhnlich der Zweidrahtpunkt der sendeseitigen Gabel (Abb. 1c), bei Rundfunkleitungen (Abb. 1b) der Übergabepunkt zwischen Rundfunkstudio und Übertragungsleitung. Bei Fernsehleitungen unterscheidet man zweierlei Bezugspunkte. Der eine ist der sog. Videoübergabepunkt, z. B. zwischen Studio und Ortsleitung oder in Videoverteilerstellen (CCITT-Empf.[1] J. 61). An diesen Punkten haben die Fernsehsignale einen zeitlichen Spannungsverlauf und eine Größe (1 V Spitze-Spitze), wie sie auf S. 256, Abb. 6, definiert sind. Der andere Bezugspunkt für Fernsehleitungen ist im Zusammenhang mit trägerfrequenter Fernsehübertragung auf Koaxialkabeln als Punkt des relativen Fernsehpegels Null eingeführt worden (CCITT-Empf. J. 72, 73). Es handelt sich dabei um den Ausgang der Modulationseinrichtung, wo das modulierte Signal den Verlauf nach S. 621, Abb. 63, und bei Weißaussteuerung den Spannungswert 0,387 V an 75 $\Omega$ (entsprechend 1 mW übertragene Leistung) hat.

Zum Verständnis von Pegelangaben in Neper oder Dezibel muß immer die Bezugsgröße mit angegeben werden. Im Schrifttum und beim CCITT sind, besonders zum Gebrauch in Tabellen und Kurvendarstellungen, Kurzangaben der Bezugsgrößen in Form von Anhängseln an die Np- und dB-Einheiten gebräuchlich, mit denen sich folgende Bedeutungen ergeben:

dBm (Npm): absoluter Leistungspegel in dB (in Np) bezogen auf 1 mW,

dBmO (NpmO): absoluter Leistungspegel in dB (in Np) bezogen auf 1 mW und auf den Ort des relativen Pegels Null,

dBmp (Npmp): geräuschbewerteter absoluter Leistungspegel in dB (in Np) bezogen auf 1 mW (Geräuschbewertung s. S. 251, p von pondéré),

dBmOp (NpmOp): geräuschbewerteter absoluter Leistungspegel in dB (in Np) bezogen auf 1 mW und auf den Ort des relativen Pegels Null,

dBr (Npr): relativer Leistungspegel in dB (in Np).

In diesem Buch sollen diese Anhängsel jedoch nicht benutzt werden.

## 4.2 Übertragungskriterien von Gesamtverbindungen

### 4.2.1 Bezugsdämpfung

Die Übertragungsgüte einer Fernsprechverbindung einfachster Art (Abb. 1a) kann man subjektiv nach Silbenverständlichkeit, Lautstärkeeindruck und Störgeräuschen beurteilen.

---

[1] Alle im Kap. 4 gebrachten Hinweise auf CCITT-Empfehlungen beziehen sich auf die CCITT-Blaubücher, Genf 1964.

Verständlichkeit und Störungsfreiheit sind beim heutigen Stand der Technik fast selbstverständlich gewährleistet, so daß das wichtigste Kriterium der Verbindung die empfangene akustische Lautstärke ist. Als Maß für dieselbe gilt die sog. *Bezugsdämpfung*. Darunter versteht man diejenige Dämpfung einer Eichleitung, die man zwischen ein verzerrungsfreies Bezugssystem[1] von einem Kondensatormikrophon und einem hochwertigen Kopfhörer einschalten muß, um den gleichen Lautstärkeeindruck wie das zu beurteilende System von Fernsprechmikrophon, Übertragungsleitung und Fernhörer zu erhalten. Die Bezugsdämpfung erfaßt also auch den Wirkungsgrad der elektroakustischen Umwandler im Teilnehmerapparat. Eine normale Lautstärke, wie sie bei einem Gespräch im Freien bei einem Abstand von etwa 70 cm zwischen 2 Personen gegeben ist, entspricht einer Bezugsdämpfung von etwa 3 Np oder 25 dB. Eine Bezugsdämpfung von 0 Np würde sich unangenehm laut auswirken, so als ob der Mund des Sprechers nur etwa 4 cm vom Ohr des Hörers entfernt wäre. Als obere Grenze der Bezugsdämpfung zwischen 2 Fernsprechteilnehmern empfiehlt CCITT (Empf. G. 111) einen Wert von 4,6 Np (40 dB). Das entspricht etwa einer Entfernung der Gesprächspartner von 4 m auf freiem Schallfeld.

Sprech- und Hörkapseln von Fernsprechapparaten werden mit dem „Objektiven Bezugsdämpfungsmeßplatz" geprüft und klassifiziert. Die Sendebezugsdämpfung von Kohlegriesmikrophonen in modernen Handapparaten liegt zwischen $-0,3$ und $+0,9$ Np ($-2,6$ bis $+7,8$ dB), die Empfangsbezugsdämpfung von Hörkapseln beträgt etwa $-1,2$ bis $0,0$ Np ($-10$ bis $0$ dB). In Deutschland werden für die von der Vermittlungsstelle mit Mikrophonstrom gespeisten Teilnehmerstationen und ihre Anschlußleitungen folgende Bezugsdämpfungswerte eingeplant:

Sendebezugsdämpfung der Teilnehmerstation einschließlich Anschlußleitung (bis zur Ortsvermittlung) $\leq 1,2$ Np. (Der statistische Mittelwert beträgt etwa 0,7 Np.)

Empfangsbezugsdämpfung der Teilnehmerstation einschließlich Anschlußleitung $\leq 0,2$ Np. (Der statistische Mittelwert beträgt etwa $-0,15$ Np.)

Dazu kommt bei abgesetzten Nebenstellenanlagen noch ein Zuschlag von je 0,3 Np zur Sende- und Empfangsbezugsdämpfung.

Die Bezugsdämpfung der Gesamtverbindung setzt sich nach Abb. 2 zusammen aus der Sendebezugsdämpfung (SBD) der einen Station, der

---

[1] Das Bezugssystem NOSFER befindet sich im CCITT-Laboratorium in Genf (NOSFER = Nouveau Système Fondamental pour la détermination des Equivalents de Référence).

Restdämpfung $a_R$ der Leitung zwischen den Endvermittlungen und der Empfangsbezugsdämpfung (EBD) der anderen Station.

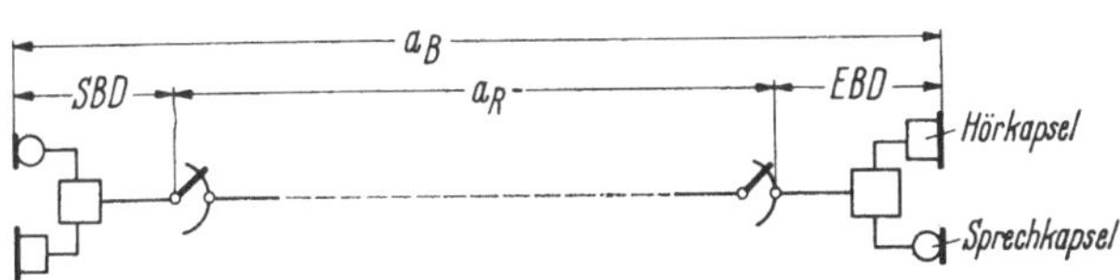


Abb. 2. Bezugsdämpfung einer Fernsprechverbindung

$a_B = SBD + a_r + EBD$ Gesamtbezugsdämpfung, $a_R$ Restdämpfung zwischen Endvermittlungen, *SBD* Sendebezugsdämpfung von Station + Teilnehmerleitung, *EBD* Empfangsbezugsdämpfung von Station + Teilnehmerleitung

### 4.2.2 Restdämpfung

Als Restdämpfung bezeichnet man die zwischen den nominellen Abschlußwiderständen (meist 600 Ω) gemessene Betriebsdämpfung[1] einer Leitung. Innerhalb des deutschen Fernsprechnetzes werden maximal 2,2 Np (19 dB) Restdämpfung zwischen zwei beliebigen Ortsvermittlungen zugelassen. Ton- und Fernsehleitungen werden mit Restdämpfung Null betrieben.

### 4.2.3 Absolute Laufzeit

Da die elektrischen Wellen längs Drähten oder im freien Raum eine endliche Ausbreitungsgeschwindigkeit haben, benötigt das Signal für die Übertragung eine Laufzeit, die bei weltweiten Verbindungen einige 100 msec betragen kann. Von einer nicht scharf ausgeprägten Grenze von etwa 300 msec an (CCITT-Empfehlung G. 114: 150 bis 400 msec) wird der Ablauf eines Ferngespräches durch die Tatsache behindert, daß zwischen einer Frage und dem Eintreffen der Antwort mindestens die doppelte Laufzeit vergeht. Für die anderen Verkehrsarten, wie Telegraphie, Musik- und Fernsehübertragung, ist die Größe der absoluten Laufzeit zwar technisch zu berücksichtigen, aber es gibt keine grundsätzliche Grenze des zulässigen Wertes. Bei Fernsehübertragung ist zu beachten, daß die Laufzeiten von Bild und Begleitton bis auf etwa 50 msec übereinstimmen sollten.

### 4.2.4 Bandbreite und lineare Verzerrungen

Beim *Fernsprechen* soll das Frequenzband 300 bis 3400 Hz auf der Fernleitung wirksam übertragen werden, d. h., die Dämpfung an den Randfrequenzen soll um nicht mehr als 1 Np über der Dämpfung bei

---

[1] Betriebsdämpfung $a_B = \dfrac{1}{2}\ln\dfrac{P_{\max}}{P_2}\,\mathrm{Np} = 10\lg\dfrac{P_{\max}}{P_2}\,\mathrm{dB};$

$P_{\max}$ maximal von der Stromquelle abgebbare Scheinleistung
$P_2$ vom Verbraucherwiderstand aufgenommene Scheinleistung.

der Bezugsfrequenz 800 Hz liegen. Das hierfür empfohlene Toleranzschema zeigt Abb. 3 (CCITT-Empf. G. 132). Mit dieser Bandbreite wird eine Silbenverständlichkeit von etwa 90 % und eine Satzverständlichkeit von über 99 % erreicht. Um die letzten 10 % Silbenverständlichkeit zu gewinnen, müßte man Frequenzen bis zu 5 kHz (Zischlaute) übertragen, was unverhältnismäßig teuer wäre. Die Frequenzen unterhalb 300 Hz tragen nicht zur Verständlichkeit bei.

Als Laufzeitverzerrung wird an der unteren Randfrequenz des Fernsprechbandes 60 msec und an der oberen Randfrequenz 30 msec gegenüber dem Minimalwert der Gruppenlaufzeit im Sprachband

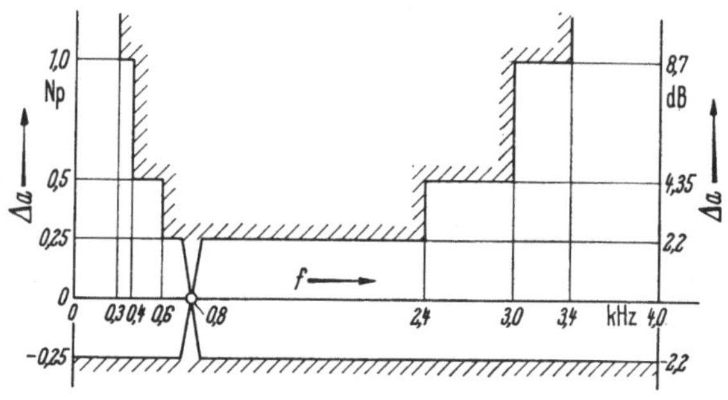


**Abb. 3**

Toleranzschema der Dämpfungsverzerrung einer Kette von Vierdrahtkreisen (CCITT-Empf. G. 132)

zugelassen (CCITT-Empfehlung G. 133). Größere Laufzeitunterschiede würden als zeitliche Verschiebung der hohen oder tiefen Frequenzanteile der Sprachschwingungen hörbar werden.

Bei *Tonleitungen* hoher Qualität verlangt man ein übertragenes Frequenzband von 50 bis 10000 Hz mit nicht mehr als 0,5 Np Dämpfungsverzerrung an den Rändern gegenüber dem 800 Hz-Wert und nicht mehr als 80 msec Laufzeitverzerrung bei 50 Hz bzw. 8 msec bei 10000 Hz gegenüber dem Minimalwert der Laufzeit (CCITT-Empf. J. 21).

Fernsehsignale nach der in Deutschland verwendeten 625 Zeilennorm enthalten Frequenzen von 0 Hz bis 5 MHz. Die Übertragungsqualität einer *Fernsehleitung* wird hauptsächlich durch visuelle Beobachtung der formgetreuen Wiedergabe bestimmter Prüfsignale beurteilt (CCITT-Empf. J. 61). Daneben bestehen Richtlinien für die zulässigen Dämpfungs- und Laufzeitverzerrungen von 2500 km langen Fernsehleitungen. Zum Beispiel soll, bezogen auf die 200 kHz-Werte, unterhalb 1 MHz die Dämpfungsverzerrung innerhalb ± 1 dB und die Laufzeitverzerrung innerhalb ± 0,1 μsec liegen, während die entsprechenden Werte für die Frequenz 5 MHz + 4 dB − 2,5 dB und ± 0,5 μsec lauten.

### 4.2.5 Geräusch

Das wichtigste Übertragungskriterium für die Bemessung einer Nachrichtenverbindung ist die unterwegs aufgenommene und beim Empfänger wirksam werdende Störspannung. Bei Sprache und Musik wirkt sie sich als Geräusch aus, bei Telegraphie als Schrittverzerrung oder Schrittfehler und beim Fernsehen als Störung des Bildinhaltes (GRIES, MOIRÉ usw.) oder als Synchronisationsstörung. Die meisten Störspannungen sind unkorreliert zueinander und addieren sich mit der Wurzel aus der Summe ihrer Quadratwerte, also nach dem Gesetz der Leistungsaddition. Es ist deshalb zweckmäßig, mit den Geräuschleistungen zu rechnen.

**a) Geräuschbewertung.** Da die Geräuschspannungen bei Fernsprechen und Ton- und Fernsehrundfunk wegen des Empfindlichkeitsganges von

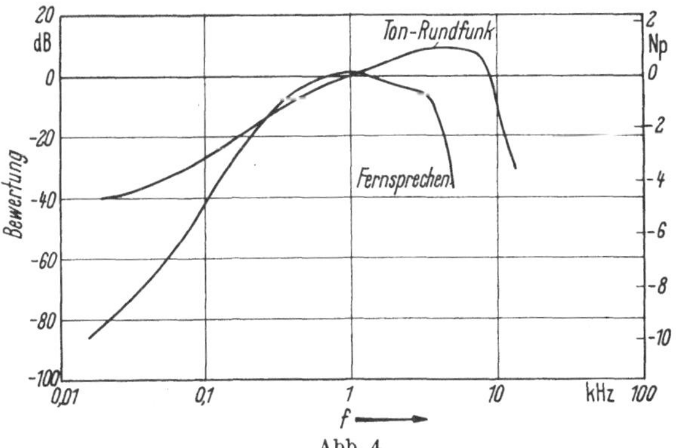


Abb. 4
Geräuschbewertungskurven für Fernsprechen und Tonrundfunk (CCITT-Empf. P. 53 A und B)
Bewertungsmaß bei weißem Rauschen: Fernsprechen − 0,29 Np (− 2,5 dB) (dämpfend)
Tonrundfunk + 0,70 Np (+ 6 dB)  (verstärkend)

Ohr, Auge und Wiedergabegeräten subjektiv je nach ihrem Frequenzinhalt verschieden stark stören, unterwirft man gleichmäßige Geräusche durch sog. Geräuschbewertungsfilter einer frequenzmäßigen Bewertung und rechnet mit der bewerteten Geräuschleistung als Gütekriterium. Daneben müssen eventuelle impulsartige Geräusche und Einzelfrequenzen getrennt beachtet werden. In Abb. 4 sind die Geräuschbewertungskurven für Fernsprechen und Tonrundfunk, in Abb. 5 für Schwarz-Weiß-Fernsehen wiedergegeben (CCITT-Empf. P. 53 A u. B sowie J. 61).

Bei der *Fernsprechbewertungskurve* (Psophometerkurve) wird z. B. ein 800 Hz-Ton mit dem Effektivwert seiner Spannung, ein 1000 Hz-Ton um 0,1 Np verstärkt, und ein 300 Hz-Ton um 1,2 Np gedämpft angezeigt. Die mittlere Leistung einer Rauschspannung mit der Sprachbandbreite 300 bis 3400 Hz und konstantem Amplitudenspektrum (weißes Rauschen) wird nach psophometrischer Bewertung um 0,29 Np (2,5 dB) kleiner gemessen als ohne Frequenzbewertung. Man nennt diese −0,29 Np das Bewertungsmaß, bezogen auf 3,1 kHz Bandbreite.

Die Geräuschbewertungskurve für *Tonleitungen* bewirkt für einen 1000 Hz-Ton keine Veränderung, dagegen werden Geräusche im Frequenzbereich zwischen 1 und 9 kHz bis zu 0,9 Np (8 dB) stärker und ein 50 Hz-Ton z. B. um 3,9 Np (34 dB) schwächer bewertet als eine Sinusschwingung von 1000 Hz. Für weißes Rauschen mit einem Spektrum von 0 bis 10 kHz ergibt sich ein Bewertungsmaß von +0,7 Np (+6 dB), d. h. eine Verstärkung.

Rauschartige Störspannungen auf *Fernsehübertragungsleitungen* für Schwarz-Weiß-Bilder werden gemäß der Kurve in Abb. 5 bewertet. Das Bewertungsmaß beträgt bei dieser Kurve für weißes Rauschen

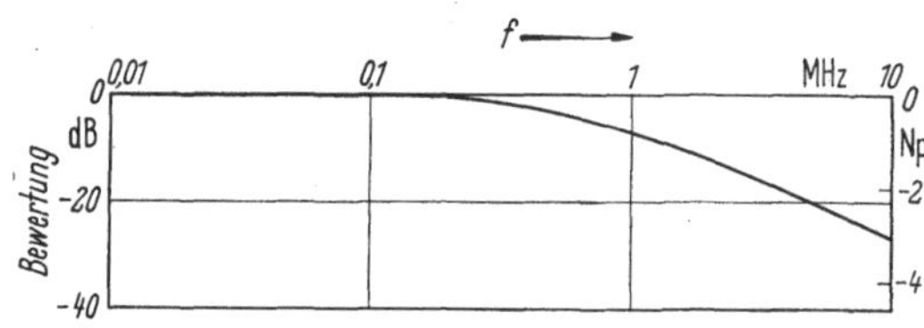


Abb. 5
Geräuschbewertungskurve für Schwarz-Weiß-Fernsehen, 625 Zeilen, 5 MHz (CCITT-Empf. J. 61 )
Bewertungsmaß bei weißem Rauschen −8,5 dB (−0,98 Np), Bewertungsmaß bei dreieckförmigem Rauschen −16,3 dB (−1,87 Np)

mit 5 MHz Bandbreite −8,5 dB (−1 Np) und für dreieckförmig verteiltes Rauschen, wie es nach Frequenzdemodulation auftritt, −16,3 dB (−1,9 Np).

Bei praktischen Messungen werden durch einen Hochpaß die Frequenzen unterhalb 10 kHz eliminiert, da periodische Störspannungen aus der Stromversorgung u. dgl. getrennt erfaßt und beurteilt werden sollen (CCITT-Empf. J. 61).

**b) Zulässige Signal-Geräusch-Abstände.** Die Größe der zulässigen elektrischen Geräuschleistung wird beim Fernsprechen durch die Empfindlichkeit des Ohres und die Empfangsbezugsdämpfung der Station bestimmt; bei Ton-Rundfunkübertragung hängt sie von der maximal wiederzugebenden Lautstärke ab, denn hiernach richtet sich die Einstellung der Empfangsverstärkung; und bei Telegraphie sowie beim Fernsehen darf das Verhältnis von Nutzsignal- zu Störungsleistung einen bestimmten Wert nicht unterschreiten. Bei Telephonsprache und Rundfunkübertragung haben die Nutzsignale an sich keinen festen Pegelwert, doch spricht man auch hier oft von einem Signal-Geräusch-Abstand und versteht darunter den Abstand des Geräuschpegels von dem Pegel eines Meßtones, der mit 1 mW Leistung, d. h. mit dem absoluten Leistungspegel 0 Np, am Punkt des relativen Pegels Null eingespeist wird. Der Signal-Geräusch-Abstand ist dabei gleich dem negativen Wert des auf 1 mW bezogenen Geräuschleistungspegels.

Zur Orientierung über den subjektiven Eindruck von Geräuschleistungen mögen folgende Angaben dienen:

| Bewertete Geräuschleistung am relativen Pegel Null[1] | Subjektiver Eindruck im Telephonhörer eines Teilnehmers |
|---|---|
| 10000 pW | diese Geräuschleistung wird gerade noch wahrgenommen |
| 100000 pW | diese Geräuschleistung läßt noch gute Verständigung zu, auch bei leisen Sprechern |
| 1000000 pW | das Geräusch ist stark hörbar, die Verständigung also erschwert |

Nach den Empfehlungen des CCITT (Empf. G. 222) soll am Ende einer *Fernsprechleitung* von 2500 km Länge und 3,1 kHz Bandbreite und der Zusammensetzung des auf S. 268 beschriebenen Bezugskreises der Stundenmittelwert der bewerteten Geräuschleistung, bezogen auf den Punkt des relativen Pegels Null, den Wert 10000 pW nicht überschreiten ($\geq$ 50 dB Signal-Geräusch-Abstand, bezogen auf den Meßpegel).

Vergleichsweise soll am Ende einer *Ton-Rundfunkleitung* von 2500 km Länge und 10 kHz Bandbreite, bezogen auf den Ort des relativen Pegels Null der Rundfunkleitung, nicht mehr als 16000 pW (3,1 mV an 600 $\Omega$) rundfunkbewerteter Geräuschleistung auftreten (CCITT-Empf. J. 21). Gegenüber 1 mW am relativen Pegel Null ist dies ein Geräuschabstand von 48 dB. Wenn diese Geräuschleistung von weißem Rauschen herrührt, so würde sie in einem anstelle des Rundfunkkanals liegenden Sprechkanal, unter Berücksichtigung des Bandbreitenverhältnisses 10000 Hz zu 3100 Hz und der Bewertungsmaße $+0,7$ Np und $-0,29$ Np, nur 690 pW sprachbewertete Geräuschleistung am relativen Pegel Null ergeben. Die Geräuschgrenzen sind also bei Ton-Rundfunkübertragung im Verhältnis 10000 pW zu 690 pW, d. h. um 1,33 Np (11,6 dB), schärfer als bei Fernsprechübertragung. Hierbei ist vorausgesetzt, daß der relative Pegel Null des Fernsprechkanals mit dem relativen Pegel Null des Rundfunkkanals örtlich zusammenfällt (vgl. CCITT-Empf. J. 13). Man sieht aus der vorstehenden Geräuschbetrachtung, daß ein für Fernsprechübertragung dimensioniertes Übertragungssystem nicht ohne weiteres für Ton-Rundfunkübertragung (statt 3 Sprechkanälen 1 Rundfunkkanal) geeignet ist. Mit Hilfe eines Rundfunkkompanders (s. S. 612) läßt sich jedoch die notwendige Geräuschminderung erreichen.

---

[1] An den Klemmen des empfangenden Teilnehmerapparates ist die Leistung etwa 10- bis 40mal, d. h. um 10 bis 16 dB, kleiner.

Die bei *Wechselstromtelegraphie* zulässigen Signal-Geräusch-Abstände sind verhältnismäßig unkritisch. Aus den im Kapitel über Telegraphie, S. 350 und S. 360, gemachten Angaben läßt sich z. B. ableiten, daß Fernsprechkanäle mit einem sprachbewerteten kleinsten Signal-Geräusch-Abstand von 4,5 Np (39 dB) für AM WT 24 und von nur 3,7 Np (32 dB) für FM WT 24 (bezogen auf den Meßpegel) brauchbar sind, wenn man eine isochrone[1] Telegraphieverzerrung von 10% zuläßt.

Beim *Fernsehen* wird das Signal-Geräusch-Verhältnis für Rauschstörungen als das Verhältnis der Bildsignalspannung bei Weißaussteuerung gemessen zwischen Weißwert und Austastwert (BA-Signal vgl. Abb. 6), zum Effektivwert der nach einer Bewertung gemäß Abb. 5 gemessenen Rauschspannung definiert. Der Signal-Geräusch-Abstand soll am Ende eines 2500 km langen Bezugskreises mindestens 52 dB betragen (CCITT-Empf. J. 61). An einem Videoübergabepunkt, wo die genannte Bildsignalspannung 0,7 V beträgt, muß also die Effektivspannung von weißem (unbewertetem) Rauschen von 5 MHz Bandbreite um 52 dB − 8,5 dB (Bewertungsmaß) = 43,5 dB unter 0,7 V liegen. Das ergibt 4,7 mV Rauschspannung an 75 $\Omega$ oder 0,3 µW Rauschleistung.

Ein Fernsehkanal nimmt etwa das Frequenzband von 1200 Fernsprechkanälen ein. Vergleichsweise würde eine für 1200 Fernsprechkanäle dimensionierte 2500 km lange Strecke (mit 3 pW/km sprachbewertetem Rauschen am relativen Pegel Null je 3,1 kHz Bandbreite, vgl. S. 269) etwa 21 µW Rauschleistung in 5 MHz Bandbreite, bezogen auf den Ort des relativen Fernsprechpegels Null, ergeben. Die zulässige Rauschleistung 0,3 µW würde dabei am Ort des relativen Fernsprechpegels −18,5 dB auftreten. Man sieht aus dieser überschlägigen Betrachtung, daß bei einer Strecke, die wahlweise Fernsehen oder 1200 Ferngespräche, jeweils mit Einseitenbandmodulation, übertragen soll, der Wert des relativen Fernsprechpegels z. B. an einem Verstärkerausgang wegen der Geräuschbedingungen wesentlich kleiner als der Wert des relativen Fernsehpegels am gleichen Punkt sein muß.

### 4.2.6 Verständliches Nebensprechen

Die Dämpfung des verständlichen Nebensprechens ist ein Übertragungskriterium für Fernsprech- und Ton-Rundfunkleitungen, das die Geheimhaltung des Fernsprechens sicherstellen soll. An Fernsprechstationen sollen Sprechspannungen aus fremden Leitungen so schwach ankommen, daß sie nach der elektroakustischen Umwandlung in der Hörkapsel durch den Geräuschpegel so weit verdeckt werden, daß nur weniger als 10% der übertragenen Sätze verständlich bleiben. Dazu ist

---

[1] Zur Definition der isochronen Telegraphieverzerrung s. S. 347.

zwischen zwei normalen Teilnehmerstationen eine Nebensprechdämpfung von 7,5 bis 8 Np (65 bis 70 dB) nötig. Würde man die Empfindlichkeit der Sprech- und Hörkapseln wesentlich steigern, dann müßte man höhere Werte der Nebensprechdämpfung verlangen. Für Verbindungen mit Verstärkern ist der Begriff des *Grundwertes* der Nebensprechdämpfung eingeführt worden, der so viel bedeutet, wie Nebensprechdämpfung zwischen Punkten gleichen relativen Pegels. Da, wie auf S. 288 erläutert wird, zwischen 2 Endvermittlungsstellen mindestens eine Restdämpfung von 0,8 Np (7 dB) vorliegt, genügt ein Grundwert von 6,7 Np (58 dB) (CCITT-Empf. G. 151), um zwischen zwei direkt an diese Endstellen angeschlossenen Stationen eine Nebensprechdämpfung von 7,5 Np einzuhalten.

Für das Nebensprechen zwischen Ton-Rundfunkleitungen untereinander und von Fernsprechleitungen auf Ton-Rundfunkleitungen wird 8,5 Np (74 dB) Dämpfung verlangt (CCITT-Empf. J. 21), denn wegen der im Rundfunkempfänger möglichen Verstärkung ist das verständliche Nebensprechen hier kritischer als an der Fernsprechstation. Da die Tonleitungen mit der Restdämpfung Null betrieben werden, gelten 8,5 Np auch für den Grundwert der Nebensprechdämpfung. Da Fernsprechsysteme mit Rücksicht auf das Fernsprechen nur einen Grundwert der Nebensprechdämpfung von 6,7 Np einzuhalten brauchen, kann es nötig sein, durch Einsatz von Rundfunkkompandern diesen Wert um 1,8 Np (15,7 dB) auf den Wert von 8,5 Np zu erhöhen, wenn mehrere Trägerfrequenz-Rundfunkkanäle in gleicher Frequenzlage in einem Kabel betrieben werden sollen (Näheres s. S. 614).

Auf Funk-Fernsprechverbindungen über Kurzwellen muß man Verschlüsselungseinrichtungen (z. B. Sprachbandvertauschung) anwenden, um sich gegen unerwünschtes Abhören zu sichern.

### 4.2.7 Aussteuerungsgrenze und Linearität im Einzelkanal

Ein Übertragungskanal muß innerhalb des Variationsbereiches der Nutzsignalspannungen eine praktisch lineare Abhängigkeit der Ausgangsspannung von der Eingangsspannung haben. Die obere Grenze dieses Bereiches, die Aussteuerungsgrenze, wird bei *Sprechkanälen* bei einer zu übertragenden Leistung von etwa 5 mW am Punkt des relativen Pegels Null gewählt, wobei zu bemerken ist, daß sowohl beim Fernsprechen wie bei 24facher Wechselstromtelegraphie (vgl. S. 358 ff.) Augenblicksleistungen von mehr als 2,5 mW kaum vorkommen. Im Hinblick auf Mehrkanal-Wechselstromtelegraphie verlangt man als Maß für die Linearität, daß Sprechkanäle einen Klirrfaktor 2. Ordnung $k_2 \leq 3\%$ und einen Klirrfaktor 3. Ordnung $k_3 \leq 1\%$ haben, gemessen mit einer Leistung der Grundwelle von 1 mW am relativen Pegel Null. Mit diesen

Werten verursachen die durch Intermodulation von 24 Telegraphieträgern erzeugten Differenztöne etwa 2% isochrone Telegraphieverzerrung in den Telegraphiekanälen zusätzlich zur Grundverzerrung. In denjenigen Teilen des Übertragungsweges, die mehreren Sprechkanälen gemeinsam sind, z. B. in den Mehrkanalverstärkern der Trägerfrequenzsysteme, sind die Linearitätsforderungen sehr viel höher, z. B. $k_3 \leqq 10^{-4}$, da sonst die Geräuschleistung durch Intermodulation zu groß würde.

Bei *Ton-Rundfunkkanälen* beträgt die höchste zu übertragende Leistung 8 mW am Punkt des relativen Pegels Null. Ein Meßton mit dieser Leistung soll bei einer Übertragung über 2500 km Leitungslänge nicht mehr als 2 bis 3% Klirrfaktor $\left(k = \sqrt{k_2^2 + k_3^2}\right)$ erleiden (CCITT-Empf. J. 21).

Die Aussteuerungsgrenze von *Fernsehkanälen* ist für das Videosignal nach Abb. 6 mit einer Spannungsdifferenz von 1 Volt zwischen Synchronwert und Weißwert an einem Videoübergabepunkt zu bemessen. Bei

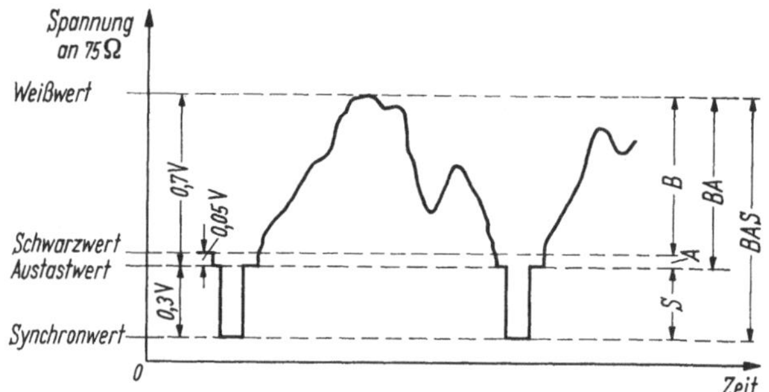


Abb. 6. Zeitlicher Verlauf eines Fernsehsignals an Videoübergabepunkten
Bezeichnungen nach DIN 45060: *B* Bildsignal, *A* Schwarzabhebung, *S* Synchronsignal, *BA* Bildsignal mit Austastung, *BAS* Videosignal

Fernsehübertragung mit Restseitenbandmodulation auf Kabeln hat das modulierte Trägerfrequenzsignal am relativen Fernsehpegel Null gemäß S. 621, Abb. 63, eine maximale Amplitude von 0,72 V an 75 Ω entsprechend 3,5 mW während des Synchronimpulses und einen Spannungseffektivwert von 0,274 V an 75 Ω entsprechend 1 mW bei Weißaussteuerung. Bedingungen für die nichtlinearen Verzerrungen eines Fernsehsignals enthält die CCITT-Empfehlung J. 61.

### 4.2.8 Echo

Echoströme, die in Sprechkreisen nach Abb. 1c auftreten, wirken beim sprechenden Teilnehmer störend, wenn sie merklich verzögert gegenüber dem abgehenden Signal eintreffen und abhängig von der

Echolaufzeit nicht mindestens um die Werte der folgenden Tabelle gegenüber den Sprechströmen gedämpft sind (CCITT-Empf. G. 131).

| Echolaufzeit [ms] | 0 | 20 | 40 | 60 | 80 | 100 |
|---|---|---|---|---|---|---|
| Echodämpfung in Np (in dB) | 0,16 (1,4) | 1,28 (11,1) | 2,04 (17,7) | 2,61 (22,7) | 3,13 (27,2) | 3,56 (30,9) |

Die Dämpfung der Echoströme, die ein sprechender Teilnehmer am Zweidrahteingang der Gabel (s. Abb. 1c) gegenüber den abgehenden Sprechströmen beobachtet, setzt sich zusammen aus dem doppelten Wert der Restdämpfung der Vierdrahtleitung, gemessen zwischen den Zweidrahtpunkten der beiden Gabeln, und der Anpassungsdämpfung, die zwischen empfangsseitiger Gabel und anschließender Zweidrahtleitung besteht. Dabei ist für die Messung der Echodämpfung sendeseitig ein Signal mit sprachähnlicher Spektralverteilung und für das empfangene Echo eine psophometrische Geräuschbewertung zugrunde zu legen.

Unter Berücksichtigung dieser Definition der Echodämpfung sowie der betriebsmäßig vorkommenden Restdämpfungen und Anpassungsdämpfungen kann man mit einiger Sicherheit erwarten, daß die natürliche Echodämpfung einer Weitverkehrsverbindung nicht schlechter als 2,3 Np (20 dB) ist, so daß laut vorstehender Tabelle etwa ab 40 bis 50 msec Echolaufzeit (d. h. 20 bis 25 msec einfache Laufzeit der Vierdrahtleitung) Echosperren (s. S. 327) eingesetzt werden müssen, um eine befriedigende Übertragungsgüte der Fernsprechverbindung zu erhalten.

Auch bei Datenübertragung im Fernsprechnetz stellen Echosignale sowohl beim sendenden wie beim empfangenden Teilnehmer ein zu beachtendes Problem dar, das, im Gegensatz zur Störwirkung beim Fernsprechen, bei kleinen Laufzeiten ebenso wirksam ist wie bei großen Laufzeiten.

### 4.2.9 Stabilität

In der über die Gabeln rückgekoppelten Leitungsschleife der Fernsprechverbindung nach Abb. 1c könnten Eigenschwingungen entstehen, wenn die Umlaufverstärkung in der Schleife größer wäre als die Umlaufdämpfung. Die Phasenbedingung für die Selbsterregung ist bei irgendwelchen Frequenzen im Übertragungsbereich immer erfüllt, da das Phasenmaß, bedingt durch Filter oder bespulte Leitungen, in diesem Bereich meist um Vielfache von 360° dreht. Der Zustand der Selbsterregung wird als „Pfeifen" bezeichnet. Er soll natürlich nie vorkommen, denn pfeifende Sprechkreise sind nicht nur selbst gestört, sondern sie stören auch fremde Kanäle durch Übersteuerung zentraler Übertragungsglieder.

Der Grad der Stabilität der Verbindung, die Pfeifsicherheit, wird durch den sog. Pfeifpunktabstand ausgedrückt. Das ist dasjenige Verstärkungsmaß, um das man die Verstärkung jeder der beiden Richtungen der Vierdrahtschleife erhöhen muß, um den Zustand des Pfeifens gerade einzustellen.

Der Pfeifpunktsabstand Null liegt vor, wenn die Bedingung gilt:

$$2a_R + a_{E1} + a_{E2} = 0$$

$a_R$ Restdämpfung zwischen den Zweidrahtpunkten beider Gabeln
$a_{E1,2}$ Anpassungsdämpfung an Gabel 1 bzw. Gabel 2.

Die Anpassungsdämpfungen $a_{E1}$ und $a_{E2}$ können im ungünstigsten Fall Null sein, wenn nämlich die Zweidrahtklemmen der Gabeln leer laufen, was während des Verbindungsaufbaus möglich wäre. In diesem Fall muß die minimal vorkommende Restdämpfung $a_{R\,min}$ gleich dem geforderten Mindest-Pfeifpunktabstand von z. B. 0,2 Np sein.

Die Restdämpfung der Vierdrahtleitung ist unvermeidlichen zeitlichen Schwankungen unterworfen, da sie durch die Differenz einer sehr großen Dämpfung (viele hundert Kilometer Leitung) und einer sehr großen Verstärkung (viele Leitungsverstärker) gebildet wird, deren Temperaturabhängigkeit und Alterung man nicht völlig gleich machen kann. Man muß deshalb den Nennwert der Restdämpfung einer Vierdrahtleitung um einen gewissen Betrag höher festsetzen als den Wert von $a_{R\,min}$. Zum Beispiel hat die Deutsche Bundespost folgende Mindestforderung für die Restdämpfung einer Kette von $n$ unabhängig geregelten Vierdrahtabschnitten aufgestellt [1]:

$$a_R \geqq \left(0{,}20 + 0{,}20\,\sqrt{n} + 0{,}10\,\sqrt{n} + 0{,}01n\right)\,\text{Np}.$$

Die einzelnen Glieder der rechten Seite dieser Gleichung bedeuten:

$0{,}20\,\text{Np} =$ Pfeifpunktsabstand $a_{r\,min}$; $0{,}20\,\sqrt{n}\,\text{Np} =$ statistische Summe der maximalen zeitlichen Dämpfungsänderungen $-0{,}20$ Np je Abschnitt; $0{,}10\,\sqrt{n} =$ statistische Summe der durch die Filterkurven bedingten maximalen Pegelunterschiede von $-0{,}10$ Np je Abschnitt zwischen dem Pegel einer beliebigen Frequenz und dem Pegel des 800 Hz-Meßtones; $0{,}01\,n$ Np $=$ Summe der Dämpfungsunterschiede von $-0{,}01$ Np je Abschnitt, die eine Leitung bei sehr kleinen Pegeln gegenüber der Messung mit dem Meßpegel 1 mW am relativen Pegel Null aufweist.

Die obenstehende Formel ergibt z. B. für $n = 1$ den Wert $a_R = 0{,}51$ Np und für $n = 4$ den Wert $a_R = 0{,}84$ Np.

Da die beiden Gabeln für sich allein schon 0,80 Np Dämpfung ergeben, betreibt die Deutsche Bundespost Vierdrahtketten aus $n = 1$ bis 4 Abschnitten einheitlich mit 0,80 Np Restdämpfung, worauf im Abschnitt über den nationalen Dämpfungsplan S. 288 nochmal eingegangen wird.

### 4.2.10 Frequenzverwerfung

Bei Trägerfrequenzkanälen mit Einseitenbandmodulation kann es durch Abweichungen der Trägerfrequenzen beim Modulations- und Demodulationsvorgang dazu kommen, daß ein Ton am Ausgang des Kanals eine Frequenzdifferenz gegenüber dem am Eingang eingespeisten Ton aufweist. Mit Rücksicht auf Wechselstromtelegraphie und Trägerfrequenz-Ton-Rundfunkübertragung soll eine solche Frequenzverwerfung am Ende einer 2500 km langen Leitung mit mehreren Frequenzumsetzungen nicht mehr als 2 Hz betragen (vgl. S. 349). An die Frequenzgenauigkeit der Trägergeneratoren werden daher sehr hohe Anforderungen gestellt, deren Einhaltung mittels Frequenzvergleichspiloten kontrolliert werden kann (vgl. S. 267).

## 4.3 Planungsgrundlagen für Mehrkanalsysteme

### 4.3.1 Übersicht über Mehrkanalsysteme

Wie auf S. 244 erwähnt, durchläuft eine Nachricht auf dem Weg von der Quelle bis zur Senke im allgemeinen mehrere Übertragungssysteme. Dabei wird aus Gründen der Kostenersparnis von einer gewissen Mindestentfernung an das Prinzip der Kanalbündelung angewendet, außerdem kommen je nach geographischen, technischen und wirtschaftlichen Umständen verschiedene von den im Kap. 3 behandelten Übertragungsmitteln zur Anwendung.

Für die Bündelung gibt es Frequenzmultiplexverfahren und Zeitmultiplexverfahren. Je mehr Kanäle im Rahmen der technischen Möglichkeiten zu einem Bündel auf einem Übertragungsmedium zusammengefaßt sind, desto billiger wird der Streckenanteil der Kosten je Kanal. Die Kanalzahl eines Systems muß aber natürlich in einem sinnvollen Verhältnis zum Verkehrsbedarf stehen, da Überdimensionierung die Rentabilität verringern würde. Es sind deshalb eine große Anzahl von Mehrkanalsystemen entwickelt worden, und die Zahl der Typen wächst entsprechend dem wachsenden Verkehrsbedürfnis weiter an, wobei neue Frequenzgebiete und neue Übertragungsmittel erschlossen werden. Die folgende Tab. 1 gibt einen rohen Überblick über den derzeitigen Stand der Ausnutzung der verschiedenen Übertragungsmedien für Mehrkanalsysteme.

Für die in der Tabelle angegebenen Grenzen der benutzten Frequenzbereiche sind folgende Gründe maßgebend: Bei Freileitungen und Kabeln mit symmetrischen Paaren ist die obere Grenze durch die Möglichkeit ausreichender gegenseitiger Entkopplung benachbarter Leitungen gegeben. Derselbe Grund bestimmt bei Kabeln mit mehreren koaxi-

Tabelle 1. *Bereiche von Mehrkanalsystemen* (Stand 1965)

| Übertragungsmittel | | Ausgenutztes Frequenzband | Kapazität je TF-System bzw. je RF-Kanal |
|---|---|---|---|
| Freileitungen | | etwa 4 bis 150 kHz | 3 und 12 SK |
| Land-kabel | mit symmetrischen Paaren | zwischen 6 und 552 kHz | von 6 bis 120 SK |
| | mit koaxialen Paaren | zwischen 60 und 12400 kHz | von 300 bis 2700 SK[2] |
| Koaxiale Seekabel | | zwischen 20 und 1200 kHz | von 24 bis 128 SK |
| Kurzwellen | | 1,5 bis 30 MHz | bis zu 4 Sprechkanäle oder bis zu 120 Fernschreibkanäle |
| Richtfunk[1] | | zwischen 0,2 und 13 GHz | von 12 bis 1800 SK[3] |

[1] Näheres s. S. 648, Tab. 1.

[2] oder anstelle von 1200 Fernsprechkanälen ein Fernsehkanal.

[3] oder anstelle von 960 bis 1800 Fernsprechkanälen ein Fernsehkanal und einige Tonkanäle.

TF Trägerfrequenz,　RF Radiofrequenz,　SK Sprechkreise.

alen Paaren die untere Grenze. Die obere Übertragungsgrenze von koaxialen Land- und Seekabeln hängt von dem Stand der Verstärkertechnik und dem Sprechkreisbedarf ab. Bei Kurzwellen ergeben die für globale Verbindungen benötigten Ausbreitungseigenschaften die untere und obere ausnutzbare Frequenzgrenze. Der Bereich der Richtfunksysteme ist nach unten durch unwirtschaftliche Größe der Antennengebilde und durch die Belegung der Frequenzbänder mit Rundfunkdiensten begrenzt, während die obere Grenze etwa bei 15 GHz liegt, bedingt durch atmosphärische Dämpfung bei starkem Regen (vgl. S. 191).

### 4.3.2 Kanalgruppen als Verteilungseinheiten

Wie schon auf S. 80 erwähnt, muß die Zusammenfassung vieler Sprechkanäle zu einem Mehrkanalsystem so erfolgen, daß eine gewisse Rangierfähigkeit für den zu- und abfließenden Verkehr des Übertragungsweges geboten ist. Die Übertragungsbänder der Frequenzmultiplexsysteme werden aus diesem und anderen Gründen in mehreren Umsetzerstufen von kleinen zu größeren Kanalbündeln mit geeigneten Trennlücken (s. S. 381 ff.) zusammengesetzt, wobei vor und hinter jeder Umsetzerstufe an besonderen Verteilergestellen je eine Verteilungsebene gebildet wird. Nach CCITT-Normung gibt es neben der Niederfrequenzlage Verteilungsebenen für Kanalgruppen von 12, 60, 300 und 900 Kanälen. Einen Überblick über diese Kanalgruppen — ergänzt durch die nur in Deutschland verwendete 3 Kanal-Vorgruppe — zeigt Abb. 7. Die

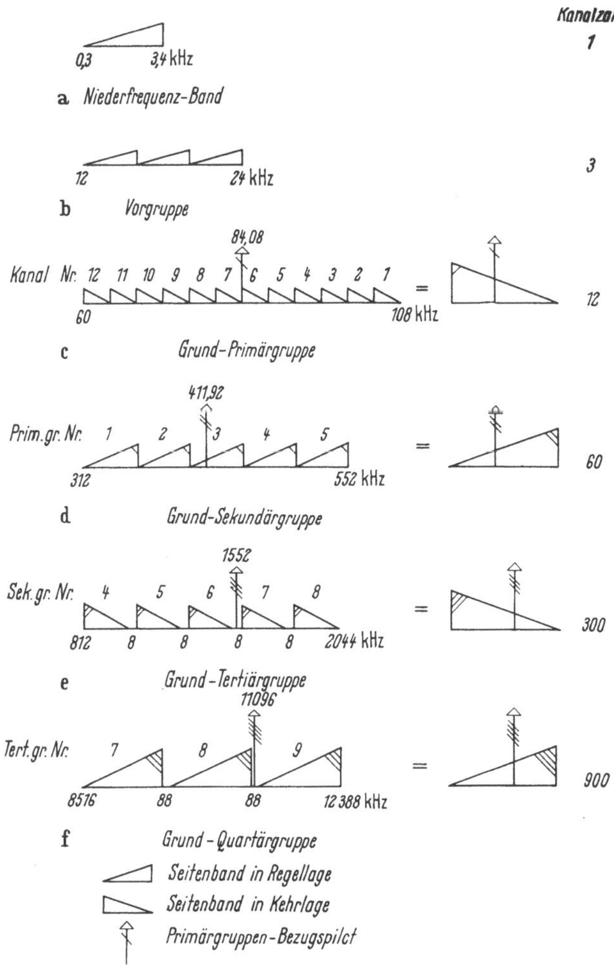


Abb. 7. Frequenzschema für Kanalgruppen nach CCITT

Kanalgruppen der Abb. 7 stellen die Bausteine für die Frequenzschemata (Basisbänder) aller Frequenzmultiplexsysteme dar. Wir sehen von oben nach unten den Niederfrequenzkanal 0,3 bis 3,4 kHz, die Vorgruppe 12 bis 24 kHz mit 3 Kanälen, die Grundprimärgruppe 60 bis 108 kHz mit 12 Kanälen, die Grundsekundärgruppe 312 bis 552 kHz mit 60 Kanälen, die Grundtertiärgruppe 812 bis 2044 kHz mit 300 Kanälen und schließlich die Grundquartärgruppe 8516 bis 12388 kHz mit 900 Kanälen. In

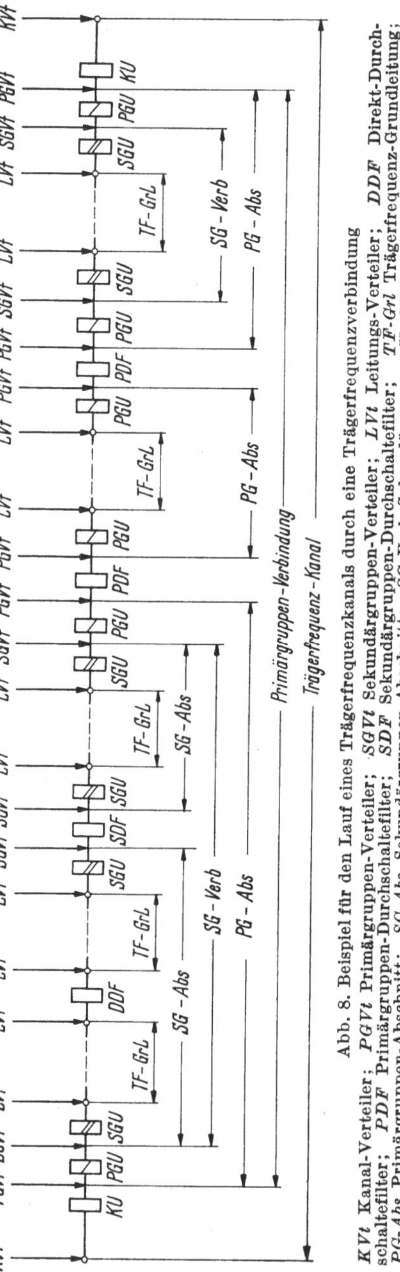



Abb. 8. Beispiel für den Lauf eines Trägerfrequenzkanals durch eine Trägerfrequenzverbindung

*KVt* Kanal-Verteiler; *PGVt* Primärgruppen-Verteiler; *SGVt* Sekundärgruppen-Verteiler; *LVt* Leitungs-Verteiler; *DDF* Direkt-Durchschaltefilter; *PDF* Primärgruppen-Durchschaltefilter; *SDF* Sekundärgruppen-Durchschaltefilter; *TF-Grl* Trägerfrequenz-Grundleitung; *PG-Abs* Primärgruppen-Abschnitt; *SG-Abs* Sekundärgruppen-Abschnitt; *SG-Verb* Sekundärgruppen-Verbindung; *KU* Kanal-Umsetzer; *PGU* Primärgruppen-Umsetzer; *SGU* Sekundärgruppen-Umsetzer

den gezeichneten Frequenzlagen wird, wie auf S. 397 ff. näher ausgeführt, jeweils die Grundkanalgruppe aus mehreren Einheiten der nächst kleineren Kanalgruppe zusammengesetzt.

Die Rangierung von einem System in ein anderes erfolgt in diesen Frequenzlagen über sog. Durchschaltefilter, die zur Reinigung von Signalen aus benachbarten Kanalgruppen dienen (s. S. 381 ff.). Außerdem gibt es auch die Möglichkeit, wenn ausreichende Trennlükken im Basisband vorhanden sind, einen Teil der Übertragungskanäle ohne Demodulation aus dem Basisband abzuzweigen und direkt in andere Systeme durchzuschalten. Wenn das Band der abgezweigten Kanäle im durchlaufenden System neu belegt werden soll, dann müssen die Signale dieser Kanäle durch Sperrfilter in der durchlaufenden Richtung unterdrückt werden. Die Durchschaltung über Modulationsstufen zählt zur Endstellentechnik (s. S. 369 ff.), die direkte Durchschaltung bzw. Abzweigung in der Übertragungslage zur Streckentechnik (s. S. 537 ff.).

Aus den geschilderten Möglichkeiten der Rangierung ergibt sich, daß ein Sprechkanal zwischen seinen Niederfrequenzeingangs- und -ausgangsklemmen einer Vielfalt von Gruppierungen angehören kann. Ein Beispiel der Zusammensetzung eines Trägerfrequenz-Sprechkanals und die zur Definition der einzelnen Abschnitte eingeführten Benennungen zeigt Abb. 8.

### 4.3.3 Übergabepegel

**a) Relative Pegel an Umsetzerverteilern.** An Verteilungsebenen müssen die relativen Kanalpegel genormt sein, um eine Zusammenschaltbarkeit von Geräten verschiedener Hersteller zu gewährleisten. Abb. 9 und Tab. 2 dienen zur Erläuterung der Verhältnisse an Umsetzerverteilern.

Tabelle 2. *Relative Leistungspegel an den Verteilerebenen von Umsetzerstufen*

| Umsetzer | Relative Leistungspegel in Np (in dB) | | | | | |
|---|---|---|---|---|---|---|
| | | Kanal | Primär-gruppe | Sekundär-gruppe | Tertiär-gruppe | Quartär-gruppe |
| Verteiler | NF[1] | Primär-gruppe[1] | Sekundär-gruppe[1] | Tertiär-gruppe[2] | Quartär-gruppe[2] | |
| Frequenz-band in kHz | 0,3—3,4 | 60—108 | 312—552 | 812—2044 | 8516—12388 | |
| Eingang | —2 (—17,4) | —4,2 (—36,5) | —4,0 (—34,8) | —4,1 (—36) | —3,8 (—33) | |
| Ausgang | +1 (+8,7) | —3,5 (—30,4) | —3,5 (—30,4) | —2,6 (—23) | —2,9 (—25) | |

[1] nach Deutscher Bundespost.
[2] nach CCITT-Empf. G. 233.

Da jede Trägerfrequenzverbindung eine Vierdrahtverbindung ist (Hin- und Rückweg elektrisch getrennt voneinander), gibt es in jeder Verteilungsebene ein Paar Eingangsklemmen und ein Paar Ausgangsklemmen. Ein- und Ausgang bezieht sich dabei auf die Sende- und Empfangsrichtung der angeschlossenen Gruppenverbindung oder Trägerfrequenz-Grundleitung (vgl. Abb. 8). Der relative Pegel an den Verteiler-Ausgangsklemmen ist im allgemeinen auf einen höheren Wert festgelegt als der relative Pegel an den Eingangsklemmen, um Durchschalte-filter mit einer gewissen Grunddämpfung zwischen diesen beiden Punkten einschalten zu können. Beispielsweise kann ein Primärgruppen-Durchschaltefilter (60 bis

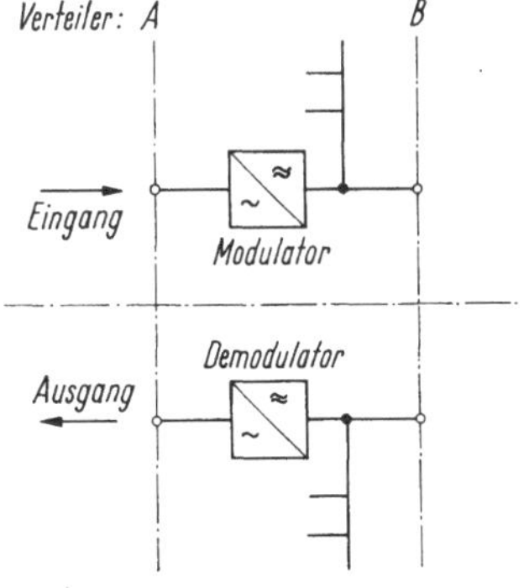


Abb. 9
Zur Definition der Umsetzerverteiler

108 kHz) mit 0,7 Np Grunddämpfung zwischen den relativen Pegelpunkten —3,5 Np und —4,2 Np eingeschaltet werden. Die in der Tabelle genannten Werte gelten z. T. nur im Bereich der Deutschen Bundespost.

**b) Relative Pegel an Leitungsverteilern in Endstellen.** Der Eingang und der Ausgang einer Trägerfrequenzleitung liegen in einer Endstelle an dem sog. Leitungsverteiler (s. Abb. 10). Hier endet die höchste Umsetzerstufe des jeweiligen Systems. Die relativen Eingangs- und Ausgangspegel sind für jedes System festgelegt und innerhalb des Basisbandes frequenzunabhängig (keine Vorverzerrung). Tab. 3 zeigt als Beispiel die Verhältnisse für die Systeme V 120 bis V 2700 mit 120 bis 2700 Sprechkreisen. Es gibt hier keine einheitliche Norm, die Zahlenwerte entstammen teils den CCITT-Empf. G. 333 und G. 213, teils entsprechen sie ausgeführten oder geplanten Systemen.

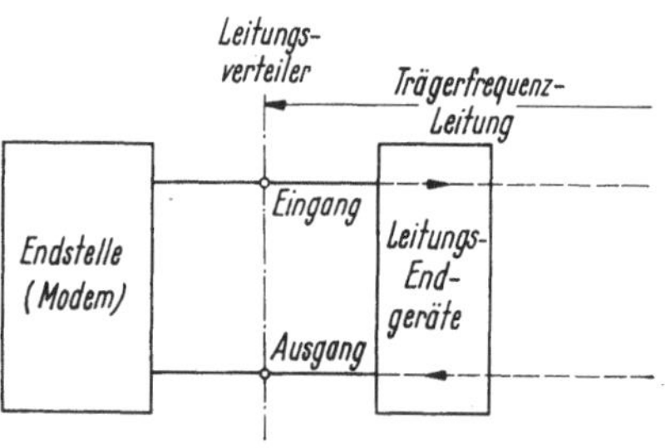


Abb. 10. Zur Definition der Leitungsverteiler „Modem" = Modulator und Demodulator

Tabelle 3. *Relative Leistungspegel an Leitungsverteilern in Endstellen*

| | Relative Leistungspegel in Np (in dB) | | | | |
|---|---|---|---|---|---|
| System | V 120[1] | V 300 | V 960 | V 1800 | V 2700 |
| Eingang der Leitung | −4,1 (−36) | −4,1 (−36) | −3,8 (−33) oder −4,1 (−36) | −3,8 (−33) | −4,0 (−35) |
| Ausgang der Leitung | −2,6 (−23) | −2,6 (−23) | −3,8 (−33) oder −2,6 (−23) | −3,8 (−33) | −3,7 (−32) |

[1] Die Werte für V 120 gelten bei Leitungsverstärkern mit Transistoren, bei V 120 mit Röhrenverstärkern gelten dagegen sowohl am Eingang wie am Ausgang der Leitung die Werte $+0,2$ Np ($+1,74$ dB).

**c) Relative Pegel an Übergabestellen zwischen Kabel- und Richtfunksystemen.** Richtfunkendstellen sind häufig von den Hauptverstärkerstellen, in denen Zerlegungen oder Durchschaltungen von Teilen des Basisbandes vorgenommen werden, räumlich abgesetzt. Es muß deshalb eine Zubringerleitung zwischen den Verteilergestellen in der Richtfunk- und der Verstärkerstelle zur Übertragung des Basisbandes vorgesehen werden. Die relativen Leistungspegel an den Verteilern sind durch die CCITT-Empfehlung G. 213 und die CCIR-Empfehlung 380, Genf 1963, frequenzunabhängig festgelegt. Die Definitionen der Übergabepunkte $R$, $R'$ in der Richtfunkendstelle und $T$, $T'$ in der Hauptverstärkerstelle sind aus Abb. 11 zu ersehen und Tab. 4 enthält einige Pegelwerte für

Systeme zwischen 120 und 2700 Sprechkreisen (vgl. S. 659, Tab. 2).
Am Leitungsverteiler $T$, $T'$ in der Hauptverstärkerstelle besteht kein

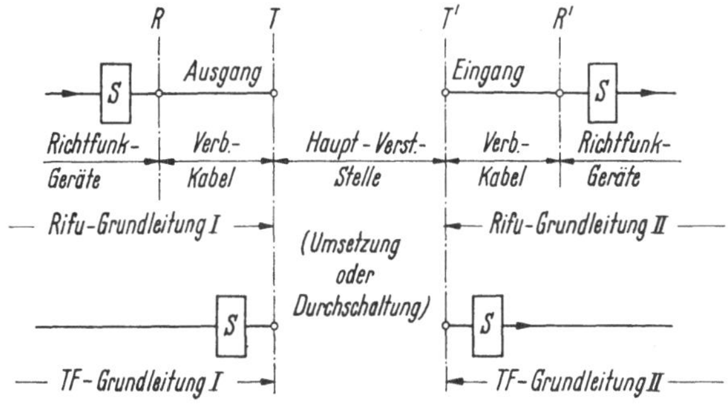



Abb. 11. Zur Definition der Zusammenschaltung von Kabel und Richtfunksystemen in
Hauptverstärkerstellen
*Rifu* Richtfunk; *TF* Trägerfrequenz (nur eine Übertragungsrichtung gezeichnet)

Unterschied zwischen Kabel- und Richtfunksystemen, was auch in
Abb. 11 angedeutet ist (TF-Grundleitungen I, II).

Tabelle 4

*Relative Leistungspegel bei Zusammenschaltung von Kabel- und Richtfunksystemen*

| Kanalzahl | Relative Leistungspegel in Np (in dB) am Punkt | | | |
|---|---|---|---|---|
|  | R | T | T' | R' |
| 120 | −1,7 (−15) | −2,6 (−23) | −4,1 (−36) | −5,2 (−45) |
| 300 | −2,1 (−18) | −2,6 (−23) | −4,1 (−36) | −4,8 (−42) |
| 960 | −2,6 (−23) oder | −3,8 (−33) | −3,8 (−33) | −4,8 (−42) |
|  | −2,3 (−20) | −2,6 (−23) | −4,1 (−36) | −5,2 (−45) |
| 1800 | −3,2 (−28) | −3,8 (−33) | −3,8 (−33) | −4,3 (−37) |
| 2700 | −3,2 (−28) | −3,8 (−33) | −3,8 (−33) | −4,3 (−37) |

### 4.3.4 Pilote

Wie auf S. 246 erwähnt, ist es notwendig, in einem Übertragungssystem den bei der Entwicklung des Systems festgelegten Pegelplan
einzuhalten, also alle Teile des Systems mittels eines Meßtones richtig
einzupegeln. Für einen einzelnen Fernsprechkanal wird hierfür ein
800 Hz-Ton mit einer Leistung, die 1 mW am relativen Pegel Null entspricht, benutzt.

In Mehrkanalsystemen dienen sog. Pilote, die ständig an bestimmten Plätzen des Basisfrequenzbandes übertragen werden, zur automatischen oder manuellen Nachregelung des relativen Pegels bzw. zur Überwachung des Systems.

Es gibt folgende Arten von Piloten[1]:

**a) Bezugspilote für Kanalgruppen.** Die Frequenzen dieser Pilote in der Grundgruppenlage und ihre absoluten Leistungspegel, bezogen auf den Punkt des relativen Pegels Null, zeigt Tab. 5.

Tabelle 5. *Frequenzen und Pegel von Bezugspiloten* (vgl. Abb. 7)

| Bezeichnung | Frequenz | Toleranz | Pegel |
|---|---|---|---|
| Primärgruppenpilot . . . . . | 84,08 kHz | ± 1 Hz | |
| Sekundärgruppenpilot . . . . | 411,92 kHz | ± 1 Hz | −2,3 Np |
| Tertiärgruppenpilot . . . . . | 1552 kHz | ± 2 Hz | (−20 dB) |
| Quartärgruppenpilot. . . . . | 11096 kHz | ± 10 Hz | |

Kanalgruppenpilote begleiten die betreffenden Kanalgruppen vom Ort ihrer Zusammensetzung bis zum Ort ihrer Auflösung, insbesondere bei Durchschaltung über mehrere Abschnitte. Mit ihrer Hilfe soll die Stabilität der Sprechkreise der Kanalgruppen gewährleistet, d. h. die Toleranz der Restdämpfung der Vierdrahtverbindung klein gehalten werden. Nach CCITT-Empf. G. 241 soll der Pegel eines Bezugspilotes am Ende eines Kanalgruppenabschnittes nicht mehr als $\pm 0{,}4$ Np oder $\pm 4$ dB von seinem Nennwert abweichen. Durch pilotgesteuerte Kanalgruppen-Pegelregler wird dieser Fehler am Ausgang des Reglers auf etwa 0,05 bis 0,10 Np begrenzt. Näheres über die Bezugspilote s. S. 408ff.

**b) Leitungsregelpilote.** Je nach der Breite des übertragenen Bandes werden in Mehrkanalsystemen zur Ausregelung von Dämpfungsänderungen der Strecken 1 bis 3 Leitungsregelpilote (Haupt- und Hilfsregelpilote) vorgesehen. Sie werden am Anfang eines Regelabschnittes mit definiertem Pegel eingespeist und am Ende des Regelabschnittes gesperrt. Bei Kabelsystemen werden damit temperatur- und frequenzabhängige Dämpfungsverläufe korrigiert. In FM-Richtfunksystemen sind etwaige Dämpfungsänderungen nach der Demodulation in das EM-Basisband im wesentlichen frequenzunabhängig und meist so gering, daß man auf Regelpilote verzichtet. Die absoluten Leistungspegel der Leitungspilote sind, bezogen auf den relativen Pegel Null, in Koaxialkabel- und Richtfunksystemen auf $-1{,}15$ Np $(-10$ dB), in Systemen auf symmetrischen Kabeln auf $-1{,}7$ Np $(-15$ dB) festgesetzt. Die Frequenztoleranzen betragen etwa $\pm 1 \cdot 10^{-5}$.

---

[1] Außerdem können bei Bedarf Sonderpilote, z. B. beim Trägerfrequenz-Rundfunkkompander, s. S. 616, verwendet werden.

**c) Streckenüberwachungspilote.** Pilote, die nur der Überwachung dienen und bei Störungen einen Alarm geben oder auch automatische Ersatzschaltung veranlassen, werden bei Richtfunksystemen verwendet. Sie liegen, wie auf S. 659 ff. näher beschrieben, als funkeigene Pilote (continuity pilots) außerhalb (meist oberhalb) des Basisbandes. Bei FM-Systemen ist nicht der Pegel, sondern der Frequenzhub dieser Pilote genormt. Zum Beispiel hat das System FM 960/4000 mit dem Basisband 60 bis 4028 kHz den Funkpilot 8,5 MHz mit 140 kHz effektivem Frequenzhub (CCIR-Empf. 401, Genf 1963).

**d) Frequenzvergleichspilote.** Zu Frequenzvergleichszwecken zwischen den Trägergeneratoren in verschiedenen Trägerfrequenzendstellen (vgl. S. 259) sieht das CCITT Frequenzvergleichspilote vor, deren absolute Leistungspegel, bezogen auf den relativen Pegel Null, $-1,2$ Np ($-10$ dB) und deren Frequenz je nach System 60 , 300 oder 308 kHz beträgt. In manchen Systemen wird auch ein Leitungsregelpilot gleichzeitig als Frequenzvergleichspilot benützt.

**e) Zusätzliche Meßfrequenz (Lückenmeßpilote).** Für routinemäßige Überprüfung der Dämpfungsentzerrung in Breitbandsystemen sind außer den Leitungsregelpiloten eine Reihe von zusätzlichen Meßfrequenzen vorgesehen, die über das ganze Band verteilt sind und in den Frequenzlücken zwischen den Kanalgruppen liegen, so daß die Messungen ohne Abschalten einzelner Kanäle vorgenommen werden können. Es handelt sich dabei nicht um eigentliche Pilote, da diese Signale nicht ständig ausgesendet werden. Ihr absoluter Leistungspegel, bezogen auf den relativen Pegel Null, ist vom CCITT auf $-1,2$ Np ($-10$ dB) und ihre Frequenztoleranz zu $\pm 40$ Hz (oder $|\varDelta f/f| < 1 \cdot 10^{-5}$ für $f > 4$ MHz) festgesetzt. Die relativ große Frequenztoleranz trägt dem Umstand Rechnung, daß die Sende- und Empfangsmeßgeräte im beweglichen Streckeneinsatz unter erschwerten äußeren Bedingungen verwendbar sein sollen.

### 4.3.5 Hypothetische Bezugskreise

Mit dem Begriff des hypothetischen Bezugskreises haben das CCITT und das CCIR Modelle von Nachrichtenverbindungen mit bestimmter Länge und einer bestimmten Anzahl von Modulations- und Demodulationsstufen an den Enden und unterwegs definiert. Sie dienen als Planungsgrundlage für die Bemessung der Eigenschaften der Bestandteile von Trägerfrequenzsystemen. Je nach System gibt es verschiedene Bezugskreise, die repräsentativ für die mit dem betreffenden System einzurichtenden wirklichen Verbindungen sein sollen. Während wirkliche Fernsprechkreise jedoch entsprechend den Verkehrsverhältnissen eine beliebige Zusammensetzung etwa in der Art der Abb. 8 haben, sind die hypothetischen Bezugskreise von Weitverkehrssystemen auf Kabeln,

Freileitungen und Richtfunklinien und für Fernsprech-, Ton- und Fernsehübertragung einheitlich mit einer Länge von 2500 km definiert, die in drei gleich lange Niederfrequenz- bzw. Videofrequenzabschnitte unterteilt ist. Alle drei Abschnitte werden als mit dem gleichen Trägerfrequenzsystem betrieben vorausgesetzt. Als Beispiel zeigt Abb. 12a den hypothetischen Bezugskreis des 960 Kanal-Systems auf koaxialen Leitungen (V 960) (CCITT-Empf. G. 332) und Abb. 12b den hypothetischen Bezugskreis des 960 Kanal-Systems auf 4 GHz-Richtfunklinien (FM 960/4000) (CCIR-Empf. No. 286). Diese speziellen Bezugskreise enthalten für jede Übertragungsrichtung 3 Paar Kanalumsetzer, 6 Paar Primärgruppenumsetzer und 9 Paar Sekundärgruppenumsetzer. Die 3 Niederfrequenzabschnitte werden durch die Umsetzerstufen jeweils in drei sog. homogene Abschnitte von je etwa 280 km Länge unterteilt. Das wesentliche eines homogenen Abschnittes ist es, daß innerhalb desselben alle Sprechkanäle des Übertragungsbandes ihre gegenseitige Lage beibehalten. Gewisse Intermodulationsprodukte dritter Ordnung, die in den Leitungsverstärkern entstehen, addieren sich, wie Brockbank und Wass [4] nachgewiesen haben, in diesem Fall gleichphasig, also

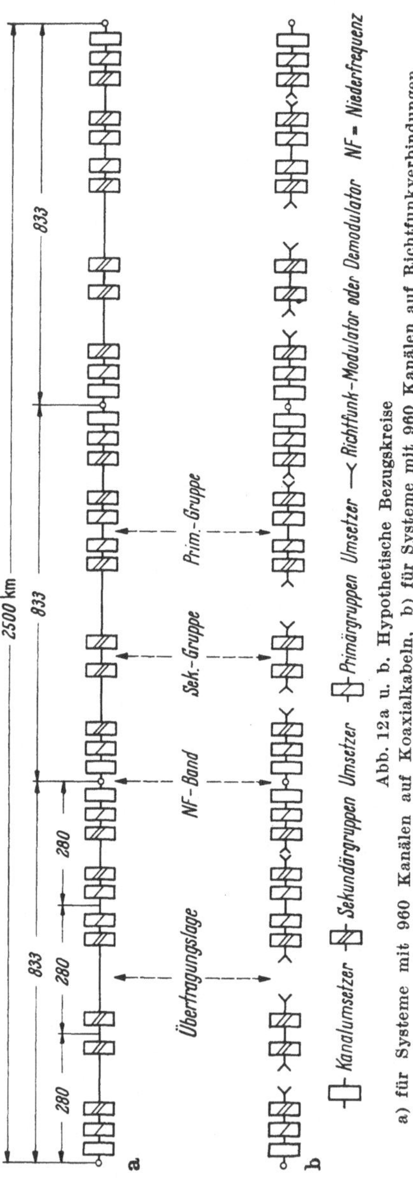



Abb. 12a u. b. Hypothetische Bezugskreise
a) für Systeme mit 960 Kanälen auf Koaxialkabeln, b) für Systeme mit 960 Kanälen auf Richtfunkverbindungen

spannungsmäßig, so daß die Leistungen dieser Intermodulationsprodukte sich mit dem Quadrat der Streckenlänge aufsummieren. Im hypothetischen Bezugskreis wird nun angenommen, daß in den

Umsetzerstufen am Ende eines homogenen Abschnittes eine Zerlegung und Neuordnung des Übertragungsbandes stattfindet, wodurch die phasenrichtige Addition der besagten Klirrspannungen unterbrochen wird. Die Addition der Geräuschspannungen von einem homogenen Abschnitt auf den nächsten erfolgt also wegen der geänderten Kanalverteilung leistungsmäßig.

Neben der Festlegung der Anzahl der Modulationsstufen ist die Definition der Länge der homogenen Abschnitte die wichtigste Eigenschaft eines Bezugskreises.

### 4.3.6 Geräuschaufteilung im hypothetischen Bezugskreis

Bereits auf S. 253 wurden die am Ende von Bezugskreisen von 2500 km Länge bei Fernsprech-, Ton- und Fernsehübertragung zugelassenen Geräuschleistungen erwähnt. Die im Fernsprechbezugskreis zugelassene bewertete Geräuschleistung von 10 000 pW, bezogen auf den relativen Pegel Null, soll nach den CCITT-Empfehlungen vom Entwickler des Systems so aufgeteilt werden, daß die Modulations- und Demodulationsgeräte, gegebenenfalls ohne den Beitrag der Richtfunkmodulationsstufen, maximal 2500 pW und die Kabel- oder Richtfunkstrecken mit ihren Zwischenverstärkern maximal 7500 pW, also 3 pW je km, Geräuschleistung als Stundenmittelwert erzeugen.

a) **Aufteilung auf Modulationsgeräte.** Da die einzelnen Typen von Frequenzumsetzern in sehr verschiedener Anzahl in den Fernsprechbezugskreisen vorkommen, hat man dem Entwickler folgende Richtlinie für die Geräuschanteile der Modulations- und Demodulationsgeräte gegeben (CCITT-Empf. G. 222):

| | |
|---|---|
| Für 1 Paar Kanalumsetzer im Mittel | 300 pW, |
| für 1 Paar Primärgruppenumsetzer im Mittel | 80 pW, |
| für 1 Paar Sekundärgruppenumsetzer im Mittel | 80 pW, |
| für 1 Paar Tertiärgruppenumsetzer im Mittel | 100 pW. |

Mit diesen Mittelwerten wird im Bezugskreis für ein 2700 Kanal-System (CCITT-Empf. G. 333), der 3 Paar Kanalumsetzer, 3 Paar Primärgruppenumsetzer, 6 Paar Sekundärgruppenumsetzer und 9 Paar Tertiärgruppenumsetzer enthält, insgesamt etwa 2500 pW Geräuschleistung, bezogen auf den relativen Pegel Null, von den Modulationsgeräten erzeugt.

b) **Aufteilung der Streckengeräusche.** Die Aufteilung der Streckengeräusche von 3 pW je km auf die verschiedenen Geräuschursachen ist ein sehr vielseitiges Problem, da je nach Übertragungsmittel, Klima, Verstärkertechnik und Betriebsart den einzelnen Geräuschquellen verschiedenes Gewicht zukommt. Durch geeignete Wahl vieler Parameter wie relativer Sendepegel bzw. Frequenzhub, Frequenzgang (Vorverzerrung) des Sendepegels bzw. des Frequenzhubes, Verstärkerfeldlänge, Entzerrertechnik, Nebensprechausgleich in Kabelsystemen usw. ist der Entwickler der Übertragungsstrecke bestrebt, das Nutzsignal so zwischen Grundgeräusch (bei tiefem Pegel) und Intermodulationsgeräusch (bei hohem Pegel) zu halten, daß sowohl die Geräuschbedingungen in allen Kanälen eingehalten werden, wie auch eine wirtschaftlich und betriebsmäßig optimale Lösung erreicht wird. Auf den S. 507 ff. und 644 ff. wird diese Streckentechnik für Kabel- und Richtfunksysteme eingehend behandelt.

Als Beispiel der angestrebten Geräuschaufteilung bei verschiedenen Übertragungsmitteln mögen folgende Zahlen genannt sein:

Bei Systemen auf vielpaarigen symmetrischen Kabeln:
   1 pW/km für thermisches Rauschen,
   1 pW/km für Intermodulationsgeräusch,
   1 pW/km für lineares Nebensprechen aus vielen Quellen (Babbeln).

Bei Systemen auf Koaxialkabeln:
   2 pW/km für thermisches Rauschen,
   1 pW/km für Intermodulationsgeräusch.

Bei Systemen auf Richtfunklinien:
   1,5 pW/km für thermisches Rauschen,
   1,5 pW/km für Intermodulationsgeräusch.

Hierbei muß eine Fadingreserve berücksichtigt werden, so daß die thermische Geräuschleistung in schwundfreien Zeiten wesentlich kleiner als 1,5 pW/km sein muß.

**c) Zeitliche Verteilung der Geräuschleistung.** Mit Rücksicht auf Schwunderscheinungen in Richtfunksystemen (vgl. S. 184 ff.) sehen die CCITT-Empfehlungen (G. 222) in einem gewissen Prozentsatz der Zeit folgende Überschreitungen des Stundenmittelwertes der Geräuschleistungen am Ende des Bezugskreises als zulässig an:

20% der Minutenmittelwerte eines Monats dürfen $> 10000$ pW sein,

0,1% der Minutenmittelwerte eines Monats dürfen $> 50000$ pW sein,

in 0,01% eines Monats (etwa 4 min) darf die unbewertet mit einer Zeitkonstante von 5 msec gemessene Geräuschleistung im Sprechkanal $> 10^6$ pW, bezogen auf den relativen Pegel Null, sein.

Diese Werte sind Planungsziele im Rahmen des Bezugskreises und nicht für Abnahmemessungen an wirklichen Sprechkreisen geeignet. Die gemessenen Stundenmittelwerte der Geräuschleistungen in wirklichen Kreisen sollten unter Berücksichtigung des tatsächlichen Aufbaus der Kreise mit den aus den spezifischen Werten des Bezugskreises errechneten jedoch einigermaßen übereinstimmen, wobei eine Überschreitung der empfohlenen Geräuschleistungsgrenze um 10% als durchaus zulässig anzusehen ist (CCITT-Empf. G. 226).

**d) Aufteilung des verständlichen Nebensprechens.** Der Aufteilung der zulässigen Geräuschleistung auf die verschiedenen Teile des Bezugskreises ist auch die Aufteilung des verständlichen Nebensprechens verwandt. Hierbei handelt es sich um die gegenseitige Beeinflussung zweier Kanäle, die um so stärker sein wird, je länger der gemeinsame Weg dieser Kanäle ist. Auf S. 255 wurde angeführt, daß zwischen zwei beliebigen Fernspechkanälen mit Verstärkern ein Grundwert der Dämpfung des verständlichen Nebensprechens von 6,7 Np (58 dB) eingehalten werden müsse. Die praktische Folgerung, die sich hieraus für eine Systemplanung ergibt, sei am Beispiel des Systems V 300 auf Koaxialkabeln geschildert:

Die Forderung von 6,7 Np wird zur Hälfte auf das Nebensprechen zwischen den Koaxialpaaren innerhalb des Kabels und zur Hälfte auf das Nebensprechen innerhalb der Verstärkerstationen aufgeteilt. Für die gesamte Beeinflussungslänge im Kabel sind dann 7,0 Np einzuhalten. Als Beeinflussungslänge wird die Länge eines homogenen Abschnittes des Bezugskreises angenommen, das sind 280 km (s. S. 268). Es ist unwahrscheinlich, daß 2 Kanäle verschiedener Systeme im gleichen Kabel in der gleichen Frequenzlage mehr als einen homogenen Abschnitt lang nebeneinanderliegen. In Koaxialkabeln rührt das Nebensprechen vom endlichen Kopplungswiderstand (s. S. 142) her, der bei der tiefsten Übertragungsfrequenz am schlechtesten ist. Die Fernnebensprechspannungen addieren sich linear, die Leistungen also quadratisch mit der Länge. Das Nahnebensprechen kann vernachlässigt werden, da es im einzelnen Verstärkerfeld klein gegenüber dem Fernnebensprechen ist und seine Leistung sich nur linear mit der Zahl der Verstärkerfelder addiert. Unter diesen Voraussetzungen ergibt sich folgende Forderung für den Grundwert der Fernnebensprechdämpfung $a_G$, der innerhalb eines Verstärkerfeldes der Länge $L$ zwischen 2 Koaxialpaaren eingehalten werden muß:

$$a_G \geqq \left( 7{,}0 + \ln \frac{280 \text{ km}}{L} \right) \text{Np}.$$

Beim System V 300 ist $L = 6$ km, womit sich die Forderung $a_G \geqq 10{,}8$ Np (94,4 dB) ergibt.

Diese Forderung kann etwas erniedrigt werden, wenn man durch systematische Umpolung an den Verstärkern das Gesetz der linearen Spannungsaddition aufhebt oder durch Platzwechsel der Koaxialpaare dafür sorgt, daß nicht in allen Verstärkerfeldern die Kombinationen mit den kleinsten Nebensprechdämpfungen zur Auswirkung kommen.

### 4.3.7 Systembelastungen

**a) Allgemeines.** Die Ausgangsspannungen von Verstärkern und Modulatoren können gewisse Maximalwerte nicht überschreiten, die von der Größe der angelegten Hilfsspannungen (z. B. Anoden-, Kollektor-,

Trägerspannung) und den Eigenschaften der nichtlinearen Elemente (Röhren, Transistoren, Gleichrichtern) abhängen. Bei Verstärkern zeigt die Kurve der Spannungsamplitude am Ausgang in Abhängigkeit von der Eingangsamplitude im allgemeinen einen deutlichen Knick, wodurch die Eingangsspannung, bei der die Amplitudenbegrenzung einsetzt, recht genau nachweisbar ist. Bei einem Multiplexsignal, das den Charakter von Rauschspannungen hat, bei dem also die Augenblickswerte eine statistische Verteilung haben, ist in einem gewissen Prozentsatz der Zeit mit einer Überschreitung der Aussteuerungsgrenze zu rechnen. Die Beschneidung einer einzelnen kurzen Spannungsspitze ist an sich nicht sehr störend, sie wirkt wie ein kurzer gegenphasiger Störimpuls. Die Energie dieses Störimpulses verteilt sich auf ein breites Frequenzband, der Anteil je Sprechkanal ist klein[1]. Bei schneller Folge von abgeschnittenen kurzen Spannungsspitzen kann dies zunächst als Knistern im Sprechkanal bemerkbar werden, ohne daß die zulässige mittlere Geräuschleistung schon erreicht zu sein braucht, doch wird bei diesem Aussteuerungsgrad ein kleiner weiterer Zuwachs der Nutzleistung ein starkes Anwachsen der Geräusche zur Folge haben.

Unabhängig von dieser Begrenzereigenschaft ist unterhalb der Aussteuerungsgrenze der Grad der Nichtlinearität des Übertragungssystems zu beachten. Man kann sie z. B. durch den Grad der Gegenkopplung im Verstärkerbau beeinflussen. Diese Nichtlinearität gibt Anlaß zu Intermodulationsprodukten, deren Leistungsspektrum von der Leistungsverteilung des Nutzsignals über der Frequenzachse abhängt (vgl. S. 30ff.). Diejenigen Teile der Intermodulationsprodukte, die in das Frequenzband des Nutzsignals fallen, ergeben die Intermodulations-Geräuschleistung. Da die Stunden- und Minutenmittelwerte der gesamten Geräuschleistung gewisse Grenzwerte nicht überschreiten dürfen (vgl. S. 253 und S. 270), muß zur richtigen Dimensionierung der Verstärker und übrigen nicht streng linearen Vierpole bekannt sein, welche Leistung das Nutzsignal im Stunden- oder Minutenmittelwert maximal haben wird.

Für die Bemessung von Trägerfrequenz-Fernsprechsystemen sind beim CCITT auf Grund von Messungen und Studien in verschiedenen Ländern Vereinbarungen über repräsentative Werte von Systembelastungen getroffen worden. Dabei hat man folgende drei Belastungsgrößen definiert: Mittlere Leistung in einem Sprechkanal, konventionelle Belastung bei $N$ Kanälen und äquivalente Spitzenleistung bei $N$ Kanälen (s. CCITT-Empf. G. 223).

---

[1] Vorausgesetzt muß werden, daß beim Überschreiten der Aussteuerungsgrenze keine Sekundäreffekte, wie Entladung von Kondensatoren u. dgl., stattfinden.

**b) Nominelle mittlere Leistung in einem Sprechkanal.** Hiermit ist ein konventioneller Wert der mittleren Leistung definiert, der in der Hauptverkehrsstunde in einem Fernsprechkanal (in einer Richtung) übertragen wird.

Messungen haben gezeigt, daß die am Eingang der Fernleitungen über die Dauer einzelner aktiver Sprechzeiten[1] gemittelten Leistungen von Sprachströmen etwa eine logarithmisch-normale Häufigkeitsverteilung haben. Dabei sind Ferngespräche zu verschiedenen Zeiten und von verschiedenen Kanälen zu einem Kollektiv zusammengefaßt. Die Leistungspegel der einzelnen Kurzzeitmittelwerte nennt man Volumen. Die Volumen haben also etwa GAUSSsche Verteilung, die Streuung $\sigma$ dieser Verteilung wird nach amerikanischen Messungen [2] konventionell zu $\sigma = 5{,}8\,\mathrm{dB}$ $(0{,}67\,\mathrm{Np})$ angenommen. Diese große Streuung ist durch unterschiedliche Lautstärke der Sprecher und durch unterschiedliche Sendebezugsdämpfungen der Teilnehmeranschlüsse bedingt. Das Volumen $V_1$, das dem Mittelwert der mittleren Leistungen aller aktiven Gespräche entspricht, ergibt sich aus dem Medianwert (50%-Wert) $V_0$ der Volumenverteilung nach der Formel

$$V_1 = V_0 + 0{,}115\,\sigma^2,$$

alle Größen in dB gerechnet.

HOLBROOK und DIXON [2] fanden 1939 für $V_1$ den Wert $100\,\mu\mathrm{W}$ am relativen Pegel Null, was bei einem Aktivitätsfaktor von 0,25 eine Stundenmittelleistung von $25\,\mu\mathrm{W}$ (entsprechend einem absoluten Leistungspegel von $-16\,\mathrm{dB}$ am relativen Pegel Null) ergab.

Der Aktivitätsfaktor 0,25 ist dadurch gegeben, daß erfahrungsgemäß nur in etwa 25% der Hauptverkehrsstunde in einer Richtung tatsächlich gesprochen wird. Die übrigen 75% der Zeit entfallen teils auf Sprechen in der Gegenrichtung, teils auf Zeiten, in denen keiner der Teilnehmer spricht, obgleich der Sprechkreis belegt ist, und teils auf Zeiten (etwa 25%), in denen der Sprechkreis nicht belegt ist.

Das CCITT hat unter Einschluß der Leistung der Vermittlungssignale als nominelle mittlere Leistung während der Hauptverkehrsstunde den Wert $32\,\mu\mathrm{W}$ bzw. den mittleren absoluten Leistungspegel $-15\,\mathrm{dB}$ am Punkt mit dem relativen Pegel Null festgesetzt.

Diese $32\,\mu\mathrm{W}$ setzen sich nach Konvention zusammen aus:

$22\,\mu\mathrm{W}$ für Sprachströme (einschließlich Echo) sowie für Trägerreste und Telegraphiesignale und

$10\,\mu\mathrm{W}$ für alle Vermittlungssignale und Hörzeichen.

Der Anteil der Sprachströme an der mittleren Leistung hat sich bei Messungen [3], die im Netz der Deutschen Bundespost durchgeführt

---

[1] Unter „aktiver Sprechzeit" versteht man die Zeit, in der fortlaufend in einer Richtung Sprachströme übertragen werden, einschließlich der kurzen Pausen zwischen Silben und Wörtern.

wurden, zu 15 µW mit einer Streuung von etwa $\sigma = 3$ dB ergeben, so daß eine Reserve von 7 µW je Sprechkanal für andere Signale, wie Trägerreste, und solche, die in anderen Kanälen höhere Leistung führen, wie Wechselstromtelegraphie, zur Verfügung stünde. Diese Werte sind jedoch nicht international verbindlich.

Mit dem Aktivitätsfaktor 0,25 würde nach diesen Messungen die mittlere aktive Sprechleistung etwa $4 \cdot 15$ µW $= 60$ µW an einem Punkt des relativen Pegels Null betragen. Für die in den folgenden Abschnitten c und d durchgeführten Betrachtungen wird jedoch mit der mittleren Leistung des aktiven Kanals von $4 \cdot 32$ µW $= 128$ µW gerechnet und angenommen, daß für die gesamte Leistung die Statistik des durch die Sprache gegebenen Anteils gilt.

Die nominelle mittlere Leistung von 32 µW je Kanal wird als Störungsquelle für die Berechnung der Leistung des unverständlichen linearen Nebensprechens aus fremden Kanälen zugrunde gelegt. Zur Berechnung des nichtlinearen Nebensprechens dient die im folgenden beschriebene konventionelle Rauschbelastung.

c) **Konventionelle Belastung in Mehrkanalsystemen.** Das aus den Sprach- und Vermittlungsströmen vieler Sprechkanäle zusammengesetzte Multiplexsignal eines Mehrkanalsystems mit Einseitenbandmodulation hat etwa den Charakter einer über das Übertragungsband verteilten Rauschleistung. Dies gilt aber nur angenähert:

Die Leistung dieses Signals, gemittelt über Intervalle von einigen Sekunden Dauer, schwankt nämlich zeitlich stärker als die entsprechende mittlere Leistung von gleichmäßigem weißem Rauschen. Diese Eigenschaft ist um so ausgeprägter, je kleiner die Kanalzahl des Systems ist. Der Grund dafür liegt einmal in der im vorigen Abschnitt erwähnten Schwankung der Leistung im Einzelkanal von Gespräch zu Gespräch (nach HOLBROOK und DIXON [2] $\sigma = 5{,}8$ dB) und zum anderen darin, daß die Zahl der aktiven Kanäle in einem N-Kanalsystem in der Hauptverkehrsstunde ständig wechselt.

Außerdem haben, wie auf S. 9 erwähnt (vgl. Abb. 1, S. 10), die Augenblickswerte der Sprachspannungen eines Sprechers zeitlich keine GAUSSsche Verteilung. Hohe Spannungsspitzen sind beim Fernsprechen häufiger als bei weißem Rauschen. Bei Überlagerung mehrerer Sprachspannungen gleichen Volumens nähert sich die Verteilung der GAUSSschen Kurve und geht ab etwa 60 aktiven Sprechern in diese über. Erst bei Systemen mit einer Kapazität von mehr als etwa 200 Kanälen besteht eine Wahrscheinlichkeit von 1%, daß in der Hauptverkehrsstunde gleichzeitig mehr als 60 Kanäle bei einem Aktivitätsfaktor von 0,25 aktiv sind.

Zur Berechnung der in einem Mehrkanalsystem erzeugten Klirrgeräuschleistung nach der Methode von BROCKBANK und WASS [4]

muß man die vorstehend beschriebene wirkliche Belastung durch eine
äquivalente gleichmäßige Rauschleistung ersetzen. Diese Ersatzrausch-
belastung ist so zu ermitteln, daß die durch sie erzeugte Klirrgeräuschleistung gleich groß ist, wie die durch die wirkliche Systembelastung
in der Hauptverkehrsstunde hervorgerufene. Es ist leicht einzusehen, daß
die mittlere Leistung der gleichmäßigen Ersatzbelastung größer sein
muß als die mittlere Leistung einer stark schwankenden Betriebs-
belastung, denn da die Intermodulationsleistung zweiter Ordnung
quadratisch und die Intermodulationsleistung dritter Ordnung kubisch
mit der Nutzleistung wächst, tragen positive Schwankungen der Nutzleistung mehr zur Vergrößerung der Intermodulationsleistung bei,
als negative Schwankungen zu ihrer Verringerung. Eine genaue Rechnung ist in [5] wiedergegeben. Sie führt zu je einer äquivalenten Rausch-
leistungskurve für die Intermodulationsprodukte zweiter und dritter
Ordnung. Das CCITT hat auf dieser Grundlage eine „konventionelle
Rauschbelastung" definiert, deren mittlerer Leistungspegel $n$, bezogen
auf 1 mW und einen Punkt mit dem relativen Pegel Null, folgende Abhängigkeit von der Kanalzahl $N$ hat:

$$n = (-1 + 4 \lg N)\,\mathrm{dB} \quad \text{für} \quad 12 \leq N < 240$$

und

$$n = (-15 + 10 \lg N)\,\mathrm{dB} \quad \text{für} \quad N \geq 240.$$

Die so definierte konventionelle Belastung dient als Grundlage zur
Berechnung und auch zur Messung der belastungsabhängigen Geräuschleistungen von Kabel- und Richtfunksystemen. Ihr Verlauf in Abhängigkeit von der Kanalzahl ist als Kurve C in Abb. 13 dargestellt.

Für $N$ kleiner als 12 ist keine konventionelle Belastung definiert
worden, weil die Statistik der tatsächlichen Belastung durch das Multiplexsignal bei so wenig Kanälen sich doch zu stark von der des weißen
Rauschens unterscheidet.

**d) Äquivalente Spitzenleistung in Mehrkanalsystemen.** Als äquivalente Spitzenleistung ist in der CCITT-Empfehlung G. 223 die Leistung
einer Sinusschwingung definiert, deren Spannungsamplitude gleich der
Spitzenspannung des Multiplexsignals ist. Sie muß kleiner gehalten
werden als die Aussteuerungsgrenze eines Verstärkers. Der Definition
der Spitzenspannung liegt wiederum die Arbeit von HOLBROOK und
DIXON [2] zugrunde, und zwar geht man von demjenigen Volumen
(Kurzzeitmittelwert über einige Sekunden des Leistungspegels) aus,
das nur während 1% der Hauptverkehrsstunde überschritten wird.
Dieser 1%-Wert des Volumens von HOLBROOK und DIXON ist als
Kurve B in Abb. 13 wiedergegeben, wobei die Kurve um 1 dB gegenüber
HOLBROOK-DIXON erhöht wurde, um den Unterschied zwischen den
Annahmen −16 dB und −15 dB der mittleren absoluten Leistungspegel
am Punkt des relativen Pegels Null Rechnung zu tragen. Das 1%-Volu-

men (Kurve B) stimmt ungefähr mit der vom CCITT definierten konventionellen Belastung (Kurve C) überein und berücksichtigt wie diese die wechselnde Zahl der aktiven Kanäle und die Wahrscheinlichkeitsverteilung des Volumens im Einzelkanal. Von der Definition her handelt es sich aber um zwei unabhängige Kurven. Den Pegel der äquivalenten Spitzenleistung erhält man nun durch einen Zuschlag zu dem 1%-Wert des Volumens, durch den die Verteilung und die Addition der Augenblickswerte der Spannungen in den aktiven Kanälen berücksichtigt wird. Er ist so gewählt, daß die Augenblicksspannungen des 1%-Volumens

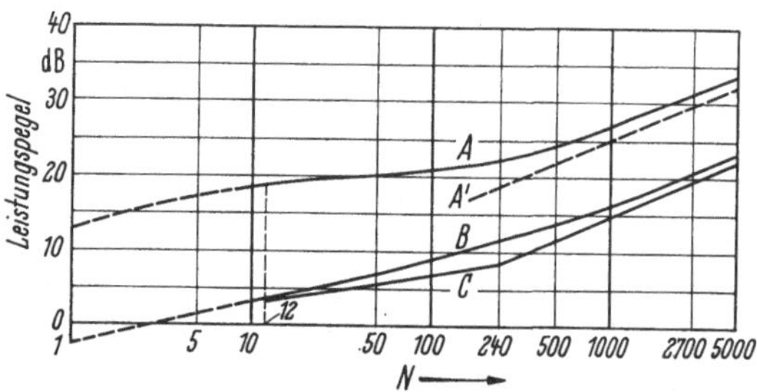

**Abb. 13**
Konventionelle Leistungspegel eines Mehrkanalsignals in Abhängigkeit von der Kanalzahl $N$ bei einem Aktivitätsfaktor 0,25 (alle Pegel bezogen auf 1 mW und auf den relativen Pegel Null)
$A$ äquivalenter Spitzenpegel nach HOLBROOK/DIXON[1]; $A'$ Asymptote $(-5 + 10 \lg N)$ dB; $B$ 1%-Volumen nach HOLBROOK/DIXON[1]; $C$ konventionelle Belastung nach CCITT-Empf. G. 222; $(-1 + 4 \lg N)$ dB für $12 \leqq N < 240$; $(-15 + 10 \lg N)$ dB für $N \geqq 240$
[1] korrigiert um $+1$ dB

die Spannungsamplitude der Sinusschwingung mit äquivalenter Spitzenleistung nur etwa mit einer Wahrscheinlichkeit von $10^{-5}$ überschreiten. Bei kleinen Kanalzahlen liegen die so definierten Spitzenspannungswerte etwa 18 dB, bei sehr großen Kanalzahlen, analog weißem Rauschen, etwa 13 dB über dem Effektivwert des 1%-Volumens. Berücksichtigt man nun, daß der Effektivwert einer Sinusspannung, deren Amplitude gleich den Spitzenspannungswerten des Multiplexsignals ist, um 3 dB kleiner als ihr Amplitudenwert ist, so gelangt man zur Kurve A in Abb. 13. Diese zeigt den Verlauf des äquivalenten Spitzenpegels über der Kanalzahl. Da die Kurve B, aus der die Kurve A abgeleitet ist, oberhalb der Kurve C der konventionellen Rauschbelastung verläuft, könnte man aus dem Abstand zwischen den Kurven A und C auf eine noch kleinere Überschreitungswahrscheinlichkeit als $10^{-5}$ schließen, was aber nicht beabsichtigt war. Für weniger als $N = 12$ Kanäle sind die von HOLBROOK und DIXON stammenden Kurven der Abb. 13 auf die aus verschiedenen Anteilen stammende mittlere Kanalleistung 32 µW und deren Statistik sowie auf neuere Fernsprechstationen nicht zuverlässig anwendbar. Sie sind deshalb nur gestrichelt gezeichnet.

**e) Definition der Aussteuerungsgrenze eines Verstärkers.** Die Aussteuerungsgrenze eines Verstärkers ist nach der CCITT-Empfehlung

G. 223 als derjenige absolute Leistungspegel am Ausgang des Verstärkers definiert, bei dem der Leistungspegel der dritten Harmonischen um 20 dB anwächst, wenn der Pegel einer Sinusschwingung am Eingang des Verstärkers um 1 dB erhöht wird.

Im Falle, daß die Prüffrequenz so hoch liegt, daß die dritte Harmonische aus dem Übertragungsband des Verstärkers herausfällt, kann folgende Definition angewendet werden:

Die Aussteuerungsgrenze eines Verstärkers ist um 6 dB höher als der absolute Leistungspegel jeder einzelnen von zwei Sinusschwingungen gleicher Amplitude und der Frequenzen $f_1$ und $f_2$ am Verstärkerausgang, bei dem eine Erhöhung des Leistungspegels jeder der beiden Schwingungen am Eingang des Verstärkers um 1 dB eine Leistungserhöhung des Differenztones $2f_1 - f_2$ am Verstärkerausgang um 20 dB hervorruft.

Die Aussteuerungsgrenze des Verstärkers selbst ist durch die verfügbaren Röhren oder Transistoren der Ausgangsstufe bestimmt, und man muß den relativen Pegel am Verstärkerausgang so wählen, daß die äquivalente Spitzenleistung des Multiplexsignals bei diesem relativen Pegel noch unterhalb der Aussteuerungsgrenze liegt. Ein Beispiel soll dies im folgenden erläutern.

**f) Beispiel zur Wahl des relativen Sendepegels.** Für den Leitungsverstärker eines 960 Kanal-Systems soll der relative Sendepegel festgelegt werden.

Der relative Sendepegel sei für das Beispiel frequenzunabhängig im ganzen Übertragungsband angenommen, es werde also keine Vorverzerrung (siehe nächster Abschnitt) verwendet.

Die Aussteuerungsgrenze des angenommenen Verstärkers für den Übertragungsbereich 60 bis 4028 kHz betrage nach der im vorigen Abschnitt gegebenen Definition 200 mW, entsprechend dem absoluten Leistungspegel 23 dB

Der äquivalente Spitzenpegel, bezogen auf 1 mW und auf den relativen Pegel Null, ist für $N = 960$ nach Abb. 13 27 dB

Für Einpegelungsfehler und Alterung des Verstärkers wird eine Aussteuerungsreserve vorgesehen. Sie betrage 6 dB

Der zu wählende relative Sendepegel ist dann $23 - 27 - 6 = -10$ dB

**g) Vorverzerrung bei Kabel- und Richtfunksystemen.** Bei Breitband-Leitungsverstärkern für Kabelsysteme ist es oft vorteilhaft, die Leistung des Vielkanalsignals dadurch zu verringern, daß man den relativen Sendepegel der unteren Kanäle kleiner als den der oberen Kanäle macht. Das Vielkanalsignal wird dabei am Anfang der Breitbandstrecke durch ein Netzwerk vorverzerrt und am Ende der Strecke durch ein komplementäres Netzwerk wieder auf frequenzunabhängigen relativen Pegel gebracht. Man spricht dann von Vorverzerrung (pre-emphasis) und Rückentzerrung (de-emphasis). Die unteren und mittleren Kanäle des Übertragungsbandes tragen dann wenig zu der Aussteuerung des Verstärkers bei und haben wegen des Frequenzganges der Kabeldämpfung am

Ende des Verstärkerfeldes trotzdem noch einen höheren Empfangspegel als die höchsten Kanäle und somit genügenden Abstand vom thermischen Rauschen. Bei zu großer Vorverzerrung könnte allerdings der Abstand des Signalpegels der unteren Kanäle gegenüber dem Pegel der Differenzprodukte zweiter Ordnung, gebildet aus den Signalen der oberen Kanäle, zu klein werden. Bei richtiger Wahl der Vorverzerrung wird durch gleichmäßigere Verteilung der Gesamtgeräuschleistung auf alle Kanäle eine größere Kanalzahl oder eine größere Verstärkerreichweite als ohne Vorverzerrung ermöglicht. Auf S. 512 ff. wird hierauf ausführlich eingegangen. Ein Beispiel für den Verlauf der Vorverzerrung eines 12 MHz-Kabelsystems zeigt Tab. 6a.

Das gleiche Prinzip der Vorverzerrung und Rückentzerrung wird bei Richtfunksystemen mit Frequenzmodulation angewendet. Wie auf S. 94 geschildert ist, gilt es hier, der nach der Frequenzdemodulation quadratisch mit der Basisbandfrequenz ansteigenden thermischen Geräuschleistung durch einen mit der Basisbandfrequenz wachsenden Frequenzhub des Nutzsignals entgegenzuwirken. Die Vorverzerrung wird dabei so gewählt, daß die konventionelle Rauschleistung des Basisbandes vor und nach der Vorverzrrung gleich groß ist.

Bei einer bestimmten „neutralen" Frequenz des Basisbandes wird der Signalpegel durch die Vorverzerrung nicht verändert. Unterhalb dieser Frequenz wird der Pegel abgesenkt, oberhalb davon angehoben. Nach dem Frequenzmodulator spiegelt sich das im Frequenzhub wieder. Die folgende Tab. 6b erläutert dies am Beispiel des 4 GHz-Systems

**Tabelle 6.** *Beispiele ausgeführter Vorverzerrungskurven*

**a) 12 MHz-System für 2700 Sprechkanäle auf Koaxialkabeln**

| $f$ | 0,3 | 1 | 4 | 8 | 10 | 12,4 | MHz |
|---|---|---|---|---|---|---|---|
| relativer Sendepegel | $-2,30$ $(-20)$ | $-2,30$ $(-20)$ | $-2,26$ $(-19,7)$ | $-2,12$ $(-18,4)$ | $-1,92$ $(-16,7)$ | $-1,50$ $(-13)$ | Np (dB) |

**b) 4 GHz-Richtfunksystem für 960 Kanäle mit Frequenzmodulation**

| Frequenz im Basisband | 0,06 | 1 | 2 | 2,54 | 3 | 4,19 | MHz |
|---|---|---|---|---|---|---|---|
| relativer Kanalhub | $-4,0$ | $-3,3$ | $-1,5$ | 0 | $+1,1$ | $+4,0$ | dB |

*Bemerkung:* 0 dB entspricht bei dem 4 GHz-System einem effektiven Frequenzhub von 200 kHz (vgl. S. 665, Tab. 3), der sich einstellt, wenn man eine Schwingung mit der neutralen Frequenz 2,54 MHz mit der Leistung 1 mW (Meßpegel), bezogen auf den Punkt des relativen Pegels Null, an den Basisbandklemmen einspeist. Eine Schwingung der Frequenz 60 kHz würde beim Meßpegel einen effektiven Frequenzhub von $200\,\text{kHz} \cdot 10^{-0,2} = 126\,\text{kHz}$ ergeben; eine Schwingung der Frequenz 4,19 MHz erzeugt dagegen beim Meßpegel einen effektiven Frequenzhub von $200\,\text{kHz} \cdot 10^{0,2} = 317\,\text{kHz}$.

für 960 Kanäle mit der vom CCIR in Empfehlung Nr. 275, Genf 1963, genormten Vorverzerrung (vgl. S. 94, Abb. 26).

## 4.4 Das Fernsprechnetz

Nach Organisation und Verwendung gibt es verschiedene Arten von Fernsprechnetzen. Zum Beispiel das öffentliche Netz der Postverwaltungen, private Netze von Eisenbahnverwaltungen, Energieversorgungsunternehmen usw., bewegliche Netze für militärische Zwecke, Verkehrsfunknetze zwischen Autos, Schiffen und Flugzeugen. Im folgenden soll nur von Struktur und Problemen der postalischen Netze die Rede sein, weil das wesentliche für die Übertragungstechnik hier zu erkennen ist.

### 4.4.1 Aufgabe des Fernsprechnetzes

Die Quellen des Fernsprechverkehrs sind die vorwiegend in Wohnungen und Büros der Teilnehmer befindlichen Sprechstellen. Das Fernsprechnetz hat die Aufgabe, zwischen beliebigen gewünschten Sprechstellen zweiseitig gerichtete Fernsprechübertragungswege bereitzustellen. Als Endziel will man jede beliebige Sprechstelle in der Welt durch Selbstfernwahl von jeder beliebigen Sprechstelle aus erreichen können. Die Aufgabe zerfällt in 2 Teile: die Vermittlungstechnik zum Aufbau und Wiederabbau gewünschter Verbindungen und die Übertragungstechnik. Die Entwicklung der Fernsprechtechnik ist von der Suche nach wirtschaftlich und technisch optimalen Lösungen dieser Aufgabe bestimmt. Die Übertragungstechnik muß bei jeder Verbindung sowohl Sprechströme wie auch Vermittlungssignale von einem Ende zum anderen übertragen, wobei es abschnittsweise verschieden sein kann, ob für Sprache und Signalisierung getrennte Kanäle oder ein gemeinsamer Kanal verwendet werden.

### 4.4.2 Struktur des Fernsprechnetzes

Das öffentliche Weltfernsprechnetz kann nach verschiedenen Gesichtspunkten gegliedert werden, z. B. nach Verwaltungsbereichen, nach Gebührenbereichen, nach Vermittlungstechnik und nach Übertragungstechnik. Es enthält nationale Netze, kontinentale Netze (wobei Kontinent nicht mit dem geographischen Begriff übereinzustimmen braucht) und interkontinentale Netze.

Die Gliederung eines nationalen Netzes sei am Beispiel des in Abb. 14 gezeigten schematischen Aufbaus des Netzes der Deutschen Bundespost veranschaulicht. Die Verhältnisse in anderen Ländern sind im wesentlichen die gleichen. Man unterscheidet das Ortsnetz, das Bezirksnetz und das Weitverkehrsnetz. In den Ortsnetzen entspringt und endet der Fernsprechverkehr. In Deutschland ist der Bereich eines Ortsnetzes äußerlich dadurch gekennzeichnet, daß innerhalb desselben ein zeitunabhängiger Einheitstarif (0,18 DM/Gespräch) gilt. Ende 1963 gab es in der Bundesrepublik 3780 Ortsnetze mit Sprechstellenzahlen zwischen etwa 10 und 450000. In 3% der Ortsnetze sind etwa 70% aller Sprechstellen des Landes konzentriert und etwa 75% aller öffentlichen Ferngespräche sind Ortsgespräche. Große Ortsnetze enthalten viele

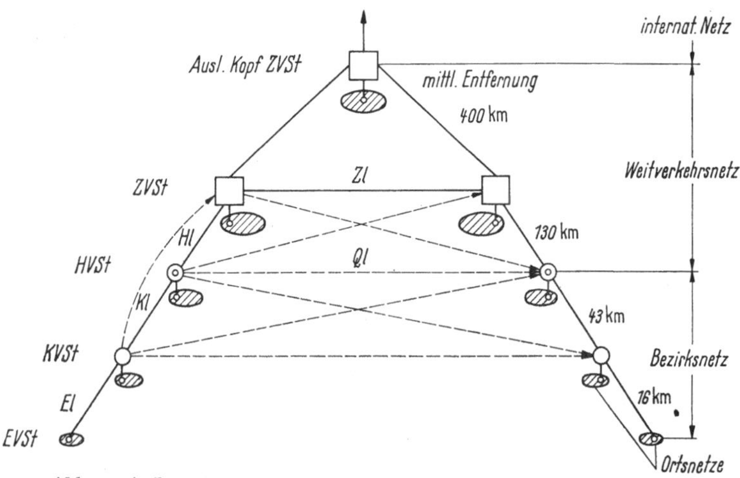


Abb. 14. Aufbauschema des Fernsprechfernnetzes der Deutschen Bundespost

*ZVSt* Zentralvermittlungsstelle; *HVSt* Hauptvermittlungsstelle; *KVSt* Knotenvermittlungsstelle; *EVSt* Endvermittlungsstelle; *Zl* Zentralvermittlungsleitung; *Hl* Hauptvermittlungsleitung; *Kl* Knotenvermittlungsleitung; *El* Endvermittlungsleitung; *Ql* Querverbindungsleitung

Ortsvermittlungsstellen, die unter sich durch Ortsverbindungskabel mit Hunderten von Sprechkreisen verbunden sind.

Der Übergang vom Ortsnetz in das Fernnetz erfolgt in der Endvermittlungsstelle (*EVSt*). Es gibt sog. offene und verdeckte Endvermittlungsstellen. Die offenen Endvermittlungsstellen liegen in der untersten Netzebene nach Abb. 14. Sie gehören zu Orten, die nicht gleichzeitig Sitz einer Vermittlungsstelle höherer Ordnung sind. Vermittlungsstellen höherer Ordnung sind die Knotenvermittlungsstellen (*KVSt*), Hauptvermittlungsstellen (*HVSt*) und Zentralvermittlungsstellen (*ZVSt*). Die Leitungen zwischen offenen Endvermittlungsstellen und Knotenvermittlungsstellen nennt man Endvermittlungsleitungen (*El*), zwischen Knotenvermittlungsstellen und Hauptvermittlungsstellen liegen die Knotenvermittlungsleitungen (*Kl*), zwischen Hauptvermittlungsstellen und Zentralvermittlungsstellen die Hauptvermittlungsleitungen (*Hl*) und zwischen Zentralvermittlungsstellen und Zentralvermittlungsstellen die Zentralvermittlungsleitungen (*Zl*).

Außer diesen, in Abb. 14 durchgezogen gezeichneten Leitungen des Regelweges gibt es noch die gestrichelt eingezeichneten sog. Querleitungen (*Ql*). Sie werden eingerichtet, wenn ein genügend großes Verkehrsbedürfnis zwischen 2 Ortsnetzen besteht, die sonst nur über einige Durchgangsvermittlungen verbunden werden können. Unterhalb der Ebene der Knotenvermittlungsstellen gibt es jedoch keine Querleitungen.

Das kontinentale Netz besteht aus internationalen Leitungen, die die Verbindungen zwischen bestimmten Auslandskopfämtern der nationalen Netze eines Kontinentes herstellen, und das interkontinentale Netz wird aus Leitungen gebildet, welche Ozeane überspannen und in Weltfernämtern enden.

Während die Struktur der Ortsnetze vor allem auf der Zahl und der örtlichen Lage der Sprechstellen im Ortsnetzbereich basiert, sind für die Struktur des Fernnetzes die geographische Verteilung der Ortsnetze und der Verkehrsfluß zwischen den Endvermittlungsstellen, ausgedrückt z. B. in Gesprächsminuten in der Hauptverkehrsstunde, maßgebend. Der grundsätzlichen Gliederung des Fernnetzes nach Abb. 14 liegt der Gedanke des sternförmigen Netzaufbaus zugrunde, indem z. B. jede Zentralvermittlungsstelle den Mittelpunkt eines Sternes von Hauptvermittlungsstellen bildet. Ebenso sind Knotenvermittlungsstellen um eine Hauptvermittlungsstelle und Endvermittlungsstellen um eine Knotenvermittlungsstelle gelagert. Nur die Zentralvermittlungsstellen sind untereinander vollkommen vermascht. Durch die bei wachsenden Verkehrsbeziehungen im Zuge der sog. Leitweglenkung mehr und mehr eingeführten Querleitungen verwandelt sich das Netz allmählich in ein Maschennetz, dem das Sternnetz nur noch überlagert ist. Das Prinzip der Netzebenen (jeder Netzebene entspricht eine Wahlstufe) bleibt erhalten, da der Überlaufverkehr, den die Querleitungen nicht bewältigen, auf den Kennzahlweg geleitet wird.

Übertragungsmäßig erfordert die Einführung von Querverbindungen nicht unbedingt eine neue Trasse, da man unter Inkaufnahme von Umwegen Sprechkreisbündel bestehender Trassen durch Rangierung in Knotenpunkten und feste Durchschaltung in Querleitungen verwandeln kann.

In Abb. 14 sind rechts die mittleren Längen (arithmetisches Mittel) der Leitungen des Sternnetzes angegeben. Über die tatsächliche Längenverteilung geben die Summenhäufigkeitskurven in Abb. 15 [6] Auskunft. Die Längenverteilung ist im Zusammenhang mit der im nächsten Abschnitt zu besprechenden Wirtschaftlichkeitsgrenze von Mehrkanal-Übertragungssystemen von Interesse.

Eine weitere wichtige Frage der Netzstruktur ist es, wie viele Sprechkreise gemeinsam auf einer bestimmten Trasse geführt werden können, denn dies hat Einfluß auf die Wahl des einzusetzenden Mehrkanalsystems hinsichtlich seiner Kanalkapazität. Die Antwort hierauf hängt stark mit geographischen Verhältnissen zusammen und kann nicht einfach durch eine Häufigkeitsverteilung der Sprechkreiszahlen in vermittlungstechnischen Leitungsbündeln der Netzebenen angegeben werden. Man muß die notwendige Kanalzahl also von Trasse zu Trasse ermitteln, denn in einer Trasse können die verschiedensten Verkehrsbeziehungen zu Kanalbündeln zusammengefaßt werden. Praktisch

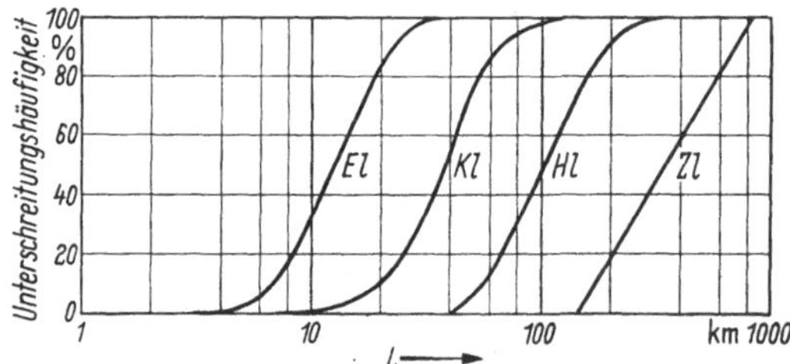


Abb. 15. Häufigkeitsverteilung der Streckenlängen $L$ im Fernwahlnetz

ergeben sich in Westdeutschland Trassen mit Bündeln zwischen einigen zehn und einigen tausend Sprechkreisen, dem ein entsprechend breites Spektrum eingesetzter Mehrkanalsysteme gegenübersteht.

### 4.4.3 Wirtschaftlicher Einsatz von Mehrkanalsystemen

Bei der Neuanlage oder Erweiterung eines Nachrichtennetzes stehen oft mehrere Lösungsmöglichkeiten für die gestellte technische Aufgabe zur Verfügung, und für die Entscheidung, welche Lösung zu wählen ist, spielt neben den technischen und betrieblichen Gesichtspunkten der Wirtschaftlichkeitsvergleich eine entscheidende Rolle.

Die wesentlichen Grundlagen für den Wirtschaftlichkeitsvergleich sind der Planungszeitraum, die Anschaffungskosten und die jährlichen Kosten.

**a) Planungszeitraum.** Die Fernsprechnetze aller Länder befinden sich seit ihren technischen Anfängen in stetiger Erweiterung. Eine Sättigung ist noch nicht abzusehen, und selbst wenn eine Sättigung eintreten sollte, so werden wegen begrenzter Lebensdauer oder technischer Veraltung, die zu hohe Betriebskosten zur Folge hat, von Zeit zu Zeit Neuanlagen nötig sein. Bei Beginn der Projektierung muß man einen Planungszeitraum festsetzen, das ist die Zeit, die von der ersten Inbetriebnahme bis zur vollen Ausnutzung der Endkapazität der Anlage verstreicht. Wann dieser Endzustand wirklich erreicht ist, kann nur als Prognose der Verkehrsentwicklung abgeschätzt werden. Der Planungszeitraum selbst muß sorgfältig überlegt werden, um sowohl Unterdimensionierung wie Überdimensionierung zu vermeiden, was beides unwirtschaftlich ist.

Einige typische Werte von Planungszeiträumen, mit denen die Deutsche Bundespost rechnet, sind für Gebäude 20 Jahre, für Kabel des Fernverkehrs 5 bis 30 Jahre, für Kabel im Ortsnetz 8 bis 12 Jahre, für Vermittlungseinrichtungen 5 Jahre.

**b) Anschaffungskosten.** Hierunter sind die Kosten zu verstehen, die bis zur Inbetriebnahme der Anlage investiert werden müssen. Bei Fernsprechverbindungen fallen hier besonders die zentralen Teile der Anlage, insbesondere die Streckenausrüstung, ins Gewicht, die von vornherein für die Endkapazität installiert werden müssen, während individuelle Teile der Anlage, wie z. B. die Kanalumsetzer in Trägerfrequenzsystemen stufenweise, in Anpassung an die Verkehrsentwicklung installiert werden können.

Bezogen auf den Endausbau besteht ein charakteristischer Unterschied zwischen der Längenabhängigkeit der Sprechkreiskosten in Niederfrequenzkabeln und in Mehrkanalsystemen. Der grundsätzliche Unterschied liegt, wie Abb. 16 zeigt, darin, daß bei der Streckenlänge Null die Niederfrequenz-Sprechkreiskosten gleich Null sind, während bei Trägerfrequenz-Sprechkreisen die Kosten für die Modulationsendgeräte auf jeden Fall aufzubringen sind.[1] Dafür hat die Kostengerade für Trägerfrequenz-Sprechkreise eine geringere Neigung als die Niederfrequenzgerade, da die Streckenkosten sich auf $N$ Sprechkreise verteilen. Die Länge $L_g$, bei der Niederfrequenz- und Trägerfrequenzkosten gleich groß sind, könnte man als Wirtschaftlichkeitsgrenze bezeichnen. Es ist hauptsächlich eine Frage der Endgerätekosten, wie niedrig die Wirtschaftlichkeitsgrenze liegt. Sie liegt heute etwa zwischen 20 und 40 km, je nachdem, ob vorhandene Niederfrequenzkabel entspult und trägerfrequent ausgenützt werden können, oder ob neue Kabel verlegt werden müssen. Es ergibt sich daraus, daß alle Sprechkreise des Weitverkehrsnetzes (oberhalb der Hauptvermittlungsstellen) mittels Trägerfrequenzsystemen gewonnen werden. Systeme, die sich für diese Netzebenen eignen, sind die Systeme V 120 auf symmetrischen Paaren, V 300, V 960, V 1260, V 2700 auf koaxialen Paaren und die Richtfunksysteme mit 120 und mehr Sprechkreisen.

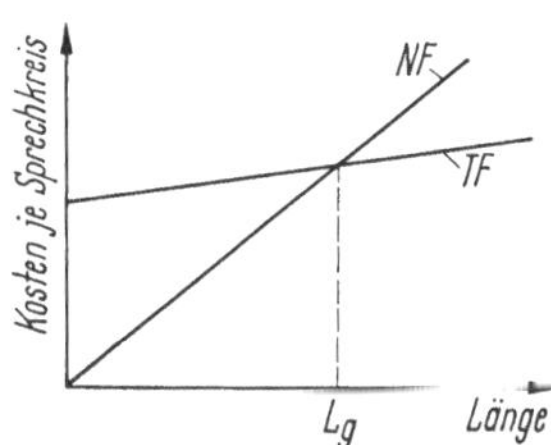



Abb. 16. Längenabhängigkeit der Sprechkreiskosten in Niederfrequenz-($NF$)- und Trägerfrequenz-($TF$)-Anlagen

Im Bezirksnetz sind die Knotenvermittlungsleitungen größtenteils, die Endvermittlungsleitungen nur zu einem geringen Teil trägerfrequent geführt. Im Bezirksnetz liegt bisher das Schwergewicht des Trägerfrequenzeinsatzes bei 12-Kanalsystemen (Z 12) auf symmetrischen

---

[1] Für eine genauere Betrachtung ist zu berücksichtigen, daß zur Übertragung der Wählzeichen zusätzlich sowohl bei Trägerfrequenzleitungen wie bei Niederfrequenzleitungen für den Fernverkehr sog. Wählübertragungen erforderlich sind. In beiden Fällen kommt also schon bei der Streckenlänge Null ein von der Technik abhängiger Grundbetrag dazu.

Leitungen, in Zukunft dürfte das System V 300 auf Kleinkoaxialpaaren 1,2/4,4 mm mit unterirdischen Transistorverstärkern hier an
Bedeutung gewinnen. Es gehört zu den wichtigsten Entwicklungs-
zielen der Trägerfrequenztechnik, die Wirtschaftlichkeitsgrenze gegenüber der Niederfrequenzübertragung weiter zu senken, um durch Verbilligung der Übertragungswege ausreichende Investitionen für den
weiteren Ausbau des Bezirksnetzes zu ermöglichen.

Die Streckenkosten von Trägerfrequenzsystemen je Sprechkreis
und Kilometer werden, bezogen auf die Endkapazität, um so kleiner,

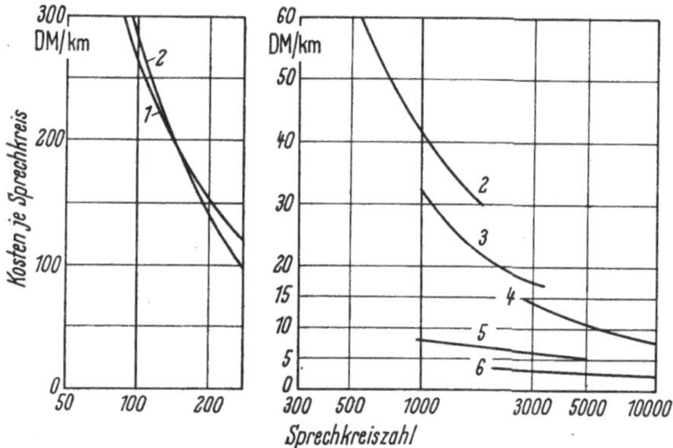


Abb. 17. Streckenkosten je Sprechkreis und je Kilometer, abhängig von der Sprechkreiszahl
*1* Z 12 1,2 mm-Trägerfrequenz-Sternvierer;  *2* V 300 Koaxial-Paar 1,2/4,4 mm;  *3* V 960 Koaxial-Paar 2,6/9,5 mm;  *4* V 2700 Koaxial-Paar 2,6/9,5 mm;  *5* FM 960/4000 Richtfunk;
*6* FM 1800/6000 Richtfunk

je größer die Kanalzahl eines Übertragungssystems ist. Das bedeutet,
daß in Abb. 16 die Neigung der Trägerfrequenzgeraden mit steigender
Sprechkreiszahl immer flacher wird. Abb. 17 gibt hierüber eine ungefähre
zahlenmäßige Vorstellung. Man sieht, daß man z. B. beim Z 12-System
mit Sprechkreiskosten in der Größenordnung von etwa 200 DM/km
rechnen muß. während beim V 2700-System diese Kosten auf etwa
10 DM/km gesunken sind. Der Vollständigkeit halber sei bemerkt, daß
auch bei Niederfrequenzkreisen die Sprechkreiskosten mit steigender
Paarzahl des Kabels abnehmen, da sich Verlegungs- und Mantelkosten
auf eine größere Sprechkreiszahl verteilen.

Man sieht hieraus, daß von seiten der Wirtschaftlichkeit her ein
starker Anreiz besteht, die Übertragungsbündel möglichst groß zu
machen, indem viele Vermittlungsbündel, insbesondere auch Querleitungen trotz Umwegbildung, auf einer Trasse zusammengefaßt werden. Der
Umweg einzelner Leitungen wird dann durch die wesentlich geringeren
Sprechkreiskosten eines Breitbandsystems weitaus wettgemacht.

Querleitungen als solche sollten dabei möglichst in ganzen Kanalgruppen von z. B. 12 oder 60 Sprechkreisen über Breitband-Trägerfre-

quenzsysteme geführt werden, da man dann nicht nur die Vermittlungseinrichtungen (wegen Querwegbildung), sondern auch die Kanalumsetzereinrichtungen (wegen Gruppendurchschaltung) in den Durchgangsämtern einspart.

**c) Jährliche Kosten.** Mit den jährlichen Kosten werden die Ausgaben erfaßt, die nötig sind, um den Betrieb der Anlage laufend durchzuführen und um am Schluß des Abschreibungszeitraums die entwerteten Teile der Anlage durch neue Teile ersetzen zu können. Sie enthalten also, auf die Jahre „verteilt", auch die verzinsten Anschaffungskosten.

Sie setzen sich zusammen aus

Kapitaldienst: das sind Beträge für Abschreibungen und Beträge für kalkulatorischen Zins (Zins, den das Anschaffungskapital auf der Bank erbracht hätte),

Unterhaltungskosten: das sind Kosten für Personal, Stromverbrauch, Ersatzteile, Röhren usw.

Man rechnet z. B. mit folgenden Zahlenwerten:

| | | |
|---|---|---|
| Abschreibungszeitraum | für TF-Einrichtungen | 15 Jahre |
| | für Kabel | 25 Jahre |
| | für Gebäude | 66 Jahre |
| Zinsfuß | etwa | 6% |
| Unterhaltungskosten (in Prozent der Anschaffungskosten) | | |
| | für TF-Einrichtungen | 4 — 6% |
| | für Kabel | 0,5 — 1% |

### Beispiel für die Berechnung der jährlichen Kosten

Ein Koaxialkabelsystem über 300 km Länge für etwa 3000 Sprechkreise benötige die Anschaffungskosten $K_0$. Davon entfallen auf

| | |
|---|---|
| Endgeräte | $0,55\,K_0$ |
| Leitungsverstärker | $0,14\,K_0$ |
| Kabel | $0,31\,K_0$ |

Die Beiträge für den Kapitaldienst bei einem Zinsfuß von 6,5% betragen in Prozenten der Anschaffungskosten (aus Tabellen zu entnehmen)

| | | |
|---|---|---|
| für Geräte | mit 15 Jahren Abschreibungszeit | 10,63% |
| für Kabel | mit 25 Jahren Abschreibungszeit | 8,20% |

Abschreibung und Zins

| | |
|---|---|
| für Endgeräte | $0,106 \cdot 0,55\,K_0 = 0,0583\,K_0$ |
| für Leitungsverstärker | $0,106 \cdot 0,14\,K_0 = 0,0148\,K_0$ |
| für Kabel | $0,082 \cdot 0,31\,K_0 = \underline{0,0254\,K_0}$ |
| | $0,0985\,K_0$ |

Unterhaltungskosten

| | |
|---|---|
| für Endgeräte | $0,05 \cdot 0,55\,K_0 = 0,0275\,K_0$ |
| für Leitungsverstärker | $0,05 \cdot 0,14\,K_0 = 0,0070\,K_0$ |
| für Kabel | $0,01 \cdot 0,31\,K_0 = \underline{0,0031\,K_0}$ |
| | $0,0376\,K_0$ |

Jährliche Kosten $(0,0985 + 0,0376)\,K_0 = 0,1361\,K_0$

In diesem Beispiel betragen die jährlichen Kosten etwa 14% der Anschaffungskosten, wovon etwa 10% auf Abschreibung und Zins und 4% auf Unterhaltung entfallen.

Von zwei für den gleichen Zweck errichteten Anlagen, die in den Anschaffungskosten gleich sind, z. B. eine Niederfrequenz-Kabelanlage und eine Trägerfrequenz-Kabelanlage, ist die Anlage mit den geringeren jährlichen Kosten (bedingt durch Lebensdauer und Unterhaltung), in diesem Fall die Niederfrequenz-Kabelanlage, vorzuziehen. Andererseits ist bei Anlagen, die für einen langen Planungszeitraum ausgelegt werden und erst allmählich entsprechend der Verkehrsentwicklung bis zur vollen Endkapazität ausgenutzt werden, der große Vorteil von Trägerfrequenzanlagen zu beachten, daß sie bei den Endgeräten eine stufenweise Anpassung an die Verkehrsbedürfnisse erlauben. Die Kapitalbeschaffung kann zeitlich verteilt werden, und ein Verschätzen der Zuwachsraten (ob linearer oder progressiver Zuwachs, ob z. B. 8% oder 12% Zuwachsrate) ist nicht mehr so schwerwiegend wie bei Niederfrequenzplanungen.

Die Jahresbeträge der jährlichen Kosten steigern sich parallel mit den Ausbaustufen erst allmählich. Das ergibt eine bessere Anpassung an eine steigende Rendite.

### 4.4.4 Verbindungs- und Dämpfungsplan

a) **Weltweite Verbindungen.** Eine weltweite Fernsprechverbindung von etwa 25000 km Länge wird durch eine Kette von Fernsprechkreisen gebildet, wobei jeder Vermittlungsabschnitt als ein Sprechkreis gerechnet wird. Bei einer Verbindung dieser Länge ist zu erwarten, daß an ihrem Ende eine Geräuschleistung von etwa 100000 pW, bezogen auf den Anfang der Vierdrahtkette, aufgelaufen ist und das CCITT hat empfohlen, wegen dieser großen Geräuschleistung nicht 40 dB (4,6 Np) (vgl. S. 248), sondern nur 36 dB (4,1 Np) Bezugsdämpfung zwischen den Teilnehmern solcher langen Verbindungen zuzulassen. Um dies sicherzustellen, müssen die in den einzelnen Teilen der nationalen und internationalen Netze zugelassenen Dämpfungen nach einem gewissen Plan abgestimmt sein. Die Aufteilung erfolgt anhand eines ebenfalls vom CCITT aufgestellten Planes für die maximale Zahl von Vermittlungsabschnitten einer weltweiten Verbindung. Diesen Plan gibt Abb. 18 wieder. Hiernach sind in Ländern mittlerer Größe, d. h. mit 1000 bis 1500 km Entfernung der äußersten Teilnehmer zum Auslandskopfamt, 3 Vierdraht-Vermittlungsabschnitte sowie 1 Zweidrahtabschnitt und die Teilnehmeranschlußleitung vorgesehen. Zwischen den zwei nationalen Netzen sind sodann vier internationale und zwei interkontinentale Kreise vorgesehen. Eine größere Zahl von Vermittlungsabschnitten soll in keiner Verbindung vorkommen, wofür die zuständigen CCITT-Kommissionen zu sorgen haben. Es entsteht also eine Kette aus 12 Vierdraht-Vermittlungs-abschnitten, von denen jeder für sich eingepegelt und geregelt wird. Um die Stabilität dieser Vierdrahtschleife zu sichern, ist außer den unten besprochenen Grenzen für zeitliche Dämpfungsänderungen die nominelle Restdämpfung der 12 Kreise auf 10,0 dB festgesetzt worden, die sich aus je 3,5 dB in den zwei nationalen Netzen und $6 \cdot 0{,}5$ dB $= 3$ dB in den internationalen Kreisen zusammensetzen. Als maximale Sende-bezugsdämpfung im nationalen Netz ist 21 dB (2,4 Np) und als maximale

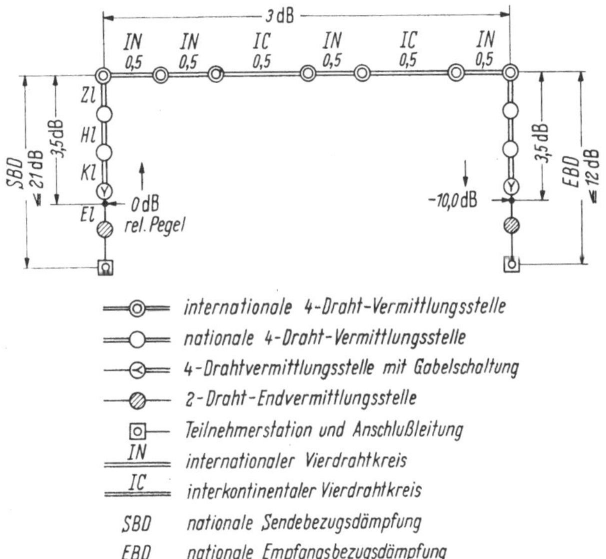


Abb. 18. Dämpfungsplan einer weltweiten Kette von Sprechkreisen

Empfangsbezugsdämpfung 12 dB (1,4 Np) empfohlen (CCITT-Empf. G. 121). Es ergibt sich damit, wie aus Abb. 18 zu ersehen ist, für die Bezugsdämpfung der Wert $(21 + 3 + 12)$ dB $= 36$ dB, wenn man zeitliche Dämpfungsschwankungen der sechs internationalen Kreise nicht berücksichtigt.

Zur Beherrschung der Pfeifsicherheit ist als Ziel gesetzt, daß zeitliche Dämpfungsschwankungen auf jedem der 12 Vierdrahtkreise, unabhängig von ihrer Länge, eine Standardabweichung von $\sigma = 1$ dB einhalten. Diese Forderung ist auf den langen internationalen und interkontinentalen Kreisen nur durch Gruppenpilotregelung zu erfüllen, setzt also Bündel von Kanalgruppen voraus.[1] GAUSSsche Vertei-

---

[1] Bei interkontinentalen Kreisen besteht hier die Schwierigkeit, daß ein solcher Vermittlungsabschnitt z. Z. aus 3 Niederfrequenzabschnitten besteht, weil auf den Seekabelstrecken Trägerfrequenzsysteme mit 3 kHz-Kanalraster und auf den angrenzenden Landkabelstrecken Trägerfrequenzsysteme mit 4 kHz-Kanalraster

lung der Dämpfungsschwankungen angenommen, beträgt die resultierende Streuung der Restdämpfungsschwankung der Vierdrahtschleife $\sigma_r = 1 \sqrt{12}\,\text{dB} = 3{,}5\,\text{dB}$ und der $3\,\sigma$-Wert, der in $3\,^0/_{00}$ der Fälle überschritten wird, ist rund 10 dB. In diesem Fall wäre die Restdämpfung Null, aber zur Stabilisierung bleiben noch die Anpassungsdämpfungen an den beiden Gabelschaltungen übrig, die zusammen 10 bis 20 dB betragen sollten. Man erkennt, daß die genaue Pegelhaltung ein Hauptproblem der internationalen Kreise ist und daß eine gleichmäßig gute Anpassungsdämpfung an den Gabeln in den nationalen Netzen anzustreben ist. Für die Stabilität kann man noch in Rechnung setzen, daß die sehr langen Verbindungen mit Echosperren beschaltet sind, so daß die Schleifendämpfung sofort erhöht wird, wenn eine Pfeifneigung bestehen sollte.

Um die Geräuschleistung in einer weltweiten Verbindung im übrigen etwa auf 50000 pW, bezogen auf den relativen Pegel Null des ersten Kreises in der Vierdrahtkette zu begrenzen, wird vom CCITT empfohlen, die sehr langen interkontinentalen Kreise, also Seekabel- und Satellitenverbindungen, auf etwa 1 bis 2 pW/km Geräuschbeitrag zu dimensionieren. Für die übrigen Vierdrahtkreise bis zu 2500 km Länge bleiben die normalen Empfehlungen von 4 pW/km (vgl. S. 269) bestehen.

**b) Nationale Verbindungen.** Das Fernnetz der Deutschen Bundespost, das nach Abb. 14 aufgebaut ist, wird nach einem nationalen Dämpfungsplan [1] betrieben, der als maximale Restdämpfung bei 800 Hz zwischen 2 Endvermittlungsstellen 2,2 Np (19 dB) einschließlich aller zeitlichen Schwankungen vorsieht. Bei Verbindungen zwischen großen Ortsnetzen mit mehreren Ortsvermittlungsstellen gilt dieser Wert zwischen den Ortsvermittlungsstellen, an welche die Teilnehmer direkt angeschlossen sind. In der Regel sind die Endvermittlungsleitungen (*El*) Zweidrahtleitungen, die übrigen Leitungen (*Kl*, *Hl*, *Zl*) dagegen Vierdrahtleitungen. Alle nationalen Vierdrahtabschnitte werden nominell mit $0 \pm 0{,}2\,\text{Np}$ Restdämpfung betrieben, $\pm 0{,}2\,\text{Np}$ sind die maximalen Werte der zugelassenen Dämpfungsschwankungen. Für $n$ hintereinandergeschaltete Vierdrahtabschnitte rechnet man mit $0 \pm 0{,}2\sqrt{n}\,\text{Np}$. Aus Stabilitätsgründen ist jedoch die nominelle Restdämpfung von Vierdrahtleitungen, die mit Gabeln abgeschlossen sind, im deutschen Dämpfungsplan auf mindestens 0,8 Np festgesetzt, so daß am Ende einer nationalen Trägerfrequenzverbindung der relative Pegel höchstens $-0{,}8\,\text{Np}$ ($-7\,\text{dB}$) betragen kann (vgl. den Abschnitt über Stabilität S. 257). Wenn die an die Vierdrahtkreise anschließende zweidrähtige Endvermittlungsleitung

---

verwendet werden. Für sehr lange Vermittlungsabschnitte, wie z. B. London—Sydney, wird man deswegen entweder auf den Seekabelstrecken eine Primärgruppe mit 4 kHz-Raster, d. h. mit 12 Kanälen, oder auf den anschließenden Landverbindungen eine Primärgruppe mit 3 kHz-Raster, d. h. mit 16 Kanälen, ausrüsten. Dadurch ist dann Gruppendurchschaltung von London bis Sydney ermöglicht.

mehr als 0,35 Np Dämpfung hat, so kann durch Überverstärkung im Vierdrahtkreis, die durch Ausschalten von 0,1 bis 0,4 Np-Dämpfungsgliedern im Vierdrahtkreis gewonnen wird, die Endvermittlungsleitung um diese Beträge entdämpft werden. Auf diese Weise können zweidrähtige Endvermittlungsleitungen mit maximal 0,85 Np zugelassen werden.

Dieser nationale Dämpfungsplan ist gut mit dem weltweiten Dämpfungsplan vereinbar. Es ergeben sich z. B. folgende nominelle Aufteilungen der maximal zugelassenen nationalen Sende- (SBD-) und Empfangs- (EBD-) Bezugsdämpfungen:

$$SBD = 2,4\,Np = \underset{\substack{\text{Teilnehmer-}\\\text{anschluß}}}{1,2\,Np} + \underset{\substack{\text{Bezirks-}\\\text{kabel}}}{0,9\,Np} + \underset{\substack{\text{Reserve für}\\\text{Nebenstellen}}}{0,3\,Np}$$

$$EBD = 1,4\,Np = 0,2\,Np + 0,9\,Np + 0,3\,Np.$$

Auch die zugelassenen Dämpfungsschwankungen der 3 Vierdrahtabschnitte $Kl$, $Hl$, $Zl$ bis zum Auslandskopfamt passen wie folgt zusammen:

Nach nationalem Plan: $\varDelta a = \pm\, 0,2\,Np\,\sqrt{3} = \pm\, 0,35\,Np = \pm 3\,dB$.

Nach CCITT: $\varDelta a = \pm\, x\,\sigma\,\sqrt{3}\,dB = \pm\, x \cdot 1\,dB\,\sqrt{3} = \pm\, x\,1,73\,dB$.

Nach CCITT dürfte $\varDelta a = 3\,dB$ in 4 % der Zeit überschritten werden, die sich aus dem Wert $x = 1,73$ bei GAUSSscher Verteilung ergeben.

Selbst wenn auch die Endvermittlungsleitungen trägerfrequent, also vierdrahtmäßig betrieben würden und eine maximale Dämpfungsschwankung von $\pm\, 0,2\,Np$ erbrächten, würde die auf 4 nationalen Abschnitten resultierende Dämpfungsschwankung von

$$\pm\, 0,2\,Np\,\sqrt{4} = \pm\, 0,4\,Np = \pm 3,5\,dB$$

einem Wert entsprechen, der nach der CCITT-Empfehlung G. 122 in 2 % der Zeit zulässig ist (CCITT rechnet mit 3 nationalen Abschnitten je $\sigma = 1\,dB$).

## 4.5 Das Fernschreibnetz

Alle Fernsprechkanäle, die den Empfehlungen des CCITT genügen, können als sog. Grundleitungen für Telegraphie- und Datenübertragung dienen. Im öffentlichen Verkehr hat man aus technischen und organisatorischen Gründen ein eigenes Fernschreibnetz, das Telexnetz, geschaffen, das zwar, gewissermaßen als Gast, Fernleitungen des postalischen Fernsprechnetzes als Grundleitungen benützt, aber eigene Vermittlungseinrichtungen hat, die nur Telexteilnehmern zugänglich sind. Wie auch auf S. 357 beschrieben, erhält ein Fernschreibteilnehmer eine Zweidrahtanschlußleitung zur Telexvermittlungsstelle, die nur zum Empfang von Telegraphiezeichen mittels Relais, also nicht zum Telephonieren eingerichtet ist. Auf der Anschlußleitung wird mit Gleichstrom-Einfach-strom (0/40 mA) geschrieben und in den Telexvermittlungsstellen Gleich-strom-Doppelstrom mit $\pm 20$ mA verwendet. Auf den Leitungen zwi-schen den Vermittlungen wird mit Wechselstromtelegraphie (WT) ge-arbeitet, wobei je WT-Grundleitung bis zu 24 50 Bd-WT-Kanäle ein-gerichtet werden können. Die Verwendung von relativ großen Gleich-stromstärken auf den Anschlußleitungen und in den Wählvermitt-lungen macht die Übertragung robust gegenüber den dort auftretenden Störströmen und für die Fernübertragung ist es sehr günstig, daß die Telegraphieimpulse in jedem Vermittlungsabschnitt hinsichtlich Form und Amplitude neu eingetastet werden. Allerdings werden dabei die Telegraphieverzerrungen, d. h. die Fehler der Schrittdauern, nicht be-seitigt. Diese Verzerrungen addieren sich etwa mit der Wurzel aus der Summe der Quadrate der Einzelverzerrungen.

Da die auf den relativen Pegel Null bezogene mittlere übertragene Leistung von 24 WT-Kanälen mit 100 bis 200 µW erheblich größer als die mittlere Leistung von Sprach- und Signalübertragung (etwa 15 µW + 10 µW = 25 µW, vgl. S. 274) ist, dürfen in Vielkanalsystemen nur etwa 6% der Kanäle mit WT belegt werden, wenn die zentralen Teile des Systems, wie Leitungsverstärker und Modulatoren, im Mittel mit nicht mehr als 32 µW je Kanal belastet werden sollen.

Die Verkehrsverhältnisse des Telexnetzes unterscheiden sich in zweier-lei Hinsicht von denen des Fernsprechnetzes. Erstens sind die Fernschreib-stellen noch viel mehr als die Sprechstellen auf wenige große Städte kon-zentriert und die Gesamtzahl der Teilnehmer ist erheblich kleiner (z. B. in der Bundesrepublik Deutschland Ende 1964 52000 Fernschreib-anschlüsse gegenüber 4,6 Millionen Fernsprech-Hauptanschlüssen). Zweitens sind die Entfernungen im Fernschreibverkehr durchschnittlich viel länger als im Fernsprechverkehr. Es wird nur wenig Verkehr inner-halb eines Ortsnetzes abgewickelt. Während in Deutschland im Fern-sprechnetz 80% der Ferngespräche innerhalb einer Zone von 50 km um ihren Ausgangspunkt abgewickelt werden, sind 50% aller Fernschreib-Wählverbindungen länger als 300 km.

Diese Eigenheiten finden in der Struktur des Fernschreibnetzes ihren Niederschlag. Abb. 19 zeigt den Aufbau dieses Netzes. Das Netz enthält weniger Querverbindungen, und es enthält eine Netzebene weniger als das Fernsprechnetz, nämlich nur Zentral-, Haupt- und Endvermittlungs-stellen. Ortsnetze im Sinne der Fernsprechortsnetze mit Ortstarif gibt es nicht. Die Teilnehmer sind direkt an die Fernvermittlungen angeschlos-sen. Der geringe Prozentsatz der Teilnehmer, die nicht am Ort von Zentral-, Haupt- oder Endvermittlungsstellen wohnen (und mit Ein-fachstrom 0/40 mA auf der Anschlußleitung arbeiten), sind entweder als Fernteilnehmer über lange Anschlußleitungen (etwa 10 bis 40 km) mit

Gleichstrom-Doppelstrom-Betrieb ($\pm 20$ mA) an die Endvermittlungsstelle angeschlossen, oder es wird eine kleine Gruppe von Teilnehmern auf
eine sog. End-Teilvermittlungsstelle konzentriert. Es gibt im Telexnetz
der Deutschen Bundespost 50 End- und 110 Endteilvermittlungsstellen.
Zwischen Endteilvermittlung und Endvermittlung sowie zwischen Endvermittlung und Hauptvermittlung wird die sog. Bezirks-WT eingesetzt.

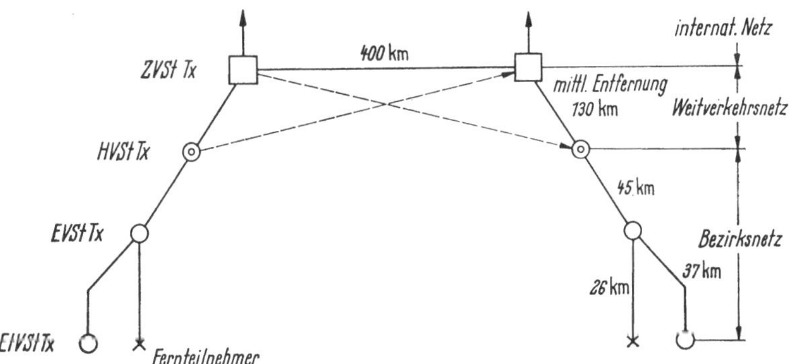


Abb. 19. Aufbauschema des Fernschreibnetzes (Telexnetz) der Deutschen Bundespost
*Z V St Tx* Telex-Zentralvermittlungsstelle; *H V St Tx* Telex-Hauptvermittlungsstelle; *E V St Tx*
Telex-Endvermittlungsstelle; *Et V St Tx* Telex-End-Teilvermittlungsstelle

Das ist eine Doppelton-WT mit bis zu 6 Schreibkreisen auf einer (pupinisierten) Zweidrahtleitung oder mit bis zu 12 Schreibkreisen auf einer
Vierdrahtleitung. Die Schreibkreise im Weitverkehr werden vorwiegend
mit AM-WT 24 oder FM-WT 24 (s. S. 360) auf Trägerfrequenz-Grund-
leitungen gebildet.

## 4.6 Ton- und Fernsehrundfunknetze

Zur Übertragung der Ton- und Fernsehrundfunksignale zwischen den
Studios der Sendegesellschaften und den Sendestationen sind ausgedehnte
nationale und internationale Netze notwendig. In der Regel bestehen
diese aus Punkt-zu-Punkt-Verbindungen (geschlossenen Stromkreisen).
Als Ausnahme sei hier nur erwähnt, daß UKW-Ton-Rundfunksender
(100 MHz-Gebiet) z. T. mittels sog. Ballempfang von benachbarten
Rundstrahlsendern versorgt werden.

### 4.6.1 Tonleitungen

Für den Tonrundfunk sind in erster Linie Niederfrequenzleitungen
und eigene Verstärker mit 50 Hz bis 10 kHz Übertragungsband bereitgestellt. Diese Leitungen werden z. B. aus den Phantomkreisen von
Trägerfrequenzvierern, deren Stammleitungen erst ab 12 kHz mit
Sprechkanälen belegt sind (V 60, V 120), in symmetrischen Kabeln
gebildet oder als spezielle geschirmte und bespulte Doppeladern in den

Fernkabeln vorgesehen (s. S. 605). Diese Art Leitungen sind elektrisch sehr gut zur Einhaltung der auf S. 249 ff. beschriebenen Anforderungen geeignet, doch sind die Spezialpaare oft wegen geringer Ausnutzung recht teuer und Trägerfrequenzkabel mit V 60- oder V 120-Systemen nur beschränkt vorhanden.

Wenn keine Niederfrequenz-Rundfunkleitungen verfügbar sind, kann man anstelle von 3 Sprechkanälen in einem Trägerfrequenzsystem einen Tonkanal einrichten. Vom CCITT ist das Band 84 bis 96 kHz innerhalb einer Grundprimärgruppe hierfür vorgesehen. Da ein Tonkanal jedoch höhere Anforderungen an Geräusch- und Nebensprechabstand erfüllen muß (vgl. S. 253 ff.) als Sprechkanäle, für die das Trägerfrequenzsystem bemessen ist, sind spezielle Maßnahmen für den Trägerfrequenz-Tonrundfunk nötig. Am wirkungsvollsten und für eine Übertragung über 2500 km ausreichend ist hierfür der Einsatz eines Trägerfrequenz-Tonrundfunkkompanders (s. S. 614). Man muß darauf achten, daß das Trägerfrequenzsystem durch die Tonsignale nicht überlastet wird. Das CCITT empfiehlt, an einem Punkt mit dem relativen Pegel Null des Trägerfrequenzsystems den relativen Rundfunkpegel $0 \pm 3$ dB anzuwenden.

Eine gesamte Tonleitungsverbindung zwischen 2 Rundfunkanstalten besteht aus einer Ortssendeleitung, einem oder mehreren Fernleitungsabschnitten und einer Ortsempfangsleitung. Die relativen Rundfunkpegel (vgl. S. 247) an den verschiedenen Übergabepunkten sind folgendermaßen festgelegt (vgl. CCITT-Empf. J. 13): Am Eingang der Ortssendeleitung (Studioausgang) 0 Np; am Ausgang der Ortssendeleitung sowie an den Eingängen und Ausgängen der Fernleitungsabschnitte und am Eingang der Ortsempfangsleitung $+0,7$ Np; am Ausgang der Ortsempfangsleitung (Studioeingang) $-1,3$ Np.

### 4.6.2 Fernsehleitungen

Die wichtigste Forderung für Fernsehleitungen ist formgetreue Signalübertragung. Die Fernsehübertragung beginnt im Studio in Videofrequenzlage 0 bis 5 MHz und muß über Ortszubringerleitungen auf das Weitverkehrsnetz geleitet werden, das die Fernsehsender und Studios untereinander verbindet.

In Europa wird für Fernsehortsleitungen teils Videoübertragung auf Koaxialkabeln angewendet. Dies erfordert besondere Kunstschaltungen, z. B. Videoverstärker mit Trennübertragern zur Unterdrückung von Brummstörungen aus Starkstromnetzen (s. S. 630 ff.). Teils wird auch, insbesondere in Deutschland, ein Zweiseitenband-Trägerfrequenzsystem auf Koaxialpaaren mit der Trägerfrequenz 21 MHz benutzt.

In den USA ist für die Videoübertragung ein dämpfungsarmes, symmetrisches, geschirmtes Adernpaar geschaffen worden, das mit zugehörigen Verstärkern und Entzerrern (A2a-System) in Ortsnetzen eingesetzt wird.

Für die Weitverkehrsübertragung der Fernsehsignale eignen sich besonders Richtfunksysteme mit Frequenzmodulation (z. B. das System FM 960/TV 4000). Diese Systeme haben als Zweiseitenbandsysteme den Vorteil, daß die sehr tiefen Frequenzen des Videobandes ohne Schwierigkeiten übertragen werden und daß die Demodulation sehr einfach ist, so daß die Bildqualität leicht unterwegs mit Empfängern (Monitoren) überwacht werden kann. In Deutschland sind zwei ausgedehnte, voneinander unabhängige Richtfunknetze für das erste und zweite deutsche Fernsehprogramm ausgebaut worden [7]. Die Breitband-Richtfunksysteme sind so bemessen, daß sie wahlweise für Fernsehübertragung mit bis zu 6 MHz-Videobandbreite oder für 960 Fernsprechkanäle eingesetzt werden können. Der überwiegende Teil der Radiofrequenzkanäle der 4 GHz-Systeme wird in Deutschland heute vom Fernsehen belegt und viele Trassen sind nur wegen des Fernsehens gebaut worden, so daß die Fernsehleitungen nicht mehr als „Gäste" im Fernsprechnetz bezeichnet werden können. Auch der internationale Programmaustausch erfolgt im wesentlichen auf den großen Richtfunktrassen.

Die trägerfrequente Fernsehübertragung auf Koaxialkabeln ist technisch durchentwickelt im 6 MHz- und 12 MHz-System. Das 6 MHz-System ist im deutschen Weitverkehrsnetz zwischen München und Nürnberg seit 1957 für die Fernsehversorgung in Betrieb.

Der Begleitton zum Fernsehsignal wird meist auf getrennten Tonleitungen übertragen, es gibt aber auch Richtfunksysteme, die sowohl einen Fernsehkanal wie auch einen Tonkanal auf einem Hilfsträger enthalten.

Weitere Entwicklungen von Richtfunksystemen mit einem Fernsehkanal und bis zu 4 Begleittonkanälen, z. B. für mehrsprachige Reportagen, sind im Gange.

## Schrifttum

[1] Bath, F., F. Pfleiderer, F. Ring, u. W. Zerbel: Der heutige Dämpfungsplan im Fernsprechnetz der Deutschen Bundespost. NTZ 10 (1957) 541—547.

[2] Holbrook, B. D., u. J. T. Dixon: Load rating theory for multichannel amplifiers. Bell System Techn. J. 18 (1939) 624—644.

[3] Braun, K., u. W. Schöbel: Messungen der statistischen Verteilung des Sprachvolumens in Fernsprechkanälen. NTZ 12 (1959) 271—276.

[4] Brockbank, R. A., u. C. A. Wass: Non-linear distortion in transmission systems. J. IEE 92 Part III (1949) 45—56.

[5] Deutscher Beitrag: Détermination de la puissance équivalente du signal multivoie en fonction du nombre des voies. CCITT-Rotbuch Bd. I (1956) 271—275.

[6] Thurmayer, T.: Verkehrsverteilung und Mittelwertsnetzbilder im Fernsprech-Fernverkehr. VDE-Fachber. 19 (1956) II/34.

[7] Müller, J.: Zehn Jahre Fernsehübertragung bei der Deutschen Bundespost. Telecom. J. 31 (1964) 77—82.

# B. Übertragungssysteme

## 1. Niederfrequenzgeräte und Signalisierung

Von H. Bendel

### 1.1 Übertragungseinrichtungen

Aus wirtschaftlichen Gründen werden die Fernsprechteilnehmer allgemein über Zweidrahtleitungen an ihr Fernsprechnetz angeschlossen. Für den Nahverkehr sowie den Zubringerdienst zum Weitverkehr werden z. T. ebenfalls Zweidrahtleitungen benutzt, deren Dämpfung in vielen Fällen durch Niederfrequenzverstärker herabgesetzt ist. Das Weitverkehrsnetz dagegen besteht aus Vierdrahtleitungen oder vierdrahtähnlichen Sprechkreisen, bei denen jeder Übertragungsrichtung ein Adernpaar oder ein Übertragungskanal zur Verfügung steht. Der Übergang vom Vierdraht- zum Zweidrahtbetrieb bildet in der Übertragungstechnik ein großes Problem, von dessen Beherrschung die Brauchbarkeit der zwischen 2 Teilnehmern aufgebauten Verbindung wesentlich mit abhängt.

Jede Fernsprechverbindung zwischen 2 Teilnehmern enthält eine Reihe von Leitungsabschnitten, die entsprechend dem jeweiligen Wunsch des die Verbindung verlangenden Teilnehmers zusammengeschaltet sind. Dazu müssen alle für den Verbindungsaufbau benötigten Informationen den in Frage kommenden Vermittlungsstellen zugeführt werden. Sie werden in der heute üblichen Technik entweder innerhalb des Sprachbandes übertragen oder mit Signalschwingungen, die sich eng an das für die Sprechströme benötigte Frequenzband anschließen. Ohne die Übertragung dieser Informationen, der Rufzeichen im durch Beamtinnen handvermittelten Betrieb und der Schaltkennzeichen im automatischen Wählverkehr, ist ein Fernsprechnetz nicht benutzbar.

#### 1.1.1 Gabel, Nachbildung, Gabeltiefpaß

Den Übergang zwischen Vierdraht- und Zweidrahtbetrieb ermöglicht die Fernsprechgabel. Über sie können die Sprechströme von der Vierdraht- in die Zweidrahtleitung fließen und umgekehrt, ohne daß ein

störendes Zurückfließen vom ankommenden in den abgehenden Vierdrahtweg möglich ist.

Die Fernsprechgabel besteht aus einer Brückenschaltung. Sie ist
abgeglichen, wenn der an einen bestimmten Brückenzweig, die Nach-
bildseite, angeschlossene Widerstand den Scheinwiderstand der Zweidrahtleitung über den ganzen von den Vierdrahtwegen übertragenen
Frequenzbereich genau nachbildet.

Der Gabelabgleich ist durch die Leitungsnachbildung nicht immer in
ausreichender Weise zu verwirklichen. Dies ist insbesondere dann nicht
möglich, wenn bei gleichbleibender Nachbildung durch die Vermittlungsstelle auf der Zwei-
drahtseite verschiedene
Leitungstypen und Lei-
tungslängen angeschlossen
werden. Die Entkopplung
der beiden Vierdrahtwege
ist dann unvollkommen,
ein Teil der ankommen-
den Sprechströme fließt
zum fernen Teilnehmer
zurück und macht sich

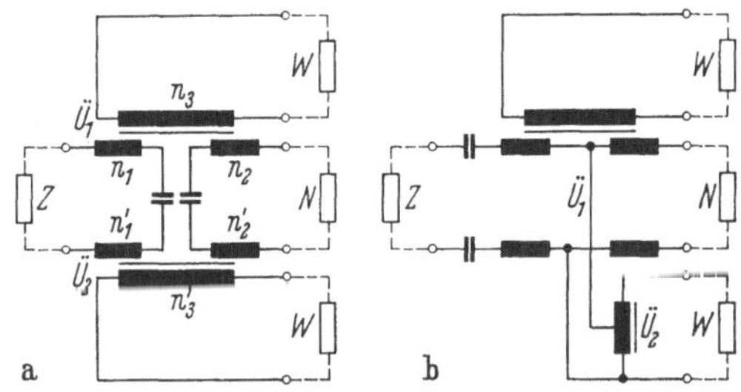

Abb. 1a u. b. Schaltung von Übertragergabeln

dort als Echo bemerkbar. Ergibt sich bei der fernen Gabel durch ungenü-
gende Nachbildung ebenfalls ein Rückfluß, so entsteht im Vierdrahtkreis
eine Rückkopplung, die ihn zur Selbsterregung bringen kann. Der Sprechkreis ist dann für die Nachrichtenübertragung unbrauchbar. Die Nachbildfehler müssen also in gewissen Grenzen gehalten werden, zumal
durch die Rückkopplung auch Dämpfungsverzerrungen verursacht
werden, die mit abnehmendem Pfeifpunktabstand immer stärker ansteigen.

Für die Fernsprechgabel ergeben sich verschiedene Realisierungs-
möglichkeiten. Am gebräuchlichsten sind Gabeln mit zwei Übertragern,
z. B. nach Abb. 1a oder 1b. Die Gabel nach Abb. 1b wurde schon 1907
für Fernsprechleitungen vorgesehen. Bei der Schaltung nach Bild 1a
induziert der auf der Zweidrahtseite in die Gabel hineinfließende Strom
an den Wicklungen $n_1$ und $n_2$ sowie an $n_1'$ und $n_2'$ eine Spannung. Wenn
die beiden Übertrager genau gleiche Teilwicklungen haben und die
Abschlußwiderstände an $n_3$ und $n_3'$ genau übereinstimmen, sind auch
die Spannungen an $n_2$ und $n_2'$ gleich groß. Bei geeigneter Polung der
Wicklungen fließt über die Nachbildung kein Strom, die dem Eingang
zugeführte Leistung verteilt sich dann gleichmäßig auf die beiden Vierdrahtseiten. In diesem Falle ist die Durchgangsdämpfung $\frac{1}{2}\ln 2 = 0{,}35$ Np.

In der umgekehrten Richtung induziert ein durch die Wicklung $n_3'$
fließender Strom zwei gleiche Spannungen an $n_1'$ und $n_2'$. Diese treiben,

wenn der Scheinwiderstand der Nachbildung $N$ genau mit dem an der Zweidrahtseite angeschlossenen $Z$ übereinstimmt, durch $n_1$ und $n_2$ gleich große Ströme, so daß im Übertrager $Ü_1$ kein magnetischer Fluß und somit an $n_3$ keine Spannung entsteht. Die beiden Vierdrahtseiten sind dann voneinander entkoppelt, die Übergangsdämpfung ist groß.

Stimmen die beiden Scheinwiderstände nicht miteinander überein, so sinkt die Übergangsdämpfung für ein Übersetzungsverhältnis $n_3 : n_2 = n_3' : n_2' = \sqrt{2}$ auf den Wert [1]

$$a_{ü} = \ln 2 + \ln \frac{1}{\dfrac{Z - W}{Z + W} - \dfrac{N - W}{N + W}}. \tag{1}$$

Ist dabei $W = Z$, so vereinfacht sich diese Gleichung auf

$$a_{ü} = \ln 2 + \ln \frac{Z + N}{Z - N}. \tag{2}$$

Mit dieser Näherung wird in der Praxis gerechnet.

Werden mehrere Fernleitungsabschnitte zweidrähtig in Reihe geschaltet, so müssen die an den Zweidraht-Durchschaltestellen entstehenden Rückflüsse klein sein, damit sie nicht die Stabilität der Gesamtverbindung gefährden. Dies gilt vor allem dann, wenn die Teilabschnitte — wie dies bei der Fernvermittlungsstelle F 36 der Fall ist — mit der Restdämpfung Null betrieben werden. Hier müssen die Eingangswiderstände aller Leitungen, die in dieser Vermittlungsstelle durchverbunden werden können, gut miteinander übereinstimmen. Nur dann kann mit einer einheitlichen Nachbildung bei allen Leitungen der Rückfluß hinreichend klein gehalten werden. Damit stellt die Fernvermittlungsstelle F 36 hohe Forderungen an den Eingangswiderstand der Gabeln. Da diese Technik nur bei Handvermittlung üblich ist, verliert sie durch die Ausbreitung des Selbstwählferndienstes immer mehr an Bedeutung. Hinzu kommt, daß neue handvermittelte Sprechkreise vorwiegend nur noch für Vierdrahtvermittlung eingerichtet werden.

Der Selbstwählferndienst bringt die Notwendigkeit, in vierdrähtigen Wählvermittlungsstellen Zweidrahtleitungen sowohl mit Vierdrahtleitungen wie mit anderen Zweidrahtleitungen durchzuschalten. Dies läßt sich ermöglichen, wenn alle Zweidrahtleitungen mit Gabeln abgeschlossen werden, so daß auch sie vierdrähtig enden. An diese Gabeln werden hinsichtlich des Scheinwiderstandes keine hohen Anforderungen gestellt, ihre Durchgangsdämpfung muß aber klein sein, damit die Dämpfung unverstärkter Leitungen bei einer derartigen Durchschaltung nicht nennenswert steigt. Hier wird die Induktivität der Gabelübertrager auf die Sperrkondensatoren der Leitungen abgestimmt. Man erreicht dadurch trotz kleinerer Übertrager und Kondensatoren niedrigere Werte für Durchgangsdämpfung und Dämpfungsverzerrung. Zudem ergibt sich infolge der unterhalb der unteren Grenze des Übertragungsbereichs stark ansteigenden Dämpfung eine zusätzliche Unterdrückung von Störspannungen, die unterhalb des Frequenzbandes der Sprechströme liegen können. Abb. 2 zeigt den Frequenzgang einer derartigen Gabel.

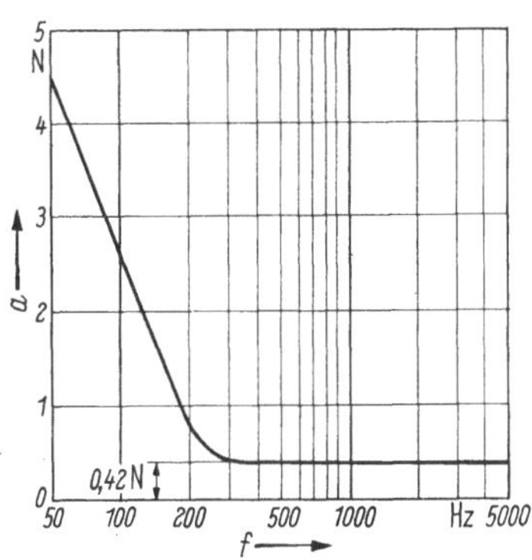

Abb. 2. Durchgangsdämpfung einer Hochpaßgabel

Die Anforderungen an die Nachbildgüte einer Gabel hängen sehr vom jeweiligen Einsatzfall ab. Bei Sprechkreisen, die zwischen den Zweidrahteingängen im gesamten Übertragungsbereich für alle Betriebszustände einschließlich Leerlauf und Kurzschluß auf den Gabelzweidrahtseiten mindestens eine Restdämpfung von 0,2 Np haben, genügt mit Rücksicht auf die Stabilität bereits ein reeller Widerstand als Nachbildung. Trifft diese Voraussetzung nicht zu, so müssen für die Nachbildung aus Widerständen, Kapazitäten und z. T. auch aus Induktivitäten bestehende Netzwerke verwendet werden. Bei belasteten Leitungen benutzt man vorwiegend die von R. S. HOYT 1915 angegebene Nachbildungsschaltung nach Abb. 3 [2, 3]. Bei ihr wird der Realteil $Z = \sqrt{L/C}$ des Kabelwellenwiderstandes bis etwa zum 0,7fachen der Grenzfrequenz durch $R_1$ nachgebildet und sein Imaginärteil durch den mit $R_1$ in Reihe liegenden Schwingkreis $L/C_2$. Beginnt das PUPIN-Kabel, wie allgemein üblich, mit einem halben Spulenfeld, so lassen sich die Werte für $C_1$, $C_2$ und $L$ mit folgenden Beziehungen zur Gesamtinduktivität $L_{sp}$ und Gesamtkapazität $C_{sp}$ des Spulenfeldes bestimmen

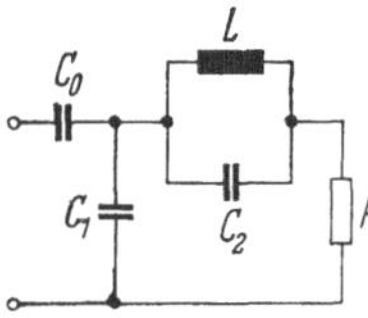

$$C_1 = 0{,}32\,C_{sp}, \qquad C_2 = 0{,}382\,C_{sp},$$
$$L = 0{,}339\,L_{sp}. \tag{3}$$

Abb. 3
HOYT-Nachbildung

$C_0$ berücksichtigt bei tiefen Frequenzen die Frequenzabhängigkeit des Leitungswiderstandes sowie den Einfluß der Leitungsübertrager und Sperrkondensatoren, mit denen Fernleitungen im allgemeinen abgeschlossen sind. Die genauen Werte der Bauelemente jeder Nachbildung werden entweder für jede Leitung experimentell bestimmt, was einen ziemlich großen Zeitaufwand erfordert, oder es werden fabrikationsmäßig hergestellte Nachbildungen benutzt, die für jeden Leitungstyp besonders bemessen sind. Bei dem letzten Verfahren müssen alle zum Kabel parallel oder in Reihe liegenden Lastwiderstände (z. B. das

Rufrelais) so hoch bzw. niedrig sein, daß sie den Kabelwiderstand nicht nennenswert verändern.

PUPIN-Leitungen können mit einfachen Mitteln nicht bis zu ihrer Grenzfrequenz und darüber hinaus nachgebildet werden. Im allgemeinen nutzt man sie daher nur etwa bis zur 0,7fachen Grenzfrequenz aus. Liegt die obere Übertragungsgrenze einer Zweidrahtleitung tiefer als die des angeschlossenen Vierdrahtkreises, so können sich Stabilitätsschwierigkeiten ergeben, da dann die Gabelnachbildung den Scheinwiderstand der Zweidrahtseite nicht im ganzen vom zugeordneten Vierdrahtkreis

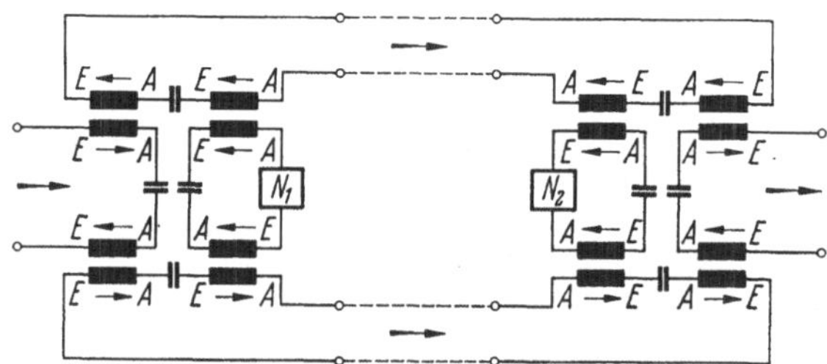


Abb. 4. Vierdrähtige Durchschaltung von Zweidrahtleitungen über Gabeln

übertragenen Frequenzbereich nachbildet. Bei kleiner Restdämpfung kann in solchen Fällen die Stabilität nur sichergestellt werden, wenn die Bandbreite des Vierdrahtkreises auf diejenige der Zweidrahtseite begrenzt wird. Hierzu dienen Tiefpässe, die im allgemeinen den Gabeln zugeordnet sind und darum als Gabeltiefpässe bezeichnet werden. Da die Weitverkehrssprechkreise, von wenigen Ausnahmen abgesehen, bis 3400 Hz übertragen und heute noch viele Zweidrahtleitungen mit tieferer Übertragungsgrenze benutzt werden, sind in Deutschland die Gabeltiefpässe zur Begrenzung auf 2100, 2400 und 2800 Hz ausgelegt.

Bei der vierdrähtigen Verbindung von Zweidrahtleitungen über Gabeln muß auf richtige Polung der Vierdrahtzweige geachtet werden, damit die in der ersten Gabel auf die beiden Vierdrahtwege verteilten Energieflüsse in der zweiten Gabel nur den Zweidrahtausgang und nicht die Nachbildung speisen. Nur dann ist die Durchgangsdämpfung theoretisch Null. Dies läßt sich mit Abb. 4 erkennen. Bei der angedeuteten Wicklungspolung addieren sich in der rechten Gabel die Energieflüsse der beiden Vierdrahtwege auf der Zweidrahtseite, die Nachbildung $N_2$ bleibt stromlos. Beim Umpolen eines der beiden Vierdrahtwege würden sich dagegen die Energieflüsse in der Nachbildung $N_2$ addieren und die Zweidrahtseite bliebe stromlos. Daraus ist auch ersichtlich, daß bei einer derartigen Durchschaltung die Phasenbeziehung zwischen den beiden Vierdrahtwegen nicht allzusehr durch Gabeltiefpässe gestört werden darf.

Der Gabeltiefpaß wird, wo nötig, der Zweidrahtleitung fest zugeordnet und jeweils auf der Vierdrahtseite der Gabel eingeschaltet. Da er insbesondere bei sparsamer Ausführung bereits im Durchlaßbereich eine beträchtliche Phasendrehung verursacht, kann er die phasenrichtige Addition der beiden Energieflüsse derart stören, daß innerhalb des Übertragungsbereichs eine erhebliche frequenzabhängige Erhöhung der Durchgangsdämpfung entsteht. Sie läßt sich vermeiden, wenn jeder Gabeltiefpaß in zwei gleichartige Tiefpässe unterteilt wird, welche in die 2 Durchgangswege eingeschaltet werden und in beiden die gleiche Phasendrehung verursachen.

### 1.1.2 Niederfrequenzverstärker

**a) Gabelverstärker.** Aus den Netzplanbetrachtungen (s. S. 288) läßt sich ableiten, daß in Deutschland die Dämpfung der zweidrähtigen Endamtsleitungen u. U. nicht größer als 0,35 Np sein darf. Haben diese Zweidrahtabschnitte eine größere Dämpfung, so müssen sie entdämpft werden. Hierfür nutzt man in vielen Fällen die Verstärkungsreserve der vierdrähtigen Weitverkehrsverbindungen aus, die sich aus den Ein- und Ausgangspegeln $-2$ Np und $+1$ Np ergibt. Dazu wird beim Durchschalten von der zu entdämpfenden Leitung über die Sprechadern ein besonderes Kennzeichen zur Vierdrahtleitung gegeben, welches dort über ein Relais oder ein ähnliches Schaltmittel ein entsprechendes Dämpfungsglied überbrückt.

Nicht immer können die Vierdrahtleitungen zur Entdämpfung von Zweidrahtabschnitten herangezogen werden. In solchen Fällen werden die Zweidrahtleitungen durch Verstärker entdämpft. Es ist dabei naheliegend, die Gabeln der Vermittlungsstellen durch mit Verstärkern ergänzte Gabeln, Gabelverstärker, zu ersetzen. Abb. 5 zeigt den Prinzipstromlauf eines derartigen Gabelverstärkers. Zur universellen Verwendbarkeit sind Umschaltemöglichkeiten vorgesehen, die es erlauben, bei Bedarf den Verstärker auch als Zwei- oder Vierdrahtverstärker zu betreiben. Beim Einsatz als Zweidrahtverstärker tritt wieder das Problem auf, daß PUPIN-Leitungen in der Nähe der Grenzfrequenz und darüber nicht ausreichend nachgebildet werden können. Der Verstärker enthält daher 2 Tiefpässe ($L$, $C_1$, $C_2$), welche die Verstärkung über 3400 Hz herabsetzen. Beim Einsatz des Gabelverstärkers in älteren Leitungen mit kleinerem Übertragungsbereich müssen andere Tiefpässe mit tiefer liegender Grenzfrequenz zugesetzt werden.

Der Gabelverstärker bietet auch ein gutes Mittel, den Zweidrahtteil von den unbestimmten Scheinwiderstandsverhältnissen der Vierdrahtseite zu entkoppeln. Wie S. 296 erwähnt, werden bei der Fernvermittlungsstelle F 36 hohe Anforderungen an den Scheinwiderstand des zweidrähtigen Sprechkreisendes gestellt. Dieser Widerstand wird durch

Wähileitungen in anderer Weise von der Vierdrahtseite her beeinflußt
als bei handvermittelten Leitungen. Die handvermittelten Fernleitungen
enden meist über Endverstärker oder die Kanalumsetzer von Trägerfrequenzsystemen, deren Scheinwiderstände nur wenig von 600 Ω abweichen. Demgegenüber wird bei den Wählfernleitungen die Gabel
der Fernvermittlungsstelle über Wähler an die jeweils gerade benötigte
Leitung angeschlossen. Die den Wählern zum Abriegeln der Fritt-
spannung der Vermittlungstechnik zugeordneten Sperrkondensatoren
verändern bei tiefen Frequenzen den Gabeleingangswiderstand erheblich

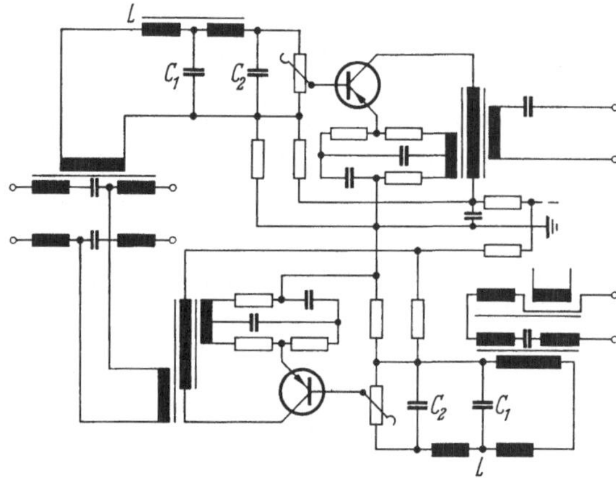

Abb. 5. Gabelverstärker

gegenüber solchen Leitungen, die ohne Wähler vermittelt werden. Diese
Widerstandsänderung läßt sich in den für eine Vermittlungsstelle einheitlichen Nachbildungen nicht oder nur teilweise berücksichtigen, weil
jeder Sprechkreis beliebig mit jedem anderen durchgeschaltet werden
kann. Ähnliche Schwierigkeiten ergeben sich auch aus der Verdrahtung
der Vermittlungsstelle und der Kapazität des Wählervielfaches bei
höheren Frequenzen. Schließlich müßten auch alle längeren PUPIN-
Leitungen, die über Wähler gelegentlich von Hand vermittelt werden,
mit Endverstärkern abgeschlossen sein. Alle diese Scheinwiderstands-
schwierigkeiten bei der Handvermittlung von Wählfernleitungen beseitigt der Gabelverstärker. Allerdings muß er dann so bemessen sein, daß
sein Gabeleingangswiderstand mit 600 Ω bzw. dem Scheinwiderstand
der Vermittlungsstelle gut übereinstimmt [4, 5].

**b) Allverstärker.** Niederfrequenzleitungen mit Verstärkern dienten
mehrere Jahrzehnte nicht nur dem Nahverkehr, sondern auch dem Fernsprechweitverkehr. Inzwischen hat die Niederfrequenzleitung viel von
ihrer ehemaligen Bedeutung für den Weitverkehr verloren, weil die
Trägerfrequenztechnik Sprechkreise mit höherer Übertragungsgüte zur

Verfügung stellen kann, die heute durch die Mehrfachausnutzung der
Übertragungsleitung auch für kürzere Entfernungen etwa ab 30 km und
weniger schon wirtschaftlich sein können. Trotzdem sind noch viele mit
Verstärkern ausgerüstete Niederfrequenzleitungen in Betrieb. Auch muß
in vielen Fällen, in denen an sich der Einsatz von Trägerfrequenzsystemen möglich ist, die verstärkte Niederfrequenzleitung aus wirtschaftlichen oder betrieblichen Gründen der Trägerverbindung vorgezogen
werden.

　　Wesentliche Bestandteile eines Niederfrequenz-Leitungsverstärkers
sind die eigentlichen Verstärker für die beiden Übertragungseinrichtungen, Verstärkungsregler,
Leitungsentzerrer und Leitungsnachbildungen, Filter
zur Begrenzung der Verstärkung bei hohen und tiefen
Frequenzen sowie Schaltungen für den Rufempfang bzw.
die Rufumgehung. Während
man in der ersten Zeit für
jede Leitungs- und Betriebsart besondere Verstärker her-
stellte, wurden sie später
immer universeller ausgestal-
tet, bis schließlich im Allverstärker ein Verstärker

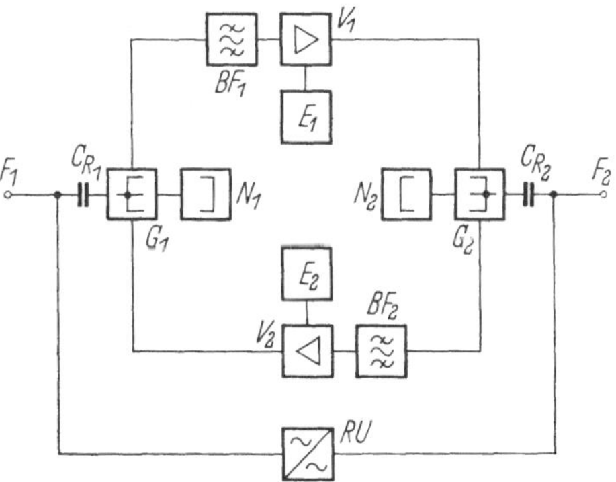

Abb. 6. Blockschaltung des Allverstärkers in Zwei-
drahtschaltung

zur Verfügung stand, der als Zwischen- oder Endverstärker für Zwei-
und Vierdrahtleitungen eingesetzt werden kann, mit dem sich zudem
alle wichtigen Leitungstypen entzerren lassen [6, 7].

　　Der prinzipielle Aufbau eines Allverstärkers ist aus Abb. 6 für den
Einsatz als Zweidraht-Zwischenverstärker zu ersehen. Die Sprechströme
gelangen auf dem Wege von $F_1$ nach $F_2$ über den Rufsperrkondensator
$C_{R1}$, die Gabel $G_1$ und das Bandfilter $BF_1$ zum eigentlichen Verstärker $V_1$.
Der Rufsperrkondensator soll dabei den Verstärker vor den großen Ruf-
spannungen, die 60 V und mehr betragen können, schützen und gleichzeitig einen zu großen Rufleistungsentzug durch den Verstärker verhindern. Bandfilter $BF_1$ begrenzt, wie der auf S. 298 erwähnte Gabeltiefpaß, die Verstärkung bei höheren Frequenzen, um die Stabilität des
Verstärkers auch in der Nähe der Grenzfrequenz angeschlossener älterer
Zweidrahtleitungen sicherzustellen. Das Filter ist entsprechend der
verschiedenen Übertragungsbereiche der vorkommenden belasteten
Leitungen auf die Bandgrenzen 2100, 2400, 2800 und 3400 Hz umschaltbar. Es begrenzt ferner den Übertragungsbereich auch unterhalb 300 Hz, um für tiefere Frequenzen, insbesondere bei Ausnutzung

der Leitungen mit 50 Hz-Wahl oder Gleichstromtelegraphie, Nachbildschwierigkeiten zu vermeiden. Dem Verstärker $V_1$ ist der Entzerrer $E_1$ zugeordnet. Der Entzerrer liegt bei älteren Verstärkern zwischen Filter und Verstärker, wobei gleichzeitig die Kapazität sowie die Quer- und Streuinduktivität des Verstärkereingangsübertragers zur Entzerrung mitverwendet werden. Bei neueren Verstärkern wird der Entzerrer meist in den Gegenkopplungsweg gelegt. Die einzelnen Entzerrerelemente sind veränderbar. Es lassen sich dadurch mit einem Entzerrer mehrere Kabelarten und verschiedene Leitungslängen entzerren.

Über die Gabel $G_2$ und den Rufsperrkondensator $C_{R2}$ erreichen die verstärkten Sprechströme die weiterführende Leitung $F_2$. Die Sprechströme der Gegenrichtung werden in der gleichen Weise durch den

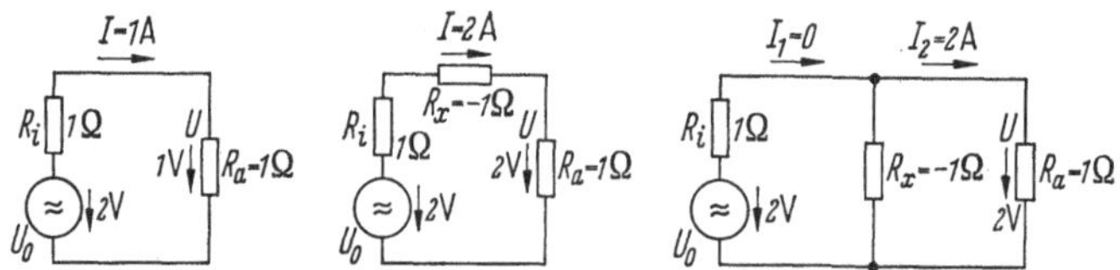

Abb. 7. Verstärkung durch negative Widerstände

unteren Weg des Verstärkers verstärkt. Die beiden Nachbildungen $N_1$ und $N_2$ sichern die Stabilität des Verstärkers. Sie müssen um so genauer abgeglichen werden, je höher die benötigte Verstärkung ist.

Die Rufströme werden durch die Umgehungsschaltung $RU$ am Verstärker vorbeigeleitet. Eine solche Schaltung ist in Abb. 10 (s. S. 305) angegeben.

**c) NLT-Verstärker.** Zweidrahtleitungen lassen sich auch mit negativen Widerständen, den NLT-Verstärkern (Negative Leitung mit Transistoren), entdämpfen. Der besondere Vorteil dieser Verstärker liegt darin, daß sie für Gleichstrom und Wechselströme tiefer Frequenz durchlässig sind. Dieser Verstärkertyp wird in den USA in außerordentlich großen Stückzahlen eingesetzt, weil dort wesentlich längere Ortsverbindungsleitungen vorkommen als in Deutschland. In Deutschland wird der NLT-Verstärker hauptsächlich für unbespulte Leitungen in Nebenstellenanlagen benutzt.

Die Wirkungsweise der Leitungsentdämpfung mit negativen Widerständen ist mit Abb. 7 leicht zu verstehen. Dieses Bild zeigt links einen Stromkreis aus einem Generator mit der EMK $U_0 = 2$ V, dem Innenwiderstand $R_i = 1\ \Omega$ und dem Verbraucherwiderstand $R_a = 1\ \Omega$. $R_a$ nimmt dabei 1 W auf. Im mittleren Teil des Bildes ist dieser Stromkreis durch einen negativen Reihenwiderstand von $R_x = -1\ \Omega$ ergänzt. Wie ersichtlich, steigt durch den negativen Widerstand die von $R_a$ aufgenommene Leistung auf 4 W an. Rechts ist dasselbe dargestellt, doch ist

dabei der negative Widerstand dem Verbraucherwiderstand parallelgeschaltet. Durch die Parallelschaltung wird der resultierende Verbraucherwiderstand unendlich groß. Dadurch liegt die EMK des Generators
voll an $R_a$ und die von $R_a$ aufgenommene Leistung steigt ebenfalls auf
4 W an. In diesen beiden Grenzfällen gibt der Generator keine Leistung
an den Verbraucher $R_a$ ab. Im Fall der Reihenschaltung fließt zwar der
doppelte Strom, die Klemmenspannung des Generators ist aber Null, und
bei der Parallelschaltung steigt die Klemmenspannung auf den doppelten
Wert an, der Strom ist dagegen Null. In beiden Fällen bringt der negative
Widerstand die ganze Leistung auf, man kann
ihn daher auch als eine vom Generator gesteuerte
Stromquelle betrachten [8].

Abb. 8 zeigt vereinfacht eine Schaltung zur
Konvertierung eines positiven Widerstandes $+Z$
in den negativen Wert $-Z$. Für den Fall des
idealen Transistors mit der Stromverstärkung
$\alpha = 1$ ist der Kollektorstrom $I_C$ gleich dem Emitterstrom $I_E$; ferner ist die Spannung zwischen

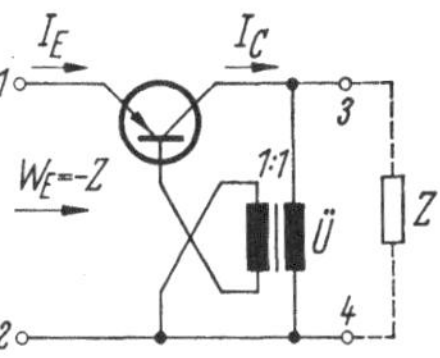


Abb. 8.   Leerlaufstabiler
Widerstandskonverter

dem Emitter und der Basis gleich Null. Ein in die Klemme *1* hinein-
geschickter Strom $I_E$ fließt somit über den Emitter, den Kollektor und
den Widerstand $Z$ zur Klemme *2* zurück. An $Z$ entsteht die Spannung $I_E \cdot Z$, welche durch den Übertrager dem Transistorbasiskreis zugeführt wird. Da voraussetzungsgemäß zwischen Emitter und Basis keine
Spannung herrscht, liegt die Spannung $I_E Z$, bei geeigneter Polung des
Übertragers mit umgekehrter Polarität, auch am Eingangsklemmenpaar *1/2*. Damit ist der Eingangswiderstand

$$W_E = \frac{U_{12}}{I_E} = \frac{-I_E Z}{I_E} = -Z. \tag{4}$$

Der Widerstandskonverter nach Abb. 8 ist eine rückgekoppelte Verstärkerschaltung und kann nur innerhalb bestimmter Grenzen stabil
sein. Bei kurzgeschlossenem Eingangsklemmenpaar *1/2* ist er instabil,
weil dann die ganze Ausgangsspannung an $Z$ gleichphasig auf den Verstärkereingang wirkt. Bei Leerlauf dagegen kann der Spannungsabfall
an $Z$ den Eingangsstrom $I_E$ nicht erhöhen. Der stabile Zustand geht dort
in den instabilen über, wo der am Eingangsklemmenpaar *1/2* angeschlossene Abschlußwiderstand gleich $Z$ ist. Abschlußwiderstand und
negativer Eingangswiderstand kompensieren sich dann zu Null, eine
sehr kleine Spannung im Kollektorkreis kann dann einen sehr großen
Eingangsstrom fließen lassen.

Diese im Leerlauf stabile Schaltung läßt sich demnach nur in solchen
Fällen anwenden, in denen der Generator- oder Leitungswiderstand nie
unter den Wert $Z$ absinkt. Zur im Kurzschluß stabilen Schaltung, die

bei Abschluß des Eingangsklemmenpaares von Null bis zum Grenzwert $Z$ stabil ist und erst bei über $Z$ liegenden Werten instabil wird, kommt man durch Vertauschen der beiden Klemmenpaare der Abb. 8. Wird an die Klemmen *1/2* der Widerstand $Z$ und an *3/4* die Eingangsspannung gelegt, so wird die Spannung durch $Ü$ umgepolt dem Basisemitterkreis zugeführt, wo sie den Emitterstrom $I_E = -U_{34}/Z$ hervorruft. Da $I_E = I_C$ ist, fließt über das Eingangsklemmenpaar *3/4* ebenfalls der Strom $-U_{34}/Z$, d. h.

$$W_E = \frac{U_{34}}{J_E} = \frac{U_{34}}{-U_{34}/Z} = -Z. \tag{5}$$

Bei Kurzschluß an *3/4* liegt keine Spannung am Übertrager. Es kann dann auch kein Strom fließen, die Schaltung ist stabil. Ohne Belastung der Eingangsklemmen ist dagegen die Rückkopplung zwischen Kollektor- und Emitterkreis voll wirksam und der Converter instabil.

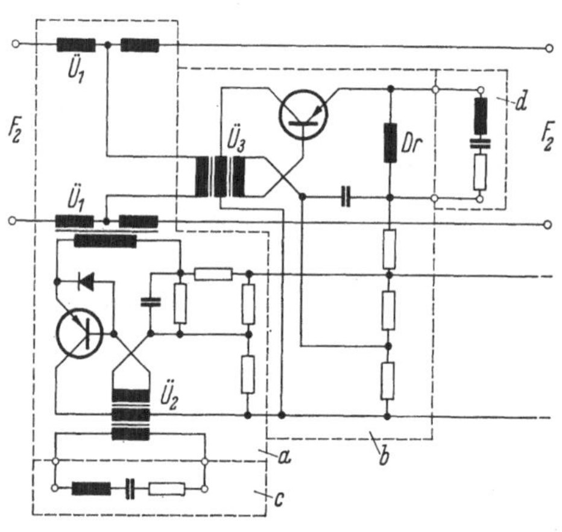


Abb. 9. NLT-Verstärker

*a* leerlaufstabiler Verstärker, *b* kurzschlußstabiler Verstärker, *c* u. *d* Einstellnetzwerke

Bei der Anwendung negativer Widerstände zur Entdämpfung ist sowohl der Aufbau des Netzwerkes für den positiven Widerstand wie die Auswahl der Stabilitätsform der Schaltung von Bedeutung. Legt man den negativen Widerstand in Reihe mit dem Verbraucher, so ist die leerlaufstabile Schaltung die zweckmäßigere Form, bei Parallelschalten zum Verbraucher ist die kurzschlußstabile Ausführung zu bevorzugen. Die wirkungsvollste Entdämpfung erreicht man durch die Kombination beider Schaltungen zu einem Vierpol. Abb. 9 zeigt den Stromlauf eines derartigen Verstärkers. Die Größe und Frequenzabhängigkeit der gewünschten Verstärkung werden durch die beiden Netzwerke *c* und *d* eingestellt. Der Verstärker hat in beiden Richtungen die gleiche Verstärkung und die gleiche Frequenzabhängigkeit [8, 9].

Gegenüber dem auch als Zweidrahtverstärker einsetzbaren Gabelverstärker nach Abb. 5 bringt der leerlauf- und kurzschlußstabile NLT-Verstärker hinsichtlich Aufwand und Raumbedarf kaum Vorteile. Er bringt für die Verwendung im praktischen Betrieb dagegen die Unannehmlichkeit, daß Verstärkung, Entzerrung und Nachbildung sich für die beiden Übertragungsrichtungen nicht verschieden einstellen und damit an die Leitungsverhältnisse optimal anpassen lassen. Ein echter Vorteil liegt aber in der Durchlässigkeit des Verstärkers für Gleichstrom und Wechselströme sehr niedriger Frequenz, wodurch er sich ohne Zusätze in Leitungen mit Gleichstrom- oder 50 Hz-Wahl einsetzen läßt.

### 1.1.3 Rufzeichenübertragung

Fernsprechverbindungen sollen die Sprechströme oder andere Nachrichten eines Teilnehmers u. U. über weite Entfernungen übertragen. Entsprechend dem jeweiligen Wunsch des Teilnehmers muß dazu eine mehr oder weniger große Zahl von Leitungsabschnitten zusammengeschaltet werden. Im handvermittelten Verkehr verbinden die Beamtinnen der Vermittlungsstellen die einzelnen Leitungsabschnitte, im Wählverkehr übernehmen diese Aufgabe automatische Wähleinrichtungen. In beiden Fällen müssen die zum Auf- und Abbau jeder Verbindung sowie weiterer für den Betrieb erforderlichen Informationen über die einzelnen Leitungsabschnitte übertragen werden.

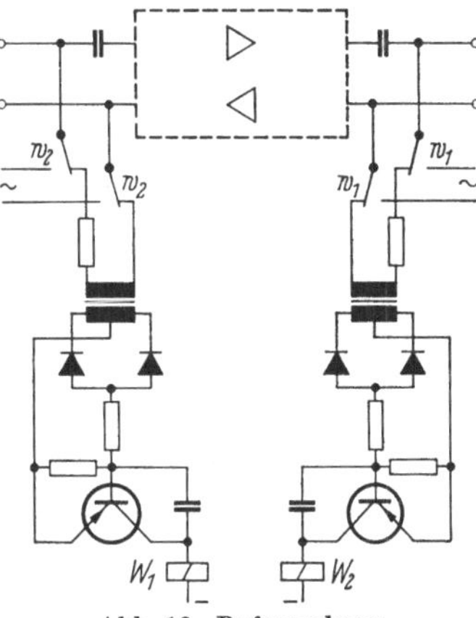
Abb. 10. Rufumgehung

a) 25 Hz-Ruf. Im allgemeinen benutzen die Vermittlungsstellen zum Rufen der Teilnehmer oder anderer Vermittlungsstellen einen Wechselstrom tiefer Frequenz, z. B. 25 oder 50 Hz. Da diese Zeichenströme außerhalb des Frequenzbandes der Sprechströme liegen, kann man verhältnismäßig hohe Zeichenspannungen anwenden, um am fernen Leitungsende die Zeichen einfach und sicher aufnehmen zu können. Bei zweidrähtigen Fernleitungen ist es daher meist ebenfalls üblich, mit 25 oder 50 Hz zu rufen. Enthalten diese Leitungen Verstärker, die für den niederfrequenten Rufstrom nicht durchlässig sind, so werden sie mit einer Rufumgehung ausgerüstet. Hierfür gibt es eine Reihe verschiedener Ausführungen, die im Grundprinzip aber übereinstimmen. Bei der Anordnung nach Abb. 10 liegt zur Rufaufnahme auf jeder Seite des Verstärkers ein Rufempfangsrelais, das über Relaiskontakte, einen Übertrager mit Vorwiderstand, ein Gleichrichterpaar und einen Transistor an die Leitung angeschlossen ist. Diese Rufempfangsschaltung hat im Bereich der Sprechströme einen hohen Widerstand, ihr Einfluß auf den Leitungswiderstand und damit auch die Nachbildung ist daher unbedeutend.

Vom Verstärker werden die Rufströme durch Sperrkondensatoren ferngehalten. Das Rufrelais schließt beim Ansprechen eine 25 Hz-Stromquelle an die weiterführende Leitung und trennt dort die Rufempfangsschaltung für die Rufdauer ab. Gleichzeitig wird durch den empfangenen Rufstrom die Verstärkung so weit herabgesetzt, daß der Verstärker während des Rufens nicht zur Selbsterregung kommen kann, was möglich wäre, weil durch den niedrigen Innenwiderstand der Rufstromquelle die Nachbildungsverhältnisse gestört sind. Die Selbsterregung muß aber verhindert werden, weil sonst die Gefahr besteht, daß bei Röhrenverstärkern durch den dann fließenden Gitterstrom die Eingangsübertrager vormagnetisiert werden und sich dadurch die Leitungsentzerrung ändert. Ferner kann ein pfeifender Verstärker eine so hohe Tonfrequenzleistung an die weiterführende Leitung abgeben, daß über die Nebensprechkopplungen im Kabel andere Leitungen gestört oder daß nachfolgende Trägerfrequenzsysteme unzulässig stark ausgesteuert werden.

Nach Rufende darf das Rufrelais erst dann wieder empfangsbereit werden, wenn die in der Leitung gespeicherte Rufenergie mit Sicherheit unter die Ansprechschwelle des Rufrelais abgesunken ist, um einen kurzzeitigen Rückruf zur rufenden Stelle zu vermeiden.

**b) Tonfrequenzruf.** Die niederfrequente Zeichenübertragung stellte lange Zeit eine ideale Lösung dar, denn sie ist billig, betriebssicher und kann infolge der hohen Sendespannung und der Frequenzlage durch Sprechströme nicht beeinflußt werden. Im Weitverkehr läßt sie sich aber gerade wegen der hohen Spannung und ihrer Frequenzlage meist nicht anwenden. Bei Niederfrequenzleitungen mit mehreren Zwischenverstärkern steigt der Aufwand für den 25 Hz-Ruf infolge der Rufumgehung mit der Zahl der Verstärker, der 25 Hz-Ruf wird dann unwirtschaftlich. Bei Trägerfrequenzsystemen oder wenn unterhalb des Sprachbandes Telegraphiezeichen zu übertragen sind, ist diese Art der Rufübertragung technisch nicht möglich. In diesen Fällen setzt man die Rufzeichen in eine höhere Frequenzlage um, z. B. in das Frequenzband der übertragenen Sprechströme. Die Zeichenströme können dann wie Sprechströme über beliebige Entfernungen übertragen werden.

Diesem Vorzug steht aber nachteilig gegenüber, daß Sprechströme die Zeichenempfänger ebenfalls beeinflussen und den Empfang von Zeichen vortäuschen können. Beim 25 Hz-Ruf gibt es diese Schwierigkeit nicht, weil diese Frequenz weit außerhalb des Frequenzbandes der Sprechströme liegt und die Rufleistung die übertragene Sprechleistung um mehrere Größenordnungen übersteigt. Beim Tonfrequenzruf sind daher besonders Maßnahmen erforderlich, damit der Rufempfänger durch Sprechströme nicht betätigt wird. Diese Maßnahmen liegen teils in der Wahl der Tonfrequenz, teils in der Empfängerbemessung. Näheres über die Empfängerbemessung s. S. 311. In Deutschland sind im wesentlichen zwei verschiedene Frequenzen gebräuchlich, auf ältern Leitungen eine mit 20 Hz zerhackte 500 Hz-Schwingung (500/20 Hz), die international genormt ist, sowie für moderne Sprechkreise, die bis 3400 Hz übertragen, eine unmodulierte 3000 Hz-Schwingung.

Im Tonfrequenz-Rufumsetzer ist dem Rufempfänger eine „Zeitkette" zugeordnet, deren Ablauf in 3 Zeiten gestaffelt ist. Die erste ist eine reine Verzögerungszeit und soll den Sprechkreis gegen zu häufiges fälschliches Ansprechen des Empfängers auf Sprechströme schützen. Ihre Dauer ist von der Empfindlichkeit des Empfängers auf Sprechströme abhängig. Nach dieser Zeit wird der Sprechkreis hinter dem Rufempfänger aufgetrennt, damit festgestellt werden kann, aus welcher Richtung der Ruf kommt. Die Zeitdauer der Richtungsprüfung wird so gewählt, daß ein Rufempfänger, der fälschlicherweise auf einen aus der entgegengesetzten Richtung kommenden Ruf angesprochen hat, auch unter ungünstigen Zeitbedingungen wieder abgefallen ist, bevor er den Ruf an die Vermittlungsstelle weitergeben konnte. Die Leitungsauftrennung stellt auch sicher, daß in einer Kette aus mehreren über Vermittlungen durchgeschalteten Leitungsabschnitten der Ruf jeweils nur in der ersten Vermittlungsstelle ausgewertet wird, was im praktischen Betrieb meist erforderlich ist.

Durch diese 2 Zeiten kann die Verzögerung der Rufweitergabe bis zu 1,2 sec betragen. Da sie das empfangene Rufzeichen verkürzt, wird durch eine Verlängerung der Weiterrufzeit, in welcher der Tonfrequenzruf als 25 Hz- oder Gleichstromruf weitergegeben wird, diese Verkürzung wieder ausgeglichen.

Abb. 11 zeigt in vereinfachter Darstellung den Stromlauf des NF-Endsatzes, eines neueren Tonfrequenzrufumsetzers. Dieser Umsetzer ist so aufgebaut, daß er mit Schaltern leicht auf den Empfang oder das Senden der Frequenzen 500/20 Hz, 1000/20 Hz, 1600 Hz, 2280 Hz und 3000 Hz eingestellt werden kann. Teilnehmer oder Vermittlungsstelle können, ebenfalls durch Schalter einstellbar, mit 25 Hz- oder Gleichstrom über die Sprechadern oder mit Gleichstrom über 2 Signaladern gerufen werden. Schließlich enthält der Umsetzer eine Gabel zum Abschluß der Vierdrahtleitung, über welche der Sprechkreis je nach Bedarf 2- oder 4 drähtig weitergeschaltet werden kann. Im Bild ist der Rufumsetzer in der Einstellung für Ruf mit 25 Hz und 500/20 Hz gezeichnet.

Die Zeichendauerleistung darf nach den Empfehlungen des CCITT höchstens 10 μW bezogen auf den relativen Pegel Null betragen (s. auch S. 273). Das ergibt eine Systembelastung von 10 μW × 3600 sec = 36 000 μW sec je Stunde. Diese Belastung darf auch nicht überschritten werden, wenn der Zeichenstrom, wie beim Rufen üblich, nur impulsweise übertragen wird. Aus ihr läßt sich für jedes Zeichenüber-

20*

tragungssystem die zulässige Zeichenleistung errechnen. Beispielsweise darf die Zeichenleistung für 18 Rufzeichen je Stunde und Richtung bei einer Rufdauer von jeweils 2 sec höchstens $36000\,\mu\mathrm{W}\,\mathrm{sec} : 18 \times 2\,\mathrm{sec} = 1000\,\mu\mathrm{W}$ betragen.

**c) Außerbandruf.** Gegen Sprechströme schützt man die Tonfrequenzzeichenempfänger meist dadurch, daß alle Tonfrequenzströme, welche neben den Zeichenströmen auf die Empfänger einwirken, diese sperren.

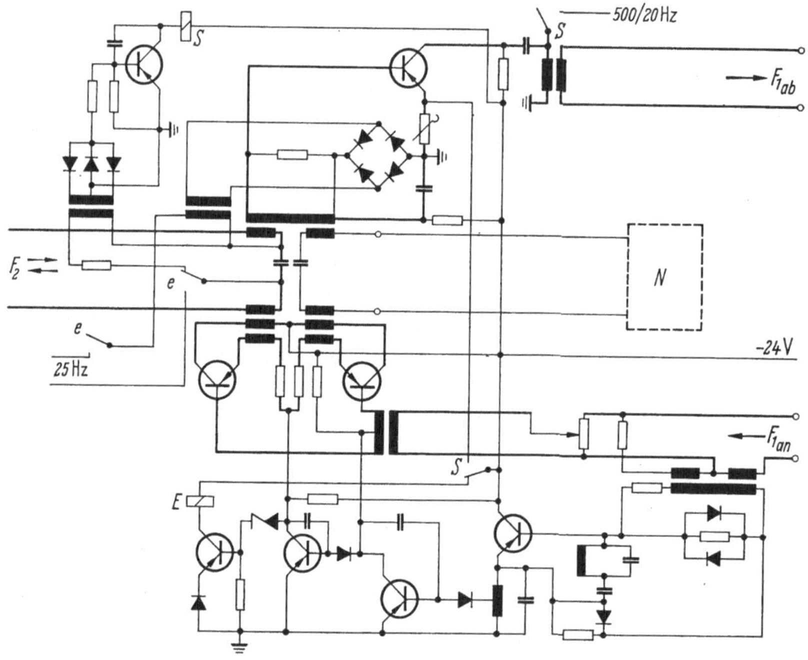


Abb. 11. Schaltung des NF-Endsatzes

Dadurch können dann aber auch Störströme im Übertragungsweg den Empfang von Nutzzeichen stärker beeinflussen und u. U. sogar verhindern. Ferner hat diese Schutzmaßnahme zur Folge, daß sich während des Sprechens Zeichen nicht mehr sicher übertragen lassen, was in gewissen Fällen, erforderlich sein kann. Bei Trägerfrequenzsystemen werden daher die Zeichenströme auch mit Frequenzen, die in den Lücken zwischen den einzelnen Sprachkanälen liegen, übertragen. Die Sprachsicherheit ist dann nur eine Angelegenheit des Filteraufwandes. Außerdem läßt sich dann auch die Geräuschsicherheit erhöhen, weil der Empfänger keinen Schutz gegen Sprechströme benötigt und weil das Frequenzband des Zeichenkanals wesentlich schmaler als das des Sprachkanals ist. Der Zeichenpegel kann daher im Bedarfsfall tiefer liegen, so daß der Zeichenstrom auch im Ruhe- oder Gesprächszustand dauernd übertragbar ist, was für die Vermittlungstechnik oder den Betrieb von Bedeutung sein kann. Einzelheiten über solche den Trägerfrequenzsystemen zugeordnete Zeichenübertragungsverfahren sind den Abschn. 1.1.4c (s. S. 313), 3.1.4 (s. S. 383) und 4.1.5 (s. S. 477) zu entnehmen.

### 1.1.4 Wählzeichenübertragung

**a) Wechselstromwahl mit 25, 50 oder 150 Hz.** Bei der 50 Hz-Wahl gilt bezüglich der Leitungsverstärker das gleiche wie beim 25 Hz-Ruf, die Zeichenströme müssen die Verstärker umgehen. Die Umgehungsschaltungen müssen für die Wahl aber etwas umfangreicher bemessen sein, damit die weitergegebenen Zeichen in der Dauer nicht nennenswert verändert werden. Sie enthalten daher auch mehr Relais.

Bei Relaisschaltungen zur Verstärkerumgehung wird wie beim Ruf während der Übertragung eines Zeichens das Impulsrelais der Gegenrichtung abgeschaltet. Es ist erst einige Zeit nach Impulsende wieder empfangsbereit, damit keine Störung durch die auf ein Zeichen

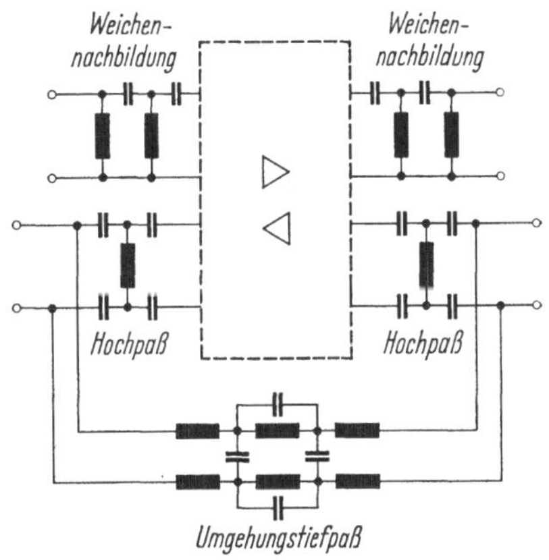



Abb. 12. 50 Hz-Umgehungsweiche mit Weichen-nachbildung

folgende Leitungsentladung entsteht. Diese verzögerte Wiederbereitschaft zum Zeichenempfang hat zur Folge, daß nicht unmittelbar nach Zeichenende in der Gegenrichtung ein Impuls übertragen werden darf, weil er sonst u. U. stark verkürzt werden könnte. In größeren Fernwählnetzen sind daher Relaisschaltungen zur Verstärkerumgehung nicht geeignet. Die Wählzeichen können dafür aber die Verstärker, wie Abb. 12 zeigt, über Frequenzweichen umgehen [10]. Hier werden die Zeichenströme durch Hochpässe von den Verstärkereingängen ferngehalten und durch einen Tiefpaß am Verstärker vorbeigeführt. Abgesehen von der sofort möglichen Zeichenübertragung in der Gegenrichtung ist die Wartungsfreiheit infolge des Fehlens von Relais ein besonderer Vorzug der Umgehungsweiche. Dafür muß allerdings zur Aufrechterhaltung der Leitungsstabilität ein großer Teil der Weiche in den für die Verstärker notwendigen Leitungsnachbildungen wiederholt werden, weil sie den Leitungsscheinwiderstand stark verändert und der Nachbildfehler bei Zwischenverstärkern klein sein muß.

Bei Benutzung von Umgehungsweichen werden Sendespannungen bis zu 90 V benötigt, damit am Ende des letzten Verstärkerfeldes der

Empfangsstrom zum verzerrungsfreien Betrieb des Impulsrelais ausreicht. Neben 50 Hz als Zeichenfrequenz wird in bestimmten Fällen,
in denen nur Zeichen ohne besondere Verzerrungsanforderungen zu übertragen sind, z. B. die Zählzeichen der Vermittlungstechnik, auch die
Frequenz 25 Hz angewendet.

Die Wechselstromwahl mit 50 oder 25 Hz belegt etwa das gleiche
Frequenzband wie die Gleichstromtelegraphie. Daher weicht in den
Fällen, in denen auf Leitungen mit Wechselstromwahl Gleichstromtelegraphie eingesetzt werden muß, die Wechselstromwahl auf die Zeichenfrequenz 150 Hz aus. Hier verwendet man dann 2 Frequenzweichen.

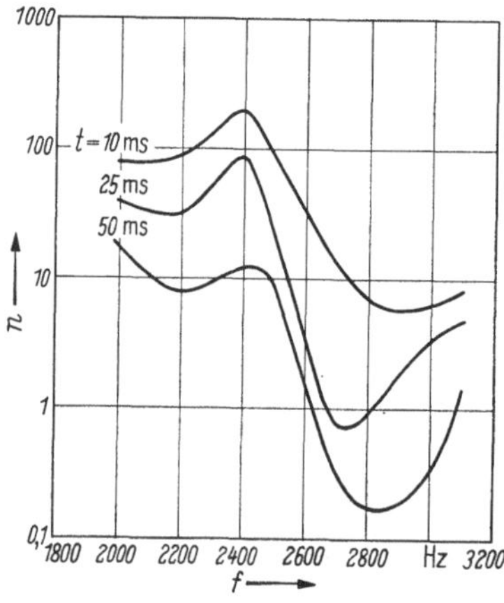


Abb. 13. Zahl der Fehlimpulse $n$ eines
Tonwahlempfängers in 100 Stunden, abhängig von der Zeichenfrequenz $f$ ($t$ Dauer
der Fehlimpulse)

Eine Weiche trennt Wahl und Telegraphie von den Sprechströmen, die
andere die Wahl von der Telegraphie [10].

**b) Tonfrequenzwahl.** Im Weitverkehr werden die Gleichstromzeichen
der Wählvermittlungstechnik ebenfalls wie die Rufzeichen in einen
höheren Frequenzbereich umgesetzt.
Die Tonfrequenzwahl, bei der die
Zeichen innerhalb des Sprachbandes
übertragen werden, wird daher in
gleicher Weise durch die Sprechströme
gestört, wie der Tonfrequenzruf;
der Empfänger kann unter dem Einfluß der Sprechströme die Übertragung von Impulsen vortäuschen.
Diese Schwierigkeit ist aber bei der
Tonfrequenzwahl viel größer, weil hier die Zeichen z. T. sehr kurz sind
und rasch aufeinanderfolgen können. Die gewünschte Unempfindlichkeit
gegen Sprechströme kann daher hier nicht durch Verzögern der Auswertung der empfangenen Zeichen erreicht werden. Von wesentlichem
Einfluß auf die Sprachunempfindlichkeit ist, wie aus Abb. 13 ersichtlich,
die Lage der Zeichenfrequenz im Sprachband [11]. Man hat sich daher
in Deutschland und einigen anderen Ländern für die Zeichenschwingung
3000 Hz entschieden.

Beim Umsetzen der empfangenen Tonfrequenzzeichen wird an den
Empfänger eine weitere Forderung gestellt. Die Umsetzung soll die Dauer
des empfangenen Impulses möglichst wenig verändern, die Zeichenverzerrung soll also möglichst klein sein. Diese Forderung muß bei allen
im Betrieb vorkommenden Frequenz- und Pegelschwankungen erfüllt
werden. Ferner auch dann, wenn Störströme im Übertragungsweg
vorhanden sind. Der Empfänger muß mit Rücksicht auf die im Ge-

sprächszustand zu übertragenden Zeichen, z. B. das Auslösezeichen bei
Gesprächsende, dauernd an den Sprechkreis angeschlossen sein. Trotzdem
darf er nicht oder zumindest nur selten ansprechen, wenn die Sprechströme die Zeichenschwingungen enthalten.

Gegen Sprechströme schützt man den Tonwahlempfänger dadurch,
daß die Ströme aller übertragenen Schwingungen, mit Ausnahme der
Zeichenfrequenz selbst und eines engen Bereichs zu beiden Seiten der
Zeichenfrequenz, zum Sperren des Empfangsrelais herangezogen werden.

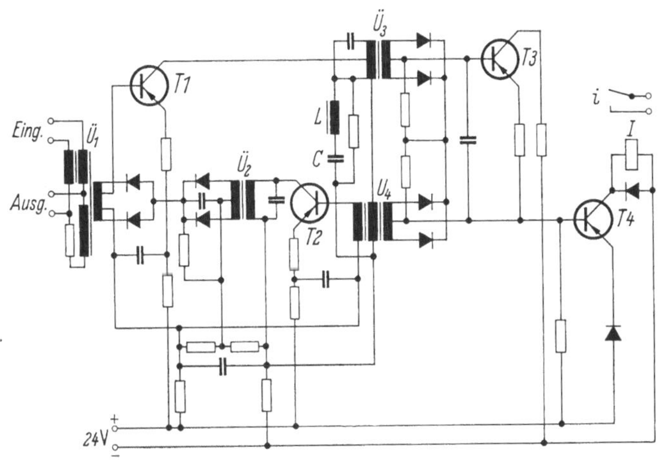


Abb. 14. Schaltung eines Tonwahlempfängers

Diese Sprachsperre verhindert das Ansprechen des Empfängers auf
zufällig in den Sprechströmen vorhandene Zeichenschwingungen recht
gut. Die Anzahl der Fehlimpulse, die der Empfänger unter dem Einfluß
der Sprechströme fälschlicherweise abgibt, läßt sich so erheblich herabsetzen. Gleichzeitig steigt dadurch aber auch die Wahrscheinlichkeit,
daß Störströme im Übertragungsweg den Empfang von Nutzzeichen
verhindern. Die beiden Forderungen nach Unempfindlichkeit gegen
Sprechströme und Unempfindlichkeit gegen Störströme müssen daher
sehr sorgfältig aufeinander abgestimmt sein.

Der Aufbau eines Tonwahlempfängers ist aus Abb. 14 zu ersehen.
Die Empfangsströme gelangen über den als Gabel ausgebildeten Eingangsübertrager $\ddot{U}_1$ auf den Transistor $T_1$ und werden durch diesen verstärkt.
In seinem Ausgangskreis liegen die Übertrager $\ddot{U}_3$ und $\ddot{U}_4$. Der Übertrager $\ddot{U}_3$ ist auf die Zeichenschwingung abgestimmt. Die Zeichenströme
werden gleichgerichtet, durch $T_3$ und $T_4$ nochmals verstärkt und erregen
das Empfangsrelais I. Parallel zu $\ddot{U}_4$ liegt der ebenfalls auf die Zeichenfrequenz abgestimmte Reihenschwingkreis $L/C$. An $\ddot{U}_4$ liegt daher die
Zeichenschwingung nur mit kleiner Amplitude, während alle anderen

Schwingungen des Sprachbandes dort mit großer Amplitude auftreten können. Die Spannung an $\ddot{U}_4$ wird in $T_2$ verstärkt und anschließend gleichgerichtet. Der so gewonnene Gleichstrom steuert den Widerstand der an $\ddot{U}_1$ angeschlossenen Gleichrichter und damit die Bedämpfung der Eingangsspannung derart, daß der das Empfangsrelais durchfließende Gleichstrom in einem weiten Bereich des Eingangspegels praktisch konstant bleibt. In der Tatsache, daß dabei kleine Ströme von Fremdschwingungen die Regelgleichrichter stärker durchsteuern und dadurch die Eingangsspannung stärker bedämpfen können als die Zeichenströme, liegt ein großer Schutz des Empfängers gegen Sprechströme. Wird nämlich die Zeichenfrequenz von Fremdschwingungen wesentlich schwächerer Amplitude begleitet, dann setzen diese die Empfängerempfindlichkeit auf Zeichenströme so weit herab, daß das Empfangs-

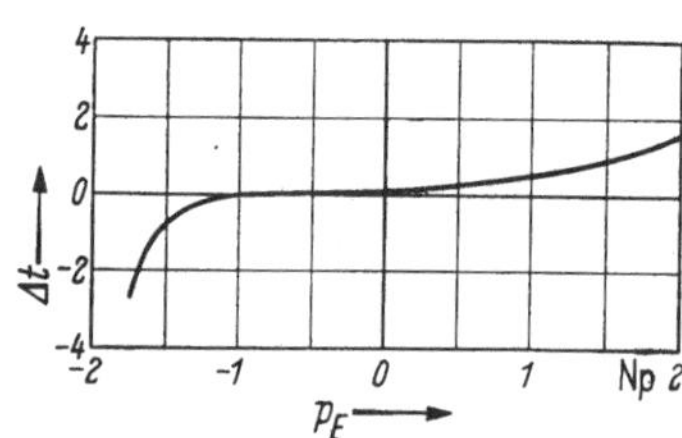

Abb. 15. Zeichenverzerrung $\varDelta t$ eines Tonwahlempfängers abhängig vom Eingangspegel $P_E$

relais nicht ansprechen kann. Der Sprachschutz wird noch verstärkt dadurch, daß $T_3$ nicht nur von den gleichgerichteten Zeichenströmen ausgesteuert wird, sondern von der Differenz der Zeichen- und Fremdströme. Die Zeichenverzerrung $\varDelta t$ (in ms) eines derartigen Empfängers ist aus Abb. 15 in Abhängigkeit vom Eingangspegel ersichtlich.

Bei manchen Tonwahlsystemen werden 2 Zeichenfrequenzen benutzt. Es lassen sich dann mehr Zeichenkombinationen bilden. Außerdem können bei den aus 2 Schwingungen bestehenden Zeichen Sprach- und Geräuschsicherheit erhöht werden. Ein Zweifrequenzen-Tonwahlempfänger kann aus zwei Einfrequenzempfängern bestehen, wobei aber dafür gesorgt werden muß, daß keiner der beiden Empfänger durch die zweite Frequenz gesperrt wird.

Aus historischen Gründen und z. T. auch durch die nationalen Netze der verschiedenen Länder bedingt, sind eine Reihe verschiedenartiger Tonwahlverfahren entstanden. Die Zahl der im Weltnachrichtennetz für die Tonwahl benutzten Frequenzen ist daher groß. Tab. 1 gibt hierzu einen vom CCITT zusammengestellten Überblick.

Der Anschluß eines Tonwahlempfängers darf im Sprechkreis keine nennenswerte Einfügungsdämpfung verursachen. Dies läßt sich durch einen hochohmigen Eingang des Tonwahlempfängers erreichen oder durch eine z. B. vom Eingangsübertrager des Empfängers gebildete Gabelschaltung. Die Gabel entkoppelt gleichzeitig, entsprechend der Güte ihrer Nachbildung, den Empfänger gegen vom nahen Sprechkreisende kommende Störströme, z. B. gegen Schaltknacke der Vermittlungs-

Tabelle 1. *Übersicht über verwendete Tonwahlfrequenzen*

| Frequenz [Hz] | Anwendendes Land |
|---|---|
| 600/750 | Australien, England |
| 1200/1600 | Rußland |
| 1900/2300 | Japan |
| 2000 | Frankreich |
| 2040/2400 | Argentinien, Japan, Irland, Italien, Syrien |
| 2100 | Rußland |
| 2200/2300 | Schweden |
| 2280 | Belgien, Deutschland, England, Indien, Irland, Jugoslawien, Marokko, Norwegen, Österreich, Polen, Schweden, Tschechoslowakei, Tunesien |
| 2400 | Indien, Norwegen, Schweden |
| 2400/2100 | Mexiko |
| 2400/2500 | Holland |
| 2400/2600 | Canada, USA |
| 2500 | Spanien |
| 2600 | Mexiko |
| 3000 | Dänemark, Deutschland, Schweiz |

technik oder Sprechströme. Zum Schutz des Empfängers gegen solche Störungen wird z. T. auch im Sprechkreis ein Entkopplungsverstärker hinter dem Tonwahlempfänger eingefügt. Mit einem Verstärker läßt sich leicht eine höhere Entkopplung erreichen als durch eine Gabel, sie verursacht aber auch einen höheren Aufwand.

**c) Außerbandwahl bei TF-Systemen.** In den ersten Jahren der Trägerfrequenztechnik übermittelte man die Zeichen z. T. durch Trägertastung. Bei voll übertragenem Träger lassen sich die Zeichen praktisch nur durch Austastung des Trägers übertragen. Damit treten aber ähnliche Probleme wie bei der tonfrequenten Zeichenübertragung auf. Bei kurzzeitigen Leitungsunterbrechungen werden auf der Empfangsseite Zeichen vorgetäuscht, die nicht gesendet wurden. Es kann dadurch zur Falschwahl kommen oder bei der Zählzeichenübertragung zur falschen Gebührenzählung zu Lasten des Teilnehmers. Günstiger sind die Verhältnisse bei Trägerfrequenzsystemen mit nur teilweise übertragenem oder unterdrücktem Trägerstrom, weil man bei ihnen die Zeichen durch Erhöhen des Trägerpegels eindeutig kennzeichnen kann. Eine Leitungsunterbrechung kann dann keine Zeichenübertragung vortäuschen, sondern nur den Ausfall eines Zeichens zur Folge haben.

Die Nullfrequenzwahl, d. h. die Zeichenübertragung vermittels der Trägerfrequenz ist dadurch etwas erschwert, daß die Trägerschwingung von den Modulationseinrichtungen nicht ganz unterdrückt wird. Der übrigbleibende Trägerrest stört die Sprachübertragung nicht. Da seine Amplitude aber im praktischen Betrieb nicht immer konstant bleibt, kann ein Trägerrest beim Zeichenempfang je nach Amplitude die Zeichen verlängern oder sogar fälschlicherweise Zeichen vortäuschen. Durch zusätzlichen Filteraufwand muß er daher auf den erforderlichen Wert abgesenkt werden. Diese zusätzliche Selektion kann je nach Aufbau der Trägerfrequenzsysteme unerwünscht sein, weil durch sie die Dämpfungs- und Laufzeitverzerrungen im zugehörigen Sprachkanal vergrößert werden.

Eine andere Schwierigkeit erwächst der Nullfrequenzwahl daraus, daß z. B. in den Vermittlungseinrichtungen oder durch Stromversorgungseinflüsse große Störspannungen zwischen 0 und 300 Hz auftreten und die Zeichenempfänger beeinflussen können. Hiergegen sind u. U. weitere Schutzmaßnahmen erforderlich, welche dann ebenfalls die Dämpfungs- und Laufzeitverzerrungen in den Sprachkanälen möglicherweise vergrößern.

Bei Vielkanal-Trägerfrequenzsystemen spielt es kostenmäßig nur eine untergeordnete Rolle, ob man eigene Generatoren für die Zeichenfrequenzen vorsieht oder ob man die Träger mitbenutzt, da diese Generatoren eine große Anzahl von Kanälen versorgen können. Die Frequenzwahl richtet sich daher in erster Linie danach, welchen Aufwand an Selektionsmitteln sie für die Zeichen- und Sprachkanäle erfordert. Der Filteraufwand wird ein Minimum, wenn die Zeichenfrequenz etwa in der Mitte zwischen 2 Sprachkanälen, also bei einem Nullfrequenzabstand von 4 kHz und auf das niederfrequente Sprachband bezogen bei 3825 Hz oder 3850 Hz (s. auch S. 383), liegt. Strenggenommen hat diese Frequenzwahl zur Voraussetzung, daß die Sprachenergie an den beiden Rändern des Sprachbandes gleich groß ist, was bei den Sprechströmen an sich nicht der Fall ist. Es sind aber nicht nur die Sprechströme zu berücksichtigen, sondern auch die Energieanteile, welche der Teilnehmer durch Blasen oder Pfeifen dem Sprechkreis zuführen kann. Ferner sind für die Lage der Zeichenschwingung auch die Pilotfrequenzen der Trägerfrequenzsysteme maßgebend. Einzelheiten über Aufbau und Schaltung von Außerband-Zeichenkanälen sind den Abschn. 3.1.4 (s. S. 383) und 4.1.5 (s. S. 477) zu entnehmen.

Hinsichtlich der Beeinflußbarkeit durch Leitungsgeräusche verhält sich die Außerbandwahl grundsätzlich anders als die Tonwahl. Bei der Tonwahl machen sich solche Störungen nur während der Zeichenübertragung bemerkbar. Bei der Außerbandwahl dagegen können große Störspannungen Zeichen vortäuschen und im Ruhezustand eine Belegung ausführen, wodurch bei einer späteren ordnungsgemäßen Belegung der Belegungsimpuls als erstes Wählzeichen gewertet wird und dadurch eine Fehlverbindung zustande kommt. Insgesamt ist aber die Außerbandwahl, gleicher Zeichenpegel vorausgesetzt, weniger auf Geräuschspannungen anfällig als die Tonfrequenzwahl, weil bei ihr kein Schutz gegen Sprechströme erforderlich ist und der Zeichenkanal nur etwa $1/_{30}$ der Bandbreite eines Sprachkanals benötigt.

Fehlimpulse und somit Falschwahl sind auch möglich, wenn die Zeichenschwingung zur Kanalüberwachung im Ruhezustand dauernd übertragen wird und die Zeichen durch Wegnahme der Zeichenfrequenz gekennzeichnet werden, weil dann kurzzeitige Leitungsunterbrechungen auf der Empfangsseite Zeichen vortäuschen. In diesem Fall kann man aber die Zeichenempfänger vor Fehlansprechen schützen, wenn dem Übertragungssystem eine Pilotfrequenz mit einem Pilotempfänger zugeordnet wird, der schneller auf eine Leitungsunterbrechung reagiert als die Zeichenempfänger. Der Pilotempfänger ist dann in der Lage, die Zeichenempfänger während einer Leitungsunterbrechung immer in dem Arbeitszustand zu halten, den sie unmittelbar vor der Leitungsunterbrechung hatten. Fehlbelegungen können dadurch vermieden werden.

In manchen Fällen wird bei der Zeichenübertragung außerhalb des Sprachbandes auch ein breiterer Signalkanal vorgesehen, der für alle oder viele Kanäle eines Trägerfrequenzsystems gemeinsam ist und in Frequenz oder Zeitmultiplex betrieben wird. Dies ist aber nur bei einer sehr hohen Betriebssicherheit des Signalkanals möglich, denn sein Ausfall hätte die Störung aller von ihm abhängigen Sprechkreise zur Folge.

Die Übertragung der Zeichen außerhalb des Sprachbandes birgt die Gefahr in sich, daß im Selbstwählverkehr eine Verbindung aufgebaut werden kann, die nicht sprechbereit ist, weil der zum Wählkanal gehörende Sprachkanal gestört ist. Die zum Verbindungsaufbau erforderlichen Zeichenströme sollten daher möglichst viele der für die Sprechströme notwendigen Einzelgeräte des Trägerfrequenzsystems durchlaufen. Störend für die Vermittlungstechnik ist bei der Zeichenübertragung außerhalb des Sprachbandes auch, daß in aus mehreren Abschnitten bestehenden Verbindungen die Zeichenströme nicht vom Anfang bis zum Ende der Gesamtverbindung durchlaufen können, sondern am Ende jedes Abschnittes immer umgesetzt werden müssen. Dies erhöht gegenüber der tonfrequenten Zeichenübertragung Zeichenlaufzeit und Zeichenverzerrung.

**d) Mehrfrequenzencodewahl.** Die Vermittlungstechnik strebt ständig nach einer Beschleunigung im Aufbau der von den Teilnehmern benötigten Verbindungen. Dies ist wünschenswert, um die Wählinformation an vielen Durchschaltepunkten zur Leitweglenkung ausnutzen zu können, ohne dabei aber den rufenden Teilnehmer zulange auf den Verbindungsaufbau warten zu lassen. Hinzu kommt, daß auch die neuzeitlichen elektronischen Vermittlungsämter eine schnellere Informationsübermittlung verlangen, um die Blindbelegung zentraler Einrichtungen klein zu halten. Diesen Bestrebungen dient die Mehrfrequenzencodewahl (MFC-Wahl). Bei ihr werden die Vermittlungsbefehle nicht mehr durch Impulsserien oder Impulse verschiedener Dauer übermittelt, sondern durch eine Kombination von zwei aus fünf oder sechs möglichen Frequenzen. Mit 2 aus 5 Frequenzen lassen sich zehn verschiedene Kombinationen bilden, was für die Ziffernwerte 0 bis 9 genügt. Mit 6 Frequenzen erhält man 15 Kombinationen, so daß in der Aufbaurichtung noch fünf weitere Zeichen verfügbar sind.

Da bei der MFC-Fernwahl die heute noch aus Impulsserien bestehende Information des Teilnehmers zunächst in Frequenzkombinationen codiert werden muß, kann der Teilnehmer während der Zeichenweitergabe vom Sprechkreis abgetrennt sein. Da andererseits ein MFC-Empfänger viel mehr Aufwand als ein Tonwahl- oder Außerbandwahlempfänger erfordert, wird er zentral für eine größere Anzahl von Leitungen vorgesehen und nur dann an eine Leitung geschaltet, wenn auf dieser Zeichen zu übertragen sind. Der Empfänger ist also nicht angeschaltet, solange die Teilnehmer sprechen, sondern wird nur während des Verbindungsaufbaus kurzzeitig an die Leitung angeschlossen. Ein Schutz des Empfängers gegen Sprechströme ist somit nicht erforderlich.

In Deutschland beträgt zwischen 2 Endämtern die zulässige Leitungsrestdämpfung 2,2 N (s. S. 288). Außer der Leitungsrestdämpfung sind für den Bereich des Empfangspegels noch die Dämpfungsverzerrungen innerhalb des Sprachbandes sowie die Toleranzen des Sendepegels

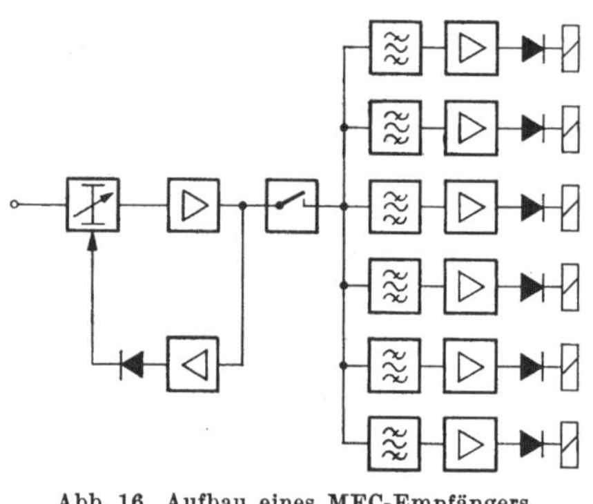

Abb. 16. Aufbau eines MFC-Empfängers

zu berücksichtigen. Bei einer Verbindung zwischen zwei beliebigen Endämtern ist daher für die MFC-Frequenzen ungünstigenfalls mit einem Empfangspegelbereich von etwa 3 Np zu rechnen. In diesem Pegelbereich muß der MFC-Empfänger die ankommenden Zeichen sicher und einwandfrei aufnehmen können.

Abb. 16 zeigt ein Beispiel für den prinzipiellen Aufbau eines MFC-Empfängers. Im Eingangsverstärker werden die Zeichen durch den Eingangspegel stets auf einen konstanten Ausgangspegel geregelt. Der nachfolgende Zeichenverrunder (durch einen Schalter dargestellt) trennt im Ruhezustand den Regelverstärker von den selektiven Tonempfängern. Beim Eintreffen eines Zeichens schaltet er mit einer gewissen Zeitkonstante, welche die steile Anfangsfront des Zeichens abflachen und damit das Tastspektrum verringern soll, zwischen Verstärkerausgang und Tonempfängern durch. Der Verrunder erfüllt somit zwei Aufgaben: er schützt die Tonempfänger vor kurzzeitigen Störspannungen solange kein Zeichen anliegt, und er vermindert das Tastspektrum, so daß die Tonempfänger nicht fälschlicherweise auf dieses kurzzeitig ansprechen können. Auf den Verrunder folgen bei einem MFC-Verfahren mit 6 Frequenzen 6 selektive Filter, 6 Verstärker und 6 Empfangsorgane, die aus mechanischen oder elektronischen Relais bestehen können.

### 1.1.5 Zeichengeneratoren

Die Träger der zu übertragenden Ruf- und Wählzeichen werden im allgemeinen zentral für große Kanalbündel erzeugt. Für die niederfrequenten Zeichenströme werden dabei teils Maschinengeneratoren, teils elektronische Oszillatoren benutzt, z. T. wird die Zeichenleistung auch dem öffentlichen Wechselstromnetz entnommen. Infolge der stark schwankenden Belastung muß die Zeichenstromquelle einen kleinen Innenwiderstand und eine ausreichende Leistungsreserve haben, damit sich die abgegebene Zeichenspannung zwischen Leerlauf und Vollast nicht unzulässig stark ändert. Bei der Verteilung des niederfrequenten Zeichenstroms kann außerdem ein Überlastungsschutz erforderlich sein, damit ein Leitungskurzschluß den Generator oder andere Einrichtungen nicht zerstört bzw. damit auch bei Kurzschluß an einem oder mehreren Verbrauchern der Generator für die übrigen Verbraucher noch arbeitsfähig bleibt.

Die zentrale Versorgung mit tonfrequentem Zeichenstrom ist leichter möglich, weil die Zeichenleistung am Einspeisepunkt klein ist und weil infolge der kurzen Zeichendauer selten in mehr als 10% der zu versorgenden Kanäle gleichzeitig Zeichen einzuspeisen sind. Bei dem üblichen Zeichenpegel und Einspeisung am relativen Pegel $-2$ Np, dem normalen Eingangspegel der Trägerfrequenzsysteme, ist z. B. 1 mW für die Versorgung von 1000 Sprechkreisen bereits ausreichend. In Wirklichkeit stellt man allerdings eine größere Leistung zur Verfügung, damit der Zeichenpegel bei Vollast nur unwesentlich absinkt.

Eine zentrale Schwingungserzeugung erfordert die Bereitstellung von Ersatzgeneratoren als Schutz gegen den Ausfall der Betriebsgeneratoren. Betriebs- und Ersatzgeneratoren müssen auf Betriebsfähigkeit dauernd überwacht werden. Bei Ausfall eines Betriebsgenerators sollte nach Möglichkeit selbsttätig auf den zugeordneten Ersatzgenerator umgeschaltet werden, um die durch den Ausfall entstandene Betriebsunterbrechung so kurz wie möglich zu halten. Der Aufwand für Überwachung und Ersatzschaltung kann beträchtlich werden, wenn die Zeichen aus 2 Frequenzen gebildet sind. Bei der MFC-Wahl z. B. muß sichergestellt sein, daß die Ausgangspegel der sechs Generatoren unter allen im Betrieb auftretenden Belastungs-, Spannungs- und Temperaturschwankungen sowie der Alterung auf 0,05 bis 0,10 Np übereinstimmen.

Die Ruffrequenz 500/20 Hz wurde lange Zeit fast ausschließlich durch Maschinengeneratoren erzeugt, weil Röhrengeneratoren nicht so betriebssicher und für die bei älteren Sprechkreisen benötigten Leistungen zu aufwendig waren. Abb. 17 zeigt den prinzipiellen Aufbau eines 500/20 Hz-Generators mit Transistoren. Er besteht aus einem 500 Hz-Generator (1), dessen Schwingungen in einem Modulator (2) durch die Rechteckschwingung 20 Hz getastet und anschließend in

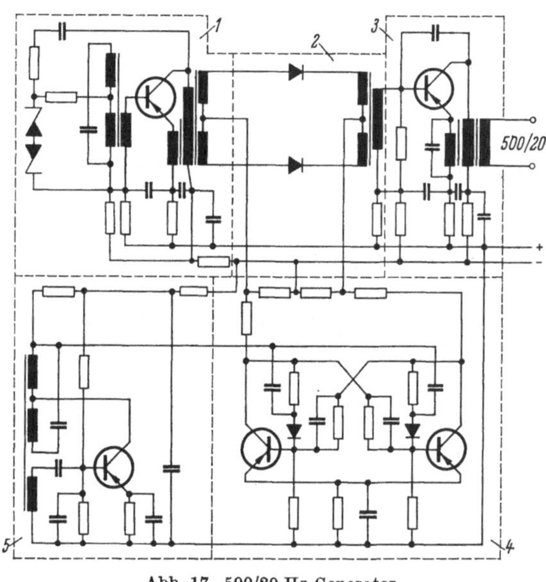


Abb. 17. 500/20 Hz-Generator

einem Verstärker (3) auf die gewünschte Ausgangsleistung gebracht werden. Die dabei benötigte Modulationsfrequenz 20 Hz wird aus der Kippstufe (4) gewonnen, welche von einem 40 Hz-Impulsgenerator (5) gesteuert wird. Diese 20 Hz-Erzeugung ist zwar etwas umständlich, bringt aber Vorteile hinsichtlich des benötigten Bauvolumens und der elektrischen Eigenschaften. Der Generator gibt eine Leistung von 1,5 mW ab und kann damit bei einer Rufgleichzeitigkeit von 10%, einer Sendeleistung von 0,5 mW am relativen Pegel Null und Einspeisung am relativen Pegel — 2 Np der Sprechkreise bis zu 1500 Leitungen mit Rufstrom versorgen.

Bei Tonwahlgeneratoren kommen gegenüber dem 500/20 Hz-Generator zwei weitere Forderungen hinzu. Da die Wählzeichen erheblich kürzer sind als die Rufzeichen, muß sich der Generator rascher auf Belastungsänderungen einstellen. Ferner muß bei der Zweitonwahl der Generatorinnenwiderstand einschließlich der gemeinsamen Speiseleitung der Vermittlungsstelle nicht nur für die Schwingfrequenz,

sondern für den ganzen Bereich der benutzten Wählfrequenzen klein
sein, und zwar viel kleiner als dies mit Rücksicht auf die Belastungs-
unabhängigkeit notwendig ist. Diese Forderung kommt daher, daß bei
der gleichzeitigen Aussendung zweier Frequenzen die beiden für das
Zeichen benutzten Generatoren über ihre Innen- und Belastungswider-
stände verkoppelt werden. Dadurch wird jedem Generator entsprechend
dem Verhältnis zwischen Innenwiderstand und Verbraucher die Fre-

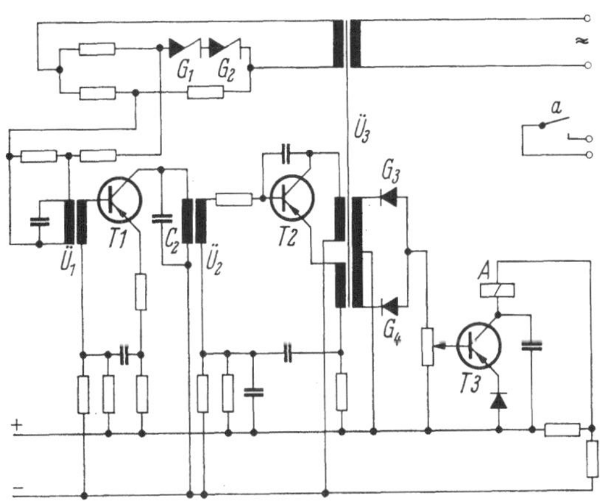

Abb. 18. Schaltung eines Tonwahlgenerators

quenz des anderen eingeprägt. Dies kann zu Schwierigkeiten bei der
Bildung anderer Frequenzkombinationen für andere Sprechkreise führen,
weil jeder Generator durch die zeitweise auftretende verbraucherabhän-
gige Verkopplung mit anderen Generatoren vorübergehend auch andere
Frequenzen abgeben kann. Das ausgesandte Zeichen kann dadurch
u. U. mehrdeutig werden oder es ist nicht auswertbar, wenn die Zahl
der empfangenen Frequenzen zur Codesicherung kontrolliert wird.

Der Stromlauf eines Tonwahlgenerators ist aus Abb. 18 ersichtlich.
Der im wesentlichen aus den beiden Transistoren $T_1$ und $T_2$ sowie den
3 Übertragern $Ü_1$, $Ü_2$ und $Ü_3$ bestehende selektive Verstärker ist vom
Ausgang über die mit den Gleichrichtern $G_1$ und $G_2$ gebildete Regelbrücke rückgekoppelt. Diese Rückkopplung dient zur Schwingungserregung, indem die vom frequenzbestimmenden Schwingkreis $Ü_2/C_2$
aus dem Rauschspektrum des Verstärkers ausgesiebte Frequenz im
Verstärker so lange immer wieder verstärkt wird, bis ihre Amplitude
durch die Regelbrücke begrenzt wird (vgl. auch S. 391). $G_1$ und $G_2$
werden dabei durch die zurückgeführte Spannung so ausgesteuert, daß
die Regelbrücke bei den zugelassenen Schwankungen der an den Ausgang
angeschlossenen Last an $Ü_1$ immer eine konstante Spannung abgibt.
Damit wird über den selektiven Verstärker auch die Ausgangsspannung

konstant gehalten. Von der Ausgangsspannung wird über die Gleichrichter $G_3$ und $G_4$ und den Transistor $T_3$ das Überwachungsrelais $A$ erregt; sein Kontakt $a$ ist geschlossen, solange der Generator eine ausreichende Spannung abgibt.

## 1.2 Einrichtungen zur Aufbereitung der Übertragungskanäle für die Sprachübertragung

### 1.2.1 Amplitudenbegrenzer

Nicht immer dürfen die Teilnehmer über Vermittlungseinrichtungen unmittelbar mit den Weitverkehrskreisen verbunden werden. So können z. B. die Sprechkreise durch zu große Sprech- oder Störspannungen überlastet werden. Modulatoren und Verstärker, die für mehrere Kanäle gemeinsam sind, würden dann übersteuert und nichtlineares Übersprechen innerhalb der Trägerfrequenzsysteme verursachen. Man schützt daher die Übertragungskanäle durch Begrenzung der Eingangsamplituden auf einen zulässigen Höchstwert. Im allgemeinen werden Sprechleistungen von 4 mW am relativen Pegel Null noch übertragen. Da dieser Wert etwa dem 200fachen der im Mittel je Kanal zu übertragenden Sprechleistung entspricht, werden noch höhere gelegentlich vorkommende Spitzenleistungen von den Übertragungswegen ferngehalten. Trotzdem kann ein infolge Instabilität pfeifender Sprechkreis das Übertragungssystem so stark aussteuern wie die Sprechströme in 500 bis 1000 Sprechkreisen.

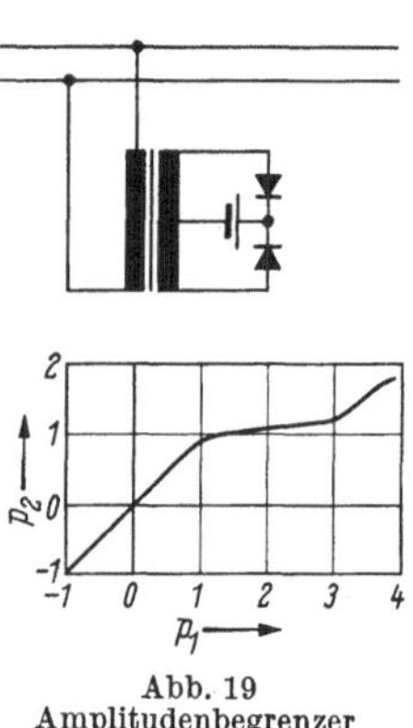

Abb. 19
Amplitudenbegrenzer

Bei Trägerfrequenzsystemen können die Eingangsamplituden ohne zusätzlichen Aufwand durch Herabsetzen der dem Modulator zugeführten Trägerleistung begrenzt werden. Diese Art der Begrenzung ist aber nicht sprunghaft wirksam. Der Übergang in den Begrenzerzustand geht allmählich vor sich, so daß, wenn beim höchsten zu übertragenden absoluten Pegel von $+0,7$ Np am relativen Pegel Null noch keine nennenswerte Beeinflussung der Dynamik zugelassen wird, volle Begrenzung erst bei etwa $+1,5$ Np eintritt.

Eine einfache Begrenzerschaltung ist in Abb. 19 angegeben. Hier sind zur Begrenzung 2 Gleichrichter über einen Übertrager dem Sprechkreis parallelgeschaltet. Sie sind durch eine Gleichspannung vorgespannt, damit ein schärfer ausgeprägter Übergang in den Begrenzungsbereich erhalten wird. Durch entsprechende Bemessung von Vorspannung und Übersetzungsverhältnis lassen sich der Einsatzpegel der Begrenzung und die Schärfe der Begrenzung auf die gewünschten Werte bringen. Die begrenzte Spannung ist bei dieser Schaltung allerdings nur bis zu dem Pegelbereich annähernd konstant, in dem der Kurzschlußwiderstand des Übertragers klein gegen den Widerstand der Gleichrichter ist. Bei höheren Spannungen steigt die begrenzte Spannung, wie aus Abb. 19 ersichtlich, wieder an.

### 1.2.2 Geräuschminderer, Kompander

Bei dauernd oder zeitweise durch starkes Geräusch gestörten Übertragungskanälen, z. B. bei Einseitenband-Kurzwellenverbindungen, kann es nützlich sein, am Kanalende das Geräusch in den Sprechpausen herabzusetzen. In einfachster Weise läßt sich dies durch eine Amplitudenschwelle verwirklichen, welche alle Spannungen unter dem Sollwert der Schwelle unterdrückt. Da dabei jedoch alle Augenblickswerte der Spannung um den Schwellwert verringert werden, entstehen für das Ohr unangenehme nichtlineare Verzerrungen.

Besser, aber auch aufwendiger ist es, die Schwelle für eine gewisse Zeit auszuschalten, wenn die Eingangsspannung den Grenzwert erreicht. Ist diese Zeit dabei länger als die Dauer einer Schwingung der tiefsten zu übertragenden Frequenz, so kann die Schwelle nicht bei jedem Nulldurchgang der Schwingungen erneut wirksam werden.

Geräuschminderer sind in den meisten kommerziellen Einseitenband-Kurzwellenverbindungen eingesetzt, wobei die Schwelleneinstellung veränderbar ist, so daß sie der jeweils vorhandenen Geräuschstärke angepaßt werden können. Beim Geräuschminderer verschwindet die Geräuschunterdrückung ganz, sowie die Eingangsspannung die Schwellenspannung übersteigt. Dies kann in manchen Fällen unerwünscht sein. Hier wird dann oft der Kompander angewendet, bei dem man die angebotene Sprechleistung vor der Übertragung erst verstärkt, damit am Ende der Übertragungsstrecke der Geräuschabstand hinreichend groß ist. Da in solchen Fällen die erforderliche Verstärkung bei jedem Gespräch anders sein kann und oft auch innerhalb eines Gespräches verschiedene Werte annehmen muß, wird sie in einem Regelverstärker durch die Sprechströme selbsttätig eingestellt. Diese Zusatzverstärkung allein könnte die Restdämpfung des Übertragungsweges und dadurch die Stabilität des Sprechkreises vermindern. Ihre Auswirkung auf die Restdämpfung muß daher am Leitungsende durch eine entsprechende, ebenfalls von den Sprechströmen gesteuerte Dämpfung aufgehoben werden.

Der Kompander bewirkt auch bei höheren Eingangsspannungen noch eine Geräuschminderung. Diese Eigenschaft muß aber z. T. durch übertragungstechnische Nachteile erkauft werden, die seinen Einsatz sehr erschweren können.

Der Kompander besteht aus 2 Teilgeräten, dem sendeseitig eingesetzten *Kom*pressor oder Presser und dem Ex*pander* oder Dehner auf der Empfangsseite. Der Presser arbeitet für kleine Eingangspegel von z. B. unter $-6$ Np am relativen Pegel Null wie ein linearer Verstärker und hebt diese um etwa 3 Np an. Sie werden also mit erhöhtem Pegel auf dem Sprachkanal übertragen, so daß sich der Abstand dieser Nutzspannungen gegen die Leitungsgeräusche um 3 Np vergrößert. Dieser Verstärker ist mit einer Rückwärtsregelung ausgerüstet, die bei wachsendem Eingangspegel die Verstärkung herabsetzt, bis schließlich beim Eingangspegel 0 Np die Verstärkung Null ist. Der Verlauf dieser Pegelabhängigkeit ist in Kurve *a* der Abb. 20 dargestellt. Die Steigung dieser Kennlinie ist bei Eingangspegeln über $-6$ Np nur halb so groß wie die eines linearen Verstärkers.

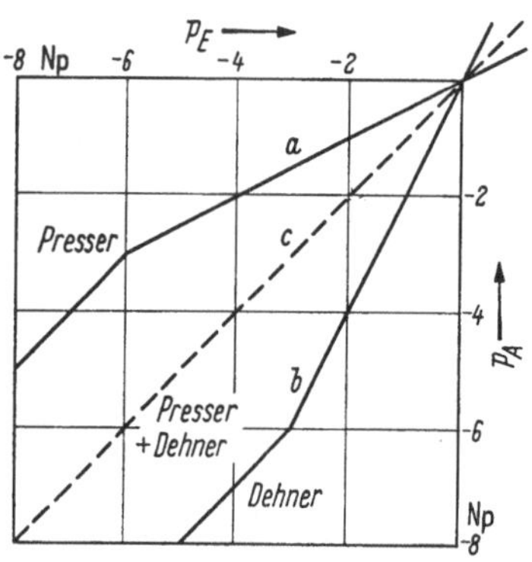

Abb. 20. Kompanderkennlinien

Der Dehner wird ebenfalls von den Sprechströmen gesteuert. Seine Kennlinie hat aber bis herab zu Eingangspegeln von $-3$ Np die doppelte Steigung des linearen Verstärkers (Kurve *b* in Abb. 20). Der Dehner bedämpft also alle unter $-3$ Np liegenden Eingangspegel um 3 Np und verringert dadurch bei kleinen Übertragungspegeln und in Sprechpausen das Leitungsgeräusch um 3 Np. Diese Geräuschminderung nimmt bei wachsendem Eingangspegel nicht plötzlich sondern stetig bis zum Eingangspegel Null ab. Wenn die Kennlinien von Presser und Dehner sich genau reziprok entsprechen, ergibt sich die Kurve *c* der Abb. 20, die keine Pegelabhängigkeit der Verstärkung aufweist. Dies in ausreichender Annäherung mit einfachen Mitteln zu erreichen, ist ziemlich schwierig. Ferner ist es auch schwierig, die Regelzeitkonstanten von Presser und Dehner so aufeinander abzustimmen, daß ein plötzlicher Pegelsprung am Pressereingang ohne nennenswerte Einschwingvorgänge einen genau gleichartigen Pegelsprung am Dehnerausgang zur Folge hat. Für die Übertragung kurzer Wählzeichen ist dies von großer Bedeutung. Diesen Kompander bezeichnet man verschiedentlich als Silbenkompander, weil er infolge der Regelzeitkonstanten nicht unmittelbar von den Sprachschwingungen gesteuert wird, sondern von ihrer Umhüllenden, welche dem Silbenrhythmus folgt. Der Steuervorgang besitzt dadurch eine gewisse Trägheit, so daß die Sprachschwingungen nicht verzerrt werden [*12*].

Man kann die Regelung bei Presser und Dehner auch sehr schnell arbeiten lassen, so daß die Momentanwerte der zu übertragenden Nachrichtenschwingungen dem Gesetz der Pressung und Dehnung unterworfen sind. Dann entstehen aber sendeseitig viele Oberwellen sowie Summen- und Differenzschwingungen, welche für eine klirrfreie Nachrichtenübertragung durch ein gleichartiges, auf der Empfangsseite erzeugtes Frequenzgemisch wieder kompensiert werden müssen. Das ist nur möglich, wenn der Übertragungsweg ein Vielfaches der Sprachbandbreite besitzt und auf ihm keine Phasenverzerrungen auftreten. Bei Pulsmodulationssystemen ist diese Bedingung erfüllt, weshalb derartige Momentanwertkompander dort auch angewendet werden (s. S. 478). Da dieser Kompander trägheitslos arbeitet, hat er keine Einschwingvorgänge. Die oben angedeuteten Schwierigkeiten für die Übertragung kurzer Zeichen treten bei ihm nicht auf.

Neben den Schwierigkeiten, die aus der erforderlichen Übereinstimmung der Pegelabhängigkeit und der Regelzeitkonstanten von Presser und Dehner entstehen, ergibt sich für den Kompandereinsatz aus der doppelten Steigung der Dehnerkennlinie eine weitere Schwierigkeit. Restdämpfungsfehler des Übertragungsweges werden verdoppelt und dadurch die Pfeifsicherheit des Sprechkreises beeinflußt. In manchen Fällen wird daher sendeseitig in den Eingang des Pressers eine Pilotschwingung mit konstantem Pegel eingespeist. Ihre Pegeländerung, die beim Einregeln des Pressers auf die Sprechströme entsteht, kann zur Steuerung des Dehners benutzt werden, indem man diesen sich so einregeln läßt, daß der Pilotpegel am Dehnerausgang immer den gleichen Wert hat. Dieser Pilotkompander bietet als Vorteile die Möglichkeit höherer Pressung und damit stärkerer Geräuschunterdrückung, Unabhängigkeit der Presser- und Dehnerkennlinien voneinander sowie Ausregeln der Restdämpfungsschwankungen der Übertragungsstrecke. Dafür verursacht er größeren Aufwand als der durch die Sprachsilben gesteuerte Silbenkompander und benötigt zudem für die Übertragung der Pilotschwingung einen eigenen Übertragungskanal.

Bei dieser Lösung muß man dafür sorgen, daß der Steuerweg das Einschwingen der Sprachlaute nicht verzögert und dadurch verfälscht. Die Laufzeit der Steuerströme im Pilotkanal muß daher hinreichend genau mit der Laufzeit im Sprechweg übereinstimmen. Ihre Einschwingzeit muß darüber hinaus gegenüber der zeitlichen Änderung der Nachrichtenströme vernachlässigbar sein. Der Pilotkanal muß daher mindestens mehrere hundert Hertz breit sein, was die Anwendung des Pilotkompanders sehr erschwert. Bei geeigneter Auslegung der Zeichenübertragung kann die Pilotschwingung auch im Zeichenkanal übertragen werden. Der Pilotkanal erhöht den Aufwand für den Kompander erheblich, so daß sich der Pilotkompander nur bei sehr hohen Ansprüchen an die Übertragungsgüte, z. B. bei der Übertragung von Rundfunkprogrammen (s. S. 610), lohnt.

### 1.2.3 Volumenregler

Im kommerziellen Kurzwellenfunkverkehr kann die Stärke der beim Sender eintreffenden Sprechströme über die Sprachdynamik hinaus in einem großen Bereich variieren. Allein durch die im Netzplan zugelassenen Werte für Leitungs- und Sendebezugsdämpfung entsteht ein Dämpfungsbereich von über 2 Np zwischen den Teilnehmerstationen und dem Funksender. Der hierdurch gegebene Bereich der Sprechströme wird durch leises oder lautes Sprechen und die Art, wie der Teilnehmer den Sprechapparat hält, erheblich vergrößert und hätte — würde er nicht ausgeglichen — eine unwirtschaftliche Ausnutzung der Sendeleistung und eine Verkleinerung des Geräuschabstandes am Ende der Funkstrecke zur Folge. Er wird daher vor dem Sender in einem Volumenregler ausgeglichen. Der Volumenregler ist ein Verstärker, dessen Verstärkungsgrad durch die ankommenden Sprechströme so eingestellt wird, daß für einen großen Bereich des Eingangspegels der Spitzenwert der Sprechströme am Volumenreglerausgang auf einen konstanten Wert gebracht wird. Dabei darf aber die natürliche Dynamik der Sprache, d. h. das Verhältnis zwischen den lauten und leisen Silben, nicht nennenswert verändert werden.

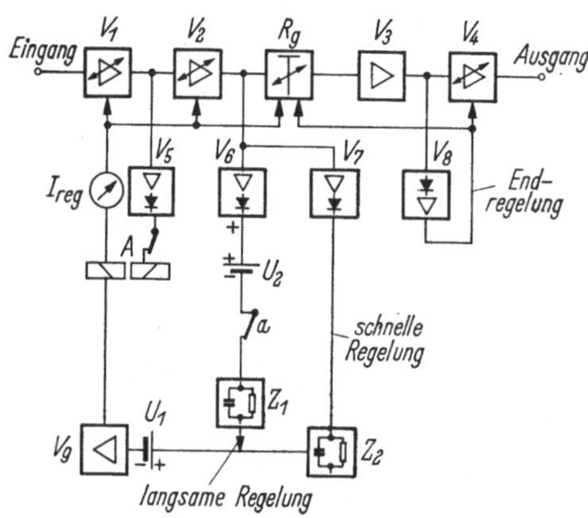

Abb. 21. Blockschaltung eines Sendevolumenreglers

Die Abwärtsregelzeit eines derartigen Sendevolumenreglers muß bei zu großen Ausgangsspannungen sehr kurz sein, um eine Senderübersteuerung bei plötzlich auftretenden Überspannungen zu vermeiden. Sonst aber sollen Abwärts- und Aufwärtsregelung mit Rücksicht auf die Sprachdynamik verhältnismäßig langsam erfolgen, z. B. mit 15 Np/sec abwärts und 3 Np/sec aufwärts. Der Regelumfang eines Sendevolumenreglers liegt üblicherweise bei etwa 5 Np, wozu man einen ziemlich großen Geräteaufwand braucht.

Das Prinzip eines Sendevolumenreglers ist aus Abb. 21 zu ersehen. Die dem Eingang zugeführten Sprechströme gelangen über die Regelverstärker $V_1$, $V_2$ und $V_4$ sowie das steuerbare Dämpfungsglied $R_g$ und den Verstärker $V_3$ zum Ausgang. Im Ruhezustand ist die Verstärkung auf etwa 1,8 Np eingestellt, d. h. auf einen mittleren Wert des auszuregelnden Pegelbereichs; der Kontakt $a$, welcher bei Bedarf die Aufwärtsregelung einleitet, ist offen. Erreicht die Eingangsspannung den Ansprechwert der Regelung, dann wird das $A$-Relais erregt und gibt den langsam arbeitenden Regelweg ($V_6$, $U_2$, $a$, $Z_1$, $U_1$, $V_9$) frei. Die Verstärkung von $V_1$ und $V_2$ sowie die Dämpfung von $R_g$ werden dabei durch den Regelstrom $J_{reg}$ so eingestellt, daß die Effektivspannung der stärksten Sprachspitzen am Ausgang den Pegel $+0{,}7$ Np erreicht. Ist die Eingangsspannung für die gerade eingestellte Verstärkung zu groß, so setzt eine schnelle Regelung ($V_7$, $Z_2$, $U_1$, $V_9$) die Verstärkung in weniger als 5 ms so lange auf den zulässigen Wert herab, bis die langsame Regelung nachgekommen ist. Verschwindet die Eingangsspannung, so fällt das $A$-Relais ab. Sein Kontakt $a$ unterbricht den Regelweg, der zuletzt eingestellte Verstärkungsgrad bleibt aber über das Zeitkonstantenglied $Z_1$ noch für einige Minuten erhalten.

Das $A$-Relais wird sowohl vom Regelstrom $J_{reg}$ wie von den Sprechströmen erregt, wobei sich die beiden Ströme entgegenwirken. Dadurch wird die Ansprechempfindlichkeit des $A$-Relais und damit der Regelschaltung für höhere Eingangspegel herabgesetzt, bei lautstarken Sprechströmen können dann 3,5 Np tiefer liegende Raum- oder Leitungsgeräusche den Volumenregler in den Sprechpausen nicht hochregeln. Diese Maßnahme ermöglicht im praktischen Betrieb erst die Ausnutzbarkeit eines Regelbereichs von 5 Np und mehr.

Die vor dem Ausgang liegende Endregelung kann die Spitzen des bereits ausgeregelten Sprachvolumens noch herabsetzen, wenn dieses zuvor durch den Verstärker $V_3$ um einen konstanten Betrag angehoben wird. Dadurch kann im Bedarfsfall die Dynamik der Sprechströme um den Betrag der Verstärkung von $V_3$ gepreßt werden.

Auch auf der Empfangsseite von Funkstrecken werden Volumenregler benutzt, um Fehlregelungen der Funkempfänger, die kurzzeitig bis zu $\pm 2$ Np betragen können, auszugleichen. Hier sind, weil die Pegelschwankungen andere Ursachen haben, auch andere Regelgeschwindigkeiten und ein kleinerer Regelumfang als sendeseitig zweckmäßig. Ferner muß dafür gesorgt werden, daß der Empfangsvolumenregler in den Sprechpausen die Geräuschspannungen der Funkstrecke, die zumindest kurzzeitig um ein Vielfaches größer sein können als bei Drahtverbindungen, nicht hochregeln. Dies läßt sich beispielsweise dadurch verwirklichen, daß der Regelkreis nur dann arbeiten kann, wenn die Eingangsspannung im Rhythmus von Sprachsilben, also im Rhythmus von 2 bis 10 Hz schwankt [*13*, *14*].

## 1.2.4 Rückkopplungssperre

Fernsprechnetze werden so geplant und gewartet, daß auch bei ungünstigsten Betriebszuständen, in jeder Verbindung der Pfeifpunktabstand mindestens 0,2 Np beträgt. Im allgemeinen, und zwar insbesondere während des Sprechens, liegt dieser Wert höher; wesentlich über 2 Np liegende Werte dürften dagegen im praktischen Betrieb kaum erreicht werden. Ein Funksprechkreis kann daher nicht stabil sein, wenn zum Ausgleich der Dämpfungsunterschiede der angeschlossenen Zweidrahtleitungen Volumenregler eingesetzt sind, welche die Restdämpfung der beiden Vierdrahtwege bis zu beträchtlichen negativen Werten vermindern. Zur Stabilisierung von mit Volumenreglern ausgerüsteten und auf Zweidrahtleitungen durchschaltbaren Funkstrecken werden Rückkopplungssperren benutzt, die jeweils nur eine der beiden Übertragungsrichtungen durchschalten, nämlich die, in der gerade

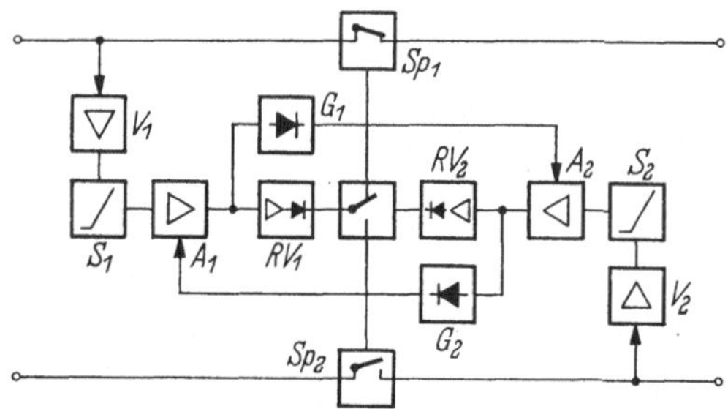


Abb. 22. Blockschaltung einer Differentialrückkopplungssperre

gesprochen wird. Die Gegenrichtung ist dabei immer so lange unterbrochen, bis die Gesprächsrichtung wechselt. Dieses abwechselnde Durchschalten einer Gesprächsrichtung wird in der Rückkopplungssperre durch die Sprechströme unmittelbar gesteuert.

Zur Rückkopplungsunterdrückung sind verschiedene Schaltungsarten eingeführt worden. Je nach den Anforderungen und dem vertretbaren Aufwand werden die Rückkopplungssperren so ausgelegt, daß sie nur durchschaltbar sind, wenn in der Gegenrichtung nicht gesprochen wird (Wechselsprechverkehr) oder so, daß sich die beiden Teilnehmer jederzeit gegenseitig unterbrechen können (Gegensprechverkehr).

Von den bisher bekannt gewordenen hat sich die Differentialrückkopplungssperre in der Praxis am besten bewährt. Bei ihr kann ein Teilnehmer jederzeit den anderen durch lautes Gegensprechen unterbrechen, so daß an die Sprechdisziplin der Teilnehmer keine bsonderen Anforderungen gestellt werden. Der Sprechweg bleibt in Sprechpausen, in denen die Sprechrichtung nicht wechselt, durchgeschaltet. Dies ist wichtig, weil bei jeder Umschaltung Bruchteile der ersten Silbe verlorengehen.

Der prinzipielle Aufbau einer Differential-Rückkopplungssperre ist aus Abb. 22 ersichtlich. In jedem Durchgangsweg liegt ein durch den Kontakt *Sp* symbolisch dargestellter elektronischer Unterbrecher. Ist der Kontakt im oberen Weg geschlossen, so ist er im unteren geöffnet und umgekehrt. An die beiden Eingänge sind 2 Steuerwege angeschlossen. Im Steuerweg $1$ werden die Sprechströme zunächst in $V_1$ verstärkt, dann über die Schwelle $S_1$ dem Abwägeverstärker $A_1$ zugeführt, wo sie mit den Sprechströmen der Gegenrichtung verglichen werden. Wird in der Gegenrichtung nicht gesprochen, so erregen die Sprechströme über den Richtverstärker $RV_1$ einen Steuerkreis, welcher den Kontakt $Sp_1$ des oberen Durchgangsweges weiterhin geschlossen hält. Gleichzeitig wird über $G_1$ dem Abwägeverstärker $A_2$ der Gegenrichtung eine Sperrspannung vom dreifachen Wert der Eingangsspannung des Abwägeverstärkers $A_1$ zugeführt. Die Sprechströme der Gegenrichtung müssen dann dreimal so groß sein, um $A_2$ umkippen und dadurch $Sp_2$ schließen und $Sp_1$ öffnen zu können. Mit den beiden Schwellen $S_1$ und $S_2$ läßt sich die Ansprechempfindlichkeit der Steuerwege zur Anpassung an die jeweiligen Störspannungsverhältnisse der beiden Übertragungswege herabsetzen, ohne daß die Abwägefähigkeit verlorengeht.

Für das einwandfreie Arbeiten dieser Sperre müssen die Zeitkonstanten der einzelnen Steuerkreise sehr sorgfältig aufeinander abgestimmt sein, damit das gegenseitige Unterbrechen einwandfrei möglich ist und damit nicht ein im Sprechkreis irgendwo entstehendes Echo lautstarker Silben bei nachfolgenden leisen Silben die Sperre auf die Gegenrichtung umschalten kann [*13, 14*].

### 1.2.5 Echosperre

Die Rückflüsse, die an einer Gabelschaltung beim Übergang von der Vierdraht- zur Zweidrahtleitung entstehen, können sich für den sprechenden Teilnehmer als Echo störend bemerkbar machen (s. S 256), auch wenn sie noch nicht so groß sind, daß durch sie die Stabilität gefährdet ist. Das Echo stört um so mehr, je größer die Laufzeit der Sprechströme ist. Bei pupinisierten Leitungen kann das Echo die Reichweite auf einige 100 km begrenzen. In trägerfrequent über unbelastete Leitungen betriebenen Sprechkreisen tritt dagegen das Echo der Sprechströme erst bei Entfernungen von über 2500 km störend in Erscheinung. Ähnlich wie der stabilitätsmindernde Rückfluß im Bedarfsfall durch Rückkopplungssperren unterdrückt wird, läßt sich die Echostörung durch Echosperren beseitigen.

Bei der Rückkopplungssperre ist dauernd eine der beiden Sprechrichtungen unterbrochen. Im Gegensatz hierzu sind bei mit Echosperren ausgerüsteten Sprechkreisen beide Übertragungsrichtungen durchgeschaltet, solange nicht gesprochen wird, denn die Echosperre braucht ja nicht die Stabilität des Sprechkreises sicherzustellen. Daher entsteht die Sperrwirkung auch erst, wenn einer der beiden Teilnehmer zu sprechen beginnt. Erst dann unterbricht die Echosperre die gerade nicht benötigte

Übertragungsrichtung. Es ist dabei zweckmäßig, daß die Sprechströme die Gegenrichtung jeweils nur am fernen Leitungsende unterbrechen. Man hat dann an jedem Leitungsende eine Halbechosperre, die — von den Sprechströmen des fernen Leitungsendes gesteuert — jeweils die Senderichtung unterbricht.

Mit der Echosperre läßt sich zwar der störende Einfluß des Echos beseitigen, nicht aber die Auswirkungen der Laufzeit auf den Gesprächsfluß. Dieser wird im Gegenteil durch die Echosperren noch zusätzlich gehemmt. Bei Leitungen mit sehr großen Laufzeiten, wie sie u. U. im weltweiten Verkehr zu erwarten sind, kann der Teilnehmer leicht ungeduldig werden, wenn er zu sprechen aufhört und die Antwort infolge der Laufzeit nicht rasch genug eintrifft. Hört z. B. der Teilnehmer A zu sprechen auf, so bemerkt dies der Teilnehmer B erst nach einer Zeit, die der Laufzeit der Sprechströme entspricht. Antwortet B sofort, so hört A die erwartete Antwort erst nach der doppelten Laufzeit. Wenn ihm dieses Warten zu lange dauert, stellt er inzwischen vielleicht bereits eine Rückfrage, die er beim Eintreffen der Antwort unterbricht. B unterbricht aber möglicherweise seine Antwort ebenfalls, sowie er die Rückfrage wahrnimmt. Der Gesprächsfluß ist also erschwert. Da die Echosperren aber, wenn beide Teilnehmer vorübergehend gleichzeitig sprechen, einmal durch die Sprechströme des einen, einmal durch die des anderen Teilnehmers betätigt werden, können sie in dieser Zeit aus den Sprechströmen einzelne Silben oder Worte unterdrücken. Dadurch wird der Gesprächsfluß noch weiter erschwert. Es erscheint daher sinnvoll, wenn zu den Zeiten, in denen beide Teilnehmer gleichzeitig sprechen, die Echosperren die Sprechwege nicht unterbrechen, sondern beide Wege über kleine Zusatzdämpfungen gleichzeitig durchschalten.

### 1.2.6 Mehrfachausnützung von Sprechwegen

Sprechkreise, die sehr teuer sind, z. B. Verbindungen zwischen entfernten Kontinenten, versucht man mehrfach auszunutzen, um gleichzeitig mehr Gespräche führen zu können als Sprechkreise vorhanden sind. Hierfür gibt es zwei grundsätzlich verschiedene Verfahren, das TASI- und CELTIC-System sowie den Vocoder.

**a) TASI- und CELTIC-System.** Jede Richtung eines Sprechkreises wird infolge des abwechselnden Sprechens der beiden angeschlossenen Teilnehmer im Mittel nur während der halben Gesprächsdauer ausgenutzt. Berücksichtigt man ferner weitere Gesprächslücken durch die Pausen zwischen einzelnen Worten und Sätzen, so kommt man zu einer tatsächlichen Sprechkreisaktivität von nur 25% (s. S. 273). Nur in dieser Zeit wird im Mittel jeder Kanal eines Sprechkreises tatsächlich benötigt. Für sehr teure Sprechkreise ist es daher naheliegend, die übrigen

75% der Zeit ebenfalls auszunutzen, indem in diesen Sprechpausen die Sprechströme anderer Teilnehmer übertragen werden.

Beim TASI- und beim CELTIC-System wird durch ein automatisch arbeitendes Vermittlungssystem dem Teilnehmer nur so lange ein Übertragungskanal zur Verfügung gestellt, als er gerade spricht. Fängt er nach einer kleinen Pause innerhalb seines Gespräches erneut an zu sprechen, so wird schnell ein freier Kanal gesucht und dieser ihm zugeteilt. Auf diese Weise lassen sich über jeden Sprechkreis im Mittel 2 bis 3 Gespräche gleichzeitig führen. Anwendbar ist dieses Prinzip aber nur bei

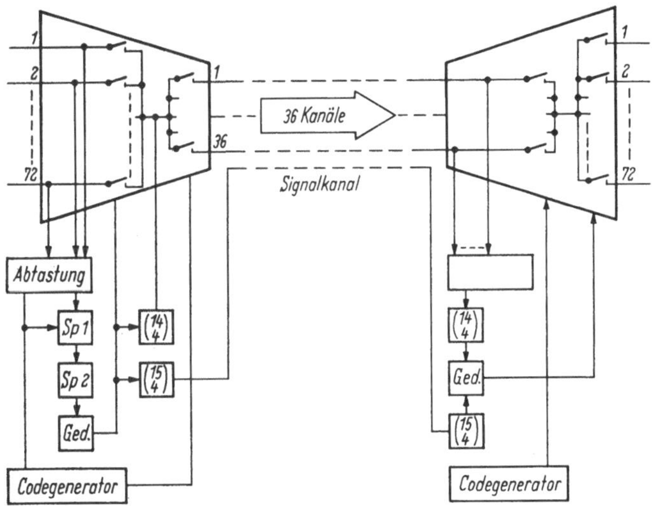


Abb. 23. Prinzipieller Aufbau des TASI-Systems

größeren Sprechkreisbündeln, weil nur dann eine ausreichende Wahrscheinlichkeit besteht, daß in dem Augenblick, in dem ein Sprecher einen Übertragungsweg benötigt, in der gewünschten Richtung ein Kanal frei ist [15, 16].

Aus Abb. 23 ist der prinzipielle Aufbau des amerikanischen TASI-Systems (Time Assignment Speech Interpolation) zu ersehen. Bei ihm werden auf dem Übertragungsweg in jeder Richtung 36 Sprachkanäle und 1 Signalisierungskanal benötigt, um 72 (maximal 96) Gespräche gleichzeitig führen zu können. Die Teilnehmer sind dabei in der üblichen Weise über normale Leitungen mit den 72 (96) Eingängen der TASI-Endeinrichtungen verbunden. Jede Leitung muß mit einer Echosperre ausgerüstet sein, die dafür sorgt, daß ein über die Gabel zurückfließendes Echo nicht fälschlicherweise einen Übertragungskanal belegt und damit die Grundlage für das einwandfreie Arbeiten des TASI-Systems stört.

In den TASI-Endeinrichtungen sind die 72 (96) angeschlossenen Leitungen durch Leitungsgatter und die 36 Übertragungskanäle durch

Kanalgatter abgeschlossen. Diese Gatter sind im Bild durch Kontakte dargestellt; sie sind innerhalb der Sende- oder Empfangseinrichtung miteinander verbunden und werden in Zeitmultiplex betrieben. Wenn also ein Leitungs- und ein Kanalgatter durch ihre Steuerimpulse zur gleichen Zeit durchlässig werden, so ist die zum Leitungsgatter gehörende Leitung mit dem entsprechenden Übertragungskanal für die Impulsdauer von 2,2 µsec durchverbunden; der Impulsabstand ist dabei jeweils 125 µsec. Die Nachricht wird somit innerhalb einer Endeinrichtung durch Pulsmodulation von der Leitung zum Kanal bzw. umgekehrt übertragen. Die Gatter werden durch einen Code gesteuert, der für die Leitungen zwei aus sieben und für die Kanäle zwei aus sechs mögliche Elemente benutzt. Jeder Leitung bzw. jedem Kanal ist dabei ein eigenes Codezeichen zugeordnet, das sozusagen die Leitungs- oder Kanalnummer darstellt.

Alle bei der Sendeeinrichtung des TASI-Systems ankommenden Leitungen werden laufend in Abständen von 0,5 msec abgetastet, um festzustellen, ob eine Nachricht zu übertragen ist. Steht auf einer Leitung eine Nachricht an, so wird der entsprechende Leitungscode, d. h. der Zeitpunkt, zu dem diese Leitung für 2,2 µsec durchgeschaltet wird, in den Zwischenspeicher $Sp_1$ eingeschrieben. Wenn keine andere Leitung auf Vermittlung zu den Übertragungskanälen wartet, so wird der Leitungscode in den Speicher $Sp_2$ übertragen und ein freier Übertragungskanal gesucht. Sowie ein solcher gefunden ist, werden Leitungscode und Kanalcode derart miteinander verknüpft in das die ganze Anlage steuernde Gedächtnis $Ged$ eingeschrieben, daß immer dann, wenn der Kanalcode das betreffende Kanalgatter durchlässig macht, gleichzeitig auch der Leitungscode das entsprechende Leitungsgatter durchschaltet.

Bevor beim Anstehen einer Nachricht Leitungs- und Kanalgatter synchron geschaltet werden, wird die Zuordnung von Leitung und Kanal mit einem Mehrfrequenzencode (4 Frequenzen aus 14 möglichen) über den in Frage kommenden Übertragungskanal zum anderen Ende der TASI-Strecke gemeldet. Der Mehrfrequenzencode wird dort in einen Zweiercode zurückverwandelt und dieser in das Gedächtnis des TASI-Empfängers eingeschrieben, das dann die gleichzeitige Durchschaltung der Kanal- und Leitungsgatter wie auf der Sendeseite steuert. Bis die ganzen Schaltvorgänge sende- und empfangsseitig voll registriert sind, vergehen etwa 20 msec, wenn ein Übertragungskanal gerade frei ist. Ist dies nicht der Fall, so kann die Wartezeit auch einige 100 msec betragen. Diese Zeit wird vom Anfang der Nachricht abgeschnitten. Bei der Zuordnung von 72 Leitungen auf 36 Kanäle ist diese Störung beim Sprechen kaum zu bemerken, für die Übertragung von Vermittlungszeichen muß sie aber durch eine größere Impulsdauer oder einen besonderen Aufbau des Vermittlungssystems berücksichtigt werden.

Die Zuordnung von Leitung und Kanal bleibt, falls mehr als 34 Leitungen belegt sind, nur so lange bestehen, bis in der Nachricht eine Pause von etwa 100 msec auftritt; sind weniger als 34 Leitungen belegt, tritt der Schaltmechanismus des TASI-Systems nicht in Tätigkeit. Nach dieser Pause wird die Zuordnung im Sendegedächtnis gelöscht, worauf der Kanal für Nachrichten aus anderen Leitungen wieder frei ist. Die Zuordnungstrennung wird gleichzeitig durch einen Mehrfrequenzencode über einen besonderen Signalkanal zur Empfangsseite übertragen, damit auch dort die Trennung vorgenommen werden kann.

**b) Vocoder.** Während beim TASI- und CELTIC-System die einzelnen Gespräche zeitlich ineinander verschachtelt werden, verringert der Vocoder das je Gespräch erforderliche Frequenzband und ermöglicht so die gleichzeitige Übertragung der Sprechströme mehrerer Teilnehmer in einem normalen Sprechkreis. Zu diesem Zweck wird beim Vocoder der Energiegehalt der verschiedenen Teilbereiche des Sprachbandes, z. B. durch Filter, festgestellt und diese sich verhältnismäßig langsam ändernde Energieverteilung zusammen mit einem Kriterium für die jeweils vorhandene Grundschwingung der Sprechströme übertragen. Auf der Empfangsseite wird aus diesen Informationen die Sprache künstlich wieder zusammengesetzt. Dieses Verfahren kann zwar das je Gespräch erforderliche Frequenzband sehr vermindern, es beeinträchtigt jedoch die Natürlichkeit und Verständlichkeit der Sprache erheblich, insbesondere bei starker Bandkompression, d. h. wenn viele Gespräche gleichzeitig über einen Sprechkreis geführt werden. Nachteilig ist ferner, daß ein derartiger Vocodersprechkreis für die Übertragung anderer Informationen, z. B. für Telegraphie oder schnelle Daten nicht brauchbar ist. Über Vocoderschaltungen sind zwar schon sehr viele Veröffentlichungen erschienen, über seine praktische Anwendung in der Übertragungstechnik ist jedoch bisher noch nichts bekannt geworden.

Abb. 24 gibt einen Überblick über den grundsätzlichen Aufbau eines Vocoders in sehr vereinfachter Darstellung. Auf der Sendeseite werden mit Hilfe einer größeren Anzahl, z. B. 20 schmaler Filter, die Augenblickswerte der Energieverteilung im Sprachband festgestellt. Zusätzlich wird der jeweilige Augenblickswert der Sprachbandgrundschwingung bestimmt. Diese Informationen ändern sich verhältnismäßig langsam. Zu ihrer Übertragung benötigt man daher keine große Bandbreite, so daß sich die Informationen mehrerer Gespräche über einen einzigen Sprechkreis in Zeit- oder Frequenzmultiplex übertragen lassen.

Auf der Empfangsseite wird zunächst festgestellt, ob in dem aus den übertragenen Informationen künstlich zu bildenden Laut die Oberwellen der Stimmbandgrundschwingung vorherrschen, wie dies bei stimmhaften Lauten der Fall ist, oder ob er durch ein breitbandiges kontinuierliches Frequenzspektrum gekennzeichnet ist (Zischlaute). Je nach dem Ergebnis dieser Prüfung werden den Kanalmodulatoren $M_1 \cdots M_{20}$ Oberwellen der neuerzeugten Sprachbandgrundschwingung oder ein Rauschspektrum zugeführt und dort mit den in den Einzelkanälen 1 bis 20 übertragenen Spannungen moduliert. Die dabei entstehenden Modulationsprodukte werden in ähnlichen Kanalfiltern wie auf der Sendeseite begrenzt und diese Teilbänder miteinander vereinigt. Auf

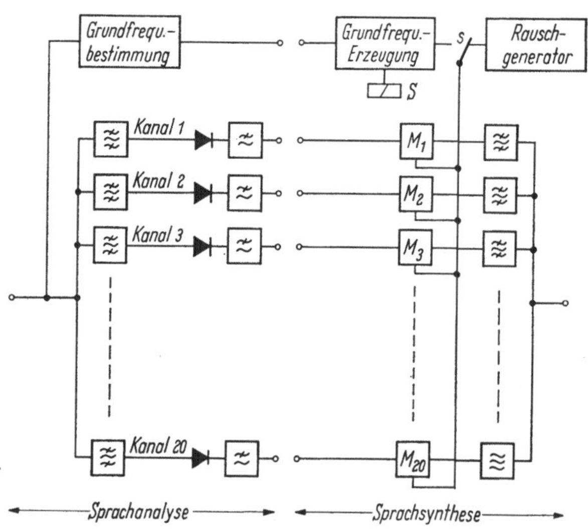


Abb. 24. Grundsätzlicher Aufbau eines Vocoders

diese Weise entsteht auf der Empfangsseite eine Folge von Lauten, die der auf der sendenden Seite angebotenen sehr ähnlich ist. Für die Übermittlung der Sprechströme genügt bei diesem Verfahren eine Bandbreite von wenigen hundert Hertz [*17, 18*].

Die trägheitslose Ermittlung der jeweiligen Stimmbandgrundschwingung bildet beim Vocoder die schwierigste Aufgabe. Bei einer Bandkompression von nur 1 : 2 überträgt man daher zweckmäßigerweise den unteren Teil des Sprachbandes, z. B. 300 bis 1000 Hz, unverändert und codiert nur den darüberliegenden Bereich der Sprachschwingungen. Auf diese Weise lassen sich die Verständlichkeit und auch die Natürlichkeit der Sprache in hohem Maße erhalten.

## Schrifttum


[*1*] HESS, B., u. G. KRAUS: Die Dämpfungs- und Phasenmaße von symmetrischen Gabelschaltungen. NTZ 1959, 514—520.

[*2*] STRECKER, F., u. R. FELDKELLER: Über die Nachbildung einer verlustbehafteten Pupinleitung. Wiss. Veröff. Siemens-Konz. 1926, 134—143.

[*3*] Fernmeldemeßordnung der Deutschen Bundespost, Teil 2, 1954, 29.

[4] BENDEL, H.: Niederfrequenz-Fernsprechverstärker mit Transistoren. Frequenz 1958 (Sonderausgabe) 37—44.

[5] BUGDAHN, J.: Der Transistor-Gabelverstärker. Unterrichtsbl. Dt. Bundespost B 1959, 120—127, 137—143.

[6] BUGDAHN, J.: Der Allverstärker II, seine Entstehungsgeschichte und seine elektrischen Eigenschaften. Unterrichtsbl. Dt. Bundespost B 1949, 121—122, 135.

[7] BUCHMANN, K., u. H.WERNER: Ein neuer Fernsprech-Allverstärker. NTZ 1966, 200—204.

[8] EBEL, H.: Negative Widerstände als Verstärker. Elektron. Rundschau 1961, 363—366.

[9] GREWE, TH.: Ein Zweidrahtverstärker mit negativen Widerständen. NTZ 1955, 610—618.

[10] FÜHRER, R.: Landesfernwahl, Bd. II Gerätetechnik, 2. Aufl. München: Oldenbourg 1962, 31—33.

[11] BENDEL, H.: Neuere Entwicklungen auf dem Gebiet der Tonwahlempfänger. NTZ 1956, 159—167.

[12] BUCHMANN, K.: Ein Fernsprechkompander mit Transistoren. Siemens-Z. 1959, 640—644.

[13] WILKEN, J.: Technischer Stand der Endeinrichtungen für Überseetelephonie. VDE-Fachber. 1954, Teil IV, 11—15.

[14] BUCHMANN, K.: Endeinrichtungen für den Fernsprechweitverkehr über Kurzwellen. Siemens-Z. 1959, 25—31.

[15] STEFFENHAGEN, K., u. H. HAMANN: Erhöhung der Anzahl der Gesprächskanäle in Vielbandsystemen durch Ausnutzung der Sprechpausen. Fernmelde-Ing. 1964, 7.

[16] CLINCH, C. E. E.: Time Assignment Speech Interpolation. Post Off. Electr. Engng. J. 1960, 197—200.

[17] DUDLEY, H.: Remaking speech. J. Acoust. Soc. Amer. 1939, 169—177.

[18] FLANAGAN, J. L.: Speech Analysis, Synthesis and Perception. Berlin/Heidelberg/New York: Springer 1965.

# 2. Telegraphie- und Datenübertragung

## Von H. H. Voss

Die Telegraphie ist der älteste Zweig der elektrischen Nachrichtentechnik, ihre Anfänge reichen in die dreißiger Jahre des vorigen Jahrhunderts zurück. Auch die ersten Nachrichten, die MARCONI kurz vor der Jahrhundertwende über eine Funkstrecke übertragen konnte, waren Telegraphiesignale. Zur ersten Erschließung elektrischer Nachrichtenwege war die Telegraphie besonders geeignet, weil sie eine Nachricht mit sehr einfachen Symbolen darstellt. In dem bekannten und ursprünglich angewandten MORSE-Alphabet sind Buchstaben und sonstige Schriftzeichen bestimmte Folgen von Punkten und Strichen, die sich elektrisch als kurze und längere Abschnitte von Gleichstrom oder Wechselstrom mit dazwischenliegenden Pausen darstellen lassen.

Diese Telegraphie älteren Stils, die auch heute noch im Amateurfunk und im Seefunk gebräuchlich ist, war für eine allgemeine Anwendung nicht geeignet, da sie die Kenntnis des verwendeten Code und einige Übung in seinem Gebrauch voraussetzt. Erst die Einführung der Fernschreibmaschine (Fernschreiber) schaffte die Vorbedingungen für einen Telegraphieverkehr auf breiter Basis. Sie führt die Codierung eines auf der Tastatur angeschlagenen Schriftzeichens automatisch aus und übernimmt ebenfalls die Rückcodierung der empfangenen Telegraphiesignale, d. h. die richtige Auswahl des abzudruckenden Zeichens. Als elektrisches Signal besteht jedes Zeichen aus fünf aufeinanderfolgenden binären Schritten von 20 msec Dauer, denen ein Startschritt vorangeht und ein 1,5facher Stopschritt angehängt ist, um Beginn und Ende eines Zeichens zu markieren. Zur Übertragung solcher Fernschreibzeichen sind seit etwa 1930 in rascher Entwicklung umfangreiche Fernschreibnetze entstanden. Neben den verwaltungseigenen Telegraphennetzen, den Sondernetzen der Eisenbahnbehörden und privater Gesellschaften bestehen in den meisten europäischen Ländern, in den USA und weiteren Ländern in fast allen Teilen der Welt öffentliche Fernschreibnetze (Telex). Der Ausbau dieser Netze und ihr Zusammenschluß über oft große Entfernungen hinweg unter Benutzung von Funkstrecken und modernen Seekabelverbindungen hat in den letzten Jahren beträchtliche Fortschritte gemacht.

Im Gegensatz zum Fernsprechen überwiegt beim Fernschreibverkehr der Anteil von Verbindungen über größere Entfernungen den Ortsverkehr. Infolgedessen kommt — wie bei jedem Nachrichtenweitverkehr — den bei der Telegraphie angewandten Übertragungsverfahren und Einrichtungen, von denen dieser Abschnitt handelt, besondere Bedeutung zu. Dies um so mehr, als die hohe Güte, die für eine Fernschreibübertragung gefordert werden muß, scharfe Anforderungen an die Übertragungsmittel stellt.

In den letzten Jahren hat die Automation routinemäßiger Arbeitsvorgänge, die bisher von Menschen ausgeführt wurden, immer mehr zugenommen. Solche Aufgaben, wie sie in der Wirtschaft, Verwaltung und Industrie anfallen, bestehen z. B. darin, Informationen zu sammeln, zu ordnen bzw. auszuwählen und zur Gewinnung neuer Informationen auszuwerten. Zur automatischen Verarbeitung liegen diese Informationen (Daten) in digitaler Form vor, d. h., sie sind durch eine Anzahl von Ziffern mit Stellenbedeutung gegeben, zumeist im Dual- oder Dezimalsystem. Solche Daten zwischen zwei verschiedenen Orten zu übertragen, ist die Aufgabe der Datenübertragung.

Häufig sind Daten in derselben Form wie Fernschreibzeichen als Kombination des Fünf-Schritte-Code gegeben oder können in diese Form umgesetzt werden. Man kann dann die bestehenden Fernschreibnetze zur Übertragung benutzen, wovon heute vielfach Gebrauch gemacht wird. Zum Unterschied von der Fernschreibübertragung, bei der eine Nachricht entweder durch Bedienung der Tastatur oder von einem Lochstreifen aus gesendet und in der Empfangsmaschine wieder abgedruckt wird, ist z. B. folgende Aufgabe charakteristisch für die Datenübertragung. Am Sendeort sind die Daten in einen Lochstreifen eingestanzt, am Empfangsort sollen sie in derselben Form wiedererhalten werden. Auch die Übertragung von Lochkarte zu Lochkarte, vom Lochstreifen zur Lochkarte und umgekehrt gehören zu diesen Aufgaben. In manchen Fällen ist hierfür die an sich hohe Übertragungssicherheit der Fernschreibnetze noch nicht ausreichend. Man fügt dann Kontrollschritte oder Zeichen ein, die eventuelle Übertragungsfehler mit extrem hoher Sicherheit erkennen lassen.

Die Übertragungsgeschwindigkeit der Fernschreibkanäle ist für die Zwecke der Datenübertragung vielfach unerwünscht niedrig. Man mißt die Geschwindigkeit durch die Anzahl der Schritte pro sec in der Einheit „Baud" (Bd), das ergibt für 20 msec Schrittdauer 50 Bd. Da jedes Zeichen 7,5 Schritte umfaßt, lassen sich über einen Fernschreibkanal maximal 400 Zeichen in der Minute übertragen. Dies ist völlig ausreichend für die mit der Tastatur erreichbare Geschwindigkeit in der Fernschreibübertragung. Bei der vorzugsweise von Speicher zu Speicher stattfindenden Datenübertragung kann die Geschwindigkeit wesentlich größer als 50 Bd sein, da die Eingabe- und Ausgabegeräte dies zulassen. Dies gilt für die bereits genannten Speicher, Lochstreifen und Lochkarten, und in besonderem Maße für Magnetband-, Magnettrommel- und Magnetkernspeicher. Ein Bedürfnis nach höherer Geschwindigkeit liegt vor, wenn größere Datenmengen in relativ kurzer Zeit übertragen werden sollen. Für diese Fälle gibt es in Telegraphienetzen Kanäle, über die Daten bis 100 Bd oder 200 Bd übertragen werden können. Für höhere Geschwindigkeiten, 600 Bd und 1200 Bd, werden Übertragungsgeräte benutzt, die das Frequenzband eines ganzen Fernsprechkanals belegen.

Auf einzelnen Anwendungsgebieten, wie z. B. bei der Flugsicherung und der Raketensteuerung, werden in Verbindung mit Datenverarbeitungs- und Steuerungsprozessen sehr hoher Arbeitsgeschwindigkeit auch Übertragungskanäle entsprechend hoher Geschwindigkeit benötigt. Als Übertragungsmittel benutzt man Richtfunkstrecken oder in Trägerfrequenzsystemen das zusammengefaßte Frequenzband einer größeren Anzahl von Fernsprechbändern oder auch einen Fernsehkanal.

## 2.1 Signaleigenschaften

Die Art und Form des elektrischen Signals ist für die Telegraphie- und für die Datenübertragung grundsätzlich gleich.

Am Entstehungsort gibt die Nachrichtenquelle ein Signal ab, z. B. als Spannung zwischen 2 Klemmen, das abschnittsweise konstant ist und nur bestimmte Werte besitzt. In den meisten Fällen kommen nur zwei verschiedene Werte vor, wir sprechen dann von einem binären Signal. Das von der Quelle angebotene primäre Signal möchte man am Empfangsort möglichst in der gleichen Form wiedererhalten, um es dem Empfangsorgan oder der „Nachrichtensenke" zuzuführen. Hier wird es durch Abdruck, Lochung in einem Papierstreifen oder anderweitig (z. B. magnetisch) gespeichert.

Zur Übertragung auf größere Entfernungen ist das primäre Signal nicht geeignet und wird zu diesem Zweck in ein „sekundäres" Signal umgeformt. Man will damit folgende Ziele erreichen. Das Frequenzband der Übertragungsstrecke soll sehr wirtschaftlich ausgenutzt werden. Störungen auf der Übertragungsstrecke sollen nur einen möglichst geringen Einfluß haben. Der Eigenart der Übertragungsstrecke entsprechend muß das Signal in der Regel trägerfrequent moduliert werden. Auf der anderen Seite soll es möglich sein, am Empfangsort aus dem sekundären Signal ein primäres Signal wiederzuerhalten, das mit dem der Sendeseite bis auf eine unvermeidliche Laufzeitverschiebung weitgehend übereinstimmt. Wenn beide in ihren charakteristischen Merkmalen nicht völlig übereinstimmen, messen wir die entstandene Abweichung als Verzerrung. Die Verzerrung ist ein inverses Maß für die Güte des Übertragungssystems sowohl in bezug auf die systembedingten Ursachen als auch hinsichtlich der Einwirkung von Störungen auf der Übertragungsstrecke.

### 2.1.1 Das primäre Signal

Um die Eigenarten der Telegraphie- oder Datensignale zum Unterschied von anderen Signalformen darzustellen, mag folgende kurze Übersicht einer Klasseneinteilung dienen.

Da die Signalkoordinate $s(t)$ entweder beliebige Werte innerhalb bestimmter Grenzen oder nur bestimmte feste Werte annehmen kann und ebenso die Zeitkoordinate $t$ kontinuierlich sein kann oder nur in festen Abschnitten auftritt, innerhalb deren sich die Signalkoordinate nicht ändert, ergeben sich folgende vier Klassen von Signalformen:

1. Das Signal ist eine — mindestens abschnittsweise — stetige Funktion der Zeit.

Beispiel: Sprache, Musik, Bild (Abb. 1a).

2. Die Zeit ist in gleich lange Schritte eingeteilt. Während der einzelnen Schritte bleibt das Signal konstant; seine Größe kann jedoch innerhalb bestimmter Grenzen beliebig sein.

Beispiel: Vier (langsam veränderliche) Meßwerte, die nach dem Zeitmultiplexverfahren zusammengefaßt sind (Abb. 1b).

3. Das Signal nimmt nur bestimmte, im einfachsten Fall nur zwei verschiedene Werte an (Binärsignal). Die sprungartigen Zustands-

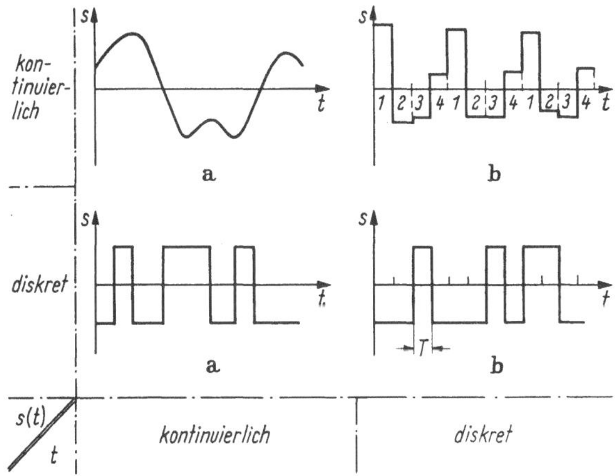


Abb. 1 u. 2 a u. b. Signalformen

änderungen können zu irgendwelchen Zeitpunkten eintreten. Die Dauer der Zustandsabschnitte hat im allgemeinen eine untere Grenze.

Beispiel: Faksimile; verzerrte Telegraphie- oder Datensignale (Abb. 2a).

4. Das Signal ist gestuft, im einfachsten Fall binär, und die Zeit ist in gleich lange Schritte eingeteilt; in denen das Signal sich nicht ändert.

Beispiel: Unverzerrtes Telegraphie- oder Datensignal (Abb. 2b).

Diese Signalform besteht entweder fortlaufend (rhythmisches oder isochrones Telegraphiesignal) oder nur über kürzere Abschnitte mit einer bestimmten Anzahl von Schritten und dazwischenliegenden Pausen beliebiger Länge (arrhythmisches Telegraphiesignal). Das bekannteste Beispiel hierfür ist das Fernschreibzeichen, das aus 5 Symbolschritten und einem vorangehenden Startschritt gleicher Dauer besteht. Der angehängte Abschnitt mit Stop-Polarität zum Stillsetzen des Fernschreibers hat normalerweise 1,5fache Schrittdauer, kann jedoch auch beliebig länger sein, wie es bei manueller Bedienung der Tastatur die Regel ist.

Primäre Signale der Telegraphie- und Datenübertragung gehören also zur Klasse 3 oder 4 dieser Einteilung: das Signal ist abschnittsweise konstant und nimmt nur bestimmte Werte an. Verzerrte Signale (Klasse 3) können z. B. am Ende einer Übertragungsstrecke auftreten.

Eine zur bisherigen äquivalente Art der Signaldarstellung erhält man durch „Differentiation". Der Beginn jedes Abschnitts ist durch einen kurzen Impuls gekennzeichnet. Bei Binärsignalen bestimmt dann allein die Polarität dieses Impulses den Zustand im zugeordneten Zeitabschnitt. Bei rhythmischen Signalen ist noch eine andere Impulsdarstellung gebräuchlich: bei Beginn jedes *Schrittes* liegt ein kurzer Impuls, dessen Vorzeichen den Zustand während des Schrittes kennzeichnet. In unipolarer Darstellung entspricht diesem Vorgang eine Folge von kurzen Impulsen gleicher Polarität mit Fehlstellen.

### 2.1.2 Allgemeiner Aufbau eines Telegraphie- oder Datenübertragungskanals

Elektrische Telegraphiesignale nach Abb. 2b kann man mit einer zweiadrigen Leitung unmittelbar über kurze Entfernungen (z. B. innerhalb eines Gebäudes, innerhalb einer Ortschaft) übertragen. Je nach Eigenart der Leitung und ihrer Länge muß man dabei mit gewissen Formänderungen des Signals, insbesondere mit einer endlichen Übergangszeit zwischen den beiden kennzeichnenden Zuständen rechnen. Welche Übergangszeit tragbar ist, hängt von ihrem Verhältnis zur Schrittdauer ab; bei der niedrigen Fernschreibgeschwindigkeit von 50 Bd (Schrittdauer 20 msec) ist sie praktisch belanglos. Fernschreibsignale werden zwischen einem Teilnehmer und dem zugehörigen Amt in beiden Richtungen durch „Gleichstrom" übertragen. Im Gegensatz zur Abb. 2b, in der die Kennzustände durch die Polarität des Signalstroms gegeben sind (Doppelstrombetrieb), sind in der Regel die Kennzustände auf den Teilnehmeranschlußleitungen „Strom" und „kein Strom" (Einfachstrombetrieb).

Die Übertragung über große Entfernungen erfordert im allgemeinen die Modulation des Signals mit einem Träger, der zumeist innerhalb des von 0,3 bis 3,4 kHz reichenden Frequenzbandes eines Sprachkanals liegt. Den allgemeinen Aufbau eines Telegraphie- oder Datenübertragungskanals zeigt die Abb. 3, in der die nicht in allen Fällen vorkommenden Anteile gestrichelt gezeichnet sind. Der Eingang erhält ein primäres Signal nach Abb. 2b von der Signalquelle. Dieses wird entweder unmittelbar einem Modulator zur Trägermodulation zugeführt oder zunächst durch einen Tiefpaß im Basisband verrundet (sekundäres Signal). Nach der Modulation wird das Frequenzband durch einen Bandpaß (Sendefilter) auf die für die Übertragung vorgesehene Bandbreite reduziert. Aus wirtschaftlichen Gründen wird nicht mehr Frequenzband belegt, als technisch notwendig ist. In den meisten Fällen kann das Sendefilter allein diese Aufgabe übernehmen, so daß der vorangehende Tiefpaß entfallen kann. Auf der Übertragungsstrecke, die in der Regel ein mit Telegraphie ausgenutzter Sprachkanal einer Kabel- oder Funkverbindung ist, können Störungen auf das Telegraphiesignal einwirken. Hierzu gehören Geräusch, Störimpulse („Knacke"), periodische Störungen und Fremdsignale durch Übersprechen aus anderen Nachrichtenkanälen. Sie sind in Abb. 3 zusammengefaßt durch eine Störquelle angedeutet.

Am Empfangsort wird das Signal über einen Bandpaß (Empfangsfilter) geleitet und nach ausreichender Verstärkung demoduliert. Das Empfangsfilter entspricht nach Frequenzlage und Bandbreite dem

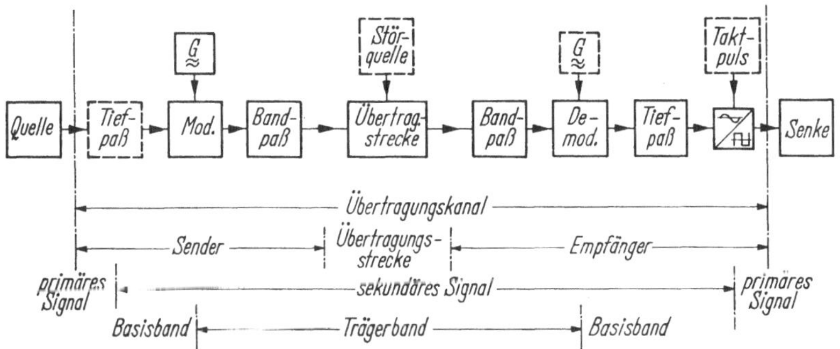

Abb. 3. Schema eines Telegraphieübertragungskanals

sendeseitig belegten Frequenzband. Es dient zur Befreiung von Störungen, deren Frequenzspektrum außerhalb des Nutzbandes liegt, und zur eventuellen Abtrennung von weiteren Telegraphiekanälen auf derderselben Übertragungsstrecke. Die Demodulation geschieht in der Regel mit passiven Bauteilen. In einzelnen Fällen wird ein lokaler Trägergenerator zur trägersynchronen Demodulation benutzt. Der Tiefpaß hinter dem Demodulator dient zur Befreiung des Signals vom Trägerrest; bei Frequenzmodulation bestimmt er, wenn der Modulationsindex größer als eins ist, außerdem die Mindestbandbreite des Signals im Basisband. Das vom Tiefpaß abgegebene sekundäre Signal soll wieder in ein primäres übergeführt werden. Das wird in einem einfachen „Analog-Digital-Umsetzer" erreicht, beispielsweise durch eine Kippschaltung mit daran anschließenden Schalttransistoren. Solche elektronische Umsetzerschaltungen sind heute in Fernschreibübertragungsgeräten an die Stelle der früher benutzten Telegraphenrelais getreten und haben die Herstellung von Übertragungsgeräten für mittlere Geschwindigkeiten (z. B. 600 Bd oder 1200 Bd) und hohe Geschwindigkeit erst ermöglicht. Das wiedergewonnene primäre Signal wird der Nachrichtensenke zugeleitet, z. B. einer Fernschreibmaschine, einem Lochstreifen- oder Magnetbandgerät, oder dem Eingang eines weiteren Übertragungsabschnitts. Rhythmische Signale werden vor ihrer Weitergabe durch einen Taktpuls, der auf die mittlere Lage der empfangenen Schrittumschläge synchronisiert ist, in ein festes Zeitraster eingeordnet und damit entzerrt.

### 2.1.3 Bandbegrenzung und Schrittgeschwindigkeit

Die Begrenzung des Frequenzbandes in einem Telegraphieübertragungskanal, durch Bandpässe für das trägermodulierte Signal und durch Tiefpässe für das Signal im Basisband, führt zu einer Abrundung des ursprünglichen Signals. In der Abb. 4 ist neben einem primären Signal das zugehörige abgerundete (sekundäre) Signal unter Vernachlässigung einer eventuellen Laufzeit eingetragen. In dieser Form liegt das Signal z. B. am Ausgang des Tiefpasses nach der Demodulation im Empfänger vor. Die endliche Übergangszeit zwischen den beiden Telegraphiezuständen bestimmt die in dem Übertragungskanal erreichbare Schrittgeschwindigkeit. Unter „Übergangszeit" verstehen wir die Zeit, in der der stationäre Wert des

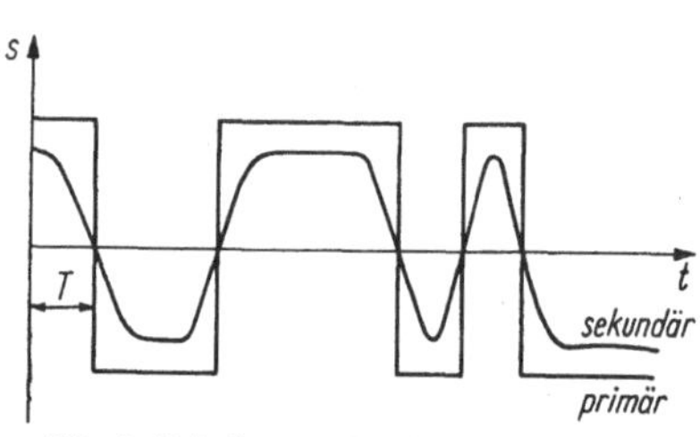

Abb. 4. Primäres und sekundäres Signal

neuen Telegraphiezustandes bis auf einen bestimmten, nicht mehr störenden Rest erreicht wird. Sobald dies der Fall ist, darf offenbar das Signal erneut umgetastet werden, ohne daß unzulässige Störungen durch vorangegangene Schrittumschläge vorkommen. Das bedeutet, daß die Übergangszeit zugleich die kürzeste Schrittdauer ist, die mit ausreichend geringer Systemverzerrung übertragen werden kann, und ihr reziproker Wert die maximale Schrittgeschwindigkeit ergibt.

Die für die Telegraphieübertragung wesentlichen Eigenschaften von Filtern und die für eine bestimmte Schrittgeschwindigkeit praktisch benötigte Bandbreite lassen sich am einfachsten am Beispiel eines Tiefpasses überblicken. Wir wollen zunächst zwei bekannte, für die Telegraphieübertragung jedoch wenig geeignete Typen von Tiefpässen betrachten.

Als idealisiertes Tiefpaßsystem wird ein Tiefpaß bezeichnet [1], bei dem der Übertragungsfaktor $|A|$ ($\leq 1$) von der Frequenz Null an bis zu einer Grenzfrequenz $\omega_1 = 2\pi f_1$ konstant und für höhere Frequenzen gleich Null ist. Die Phase nimmt im Durchlaßbereich linear mit der Frequenz zu, d. h., Phasen- und Gruppenlaufzeit sind konstant und einander gleich. Der Übertragungsfaktor ist also (Abb. 5a)

$$A(\omega) = |A|\, e^{-j\omega t_0} \quad \text{für} \quad 0 < |\omega| < \omega_1$$
$$A(\omega) = 0 \quad\quad\quad \text{für} \quad \omega_1 < |\omega| < \infty \tag{1}$$

(s. auch S. 23).

Ein Amplitudensprung, z. B. von $-1$ nach $+1$, am Eingang dieses Tiefpasses im Zeitpunkt $t = 0$ ergibt am Ausgang das Signal

$$s_2(t) = \frac{2|A|}{\pi} \operatorname{Si}\left[\omega_1(t - t_0)\right],$$

wobei

$$\operatorname{Si}(x) = \int_0^x \frac{\sin \xi}{\xi}\, d\xi \tag{2}$$

als „Integralsinus" bekannt ist (Abb. 5a).

Die Zeit $t_1$, in der die an den steilsten Punkt angelegte Tangente den Sprung von $-1$ nach $+1$ überbrückt, wird in [1] als Einschwingzeit definiert. Sie steht mit der Grenzfrequenz in folgendem Zusammenhang

$$t_1 = \frac{\pi}{\omega_1} = \frac{1}{2f_1}. \tag{3}$$

Da der Integralsinus vorlaufende und nachlaufende Anteile mit merklichen Über- und Unterschwingungen besitzt, ist dieser Tiefpaß, der ohnehin nur näherungsweise realisierbar ist, für die Telegraphieübertragung wenig geeignet. Die oben definierte Übergangszeit ist wesentlich größer als die Einschwingzeit $t_1$.

Ein ebenfalls für die Telegraphieübertragung wenig geeignetes Filter ist der nach der Wellenparametertheorie [16] berechnete Tiefpaß, der mit konstantem reellem Quell- und Abschlußwiderstand betrieben wird. Sind die verwendeten Spulen und Kondensatoren genügend verlustarm, so hat der Übertragungsfaktor eines solchen Tiefpasses von der Frequenz Null bis zur Grenzfrequenz $\omega_1$ einen nahezu konstanten Betrag; für höhere Frequenzen nimmt er rasch ab entsprechend der Ordnung des Filters (Abb. 5b). Wird der Tiefpaß als Filter minimaler Phase [17, 18] aufgebaut, wie es in einer Schaltung mit aufeinanderfolgenden Längs und Quergliedern (Abzweigschaltung) stets der Fall ist, so ist der Phasenverlauf in der Nähe der Grenzfrequenz steiler als für tiefere Frequenzen, d. h., die Gruppenlaufzeit nimmt zur Grenzfrequenz hin zu. Ein Amplitudensprung (von $-1$ nach $+1$) am Eingang des Tiefpasses führt zu dem in Abb. 5b gezeichneten Verlauf des Signals am Ausgang des Filters: im Gegensatz zum idealisierten Tiefpaß fehlen die vorlaufenden Schwankungen, die nachlaufenden Schwankungen sind jedoch auch in diesem Fall beträchtlich. Eine Linearisierung der Phase durch hinzugeschaltete Allpässe würde lediglich eine Annäherung an den idealisierten Tiefpaß erbringen und die Brauchbarkeit des Filters zur Telegraphieübertragung nicht erhöhen.

Eine Reihe von Arbeiten [1, 3, 4, 5] haben ergeben, welche Eigenschaften ein zur Telegraphieübertragung geeigneter Tiefpaß, der seinen neuen stationären Zustand möglichst rasch, aber ohne störendes Nachschwingen erreicht, haben muß.

Kurz zusammengefaßt ergibt sich folgendes. Der Betrag des Übertragungsfaktors muß beim Übergang vom Durchlaß- zum Sperrbereich in bestimmter Weise allmählich abnehmen. Strenge Phasenlinearisierung ist nicht notwendig, jedoch unterliegen die Abweichungen der Phase

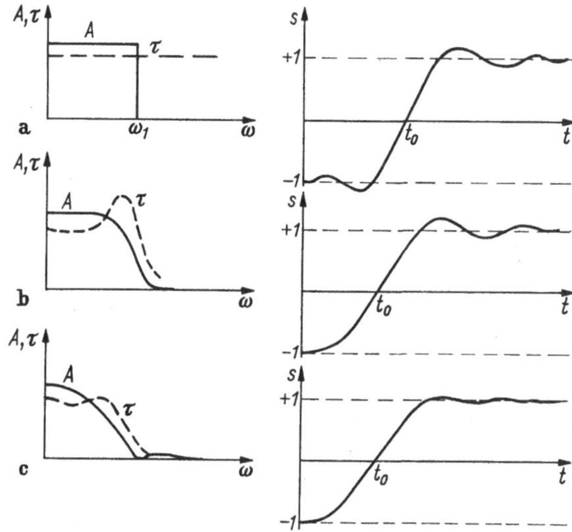

Abb. 5a—c. Frequenz- und Zeitfunktion von Filtern (Tiefpässe)

von einem linearen Verlauf bestimmten Beschränkungen. Tiefpässe in Abzweigschaltung, die stets Filter minimaler Phase sind, führen infolge ihrer Beziehung zwischen Dämpfungs- und Phasenverlauf zu brauchbaren Lösungen. Ein Beispiel zeigt Abb. 5c.

### 2.1.4 Modulation, Demodulation und Restitution

In der Regel denkt man bei dem Begriff „Modulation" an die Überführung eines Signals im Basisband in ein trägerfrequentes Signal. In der Telegraphie- und Datenübertragung wird darüber hinaus auch die Bildung eines Gleichstromsignals als Modulation (Semation) bezeichnet.

Bei Gleichstrommodulation wird der Strom entweder ein- und ausgeschaltet (Einfachstromverfahren) oder entsprechend den beiden Kennwerten der Nachricht umgepolt (Doppelstromverfahren). Für niedere Schrittgeschwindigkeiten (z. B. 50 Bd) genügt im ersten Fall ein einfacher Kontakt, z. B. der Sendekontakt einer Fernschreibmaschine, im zweiten Fall ein Umschaltekontakt. Heute benutzt man vielfach, insbesondere bei höherer Geschwindigkeit, elektronische Schalter für diese Aufgabe. Beispiele für Einfachstrom- und Doppelstromsignale zeigen

Abb. 6a und 6b, in denen je ein Fernschreibzeichen mit Start- und Stopschritt dargestellt ist. Der Startschritt ist durch Ausschalten des Stromes (6a) bzw. durch negative Polarität (6b), der Stopschritt durch Strom bzw. positive Polarität gekennzeichnet. Die Zustände des Start- bzw. Stopschrittes werden auch als „Zeichen-" bzw. „Trennzustand" bezeichnet[1]. Das CCITT[2] hat für den Startzustand die Bezeichnung $A$, für den Stopzustand die Bezeichnung $Z$ empfohlen. Im Weitverkehr wird praktisch nur mit Wechselstrom als Träger gearbeitet. Man kann entweder die Amplitude, die Phase oder die Frequenz der Trägerschwingung modulieren.

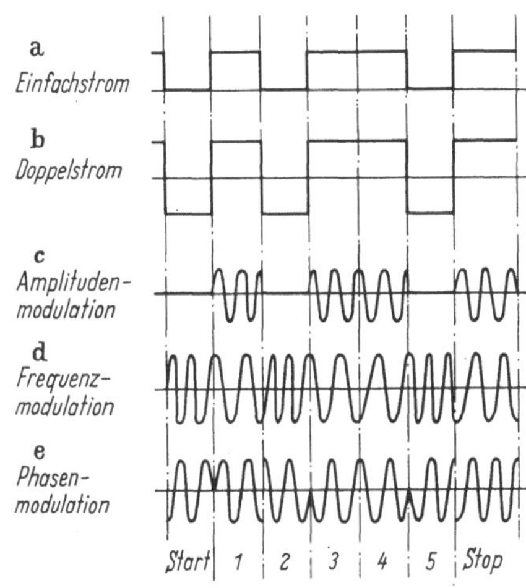


Abb. 6 a—e.
Modulationsarten (Gleich- und Wechselstrom)

Die Amplitudenmodulation ist das älteste Verfahren und auch heute noch weit verbreitet. Hierbei wird die Trägerschwingung im Rhythmus der Telegraphiesignale ein- und ausgeschaltet, das entspricht einer Zweiseitenbandmodulation mit 100% Modulationsgrad (Abb. 6c). Gemäß Empfehlung des CCITT bedeutet auf Fernschreibkreisen der eingeschaltete

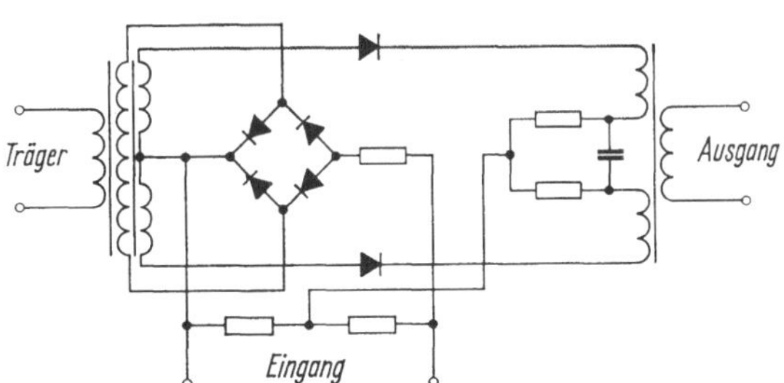


Abb. 7. Modulator für Amplitudenmodulation

Träger den Zustand $Z$ (Stop), der ausgeschaltete den Zustand $A$ (Start). Da einer der Zustände stromlos ist, ist die Amplitudenmodulation ein Einfachstromverfahren. Die Modulation geschah früher mit einem einfachen Sendekontakt, heute werden elektronische Modulatoren benutzt, die wartungsfrei und sehr betriebssicher arbeiten. Abb. 7 zeigt

---

[1] In der englischen Sprache sind die Bezeichnungen „space" bzw. „mark" üblich.
[2] Comité Consultatif International Télégraphique et Téléphonique.

das Prinzip eines solchen Modulators, der die Trägerschwingung des
Oszillators je nach Polarität des modulierenden Doppelstromsignals
sperrt oder durchläßt. Fällt infolge einer Störung der Signalstrom aus, so
bewirkt eine Gleichrichterschaltung im Querzweig die Sperrung des
Modulators. Bei einer lokalen Störung im Tastkreis erhält daher der Empfänger ebenso wie bei einer Unterbrechung der Fernleitung keinen Strom.
Allerdings kann er diese Störungen nicht von dem Signalzustand „kein
Strom" unterscheiden, was bei Auftreten solcher Störungen zu Fehlern
in der übertragenen Nachricht führen kann. Die Demodulation geschieht
durch Gleichrichtung des Wechselstromsignals und Absiebung des Trägerrestes durch einen Tiefpaß.

Die Amplitude des wiedererhaltenen Basisbandsignals ist vom Empfangspegel abhängig, der innerhalb bestimmter Grenzen von seinem

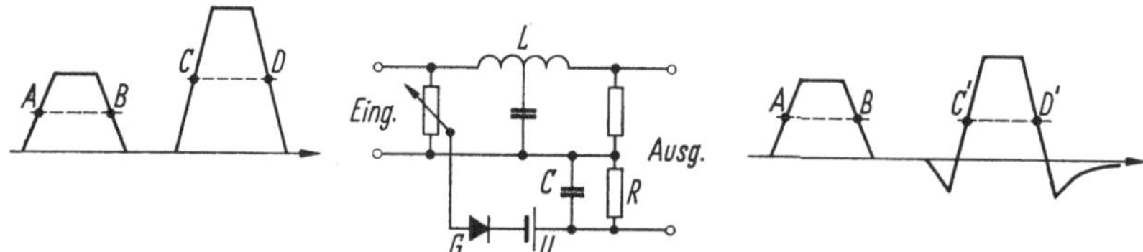


Abb. 8. Automatische Pegelregelung

Normalwert abweichen kann. Man benutzt daher eine „automatische
Pegelregelung", die in einem Bereich von $\pm 0{,}7$ Np ($\pm 6$ dB) um den
Mittelwert wirksam ist. Hierfür gibt es verschiedene Lösungen; besonders
bewährt hat sich das Verfahren der voreilenden Regelspannung, das
durch Abb. 8 erläutert wird. Die links dargestellten Telegraphiesignale,
die zur Vereinfachung trapezförmig gezeichnet sind, haben verschiedene Amplitude. Aufgabe der Regelschaltung ist es, die für die Dauer der
Signale kennzeichnenden Zeitpunkte $A$, $B$ und $C$, $D$ bei der halben
Amplitude auf gleiches Niveau zu bringen. Das geschieht dadurch, daß
man von der durch ein Laufzeitglied $L$ verzögerten Signalspannung eine
an $R$, $C$ gebildete Regelspannung gleichen Vorzeichens abzieht; dieser
Anteil entsteht ohne nennenswerte Verzögerung und eilt daher der Signalspannung voran. Zur Bildung der Regelspannung wird ein Teil der am
Eingang der Schaltung liegenden Signalspannung auf das $RC$-Glied
geführt, soweit die durch die Vorspannung $U$ des Gleichrichters $G$ bestimmte Schwelle überschritten wird. Das Signal in Abb. 8 mit den Kenn-
punkten $A$, $B$ sei von der Größe, daß gerade noch keine Regelspannung
entsteht; es erscheint daher im wesentlichen unverändert am Ausgang
der Schaltung. Für das größere Signal ist bereits für den Punkt $C$ Regelspannung vorhanden, da diese voreilt. Infolge der Zeitkonstante des
$RC$-Gliedes, die etwas größer ist als die Abfallzeit des Signals, bleibt
sie auch für den Zeitpunkt $D$ wirksam. Bei geeigneter Dimensionierung

der Schaltung werden dabei die Punkte $C$ und $D$ in die Punkte $C'$ und $D'$ übergeführt, die mit $A$ und $B$ auf gleichem Niveau liegen.

Bei der Modulation des Phasenwinkels (Phasen- und Frequenzmodulation) ist jeder der beiden Modulationszustände mit Energie belegt (Doppelstromverfahren). Das ist vorteilhaft auf Übertragungswegen mit großen Dämpfungsschwankungen. Änderungen der Signalamplitude können innerhalb weiter Grenzen (z. B. 4 N) im Empfänger durch einen Begrenzer eliminiert werden. Darüber

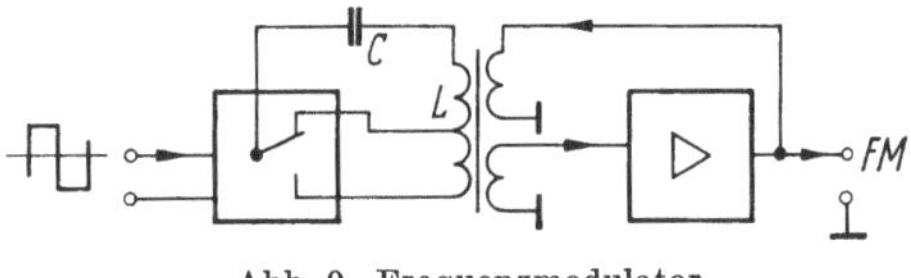

Abb. 9. Frequenzmodulator

hinaus können Leitungsunterbrechungen im Empfänger erkannt werden, ohne daß mit den Modulationszuständen des Signals ein Zusammenhang besteht.

Die Frequenzmodulation hat innerhalb der letzten 10 Jahre sehr an Verbreitung gewonnen (Abb. 6d). Wegen der Unempfindlichkeit gegen Dämpfungsschwankungen wurde die Frequenzmodulation schon seit längerer Zeit auf Kurzwellenverbindungen angewendet. Auf Kabelverbindungen hat sie gegenüber der Amplitudenmodulation den Vorteil stabileren Betriebsverhaltens, d. h., die Wartung der Übertragungssysteme wird einfacher. Bei der Modulation wird die Frequenz der Trägerschwingung zwischen 2 Werten verändert. Von diesen Frequenzen bedeutet nach CCITT die höhere, $f_A$, den Zustand $A$ und die tiefere, $f_Z$, den Zustand $Z$. Man nennt $f_m = \frac{1}{2}(f_A + f_Z)$ die Mittenfrequenz und $h = \frac{1}{2}(f_A - f_Z)$ den Frequenzhub. Man kann die Frequenzänderung z. B. dadurch erzeugen, daß man zum frequenzbestimmenden Schwingkreis des Oszillators eine Reaktanz hinzuschaltet. Dadurch wird allerdings die Energiebilanz des Schwingkreises beeinflußt. Diesen Nachteil vermeidet das in Abb. 9 dargestellte Prinzip, bei dem die Windungszahl der Spule elektronisch umgeschaltet wird; hierbei bleibt die magnetische Energie der Spule, die je nach der Phasenlage der Trägerschwingung im Umschaltzeitpunkt verschieden ist, erhalten. Die Demodulation geschieht mit Hilfe eines „Diskriminators". Eine frequenzabhängige lineare Schaltung transformiert zunächst die frequenzmodulierte Schwingung in ampliduden- oder phasenabhängige Bestandteile, aus denen das Basisbandsignal entweder durch Gleichrichtung oder Produktmodulation erhalten wird. Eine verbreitete und besonders einfache Diskriminatorschaltung zeigt Abb. 10, in der die Frequenztrennung durch 2 Schwingkreise erfolgt.

Bei der binären Phasenmodulation wird die Trägerschwingung mit den Winkeln 0 und 180° moduliert, d. h. die vom Oszillator abgegebene Schwingung wird vom Modulator entweder direkt oder umgepolt auf

den Ausgang übertragen je nach der Polarität des modulierenden Doppelstromsignals. Dies leistet ein Doppelgegentaktmodulator, z. B. ein Ringmodulator (s. auch S. 375). Ein Beispiel für das entstandene Wechsel-
stromsignal zeigt Abb. 6e. Man kann es auch aus dem amplitudenmodulierten Signal (Abb. 6c) durch Abzug der stationären Trägerschwingung erhalten, deren Amplitude halb so groß wie die des modulierten Signals ist. Daher ist die binäre Phasenmodulation der binären
Amplitudenmodulation ohne Träger äquivalent und wird andererseits
wegen der Funktion des Ringmodulators oft als Produktmodulation
(aus Träger und Doppelstromsignal) bezeichnet. Die Phasenmodulation
ist bis jetzt wenig verbreitet,
da die Demodulation im Empfänger entweder zu höherem
Aufwand führt oder die Anwendung des Verfahrens einengt. Die Phasenmessung im
Empfänger setzt eine Bezugs-
phase voraus. Aus dem Signal
kann eine unmodulierte Schwingung in folgender Weise ge-

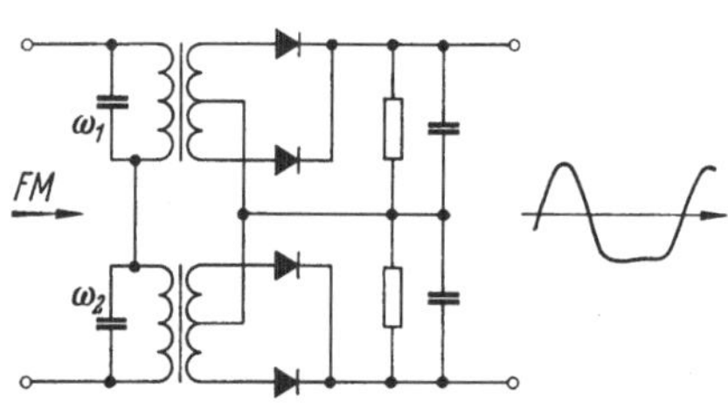


Abb. 10. Diskriminatorschaltung

wonnen werden. Man führt durch Doppelweggleichrichtung eine Fre-
quenzverdopplung aus, wodurch die Modulation verschwindet. Nach
anschließender Frequenzteilung erhält man eine unmodulierte Bezugsschwingung, deren Phasenlage jedoch wegen der Frequenzteilung nicht eindeutig ist. Erst durch zusätzliche mitübertragene
Merkmale kann diese Schwierigkeit überwunden werden. Eine andere
Methode ist die Auswertung der Phase durch Vergleich mit der des
vorangehenden Telegraphieschrittes. Dieses Verfahren ist wegen der
hiermit verknüpften sendeseitigen Codierung, die den Zuständen des
Doppelstromsignals Phasenänderungen zuordnet (Differentialmodula-
tion), auf Synchronübertragung beschränkt. Für die Schnellübertragung
von Daten gewinnt jedoch die Phasen-Differentialmodulation zunehmend
an Bedeutung, insbesondere bei Modulation in mehr als zwei Stufen.

Das bei allen Modulationsarten nach der Demodulation und Absiebung des Trägerrestes erhaltene Basisbandsignal hat etwa die Form
des in Abb. 4 dargestellten sekundären Signals. Hieraus soll das primäre
Signal entsprechend dem am Sendeort eingegebenen Signal wiedererhalten werden (Restitution). Dies geschieht mit Hilfe einer Schwellwertschaltung, die heute in der Regel eine Kippschaltung ist, während
früher an dieser Stelle ein Relais benutzt wurde. Sobald das Signal eine
bestimmte Schwelle über- bzw. unterschreitet, kippt diese Schaltung
in die eine bzw. die andere stabile Lage und gibt so lange eine konstante
Gleichspannung ab, bis ein erneuter Umschlag erfolgt. Der Schwellwert

liegt beim Binärsignal in der Mitte zwischen den beiden Zustandswerten, also bei Null für ein Doppelstromsignal oder bei der halben Amplitude eines Einfachstromsignals. Bei Synchronbetrieb kann das Signal mit Hilfe eines Taktpulses in der Mitte eines erwarteten Schrittes auf den Kennzustand geprüft werden oder die Auswertung über einen definierten Bereich eines Schrittes gemittelt werden (integrierende Abtastung).

### 2.1.5 Verzerrung, Fehler

Das mit der Schwellwertschaltung (nach Restitution) wiedererhaltene primäre Signal ist dem gesendeten Signal bis auf folgende Eigenschaften ähnlich. Die Schrittumschläge sind um eine bei der Übertragung unvermeidlich entstehende Laufzeit verzögert und haben im allgemeinen nicht mehr denselben zeitlichen Abstand voneinander. Die letztere Eigenschaft nennt man Verzerrung (Telegraphieverzerrung). Sie ist für den einzelnen Schrittumschlag wie folgt definiert. Ist $t_2$ der Zeitpunkt eines Schrittumschlags eines verzerrten Signals und $t_1$ der entsprechende Zeitpunkt ohne Verzerrung (Sollwert), so nennt man

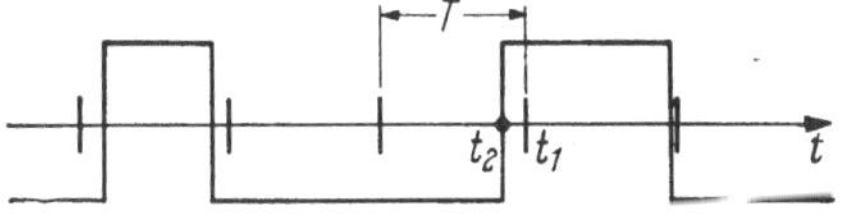

Abb. 11. Telegraphieverzerrung

$$\delta = \frac{t_2 - t_1}{T} \tag{4}$$

die individuelle Verzerrung dieses Schrittumschlags, wobei $T$ die Schrittdauer des unverzerrten Signals bedeutet (Abb. 11). Die Verzerrung wird in der Regel in Prozenten angegeben. Das Vorzeichen läßt erkennen, ob der Schrittumschlag früher oder später als der Sollzeitpunkt liegt.

Die Sollwerte für die Zeitpunkte eventueller Schrittumschläge eines Signals gehören einem Zeitraster an, dessen Zeitelement die Schrittdauer $T$ des unverzerrten Signals ist. Bei der Messung der isochronen Verzerrung ist das Signal rhythmisch (s. auch S. 337), und der Sollwertzeitraster wird entweder unmittelbar von der Signalquelle hergeleitet oder auf den Mittelwert der Zeitpunkte der Schrittumschläge im empfangenen Signal synchronisiert. Für arrhythmische Signale, z. B. Fernschreibzeichen mit Start- und Stopschritt, kann die Verzerrung nur für jedes Zeichen getrennt gemessen werden (Start-Stop-Verzerrung). Hierbei wird der Sollwertzeitraster für jedes Zeichen neu gebildet und jeweils auf den Beginn des Startschrittes bezogen. Es gibt zwar Meßgeräte, die die individuelle Verzerrung laufend erfassen. In den meisten Fällen interessiert man sich jedoch nur für den Maximalwert der Verzerrung während einer bestimmten Beobachtungsdauer. Die Start-

Stop-Verzerrung wird dabei mit 2 Werten, voreilende und nacheilende Verzerrung, angegeben, während man bei der isochronen Verzerrung lediglich die gesamte Streubreite der Schrittumschläge, dividiert durch die Schrittdauer, mißt.

Die Verzerrungen kann man nach ihrer Eigenart unterscheiden:

a) Einseitige Verzerrung: hierbei sind z. B. alle $A$-Schritte verkürzt und alle $Z$-Schritte verlängert oder umgekehrt. Diese Verzerrung kann durch eine andere Einstellung des Schwellwertes beseitigt werden.

b) Zyklische Verzerrung: regelmäßige Veränderungen der Verzerrung, z. B. infolge von Netzbrumm.

c) Unregelmäßige Verzerrung.

Folgende Ursachen führen zu Verzerrungen:

a) Bandbegrenzung im Übertragungssystem.

b) Übersprechen aus benachbarten Frequenzbereichen.

c) Systemfehler, z. B. Frequenzfehler.

d) Störungen auf der Übertragungsstrecke, z. B. Rauschen oder impulsartige Störungen.

Die Verzerrung eines Telegraphie- oder Datensignals ist ein wichtiges Maß zur Beurteilung der Güte von Übertragungsgeräten und Übertragungsstrecken. Wird für einzelne Schrittumschläge eine bestimmte Verzerrung überschritten, so kann die Auswertung im Empfangsapparat bzw. Daten-Endgerät zur Fälschung führen. Man nennt die Anzahl der während einer bestimmten Zeit falsch empfangenen Schritte im Verhältnis zur Anzahl aller während dieser Zeit übertragenen Schritte die Schrittfehlerhäufigkeit. Sie liegt für Fernschreibverbindungen im allgemeinen unter $10^{-5}$. Bei der Datenübertragung auf Verbindungen im Fernsprechwählnetz ist die Schrittfehlerhäufigkeit meistens größer; deshalb sind hier in der Regel Einrichtungen zur Fehlererkennung und Korrektur notwendig (s. S. 353).

### 2.1.6 Einfluß von Störungen

Der Einfluß einiger Arten von Störungen auf die isochrone Verzerrung läßt sich theoretisch bestimmen. Im folgenden sind für die hauptsächlich verbreiteten Modulationsarten, Amplitudenmodulation (AM) und Frequenzmodulation (FM), Formeln zusammengestellt. Diese sind jedoch nur als Näherungsformeln anzusehen, da ihrer Ableitung einige Idealisierungen zugrunde liegen, die insbesondere das Einschwingverhalten der Filter betreffen. Für reale Übertragungskanäle kann die Verzerrung um einen Faktor 1 bis 1,4 größer sein. Der Wert der folgenden Formeln liegt vor allem darin, die grundsätzliche Abhängigkeit der Telegraphieverzerrung von den Systemparametern für die einzelnen

Kategorien von Störungen erkennen zu lassen. Folgende Bezeichnungen werden benutzt:

$B$      Bandbreite des Übertragungskanals

$T$      Schrittdauer

$\Delta f$      Frequenzabweichung

$h$      Frequenzhub

$\sigma$      Quotient aus der effektiven Störspannung im Übertragungskanal bzw. Spannung eines Störimpulses und der effektiven Nutzspannung (bei AM-Dauerton).

$f_s - f_m$      Frequenzabstand eines (Sinus) Störers von der Mittenfrequenz des Übertragerkanals

$\alpha$      Spitzenfaktor bei weißem Rauschen ($\alpha$ ist nahezu 4, wenn die Störspannung den Wert $\alpha\,\sigma$ mit der Wahrscheinlichkeit $10^{-4}$ überschreitet)

$f_m$      Mittenfrequenz des Übertragungskanals

$T_i$      Dauer eines Störimpulses

*Frequenzabweichung.* Nach Empfehlungen des CCITT dürfen in Wechselstrom-Telegraphie-Systemen (WT) nur geringe Frequenzfehler

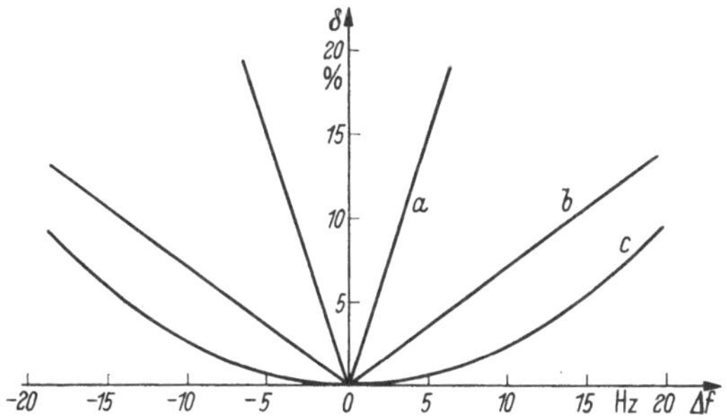



Abb. 12. Verzerrung durch Frequenzabweichung (bei 50 Bd)
*a* FM 120   *b* FM 240   *c* AM 120

(bis etwa 3 Hz) auftreten. Darüber hinaus ist bei Einsatz solcher WT-Systeme auf Trägerfrequenz-Fernsprechkanälen mit einer weiteren Frequenzabweichung von 2 Hz zu rechnen. Als Folge von Frequenzfehlern ergibt sich folgende zusätzliche isochrone Verzerrung

für    AM-WT $$\delta = 1{,}6 \left(\frac{\Delta f}{B}\right)^2 \tag{5a}$$

für    FM-WT $$\delta = \frac{\Delta f}{T\,h\,B}. \tag{5b}$$

Abb. 12 zeigt diesen Zusammenhang für gebräuchliche WT-Kanäle (s. auch Tab. 2, S. 360).

*Stationärer Störton.* Ein stationärer Störton („Sinusstörer"), dessen Frequenz $f_s$ in das Frequenzband des WT-Kanals fällt, führt zu einer zusätzlichen einseitigen Verzerrung

$$\text{AM-WT} \qquad\qquad \delta = 2\,\frac{\sigma}{B\,T} \qquad\qquad (6\,\text{a})$$

$$\text{FM-WT} \qquad\qquad \delta = \frac{\sigma}{B\,T}\,\frac{|f_s - f_m|}{h}\,. \qquad\qquad (6\,\text{b})$$

Hierbei ist der Quotient $\sigma$ aus Störspannung und Nutzspannung erst hinter dem Empfangsfilter definiert, da beide entsprechend ihrer verschiedenen Frequenz im allgemeinen eine verschiedene Dämpfung erfahren.

*Rauschen* [6]

$$\text{AM-WT} \qquad\qquad \delta = \sqrt{2}\,\frac{\alpha\,\sigma}{B\,T} \qquad\qquad (7\,\text{a})$$

$$\text{FM-WT} \qquad\qquad \delta = \frac{1}{2\sqrt{6}}\,\frac{\alpha\,\sigma}{h\,T}\,. \qquad\qquad (7\,\text{b})$$

Diese Verzerrungen werden für ein bestimmtes $\alpha$ nur mit der Wahrscheinlichkeit $\Phi(\alpha) = \sqrt{\dfrac{2}{\pi}} \displaystyle\int\limits_{\alpha}^{\infty} e^{-\frac{x^2}{2}}\,\mathrm{d}x$ überschritten. Für $\alpha \approx 4$ ist $\Phi(\alpha) = 10^{-4}$.

*Impulsstörungen*

$$\text{AM-WT} \qquad\qquad \delta = 2\,\sqrt{2}\,\sigma\,\frac{T_i}{T} \qquad\qquad (8\,\text{a})$$

$$\text{FM-WT} \qquad\qquad \delta = \frac{1}{2\sqrt{2}}\,\sigma\,\frac{B\,T_i}{h\,T}\,, \qquad\qquad (8\,\text{b})$$

wobei folgende Einschränkung für die Impulsdauer gilt:

$$T_i\,f_m < 0{,}1\,.$$

### 2.1.7 Prinzipien der Aufteilung und Bündelung

Man kann auf einem Übertragungskanal, der die Schrittgeschwindigkeit $v$ zuläßt, während der Zeit $t$ eine Nachricht mit dem Entscheidungsgehalt („Nachrichtenmenge")

$$I = v\,t\,\mathrm{ld}\,m \;\;\text{bit}$$

übertragen, wenn das Übertragungsgerät für die Auswertung von $m$ unterscheidbaren Modulationsstufen eingerichtet ist (ld bedeutet den Logarithmus zur Basis 2). Die Schrittgeschwindigkeit $v$ ist der benötigten Bandbreite $B$ proportional. Zur Übertragung einer bestimmten Nachrichtenmenge kann die Aufteilung auf die 3 Größen $v$, $t$ und $m$ im Prinzip beliebig sein. In der Praxis ist jedoch die Anzahl $m$ der Modulationsstufen durch das Signal-Geräusch-Verhältnis auf dem Übertragungsweg begrenzt, während die Schrittgeschwindigkeit $v$ durch die verfügbare

Bandbreite beschränkt ist. Für Binärsignale ist $m = 2$ und daher $\operatorname{ld} m = 1$,

$$I = v\,t. \tag{9a}$$

Häufig besteht die Aufgabe, mehrere Binärsignale gemeinsam zu übertragen, z. B. $N$ Signale, die aus verschiedenen Quellen je mit der Geschwindigkeit $v/N$ ankommen. Die gesamte Nachrichtenmenge während der Zeit $t$ ist dann durch Gl. (9a) gegeben. Man kann nun die Aufteilung der Gl. (9a) in $N$ Anteile auf zwei verschiedene Weisen durchführen, nämlich

$$I = N\left(\frac{v}{N}\right)t \tag{9b}$$

oder

$$I = N\,v\left(\frac{t}{N}\right). \tag{9c}$$

Im ersten Fall, Gl. (9b), wird das gesamte Frequenzband in $N$ Kanäle gleicher Bandbreite mit der Geschwindigkeit $v/N$ aufgeteilt (Frequenz-

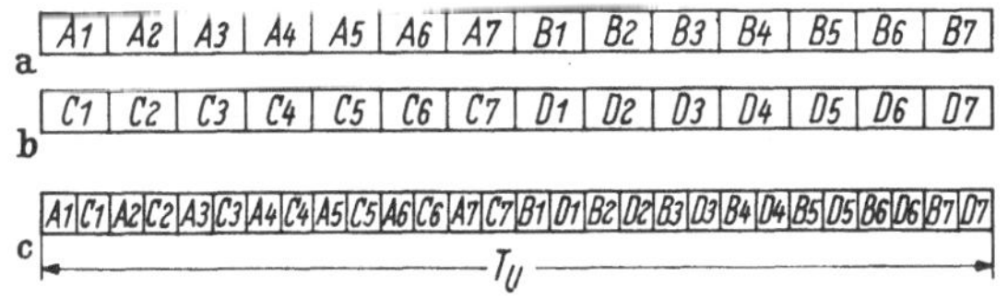


Abb. 13. Zeitmultiplexverfahren

multiplexverfahren). Im zweiten Fall, Gl. (9c), arbeitet der Übertragungskanal mit der vollen Geschwindigkeit $v$, die $N$-mal so groß wie die der Einzelsignale ist, dafür steht jedem Einzelsignal nur $1/N$ der Übertragungszeit zur Verfügung (Zeitmultiplexverfahren).

Das Frequenzmultiplexverfahren wird am häufigsten zur gebündelten Übertragung mehrerer Signale über eine gemeinsame Übertragungsstrecke angewendet (Wechselstrom-Telegraphie-Systeme). Die frequenzmäßig nebeneinanderliegenden Übertragungskanäle sind durch Bandfilter so entkoppelt, daß das gegenseitige Übersprechen vernachlässigbar ist. Ein Frequenzmultiplexsystem stellt daher eine Anzahl von Übertragungskanälen zur Verfügung, die unabhängig voneinander betrieben werden können. Beim Zeitmultiplexverfahren dagegen wird die Zeit in bestimmter Weise auf die verschiedenen Signale aufgeteilt. Dazu ist es notwendig, daß diese in einen gemeinsamen Zeitraster eingeordnet werden, und daß die Übertragungsgeräte synchron miteinander arbeiten. Abb. 13 zeigt ein Beispiel für die Anwendung des Zeitmultiplexverfahrens bei Kurzwellenübertragung mit fehlererkennendem 7-Schritte-Code (ARQ-Systeme, s. S. 363). Hierbei werden je 2 Fernschreibsignale aus verschiedenen Quellen, $A$ und $B$ bzw. $C$ und $D$, in zeichenweiser Verschachtelung zu je einem Paar (Diplex) geordnet, und in einem weiteren Prozeß werden die beiden Zeichenpaare in schrittweiser Verschachtelung zu einem Vierfach-Zeitmultiplex-Signal zusammengefaßt. Die Schrittdauer ist dabei auf ein Viertel der ursprünglichen Dauer gesunken. Die Zeit, in der die 4 Signale eingeordnet sind, entspricht der Dauer eines einzelnen Zeichens, wie es beim Sender angeliefert wird und vom Empfänger weitergesendet wird. Das Zeitmultiplexverfahren wird zur Mehrfachübertragung in der Regel nur angewendet in Übertragungssystemen, die aus bestimmten Gründen ohnehin synchron betrieben werden müssen.

Die Alternative Frequenzmultiplex-/Zeitmultiplexprinzip besteht auch für die einzelnen Schritte eines Zeichens. Man kann sie gleichzeitig über mehrere in der Frequenz verschiedene Kanäle übertragen oder in zeitlicher Folge über einen Kanal. Für diese beiden Fälle sind die Bezeichnungen „Parallelübertragung" bzw. „Serienübertragung" üblich.

Wir haben bisher nur Binärsignale, Gl. (9a), betrachtet. Will man bei einer bestimmten Schrittgeschwindigkeit $v$ den Nachrichtenfluß (Entscheidungsfluß) erhöhen, so muß man nach Gl. (9) mehr als 2 Modulationsstufen bilden ($m > 2$). Besonders einfache Verhältnisse ergeben sich, wenn $m$ eine Zweierpotenz ist. Für $m = 4, 8, 16$ usw. ist $\mathrm{ld}\, m = 2, 3, 4 \ldots$ Den Nachrichtenfluß kann man also um den Faktor 2 steigern, wenn man 4 Modulationsstufen benutzt, die man den Schrittpaaren (00), (01), (10), (11) des angebotenen Binärsignals zuordnet. Diese Mehrstufenmodulation wird beispielsweise angewendet, um in dem Frequenzband eines Sprachkanals einen höheren Nachrichtenfluß (z. B. 2400 bit/sec) zu erreichen als es mit Binärsignalen möglich ist.

Die Modulation in mehr als 2 Stufen kann andererseits auch zur gebündelten Übertragung mehrerer Signale benutzt werden. Auf Kurzwelle ist eine Modulation mit 4 Frequenzen (Duoplexverfahren: F6) zur gleichzeitigen Übertragung zweier Fernschreibsignale eingeführt. Bezeichnen wir die beiden Signale mit $V_1$ und $V_2$, ihre Binärzustände, wie früher erläutert, mit $A$ und $Z$, so besteht nach einer Empfehlung des CCIR[1] folgende Zuordnung zu den 4 Frequenzen $f_1 < f_2 < f_3 < f_4$ des Übertragungssystems (Tab. 1).

Wird beispielsweise die Frequenz $f_2$ ausgesendet, so bedeutet das, daß im Kanal $V_1$ der Zustand $Z$ und gleichzeitig im Kanal $V_2$ der Zustand $A$ übertragen werden. Das Duoplexverfahren wird häufig dann angewendet, wenn die Übertragung zweier Telegraphiesignale über eine Funkstrecke benötigt wird, ein Bedarf nach stärkerer Bündelung (WT-System,

Tabelle 1

|       | $f_1$ | $f_2$ | $f_3$ | $f_4$ |
|-------|-------|-------|-------|-------|
| $V_1$ | $Z$   | $Z$   | $A$   | $A$   |
| $V_2$ | $Z$   | $A$   | $Z$   | $A$   |

---

[1] Comité Consultatif International des Radiocommunications.

s. auch S. 365) jedoch nicht vorliegt. Als Vorteil des Verfahrens wird oft genannt, daß stets die volle Sendeleistung für eine Frequenz ausgesendet wird. Dem stehen folgende Nachteile gegenüber. Werden zwei voneinander unabhängige Fernschreibsignale im F6-Verfahren übertragen, so können die zeitlich gemeinsamen Modulationsabschnitte beliebig kurz werden. Um trotzdem die Telegraphieverzerrung in erträglichen Grenzen zu halten, ist ein Mehrfaches der notwendigen Bandbreite erforderlich. Dies läßt sich vermeiden, wenn beide gemeinsam zu übertragenden Signale durch einen Phasen- oder Schrittordner in einen gemeinsamen Zeitraster eingeordnet werden. Nachteilig bleibt dann immer noch die relativ hohe Verzerrung infolge von Frequenzübergängen, die unsymmetrisch zur Bandmitte sind (z. B. $f_1 \leftrightarrow f_3$).

### 2.1.8 Fehlererkennung und -korrektur

Fehler im Text eines Fernschreibens sind erfahrungsgemäß in überwiegendem Anteil durch Schreibfehler und in zweiter Linie durch Übertragungsfehler bedingt. Fälschungen einzelner Buchstaben sind dabei verhältnismäßig harmlos, da sie beim Lesen in der Regel erkannt und nach dem Sinn des Textes oft sogar berichtigt werden können (Redundanz der Sprache). Anders liegen die Dinge bei der Datenübertragung, bei der Nachrichten in der Regel ohne Intervention des Menschen zwischen Speichern oder Daten-Endgeräten übertragen werden. Unerkannte Fehler können gewichtige Konsequenzen, z. B. wirtschaftliche Schäden, nach sich ziehen. Infolgedessen hat man sich um geeignete Methoden zur Erkennung von Fehlern bemüht. Die dem Sender eingegebenen Daten können — nach Art ihrer Erzeugung oder auf Grund einer vorherigen Kontrolle — als weitgehend fehlerfrei angenommen werden. Um die bei der Übertragung von Daten infolge Störungen entstandenen Fehler mit ausreichender Sicherheit im Empfänger erkennen zu können, werden Verfahren angewandt, die in ihrer Art und ihrem Aufwand von der Störanfälligkeit der Übertragungsstrecke abhängen.

Entsprechend ihrer Bedeutung hat die Behandlung von Methoden zur Fehlererkennung und deren Berichtigung einen erheblichen Umfang angenommen [14, 15, 19], so daß im Rahmen dieses Abschnitts nur einige Prinzipien, die zu praktischen Verfahren hinführen, erwähnt werden können.

Wir beschränken uns auf Signale, bei denen die mit Rücksicht auf Fehlererkennung betrachteten Informationsabschnitte (Zeichen, Block) eine Länge von $i$ Binärschritten haben. Sind alle möglichen $2^i$ Kombinationen als „Codewörter" zugelassen, so entsteht bereits durch Verfälschung einer einzigen Binärstelle ein anderes erlaubtes Codewort, d. h., Fehler können im Empfänger nicht erkannt werden. Um Fehler erkennen zu können, muß man daher mehr Binärstellen je Informationsabschnitt als notwendig aufwenden, d. h. $n > i$ Binärstellen (bit). Den relativen Überschuß $r = \dfrac{n-i}{n}$ bezeichnet man als relative Redundanz.

Den Verfahren zur Fehlererkennung liegt folgendes Prinzip zugrunde. Von den $2^n$ möglichen Kombinationen verwendet man nur eine Teilmenge als Codewörter, während die übrigen Kombinationen codefremde oder sinnlose Wörter bilden. Die Teilmenge der Codewörter kann man so auswählen, daß mindestens $d$ Schritte in irgendeinem Codewort falsch sein müssen, damit ein anderes Codewort entsteht. Man nennt $d$ den kleinsten HAMMING-Abstand (Minimalabstand) zwischen den Codewörtern. Dann ist ein Fehler offenbar erkennbar, wenn nicht mehr als $f = d - 1$ Schritte eines Codewortes gefälscht sind.

Eine Liste von Codewörtern nach obiger Regel aufzustellen, ist um so mühevoller und schließlich praktisch undurchführbar, je größer die Stellenzahl $n$ ist. Man hat daher zu diesem Zweck nach algebraischen Methoden gesucht, wobei die beiden Zustände 0 oder 1 einer Binärstelle zahlenmäßig bewertet werden. (Ihre Zuordnung zu den logischen Symbolen „0" bzw. „1" ist dabei willkürlich). Ein wichtiger Begriff ist das „Gewicht" $w$ eines Codewortes; es ist die Summe der Werte aller Binärstellen eines Codewortes oder die Anzahl der „1"-Stellen. So hat das Codewort

$$0\;0\;1\;0\;1\;1\;0\;1$$

das Gewicht $w = 4$.

Von den fehlererkennenden Codes haben die „gleichgewichtigen" Codes frühzeitig Anwendung gefunden. Alle Codewörter ($n$ Binärstellen) haben gleiches Gewicht $w$; nach den Regeln der Kombinatorik gibt es $\binom{n}{w}$ solche Codewörter. Die Einrichtungen zur Fehlererkennung sind z. B. Zähleinrichtungen zum Abzählen der „1"-Stellen. Für die Telegraphieübertragung auf Kurzwelle (s. S. 363) wird beispielsweise ein gleichgewichtiger Code mit $n = 7$, $w = 3$ angewandt (ARQ-Systeme). Ein gleichgewichtiger Code mit $n = 5$, $w = 2$ dient oft zur Sicherung von Denärziffern. Der Minimalabstand gleichgewichtiger Codes ist zwar nur $d = 2$, es werden jedoch außer einfachen Störungen (d. h. Fälschungen einer Binärstelle im Codewort) alle übrigen ungeradzahligen Störungen ausnahmslos erkannt, ferner alle Störungen in einseitiger Richtung (d. h. nur Fälschungen $0 \to 1$ oder nur $1 \to 0$). Lediglich geradzahlige Störungen je Codewort, bei denen eine gleiche Anzahl von 0-Stellen in 1-Stellen wie umgekehrt übergeführt wird, führen zu unerkennbaren Fehlern, da das Gewicht $w$ eines Codewortes unverändert bleibt (Transposition). Die Häufigkeit unerkannter Fehler (Restfehlerrate) unter bestimmten Störungsbedingungen ist allgemein ein (inverses) Maß für die Wirksamkeit eines fehlererkennenden Codes. Die weiteren genannten Beispiele fehlererkennender Codes haben die Eigenschaft, daß zu gegebenen Codewörtern (Zeichen, Block) mit $i$ Informationsstellen nach bestimmten algebraischen Regeln $k$ Kontrollstellen hinzugefügt werden.

Für die zeichenweise Sicherung ($i = 5$ bis $7$ beispielsweise) ist in vielen Fällen die Hinzufügung eines „Paritätsschrittes" ausreichend ($k = 1$). Er ist dadurch bestimmt, daß das Gewicht des ergänzten Zeichens entweder immer gerade oder immer ungerade ist. Der Minimalabstand der paritätsgesicherten Zeichen ist $d = 2$. Daher ist diese Sicherung insbesondere bei geringer Schrittfehlerhäufigkeit und stochastisch verteilten Störungen geeignet (z. B. Telegraphienetzen), da einfach gestörte Zeichen ausnahmslos als fehlerhaft erkannt werden.

Eine sehr hochwertige Sicherung läßt sich erreichen, indem man eine größere Anzahl von $i$ Informationsstellen als „Block" mit einer Anzahl von $k$ Kontrollstellen sichert. Die $k$ Kontrollstellen ergänzen die $i$ Informationsstellen zu einem Codewort eines zyklischen Codes mit $n = i + k$ Binärstellen. Die Erzeugung der $k$ Kontrollstellen als Funktion der $i$ Informationsstellen ist durch ein $k$-stufiges Schieberegister mit bestimmten Rückkopplungen (über mod-2-Addierer) verhältnismäßig einfach durchführbar. Der Nutzen der Blocksicherung besteht darin, mit verhältnismäßig geringer relativer Redundanz Fälschungen einer gewissen Anzahl von Binärstellen innerhalb des Blocks mit sehr hoher Sicherheit erkennen zu können. Selbst bei beliebig stark gestörter Übertragung, die im Extremfall zum Empfang einer Folge von stochastisch verteilten Binärschritten führen kann, sind Blockfehler nur mit einer von der speziellen Struktur der Blocksicherung unabhängigen Wahrscheinlichkeit von etwa $2^{-k}$ unerkennbar, d. h. etwa $10^{-6}$ für $k = 20$. Die Anzahl $i$ der Informationsstellen wird man so groß wählen (z. B. einige hundert), daß trotz einer ausreichenden Anzahl von Kontrollstellen ($k$) eine erwünschte Grenze der relativen Redundanz nicht überschritten wird. Andererseits darf die Blocklänge $n = i + k$ nicht so groß werden, daß bei der mittleren betrieblichen Schrittfehlerhäufigkeit ein merklicher Anteil der Blöcke gestört ist.

Die wirksamste Methode, einen erkannten Übertragungsfehler zu berichtigen, ist die Veranlassung einer Wiederholung des gestörten Informationsabschnittes. Hierzu muß ein Rückkanal in der Richtung vom Empfänger zum Sender zur Verfügung stehen. Auf diesem kann entweder die Wiederholung angefordert werden (Entscheidungsrücksendung, „decision feedback") oder die vom Empfänger ermittelte Kontrollnachricht an den Sender mitgeteilt werden (Kontrollrücksendung, „redundancy feedback"), um diesem die Entscheidung zu einer eventuellen Wiederholung zu überlassen.

Will man einen erkannten Fehler am Empfangsort korrigieren, was insbesondere beim Fehlen eines Rückkanals in Betracht kommt, so muß die Redundanz durch hinzugefügte Kontrollstellen wesentlich größer als bei bloßer Fehlererkennung sein. Man wird sich dann bei einfachen Verfahren auf die Sicherung von Zeichen oder sehr kleinen Blöcken beschränken. Um beispielsweise einfache Schrittfehler korrigieren zu können, muß der Minimalabstand der Codewörter mindestens $d = 3$ sein. Ist $d = 4$, so können zweifache Störungen zwar als Fehler erkannt, aber nicht korrigiert werden. Allgemein ist für die Korrektur von $e$ gestörten Binärstellen der Minimalabstand $d \geqq 2e + 1$ notwendig.

## 2.2 Übertragungssysteme und Verfahren

### 2.2.1 Verkehrsarten und Netzformen

Im Fernsprechnetz ist der wechselseitige Austausch von Nachrichten zwischen 2 Teilnehmern praktisch die einzige Verkehrsart. Im Gegensatz dazu gibt es in der Telegraphie - und Datenübertragung eine Vielfalt von Verkehrsarten, die dadurch begründet ist, daß als Nachrichtengeber oder -empfänger primär nicht der Mensch, sondern eine Maschine bzw. ein Nachrichtenspeicher in Funktion tritt, und daß häufig die übertragene Nachricht entweder gar nicht oder erst am Ende eines längeren Abschnittes einer Antwort oder Bestätigung bedarf. Daher gibt es sowohl einseitig wie zweiseitig gerichtete Verbindungen.

Grundsätzlich kann man unterscheiden zwischen Direktübertragung (Leitungsvermittlung), wenn kein zeitlicher Aufschub der Information zulässig ist, und indirekter Übertragung unter Benutzung von Speichern (Nachrichten- oder Speichervermittlung), wodurch in der Regel eine bessere Ausnutzung der Leitungen möglich ist. Bei zweiseitigen Verbindungen kann eine gleichberechtigte Übertragung in beiden Richtungen möglich sein (Vollduplexverkehr) oder die Rückmeldung (Quittungssignal) in der Geschwindigkeit reduziert sein. Andererseits kann die zweiseitige Verbindung derart sein, daß sie nur wechselseitig benutzbar ist.

Wenn man von der Datenübertragung mit extrem hoher Geschwindigkeit absieht, werden für die Telegraphie- und Datenübertragung stets Leitungen des Fernsprechnetzes benutzt. Hierbei gibt es nun folgende Alternative: Enweder wird das Fernsprechnetz vollständig benutzt unter Einschluß der Vermittlungseinrichtungen und der Teilnehmerleitungen, oder das Fernsprechnetz wird nur für den Fernverkehr benutzt, während für die Vermittlung und den Teilnehmeranschluß eigene Einrichtungen geschaffen werden. Der erste Weg ist für Fernschreiber in der sog. „Eintontelegraphie" mit unbefriedigendem Ergebnis beschritten worden. Heute ist diese Art der Übertragung in Verbindung mit Verfahren zur Fehlersicherung für die Datenübertragung geeignet.

Der zweite Weg hat sich im Fernschreibverkehr (Telexnetz) durchgesetzt; die eigenen Vermittlungseinrichtungen und die Einrichtungen für den Teilnehmeranschluß arbeiten in diesem Fall mit Gleichstromsignalen verhältnismäßig hoher Stromstärke. Eine ähnliche Netzform auch für Datenübertragung mittlerer Geschwindigkeit (200 Bd und höher) zu benutzen, bereitet heute technisch keine Schwierigkeiten.

### 2.2.2 Teilnehmeranschlußschaltungen

Die Übertragung zwischen einem Fernschreibteilnehmer und der Vermittlungsstelle geschieht in der Regel mit Gleichstrom. Da die Leitung in der Vermittlungsstelle vierdrähtig ist und mit Doppelstrom betrieben

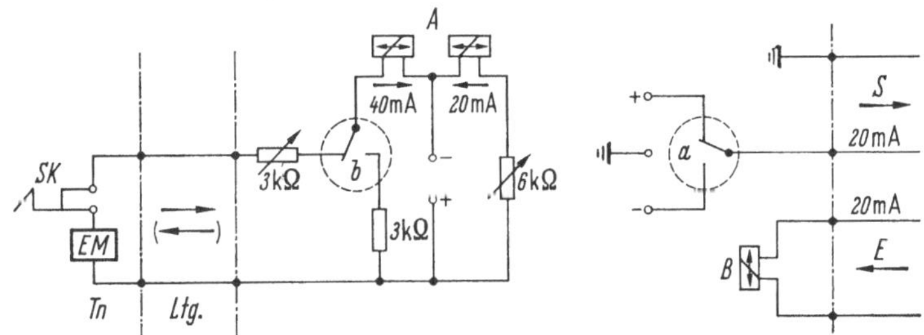


Abb. 14. Teilnehmeranschlußschaltung

wird, über die zweidrähtige Teilnehmerleitung jedoch meist Einfachstromsignale übertragen werden, wird am amtsseitigen Ende der Teilnehmerleitung eine Umsetzung zwischen den beiden Stromarten und den beiden Leitungsführungen benötigt (Teilnehmeranschlußschaltung). Üblicherweise beträgt der Einfachstrom der Fernschreibmaschine 40 mA. Im Amt wird dagegen in den für Sende- und Empfangsrichtung getrennten Ortskreisen des Vierdrahtanschlusses $\pm$ 20 mA Doppelstrom benutzt. Abb. 14 zeigt im Prinzip eine solche Teilnehmeranschlußschaltung. Die Lage der Kontakte entspricht einer Schreibpause in beiden Richtungen. Beim Senden unterbricht die Fernschreibmaschine mit ihrem Sendekontakt SK den Stromkreis der Arbeitswicklung des A-Relais, dessen Umschaltekontakt $a$ Doppelstromsignale in den Sendeortkreis $S$ abgibt. Gleichzeitig unterbricht der Sendekontakt den Strom durch den Empfangsmagneten EM, so daß die gesendeten Zeichen mitgeschrieben werden. Beim Empfangen ist der Sendekontakt und das A-Relais in der gezeichneten Ruhestellung; die im Empfängerortkreis $E$ ankommenden Doppelstromsignale steuern das B-Relais, dessen Kontakt $b$ den Strom des Empfangsmagneten unterbricht und damit die empfangenen Fernschreibzeichen zum Abdruck bringt. Die in der Schaltung enthaltenen regelbaren Widerstände dienen zur „Neutralstellung",

d. h. zur Einstellung auf geringste Eigenverzerrung der Anschlußschaltung.

In einigen Fällen steht eine Teilnehmerleitung, z. B. zum Schutz gegen Starkstromeinfluß, nur mit Übertragerabschluß zur Verfügung, so daß Gleichstromübertragung entfällt. Man benutzt dann zwei im Sprachband liegende Wechselstromtelegraphiekanäle mit Frequenzmodulation, die mit Rücksicht auf einen größeren Anwendungsbereich bis 200 Bd übertragungsfähig sind. Die beiden Kanäle werden in verschiedenen Richtungen betrieben, wodurch der Teilnehmeranschluß Vierdrahtcharakter erhält, obwohl nur eine 2drähtige Leitung benutzt wird. Zwei Teilnehmer, die auf diese Weise mit ihrem Amt verbunden sind, haben eine voll duplexfähige Verbindung, d. h., sie können gleichzeitig senden und empfangen. Eine duplexfähige Verbindung ist für die Datenübertragung vielfach erwünscht.

### 2.2.3 Wechselstromtelegraphie (WT) für Draht- und Richtfunkverbindungen

Von den Teilnehmerleitungen abgesehen, geschieht der Fernschreibverkehr heute fast ausschließlich auf Wechselstromtelegraphiekanälen. Die Übertragungsanlagen sind in der Regel Frequenzmultiplexsysteme zur gebündelten Übertragung zwischen den Vermittlungsstellen eines Fernschreibnetzes. Jedes Wechselstromtelegraphiesystem belegt eine „Grundleitung", die ein Frequenzband von 0,3 bis 3,4 kHz („Sprachband") zur Verfügung stellt. Die wesentlichen Leitungseigenschaften, wie Dämpfungsstreuung, Dämpfungsverzerrung, Frequenzverwerfung, Geräuschleistung, sind durch Empfehlungen des CCITT festgelegt; sie werden bei der Dimensionierung von WT-Systemen berücksichtigt.

Je nach der Schrittgeschwindigkeit ist die Bandbreite der WT-Kanäle und damit ihr gegenseitiger Frequenzabstand verschieden groß. Für 3 WT-Systeme, die im folgenden erläutert werden, sind die wichtigsten Kennwerte in Empfehlungen des CCITT niedergelegt. Die zur Übertragung benutzten Frequenzen dieser Systeme sind aus Abb. 15 zu ersehen.

Bisher wohl am bekanntesten ist das System mit Amplitudenmodulation, das 24 WT-Kanäle im Abstand von je 120 Hz umfaßt (AM-WT 120) [7]. Die Trägerfrequenzen sind ungerade Vielfache von 60 Hz, beginnend mit 420 Hz. Das System ist für Fernschreibnetze mit 50 Bd Schrittgeschwindigkeit geeignet und war bis vor etwa einem Jahrzehnt das einzige vom CCITT genormte WT-System.

Bei der Amplitudenmodulation kann man Schwankungen des Empfangspegels mit Hilfe einer automatischen Pegelregelung (vgl. S. 344) ausgleichen, ohne daß die Telegraphieverzerrung merklich davon ab-

hängt. Vom CCITT ist der Bereich $\pm 0{,}7$ Np um den Normalwert des
Empfangspegels festgelegt. Im Vergleich zur Amplitudenmodulation
hat die Frequenzmodulation einige Vorteile (s. auch S. 345 und S. 362).
Da zur Übertragung beider Kennzustände eine Trägerschwingung ausgesendet wird, ist die Frequenzmodulation weniger störempfindlich.
Der Empfangspegelbereich kann wesentlich größer sein, da Amplitudenschwankungen durch einen Begrenzer beseitigt werden können.

Für Fernschreibnetze mit 50 Bd Geschwindigkeit hat das CCITT
ein WT-System mit Frequenzmodulation genormt, das ebenfalls 24 Kanäle in 120 Hz Abstand umfaßt (FM-WT 120). Die Mittenfrequenzen

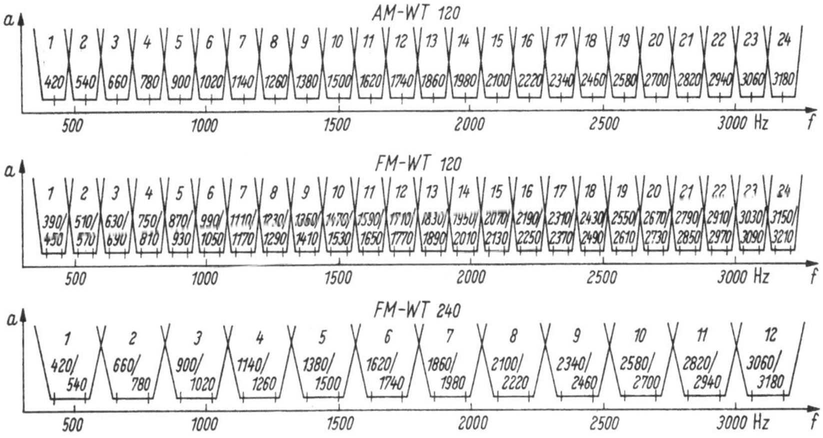


Abb. 15. Frequenzraster für WT-Systeme

der Kanäle stimmen mit den Trägerfrequenzen des Systems AM-WT 120
überein. Der Frequenzhub beträgt $\pm 30$ Hz. Bei diesem kleinen Hub
können bereits durch kleine Frequenzabweichungen von wenigen Hertz
zwischen FM-Sender und Empfänger merkliche Telegraphieverzerrungen
entstehen [Gl. (5b) S. 349]. Sie lassen sich jedoch durch einfache Korrek-
turschaltungen in jedem Kanal leicht beseitigen. Zum Ausgleich größerer
Frequenzfehler auf der Übertragungsstrecke, die bei älteren TF-Systemen
vorkommen können und dann das gesamte WT-System betreffen,
benutzt man „Frequenz-Korrektoren", die den Frequenzfehler mit
Hilfe einer bei 300 Hz liegenden Bezugsfrequenz kompensieren.

Ein weiteres genormtes FM-WT-System umfaßt 12 Kanäle mit
$\pm 60$ Hz Hub im Abstand von je 240 Hz (FM-WT 240). Die Kennfrequenzen der Kanäle fallen mit den Mittenfrequenzen der WT-Systeme
mit 120 Hz Kanalabstand zusammen. Die Kanäle sind für 100 Bd
geeignet. Sie werden jedoch häufig auch für 50 Bd eingesetzt, wobei
sie praktisch kaum einer Wartung bedürfen.

Ein FM-WT-System mit maximal 6 Kanälen im Abstand von 480 Hz wird beim CCITT diskutiert. Bei einem Hub von $\pm 120$ Hz sind solche Kanäle für Geschwindigkeiten bis 200 Bd geeignet. Für höhere Geschwindigkeiten als 200 Bd (bis etwa 1200 Bd) erscheint eine Aufteilung des Sprachbandes in mehrere Kanäle nicht mehr lohnend. Man belegt in diesem Fall die Grundleitung mit einem einzigen WT-Kanal. Für eine festgeschaltete Verbindung zwischen 2 Teilnehmern oder zwischen 2 Vermittlungsstellen liegt es nahe, als Mittenfrequenz des WT-Kanals eine Frequenz möglichst in der Mitte des Sprachbandes (z. B. 1900 Hz) zu benutzen, da dann Laufzeit- und Dämpfungsverzerrungen am kleinsten sind.

Der Signalpegel am Ausgang der Sender von WT-Kanälen, den man im Hinblick auf Störeinflüsse so groß wie möglich wählen möchte, ist durch die Eigenschaften der in der Grundleitung enthaltenen Verstärker und Modulatoren begrenzt. Die Summe aller Ausgangsspannungen der zu einem WT-System gehörenden Sender darf einen bestimmten Betrag nicht überschreiten. Infolgedessen ist der Sendepegel in einem WT-Kanal um so kleiner, je größer die Anzahl der Kanäle im WT-System ist. Die Sendepegel, die auf den relativen Pegel Null der Fernsprechleitung bezogen sind, sind zusammen mit anderen Kenndaten der obengenannten WT-Systeme in der Tab. 2 zusammengefaßt.

Abweichend von den vom CCITT festgelegten Frequenzen und Kanalabständen sind auch, insbesondere in Amerika, FM-WT-Systeme mit 170 Hz Kanalabstand in Gebrauch. Dieser Kanalabstand (und Viel-

Tabelle 2

| | | | | | |
|---|---|---|---|---|---|
| Anzahl der Kanäle | | 24 | 24 | 12 | 6 |
| Kanalabstand | Hz | 120 | 120 | 240 | 480 |
| Kanalmittenfrequenzen | Hz | 420 bis 3180 | 420 bis 3180 | 480 bis 3120 | 600 bis 3000 |
| Modulationsart | | AM | FM | FM | FM |
| Hub | Hz | — | $\pm 30$ | $\pm 60$ | $\pm 120$ |
| Sendepegel / Empfangspegel am relativ. Pegel Null | Np | $-2,4$ | $-2,6$ | $-2,25$ | $-1,9$ |
| Pegelbereich | Np | $\pm 0,7$ | $+1$ bis $-2$ | $+1$ bis $-2$ | $+1$ bis $-2$ |
| Schrittgeschwindigkeit | Bd | 50 | 50 (80) | 100 | 200 |
| Telegraphieverzerrungen | % | 5 | 5 (15) | 5 | 5 |

fache davon) ist darüber hinaus im internationalen Kurzwellenverkehr eingeführt (S. 362ff.).

Es gibt WT-Systeme mit Direktmodulation und mit Gruppenmodulation. Direktmodulation bedeutet, daß alle Modulatoren und Demodulatoren in der kanaleigenen Frequenzlage arbeiten. Das hat den Vorteil, daß jeder Kanal selbständig ist. Die Direktmodulation führt also zu einem sehr flexiblen System und kommt auch der Erweiterung zunächst teilbestückter Systeme sehr entgegen. Daneben gibt es die Gruppenmodulation. Man teilt beispielsweise bei einem 24-Kanal-System die Kanäle

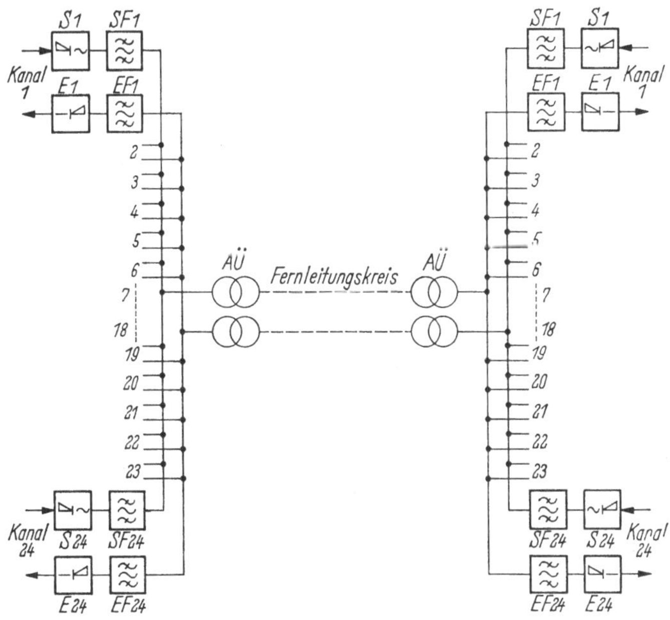


Abb. 16. Blockschaltbild eines 24-Kanal-WT-Systems mit Direktmodulation

in 4 Gruppen von je sechs aufeinanderfolgenden Kanälen ein und betreibt z. B. nur die zweite Gruppe mit den Kanälen 7 bis 12 in Direktmodulation. Für die restlichen 3 Gruppen benutzt man dieselben Kanaleinrichtungen und setzt das Frequenzband der Kanäle 7 bis 12 in die Frequenzlage der Kanäle 1 bis 6, 13 bis 18 bzw. 19 bis 24 um, was in der Regel durch eine zweifache Modulation geschieht. Man erreicht hierdurch eine Typenbeschränkung in der Anzahl frequenzabhängiger Baugruppen des Systems. Andererseits werden zusätzliche Einrichtungen zur Frequenzumsetzung und Aussiebung des gewünschten Seitenbandes benötigt.

WT-Systeme werden im Weitverkehr im Vierdrahtanschluß betrieben. Zu einer gebündelten Übertragung zwischen 2 Ämtern sind dabei

2 WT-Systeme gleicher Art über einen Vierdrahtweg miteinander verbunden. Die WT-Kanäle gleicher Frequenz (d. h. gleicher Kanalnummer) in den beiden Richtungen bilden einen Vierdraht-Fernschreibkreis. Abb. 16 zeigt ein Blockschaltbild eines 24-Kanal-WT-Systems (mit Direktmodulation).

Außer der üblichen Belegung zweier Grundleitungen mit je einem WT-System je Richtung (Vierdrahtverkehr) muß in manchen Fällen eine Grundleitung im Zweidrahtverkehr ausgenutzt werden. In der Regel werden dabei die Hälfte der Kanäle in der unteren Frequenzlage in der einen Richtung, die der oberen Frequenzlage in der anderen Richtung betrieben. Die Trennung beider Frequenzbänder der Grundleitung geschieht durch Frequenzweichen oder Gabelschaltungen. Sind wesentliche Dämpfungsverzerrungen im Frequenzband der Grundleitung zu erwarten, wird in einzelnen Fällen eine verzahnte Kanalfolge angewendet. Hierbei gehören jeweils die Kanäle 1 und 2, 3 und 4 usw. zu einem Vierdraht-Fernschreibkreis.

### 2.2.4 Telegraphie über Kurzwellenverbindungen

Die Kurzwellen (3 bis 30 MHz) sind bekanntlich dafür geeignet, große Entfernungen mit verhältnismäßig kleiner Senderleistung zu überbrücken. Sie sind andererseits besonders starken Schwunderscheinungen ausgesetzt. Der Interferenzschwund betrifft oft nur schmale Frequenzbänder, deren Auslöschung bei Sprachübertragung nur die Klangfarbe verändern würde. Bei der Telegraphieübertragung, die mit wesentlich kleineren Bandbreiten arbeitet, kann er zur vollen Auslöschung des Signals und damit zu einer fehlerhaften Telegraphieübertragung führen. Um trotz dieser Schwierigkeiten eine möglichst gute Übertragung über Kurzwellenstrecken zu erreichen, wendet man folgende Mittel und Verfahren an.

**a) Frequenzmodulation.** Hierbei können Pegelschwankungen, die im Hochfrequenz- und Zwischenfrequenzverstärker des Funkempfängers nicht ausgeregelt werden, in einem Begrenzer der Telegraphieempfangsschaltung eliminiert werden.

**b) Mehrfacher Empfang der gleichen Nachricht auf verschiedenen Wegen (Diversity).** Hierzu können z. B. zwei Funkempfänger mit zwei voneinander entfernten Antennen dienen (Raum-Diversity). Man nutzt hierbei die Tatsache aus, daß Störungen durch Interferenzschwund im allgemeinen nicht gleichzeitig an zwei in ausreichendem Abstand voneinander aufgebauten Antennen auftreten, so daß wenigstens eine von beiden ein auswertbares Signal empfängt. Ein ähnliches Ergebnis erhält man, wenn man die gleiche Nachricht auf zwei Kanälen verschiedener Frequenzlage überträgt (Frequenz-Diversity). Beide Verfahren werden zur weiteren Erhöhung der Übertragungsgüte auch kombiniert angewendet. Zur Auswertung werden die Amplituden der einzelnen Signale miteinander verglichen. Sind sie nicht wesentlich verschieden, z. B. nicht mehr als 1 Np, so werden die nach Demodulation erhaltenen Spannungen addiert, und das Summensignal wird zur Restitution einer Kippschaltung zugeführt. Man kann durch diese Addition eine Verbesserung des Signal-Geräusch-Abstandes erreichen, da die in den Einzelsignalen enthaltenen Nutzspannungen streng korreliert sind, die ihnen überlagerten Geräusche dagegen in der Regel nicht. Einzelsignale, die gegenüber dem stärksten unter ihnen mehr als 1 Np schwächer sind, werden unterdrückt, da ihr Beitrag zur Addition das Signal-Geräusch-Verhältnis nicht verbessern würde. Während bei Zweifach-Raum-Diversity zwei vollständige Empfangsanlagen benötigt werden, kommt man bei dem „Antennen-Diversity-Verfahren" mit einer Empfangsanlage aus. Der Funkempfänger wird hierbei mit Hilfe eines elektronischen Antennenschalters zyklisch an eine von mehreren Empfangsantennen geschaltet. Der erzielbare Erfolg ist grundsätzlich geringer als mit den oben beschriebenen Diversity-Verfahren. Denn einmal entfällt die eventuelle Verbesserung des Signal-Geräusch-Abstandes durch Addition mehrerer Einzelsignale. Darüber hinaus wird nicht die Antenne mit dem jeweils stärksten Signal ausgewählt, sondern der Funkempfänger wird erst dann auf eine andere Antenne umgeschaltet, wenn der Empfangspegel unter eine bestimmte Schwelle gesunken ist.

**c) Automatische Fehlerkorrektur.** Die Anwendung von Frequenzmodulation und Diversity-Verfahren allein führt in vielen Fällen noch nicht zu einer ausreichend kleinen Fehlerhäufigkeit. Weltweite Verbindungen der nationalen Telexnetze wurden erst durch Einführung von Funkfernschreibanlagen mit Fehlererkennung und automatischer Rückfrage möglich [9]. Solche ARQ-Systeme[1], die im einzelnen Namen wie „Mux, Elmux, TOR" u. a. tragen, benötigen zwei voneinander unabhängige Funkwege in beiden Richtungen (Vierdrahtanschluß). Sie arbeiten nach folgendem, von dem Holländer Dr. van Duuren ausgearbeiteten Verfahren [10]. Die vom Teilnehmer ankommenden Fernschreibzeichen werden vom 5 Schritte-Code in einen 7 Schritte-Code umkodiert und synchron über die Funkstrecke übertragen; Start- und Stopschritt entfallen hierbei. Von den 128 Kombinationen, die man mit 7 Binärschritten bilden kann, werden nur diejenigen 35 Zeichen benutzt, die aus 3 Schritten der einen Polarität (Z) und 4 Schritten der anderen Polarität (A) zusammengesetzt sind. Man nennt einen solchen Code gleichgewichtig, und zwar mit der Gewichtsverteilung 3 : 4. Von den 35 Kombinationen dieser Art entsprechen 32 den 32 Zeichen des

---

[1] ARQ Automatic ReQuest.

5 Schritte-Codes, die übrigen drei sind die beiden Leerlaufzeichen $\alpha$ und $\beta$, die für vermittlungstechnische Aufgaben benötigt werden, und das RQ-Signal, mit dem Wiederholungsvorgänge gesteuert werden. In der Empfangsstation werden nur die Zeichen, die die 3:4-Bedingung erfüllen, in den 5 Schritte-Code umgesetzt und, wieder mit Start- und Stopschritt versehen, weitergesendet. Trifft dagegen ein erkennbar gefälschtes Zeichen ein, so wird die Weitersendung für die Dauer von 4 Zeichen unterbrochen, und der Sender der Empfangsstation fordert mit dem RQ-Signal eine Wiederholung an. Nach Empfang dieses Signals unterbricht die Gegenstation die Aussendung des laufenden Textes, quittiert ebenfalls mit dem RQ-Signal und wiederholt dann die drei zuletzt gesendeten Zeichen. Von diesen ist das erste das vorher gefälschte Zeichen. Daß die Wiederholung die Dauer von 4 Zeichen hat, ist bedingt durch die Laufzeiten auf der Funkstrecke in beiden Richtungen und durch die Zeit für das Erkennen und Rückmelden bei Empfang eines gefälschten Zeichens. Da während einer Wiederholung die Übertragung des fortlaufenden Textes unterbrochen werden muß, wird die vom Teilnehmer kommende Nachricht zunächst in einem Lochstreifen aufgenommen, von dem sie durch Impulse des ARQ-Systems abgerufen wird. — Da die Übertragung zwischen zwei korrespondierenden ARQ-Stationen synchron verläuft, liegt es nahe, die Bündelung mehrerer Nachrichten nach dem Zeitmultiplexprinzip durchzuführen. Das geschieht in der Art der Abb. 13, die auf S. 351 näher erläutert wurde.

Die Geräte für die Telegraphieübertragung auf Kurzwellenverbindungen sind entweder Bestandteile der Funkanlagen oder Zusatzeinrichtungen zu ihnen (s. a. S. 776), oder sie sind selbständige Einrichtungen, die die für Sprachübertragung geschaffenen Funkanlagen für die Telegraphieübertragung ausnutzen. Zu den ersteren gehören die stationären Kurzwellensender und Empfänger für Telegraphie. Im Sender wird die Frequenz im Rhythmus der Telegraphie zwischen zwei symmetrisch zur Mittenfrequenz liegenden Werten umgetastet, man nennt diese Betriebsart abgekürzt F1. Hierbei wird jedoch nur eine einzige Telegraphienachricht ausgestrahlt. Unter Verwendung von 4 Frequenzen (Betriebsart F6) kann man gleichzeitig 2 Telegraphienachrichten senden, wobei diese Bündelung nach dem Schema der Tab. 1 (S. 352) ausgeführt wird. Stationäre Kurzwellentelegraphieempfänger enthalten die für diese Betriebsarten notwendigen Demodulationseinrichtungen und sind ferner für Diversity-Verfahren geeignet. Telegraphiesendungen der obigen Art können auch mit transportablen Funkempfängern empfangen werden. Da solche Funkempfänger nur amplitudenmodulierte Funksendungen demodulieren können, werden Telegraphiezusatzgeräte benötigt [12], die entweder an den Zwischenfrequenz- oder an den Niederfrequenzausgang des Funkempfängers angeschlossen werden und die in der Lage sind, frequenzmodulierte Telegraphiesignale in Gleich-stromsignale umzusetzen.

Um eine größere Anzahl von Fernschreibkanälen über eine Kurz-wellenverbindung übertragen zu können, wird — ähnlich wie auf Lei-tungen — das Sprachband eines Telephoniekanals mit einem Wechsel-stromtelegraphiesystem belegt [13]. Die hierfür geeigneten Funkgeräte werden mit Einseitenbandmodulation betrieben und stellen maximal in zwei voneinander unabhängigen 6 kHz breiten Seitenbändern 4 Sprach-bänder von 0,25 bis 3 kHz zur Verfügung (s. a. S. 705 und S. 773). Auf Kurzwelle sind WT-Systeme mit 170 Hz Kanalabstand seit längerer Zeit eingeführt, und zwar ursprünglich zur Übertragung von Start-Stop-Fernschreibzeichen mit 50 Bd Geschwindigkeit. Es lag daher nahe, Kanalabstände von 340 Hz bzw. 680 Hz für Geschwindigkeiten von 100 Bd bzw. 200 Bd zu benutzen. Diese Geschwindigkeiten werden mit zweifacher bzw. vierfacher Zeitmultiplexbündelung in ARQ-Systemen annähernd erreicht. Die wichtigsten Kenndaten dieser „Funk-WT-Systeme" [12] sind in Tab. 3 zusammengefaßt.

Tabelle 3

| Kanal-abstand | Frequenzhub | Bandbreite | Kanäle im 3 kHz-Band | Schrittgeschwindigkeit | |
|---|---|---|---|---|---|
| | | | | Nennwert | max. |
| 170 Hz | ± 42 Hz | 125 Hz | 15 | 50 Bd | 100 Bd |
| 340 Hz | ± 85 Hz | 250 Hz | 6 | 100 Bd | 200 Bd |
| 680 Hz | ±170 Hz | 500 Hz | 3 | 200 Bd | (400 Bd)[1] |

[1] Auf Kurzwelle sind wegen der Laufzeitschwankungen Geschwindigkeiten über 200 Bd nicht zweckmäßig.

Wegen der Eigenschaften der Kurzwellen werden an die WT-Systeme höhere Anforderungen als auf Leitungen gestellt:

a) Der in jedem Kanal enthaltene Begrenzer muß einen genügend großen Bereich ($>$ 4 Np) umfassen.

b) Die Sperrdämpfung der Empfangsfilter sollte mindestens 7 Np betragen, damit auch bei selektivem Schwund das Übersprechen zwischen benachbarten Kanälen genügend klein bleibt.

c) Auswerteeinrichtungen für die Durchführung von Diversity-Verfahren sind notwendig.

Bei Diversity-Verfahren wird Raum-Diversity bevorzugt, da hierbei kein zusätzliches Frequenzband benötigt wird. Abb. 17 zeigt ein Block-schaltbild für dieses Verfahren. Beim Frequenz-Diversity-Verfahren werden vorzugsweise beide Sprachbänder eines Seitenbandes benutzt. Die gleiche Telegraphienachricht wird sowohl im trägernahen als auch — mit Hilfe einer Frequenzumsetzung — im trägerfernen Sprachband übertragen (s. a. S. 778).

In der Ausnutzung von WT-Systemen auf Kurzwelle sind z. Z. folgende Tendenzen erkennbar. Die ungesicherte Übertragung von Start-Stop-Zeichen ist weitgehend durch gesicherte Übertragung mit ARQ-Systemen abgelöst worden. Da das Signal hierbei synchron übertragen und im Empfänger entzerrt wird, kann man das Frequenzband besser ausnutzen und die WT-Kanäke mit der in Tab. 3 genannten maximalen Geschwindigkeit betreiben. Das bedeutet, daß man auf einer Kurzwellenverbindung mit zwei voneinander unabhängigen Seitenbändern von je

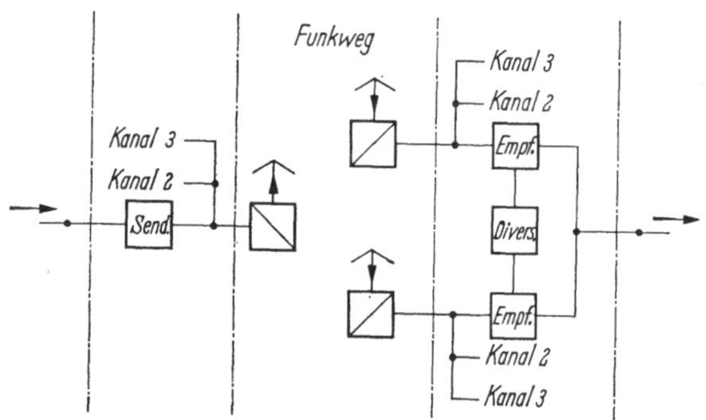


Abb. 17. WT auf Kurzwelle mit Raum-Diversity

6 kHz Bandbreite mit Zweifachzeitmultiplex insgesamt 120 gesicherte Fernschreibnachrichten übertragen könnte. Allerdings besteht z. Z. wohl kaum ein Bedarf für eine so hohe Bündelstärke (s. a. S. 705).

### 2.2.5 Datenübertragung auf Fernsprechverbindungen

Die Aufgaben der Datenübertragung stellen an die Übertragungstechnik zwei wesentliche Forderungen: hohe Übertragungssicherheit und Flexibilität hinsichtlich der der Aufgabe angepaßten Übertragungsgeschwindigkeit. Die hauptsächlich in Betracht kommenden Verfahren, eine hohe Übertragungssicherheit durch Fehlererkennung zu erreichen, wurden im Abschn. 2.1.8 (S. 353f.) behandelt. Für verschiedene Übertragungsgeschwindigkeiten lassen sich folgende Lösungen technisch realisieren: Erhöhung der Geschwindigkeit in Telegraphienetzen, Ausnutzung von Fernsprechwegen für die Datenübertragung und Ausnutzung von Breitband-Übertragungssystemen, wie beispielsweise von Primärgruppen bis zu Fernsehübertragungskanälen.

Der Forderung nach erhöhter Schrittgeschwindigkeit ist man in Telegraphienetzen durch die Normung von Kanälen für 100 Bd und 200 Bd Übertragungsgeschwindigkeit nachgekommen (s. a. S. 359f.). Für höhere Geschwindigkeiten ist es naheliegend, das etwa 3000 Hz breite Frequenzband eines Fernsprechkreises für die Datenübertragung auszunutzen. Die Datenübertragungsgeräte werden hierbei erst dann eingeschaltet, wenn die Verbindung mit den im Fernsprechnetz üblichen Mitteln hergestellt worden ist. Auf festgeschalteten Mietleitungen steht die Fernsprechleitung ständig der Datenübertragung zur Verfügung. Für die auf Fernsprechleitungen benutzten Übertragungsgeräte hat man die Bezeichnung „Modem" geprägt, die aus einer Zusammenfassung der ersten Buchstaben der Wörter „Modulator" und „Demodulator" entstanden ist. Nach den Diskussionen und vorläufigen Empfehlungen des CCITT stehen folgende Geräte bzw. Verfahren im Vordergrund.

Für Serienübertragung von Daten mit Geschwindigkeiten von 600 Bd und 1200 Bd dient ein Modem mit Frequenzmodulation (Abb. 18). Die

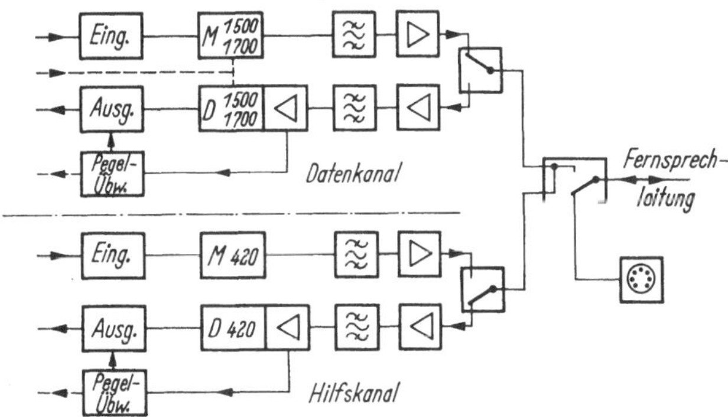


Abb. 18. Modem für 600 und 1200 Baud

Mittenfrequenz ist 1700 Hz, der Hub $\pm$ 400 Hz. Die daraus sich ergebenden Kennfrequenzen 1300 Hz und 2100 Hz sind für Fernsprechwählnetze geeignet, da sie die für Ruf- und Wählzwecke eingeführten Einrichtungen nicht stören. Falls die Leitung aus anderen Gründen nicht für diese Frequenzen geeignet ist, werden die Kennfrequenzen 1300 Hz und 1700 Hz benutzt, und die Geschwindigkeit wird auf 600 Bd beschränkt. Wird ein Rückkanal, z. B. zur Rücksendung einer Quittung der Fehlererkennungseinrichtung, benötigt, so wird ein FM-Hilfskanal bei 420 Hz mit $\pm$ 30 Hz Hub benutzt.

Da für viele der heutigen mechanisch arbeitenden Endgeräte Übertragungsgeschwindigkeiten bis 200 Bd ausreichen, ist diese Geschwindigkeit auch für Übertragungsgeräte auf Fernsprechkreisen von Interesse. Man nutzt zwar hierbei das Frequenzband nicht voll aus, jedoch kann man auf dem zweidrähtigen Fernsprechkreis gleichzeitig zwei 200 Bd-Kanäle in getrennter Frequenzlage in beiden Richtungen betreiben und damit für die Endgeräte einen Vierdrahtanschluß (Duplexbetrieb) herstellen (Abb. 19). Man kann dann den Kanal in der Rückrichtung zur Rücksendung der Nachricht oder eines Quittungssignals benutzen.

Während in der Telegraphie- und Datenübertragung in den meisten
Fällen die Serienübertragung (s. a. S. 352) bevorzugt wird, ist für einige
Anwendungsfälle auch die Parallelübertragung interessant. Hierbei
kann der Übertragung gleichzeitig die Aufgabe einer Sicherung gegen
Störungen auferlegt werden, z. B. in folgender Weise. Für jedes Zeichen
wird je eine von vier Frequenzen in drei Gruppen ausgesendet, die Fre-
quenzauswahl ist dreimal 1 aus 4. Das ergibt $4^3 = 64$ Kombinationen, so
daß Zeichen im Sechsercode (oder Fünfercode) übertragen werden können. Im Empfänger wird immer dann ein Fehler erkannt, wenn nicht

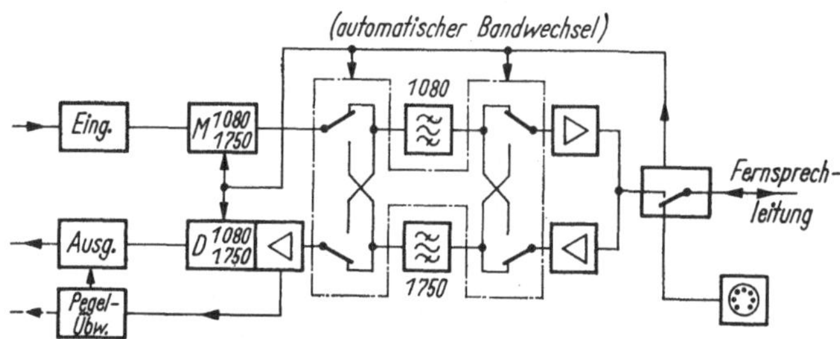


Abb. 19. Modem für 200 Band mit Vierdrahtanschluß

in jeder der 3 Frequenzgruppen eine und nur eine Frequenz belegt ist.
Die Geschwindigkeit ist bei einem solchen Modem etwa 20 Zeichen/sec.

Die Ausnutzung von Breitbandsystemen (Primär-, Sekundärgruppen usw.) ist z. Z. noch in Diskussion. Man muß sich dabei mit den in
der Trägerfrequenztechnik eingeführten Pilotfrequenzen auseinander-
setzen und bestimmte Regeln für die spektrale Verteilung der Energie
bei der Datenübertragung aufstellen. Die Übertragungsgeschwindigkeit
würde entsprechend dem verfügbaren Frequenzband etwa 20 bis
50 kbit/sec in der Primärgruppe und etwa 1 bis 3 Mbit/sec in der Quartärgruppe bzw. im Fernsehband erreichen können.

## Schrifttum


[1] KÜPFMÜLLER, K.: Die Systemtheorie der elektrischen Nachrichtenübertragung, 2. Aufl. Stuttgart: S. Hirzel 1952.

[2] KADEN, H.: Impulse und Schaltvorgänge in der Nachrichtentechnik. München:
R. Oldenbourg 1957.

[3] VOSS, H. H.: Realisierbare Tiefpässe minimaler Phase mit geebneter Laufzeit.
Frequenz 8 (1954) 97—102.

[4] POSCHENRIEDER W.: Ein Analogiegerät für Aufgaben der Filterentwicklung.
Frequenz 13 (1959) 379—385.

[5] HERRMANN, O., u. W. SCHÜSSLER: Zur Auswahl von Filtern mit günstigem
Einschwingverhalten. AEÜ 14 (1969) 183—189.

[6] VOSS, H. H.: Eigenschaften von Telegraphie-Übertragungssystemen mit Frequenzmodulation bei Störungen durch Rauschen. Frequenz 12, Sonderausgabe
Oktober 1958, 31—37.

[7] REGER, W.: Wechselstromtelegraphie mit Amplitudenmodulation (WT 100). NTZ 16 (1963) 349—353.

[8] MUSCHIK, A., u. K. O. KNABE: Wechselstromtelegraphie mit Frequenzmodulation (WT 100). NTZ 16 (1963) 397—402.

[9] SPIEGEL, H.: Störungsfreies Funkfernschreiben im Transatlantik-Verkehr. Z. Elektrotechn. 39 (1957) 261—264.

[10] RUDOLPH, H., u. K. BOCHMANN: Ein elektronisches Multiplex-Fernschreibsystem mit automatischer Fehlerkorrektur ELMUX 2/4 D7.

[11] FUCHS, E.: Telegraphie-Empfangstastgerät FSE 30 für Kurzwellenverbindung. Siemens-Z. 35 (1961) 641—647.

[12] FUCHS, E.: Funk-WT, ein neues Telegraphie-Übertragungssystem in Transistor-Ausführung mit Kanälen verschiedener Bandbreite. NTZ 13 (1960) 419—423.

[13] LANG, J., u. J. SANDERS: Probleme der Datenübertragung auf Fernsprech- und Breitband-Leitungen. Jb. elektr. Fernmeldewesen 1962, 386—437.

[14] PETERSON, W. WESLEY: Error-Correcting Codes. M.I.T. Press 1961.

[15] STEINBUCH, K.: Taschenbuch der Nachrichtenverarbeitung, S. 58—100. Berlin/Göttingen/Heidelberg: Springer 1962,

[16] FELDTKELLER, R.: Einführung in die Siebschaltungstheorie der elektrischen Nachrichtentechnik. Stuttgart: S. Hirzel 1963.

[17] HÖLZLER, E., u. H. HOLZWARTH: Theorie und Technik der Pulsmodulation. Berlin/Göttingen/Heidelberg: Springer 1957.

[18] BODE, H. W.: Network Analysis and Feedback Amplifier Design. New York: Van Nostrand 1945.

[19] BERGER, E. R., u. F. HENNIG: Codierung. München: Oldenbourg (erscheint demnächst).

# 3. Trägerfrequenz-Endgeräte

## Von E. ALSLEBEN, H. KOPP und H. V. SCHAU[1]

### 3.1 Allgemeines

Für die Belegung eines verfügbaren Frequenzbandes mit Nachrichtenkanälen, seien es Sprech-, Rundfunk-, Daten- oder Fernsehkanäle, ergeben sich bestimmte Regeln, die vielfach unabhängig vom speziellen Übertragungssystem gelten. Sie entstehen z. B. aus der Forderung, daß die verfügbaren Kanalzahlen in einem ausgewogenen Verhältnis zum Bedarf stehen und daß sich einzelne Bündel leicht aus dem Verband abtrennen lassen. Auch die Trägerversorgung zum Aufbau der Übertragungsbänder soll einfach sein. Von diesen Erwägungen ausgehend, gewinnt man übergeordnete Gesichtspunkte für

---

[1] Die Abschn. 3.1 bis 3.3 wurden von H. KOPP und H. V. SCHAU, der Abschn. 3.4 von E. ALSLEBEN bearbeitet.

die Frequenzschemata der einzelnen Trägerfrequenzsysteme, die über einen langen Zeitraum gültig bleiben. Grundsätzliche Vereinbarungen sind notwendig, um die Zusammenarbeit verschiedenartiger Systeme zu gewährleisten. So hat die Festlegung des Frequenzbandes für einen Sprechkanal ein großes Gewicht, ferner die Bündelung in Primärgruppen zu 12 Kanälen und Sekundärgruppen zu 60 Kanälen, um die Kanäle dem Bedarf entsprechend verteilen und von System zu System genormt durchverbinden zu können, z. B. zwischen Systemen für symmetrische Leitungen, Koaxialleitungen oder Richtfunkverbindungen.

Einmal gefaßte Entschlüsse für das technische Konzept von Geräten haben im allgemeinen einen um so längeren Bestand, je höher die betroffene Stückzahl ist, d. h. vor allem für Geräte in der untersten Umsetzerstufe. Die Forderung nach Zusammenarbeit neuer Geräte mit vorhandenen beschränkt die Freizügigkeit für neue Prinzipien erheblich. Technisch liegt für grundsätzliche Neuerungen so lange kein Bedürfnis vor, wie sich die Voraussetzungen nicht wesentlich ändern, und das ist selten im Laufe weniger Jahre der Fall. Für diese Tatsache ist ein typisches Beispiel, daß sich bei Einführung der Transistoren anstelle der Röhren, also einer grundlegenden Neuerung auf der Bauteileseite, an den Frequenzplänen und Modulationsschemata der Trägerfrequenz-Endgeräte nichts, ja nicht einmal an den Pegelplänen Wesentliches geändert hat. Das Grundkonzept der Endgeräte, welche in erster Linie für Weitverkehrssysteme gedacht sind, richtet sich etwa nach folgenden übergeordneten Gesichtspunkten:

1. Dichte Belegung des Frequenzbandes mit Rücksicht auf die mit der Frequenz zunehmende Dämpfung bei drahtgebundener Übertragung, daher Einseitenbandmodulation.

2. Minimaler Leistungsbedarf für das übertragene Signal, daher Unterdrückung des Trägers auf der Sendeseite und Neuzusetzen auf der Empfangsseite.

3. Ausreichende Lücken zwischen den einzelnen Nachrichtenkanälen mit Rücksicht auf den Filteraufwand.

Bei den später behandelten Kurzstreckensystemen und den Systemen für Hochspannungsleitungen spielen die Gesichtspunkte 1. und 2. eine geringere Rolle, hier ist minimaler Aufwand für die Endgeräte eine der wichtigsten Forderungen, da der Aufwand für die Strecke zurücktritt.

### 3.1.1 Frequenzbandbelegung

Von den verschiedenen Möglichkeiten der Mehrfachausnutzung von Nachrichtenwegen verwendet die Trägerfrequenztechnik das Prinzip der Frequenzumsetzung; dabei wird die ursprüngliche Bandbreite und Dynamik des Signals nicht verändert. Ein Träger $\Omega$ wird mit dem niederfrequenten Signal $\omega$ amplitudenmoduliert. Von den entstehenden Modulationsprodukten wird das Produkt

$$(\Omega - \omega) \quad \text{oder} \quad (\Omega + \omega),$$

d. h. ein Seitenband durch Filter ausgesiebt und übertragen.

In einem durch die Eigenschaften des Übertragungsweges gegebenen Frequenzband von der Bandbreite $B$ können daher maximal

$$A = \frac{B}{b}$$

Signale von der Bandbreite $b$ übertragen werden. Diese theoretische Höchstzahl $A$ ist praktisch nicht erreichbar, da für die Trennung der Kanäle Lücken vorgesehen werden müssen. Außerdem werden zwischen den eigentlichen Signalen je nach System bestimmte Signale der Vermittlungstechnik sowie Signale zur Regelung und Überwachung (Pilote) übertragen. Trotz dieser unvermeidlichen Verluste an Bandbreite stellt die Trägerfrequenztechnik mit Einseitenbandmodulation von allen Vielfachübertragungssystemen praktisch die geringsten Ansprüche an die Übertragungsbandbreite.

Für die niedrigen Ebenen des Fernsprechnetzes (s. S. 279ff.) braucht man Systeme mit 12 bis 300 Fernsprechkanälen und für die höheren Ebenen Systeme mit 120 bis zu enigen tausend Kanälen.

Dementsprechend sind auch unterschiedliche Einrichtungen zur Umsetzung der Signale in die Übertragungslage erforderlich. Bisher wird die weitaus größte Zahl der Übertragungskanäle für das Fernsprechen benutzt, das deshalb die Grundlage für die Dimensionierung der Übertragungseigenschaften der Systeme bildet. Das niederfrequente Sprachband soll eine Bandbreite von 3100 Hz zwischen 300 und 3400 Hz haben. Diese Werte wurden vom CCITT festgelegt und stellen einen Kompromiß zwischen den Anforderungen an Verständlichkeit und Natürlichkeit und dem Aufwand dar. Die Nullfrequenzen der trägerfrequenten Sprechkanäle haben einen Abstand von 4 kHz. Dazwischen bleibt unter dem Sprachsignal ein 300 Hz breites Band und über dem Sprachsignal ein 600 Hz breites Band frei, das für den erwähnten Wahlkanal verwendet werden kann. Die übliche Mittenfrequenz für diesen schmalen Kanal liegt bei 3825 oder 3850 Hz, der Zeichenpegel 0,5 Np bzw. 2,1 Np unter dem relativen Sprechkanalpegel. (Sondersysteme für Seekabel haben einen geringeren Kanalabstand von meistens 3 kHz (s. S. 430ff.), ohne daß das Sprachsignal wesentlich schmaler ist.)

### 3.1.2 Modulationsstufen

In der ersten Modulationsstufe ist zur Abtrennung des zweiten Seitenbandes, welches bei der Amplitudenmodulation entsteht, ein Filter erforderlich, das in einem Band von 300 Hz + 600 Hz = 900 Hz vom

Durchlaß- in den Sperrbereich übergeht. Die dabei an das Filter zu stellenden Bedingungen müssen auch bei etwaigen Änderungen der Temperatur und bei Alterung gewährleistet sein. Diese Forderung ist immer schwerer zu erfüllen, je höher die Frequenzlage ist. Mit Filtern aus Spulen und Kondensatoren kann man die niederfrequenten Signale in eine Frequenzlage bis etwa 30 kHz direkt umsetzen, mit Quarzen kann man auch 100 kHz sicher erreichen.

Diese Werte zeigen, daß man nur wenige Kanäle direkt, d. h. in einer einzigen Umsetzerstufe in die gewünschte Übertragungslage bringen kann. Ein solches Verfahren ist aber auch aus anderen Gründen unzweckmäßig.

Die Frequenzlage, in der die Signale übertragen werden müssen, ist von System zu System verschieden. Sie richtet sich nach der Zahl der Kanäle, nach dem Übertragungsmedium — Draht oder Funk — und dem Systemaufbau. Daher würde bei Direktumsetzung eine Vielzahl unterschiedlicher Umsetzer entstehen, die weder wirtschaftlich noch technisch zu realisieren wären.

Eine mehrstufige Umsetzung bringt dagegen erhebliche Vorteile, einmal durch Beschränkung der Typenzahl, womit eine höhere Stückzahl je Type und daher gleichmäßigere und billigere Fertigung gewährleistet wird. Zum anderen lassen sich die Bauteile in ihren typischen Eigenschaften besser ausnutzen und die Anforderungen an Konstanz und Zuverlässigkeit mit geringem Aufwand erfüllen. Vgl. auch S. 260ff., wo die Modulation in mehreren Stufen unter anderen Gesichtspunkten behandelt ist.

Die letzte Stufe der Umsetzer soll die Kanäle in die für das jeweilige Übertragungssystem erforderliche Übertragungslage bringen, muß diesem System also besonders angepaßt sein.

Um die Zahl dieser Spezialumsetzer klein zu halten, ist es zweckmäßig, bei häufig vorkommenden Systemen die am Ausgang der vorletzten Umsetzerstufe vorhandene Frequenzlage bereits als Teil der Übertragungslage zu wählen. Zum Beispiel wird bei den 12-Kanal-Systemen Z 12 die Grundprimärgruppe 60 bis 108 kHz in der einen Richtung direkt übertragen, in der anderen nach Umsetzung in die Lage 6 bis 54 kHz. Bei dem 120-Kanal-System V 120 wird die eine Hälfte des Übertragungsbandes durch die Grundsekundärgruppe 312 bis 552 kHz gebildet, die andere Hälfte 12 bis 252 kHz oder 60 bis 300 kHz durch eine Umsetzung daraus gewonnen (Abb. 1).

Neben den technischen Vorteilen vereinfacht die mehrstufige Frequenzumsetzung auch die Probleme des Netzaufbaus, weil mit ihrer Hilfe Schaltebenen geschaffen werden, in denen man mit einer bestimmten Anzahl von Kanälen von einem Übertragungssystem in ein anderes übergehen kann. Diese Möglichkeiten setzen eine gewisse Normung voraus. Vom CCITT wurden Gruppen mit 12, 60, 300 und 900 Kanälen genormt und Empfehlungen für die Frequenzlage und die Durchschalte-pegel gegeben. Abb. 2 gibt einen Überblick über Aufbau und Frequenz-lage der Grundgruppen einschließlich der in Deutschland zum Aufbau der Grundprimärgruppe verwendeten Vorgruppe.

Eine Zuordnung der einzelnen Kanalgruppen zu bestimmten Syste-men ist unten angedeutet. Die Modulationsgeräte für die einzelnen Stufen sind örtlich nicht immer vereint, man kann auch Kanalgruppen

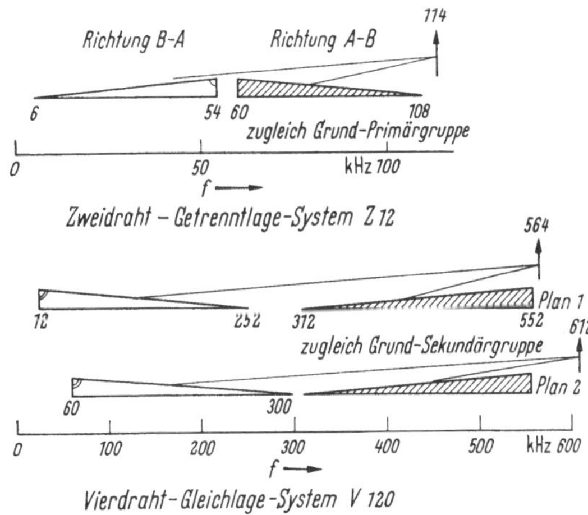


Abb. 1. Frequenzpläne für die Systeme Z 12 und V 120

über mehrere Systeme laufen lassen. In diesem Falle spricht man von Primärgruppen- bzw. Sekundärgruppenverbindungen usf. (s. S. 262, Abb. 8). Einheitliche Schaltebenen sind ein wichtiges Hilfsmittel zur Anpassung der Nachrichtennetze an die Erfordernisse des Verkehrs. Während einerseits der Bedarf an Sprechwegen zwischen bestimmten Orten innerhalb eines Netzes sehr unterschiedlich ist, besteht doch der Wunsch, möglichst einheitliche Übertragungssysteme mit dementspre-chend festliegender Kanalzahl einzusetzen. Über diese Systeme kann man nun Kanalgruppen verschiedener Bündelstärken zwischen bestimm-ten Punkten laufen lassen, die keineswegs mit den Enden des Systems zusammenfallen müssen.

Man kann unterwegs ein- und aussteigen, d. h. abzweigen und so dafür sorgen, daß das System auf seiner ganzen Strecke möglichst voll ausgelastet ist, ohne daß die einzelnen Signale immer die ganze Strecke durchlaufen. Bei diesem Netzaufbau kommt man mit weni-gen Typen von Systemen unterschiedlicher Kanalzahl aus und kann nach jedem beliebigen Ort des Netzes die erforderliche Sprechwegzahl bereitstellen.

Für die Umsetzung der Signale in mehreren Modulationsstufen sind die Eigenschaften des Modulators und seiner Bausteine von Bedeutung. Die verwendeten Modulatoren sind ja nicht ideal, sondern erzeugen

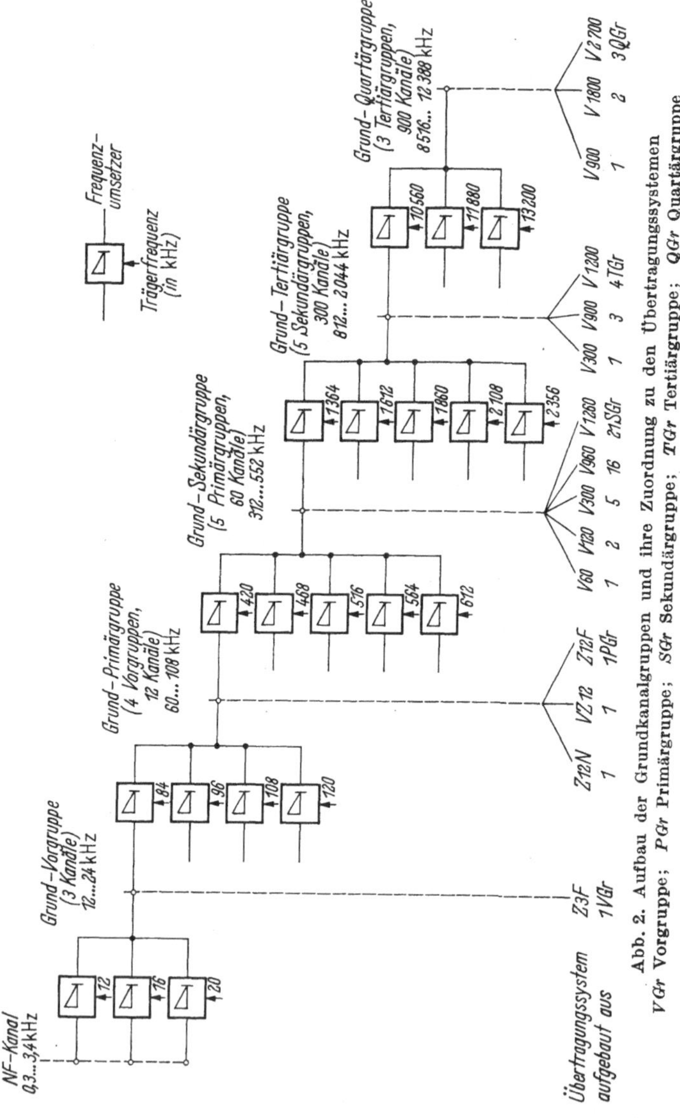

Abb. 2. Aufbau der Grundkanalgruppen und ihre Zuordnung zu den Übertragungssystemen. *VGr* Vorgruppe; *PGr* Primärgruppe; *SGr* Sekundärgruppe; *TGr* Tertiärgruppe; *QGr* Quartärgruppe

neben den linearen Modulationsprodukten auch Klirrspektren, auf deren Lage bei der Modulation Rücksicht genommen werden muß.

Im Laufe der Entwicklung von Modulatoren für die Trägerfrequenztechnik wurden Elektronenröhren, Kupferoxydul-, Selen- und Germa-

niumrichtleiter und neuerdings Transistoren verwendet. Mit allen konnten unter Beachtung ihrer Eigenarten brauchbare Geräte gebaut werden,
trotz der nicht unerheblichen Unterschiede in ihren speziellen Eigenschaften. Die Modulatoren der Trägerfrequenztechnik sind meist in
Doppelgegentaktschaltung aufgebaut, in den unteren Umsetzerstufen,
speziell im Kanalumsetzer, werden auch einfache Gegentaktschaltungen
verwendet.

Die schaltungstechnisch einfachste Ausführung eines Doppelgegentaktmodulators ist der Ringmodulator, so genannt, weil die vier verwendeten Gleichrichter einen geschlossenen „Ring" bilden. Abb. 3 zeigt

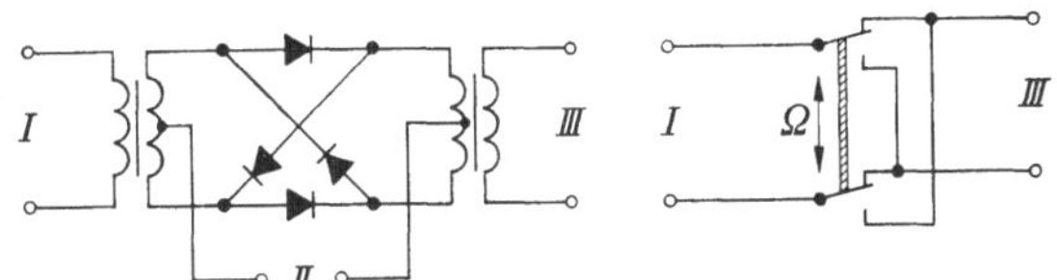

Abb. 3. Der Ringmodulator und sein Ersatzschaltbild

die prinzipielle Schaltung. Es sei angenommen, daß an den Klemmen I
das umzusetzende Nachrichtensignal zugeführt wird, an den Klemmen II
werde der „Träger" zugeführt, das Klemmenpaar III sei der Ausgang
des Modulators.

Im idealisierten Ersatzschaltbild nach A. SCHMID [1] erscheint der
Ringmodulator als Umpoler, der von der Trägerfrequenz $\Omega$ periodisch
geschaltet wird. Die Klemmen I und III seien wieder Eingang und Ausgang des Modulators.

Eine an die Klemme I angelegte Sinusspannung

$$f_\omega(t) = a \cos\omega\, t \tag{1}$$

wird im Takte der Trägerfrequenz $\Omega$ umgepolt. Unter der Annahme,
daß der Umpolvorgang unendlich schnell erfolgt, gilt für den Träger die
Umpolfunktion

$$f_\Omega(t) = \frac{4}{\pi}\left(\cos\Omega\, t - \frac{1}{3}\cos 3\,\Omega\, t + \frac{1}{5}\cos 5\,\Omega\, t - \cdots\right). \tag{2}$$

Durch Multiplikation von (1) und (2) und anschließende trigono-
metrische Umformung erhält man für die Modulationsprodukte

$$f_{\Omega,\,\omega}(t) = \frac{2a}{\pi}\left[\cos(\Omega + \omega)\, t + \cos(\Omega - \omega)\, t\right] -$$

$$- \frac{2a}{3\pi}\left[\cos(3\Omega + \omega)\, t + \cos(3\Omega - \omega)\, t\right] +$$

$$+ \frac{2a}{5\pi}\left[\cos(5\Omega + \omega)\, t + \cos(5\Omega - \omega)\, t\right] - \cdots. \tag{3}$$

Dabei bedeuten die Kreisfrequenzen $(\Omega + \omega)$ und $(\Omega - \omega)$ die beiden Hauptseitenbänder, ihre Amplituden sind um den Faktor $2/\pi$ gegenüber der Eingangsamplitude vermindert. Daraus errechnet sich unmittelbar die Dämpfung des idealen Ringmodulators, bezogen auf ein Seitenband, zu

$$a = \ln \frac{\pi}{2} = 0{,}45 \text{ Np}. \tag{4}$$

Die höheren Modulationsprodukte der Art $(3\Omega \pm \omega)$, $(5\Omega \pm \omega)$ usw. liegen auf der Frequenzachse meist weit genug von den Hauptseitenbändern ab, so daß sie nicht stören oder leicht durch Filter abgetrennt

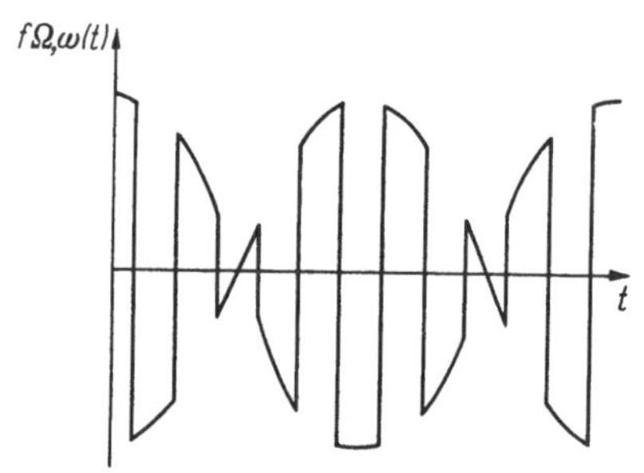


Abb. 4. Kurvenverlauf an den Ausgangsklemmen III des idealen Ringmodulators bei sinusförmiger Eingangsspannung

werden können. Ihre Amplituden fallen mit dem Ordnungsfaktor ab, also auf $\frac{1}{3}$, $\frac{1}{5}$ usw. der Amplituden der Hauptseitenbänder.

Abb. 4 zeigt den Kurvenverlauf $f_{\Omega,\omega}(t)$ an den Ausgangsklemmen III eines idealen Ringmodulators bei sinusförmiger Eingangsspannung.

Im Gegensatz zu dem bis hier betrachteten idealen Ringmodulator zeigt der reale Modulator eine wesentlich größere Vielfalt von Modulationsprodukten, die z. T. in das Nutzseitenband fallen oder direkt daneben liegen und deshalb schwerer zu beseitigen sind.

Die Gesamtheit aller am Ausgang des Ringmodulators auftretenden Modulationsprodukte kann in 3 Gruppen aufgeteilt werden.

1. Systematische Seitenbänder der Form

$$(2p - 1)\,\Omega \pm \omega; \quad p = 1, 2, 3 \dots$$

Dazu gehören die beiden Hauptseitenbänder mit $p = 1$

$$(\Omega + \omega) \quad \text{und} \quad (\Omega - \omega).$$

Alle Produkte der Gruppe 1 sind durch die Umpolfunktion und Gl. (3) gegeben und daher auch beim idealen Ringmodulator vorhanden.

2. Modulationsprodukte, die von der Form der Kennlinie der nichtlinearen Widerstände abhängen.

In der Praxis läßt sich der ideale Schalter nicht verwirklichen; die meist verwendeten Gleichrichter haben nur eine endliche Schaltgeschwindigkeit und ihre Durchlaß- und Sperrwiderstände sind nichtlinear und komplex. Dadurch entstehen Produkte der ungeradzahligen Harmonischen des Signals mit den ungeradzahligen des Trägers von der Art

$$(2p - 1)\,\Omega \pm (2q + 1)\,\omega; \quad p, q = 1, 2, 3 \dots$$

Hauptursache für diese Klirrprodukte ungerader Ordnungszahl ist die endliche Geschwindigkeit beim Übergang vom Durchlaß- in den Sperrbereich [2]. Die Linearität der Diodenkennlinie im Durchlaß- und Sperrbereich ist nämlich wesentlich besser als im Übergangsbereich, so daß die Klirrprodukte um so stärker gedämpft sind, je schneller dieser Bereich durchlaufen wird.

Daher ist es leicht einzusehen, daß Dioden mit annähernd rechteckförmigem Kennlinienknick eine wesentlich höhere Klirrdämpfung bringen als z. B. Germaniumspitzendioden mit ihrem allmählichen Übergang vom Durchlaß- in den Sperrbereich. Solch ein steiler Stromanstieg entsteht im Sperrbereich bei speziellen Siliziumflächendioden, wenn durch hohe innere Feldstärke die Gitterbindungen plötzlich aufbrechen und dadurch neue freie Ladungsträger entstehen (nach ZENER) oder wenn durch steigende Energie ein lawinenartiger Durchbruch der Ladungsträger erfolgt.

Messungen ergaben für das Produkt $(\Omega - 3\omega)$ eine um 2 Np höhere Klirrdämpfung für einen Ringmodulator mit *vorgespannten Zener-Dioden* im Vergleich zu Germaniumdioden. Dabei nahmen beide Ringe etwa gleiche Trägerleistung bei sinusförmiger Spannung auf. Mit *rechteckförmiger Trägerspannung*

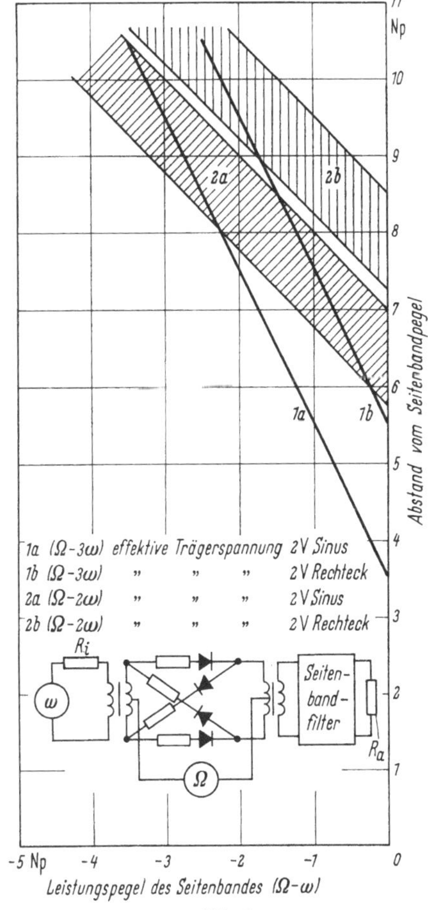


Abb. 5
Dämpfung der Modulationsprodukte $(\Omega - 2\omega)$ und $(\Omega - 3\omega)$ als Funktion der Leistung des Seitenbandes $(\Omega - \omega)$

sind bei Germaniumdioden ähnliche Verbesserungen zu erreichen. Abb. 5 zeigt, daß ein Ringmodulator mit Ge-Dioden, wenn er mit Rechteckträger betrieben wird, im Klirrprodukt $(\Omega - 3\omega)$ um etwa 2 Np besser ist als mit Sinusträger.

Die beiden genannten Methoden bringen leider höheren Aufwand und kompliziertere Schaltungen mit sich. Aus diesem Grunde blieben sie bisher auf Sonderfälle beschränkt. Die Klirrdämpfung läßt sich auch verbessern, wenn man die Trägerleistung größer und größer macht. Man kann aber auch den umgekehrten Weg gehen und das Nutzsignal kleiner machen. Man nennt dies Unteraussteuerung. Normalerweise wird man sich bemühen, bei gegebener Trägerleistung allein durch Unteraussteuerung die erforderlichen Klirrdämpfungswerte zu erreichen. Wie sich die Klirrdämpfung des Produkts 3. Ordnung $(\Omega - 3\omega)$ in Abhängigkeit vom Pegel des Nutzseitenbandes verhält, zeigt ebenfalls Abb. 5.

Auch Klirrprodukte 2. Ordnung, wie $(\Omega - 2\omega)$ in der gleichen Abbildung, sind in ihrer Größe von der Aussteuerung abhängig. Da sie außerdem noch von der Modulatorsymmetrie beeinflußt werden, wie durch den breiten Streubereich erkennbar, gehören sie zur folgenden Gruppe 3.

3. Modulationsprodukte, die von der nichtidealen Symmetrie des realen Ringmodulators herrühren.

Hierunter fallen alle Produkte

$$p\,\Omega \pm q\,\omega; \qquad p, q = 0, 1, 2 \dots$$

soweit sie nicht unter 1. und 2. erfaßt sind.

Bei idealer Symmetrie würden sich diese Produkte durch Gegenphasigkeit an den Ausgangsklemmen aufheben. In Wirklichkeit dürfen jedoch nicht alle von vornherein vernachlässigt werden. Dies gilt insbesondere für die Fälle $p = 0$, $q = 1$ oder $q = 0$, $p = 1$, also für die Symmetriereste des nichtumgesetzten Signals oder den Trägerrest. Man erwartet über längere Zeiträume und normale Temperaturbereiche hinweg Symmetriedämpfungen für diese beiden Produkte von der Größenordnung 4 bis 5 Np. Dabei ist vorausgesetzt, daß die verwendeten Gleichrichter nach mehreren Parametern ausgesucht und quartettiert werden, z. B. nach zwei Punkten der Spannungs-Strom-Kennlinie und einer Wechselstromsymmetrie des Quartetts. Außerdem werden die Symmetriewicklungen der Modulatorübertrager mit speziell verdrallten oder zweifädig geführten Drähten gewickelt.

Früher wurden oft zusätzliche Abgleichelemente, vor allem für den Trägerrest vorgesehen [3], mit deren Hilfe man weit bessere Werte erreichen kann; der Abgleich wurde vorwiegend mit Hilfe von Potentiometern oder Trimmerkondensatoren in gewissen Zeitabständen vorgenommen. Heute wird jedoch weitgehende Wartungsfreiheit solcher Geräte gefordert, so daß man von vornherein nicht damit rechnen kann, daß die Symmetrie einmal neu eingestellt wird. Deshalb kann man nur mit Werten für die Modulatorsymmetrie rechnen, die mit der langzeitigen und thermischen Stabilität der verwendeten Bauelemente in Übereinstimmung sind. Nicht ausreichende Werte für den Trägerrest müssen dabei durch Filter verbessert werden, symmetrieabhängige Produkte höherer Ordnungszahl von $\omega$ können wie die Produkte der Gruppe 2 durch Unteraussteuerung genügend klein gehalten werden. Ausnahmen von dieser Regel werden notwendig bei sehr breiten Bändern in tiefen Frequenzlagen, wo z. B. das Produkt $(2\Omega - \omega)$ in das Übertragungsband fallen kann. In solchen Fällen müssen weiterhin Kompensationsmaßnahmen getroffen werden.

Gegenüber den Modulatoren mit Elektronenröhren bedeutete der Übergang auf Halbleiterdioden einen großen Fortschritt in bezug auf Verkleinerung, Verbesserung der elektrischen Eigenschaften und Zuverlässigkeit. Heute wird in vielen Fällen der Transistor zum Modulieren verwendet. Er ist genau so klein und zuverlässig wie die Diode, bringt aber bessere elektrische Eigenschaften.

Der Modulator mit Transistoren hat vor allem zwei Vorteile gegenüber dem Diodenmodulator:

1. er benötigt geringere Trägerleistung bei etwa gleicher Klirrdämpfung,

2. er hat geringere Durchgangsdämpfung.

Beide Vorteile resultieren aus einem günstigeren Kennlinienverlauf der Transistorkennlinie.

Abb. 6 zeigt vereinfacht zwei typische Beispiele für Doppelgegentaktmodulatoren mit 2 Transistoren [4]. Die Schaltung a) verlangt jedoch symmetrische Transistoren, wenn ein Symmetrieabgleich vermieden werden soll. Schaltung b) arbeitet mit Schalttransistoren.

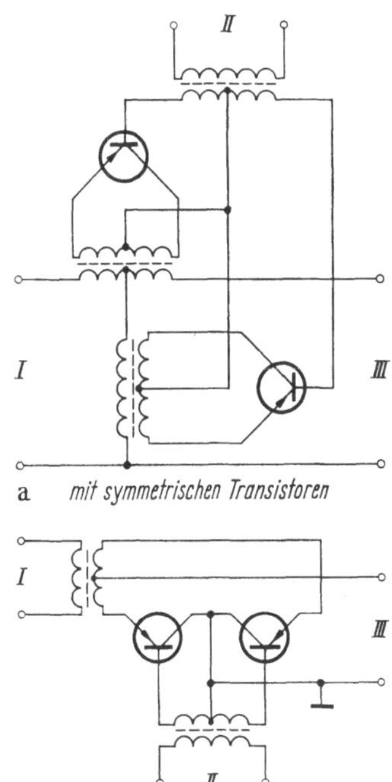


Abb. 6a u. b. Doppelgegentaktmodulatoren mit 2 Transistoren

Weitere wesentliche Vorteile bringt der Transistormodulator, wenn man ihn als „aktiven" Modulator betreibt, ihm also zusätzlich Gleichstrom zuführt. Dabei ergeben sich Schaltungen, die Ähnlichkeiten mit entsprechenden Röhrenmodulatoren haben. Abb. 7 zeigt vereinfacht einen aktiven Transistormodulator in Doppelgegentaktschaltung. Besonders hervorzuhebende Eigenschaften des aktiven Doppelgegentaktmodulators sind:

sehr geringer Trägerleistungsbedarf, auch gegenüber dem passiven Transistormodulator, z. B. 1 mW für einen Modulator, der eine Gruppe von 12 Kanälen umsetzt, keine Dämpfung des Modulators, sondern eine Verstärkung der Modulationsprodukte, abhängig von Bandbreite und Frequenzlage, bis zu 2 Np,

weitgehende Rückwirkungsfreiheit vom Ausgang auf den Eingang, dadurch können Filter an beiden Seiten des Modulators unabhängig von-

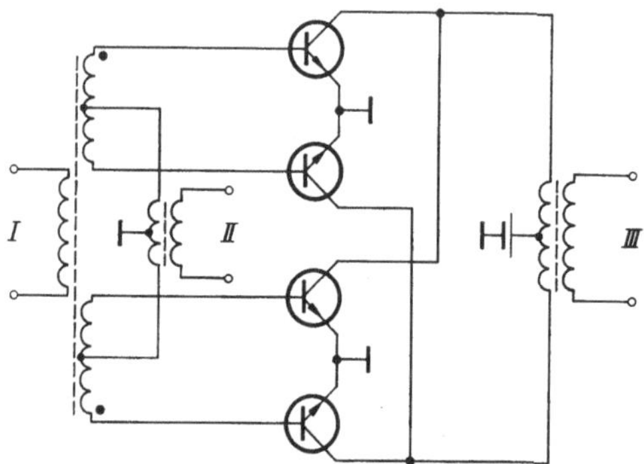


Abb. 7. Aktiver Doppelgegentaktmodulator mit 4 Transistoren

einander angepaßt werden. Das am Seitenbandfilter reflektierte 2. Seitenband sowie der Trägerrest und höhere Seitenbänder haben kaum mehr Einfluß auf die Klirrdämpfung und die Dämpfungsverzerrungen im Durchlaßbereich.

Damit ist der aktive Doppelgegentaktmodulator besonders geeignet für Breitbandumsetzer, bei denen geringe Geräusche und frequenzunabhängige Übertragung besonders wichtig sind.

Der *Gegentaktmodulator*, der im Gegensatz zum Ring- oder Doppelgegentaktmodulator ein größeres Spektrum unerwünschter Modulationsprodukte hat [3], wird wegen seines einfachen Aufbaus verschiedentlich

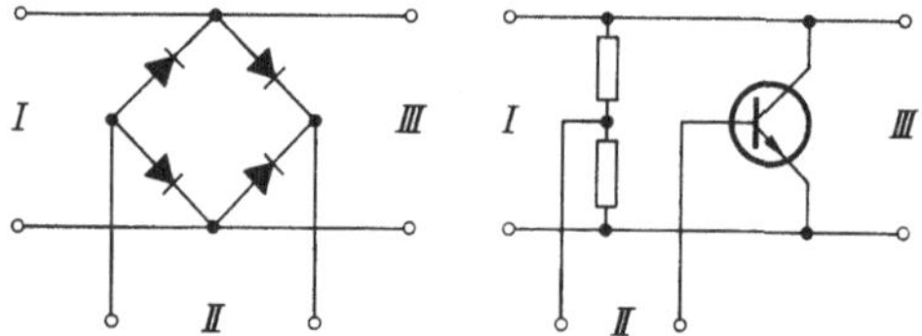


Abb. 8a u. b. COWAN-Modulatoren

auch verwendet. Besonders im Kanalumsetzer fällt sein Hauptnachteil — die fehlende Unterdrückung des umzusetzenden Signals am Ausgang — nicht so sehr ins Gewicht. Abb. 8 zeigt zwei vereinfachte Ausführungsbeispiele eines speziellen Gegentaktmodulators, des SHUNT- oder COWAN-Modulators [5, 6], a) mit Dioden in GRAETZ-Schaltung und b) mit einem symmetrischen Transistor [7].

Im Ersatzschaltbild erscheint der idealisierte Gegentaktmodulator als EIN-AUS-Schalter, seine Dämpfung errechnet sich aus der Schaltfunktion zu

$$a = \ln \pi = 1{,}14\ \mathrm{Np} \quad \text{für ein Seitenband.} \tag{5}$$

Im Vergleich mit (4) zeigt sich, daß gegenüber dem Doppelgegentaktmodulator der Gegentaktmodulator eine um etwa 0,7 Np höhere Dämpfung hat. Führt man ihn als aktiven Transistormodulator aus, so läßt sich dieser Nachteil durch die Verstärkungseigenschaften der Transistorschaltung großenteils ausgleichen, und man erhält die weiteren Vorteile wie beim aktiven Doppelgegentaktmodulator.

### 3.1.3 Kanalverteilung und Trennlücken

Neben den Fragen der technischen Realisierung, die für eine mehrstufige Modulation sprechen, spielt auch das Verteilungsproblem eine Rolle, und zwar insofern, als die zur Verfügung stehenden Einheiten unterschiedlicher Kanalzahl so aufeinander und auf die Gesamtkapazität der Systeme abgestimmt sein müssen, daß Belegung und Verteilung möglichst reibungslos erfolgen können, etwa so, wie auch beim Geldverkehr Scheine verschiedenen Wertes und Münzen vorhanden sein müssen, damit der Zahlungsverkehr reibungslos abgewickelt werden kann.

Bei der Abspaltung von Teilbändern aus einem Übertragungsband müssen ebenso wie bei ihrer Zuführung bestimmte Selektionsforderungen eingehalten werden, um den Übertritt unerwünschter Signale in nicht dafür bestimmte Bereiche des Übertragungsbandes zu verhindern. Um die Anforderungen an die Filter in vernünftigen Grenzen zu halten, ist für jede Selektion eine angemessene Lücke zwischen den zu trennenden Signalbändern erforderlich. Man kann zwei prinzipiell verschiedene Verfahren der Abspaltung von Teilbändern unterscheiden. Das *Abzweigen* von Teilbereichen des Übertragungsbandes ohne vorherige Demodulation, z. B. in einer Verstärkerstelle, ist ein Verfahren, das zur Streckentechnik gehört (Abzweigtechnik s. S. 537 ff.).

Die *Durchschaltetechnik* benutzt dagegen Teile der Endeinrichtungen, demoduliert das Übertragungsband bis zur nächst tieferen Bündeleinheit, z. B. der Sekundärgruppe, und schaltet die an dieser Stelle nicht endigenden Sekundärgruppen über scharf begrenzende Durchschaltefilter auf einen Modulationssatz, der sie wieder in die Übertragungslage bringt (s. Abb. 9). Welches der beiden Verfahren anwendbar ist, hängt von der Größe der verfügbaren Lücke ab. Während für die Durchschaltetechnik die Lücken zwischen den Kanalgruppen eines Übertragungsbandes gleich groß sein können, muß die Breite der Abzweiglücken mit steigender Frequenz größer werden. Da deshalb Trennlücken zum Abzweigen beliebiger Teile des Übertragungsbandes relativ viel Frequenzband verbrauchen würden, hat man im allgemeinen bei dem Aufbau der Übertragungsbänder nur die kleineren, für die Durchschaltetechnik erforderlichen Lücken vorgesehen. Zusätzlich sind meist wenige größere Lücken vorhanden, um in Unterwegsämtern bestimmte

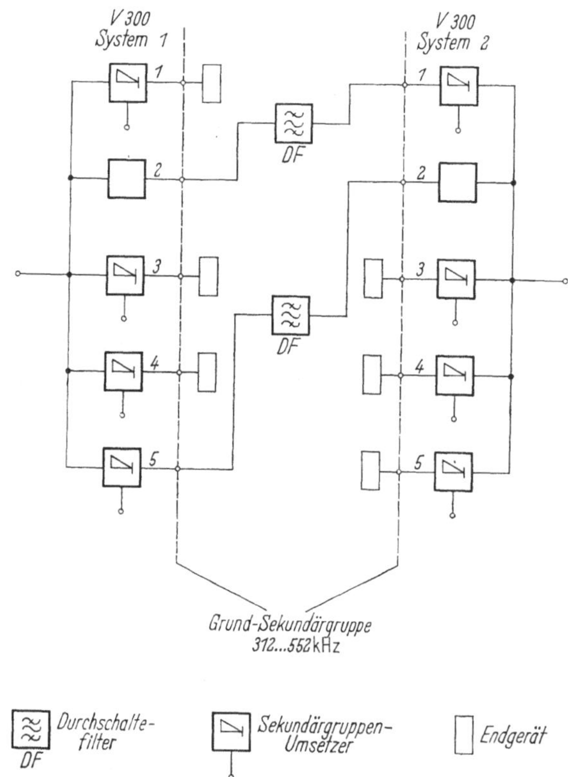


Abb. 9. Beispiel für Sekundärgruppen-Durchschaltung

Bündel abzweigen zu können. Bei Festlegung dieser Lücken muß man auch die Trägerversorgung berücksichtigen, damit sich die Trägerfrequenzen für die Teilbänder möglichst einfach erzeugen lassen.

Im einzelnen sind folgende Lücken vorgesehen:

1. Zwischen den einzelnen Kanälen der 12-Kanal-Grundgruppe sind nur die durch die Begrenzung des Sprachbandes gegebenen Lücken von 900 Hz vorhanden, besondere Trennlücken sind nicht vorgesehen, da eine Abtrennung einzelner Kanäle in der trägerfrequenten Lage nicht gebräuchlich ist.

2. Zwischen den 5 Primärgruppen innerhalb der Grundsekundärgruppe sind ebenfalls keine Trennlücken vorgesehen, obgleich das Durch-

schalten einzelner Primärgruppen nach Umsetzung in die Frequenzlage
der Grundprimärgruppe häufig vorkommt. Der Aufwand für das Durchschaltefilter ist dementsprechend hoch.

3. Breitbandsysteme, die aus Sekundärgruppen aufgebaut sind, wie
die Systeme V 300 und V 960, weisen zwischen den einzelnen Sekundärgruppen Lücken von 8 kHz auf, mit Ausnahme der Grundsekundärgruppe, die zu ihren Nachbargruppen je 12 kHz Abstand hat (Abb. 30,
S. 427). Hier können die beiden untersten Sekundärgruppen abgezweigt
werden, die höheren verlangen Durchschaltetechnik. Auch die zu einer
Grundtertiärgruppe zusammengefaßten Sekundärgruppen sind in einem
gegenseitigen Abstand von 8 kHz angeordnet. Bei dem mit nur 2 Sekundärgruppen belegten System V 120 für symmetrische Leitungen ist die
Lücke zwischen beiden Sekundärgruppen je nach Frequenzplan entweder 12 kHz oder 60 kHz breit; hier können Sekundärgruppen abgezweigt werden (vgl. Abb. 1, S. 373).

4. Zwischen den 3 Tertiärgruppen einer Quartärgruppe sind Abstände von 88 kHz vorgesehen zur Durchschaltung der Tertiärgruppen
in ihrer Basislage (Grundtertiärgruppe). Zwischen den drei Quartärgruppen des 12 MHz-Systems sind größere Lücken zum Abzweigen vorhanden (s. Abb. 31, S. 428).

Diese Trennlücken sind allerdings nicht immer völlig frei, sondern
oft mit Pilotfrequenzen belegt, was bei der Filterdimensionierung
berücksichtigt werden muß.

### 3.1.4 Ruf- und Wählzeichenübertragung

Im Ortsbereich werden zur Einstellung der Wähler Gleichstromimpulse verwendet, welche durch Betätigen der Nummernscheibe des
rufenden Teilnehmers ausgelöst werden. Da eine Übertragung dieser
Gleichstromimpulse auf Trägerfrequenzverbindungen nicht möglich ist,
müssen sie in Wechselstrom umgewandelt werden, dessen Frequenz im
Übertragungsbereich dem einzelnen Sprechkreis zugeordnet ist (s. S. 310).
Liegt diese Frequenz innerhalb des Sprachbandes, so ist eine Über-
tragungsmöglichkeit für jede Sprechverbindung gegeben. Eine Übertragung von Gebührenzählzeichen während des Gespräches ist aber nicht
möglich, weil sie nicht zu hören sein sollen und auch weil sie durch die
Sprache gestört werden würden. Diese Zählzeichen dienen zur Einstellung des Gesprächzählers des rufenden Teilnehmers und werden bei
Ferngesprächen vom Knotenamt oder übergeordneten Ämtern zum
Endamt übertragen. Wird die Signalfrequenz außerhalb des Sprachbandes angeordnet, so sind Zählzeichen und Gespräch voneinander
unabhängig. In Trägerfrequenzsystemen ist Platz für einen derartigen
„Außerbandkanal" oberhalb des Sprechbandes gegeben. Er wird bei
3825 oder 3850 Hz angeordnet. 3850 Hz ist die seit längerer Zeit in brei-

tem Umfang in Deutschland angewandte Frequenz, 3825 Hz die später beim CCITT genannte. Die Anforderungen an die Eigenschaften eines derartigen Kanals ergeben sich aus der Art der zu übertragenden Zeichen, der Störbeeinflussung zwischen Sprache, Zeichen und etwaigen Piloten sowie der zulässigen Belastung des Trägerfrequenzsystems durch die Zeichenübertragung im Wahlkanal. Zwei Arten von Belegung des Außerbandkanals werden überwiegend angewendet: eine Dauertonübertragung mit niedrigem Pegel und Unterbrechung bei Zeichengabe (Ruhestromprinzip) und eine Zeichenübertragung nur während des Wahlvorganges oder für Zählzeichen (Arbeitsstromprinzip). Anfällig gegen Störungen aus dem benachbarten Sprachkanal sind vor allem die eigentlichen Wählzeichen. Eine Übertragung mit höherem Pegel beim Arbeitsstromprinzip, bei dem ein Wert von $-0,5$ Np, bezogen auf den relativen Pegel Null, üblich ist, stellt erheblich geringere Ansprüche an die Kanalselektion als die Wählzeichenübertragung mit tiefem Pegel von $-2,1$ Np beim Ruhestromprinzip.

Zur Umsetzung der angelieferten Gleichstromzeichen in tonfrequente Zeichen von 3825 bzw. 3850 Hz wird auf der Sendeseite im Kanalumsetzer der sogenannte Eintastmodulator verwendet, welcher für die Wechselspannung einen von der Gleichspannung gesteuerten Schalter darstellt. Bei diesem Modulationsvorgang entsteht ein Frequenzspektrum, das zur Vermeidung von Störungen vor allem im eigenen und im Nachbarsprachkanal durch einen Sendebandpaß begrenzt werden muß, dessen Mindestbandbreite so bemessen wird, daß die Zeichenverzerrung in zulässigen Grenzen bleibt. Auf der Empfangsseite befindet sich der Signalempfänger, der die Wechselstromzeichen in Gleichstromzeichen zurückverwandelt. Er enthält einen Bandpaß zur Aussiebung des Wählzeichens aus dem empfangenen Band, einen Verstärker, eine Gleichrichteranordnung und ein Relais, dessen Kontakt den empfangsseitigen Gleichstromkreis steuert. Durch schaltungstechnische Maßnahmen werden die Schwankungen der Relaiseigenschaften so weit ausgeglichen, daß sie praktisch keinen Einfluß auf die Zeichenverzerrungen haben, außerdem ist zum Ausgleich systematischer Zeichenverzerrungen ein Stellglied vorgesehen.

Die Wahlempfänger für hohen und tiefen Pegel unterscheiden sich durch Selektion und Empfindlichkeit erheblich voneinander, und die abgegebenen Kriterien sind entsprechend den Anforderungen der nachfolgenden Vermittlungseinrichtungen ebenfalls verschieden.

Zur endgültigen Anpassung der Gleichstromimpulse an die Erfordernisse der Vermittlungstechnik sind noch umfangreiche Relaisschaltungen erforderlich, die Bestandteil der Vermittlungsstelle sind.

Da die Störanfälligkeit der Zeichen von deren Dauer abhängig ist, können beispielsweise auf einem Signalkanal mit einer Selektion, die für

Wählzeichenübertragung mit hohem Pegel ausreicht, ohne Schwierigkeit Dauerzeichen mit tiefem Pegel übertragen werden. Diese Tatsache
hat zu Vorschlägen geführt, Zeichen unterschiedlicher Dauer mit verschiedenen Pegeln zu übertragen und so zusätzliche Kriterien für die
Zeichenübertragung ohne Verschärfung der Anforderungen an die Selektion des Trägerfrequenzkanals zu gewinnen.

Untersuchungen zur Zeichenübertragung mit mehreren Pegelstufen
sind noch nicht abgeschlossen. Im Normalfall werden die Wählzeichen
mit einer Pegelstufe, d. h. entweder hohem oder tiefem Pegel, übertragen. Vom übertragungstechnischen Standpunkt aus ist einer Wählzeichenübertragung mit hohem Pegel der Vorzug zu geben. Die schärferen
Selektionsfilter zwischen Wahlkanal und Sprachkanal bei Tiefpegelwahl
bringen zusätzliche Laufzeitverzerrungen im Sprachkanal mit sich, die
sich bei der Datenübertragung im Sprachkanal ungünstig auswirken
können. Bei strengen Anforderungen an die Linearität der Laufzeit
müssen aber ohnehin Laufzeitentzerrer angewendet werden.

## 3.1.5 Trägererzeugung

Zur Aufbereitung des Übertragungsbandes wird in der Trägerfrequenztechnik eine Vielzahl von Trägerfrequenzen gebraucht, deren
Abstand gegeneinander bei den normalen Systemen 4 kHz oder ein Vielfaches dieser Frequenz ist. Da die Träger nicht mit übertragen, sondern
in den Sendemodulatoren unterdrückt und in den Empfangsmodula-
toren neu zugesetzt werden, muß die Übereinstimmung der Sende- und
Empfangsträgerfrequenzen gut sein. Wenn man außerdem annimmt, daß
eine Gesamtverbindung aus mehreren Modulationsabschnitten mit entsprechend vielen, voneinander unabhängigen Trägern bestehen kann,
so erhöht sich die Anforderung an die Trägerübereinstimmung weiter,
damit eine zulässige Grenze der Frequenzabweichung für die Nachricht
nicht überschritten wird.

Für Sprechkanäle wird als Höchstwert der Frequenzverfälschung
zwischen Sende- und Empfangsort ein Wert von 2 Hz, bezogen auf den
Niederfrequenzkanal, zugelassen. Dabei sind vor allem die Erfordernisse
der Wechselstromtelegraphie berücksichtigt. Im Prinzip kann man eine
Sendestelle zum Normal erklären und alle mit dieser Sendestelle arbeitenden Gegenstellen von dort aus nachstellen oder synchronisieren.

Da die zulässige Frequenzabweichung einen absoluten Wert nicht
überschreiten darf, hängt die erforderliche relative Frequenzgenauigkeit
von der höchsten Übertragungsfrequenz ab und wird um so größer, je
breiter die ausgenützten Übertragungsbänder werden. Reicht beispielsweise für ein 12-Kanal-System mit einer oberen Übertragungsgrenze von
etwa 100 kHz eine Trägerkonstanz von $\Delta f/f = 5 \cdot 10^{-6}$ aus, so muß diese

beim 12 MHz-System bereits $5 \cdot 10^{-8}$ sein. Dabei sind für die Zahl der voneinander unabhängigen Modulationen und Demodulationen die vom CCITT getroffenen Annahmen für den Bezugskreis, d. h. eine Verbindung von 2500 km Länge, zugrunde gelegt (s. S. 267 ff.). Die Zeit, über welche die Trägerfrequenzen innerhalb der jeweiligen Grenzen konstant bleiben müssen, ist vor allem eine Angelegenheit der Wartung der Anlagen. Das CCITT empfiehlt einen Zeitraum von 4 Wochen, viele Verwaltungen fordern jedoch 3 Monate. Unter dem Gesichtspunkt der einfachen Wartung und weil bei so hohen Anforderungen der Aufwand für einen Generator nicht unerheblich ist, drängt sich fast von selbst für die Frequenzerzeugung in einer Endstelle eine Lösung auf, bei der die vielen benötigten Trägerschwingungen verschiedener Frequenz von einer einzigen Grundfrequenz abgeleitet werden. Dann wird durch die Konstanz dieses Grundgenerators und seine richtige Wartung sichergestellt, daß alle benötigten Frequenzen den Anforderungen entsprechen.

Zur Ableitung von Schwingungen verschiedener Frequenzen aus einer Grundschwingung stehen die Methoden der Frequenzvervielfachung, der Frequenzteilung und der Modulation verschiedener Schwingungen zur Verfügung. Bei einem Abstand der Trägerfrequenzen von 4 kHz ist es naheliegend, einen Grundgenerator mit der Frequenz 4 kHz zu verwenden, mittels eines Verzerrers Harmonische von 4 kHz zu erzeugen und diese durch Filter einzeln auszusieben. Das Verfahren ist so weit anwendbar, als nicht bei den höheren Harmonischen infolge des relativ geringen Abstandes der Frequenzen untereinander die Anforderungen an die Filter zu hoch werden. Außerdem nimmt die Ergiebigkeit eines Verzerrers mit wachsender Ordnungszahl der Harmonischen ab, wodurch das Signal-Geräusch-Verhältnis höherer Harmonischer schließlich zu ungünstig wird. Da praktisch ein Abstand von 4 kHz für die Träger höherer Frequenzen gar nicht gebraucht wird, ist es vorteilhaft, mehrere Verzerrer in Reihe zu schalten derart, daß man zunächst die Grundschwingung und dann noch einmal eine der erzeugten Harmonischen verzerrt. Am Ausgang der zweiten Verzerrerstufe entstehen dann Frequenzen mit einem Abstand, der dieser Harmonischen und nicht der Grundfrequenz entspricht.

Bei Trägerfrequenzsystemen zum Aufbau der Grundprimärgruppe über die Dreikanalvorgruppe werden nur die Kanalträger 12, 16 und 20 kHz in 4 kHz-Abstand gebraucht. Bereits die Vorgruppenträger 84, 96, 108 und 120 kHz haben einen Abstand von 12 kHz voneinander und sind außerdem Vielfache von 12 kHz. Viele Schaltungen zur Erzeugung der Trägerfrequenzen für eine Grundprimärgruppe gehen daher von einer Grundfrequenz von 4 kHz aus, durch deren Verzerrung in einem ersten Verzerrer die 3 Kanalträgerfrequenzen erzeugt werden (vgl. Abb. 10). Der ausgesiebte Träger 12 kHz wird einer weiteren Verzerrungsstufe zugeführt, von deren Ausgang die 4 Vorgruppenträgerfrequenzen entnommen werden.

Von allen Trägerfrequenzen muß gefordert werden, daß sie keine Nebenschwingungen enthalten, die durch Modulation mit dem Signalband Modulationsprodukte erzeugen können, welche verständliches Nebensprechen in einem benachbarten Kanal verursachen. Dieser Fall könnte hauptsächlich dann auftreten, wenn mehrere Sprechkanäle in einer Modulationsstufe gemeinsam moduliert werden. Solche Modulationsprodukte, die in das Übertragungsband einer Modulationsstufe fallen, können nachträglich nicht mehr unterdrückt werden. Beispielsweise würden innerhalb einer Vorgruppe Nebenträger im Abstand von

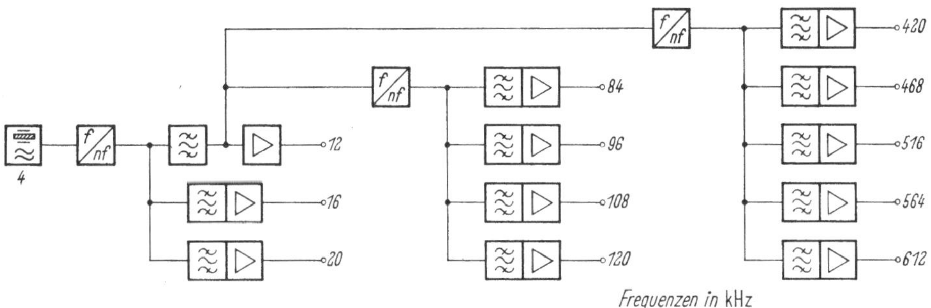


Abb. 10. Kanal-, Vorgruppen- und Primärgruppen-Trägerversorgung

4 und 8 kHz verständliches Nebensprechen in den Nachbarkanälen verursachen. Beträgt der Frequenzabstand jedoch gerade 12 kHz, so fallen die Modulationsprodukte aus dem Bereich der eigenen Vorgruppe heraus und könnten durch das Modulationsfilter abgetrennt werden. Der dafür erforderliche Aufwand wäre jedoch im Vergleich zu einer entsprechenden Trägersiebung unverhältnismäßig hoch, abgesehen von unerwünschten Dämpfungs- und Laufzeitverzerrungen, welche ein steiles Modulationsfilter verursachen würde. Für die Nebenträger der Vorgruppenträger wird daher bis zu einem Abstand von etwa 20 kHz eine gleichbleibende Dämpfung gefordert, erst für weiter abliegende Frequenzen ist unter Berücksichtigung der Modulationsfilterwirkung eine Ermäßigung zulässig.

Harmonische der Trägerfrequenz wirken ebenfalls wie Nebenträger und können verständliches Nebensprechen erzeugen, jedoch hat ihre trägerseitige Unterdrückung wenig Sinn, da sie im Modulator erneut entstehen. Es muß durch geeignete Wahl des Modulationsschemas und der Modulationsfilter sichergestellt werden, daß Modulationsprodukte mit Vielfachen der Trägerfrequenz keine Störungen hervorrufen können.

25*

Die 5 Träger zum Aufbau der Grundsekundärgruppe sind 420, 468, 516, 564 und 612 kHz (vgl. Abb. 10). Sie haben voneinander einen Abstand von 48 kHz, sind aber keine Vielfachen von 48 kHz, sondern ungeradzahlige Harmonische von 12 kHz. Meistens werden sie daher aus 12 kHz durch Verzerrung erzeugt. Durch symmetrische Verzerrer kann man dabei erreichen, daß nur alle 24 kHz Frequenzen höherer Amplitude entstehen und kann damit die Filter um den Grad der Symmetrie vereinfachen. Der Vervielfachungsfaktor für die höchste abgeleitete Trägerfrequenz ist

$$F = \frac{612}{12} = 51.$$

Berücksichtigt man, daß die Steuerfrequenz 12 kHz bereits aus der Grundfrequenz 4 kHz abgeleitet ist, so ergibt sich ein Gesamtfaktor

$$F_{\text{ges}} = \frac{612}{4} = 153.$$

Dieser Wert stellt etwa die obere Grenze für Vervielfacherschaltungen dar, wenn Nebenfrequenzen, Brummen und thermisches Rauschen genügenden Pegelabstand von der Trägerschwingung einhalten sollen, weil der Abstand dieser störenden Nebenschwingungen bei der Vervielfachung um den Vervielfachungsfaktor $F_{\text{ges}}$ vermindert wird. In unserem Fall wird also die Reinheit der 4 kHz-Steuerschwingung um den Faktor 153, entsprechend etwa 5 Np verschlechtert. Zwar lassen sich weitab liegende Störfrequenzen durch Filter beseitigen, nicht aber Frequenzen in unmittelbarer Nähe der Trägerschwingung.

Zur Erzeugung der 5 Primärgruppenträger gibt es auch Vorschläge, nur *eine* Frequenz durch Vervielfachung aus 12 kHz oder 124 kHz zu gewinnen und dann mit 48 kHz zu modulieren. Dies ergibt besonders einfache Filter. Diese Lösungen sind jedoch nicht mehr so übersichtlich im Aufbau.

Bei der Forderung an die Nebenträgerdämpfung der Primärgruppenträger wird zweckmäßigerweise die Rundfunkübertragung (Trägerfrequenztonleitungen s. S. 610 ff.) schon berücksichtigt, damit nicht bereits die Endgeräte wegen des Nebensprechens den Einsatz eines Rundfunkkompanders notwendig machen. Ein Wert von etwa 10 Np ist dafür ausreichend und mit vertretbarem Filteraufwand zu erreichen.

Die Sekundärgruppenträger zum Aufbau der Grundtertiärgruppe und der Übertragungsbänder für die Systeme V 300 und V 960 (S. 426) werden aus der Grundfrequenz 124 kHz abgeleitet. Für die 16 Sekundärgruppen des V 960-Systems werden nur 15 Trägerfrequenzen gebraucht, da die Sekundärgruppe 2 ohne Umsetzung in der Grundsekundärgruppenlage übertragen wird. Von den 15 Trägern sind 14 Vielfache von 124 kHz, nämlich die mit den Faktoren 9, 11 ... 35, also 1116, 1364 ... bis 4340 kHz.

Der unterste Träger hat die Frequenz 612 kHz, ist also ein Vielfaches von 12 kHz und mit dem obersten Primärgruppenträger identisch.

Die 3 Tertiärgruppenträger zum Aufbau der Grundquartärgruppe A haben die Frequenzen 10 560, 11 880 und 13 200 kHz und sind die 24., 27. und 30. Harmonische von 440 kHz.

Für die Ableitung der Trägerfrequenzen der verschiedenen Umsetzerstufen werden also vier verschiedene Steuerfrequenzen benötigt: 4 kHz, 12 kHz, 124 kHz und 440 kHz.

Die bisher beschriebenen Gruppen von Trägerfrequenzen lassen sich immer durch Frequenzvervielfachung erzeugen, wenn die erzeugende Frequenz der Grundfrequenz der betreffenden Gruppe entspricht.

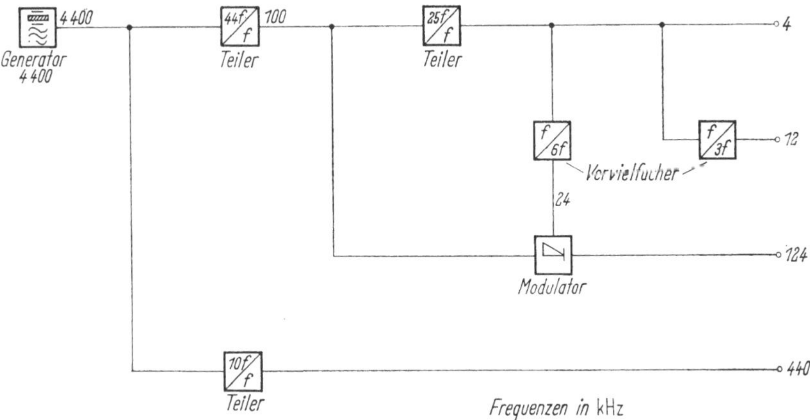


Abb. 11. Ableitung der Steuerfrequenzen aus dem 4,4 MHz-Grundgenerator

Diese Technik war auch praktisch allgemein üblich, solange in der Trägerfrequenztechnik nur Röhren als verstärkende Elemente eingesetzt waren. Mit der Einführung der Transistoren fanden Frequenzteiler mehr und mehr Eingang in die Trägerversorgung. Damit eröffneten sich neue Möglichkeiten für die Wahl der Frequenz des Grundgenerators und die Ableitung der genannten Steuerfrequenzen. Abb. 11 zeigt die mit Teilern, Vervielfachern und einem Modulator arbeitende Erzeugung der Steuerfrequenzen aus einer Grundfrequenz von 4,4 MHz.

Neben den eigentlichen Trägerfrequenzen ist auch eine Vielzahl von Pilotfrequenzen erforderlich, die nicht immer im 4 kHz-Raster liegen und deren Ableitung aus der Trägerversorgung daher unbequem ist. Die Pilotfrequenzen müssen nicht so konstant sein wie die Trägerfrequenzen, solange die Unsicherheit der Pilotfrequenz klein bleibt gegenüber der Inkonstanz der Bandfilter und Bandsperren, die zur Selektion der Pilote verwendet werden. Unter diesen Voraussetzungen reicht eine Konstanz der Pilotfrequenzen von etwa $1 \cdot 10^{-5}$ bis $1 \cdot 10^{-6}$ aus. Sie kann mit verhältnismäßig einfachen Generatorschaltungen sicher erreicht werden. Für den Gruppenpilot 84,08 kHz beispielsweise wird die notwendige Frequenzkonstanz mit einer Quarzschaltung ohne Thermostat erreicht.

Da jeder Generator jedoch in gewissen Zeitabständen in seiner Frequenz kontrolliert werden soll, bedeutet die Ableitung auch der Pilotfrequenzen aus der Grundfrequenz der Trägerversorgung eine Erleichterung für die Bedienung. Außerdem kann ein synchroner Pilot

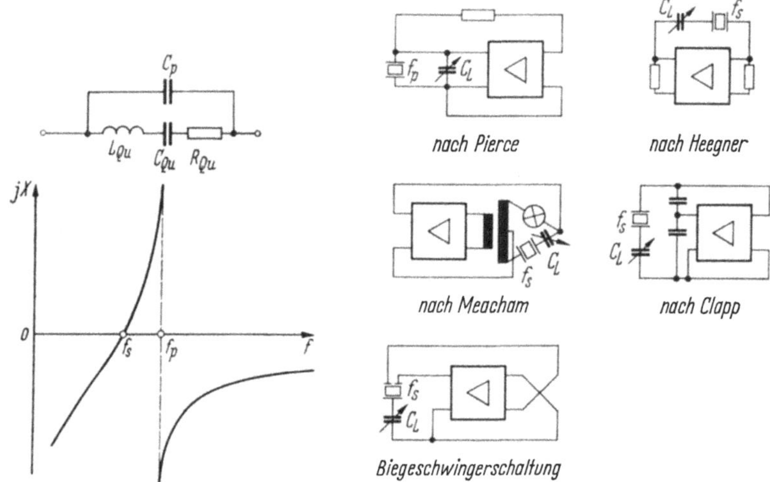


Abb. 12. Ersatzschaltbild und Blindwiderstand des Schwingquarzes

Abb. 13. Die bekanntesten Quarzgeneratorschaltungen im Prinzip

$f_p$ Quarz in Parallelresonanz; $f_s$ Quarz in Serienresonanz; $C_L$ Ziehkondensator; $\otimes$ Kaltleiter

auch zum Frequenzvergleich zwischen den Ämtern oder zur Synchronisierung von Systemen herangezogen werden. Deshalb wird die Ableitung auch der Pilotfrequenzen aus der Grundfrequenz in zunehmendem Maße angewendet, besonders bei zentralen Trägerversorgungseinrichtungen für mehrere Systeme oder große Ämter. Auch hier macht man von Kombinationen aus Teilern, Vervielfachern und Modulatoren Gebrauch.

Der **Grundgenerator** erzeugt die zur Ableitung der Träger- und Pilotfrequenzen notwendige Grundfrequenz. Entsprechend der geforderten hohen Frequenzstabilität wird in jedem Falle ein Schwingquarz zur Frequenzbestimmung verwendet. Während ein Schwingkreis aus Spule und Kondensator eine Frequenzgenauigkeit $\Delta f/f$ von etwa $10^{-3}$ bis $10^{-4}$ hat, erreicht ein Schwingquarz Werte zwischen $10^{-5}$ und $10^{-10}$. Sein Ersatzschaltbild (Abb. 12) zeigt Induktivität $L_{Qu}$ und Kapazität $C_{Qu}$ sowie Verlustwiderstand $R_{Qu}$ des Quarzes, außerdem die Parallelkapazität des Gehäuses und der Halterung $C_P$. Abb. 12 zeigt auch den Blindwiderstandsverlauf über der Frequenzachse; man erkennt 2 Resonanzfrequenzen: $f_S$ ist die Serienresonanz und $f_P$ die Parallelresonanz [8].

Da die spezielle Ausbildung der Schwingschaltung das Frequenzverhalten des Quarzes mehr oder weniger beeinflußt, wurde eine Vielzahl von Schaltungsmöglichkeiten untersucht [9]. Abb. 13 zeigt die bekanntesten Schaltungen im Prinzip.

Eine typische Schaltung eines einstufigen Quarzgenerators zeigt Abb. 14. Sie stellt eine modifizierte HEEGNER-Schaltung dar, der Schwingquarz liegt als frequenzbestimmendes Element im Rückkopplungsweg und wird in seiner Serienresonanz erregt. Parallel zu dem frequenzselektiven Kollektorlastwiderstand ist ein Begrenzer geschaltet, der die Schwingamplitude des Generators auf einen günstigen Wert einstellt. Er besteht in unserem Fall aus zwei antiparallel geschalteten Dioden, kann aber auch aus einem Heißleiter bestehen.

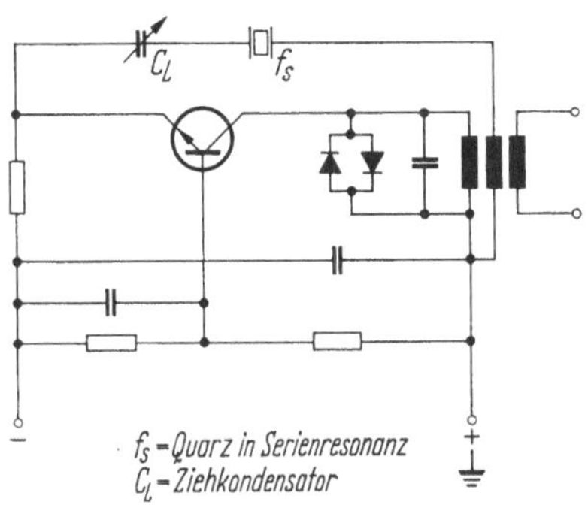



Abb. 14. Einstufiger Quarzgenerator

In Reihe mit dem Quarz liegt ein Abstimmkondensator, der sog. Ziehkondensator $C_L$, der zur genauen Frequenzjustierung und zum Ausgleich alterungsbedingter Frequenzabweichungen dient. Er ist meist als Drehkondensator ausgeführt, kann aber auch z. B. die steuerbare Halbleiterkapazität einer Varaktordiode sein. Der Einfluß der Generatorschaltung auf die vom Quarz vorgegebene Frequenz wird ausgedrückt durch das Verhältnis

$$Q_G = \frac{Q_{\mathrm{Qu}}}{Q_{\mathrm{RLC}}}, \tag{6}$$

dabei bedeuten

$Q_G$      die resultierende Güte des Generators

$Q_{\mathrm{Qu}}$      die Quarzgüte bei der Sollfrequenz

$Q_{\mathrm{RLC}}$      die wirksame, durch Schaltungswiderstände reduzierte Güte des Kollektorkreises.

Dieses Güteverhältnis wird auch Stabilisierungsfaktor genannt.

Man erkennt aus der Formel, daß die resultierende Güte des Generators und damit die Frequenzkonstanz um so größer wird, je geringer die Kreisgüte des LC-Kreises gemacht wird. In der Praxis sind Werte für $Q_{\mathrm{RLC}}$ zwischen 1 und 5 sinnvoll, bei Werten kleiner als 1 besteht die Gefahr, daß der Quarz beim Einschalten des Generators auf einer Nebenresonanzfrequenz erregt wird.

Die Frequenzänderung eines Quarzgenerators nimmt mit der Zeit ab, weil die Quarzalterung normalerweise exponentiell abklingt. Der Exponent der Alterung ist um so größer, je größer die Schwingamplitude ist. Man wird sich deshalb bemühen, den Quarzstrom möglichst klein zu halten. Diese Tendenz wird jedoch begrenzt durch die Forderung, daß thermisches Rauschen, Brummen usw. noch genügend Abstand

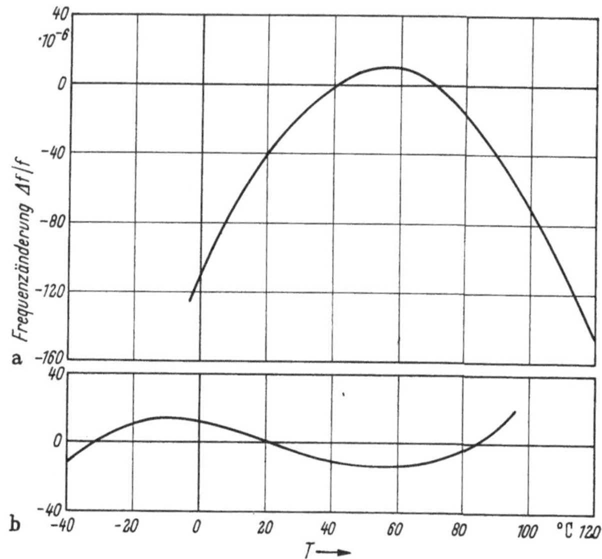


Abb. 15a u. b. Frequenz-Temperatur-Charakteristik von Schwingquarzen

von der Nutzamplitude haben sollen mit Rücksicht auf hohe Vervielfachungsfaktoren der angeschlossenen Trägerableitung (S. 388).

Die unvermeidlichen Schwankungen der Umgebungstemperatur verursachen ebenfalls Änderungen der Resonanzfrequenz des Quarzes. Je nach Schwingungstyp und Schnittorientierung haben sie verschiedenen Verlauf, Abb. 15 zeigt 2 Beispiele: a) die Frequenz-Temperatur-Charakteristik eines Biegungsschwingers mit X-Schnitt, b) eines Dickenscherungsschwingers mit AT-Schnitt [10].

Man erkennt, daß der Dickenscherungsschwinger in einem weiten Temperaturbereich ein günstigeres Verhalten zeigt als der Biegungsschwinger. Jedoch ist die Wahl des Schwingungstyps nicht frei, jede der möglichen Typen überdeckt nur einen begrenzten Frequenzbereich. Die folgende Tab. 1 zeigt die üblichen Anwendungsbereiche der vier wichtigsten Schwingungsarten.

In Fällen, in denen das günstige Temperaturverhalten (und auch die besonders kleine Alterung) des Dickenscherungsschwingers bei einer tieferen Frequenz gebraucht werden, muß diese Frequenz durch Teilung

Tabelle 1

| Frequenzbereich | Schwingungsart |
| --- | --- |
| 500 Hz bis 40 kHz | Biegeschwinger |
| 40 kHz bis 500 kHz | Längsschwinger |
| 100 kHz bis 1 MHz | Flächenscherungsschwinger |
| 500 kHz bis 30 MHz | Dickenscherungsschwinger |

einer höheren gewonnen werden. So wird z. B. die für das Z 12 N-System notwendige Primärgruppenträgerfrequenz 114 kHz (s. Abb. 1) aus einem 1368 kHz Dickenscherungsschwinger gewonnen ($114 \times 12 = 1368$).

Für Frequenzgenauigkeiten von $10^{-6}$ und besser muß man die Temperaturabhängigkeit des Quarzes durch einen Thermostaten verbessern. Er besteht meist aus einem elektrisch geheizten Ofen, dessen Innentemperatur durch Änderung der Heizleistung in Abhängigkeit von der Umgebungstemperatur weitgehend konstant gehalten wird. Dies geschieht entweder durch ein Schaltthermometer, das bei Erreichen der gewünschten Innentemperatur die Heizung ab- und bei Unterschreiten wieder einschaltet oder durch eine elektronisch gesteuerte kontinuierliche Regelung, bei der über einen Temperaturfühler der Heizstrom stufenlos der Umgebungstemperatur angepaßt wird. Die Temperatur im Innern des Thermostaten ist bei Verwendung eines Quecksilberkontaktthermometers serienmäßig bis auf $\pm 0{,}2\,°C$ konstant, bei kontinuierlicher Regelung bis auf $\pm 0{,}01\,°C$. Die Außentemperatur kann dabei von $0°$ bis $+60\,°C$ schwanken. Das Verhältnis des Außentemperaturbereichs zur Schwankung der Innentemperatur wird als Regelverhältnis oder Güte des Thermostaten bezeichnet. Der erwähnte Thermostat mit kontinuierlicher Regelung hat beispielsweise eine Güte von

$$Q_{\text{Th}} = \frac{60°}{2 \cdot 0{,}01°} = 3000.$$

Selbstverständlich hat die konstruktive Ausbildung und die Art der Wärmeisolierung einen wesentlichen Einfluß auf das Regelverhältnis.

Da bei Verwendung eines Kontaktthermometers (AUS-EIN-Regelung) immer eine Restwelligkeit der Temperatur übrigbleibt, ist diese Art nur für Frequenzgenauigkeiten bis etwa $10^{-7}$ anwendbar, für höhere Anforderungen ist eine kontinuierliche Regelung notwendig. Auch ist der geringe Temperatureinfluß der Bauteile der Generatorschaltung auf die Frequenz dann nicht mehr vernachlässigbar, man muß den ganzen Generator im Thermostat unterbringen. Wenn es der Quarzschnitt erlaubt, wird man den Umkehrpunkt der Quarztemperaturkurve (nach Abb. 15) möglichst genau der Thermostatentemperatur anpassen; bei stetiger Regelung kann sogar ein individueller Temperaturfeinabgleich vorgenommen werden. Damit erreicht man eine zusätzliche Erhöhung der Frequenzkonstanz. Die Betriebstemperatur des Thermostaten und damit der genannte Umkehrpunkt müssen höher als die höchste vorkommende Umgebungstemperatur sein, also z. B. bei 60° maximaler Umgebungstemperatur mindestens 65 °C. Soweit Belastungsschwankungen am Generator vorkommen können, dürfen auch sie die Frequenz nicht beeinflussen. Deshalb wird die Last meist über einen Trennverstärker angekoppelt. Besonders wichtig ist die Unabhängigkeit der Generatorschaltung von Stromversorgungseinflüssen, die sich bei mangelnder Siebung als Brummodulation oder bei Spannungsstößen als Phasensprung der Generatorschwingung bemerkbar machen können. Da die Grundgeneratorschaltung im allgemeinen höhere Ansprüche an die Störfreiheit der Stromversorgung stellt als andere Geräte, ist es zweckmäßig, ihr eine besondere Siebung vorzuschalten.

Der für das 12 MHz-System erforderliche Grundgenerator muß die Frequenz 440 kHz zur Ableitung der Tertiär- und Quartärgruppenträger mit einer Genauigkeit von besser als $5 \cdot 10^{-8}$ bereitstellen. Sein Quarz ist ein Dickenscherungsschwinger, der bei 4,4 MHz auf dem 3. Oberton schwingt. Die gesamte Generatorschaltung ist in einem Thermostat untergebracht, der Quarz befindet sich in einem zweiten Thermostat innerhalb des Generatorthermostaten. Die Ableitung der Steuerfrequenzen 440 kHz, 124 kHz, 12 kHz und 4 kHz aus der 4,4 MHz-Grundfrequenz wurde bereits behandelt (vgl. Abb. 11).

Für das nächstkleinere System, das 4 MHz-System (V 960) und auch für V 300 werden meist keine Tertiär- und Quartärgruppenträger gebraucht, so daß die Frequenz 440 kHz nicht benötigt wird. Man geht deshalb in Ämtern, in denen das größte System V 960 oder V 300 ist, von einem Grundgenerator aus, dessen Frequenz eine möglichst einfache Ableitung der Sekundärgruppenträger, die ungeradzahlige Harmonische von 124 kHz sind, erlaubt. Üblich ist eine Generatorfrequenz von 1488 kHz $= 12 \times 124$ kHz, ihre Stabilität muß mindestens $10^{-7}$ sein. Auch dieser Quarz ist ein Dickenscherungsschwinger, der auf der Grundwelle schwingt. Die Steuerfrequenzen für die Gruppenträger sowie für die Kanal- und Vorgruppenträger werden über einen Teiler mit dem Teilungsverhältnis 31 : 1 (31 = Primzahl) gewonnen.

In Ämtern, in denen die Systeme V 120, V 60 und Z 12 arbeiten, wo also nur Trägerfrequenzen gebraucht werden, die von 12 und 4 kHz abgeleitet sind, wird als Grundgenerator ein 4 oder 8 kHz-Generator verwendet (Abb. 10). Früher wurden überwiegend 4 kHz-Biegeschwinger eingesetzt, diese sind jedoch relativ groß und erfordern einen großen Thermostat mit hoher Heizleistung. Der Übergang auf 8 kHz-Biegeschwinger mit nachgeschaltetem Teiler 2 : 1 vermeidet diese Nachteile.

Ein Spezialfall ist der Einsatz von Trägerfrequenzsystemen in Fahrzeugen. Obwohl es sich dabei normalerweise nur um Systeme mit geringen Kanalzahlen und Bandbreiten handelt, bei denen im stationären Einsatz

ein 4 oder 8 kHz-Generator in Frage käme, ist ein Biegeschwingquarz
wegen seiner großen Erschütterungsempfindlichkeit wenig geeignet.
Man verwendet deshalb auch hierfür einen Dickenscherungsschwinger
im Bereich oberhalb 500 kHz, der außerdem wegen seiner geringen Temperaturabhängigkeit und seiner geringen Größe nur eine relativ kleine
Thermostatenheizleistung benötigt. Oft genügt eine Art Zusatzheizung,
die für den Quarz nur eine bestimmte Mindesttemperatur sicherstellt
und sich bei Überschreiten dieser Temperatur (z. B. $+10\,°C$) ausschaltet.
Die Frequenz dieses 1368 kHz-Generators ist so gewählt, daß sich sowohl
12 kHz — und damit auch 4 kHz — als auch die Primärgruppenträgerfrequenz 114 kHz leicht ableiten lassen. Das Ableitungsschema zeigt
Abb. 16. Wird für Zwischenämter nur die Frequenz 114 kHz gebraucht,

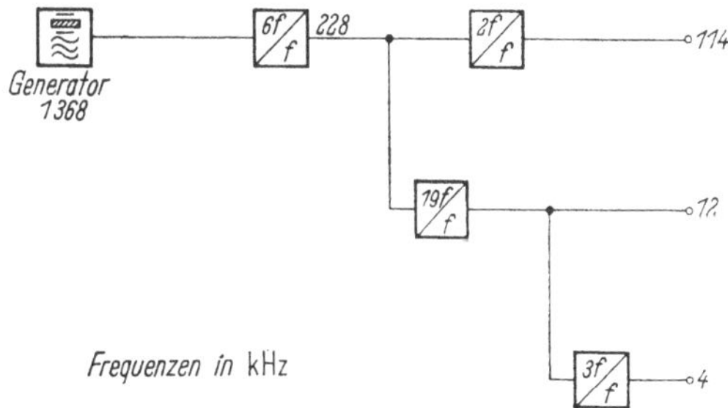


Abb. 16. Ableitung der Frequenzen 4, 12 und 114 kHz aus dem 1368 kHz-Generator

so kann ein Thermostat ganz entfallen, was in diesem Fall von besonderer Bedeutung ist, da der Stromverbrauch eines Thermostaten üblicher
Bauart in manchen Fällen den aller übrigen Geräte einer Zwischenstelle fast erreicht. Besonders bei Fernspeisung würde sich das sehr
nachteilig auf die Länge eines Fernspeiseabschnittes auswirken. Ohne
Thermostat erreicht der 1368 kHz-Generator im Temperaturbereich
von $+10$ bis $+55\,°C$ eine Konstanz von mindestens $5 \cdot 10^{-6}$, was für
den genannten Einsatzfall ausreicht.

Die Frequenzerzeugung für den Außerbandwahl- und Signalkanal
(3850 Hz oder 3825 Hz) geschieht in unabhängigen Generatoren, obwohl
auch hierfür eine Ableitung aus dem Grundgenerator möglich wäre.
Da jedoch eine Spannungsaddition der Signaltöne, die bei Tiefpegel-
Dauerübertragung aus jedem einzelnen Sprechkanal ausgesendet werden,
die Aussteuerungsreserve der Breitband-Übertragungseinrichtungen
unnötig vermindern würde, kann man z. B. für jeweils 120 Kanäle einen
eigenen, frei schwingenden Generator verwenden. Die zu fordernde Frequenzgenauigkeit von einigen Hertz leitet sich hauptsächlich aus der
Bandbreite der Signaltonsperre im Primärgruppen-Durchschaltefilter her
(s. S. 416). Sie läßt sich zwar mit einem temperaturkompensierten

Schwingkreis aus Spule und Kondensator realisieren, jedoch wird der Signalgenerator aus Gründen der Wartungsfreiheit meist als Quarzgenerator ausgeführt. Er hält dann seine Frequenz innerhalb seiner gesamten Lebenszeit in den zulässigen Toleranzen.

An der Zuverlässigkeit der Nachrichtenübertragung haben die Träger einen entscheidenden Anteil. Breitband-Umsetzerstufen bis zu 900 Kanälen hängen von einem Träger ab und die Träger für die niederen Umsetzerstufen werden vielfach geschaltet, so daß ebenfalls mehrere hundert Kanäle bei einem Trägerausfall unterbrochen würden.

Deshalb wird die Trägerversorgung meist doppelt vorgesehen, ein Gerätesatz für den Betrieb, der andere als Ersatz mit automatisch

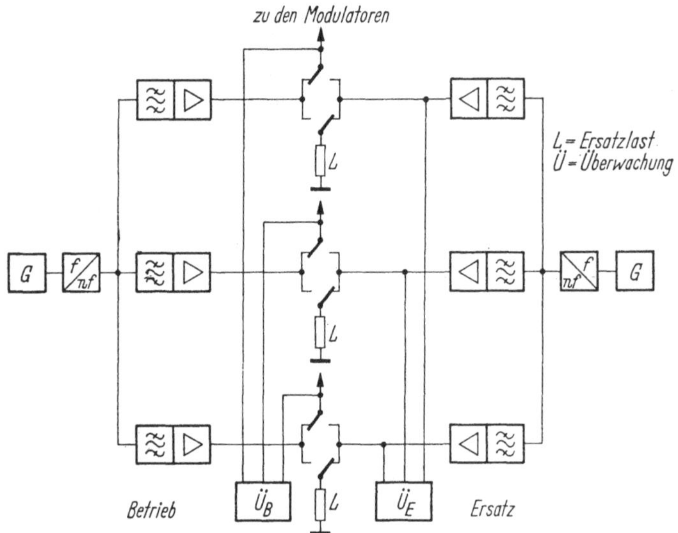


Abb. 17. Prinzip der gleichzeitigen Trägerumschaltung mit Einzelkontakten

arbeitender Umschaltung. Dabei ist für jede Frequenz eine eigene Umschaltung vorhanden mit Überwachungseinrichtungen für Betriebs- und Ersatzträger sowie eine Umschaltung für die Ersatzlast.

Dieses aus der Technik der mit Röhren bestückten Geräte übernommene Prinzip kann für Transistorträgerversorgungen vereinfacht werden. Da die Zuverlässigkeit der Transistorgeräte allgemein besser ist und auch das turnusmäßige Röhrenprüfen und -auswechseln wegfällt, kann man durch eine für mehrere Träger gemeinsame Überwachung und Umschaltung den Gesamtaufwand stark vermindern. Bei einer solchen Anordnung nach Abb. 17 werden bei Ausfall eines Betriebsträgers alle, auch die ungestörten Träger gleichzeitig auf Ersatz umgeschaltet.

Bei einer weiter vereinfachten Anordnung nach Abb. 18 wird ein Relaiskontakt im Stromversorgungspfad der Trägerverstärker umgeschaltet, die Trägerausgänge der Verstärker für Betrieb und Ersatz sind parallel geschaltet. Dabei muß durch besondere Schaltungsmaßnahmen dafür gesorgt werden, daß die Verstärkerausgänge der nicht in Betrieb befindlichen Trägerversorgung einen hohen Innenwiderstand haben und keine nennenswerte Trägerleistung aufnehmen.

Die mit mechanischen Relais erreichbaren Unterbrechungszeiten liegen z. B. bei Einzelumschaltung zwischen 0,5 und 2,0 msec. Werden quecksilberbenetzte, hermetisch abgeschlossene Relaiskontakte verwendet, so treten keine Kontaktprellungen auf. Vollelektronische Umschaltungen, bei denen statt Relais Dioden oder Transistoren

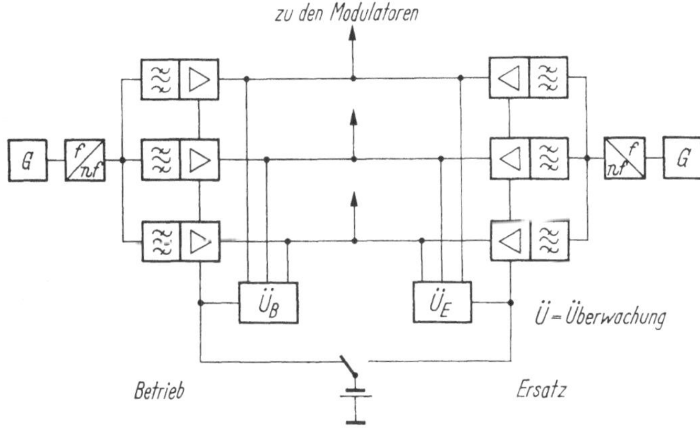


Abb. 18. Prinzip der gleichzeitigen Trägerumschaltung über die Stromversorgung

verwendet werden, erreichen kürzere Zeiten; ihr Gesamtaufwand ist jedoch größer.

Außerdem bringen extrem kurze Umschaltzeiten normalerweise keinen Vorteil, weil die Ersatzgeneratoren im allgemeinen nicht in der gleichen Phase schwingen wie die Betriebsgeneratoren und deshalb bei der Umschaltung Einschwingvorgänge auftreten, die einer Unterbrechung gleichkommen. Eine Phasenübereinstimmung zwischen Betriebs- und Ersatzträgern ist jedoch wegen der Kompliziertheit der Trägeraufbereitung nur mit großem Aufwand realisierbar.

## 3.2 Einheitliche Einrichtungen für verschiedene Übertragungssysteme

Der harmonische Aufbau der Trägerfrequenz-Endgeräte in mehreren Modulationsstufen vom Niederfrequenzband bis zur Übertragungslage führt zu einer Reihe einheitlicher Einrichtungen für die verschiedenen Übertragungssysteme. Diese gemeinsamen Einrichtungen werden zu Gerätegruppen so zusammengefaßt, daß sich damit die jeweiligen Kanalgruppen aufbauen, regeln und durchschalten lassen. So entstehen Primär-, Sekundär- und Tertiärgruppen sowie die zugehörigen Gruppenpiloteinrichtungen und Durchschaltefilter.

### 3.2.1 Die Primärgruppe

Das Frequenzband der Grundprimärgruppe ist vom CCITT genormt, es liegt zwischen 60 und 108 kHz. Mit Quarzfiltern ist eine direkte Umsetzung der Sprechkanäle in diese Lage möglich; dieser Weg wurde

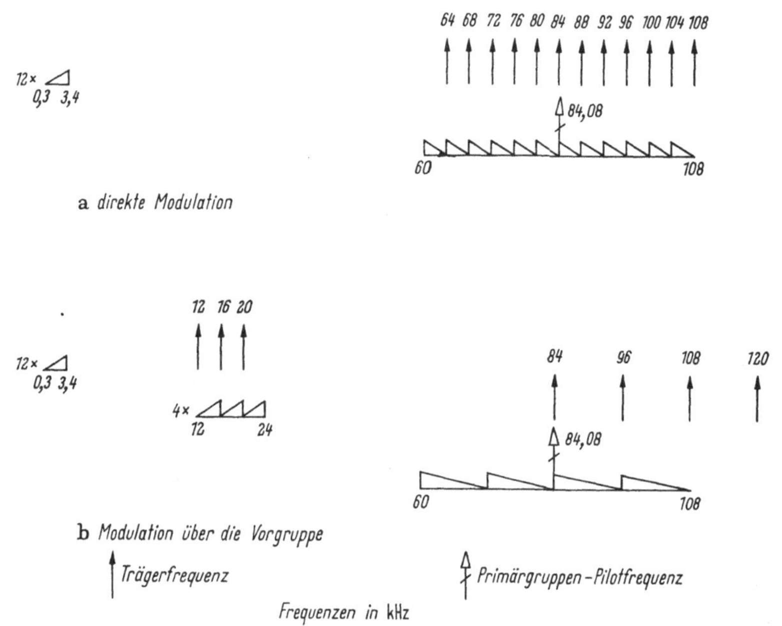


Abb. 19 a u. b
Frequenzpläne für ein- und zweistufigen Aufbau der Grundprimärgruppe aus 12 Sprachbändern

hauptsächlich in Amerika und England beschritten. In Deutschland zog man die Verwendung von Spulenfiltern vor, die eine Vorumsetzung in eine Lage nicht höher als etwa 30 kHz voraussetzt. Dazu wurde die wirtschaftliche Vorgruppentechnik eingeführt [11]. Die Vorgruppe enthält 3 Kanäle, die mit den Trägern 12, 16 und 20 kHz unter Verwendung des oberen Seitenbandes umgesetzt und zu einem 12 kHz breiten Band zwischen 12 und 24 kHz zusammengefaßt wurden. Abb. 19 zeigt die Frequenzpläne für beide Modulationsprinzipien.

Grundsätzlich ist die Wahl des unteren Seitenbandes vorteilhafter, weil es dabei einfacher vermieden werden kann, daß unerwünschte Modulationsprodukte, insbesondere die Produkte $n\,\Omega - \omega$ ($n = 2, 3 \ldots$), in das Nutzband fallen. Bei der Kanalumsetzung in die Vorgruppe ist bei den gegebenen Frequenzen jedoch auch das obere Seitenband verwendbar und dies hat den Vorteil, daß bei der folgenden Umsetzung in die Grundgruppenlage gerade unter Verwendung des unteren Seitenbandes die vorgeschriebene Kehrlage der Kanäle entsteht. Die Kanalumsetzung ist für jeden einzelnen Sprechkanal notwendig, der Kanalumsetzer stellt daher den am häufigsten in der Trägerfrequenz-Endgerätetechnik vorkommenden Geräteteil dar. Bei seiner Entwicklung muß daher ganz besonders darauf geachtet werden, daß die Anforderungen an die Bauteile und die Fertigung so abgestimmt werden, daß bei hoher Stückzahl gleichmäßige, zuverlässige und preiswerte Geräte entstehen.

Bei der Direktmodulation der Kanäle in die Grundprimärgruppenlage in nur einem Modulationsschritt werden zwölf verschiedene Filter gebraucht, bei einer Modulation über die Vorgruppe dagegen 7 Typen, von denen nur drei, die Kanalfilter, hohen Anforderungen hinsichtlich der Flankensteilheit genügen müssen. Der Preis für die geringere Typenzahl der Kanalfilter und weniger Trägerfrequenzen ist eine etwas höhere Stückzahl an Modulatoren und Filtern, wie aus folgender Tab. 2 ersichtlich ist:

Tabelle 2

|  | Anzahl der Filtertypen und der Trägerfrequenzen | Anzahl der Filter und Modulatoren |
|---|---|---|
| Direktmodulation . . | 12 | 12 |
| Vorgruppenmodulation | 7 | 16 |

Die angegebenen Zahlen beziehen sich auf die Modulation von 12 Kanälen in die Grundprimärgruppe.

Die Vorgruppenmodulation führt also bei den Filtern zu einer Typenbeschränkung und Vergrößerung der Fertigungsserien je Typ, was zur Fertigungserleichterung beiträgt. Da die Vorgruppenfilter verhältnismäßig breit sein dürfen, tragen sie zu den Randverzerrungen der Kanäle kaum bei, und die Geräuschbedingungen lassen sich auch mit der zusätzlichen Modulationsstufe leicht beherrschen. Die Vorgruppentechnik bringt auch für die Trägererzeugung Erleichterungen, da zur Bildung der Grundgruppe nur 7 Träger statt 12 bei Direktmodulation erforderlich sind. Die wichtigsten Anforderungen an den Kanalumsetzer ergeben sich aus den zulässigen Beiträgen zur Dämpfungsverzerrung und zum Gesamtgeräusch der Verbindung. Daraus lassen sich die Bedingungen für Filterselektion, Symmetrie und Linearität der Modulation usw. ableiten. Neben dem eigentlichen Kanalfilter können Hoch- und Tiefpässe in der Niederfrequenzlage zur Gesamtselektion des Kanals beitragen und so die Anforderungen an das Kanalfilter erleichtern.

Da bei der angewendeten Amplitudenmodulation zwei Seitenbänder entstehen, von denen nur eines — bei der Vorgruppentechnik das obere — ausgenutzt wird, muß das zweite — hier das untere — so weit durch die Kanalfilter unterdrückt werden, daß der von diesem unteren Seitenband bedeckte nächsttiefere Kanal keine unzulässigen Geräusche aufnimmt. Eine Sperrdämpfung des Kanalfilters von etwas über 7 Np im Bereich des Nachbarübertragungsbandes ist dazu ausreichend. Da

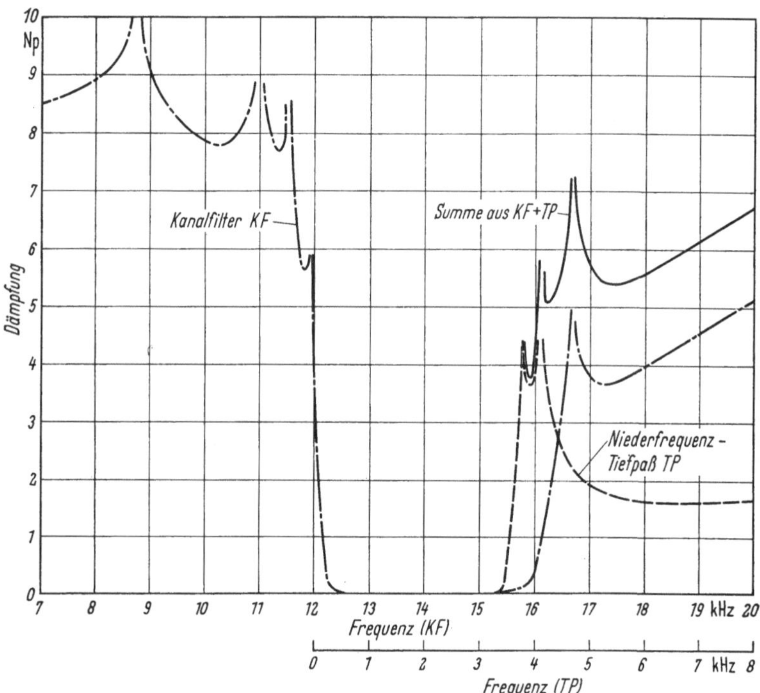


Abb. 20. Selektion eines Kanalumsetzers in der Vorgruppenlage

das vom Mikrophon gelieferte Sprachband über 4 kHz hinausreicht, ist auch der obere Nachbarkanal vor Geräuschen zu schützen. Die dafür erforderliche Dämpfung kann entweder im Kanalfilter oder in einem Niederfrequenztiefpaß liegen, aber auch auf beide Filter verteilt sein. Zur Sperrung reichen etwa 4,5 Np aus, da die spektrale Energie der Sprache nach oben rasch abnimmt, über 4 kHz um mehr als 2,3 Np. Abb. 20 zeigt den Dämpfungsverlauf eines Kanalfilters für Vorgruppenmodulation und eines zusätzlichen Niederfrequenztiefpasses für die Sendeseite.

Die Kanalfilter und ihre Anpassung bestimmen im wesentlichen die Durchlaßverzerrungen der Kanäle. Für diese Restdämpfungsverzerrungen sind für internationale Verbindungen vom CCITT Empfehlungen aufgestellt worden. Die Dämpfung bei den Randfrequenzen 300 und 3400 Hz soll danach nicht mehr als 1 Np über der Dämpfung bei 800 Hz liegen (s. S. 250). Für die Kanalumsetzer allein sollen die Verzerrungen im Mittelwert einer 12-Kanal-Gruppe für die Sende- und Empfangsrichtung zusammen nur $^1/_5$ dieses Wertes betragen. Man nimmt an, daß damit die 1 Np-Forderung eingehalten wird, wenn die internationale Verbindung über maximal sechs nationale Abschnitte läuft. Diese Forderung wurde bereits bei älteren Geräten gut erfüllt, neuere Geräte nehmen z. T. die zulässigen Verzerrungen nur zur Hälfte in Anspruch [12]. Bei weltweiten, z. B. interkontinentalen Verbindungen, können bis zu 12 Abschnitte in Reihe liegen (s. S. 287, Abb. 18). Um auch hierbei die 1 Np-Bedingung erfüllen zu können, wird beim CCITT die Einschaltung zusätzlicher Dämpfungsentzerrer in die internationalen und interkontinentalen Abschnitte diskutiert. Dabei könnten dann auch die in den Vermittlungseinrichtungen auflaufenden Verzerrungen mit ausgeglichen werden.

In der Ausführung der Kanalfilter spiegelt sich die Entwicklung der Bauteile und der Filterberechnungstechnik wieder. Wurden 1950 noch Ringkernspulen mit Karbonyleisen verwendet, so ging man bereits 1952 auf Ferritkerne über. Die dabei verwendeten Schalenkerne gestatten den Bau von Übertragern; dadurch können zum Teil unerwünscht große Kapazitäten durch eine Zweitwicklung auf den Spulen in konstruktiv günstigere kleine Werte übersetzt werden. Sowohl die Filter mit Karbonyleisen als auch ursprünglich die mit Ferritspulen wurden nach der Wellenparametertheorie gerechnet. Abgesehen von den Verbesserungen, die eine weitere Verkleinerung der Bauteile mit sich brachte, konnten dann die Filter durch ihre Berechnung nach Betriebsparametern weiter vereinfacht werden [13]. Diese für das Endprodukt günstige Bemessungsweise ist wegen ihres hohen Rechenaufwandes für Kanalfilter erst interessant geworden, seitdem elektronische Rechenmaschinen zur Bewältigung der numerischen Rechnungen zur Verfügung stehen. Die Bemessung nach Betriebsparametern bringt bei etwa gleichen Eigenschaften eine Einsparung bis zu etwa 20% der Schwingkreise.

Solche und ähnliche Entwicklungen an anderen Bausteinen der Umsetzer führten zusammen mit der Weiterentwicklung der Bauelemente im Laufe der Jahre zu einem immer geringeren Volumen der Endgeräte, wesentlich bedingt durch die Verkleinerung der Kanalumsetzer [14].

Neben den eigentlichen Nachrichtensignalen müssen je Kanal die bereits erwähnten Wähl- und Zählzeichen übertragen werden, also im Rhythmus der Gleichstromimpulse getastete Wechselstromzeichen. Bei dem verwendeten Eintastverfahren wird allen Kanälen die gleiche Wahlfrequenz zugeführt und gemeinsam mit den Fernsprechkanälen in die Vorgruppenlage umgesetzt. Die Kanalfilter müssen daher so breit sein, daß sie die umgesetzte Wahlfrequenz übertragen. Ein Niederfrequenztiefpaß sorgt dafür, daß höherfrequente Sprachanteile die Wahl nicht stören können. Nach einem anderen Verfahren werden die Wahlfrequenzen in der Vorgruppenlage bei 15,85, 19,85 und 23,85 kHz zugesetzt, d. h. erst hinter der Kanalumsetzung. Die volle Kanalselektion liegt dabei im Kanalfilter, was zu gewissen Einsparungen führen kann. Dem steht die Erzeugung von 3 Wahlfrequenzen und die dadurch bedingte kompliziertere Verdrahtung gegenüber. Wirtschaftlich sind die Verfahren etwa gleichwertig, praktisch ist die Verwendung nur einer Frequenz (3,825 bzw. 3,850 kHz) etwas einfacher.

Um das Zusammenwirken der einzelnen Teilgeräte im Kanalumsetzer deutlich zu machen, sei der Weg des Nachrichtensignals von der Niederfrequenz bis zur Grundprimärgruppe und umgekehrt kurz erläutert (vgl. Abb. 21).

Auf der Sendeseite durchläuft das Sprechsignal nach einem Amplitudenbegrenzer zunächst einen Tiefpaß zur Begrenzung auf die vorgesehene Bandbreite und gelangt dann an den Kanalmodulator. Der Begrenzer schützt das Trägerfrequenzsystem vor Überlastung vor allem durch Störimpulse oder bei pfeifenden Verbindungen. Nach der Modulation wird das obere Seitenband über das Kanalfilter übertragen und am Ausgang des Filters mit den beiden anderen Kanälen der Vorgruppe zusammengeführt. Die drei Kanäle werden gemeinsam im Vorgruppenmodulator umgesetzt und das der Grundprimärgruppenlage entsprechende untere Seitenband wird im Vorgruppenfilter ausgesiebt. Die parallelgeschalteten Vorgruppen 1 und 3 sowie 2 und 4 werden dann über eine Gabel zusammengeführt, im Gruppenverstärker gemeinsam verstärkt und als Grundprimärgruppe im Bereich 60 bis 108 kHz an den Primärgruppenverteiler abgegeben.

Auf der Empfangsseite wird die Grundprimärgruppe über eine der Sendeseite entsprechende Entkopplung auf die einzelnen Vorgruppenfilter aufgeteilt. Die 4 Teilbänder gelangen nach Demodulation in die Vorgruppenlage zu den Kanalfiltern. Jeder Kanal durchläuft daraufhin einen Kanaldemodulator. In der Niederfrequenzlage ist auf der Empfangsseite ein Verstärker erforderlich, um den niedrigen Pegel am Ausgang des Demodulators auf den am Vierdrahtausgang üblichen Wert von $+1,0$ Np anzuheben.

Die Wahlfrequenz wird auf der Sendeseite über den Eintastmodulator im Rhythmus der Wahlzeichen getastet und, da sie in der Niederfrequenzlage angeliefert wird, vor dem Kanalmodulator eingekoppelt. Auf der Empfangsseite wird der Wahlton gemeinsam mit dem Sprachsignal demoduliert und verstärkt, anschließend im Wahlempfänger selektiv nachverstärkt und ausgewertet.

Für die mechanische Ausbildung der Kanalumsetzer hat es sich seit Beginn der Vorgruppentechnik als günstig erwiesen, die drei Kanalumsetzer jeder Vorgruppe und ihre gemeinsame Vorgruppenumsetzung

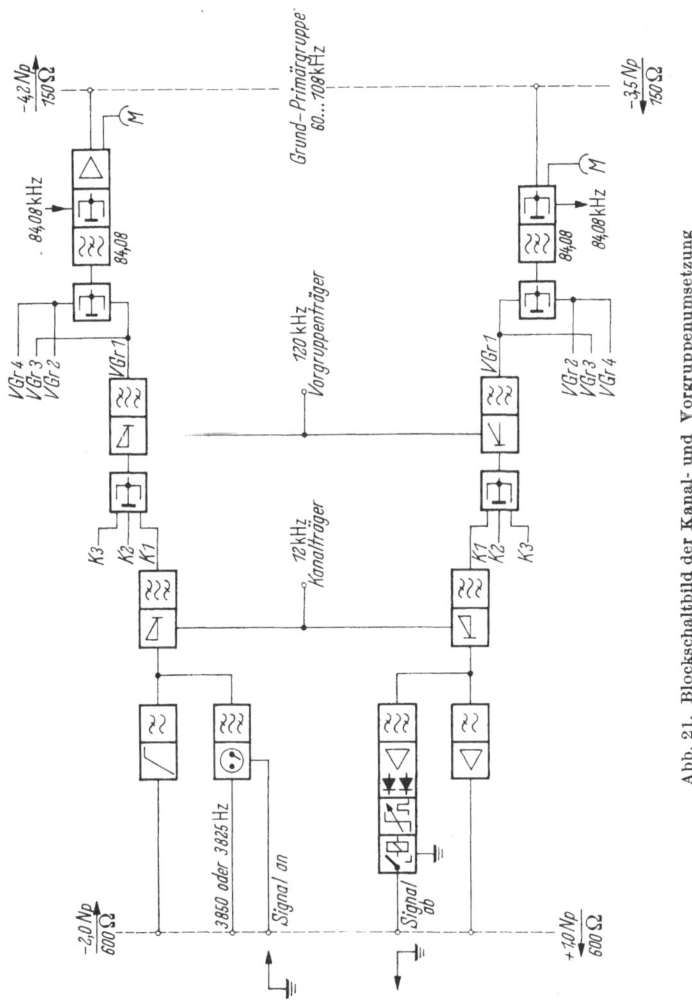



Abb. 21. Blockschaltbild der Kanal- und Vorgruppenumsetzung

zu einem einheitlichen Einschub für Sende- und Empfangsrichtung zusammenzufassen.

Im Rahmen der Verkleinerung der Bauelemente ist man dazu übergegangen, die ganze 12-Kanal-Gruppe als Baueinheit auszubilden [14]. Dabei sind die Kanal-, Vorgruppen- und Primärgruppeneinheiten einzeln steckbar eingesetzt.

### 3.2.2 Die Sekundärgruppe

Im Primärgruppenumsetzer werden je fünf Grundprimärgruppen zu einer Grundsekundärgruppe zusammengefaßt. Diese liegt im Frequenzbereich 312 bis 552 kHz und umfaßt 60 Kanäle. Die Umsetzung der Grundprimärgruppen in diese Lage erfolgt in einer Stufe unter

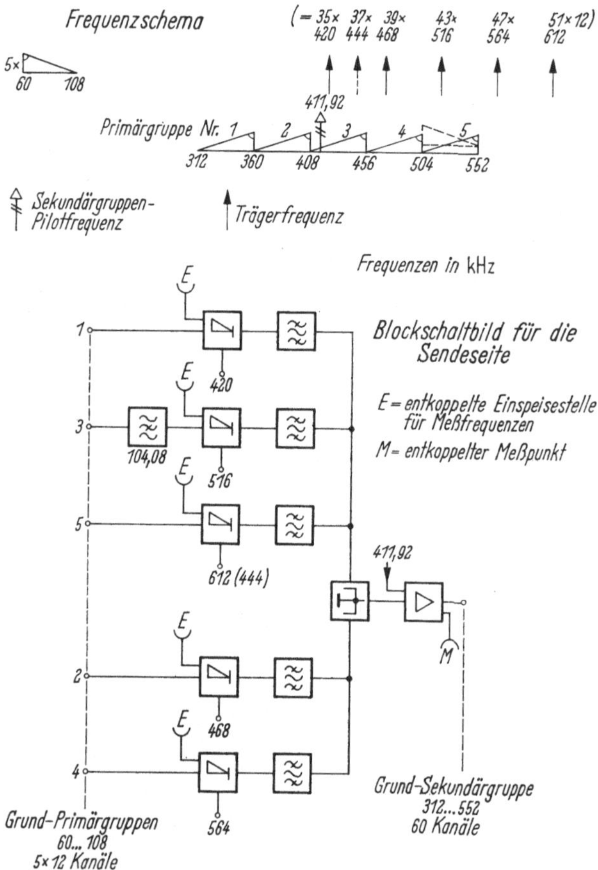


Abb. 22. Aufbau der Grundsekundärgruppe aus 5 Primärgruppen

Verwendung des jeweils unteren Seitenbandes mit den Trägern 420, 468, 516, 564 und 612 kHz (Abb. 22). Die Kanäle, die in der Grundprimärgruppe in Kehrlage angeordnet waren, erscheinen daher in der Grundsekundärgruppe in Regellage. Wegen der Zusammenarbeit mit ausländischen Systemen, z. B. einem System mit 4 Primärgruppen (48 Kanäle), ist es jedoch gelegentlich erwünscht, die Kanäle der obersten Gruppe der Grundsekundärgruppe in Kehrlage aufzubauen. Dazu ersetzt man den obersten Träger 612 kHz durch einen Träger 444 kHz. Bei der Modulation der Primärgruppe 5 in die Grundsekundärgruppenlage wird dann ausnahmsweise das obere Seitenband verwendet. Der Frequenzabstand der Primärgruppenträger entspricht mit 48 kHz der Bandbreite der Primärgruppen, Trennlücken zwischen den Gruppen sind nicht vorgesehen.

Bei der Dimensionierung der Modulationsfilter ist die Art der Zusammenschaltung der fünf umgesetzten Primärgruppen zu beachten. Es ist üblich, die jeweils übernächsten Gruppen 1, 3 und 5 einerseits sowie 2 und 4 andererseits direkt parallelzuschalten und diese beiden Teile dann über eine Gabel zusammenzuführen, wie in Abb. 22 gezeigt. Die Aufteilung der Grundsekundärgruppe auf die fünf Primärgruppen in Empfangsrichtung geschieht in gleicher Weise. Die Sende- und Empfangsbandpässe sind identisch, an ihre Scheinwiderstände sind bestimmte Anforderungen zu stellen, damit sie sich in angegebener Weise parallelschalten lassen.

Für die Fernsprechübertragung wird eine Nebensprechdämpfung von 6,7 Np verlangt, für die Trägerfrequenz-Ton-Rundfunkübertragung 8,5 Np. Um diese Werte für die ganze Übertragungsstrecke erreichen zu können, muß man in Teilen der Einrichtungen mehr verlangen, so zwischen den Primärgruppenmodulatoren mit ihren Filtern 8,5 Np für das Fernsprechen und 10 Np für den Tonrundfunk.

Ähnliches gilt für das Nebensprechen über die Trägerklemmen. Es ist hier nicht nur an das Übersprechen zwischen verschiedenen Primärgruppenmodulatoren einer Übertragungsrichtung zu denken, die von der gleichen Trägerquelle gespeist werden, sondern ebenso an das Übersprechen von der einen auf die andere Übertragungsrichtung der gleichen Gruppe. Dann können zwei voneinander unabhängige Rundfunkprogramme in den beiden Richtungen übertragen werden.

Der Sekundärgruppenpilot wird bereits vor dem Sekundärgruppen-Sendeverstärker eingespeist. Zur Pegelüberwachung oder Pegelregelung wird er auf der Empfangsseite am Ausgang der vorhergehenden Umsetzerstufe entweder über einen eigenen Pilotempfänger pro Sekundärgruppe ausgekoppelt oder über einen für mehrere Sekundärgruppen gemeinsamen Pilotempfänger mit automatisch umlaufendem Abtaster. Die vor der Einspeisung und nach der Auskopplung notwendigen Pilotsperren (S. 411) für den Sekundärgruppenpilot können in der Originalfrequenzlage von etwa 412 kHz nicht gebaut werden, da diese Frequenzlage für Quarzschwinger sehr ungünstig ist. Wegen der hohen Anforderungen an diese Sperren kommen jedoch nur Quarze als Selektionsmittel in Frage. Deshalb weicht man zu tieferen Frequenzen aus und setzt die Sperren auf die Primärgruppenseite des Primärgruppenmodulators 3, in dessen Frequenzbereich der Sekundärgruppenpilot liegt

(Abb. 22). Es ergibt sich dann als neue Frequenz für die Quarzsperren die mit 516 kHz umgesetzte Pilotfrequenz, also z. B. statt 411,92 kHz jetzt 104,08 kHz, eine für Längsschwingerquarze sehr günstige Frequenz.

### 3.2.3 Die Tertiärgruppe

Die Grundtertiärgruppe ist aus fünf Sekundärgruppen im Frequenzbereich 812 bis 2044 kHz aufgebaut, diese Lage entspricht den Sekundär-

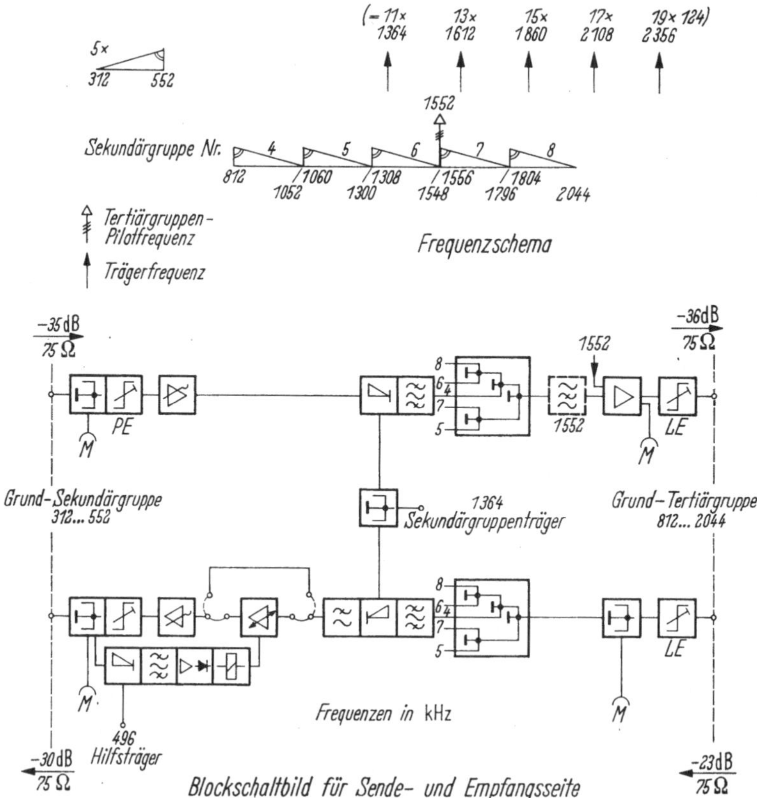


Abb. 23. Aufbau der Grundtertiärgruppe aus 5 Sekundärgruppen
*M* entkoppelter Meßpunkt; *PE* Pilotentzerrer; *LE* Amtsleitungsentzerrer

gruppen 4 bis 8 des V 960-Systems. Die Einrichtungen zu ihrer Bildung bestehen daher im wesentlichen aus den Sekundärgruppenumsetzern 4 bis 8 (s. Abb. 23).

Die Tertiärgruppe gehört auch zu den Einrichtungen, die verschiedenen Systemen gemeinsam sind, sie wird bisher zum Aufbau eines 300-Kanal-Systems, eines 900- und 1200-Kanal-Systems sowie für ein 2700-Kanal-System verwendet.

Die Bildung der Grundtertiärgruppe läßt sich folgendermaßen beschreiben: Die vom Primärgruppenumsetzer ankommenden Grundsekundärgruppen durchlaufen zunächst je eine Gabelschaltung zur Bildung eines entkoppelten Meßpunktes und eine Einstellmöglichkeit für
den Pilot, die es gestattet, den Pegel des Sekundärgruppenpilots um
einige hundertstel Neper unabhängig vom Nutzband zu verändern.
Dies ist notwendig, weil Dämpfungstoleranzen auf die Dämpfung bei
der Pilotfrequenz bezogen werden, die Dämpfungsverzerrungen jedoch
infolge der Filtereigenschaften normalerweise einseitig liegen.

Dem Pilotentzerrer folgt ein Verstärker mit einigen Dezibel Regelmöglichkeit im Sendeweg. Er macht auch einen Tiefpaß vor dem Modulator überflüssig, der sonst erforderlich wäre, um bei breitbandiger
Messung am Eingang Störungen durch den zurückfließenden Rest des
Sekundärgruppenträgers zu verhindern.

Die Zusammenfassung der umgesetzten Sekundärgruppen erfolgt
derart, daß zunächst je zwei im Frequenzband nicht benachbarte
Sekundärgruppen über Gabeln zusammengeschaltet werden, d. h. 5 mit
7 und 6 mit 8. Das Paar 6/8 wird mit der verbleibenden vierten Sekundärgruppe über eine zusätzliche Gabel vereint. Zur Zusammenfassung der
Dreiergruppe 4/6/8 mit der Zweiergruppe 5/7 ist eine weitere Gabel
vorgesehen. Da bei dieser Anordnung teils zwei und teils drei Gabeln
im Leitungszug der Sekundärgruppen liegen, werden die Gabeln so weit
unsymmetrisch ausgelegt, daß die Dämpfung in jedem Zweig gleich
wird.

Es gibt auch Lösungen, bei denen jeweils die überbenachbarten Filter
direkt parallelgeschaltet werden, z. B. 4/6/8 und 5/7, und dann diese
2 Gruppen über eine einfache Gabel. Bei der Zusammenführung der
fünf umgesetzten Primärgruppen zur Grundsekundärgruppe wird diese
Technik u. a. angewendet. Der höhere Aufwand für die Zusammenschaltung ist hier aber gerechtfertigt, weil er die Möglichkeit bietet,
einzelne Sekundärgruppenumsetzer ohne Beeinträchtigung der übrigen
Verbindungen auszutauschen oder außer Betrieb zu nehmen. Außerdem
werden dadurch die Anforderungen an die Modulationsbandpässe
reduziert.

Nach der Zusammenschaltung folgen die für alle fünf umgesetzten
Sekundärgruppen gemeinsamen Einrichtungen: die Einspeisung der
Pilotfrequenz 1552 kHz, der Sendeverstärker und ein entkoppelter
Meßpunkt mit Pilotauskopplung, an welchen ein Pilotempfänger angeschlossen werden kann. Er dient zur Überwachung des Sendeverstärkers und zur Kontrolle, daß der Tertiärgruppenpilot richtig auf die Verbindung gelangt. Zum Ausgleich unterschiedlicher Längen der Amts-
leitungen zum Tertiärgruppenverteiler ist ein Entzerrer vorgesehen,
welcher die Dämpfung der Amtsleitung auf 4 dB frequenzunabhängig

ergänzt. Der sendeseitige Pegel am Tertiärgruppenverteiler erreicht damit den vom CCITT festgelegten Wert von −36 dB.

Auf der Empfangsseite kommt die Tertiärgruppe mit dem ebenfalls genormten Pegel −23 dB am Tertiärgruppenverteiler an; die folgende Amtsleitung wird wiederum auf 4 dB ergänzt. Es folgt eine entkoppelte Meßstelle und eine der Sendestelle entsprechende Anordnung von Gabeln zur Trennung der Sekundärgruppen, welche dann Filter und Modulator in umgekehrter Reihenfolge durchlaufen. Ein nachgeschalteter Tiefpaß trennt das bei der Demodulation entstehende obere Seitenband und den Trägerrest ab. Jede Sekundärgruppe durchläuft dann in ihrer Grundfrequenzlage einen vom Sekundärgruppenpilot gesteuerten Regelverstärker mit einer mittleren Verstärkung Null, der bei Nichtverwendung der Sekundärgruppenregelung einfach überbrückt werden kann, den eigentlichen Empfangsverstärker mit einer der Sendeseite entsprechenden Regelmöglichkeit von einigen Dezibel sowie die Sekundärgruppenpilotauskopplung mit entkoppeltem Meßpunkt. Der Pegel am Sekundärgruppenverteiler hat den Wert −30 dB. Im Sekundärgruppenpilotempfänger wird der Sekundärgruppenpilot 411,92 kHz über eine Vorumsetzung empfangen (vgl. S. 412) und steuert dann den Regelverstärker. Eine Möglichkeit zur Pilotüberwachung mittels Schreibers ist vorgesehen.

Kennzeichnend für diese Einrichtungen ist ihre besonders große Betriebssicherheit. Ihr dienen die entkoppelten Meßausgänge, die derart dimensioniert sind, daß beim Messen an den Einrichtungen Betriebsstörungen praktisch ausgeschlossen sind. Durch die Art der Sekundärgruppenentkopplung wird ebenfalls die Betriebssicherheit erhöht, weil sich Fehler in einer Sekundärgruppenverbindung nicht auf die übrigen auswirken können. Soweit geringe Korrekturmöglichkeiten, wie Pilotentzerrung und Verstärkungsregelung vorgesehen sind, dienen sie nur einer Justierung bei der Einmessung der Geräte und sind so angeordnet, daß eine unbeabsichtigte Verstellung und dadurch bedingte Fehler im Betrieb ausgeschlossen sind.

### 3.2.4 Gruppenpiloteinrichtungen

Alle Übertragungssysteme, sowohl drahtgebundene wie drahtlose, sind mit Einrichtungen versehen, mit denen entweder von Hand oder automatisch Dämpfungsänderungen im ganzen Übertragungsband ausgeglichen werden können. Solche Änderungen werden beispielsweise durch Temperaturänderung (bei Kabeln) oder durch Schwund (bei Richtfunkstrecken) verursacht. Unabhängig von diesen der Strecke zugeordneten Regelungen ist es zweckmäßig, für die Kanalgruppen (Primär-, Sekundär-, Tertiärgruppen usf.) zusätzliche Regeleinrichtungen vorzusehen, um Restdämpfungsfehler, die vor allem bei Durchschaltung von Kanalgruppen über mehrere Systeme in unzulässigem Maß auflaufen können, auszugleichen. Diese Kanalgruppen-Regeleinrichtungen brauchen nur einen geringen Regelumfang von einigen zehntel Neper zu haben, arbeiten frequenzunabhängig und regeln verhältnismäßig langsam. Die Primär-, Sekundär- und Tertiärgruppenregelungen arbeiten mit Pilotfrequenzen, die etwa in der Mitte des Gruppenfrequenzbereichs liegen und die beim Aufbau der Gruppe mit konstantem Pegel eingespeist werden.

Die folgende Tab. 3 zeigt die genauen Frequenzen der Kanalgruppenpilote, ihre vom CCITT empfohlene Frequenzgenauigkeit und den auf den relativen Pegel Null bezogenen Pegel. Vgl. auch S. 266.

Tabelle 3

| Kanalgruppe | Pilotfrequenz | zulässige max. Frequenz-abweichung | Pegel |
|---|---|---|---|
| Grundprimärgruppe . . . | 84,08 kHz | ± 1 Hz | |
| Grundsekundärgruppe . . | 411,92 kHz | ± 1 Hz | −20 dB oder −2,3 Np |
| Grundtertiärgruppe . . . | 1552,00 kHz | ± 2 Hz | |
| Grundquartärgruppe. . . | 11096,00 kHz | ±10 Hz | |

Primär- und Sekundärgruppenpilot sind etwas gegen die benachbarte Nullfrequenz verschoben, um Störungen durch Trägerreste zu vermeiden.

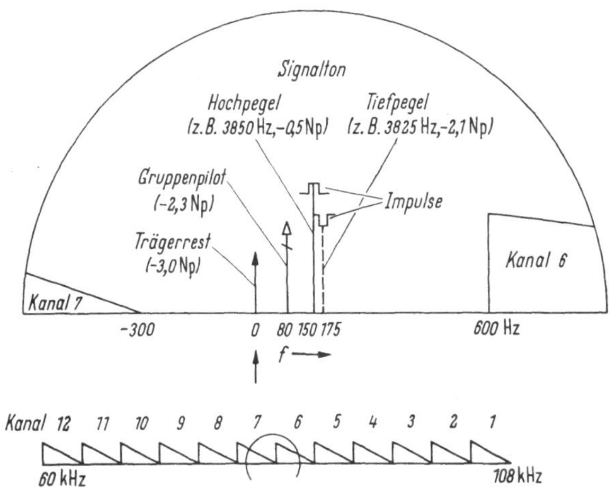


Abb. 24. Lückenbelegung zwischen den Kanälen 6 und 7 in der Grundprimärgruppe

Abb. 24 zeigt die in der Lücke zwischen den Kanälen 6 und 7 der Grundprimärgruppe liegenden Frequenzen und ihre gegenseitigen Abstände. Man erkennt, daß der Primärgruppenpilot etwa in der Mitte zwischen der Nullfrequenz (Trägerrest) und der in 150 Hz oder 175 Hz Abstand von der Nullfrequenz gelegenen Signalfrequenz des Kanals 6 liegt. Für den Sekundärgruppenpilot gelten die gleichen Frequenzabstände zum Trägerrest und zum Signalton zwischen den Kanälen 1 und 2 der 3. Primärgruppe innerhalb der Sekundärgruppe.

Wenn der Außerband-Signalkanal statt bei 3850 Hz oder 3825 Hz bei 4000 Hz, also einer Nullfrequenz, betrieben wird (französische Technik), so verschiebt man den Primär- und den Sekundärgruppenpilot um 140 Hz gegen die Nullfrequenz. Die beiden Frequenzen sind dann 84,14 kHz und 411,86 kHz, ihre zulässige Frequenzabweichung ist jeweils $\pm 3$ Hz, ihr Pegel $-25$ dB oder $-2,9$ Np am relativen Pegel Null. Im zwischenstaatlichen Verkehr, bei dem normalerweise keine Außerbandsignalisierung üblich ist, werden beide Gruppen- oder Sekundärgruppenpilote eingespeist, wenn in den beiden Ländern verschiedene Pilotfrequenzen verwendet werden; dabei wird aber nur der Pegel des jeweils innerstaatlich üblichen Pilots überwacht und geregelt.

Grundsätzlich wird in jede Kanalgruppe der zugehörige Kanalgruppenpilot eingespeist; er begleitet sie von ihrer Entstehung bis zu ihrer Auflösung unabhängig davon, ob die Kanalgruppe automatisch geregelt oder nur in größeren Zeitabständen von Hand überwacht werden soll. Dabei darf der Kanalgruppenpilot

1. durch Knack- oder Brummspannungen oder sonstige Störtöne vom Niederfrequenzeingang her nicht beeinflußt werden,

2. von Piloten vorhergehender Abschnitte nicht gestört werden sowie

3. seinerseits keine hörbaren Störtöne am Niederfrequenzausgang erzeugen.

Für störungsfreie Zusammenarbeit mit der Außerbandsignalisierung gelten noch folgende Zusatzbedingungen:

4. Durch Anteile aus dem Spektrum der Wählzeichen darf der Pilot sendeseitig nicht gestört werden.

5. Der Pilot darf empfangsseitig keine unzulässige Beeinflussung des Signalempfängers verursachen.

Die Primär- und Sekundärgruppenpilote können von dem nahe benachbarten Sprachsignal und dem nur 70 oder 95 Hz abliegenden Wählsignal leicht gestört werden. Die genannten Forderungen 1. und 4. bedeuten deshalb, daß diese Pilote durch zusätzliche Sperren geschützt werden müssen.

Werden Kanalgruppen demoduliert, ihre Komponenten in der nächsttieferen Ebene durchgeschaltet und werden diese Komponenten von neuem zu Gruppen zusammengesetzt, so kann ein Pilot unbeabsichtigt verschleppt werden. Um Forderung 2. zu erfüllen, muß ein solcher Pilot deshalb um 40 dB gedämpft werden. Das ergibt einen Pegelfehler für einen neu eingespeisten Pilot von max. 1%.

Punkt 3. gilt als erfüllt, wenn der hörbare Pilotrest am Kanalausgang mindestens einen psophometrisch bewerteten Abstand von $-73\,\text{dB}$ hat. Das entspricht einer mit einem Psophometer gemessenen Geräuschleistung von weniger als 50 pW. Diese Forderung wird bei Kanalumsetzern mit Außerband-Signalkanal automatisch erfüllt, da die Forderung nach Zählzeichenunterdrückung bei Hochpegelwahl bzw. Unhörbarkeit des Dauertons bei Tiefpegelwahl höhere Dämpfungsforderungen stellt.

Forderung 5. gilt als erfüllt, wenn die Zeichenverzerrungen, die durch Primär- oder Sekundärgruppenpilote im benachbarten Signalkanal auftreten, kleiner als 2 msec (kleiner als 4%, bezogen auf 50 msec Schrittdauer) bleiben. Diese Bedingung kann bei Hochpegelwahl u. U. ohne Pilotsperre erfüllt werden, bei Tiefpegelwahl ist jedoch immer eine zusätzliche Sperre erforderlich.

Insgesamt ergibt sich für Primär- und Sekundärgruppenpilote als günstigste Lösung eine Aufteilung der nach Punkt 2. erforderlichen 40 dB-Pilotsperre zu je 20 dB auf Sende- und Empfangsteil. Ein Pilot aus einem vorhergehenden Abschnitt wird also auf der Empfangsseite dieses Abschnitts zunächst um 20 dB gedampft und dann im Sendeteil des nächsten Abschnitts um weitere 20 dB. Die Sendesperre erfüllt dann die doppelte Aufgabe, sowohl Störungen aus dem Niederfrequenz- und Signalkanal als auch — zur Hälfte — von verschleppten Piloten zu verhindern, die doppelte Funktion der Empfangssperre ist es, den verschleppten Pilot ebenfalls zur Hälfte zu sperren und den Signalempfänger vor Störungen zu schützen.

Bei Tertiär- und Quartärgruppenpiloten, die in breiteren Lücken liegen, sind keine gegenseitigen Störungen von Sprechkanal und Pilot möglich. Hier sind nur die gegenseitigen Störungen der Kanalgruppenpilote in hintereinandergeschalteten Kanalgruppenverbindungen zu beachten sowie mögliche Störungen durch zusätzliche Meßfrequenzen.[1] Diese Fälle treten ausschließlich bei Durchschaltungen in der nächsttieferen Modulationsebene auf, weshalb die nötigen 40 dB-Sperren meist mit den Durchschaltefiltern zusammengebaut werden. Der Tertiärgruppenpilot 1552 kHz liegt zwischen zwei Sekundärgruppen und erscheint nach Demodulation der Tertiärgruppe am Rande von zwei verschiedenen Grundsekundärgruppen, in der einen als 308 kHz, in der anderen als 556 kHz; beide Frequenzen werden bei Sekundärgruppendurchschaltung um 40 dB gedämpft. Die zusätzlichen Meßfrequenzen werden mit einem gegenüber den Kanalgruppenpiloten um 10 dB höheren

---

[1] Diese zusätzlichen Meßfrequenzen liegen — wie der Tertiärgruppenpilot — in der Mitte der 8 kHz breiten Lücke zwischen den Sekundärgruppen und werden für routinemäßige Überwachungsmessungen auf der Strecke verwendet. Sie haben eine relativ geringe Frequenzgenauigkeit: ihre max. zulässige Abweichung beträgt $\pm 40$ Hz.

Pegel eingespeist, dies muß durch eine zusätzliche Sperre berücksichtigt werden. Sie muß außerdem durch eine relativ große Sperrbandbreite der geringeren Frequenzgenauigkeit dieser zusätzlichen Meßfrequenzen Rechnung tragen.

Am Ende der Gruppenverbindung oder an den Durchschaltestellen wird der Pilot mittels eines Pilotempfängers selektiv empfangen und so weit verstärkt, daß er nach Gleichrichtung ein Kriterium für den Pegelregler abgeben kann. Die Pilotempfangseinrichtung ist verhältnismäßig aufwendig, unabhängig davon, ob eine Gruppe mit wenigen oder vielen Kanälen geregelt werden soll. Wie die Tabelle zeigt, beträgt die Ungenauigkeit der Pilotfrequenzen nur 1 bis 10 Hz. Dementsprechend ist es erwünscht, das Empfangsbandfilter ebenfalls nur so breit wie nötig zu machen, um benachbarte Störfrequenzen wirksam zu unterdrücken.

Der Pilotbandpaß für 84,08 kHz hat einen Durchlaßbereich von etwa 10 Hz (zwischen den 3 dB-Punkten), schmaler kann er aus Konstanzgründen mit vertretbarem Aufwand nicht gemacht werden. Die so erreichte geringe Bandbreite reicht für störungsfreien Pilotempfang aus. Empfangsbandpässe für den Sekundär- und erst recht für den Tertiärgruppenpilot mit gleicher absoluter Bandbreite — entsprechend gleicher Störbefreiung — und dementsprechend geringerer relativer Bandbreite wären nur mit hohem Aufwand zu verwirklichen. Der Sekundärgruppenpilot wird daher vor der Aussiebung im Pilotbandpaß in eine tiefere Frequenzlage umgesetzt. Er wird mit dem Träger $4 \times 124$ kHz $= 496$ kHz demoduliert, so daß aus $496 - 411{,}92$ kHz die Frequenz 84,08 kHz entsteht. Sie entspricht der des Primärgruppenpilots, die Empfangseinrichtungen für beide Pilote sind daher gleich.

Für den Tertiärgruppenpilot, der in der Mitte der 8 kHz breiten Lücke zwischen den Sekundärgruppen liegt, sind Störungen durch Meßpilote möglich. Um ein ausreichend schmales Empfangsfilter verwenden zu können, das zusammen mit den Sperren der Sekundärgruppendurchschaltung genügend Summendämpfung zum Schutz des Pilotempfängers bringt, ist für den Tertiärgruppenpilot 1552 kHz eine Umsetzung mit dem Sekundärgruppenträger 1612 kHz vorgesehen, wobei die Frequenz 60 kHz entsteht. In diesem Bereich können sehr schmale Quarzfilter realisiert werden.

Braucht man auf diese zusätzlichen Meßfrequenzen keine Rücksicht zu nehmen, weil z. B. das routinemäßige Nachmessen der Kabelstrecke nach anderen Methoden erfolgt, so kann das Empfangsfilter des Tertiärgruppen-Pilotempfängers die volle Frequenzlücke von $\pm 4$ kHz ausnutzen und ein Umsetzer für den Empfänger entfallen. Störende Anteile aus dem Grund- und Intermodulationsgeräusch, die in das Durchlaßband fallen, werden durch störmindernde Gleichrichterschaltungen im Pilotempfänger praktisch unwirksam gemacht.

Der Quartärgruppenpilot 11096 kHz liegt bei Aufbau der Quartärgruppe aus 3 Tertiärgruppen etwas unsymmetrisch in einer 88 kHz breiten Lücke. Die Quartärgruppe kann aber auch aus 15 Sekundärgruppen bestehen, dann stehen für den Pilot wie bei der Tertiärgruppe nur 8 kHz zur Verfügung. Deshalb wird die Empfangsselektion für die geringere Lücke dimensioniert. Der Quarzbandpaß 11096 kHz wird in der Pilotoriginallage realisiert, eine Vorumsetzung ist nicht erforderlich.

Die eigentliche Regelung der Kanalgruppen erfolgt in der Weise, daß nach Auswertung der empfangenen Pilotspannung und Vergleich mit einer Normalspannung im Falle einer Pegelabweichung ein Stellglied im Übertragungsweg verstellt wird. Da es häufig vorkommt, daß gleichartige Kanalgruppen in einem Amt in verhältnismäßig großer Anzahl vorkommen, ist es zweckmäßig, die Steuereinrichtungen für diese Kanalgruppen zentral zusammenzufassen. Dies geschieht in der Weise, daß ein Pilotempfänger mit Hilfe eines mechanischen oder elektronischen Schrittschaltwerks nacheinander an die Pilote von bis zu 40 einzelnen Kanalgruppen angelegt wird und bei Pegelabweichungen entsprechende Befehle an die zugeordneten Regler gibt. Wird bei einer Gruppe eine Pegelabweichung festgestellt, so erhält der Pegelregler einen Regelimpuls und regelt um eine Stufe von etwa 0,01 Np. Ist beim nächsten Umlauf die Abweichung noch zu groß, erfolgt ein weiterer Stellschritt und so fort, bis der Fehler innerhalb der Ansprechtoleranz der Einrichtung liegt. Bei einem Stellschritt von etwa 0,01 Np und einer Umlaufzeit von etwa $3^1/_2$ min ist die Regelgeschwindigkeit also außerordentlich klein. Dies ist zulässig, da die temperatur- und alterungsbedingten Pegeländerungen nur sehr langsam sind. Darüber hinaus ist ein langsames Ausregeln sogar erwünscht, damit kurzzeitige Pegelschwankungen, die z. B. durch fehlerhafte Bedienungseingriffe entstehen können, die Regelung nicht beeinflussen.

Als Stellglied wird häufig ein Potentiometer verwendet, das von einem Schrittschaltwerk verstellt wird. Es liegt entweder direkt im Übertragungsweg oder stellt den Heizstrom eines im Übertragungsweg liegenden Heißleiters ein.

Vollelektronische Regelsysteme verwenden zur Einstellung des im Übertragungsweg liegenden Heißleiters Transfluxoren, bei denen die Änderung des Heizstroms durch partielle Flußänderungen im magnetischen Kreis bewirkt wird.

Wann eine Einzelregelung vorteilhafter ist, richtet sich neben betrieblichen Erfordernissen in erster Linie nach dem Aufwand. Allgemein werden für Primär- und Sekundärgruppen zentrale Einrichtungen wirtschaftlicher und betrieblich brauchbar sein, während für Tertiärgruppen und noch höhere Einheiten die Einzelregelung günstiger erscheint. Vorteile der Einzelregelung gegenüber zentraler Regelung sind:

schnellere Alarmgabe bei unzulässig großen Abweichungen, individuell einstellbare Alarmgrenzen, Registrierungsmöglichkeit u. ä. Bei Einzelregelung kann die Einstellung des Stellpotentiometers auch über einen Motor mit Getriebe erfolgen. Bei dieser Anordnung wächst die Regelgeschwindigkeit mit der Pegelabweichung, so daß größere Fehler zunächst schnell verkleinert werden, während der Übergang auf den Sollwert dann langsam ist.

*Primärgruppensperrung.* Die beschriebenen Einrichtungen sorgen für konstanten Pegel in den Kanälen einer Gruppe, solange die Abweichungen vom Sollwert gering sind. Fällt aber eine Gruppe von 12 Kanälen vollständig aus, so hat das für die betroffenen Teilnehmer unangenehme Folgen. Es werden nicht nur die Gespräche unterbrochen, unter Umständen wird auch der Auslöseimpuls vom rufenden zum gerufenen Teilnehmer nicht übertragen; der Fernsprecher des gerufenen Teilnehmers könnte längere Zeit blockiert bleiben, bis er vom Amt aus freigeschaltet würde. Fällt eine Primärgruppe während der verkehrsschwachen Zeit aus, z. B. in der Nacht, so käme ein wählender Teilnehmer unter Umständen immer auf Kanäle der gestörten Primärgruppe; er würde immer wieder vergeblich versuchen, eine Verbindung aufzubauen. Aus diesen Gründen muß dafür gesorgt werden, daß die Wähleinrichtungen bei Störungen selbsttätig freigeschaltet und gegen Neubelegung gesperrt werden. Grundsätzlich ließen sich hierzu die zentralen Überwachungs- und Regelungseinrichtungen heranziehen. Zwischen dem Auftreten eines Fehlers und seiner Feststellung kann aber ein ganzer Abtastzyklus verstreichen (etwa $3^1/_2$ min); diese Zeit ist zu lang. Außerdem wird eine Wahlsperrung auch am Ende von Bezirksleitungen, d. h. in kleinen Ämtern, benötigt, in denen das Aufstellen von Pilotregeleinrichtungen zu aufwendig wäre. Für die Sperrung der Wähleinrichtungen hat man daher eigene Geräte entwickelt, die bei Ausfall des Primärgruppenpilots 84,08 kHz die Sperrung veranlassen.

Diese Sperreinrichtungen werden bei Bedarf in die Kanalumsetzergestelle eingebaut. Abb. 25 zeigt den prinzipiellen Aufbau des Sperrgerätes. Ist der Empfangspegel des Primärgruppenpilots um mehr als 0,7 Np abgesunken, so spricht die Auswertschaltung an. Nach einer Verzögerungszeit von 200 ms schaltet sich ein Impulsgeber ein, der den zum Gegenamt ausgesendeten Pilot in einem Modulator rhythmisch unterbricht. Damit wird auch dem Gegenamt gemeldet, daß der Pilot im eigenen Amt ausgefallen ist. Nach Ablauf einer weiteren Verzögerungszeit von etwa 10 sec wird im eigenen Amt ein Sperrgerät eingeschaltet und Amtsalarm gegeben. Die Zeitverzögerung von etwa 10 sec verhindert Wahlsperrung bei kurzzeitigen Unterbrechungen. Ein magisches Auge zeigt durch stetiges Aufleuchten an, daß der Pilot des Gegenamtes nicht mehr empfangen wird.

Im Gegenamt werden die Impulse empfangen und ebenfalls nach 10 sec wird das Sperrgerät eingeschaltet. Die im Tastrhythmus empfangene Pilotspannung wird an das magische Auge geführt, dieses leuchtet dadurch flackernd auf. Der Impulsgeber dieses Amtes arbeitet nicht, da er die erwähnte Ansprechverzögerung von etwa 200 msec hat, während die Pilotunterbrechungen nur 30 msec betragen. Diese Unter-

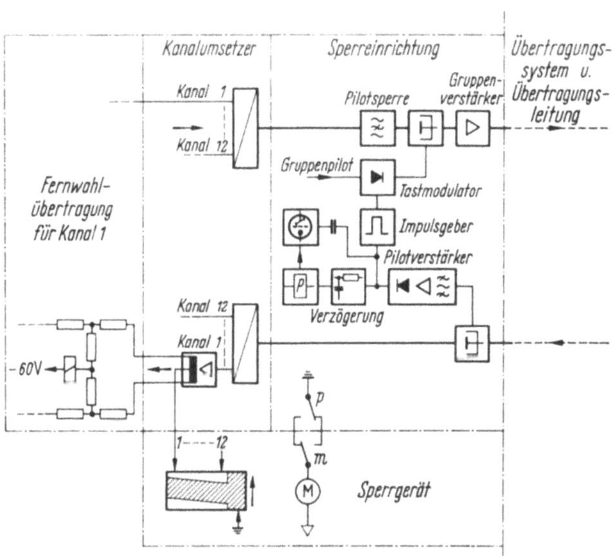


Abb. 25. Blockschaltbild des Gruppensperrgerätes; veranlaßt die vermittlungstechnische Auslösung und Sperrung der 12 zu einer Primärgruppenverbindung gehörenden Leitungen

brechungszeit ist so gewählt, daß angeschlossene Pilotregler weiterarbeiten können.

Das Sperrkriterium muß den Fernwahlübertragungen zugeführt werden. Um besondere Signaladern zu vermeiden, verwendet man den Simultankreis der abgehenden Sprechadern gegen Erde zur Sperrung der Fernwahlübertragungen. Damit keine Übersteuerungen der Trägerfrequenzverstärker durch Quittungsimpulse und keine Überlastungen der Wähleinrichtungen auftreten, muß das Erdpotential zeitlich gestaffelt an die 12 Fernwahlübertragungen geschaltet und nach Empfang des normalen Pilotpegels ebenso gestaffelt wieder abgeschaltet werden.

Das im wesentlichen aus einem motorgetriebenen Vielfachschalter bestehende Sperrgerät übernimmt das An- und Abschalten des Erdpotentials. Es sperrt der Reihe nach die 12 Kanäle, so daß bestehende Verbindungen ausgelöst und die Leitungen nicht mehr angewählt werden können.

### 3.2.5 Durchschaltefilter

Die Durchschaltung einer Kanalgruppe zwischen Streckenabschnitten oder Systemen erfolgt immer nach Demodulation in die Basislage (s. Abb. 9). Die durchzuschaltende Kanalgruppe muß mittels Filter auf ihren Frequenzbereich beschränkt werden, um eine Verschleppung von Signalen aus Nachbarbereichen zu vermeiden. Besonders hohe Anforderungen an die Bandbegrenzung müssen gestellt werden, wenn durch benachbarte Bänder verständliches Nebensprechen entstehen könnte oder eine nicht ausreichend gesperrte Pilotfrequenz des einen Systems den Pilot des anderen Systems, in welches das Teilband übergeführt werden soll, beeinflussen würde. Die den Kanalgruppenumsetzern zugeordnete Selektion unterdrückt nur unerwünschte Modulationsprodukte, ist jedoch für die Abtrennung benachbarter Kanalgruppen nicht scharf genug, da diese Aufgabe bei vollständiger Demodulation bis zum einzelnen Kanal von den Kanalfiltern übernommen wird.

Bei der Kanalgruppendurchschaltung braucht man also eigene Durchschaltefilter, die das durchzuschaltende Frequenzband möglichst unverzerrt durchlassen und die Nachbarbereiche ausreichend sperren.

Bei der Dimensionierung der Durchschaltefilter nimmt man im allgemeinen keine Rücksicht auf die in den Modulationsfiltern vorhandene Selektion; man ist dann in der Anwendung der Durchschaltefilter unabhängig von der Ausführung der jeweiligen Modulationsfilter.

Für die Abtrennung benachbarter Übertragungsbereiche, Pilotfrequenzen usw. durch die Durchschalteeinrichtungen gibt es folgende Empfehlungen des CCITT.

Mindestabstand für

| | |
|---|---|
| Anteile des verständlichen Nebensprechens | 8,0 Np oder 70 dB |
| Anteile des unverständlichen Nebensprechens | 8,0 Np oder 70 dB |
| Anteile, die durch Verschleppung an entfernten Stellen Nebensprechen ergeben können | 4,0 Np oder 35 dB |
| störende Anteile außerhalb der Sprachbänder (zum Beispiel Pilote) | 4,6 Np oder 40 dB |
| unwirksame Anteile außerhalb der Sprachbänder (z. B. Sprach- und Pilotreste, die keine Störungen verursachen können) | 2,0 Np oder 17 dB |
| Bereiche, in denen Rundfunkkanäle liegen | 9,2 Np oder 80 dB |

Zusätzlich soll im Primärgruppendurchschaltefilter die Systemwahlfrequenz des direkt benachbarten Kanals um 4,5 Np gedämpft werden. In Sperrfrequenzbereichen, in denen Trägerfrequenzrundfunk liegen kann, ist über die obige Mindestforderung hinaus eine Sperrdämpfung von 10 Np oder 85 dB erwünscht, wenn die Nebensprechforderung für

Tonrundfunk innerhalb der Endeinrichtungen ohne Kompander eingehalten werden soll (vgl. S. 610 ff.). Die Realisierung dieser Zusatzforderung bedeutet in den meisten Fällen keinen erheblichen Aufwand, da die mit Rundfunk belegbaren Kanäle erst in einem Abstand von 12 kHz oder 24 kHz von der Sperrbereichsgrenze beginnen. Abb. 26 zeigt den Dämpfungsverlauf eines ausgeführten Gruppendurchschaltefilters.

Während die Basisfrequenzlagen der Kanalgruppen vom CCITT genormt sind, ist eine Normung der Pegel in den Kanalgruppenverteilern aus historischen Gründen nur bei der Tertiärgruppe und Quartärgruppe möglich gewesen (vgl. S. 263). In allen Fällen ist jedoch eine Pegeldifferenz zwischen Ausgang und Eingang eingeplant worden, um die Grunddämpfung der Durchschalteeinrichtungen aufzufangen. Dadurch können alle modernen Durchschaltefilter als rein passive Geräte ausgebildet werden, d. h. ohne Verstärker zur Aufhebung der Grunddämpfung. Nur bei der manchmal gewünschten Vorgruppendurchschaltung muß das eigentliche Durchschaltefilter 12 bis 24 kHz mit einem Vorgruppenumsetzer und Verstärker kombiniert werden, um die durchzuschaltende Vorgruppe aus der Gruppenlage heraus in die Durchschaltelage zu bringen. In Normalgeräten ist die Vorgruppe jedoch nicht greifbar. Für die Durchlaßbereiche der einzelnen Durchschaltefilter ergeben die Pegeldifferenzen zwischen Empfangs- und Sendeseite die folgenden Grunddämpfungswerte:

| | | |
|---|---|---|
| für das Primärgruppendurchschaltefilter | 0,7 Np oder | 6 dB |
| für das Sekundärgruppendurchschaltefilter | 0,5 Np oder | 5 dB |
| für das Tertiärgruppendurchschaltefilter | 1,5 Np oder | 13 dB |
| für das Quartärgruppendurchschaltefilter | 0,9 Np oder | 8 dB |

Die Durchschaltefilter erfordern im allgemeinen einen verhältnismäßig hohen Bauteileaufwand. Die Breite der Lücke zwischen zwei zu trennenden Kanalgruppen ist maßgebend für den Aufwand zu ihrer Trennung. Meist ist mit Schwingkreisen aus Spulen und Kondensatoren allein die nötige Flankensteilheit, geringe Verlustdämpfung und hohe Langzeitstabilität nicht zu erreichen, so daß zusätzlich Schwingquarze eingesetzt werden müssen [15].

Für Primärgruppendurchschaltungen können erhebliche Ersparnisse durch ein vereinfachtes Filter gemacht werden, das man dort einsetzen kann, wo der Abstand zu Nachbarbändern größer ist.

Das trifft vor allem für Durchschaltungen mit 12-Kanal-Systemen zu. Bei diesem Filter sinkt wegen der größeren Lücke von 5,5% gegenüber 0,7% die Zahl der Schwingkreise etwa auf die Hälfte, Schwingquarze können ganz entfallen.

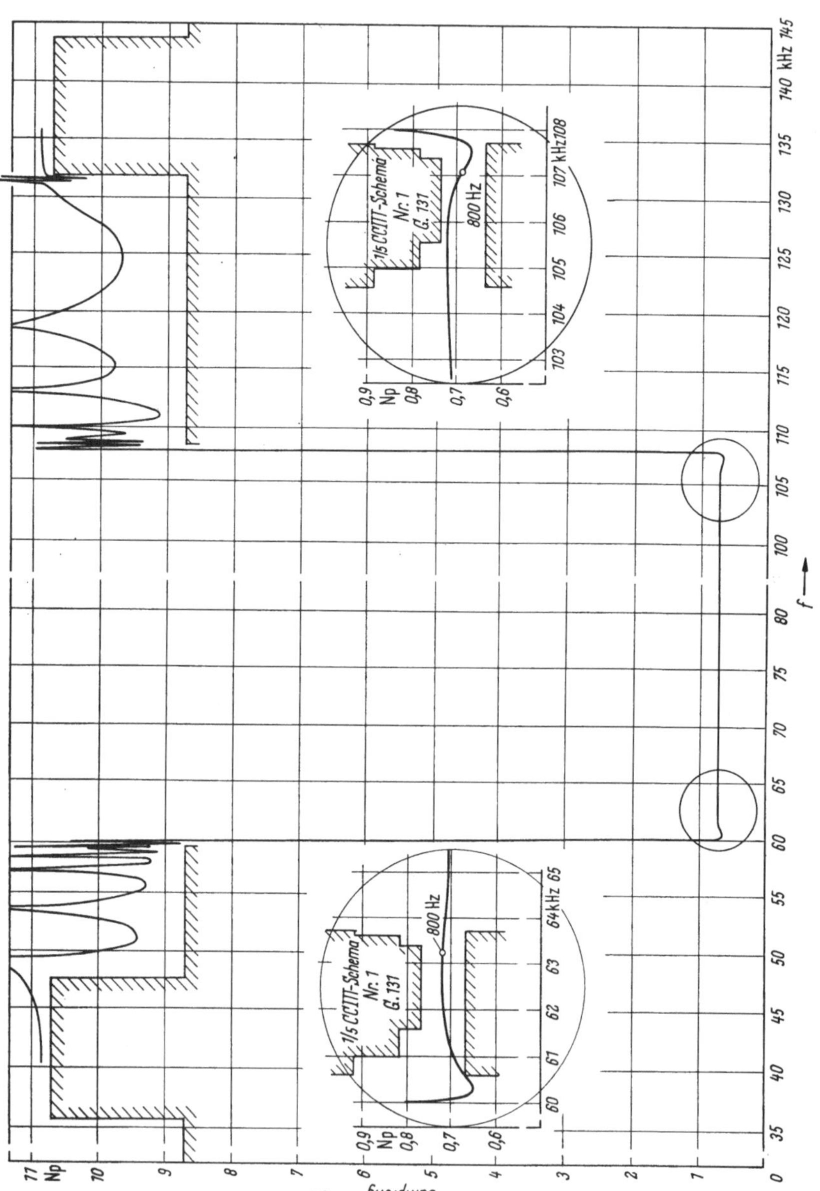



Abb. 26. Dämpfungsverlauf eines Primärgruppendurchschaltefilters

## 3.3 Systemeigene Einrichtungen für die wichtigsten Übertragungssysteme

Bei der Aufbereitung der **Übertragungsbänder** geht man von den genormten Kanalgruppen aus. Je nach der Bandbreite des Systems

verwendet man entweder Primärgruppen, Sekundärgruppen, Tertiärgruppen oder Quartärgruppen, manchmal auch verschiedene Kanalgruppen gleichzeitig. Die Endgeräte müssen die besonderen Eigenarten
der Übertragungsleitungen berücksichtigen. So ist zu unterscheiden,
ob für die beiden Richtungen einer Verbindung verschiedene Leitungen
oder verschiedene Frequenzbänder verwendet werden sollen. Bei symmetrischen Leitungen ist die Nahnebensprechdämpfung innerhalb eines
Kabels so niedrig, daß Hin- und Rückrichtung entweder in verschiedenen
Kabeln geführt oder bei nur einem Kabel oder Freileitungsgestänge
frequenzmäßig getrennt werden müssen. Dabei kann man entweder
die beiden Frequenzbänder auf dem gleichen Paar als Zweidraht-Ge-
trenntlage-System oder auf getrennten Paaren des gleichen Kabels
als Vierdraht-Getrenntlage-System führen. Koaxialkabel verlangen eine
solche räumliche oder frequenzmäßige Trennung nicht, sie erlauben
gleiches Frequenzband für beide Richtungen auf verschiedenen Koaxialpaaren des gleichen Kabels als Vierdraht-Gleichlage-System.

Richtfunksysteme sind Getrenntlage-Systeme, denn sie übertragen
in den beiden Richtungen in getrennten Frequenzbändern. Betrachtet
man aber nur die Anschlußklemmen für die Basisbänder, so kann man
Richtfunksysteme wie Vierdraht-Gleichlage-Systeme ansehen.

### 3.3.1 Systeme für symmetrische Leitungen und Richtfunk kleiner Kanalzahl

Die speziellen Endgeräte für symmetrische Leitungen und Schmalband-Richtfunk zeigen eine größere Vielfalt, verglichen mit denen für
Koaxialkabel und Breitband-Richtfunk. Dies erklärt sich aus den Einsatzbedingungen der zugehörigen Systeme für Nah- und Fernverkehr auf
sehr verschiedenartigen Übertragungsmitteln wie Freileitungen, Kabeln
oder Richtfunk.

Aus der Vielzahl der speziellen Endgeräte für Systeme auf symmetrischen Leitungen und für Schmalband-Richtfunk seien die Umsetzer
für Z 12, VZ 12, Z 12 F, V 60 und V 120 näher beschrieben.

**a) Die Systeme Z 12 und VZ 12.** Die Systeme Z 12 und VZ 12
sind eng miteinander verwandt. Beide übertragen eine Primärgruppe
mit 12 Kanälen. Während das System Z 12 vor allem für den
Nahverkehr als Zweidrahtsystem in Kabelnetzen vorgesehen ist und
daher ohne Pilotregelung arbeitet, sollen die VZ 12-Geräte auch für den
Einsatz auf langen Leitungen (Erd- und Luftkabel, Freileitungen)
sowie als Modulationsgeräte für Richtfunkverbindungen brauchbar
sein. Hierfür können diese Geräte auf vierdrähtigen Betrieb umgeschaltet
und auch zu einem V 24-System kombiniert werden [*16*].

Für den Zweidraht-Getrenntlage-Betrieb wird in der einen Richtung
die Grundprimärgruppe in ihrer Originallage zwischen 60 und 108 kHz

und in der Gegenrichtung nach Umsetzung mit 114 kHz in der Lage 6 bis 54 kHz übertragen. Die Lücke von 6 kHz erleichtert die Trennung der beiden Bänder mit einer Weiche. Die Anforderungen an diese Weiche sind verhältnismäßig hoch. Sie muß einmal geringe Durchlaßdämpfung haben, um den Leistungsverlust auf der Sendeseite klein zu halten. Zweitens dürfen die Randverzerrungen der beiden Übertragungsbänder nur gering sein, da sie in jeder Zwischenstelle auftreten und sich addieren. Drittens müssen die nichtlinearen Verzerrungen, die in das Empfangsband fallen und dort Störgeräusche verursachen, wegen des großen Pegelunterschiedes von etwa 7 Np zwischen beiden Bändern besonders beachtet werden. Der relative Ausgangspegel am Leitungsanfang liegt normalerweise bei $+0,8$ Np, in einigen Fällen auch bei 0 Np.

Entsprechend Abb. 27 arbeitet ein Z 12-Gruppenumsetzer folgendermaßen:

Die Grundprimärgruppe gelangt sendeseitig an den Gruppenmodulator, falls sie in die Lage 6 bis 54 kHz umgesetzt werden muß. Wird die Gruppe nicht umgesetzt, so ersetzt man den Modulator durch ein Dämpfungsglied. Es folgt der Sendeverstärker mit frequenzunabhängiger Verstärkung und die Weiche, an deren Scheitel die Leitung angeschlossen wird. Zur Übertragung werden symmetrische Leitungen mit Leiterdurchmessern von 0,8 bis 1,4 mm verwendet.

Das empfangene Band durchläuft zunächst die Weiche, gelangt über einen Leitungsvorentzerrer, der im Übertragungsbereich zwischen 6 und 108 kHz einen größten Dämpfungsunterschied von 3,4 Np ausgleichen kann, auf den Vorverstärker mit Feinentzerrer im Gegenkopplungsweg. Der Feinentzerrer kann schrittweise $6 \times 0,4$ Np Frequenzgang entzerren. Nach dem Ausgleichsentzerrer, der die unterschiedlichen Dämpfungscharakteristiken der verschiedenen Leitungen berücksichtigt, folgt die Bandumsetzung oder eine entsprechende Dämpfung wie auf der Sendeseite und die Endstufe des Empfangsverstärkers.

An den Vierdrahtklemmen des Gruppenumsetzers Z 12 liegen die beiden Primärgruppen für Sende- und Empfangsseite in der gleichen Frequenzlage, nämlich der Basislage 60 bis 108 kHz, auf der Leitung dagegen in verschiedenen Frequenzlagen. Nur in einer der beiden Richtungen muß mit 114 kHz umgesetzt werden, jede Endstelle kommt daher mit einem Modulator aus. Er muß jedoch umschaltbar sein. In welchem Zweig er angeordnet wird, richtet sich nach den Betriebserfordernissen. Mehrere auf einem Kabel parallellaufende Systeme müssen so geschaltet sein, daß alle in einer Richtung das untere Frequenzband, in der Gegenrichtung das obere Band übertragen, damit zwischen den Bändern gleicher Frequenzlage keine großen Pegelunterschiede mit der Gefahr des Nahnebensprechens auftreten.

Man unterscheidet die Endstelle A, bei der die Grundprimärgruppe auf der Sendeseite umgesetzt wird, von der Endstelle B, wo die Umsetzung im Empfangsweg erfolgt. Hinter dem Modulator muß in jedem Falle ein Filter zur Sperrung unerwünschter Modulationsprodukte

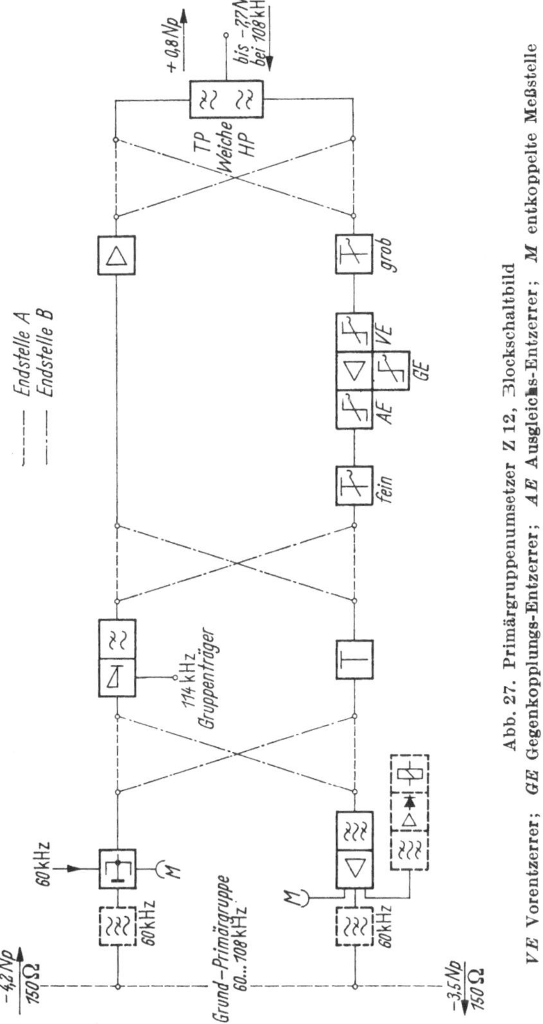

Abb. 27. Primärgruppenumsetzer Z 12, Blockschaltbild

*VE* Vorentzerrer; *GE* Gegenkopplungs-Entzerrer; *AE* Ausgleichs-Entzerrer; *M* entkoppelte Meßstelle

vorgesehen werden, bei der Umsetzung 60 bis 108 kHz in 6 bis 54 kHz genügt ein Tiefpaß, während bei der Umsetzung 6 bis 54 kHz in 60 bis 108 kHz ein Bandpaß erforderlich ist. Die Umsetzung nach unten kann nur auf der Sendeseite, die nach oben nur auf der Empfangsseite vorkommen.

Bei Bedarf können eine Piloteinspeisung für einen Leitungspilot (60 kHz oder 108 kHz) und eine Einrichtung zur Pilotpegelüberwachung eingesetzt werden. Damit wird bei Unterschreiten des einstellbaren Grenzpegels Alarm ausgelöst.

Die Zwischenverstärker können sehr einfach aus zwei Gruppenumsetzern gebildet werden, die man auf der Grundprimärgruppenseite pegelrichtig zusammenschaltet. Dabei übernehmen die Umsetzer die Aufgabe des Gruppentausches zur Verhinderung des Nebensprechens über dritte Leitungen (s. S. 118).

Bei Betrieb der VZ 12-Geräte auf Freileitungen und Luftkabeln ist eine selbsttätige Pegelregelung erforderlich, weil diese Leitungen starken Temperaturschwankungen ausgesetzt sind und deshalb starke Dämpfungsschwankungen haben. Aber auch bei Betrieb auf längeren Erdkabelstrecken erleichtert eine selbsttätige Regelung die Bedienung und ergibt bessere Regelstabilität. Bei dieser Pilotregelung wird ein dem jeweiligen Leitungstyp entsprechender Regelentzerrer in den Empfangsweg anstelle des von Hand einstellbaren Entzerrers eingeschleift.

Bei Freileitungen sind die von außen eindringenden Störungen so groß, daß der normale relative Sendepegel von $+0,8$ Np nicht ausreicht. Hierfür gibt es eine Endstufe mit einem relativen Sendepegel von $+2,0$ Np. Werden auf einem Freileitungsgestänge 2 Systeme betrieben, so muß bei einem System das obere Band — wie bei Freileitungen üblich — invertiert werden, damit das Nebensprechen unverständlich wird. Der Inverter besteht aus zwei in Reihe geschalteten Umsetzern mit den zugehörigen Filtern und Verstärkern. Für die Inversion mittels Doppelumsetzung ergeben sich folgende einfache Regeln:

Die Trägerfrequenzen für die Umsetzung sind so hoch zu wählen, daß die mit hoher Leistung anfallenden störenden Modulationsprodukte nicht in das Nutzband fallen können und

der Abstand zwischen den beiden Trägerfrequenzen muß gleich der Summe aus unterer und oberer Eckfrequenz der Grundprimärgruppe sein, d. h. 60 kHz $+$ 108 kHz $=$ 168 kHz.

Eine sehr einfache Erzeugung der beiden Invertierungsträgerfrequenzen ergibt sich durch Vervielfachung der Vorgruppenträgerfrequenz 84 kHz und Verwendung der 4. Oberwelle 336 kHz für den einen und der 6. Oberwelle 504 kHz für den zweiten Träger. Der Inverter ist so dimensioniert, daß er keine Dämpfung hat, so daß durch seine Einschaltung keine Pegeländerungen im Umsetzer entstehen.

**b) Das System Z 12 F für Freileitungen.** Während das System VZ 12 nur gelegentlich auf Freileitungen über kürzere Entfernungen eingesetzt wird, erfordert ein spezielles Freileitungs-Weitverkehrssystem weitergehende Maßnahmen für den Parallelbetrieb mehrerer Systeme und für den Dämpfungsausgleich. Zudem wird verlangt, daß dem 12-Kanal-System noch ein 3-Kanal-System unterlagert werden kann, deshalb muß für das Z 12 F-System eine höhere Frequenzlage als beim VZ 12-System gewählt werden. Das Z 12 F-System arbeitet ebenfalls im Zweidraht-Getrenntlage-Verfahren. In einer Richtung wird immer der Frequenzbereich 36 bis 84 kHz und in der anderen Richtung werden

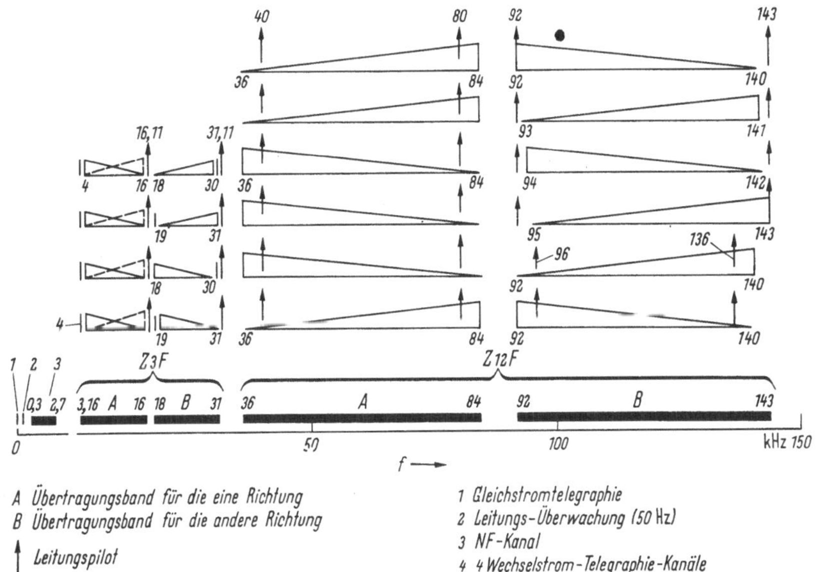



Abb. 28. Übertragungsbereiche der Freileitung und Frequenzpläne für Z 3 F und Z 12 F

Bänder über 92 kHz benutzt. Während bei Parallelbetrieb mehrerer Systeme auf dem gleichen Gestänge im Band 36 bis 84 kHz eine Inversion genügt, muß das obere Band nicht nur invertiert, sondern auch um 1, 2 oder 3 kHz verschoben werden, so daß es entweder zwischen 92 und 140 kHz, 93 und 141 kHz, 94 und 142 kHz oder 95 und 143 kHz liegen kann (Abb. 28).

Die Umsetzung der Grundgruppe 60 bis 108 kHz erfolgt zunächst in eine Zwischenfrequenzlage 396 bis 444 kHz entweder mit dem Träger 336 kHz unter Beibehaltung der Kehrlage oder mit 504 kHz bei gleichzeitiger Inversion. Von hier wird die Umsetzung in die Übertragungslage 36 bis 84 kHz für die eine Richtung mit dem Träger 360 kHz vorgenommen, zur Umsetzung in die höhere Übertragungslage der anderen Richtung dienen die Träger 304, 303, 302 und 301 kHz.

Mit diesen Einrichtungen lassen sich verschiedene Frequenzpläne auswählen und so gegenseitige Störungen weitgehend vermeiden.

Pilote am oberen und unteren Ende der beiden Übertragungsbänder werden für die Pegelregelung eingesetzt, dabei steuert der Pilot am oberen Bandende die Neigung des Entzerrers, der am unteren Ende eine Parallelverschiebung. Die Pilotfrequenzen für das untere Band liegen bei 40 und 80 kHz, also innerhalb des Bandes auf Nullfrequenzen, die für das obere Band je nach Frequenzplan bei 92 und 143 kHz oder 96 und 136 kHz, also außerhalb oder innerhalb des Bandes. Fallen die Pilote auf Nullfrequenzen, so müssen sie auf der Sendeseite gegen Trägerreststörungen besonders geschützt werden.

Der Sendeverstärker des Z 12 F-Systems ist für einen relativen Ausgangspegel von $+2{,}0$ Np dimensioniert. Eine Leitungsweiche zwischen Richtungsweiche und Freileitung muß vorgesehen werden, um die gleichzeitige Anschaltung eines 3-Kanal-Systems Z 3 F zu ermöglichen.

Die Trägerversorgung für das Z 12 F-System ist, bedingt durch die Vielzahl der Träger- und Pilotfrequenzen und ihr wenig harmonisches Verhältnis zueinander, recht kompliziert. Durch Einsatz von Teilern und Modulatoren bietet sich die Möglichkeit, auch Träger- und Pilotfrequenzen, die in keinem einfachen Verhältnis zur Grundfrequenz stehen, von einer Grundfrequenz abzuleiten, statt sie einzeln in freischwingenden Generatoren zu erzeugen, und so die Bedienung erheblich zu vereinfachen.

**c) Die Systeme V 60 und V 120.** Nach 1945 wurde der Aufbau des Fernnetzes in der Bundesrepublik Deutschland mit dem V 60-System begonnen, das auf papierisolierten Trägerfrequenzkabeln eingesetzt wurde [17]. Es überträgt eine Sekundärgruppe, die mit Hilfe des Trägers 564 kHz aus ihrer Basislage 312 bis 552 kHz in die Übertragungslage 12 bis 252 kHz umgesetzt wird. Die Einführung von styroflexisolierten Trägerfrequenzsternvierern in das Fernkabelnetz ermöglichte eine Erweiterung des Frequenzbereiches. Das hierfür geschaffene V 120-System überträgt zwei Sekundärgruppen, die erste wie beim V 60-System zwischen 12 und 252 kHz, die zweite in der Basislage 312 bis 552 kHz. Die Lücke von 60 kHz zwischen den zwei Sekundärgruppen ermöglicht eine einfache Trennung beider Teilbänder für Rangierzwecke [18].

Es gibt ferner für beide Systeme geänderte Frequenzpläne, die speziell dem Einsatz auf Richtfunkstrecken Rechnung tragen. Dabei wird die Sekundärgruppe des V 60-Systems in der Lage 60 bis 300 kHz übertragen, ebenso die untere Sekundärgruppe des V 120-Systems. Das bietet die Möglichkeit, in beiden Fällen den Sekundärgruppen noch eine Primärgruppe in der Z 12-Lage 6 bis 54 kHz zu unterlagern, die leicht abspaltbar ist, und so 72 bzw. 132 Kanäle zu übertragen. Die Einzelgruppe stellt ein von dem breiten Band weitgehend unabhängiges

System für 12 Kanäle dar, wodurch eine besonders flexible Netzgestaltung ermöglicht wird.

Abb. 29 zeigt den Frequenzplan und das Blockschaltbild einer Endstelle für 132 Kanäle. Zuführung und Abtrennung der zusätzlichen 12-Kanal-Gruppe erfolgt über Frequenzweichen, eine Trennung und

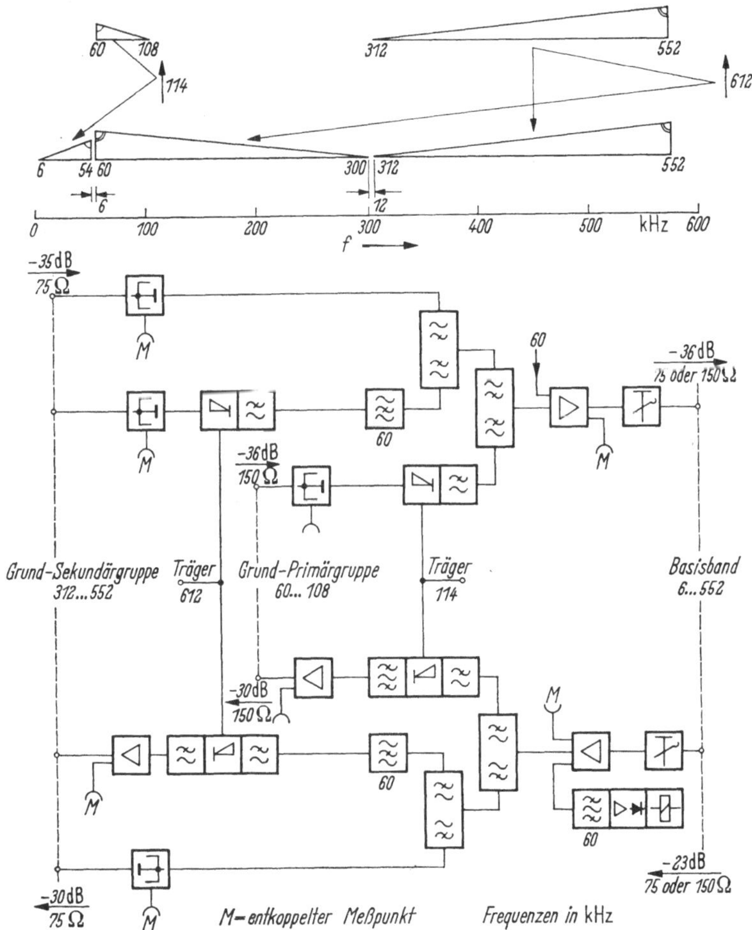


Abb. 29. Frequenzplan und Blockschaltbild des **V** 120-Fu-Systems

Durchschaltung der beiden Sekundärgruppen kann ebenfalls über Weichen ohne zusätzliche Umsetzer erfolgen.

Als Systempilot wird die Frequenz 556 kHz übertragen; werden im Zubringerdienst zu abgesetzten Richtfunkstellen kurze Kabelstrecken eingeschaltet, so wird sie auch als Leitungspilot verwendet. Die Frequenz 60 kHz wird als Frequenzvergleichspilot verwendet.

### 3.3.2 Systeme für koaxiale Leitungen und Breitband-Richtfunk

Die Endeinrichtungen für Breitbandverbindungen gehen alle von der Grundsekundärgruppe aus. Je nach der Übertragungsbandbreite des Systems ändert sich lediglich die Zahl oder die Frequenzlage der zusammengefaßten Sekundärgruppen.

**a) Die Systeme V 300 und V 960.** Wenn man von älteren Systemen absieht, so bildet das 4 MHz-System (V 960) die Grundlage für die vom CCITT bzw. CCIR empfohlenen Systeme für koaxiale Kabel und Breitband-Richtfunkstrecken. Dieses System enthält 16 Sekundärgruppen zwischen 60 und 4028 kHz [19]. Als später Teile dieses Frequenzschemas für andere Systeme und als neue Kanalgruppen verwendet wurden, hat man die Bezeichnung der Sekundärgruppen beibehalten. So besteht nach Abb. 30 das Übertragungsband des V 300-Systems, das zwischen 60 und 1300 kHz liegt, aus den Sekundärgruppen 1 bis 5, die Grundtertiärgruppe, die zwischen 812 und 2044 kHz liegt, aus den Sekundärgruppen 4 bis 8, die Grundquartärgruppe B zum Aufbau eines 12 MHz-Systems (V 2700), die zwischen 312 und 4028 kHz liegt, aus den Sekundärgruppen 2 bis 16.

Innerhalb der 16 Sekundärgruppen nimmt die zweite insofern eine Sonderstellung ein, als sie nicht umgesetzt, sondern als Grundsekundärgruppe 312 bis 552 kHz direkt übertragen wird. Aus diesem Grunde liegt sie auch als einzige in Regellage, während die 15 übrigen in Kehrlage angeordnet sind. Zur Erleichterung eines Abzweigs hat sie einen größeren Frequenzabstand von 12 kHz zu ihren Nachbargruppen, während alle anderen Sekundärgruppen nur 8 kHz Abstand voneinander haben.

Während ursprünglich die Umsetzereinrichtungen für die 60-Kanal-Sekundärgruppen in ihrer Gesamtplanung speziell auf das 4 MHz-System (V 960) zugeschnitten waren, werden heute diese Geräte für möglichst vielseitige Verwendungsmöglichkeiten gestaltet. Dazu gehört, daß am Ausgang der Umsetzer ein Verteiler mit vereinbarten Pegeln festgelegt ist und daß die Umsetzergestelle für verschiedene Bestückungsmöglichkeiten mit entsprechender Zusammenfassung der Sekundärgruppen eingerichtet sind. Eine genaue Beschreibung der Sekundärgruppenumsetzer ist bereits auf S. 406ff. am Beispiel des Aufbaus der Grundtertiärgruppe gegeben. Für die Zusammenfassung der 5 Sekundärgruppen zum V 300-Band sowie der 16 Sekundärgruppen zum V 960-Band gilt ebenfalls, daß eine Mehrfachgabel mit eigenem Eingang für jede Sekundärgruppe sowohl die Filter als auch die Gestellverdrahtung vereinfacht und darüber hinaus eine Teilbestückung der Systeme oder ein Austauschen einzelner Sekundärgruppenumsetzer ohne Beeinträchtigung der Übertragungseigenschaften erlaubt.

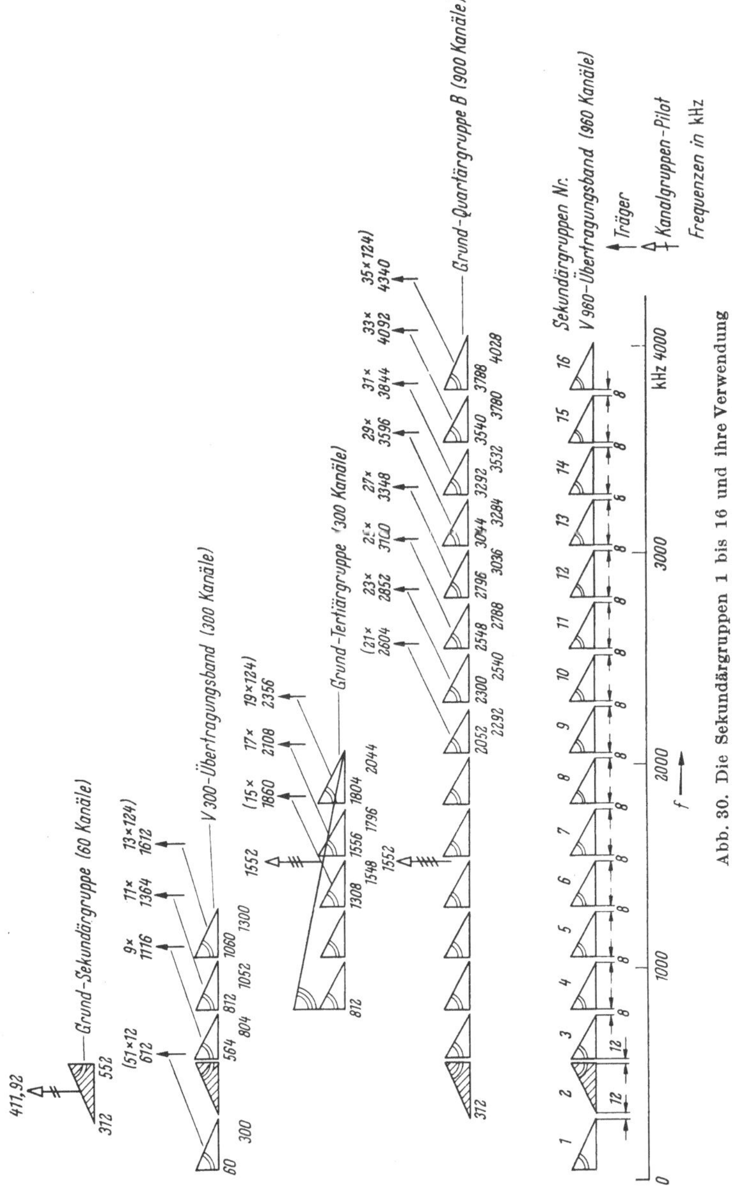


Abb. 30. Die Sekundärgruppen 1 bis 16 und ihre Verwendung

Neben den Umsetzereinrichtungen für V 300 und V 960, welche nur aus Sekundärgruppenumsetzern bestehen, bei denen also eine einstufige Umsetzung in die Übertragungslage führt, gibt es breitere Systeme, bei denen die Übertragungslage erst in mehreren Schritten erreicht wird, so bei dem 6 MHz-System V 1260, bei welchem ein 300-Kanal-Band dem 4 MHz-Band aus 16 Sekundärgruppen in einer zusätzlichen Umsetzung überlagert wird und beim 12 MHz-System (V 2700).

**b) Das System V 2700.** Für den Aufbau des 12 MHz breiten Übertragungsbandes des Systems V 2700 gibt es 3 Möglichkeiten. In allen

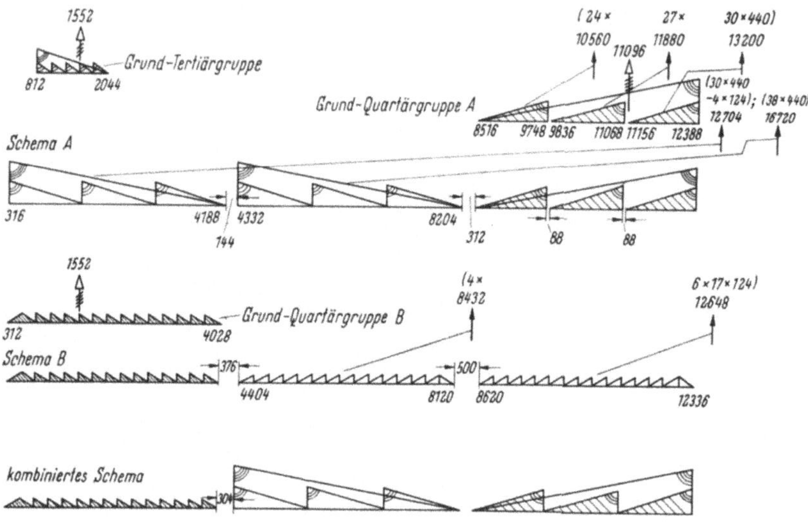

Abb. 31. Die 3 Frequenzpläne für das System V 2700

Fällen ist es aus 3 Quartärgruppen zu je 900 Kanälen aufgebaut. Im Schema A besteht die Quartärgruppe aus 3 Tertiärgruppen, und ihre Basislage ist 8516 bis 12388 kHz, im Schema B besteht sie aus 15 Sekundärgruppen, und ihre Basislage ist 312 bis 4028 kHz. Die dritte Möglichkeit ist eine Kombination aus A und B, bei der die unterste Quartärgruppe aus 15 Sekundärgruppen und die beiden oberen aus je 3 Tertiärgruppen bestehen (s. Abb. 31) [20].

Von der Grundsekundärgruppe ausgehend benötigt das Schema A 3 Umsetzerstufen, die Sekundär-, die Tertiär- und die Quartärgruppenumsetzung. Das Schema B kennt keine Tertiärgruppe, es benötigt deshalb nur 2 Umsetzerstufen.

*Der Tertiärgruppenumsetzer.* Zur Bildung der Grundquartärgruppe A werden 3 Grundtertiärgruppen mit den Trägern 10,56, 11,88 und 13,2 MHz in die Lage 8516 bis 12388 kHz umgesetzt. Zur Umsetzung werden Transistormodulatoren in Doppelgegentaktschaltung verwendet. Die mit 10,56 MHz umgesetzte Tertiärgruppe wird mit der mit 13,2 MHz umgesetzten mittels Weiche zusammengeschaltet, dieses Paar wird mit der dritten, mit 11,88 MHz umgesetzten Tertiärgruppe über eine

Gabel vereint und gemeinsam mit einem frequenzunabhängigen Verstärker im Pegel angehoben.

Der Quartärgruppenpilot 11,096 MHz wird sendeseitig in die mittlere Tertiärgruppe hinter dem Modulator eingespeist. Am Ausgang des Sendeverstärkers kann der Quartärgruppenpilot zur Kontrolle des Sendeweges überwacht werden. Eine Pilotsperre vor der Einspeisung kann entfallen, da der Pilot nur zur Überwachung dient und der hierfür notwendige Störabstand gewährleistet ist. Auf der Empfangsseite wird die ankommende Grundquartärgruppe — entsprechend der Sendeseite — über Gabel und Weiche aufgeteilt. Die Teilbänder werden in die Grundtertiärgruppenlage demoduliert, wobei die Filterkombination mit der Sendeseite identisch ist. Nach der Demodulation erfolgt eine Pegelanhebung mit einem vom Tertiärgruppenpilot 1552 kHz gesteuerten Verstärker. Dazu wird der Pilot von einem hinter dem Verstärker angeordneten entkoppelten Meßpunkt entnommen und in einem Pilotempfänger ausgewertet.

*Der Quartärgruppenumsetzer für Schema A.* Der Quartärgruppenumsetzer A erzeugt das Übertragungsband A des 12 MHz-Systems. Sein Aufbau ist ähnlich dem des Tertiärgruppenumsetzers; wie bei der aus 3 Tertiärgruppen zusammengesetzten Quartärgruppe A wird das Übertragungsband aus drei Quartärgruppen über Weiche und Gabel zusammengesetzt. Die Quartärgruppen 1 und 2 werden über Umsetzer in die Übertragungslage gebracht, die Quartärgruppe 3, die der Grundquartärgruppe A entspricht, braucht nicht umgesetzt zu werden, sondern wird über ein entsprechend bemessenes Dämpfungsglied in ihrer Basislage 8516 bis 12388 kHz der Zusammenschaltungsweiche zugeführt. Für die Umsetzungen werden Transistormodulatoren verwendet, die für geringe Grund- und Intermodulationsgeräusche und für geringe Dämpfungsverzerrungen im Übertragungsband sorgen.

Im Falle des gemischten Frequenzschemas, bei dem anstatt der untersten Quartärgruppe die Übergruppen 2 bis 16 des 4 MHz-Systems übertragen werden, ist auch in diesem Zweig keine Umsetzung erforderlich.

Im Quartärgruppenumsetzer kann ein besonderer Schreiberpilot für Dauerüberwachungszwecke mit 8,248 MHz zugeführt werden, der auf der Empfangsseite vor der Rückumsetzung gesperrt werden muß.

*Der Quartärgruppenumsetzer für Schema B.* Im Quartärgruppenumsetzer B wird das Schema B aus 3 mal 15 Sekundärgruppen gebildet. Im Gegensatz zum Schema A liegt jedoch die unterste Quartärgruppe, entsprechend ihrer Basislage zwischen 312 und 4028 kHz, bereits in ihrer Übertragungslage.

Ein weiterer wichtiger Unterschied zum Quartärgruppenumsetzer nach Schema A ist die direkte Abstammung der Quartärgruppenträger von der Grundfrequenz 124 kHz, also der Basisfrequenz für die Sekundärgruppenträger. Ausgehend von der Trägerfrequenz für die Sekundärgruppe 7, die $17 \times 124 = 2108$ kHz entspricht, werden die Träger für die Quartärgruppen 2 und 3 in einfacher Weise durch Vervierfachung und Versechsfachung gewonnen nach folgendem Schema:

$$2108 \text{ kHz} \times 4 = \phantom{0}8432 \text{ kHz (Träger für Quartärgruppe 2),}$$
$$2108 \text{ kHz} \times 6 = 12648 \text{ kHz (Träger für Quartärgruppe 3).}$$

Welcher Frequenzplan für den Aufbau eines 12 MHz-Systems zu wählen ist, hängt von der vorgegebenen Netzstruktur ab. Das Schema A ergibt optimale Flexibilität innerhalb größerer Netze, weil neben der 60-Kanal-Sekundärgruppe und der 900-Kanal-Quartärgruppe auch die 300-Kanal-Tertiärgruppe zur Verfügung steht. Auf der anderen Seite bringt ein 12 MHz-Frequenzaufbau nach Schema B sehr gute Anpassungsmöglichkeiten an vorhandene 4 MHz-Systeme, einfachere Trägerableitung und geringeren Geräteaufwand.

### 3.3.3 Endeinrichtungen für Seekabelverbindungen

Bei langen Seekabelverbindungen (s. S. 580 ff.) übertreffen die Streckenkosten — mehr noch als bei langen Landkabel- und Richtfunkverbindungen — die Kosten der Endgeräte. Es ist daher wirtschaftlich, die Endgeräte so zu bemessen, daß das übertragene Frequenzband soweit wie möglich ausgenützt wird, auch wenn dadurch die Kosten für die Endgeräte ansteigen. Es liegt nahe, daß man zur besseren Ausnutzung des vorhandenen Bandes die niederfrequente Bandbreite der Gespräche einschränkt, zusätzlich kann man die Lücken zwischen den Kanälen schmaler machen.

Nach diesen Gesichtspunkten aufgebaute Kanalumsetzer liefern einen wirksamen Übertragungsbereich der Kanäle von 200 bis 3050 Hz im Gegensatz zu normalen Trägerfrequenzkanälen, deren Übertragungsbereich 300 bis 3400 Hz beträgt. Damit enthält die Grundgruppe 60 bis 108 kHz 16 Sprechkanäle statt der üblichen 12. Daraus errechnet sich ein Kanalabstand von 3 kHz statt wie üblich 4 kHz.

Die Frequenzlücken zwischen diesen 3 kHz-Kanälen betragen abwechselnd 100 Hz und 200 Hz, im Mittel also 150 Hz [21]. Im Vergleich dazu betragen die Lücken zwischen den 4 kHz-Kanälen entweder 900 Hz, oder bei Verwendung eines Außerband-Wahlkanals etwa 400 Hz. Abb. 32 zeigt das übliche Modulationsschema für den Aufbau einer 16-Kanal-Grundprimärgruppe über eine 4-Kanal-Vorgruppe im Frequenzbereich 12 bis 24 kHz. Die Kanalbänder liegen abwechselnd in Kehr- und Regellage, die Kanalträger (Nullfrequenzen) sind jeweils in den Übertragungsbereich des Nachbarkanals gelegt.

Bei einer so aufgebauten Primärgruppe wird normalerweise eine Primärgruppenpilotfrequenz von 84,0 kHz für Überwachungs- und Regelzwecke verwendet.

Im Transatlantikkabel TAT 3 sind z. B. 8 solche Primärgruppen mit insgesamt 128 Kanälen zu einem Übertragungsband zusammengefügt, dies belegt das Band von 108 bis 504 kHz für die eine Übertragungsrichtung und das Band von 660 bis 1052 kHz für die andere Richtung.

Eine Durchschaltung solcher Gruppen in Systeme mit 4 kHz-Nullfrequenzabstand ist nicht üblich, da das Nutzband bereits in 100 Hz

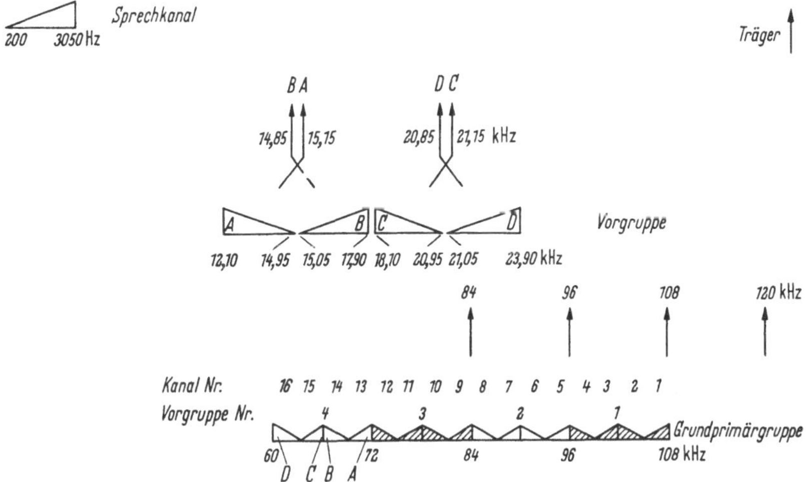


Abb. 32. Frequenzschema einer 16-Kanal-Grundprimärgruppe für Seekabel

Abstand von den nominalen Bandgrenzen beginnt, statt normalerweise in 300 oder 600 Hz Abstand. Es müßten also spezielle Durchschalteeinrichtungen vorgesehen werden. Außerdem könnten sich Störungen durch Trägerreste ergeben, die in die 3 kHz-Kanäle fallen.

Optimale Bandausnutzung bedeutet auch, daß Leitungspilote und sonstige Hilfsfrequenzen dicht an das Nutzband gerückt werden müssen. Da das Auswechseln schadhafter Tiefseezwischenverstärker mit langwierigen Vorbereitungen verbunden ist, wird frühzeitige Fehlererkennung und damit eine sehr große Pegelgenauigkeit der Piloteinspeisung und -überwachung gefordert. Vollständige Reserve für alle Endgeräte ist eine selbstverständliche Forderung.

Um die vorhandenen Kanäle auch zeitlich möglichst gut auszunutzen, haben die Bell Laboratorien das TASI-System entwickelt, das die Sprachsignale aller Sprecher einer Richtung auf demselben Kabel unter Ausnutzung der Sprechpausen zeitlich so verschachtelt, daß eine Erhöhung

der Anzahl der zur Verfügung stehenden Sprechkreise erreicht wird [22].
Genauere Angaben über das TASI-System finden sich auf S. 328 ff.
Voraussetzung für seine Anwendbarkeit ist allerdings, daß die Kanäle
in bezug auf ihre Dämpfungs- und Laufzeitverzerrungen sowie auf
ihre Geräusche subjektiv gleich sind, damit die Teilnehmer die Umschaltung auf die verschiedenen Kanäle nicht bemerken.

### 3.3.4 Kurzstreckensysteme

Bis zum Jahre 1950 etwa wurde der Nahverkehr im Entfernungs-
bereich bis zu 100 km fast ausschließlich über Niederfrequenzleitungen
abgewickelt [23]. Die fortschreitende Verbilligung der Trägerfrequenz-
End- und Streckengeräte sowie der ständig steigende Sprechkreisbedarf
führten dazu, die Kabel auch für kürzere Strecken mehrfach auszunutzen.
Heute sind Kurzstreckensysteme, je nachdem ob sie auf alten vorhandenen Niederfrequenzleitungen oder auf neu zu verlegenden Kabeln
eingesetzt werden, ab etwa 20 bis 40 km Entfernung wirtschaftlich.

Bei so kurzen Entfernungen überwiegen die Kosten für die Endgeräte
bei weitem die Leitungskosten. Das technische Konzept für jedes Kurzstreckensystem ist deshalb auf geringe Endgerätekosten ausgerichtet.
Dazu werden vor allem zwei Verfahren angewendet:

Vergrößerung der Kanalabstände von 4 kHz auf z. B. 6 kHz und

Zweiseitenbandübertragung mit 8 kHz Kanalabstand.

Dabei kann die Übertragungsqualität im Vergleich zu Weitverkehrssystemen vermindert werden, z. B. bezüglich der Störgeräusche.

Eine Vergrößerung der Kanalabstände bringt eine nennenswerte
Aufwandsverminderung für die Kanalfilter, die einen wesentlichen
Anteil am Gesamtaufwand haben. Da wegen der breiteren Lücken auch
die Wählfrequenz weiter vom Sprachband weggelegt werden kann,
können die Anforderungen an die Signalfilter ebenfalls ermäßigt werden.

Für Kurzstreckensysteme mit Einseitenbandmodulation hat das
CCITT empfohlen, den Nullfrequenzabstand von 4 kHz auf 6 kHz zu
erweitern und den Nennwert der Kanalbandbreite von 300 bis 3400 Hz
beizubehalten. Man erhält damit statt der 12 Kanäle im Band einer
Primärgruppe nur 8 Kanäle. Systeme mit 6 kHz-Kanalabstand sind
z. B. in Holland und in der Schweiz im Gebrauch [24].

Primärgruppen mit 8 Kanälen können wie 12-Kanal-Gruppen verwendet werden, man kann sie aus Nahverkehrssystemen ins Fernverkehrsnetz durchschalten. Außerdem können sie zur Belegung einer
anfänglich noch nicht voll ausgelasteten Übertragungsstrecke eingesetzt
werden, bis der Sprechkreisbedarf so weit angewachsen ist, daß 12-Kanal-
Gruppen nötig werden. Die Primärgruppenpilot-Technik und die Durchschalteeinrichtungen für die 12-Kanal-Gruppe sind auch für die 8-Kanal-
Gruppe uneingeschränkt verwendbar.

Bei Zweiseitenbandübertragung kann der Filteraufwand weiter reduziert werden und bei mitübertragenem Träger kann auf der Empfangsseite eine einfache Gleichrichtung vorgesehen werden. Um die zu übertragende Leistung klein zu halten, kann man sendeseitig den Träger unterdrücken, muß dann jedoch auf der Empfangsseite den Träger rückgewinnen, um unzulässige Verzerrungen bei der Demodulation zu vermeiden.

Das am weitesten verbreitete Zweiseitenbandsystem mit übertragenem Träger ist das amerikanische N 1-System [25], das als N 2-System modernisiert wurde [26]. Es ist für 12 Kanäle ausgelegt, für die beiden Übertragungsrichtungen werden getrennte Leitungen des gleichen Kabels oder Freileitungsgestänges und verschiedene Frequenzbänder verwendet. Die Kanäle werden in der Lage 164 bis 260 kHz aufgebaut und auf der Empfangsseite aus dieser Lage durch Gleichrichtung demoduliert. Dabei sind sendeseitig keine Kanalfilter erforderlich. Für eine Übertragungsrichtung wird dieses Band direkt ausgesendet. Für die andere Richtung ist eine Umsetzung mit der Trägerfrequenz 304 kHz in die Lage 44 bis 140 kHz vorgesehen, s. Abb. 33. In den Zwischenverstärkern werden zur Unterdrückung des Nebensprechens über dritte Leitungen die Gruppen der beiden Richtungen mit Hilfe der gleichen Trägerfrequenz in den Frequenzbereichen getauscht und in der Frequenzfolge umgekehrt. Dadurch wird außerdem die Leitungsentzerrung vereinfacht, weil sich in zwei aufeinanderfolgenden Verstärkungsabschnitten die durch die Neigung der frequenzabhängigen Leitungsdämpfung entstehenden Verzerrungen zum großen Teil kompensieren.

Die meisten Kurzstreckensysteme werden auf alten Niederfrequenzleitungen betrieben. Da deren Nebensprechdämpfung bei höheren Frequenzen für den Parallelbetrieb mehrerer Systeme auf dem gleichen Kabel nicht ausreicht, müssen für den Trägerfrequenzbetrieb zusätzliche Maßnahmen getroffen werden. Meist versucht man, durch einen Nebensprechausgleich besonders ausgesuchter Doppeladern eine genügende Nebensprechdämpfung zu erreichen. Dies ist jedoch meist nur bis etwas über 100 kHz möglich.

Bei breiteren Übertragungsbändern oder um den Nebensprechausgleich zu sparen, verwendet man Kompander (s. S. 321 ff.). Ein Kompander verbessert mittels eines Dynamikpressers auf der Sendeseite und eines reziproken Dehners auf der Empfangsseite das Signal-Geräusch-Verhältnis, weil er schwache Sprachsignale gegenüber den Störgeräuschen anhebt. Der erzielbare, in den Sprechpausen gemessene Gewinn liegt bei etwa 20 dB. Um diesen Betrag können auch die Sperrdämpfungen der Kanalfilter und die Anforderungen für die nichtlinearen Verzerrungen der End- und Zwischengeräte vermindert werden. Die amerikanischen

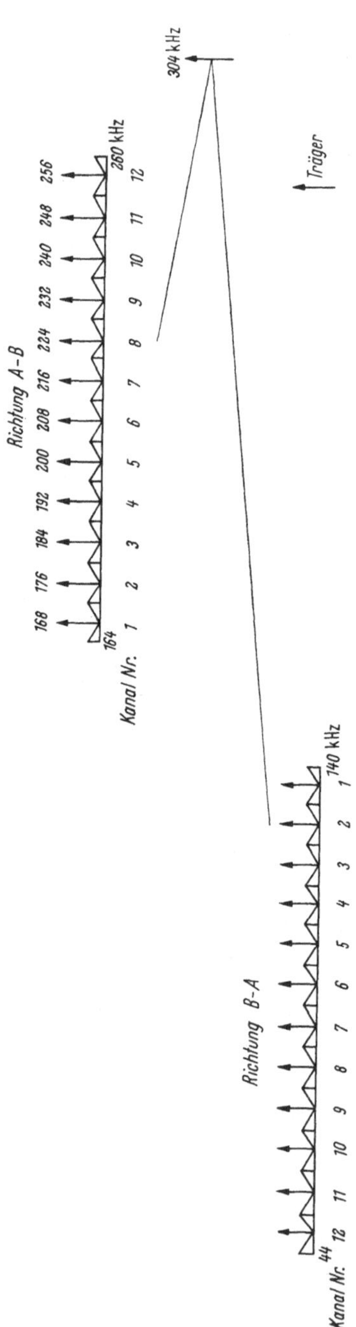



Abb. 33. Frequenzschema des N 2-Systems

N-Systeme sind mit Kompandern ausgerüstet. Leider wirkt sich der Einsatz von Kompandern dadurch ungünstig aus, daß Restdämpfungsschwankungen verstärkt werden. Dieser Nachteil wird meist durch eine automatische Restdämpfungsregelung ausgeglichen, was jedoch die möglichen Vereinfachungen begrenzt.

Die umfangreiche Verwendung solcher Kompandersysteme im amerikanischen Netz hat auch in Europa zu verschiedenen Entwürfen für Systeme mit Kompandern geführt. Der Kompander hat jedoch in europäischen Bezirksnetzen, von Ausnahmen abgesehen, keine große Verbreitung gefunden. In der Bundesrepublik Deutschland hat man im Nahverkehr überwiegend auch für geringere Entfernungen als 100 km den Einsatz des Z 12 N-Systems vorgezogen, das wie bei Weitverkehrssystemen über die 12-Kanal-Grundprimärgruppe gebildet wird. Da sich gezeigt hatte, daß der Nebensprechausgleich der Niederfrequenzkabel bis 108 kHz, der höchsten Übertragungsfrequenz des Z 12 N-Systems, gut beherrschbar ist, sind auch Kompander nicht erforderlich. Ein besonderer Vorteil ist die Möglichkeit, die verwendete normale Primärgruppe in das Weitverkehrsnetz weiterschalten zu können.

Von diesem Gesichtspunkt ausgehend, wurde das amerikanische N 3-System entwickelt, ein 24-Kanal-System mit 2 Primärgruppen zu je 12 Kanälen und Einseitenbandübertragung [27]. Diese Primärgruppen können über spezielle Gruppenumsetzer und Durchschaltefilter in das Fernverkehrsnetz durchgeschaltet werden, lassen sich jedoch am Ende der Gruppenverbindung nur über N 3-Endgeräte wieder demodulieren (Expander und Kanalregelung!). Dabei ist noch zu beachten, daß die mittlere Leistung dieser Primärgruppen größer ist als bei den normalen Primärgruppen nach CCITT, weil einmal im Kompressor die Sprachleistung angehoben wird und weil bei diesem System 6 Kanalträgerfrequenzen für Regelzwecke mit relativ hohem Pegel innerhalb der Primärgruppe liegen.

Bezüglich der zulässigen Geräuschleistungen bei Nahverkehrssystemen ist man der Ansicht, daß 2000 pW für eine solche Verbindung zulässig sind, da im Zuge einer Fernverkehrsverbindung normalerweise nur 2 Nahverkehrsverbindungen — je eine am Anfang und Ende — vorkommen können. Dabei ist es üblich, für das Trägerfrequenzsystem 1000 pW und 1000 pW für das Nebensprechen anzusetzen. Diesen relativ hohen Nebensprechanteil hat man vorgesehen, um auch ältere entspulte Niederfrequenzleitungen mit größeren Nebensprechkopplungen verwenden zu können. Es muß jedoch sichergestellt sein, daß das Fernsprechgeheimnis gewahrt bleibt.

Es gibt auch Einsatzfälle für Kurzstreckensysteme, bei denen niemals Ferngespräche über das System als Teil einer Weitverkehrsverbindung laufen, bei denen also ausschließlich Ortsverkehr in Frage kommt. Diese Ortsverbindungsleitungen haben in Deutschland eine maximale Länge von etwa 10 km, und ein Einsatz von Trägerfrequenzsystemen auf solch kurze Entfernungen ist nur wirtschaftlich denkbar, wenn besondere Umstände das Verlegen von neuen Niederfrequenzkabeln erschweren. Allerdings können für solche Verbindungen weitgehende Zugeständnisse an die Übertragungsqualität gemacht werden. Zweiseitenbandsysteme mit möglichst einfachem Aufbau sind hier in Diskussion [28]. Daneben sind auch Studien für Zeitmultiplexsysteme im Gange [29]. Hierzu siehe auch S. 480ff. und S. 487ff.

## 3.4 Trägerfrequenztechnik auf Hochspannungsleitungen (TFH-Technik)

Die Energieversorgungsunternehmen brauchen für den Betrieb ihrer Hochspannungsnetze Nachrichtenverbindungen zwischen den einzelnen Kraftwerken, den Umspann- und Schaltstationen und den zentralen

Lastverteilerstellen. Für diese Verbindungen werden neben den üblichen Nachrichtenwegen in großem Umfang die Hochspannungsleitungen selbst benutzt. Dafür hat sich eine spezielle Trägerfrequenztechnik auf Hochspannungsleitungen („TFH-Technik") entwickelt, früher auch Elektrizitätswerkstelephonie (EW-Telephonie) genannt. Sie wird verwendet für die Fernsprechübertragung, für die Übertragung von Fernwirksignalen (Fernmessen, Fernsteuern und Fernregeln) und für die Übertragung von Signalen für den Leitungs- und Stationsschutz (Schnellabschaltung oder kurzzeitige Unterbrechung einzelner fehlerbehafteter Leiter und Leitungsabschnitte im Hochspannungsnetz zwecks Löschung von Kurzschlußlichtbögen sowie Schnellabschaltung ganzer Stationen samt Zuleitung von größeren Netzen) [30]. Für die Übertragung eignet sich der Frequenzbereich von etwa 35 bis 500 kHz, von dem in verschiedenen Ländern unterschiedliche Teilbereiche zugelassen sind.

Die Trägerfrequenztechnik auf Hochspannungsleitungen unterscheidet sich in wesentlichen Punkten von der üblichen Trägerfrequenztechnik. Anstelle der Mehrkanalsysteme werden meistens Ein- oder Zweikanalsysteme verwendet, und je nach Anforderungen wird neben Amplitudenmodulation mit Ein- oder Zweiseitenbandübertragung auch eine den besonderen Verhältnissen angepaßte Frequenzmodulation mit kleinem Hub benutzt.

Diese Besonderheiten sind durch die Anforderungen des Betriebes und durch die Eigenschaften der Hochspannungsleitungen bedingt.

### 3.4.1 Die Hochspannungsleitung als Nachrichtenübertragungsleitung

Im Gegensatz zu üblichen Nachrichtenübertragungsleitungen mit ihren an Anfang und Ende abgeschlossenen und voneinander getrennten Teilstrecken stellen die Hochspannungsnetze weitverzweigte Maschennetze dar, deren einzelne Teilstrecken in den Schaltstationen im eingeschalteten Zustand der Leitungen galvanisch miteinander verbunden sind. Die Nachrichten werden sowohl über einzelne Leitungsabschnitte als auch über mehrere hintereinanderliegende Abschnitte der Hochspannungsnetze übertragen. Die Leitungen müssen für die Trägerfrequenzübertragung besonders ausgerüstet sein.

*Leitungsausrüstungen.* Die Geräte werden über Koppelfilter und Koppelkondensatoren entweder an 2 Leiter der Hochspannungsleitung angeschlossen (Zweileiterankopplung) oder an einen Leiter und Erde (Einleiterankopplung). Viele Hochspannungsleitungen sind mit sechs Leitern (zwei Drehstromsysteme) ausgerüstet. In diesem Fall wird häufig die sog. Zwischensystemankopplung angewendet, bei der mit 2 Einleiter-Koppelfiltern gegenphasig an je einen Leiter aus jedem der beiden Systeme angekoppelt wird. Damit ist eine Übertragung auch für den Fall gewährleistet, daß eines der beiden Systeme unterbrochen oder für Arbeiten an der Leitung irgendwo längs der Strecke geerdet ist.

Abb. 34 zeigt das Schema einer Leitung mit Einleiterankopplung. Koppelfilter und Koppelkondensator werden als Bandpaß oder Hochpaß für den zur Übertragung ausgenutzten Frequenzbereich ausgebildet. Das Filter paßt gleichzeitig den Wellenwiderstand der Leitung an das Anschlußkabel und die TFH-Geräte an. Die Koppelkondensatoren mit Kapazitäten von etwa 2 bis 10 nF sollen außerdem die Hochspannung

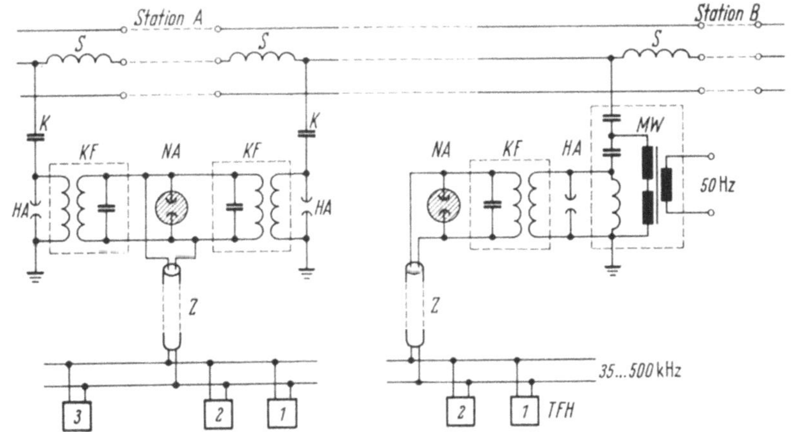


Abb. 34. Einleiterankopplung an eine Hochspannungsleitung. Station A mit Koppelkondensatoren und mit Überbrückung der Hochspannungsstation für weitergehende Verbindungen; Station B mit kapazitivem Spannungswandler (Meßwandler) als Koppelkondensator

*S* Sperre; *K* Koppelkondensator; *KF* Koppelfilter; *HA* Hochspannungsableiter; *NA* Niederspannungsableiter; *MW* kapazitiver Spannungsmeßwandler; *Z* Zuleitungskabel; *TFH* Trägerfrequenzgeräte

von der Trägerfrequenzanlage fernhalten, müssen also für die Betriebsspannung der Leitung und die auftretenden Überspannungen bemessen sein.

Durch Sperren, Luftspulen mit 0,2 bis 2 mH Induktivität, die bei kleineren Werten in der Regel, bei größeren seltener abgestimmt sind, werden die Hochspannungsstationen, soweit möglich, für die Hochfrequenz verriegelt, um im normalen Betriebsfall einen zu starken Fehlabschluß der Leitungen durch die meist kapazitiven Scheinwiderstände der Sammelschienen und Starkstromgeräte zu vermeiden und um die Nachrichtenübertragung auch bei abgeschalteter und in der Station geerdeter Leitung zu ermöglichen. Außerdem wird durch die Sperren die Durchgangsdämpfung der Stationen für die Hochfrequenz erhöht und so die Wiederverwendung der gleichen Frequenz im übernächsten oder dem darauffolgenden Leitungsabschnitt möglich. Die Induktivität der Sperren darf aus starkstromtechnischen Gründen normalerweise nicht wesentlich größer als 2 mH sein, außerdem könnten auch deshalb kaum Sperren größerer Induktivität verwendet werden, weil ihre Abmessungen und Gewichte mit Rücksicht auf die Starkstrombeanspruchungen (z. B. 1000 A Betriebsstrom, 33 kA zulässiger Kurzschlußstrom für 1 sec und 50 kA Stoßkurzschlußstrom) zu groß und ihre Kosten zu hoch würden. Die erzielbare Sperrdämpfung ist daher begrenzt. In besonderen Fällen werden die als Zweipol zwischen Leitung und Station liegenden Sperren deshalb durch Kondensatoren gegen Erde zu Vierpolsperren ergänzt, um eine größere Sperrwirkung zu erzielen.

Oftmals gehen die Nachrichtenverbindungen ohne Zwischenschaltung von Verstärkern über mehrere Abschnitte des Hochspannungsnetzes hinweg. Dafür werden die Koppelfilter zweier oder auch mehrerer an einer Station endender Leitungsabschnitte niederspannungsseitig über Kabel entweder direkt oder, wenn nicht sämtliche Verbindungen weitergehen sollen, über zwischengeschaltete „Richtungsfilter" miteinander verbunden. Abb. 1 zeigt eine solche Überbrückungsschaltung in der Hochspannungsstation A. Manchmal werden in die Überbrückungen auch Zwischenverstärker mit oder auch ohne Frequenzumsetzung eingeschaltet.

*Eigenschaften der Hochspannungsleitungen* [31]. Die für die Übertragung der großen Leistungen der Starkstromtechnik bemessenen Hochspannungsleitungen haben für den Trägerfrequenzbereich eine, verglichen mit üblichen Nachrichtenfreileitungen, sehr niedrige Dämpfung. Sie ist abhängig von der Art der Ankopplung. Bei der Einleiterankopplung teilt sich die Energie am Anfang und Ende der Leitung auf in eine unsymmetrische Komponente zwischen den Leitern und Erde und eine symmetrische Komponente zwischen den Leitern. Der unsymmetrische Anteil trägt bei den üblichen Entfernungen von mehr als 10 km wegen der großen Dämpfung bei der Rückleitung im Erdboden nicht mehr wesentlich zur Übertragung bei. Der symmetrische Anteil findet gleiche Bedingungen vor wie die symmetrische Welle, die sich bei der angenähert erdsymmetrischen Zweileiterankopplung ausbildet. Auch bei dieser ist die Dämpfung weniger durch die Verluste in den Leitern als durch Verluste im Erdboden bestimmt, da der gegenseitige Abstand der Leiter nur wenig geringer ist als der Abstand vom Erdboden. Diese Verluste hängen außer vom gegenseitigen Abstand der Leiter und ihrer Höhe über dem Erdboden von der Leitfähigkeit des Erdbodens und von der Frequenz ab. Die Dämpfung läßt sich berechnen [32, 33], wenn die einzelnen Daten über die ganze Länge der Leitung bekannt sind. Bei der Planung von Nachrichtenverbindungen auf Hochspannungsleitungen werden im allgemeinen Richtwerte der Dämpfung verwendet. Abb. 35 zeigt solche Richtwerte abhängig von der Frequenz, die aus Messungen an einer Anzahl verschiedener Leitungen abgeleitet sind [34], und für übliche Abmessungen (mittlere Höhen) von Leitungen mit Spannungen über etwa 60 kV gelten. Sie erlauben eine grobe Abschätzung der Dämpfung anhand der Aufbaudaten der Leitungen. Bei Einleiterankopplung wird mit einer längenunabhängigen Zusatzdämpfung von etwa 0,35 Np je Leitungsabschnitt zu den aus Abb. 2 entnehmbaren Werten gerechnet. In den Kurven sind Dämpfungswerte von ungünstigen Leitungen berücksichtigt, so daß die tatsächlichen Werte in vielen Fällen günstiger liegen. Hohe zusätzliche Dämpfungen können durch starken Rauhreif auf den Leitungen entstehen. Diese müssen durch ausreichende Sendeleistung und einen genügend großen Regelbereich der Empfangsgeräte berücksichtigt werden.

Nachteilig für die Trägerfrequenzübertragung sind die hohen, durch den Starkstrombetrieb verursachten Störspannungen der Leitungen. Es sind zwei Arten von Störspannungen bei den verschiedenen Übertragungsaufgaben unterschiedlich zu berücksichtigen:

Durch ständig vorhandene Entladungsvorgänge an Leitern, Isolatoren und sonstigen Armaturen entstehen rauschspannungsähnliche, jedoch mit der Netzfrequenz und deren Oberwellen modulierte Störspannungen. Dazu gehört vor allem bei Leitungen von 110 kV an auf-

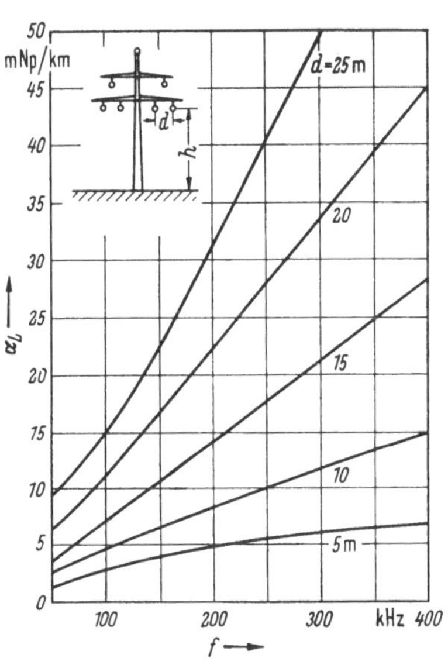

Abb. 35. Richtwerte der Dämpfung von Leitungen für Spannungen über 60 kV bei Zweileiter- und Zwischensystemankopplung Höhe am Mast $h$ etwa 20 bis 30 m, mittlere Bodenleitfähigkeit

wärts die Koronastörspannung, die durch Glimmentladungen (Korona) an den Leitern und sonstigen unter Spannung stehenden Teilen entsteht. Sie bildet ein frequenzunabhängiges Störspektrum im TFH-Bereich. Man rechnet mit Erfahrungswerten für den Störpegel bei ungünstiger feuchter Witterung von $-4$ Np[1] bei 110 kV, $-2$ Np bei 220 kV und $-1$ Np bei 380 kV [*31*]. Diese Werte gelten für ein 5 kHz breites Band und können, dem Rauschcharakter der Störspannungen entsprechend, auf andere Bandbreiten mit dem Verhältnis der Wurzeln der Bandbreiten umgerechnet werden. Bei Leitungen mit weniger als 110 kV tritt die Korona mehr und mehr zurück gegen Störspannungen durch weniger regelmäßige Entladungen, hauptsächlich an Isolatoren. Sie machen sich bei der Sprachübertragung durch prasselnde Geräusche

---

[1] Leistungspegel, bezogen auf 1 mW.

bemerkbar, wenn der Abstand des Nutzpegels vom Störpegel zu klein ist, sie liegen jedoch bei einwandfreiem Zustand der Isolatoren unterhalb der Werte für die Koronastörspannung von 110-kV-Leitungen.

Neben diesen Dauerstörspannungen treten zeitweilig Impulsstörspannungen sehr kurzer Dauer, aber großer Amplitude auf, die meistens durch Schaltvorgänge im Netz, aber auch durch atmosphärische Entladungen und Überschläge auf den Leitungen entstehen. Durch Überspannungsableiter (s. Abb. 34) an den Ausgängen der für das gesamte ausgenutzte Frequenzband bemessenen Koppelfilter oder an den Eingängen der Geräte können sie auf etwa 200 bis 300 V begrenzt werden bei einer Dauer der einzelnen Impulse von einigen Mikrosekunden. Durch die Empfangsfilter und bei manchen Geräten auch durch weitere Amplituden- und darauffolgende Frequenzbandbegrenzung für das Nutzsignal werden diese Impulsstörungen dann weiter verringert.

Außer diesen durch den Starkstrombetrieb bedingten Störspannungen müssen in bestimmten Frequenzbereichen Störspannungen durch Rundfunk- und sonstige Funksender berücksichtigt werden, da die Leitungen wie sehr lange Antennen wirken. Das gilt nicht nur für den unsymmetrischen Betrieb bei Ankopplung zwischen einem Leiter und Erde, sondern wegen der großen Leiterabstände auch für den symmetrischen Betrieb bei Ankopplung zwischen zwei Leitern [35].

### 3.4.2 Übertragungsverfahren, Frequenzbandausnutzung und Reichweite auf Hochspannungsleitungen

**a) Übertragungsverfahren.** Es werden hauptsächlich 1- und 2-Kanal-Geräte verwendet, auch wenn mehr Kanäle zwischen 2 Stationen gebraucht werden. Das hängt einerseits damit zusammen, daß die Kanäle für unterschiedliche Aufgaben eingesetzt und daß für Fernwirken und Schutzsignalübertragung z. T. Spezialgeräte benutzt werden. Andererseits verlangen auch die Inhomogenitäten der Leitungen und die Fehlabschlüsse an ihren Enden eine Einzelbehandlung bezüglich Pegelregelung und Anpassung der Geräte an die Leitung. In vielen Fällen würden außerdem die erforderlichen Leistungen der Sendeverstärker für Mehrkanalgeräte zu groß werden.

In den ersten 20 Jahren der TFH-Technik bis etwa 1940 wurden ausschließlich Zweiseitenbandgeräte benutzt. Diese sind aber für Leitungen mit Spannungen von 220 kV und mehr wegen der hohen Störpegel weniger geeignet. Da in den großen Verbundnetzen außerdem ein fühlbarer Frequenzbandmangel herrscht, werden hier fast nur noch Einseitenbandgeräte eingesetzt. Auf Leitungen niedriger Spannung dagegen verwendet man neben diesen auch heute häufig Zweiseitenbandgeräte und Geräte mit Frequenzmodulation, weil beide wesentlich billiger sind als Einseitenbandgeräte, während andererseits der Frequenzbandbedarf in diesen in sich abgeschlossenen Netzen keine solche Rolle spielt. Ein Übersprechen von den Netzen niedriger Spannung auf die Verbundnetze wird durch die hohe Dämpfung der Umspannstationen verhindert [31]. FM-Geräte mit einem Frequenzhub von 2 kHz haben gegenüber Zweiseitenbandgeräten den Vorteil, daß man bei gleicher Leistung der Sender-Endstufe etwa den gleichen Störpegelabstand erzielen kann wie mit Einseitenbandgeräten, während Zweiseitenbandgeräte dafür etwa die zehnfache Endstufenleistung benötigen würden [36]. FM-Geräte kommen also besonders bei ungünstigen Störpegelverhältnissen und größerer Leitungsdämpfung in Mittelspannungsnetzen in Betracht.

**b) Frequenzumfang der Signale und Frequenzraster.** In der Trägerfrequenztechnik auf Hochspannungsleitungen wird für Sprache üblicherweise nur der Frequenzbereich von 300 bis 2400 Hz übertragen. Im Gegensatz zur allgemeinen Fernsprechtechnik wählt man hier ein schmäleres Band, weil damit insgesamt mehr Plätze in dem zur Verfügung stehenden Übertragungsbereich gewonnen werden und weil andererseits der geringe Gewinn an Silbenverständlichkeit bei Übertragung bis 3,4 kHz durch den erhöhten Störpegel im breiteren Frequenzband wieder aufgehoben würde.

Die Signale für das Fernwirken bestehen meistens aus Impulsen: Beim Fernmessen nach dem Impulsfrequenzverfahren wird eine ununterbrochene Impulsfolge mit Frequenzen von 5 bis 15 Hz als Maß für die übertragene Meßgröße, z. B. die an ein Nachbarunternehmen abgegebene Wirk- oder Blindleistung übertragen. Dabei entsprechen 5 Hz dem Wert Null oder bei wechselnder Energierichtung dem vorkommenden negativen Maximalwert, z. B. —100%, und 15 Hz dem Wert +100% der Meßgröße. Die erforderliche Genauigkeit wird durch Mittelwertbildung über genügend lange Zeit erreicht. Für die Pulscodefernmessung, das Fernsteuern und das Fernmelden werden Impulstelegramme übertragen, ähnlich den Telegraphiezeichen für das Fernschreiben, das ebenfalls über Hochspannungsleitungen betrieben wird. Die Impulse werden Tonfrequenzen oder höheren Frequenzen aufmoduliert entsprechend den Verfahren der Wechselstromtelegraphie (s. S. 84 ff.) und dann gemeinsam in Kanälen von der Breite der Sprachkanäle übertragen.

Bei der früher ausschließlich benutzten Zweiseitenbandtechnik wurde für Sprache mit 2,4 kHz als höchster Frequenz ein Frequenzband von etwa 5 kHz benötigt. Das hat zu einem 5-kHz-Raster für die Einteilung des zur Verfügung stehenden Übertragungsbereiches geführt, mit Trägerfrequenzen bei jeweils vollen 5 kHz, z. B. 35, 40, 45 kHz usw. Das 5-kHz-Raster wurde in vielen Ländern auch nach Einführung der

Einseitenbandtechnik mit halbierten, 2,5 kHz breiten Plätzen beibehalten, und diese Einteilung wird auch bei der Fernwirk- und Schutzsignalübertragung benutzt.

In einigen Ländern wird ein 8- bzw. 4-kHz-Raster benutzt, aber auch hier wird bei Sprache in der Regel nur der Frequenzbereich bis 2,4 kHz übertragen, häufig auch nur bis 2,1 kHz [37]. Das restliche Band wird zur Übertragung von Fernwirksignalen in WT-Kanälen ausgenutzt, die

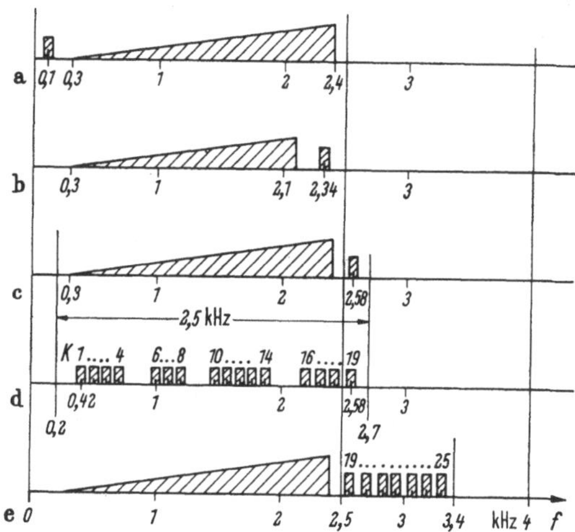


Abb. 36 a—e. Frequenzbandbelegung für Sprache und Fernwirksignale bei TFH-Systemen a) Sprache u. 100 Hz-Wahlton, b) u. c) Sprache mit überlagertem Pilot- und Wahlton, d) Fernwirkkanäle, 80 Hz breit, Abstand 120 Hz, mehrere Gruppen für Empfang verschiedener Sender im gleichen Frequenzband, e) Sprache, Pilot und überlagerte Fernwirkkanäle

der Sprache „überlagert", d. h. oberhalb des Sprachfrequenzbandes angeordnet sind (Überlagerungstelegraphie, ÜT-Kanäle). Abb. 36 zeigt übliche Ausnutzungsarten des Tonfrequenzbereiches.

Bei der starken Belegung mit TFH-Verbindungen erfordert die Festlegung der Frequenzplätze in ausgedehnten Hochspannungsnetzen sorgfältige Überlegungen wegen des Übergreifens der einmal benutzten Hochfrequenz auf benachbarte Abschnitte, wenn gegenseitige Störungen der einzelnen Verbindungen vermieden werden sollen. Außerdem muß dabei wegen der Antennenwirkung der Leitungen in bestimmten Frequenzbereichen, regional unterschiedlich, die Möglichkeit gegenseitiger Störungen zwischen TFH-Verbindungen und verschiedenen Funkdiensten berücksichtigt werden.

**c) Sendeleistung und Reichweite der Trägerfrequenzgeräte für Hochspannungsleitungen.** Die hohen Störpegel der Hochspannungsleitungen erfordern entsprechend hohe Sendepegel für eine ausreichend störungsfreie Nachrichtenübertragung.

Als Sendeleistung oder Nennleistung der Geräte wird üblicherweise bei Einseitenbandgeräten die Seitenbandleistung ohne Pilot oder Trägerrest bei Vollaussteuerung, bei Zweiseitenband- und frequenzmodulierten Geräten die Leistung des unmodulierten Trägers angegeben.

Die Leistung ist in den meisten Ländern durch behördliche Bestimmungen auf einen höchstzulässigen Wert begrenzt. In Deutschland ist für Zweiseitenbandgeräte und für Geräte mit Frequenzmodulation eine Trägerleistung von 10 W zugelassen. Für Einseitenbandgeräte sind 10 W als Summe der Leistungen sämtlicher gleichzeitig übertragener Frequenzen im 2,5 kHz breiten Band zulässig. Dabei darf aber die Spitzenleistung (Leistung im Schwebungsmaximum) 40 W nicht überschreiten.

In anderen Ländern gelten ähnliche, in Sonderfällen auch höhere Werte. Die zugelassenen Sendeleistungen sind im allgemeinen ausreichend, wesentlich höhere Leistungen wären auch wirtschaftlich nicht vertretbar, wenn auch für lange rauhreifgefährdete Leitungen für die Schutzsignalübertragung schon Verstärker mit bis zu 450 W Spitzenleistung eingesetzt wurden. Die erforderliche Sendeleistung für die Geräte für Fernsprechen und Fernwirken wird durch die ständig vorhandenen Leitungsstörspannungen, hauptsächlich Koronaspannungen, bestimmt. Die nur kurzzeitig auftretenden Störimpulse wesentlich größerer Amplitude durch Schaltmanöver, atmosphärische Entladungen u. a. (S. 440) stören zwar bei diesen Geräten auch, wirken sich aber infolge Begrenzung und Filterwirkung nicht so aus, daß sie die Reichweite wesentlich beeinflussen; sie sind im Gegensatz dazu aber maßgebend für die ausnutzbare Reichweite der Schutzsignalgeräte.

Je nach Modulationsverfahren ergeben sich bei gleichem Abstand von Nutz- und Störpegel am Empfängereingang unterschiedliche Abstände am Empfängerausgang. Bei der Demodulation im Einseitenbandempfänger bleibt der Abstand zwischen Nutz- und Störpegel erhalten. Bei Frequenzmodulation kann abhängig vom Hub eine Verbesserung, d. h. ein größerer Abstand zwischen Nutz- und Störpegel am Empfängerausgang erzielt werden (s. S. 60). Bei den meistens verwendeten Geräten mit einem Frequenzhub von 2 kHz bei Vollaussteuerung[1] und einer höchsten übertragenen Frequenz von 2,4 kHz ergibt sich gerade etwa gleicher Abstand zwischen Nutz- und Störpegel wie bei Einseitenbandgeräten, wenn man Rauschstörungen betrachtet und voraussetzt, daß die Leistung des Gerätes mit Frequenzmodulation gleich der Leistung des Einseitenbandgerätes bei Vollaussteuerung ist [36].

---

[1] Im Gegensatz hierzu wird manchmal mit Frequenzhub eines Gerätes derjenige Hub bezeichnet, der auftritt, wenn mit 1 mW am relativen Pegel Null ausgesteuert wird, unabhängig von der maximal möglichen Aussteuerung.

Aus der Addition der Nutzspannungen einerseits und der Störleistungen beider Seitenbänder andererseits (0,8fache Nutzspannung bei einem Modulationsgrad von $m = 0,8$ bei Vollaussteuerung, $\sqrt{2}$fache Störspannung) ergibt sich ein um rund 0,6 Np kleinerer Abstand zwischen Nutz- und Störpegel als bei den beiden anderen Verfahren, wenn wieder die Trägerleistung gleich der Leistung des Einseitenbandgerätes bei Vollaussteuerung ist. Dabei muß aber der Sendeverstärker für die 1,8fache Spannung oder 3,24fache Sendeleistung bemessen sein. Damit nicht zu hohe Sendeleistungen aufgebracht werden müssen, läßt man geringere Abstände zwischen Nutz- und Störpegel am Empfängerausgang zu als für die allgemeine Nachrichtentechnik in den CCI-Empfehlungen (s. S. 253) festgelegt. Die VDEW[1] [35] und die CIGRE[2] [34] bezeichnen einen Abstand von 3 Np für Sprach- und Fernwirkkanäle (bei Aussteuerung mit 1 mW am relativen Pegel Null bei Sprache) als „noch zulässig" und empfehlen, bei der Planung eine zusätzliche Mindestreserve von 1 Np für Änderungen im Leitungszustand, also zusammen 4 Np Mindestabstand, vorzusehen. Außerdem wird meistens bei Sprachübertragung bereits bei 1 mW (0 Np) am relativen Pegel Null (Zweidrahteingang der Geräte) begrenzt im Gegensatz zu 4 mW ($+0,7$ Np) in der üblichen Trägerfrequenztechnik. So kann man schon bei mittlerem Sprachpegel mit möglichst hoher Aussteuerung des Senders und damit größerem Störpegelabstand arbeiten. Als Maß für die Reichweite der Geräte läßt sich anstelle einer Entfernung besser eine überbrückbare Dämpfung als allgemeingültige, von der Frequenz und vom Aufbau der einzelnen Leitung unabhängige Größe angeben. Tab. 4 enthält Reichweiten von Sprechgeräten auf Leitungen verschiedener Betriebsspannung unter den obigen Voraussetzungen und unter Annahme von Koronastörpegeln entsprechend S. 439.

Tabelle 4. *Überbrückbare Dämpfung bei Fernsprechgeräten auf Hochspannungsleitungen verschiedener Betriebsspannung*

| | | | | |
|---|---|---|---|---|
| Betriebsspannung . . . . . . . . . . | 380 | 220 | 110 | kV |
| Sendepegel (10 W Sendeleistung) . . . . | $+4,6$ | $+4,6$ | $+4,6$ | Np[1] |
| Störpegelabstand am Empfängerausgang[2] . . . . . . . . . . . . . . | 3,0 | 3,0 | 3,0 | Np |
| Leitungsstörpegel[3] . . . . . . . . . . | $-1,4$ | $-2,4$ | $-4,4$ | Np |
| Reichweite[4]: EB- und FM-Gerät . . . . | 3,0 | 4,0 | 6,0 | Np |
| ZB-Gerät . . . . . . . . . | 2,4 | 3,4 | 5,4 | Np |

[1] Leistungspegel, bezogen auf 1 mW.
[2] Bei 1 mW am rel. Pegel Null.
[3] Erfahrungswerte, umgerechnet auf $\Delta f = 2,1$ kHz (s. S. 439).
[4] für Vollaussteuerung der Geräte bei 1 mW am rel. Pegel Null.

---

[1] Vereinigung deutscher Elektrizitätswerke.
[2] Conférence internationale des grands réseaux électriques.

Tab. 5 zeigt als Beispiel die ausnutzbare Reichweite in Kilometern für eine 220-kV-Leitung mit Zweileiterankopplung. Angenommen wurden eine Höhe der Leiter am Mast von 25 m und ein mittlerer Abstand der Leiter von 10 m. Damit ergeben sich aus Abb. 35 die in der Tabelle verwendeten Dämpfungswerte. Für Zuleitung, Koppelfilter und Sperre mit Station auf der Sendeseite wurde eine Dämpfung von 0,5 Np angenommen, außerdem wurde die empfohlene Dämpfungsreserve von 1 Np berücksichtigt, so daß von der überbrückbaren Dämpfung von 4 Np der Tab. 4 für die Leitung selbst ein Dämpfungsanteil von 2,5 Np verbleibt.

Tabelle 5. *Reichweite eines Einseitenband-Sprechgerätes auf einer 220-kV-Leitung bei Zweileiterankopplung*

| Frequenz . . . . | 50 | 100 | 200 | 300 | 400 | kHz |
|---|---|---|---|---|---|---|
| Dämpfung . . . . | 3 | 4,5 | 8 | 12 | 15 | mNp/km |
| Reichweite . . . . | 830 | 550 | 310 | 210 | 165 | km |

Die Tabelle zeigt die starke Abhängigkeit der Reichweite von der Frequenz. Die Leitungsabschnitte sind in dicht besiedelten Gebieten oftmals kürzer als 100 km. Bei größeren Längen wird man nach Möglichkeit niedrige Frequenzen benutzen.

Für Schutzsignalgeräte gelten diese Reichweitenbetrachtungen nicht. Hier sind wegen der geforderten sehr kurzen Laufzeiten die kurzzeitigen Störimpulse maßgebend, gegen deren Einfluß ein möglichst hohes Maß an Sicherheit verlangt wird. Über die Bemessung der Schutzsignalgeräte und über besondere Maßnahmen gegen diese Störungen s. S. 462.

### 3.4.3 Trägerfrequenzgeräte für Hochspannungsleitungen

Neben Geräten für die Fernsprechübertragung, deren Kanäle neuerdings auch häufiger mit Wechselstromtelegraphiesystemen für die Fernwirkübertragung belegt werden, gibt es spezielle Geräte für die Fernwirk- und für die Schutzsignalübertragung. Auch werden Sprechgeräte, besonders in den Ländern mit dem 4-kHz-Raster, für die gleichzeitige Übertragung von Sprache und Fernwirk- oder Schutzsignalen in überlagerten Telegraphiekanälen eingerichtet [37, 38].

**a) Geräte für Fernsprechen und Fernwirken.** Die TFH-Fernsprechgeräte arbeiten im allgemeinen mit Gegensprechen in getrennten Frequenzlagen für Hin- und Gegenrichtung (Zweidraht-Getrenntlage-Verfahren), wobei mindestens zwei Geräte über einen oder manchmal auch über mehrere Abschnitte der Hochspannungsleitung hinweg einander fest zugeordnet sind. In den USA ist teilweise Wechselsprechtechnik üblich.

In kleineren Netzen arbeiten häufig mehrere Geräte verschiedener Stationen, die zu einem Sprechbezirk zusammengefaßt sind, mit nur 2 Frequenzen im sog. Wellenwechselverkehr miteinander. Bei diesem wird im Ruhezustand nicht gesendet und sämtliche Empfänger sind auf die gleiche Frequenz geschaltet. Eine anrufende Station sendet mit dieser Frequenz und schaltet ihren Empfänger auf die andere Frequenz um, mit der die angerufene Station dann sendet. So werden weniger Frequenzplätze und weniger Geräte als bei paarweiser Zuordnung mit festen Frequenzen für die gleiche Anzahl von möglichen Verbindungen benötigt, von denen allerdings immer nur eine zur gleichen Zeit in Betrieb sein kann.

Für den Verbindungsaufbau, den Zweidrahtanschluß an örtliche Teilnehmer oder die Vierdrahtdurchschaltung auf Nachbarabschnitte, sind die Geräte oftmals mit eigenen Vermittlungseinrichtungen oder Relaisteilen ausgerüstet, oder sie sind auch an örtliche Zentralen angeschlossen, die die Vermittlung übernehmen. Die Ruf- und Wählzeichen werden durch Tastung des Trägers oder durch Tastung von Tonfrequenzen übertragen, die unterhalb oder oberhalb des Sprachfrequenzbandes liegen können.

Die Abstimmeinrichtungen der Geräte sind im allgemeinen nicht stetig veränderlich, sondern fest auf die Betriebsfrequenzen abgestimmt, mit denen das jeweilige Gerät arbeiten soll.

*Zweiseitenbandgeräte.* Da Modulation und Demodulation ohne Zwischenstufen direkt in der Übertragungsfrequenzlage, 35 bis 500 kHz, vorgenommen werden können (Abb. 37a), ergibt sich ein relativ einfacher Aufbau der Zweiseitenbandgeräte.

Abb. 38 zeigt das Blockschaltbild eines Zweiseitenbandgerätes für Fernsprechen mit Zweidraht- und Vierdrahtanschluß. Im Sprachweg des Senders liegt zunächst ein Hochpaß, der Frequenzen unterhalb 300 Hz unterdrückt, vor allem solche, die aus dem vorgeschalteten Relaisteil oder der Zentrale von der Wählzeichenübertragung kommen. Dann folgt der Presserteil des Kompanders, mit dem die Geräte wegen der hohen Störspannungen der Leitungen häufig ausgerüstet werden und weiter ein Verstärker mit Amplitudenbegrenzer, an dem die Begrenzung der Sprachspitzen bei 1 mW am relativen Pegel Null erfolgt (s. S. 444) Durch den anschließenden Sprachtiefpaß werden die oberhalb des übertragenen Frequenzbereiches liegenden Anteile des Sprachspektrums und die dort liegenden Klirrprodukte des Amplitudenbegrenzers unterdrückt.

Der Modulator nach Abb. 39a arbeitet für die Trägerfrequenz als Gegentaktverstärker mit Transistoren, deren Arbeitspunkt auf der nichtlinearen Kennlinie vom Momentanwert der Modulationsspannung gesteuert wird. Mit dem Arbeitspunkt ändert sich die Verstärkung, die Trägerschwingung wird in der Amplitude moduliert. Durch die Gegentaktschaltung wird erreicht, daß die Modulationsfrequenz selbst und geradzahlige Vielfache des Trägers und deren Seitenbänder, insbesondere

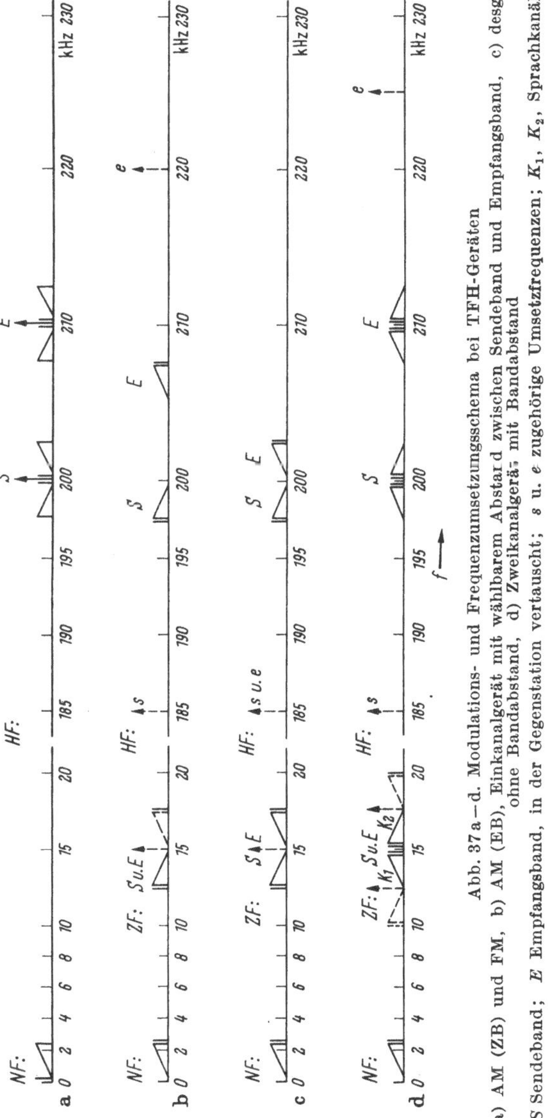

Abb. 37 a—d. Modulations- und Frequenzumsetzungsschema bei TFH-Geräten

a) AM (ZB) und FM, b) AM (EB), Einkanalgerät mit wählbarem Abstand zwischen Sendeband und Empfangsband, c) desgl. ohne Bandabstand, d) Zweikanalgerät mit Bandabstand

$S$ Sendeband; $E$ Empfangsband, in der Gegenstation vertauscht; $s$ u. $e$ zugehörige Umsetzfrequenzen; $K_1$, $K_2$, Sprachkanäle

das quadratische Glied, nicht oder nur schwach am Ausgang des Modulators erscheinen. Dadurch werden die Anforderungen an das nachfolgende Filter geringer.

Der Hochfrequenzteil des Senders besteht aus einem Vorfilter, einem Leitungsverstärker, der üblicherweise als Breitbandverstärker für das gesamte Frequenzband ausgebildet wird, und einem Leitungsfilter. Die Filter sollen unerwünschte Modulationsprodukte und evtl.

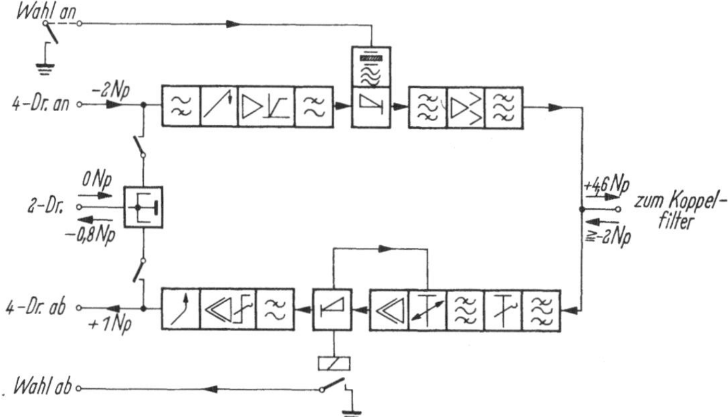


Abb. 38. Blockschaltbild eines Zweiseitenbandgerätes für Fernsprechen auf Hochspannungsleitungen

Klirrprodukte der Endstufe außerhalb des Übertragungsbereiches unterdrücken und, bei Einhaltung eines Mindestabstandes von der Breite eines Kanals zwischen 2 Sendern, eine gegenseitige Belastung und Aussteuerung mehrerer an der gleichen Ankopplung parallel liegender Sender

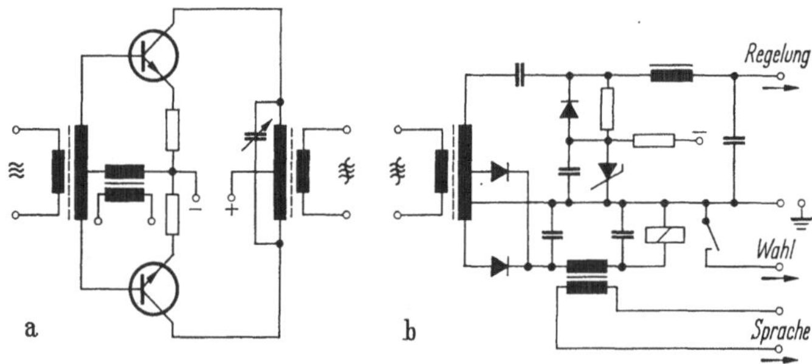


Abb. 39a u. b. Modulator (a) und Demodulator (b) eines Zweiseitenbandgerätes

verhindern. Dafür werden Filter mit Serienkreischarakter benutzt, die außerhalb ihres Durchlaßbereichs einen hohen Widerstand besitzen.

Sender und zugehöriger Empfänger bzw. Sender der Gegenstation arbeiten normal mit 10 oder 15 kHz Abstand beider Trägerfrequenzen. Man rechnet mit bis zu 6 Np Leitungsdämpfung. Um diese kann also der Empfangspegel niedriger sein als der Sendepegel. Die Eingangsfilter des Empfängers müssen das Empfangssignal vom Signal des eigenen

Senders und von den Signalen anderer evtl. an der gleichen Ankopplung liegender Sender trennen und müssen dabei für die Aussteuerung mit den hohen Sendepegeln geeignet sein. Bei Aufteilung in 2 Teilfilter wird das erste wie das Leitungsfilter, das zweite wie das Vorfilter des Senders bemessen. Bei Wellenwechsel werden dann die beiden Filterpaare von Sender und Empfänger durch eine vom Wählvorgang ausgelöste Umschaltung ausgetauscht.

Für den Ausgleich von Pegelschwankungen, die durch Änderungen im Schaltzustand des Hochspannungsnetzes oder durch Witterungseinflüsse, vor allem Rauhreif, entstehen, liegt am Eingang des Empfangsverstärkers ein Pegelregler. Abb. 40 zeigt ein Schaltungsbeispiel mit je

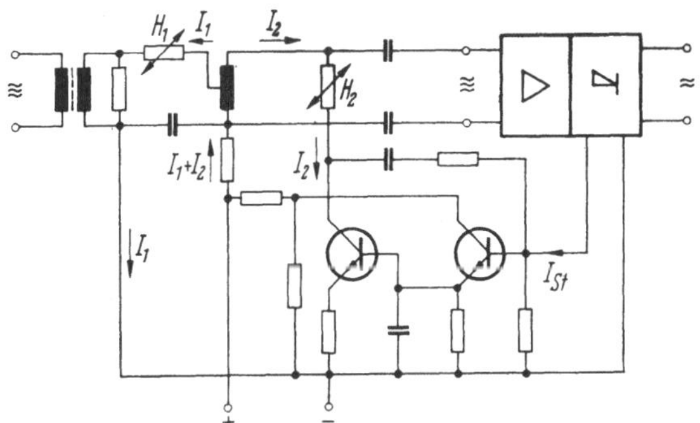

Abb. 40. Heißleiter-Pegelregler mit Hochfrequenzverstärker, Demodulator und Steuergleichstromverstärker im Regelkreis $H_1$, $H_2$ Heißleiter

einem Heißleiter im Längs- und Querzweig eines Dämpfungsgliedes. (Manchmal werden auch die einzelnen Hochfrequenz-Verstärkerstufen, ähnlich wie in der Rundfunktechnik, geregelt.) Als Regelspannung dient die aus dem Demodulator (Abb. 39b) entnommene, gleichgerichtete Trägerspannung. Dieser Spannung wird die konstante Gleichspannung einer Zenerdiode als Bezugsspannung entgegengeschaltet. Die Differenz beider Spannungen bewirkt über einen Gleichstromverstärker eine gegenläufige Steuerung beider Regelheißleiter im erwünschten Sinne. Damit können Schwankungen des Pegels von $\pm 3$ Np am Eingang auf $\pm 0,05$ Np am Ausgang des Reglers ausgeregelt werden.

Der Trägergleichstrom aus dem Demodulator speist ein Empfangsrelais, das die vom Sender her durch Trägertastung übertragenen Wählzeichen wieder in Gleichstromimpulse umwandelt und andererseits bei längerem Trägerausfall ein Überwachungsrelais zum Ansprechen bringt. Manche Geräte sind auch mit einem 100-Hz-Wählkanal ausgerüstet.

Das Niederfrequenzsignal aus dem Demodulator gelangt über Tiefpaß, Entzerrer, Verstärker und Dehnerteil des Kompanders an die Ausgangsklemmen des Empfängers. Der Tiefpaß erhöht die Selektivität des Gerätes gegen Störfrequenzen in der Nähe des Empfangsbandes, im Entzerrer werden Dämpfungsverzerrungen ausgeglichen, die durch die Randverzerrungen der Hochfrequenzfilter entstehen.

Bei gleichzeitiger Übertragung von Sprache und Fernwirksignalen (ÜT-Kanäle) werden beide sendeseitig vor dem Modulator zusammengeschaltet und empfangsseitig nach der Demodulation wieder getrennt (s. Schaltung des Einseitenbandgerätes, Abb. 41).

Der Modulationsgrad, der für Sprache allein bei 1 mW am relativen Pegel Null bei üblichen Geräten 80% beträgt, wird dann mit je 40% auf Sprache und ÜT (Bandbreite 80 Hz) aufgeteilt. Bei z. B. 5 ÜT-Kanälen entfallen dann auf jeden noch 8%. Bei Rauschstörungen (Korona) erhält man damit etwa gleich große Fremdpegelabstände im Sprachkanal und in den ÜT-Kanälen. Einer dieser Kanäle muß dann für die Übertragung der Wählzeichen benutzt werden, da für das Fernwirken eine unterbrechungsfreie Übertragung erforderlich ist und der Träger nicht getastet werden darf.

*Einseitenbandgeräte.* Die Einseitenbandübertragung erfordert wesentlich mehr Aufwand für die Modulations- und Demodulationseinrichtungen als die Zweiseitenbandübertragung.

Die Modulation oder Frequenzumsetzung wird allgemein mit Brückenschaltungen mit Gleichrichtern oder Transistoren durchgeführt, bei denen außer weiterab liegenden Modulationsspektren nur Summe und Differenz aus Träger und Zeichenfrequenz, also zwei Seitenbänder, an den Ausgang gelangen, der Träger selbst aber durch die Symmetrie der Anordnung und eine zusätzliche Kompensation des verbleibenden Restes möglichst weit unterdrückt wird [*39*].

Die lange Zeit meistbenutzte Schaltung ist der Ringmodulator (s. S. 450). Mit Transistoren kann die Umsetzung auch in der für die Zweiseitenbandmodulation angegebenen Gegentaktschaltung (Abb. 39a) durchgeführt werden, wenn die Eingänge für Träger und Signal vertauscht werden.

Die Aussiebung eines der beiden Seitenbänder, deren Abstand durch die niedrigste übertragene Sprachfrequenz mit je $2 \times 300$ Hz gegeben ist, erfordert steile Filter, die nur in einem geringen Teil des Übertragungsbereichs mit nicht zu großem Aufwand verwirklicht und die zudem wegen der von Gerät zu Gerät wechselnden Frequenzlage nicht wirtschaftlich gefertigt werden könnten. Man moduliert deshalb zunächst mit einer Zwischenfrequenz in immer der gleichen Lage bei etwa 10 bis 20 kHz, trennt dann die Seitenbänder und setzt das so erhaltene eine Seitenband durch nochmalige Modulation in die endgültige Übertragungslage um. Die Seitenbänder und der Trägerrest aus der zweiten Umsetzung lassen sich dann wegen ihres größeren Abstandes mit Filtern geringeren Aufwandes, wie sie auch in der Zweiseitenbandtechnik benötigt werden, voneinander trennen.

Die Demodulation oder Rückumsetzung des übertragenen Seitenbandes im Empfänger erfolgt, in umgekehrter Reihenfolge wie die Umsetzung im Sender, wieder in zwei Modulationsstufen, die denen der Sendeseite entsprechen. Für Sprache wäre dabei eine Frequenzabweichung von etwa 5 Hz zulässig. Für die Übertragung von Wechselstromtelegraphie mit Frequenzumtastung wird jedoch eine Wiedergabegenauigkeit von $\pm 2$ Hz gefordert, damit keine unzulässig großen Verzerrungen der Telegraphiezeichen auftreten. Bei der Übertragung nur eines Seitenbandes ohne Träger müssen deshalb Trägergeneratoren entsprechend hoher Frequenzgenauigkeit mit Quarzen in Thermostaten benutzt werden.

Für die Pegelregelung auf der Empfangsseite muß zusätzlich ein Pilotton konstanter Amplitude mit übertragen werden, der wiederum für Ruf- und Wahlzwecke entweder in der Amplitude oder in der Frequenz getastet wird. Weniger große Anforderungen an die Trägergenauigkeit ergeben sich, wenn an Stelle des Piloten ein Zwischenfrequenz-Trägerrest konstanter Amplitude mit übertragen, im Empfänger in der Zwischenfrequenzlage wieder ausgefiltert und dort zur Demodulation benutzt wird. In der Praxis werden beide Verfahren angewendet. Mit Trägerrest ergibt sich jedoch ein geringfügig höherer Frequenzbandbedarf als bei der Übertragung mit Pilotton, da der Abstand zwischen Träger und unterster Sprachfrequenz mit 300 Hz gegeben ist, der Pilotton aber näher an das Sprachband herangerückt werden kann. Benutzt wird z. B. die Pilotfrequenz 2580 Hz bei 2400 Hz höchster Sprachfrequenz. Das ist wichtig im halben 5-kHz-Raster, in dem nur so eine Übertragung des Sprachbandes bis 2,4 kHz praktisch durchführbar ist (s. Abb. 36c). Außerdem ist die Einseitenbandübertragung mit Trägerrest im entsprechenden Frequenzbereich durch Rundfunkempfänger in der Nähe der Hochspannungsleitungen ohne besondere Maßnahmen abhörbar, die Übertragung mit Pilotton dagegen nicht, da im Rundfunkempfänger bei fehlendem Träger eine Invertierung der Sprachfrequenzen durch Demodulation mit dem Pilotton stattfindet. Man kann natürlich auch das Abhören erschweren, indem man die Sprache invertiert überträgt.

Abb. 37b bis d zeigt verschiedene Umsetzerschemata für Einseitenbandgeräte, die in der TFH-Technik angewendet werden. Bei 37b benutzen beide Sender einer Verbindung bzw. Sender und Empfänger eines Gerätes das gleiche Seitenband in der Zwischenfrequenzlage und haben unterschiedliche Trägerfrequenzen in der Hochfrequenzlage. Durch die beiden Hochfrequenzträger ist die Lage der beiden Übertragungskanäle unabhängig voneinander wählbar und man kann im sog. Band-an-Band-Betrieb mit unmittelbar benachbarten Frequenzbändern für beide Richtungen oder auch mit Bandabstand arbeiten. Nach dem Schema von 37c, bei dem für die eine Übertragungsrichtung das untere, für die andere das obere Seitenband in der Zwischenfrequenzlage ausgenutzt wird, kommt man für Band-an-Band-Betrieb mit nur einem Hochfrequenzträger aus. Man braucht dafür allerdings zwei verschiedene Zwischenfrequenzfilter. Der dann fest gegebene Abstand der beiden Seitenbänder von $2 \times 300$ Hz erlaubt im 5-kHz-Raster aber nur die Übertragung eines Frequenzbandes bis etwa 2200 Hz, wenn oberhalb der Sprache noch ein Pilotton übertragen wird. Bei dem Schema nach 37b dagegen können beide Seitenbänder durch entsprechende Wahl der Quarze näher aneinander gerückt werden; üblich ist ein Abstand von 400 statt 600 Hz bei 300 Hz niedrigster übertragener Frequenz. Damit ist dann die Übertragung des Sprachbandes bis 2400 Hz und eines Pilottones mit 2580 Hz (frequenzgetastet 2550 Hz/2610 Hz) möglich. Das Schema nach 37d zeigt die Umsetzung für ein Zweikanalgerät. In der Zwischenfrequenzlage wird je ein Träger für jeden der beiden Kanäle, $K_1$ und $K_2$ benutzt, das obere Seitenband aus der Umsetzung für Kanal 1 und das untere Band aus der für Kanal 2 werden gemeinsam ausgesiebt und in der Station A mit dem Träger $s$, in der Station B bzw. empfangsseitig in A mit dem Träger $e$ umgesetzt. Durch entsprechende Wahl der beiden Zwischenfrequenzträger können die beiden Kanäle so nahe aneinandergelegt werden, daß in beiden ein Sprachband bis 2400 Hz und je ein Pilot oder Wählton bei 2580 Hz übertragen werden kann. Der zweite Pilot wird dabei für die Pegelregelung nicht gebraucht, ist aber für die Übertragung von Ruf- und Wählzeichen erforderlich.

Abb. 41 zeigt das Blockschaltbild eines Einseitenbandgerätes mit unterdrücktem Träger für die Übertragung von Sprache und ÜT für Band-an-Band-Betrieb nach dem Schema b von Abb. 37. Der Sprachfrequenzteil entspricht dem des Zweiseitenbandgerätes. Sprache, ÜT und Pilot werden gemeinsam in die Zwischenfrequenzlage umgesetzt. Der am Ausgang des ersten Modulators noch vorhandene Tägerrest und das nicht benutzte obere Seitenband werden durch das nachfolgende Zwischenfrequenzfilter und eine zusätzliche Trägerrestsperre unterdrückt.

Die erforderliche Frequenzgenauigkeit (zulässige Gesamtabweichung 2 Hz) läßt sich beim Zwischenfrequenzgenerator mit Quarzen ohne Thermostat erreichen. Bei den Hochfrequenzgeneratoren dagegen sind besondere Maßnahmen erforderlich. In dem in Abb. 41 dargestellten Beispiel werden Schwingstufen mit Quarzen in Thermostaten für Frequenzen von 560 kHz bis 2 MHz benutzt, aus denen die Trägerfrequenzen für den Bereich 35 bis 500 kHz durch Frequenzteiler von 2:1 bis 16:1 gewonnen werden. Wegen der besseren relativen Frequenzkonstanz der

Quarze für die höheren Frequenzen nimmt man den zusätzlichen Aufwand für die Teilerstufen in Kauf.

Für den Betrieb mit unmittelbar benachbartem Sende- und Empfangsband sind besondere Maßnahmen erforderlich. Die Empfangsleitungsfilter können nicht so bemessen werden, daß sie das Signal

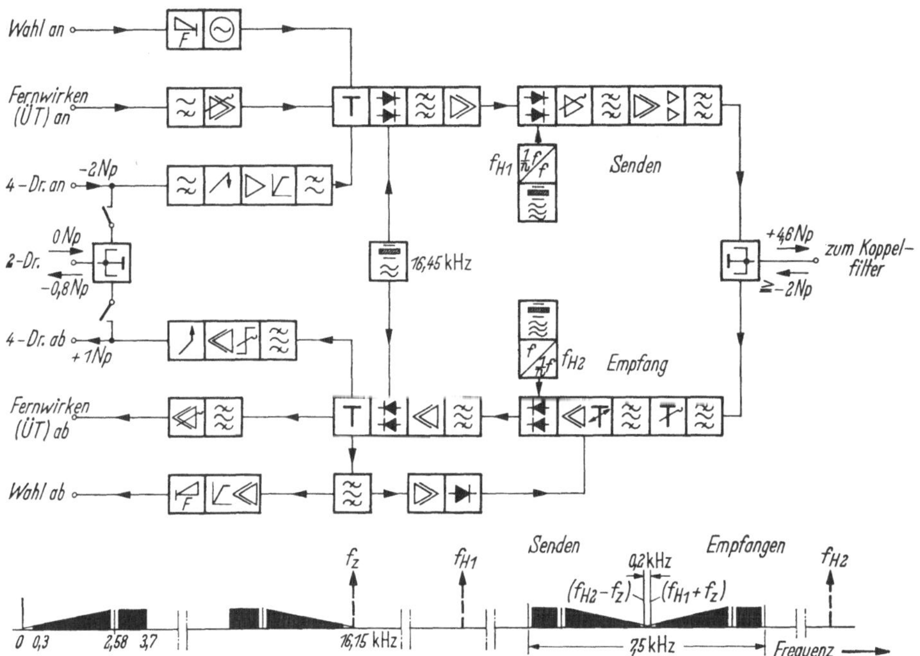


Abb. 41

Blockschaltbild und Umsetzschema eines Einseitenbandgerätes für Fernsprechen und Fernwirken mit unmittelbar benachbartem Sende- und Empfangsfrequenzband im 5-kHz-Raster

des eigenen Senders im Empfänger merklich dämpfen. Deshalb sind Sender und Empfänger über eine, mit Rücksicht auf geringe Dämpfung im Sendeweg, unsymmetrische Gabelschaltung an die Zuleitung zum Koppelfilter angeschlossen. In der Gabel müssen sowohl die reelle als auch die induktive und kapazitive Komponente des Leitungswiderstandes (übersetzt durch Koppelfilter und Zuleitungskabel) nachgebildet werden, außerdem ändert sich der Leitungswiderstand durch Schaltmanöver im Netz. Deshalb kann nur mit etwa 2 Np Verbesserung des Verhältnisses von Nutzempfangspegel zu störendem Pegel des eigenen Senders gerechnet werden, d. h. der Pegel des eigenen Senders kann im ungünstigsten Fall bei der erwünschten maximalen Reichweite von 6 Np noch um 4 Np über dem Nutzempfangspegel liegen. Erst im Zwischenfrequenzfilter gelingt es durch genügend große Flankensteilheit

(Abb. 42), ihn so zu dämpfen, daß er genügend weit unter dem Nutzempfangspegel liegt. Durch kubische Verzerrungen in den davorliegenden Baugruppen können Kombinationstöne $(2f_1 \pm f_2)$ aus dem Sendespektrum entstehen, die in das Empfangsband fallen und dann nicht mehr beseitigt werden können. Um diese Verzerrungen zu vermeiden,

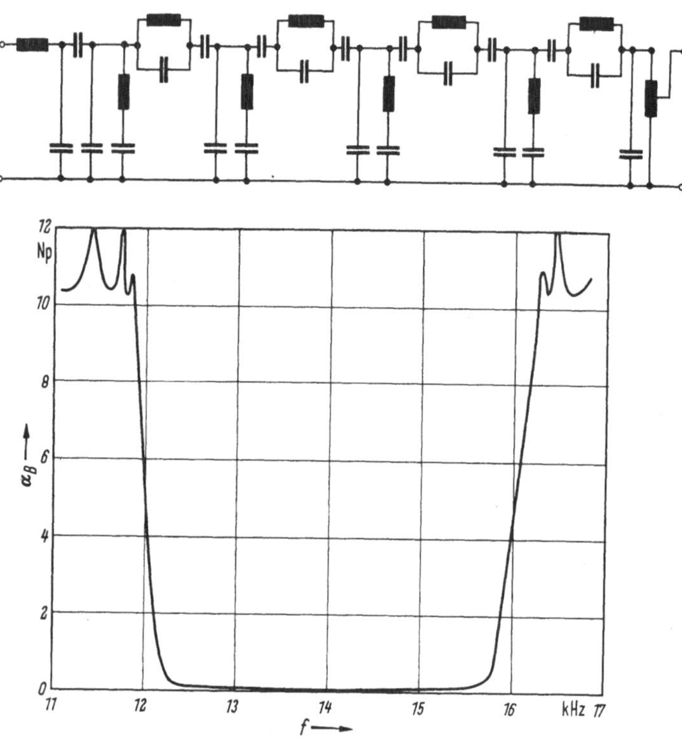

Abb. 42. Prinzipschaltbild und Dämpfungskurve eines Zwischenfrequenzfilters für ein Einseitenbandgerät nach Abb. 8

wird mit stark herabgesetztem Pegel (Nutz- und Fremdpegel) im Eingangsteil des Empfängers gearbeitet. Die genannten Baugruppen müssen außerdem hohen Ansprüchen an Linearität genügen.

Aus dem gleichen Grunde werden hohe Linearitätsanforderungen an den Sendeverstärker des Band-an-Band-Gerätes gestellt, da im Verstärker entstehende Kombinationstöne der gleichen Art, nur durch die Gabelschaltung geschwächt, ebenfalls in den Empfangskanal gelangen würden.

Nach der Umsetzung in die Niederfrequenzlage werden Sprache, ÜT und Pilot im Empfänger durch Entkopplungsglieder und Filter getrennt. Sprache und ÜT gehen nach Korrektur von durch die Leitung bedingten Dämpfungsverzerrungen an die entsprechenden Ausgänge.

Der Pilot steuert, entsprechend dem Träger beim Zweiseitenbandgerät, nach Gleichrichtung den Pegelregler am Eingang des Empfängers. Der Pilotempfänger, ein Wechselstrom-Telegraphieempfänger mit Amplitudenbegrenzer und Diskriminator, steuert das Empfangsrelais für die Abgabe der Ruf- und Wählzeichen, mit denen der Pilot auf der Sendeseite durch Frequenzumtastung (2550 Hz/2610 Hz) moduliert wird.

*Geräte mit Frequenzmodulation.* Wie bei der Zweiseitenbandmodulation kann bei der Frequenzmodulation direkt in der Übertragungs-

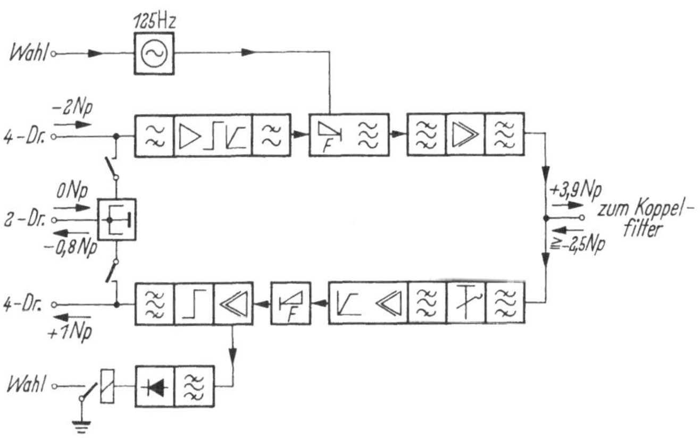


Abb. 43. Blockschaltbild eines Fernsprechgerätes mit Frequenzmodulation

frequenzlage moduliert werden. Dadurch ergibt sich ein ähnlicher, einfacher Aufbau für beide Geräte (Abb. 38 und 43).

Die Modulation erfolgt in der Schwingstufe. Abb. 44a zeigt ein Beispiel für eine Modulatorschaltung. Der Teilkondensator $C_m$ im frequenzbestimmenden Schwingkreis liegt in Reihe mit einer Diodenschaltung. Durch Gleichrichtung des hochfrequenten Wechselstroms über $C_m$ entsteht am Widerstand $R_m$ eine Vorspannung, der die niederfrequente Modulationsspannung überlagert wird. Je nach Höhe der momentanen Spannung an $R_m$ sperrt die Gleichrichterschaltung während eines verschieden großen Teiles der Hochfrequenzperiode. Entsprechend wird der Kondensator, abhängig von der Modulationsspannung an $R_m$, mehr oder weniger im Schwingkreis wirksam (Stromflußwinkelsteuerung) [*40*]. Die Schwingung wird in der Frequenz moduliert. Abb. 44b zeigt die damit erhaltene Modulationskennlinie.

Der Demodulator oder Diskriminator (Abb. 45a) auf der Empfangsseite hat 2 Serienschwingkreise, die auf Frequenzen unterhalb und oberhalb des ausgenutzten Frequenzbereichs abgestimmt sind und auf getrennte Gleichrichter arbeiten. Die entstehenden Gleichspannungen sind gegensinnig in Reihe geschaltet und ergeben so die Demodulationskennlinie (Abb. 45b). Der Empfänger arbeitet mit Amplitudenbegrenzung vor der Demodulation und benötigt daher keinen Pegelregler.

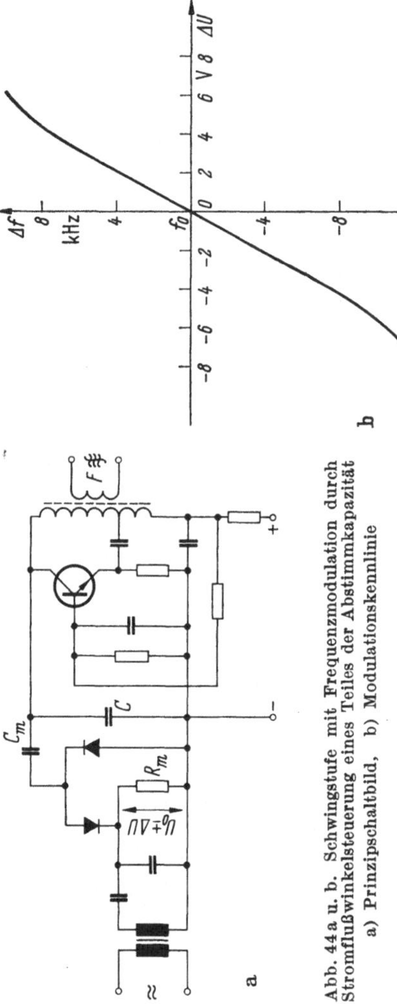

Abb. 44a u. b. Schwingstufe mit Frequenzmodulation durch Stromflußwinkelsteuerung eines Teiles der Abstimmkapazität a) Prinzipschaltbild, b) Modulationskennlinie

Durch die Begrenzung gleicht er sprunghafte Pegeländerungen, die bei Schaltvorgängen auf den Leitungen auftreten können, momentan aus und ist unempfindlich gegen hohe Störimpulse.

Der Niederfrequenzteil der Geräte mit Frequenzmodulation unterscheidet sich nicht wesentlich von dem der Zweiseitenbandgeräte. Zwecks Verbesserung des Störpegelabstandes wird jedoch die Vorverzerrung (pre-emphasis) des Sprachspektrums im Sender und eine entsprechende Entzerrung (de-emphasis) im Empfänger angewandt. Entsprechend einem Abfallen der Amplituden des natürlichen Sprachspektrums von etwa 1 Np im Frequenzbereich von 300 bis 2400 Hz wird der Pegel in diesem Bereich für die Übertragung bis 2400 Hz um 1 Np angehoben. Da Rauschstörungen bei der Frequenzdemodulation einen frequenzproportionalen Anstieg des Störspektrums ergeben, ist die anschließende Entzerrung im Empfänger des FM-Gerätes, bei welcher der Störpegel mit abgesenkt wird, wesentlich mehr wirksam als bei Übertragung mit Amplitudenmodulation, bei der das Verfahren bisweilen auch angewendet wird.

**b) Übertragungsgeräte speziell für Fernwirken.** Die Fernwirkübertragung kann, wie die Fernsprechübertragung, zweiseitig gerichtet sein, wenn z. B. Fernsteuerbefehle in einer Richtung und Rückmeldungen in der Gegenrichtung übertragen werden, oftmals ist sie jedoch auch nur einseitig gerichtet wie z. B. bei der Fernmessung.

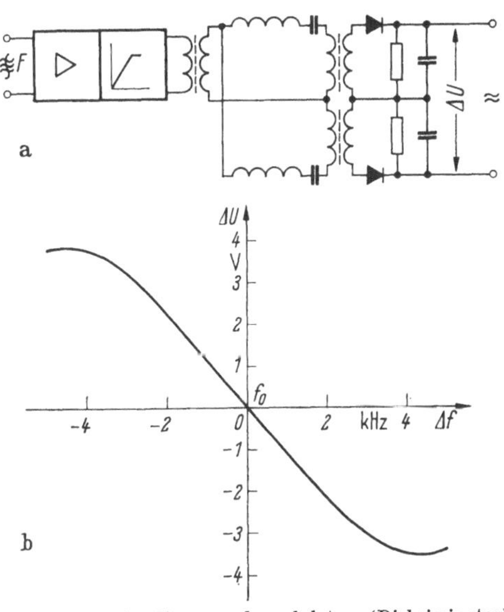


Abb. 45a u. b.  Frequenzdemodulator (Diskriminator) a) Prinzipschaltbild, b) Demodulationskennlinie

Häufig werden mehrere Gruppen von Fernmeßwerten verschiedener Stationen, die jede für sich kein ganzes Frequenzband von der Breite eines Sprachkanals benötigen, zu einer Zentrale hin übertragen und dort von einem gemeinsamen Empfänger aufgenommen. Die Stationen können an verschiedenen Leitungen oder auch zu mehreren hintereinander an der gleichen Leitung liegen. Am zentralen Empfangsort ergeben sich dadurch unterschiedliche Empfangspegel für die einzelnen Stationen, die zwar für einen gegebenen Schaltzustand der Leitung durch Einstellen der Sendepegel auf gleiche Werte abgeglichen werden können, die sich jedoch durch Änderungen im Schaltzustand und durch Witterungseinflüsse, hauptsächlich durch Rauhreif, unterschiedlich ändern können, so daß die von den verschiedenen Stationen ankommenden Empfangspegel unabhängig voneinander ausgeregelt werden müssen. Umgekehrt werden auch von einer zentralen Station mit einem Sender mehrere Empfänger beaufschlagt. Das hat zur Entwicklung von speziellen Fernwirkübertragungsgeräten geführt, die neben den mit WT- und ÜT-Kanälen belegten, sonst für die Sprachübertragung benutzten Geräten eingesetzt werden.

Während hierfür sowohl AM-Geräte mit Ein- oder Zweiseitenbandübertragung als auch FM-Geräte eingesetzt werden, kommt für den gleichzeitigen Empfang mehrerer Sender bei gemeinsamer Demodulation nur die Einseitenbandübertragung ohne Trägerrest in Frage, wobei mehrere Sender nebeneinanderliegende Teilbereiche des Übertragungskanals belegen. Die Sender können dabei als Einseitenbandsender mit zweifacher Frequenzumsetzung (Abb. 46a) aufgebaut sein, die mit WT- (Ton-) Frequenzen als Trägern der Fernwirksignale moduliert werden [38]. Dafür können dann sowohl AM-WT-Kanäle mit 80 Hz Bandbreite und 120 Hz Kanalabstand als auch FM-WT-Kanäle gleicher Bandbreite oder, für höhere Telegraphiergeschwindigkeit als 50 Baud, bei Bedarf auch Kanäle größerer Bandbreite eingesetzt werden. Bei 120 Hz Abstand können so mehrere Gruppen mit insgesamt bis zu 18 Kanälen im 2,5 kHz breiten Band oder 25 Kanälen im 4 kHz breiten Band gebildet werden. Das Verfahren bedingt aber den großen Aufwand der Einseitenbandumsetzung für jeden einzelnen Sender, der im ungünstigsten Fall mit nur einem WT-Kanal beaufschlagt sein kann. Anstelle der Tonfrequenzträger verwendet man deshalb auch Träger in der Zwischenfrequenzlage (Abb. 46b) [41], und setzt dann nur einmal um, oder man benutzt Träger direkt in der Hochfrequenzlage (Abb. 46c) [42] und kommt dann ohne Umsetzung aus. In beiden Fällen werden aber wegen der erforderlichen Frequenzgenauigkeit Quarzgeneratoren benötigt, bei denen mit Rücksicht auf (Telegraphie-) Verzerrungen der übertragenen Impulse zwar eine Amplitudentastung mit Hilfe von Tastmodulatoren (s. S. 343), jedoch keine Frequenzumtastung möglich ist. Die Tastung in der Hochfrequenzlage bedingt außerdem für jedes neue Projekt, der jeweils benutzten Frequenzlage entsprechend, einen Satz Quarze anderer Frequenz während bei Umsetzung aus der Niederfrequenz- oder Zwischenfrequenzlage nur die Hochfrequenzumsetzerquarze von Fall zu Fall verschieden sind.

Abb. 47 zeigt das Blockschaltbild eines Empfängers für 1 bis 6 Empfangsgruppen. Die Umsetzung aus der Hochfrequenz über die Zwischenfrequenz- in die Niederfrequenzlage ist für alle Gruppen gemeinsam; anschließend folgt die Aufteilung durch Gruppenfilter, die jeweils aus einem Hoch- und einem Tiefpaß zusammengesetzt sind und deren Bandbreite durch Einsetzen von Hoch- und Tiefpässen entsprechender Grenzfrequenz variiert werden kann. Innerhalb der Gruppen werden dann die einzelnen Kanäle durch Kanalfilter getrennt. Anschließend wird in den Tonfrequenz- (WT-) Empfängern (AM oder FM) demoduliert. Das Gerät hat eine doppelte Amplitudenregelung; der Umsetzerteil arbeitet mit Gemischregelung für alle Gruppen gemeinsam und regelt den Summenpegel auf einen vorgegebenen Wert, in den Gruppenteilen dient jeweils ein Kanal als Pilotkanal, nach dessen Amplitude die Ausgangspegel

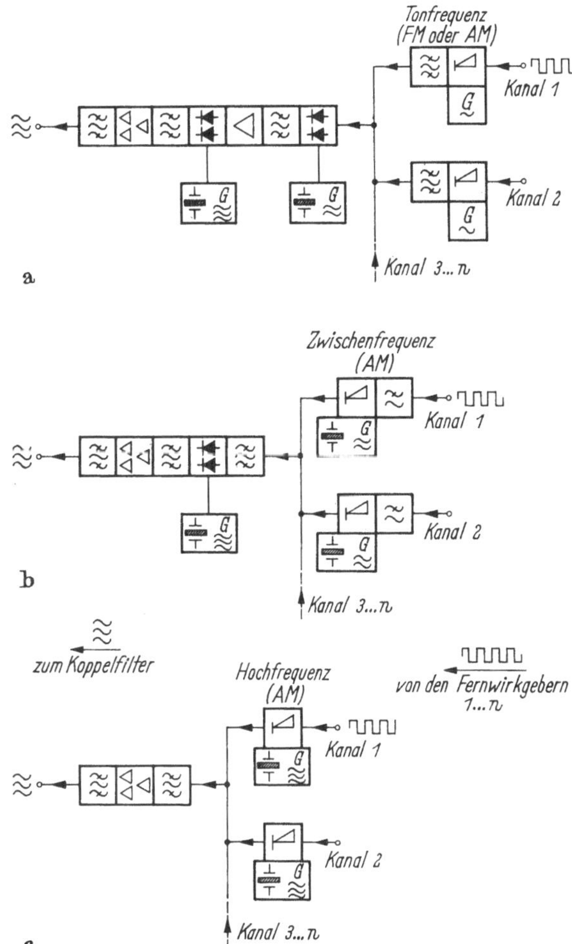


Abb. 46a—c. Blockschaltbilder von Sendern für Fernwirken mit Signaleinspeisung
a) in der Tonfrequenz-, b) in einer Zwischenfrequenz- und c) in der Übertragungsfrequenzlage

der betreffenden Gruppe geregelt werden. Damit werden die Unterschiede zwischen den einzelnen Kanalgruppen ausgeglichen, die durch unterschiedliche Dämpfungsänderungen der einzelnen Leitungen zustandekommen. Die Regler arbeiten nach dem gleichen Prinzip wie bei den Sprechgeräten.

Bei der Fernwirkübertragung werden gelegentlich auch Zwischenverstärker eingesetzt im Gegensatz zum Sprechverkehr, bei dem, abgesehen von Sonderfällen nur Abschnittsverbindungen benutzt und vierdrahtmäßig durchgeschaltet werden. Wegen der geringen Übergangs-dämpfung zwischen zwei an einer Hochspannungsstation endenden

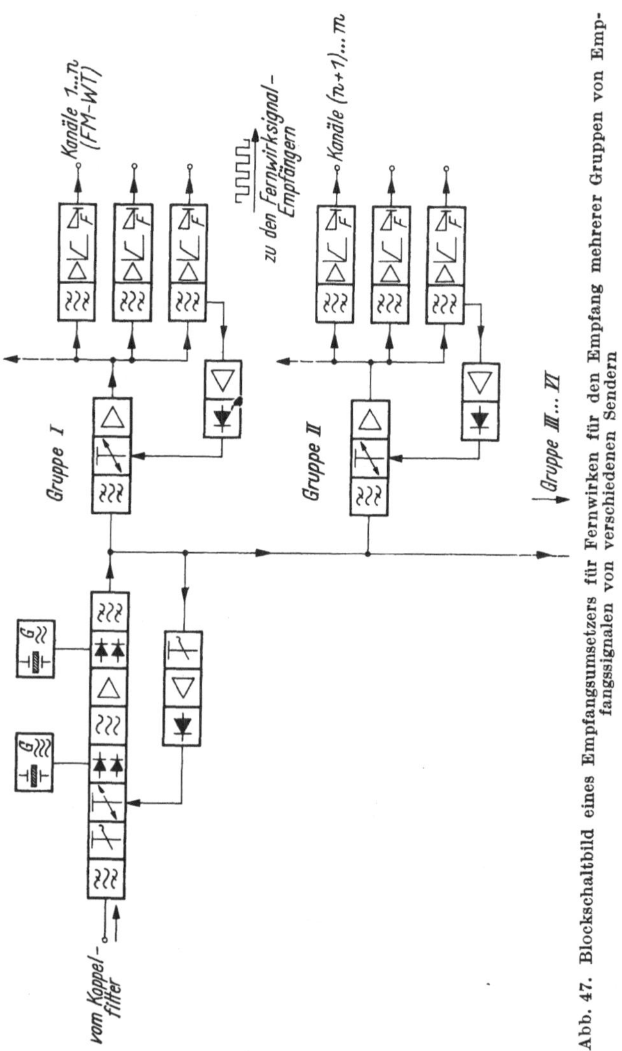



Abb. 47. Blockschaltbild eines Empfangsumsetzers für Fernwirken für den Empfang mehrerer Gruppen von Empfangssignalen von verschiedenen Sendern

Leitungen, die unter Umständen nur 1,5 Np beträgt, wird aber im allgemeinen nicht direkt verstärkt, sondern mit Umsetzung in eine andere Frequenzlage gearbeitet. Dazu wird der Umsetzerteil des Empfängers (Abb. 47), endend mit dem Niederfrequenzfilter, und der Umsetzerteil des Senders (Abb. 46a), beginnend mit dem ersten Modulator, zusammengeschaltet. Meistens wird an dieser Stelle dann noch eine zusätzliche Kanalgruppe mit Fernwirkwerten derjenigen Hochspannungsstation eingespeist, in der der Zwischenverstärker steht. Die ankommenden Signale können bereits aus mehreren Kanalgruppen bestehen, die sämtlich weitergegeben werden, oder von denen ein Teil auch am Ort ausgewertet wird. In diesem Fall wird auch der Gruppenregelteil des Empfängers mitbenutzt, in dem die einzelnen Gruppen ausgeregelt und nach der Regelung wieder zusammengeschaltet und auf den Sender gegeben werden. Sender und Empfänger können wie bei den Einseitenbandsprechgeräten mit unmittelbar benachbarten Frequenzbändern arbeiten, auch wenn beide an der gleichen Ankopplungsschaltung, z. B. einer Überbrückung, liegen.

   c) **Geräte für Schutzsignalübertragung.** *Selektivschutzgeräte (Leitungsabschaltung).* Bei Kurzschlüssen auf der Hochspannungsleitung sollen nur die direkt betroffenen Leitungsabschnitte oder auch nur die betroffenen Phasenleiter eines Abschnitts (Selektivschutz) möglichst schnell, d. h. innerhalb einer Zeit von etwa 100 msec nach Auftreten des Kurzschlusses abgeschaltet werden, damit Personen- und Sachschäden vermieden werden und die Stabilität des Netzes erhalten bleibt. Bei der sog. Kurzschlußfortschaltung wird nach etwa 500 msec wieder eingeschaltet und, nur wenn der Kurzschluß dann noch weiterbesteht, wird, wiederum möglichst schnell, endgültig abgeschaltet. Dadurch kann die Mehrzahl der auftretenden Fehler, das sind Kurzschlußlichtbögen infolge vorübergehender Einwirkungen, ohne längere Unterbrechungen der Stromversorgung beseitigt werden.

   Der gesamte Ablauf erfolgt automatisch: Das Auftreten eines Kurzschlusses und dessen Lage im Netz wird durch ständige Strom- und Spannungsmessungen (Impedanzmessungen) in den Stationen nach Richtung und Entfernung festgestellt. Bei Fehlern am fernen Ende eines Leitungsabschnitts läßt sich aber nicht mit Sicherheit feststellen, ob sie noch im Abschnitt oder bereits jenseits der nächsten Station liegen. Zur schnellen genauen Erfassung des Fehlerortes werden deshalb von beiden Enden eines Leitungsabschnitts aus Signale übertragen, die jeweils der Gegenstation Auskunft über das Meßergebnis der anderen Seite geben. Örtliches Meßergebnis und Nachricht von der anderen Seite dienen dann als Kriterium für Abschalten oder Nichtabschalten des Leitungsabschnitts [43].

   Die Schutzsignale werden also wie Sprache jeweils über nur einen Leitungsabschnitt und in beiden Richtungen übertragen. Eine Übertragung ist außerdem nur bei Auftreten von Kurzschlüssen, d. h. sehr selten (einige Male im Jahr) und dann nur für sehr kurze Zeit erforderlich. Beides spricht an sich für eine Kombination von Sprech- und Schutzsignalgeräten, z. B. der Art, daß die Schutzsignale in einem besonderen

Kanal oberhalb des Sprachkanals übertragen werden oder daß die Sprache für die Schutzsignalübertragung kurzzeitig abgeschaltet und das Schutzsignal dann mit voller Sendeleistung im überlagerten Kanal oder auch im Sprachkanal übertragen wird. Diese Möglichkeiten werden ausgenutzt, häufig werden aber spezielle Geräte eingesetzt, die ständig in Betrieb sind und nur der Schutzsignalübertragung dienen. Man treibt einen hohen Aufwand für eine möglichst sichere und ungestörte Übertragung der Schutzsignale, die gerade dann stattfinden muß, wenn eine Leitung vom Kurzschluß betroffen ist und wenn auf den Leitungen hohe Störimpulse auftreten, z. B. durch atmosphärische Entladungen als häufigste Ursache für Kurzschlüsse, durch das Zusammenbrechen der Spannung beim Einsetzen des Kurzschlußlichtbogens und durch die vom Kurzschluß ausgelösten Schaltmanöver im Netz [44]. Erschwerend ist dabei die Forderung nach einer kurzen Übertragungzeit von höchstens 10 bis 15 msec.

Um auch während des Kurzschlusses, der sich häufig nur auf eine oder zwei Phasen erstreckt, noch möglichst sicher übertragen zu können, benutzt man die Zweileiterankopplung oder bei Leitungen mit zwei Drehstromsystemen die Zwischensystemankopplung (s. S. 436), bei der eine ungestörte Übertragung auch dann möglich ist, wenn eines der beiden Drehstromsysteme unterbrochen oder wegen Arbeiten an der Leitung auf der Strecke geerdet ist.

Gegen die Beeinflussung durch Störspannungen, sowohl Vortäuschung als auch Unterdrückung eines Signals, besonders bei erhöhter Dämpfung infolge Kurzschlusses auf der Leitung, sind bei den Schutzgeräten besondere Maßnahmen erforderlich.

Besonders kritisch sind dabei die erwähnten Impulsstörspannungen, deren Amplituden weit höher sind als die mit den üblichen Sendeleistungen von etwa 10 W erzielbaren Empfangsspannungen. Um dennoch sicher und genügend schnell übertragen zu können, arbeitet man mit Frequenzumtastung bei möglichst großem Frequenzhub, wobei im Normalzustand der Leitung ständig eine der beiden Frequenzen gesendet und dann, bei Feststellung eines Fehlers, kurzzeitig auf die andere Frequenz umgeschaltet wird. Im Empfänger werden Störimpulse durch Amplitudenbegrenzung bei voller Kanalbandbreite auf die Größe des Nutzpegels begrenzt und anschließend durch Einengung des Frequenzbandes (Selektion des Empfangssignals) weiter herabgesetzt. Dadurch wird eine Trennung von Nutz- und Störsignal möglich, wenn die Störimpulse nach dem Durchgang durch die vor der Amplitudenbegrenzung liegenden Filter noch genügend kurz gegen die zugelassene höchste Signallaufzeit sind und der Abstand aufeinanderfolgender Störimpulse groß genug gegen diese ist. Für eine Leitung mit zwei Drehstromsystemen braucht man zwei Schutzkanäle. Um eine unnötige Verlängerung der

Störimpulse zu vermeiden, benutzt man je Übertragungsrichtung einen Platz von der Breite eines Sprachkanals, also einen Bereich von 2,5 kHz im 5-kHz-Raster.

Abb. 48 zeigt ein Frequenzschema und ein Blockschaltbild eines Gerätes zur Übertragung von Schutzsignalen mit zwei Kanälen I und II für eine Leitung mit zwei Drehstromsystemen. Die Frequenzen $f_1$ und $f_3$ werden im Ruhezustand übertragen. Bei Auftreten eines Fehlers wird, je nach dem, welches Drehstromsystem betroffen ist, $f_1$ auf $f_2$ oder $f_3$ auf $f_4$ (oder auch beide gleichzeitig) umgeschaltet.

Im Sender werden die 4 Frequenzen durch ständig in Betrieb befindliche Quarzgeneratoren direkt in der Hochfrequenzlage erzeugt.

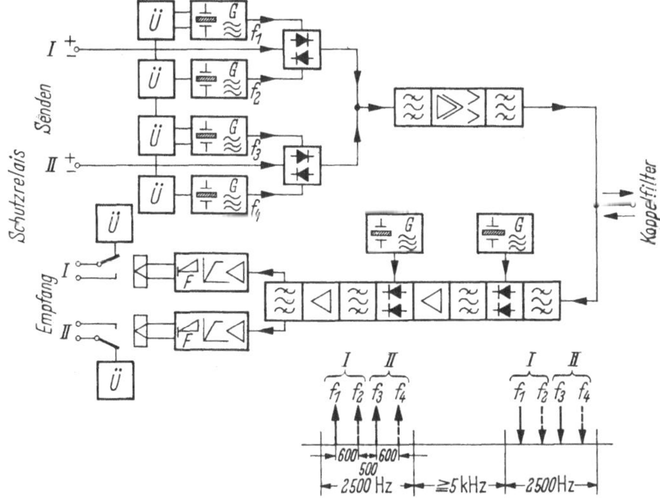

Abb. 48. Blockschaltbild und Frequenzschema eines Gerätes für die Übertragung von Signalen für den Leitungsschutz

Durch je einen Umtastmodulator (Abb. 49a) wird mit Hilfe vorgespannter Gleichrichter von den Schutzrelais aus entweder die Ruhefrequenz $f_1$ bzw. $f_3$ oder die Arbeitsfrequenz $f_2$ bzw. $f_4$ auf den Sendeverstärker gegeben. Im Empfänger der Gegenstation werden die Signale wie beim Einseitenbandgerät zur leichteren Trennung zunächst über eine Zwischenfrequenz in eine Tonfrequenzlage umgesetzt, in der dann beide Kanäle mit Hilfe einer Weiche, bestehend aus Hoch- und Tiefpaß, getrennt werden.

In den anschließenden Signalempfängern (Abb. 49b) werden die Empfangssignale zunächst verstärkt, sodann in der Amplitude begrenzt und kommen dann zum Frequenzdemodulator mit zwei Schwingkreisen für Ruhe- und Arbeitsfrequenz und nachfolgenden Gleichrichtern. Diese arbeiten auf getrennte Wicklungen eines Relais und bringen seinen

Kontakt, der jeweiligen Signalfrequenz entsprechend, in die Ruhe-
oder Arbeitslage. Bei Umschaltung in die Arbeitslage wird dann über
Starkstromrelais schließlich der Leistungsschalter der Hochspannungsstation geöffnet, wenn die örtliche Schutzeinrichtung zur gleichen Zeit
eine Abschaltung auf Grund der eigenen Messung freigibt.

Die gesamte Übertragungsanlage wird ständig überwacht. Durch
eine schwache Vorerregung des Empfangsrelais geht dieses bei Weg-
bleiben der Ruhefrequenz, z. B. durch Ausfall des Senders, in die Arbeitslage und löst einen Alarm aus. Der Hochspannungsschalter wird dabei
nicht betätigt, solange die Schutzeinrichtung nicht gleichzeitig einen

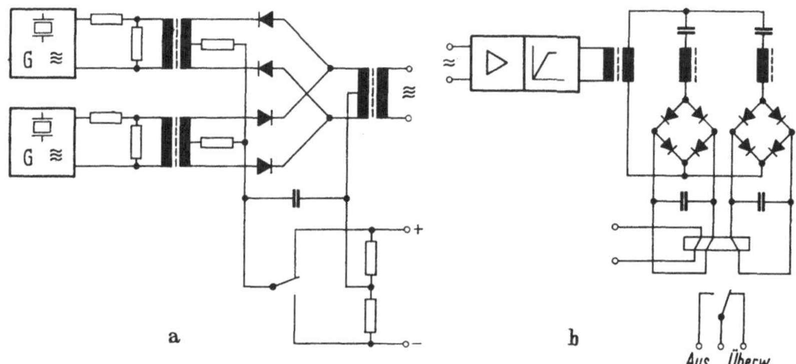


Abb. 49a u. b. Umtastmodulator (a) und Frequenzdemodulator (b) eines
Gerätes für den Leitungsschutz

Fehler auf der Leitung feststellt. Bei Ausfall der nicht ständig übertragenen Arbeitsfrequenz wird auf der Sendeseite auch die Ruhefrequenz
abgeschaltet, so daß auch in diesem Fall der empfangsseitige Alarm
anspricht.

*Schnellschaltgeräte.* Mit Hilfe der Schnellschaltgeräte werden Kraft-
werke, die über eine längere Zuleitung in ein größeres Netz einspeisen,
oder auch Verbraucher, die über eine Hochspannungsleitung an ein
Netz angeschlossen sind, mit den Leistungsschaltern am Anfang der
Zuleitung vom Netz abgeschaltet, falls dies betriebsmäßig oder wegen
eines Fehlers in der Hochspannungsanlage zur Vermeidung größerer
Schäden erforderlich wird. Man spart mit diesen Geräten die sonst am
Ende der Zuleitung benötigten Hochspannungsleistungsschalter [45, 46].

Die Geräte entsprechen im Grundaufbau den Schutzgeräten. Da hier
jedoch ein Ansprechen des Empfangsrelais unmittelbar zur Abschaltung
führt, werden wesentlich höhere Anforderungen hinsichtlich Sicherheit
gegen Beeinflussung durch Störspannungen oder Fehler in den Geräten
gestellt. Zur Erhöhung der Sicherheit ist die Ansprechzeit des Empfängers von etwa 10 auf 35 msec vergrößert. Im Sender werden die Schwing-

stufen und der Ausgangspegel überwacht. Empfangsseitig wird der Störpegel in einem schmalen Teil des benutzten Frequenzbandes ständig
gemessen und mit dem Nutzpegel verglichen. Ansprechen der Überwachungseinrichtungen infolge zu geringen Störpegelabstandes oder
durch Fehler in der Übertragungsanlage führt zu einer Unterbrechung
des Auslösekreises, bevor dieser infolge eines Fehlers durch das Empfangsrelais geschlossen werden kann. Die Vorerregung des Empfangsrelais
wird dabei hier, im Gegensatz zu den Selektivschutzgeräten, benutzt,
um das Empfangsrelais bei Ausfall der Ruhefrequenz in der Ruhelage
zu halten.

*Schutzsignalübertragung mit F6-Modulation.* Bei den beschriebenen
Schutz- und Schnellschaltgeräten muß das belegte Frequenzband auf
zwei Kanäle aufgeteilt werden, außerdem kann je Kanal nur ein Viertel
der Sendeleistung (halbe Sendespannung) ausgenutzt werden, da stets
2 Frequenzen gleichzeitig gesendet werden müssen. Ein neueres Gerät
arbeitet nach dem in der Telegraphie-
übertragung benutzten Duoplexverfahren (F6-Modulation), bei dem
zur gleichen Zeit immer nur eine
von vier Frequenzen ausgesendet
wird. Mit jeder Frequenz werden dabei 2 (Ja-Nein-) Informationen für
das Abschalten beider Drehstromsysteme entsprechend dem Beispiel
in Tab. 6 übertragen.

Tabelle 6. *Übertragung von Abschalt-
befehlen für 2 Drehstromsysteme mit
jeweils einer von 4 Frequenzen*

| | System I | System II |
|---|---|---|
| $f_1$ | ein | ein |
| $f_2$ | ein | aus |
| $f_3$ | aus | ein |
| $f_4$ | aus | aus |

Auf diese Weise steht hier die volle Sendeleistung für die jeweils
übertragene Frequenz zur Verfügung und die Amplitudenbegrenzung
im Empfänger kann vor der Auftrennung der Signale für beide Kanäle
bei voller Bandbreite durchgeführt werden, so daß sich noch ein wesentlicher Gewinn an Sicherheit gegen Störbeeinflussung im Vergleich zu den
Geräten mit 2 Kanälen und einfacher Frequenzumtastung ergibt.

## Schrifttum


[1] Schmid, A.: Die Wirkungsweise der Ringmodulatoren. Veröff. Nachrichten-
Techn. 6 (1936) 145.
[2] Meyer, H.: Zur Frage der nichtlinearen Signalverzerrungen im Ringmodulator. Frequenz 15 (1961) 357, 413; 16 (1962) 61.
[3] Henkler, O.: Über Modulationsschaltungen für Trägerfrequenzsysteme.
Europ. Fernsprechdienst 54 (1940) 15.
[4] Hülsebus, W., u. R. Pospischil: DBP Nr. 1 083 353 — Bell Laboratories
Record, March 1965, 86.
[5] Tucker, D. G.: Modulators and Frequency-Changers. MacDonald Ltd. London 1953, 72.

[6] BLECHER, F. H., u. F. J. HALLENBECK: The Transistorized A5 Channel Bank. Bell System Techn. J. 1962, 327.

[7] CROSS, F. D., u. A. MC. P. MORRISON: A Modern Transistored Channel Equipment. Transmission Aspects of Communications Networks, London 1964.

[8] BECKERATH, H. v.: Die mechanischen und elektrischen Eigenschaften der Schwingquarze. Elektr. Nachr. Techn. 19 (1942) Heft 3/4. — CADY, W. G.: Piezoelectricity. Inc. New York—London: McGraw-Hill 1946. — W. P. MASON: Piezoelectric Crystals and Their Application to Ultrasonics. Toronto/New York/London: Van Nostrand 1950.

[9] MEACHAM, L. A.: The Bridge Stabilized Oscillator. Proc. IRE 26 (1938). — W. ARENS: Schaltungen mit Schwingquarzen und ihre Anwendung in der Nachrichtentechnik. Elektr. Nachr. Techn. 19 (1942) Heft 12. — H. AWENDER u. K. SANN: Zur Klassifizierung der Quarz-Oszillatorschaltungen. Funk und Ton 5 (1954). — G. BECKER: Über kristallgesteuerte Oszillatoren. AEÜ 11 (1957) Heft 1. — K. BAULK: Quarzgesteuerte Frequenznormale. Elektr. Nachrichtenwesen 39 (1964) Nr. 3. — W. L. SMITH: Precision Quartz Crystal Controlled Oscillators Using Transistor Circuits. Bell Laboratories Record, Sept. 1964.

[10] BECKMANN, R.: Über die Temperaturabhängigkeit der Frequenz von AT- und BT-Quarzresonatoren. AEÜ 9 (1955).

[11] MAYER, H. F.: Einige Ergebnisse aus der neueren Entwicklung der Trägerfrequenztelephonie. EFD 63 (1943) 67. — H. F. MAYER, D. THIERBACH, W. v. WERTHER: DBP Nr. 849119.

[12] BODE, K., u. H. KOPP: Neue Trägerfrequenz-Endeinrichtungen für Vielfachfernsprechen. Siemens-Z. 39 (1965) 313.

[13] CAUER, W.: Theorie der linearen Wechselstromschaltungen. Leipzig: Akadem. Verlags-Gesellschaft 1941. — S. DARLINGTON: Synthesis of Reactance Fourpols which Produce Prescribed Insertion Loss Characteristics. J. Math. Phys. 18 (1939). — H. PILOTY: Wellenfilter, insbesondere symmetrische und antimetrische, mit vorgeschriebenem Betriebsverhalten. Telegraphen-, Fernsprech-, Funk- und Fernsehtechnik (TFT) 28 (1939). — NAI-TA MING: Verwirklichung von linearen Zweipolschaltungen vorgeschriebener Frequenzabhängigkeit unter Berücksichtigung der Verluste von Spulen und Kondensatoren. Arch. Elektrotechn. 39 (1949).

[14] NOWACK. F., O. SCHMITT u. W. ZITZMANN: Über die Bauweise von Geräten und Einrichtungen der Übertragungstechnik für Nachrichtennetze. J. elektr. Fernmeldewesen 1964, 188ff. — F. HAAS u. A. MEHR: Die Vertikal-Bauweise, eine neue Bauform für Nachrichten-Übertragungseinrichtungen. Siemens-Z. 39 (1965) 310.

[15] POSCHENRIEDER, W.: Steile Quarzfilter großer Bandbreite in Abzweigschaltung. NTZ 9 (1956) 561.

[16] BUCHMANN, E., u. E. FREYSTEDT: Ein Trägerfrequenzsystem für den Nahverkehr mit dichter Belegung des Frequenzbandes (Z 12 N). Entwicklungsber. Siemens & Halske 16 (1953) 378. — MEHR, A.: VZ 12, eine Zwölffach-Fernsprecheinrichtung für feste und bewegliche Nachrichtennetze. Siemens-Z. 32 (1958) 400.

[17] ZERBEL, W.: Das deutsche TF-System V 60. FTZ 4 (1951) 193. — F. RING: Übertragungseigenschaften der V 60-TF-Geräte. FTZ 5 (1952) 101.

[18] BATH, F., u. W. v. WERTHER: Planungsgrundlagen für TF-Nachrichtenverbindungen auf Kabeln. FTZ 6 (1953) 149—157.

[19] WERTHER, W. v., u. O. H. SCHMITT: Ein Trägerfrequenz-Fernsprechsystem für 960 Kanäle. Siemens-Z 28 (1954) 183.

[20] Schau, H. v., u. W. Zitzmann: Die Endeinrichtungen des 12-MHz-Träger-
frequenzsystems V 2700. Siemens-Z. 35 (1961) 818. — K. Bode u. H. Kopp:
Ein vereinfachtes Aufbauschema für das 12-MHz-Trägerfrequenzsystem
V 2700. NTZ 18 (1965) 275.

[21] Law, H. B., J. Reynolds u. W. G. Simpson: Channel Equipment Design for
Economy of Band — width. Post Off. Elektr. Eng. J. 53 (1960) 112.

[22] Bullington, K., u. J. M. Fraser: Engineering Aspects of T.A.S.I. Bell
System Techn. J. 38 (1959) 353.

[23] Oehlen, P.: Eindringen der Trägerfrequenztechnik in die Fernsprechnetz-
gruppe. Felten & Guilleaume-Rdsch. 1951, 260.

[24] Bast, G. H., u. J. L. Hurault: Système Simplifié a Courants Porteurs pour
Courtes Distances. Câbles & Transmission 7 (1953) 185. — W. Bienz: 8-Kanal-
Trägerfrequenzsystem für kurze Distanzen. Techn. Mitt. PTT 1962, 218.

[25] Caruthers, R. S.: The Type N 1 Carrier Telephone System: Objectivs and
Transmission Features. Bell System Techn. J. 30 (1951) 1.

[26] Boyd, R. C.: Redesign of Short-Haul Carrier Systems. Bell Labor. Record
1963, 275.

[27] Bell Labor. Record, March 1965.

[28] Becker, L.: Beitrag zur Technik der Frequenzmultiplexübertragung über
kurze Entfernungen. NTF 19 (1960) 25. — R. H. Franklin: Transmission
system for trunk and junction circuits. The Institution of Electr. Eng. Febr.
1964, 3.

[29] Knapp, H.: Beitrag zur Technik der Zeitmultiplexübertragung über kurze
Entfernungen. NTF 19 (1960) 29.

[30] Podseck, H. K.: Trägerfrequenz-Nachrichtenübertragung über Hochspannungsleitungen, 3. Aufl. Berlin/Göttingen/Heidelberg: Springer 1962.

[31] Alsleben, E.: Experimental values of the characteristics of H. V. Power
Networks at the frequencies used by carrier current communication circuits.
CIGRE, Session 1958, report 340.

[32] Kaden, H.: Über den Verlustwiderstand von Hochfrequenzleitern. Arch.
Elektrotechn. 28 (1934) H. 12, 825.

[33] Bychowsky, M. V., u. V. V. Sidelnikov u. a.: Caractéristiques des voies de
liaison par courant porteur sur lignes de transport d'énergie. CIGRE, Session
1962, rapport 312.

[34] Alsleben, E.: Richtwerte für die Planung von Trägerfrequenzverbindungen
auf Hochspannungsleitungen und Angaben für die Bestimmung der Kenn-
größen der Leitungen. Elektrizitätswirtsch. 61 (1962) H. 11, 363—373.

[35] Fleischer, H., u. G. Graff: Abschätzung der höchstzulässigen Fremdspannungen für Trägerfrequenzverbindungen auf Hochspannungsleitungen.
Elektrizitätswirtsch. 58 (1959) H. 22, 775—781.

[36] Alsleben, E.: Die neuere Entwicklung der Trägerfrequenztechnik auf Hochspannungsleitungen. ETZ A 81 (1960) H. 17, 559—605.

[37] de Quervain, A.: Das Einseitenbandverfahren und seine Mehrfachausnutzung
für trägerfrequente Verbindungen längs Hochspannungsleitungen. BBC-
Nachr. 34 (1952) H. 1, 3—5.

[38] Feil, R., u. K. Gutwill: Einseitenband-Trägerfrequenzgeräte mit Transistoren für Fernsprechen und Fernwirken auf Hochspannungsleitungen.
Siemens-Z. 36 (1962) H. 4, 305—308.

[39] Henkler, O.: Anwendung der Modulation beim Trägerfrequenz-Fernsprechen
auf Leitungen. Leipzig: S. Hirzel 1948.

[40] Otto, R.: Frequenzmodulation durch einen Kondensator mit gesteuertem
Stromflußwinkel. Frequenz 5 (1951) 323—326.

[41] BACKES, R.: Einseitenbandgeräte für die Trägerfrequenzübertragung von Fernwirksignalen über Hochspannungsleitungen. ETZ A 76 (1955) H. 8, 508—512.

[42] SCHUMM, E., u. G. BERGMANN: Trägerfrequenz-Fernwirk-Übertragungssystem für 18 Kanäle auf Hochspannungsleitungen. ETZ A 77 (1956) H. 3, 69—75.

[43] NEUGEBAUER, H.: Selektivschutz. Berlin/Göttingen/Heidelberg: Springer 1955.

[44] STIMMER, H.: Distanzschutz für Höchstspannungsleitungen mit gegenseitiger Schaltermitnahme über leitungsgerichtete Trägerfrequenzverbindungen. Elektrizitätswirtsch. 59 (1960) H. 17, 595—598.

[45] SCHUMM, E.: Fernauslösung von Hochspannungsschaltern durch Trägerfrequenzsignale. ETZ B 11 (1959) H. 12, 471—475.

[46] BERGMANN, G., u. B. WESTPHAL: Fernbetätigung von Leistungsschaltern mit Trägerfrequenz-Schnellschaltgeräten. Siemens-Z. 33 (1959) 12—17.

# 4. Puls-Endgeräte

Von H. M. CHRISTIANSEN, R. KERSTEN und H. KNAPP[1]

## 4.1 Allgemeine Technik

In diesem Kapitel werden die Eigenschaften und der Aufbau der Modulationsgeräte für Pulssysteme dargestellt, die Modulationsverfahren findet man auf S. 63ff. Pulssysteme haben z. Z. einen wesentlich kleineren Anteil an der Nachrichtenübertragungstechnik als Systeme der älteren Trägerfrequenztechnik. Solange der technische Aufwand für einen Sprechkreis bei allen Modulationsarten etwa in der gleichen Größenordnung liegt, wird man die im Frequenzband sparsame Einseitenbandtechnik anwenden, falls nicht technische oder betriebliche Gründe für eine andere Modulationsart sprechen. Zu diesen Gründen zählen z. B. zu hohe Werte des linearen und nichtlinearen Nebensprechens sowie der Geräusche oder neuartige Vermittlungstechnik mit Impulsen, an die Pulssysteme besser angepaßt sind. Bislang sind diese Fälle nur selten vorgekommen. Es ist aber durchaus denkbar, daß in Zukunft Pulssysteme mehr Bedeutung bekommen.

Abb. 1 zeigt das allgemeine Schema für den Aufbau eines Puls-Endgerätes mit $z$ unabhängigen Kanälen. Dieses sieht für jeden Kanal auf der Sendeseite zunächst eine Einrichtung vor, die das angelieferte Signal, das „Basisband" für die weitere Verarbeitung vorbereitet. Das können, je nach Bandbreite der Kanäle, ein einzelnes Sprachsignal

---

[1] Die Abschn. 4.1 und 4.3.1 wurden von H. KNAPP, die Abschn. 4.2 und 4.3.2 von H. M. CHRISTIANSEN und Abschn. 4.4 von R. KERSTEN bearbeitet.

oder aber z. B. mehrere Sprachsignale im Frequenzmultiplex sein.
Die Abtastung der Nachricht, die als nächste Stufe folgt, ist bereits eine
typische Pulseinrichtung. Nach der Abtastung wird das Zeitmultiplex
aus den PAM-Impulsen gebildet. Dann folgt der Pulsmodulator, der in
die gewünschte Pulsmodulation umwandelt, und von dort geht die
erzeugte Impulsfolge zum Richtfunksender oder auf die Übertragungsleitung. Auf der Empfangsseite ist die Reihenfolge der Einrichtungen

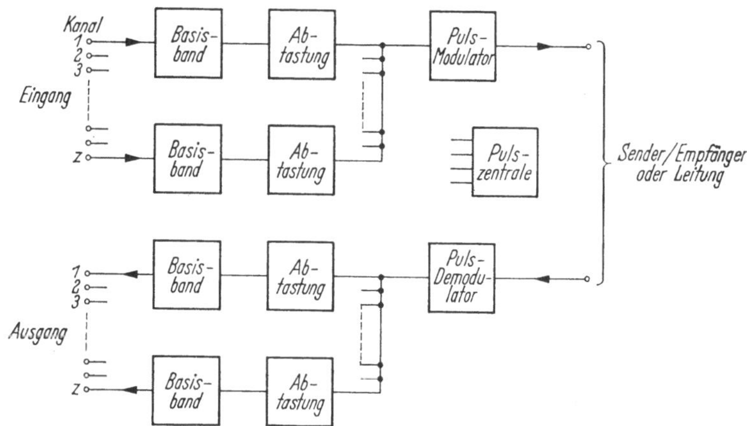


Abb. 1. Schema eines Puls-Endgerätes

umgekehrt; der vom Empfänger oder von der Leitung kommende
Puls wird demoduliert; der entstandene amplitudenmodulierte Puls
wird über die Abtastschalter der einzelnen Kanäle auf die Basisband-
einrichtungen der Empfangsseite verteilt. In einer Pulszentrale werden
alle Schwingungen und Pulse erzeugt, die für die Vorgänge der Abtastung,
Modulation und Synchronisierung notwendig sind.

Die folgenden Abschnitte geben einen allgemeinen Überblick über
die Eigenschaften und die Arbeitsweise der Bausteine eines Puls-Endgerätes. In drei weiteren Kapiteln werden dann ausgeführte Systeme
besprochen.

### 4.1.1 Basisbandeinrichtungen

Sie dienen zur Aufbereitung des Signalbandes. Das angelieferte
Signal hat bei Weitverkehrssystemen mit einzelnen Sprechkanälen, die
4 drähtig geführt werden, den relativen Pegel $-2\,\mathrm{Np}$ ($-17{,}4\,\mathrm{dB}$),
bei Zweidrahtsystemen für den Nahverkehr gewöhnlich einen Pegel
um 0 Np herum. Im Sendemodulationsverstärker werden das Frequenzband und der Pegel begrenzt. Häufig werden hier auch die Wählzeichen
und der Pilot eingespeist. Am Ausgang des Sendeteils steht das Signal
an einem niedrigen Widerstand oder an einem Kondensator für die
Abtastung zur Verfügung.

Der Basisbandeinrichtung der Empfangsseite werden über den Abtastschalter amplitudenmodulierte Impulse geliefert, aus denen die Nachricht mit Hilfe eines Tiefpasses zurückgewonnen werden kann (s. S. 65). Bei Weitverkehrssystemen mit Einzelkanälen, deren relativer Ausgangspegel $+1$ Np ($+8{,}7$ dB) beträgt, muß wegen des hohen Pegels gewöhnlich ein NF-Verstärker nachgeschaltet werden. In diesem Fall ist es günstiger, die amplitudenmodulierten Impulse auf einem Kondensator zu speichern. Sie werden dadurch in einen treppenförmigen Puls umgewandelt, dessen Spektrum die Nachricht energiereicher enthält als das Spektrum des amplitudenmodulierten Pulses. Die Verstärkung kann dann kleiner sein, nur muß der Verstärker einen hohen Eingangswiderstand haben wegen des verhältnismäßig kleinen Speicherkondensators. Außer der normalen Frequenzbandbegrenzung ist noch ein Entzerrer nötig, da beim treppenförmigen Puls das Spektrum einen Frequenzgang nach der Funktion $\frac{\sin x}{x}$ hat ([1] S. 125ff.).

Falls für jeden Sprechkanal ein Momentanwertkompander (s. S. 68) zur Verbesserung des Geräuschabstandes verwendet wird, kann er zweckmäßig in den Basisbandverstärkern der Sende- und Empfangsseite untergebracht werden. Der Presser liegt dann z. B. zwischen 2 Verstärkerstufen und besteht aus geeignet vorgespannten Dioden; der Dehner im Empfangsteil enthält das gleiche Netzwerk in der Gegenkopplung des Verstärkers (s. S. 486).

### 4.1.2 Abtastung und Verteilung

Mit der Quantisierung der Nachricht in der Zeit, der Abtastung, beginnt der Vorgang der Pulsmodulation. Hierzu wird ein unmodulierter Abtastpuls benutzt, dessen zeitliche Lage durch das Zeitmultiplex und dessen Folgefrequenz durch das Abtasttheorem bestimmt werden. Mit diesem Abtastpuls wird ein Schalter gesteuert, an dessen Eingang die Nachrichtenspannung liegt. Wenn der Schalter so ausgeführt wird, daß der Abtastpuls selbst am Ausgang nicht erscheint, erhält man dort einen mit der Nachricht amplitudenmodulierten Puls ohne Träger. Als Schaltelemente werden fast ausschließlich Halbleiterdioden oder Transistoren benutzt; sie müssen kleinen Durchlaß- und hohen Sperrwiderstand sowie kleine Kapazität und geringe Nachwirkungseffekte haben.

Abb. 2 zeigt 2 Beispiele für Abtastschalter. Bei der Ausführung a) werden Dioden in einer Brückenschaltung benutzt, wodurch der Träger am Ausgang unterdrückt wird. Die an den RC-Gliedern entstehende Gleichspannung sperrt in den Tastpausen die Dioden so stark, daß sie durch die Nachrichtenspannung nicht leitend werden können. Die Ausführung b) verwendet einen Transistor, der im Zuge der Leitung zwischen Nachrichtenquelle und Widerstand liegt. Während der Dauer des Tastimpulses wird die Strecke Emitter—Basis in Durchlaßrichtung ausgesteuert. Das Ersatzbild der im Leitungszug liegenden Emitter-Kollektor-Strecke ist dann ein Widerstand von einigen $\Omega$ in Reihe mit einer Gleichspannung von einigen mV. Während der Tastpause sperrt die Gleichspannung am Kondensator $C_0$ den Transistor [2]. Der Tast-impuls kann auch zwischen Basis und Kollektor angelegt werden, wobei der Schalter noch bessere Eigenschaften bekommt.

Bei Mehrkanalsystemen liegen eine Anzahl Schalter, die zu ver-schiedenen Kanälen gehören, mit ihren Ausgängen an einem gemein-samen Widerstand. Sie werden durch zeitlich versetzte Abtastimpulse,

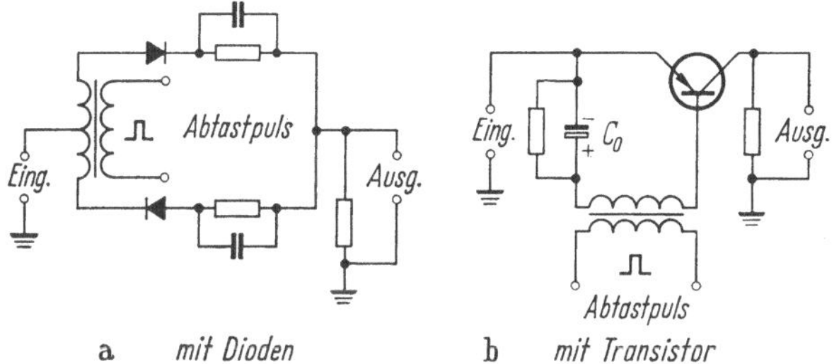


Abb. 2a u. b. Beispiele für Abtastschalter a) mit Dioden, b) mit Transistor

die von der Pulszentrale geliefert werden, nacheinander geschlossen. An dieser Stelle besteht die Gefahr des verständlichen Nebensprechens zwischen den Sprechkanälen, z. B. durch zu kleine Sperrwiderstände und zu große Kapazitäten der Dioden oder durch unsymmetrische Wicklungen der Übertrager in den Schaltern.

Die Schalter werden in gleicher Form zum Verteilen auf der Empfangs-seite nach der Demodulation benutzt.

### 4.1.3 Modulatoren und Demodulatoren

**a) Für Pulsphasenmodulation.** Bei Pulsphasenmodulation ist die Phasen- oder Zeitlage der Impulse, bezogen auf ihre Lage im unmodu-lierten Puls, ein Maß für die Abtastwerte der Nachricht. Da nicht näher festgelegt ist, wie die Impulse zu erzeugen sind, gibt es mehrere Spiel-arten für die Ausführung von Modulation und Demodulation, die nicht beliebig gegeneinander austauschbar sind, wenn es auf kleinste nicht-lineare Verzerrungen ankommt ([1] S. 138ff., [3]). Wir beschränken uns hier auf kurze Erläuterungen; weitere Einzelheiten findet man in den Abschnitten über die Geräte.

Für die Lagemodulation eines einzelnen Kanals erhält man eine sehr einfache Anordnung, wenn man die Signalspannung zu einer Sinus-schwingung mit der Abtastfrequenz (also z. B. 8 kHz) addiert. Betrachtet man die Verschiebung $\Delta T$ der Nulldurchgänge dieser Summenkurve gegenüber denen der Schwingung mit der Abtastfrequenz $f_0$ (Abb. 3),

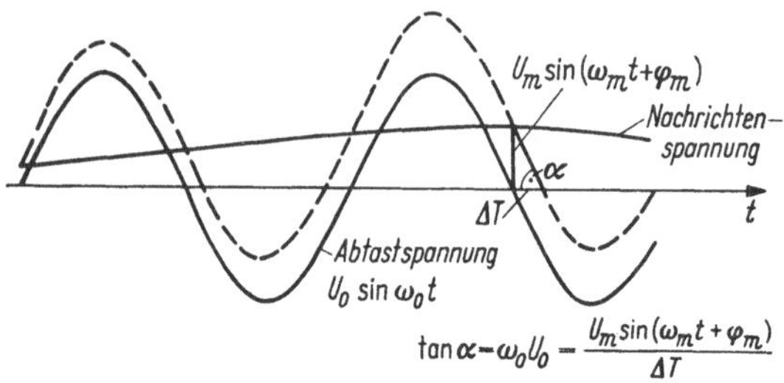


Abb. 3. Überlagerung von Abtast- und Nachrichtenspannung

so ergibt sich für den angenähert geraden Teil der Sinuskurve:

$$\Delta T \approx \frac{U_m}{\omega_0 \, U_0} \sin(\omega_m t + \varphi_m),$$

d. h. die Verschiebung ist annähernd proportional zur Nachricht.

Erzeugt man bei jedem zweiten Nulldurchgang einen Impuls, so erhält man die nach dem Abtasttheorem gerade notwendige Anzahl von in der Lage modulierten Impulsen. Eine besondere Abtastung wird bei diesem Verfahren nicht vorgenommen. Da die in den Impulsen übertragenen Amplitudenwerte der Nachricht nicht äquidistant entnommen werden, erhält man auf der Empfangsseite gewisse nichtlineare Verzerrungen, selbst wenn man dort in den gleichen Abständen ampli-

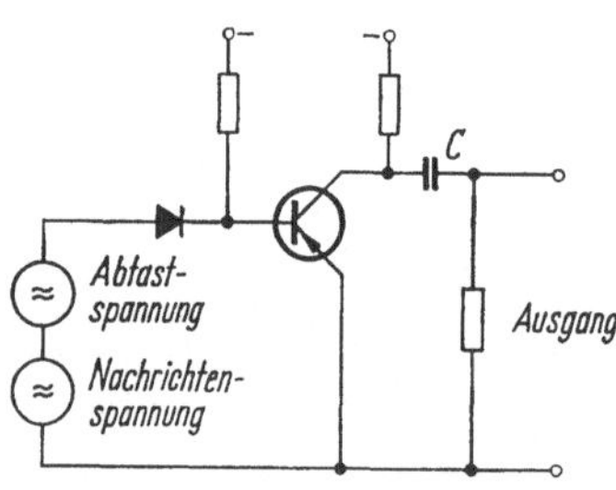


Abb. 4. Einfacher PPM-Modulator

tudenmodulierte Impulse erzeugt wie auf der Sendeseite.

Bei der ausgeführten Schaltung des Modulators Abb. 4 wird durch die Diode z. B. die eine Hälfte der Summenschwingung unterdrückt, am Kollektor des Transistors entsteht aus den Halbschwingungen eine in der Dauer modulierte Rechteckschwingung. Das nachfolgende Glied aus Kondensator $C$ und Ausgangswiderstand wirkt für die Rechteckschwingung als Differenzierglied; es werden also abwechselnd positive und negative kurze Impulse erzeugt, von denen jeder zweite z. B. durch eine Diode unterdrückt wird.

Man kann nun ein Mehrkanalsystem im Zeitmultiplex aufbauen, indem man pro Kanal einen Modulator benutzt und diese Modulatoren mit Abtastspannungen versorgt, die in der Phasenlage entsprechend gegeneinander verschoben sind. Dadurch werden die Impulse der einzelnen Kanäle zu verschiedenen Zeiten erzeugt und können direkt zum gemeinsamen Pulsrahmen addiert werden.

Bei Systemen mit einer größeren Anzahl von Sprechkanälen ist ein Einzelkanalmodulator unwirtschaftlich. Man wird Gruppen von z. B. 6 oder 12 Kanälen gemeinsam in einem Gruppenmodulator in PPM umwandeln. Hierbei werden gewöhnlich sämtliche Vorgänge durch Impulse gesteuert, die von einem zentralen Steuerpuls abgeleitet werden; das ist besonders bei hoher Kanalzahl für die genaue Zeitlage der Impulse günstig, weil der Gesamthub zwischen 2 Impulsen in diesem Fall sehr klein ist. Von einem bestimmten Zeitpunkt ab wird ein von einem amplitudenmodulierten Kanalimpuls aufgeladener Speicherkondensator mit konstantem Strom entladen. Hat die Entladung eine bestimmte Schwelle erreicht, so wird ein Impuls erzeugt, dessen zeitlicher Abstand von der Nullage der jeweiligen Abtastamplitude proportional ist. Dieser Impuls hat dann bereits die richtige zeitliche Lage im Pulsrahmen. Anschließend werden der Speicherkondensator und der Modulator in den Ausgangszustand für den nächsten Modulationsvorgang gebracht.

Der Vorgang bei der Demodulation ist ähnlich. Durch einen periodischen Steuerimpuls wird die Aufladung eines Kondensators im Demodulator mit konstantem Strom eingeleitet. Der zeitlich folgende phasenmodulierte Impuls stoppt die Ladung. Der erreichte Wert wird abgetastet und dem zugehörigen Kanalspeicherkondensator über den im richtigen Augenblick geöffneten Schalter übermittelt. Der Speicher im Demodulator wird anschließend entladen und kann dann den nächsten Impuls demodulieren.

Das hier geschilderte Prinzip von Modulation und Demodulation kann in verschiedener Weise abgewandelt werden, je nach den Anforderungen, die von der Zahl der Kanäle an die Geräte gestellt werden.

**b) Für Pulscodemodulation.** Für Pulscodemodulation wurden 3 Verfahren für die Modulatoren bekannt [4]. Sie sollen hier kurz in ihrer Wirkungsweise erläutert werden. Das erste Verfahren ist ein Schritt- oder Wägeverfahren, wobei der Dualcode Schritt für Schritt entsprechend seinem Aufbaugesetz erzeugt wird. Der Wert $Z$ einer binären Zahl läßt sich durch folgende Summe darstellen:

$$Z = a_0 \cdot 2^0 + a_1 \cdot 2^1 + a_2 \cdot 2^2 + a_3 \cdot 2^3 + \cdots + a_{n-1} \cdot 2^{n-1},$$

wenn die Zahl aus $n$ Elementen besteht.[1] Die Beizahlen $a_0$ bis $a_{n-1}$ können nur die Werte Null oder Eins annehmen und stellen die Codeelemente dar. Beim ersten Schritt wird der zu codierende analoge Zahlenwert, also z. B. der Abtastwert einer Spannung mit dem Wert $2^{n-1}$ verglichen und festgestellt, ob er größer ($a_{n-1} = 1$) oder kleiner ($a_{n-1} = 0$) ist. Damit

---

[1] Die Reihenfolge der Summanden des Dualcode ist hier mit Rücksicht auf die Gerätetechnik umgekehrt.

ist das Element mit dem höchsten Wert gefunden, und wenn es gleich Eins ist, wird der Wert $2^{n-1}$ vom Analogwert $Z$ abgezogen. Die Restsumme wird in gleicher Weise mit dem Wert $2^{n-2}$ verglichen und der Beiwert $a_{n-2}$ bestimmt. Auf diese Weise wird der Code schrittweise gebildet. Anforderungen werden bei diesem Verfahren vor allem an die Subtrahierschaltungen und die Vergleicher gestellt, da ihr Fehler unter dem Betrag einer Stufe bleiben muß, bei einem Code mit z. B. 7 Elementen also unter $2^{-7}$, d. h. unter 1%.

Bei dem zweiten Verfahren, dem Zählverfahren, werden die Codeelemente direkt durch einen binären Zähler festgestellt. Das zu codierende analoge Signal wird hier ebenfalls zunächst abgetastet und dann in Pulsdauer- oder Pulsphasenmodulation umgewandelt. Gleichzeitig wird durch einen Steuerpuls ein Generator als Zählimpulsgeber gestartet und zu der Erscheinungszeit des phasenmodulierten Impulses (oder der modulierten Rückflanke bei PDM) wieder gestoppt. Die Dauer des vom Generator gelieferten Schwingungszuges ist also ein Maß für den jeweiligen Abtastwert. Wählt man die Frequenz $f_i$ des Generators so groß, daß für den Maximalwert des Signals gerade $(2^n - 1)$ Halbschwingungen ablaufen, so entsteht an den Ausgängen des Binärzählers, der zur Zählung von Halbschwingungen eingerichtet sein muß, gerade die richtige Binärzahl. Ist der Zeithub eines Kanales gleich $\Delta T$, so ist die notwendige Generatorfrequenz

$$f_i = \frac{2^n - 1}{2} \, \frac{1}{\Delta T}.$$

Hierin liegt die Schwierigkeit dieses Verfahrens, da der Binärzähler ebenfalls für diese u. U. sehr hohe Frequenz ausgelegt sein muß. Die an den Ausgängen der einzelnen Zählerstufen entstehenden Informationen einer Zählung 0 oder 1 werden schließlich auf Abgriffe, die in gleichem Abstand auf einer Laufzeitkette angebracht sind, gleichzeitig aufgeschaltet und erscheinen dann zeitlich hintereinander im Dualcode am Ausgang der Kette. Anschließend wird der Zähler in seine Anfangslage zurückgestellt.

Das dritte Verfahren ist vor allem für Systeme mit breitem Basisband, also z. B. mit vielen trägerfrequent gebündelten Sprechkanälen gedacht. Es verwendet eine besondere Kathodenstrahlröhre (Abb. 16, s. S. 496), und der Code wird in einem einzigen Schritt aus dem analogen Abtastwert erzeugt. Dazu wird von einer Kathode ein schmaler Bandstrahl erzeugt, der vom Abtastwert elektrostatisch so abgelenkt wird, daß er durch Löcher einer Maske fällt, die so angeordnet sind, daß sie der zum Abtastwert gehörenden Binärzahl entsprechen. Hinter den Löchern liegen Auffangdrähte, die durch den Elektronenstrahl entsprechende Ladungen erhalten. Schaltet man die Drähte wie beim Zählverfahren auf Abgriffe einer Laufzeitkette, so entsteht am Ausgang der Kette der Code in zeitlicher Folge.

Bei diesem Codierverfahren verwendet man den sog. GRAY-Code ([1] S. 457), der sich dadurch auszeichnet, daß sich beim Übergang von einer Stufe zur benachbarten jeweils nur ein Element ändert. Diese Eigenschaft hat der Dualcode nicht, wie folgendes Beispiel für einen 4stelligen Code zeigt (Elemente mit kleinstem Wert stehen am Anfang):

| Analog-zahl | Dualcode | | GRAY-Code | |
|---|---|---|---|---|
| | Zahl | Anzahl der ge-änderten Elemente | Zahl | Anzahl der ge-änderten Elemente |
| 7 | 1110 | | 0010 | |
| 8 | 0001 | 4 | 0011 | 1 |
| 9 | 1001 | 1 | 1011 | 1 |

Wenn durch nicht genau geradlinige Auslenkung des Bandstrahls ein Element einer Binärzahl mit dem Element der Nachbarzahl vertauscht wird, so kann sich der Wert beim GRAY-Code nur um eine Stufe ändern, beim Dualcode u. U. aber sehr viel mehr. Wird z. B. bei der Zahl 7 die letzte Stelle (Null) mit der letzten Stelle der 8 (Eins) vertauscht, so steigt der Wert von 7 auf 15.

Das Bildungsgesetz für den Wert einer Zahl im GRAY-Code ist komplizierter als die einfache Summenformel für den Dualcode. Es ist deshalb günstiger, für die Demodulation den GRAY-Code zunächst in den Dualcode umzuwandeln. Hierfür gilt folgender Zusammenhang zwischen GRAY-Code und Dualcode:

Das am höchsten zu bewertende Element eines Codezeichens ist bei beiden Codearten gleich; ferner wird bei jedem 1-Impuls, der im GRAY-Code folgt, der Impulszustand im Dualcode geändert, bei 0-Impulsen bleibt er ungeändert [5].

*Beispiel:*    GRAY-Code        0 1 0 1 1
         Dualcode         1 1 0 0 1

Um ein Zeichen mit $n$ Elementen, das im Dualcode vorliegt, zu demodulieren, muß man allen 1-Elementen des Zeichens entsprechend ihrer Stellung im Zeichen Vielfachwerte einer Spannung, einer Ladung o. ä. zuordnen und sämtliche Anteile addieren. Die Summe ist dann der Analogwert. Aus diesem Prinzip lassen sich verschiedene Ausführungen ableiten. Eine besonders einfache ist der von SHANNON angegebene Decoder [6]. Hierbei muß das Element mit der kleinsten Wertigkeit zeitlich an erster Stelle im Code liegen. Jedes 1-Element lädt einen Kondensator um einen festen Spannungsbetrag auf. Durch einen Parallelwiderstand zum Kondensator wird dieser während der Zeitdauer eines Elementes jeweils auf den halben Betrag entladen. Das zeitlich letzte Element im Code bringt also seine Ladung voll zur Geltung, während z. B. das erste von $n$ Elementen nur noch mit dem $2^{n-1}$-ten Teil zur Ladung beiträgt. Der Summenwert am Kondensator wird abgetastet und ergibt den Analogwert.

Eine weitere Möglichkeit der Decodierung ergibt sich, wenn man durch eine geeignete Schaltung den Seriencode mit zeitlich aufeinanderfolgenden Elementen in einen Parallelcode umwandelt und für jedes Parallelelement eine Torschaltung vorsieht, die für 1-Zustände entsprechend der Wertigkeit gestaffelte Ströme liefert. Der Summenstrom aller Torschaltungen entspricht dem Analogwert.

### 4.1.4 Pulszentrale und Synchronisierung

In der Pulszentrale werden die verschiedenen Hilfsspannungen erzeugt, die für die zeitliche Verschachtelung, für die Modulation und die Demodulation gebraucht werden. Das können sowohl Sinusspannungen als auch Pulse verschiedener Art und Pulsfrequenz sein. Man geht zweckmäßig von einem Grundgenerator auf der Sendeseite aus und erzeugt die benötigten Schwingungen durch Teilung oder Vervielfachung. Auf jeden Fall benötigt man eine Schwingung mit der Abtastfrequenz, bei Einzelkanalsystemen also üblicherweise 8 kHz (s. S. 64). Wenn man Einzelkanalmodulation mit wenigen Kanälen hat, so kann man durch Phasenschieber die verschiedenen Phasenlagen herstellen, die für die Zeitmultiplexbildung erforderlich sind. Bei 12 Kanälen wären es z. B. 12 je um 30° verschobene Phasenlagen. Bei wesentlich mehr Kanälen, z. B. $z = 60$, bestehend aus 5 Gruppen zu je 12 Kanälen, ist der Kanalabstand so eng (6°), daß an den Phasenschieber sehr große Anforderungen gestellt werden. Es ist dann zweckmäßig, die phasenverschobene 8-kHz-Schwingung nur zur angenäherten Festlegung des Abtastpunktes zu benutzen und den genauen Zeitpunkt durch eine hinzuaddierte Impulsfolge mit geeigneter Pulsfrequenz festzulegen. Als Beispiel sei das später beschriebene System PPM 60 erwähnt, bei dem aus 8-kHz-, 48-kHz- und 96-kHz-Schwingungen Impulsfolgen hergestellt werden, die die Kanalschalter im richtigen Zeitpunkt öffnen.

Weitere Verfahren zur Abtastpulserzeugung verwenden Ringzähler oder Schieberegister [7]. In beiden Fällen hat man eine Anzahl von gleichartigen Zellen gleich der Kanalzahl, die in Kette geschaltet sind und Transistoren oder Magnetkerne enthalten. Gibt man auf die erste Zelle einen Impuls, so wird dieser unter Mitwirkung eines Taktpulses und bestimmter Verzögerungsmittel nacheinander durch alle Zellen hindurchgeschoben. Man kann auf diese Weise an den einzelnen Zellen zeitlich gegeneinander versetzte Pulse abnehmen, die z. B. zur Kanalabtastung verwendet werden können.

Für die Erzeugung von Pulsen mit Codemodulation sind vielfach noch Schwingungen und Pulse anderer Frequenzen, z. B. mit der Frequenz des ganzen Pulsrahmens nötig; auch sie werden, soweit erforderlich, starr an die Frequenz des Grundgenerators gekoppelt.

Auf der Empfangsseite erzeugt man die Frequenz, auf die man alles bezieht, aus dem empfangenen Puls, und zwar entweder durch Aussieben der Pulsfrequenz oder durch Synchronisation eines frei schwingenden Generators mit dem Pulsrahmen.

Außer dieser „Rahmensynchronisierung" muß auf der Empfangsseite noch eine „Kanalsynchronisierung" vorgenommen werden. Bei Einzelkanalsystemen mit PPM bedeutet dies die richtige Zuordnung eines phasenmodulierten Impulses zu seinem Kanal, bei PCM die Erkennung des Beginns der richtigen Zeichengruppe. Hierzu muß im Rahmenzyklus eine bestimmte Stelle gekennzeichnet sein. Zwei Verfahren werden dafür bevorzugt verwendet: Man schafft durch Hinzufügen von Impulsen über die durch die Nachricht erforderliche Anzahl hinaus einen weiteren Übertragungskanal, der in geeigneter Weise moduliert wird, oder man moduliert einen einzelnen Sprechkanal des Systems mit einem „Kennton" außerhalb des Sprachbandes. Auf der Empfangsseite wird die Modulation durch geeignete Einrichtungen festgestellt und damit die Kanalsynchronisierung durchgeführt.

### 4.1.5 Wählzeichenübertragung

Bei Einzelkanalsystemen muß man eine besondere Möglichkeit zur Übertragung von Wählzeichen vorgesehen, falls man nicht eines der CCITT-Verfahren wählt, die im Sprachband arbeiten. Bei PPM-Systemen bietet sich als besonders einfach die halbe Abtastfrequenz (gewöhnlich also 4 kHz) an. Diese Frequenz kann leicht phasenstarr aus der Abtastfrequenz gewonnen werden. Auf der Sendeseite wird diese Schwingung im Takt der Wählzeichen über ein Filter, das das gesendete Spektrum begrenzt, in den Kanalteil eingeführt. Auf der Empfangsseite werden die Zeichen an geeigneter Stelle aus dem Kanalverstärker entnommen und in einem Wählzeichenempfänger in Gleichstromimpulse umgewandelt, mit denen ein Relais oder eine elektronische Anordnung betätigt wird.

Bei PCM-Systemen mit Einzelkanälen besteht die gleiche Möglichkeit der Wählzeichenübertragung; man kann aber auch z. B. zu der Gruppe von Codeelementen, die einen Abtastwert darstellt, jeweils ein Element hinzufügen und dieses, in geeigneter Weise moduliert, zur Wählzeichenübertragung benutzen. Im Empfänger werden diese Impulse aus dem Zeitmultiplex herausgeholt, decodiert und die Information auf die einzelnen Kanäle verteilt.

### 4.1.6 Pulsgruppentechnik und Piloteinrichtung

Zeitmultiplexsysteme mit einer größeren Anzahl von Einzelkanälen wird man zweckmäßig aus Kanalgruppen aufbauen. Außer den schon erwähnten Vorteilen bei der Modulation gewinnt man wie bei der Trägerfrequenztechnik die Möglichkeit, einzelne Gruppen abzuzweigen oder einzuspeisen. Das Verzweigen ist immer einfach: man sendet an beide Endstellen den gleichen Puls und demoduliert jeweils nur die interessierenden Kanalgruppen. Für das Zusammenfügen oder Einspeisen von 2 Kanalgruppen gibt es grundsätzlich 2 Möglichkeiten: man kann die Gruppen im modulierten Zustand, also in der Pulsebene zusammensetzen, oder man führt die zuzusetzenden Kanäle in der NF-Lage zu und vereint sie in einer Modulationseinrichtung mit dem durchlaufenden Puls. Die erste Art führt zum „synchronisierten" Netz, d. h., das ganze Netz muß von einer Stelle aus synchronisiert werden, und Laufzeitunterschiede müssen ausgeglichen werden. Da ein derartiges Netz nur schwer stabil zu halten ist, wird dieses Verfahren z. Z. praktisch nicht angewendet.

Für die Überwachung von Netzen mit Abzweigen ist eine Gruppenkennzeichnung wichtig. Man kann hierfür z. B. eine Pilotschwingung mit einer Frequenz oberhalb des Sprachbandes wählen, die man in einem bestimmten Kanal einer Gruppe hinzufügt. Die Lage des Pilotkanals innerhalb einer Gruppe kennzeichnet dann die Gruppe. In der Endstelle, in der die betreffende Gruppe demoduliert wird, wird auch der Pilot am Ausgang des Empfängers angezeigt.

### 4.1.7 Momentanwertkompander (s. S. 68)

Kompander dienen zur Verbesserung des Signal-Geräusch-Verhältnisses. Sie besitzen auf der Sendeseite einen Presser, der die kleinen Pegel des Signals anhebt, die großen aber wenig beeinflußt, so daß die Dynamik verkleinert wird. Auf der Empfangsseite verkleinert ein Dehner mit reziproker Amplitudenkennlinie die niederen Pegel wieder auf ihren ursprünglichen Wert, gleichzeitig aber auch das unterwegs eingedrungene Geräusch, so daß ein Gewinn im Signal-Geräusch-Abstand entsteht‘ da der Meßpegel ‚auf den der Abstand bezogen wird, praktisch ungeändert bleibt.

Die Eigenschaften normaler Silbenkompander sind früher (S. 321 ff.) beschrieben worden. Bei Pulssystemen kann man mit Vorteil Momentanwertkompander benutzen, die jeden Abtastwert ohne Zeitverzögerung auf den durch die Kompanderkennlinie festgelegten Wert pressen und im Empfänger dehnen. Da bei Pulssystemen zwischen Presser und Dehner das Signal formgetreu übertragen wird, treten Verzerrungen nur durch ungenaue Kompanderkennlinien auf.

Zwei Arten des Momentanwertkompanders sind möglich und üblich: der Einzelkanal- und der Gruppenkompander. Eine recht einfache Ausführung für den Einzelkanalkompander ergibt sich, wenn man den Presser im Basisband anordnet und das verzerrte Signal abtastet; entsprechend ist auch der Dehner auf der Empfangsseite im Kanalverstärker unterzubringen. Es genügt häufig, als Kennlinie des Kompanders nur eine grobe Annäherung an die besonders günstige log-Funktion zu wählen, wie es für das System PPM 60 geschehen ist; dann hält sich der Gesamtaufwand für das System in erträglichen Grenzen. Beim Gruppenkompander wird die Pressung in der PAM- oder PDM-Lage nach der Abtastung durchgeführt, entsprechend die Dehnung auf der Empfangsseite vor der Verteilung auf die Einzelkanäle. Dem geringeren Aufwand beim Gruppenkompander an Zahl der Bauteile stehen aber größere Anforderungen an Konstanz und Frequenzbereich gegenüber, so daß man von Fall zu Fall entscheiden muß, welche Art günstiger ist.

### 4.1.8 Geräusche und Nebensprechen in den Endgeräten

Für PPM-Systeme kann man die übliche Geräuschberechnung nach CCITT vornehmen. Danach darf man für die Modulationsgeräte im Mittel für eine größere Strecke 1 pW/km am relativen Pegel Null eines jeden Sprechkanals beanspruchen, für einen Modulationsabschnitt von 280 km also 280 pW, die man in einen Anteil für das Grundgeräusch bei unbelegtem System und einen Anteil für nichtlineares Nebensprechen aufteilt (s. S. 269). Für das Grundgeräusch rechnet man gewöhnlich 100 pW (entspricht einem Geräuschabstand von 70 dB oder 8 Np); es entsteht sowohl durch Phasenstörungen bei der Modulation als auch durch thermisches und ähnliches Rauschen. Nichtlineares Nebensprechen tritt hauptsächlich durch Ausschwingvorgänge auf, falls sie so lange dauern, daß sie in den Bereich des nachfolgenden Impulses fallen ([1] S. 348ff.). Bei sehr kleiner Aussteuerung des störenden Kanals ist dieses Nebensprechen linear, d. h. verständlich, es wird mit wachsender Aussteuerung aber schnell unverständlich, so daß es als Geräusch bewertet werden muß.

Der Hauptanteil des linearen, d. h. verständlichen Nebensprechens tritt zwischen der Vielfachbündelung und der Pulsphasenmodulation auf, also z. B. in den Schaltern der Sende- und Empfangsseite. Der Grundwert dieses Nebensprechens muß mindestens 7,5 Np betragen.

Bei PCM-Systemen ist zu unterscheiden zwischen Einzelkanalsystemen und Breitbandsystemen, die mit Trägerfrequenz-Multiplexsignalen oder Fernsehsignalen belegt werden. Im Einzelkanalsystem wird man bei idealen Modulationsgeräten außer thermischem und ähnlichem Rauschen kein weiteres Grundgeräusch haben. Wenn die Signalspannung Null nicht in der Mitte zwischen 2 Quantisierungsstufen liegt, sondern gerade an der Grenze, so können ganz kleine Störspannungen im Kanal ein Hin- und Herspringen zwischen 2 Stufen und damit ein beträchtliches Grundgeräusch hervorgerufen. Je größer die Gesamtstufenzahl, desto größer die Wahrscheinlichkeit des Springens, desto kleiner allerdings auch die Geräuschamplitude. Ist $q$ die Gesamtstufenzahl des Codes, so kann man mit der vereinfachenden Annahme, daß alle Signalwerte mit gleicher Häufigkeit auftreten, für den Geräuschabstand $\Delta n_0$ schreiben:

$$\Delta n_0 \approx 20 \lg \frac{q}{2}.$$

Bei 7 Codeelementen (s. S. 487) wird $q = 128$ und $\Delta n_0 = 36$ dB. Durch einen Kompander kann dieser Wert z. B. auf 60 dB oder 1000 pW verbessert werden. Für ein Kurzstreckensystem dürfte dieser Geräuschwert ausreichend niedrig sein, da die Streckengeräusche bei PCM-Systemen gleich Null sind.

Bei Breitband-PCM-Systemen verteilt sich das Quantisierungsgeräusch gleichmäßig auf das ganze Basisband. Bosse [8] hat die Berechnung des Geräuschanteils im einzelnen Sprechkanal angegeben; wie E. Hölzler, F. Bath und H. Holzwarth in [9] zeigen, ist bei Weitverkehrslinien ein Code mit 9 Elementen notwendig, um die Geräuschforderungen des CCITT zu erfüllen.

Verständliches Nebensprechen tritt in den Endgeräten von PCM-Einzelkanalsystemen (wie bei PPM) vor allem in den Abtastschaltern auf.

### 4.2 Pulsphasenmodulationsgerät für 60 Kanäle

PPM 60, ein modernes, transistoriertes Pulsphasenmodulationsgerät für 60 Kanäle in der Ausführung von Siemens & Halske soll in diesem Abschnitt näher beschrieben werden [10]. Ursprünglich für Richtfunkverbindungen entwickelt, kann es aber auch in Kabelsystemen verwendet werden.

Automatische Überwachungseinrichtungen ermöglichen eine sichere und einfache Abzweigtechnik. Auch diese Einrichtungen sind im Modulationsgestell enthalten.

Um mit verhältnismäßig geringer Übertragungsbandbreite auszukommen und trotzdem weitverkehrsfähig zu sein, wurde ein Kompander für jeden Kanal vorgesehen. Bei Übertragung von Wechselstromtelegraphie (WT) oder Überlagerungstelegraphie (ÜT), bei denen der Kompander keinen Gewinn bringt oder sogar nachteilig ist, kann er in den betreffenden Kanälen abgeschaltet werden.

### 4.2.1 Verfahren der Zeitaufteilung

Die Abtastfrequenz im einzelnen Sprechkanal ist 8 kHz, zwei Abtastwerte folgen also im Abstand von 125 μsec aufeinander. Dieser Wert liegt zwar etwas über dem physikalisch notwendigen; er hat sich aber bei derartigen Systemen allgemein eingeführt, da man noch Bandreserven für Steuer- und Überwachungssignale sowie für Filterflanken benötigt (s. S. 65, 477 ff.).

Abb. 5 zeigt, wie im Pulsrahmen die 60 Kanäle in 5 Gruppen von je 12 Kanälen aufgeteilt werden. Der Abstand zwischen den Impulsen zweier zeitlich aufeinanderfolgender Kanäle beträgt $\frac{125}{60}$ μsec = 2,08 μsec, der Abstand zwischen Nachbarkanälen innerhalb einer Gruppe ist um

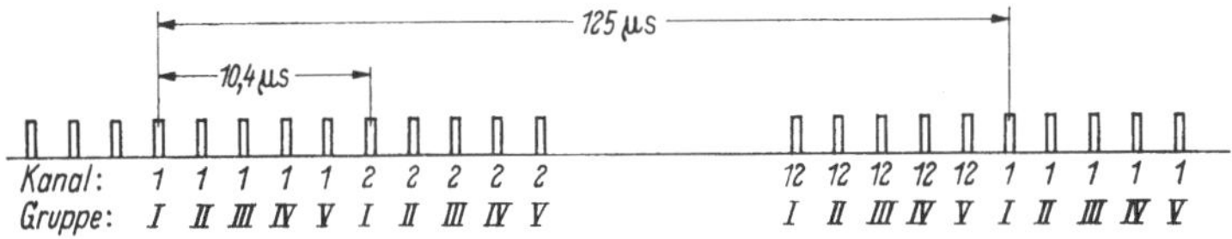


Abb. 5. Anordnung der Kanalimpulse im Pulsrahmen

den Faktor fünf größer, also gleich 10,4 μsec. Jeder Gruppe ist ein Modulator und ein Demodulator zugeordnet. Dadurch ist es möglich, bei geringerem Bedarf an Kanälen einzelne Gruppen wegzulassen.

Der geringe zeitliche Abstand zwischen zwei Impulsen von 2,08 μsec zwingt dazu, die einzelnen Abläufe bei der Modulation und Demodulation sehr zeitgenau durchzuführen. Zu diesem Zweck ist ein „Steuerimpuls" mit einer Frequenz von 480 kHz vorgesehen, der die einzelnen Operationen zeitlich exakt einleitet. Außerdem werden daraus sämtliche für die Zeitaufteilung benötigten Hilfsspannungen abgeleitet.

### 4.2.2 Prinzipschaltung

Abb. 6 und 7 zeigen die grundsätzliche Anordnung der Sende- und Empfangsseite, die sehr ähnlich aufgebaut sind. In beiden liefert ein Pulsgenerator — auf der Sendeseite mit einem Quarz stabilisiert, beim Empfänger durch eine Nachsteuerschaltung mit dem ankommenden Pulsrahmen zum Gleichlauf gebracht — den erwähnten 480-kHz-Steuerpuls. Eine Frequenzteilerbaugruppe teilt die Frequenz dieses Pulses in 3 Stufen bis auf 8 kHz herab und liefert je eine 8-kHz- und eine 48-kHz-Sinusspannung an die Baugruppen „Phasenschieber". Diese erzeugen daraus 60 verschiedene 8-kHz- und 10 verschiedene 48-kHz-Phasen, wobei jedem Kanal eine 8-kHz- und je 6 Kanälen eine 48-kHz-Phase zugeordnet ist. In den „Verteilerbaugruppen" ist je Kanal ein elektronischer Schalter vorgesehen, der jeweils durch eine 8-kHz- und 48-kHz-Phase gesteuert wird. Durch die Schalter werden auf der Sende-

seite den Kanalspannungen Proben im 8-kHz-Rhythmus entnommen,
die zu Gruppen mit je 12 Kanälen zusammengefaßt, also mit einem

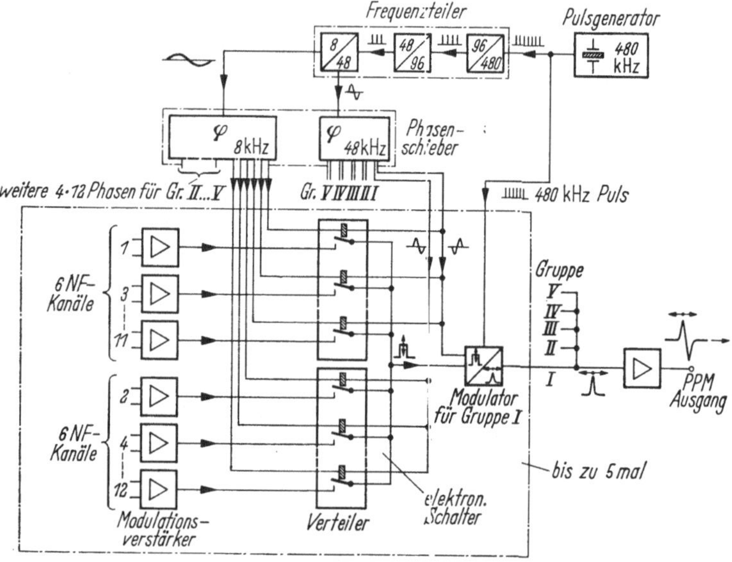


Abb. 6. Sendeseite PPM 60

Impulsabstand von 10,4 µsec, dem Modulator zugeführt werden. Durch
Überlagerung einer 480-kHz-Pulsspannung und einer aus der Verdopp-

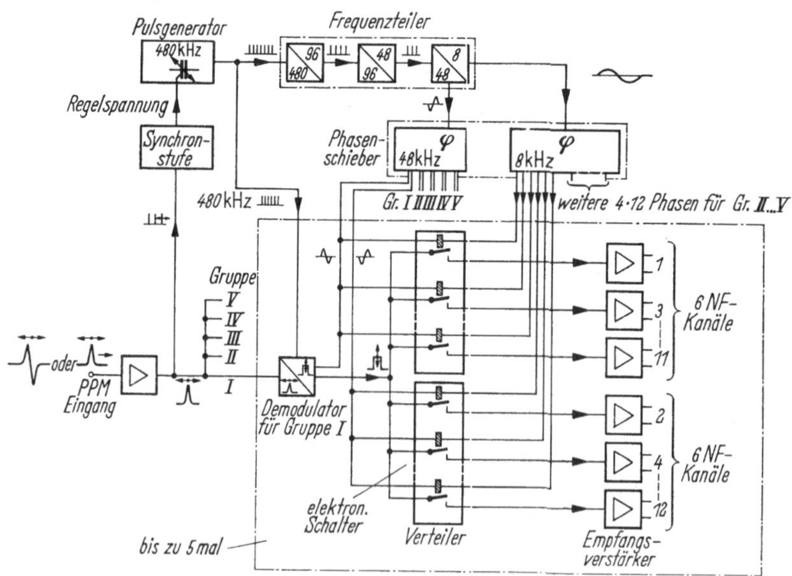


Abb. 7. Empfangsseite PPM 60

lung von 48 kHz gewonnenen Sinusspannung wird ein zeitgenauer 96-kHz-Puls gebildet, dessen Impulse zeitlich nach den einzelnen Nachrichtenproben liegen. Aus diesem zeitrichtigen 96-kHz-Puls und den amplitudenmodulierten Proben wird je 12 Kanäle gemeinsam im Modulator eine phasenmodulierte Pulsfolge gebildet.

Abb. 8 zeigt die Prinzipschaltung des Modulators. Ein Sperrschwinger ($T_3$) erzeugt den phasenmodulierten Puls (Pulsspannung 3). Dazu wird zunächst der Kondensator $C$ von der jeweiligen Nachrichtenprobe aufgeladen. Dies geschieht während der Zeiten $S_1$, $S_2$ .... Bei diesem Vorgang ist der Transistor $T_2$ des Multivibrators ($T_1$, $T_2$) genau wie der Sperrschwingertransistor $T_3$ noch gesperrt. Durch den nächsten Impuls des 96-kHz-Pulses (Spannung 1) wird dann der Multivibrator gekippt, $T_2$ zieht Strom und der Kondensator $C$ wird zeitlinear positiv aufgeladen,

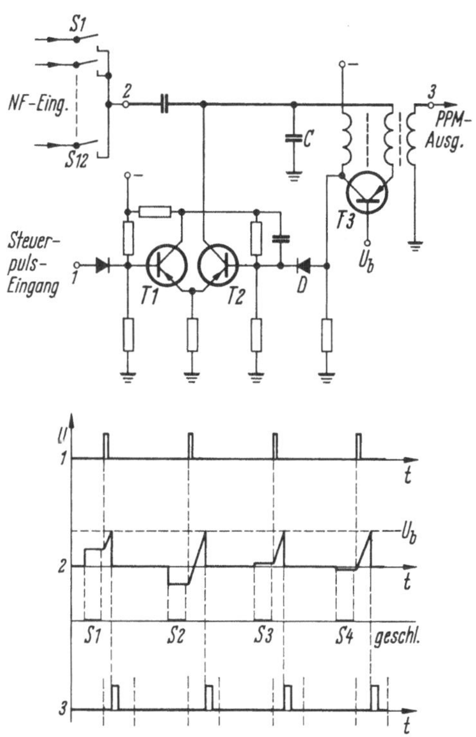


Abb. 8. Modulator PPM 60

bis die Basisspannung $U_b$ des $T_3$ erreicht wird und der Sperrschwinger zünden kann. Der Zündzeitpunkt des Sperrschwingers hängt, wie man an der Pulsspannung 2 erkennt, jeweils von der Entladung des Kondensators $C$ und damit von der jeweiligen Probenspannung ab. Der Sperrschwingerpuls ist der gewünschte Puls, der gleichzeitig über die Diode $D$ den Multivibrator zurückkippt, womit der Ausgangszustand der Schaltung erreicht ist.

Über entkoppelnde Richtleiter werden die Ausgänge aller Modulatoren (maximal 5) zusammengefaßt (Abb. 6) und an den gemeinsamen Ausgangsverstärker angeschlossen.

Auf der Empfangsseite (Abb. 7) werden die ankommenden Pulse über einen Verstärker der „Synchronstufe" und den Demodulatoren zugeführt. In Abb. 9 ist die Prinzipschaltung des Demodulators gezeichnet. Je einer ist, wie schon erwähnt, für eine 12-Kanal-Gruppe vorgesehen. Er enthält das gleiche Umwandlungsglied (Multivibrator $T_1$, $T_2$ und Speicherkondensator $C$) wie der Modulator. Die Basis des Transistors $T_1$ wird mit positiven Steuerimpulsen (Spannung 1), die Basis des $T_2$ mit den zu demodulierenden positiven Pulsen (Spannung 2) beschickt. Die Steuerimpulse liegen zeitlich vor den zu demodulierenden. Parallel zum Speicherkondensator $C$ liegt eine Entladungsschaltung $T_3$, $D_1, D_2$, die durch eine weitere 96-kHz-Impulsfolge (Spannung 4) gesteuert wird, und der Eingang eines 2 stufigen Verstärkers in Kollektorbasisschaltung.

Der Pulswandlungszyklus beginnt mit dem Umkippen des Multivibrators durch den Steuerimpuls (Spannung 1), der zu einem 96-kHz-Puls geeigneter Phase gehört. Der nun einsetzende Strom durch Transistor $T_2$ lädt den auf einen definierten Wert entladenen Kondensator $C$ auf (Spannung 3). Die Spannung von $C$ steigt durch den konstanten Transistorstrom zeitlinear an, bis der nächste eintreffende phasenmodulierte Kanalpuls den Multivibrator wieder zurückkippt. Die Aufladung von $C$ ist damit beendet. Der erreichte und für eine gewisse Zeit gespeicherte Spannungswert des Kondensators $C$ wird nun über elektronische Schalter $S_1 \ldots S_{12}$, die in ihrem Aufbau denen der Sendeseite entsprechen, abgetastet. Der zwischen Demodulator und Verteiler geschaltete Verstärker in Kollektorbasisschaltung hat den für den Abtastvorgang notwendigen sehr kleinen Innenwiderstand. Die erzeugten amplitudenmodulierten Pulse werden den einzelnen Empfangsverstärkern der Gruppe zugeführt. Die beim Abtasten vorgefundene Spannung ist proportional dem zeitlichen Abstand des betreffenden Kanalpulses von seinem ihm vorausgehenden Steuerpuls und damit ein Maß für die Zeitauslenkung des Kanalpulses. Mit der Entladung des Kondensators $C$ über $D_1$ und $R$ bis auf einen durch die Vorspannung

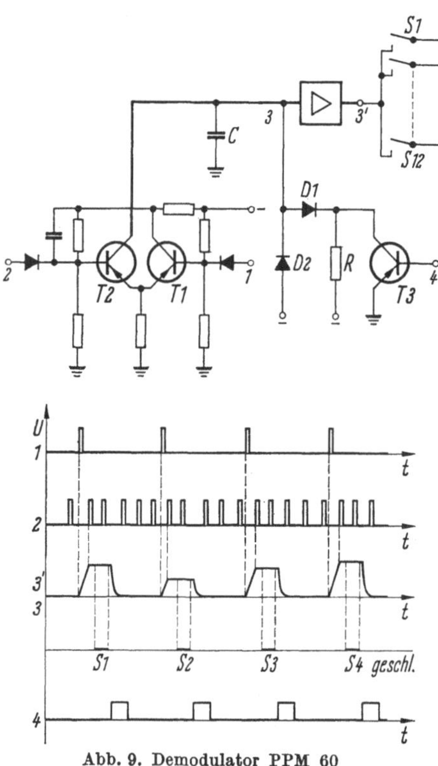

Abb. 9. Demodulator PPM 60

der Begrenzerdiode $D_2$ gegebenen Ausgangswert — das normalerweise stromführende Transistorsystem $T_3$ wird dazu mittels einer 96-kHz-Impulsfolge kurzzeitig gesperrt — ist der Demodulationszyklus beendet. Der Vorgang wiederholt sich, sobald der folgende Steuerimpuls eine erneute Aufladung von $C$ einleitet.

Der Eingang der Empfangsverstärker (Abb. 7) besteht aus einem Kondensator, an dem sich eine Treppenspannung bildet, deren Umhüllende dem Niederfrequenzsignal entspricht.

Die jedem Kanal zugeordneten Modulations- und Empfangsverstärker enthalten Presser bzw. Dehner des Kompanders, Pilot- und Signalübertragungseinrichtungen sowie Filter, die das Sprachband begrenzen.

### 4.2.3 Synchronisation

Die bei dem beschriebenen System PPM 60 verwendete „Kenntonsynchronisierung" gestattet den für jedes Zeitmultiplexsystem notwendigen phasenrichtigen Gleichlauf und die richtige Kanalzuordnung auf der Sende- und Empfangsseite, ohne daß ein Kanal eigens dafür vorgesehen werden muß.

Für diese Synchronisiereinrichtung wird auf der Sendeseite nur ein Tongenerator mit einer über dem Sprachband liegenden Frequenz von 3750 Hz benötigt. Von den 60 Kanälen des Systems wird einer mit dieser Schwingung belegt, wobei der Pegel etwa $-2$ Np am relati-

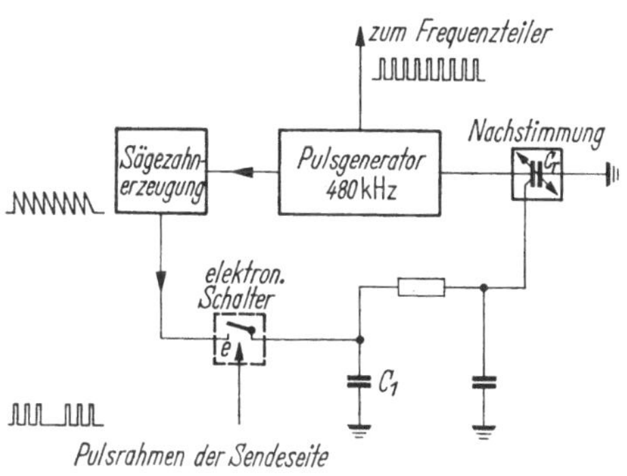


Abb. 10. Prinzip der Nachsteuerung bei PPM 60

ven Pegel Null ist, so daß das Nutzsignal nicht beeinträchtigt wird. Auf der Empfangsseite wird der Gleichlauf in 2 Schritten erreicht. Zunächst wird eine zum sendeseitigen 480-kHz-Puls synchrone Impulsfolge gebildet. Dazu wird der Empfangspulsgenerator, dessen Frequenz etwa 480 kHz beträgt, mit einem regelbaren Blindwiderstand nachgesteuert. Abb. 10 stellt das Prinzip dieser Nachstimmschaltung dar. Eine Sägezahnspannung wird von dem 480-kHz-Puls abgeleitet und mit einem elektronischen Schalter $e$ durch die Impulse des ankommenden Pulsrahmens abgetastet. Es bildet sich dadurch an Kondensator $C_1$ eine Regelspannung, die auf die spannungsabhängige Reaktanz $C_r$ einwirkt und Frequenz und Phase des 480-kHz-Generators nachstimmt. Aus dem 480-kHz-Puls werden über Frequenzteiler die weiteren zur Demodulation notwendigen Hilfsspannungen abgeleitet. Allerdings kann zunächst die Zuordnung der Signale zu den einzelnen Sprechkanälen noch willkürlich verschoben sein. Die richtige Zuordnung muß deshalb in einem weiteren Synchronisierschritt erreicht werden:

Ein Kenntonempfänger, der parallel zum Pulseingang liegt, veranlaßt, wenn er in dem von ihm demodulierten Kanal den Kennton nicht feststellt, eine schrittweise phasenmäßige Versetzung der Empfangseinrichtung, so daß Kanal für Kanal vom Kenntonempfänger erfaßt wird. Gleichzeitig tritt damit eine schrittweise zyklische Vertauschung aller Kanäle ein. Der phasenrichtige Gleichlauf zwischen Sender und Empfänger ist erreicht, wenn der Kanal mit dem Kennton vom Kenntonempfänger erfaßt wird, der dann anspricht und ein Weitersuchen unterbindet.

### 4.2.4 Kompander

Zur Verbesserung des Signal-Geräusch-Verhältnisses ist pro Kanal ein Momentanwertkompander vorgesehen. Der Einzelkanalkompander wurde dem Gruppenkompander trotz des etwas größeren Aufwandes vorgezogen, da einmal bei der Abtastung mit unterschiedlich großen Trägerresten gerechnet werden mußte, was in den einzelnen Kanälen bei Verwendung des Gruppenkompanders einen unterschiedlichen Kompandergewinn bringt. Zum anderen führt schon ein kleiner Phasenunterschied zwischen dem Sende- und Empfangsgenerator, ebenfalls nur beim Gruppenkompander, zu nichtlinearen Verzerrungen der übertragenen Signalspannung. Außerdem ist die Möglichkeit, einzelne Kanäle abzuschalten, wie schon ausgeführt, besonders wegen der Wechselstromtelegraphie wünschenswert.

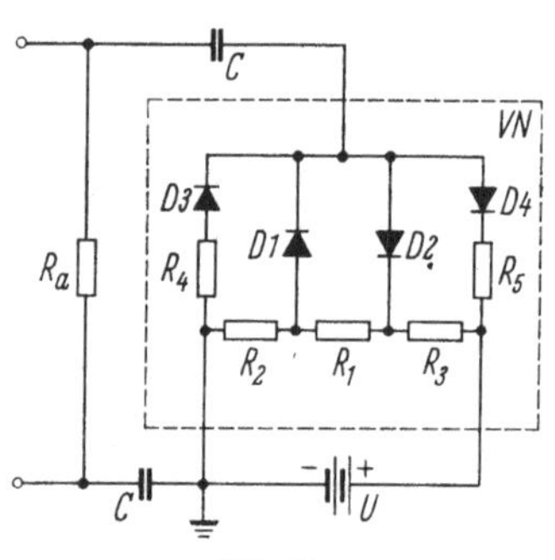


Abb. 11
Kompandernetzwerk für PPM 60

Der bei PPM 60 verwendete Momentanwertpresser und -dehner hat eine mit einfachen Mitteln realisierbare Knickkennlinie. Ein Zweipol (Abb. 11), dessen Widerstand von der angelegten Spannung abhängig ist, ist dafür vorgesehen. Bei sehr kleinen Wechselspannungen ist nur der Widerstand $R_a$ wirksam. Überschreitet die Wechselspannung den durch die Vorspannung der Dioden $D_1$ und $D_2$ gegebenen Wert, so verkleinert sich der Zweipolwiderstand durch die Parallelschaltung der Widerstandskombination $R_1$, $R_2$, $R_3$ auf etwa $1/5\,R_a$; bei Amplituden über $\pm U/2$ legt sich der Anordnung ein weiterer Widerstand $R_4$ oder $R_5$ über $D_3$ oder $D_4$ parallel, so daß der resultierende Widerstand nur noch etwa $1/10\, R_a$ beträgt. Es werden die Dioden als Schalter verwendet, so daß im wesentlichen nur die Festwiderstände bestimmend sind. Der Widerstandsverlauf ist dadurch gut reproduzierbar. Die Kopplungskondensatoren $C$ verhindern, daß Gleichstromanteile des Signals, die durch Arbeitspunktverschiebungen in den Verstärkern hervorgerufen werden können, die Symmetrie der Anordnung stören. Der beschriebene amplitudenabhängige Zweipol wird sowohl für den Presser, und zwar als Kollektorwiderstand des Vorstufentransistors, als auch für den Dehner im Gegenkopplungskreis des Empfangsverstärkers benutzt.

### 4.2.5 Abzweigtechnik

In Zeitmultiplexsystemen ist es mit verhältnismäßig einfachen Mitteln, z. B. durch Torschaltungen, möglich, einem Pulsrahmen einzelne Kanalpulse zu entnehmen und neue wieder einzublenden. Dabei ist es für den Betrieb wichtig, daß einzelne abgezweigte Kanalgruppen auch überwacht werden; bei Ausfall einzelner Streckenabschnitte sollen die noch intakten Abschnitte erhalten bleiben und Fehlverbindungen ververmieden werden. Durch Gruppenpiloten wird diese Überwachung für eine Abzweigtechnik von 12 Kanal-Gruppen erreicht. Daneben enthält das System für Sonderfälle eine Einzelkanalabzweigung.

## 4.3 Pulscodemodulationsgeräte mit kleiner Kanalzahl

Grundsätzlich können Endgeräte von Pulssystemen, die für Richtfunkübertragung entwickelt wurden, auch auf Kabeln eingesetzt werden; man muß nur für die Sendeimpulse eine Form wählen, die den Übertragungseigenschaften der Kabel angepaßt ist. In den letzten Jahren sind für die Übertragung über kurze Kabelstrecken PCM-Systeme bekannt geworden, deren Eigenschaften und Aufbau in diesem Abschnitt betrachtet werden sollen. Sie können mit sehr kleinen Restdämpfungen arbeiten, da durch die Modulationsart die Pegelschwankungen auf der Strecke vernachlässigbar klein sind. Ein weiterer Vorteil ist die völlige Freiheit von Störungen durch Leitungsnebensprechen, solange die Amplitude der Störung unterhalb eines bestimmten Schwellenwertes liegt. Die Verstärkerfeldlängen betragen bei Kabeln mit 0,8 oder 0,6 mm Adern etwa 1,5 bis 2 km. Die zur Strecke gehörenden regenerierenden Verstärker werden auf S. 633ff. beschrieben. Die beiden folgenden Beispiele unterscheiden sich sowohl in den Codiereinrichtungen und dem Momentanwertkompander als auch im Kanalteil wesentlich.

### 4.3.1 PCM 24 mit Wägecoder
(T1-System von Bell, USA)

Dieses System für 24 Sprechkanäle benutzt für die Sprachübertragung einen Code mit 7 Elementen, d. h. 128 Stufen (s. S. 480), ein achtes

Element ist für die Wählzeichenübertragung vorgesehen [*11*]. Eine Periode des Pulsrahmens besteht aus $24 \times 8 = 192$ Kanalimpulsen sowie einem Synchronisierimpuls, ingesamt also aus 193 Impulsen. Da

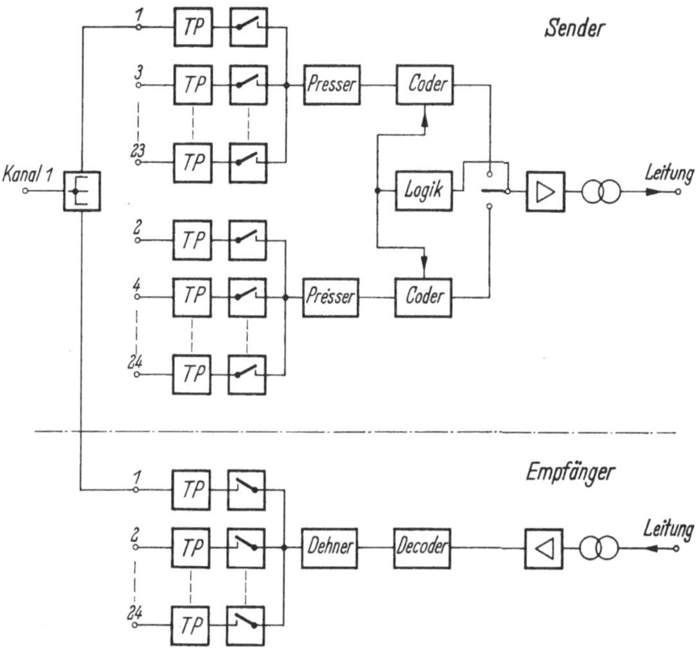


Abb. 12. Blockschaltbild des Systems PCM 24 (T1-System von Bell)

die Abtastfrequenz 8 kHz ist, ergibt sich eine Pulsfrequenz von $8 \times 193\ \text{kHz} = 1544\ \text{kHz}$. Die Dauer $\tau_0$ eines Codeelementes beträgt 0,65 μsec.

Abb. 12 zeigt das Blockschaltbild des Systems. Über eine Gabel kommt die Nachricht auf der Sendeseite zu einem Tiefpaß, der Frequenzen über 4 kHz sperrt; dann folgt der Abtastschalter und ein gemeinsamer Ladekondensator, der vor dem Eingangsverstärker des Gruppenpressers liegt. Der Ausgangskondensator des Tiefpasses und der Ladekondensator sind durch eine Induktivität in Reihe zum Schalter so abgestimmt, daß eine Halbperiode der zugehörigen Eigenschwingung gerade gleich der Schaltzeit $(1{,}95\ \mu\text{sec} = 3\,\tau_0)$ ist. Durch dieses Prinzip wird erreicht, daß beim Abtasten praktisch die ganze Energie vom Tiefpaß auf den Ladekondensator übergeht. Hier wird die Ladung für die Zeit der Codierung $(4{,}5\ \mu\text{sec} = 7\,\tau_0)$ gehalten. Um Nebensprechen zwischen benachbarten Kanälen zu verhindern, wird der Ladekondensator nach der Codierung eines Abtastwertes durch einen gesteuerten Kurzschluß in $1{,}3\ \mu\text{sec} = 2\,\tau_0$ völlig entladen.

Vor der Codierung wird die Amplitude des Impulses am Ladekondensator durch den Presser des Gruppenkompanders nach einer log-Funktion verändert, d. h. bezogen auf die Maximalamplitude werden kleine Amplitudenwerte angehoben, so daß ihr Geräuschabstand vergrößert wird. Die Verbesserung im Geräuschabstand, die der aus einer Kombination von Dioden und Widerständen bestehende Presser bringt, beträgt 26 dB für kleine Amplituden.

Der nun folgende „Netzwerk"-Coder arbeitet nach dem auf S. 473 erwähnten Wägeverfahren. Da hierbei die einzelnen Impulse eines Codezeichens nacheinander entstehen, braucht man für die 7 Impulse eine Zeit von $7\tau_0 = 4{,}55\ \mu\text{sec}$. Die gesamte Zeit, die man für den Modulationsvorgang benötigt (Abtasten, Codieren, Löschen), beträgt $12\tau_0$; sie ist also länger, als für ein vollständiges Codezeichen ($8\tau_0$) zur Verfügung steht. Man teilt deshalb die 24 Kanäle in zwei Gruppen auf mit geradzahligen und ungeradzahligen Kanälen und verwendet für jede Gruppe einen Presser mit Coder, die abwechselnd arbeiten. Auf diese Weise steht für jeden Vorgang eine Zeit von $16\tau_0$ zur Verfügung. Die noch übrige Zeitspanne von $4\tau_0$ ist als Schutzzeit zwischen die einzelnen Vorgänge gelegt. Die beiden Coder haben eine gemeinsame logische Steuerung, die auch die wechselweise Anschaltung an die abgehende Leitung besorgt.

Die so erzeugten unipolaren Impulse werden für die Übertragung über das Kabel in bipolare Impulse umgewandelt, indem jeder zweite auftretende Impuls in seiner Richtung umgekehrt wird. Näheres über die Vorteile der bipolaren Impulse findet man auf S. 634 bei der Besprechung der Streckengeräte.

Auf der Empfangsseite gibt es nur einen Decoder und einen Dehner für alle 24 Kanäle. Die sieben nacheinander ankommenden Impulse eines Codezeichens werden durch gesteuerte Schalter auf 7 Kondensatoren gespeichert, der Seriencode wird also in $4{,}55\ \mu\text{sec} = 7\tau_0$ in einen Parallelcode umgeformt. Anschließend schalten die gespeicherten 1-Impulse über Kippschaltungen Widerstände, deren Werte wie beim Coder nach einem Gewichtssatz gestaffelt sind, parallel an eine Stromquelle. Der Summenstrom, der für $3{,}25\ \mu\text{sec} = 5\tau_0$ aus dem Decoder fließt, ergibt einen Impuls, der dem Analogimpuls vor dem Coder auf der Sendeseite entspricht. Da die Gesamtzeit für die Decodierung ($7{,}8\ \mu\text{sec} = 12\tau_0$) größer als die Länge eines Codezeichens ($8\tau_0$) ist, braucht man 2 Speicher, die abwechselnd den Decoder betätigen. Gleichzeitig mit der Einschaltung des Decoders wird auch der zugehörige Kanalschalter auf der Empfangsseite für $3{,}25\ \mu\text{sec} = 5\tau_0$ geschlossen; dadurch gelangt der Impuls, nachdem im Dehner die Verzerrung des Pressers ausgeglichen wurde, auf den Empfangstiefpaß und über die Gabelschaltung an den Zweidrahtausgang.

Auf einen besonderen Ausgangsverstärker pro Kanal hat man verzichtet; daher muß der gemeinsame Breitbandverstärker am Ausgang des Dehners entsprechend dem Ausgangspegel des Systems (etwa Pegel Null) kräftige Impulse abgeben können (Spitzenleistung etwa 4 W).

Die für die Zeitsteuerung des Systems erforderlichen Pulse werden von einem Generator mit der Frequenz 1,544 MHz abgeleitet. Er ist auf der Sendeseite quarzgesteuert, auf der Empfangsseite wird er von den von der Leitung kommenden Impulsen synchronisiert. Zwei Einrichtungen werden von diesem Generator gesteuert, der „Digit-Pulserzeuger" und der Kanalzähler. Je ein Digit-Pulserzeuger auf der Sende- und der Empfangsseite bestimmt den Zeitablauf beim Codieren und Decodieren. Er besteht aus einem Ringzähler mit 9 Sperrschwingern, an dessen Ausgängen Steuerimpulse zeitrichtig mit einer Impulsdauer von $0,325\ \mu\mathrm{sec} = 0,5\,\tau_0$ entnommen werden können. Die Ausgänge der ersten 7 Transistoren werden für die Codierung der Nachricht in den 7-Elemente-Code benutzt, der achte Ausgang steuert die zugehörigen Wählimpulse; der neunte Sperrschwinger wird jeweils nach dem Codiervorgang für den 24. Sprechkanal gezündet und liefert den 193. Impuls für die Synchronisierung des Pulsrahmens.

Die Kanalzähler, je einer für die Sende- und Empfangsseite, sind ähnlich aufgebaut, haben 24 Stufen entsprechend der Kanalzahl und liefern die schon oben erwähnten Impulse für die Steuerung der Kanalschalter.

Das 193. Element im Rahmen wird abwechselnd als 1 und 0 gesendet. Der Impuls erscheint also immer nach $250\ \mu\mathrm{sec}$ entsprechend einer Frequenz von 4 kHz, die sonst im Pulsspektrum nicht vorkommt. Durch einen Suchvorgang, ähnlich wie beim System PPM 60, werden alle möglichen Plätze im Pulsrahmen auf diese Frequenz abgesucht und die Synchronisierung der zusammengehörenden Kanäle durchgeführt. Dieser Vorgang dauert höchstens etwa 50 msec.

Wie bereits erwähnt, ist der 8. Impuls jedes Codezeichens für die Wahl vorgesehen. Vom Digit-Pulserzeuger wird dieser Impuls an ein „Und"-Tor gegeben und erscheint nur im Sendepuls, wenn gerufen oder gewählt wird. Auf der Empfangsseite werden die Wählimpulse durch Torschaltungen, die vom Digit-Pulserzeuger und vom Kanalzähler gesteuert werden, zu den Empfangsrelais geleitet. In besonderen Fällen kann auch das 7. Codeelement zur Übertragung von Wählinformationen herangezogen werden, solange noch nicht gesprochen wird.

### 4.3.2 PCM 60 mit Zählcoder
(Siemens)

Das System hat 60 Sprechkanäle und weicht dadurch in seinen Pulsdaten von dem vorhergehenden Beispiel ab. Weiter ist bei diesem System kein Synchronisierimpuls vorgesehen, dagegen werden ebenfalls 7 Codeelemente für die Nachricht und ein achtes für die Wahl benutzt, das auch die Synchronisierung übernimmt. Bei 8 kHz Abtastfrequenz beträgt dann der Nachrichtenfluß 3,84 Mbit/sec und die Codeelementendauer $\tau_0 = 0{,}26\ \mu\text{sec}$.

Abb. 13 zeigt das Blockschaltbild. Über die Gabel kommt man zum Abtastschalter der Sendeseite, der einen Transistor als Schaltelement verwendet. Die Abtastwerte von 30 Kanälen werden dann in einer gemeinsamen Stufe in einen dauermodulierten Puls umgewandelt und gepreßt. Der Abstand zwischen zwei aufeinanderfolgenden Kanalimpulsen einer Gruppe beträgt $4{,}166\ \mu\text{sec} = 16\,\tau_0$. Von dieser Zeit werden als Hub für die PDM nur $\pm 1{,}6\ \mu\text{sec}$, das sind insgesamt etwa $12\,\tau_0$, ausgenutzt.

Der nun folgende Start-Stop-Generator wird jeweils von den Vorderflanken der PDM-Impulse gestartet und von der modulierten Rückflanke gestoppt. Die Frequenz $f_i$ dieses Generators ist so gewählt, daß für den Gesamthub von $3{,}2\ \mu\text{sec}$ gerade $127 = 2^7 - 1$ Halbschwingungen ablaufen. Eine Halbschwingung kennzeichnet also eine Stufe des Dualcode. Die Frequenz $f_i$ muß dann $\dfrac{127}{2 \cdot 3{,}2\ \mu\text{sec}} \approx 20\ \text{MHz}$ betragen. In einer nachfolgenden Zählkette mit sieben binären Zählstufen wird die Anzahl der erzeugten Halbschwingungen gezählt. Die Zustände der einzelnen Zählstufen nach dem Stoppen ergeben die Stufenzahl des jeweiligen Abtastwertes in binärer Form, wobei die erste Zählstufe die kleinste Wertigkeit bestimmt. Während des Zählvorganges werden beim Erreichen von festgelegten Zählerständen Impulse ausgelöst, die die Entladezeitkonstante der PAM/PDM-Umwandlung so verändern, daß eine Momentanwertpressung entsteht. Anschließend wird durch einen Abfrageimpuls der Stand der einzelnen Zählstufen auf ein Schieberegister übertragen. Zu diesem Schieberegister gelangen auch die Ergebnisse des Zählers II, der die Amplitudenwerte der zweiten 30-Kanal-Gruppe codiert.

Die Ergebnisse des Zählers I und des Zählers II werden abwechselnd auf das Schieberegister übertragen. Dieses bringt jeweils die 7 Codeelemente in der gewünschten Reihenfolge über einen impulsformenden Verstärker auf die Leitung. Das Schieberegister enthält, wie man aus Abb. 13 erkennt, noch eine achte Zelle, die jeweils von dem achten Codeelement, das zur Synchronisierung und Wählzeichenübertragung dient, beaufschlagt wird. Dieses achte Element gelangt am Schluß jedes Codezeichens auf die Leitung.

Auf der Empfangsseite geht der Nachrichtenweg über einen Vorverstärker und Regenerator an zwei abwechselnd angeschaltete SHANNON-Decoder, in denen die 7 Nachrichtenelemente demoduliert werden.

Um Nebensprechen zu vermeiden, wurden 2 SHANNON-Decoder vorgesehen. Hierdurch gewinnt man genug Zeit zur Löschung für den jeweils

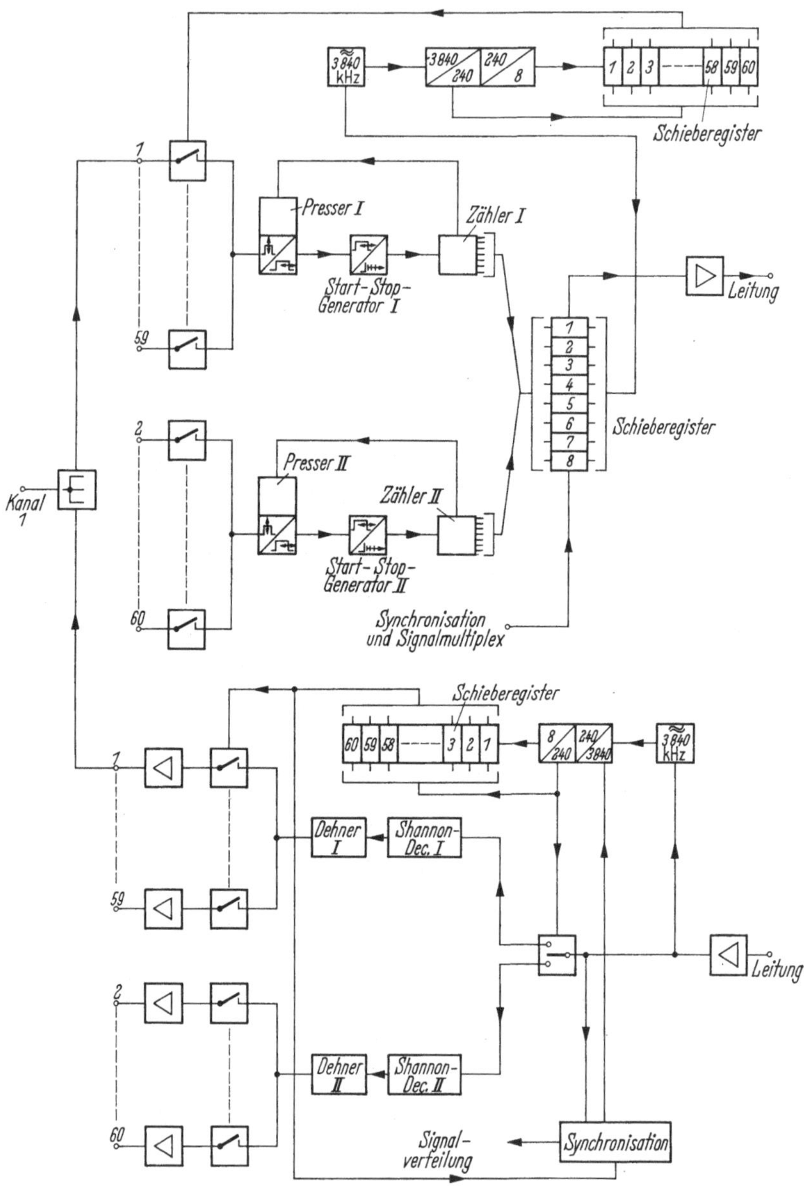



Abb. 13. Blockschaltbild des Systems PCM 60

nicht angeschalteten Decoder. Im nachgeschalteten Gruppendehner,
der ebenfalls für 30 Kanäle gemeinsam ist, wird mit vorgespannten

Dioden die Wirkung des Gruppenpressers der Sendeseite wieder aufgehoben. Anschließende Schalter verteilen die so entzerrten PAM-Werte
auf die Kanalverstärker. Der Nachrichtenweg führt über die Gabel
weiter zum Teilnehmer.

Die Pulszentrale hat auf der Sendeseite einen zentralen Generator
mit einer Frequenz von $60 \times 8 \times 8$ kHz $= 3840$ kHz. Durch Teilung
werden hieraus die Frequenzen 240 kHz, 8 kHz und 2 kHz gewonnen.
8-kHz-Impulse werden auf den Eingang eines Schieberegisters mit
60 Zellen gegeben. Innerhalb von 125 µsec wird jeweils ein Impuls durch
alle 60 Zellen hindurchgeschoben. Der Taktpuls hierfür wird aus der

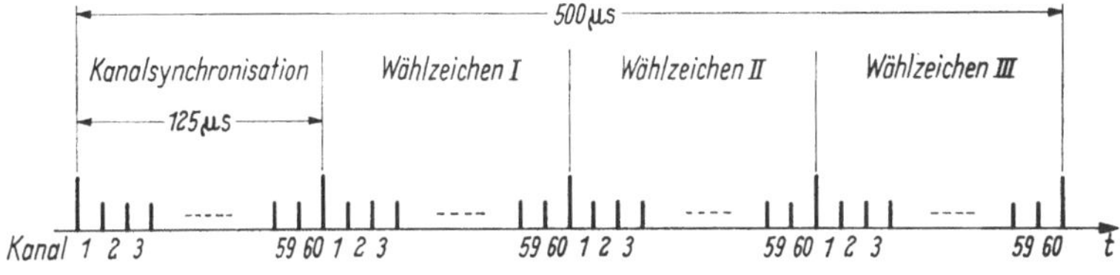


Abb. 14. Synchronisier- und Wählzeichenabschnitte des Pulsrahmens

240-kHz-Schwingung abgeleitet. An den Ausgängen der einzelnen
Zellen erhält man dann Impulsfolgen mit einer Folgefrequenz von 8 kHz,
wobei zwischen benachbarten Zellen ein Zeitunterschied von 2,08 µsec
besteht. Mit diesen 60 Impulsfolgen werden die Kanalschalter der
Sendeseite geschaltet.

Eine ähnliche Pulszentrale liefert auf der Empfangsseite die Impulsfolgen für die Kanalschalter, nur muß hier der 3,84-MHz-Generator
von dem empfangenen Puls synchronisiert werden.

Weitere Hilfspulse werden für die PAM/PDM-Umwandlung der
Nachricht sowie zur Steuerung des achten Codelementes eines Codezeichens benötigt. Dieses achte Element wird, wie schon gesagt, außer
zur Übertragung der Wählzeichen noch zur Kanalsynchronisierung
benutzt nach einem Schema, das in Abb. 14 gezeigt ist. Von den 8 Elementen eines Codezeichens, die zu einem Kanal gehören, ist jeweils
nur das achte angedeutet. Das sind in jedem Abschnitt 60 Elemente;
diese werden nach einem festen Schlüssel für die Synchronisierung
mit Impulsen belegt. Zur Kanalsynchronisierung werden durch die
„Synchronisation" (Abb. 13) dem Frequenzteiler 3840/240 so lange
zusätzliche Impulse zugeführt, die die Phasenbeziehung zwischen dem
3840-kHz-Generator und dem Schieberegister mit 60 Zellen verändern,
bis die Kanalverteilung richtig ist. Dies ist erreicht, wenn die 60 Elemente
der Kanalsynchronisation (Abb. 14) mit dem Inhalt eines Speichers,
der die Schlüsselinformation enthält, auf der Empfangsseite übereinstimmen.

In den nächsten 3 Perioden des Rahmens kann mit dem achten Element je ein erstes, zweites und drittes Wählzeichen pro Kanal übertragen werden. Dann beginnt wieder eine Synchronisierperiode, 3 Perioden mit Wählsignalen usw. Dadurch ergibt sich hier eine Zyklusdauer von $4 \times 125\ \mu sec = 500\ \mu sec$ entsprechend einer Frequenz von 2 kHz.

Für die Verteilung der drei Wählzeichen pro Kanal sind Schalter nötig, die von 8-kHz- und 2-kHz-Pulsen gesteuert werden.

## 4.4 Pulscodemodulationsgerät mit großer Kanalzahl

Auf Seite 98 ff. wurde als Beispiel für eine Mehrstufenmodulation ein System zur Übertragung von Trägerfrequenzbündeln mit PCM auf Hohlkabeln angeführt. Dieses System soll sich organisch in vorhandene Systeme einfügen lassen. An Breitbandsystemen sind bereits die Trägerfrequenzeinrichtungen V960, V1260 und V2700 in Betrieb. Das System V960 umfaßt im Basisband einen Frequenzbereich von 60 bis 4028 kHz. Da diesem Bereich etwa auch die Bandbreite eines Fernsehsignals entspricht, wird es als Ausgangspunkt für die Umsetzung in PCM herangezogen. Nach dem Abtasttheorem ist eine Abtastfrequenz von etwa 10 MHz notwendig. Die erforderliche Anzahl von Codeelementen pro Codezeichen wird dadurch bestimmt, daß die Signalverzerrungen, die ihre Ursache in dem durch die PCM hinzukommenden Quantisierungs- und Begrenzungsgeräusch haben, unter dem für den Weitverkehr zulässigen Wert liegen; nach [8] und [9] sind 9 Codeelemente notwendig. Führt man zur Synchronisierung noch ein weiteres Element ein, so ergibt sich mit 10 Elementen pro Codezeichen eine Folgefrequenz von 100 MHz; dem entspricht eine Periode von 10 nsec.

Im folgenden wird ein Versuchssystem mit sendeseitiger Umsetzung des Breitbandsignals in PCM durch Codierung und empfangsseitiger Rückwandlung des PCM-Signals in das Breitbandsignal durch Decodierung beschrieben. Dieses System ist für 8 Signal- und 1 Synchronisierelement pro Codezeichen ausgelegt; das ist zur Übertragung von Fernsehsignalen noch ausreichend.

Die Modulation des PCM-Signals auf einen höchstfrequenten Träger wird auf S. 602 ff., die Probleme der Übertragung auf Hohlkabeln werden auf S. 154 ff. behandelt.

### 4.4.1 Sendeseite

Wegen der relativ hohen Abtastfrequenz kommt z. Z. zum Codieren des Breitbandsignals nur die Anwendung des auf S. 474 beschriebenen dritten Prinzips in Frage, wobei für jeden Codiervorgang jeweils nur ein Zeitschritt benötigt wird. Der entsprechend größere Aufwand an

Amplitudenvergleicherstufen kann in einem Bauelement zusammengefaßt werden: der Codierungsröhre.

Zur Verarbeitung des Eingangssignals in der Codierungsröhre muß dieses in ein treppenförmiges Signal umgewandelt werden, dessen Stufenfolge der Abtastfrequenz entspricht. Ein dazu verwendeter Schalter ist in Abb. 15 dargestellt. Mit 4 Transistoren $T_1$ bis $T_4$ wird das Signal symmetrisch gemacht und verstärkt. Zwischen den Emitterwiderständen $R_1$ bzw. $R_2$ und den Speicherkondensatoren $C_1$ bzw. $C_2$ liegen die als Schalter wirkenden Transistorpaare $T_5$ und $T_6$ bzw. $T_7$ und $T_8$,

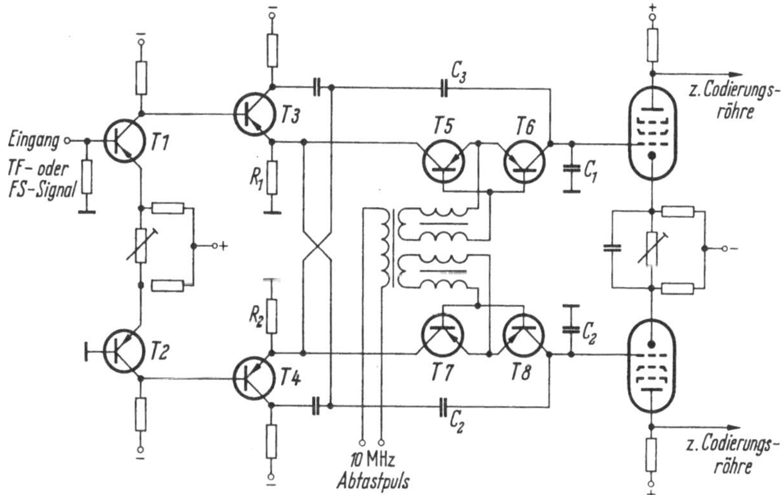


Abb. 15. Schaltung zur Treppenspannungserzeugung

die durch den Abtastpuls gesteuert werden. Im Prinzip kann man die notwendigen Schaltgeschwindigkeiten auch mit Dioden erreichen, jedoch lassen sich nur mit Transistoren im Durchlaß- und Sperrbereich so extreme Widerstandswerte erzielen, um die erforderlichen Zeitkonstanten zu bekommen. Außerdem sind für Transistoren kleinere Schaltleistungen ausreichend. Bei geöffneten Transistoren werden die Speicherkondensatoren auf den jeweils am Eingang anliegenden Signalwert umgeladen. Diese Ladung bleibt dann für die Dauer der Sperrung der Transistoren an den Kondensatoren erhalten. Die so entstehende Treppenspannung wird in den in Gegentakt geschalteten Pentoden hinreichend verstärkt, um damit die Ablenkplatten der Codierungsröhre auszusteuern. Mit den Kondensatoren $C_3$ und $C_4$ wird eine an den Speicherkondensatoren abfallende Signalspannung kompensiert, die über die Kapazität des Schalters dorthin gelangt.

Die treppenförmige Signalspannung wird mit einer Codierungsröhre in ein PCM-Signal umgesetzt (Abb. 16). Von ihrer Kathode wird ein bandförmiger Elektronenstrahl emittiert, der mit einem Wehneltzylinder auf- und zugetastet werden kann. Während des impulsartigen Auftastens geht der Strahl durch eine schlitzförmige Blende. Mit zwei dahinterliegenden Ablenkplatten, an denen die treppenförmige Signalspannung angelegt ist, wird der Strahl nach oben oder unten ausgelenkt. Er trifft dann auf eine mit 8 Reihen von Schlitzen versehene Codierungsplatte (in Abb. 16 der Übersichtlichkeit wegen nur für fünf Elemente gezeichnet). Hinter jeder dieser Schlitzreihen ist ein parallellaufender

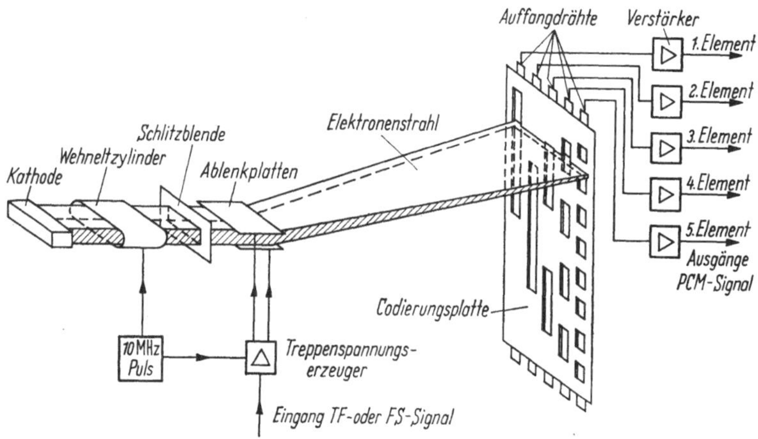


Abb. 16. Prinzip der Codierungsröhre (in der Abb. nur für 5 Signalelemente pro Codezeichen)

Auffangdraht angebracht, in dem ein Stromimpuls erzeugt wird, wenn der Elektronenstrahl entsprechend seiner Ablenkung durch einen Schlitz geht. Die Anordnung der Schlitze in der Codierungsplatte ist so, daß an den 8 Auffangdrähten eine Impulskonfiguration entsteht, die dem Amplitudenwert der treppenförmigen Signalspannung entspricht. Diese Zuordnung ist durch die Codeart gegeben; wegen der auf S. 475 beschriebenen Gründe wird der GRAY-Code verwendet.

Nunmehr ist auch die Notwendigkeit einzusehen, die Signalspannung in eine treppenförmige Spannung umzuwandeln. Für die Zeitdauer, in der der Elektronenstrahl aufgetastet ist, muß die angelegte Signalspannung konstant sein, damit der Elektronenstrahl nur in einer festen Höhe auf die Codierungsplatte fällt und ein entsprechendes Codezeichen eindeutig erzeugt. In der Zeit, in der der Elektronenstrahl zugetastet ist, wird die Treppenspannung auf den nächsten Abtastwert des Signals geändert.

An den 8 Auffangdrähten der Codierungsröhre werden die 8 Elemente eines Codezeichens jeweils gleichzeitig abgenommen und in acht parallelliegenden Stufen verstärkt. Die am Ausgang dieser Verstärker gewonnenen Impulse sind nicht immer eindeutige 1- oder 0-Impulse, sondern sie können jeden beliebigen dazwischenliegenden Wert haben. Das kommt daher, daß der Elektronenstrahl eine endliche Dicke hat. Fällt er auf die Kante eines Schlitzes in der Codierungsplatte, so wird nur ein Teil des Elektronenstrahls wirksam und in dem dahinterliegenden Auffangdraht ein Stromimpuls erzeugt, dessen Größe zwischen Null und dem Höchstwert liegen kann. Es muß also noch hinter jedem Verstärker eine Schaltung eingefügt werden, die den Impuls auf den Höchstwert vergrößert, wenn er größer als der halbe Höchstwert ist, und ihn auslöscht, wenn er kleiner ist. Diese Aufgabe wird mit einer Tunneldiodenschaltung gelöst, wobei der Knickpunkt in der Tunneldiodenkennlinie, an dem der Widerstand negativ wird, als Schwellwert zwischen den beiden Zuständen dient.

In der Codierungsröhre wurde das Codesignal im GRAY-Code erzeugt; zur Decodierung im Empfänger muß es in den Dualcode umgewandelt werden. Das ist im Prinzip auf der Sende- wie auch auf der Empfangsseite möglich. Bei Übertragung von Signalen mit etwa GAUSSscher Verteilung der Augenblickswerte — dieser ist bei trägerfrequent gebündelten Sprachsignalen hoher Kanalzahl gegeben — ist im Hinblick auf Übertragungsverzerrungen der Signal-Geräusch-Abstand größer, wenn das Codesignal im GRAY-Code übertragen wird [12]. Der Codewandler wird daher im Abschnitt „Empfangsseite" (S. 501) besprochen.

Auf der Sendeseite müssen noch die auf 8 Leitungen parallel anfallenden Codeelemente zeitlich verschachtelt in einer Leitung zusammengefaßt werden. Da zu jedem Codezeichen zur Synchronisierung noch ein Element hinzugefügt wird, stehen für jedes Element 100 nsec : 9 = 11,1 nsec zur Verfügung. Auf diese Dauer müssen die Codeimpulse verkürzt werden. Sie werden dann auf die Abgriffe einer Laufzeitkette gegeben, in der die Laufzeit zwischen 2 Abgriffen jeweils gleich 11,1 nsec ist.

Die Synchronisierimpulse könnten im Prinzip dauernd als Ja-Impulse gesendet werden. Vorteilhafter erscheint eine andere Möglichkeit: Der Wert des Synchronisierimpulses wird jeweils invers zu dem des am höchsten bewerteten Codeelementes gewählt. Besteht dieses aus einem 1-Impuls so wird als Synchronisierimpuls im gleichen Codezeichen ein 0-Impuls eingefügt, und umgekehrt. Damit wird gewährleistet, daß in jedem Codezeichen mindestens ein 0- und mindestens ein 1-Impuls vorkommt.

Da es für den Aufbau der Empfangsseite günstiger ist, wenn das am höchsten zu bewertende Codeelement im Codezeichen zeitlich vorausgeht, ergibt sich für den Parallelserienumsetzer auf der Sendeseite eine Anordnung nach Abb. 17. Die Laufzeit in der Laufzeitkette zwischen dem Eingang für das erste Element und dem Synchronisierpulseingang ist um die Laufzeit des Pulses im Inverter größer als zwischen zwei benachbarten Elementeeingängen. Die Laufzeitkette ist am Anfang mit ihrem Wellenwiderstand $Z$ abgeschlossen, um hier Reflexionen zu vermeiden.

Am Ausgang der Laufzeitkette wird das Codesignal verstärkt; mit ihm wird dann ein Mikrowellenträger amplitudenmoduliert. Die Impulse werden dazu so geformt, daß die spektralen Anteile höherer Ordnung schnell abklingen, um eine möglichst schmale Übertragungsbandbreite zu erhalten.

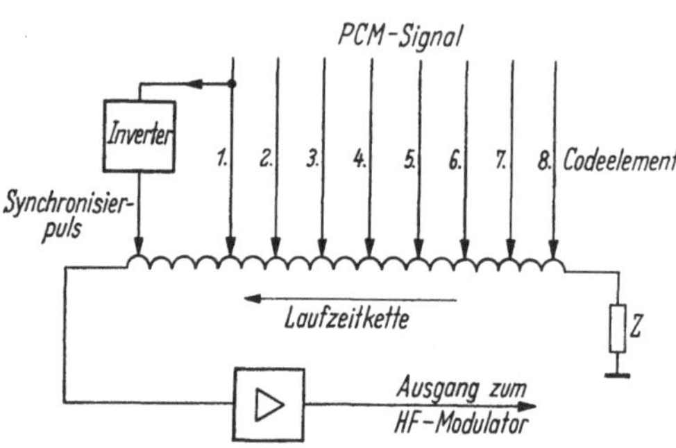


Abb. 17. Prinzip des Parallelserienumsetzers

Ähnlich wie bei Pulsmodulationssystemen mit kleiner Kanalzahl ist es möglich, das PCM-Breitbandsignal unmittelbar auf Koaxialkabeln zu übertragen, wobei auch hier eine den Übertragungseigenschaften der Kabel angepaßte Form der Sendeimpulse gewählt werden muß.

### 4.4.2 Empfangsseite

Das auf der Empfangsseite ankommende Codesignal besteht aus Impulsen, die als Folge der Übertragung und des Empfängereingangsrauschens verzerrt sind. Diese Amplituden- und Phasenverzerrungen

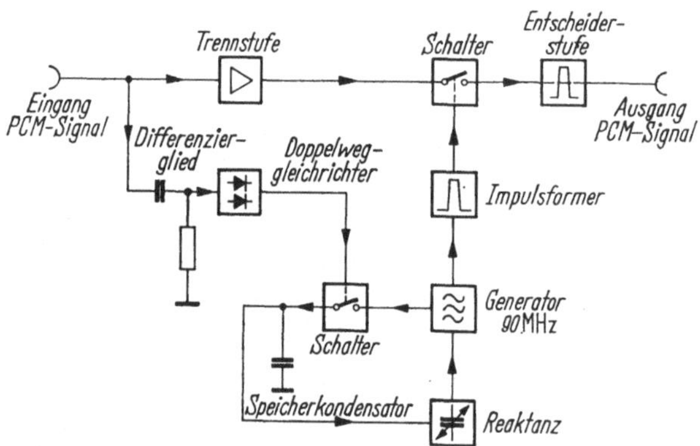


Abb. 18. Prinzip des Regenerators

werden im Regenerator beseitigt. Abb. 18 zeigt den Aufbau im Prinzip. Zunächst muß aus dem ankommenden Signal die Folgefrequenz mit feststehender Phasenlage gewonnen werden. Da die Impulse des übertragenen PCM-Signals eine Halbwertsdauer von etwa 11 nsec haben, wird z. B. eine Folge von 1-Impulsen durch ein Dauerstrichzeichen mit dem Niveau „1" dargestellt. Das Spektrum des Signals wird also nur durch die Übergänge von 1-Impulsen zu 0-Impulsen und umgekehrt bestimmt. Aus diesen Übergängen werden durch Differenzieren kurze positive und negative Impulse gewonnen, die durch Doppelweggleichrichtung unipolar gemacht werden. Mit diesen Impulsen werden in einem elektronischen Schalter die Schwingungen eines Generators getastet, dessen Sollfrequenz gleich der Folgefrequenz 90 MHz ist. In Abhängigkeit von der Phase zwischen den Impulsen und der 90 MHz-Schwingung entsteht am Ausgang des Schalters an einem Speicherkondensator eine Gleichspannung, mit der eine Reaktanz derart gesteuert wird, daß die Frequenz des Generators mit der Folgefrequenz des Codesignals mitgezogen wird. Die Regelsteilheit muß dabei so groß gemacht werden, daß bei den möglichen Frequenzänderungen die Schwankungen der Phase zwischen beiden Schwingungen klein bleiben. Aus den Schwingungen des Generators werden in einer Formerstufe Impulse abgeleitet, mit denen in einem Schalter das über die Trennstufe eingespeiste PCM-Signal abgetastet wird. Die am Ausgang des Schalters gewonnenen Impulse bilden das in der Phase regenerierte PCM-Signal. In einer folgenden Entscheiderstufe werden die Impulse in der Amplitude regeneriert.

Ist eine Decodierung des regenerierten PCM-Signals nicht erwünscht, sondern soll es z. B. direkt wieder in einen trägerfrequenten Puls umgesetzt werden — das ist bei regenerierenden Streckenverstärkern der Fall —, so kann mit dem regenerierten PCM-Signal erneut ein Mikrowellenträger amplitudenmoduliert werden.

Um erkennen zu können, welche Folge von 9 Elementen im Codesignal jeweils zu einem Codezeichen gehört, muß unter Ausnutzung des eingefügten Synchronisierelementes die Abtastfrequenz phasenrichtig zurückgewonnen werden. Diese Synchronisiereinrichtung ist im Prinzip in Abb. 19 dargestellt. In die Laufzeitkette $LK_1$ mit einer Laufzeit von 5,5 nsec läuft von links das ankommende PCM-Signal ein, während von rechts ein 10 nsec dauernder Tastimpuls einläuft, dessen Folgefrequenz durch einen astabilen Multivibrator bestimmt und der in der folgenden Impulsformerstufe gebildet wird. Im synchronisierten Zustand ist die Phasenlage des von links einlaufenden PCM-Signals und des von rechts einlaufenden Tastpulses so, daß dieser im Punkt $b$ immer mit dem Synchronisierpuls des PCM-Signals zusammenfällt. Dann muß im Punkt $a$ der Tastimpuls immer auf das erste Codeelement fallen. Zwei in den Punkten $a$ und $b$ lose angekoppelte Amplitudenhochpässe ergeben einen Impuls ab, wenn an ihren Eingängen die sich addierenden Impulse 1-Impulse sind. Diese Hochpässe entsprechen also den aus der Gattertechnik bekannten „Und"-Schaltungen. Da der Wert des Synchronisierelementes immer invers zu dem des ersten Codeelementes ist, entsteht immer nur an einem der beiden Amplitudenhochpaßausgänge ein Impuls. Dies wird in einer anschließenden „Exklusiv-

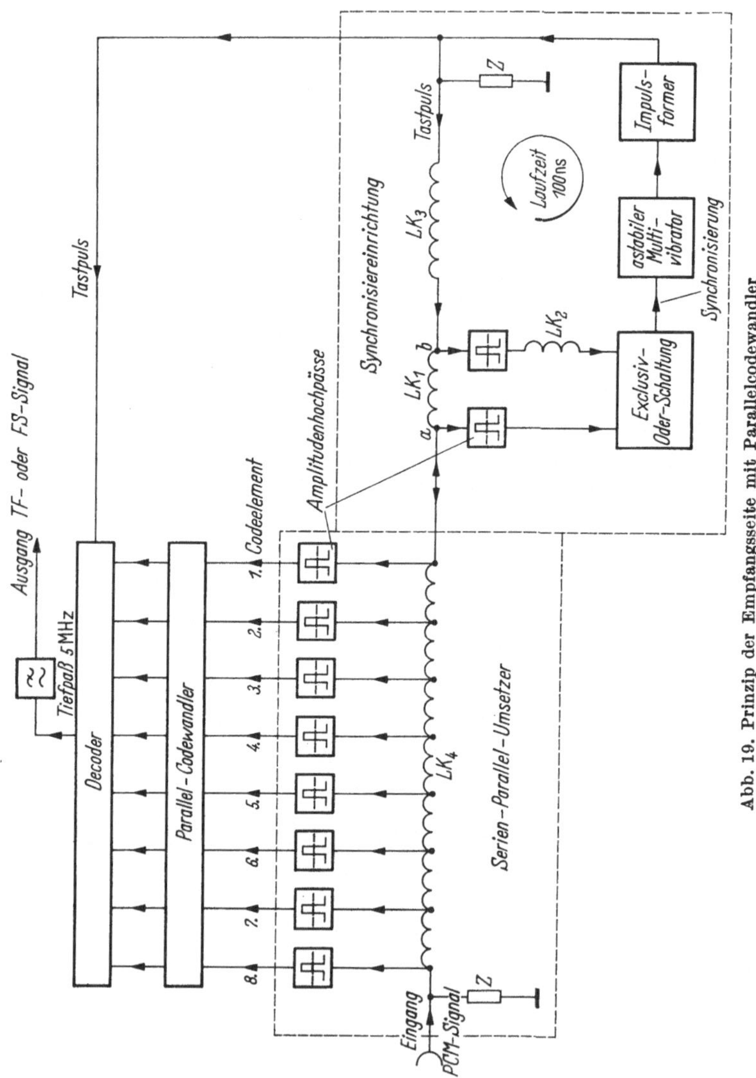



Oder"-Schaltung kontrolliert, die in diesem Fall einen Impuls abgibt. Mit diesem Impuls wird der astabile Multivibrator synchronisiert. Mit der Laufzeitkette $LK_2$ wird erreicht, daß von $a$ und $b$ abgehende Impulse gleichzeitig an den Eingang der „Exklusiv-Oder"-Schaltung gelangen. Mit der Laufzeitkette $LK_3$ wird der Gesamtumlauf des Tast-impulses auf 100 nsec abgeglichen, so daß er im synchronisierten Zu-stand immer wieder bei $a$ und $b$ auf die erwähnten Elemente des PCM-Signals trifft. Es läßt sich zeigen, daß die Synchronisierung erhalten bleibt, wenn die sendeseitig erzeugte Abtastfrequenz etwas schwankt oder die Umlaufzeit des Tastimpulses nicht ganz der Codezeichenperiode entspricht. Im nicht eingerasteten Zustand wird der Tastimpuls der Synchronisierschaltung an den Abgriffen $a$ und $b$ nicht gerade auf die gewünschten Elemente des Codesignals treffen, sondern z. B. auf das 5. und 6. Element, so daß an den Ausgängen der beiden Ampli-tudenhochpässe auch je ein 1- oder je ein 0-Impuls entstehen können. In diesem Fall liefert die „Exklusiv-Oder"-Schaltung keinen Impuls. Stellt man den astabilen Multivibrator so ein, daß er freilaufend mit einer Periode von 111,1 nsec schwingt, dann trifft der nun erzeugte Abtastimpuls bei $a$ und $b$ im nächsten Codezeichen auf das 6. und 7. Ele-ment. Sind diese zufällig ein 1- und ein 0-Impuls, so wird in der „Exklusiv-Oder"-Schaltung ein Impuls ausgelöst und damit der astabile Multi-vibrator mitgezogen. Dem dadurch erzeugten nächsten Tastimpuls wird bei $a$ und $b$ wieder das 6. und 7. Element überlagert. Im anderen Falle wird erst das 7. und 8. Element überlagert. Da im Codesignal bei zwei benachbarten Elementen unterschiedliche Zustände periodisch immer nur beim Synchronisierelement und 1. Codeelement auftreten, wird der astabile Multivibrator erst dann periodisch mitgezogen, wenn bei $a$ und $b$ der Tastimpuls auf diese Elemente des Codesignals trifft, wodurch die Synchronisierung vollzogen ist.

Der in der Synchronisierschaltung erzeugte Tastimpuls kann weiter-hin zu einer Serienparallelumsetzung des Codesignals verwendet wer-den. Dazu dient die mit Abgriffen versehene Laufzeitkette $LK_4$. Ist die Laufzeit zwischen zwei Abgriffen 5,5 nsec, so überlagert sich im synchronisierten Zustand der Tastimpuls an den verschiedenen Abgriffen jeweils einem anderen Codeelement. An den Ausgängen der acht angeschlossenen Amplitudenhochpässe entstehen Impulse, wenn das an dem jeweiligen Abgriff überlagerte Codeelement ein 1-Impuls ist.

Vor der Decodierung muß das PCM-Signal, wie in der Beschreibung der Sendeseite schon angedeutet wurde, noch vom GRAY-Code in den Dualcode umgewandelt werden. Dazu gibt es prinzipiell verschiedene Möglichkeiten [5], die man in zwei Arten einteilen kann; solche, bei denen die Codeelemente der Codezeichen parallel, und solche, bei denen sie in Serie zugeführt, verarbeitet und im neuen Code wieder abgenommen werden. In der ersten Form sind die Wandler aufwendiger, die Takt-frequenz beträgt aber nur 10 MHz. Bei der zweiten Form ist die Takt-frequenz 90 MHz; außerdem wird die Abtastfrequenz von 10 MHz mit bestimmter Phasenlage gebraucht, die aber der Synchronisiereinrichtung entnommen werden kann.

Ein Codewandler mit parallelliegenden Ein- und Ausgängen läßt sich zweckmäßig an die Ausgänge des Serienparallelumsetzers anordnen. An die Ausgänge dieses Codewandlers wird der Decoder angeschlossen.

Ein Codewandler mit Serieneinspeisung der Codeelemente muß zwischen Synchronisierschaltung und Serienparallelumsetzer gelegt werden (Abb. 20).

Den Abschluß der Einrichtungen auf der Empfangsseite bildet in beiden Fällen der Decoder. Beim augenblicklichen Stand der Technik

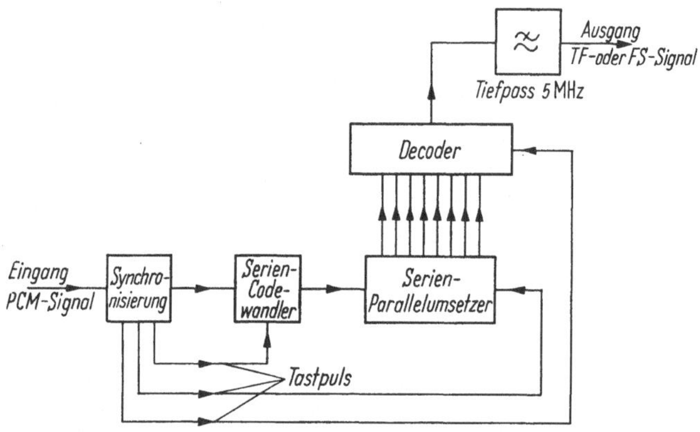


Abb. 20. Prinzip der Empfangsseite mit Seriencodewandler

lassen sich Decoder mit Serieneinspeisung, wie z. B. der SHANNON-Decoder, bei einer Taktfrequenz von 90 MHz nicht mehr realisieren, so daß ein Decoder mit Parallelspeisung gewählt werden muß.

Bei der Erklärung des Dualcodes wurde gezeigt, daß sich eine dem jeweiligen Augenblickswert des Eingangssignals entsprechende Zahl dadurch ergibt, daß man jedem Codeelement eine Wertigkeit $2^0$, $2^1$ usw. bis $2^{n-1}$ zuordnet und die Wertigkeiten derjenigen Codeelemente addiert, die aus einem 1-Impuls bestehen. Diese Zuordnung wird bei dem hier verwendeten Bewertungsdecoder ausgenutzt. Dazu dient eine einseitig an Masse liegende Reihe von Widerständen, deren Größe sich von Widerstand zu Widerstand verdoppelt. An die Verbindungsstellen zwischen je 2 Widerständen werden die 8 Ausgänge des Codewandlers bzw. des Serienparallelumsetzers gelegt. Im Falle eines 1-Impulses wird am betreffenden Eingang ein Stromimpuls eingespeist, der an den gegen Masse liegenden Widerständen einen Spannungsabfall erzeugt. Die durch die bei einem Codezeichen beteiligten Ströme erzeugten Spannungsabfälle addieren sich dann so, daß an der gesamten Widerstandsreihe eine Spannung entsteht, die proportional dem zugeordneten Augenblickswert ist. Das Eingangssignal wird zurückerhalten, wenn man das am Ausgang des Decoders entstehende Signal über einen Tiefpaß mit 5 MHz Grenzfrequenz gibt.

### Schrifttum

[1] HÖLZLER, E., u. H. HOLZWARTH: Theorie und Technik der Pulsmodulation. Berlin/Göttingen/Heidelberg: Springer 1957.

[2] BRIGHT, R. L.: Junction Transistors Used as Switches. AJEE Trans. Comun. Electronics 74 (1955) 111—121.

[3] MEINKE/GUNDLACH: Taschenbuch der Hochfrequenztechnik, S. 1326ff. Berlin/Göttingen/Heidelberg: Springer 1962.

[4] EULER, K.: Neue Prinzipien zur Analog-Digital-Umwandlung und deren optimale Auslegung. Frequenz 17 (1963) 364—370.

[5] KERSTEN, R.: Codewandler für Pulscodemodulation. Frequenz 16 (1962) 131—135.

[6] CARBREY, R. L.: Decoding in PCM. Bell Lab. Rec. 26 (1948) 451—456.

[7] STEINBUCH, K.: Taschenbuch der Nachrichtenverarbeitung, S. 549ff. Berlin/Göttingen/Heidelberg: Springer 1962.

[8] BOSSE, G.: Codemodulation für die Trägerfrequenztechnik. Entwicklungsber. Siemens & Halske 20 (1957) 223—225.

[9] HÖLZLER, E., F. BATH u. H. HOLZWARTH: Gedanken zur Weiterentwicklung der großen Übertragungssysteme. Jb. elektr. Fernmeldewes. 1963, 64ff.

[10] CHRISTIANSEN, H. M., u. M. SCHLICHTE: PPM 60 — ein transistoriertes Pulsphasen-Modulationsgerät für 60 Kanäle. NTZ 13 (1960) 392—397.

[11] Bell Syst. techn. J. 41 (1962) 1—226.

[12] KERSTEN, R.: Vergleich des gewöhnlichen mit dem reflektierten binären Code bei der Übertragung von Signalen mit Pulscodemodulation. Frequenz 15 (1961) 316—323.

# 5. Kabel- und Freileitungslinien

Von K. BARTHEL, W. v. GUTTENBERG, A. JAUMANN und H. KNAPP[1]

## 5.1 Allgemeines

### 5.1.1 Eigenschaften der Leitungen

In dem Abschnitt über Freileitungen und Kabel wurden die Eigenschaften der verschiedenen Leitungsarten beschrieben. Sie sollen nun daraufhin untersucht werden, wie sie sich für die Übertragung von Nachrichten eignen. Ein Übertragungssystem ist dann ideal, wenn es keine

---

[1] Die Abschn. 5.1 bis 5.3 wurden von K. BARTHEL, Abschn. 5.4 von A. JAUMANN, 5.5 von W. v. GUTTENBERG und 5.6 von H. KNAPP bearbeitet.

Dämpfung und Laufzeit hat, keine linearen und nichtlinearen Verzerrungen aufweist, sowie gegen Störungen beliebiger Art unempfindlich ist. Sieht man von bespulten Leitungen und Krarupkabeln ab, dann haben die Leitungen keine nichtlinearen Verzerrungen, jedoch mehr oder weniger alle anderen unerwünschten Eigenschaften.

Der Dämpfungsverlauf steigt von den tiefen nach den hohen Frequenzen zu an, die Gruppenlaufzeit fällt von den tiefen zu den hohen Frequenzen hin ab. Zieht man die durch die räumliche Ausdehnung der Leitung gegebene Laufzeit ab, dann bleibt ein Rest, der mit dem Dämpfungsgang der Leitung in einem Zusammenhang steht, wie er für Netzwerke minimaler Phase gültig ist.

Die Dämpfung muß in regelmäßigen Abständen durch Verstärker aufgehoben werden. Diese sind so zu dimensionieren, daß ein Verstärkerfeld die Dämpfung 0 Np in dem gewünschten Frequenzbereich aufweist. Die Leitungsverstärker haben Röhren oder Transistoren als aktive Bauelemente, außerdem Eisenkernspulen und Übertrager, damit erhält das Nachrichtensystem auch noch eine Quelle für nichtlineare Verzerrungen.

Der Dämpfungsverlauf $a$ koaxialer und symmetrischer Leitungen abhängig von der Frequenz $f$ folgt bei den tiefen und bei den hohen Frequenzen etwa dem Gesetz $a = c\,f^\gamma$, $\gamma = \frac{1} \ldots \frac{3}{4}$, wobei $c$ ein Faktor ist, der für die verschiedenen Leitungen und die beiden Frequenzgebiete unterschiedliche Werte aufweist (Abb. 1a). Das Übergangsgebiet im mittleren Frequenzbereich ist breiter oder schmaler, je nach Dicke der Aderdurchmesser (Stromverdrängung). Bringt man die verschiedenen Leitungen durch Veränderung der Länge bei einer Frequenz $f_1$ auf den gleichen Dämpfungswert, dann weichen die Dämpfungskurven bei den anderen Frequenzen mehr oder weniger stark voneinander ab (Abb. 1b). Am besten ist die Übereinstimmung zwischen den Koaxialleitungen in dem Bereich, in dem das Wurzelgesetz angenähert gilt. Bei ungeschirmten symmetrischen Leitungen ist die Dämpfung in geringem Maße auch noch von der räumlichen Lage im Kabel abhängig. Diese Lagenabhängigkeit verschwindet bei geschirmten symmetrischen Leitungen und ist bei Koaxialleitungen mit einem elektrisch dichten Außenleiter nicht vorhanden.

Alle Leitungen haben eine starke Temperaturabhängigkeit der Dämpfung. Der Temperaturkoeffizient ist für Koaxialleitungen annähernd frequenzunabhängig und beträgt für Kupfer $2^0/_{00}$ je Celsiusgrad. Damit entspricht der Temperaturgang der Dämpfung einer Längenänderung, was für die Entzerrung sehr vorteilhaft ist. Bei papierisolierten symmetrischen Leitungen ist der Temperaturkoeffizient wegen des Einflusses des Dielektrikums über der Frequenz nicht konstant, und es müssen besondere Entzerrer für den Temperaturgang der Kabeldämpfung vorgesehen werden. Bei einer Verlegungstiefe von 80 cm rechnet man in Mitteleuropa mit einer Temperaturänderung des Kabels von etwa 20 °C zwischen Winter und Sommer. Das ergibt bei einer Koaxialleitung 2,6 mm/9,5 mm nach CCITT von 100 km Länge eine

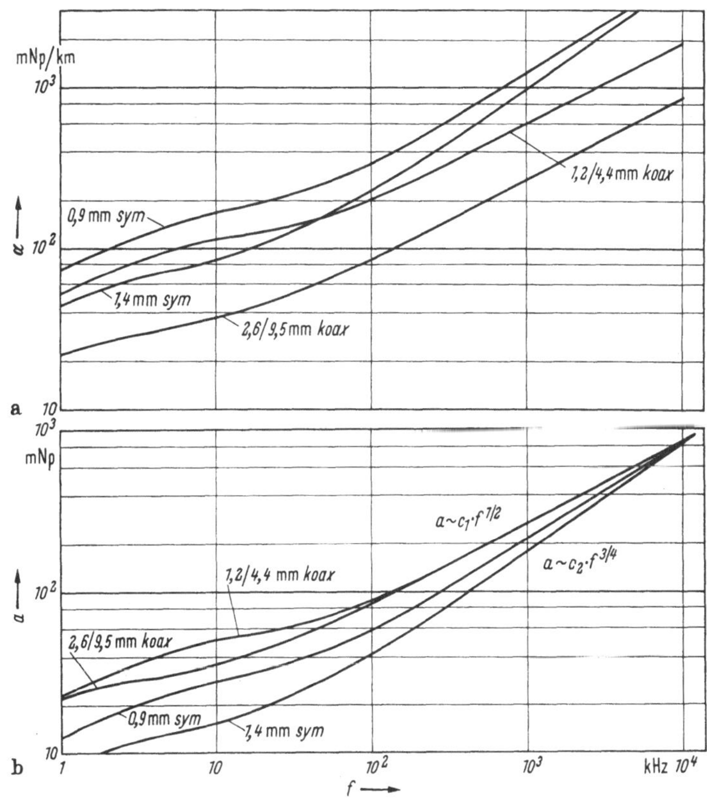


Abb. 1a u. b

a) Spezifische Dämpfung abhängig von der Frequenz bei verschiedenen Leitungsarten; b) Dämpfungsverlauf verschiedener Leitungsarten, bezogen auf den gleichen Dämpfungswert bei 12 MHz

Dämpfungsänderung bei 4 MHz von etwa 2,1 Np und bei einer symmetrischen styroflexisolierten Trägerfrequenzleitung 1,3 mm eine Dämpfungsänderung von etwa 1,3 Np bei 500 kHz.

Eine nennenswerte zeitliche Änderung der Dämpfung wird an Erdkabeln — solange der Mantel dicht ist — nicht festgestellt. Alterungserscheinungen wurden nur an den ersten Fernsprechseekabeln Europa—Amerika beobachtet (Änderung um 13 dB, d. s. 0,5% in 4 Jahren). Diese Erscheinung konnte jedoch auf die ungünstige Konstruktion des Außenleiters und der Schirmbänder zurückgeführt und bei den folgenden Tiefseekabeln vermieden werden [1]. Man kann somit für Kabel und auch für Freileitungen Alterungserscheinungen ausschließen und annehmen, daß die Dämpfung bei gleichen äußeren Verhältnissen über lange Zeit konstant bleibt.

Die verschiedenen Eigenschaften der Leitungsarten erlauben es im allgemeinen nicht, die gleichen Streckengeräte mit verschiedenen Leitungen zu betreiben. So gibt es eine Reihe von Systemen, die für eine ganz bestimmte Leitung dimensioniert sind, z. B. das V 120-System (s. S. 561) für die symmetrische styroflexisolierte Trägerfrequenzleitung 1,3 mm oder das V 300-System (s. S. 568) für die Kleinkoaxialleitung 1,2/4,4 mm. Sollen jedoch die Leitungsverstärker auf verschiedenen Leitungen eingesetzt werden, dann muß ein größerer Aufwand an Entzerrern getrieben werden, wie z. B. beim Niederfrequenz-Rundfunkleitungsverstärker, beim „Allverstärker" (Niederfrequenz-Fernsprechverstärker) oder bei einem Fernsehzubringersystem.

Die Leitungen liegen normalerweise in einem Kabel mit vielen anderen Leitungen beisammen. Durch das elektromagnetische Feld sind alle Leiter mehr oder weniger stark miteinander verkoppelt, so daß die Nachricht von einer Leitung auf die anderen „überspricht". Dieses Nebensprechen begrenzt die Ausnutzbarkeit unserer Leitungen. Es gelingt den Kabelherstellern durch günstiges Verdrallen und Ausgleichen der Kopplungen das Nebensprechen bei symmetrischen Leitungen so klein zu halten, daß man auf zwei getrennten Kabeln — je eines für Hin- und Rückrichtung — V 120-Systeme mit einer oberen Übertragungsfrequenz von 552 kHz im Weitverkehr betreiben kann. Das ist für Fernsprechen auf symmetrischen Leitungen die oberste Grenze, die durch das verständliche Nebensprechen gezogen wird. In Spezialfällen, z. B. bei Fernsehzubringerstrecken, können auf symmetrischen Leitungen wesentlich breitere Bänder übertragen werden. Wenn es sich um verschiedene Programme handelt, dürfen nur wenige ausgesuchte Paare mit Fernsehsignalen belegt werden.

Während die Nebensprechdämpfung bei den symmetrischen Leitungen mit steigender Frequenz abnimmt, verhalten sich die Koaxialleitungen umgekehrt, die Nebensprechdämpfung nimmt mit der Frequenz zu. Bei konzentrischem Aufbau und dichtem Außenleiter kann die Koaxialleitung bei hohen Frequenzen kein elektromagnetisches Außenfeld haben (Stromverdrängung). Bei den tiefen Frequenzen wird das Außenfeld durch Eisenbänder, die um den Außenleiter gewickelt sind, gegen die Nachbarleitungen abgeschirmt. Damit wird die Nebensprechdämpfung von 60 kHz ab so gut, daß die Koaxialleitungen von Vierdrahtsystemen für Hin- und Rückrichtung im gleichen Kabel untergebracht werden können.

Häufig sind die Außenleiter jedoch nicht völlig dicht. Bei solchen Koaxialleitungen nimmt die Nebensprechdämpfung bei sehr hohen

Frequenzen wieder ab. Nach bisherigen Messungen dürfte die Nebensprechdämpfung bis 60 MHz für Weitverkehrsverbindungen ausreichen.

Wieweit man die Koaxialleitungen ausnutzt, hängt von vielen Faktoren ab. Die geringsten Sprechkreiskosten ergeben sich, wenn die Leitung und die Geräte gleich teuer sind. Das ist beim V 2700- (Röhren·) System mit der Koaxialleitung 2,6/9,5 mm der Fall, dessen Frequenzband bis 12,5 MHz reicht. Bei diesem System mit 2700 Sprechkreisen beträgt die Verstärkerfeldlänge 4,5 bis 5 km. Mit einer Halbierung der Verstärkerfeldlänge erreicht man 8100 Sprechkreise mit einer oberen Übertragungsfrequenz von etwa 40 MHz. Bei einer Drittelung würde man auf 10800 Kanäle mit einer oberen Bandgrenze von 60 MHz kommen.

Der Vorteil der großen ausnutzbaren Bandbreite bei den Koaxialleitungen hat viele Verwaltungen veranlaßt, für ihr Weitverkehrssystem diese zu wählen, da bei steigendem Sprechkreisbedarf nur die Geräte ausgewechselt werden müssen, jedoch kein neues Kabel gebraucht wird.

### 5.1.2 Anforderungen an die Streckengeräte

**Rauschen.** Es hat langjähriger Arbeit bedurft, bis die lapidare Forderung — 2 Telephonteilnehmer sollen sich über beliebig große Entfernungen verständigen können — in entsprechende Anforderungen an die elektrischen Eigenschaften des Übertragungskanals umgemünzt wurden. Das Ziel war, eine gute Verständlichkeit bei wirtschaftlich tragbarem Aufwand zu erreichen. Das CCITT hat entsprechende Empfehlungen für Bezugskreise ausgearbeitet, aus denen die Anforderungen an die Streckengeräte abgeleitet werden können.

Eine der wichtigsten Angaben ist das zulässige, nach dem Ohrkurvenfilter bewertete Geräusch für den Bezugskreis (s. S. 267 ff.) mit einer Länge von 2500 km, welches am relativen Pegel Null für einen Fernsprechkanal mit einer Bandbreite von 300 bis 3400 Hz 10000 pW betragen darf. Davon entfallen 2500 pW auf die Umsetzereinrichtungen und der Rest von 7500 pW auf die Strecke. Je nachdem, ob Systeme mit symmetrischen Leitungen oder mit Koaxialleitungen vorliegen, ist die zulässige Streckengeräuschleistung aufzuteilen auf thermische Geräusche, Intermodulationsgeräusche und Nebensprechen oder nur auf die beiden erstgenannten Geräuscharten. Im ersten Fall werden für jede Ursache 2500 pW, im zweiten Fall 5000 pW für Rauschen und 2500 pW für Klirren angesetzt. Die Aufteilung Rauschleistung zu Intermodulationsgeräuschleistung im Verhältnis 2 : 1 ergibt die geringsten Anforderungen an die Leitungsverstärker.

Auf den Kilometer umgerechnet ergeben sich bei Systemen mit symmetrischem Kabel je 1 pW/km und solchen mit Koaxialkabel 2 pW/km zulässiges thermisches Geräusch und 1 pW/km Intermodulationsgeräusch. Thermische Rauschquellen eines Verstärkerfeldes sind der Abschlußwiderstand des Kabels und das Rauschen der Verstärker (Röhren oder Transistoren). Wird eine Leitung mit einem Verstärker abgeschlossen, dessen Eingangswiderstand verlustlos durch Gegenkopplung eingestellt ist, dann kann als unterste Grenze die Rauschzahl (s. S. 12) 1,0 erreicht werden, wenn die aktiven Elemente des Verstärkers nicht zum Rauschen beitragen. Wenn der Eingangswiderstand des Verstärkers durch einen reellen Widerstand bestimmt wird, ist die kleinstmögliche Rauschzahl 2,0. In der Praxis sind Rauschzahlen von 4 für Leitung und Verstärker ohne besondere Schwierigkeiten zu erreichen[1]. Da sich die Rauschleistungen der einzelnen Verstärkerfeldlängen über eine lange Strecke addieren, sind alle Voraussetzungen bekannt um die Abhängigkeit der Verstärkerfeldlänge von der Kanalzahl (Frequenz) und vom Sendepegel (Verstärkerleistung) darzustellen.

Es sei:

$N_{R\,Ges}$    zulässige bewertete Rauschleistung für die Bezugskreisstrecke in mW am relativen Pegel 0

$N_{RZ}$    zulässige bewertete Rauschleistung je Verstärkerfeld in mW am relativen Pegel 0

$l$    Länge des Verstärkerfeldes

$L$    Länge des Bezugskreises

$p_e$    relativer Empfangspegel

$p_s$    relativer Sendepegel

$p_R$    bewerteter Rauschleistungspegel eines Sprechkanals am Eingang des Leitungsverstärkers für die vorgegebene Rauschzahl

$\alpha$    kilometrische Kabeldämpfung bei der höchsten Übertragungsfrequenz.

Es soll sein:

$$\frac{1}{2}\ln\frac{N_{RZ}}{\text{mW}} = p_R - p_e,$$

$$p_e = p_s - \alpha\, l,$$

$$N_{RZ} = N_{R\,Ges}\frac{l}{L},$$

dann wird

$$\frac{1}{2}\ln\left\{\frac{N_{R\,Ges}}{\text{mW}}\,\frac{l}{L}\right\} = p_R - p_s + \alpha\, l,$$

$$\alpha\, l = \frac{1}{2}\ln\frac{l}{\text{km}} + p_s + \frac{1}{2}\ln\left\{\frac{N_{R\,Ges}}{L}\,\frac{\text{km}}{\text{mW}}\right\} - p_R. \tag{1}$$

Diese Gleichung läßt sich z. B. graphisch lösen, und man erhält die Kurven der Abb. 2, wenn die Dämpfung der Koaxialleitung 2,6/9,5 bei 10 °C der Berechnung zugrunde gelegt wird.

---

[1] S. KLEEN, W.: Schwankungsvorgänge in Physik und Nachrichtentechnik. Phys. Blätter, 1963, S. 442.

In vielen Fällen interessiert nicht nur der Sendepegel für den obersten Fernsprechkanal, sondern die Leistung, die der Verstärker für die $n$ Kanäle in der Hauptverkehrsstunde aufzubringen hat. Sie ist abhängig von der Anzahl $n$ der Kanäle, dem Sendepegel $p_s$ und der verwendeten Vorverzerrung (pre-emphasis). In einem Sprechkanal herrscht im Mittel über lange Zeit und viele Kanäle ($n \geq 240$) in der Hauptverkehrsstunde nach einer Konvention des CCITT eine Leistung von $N = 32\,\mu\text{W}$ am relativen Pegel 0, das entspricht einem Leistungspegel von $p_N = -15\,\text{dB}\,(-1,7\,\text{Np})$. Die Spitzenleistung ist — ebenfalls nach CCITT — um etwa 12 bis 13 dB, (1,4 bis 1,5 Np), also um den Faktor 16, größer als die Summenleistung $n \cdot N$ der Kanäle. Rechnet man noch für die Streuung der Sendepegel an den einzelnen Verstärkerausgängen durch ungenaue Entzerrung und für Pegelschwankungen durch Temperaturänderungen 6 dB

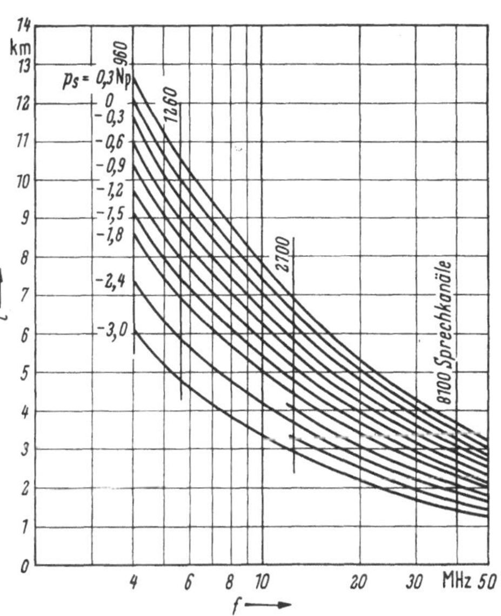


Abb. 2. Verstärkerfeldlänge abhängig von der Frequenz (Anzahl der Sprechkanäle)
Parameter: Sendepegel $p_s$ des obersten Kanals
Voraussetzung: Rauschzahl des Verstärkers bei oberstem Kanal 4
$N_{R\,\text{Ges}} = 2500\,\text{pW}$; Koaxialleitung 2,6/9,5 mm, 10 °C

(0,7 Np) dazu und berücksichtigt die Verminderung der Spitzenleistung durch Vorverzerrung um den Faktor $\dfrac{1}{K_{\Delta p}}$, dann muß der Leistungspegel für die Spitzenleistung betragen:

$$p_{\max} = -1,7 + p_s + \tfrac{1}{2}\ln n + 1,4 + 0,7 - \tfrac{1}{2}\ln K_{\Delta p} \quad \text{Np},$$
$$p_{\max} = +0,4 + p_s + \tfrac{1}{2}\ln n - \tfrac{1}{2}\ln K_{\Delta p} \quad \text{Np}. \tag{2}$$

Ein senkrechter Schnitt durch die Kurven der Abb. 2 gibt die Verstärkerfeldlängen $l$ abhängig vom Sendepegel $p_s$ des obersten Kanals für eine bestimmte Kanalzahl $n$. In Abb. 3 wurde dieser Zusammenhang für $n = 2700$ dargestellt und dazu sind noch die Spitzenleistungen für eine bestimmte Form der Vorverzerrung von 0 dB, 7 dB und 14 dB (0 Np, 0,8 Np und 1,6 Np) eingetragen. Über 100 bis 200 mW Spitzenleistung steigt bei weiterer Vergrößerung der Verstärkerfeldlänge der

Leistungsbedarf steil an, so daß es sich nicht lohnt, über diese Werte hinauszugehen. Weiterhin zeigt sich, daß die Spitzenleistung weniger als proportional mit der Größe der Vorverzerrung abfällt.

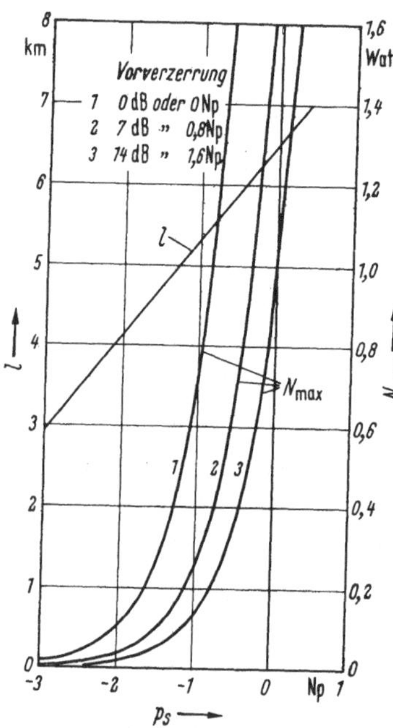


Abb. 3. Verstärkerfeldlänge und Spitzenleistung abhängig vom Sendepegel für $n = 2700$ Sprechkanäle

| Kurve | Vorverzerrung |
|---|---|
| 1 | 0 dB oder 0 Np |
| 2 | 7 dB oder 0,8 Np |
| 3 | 14 dB oder 1,6 Np |

**Klirrgeräusche.** Nachdem die Zusammenhänge zwischen zulässiger Rauschleistung, Verstärkerfeldlänge, notwendiger Spitzenleistung bei einer bestimmten Anzahl von Kanälen dargestellt sind, erhebt sich die Frage: „Welche Anforderungen sind an die Linearität des Verstärkers zu stellen, damit die zulässige Klirrgeräuschleistung nicht überschritten wird."

Die folgenden Formeln, die nach S. 31 ff. abgeleitet werden können, setzen voraus, daß sich Klirrtondämpfung und Differenztondämpfung 2. Ordnung um ln 2 und 3. Ordnung um ln 3 unterscheiden, wie es bei Röhrenverstärkern der Fall ist. Diese Zusammenhänge sind bei Transistorverstärkern wesentlich komplizierter und müssen erst noch geklärt werden. Außerdem werden in den Formeln für die Klirrgeräuschleistung 3. Ordnung nur Klirrprodukte der Gruppe 1 nach BROCKBANK und WASS [2] berücksichtigt, die sich praktisch spannungsmäßig addieren.

Für die Klirrgeräuschleistung 2. Ordnung ohne Vorverzerrung gilt:

$$-\frac{1}{2}\ln\frac{W_{20}}{\text{mW}} = \Delta S_{20} + a_{k20} - \frac{1}{2}\ln n + X_2 - \frac{1}{2}\ln F_2 \text{ Np} \qquad (3)$$

darin ist:

$W_{20}$  Klirrgeräuschleistung 2. Ordnung

$\Delta S_{20}$  Verteilung der Klirrprodukte über der Frequenz
$\Delta S_{20} = -\frac{1}{2}\ln 2(2 - \Omega); \ \Omega = f/f_0 =$ normierte Frequenz

$a_{k20}$  Klirrdämpfung 2. Ordnung beim Kanalpegel

$n$  Anzahl der Kanäle

$X_2$  $2 \cdot 1{,}7 + 0{,}3 + \frac{1}{2}\ln\frac{f_o - f_u}{n \cdot 3{,}1\,\text{kHz}}$ Np wobei

$-1{,}7\,\mathrm{Np} = -15\,\mathrm{dB}$    mittlerer Leistungspegel eines Kanals am relativen Pegel 0

$0{,}3\,\mathrm{Np} = 2{,}5\,\mathrm{dB}$    Geräuschbewertung für 3,1 kHz Bandbreite

$\dfrac{f_o - f_u}{n \cdot 3{,}1\,\mathrm{kHz}}$    berücksichtigt die Verdünnung der Geräuschleistung für 3,1 kHz Bandbreite

$f_o$    oberste Frequenz des Übertragungsbandes

$f_u$    unterste Frequenz des Übertragungsbandes

$F_2$    $L/l$ entspricht der Anzahl der Klirrstellen und berücksichtigt die leistungsmäßige Addition

$L$    Bezugskreislänge

$l$    Verstärkerfeldlänge.

Die Klirrgeräuschleistung 3. Ordnung wird:

$$-\frac{1}{2}\ln\frac{W_{30}}{\mathrm{mW}} = \varDelta S_{30} + a_{k30} - \ln n + X_3 - \frac{1}{2}\ln F_3 \quad \mathrm{Np} \qquad (4)$$

$W_{30}$    Klirrgeräuschleistung 3. Ordnung

$\varDelta S_{30}$    Verteilung der Klirrprodukte über der Frequenz
$\varDelta S_{30} = -\tfrac{1}{2}\ln 6\,(\tfrac{3}{2} + 3\varOmega - 3\varOmega^2)$

$a_{k30}$    Klirrdämpfung 3. Ordnung beim Kanalpegel

$X_3$    $3 \cdot 1{,}7 + 0{,}3 + \dfrac{1}{2}\ln\dfrac{f_o - f_u}{n \cdot 3{,}1\,\mathrm{kHz}}\quad\mathrm{Np}$

$F_3$    $Z\left(\dfrac{L}{Zl}\right)^2$ berücksichtigt, daß sich die Klirrgeräusche innerhalb eines homogenen Abschnitts spannungsmäßig und die der $Z$ Abschnitte leistungsmäßig addieren.

Die Klirrgeräuschleistungen sind auf den relativen Pegel 0 bezogen und treten auf, wenn das System mit weißem Rauschen belegt wird, und zwar mit „konventioneller Belastung" nach CCITT.

Die folgende Tabelle gibt für verschiedene Systeme die notwendige Klirrdämpfung beim Kanalpegel an, wenn für die Klirrgeräuschleistungen

Tabelle 1. *Klirrdämpfungen in Np beim Kanalpegel für verschiedene Systeme*
$\varOmega = f/f_o = normierte\ Frequenz$

| System | $l$ km | $f_u$ kHz | $f_o$ kHz | $\varOmega$ | 0 | 0,2 | 0,4 | 0,6 | 0,8 | 1,0 |
|---|---|---|---|---|---|---|---|---|---|---|
| V 120 | 18 | 12 | 552 | $a_{k2}$ | 8,89 | 8,84 | 8,78 | 8,72 | 8,63 | 8,54 |
|  |  |  |  | $a_{k3}$ | 11,54 | 11,67 | 11,73 | 11,73 | 11,67 | 11,54 |
| V 300 | 8 | 60 | 1300 | $a_{k2}$ | 9,45 | 9,41 | 9,35 | 9,28 | 9,20 | 9,11 |
|  |  |  |  | $a_{k3}$ | 12,77 | 12,91 | 12,96 | 12,96 | 12,91 | 12,77 |
| V 960 | 9,3 | 60 | 4028 | $a_{k2}$ | 9,96 | 9,91 | 9,86 | 9,79 | 9,71 | 9,61 |
|  |  |  |  | $a_{k3}$ | 13,78 | 13,92 | 13,98 | 13,98 | 13,92 | 13,78 |
| V 1260 | 9,3 | 60 | 5516 | $a_{k2}$ | 10,07 | 10,03 | 9,97 | 9,90 | 9,82 | 9,73 |
|  |  |  |  | $a_{k3}$ | 14,02 | 14,16 | 14,22 | 14,22 | 14,16 | 14,02 |
| V 2700 | 4,6 | 300 | 12388 | $a_{k2}$ | 10,78 | 10,73 | 10,67 | 10,60 | 10,52 | 10,43 |
|  |  |  |  | $a_{k3}$ | 15,46 | 15,60 | 15,66 | 15,66 | 15,60 | 15,46 |
| V 8100 | 2,3 | 300 | 39000 | $a_{k2}$ | 11,66 | 11,62 | 11,56 | 11,49 | 11,41 | 11,32 |
|  |  |  |  | $a_{k3}$ | 17,25 | 17,38 | 17,44 | 17,44 | 17,38 | 17,25 |

2. und 3. Ordnung je 1000 pW angenommen werden. Je 250 pW wurden als Reserve für Alterung abgesetzt.

Diese Werte gelten ohne Vorverzerrung also für jeweils dieselben Pegel über der Frequenz. Werden nun Rausch- und Klirrgeräuschleistung addiert, dann ergibt sich eine Kurve, die bei der obersten Frequenz des Übertragungsbandes 1250 pW + 1000 pW + 1000 pW = $N_{Ger}$ = 3250 pW aufweist und bei der untersten Frequenz auf etwa 0 pW + 1000 pW + 1000 pW = 2000 pW abgefallen ist. (Es wurden bei der Rauschberechnung 6 dB (0,7 Np) Reserve für Pegelabweichungen eingerechnet. Ohne diese Reserve und die Reserve für das Klirren wäre das zulässige Gesamtgeräusch bei der höchsten Frequenz 7500 pW.)

Durch ein Vorverzerrer-Netzwerk können die einzelnen Kanalpegel eines Systems so eingestellt werden, daß die Geräuschleistung am Ende eines Abschnitts über der Frequenz etwa konstant ist. Damit dies geschieht, müssen die Pegel bei den tiefen Frequenzen gegenüber denen bei den hohen Frequenzen abgesenkt werden. Man erhält eine kleinere Spitzenleistung für den Verstärker und durch die geringere Aussteuerung eine höhere Linearität, d. h. durch die Anwendung einer Vorverzerrung werden bei gleicher Geräuschleistung die Anforderungen an die Leitungsverstärker geringer.

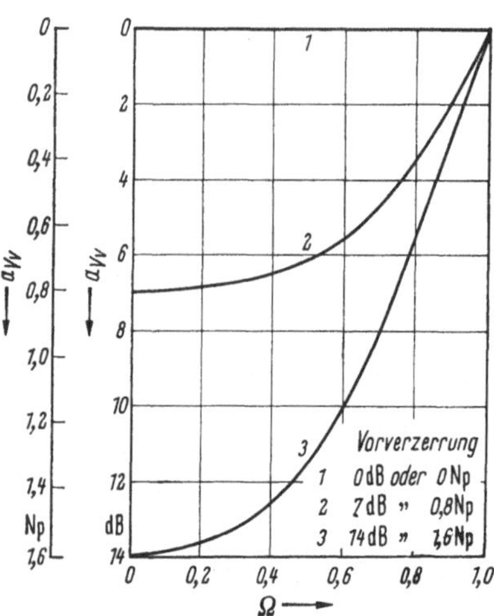


Abb. 4. Vorverzerrerkurven $a_{Vv}$ abhängig von der normierten Frequenz $\Omega$

| Kurve | Vorverzerrung |
|---|---|
| 1 | 0 dB oder 0 Np |
| 2 | 7 dB oder 0,8 Np |
| 3 | 14 dB oder 1,6 Np |

Ein geeigneter Verlauf einer Vorverzerrung ist in Abb. 4 dargestellt. Ihre Form ist gegeben durch den Ausdruck

$$a_{Vv} = \Delta p - \tfrac{1}{2}\ln(1 + \alpha\, e^{k\,\Omega})\ \text{Np}, \tag{5}$$

wobei

$$\alpha = \frac{e^{2\,\Delta p} - 1}{e^{k}}, \tag{6}$$

$$k = 5\ln\frac{e^{2\,\Delta p} - 1}{[1 + 0{,}409\,(e^{\Delta p} - 1)]^2 - 1}\ \text{Np}, \tag{7}$$

$\Omega$ normierte Frequenz.

Man kann nun die Formeln für die Klirrgeräuschleistung 2. und 3. Ordnung mit Vorverzerrung aufstellen und den Gewinn an Klirrgeräuschleistung oder an Klirrdämpfung gegenüber einem System ohne Vorverzerrung berechnen.

Klirrgeräuschleistung 2. Ordnung mit Vorverzerrung:

$$-\frac{1}{2}\ln\frac{W_2}{\mathrm{mW}} = \Delta S_2 + a_{k2} - \frac{1}{2}\ln n$$
$$+ \Delta p - \frac{1}{2}\ln\left(1 - \frac{\alpha}{k} + \frac{\alpha}{k}e^k\right) + X_2 - \frac{1}{2}\ln F_2 \quad \mathrm{Np} \tag{8}$$

wobei $S_2$ von der Größe der Vorverzerrung abhängt und sich nach folgender Formel errechnet:

$$\Delta S_2 = -\frac{1}{2}\ln\frac{2}{1 - \frac{\alpha}{k} + \frac{\alpha}{k}e^k} \times$$

$$\times \frac{2 - \Omega + \frac{2\alpha}{k}(e^k + e^{k(1-\Omega)} - 2) + \alpha^2\left[\Omega\, e^{k\Omega} + \frac{1}{k}(e^{k(2-\Omega)} - e^{k\Omega})\right]}{1 + \alpha\, e^{k\Omega}} \mathrm{Np}$$

Für die Klirrgeräuschleistung 3. Ordnung ergibt sich:

$$-\frac{1}{2}\ln\frac{W_3}{\mathrm{mW}} = \Delta S_3 + a_{k3} - \ln n +$$
$$+ 2\Delta p - \ln\left(1 - \frac{\alpha}{k} + \frac{\alpha}{k}e^k\right) + X_3 - \frac{1}{2}\ln F_3 \quad \mathrm{Np} \tag{9}$$

mit $\Delta S_3 = -\dfrac{1}{2}\ln\dfrac{6F(\Omega)}{\left(1 - \frac{\alpha}{k} + \frac{\alpha}{k}e^k\right)^2(1 + \alpha\, e^k{}^\Omega)}$ Np

$$F(\Omega) = \frac{3}{2} + \frac{9\alpha}{k^2} + \frac{6\alpha^2}{k^2} - \frac{6\alpha}{k} + \left[\frac{9\alpha}{k^2} + 3\frac{\alpha}{k} - 6\frac{\alpha^2}{k^2}\right]e^k + 6\frac{\alpha^2}{k^2}e^{2k} +$$

$$+ \left[3 + \frac{3\alpha}{k} + \frac{3\alpha}{k}e^k\right]\Omega - 3\Omega^2$$

$$+ e^{k\Omega}\left\{\frac{3\alpha^3}{4k^2} - \frac{12\alpha}{k^2} + \frac{3\alpha^2}{k}e^k + \left[\frac{3\alpha^3}{2k} + \frac{3\alpha^3}{4k^2}\right]e^{2k} - \right.$$

$$\left. - \left[\frac{3\alpha^2}{k} + \frac{3\alpha^3}{2k} + \frac{3\alpha^2}{k}e^k + \frac{3\alpha^3}{2k}e^{2k}\right]\Omega\right\}$$

$$- e^{-k\Omega}\left\{\left[\frac{6\alpha}{k^2} + \frac{3\alpha^2}{k^2}\right]e^k + \left[\frac{3\alpha^3}{2k^2} + \frac{3\alpha^2}{k^2}\right]e^{2k}\right\}.$$

Subtrahiert man Gl. (3) von Gl. (8) und Gl. (4) von Gl. (9), dann wird

$$-\frac{1}{2}\ln\frac{W_2}{\mathrm{mW}} + \frac{1}{2}\ln\frac{W_{20}}{\mathrm{mW}} = \Delta S_2 - \Delta S_{20} + \Delta p -$$

$$-\frac{1}{2}\ln\left(1 - \frac{\alpha}{k} + \frac{\alpha}{k}e^k\right) \quad \mathrm{Np} \tag{10}$$

für $a_{k2} = a_{k20}$ oder

$$a_{k20} - a_{k2} = \Delta S_2 - \Delta S_{20} + \Delta p - \frac{1}{2}\ln\left(1 - \frac{\alpha}{k} + \frac{\alpha}{k}\, e^k\right)\ \mathrm{Np} \qquad (10a)$$

für $W_2 = W_{20}$ und

$$-\frac{1}{2}\ln\frac{W_3}{\mathrm{mW}} + \frac{1}{2}\ln\frac{W_{30}}{\mathrm{mW}} = \Delta S_3 - \Delta S_{30} + 2\Delta p -$$

$$-\ln\left(1 - \frac{\alpha}{k} + \frac{\alpha}{k}\, e^k\right)\ \mathrm{Np} \qquad (11)$$

für $a_{k3} = a_{k30}$ oder

$$a_{k30} - a_{k3} = \Delta S_3 - \Delta S_{30} + 2\Delta p - \ln\left(1 - \frac{\alpha}{k} + \frac{\alpha}{k}\, e^k\right)\ \mathrm{Np} \qquad (11a)$$

für $W_3 = W_{30}$.

Abhängig von der Größe der Vorverzerrung zeigt Abb. 5 den Gewinn an Klirrdämpfung 2. Ordnung und Abb. 6 den 3. Ordnung. Bei einer Vorverzerrung größer als etwa 10 dB (1,2 Np) steigt die Klirrgeräuschleistung 2. Ordnung bei tiefen Frequenzen über den Wert

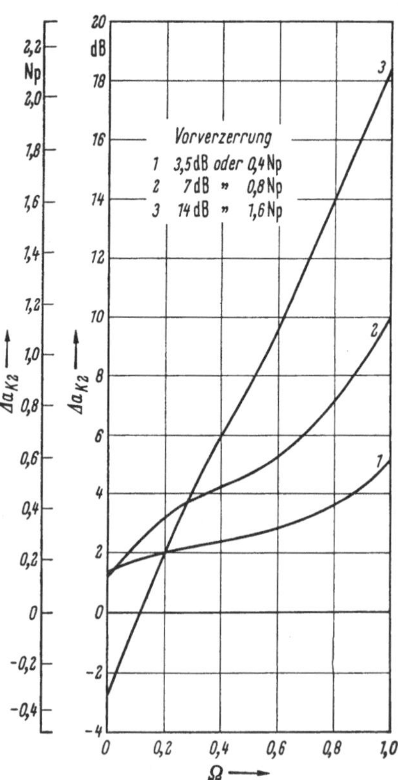


Abb. 5. Gewinn an Klirrdämpfung $\Delta a_{k_2}$ bzw. Verringerung der Klirrgeräuschleistung 2. Ordnung abhängig von der Frequenz $\Omega$ und der Größe der Vorverzerrung

| Kurve | Vorverzerrung |
|---|---|
| 1 | 3,5 dB oder 0,4 Np |
| 2 | 7 dB oder 0,8 Np |
| 3 | 14 dB oder 1,6 Np |

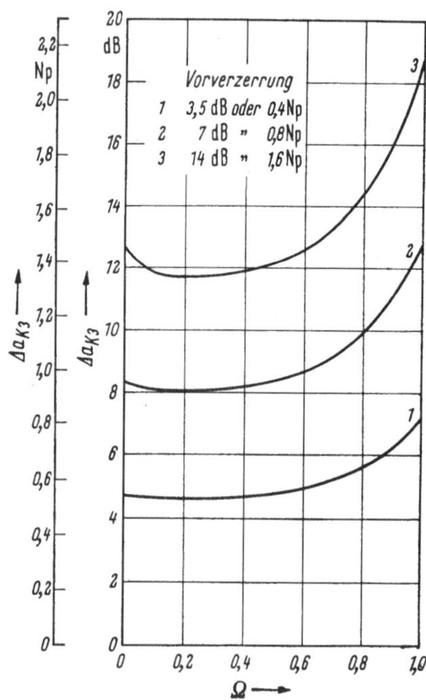


Abb. 6. Gewinn an Klirrdämpfung $\Delta a_{k3}$ bzw. Verringerung der Klirrgeräuschleistung 3. Ordnung abhängig von der Frequenz $\Omega$ und der Größe der Vorverzerrung

| Kurve | Vorverzerrung |
|---|---|
| 1 | 3,5 dB oder 0,4 Np |
| 2 | 7 dB oder 0,8 Np |
| 3 | 14 dB oder 1,6 Np |

bei Betrieb ohne Vorverzerrer an, bzw. für gleiche Klirrgeräuschleistung muß die Klirrdämpfung bei Betrieb mit Vorverzerrer erhöht werden. Das ist verständlich, wenn man bedenkt, daß die Differenzfrequenz zweier benachbarter Töne hohen Pegels bei hohen Frequenzen in einen Kanal niederen Pegels bei tiefen Frequenzen fällt. Bereitet die hohe Klirrdämpfungsforderung bei den tiefen Frequenzen Schwierigkeiten, dann kann die Form der Vorverzerrung so abgeändert werden, daß der Pegel bei den tiefen Frequenzen wieder ansteigt.

In der Gl. (2) für den Spitzenleistungspegel wurde der Faktor $1/K_{\Delta p}$ eingeführt, der die Verminderung der Spitzenleistung durch Vorverzerrung angibt. Er errechnet sich aus der Form der Vorverzerrung im Bereich von $\Omega = 0$ bis $\Omega = 1$ zu

$$\frac{1}{K_{\Delta p}} = e^{-2\Delta p} \int_{\Omega = 0}^{\Omega = 1} (1 + \alpha\, e^{k\Omega})\, \mathrm{d}\Omega,$$

$$\frac{1}{K_{\Delta p}} = e^{-2\Delta p} \left(1 - \frac{\alpha}{k} + \frac{\alpha}{k} e^{k}\right) \tag{12}$$

und ergibt für verschiedene Größen der Vorverzerrung folgende Werte[1]:

Tabelle 2. *Verminderung der Spitzenleistung durch Vorverzerrung*

| Vorverzerrung $\Delta p$ | 0 | 0,23 | 0,4 | 0,7 | 0,8 | 0,9 | 1,15 | 1,4 | 1,6 | 2,3 Np |
| | 0 | 2 | 3,5 | 6 | 7 | 8 | 10 | 12 | 14 | 20 dB |
| Faktor $K_{\Delta p}$ . . . | 1 | 1,41 | 1,81 | 2,59 | 2,95 | 3,33 | 4,13 | 4,9 | 5,68 | 7,33 |

In der Praxis wäre es ein seltener Zufall, wenn man die errechneten notwendigen Klirrdämpfungswerte mit den Leitungsverstärkern genau treffen würde. Diese Rechnung gibt nur die untere Grenze dessen, was anzustreben ist. Je nach den Eigenschaften der Röhren oder der Transistoren und dem Grad der Unteraussteuerung wird auch das Verhältnis von $a_{k2}$ zu $a_{k3}$ verschieden sein. Bei den bisher entwickelten Röhrenverstärkern war es meist leichter, den notwendigen Wert für $a_{k3}$ als für $a_{k2}$ zu erreichen. Bei Röhrenverstärkern sind zudem beide Klirrdämpfungen frequenzabhängig; sie fallen nach den hohen Frequenzen hin ab. Den Grund dafür hat I. te Winckel [3] aufgezeigt. Erst wenn die Meßwerte von $a_{k2}$ und $a_{k3}$ des betreffenden Leitungsverstärkers vorliegen, können die Klirrgeräuschleistungen der Strecke berechnet werden. Ist auch die Rauschleistung des Leitungsverstärkers bekannt, dann

---

[1] Diese Werte gelten nur, wenn die Anzahl der Sprechkanäle $n$ dividiert durch $K_{\Delta p}$ größer als etwa 600 ist, da für weniger als 600 Kanäle die Spitzenleistungskurve des CCITT flacher verläuft. $K_{\Delta p}$ muß dann korrigiert werden. Siehe Bakker, H. L.: The output power of line amplifiers in carrier telephony systems employing pre-emphasis. Philips Telecommun. Rev. 26 (1965) H. 1.

kann aus der Summenkurve der Geräusche die günstigste Form der Vorverzerrung gesucht werden. Da das Rauschen eines Verstärkers stark von der Schaltung abhängt, kann eine Vorverzerrung nicht für verschiedene Hersteller von Leitungsverstärkern für gleiche Systeme genormt werden, es sei denn, man normt die Verstärkerschaltung und verwendet die gleichen Typen der aktiven Elemente.

Bei der Berechnung der Klirrgeräusche wurde vorausgesetzt, daß sich diejenigen 2. Ordnung leistungsmäßig und die 3. Ordnung spannungsmäßig addieren. Diese Annahme beruht auf Untersuchungen von BROCK-BANK und WASS [2]. Darin wird eine Unterteilung der Intermodulationsprodukte in 2 Gruppen vorgenommen. Zur Gruppe 1 gehören diejenigen Produkte, bei denen die Anzahl der sie erzeugenden Frequenzkomponenten mit positivem Vorzeichen um $+1$ oder $-1$ größer ist als die Anzahl derer mit negativen Vorzeichen, wobei die Frequenz des Produkts im ersten Fall positiv, im zweiten Fall aber negativ sein muß. Alle anderen Klirrspannungen sind Intermodulationsprodukte der Gruppe 2, dazu gehören also auch die 2. Ordnung.

Es wird gezeigt, daß sich unter Voraussetzung einer geradlinigen Phasenkurve die Intermodulationsprodukte der Gruppe 1 spannungsmäßig addieren. Da diese Voraussetzung in der Praxis annähernd erfüllt ist, addieren sich die Klirrgeräusche 3. Ordnung der Gruppe 1 — nur diese wurden in der Rechnung berücksichtigt — etwa spannungsmäßig.

Die Klirrprodukte der Gruppe 2 können sich je nach dem Phasenwinkel zwischen den Klirrspannungen, die von den einzelnen Verstärkern einer Übertragungsstrecke herrühren, verschieden zusammensetzen. Ist der Winkel zwischen den Klirrspannungen $U_k$ aus den einzelnen Verstärkern gleich $\varphi$, dann ist die Summe $U_{kn}$ von $n$ Klirrspannungen

$$U_{kn} = U_k \frac{\sin \dfrac{n\,\varphi}{2}}{\sin \dfrac{\varphi}{2}}. \tag{13}$$

Das Additionsgesetz der Klirrleistungen $N_k$ lautet demnach

$$N_k = \frac{U_{kn}^2}{U_k^2} = \frac{\sin^2 \dfrac{n\,\varphi}{2}}{\sin^2 \dfrac{\varphi}{2}}. \tag{14}$$

In Abb. 7 ist dieser Ausdruck abhängig von $\varphi$ für $n = 8$ Verstärker und die Umhüllende $U$ für beliebige $n$ dargestellt. Die Klirrgeräuschleistung einer Leitungsstrecke von $n$-Verstärkern kann je nach dem Winkel, den die einzelnen Klirrspannungen zueinander haben, auf den Berandungskurven der schraffierten Flächen liegen. Es werden somit alle

Möglichkeiten von der quadratischen Addition bis zur vollständigen Kompensation umfaßt. Selbstverständlich wird man bemüht sein, im Bereich von $\varphi = 180°$ zu liegen und deshalb die Verstärker immer so bauen, daß sie umpolen, d. h., die Verlängerung der Phasenkurve eines Verstärkerfeldes muß bei der Frequenz 0 Hz durch $\pi$ oder ungeradzahlige Vielfache von $\pi$ gehen. Weil die Leitungsverstärker die

Kabeldämpfung nur im Nutzbereich aufheben, bleiben besonders an den Übertragungsbandgrenzen Phasenverzerrungen übrig, so daß mit stärkeren Abweichungen von diesem günstigen Winkel gerechnet werden muß. Bisher hat die gemessene Klirrgeräuschleistung 2. Ordnung einer Strecke — auch bei sehr verschieden langen Verstärkerfeldern — den aus der Summe der Klirrgeräuschleistungen der Verstärker errechneten Wert nicht überschritten. Damit hat sich die der Rechnung zugrunde gelegte etwas willkürliche Annahme über die leistungsmäßige Addition als brauchbar erwiesen. Bei zukünftigen Systemen mit noch breiteren Frequenzbändern wird man bestrebt sein, den Phasengang so günstig zu gestalten, daß die Klirrgeräuschleistung 2. Ordnung nur noch eine untergeordnete Rolle spielen wird.

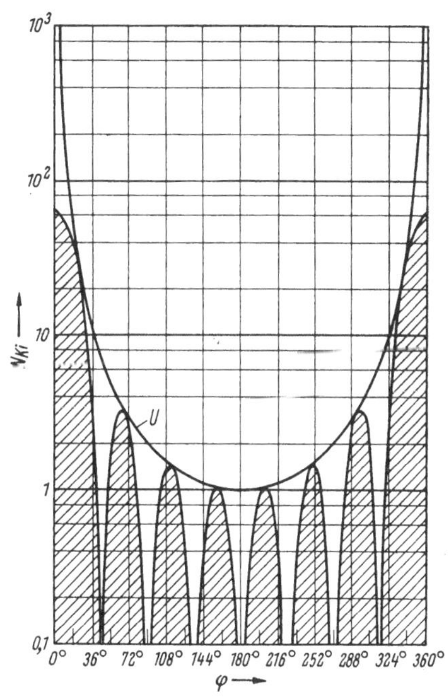

Abb. 7. Die auf einen Verstärker bezogene Klirrleistung 2. Ordnung für $n = 8$; Verstärker abhängig vom Phasenwinkel $\varphi$ zwischen den Klirrspannungen

**Änderungen und Schwankungen.** Die Strecke mit den Geräten muß nicht nur linear und möglichst rauschfrei sein, sie muß auch ihre Eigenschaften über lange Zeit konstant halten, also stabil und betriebssicher sein. Es gibt drei wichtige Ursachen, die zu Änderungen und Schwankungen der Übertragungseigenschaften führen können: Temperaturänderung, Alterung und Schwankungen in der Stromversorgung.

Temperaturänderungen wirken sowohl auf das Kabel als auch auf die Geräte ein. Die dadurch verursachten Änderungen der Dämpfung oder Verstärkung können sehr genau gemessen und durch automatischoder handgeregelte Entzerrer ausgeglichen werden.

Der Temperaturgang der Geräte ist meist sehr gering, so daß er nur selten, vorwiegend in den bemannten Verstärkerstellen, entzerrt werden muß. Bei einem ausgeführten 12 MHz-System wurden in einem Temperaturbereich von 50° (Umgebungstemperatur 0° und +50°) Änderungen von ±8 mNp, bezogen auf den Wert bei +20 °C, gemessen. Nach 24 Verstärkern muß demnach eine Änderung von etwa ±0,2 Np entzerrt werden können. Da die Temperaturänderungen langsam vor sich gehen — Tagesschwankungen und jahreszeitliche Schwankungen — ist auch von der Regeltechnik her keine Schwierigkeit zu erwarten. Gleiches gilt für den Temperaturgang der Leitungen, nur mit dem Unterschied, daß hier die Dämpfungsänderungen wesentlich größer sind ($2^0/_{00}$ je °C) und daher auf der Strecke öfter ausgeregelt werden müssen.

Die Alterung betrifft hauptsächlich die aktiven Elemente wie Röhren und Transistoren. Bei den Röhren ändert sich im Laufe der Lebensdauer die Steilheit und damit die Verstärkung. Durch den Phasengang im $\mu\beta$-Weg, d. i. die Schleife aus dem Verstärkungs- und Gegenkopplungsweg, wirkt sich die Verminderung der Verstärkung abhängig von der Frequenz verschieden aus, so daß auch bei konstanter Gegenkopplung im Nutzfrequenzband ein Dämpfungsgang entsteht.

Bei Transistoren ist über Alterung noch sehr wenig bekannt. Auch bei ihnen nimmt die Stromverstärkung im Lauf der Zeit ab. Der Gang der Änderung hängt offenbar vom Arbeitspunkt und der Transistortemperatur ab. Da die Transistoren die gleiche Lebensdauer wie die übrigen passiven Bauteile haben sollen und nicht gewartet und ausgewechselt werden wie die Röhren, kann die Verstärkungsänderung durch Alterung nicht bei der Entwicklung des Verstärkers festgestellt, sondern erst nach 10 bis 15 Jahren gemessen werden. Man kann sich hier nur damit helfen, solche Schaltungen zu wählen, die gegen Stromverstärkungsänderungen der Transistoren möglichst unempfindlich sind. Das ist bei Transistorschaltungen auch wegen der relativ großen Streuung der Daten angebracht. Einen Anhaltspunkt über den Verstärkungsgang durch Alterung ergeben Messungen an Verstärkern mit Transistoren verschiedener Stromverstärkung. Danach lassen sich Entzerrer zum Ausgleich dieser Änderungen bauen.

Spannungs- oder Stromschwankungen in der Stromversorgung werden durch geregelte Netzgeräte klein gehalten und ihre Auswirkung auf die Leitungsverstärker durch Arbeitspunktstabilisierung weitgehend vermindert. Bei Systemen mit sehr breiten Übertragungsbändern, also kurzen Verstärkerfeldern, werden von der gleichen Fernspeisestelle aus zwischen 20 und 30 Verstärker versorgt, d. h., 20 bis 30 Verstärker unterliegen den gleichen Schwankungen der Stromversorgung, so daß sich die Fehler addieren.

Bei Röhrenverstärkern, die gegen Spannungsschwankungen empfindlicher sind als Transistorverstärker, muß man die Versorgungsspannungen an den Verstärkern mindestens auf etwa $\pm 1\%$ konstant halten. Bei Systemen mit Transistorverstärkern wird häufig Gleichstromreihenspeisung vorgesehen. Dabei wird der Strom auf $\pm 2\%$ konstant gehalten, was noch eine große Sicherheit enthält.

Im Gegensatz zu den sehr langsam verlaufenden Verstärkungsänderungen durch Temperatureinfluß und Alterung können die Änderungen der Speisespannung sehr rasch erfolgen. Die dadurch entstehenden Verstärkungsänderungen könnten mit einem entsprechend schnell wirkenden Regler etwa alle 100 km in den Fernspeisestellen ausgeglichen werden. Bisher ist diese Möglichkeit nicht genutzt worden, man hat vielmehr die Verstärker durch zusätzliche Gleichstromgegenkopplung entsprechend gut stabilisiert.

Mit den hier beschriebenen Maßnahmen zur Stabilisierung muß erreicht werden, daß für einen Leitungsabschnitt von etwa 300 km im Laufe von 2 Wochen die Dämpfungsänderungen nicht größer als $\pm 0,1$ Np werden.

Je größer die Kanalzahl eines Systems ist, um so wichtiger wird die Betriebssicherheit. Es ist doch ein wesentlicher Unterschied, ob *ein* Fernsprechkanal oder gleichzeitig 2700 Fernsprechkanäle ausfallen. Bei den weiteren Betrachtungen müssen wir streng zwischen Systemen mit Röhrenverstärkern und solchen mit Transistorverstärkern trennen. Die Röhre nützt sich im Laufe der Zeit durch den Verbrauch der Kathode ab und stirbt den Alterstod. Die Lebensdauer, die durch eine bestimmte Verminderung der Steilheit begrenzt wird, beträgt bei technischen Röhren im Mittel 10000 bis 40000 Stunden. Diese Werte beziehen sich auf ein Kollektiv.

Da es bei den Röhren Exemplare gibt, die schon nach einigen tausend Stunden die Aussonderungsgrenze erreicht haben, muß der Wartungsdienst die Röhren im Abstand von 3 bis 4 Monaten auf ihre Steilheit prüfen und die schlechten ersetzen. Neben diesem Alterstod gibt es noch den Unfalltod. Bei Röhren muß man mit einer Ausfallrate von etwa $1 \cdot 10^{-3}$ in 1000 Stunden rechnen, während die anderen Bauteile, wie Widerstände, Spulen, Kondensatoren, Ausfallraten im Bereich von $1 \cdot 10^{-5}$ bis $1 \cdot 10^{-7}$ in 1000 Stunden aufweisen. Bei diesem großen Unterschied der Ausfallraten würde der Verstärker häufig wegen schadhafter Röhren ausfallen. Das kann vermieden werden, wenn jeder Röhre eine zweite parallelgeschaltet wird und beide gleichzeitig in Betrieb sind. Unter der Annahme, daß eine schadhafte Röhre durch die Fernüberwachung im bemannten Amt gemeldet und innerhalb 48 Stunden ausgewechselt wird, erreicht die Parallelschaltung zweier Röhren eine Ausfallwahrscheinlichkeit, die in der gleichen Größenordnung wie die der übrigen Bauteile liegt.

Dabei wird vorausgesetzt, daß die Röhren bei Ausfall keinen Kurzschluß verursachen (Gitterkathodenschluß), was bei modernen technischen Röhren mit Spanngitter — wie es die Praxis auch gezeigt hat — zutrifft.

Bei Transistorverstärkern ist die Situation anders. Während die Röhren in größeren Zeitabständen gemessen werden und deshalb die Verstärker leicht zugänglich sein müssen — Unterbringung in Verstärkerhäuschen oder begehbaren Unterflurämtern — braucht der Transistor keinerlei Wartung. Der Transistorverstärker kann also in einer Muffe im Zuge der Leitung eingegraben werden. Wie sieht es hierbei mit der Betriebssicherheit aus? Beim Transistor rechnen wir mit einer Ausfallrate von $1 \cdot 10^{-5}$ in 1000 Stunden. Dabei werden sowohl Kurzschlüsse als auch Unterbrechungen auftreten. Durch Parallelschalten von Transistoren wird eine Verbesserung der Ausfallrate nur bei Unterbrechungen erreicht. Damit auch bei Kurzschlüssen die Betriebssicherheit ansteigt, müßten die parallelgeschalteten Transistoren entkoppelt werden, was bei gegengekoppelten Breitbandverstärkern kaum durchführbar sein wird. Praktisch bleiben deshalb nur 2 Möglichkeiten für die Ausführung des Verstärkers offen. Ausführung 1: Eine Schaltung ohne Redundanz in den aktiven Elementen und Ausführung 2: Zwei vollständige Verstärker nach Ausführung 1, die über Entkopplungsmittel am Ein- und Ausgang parallelgeschaltet sind.

Für dreistufige Verstärker zum V 2700-System wurde für beide Ausführungen die Zahl der Streckenausfälle während $10^5$ Stunden, das sind etwa 12 Jahre, und 100 km Streckenlänge (Hin- und Rückleitung je 100 km Koaxialleitung 2,6/9,5) ausgerechnet, wobei auch die passiven Bauteile und die Lötstellen berücksichtigt wurden. Danach ergeben sich bei einer Transistorausfallrate von $10^{-4}$ in 1000 Stunden 2 Ausfälle für die Verstärker ohne Redundanz nach Ausführung 1, und 0,16 Ausfälle für die Ausführung 2, wenn das Schadhaftwerden eines Transistors nicht gemeldet wird, und 0,07 Ausfälle, wenn die defekten Transistoren innerhalb 48 Stunden ausgewechselt werden. Es erhebt sich die Frage, ob 2 Ausfälle in 12 Jahren auf einer Strecke von 100 km tragbar sind. Bedenkt man, daß Streckenausfälle durch Beschädigungen der Kabel um etwa eine Zehnerpotenz höher liegen, dann muß die Frage mit ja beantwortet werden. Zum gleichen Ergebnis führt der Vergleich mit den z. Z. eingesetzten Breitbandsystemen, die einen einwandfreien Betrieb sicherstellen. Bei den verwendeten Röhrenverstärkern ergibt die Rechnung 1,2 Fehler also einen Wert gleicher Größenordnung.

Für die Verwendung von Breitband-Transistorverstärkern zeichnet sich folgende Tendenz ab. Die Verstärker werden einfach, wenn es geht dreistufig, ohne jede Redundanz mit wenig Bauteilen aufgebaut. Es werden nur Bauteile, die sehr betriebssicher sind, verwendet, deren

Ausfallraten möglichst unter $10^{-5}$ in 1000 Stunden liegen. Dieser Wert ist auch für die Transistoren anzustreben. Die Verstärker werden in dichten Behältern untergebracht und in die Erde eingegraben. Unter diesen Voraussetzungen sind wirtschaftliche Vorteile und eine ausreichend große Betriebssicherheit zu erwarten.

### 5.1.3 Verstärkerschaltungen

Die klassische Verstärkerschaltung für Leitungsverstärker (Abb. 8) hat drei Verstärkerstufen mit einer Stromgegenkopplung von der Kathode der dritten auf die erste Stufe [4]. Der diesen beiden Stufen gemein-

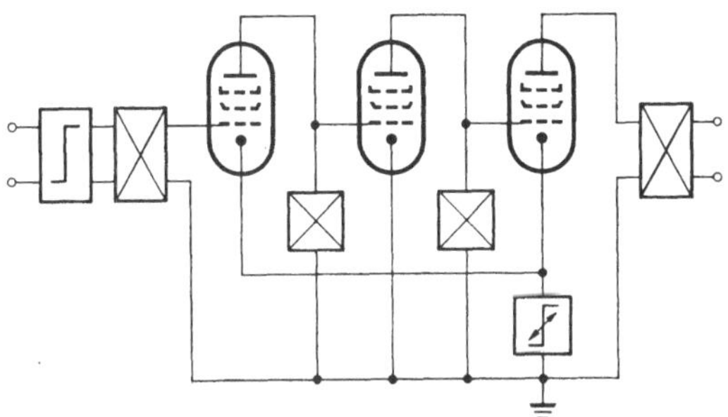

Abb. 8. Prinzipschaltbild eines 3stufigen Leitungsverstärkers mit Röhren

same Kathodenwiderstand ist ein komplexer Zweipol, der durch Änderung eines ohmschen Widerstandes, z. B. eines Heißleiters oder einer Feldplatte (magnetfeldabhängiger Widerstand), den Verstärkungsgang derart regelt, daß die Differenz zweier Verstärkungskurven dem Temperaturdämpfungsgang des Kabels entspricht. Bei Koaxialleitungen beeinflussen Temperaturänderungen des Kabels die Dämpfung in der gleichen Weise wie Längenänderungen. Mit dem regelbaren Gegenkopplungsentzerrer lassen sich demnach der durch Temperaturänderungen des Kabels hervorgerufene Dämpfungsgang und geringe Längenunterschiede der Verstärkerfelder ausgleichen.

Zur Verstärkungsänderung im Gegenkopplungsweg ist sowohl wegen des geringen Einflusses auf die Gegenkopplungsschleife als auch wegen des geringen Aufwandes ein einfacher Zweipol in Reihe mit einem veränderbaren ohmschen Widerstand vorteilhaft. Mit dieser einfachen Schaltung lassen sich keine proportionalen Dämpfungskurven erreichen. Die Abweichungen der erreichbaren von den gewünschten, proportionalen Kurven werden systematische Fehler genannt. Der systematische Fehler ist um so größer, je größer der Regelbereich ist. In Abb. 9 sind als Beispiel mehrere solcher Verstärkungskurvenpaare $A \cdots F$ vom V 960-System im Bereich von 1 bis 4 MHz aufgetragen. Da die systematischen

Fehler sehr klein sind, wurden sie für die Darstellung stark vergrößert. Die gestrichelten Kurven sind proportionale Kurven, wie sie erwünscht sind und angestrebt werden. Die ausgezogenen Kurven sind die realisierbaren. Bei 4 MHz stimmen beide überein, dafür sorgt die automatische Regelung, die mit der Pilotfrequenz 4,096 MHz arbeitet. Die Abweichung $\Delta a$ der Kurven bei 1 MHz ist der systematische Fehler. Bei den Kurven $B$ und $F$ ist er Null, bei den Kurven $A$ und $D$ ist er am größten. Diese Verteilung des systematischen Fehlers wurde durch eine entsprechende Dimensionierung des Gegenkopplungsentzerrers erreicht. In Abb. 10 sind die maximalen systematischen Fehler, die in diesem Beispiel bei etwa 1 MHz auftreten, über der Verstärkung bei 4 MHz aufgetragen. Da die meisten Verstärkerfeldlängen $l$ zwischen $E$ und $C$ (4,5 bis 5,2 N bei 4 MHz) liegen werden, wurde die Null-Linie in Abb. 10 durch einen Entzerrer so verschoben, daß der systematische

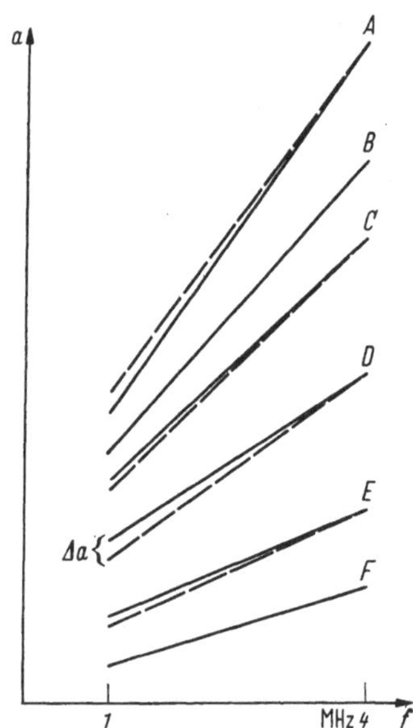

Abb. 9. Verstärkungsänderung im Gegenkopplungsweg

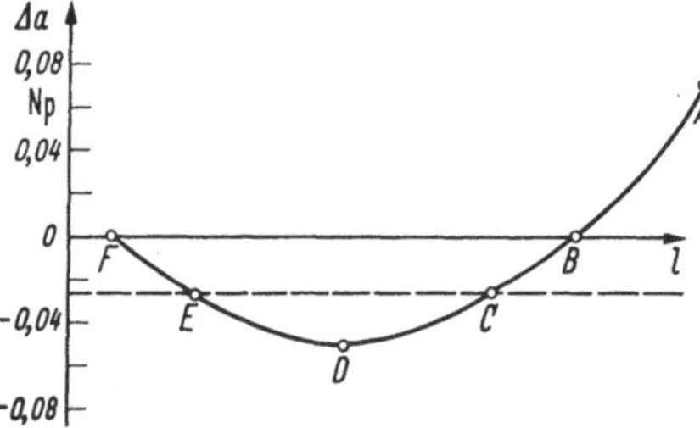

Abb. 10. Der systematische Fehler bei 1 MHz

Fehler bei $C$ und $E$ Null und zwischen $B$ und $F$ sehr klein wurde. Bei $A$, einer extremen Länge, die selten vorkommt, wird der Fehler dann größer.

Aus Abb. 9 und 10 ist weiterhin die wichtige Tatsache zu ersehen, daß sich die systematischen Fehler bei verschiedenen Verstärkerfeldlängen aufheben können. Bei konstanter Temperatur werden sich die Fehler der Kabellängen zwischen $F$ und $E$ sowie $C$ und $A$ von den Fehlern zwischen $E$ und $C$ abziehen. Aber auch bei Temperaturänderungen tritt bei einer Kabellänge eine Verkleinerung, bei einer anderen eine Vergrößerung des systematischen Fehlers ein, so daß durch geschickte Wahl der Verstärkerfeldlängen und Leitungsverlängerungen — Vierpole, die den Dämpfungsverlauf einer bestimmten Kabellänge nachbilden — der systematische Fehler abhängig von der Temperatur konstant gehalten werden kann. Ein verbleibender systematischer Fehler kann durch einen geeigneten einstellbaren Entzerrer ausgeglichen werden.

Wie bereits erwähnt wurde, ist der Gegenkopplungsentzerrer so dimensioniert, daß eine Änderung des Heißleiterwiderstandes einer Verstärkungs*änderung* entspricht, die „Kabelgang" aufweist. Die Verstärkungskurven selbst haben jedoch keinen „Kabelgang" und müssen durch einen Vierpolentzerrer erst entzerrt werden. Dieser Vierpolentzerrer, mit dem auch die Null-Linie in Abb. 10 in die gewünschte Lage verschoben werden kann, wird vor das Vorübertrager-Netzwerk geschaltet und verbessert gleichzeitig die Echodämpfung bei den tiefen Frequenzen. Er verschlechtert jedoch entsprechend seiner Dämpfung den

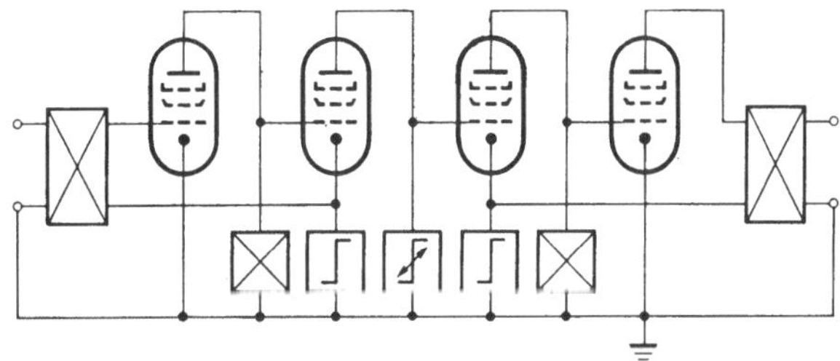

Abb. 11. Prinzipschaltbild eines 2mal 2stufigen Leitungsverstärkers mit Röhren

Rauschabstand. Bei der höchsten Übertragungsfrequenz wird man die Grunddämpfung des Vierpolentzerrers möglichst klein machen, da bei dieser Frequenz der Eingangspegel des Nutzsignals, und damit der Rauschabstand am kleinsten sind. Der günstigste Rauschabstand wird ja erzielt, wenn vor oder nach dem Verstärker kein Vierpol mit Dämpfung geschaltet wird, d. h. der Verstärker den Dämpfungsgang des Kabels ohne zusätzliche Entzerrer ausgleicht. Das ist, wie bereits erwähnt, beim 3stufigen Röhrenverstärker bisher nicht erreicht worden. Dagegen wurden die Vorübertrager als leerlaufende Reaktanznetzwerke ausgebildet, die ein mit der Frequenz ansteigendes Übersetzungsverhältnis aufweisen und so zum gewünschten Frequenzgang der Verstärkung beitragen. Damit kann die Dämpfung des vorgeschalteten Vierpolentzerrers vermindert und der Rauschabstand entsprechend vergrößert werden.

Besonders günstige Rauschverhältnisse werden mit der 2mal 2stufigen Schaltung Abb. 11 erzielt, wenn die Entzerrer in die Gegenkopplungswege, in die Übertragernetzwerke und zwischen die beiden Verstärker geschaltet werden. Dieser Verstärkertyp wird in allen möglichen Variationen als Leistungsverstärker mit Röhren und mit Transistoren verwendet. Die Dämpfungsänderungen des Kabels durch Temperaturänderungen können wie beim 3stufigen Verstärker im Gegenkopplungsweg oder in einem BODE-Entzerrer zwischen den Verstärkern ausgeregelt werden. Als weitere Vorteile dieser Schaltung gelten: sie ist anpassungsfähiger, da sie leichter geändert werden kann, sie ist stabiler, da die Gegenkopplung jeweils nur über 2 Stufen reicht, und es gibt mehr voneinander unabhängige Möglichkeiten den Verstärkungsgang zu beeinflussen. Dabei dürfen die Nachteile nicht übersehen werden. Sie ist aufwendiger, damit teurer und weniger betriebssicher. Am Verstärkungsgang sind mehr Netzwerke beteiligt, bei gleichen Anforderungen an den Verstärkungsverlauf ist mehr und genauere Abgleicharbeit zu leisten. Außerdem wird der Betrag der Schleifengegenkopplung über 3 Stufen größer sein als der jeweils über 2 Stufen, so daß die 2mal 2stufige Schaltung empfindlicher gegen Änderungen der Bauelemente (Alterung) und Schwankungen der Versorgungsspannung ist.

Das Rauschen ist bei beiden Schaltungen für die oberste Übertragungsfrequenz gleich groß, nach den tiefen Frequenzen zu wird das Rauschen bei der 3stufigen Schaltung größer. Es kann daher für die 2mal 2stufige Schaltung eine größere Vorverzerrung als bei der 3stufigen Schaltung angewendet werden. Praktisch sind bei der 3stufigen Schaltung 6 bis 10 dB (0,7 bis 1,2 Np) und bei der 2mal 2stufigen Schaltung 20 dB (2,3 N) Vorverzerrung ausgeführt worden. Eine große Vorverzerrung über 10 dB (1,2 Np) bringt für die Klirrgeräusche 2. Ordnung bei tiefen Frequenzen keinen Gewinn mehr, wie Abb. 5 zeigt.

Sollen alle Kanäle weitverkehrsfähig sein, dann müssen bei beiden Schaltungen hohe Klirrdämpfungen 2. Ordnung bei den tiefen Frequenzen und damit automatisch ausreichende Werte bei den hohen Frequenzen für die Klirrgeräusche 2. als auch 3. Ordnung erreicht werden. Dadurch fällt der größere Gewinn an Linearität bei großer Vorverzerrung nicht sehr ins Gewicht. Es bleibt noch der Vorteil bezüglich der Summenleistung. Der Faktor $K_{\Delta p}$, der die Verminderung der Spitzenleistung durch Vorverzerrung angibt (Tab. 2, s. S. 515), ist bei 10 dB (1,2 Np) Vorverzerrung $K_{\Delta p} = 4,13$ und bei 20 dB (2,3 Np) Vorverzerrung $K_{\Delta p} = 7,33$ bei der dort gewählten Form der Vorverzerrung. Diese Form ist jedoch bei breiten Frequenzbändern und hohen Werten der Vorverzerrung nicht mehr anwendbar, da sie von hohen nach tiefen Frequenzen zu steiler abfällt als der Dämpfungsgang der Koaxialleitung und damit das Rauschen ansteigt. Eine flachere Vorverzerrung bringt aber weniger Gewinn. Zusammenfassend kann man sagen, daß unter der Voraussetzung, alle Fernsprechkanäle sollen weitverkehrsfähig sein, eine große Vorverzerrung keine wesentlichen Vorteile bringt. Dagegen ist eine große Vorverzerrung vorteilhaft, wenn für die Kanäle bei den tieferen Frequenzen ein größeres Geräusch zugelassen wird.

Bei Transistorverstärkern [5] kann bei 3stufigen Schaltungen nach Abb. 12 unter Umständen der gesamte Frequenzgang der Verstär-

kung im Gegenkopplungsweg gemacht und damit der günstigste Rauschabstand ‘erzielt werden. Die Gegenkopplungsentzerrer sind Vierpolentzerrer. Je ein fester und ein regelbarer Entzerrer sind in Reihe
geschaltet. Die Gegenkopplung ist eine Strom-Spannungsgegenkopplung,
sie paßt den Innenwiderstand des Verstärkers an den Abschlußwiderstand ohne Verlust an. Auch der Eingangswiderstand des Verstärkers
wird durch die Reihenparalleleinspeisung der Gegenkopplung am Eingang auf den gewünschten Wert gebracht. Der Verstärker mit diesem
fiktiven Eingangswiderstand rauscht nur mit $1\,\mathrm{kT_0}$ im Gegensatz zu
einem materiellen Widerstand, der mit $2\,\mathrm{kT_0}$ rauscht. Man gewinnt
mit dieser Anpassungsmethode 3 dB (0,35 Np) Rauschabstand. Sie ist
im Prinzip auch bei Röhrenver-
stärkern anwendbar, dort aber
wesentlich schwieriger auszuführen, weil die Widerstände ungünstiger sind (die Transistorschaltung ist niederohmiger) und
die verwendeten Röhren eine
viel tiefere Grenzfrequenz. aufweisen als die entsprechenden
Transistoren. Der Übertrager im

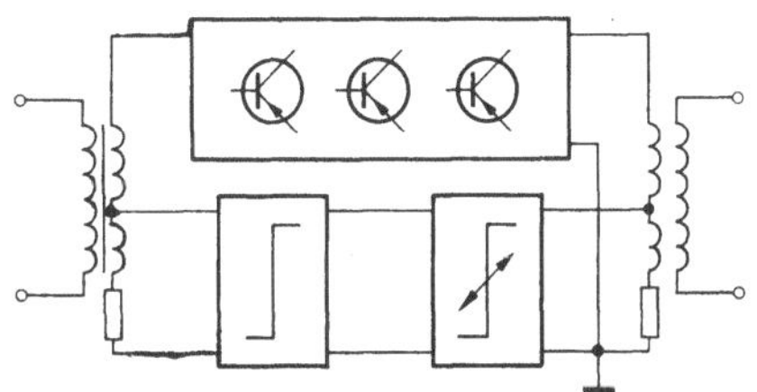

Abb. 12. Prinzipschaltbild eines 3 stufigen Leitungsverstärkers mit Transistoren

Gegenkopplungsweg bringt zusätzliche Phasendrehung, die der Röhrenverstärker nicht mehr aufnehmen kann, ohne instabil zu werden. Ein
Beispiel zu den Grenzfrequenzen von Röhren und Transistoren für
Leitungsverstärker des 4 MHz-Systems zeigt in einem Fall Röhren
mit einer Betriebsfrequenz von $f_{gr} \approx 100\,\mathrm{MHz}$, während der entsprechende Transistor eine Grenzfrequenz von $f_{gr} \approx 400\,\mathrm{MHz}$ aufweist.

In der Transistorschaltung ist die Anpassung am Ein- und Ausgang
des Verstärkers ohne nennenswerte Verluste elegant gelöst. Bei Röhrenverstärkern werden häufig Brückenübertrager verwendet, die zu mehr-
gliedrigen Reaktanznetzwerken ausgebildet sind. Das Vorübertrager-
netzwerk hat meist eine mit der Frequenz ansteigende Spannungsverstärkung während das Nachübertragernetzwerk bei einer Reihe
von Systemen konstante, bei anderen Systemen ebenfalls mit der
Frequenz abnehmende Dämpfung aufweist. Durch die Brückenschaltung
der Übertrager werden am Eingang 3 dB Verstärkung und am Ausgang
des Verstärkers 3 dB Leistung eingebüßt. Man gewinnt jedoch am
Nachübertrager einen Pilotausgang.

CCITT hat für die Trägerfrequenzsysteme mit Koaxialleitungen
als Maß für die Reflexionen zwischen Verstärkerstelle und Leitung
eine Kenngröße N eingeführt, die folgendermaßen definiert ist:

$$N = 2A + \ln\left|\frac{Z_E + Z_L}{Z_E - Z_L}\right| + \ln\left|\frac{Z_L + Z_R}{Z_L - Z_R}\right| \;\mathrm{Np} \qquad (15)$$

Hierin ist:

$N$    Die Dämpfung des Nachlaufechos, dessen Spannung sich je nach Verstärkerfeldlänge und Frequenz vektoriell zum Signal addiert und einen welligen Frequenzgang verursacht, wenn die Echodämpfung zu klein ist.

$Z_L$    Der Wellenwiderstand der Leitung

$Z_R$    Der Eingangswiderstand der Geräte einer Verstärkerstelle von der Leitung aus betrachtet

$Z_E$    Der Ausgangswiderstand der Geräte einer Verstärkerstelle von der Leitung aus betrachtet

$A = \alpha\, l$    Die Dämpfung eines Verstärkerfeldes, wobei $\alpha$ die mittlere Dämpfungskonstante des Koaxialpaares und $l$ die mittlere Länge eines Feldes sind. Die Werte $Z_L$, $Z_R$, $Z_E$ und $A$ beziehen sich jeweils auf die Frequenz $f$.

Für die Zahl $N$ empfiehlt das CCITT folgende Werte:

System V 300        $N \geqq 6{,}2\,\mathrm{Np}$ (54 dB)
System V 960/V 1260   $N \geqq 4{,}6\,\mathrm{Np}$ (40 dB) unterhalb 300 kHz
                                      $N \geqq 5{,}2\,\mathrm{Np}$ (45 dB) von 300 kHz ab
System V 2700        $N \geqq 5{,}55\,\mathrm{Np}$ (48 dB)

Während das CCITT beim System V 300 annimmt, daß sich die reflektierten Ströme phasengleich addieren (weil die in die Erde versenkten Verstärker eines Koaxialpaares kleinen Durchmessers (1,2/4,4 mm) meist in sehr regelmäßigen Abständen angeordnet sind) und für einen homogenen Abschnitt von 280 km eine Welligkeit der Dämpfung von 0,09 Np zuläßt, wurde bei den anderen Systemen mit Röhrenverstärkern keine phasengleiche Addition der reflektierten Ströme vorausgesetzt. Bei den empfohlenen Werten für $N$ ergibt sich eine Welligkeit von $< 0{,}1\,\mathrm{Np}$ für den Bezugskreis, wenn der Dämpfungsverlauf oberhalb 300 kHz betrachtet wird. Der verhältnismäßig niedrige Wert von 4,6 Np (40 dB) für die Zahl $N$ und Frequenzen unterhalb 300 kHz wird zugestanden, weil man erwarten kann, daß mit diesem Wert von $N$ die Welligkeit der Dämpfungskurve am Ende eines Leitungsabschnitts von ungefähr 700 km unter der als vertretbar erachteten Größe von 0,1 Np bleibt. Das erscheint gut genug, wenn man bedenkt, daß die Sekundärgruppe von 60 bis 300 kHz, die sich unterwegs besonders leicht abzweigen läßt, vorwiegend für den Verkehr auf kurze Entfernungen verwendet wird.

Aus der Zahl $N$ und der Dämpfung eines Verstärkerfeldes kann die Summe der Reflexionsdämpfungen am Eingang und Ausgang, $N - 2A$, berechnet werden. Die Werte in der Tab. 3 gelten für das System V 2700.

Für gleich große Reflexionsfaktoren am Ein- und Ausgang des Verstärkers $r_E = r_A$ erhält man die Zahlen der letzten Spalte. Die höchste Anforderung wird bei 300 kHz gestellt, da bei der tiefsten Frequenz die Dämpfung am kleinsten ist. Oberhalb 300 kHz werden mit wachsender Frequenz die Anforderungen rasch kleiner. Ab etwa 5 MHz

Tabelle 3. *Reflexionsfaktoren bei V 2700*

| $\frac{f}{\text{MHz}}$ | $\frac{\alpha}{\text{Np}}$ | $\frac{A}{\text{Np}}$ | $\frac{2\,A}{\text{Np}}$ | $\frac{N-2\,A}{\text{Np}}$ | $r_E = r_A$ |
|---|---|---|---|---|---|
| 0,3 | 0,146 | 0,679 | 1,358 | 4,14 | 0,126 |
| 1 | 0,268 | 1,242 | 2,484 | 3,01 | 0,22 |
| 2 | 0,376 | 1,746 | 3,592 | 1,90 | 0,387 |
| 4 | 0,536 | 2,49 | 4,98 | 0,52 | 0,77 |
| 6 | 0,658 | 3,06 | 6,12 | $-0,62$ | $>1,00$ |

wären nach dieser Formel Reflexionsfaktoren von 1 zulässig. Das wird
jedoch im Hinblick auf innere Reflexionen im Kabel, z. B. an den Verbindungsstellen zweier Fertigungslängen, nie ausgenützt und gilt auch
nur für Trägerfrequenzsysteme. Für Fernsehsysteme soll die Anpassungsdämpfung zwischen Verstärkerein- und -ausgang und 75 Ω bei der
Trägerfrequenz mindestens 20 dB (2,3 Np) betragen; sie darf bis zu den
Bandgrenzen auf 15 dB (1,7 Np) stetig abnehmen.

Für Trägerfrequenzsysteme mit unbespulten symmetrischen Aderpaaren darf der Reflexionsfaktor nicht den Grenzwert $0,15\sqrt{f_{\max}/f}$
($f_{\max}$ ist die höchste Übertragungsfrequenz) jedoch keinesfalls den Wert
0,25 überschreiten, damit das reflektierte Nahnebensprechen keinen
merkbaren Beitrag zum gesamten Fernnebensprechen liefert.

### 5.1.4 Entzerrung und Regelung

Durch die Entzerrung muß der Dämpfungsgang einer Strecke in
den Abzweigämtern und Endämtern innerhalb enger Grenzen auf einen
konstanten Wert gebracht und gehalten werden. Dazu dienen die Leitungsverstärker, die den Hauptanteil der Kabeldämpfung entzerren,
außerdem fest eingestellte, von Hand einstellbare und automatisch
regelbare Entzerrer. Bei letzteren wird meist ein Heißleiter durch eine
pilotgesteuerte Regeleinrichtung oder durch die Umgebungstemperatur
eingestellt.

Beim Fernsehen interessiert besonders die Verzerrung der Spannung
als Funktion der Zeit, als Musterfunktion z. B. des Schwarz-Weiß-
Sprunges, deshalb werden die zulässigen Toleranzen für die Zeitfunktion
angegeben. Da Zeitfunktionen unverzerrt übertragen werden, wenn die
Dämpfung als Funktion der Frequenz konstant und die Phase linear
ist, und da diese Frequenzfunktionen bei der praktischen Leitungsentzerrung bequemer sind, entzerrt man für das Fernsehen außer der
Dämpfung auch die Phase, oder — was bei der Trägerfrequenz-Fernseh-
übertragung genügt — die Gruppenlaufzeit.

Die Streckengeräte und die Leitungen verhalten sich im wesentlichen
wie Netzwerke minimaler Phase. Eine Laufzeitentzerrung mit Allpaßgliedern wäre weitgehend überflüssig, wenn es in wirtschaftlicher Weise

gelänge, den Übertragungsbereich der Strecke über das Nutzband nach hohen und tiefen Frequenzen hin ausreichend zu erweitern. So müßte z. B. für ein Fernsehband im Trägerfrequenzbereich von 500 kHz bis 6 MHz die Strecke eine konstante Dämpfung im Frequenzbereich von etwa 100 kHz bis 30 MHz aufweisen. In der Praxis sind die Systeme jedoch so ausgelegt, daß die Dämpfung unmittelbar an den Grenzen des Nutzbandes stark zunimmt. Diese Dämpfungsverzerrungen außerhalb des Nutzbandes verursachen Laufzeitverzerrungen im Nutzband besonders bei den tiefen und hohen Frequenzen. Man kommt für die Entzerrung mit einem Minimum an Allpaßgliedern aus, wenn man dafür sorgt, daß die Steilheit des Laufzeitanstiegs bei hohen und tiefen Frequenzen möglichst flach und gleich ist.

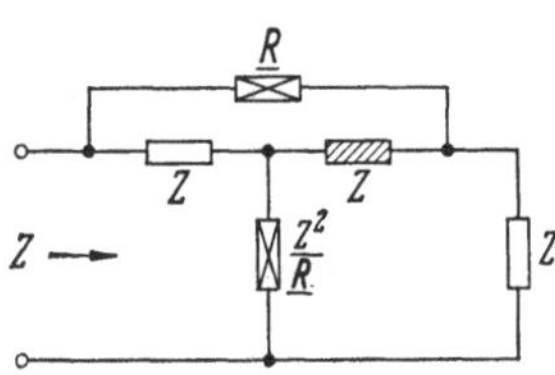

Abb. 13. Überbrückte T-Schaltung

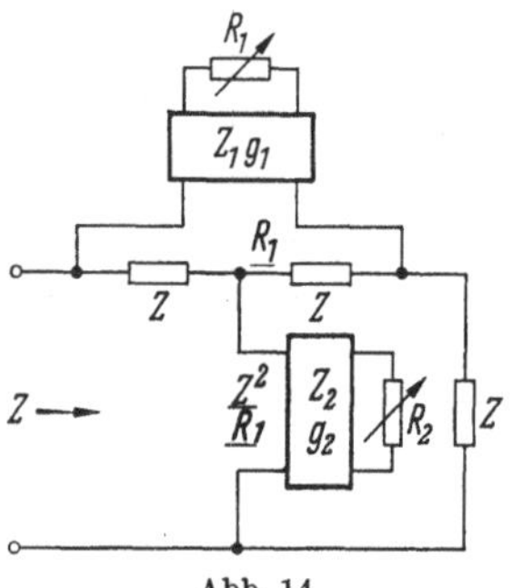

Abb. 14
BODE-Entzerrer, allgemeine Form

Für die Laufzeit gibt es ebenfalls fest eingestellte und von Hand einstellbare Entzerrer. Dagegen sind automatisch regelbare Laufzeitentzerrer nicht nötig, wenn die regelbaren Dämpfungsentzerrer die Dämpfungsänderungen auch weit genug über das Nutzband hinaus ausgleichen.

Für die meisten Dämpfungsentzerrerschaltungen ist der Ausgangspunkt die überbrückte T-Schaltung der Abb. 13. Sie wird noch heute für Festentzerrer häufig gebraucht, weil man viele solcher Entzerrer wegen ihres reellen und konstanten Eingangswiderstandes ohne Schwierigkeiten in Kette schalten kann. Sollen mehrere untereinander proportionale Dämpfungskurven einstellbar sein, dann wird der BODE-Entzerrer verwendet (Abb. 14). Der Grundgedanke beim BODE-Entzerrer ist, den komplexen Widerstand $\underline{R}$ im Längszweig und den dazu reziproken Widerstand $Z^2/\underline{R}$ im Querzweig einer überbrückten $T$-Schaltung durch je einen Vierpol mit dem Wellenwiderstand $Z_1$, $Z_2$ und den Übertragungsmaßen $g_1$, $g_2$ zu ersetzen, deren Abschlußwiderstände $R_1$, $R_2$ verändert werden können. Wird $R_1 = Z_1$ gewählt, dann ist der Eingangswiderstand des Vierpols auch $Z_1$. Mit $R_1 \neq Z_1$ übersetzt sich der Anpassungsfehler am Ausgang mit $e^{-2g_1}$ multipliziert auf den Eingang. Durch eine geeignete Wahl von $g_1$ können die gewünschten Werte des Eingangswiderstandes $\underline{R}_1$ erzielt werden. Der Vierpol im Querzweig muß so dimensioniert und der Widerstand $R_2$ so eingestellt werden, daß sein Eingangswiderstand $Z^2/\underline{R}_1$ wird. In diesem Falle hat der BODE-Entzerrer einen reellen und konstanten Wellenwiderstand [6].

Die Vierpole im Längs- und Querzweig können ebenfalls als überbrückte $T$-Schaltungen aufgebaut werden. Nimmt man dagegen Allpaßnetzwerke mit linearem Phasenanstieg, dann bewegt sich $R_1$ auf einen Kreis konstanten Reflexionsfaktors um $Z_1$. Diese Entzerrer werden als cos-Entzerrer [7) bezeichnet, da sie einen cosinusförmigen Dämpfungsverlauf (und einen sinusförmigen Phasenverlauf) aufweisen. Je nach der Größe der Phasendrehungen der Allpaßnetzwerke — von denen auch mehrere in Reihe geschaltet werden können — ergeben sich im betrachteten Frequenzbereich weniger oder viele Dämpfungsmaxima und -minima. Auch die cos-Entzerrer sind Netzwerke minimaler Phase.

Wenn der Längs- und der Querwiderstand in der überbrückten $T$-Schaltung richtig dimensioniert sind, d. h. ihr Produkt gleich $Z^2$ ist, wird der in Abb. 13 schraffierte Widerstand stromlos und kann daher weggelassen oder kurzgeschlossen werden. Läßt man ihn weg, dann erhält man eine einfache Spannungsteilerschaltung über $\underline{R}$ nach $Z$. Diese Spannungsteilung ergibt den gewünschten Dämpfungsgang, während der parallel zum Generator liegende Widerstand $Z + Z^2/\underline{R}$ den Eingangswiderstand zu $Z$ ergänzt. Wird nur ein geringer Dämpfungsgang mit wenig Grunddämpfung benötigt, d. h. ist $|\underline{R}| < Z$, wie es häufig vorkommt, so kann der Querwiderstand weggelassen werden. Es braucht dann z. B. beim Bode-Entzerrer nur ein Widerstand verändert zu werden, um proportionale Dämpfungskurven zu erhalten. Die Einsparung des Quergliedes mit seinem Regelwiderstand wird durch einen von der Entzerrereinstellung abhängigen Eingangswiderstand erkauft.

J. Oswald hat im Jahre 1957 eine Schaltung angegeben [8], die den Vierpol im Querzweig oder Längszweig des Bode-Entzerrers durch einen Übertrager ersetzt, und den verbleibenden Vierpol im Längs- oder Querzweig als Brücke mit zwei einstellbaren Widerständen und zwei festen Impedanzen versieht. Inzwischen sind noch andere Vorschläge bekannt geworden, nach denen mit nur einem veränderbaren Widerstand regelbare Dämpfungs- und Laufzeitentzerrer mit konstantem Eingangswiderstand gebaut werden können, wobei entweder der komplexe Widerstand im Längszweig oder der im Querzweig durch einen Transistor oder eine Röhre in geeigneter Schaltung ersetzt wird [9].

Nach einem anderen Prinzip sind die Echoentzerrer [10] gebaut, die vorwiegend als von Hand einstellbare Entzerrer verwendet werden. Bei den Echoentzerrern wird das Signal über einen Teil einer Laufzeitkette geschickt. Die Laufzeitkette hat eine Reihe von Anzapfungen, an denen vor- oder nachlaufende Echos — bezogen auf das Grundsignal — abgegriffen werden können (Abb. 15). Die Echoströme sind in ihrer Größe veränderbar und können in der Phase umgepolt werden.

Wie beim cos-Entzerrer sind mit dem Echoentzerrer cos-förmige Dämpfungs- und sin-förmige Phasenkurven über der Frequenz einstellbar. Der Echoentzerrer leistet jedoch mehr als der cos-Entzerrer, der ein Netzwerk minimaler Phase ist und daher auch nur Verzerrungen von Netzwerken minimaler Phase kompensieren kann. Der Echoentzerrer ist imstande, bei entsprechender Wahl, Größe und Polung der Echos, reine Phasenverzerrung, reine Dämpfungsverzerrung, Verzerrungen durch Netzwerke minimaler Phase und aller Übergänge, also beliebige Netzwerke nichtminimaler Phase zu entzerren. Die Echoentzerrer werden häufig so ausgelegt, daß die maximale Amplitude eines Echos 30% (entsprechend 0,3 Np) und dazu entsprechend die maximale Auslenkung der Phase etwa 0,3 rad betragen. Wegen seiner viel-

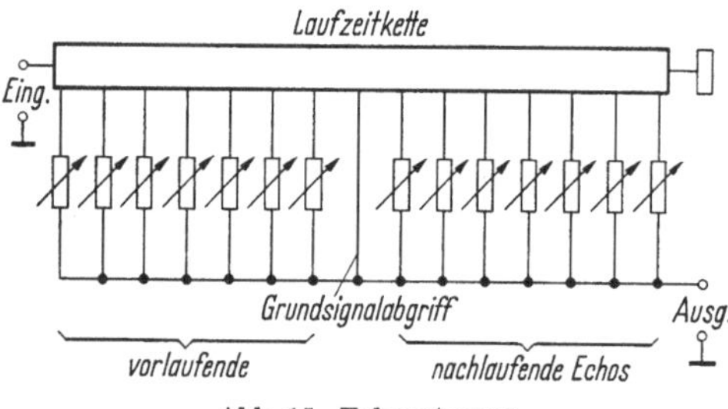


Abb. 15. Echoentzerrer

seitigen Verwendbarkeit wird der Echoentzerrer in Breitbandsystemen sowohl für Fernsprech- als auch für Fernsehlinien eingesetzt; bei letzteren im Trägerfrequenz- und im Videobereich.

Es wurde bereits erwähnt, daß auf den Breitbandstrecken verschiedene, automatisch regelbare Entzerrer verwendet werden, die den temperaturabhängigen Dämpfungsgang des Kabels, den der Geräte — vor allem der Leitungsverstärker — und den Dämpfungsgang durch Alterung der Geräte ausgleichen sollen. Es gibt also drei Hauptursachen, die zu Dämpfungsänderungen auf einer Übertragungsstrecke führen können, wobei die Dämpfungsänderung des Kabels den größten Anteil stellt und längs einer Strecke am häufigsten entzerrt werden muß. Für die automatische Ausregelung der drei verschiedenen Dämpfungsänderungen werden 3 Pilote gebraucht, wenn nicht zwei Änderungen einen zufällig ähnlichen Verlauf haben, so daß dafür ein Entzerrer genügt. Der Hauptregelpilot sollte unter allen Umständen oberhalb des Nutzbandes liegen, da er zum Ausgleich der temperaturabhängigen Dämpfungsänderungen des Kabels dient, die mit der Wurzel aus der Frequenz zunehmen, also bei der höchsten Frequenz am größten sind.

Zur automatischen Regelung wird der Hauptregelpilot in einigen oder in allen unbemannten Verstärkerstellen und der Hauptregelpilot und die übrigen Regelpilote in allen bemannten Verstärkerstellen an dem vom Nachrichtenweg gut entkoppelten Pilotausgang des Leitungsverstärkers herausgenommen und den Pilotempfängern zugeführt. Hier wird der Pilot ausgesiebt, gleichgerichtet und mit einer Sollspannung verglichen. Unterscheiden sich Sollspannung und Pilotspannung, dann steuert die Differenzspannung über eine Regeleinrichtung den Heizstrom des Heißleiters und stellt den Entzerrer so lange nach, bis der Pilot die richtige Spannung hat und die Differenzspannung Null wird. Außer diesen pilotgeregelten Entzerrern können bei Streckengeräten, die unterirdisch untergebracht sind, auch temperaturgesteuerte Entzerrer verwendet werden, wenn diese den gleichen Temperaturänderungen, wie z. B. das zugehörige Kabel, ausgesetzt sind. Der Heißleiterwiderstand im Temperaturentzerrer, welcher im Gegenkopplungsweg des Verstärkers oder zwischen zweistufigen Verstärkern im Übertragungsweg liegen kann, wird von der Umgebungstemperatur auf den richtigen Wert eingestellt. Exemplarstreuungen der Heißleiter und Längenunterschiede zwischen den einzelnen Verstärkerfeldern können durch ein einstellbares Dämpfungsglied vor dem Heißleiter bei der Inbetriebnahme der Strecke ausgeglichen werden.

Auf einer Übertragungsstrecke, bei der die Leitungsverstärker nicht unterirdisch untergebracht sind und jeder zweite Verstärker pilotgeregelt wird, können sehr viele gleiche Reglerkreise in Kette geschaltet vorkommen. So sind es z. B. 32 Regler auf einer Strecke von 300 km beim 12 MHz-System. An das statische und dynamische Regelverhalten der Kette werden hohe Anforderungen gestellt. Die Schwankungen des Pegels am Ausgang der geregelten Leitungsverstärker sollen auf etwa $\pm 0,03$ Np beschränkt bleiben. Bei Ausfall der Pilotfrequenz ist es vorteilhaft, wenn die Strecke den zuletzt bestehenden Verstärkungszustand über einige Zeit beibehält, damit eine Verbindung durch eine vorübergehende Störung des Piloten nicht beeinträchtigt wird. Die Geschwindigkeit der Regelung muß sich einerseits nach der größten vorkommenden Änderungsgeschwindigkeit der Übertragungseigenschaften der Strecke richten, andererseits sollen die Regelvorgänge auf der Strecke, die durch sprunghafte Änderungen des Pilotpegels (Wackelkontakte) ausgelöst werden, innerhalb kurzer Zeit beendet sein. Als brauchbare Richtwerte können 10 sec bis 15 min genannt werden, Werte, die in der Praxis verwirklicht wurden. Der Wert von 15 min ist noch immer sehr kurz gegen die zeitliche Schwankung der Kabeldämpfung. Die Regelzeiten sind auch ausreichend kurz für Regelvorgänge, die infolge von Pegelsprüngen bei Einschaltungen auftreten. Die größte Amplitude der Regelschwingungen, die bei langen Verbindungen auftreten können, soll die Größe des auslösenden Pegelsprungs nicht überschreiten.

Während ein gutes statisches Verhalten eines Reglers und auch einer Kette von Reglern technisch verhältnismäßig leicht zu realisieren ist, erfordern die dynamischen Eigenschaften einer Reglerkette ganz besondere Aufmerksamkeit. J. P. KINZER [11] hat den Zusammenhang zwischen der Sprungverstärkung und der Modulationsverstärkung angegeben (Abb. 16). Als Sprungverstärkung wird das Verhältnis der Differenz zwischen Maximal- und Minimalwert der Amplitude der Regelschwingung am Ende und dem Betrag des auslösenden Pegelsprungs am Anfang der Kette bezeichnet. Die Modulationsverstärkung — in der amerikanischen Literatur envelope gain genannt — ist die Verstärkung, welche die Modulationsspannung erfährt, die der Pilotspannung aufmoduliert wird. Ist die Modulationsfrequenz sinusförmig, dann kann die Verstärkung abhängig von der Frequenz angegeben werden. Bei relativ hohen Modulationsfrequenzen, z. B. bei 100 Hz, kann der Heißleiter den Amplitudenänderungen der Pilotspannung nicht folgen, die Modulationsverstärkung ist somit gleich Eins. Bei sehr tiefen Frequenzen, z. B. 0,01 Hz, kann der Heißleiter die Amplitudenschwankungen des modulierten Piloten ausregeln, und man erhält eine negative Modulationsverstärkung, eine Dämpfung. Dazwischen gibt es

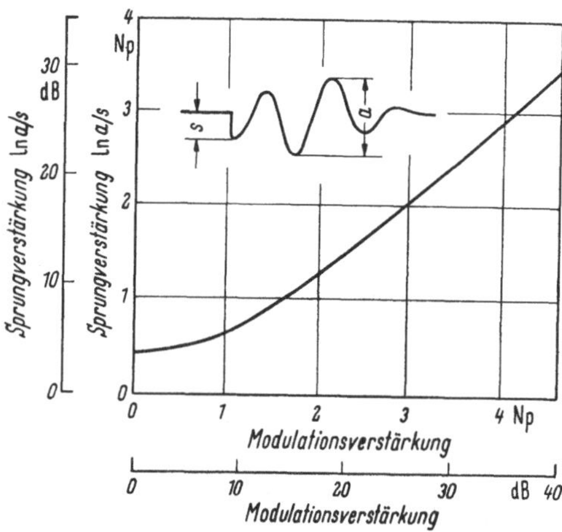


Abb. 16
Sprungverstärkung bei einer Reihenschaltung geregelter Verstärker abhängig von der Modulationsverstärkung (Aus Trans. Amer. Instn. Electr. Eng. Part III a [1952] S. 1180)

Frequenzen, bei denen die Modulationsverstärkung größer als Eins wird, wenn der betrachtete Regler mehr als nur eine Zeitkonstante aufweist. Soll die Amplitude der Regelschwingung nicht größer als der auslösende Sprung werden, dann darf die Modulationsverstärkung der ganzen Kette nicht größer als 1 Np (10 dB) werden. In einer Kette mit $n$ gleichen geregelten Verstärkern darf dem einzelnen Regelkreis ein Maximum der Modulationsverstärkung von $1/n$ Np zugebilligt werden. Dieses Ergebnis deckt sich recht gut mit praktischen Messungen an verschiedenen Systemen.

Die Gültigkeit der Betrachtung ist auf Sprünge mit kleinen Amplituden begrenzt. Wenn die Pegelsprünge in die Größenordnung von 0,1 Np (1 dB) kommen, liefert die Kurve in Abb. 16 zu ungünstige Werte, da die Nichtlinearitäten im Regelkreis eine Verkleinerung der Sprungverstärkung bewirken. Mit dem von KINZER angegebenen Zusammenhang zwischen Sprungverstärkung und Modulationsverstärkung kann das dynamische Verhalten einer Reglerkette aus der Messung eines einzigen Reglers bestimmt werden und umgekehrt können bei vorgegebenem dynamischen Regelverhalten einer Reglerkette die Anforderungen an die Einzelregler abgeleitet werden.

In Abb. 17 rechts ist der Verlauf des Pilotpegels am Ausgang eines geregelten Verstärkers (4 MHz-System) gezeigt, wenn die Pilotspannung am Eingang plötzlich um $\pm 0{,}2$ Np bzw. $\pm 0{,}4$ Np geändert wird. Darunter ist der Restfehler über der Änderung der Pilotspannung aufgetragen. Das durch die Kurven gezeigte Verhalten ist typisch für einen Integralregler (I-Regler), wie er im 4 MHz-System und 6 MHz-System

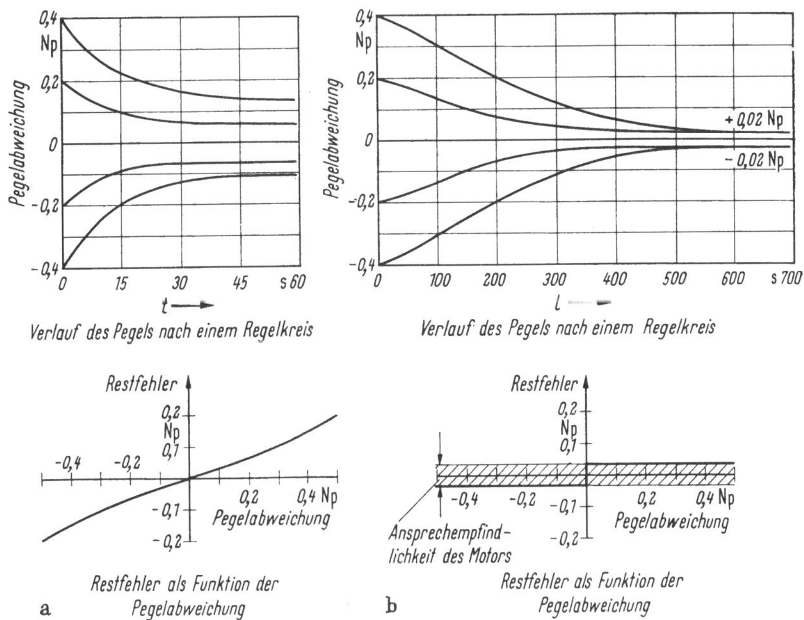


Abb. 17a u. b. Pegelregelung bei Breitbandsystemen
a) Pegelregelung mit proportional wirkendem Regler; b) Pegelregelung mit integral wirkendem Regler (mit Motor)

z. B. in Deutschland benützt wird. Zum Einregeln der Stellgröße (Heizstrom des Heißleiters) wird ein Motor verwendet, den man bei Pilotausfall leicht stillsetzen kann, so daß die zuletzt eingeregelte Verstärkung genau erhalten bleibt. Ohne dieses „Gedächtnis" würde bei Pilotausfall die Restdämpfung auf einer längeren Strecke stark verändert und die Übertragung gefährdet werden. Als weiterer Vorteil des I-Reglers gilt allgemein, daß er, abgesehen von der durch den Motor begrenzten Ansprechempfindlichkeit, keinen Restfehler hat und deshalb einen exakten Sollwertvergleich ermöglicht. Man kann auch I-Regler mit Schrittschaltwerken oder vollelektronisch aufbauen. Soll die vollelektronische Lösung auch ein „Gedächtnis" erhalten, dann erfordert dies zusätzlichen Aufwand.

Zum Vergleich ist in Abb. 17 links das Verhalten eines sog. Proportionalreglers (P-Reglers) dargestellt, der in manchen Breitbandsystemen verwendet wird. Bei ihm besteht ein proportionaler Zusammenhang zwischen dem Heizstrom des Heißleiters und der Pilotpegelabweichung. Der Restfehler ist daher abhängig von der Größe der Änderung der Piloteingangsspannung. Um den Restfehler zu verringern, wird in den bemannten Verstärkerstellen ein P-Regler mit größerer Empfindlichkeit und Regelgeschwindigkeit eingesetzt.

Wie bereits erwähnt, haben die Regelkreise die unerwünschte Eigenschaft, Pegelschwankungen bestimmter Frequenz zu verstärken. Diese Modulationsverstärkung hängt von der Anzahl der Zeitkonstanten im Regelkreis und ihrem Verhältnis zueinander ab. Während der I-Regler wegen des Motors immer eine gewisse Zeit zum Nachstellen des Heizstroms seines Heißleiters benötigt, greift der P-Regler praktisch unverzögert ein, wenn eine Pegelabweichung eintritt. Beim I-Regler muß die Zeit, die der Motor zum Nachstellen braucht, groß gegen die Zeitkonstante des Heißleiters gemacht werden. Aus diesem Grunde wird bei gleichem Heißleiter der I-Regler immer wesentlich langsamer regeln als der P-Regler. Dafür hat man beim I-Regler die bereits erwähnten Vorteile: Gedächtnis und praktisch keine Restfehler.

Durch die Modulationsverstärkung werden mit wachsender Reglerzahl die Maximalamplitude und die Zahl der Pegelschwankungen am Ende einer Kette geregelter Verstärker immer größer. Der Vorgang bringt jedoch keine Instabilität, da die Kette nach einer gewissen Zeit zur Ruhe kommt. In Abb. 18 ist die Modulationsverstärkung des Regelkreises, bestehend aus Leitungsverstärker, Pilotempfänger und Regler eines 6 MHz-Systems, aufgetragen und der Pegelverlauf am Ende verschieden langer Übertragungsstrecken — also nach 16, 32 und 58 Verstärkerfeldern, das bedeutet 8, 16 und 29 Regler — bei der Pilotfrequenz 6200 kHz gezeigt, wenn die Pilotspannung am Anfang der Strecke plötzlich geändert wird. Danach erscheint es sinnvoll, auf der Strecke des 6 MHz-Systems den Pilot nach maximal 600 km zu sperren und neu einzuspeisen. Der Restfehler eines solchen Regelabschnitts beträgt beim 6 MHz-System bei Verwendung des I-Reglers nur etwa $\pm 0,02$ Np. Rechnet man für den Bezugskreis mit 9 Regelabschnitten und einer quadratischen Addition der Restfehler, dann ergibt sich am Ende des Bezugskreises eine Pegelabweichung von etwa $\pm 0,07$ Np bei der Pilotfrequenz und eine $\sqrt{f/6,2\ \mathrm{MHz}}$-fach geringere Pegelabweichung bei den tieferen Frequenzen.

Das Verhalten der automatischen Regelung wird allgemein mit einem Pilotsprung geprüft. Im Betrieb sind die auszuregelnden temperaturbedingten Dämpfungsänderungen sehr langsam, so daß die Regelgeschwindigkeit des I-Reglers vollkommen ausreicht.

Die Verstärkerfeldlänge des 12 MHz-Systems ist nur halb so lang wie die des 4 MHz- und 6 MHz-Systems, d. h. für die Bezugslänge wird

die doppelte Zahl Verstärker und Regler benötigt. Wenn etwa 35 Regelkreise entsprechend 70 Verstärkerfeldern in Reihe geschaltet werden
sollen, entsprechend einer Streckenlänge von über 300 km, ist es günstiger, den Regler als P-I-Regler auszuführen und die Vorteile beider
Regelungsarten zu kombinieren.

Außer den bisher beschriebenen, kontinuierlich arbeitenden Reglern
gibt es noch stufenweise arbeitende Regler, die jeweils nur einen Schritt,

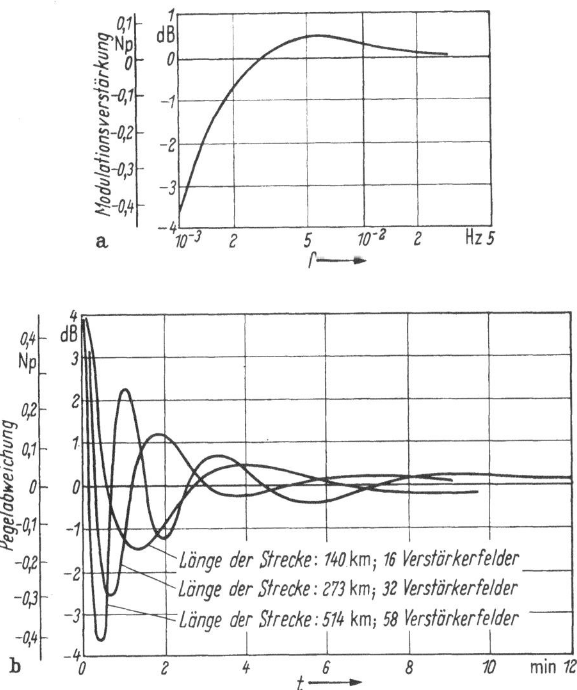


Abb. 18a u. b. Pegelregelung beim 6 MHz-System
a) Modulationsverstärkung eines einzelnen Regelkreises abhängig von der Frequenz; b) Verlauf
des Pegels am Ausgang einer 6 MHz-Strecke nach einem Pegelsprung von 0,46 Np (4 dB) abhängig von der Zeit

d. h. eine genau definierte Dämpfungsänderung, ausführen. Die Regler
sind mit oder ohne Gedächtnis ausgestattet, wobei das Gedächtnis
mechanisch oder elektronisch aufgebaut sein kann. Die rein elektronischen
Schaltungen haben meist einen größeren Aufwand an Bauteilen wie die
Schaltungen mit Motor. Über Theorie und Ausführungen von Regelschaltungen gibt es eine ausgedehnte Fachliteratur, so daß wir uns mit
diesen Hinweisen begnügen wollen [5, 12].

Breitband-Weitverkehrsübertragungssysteme werden nach folgendem Prinzip entzerrt: Den Hauptanteil der linearen Verzerrungen kom-

pensiert der Leitungsverstärker in den unbemannten und bemannten Verstärkerstellen. Dabei ist es gelungen, den Dämpfungsgang eines Verstärkerfeldes beim 6 MHz-System auf $\pm 0{,}015$ Np und beim 12 MHz-System auf $\pm 0{,}01$ Np auszugleichen. Zwischen zwei bemannten Verstärkerstellen laufen dann Abweichungen von $\pm 0{,}15$ bis $0{,}25$ Np auf, die durch sog. Leitungsentzerrer entzerrt werden, z. B. durch Echoentzerrer oder Entzerrer, die mehrere, in ihrer Breite, Höhe, Richtung und Frequenz einstellbare Dämpfungsbuckel bereitstellen oder mit Festentzerrern, die nach Messung speziell für die vorliegenden Strecken gebaut wurden. Für die temperatur- und die zeitabhängigen linearen Verzerrungen werden pilotgeregelte und, wo es möglich ist, auch temperaturgesteuerte Entzerrer eingesetzt. Der temperaturbedingte Dämpfungsgang der Leitung muß öfter ausgeglichen werden als die anderen Änderungen, die nur in den bemannten Verstärkerstellen nachgeregelt werden. In den bemannten Verstärkerstellen sind auch Entzerrer für den systematischen Fehler und Pilotentzerrer untergebracht. Der Pilotentzerrer wird zuletzt eingestellt, er sorgt nach der optimalen Entzerrung des Nutzfrequenzbereichs für die richtige Spannung der abgehenden Pilote.

Es gibt auch Weitverkehrssysteme, wie z. B. das V 120-System der Deutschen Bundespost, bei dem der einstellbare Leitungsentzerrer nicht als Einheit in der bemannten Verstärkerstelle vorhanden, sondern auf die Leitungsverstärker verteilt ist. Es läßt sich in jedem Verstärker ein Entzerrer in den Gegenkopplungsweg einsetzen, der in seiner Frequenz, in seiner Breite und Größe veränderbare Dämpfungs- und Verstärkungsbuckel einzustellen erlaubt.

Soll die Breitband-Übertragungsstrecke auch für Fernsehen geeignet sein, dann müssen in den bemannten Verstärkerstellen auch noch feste und einstellbare Laufzeitentzerrer vorgesehen werden.

Die Netzwerke für die Vorverzerrung und die entsprechende Rückentzerrung können ebenfalls zur allgemeinen Entzerrung gerechnet werden. Sie kommen auf der Strecke nur an den Punkten vor, an denen die Kanäle von einem Umsetzer kommen oder zu einem Umsetzer geführt werden. Durch das Vorverzerrungsnetzwerk werden, wie schon bemerkt, die Pegel der Kanäle im unteren Frequenzbereich gegenüber den Pegeln der Kanäle im oberen Frequenzbereich abgesenkt. Die Vorverzerrung ist dann optimal, wenn die Summe der Geräusche (Klirren, Rauschen und Nebensprechen) abhängig von der Frequenz nach der Rückentzerrung konstant ist. Dieser Idealfall wird in der Praxis nie genau eingestellt, weil er viel Rechenarbeit und komplizierte Netzwerke erfordern würde; er wird — meist nur im oberen Frequenzbereich — mehr oder weniger gut angenähert. Man versucht immer mit einem möglichst einfachen, überbrückten T-Glied mit je einem Schwingkreis im Längs- und Querzweig für die Netzwerke auszukommen. Vorverzerrungs- und Rückentzerrungsnetzwerke müssen hintereinandergeschaltet eine konstante Dämpfung abhängig von der Frequenz aufweisen. Die Vorverzerrung kann auch im Sendeverstärker mit wenig Aufwand erzeugt und im Empfangsverstärker wieder aufgehoben werden.

Der Verlauf der Vorverzerrung ist für Fernsprechen anders als für Fernsehen, und man könnte die Netzwerke deshalb zu den Umsetzern rechnen. Andererseits ist der Dämpfungsverlauf der Netzwerke von den Eigenschaften der Leitungsverstärker abhängig; es ist daher sinnvoll, die Netzwerke der Strecke zuzuordnen.

### 5.1.5 Abzweigtechnik

Die neueren Übertragungssysteme stellen auf den einzelnen Leiterpaaren mehr als nur einen Sprechkanal zur Verfügung. Es handelt sich meist um Bündel von mindestens 3, vorwiegend jedoch 120 und mehr Kanälen. Häufig sollen nicht alle Sprechkanäle von einem Endamt zum anderen Endamt durchlaufen, wo sie in den Umsetzereinrichtungen in die Grundprimärgruppen- oder Grundsekundärgruppenlage demoduliert und weiter verteilt werden, sondern es sollen einige Kanäle an einer Zwischenverstärkerstelle abgezweigt werden. Grundsätzlich könnte an jeder Stelle, an der Sprechkanäle gebraucht werden, ein Endamt gesetzt, demoduliert und damit die Hauptstrecke unterbrochen werden. Eine solche Technik wäre jedoch unwirtschaftlich und schwerfällig, denn man benötigt hierzu viele Umsetzerstufen, und die Leitungspilote müßten in jedem Endamt entweder gesperrt und neue zugesetzt, oder es müßten Umgehungsschaltungen vorgesehen werden.

Um den Abzweig zu erleichtern, wurden bei Systemen mit größeren Sprechkreiszahlen zwischen den einzelnen Kanalbündeln breitere Frequenzlücken im Frequenzschema vorgesehen (s. S. 427 ff.). So lassen sich z. B. die Sekundärgruppen 1 und 2 bei den Systemen V 300, V 960 und V 1260 einfach abzweigen, weil zwischen der 1. und 2. sowie zwischen der 2. und 3. Sekundärgruppe Frequenzlücken von 12 kHz Breite vorhanden sind, während zwischen den anderen Sekundärgruppen nur Lücken von 8 kHz auftreten. Beim System V 2700 muß die erste Sekundärgruppe weggelassen werden, wenn die untere Quartärgruppe aus Sekundärgruppen wie beim V 960-System zusammengesetzt wird. Es können dann ohne Schwierigkeiten im Filterbau oder ohne Verlust an Sprechkanälen nur die Sekundärgruppe von 312 bis 552 kHz oder die ganze Quartärgruppe von 312 bis 4028 kHz abgezweigt werden. Sind dagegen die 2700 Sprechkanäle aus Tertiärgruppen zusammengesetzt, dann befinden sich Lücken, die einen einfachen Abzweig ermöglichen, zwischen den ersten drei Tertiärgruppen und den Quartärgruppen.

Wenn der Verlust an Sprechkanälen in Kauf genommen wird, können Abzweigfilter für alle nur denkbaren Kombinationen gebaut werden. Als Beispiel sei eine Trennweiche genannt, die ihre Trennlücke im Frequenzbereich der Sekundärgruppe 6 hat und es erlaubt, die Sekundärgruppe 1 bis 5 und 7 bis 16 voneinander zu trennen, so daß diese wahlweise abgezweigt werden können.

Die einfachste Form der Abzweigung ist die nach Abb. 19. Eine Verbindung zwischen den Endämtern $A$ und $B$ soll im dazwischenliegenden Amt $C$ einen Abzweig erhalten. In $C$ wird ein Gabelübertrager in den

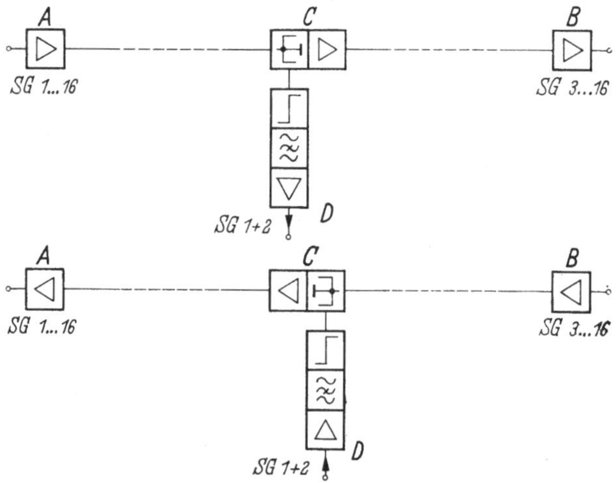


Abb. 19. Abzweig ohne Wiederbelegung
*SG* Sekundärgruppe

Leitungszug geschleift und an den freien Ausgang die Rückentzerrung, die Pilotsperren und wenn nötig ein Dämpfungsglied oder ein Verstärker geschaltet, damit der gewünschte Empfangspegel eingestellt werden kann. An diesem Punkt $D$ liegt das ganze Übertragungsband der Strecke $AB$ ohne Pilotfrequenzen. Es werden jedoch an den Punkt $D$ nur die Umsetzer für diejenigen Kanäle angeschlossen, die für den Verkehr von $A$ nach $C$ vorgesehen sind, z. B. die Kanäle der Sekundärgruppen 1 und 2. Letztere laufen auch nach $B$, sie finden dort aber keine Umsetzer und werden deshalb nicht weitergeführt.

Für die Gegenrichtung von $C$ nach $A$ müssen im Punkt $C$ ebenfalls über einen Gabelübertrager die 1. und 2. Sekundärgruppe mit dem richtigen Pegel nach $A$ eingespeist werden. Dabei dürfen diese Kanäle von $B$ her nicht belegt sein, d. h. auf der Strecke von $B$ nach $C$ sind die Sekundärgruppen 1 und 2 nicht ausgenützt.

Neben diesem einfachen Abzweig ohne Wiederbelegung kann auch mit Hilfe von Sperrfiltern mit Bandpässen oder Weichen abgezweigt

und wiederbelegt werden wie die Abb. 20 bis 22 zeigen. In der Abb. 20 ist
im Punkt $C$ in den Leitungszug $AB$ ein Sperrfilter $SF$ geschaltet, das den
Frequenzbereich der in $C$ abgezweigten Kanäle sperrt, alle übrigen
Kanäle aber durchläßt.

Nach dem Sperrfilter kann der gesperrte Frequenzbereich für den
Verkehr von $C$ nach $B$ mit Kanälen neu belegt werden. Für die entgegengesetzte Übertragungsrichtung wird sinngemäß verfahren.

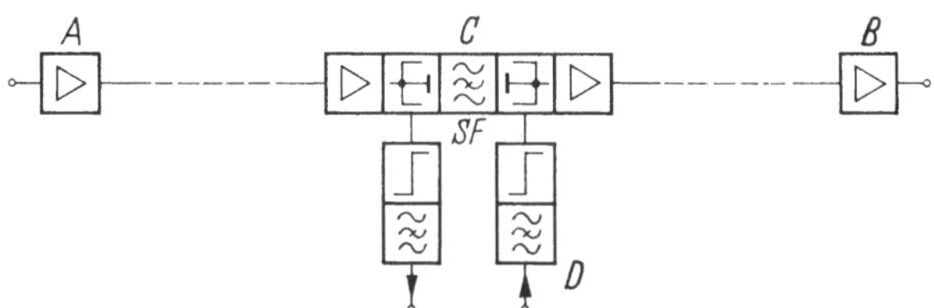

Abb. 20. Abzweig mit Sperrfilter $SF$ und Wiederbelegung

Abb. 21 zeigt eine Losung mit Bandpassen, bei der angenommen
wird, daß die zur Verfügung stehenden Fernsprechkanäle, z. B. 2700 in
3 Gruppen, die Quartärgruppen mit je 900 Kanälen aufgeteilt werden
sollen. Zwei Quartärgruppen werden durchgeschaltet und eine Quartärgruppe wird abgezweigt. Die Bandpässe können mit einem zusätzlichen

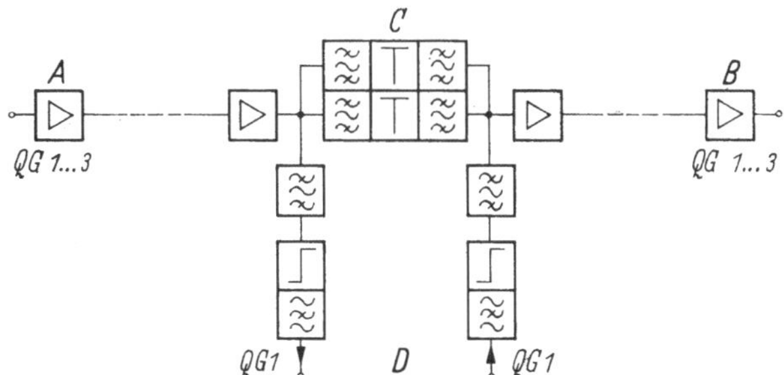

Abb. 21. Abzweig mit Bandfilter und Wiederbelegung
$QG$ Quartärgruppe

Netzwerk so dimensioniert werden, daß der Scheinwiderstand am Scheitel im ganzen Frequenzbereich annähernd konstant ist. An den Band-
paßausgängen ist nur das für den Abzweig notwendige Frequenzband
vorhanden.

Anstelle der Sperrfilter oder Bandpässe können häufig mit Vorteil
Weichen verwendet werden, Abb. 22. Sie ergeben ohne zusätzlichen Auf-
wand am Weichenscheitel günstige Scheinwiderstände im gesamten
Übertragungsbereich. Auch hier ist am Punkt $D$ wie bei Abzweig mit
Bandpässen nur das zum Abzweig notwendige Frequenzband vorhanden,
so daß keine Übersteuerungsgefahr für nachfolgende Verstärker besteht.

Die Grunddämpfung kann im Übertragungsweg kleiner gehalten werden
als bei der Lösung mit Sperrfiltern, bei der immer zusätzlich 2 Gabelübertrager mit zusammen etwa 0,7 Np Dämpfung benötigt werden.

Bei der Berechnung der notwendigen Dämpfung der Sperrfilter und
der Weichen wird von den CCITT-Empfehlungen für Rundfunk aus-
gegangen, da er in jedem Trägerfrequenzsystem als Trägerrundfunk vorkommen kann und die höchsten Anforderungen stellt. Wird in $C$ Abb. 20
ein Teil eines Trägerfrequenzbandes abgezweigt, in dem auch ein Tonrundfunkkanal I liegt, und im gleichen Amt das Band wieder neu belegt

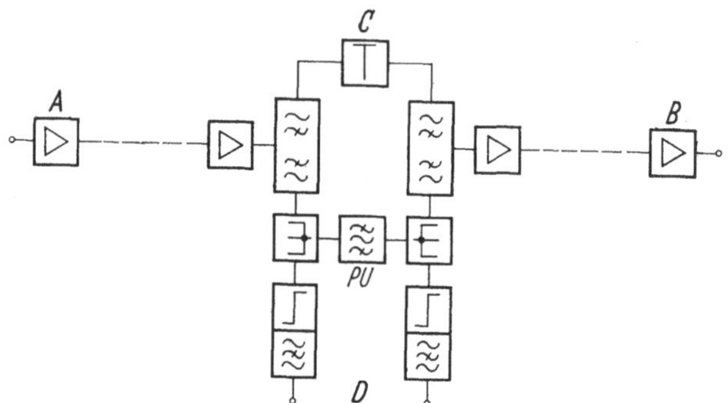

Abb. 22. Abzweig mit Weichen, Wiederbelegung und Pilotumgehung $PU$

mit einem Tonkanal II im selben Frequenzbereich, der aber ein anderes
Programm führt, dann errechnet sich die Dämpfung des Sperrfilters wie
folgt:

Das CCITT empfiehlt für das Nebensprechen von Rundfunk auf
Rundfunk und von Fernsprechen auf Rundfunk eine Dämpfung von
8,5 Np für den Bezugskreis. Gleichmäßig auf Umsetzer und Strecke verteilt erhöht sich der Wert auf 8,85 Np. Ein solcher Abzweig (Abb. 20)
und damit ein Beitrag zum Nebensprechen kann allerhöchstens in jedem
bemannten Amt vorkommen, im Bezugskreis etwa 2500/75 = 33mal.
Da das Nebensprechgeräusch immer von einem anderen Rundfunkprogramm oder Fernsprechkanal herrührt, addieren sich die Leistungen der Nebensprechanteile. Es ergibt sich dann ein Wert von
$8,85 + \frac{1}{2} \ln 33 = 10,6$ Np.

Werden die Gabelübertrager vor und nach dem Sperrfilter symmetrisch, d. h. mit einer Dämpfung von je 0,35 Np in den einzelnen Zweigen
ausgeführt, dann wird der jeweilige Nebensprechanteil um $2 \cdot 0,35 =$
$= 0,7$ Np durch 2 Gabelübertrager, die Nutzspannungen dagegen nur
um 0,35 Np durch einen Gabelübertrager bedämpft. Der Wert 10,6 Np
kann deshalb um 0,35 Np auf 10,25 Np ermäßigt werden.

In dem Beitrag $\frac{1}{2} \ln 33$, der 33 Nebensprechstellen berücksichtigt,
steckt noch eine große Reserve. Es ist äußerst unwahrscheinlich, daß ein

und dasselbe Rundfunkprogramm 33mal in eine Trägerfrequenzleitung eingeführt und nach 75 km wieder abgezweigt wird. In der Praxis wird das höchstens 5- bis 6mal vorkommen. Andererseits gibt es noch viele andere Nebensprechwege, z. B. durch kapazitive oder induktive Kopplungen von Verstärker zu Verstärker, über den Kopplungswiderstand der Leitungen, der Amtsverdrahtung und der Gestellverdrahtung usw., so daß mit einer Sperrdämpfung von rund 10 Np über der Durchlaßdämpfung noch ausreichend Reserve vorhanden ist und die praktisch vorkommenden Fälle genügend berücksichtigt sind.

Neben der Sperrdämpfung interessieren noch die Durchlaßdämpfung und deren Verzerrung, die Reflexionsfaktoren im Durchlaß- und Sperrbereich am Eingang und Ausgang des Sperrfilters, sowie die nichtlinearen Verzerrungen. Wenn Fernsehen und Fernsprechen in den bemannten Ämtern durch Weichen getrennt und wieder zusammengeführt werden, muß auch auf die Laufzeitverzerrungen im Fernsehzweig geachtet werden. Die einzelnen Forderungen an die Eigenschaften der Sperrfilter und Weichen können aus den CCITT-Empfehlungen abgeleitet werden, wie das für die Sperrdämpfung der Sperrfilter gezeigt wurde.

Alle Leitungspilote werden bei Verwendung eines Sperrfilters in $C$ (Abb. 20) abgezweigt (Gabelübertrager). Sie können gesperrt oder weiterverwendet werden. Liegen ein oder mehrere Pilote im Frequenzband, das durch das Sperrfilter gesperrt oder durch Weichen abgezweigt wird, dann fehlen diese Pilote auf den Strecken $C \to B$ und $C \to A$ und müssen wieder zugesetzt werden. Dies kann durch Pilotgeneratoren oder durch eine Umgehung der Sperrfilter oder Weichen für die Pilotfrequenzen geschehen. Da in dichtbesiedelten Gegenden fast in jedem bemannten Amt abgezweigt wird, würden bei Verwendung von Pilotgeneratoren die Regelabschnitte zu kurz werden und ihre Zahl stark ansteigen. Das ist von regeltechnischen und betrieblichen Gesichtspunkten aus nicht erwünscht. Durch die Pilotumgehungen wird man von der zwangsläufigen Kopplung zwischen Abzweig und Regelabschnitt frei, so daß die Länge des Regelabschnitts optimal gewählt werden kann. Bei der Pilotumgehung werden im Abzweigamt nicht grundsätzlich alle Pilote gesperrt und um das Amt geführt, sondern nur diejenigen, die durch das Abzweigen des Frequenzbandes verlorengehen würden. Ein Beispiel eines Amtes mit Pilotumgehungsschaltung PU zeigt Abb. 22. Die Pilotbandpässe dürfen nur den entsprechenden Pilot durchlassen und müssen alle Kanäle mit mindestens 10 Np sperren. Die Bandpässe bilden einen Parallelweg zum Sperrfilter oder zur Weiche.

### 5.1.6 Stromversorgung

Zum Betrieb der Streckengeräte für Kabel- und Freileitungslinien werden Heiz-, Anoden- und Gitterspannungen für Röhren, Betriebsspannungen für Transistoren, Signalspannungen für Überwachungsgeräte und weitere Hilfsspannungen benötigt. Diese Spannungen müssen auch bei Ausfall der öffentlichen Stromversorgung zur Verfügung stehen und sollen auf wenig Prozent konstant und weitgehend frei von Störspannungen sein.

Normalerweise wird die Energie dem öffentlichen Netz entnommen. Für Netzausfall werden meist Notstromeinrichtungen vorgesehen, auf die bei Bedarf umgeschaltet werden kann. Es kommen folgende Stromquellen in Betracht:

Betriebsstromquellen
    Drehstrom- bzw. Wechselstromnetz

Kurzzeit-Notstromquellen
    für Gleichstromverbraucher:    Batterien
    für Wechselstromverbraucher:    Batterien in Verbindung mit Umformern
        oder Umrichtern
        Schwungradspeicher

Dauer-Notstromquellen
    Netzersatzanlage (Dieselaggregate).

Der Übergang von der Betriebs- auf die Notstromquelle erfolgt entweder vollkommen unterbrechungsfrei oder mit einer kurzen Umschaltlücke. Damit die zulässigen Unterbrechungen, die

    bei Fernschreibverbindungen    $< 1$ msec,
    für Fernwahlübertragung    $< 5$ bis 10 msec und
    für die Sprachübertragung etwa    100 msec

betragen dürfen, nicht überschritten werden, darf die Umschaltlücke im Heizstromkreis bei Verwendung indirekt geheizter Röhren einige Sekunden, im Anodenkreis der Verstärker auf Fernsprechverbindungen weniger als 100 msec und in dem der Verstärker mit Fernschreibverbindungen weniger als 10 msec betragen. Auf den Weitverkehrsverbindungen ist immer mit Fernschreibverkehr zu rechnen, so daß für die Planung der Stromversorgung mit den kürzesten Lücken gerechnet werden muß. Für Transistor-Streckengeräte ergaben Messungen am V 300-System zulässige Umschaltlücken bei Fernschreibbetrieb von 50 bis 100 msec, Die Kondensatoren in den Siebschaltungen sorgen dann dafür, daß das Fernschreiben höchstens 1 msec lang unterbrochen ist.

Die zur Inbetriebsetzung einer Dauer-Notstromquelle erforderliche Zeit muß stets durch eine Kurzzeit-Notstromquelle überbrückt werden.

Der vollkommen unterbrechungsfreie Betrieb stellt mitunter sehr hohe Anforderungen an die Stromversorgungseinrichtungen, wobei die gewünschte hohe Betriebssicherheit häufig durch eine geringere Wirtschaftlichkeit (geringerer Wirkungsgrad) erkauft werden muß.

Die Eigenschaften der Betriebsstromquellen müssen sehr genau bekannt sein, wenn sie zur Speisung von Streckengeräten verwendet werden sollen. In Deutschland sind nach VDE 0176 die Nennspannungen für Wechsel- und Drehstromnetze auf 220 bzw. 380 V genormt. Erfahrungsgemäß betragen die Spannungsschwankungen der öffentlichen Netze in den Großstädten $+5$ bis $-10\%$, in den Kleinstädten $+10$ bis $-15\%$, in Ausnahmefällen bis $-20\%$. Für die Speisung von Netzanschlußgeräten in Weitverkehrsanlagen müssen besondere Netzspannungsregler mit einer maximalen Regelabweichung von etwa $\pm 2\%$ vorgesehen werden.

Da aber bei plötzlichen Netzspannungsänderungen die dynamischen Regelabweichungen wesentlich größer als $2\%$ sein können und außerdem bei Störungen der Regeleinrichtung diese vorübergehend überbrückt wird, sind für spannungsempfindliche Systeme zusätzliche eigene Regeleinrichtungen zu verwenden.

Die Nennfrequenz der öffentlichen Netze beträgt in Deutschland 50 Hz; sie wird im Betrieb mit ausreichender Konstanz — Abweichungen kleiner als $\pm 1$ Hz — eingehalten. Die bei Netzausfall wirksam werdenden Notstromeinrichtungen zeigen dagegen Frequenzabweichungen bis $\pm 3$ Hz; bei Schwungradumformern mit Dieselmotor kann die Frequenz vorübergehend bis auf 42 Hz absinken. Bei fallender Frequenz erhöht sich die Induktion der Netztransformatoren und der Magnetisierungsstrom nimmt stark zu. Eine vorübergehende Frequenzabsenkung von einigen Sekunden wird jedoch von den Transformatoren vertragen. Frequenzänderungen sind dagegen kritisch bei magnetischen Spannungskonstanthaltern ohne Frequenzentzerrer sowie bei magnetischen Verstärkern und bei den Fernspeiseeinrichtungen über Koaxialkabel.

Der Netzspannung sind im allgemeinen höhere Harmonische überlagert, die den Effektivwert der Wechselspannung beeinflussen können. Je nach der Phasenlage der Oberschwingungen können Formfaktor oder Scheitelfaktor größere bzw. kleinere Werte annehmen. Gleichrichterschaltungen mit Drosselsiebung reagieren auf den Formfaktor der Wechselspannung, Gleichrichterschaltungen mit Kondensatorsiebung dagegen auf den Scheitelfaktor.

Die geometrische Summe aller Oberschwingungen im Verhältnis zur Grundschwingung ergibt den Klirrfaktor der Wechselspannung. Dieser ist bei den öffentlichen Netzen klein ($<3\%$). Notstromeinrichtungen haben im allgemeinen höhere Klirrfaktoren: In der Sternspannung (220 V-Spannung gegen Nulleiter) treten bis etwa $20\%$ und in der Leiterspannung (380 V-Spannung) 5 bis $8\%$ auf. In der verketteten Spannung subtrahieren sich die dritten und sechsten Harmonischen, da sie im Drehstromsystem gleichphasig vorkommen. Beim Umschalten vom Netz auf ein Notstromaggregat können durch die Änderung des Klirrfaktors

Versorgungsschwierigkeiten entstehen, da die Regeleinrichtung entweder nur den Effektivwert der Wechselspannung oder nur den Gleichrichtwert konstant halten kann.

Über die Häufigkeit und die Dauer von Netzausfällen hat die Bundespost statistische Erhebungen in ihren Ämtern angestellt. Im Durchschnitt ergaben sich je Amt und Jahr folgende Werte:

Tabelle 4. *Anzahl von Netzabschaltungen im Bundesgebiet je Amt und Jahr*

| Ort \ Dauer [Std.] | 0−1 | 1−6 | 6−12 | > 12 |
|---|---|---|---|---|
| Großstädte . . . | 7 | 2 | 0,2 | 0,05 |
| Bundesgebiet . . | 9 | 4 | 0,4 | 0,1 |

Netzausfälle von mehr als 6 Stunden Dauer kommen demnach relativ selten vor, bei der Bemessung der Notstromquellen kann dies berücksichtigt werden. Im allgemeinen gelten Starkstromnetze als unterbrechungsfrei, wenn sie nicht länger als 500 msec ausfallen. Eine 500 msec lange Unterbrechung ist für die Übertragungstechnik, wie schon vorher erwähnt, zu lang. Es muß bereits in diesem Fall eine Kurzzeit-Notstromquelle vorgesehen werden.

Reine Gleichstromverbraucher, wie Transistoren, Relais, Anoden von Verstärkerröhren, Telegraphie- und Fernsprecheinrichtungen usw., sind besonders für Batteriestromversorgung geeignet. Die Betriebsweise der Batterie hängt dabei von der Spannungsanforderung des Verbrauchers und der Ladeweise, ihre Größe (d. h. ihre Kapazität in Amperestunden) allein von der gewünschten maximalen Entladezeit ab. Da die Batterie als Energiespeicher zur Verfügung steht, lassen sich Netzausfälle und Störungen in den Gleichrichtergeräten unterbrechungsfrei überbrücken. Die Erfahrung bestätigt eine hohe Betriebssicherheit. Im Moment des Ausfalls und auch bei der Inbetriebsetzung von Spannungsausgleichseinrichtungen können zwar kleinere Änderungen der Verbraucherspannung auftreten, doch sind keine vollständigen Unterbrechungen möglich.

Generell gilt beim Einsatz von Batterien, daß Netzausfälle oder Gleichrichtergeräteausfälle einer bemannten Zentrale zu melden sind, damit innerhalb der Entladezeit der Batterie Abhilfe geschaffen werden kann, je nach Art des Ausfalls, z. B. durch Bereitstellung einer Netzersatzanlage (fahrbares Dieselaggregat) oder durch Umschaltung auf Reservegleichrichtergeräte.

Es haben sich vor allem die nachfolgend genannten 4 Betriebsweisen der Batterie bewährt.

*1. Batteriebetrieb.* Jede Batterie wird doppelt angeordnet, eine davon dient jeweils dem Betrieb, die andere wird während dieser Zeit aufgeladen und bereitgestellt.

*2. Parallelbetrieb.* Die Batterie liegt ständig parallel zum Verbraucher und zum geregelten Gleichrichtergerät. Die Halbleitergleichrichtergeräte mit Transduktor- oder Thyristorregelung halten im Normalbetrieb die Spannung auf $\pm 2\%$ konstant.

*3. Parallelbetrieb mit Ausgleicheinrichtung.* Im Normalbetrieb sorgt bei dieser Betriebsweise das geregelte Gleichrichtergerät für die konstante Verbraucherspannung. Bei Netzausfall übernimmt die Batterie die Speisung der Verbraucher. Die absinkende Batteriespannung wird durch eine Ausgleichseinrichtung wieder auf die konstante Verbraucherspannung ergänzt. Die Ausgleichseinrichtung besteht bei 212 V-Anodenstromanlagen aus einem Motorgenerator, dessen Motor aus der Batterie gespeist wird. Der Generator erzeugt im Entladebetrieb eine Zusatzspannung und während der Aufladung der Batterie, d. h. bei einer die Verbraucherspannung übersteigenden Batteriespannung, eine Gegenspannung.

Diese Betriebsweise hat sich in den letzten Jahren in den großen Verstärkerämtern mit Anodenstromversorgung (Trägerfrequenzsysteme in Röhrenausführung) mehr und mehr durchgesetzt. Bis zum Anlauf des Ausgleichsumformers sinkt die Spannung allerdings während etwa einer Sekunde von 212 auf etwa 204 V, für die Anodenstromversorgung ist dies jedoch unschädlich.

Es werden auch elektronische Ausgleichseinrichtungen vorgesehen, wobei ein aus der Batterie gespeister Thyristorwechselrichter eine Rechteckwechselspannung erzeugt, deren Gleichrichtwert durch Impulsbreitensteuerung verändert wird. Diese Einrichtung ist ständig in Betrieb, so daß bei Netzausfall keine Schaltmaßnahmen durchzuführen sind.

*4. Umschaltebetrieb ohne Unterbrechung.* In Fernsprechämtern (Speisespannung 60 V) und Telegraphenämtern (Speisespannung 2 mal 60 V) wird ein Umschaltebetrieb derart durchgeführt, daß im Normalbetrieb geregelte und gut gesiebte Direktspeisegeräte den vollen Verbraucherstrom liefern. Die Batterie ist über eine Sperrdiode (Gleichrichterzelle) angeschlossen, ihre Ladung wird durch ein Zusatzgleichrichtergerät erhalten. Sie übernimmt erst bei Netzausfall die Speisung der Verbraucher.

Zur Spannungshaltung und besseren Ausnützung der Batteriekapazität ist auch hier eine aus einem Gleichstrom-Drehstrom-Umformer mit nachgeschaltetem Gleichrichter bestehende Ausgleichseinrichtung vorgesehen. Sie kann auch ohne Umformer mit steuerbaren Gleichrichtern — Siliziumthyristoren — ausgeführt werden. Sowohl bei Netzbetrieb als auch bei Notbetrieb wird damit die Verbraucherspannung auf $\pm 2\%$ konstant gehalten.

Wechselstromverbraucher, die eine kurzzeitige Unterbrechung der Versorgung erlauben, z. B. die Heizfäden indirekt geheizter Verstärkerröhren, können unmittelbar aus dem öffentlichen Netz gespeist werden. Über Spannungsregeleinrichtungen wird den Transformatoren in den Trägerfrequenzgeräten die Wechselspannung zugeführt. Damit diese Verbraucher bei Netzausfall weiter in Betrieb bleiben, ist ein selbstanlaufender Umformer vorgesehen, der aus der vorhandenen Anodenbatterie gespeist wird und nach einer kurzen Umschaltlücke (1 bis 3 sec) die Speisung übernimmt (Einbatteriesystem) [13]. Die Übertragung wird dabei nicht gestört.

Wechselstromverbraucher, die vollkommen unterbrechungsfrei betrieben werden müssen, z. B.: Trägerfrequenz- und Richtfunkeinrichtungen mit Vollnetzanschluß sowie Fernspeiseeinrichtungen, können entweder über dauernd laufende Umformer bzw. Thyristorwechselrichter aus der vorhandenen Anodenbatterie oder über Schwungradaggregate aus dem öffentlichen Netz versorgt werden. Folgende Aggregate haben sich dabei bewährt.

*1. Schwungradspeicher mit Drehstrom-Asynchronmotor-Antrieb.* Bei diesen Umformern wird der Wechselstromgenerator mit einem Drehstromasynchronmotor gekuppelt und zwischen beiden ein separat gelagertes, größeres Schwungrad angeordnet. Der aus dem Netz betriebene Motor mit Käfigläufer benötigt keine Drehzahlregelung und wegen der fehlenden Bürsten auch wenig Wartung. Bei Netzausfall erfolgt der Antrieb mittels eines weiteren Motors, der über eine elektromagnetische Kupplung angekoppelt wird. Das Schwungrad bewirkt einen schnellen Anlauf dieses Zusatzmotors, es muß so groß bemessen sein, daß es während dieser Übergangszeit seine Drehzahl nur unwesentlich verringert. Als Zusatzmotoren kommen Gleichstrom-Nebenschlußmotoren, die aus einer vorhandenen 212 V-Anodenbatterie betrieben werden, oder aber Dieselmotoren in Betracht. Ihre Anlaufzeiten liegen im ersteren Fall zwischen 0,5 und 2 sec, im letzteren Fall zwischen 2 und 10 sec.

*2. Schwungradspeicher mit Gleichstrom-Nebenschlußmotor-Antrieb.* Dieser Umformer, bei dem Generator, Gleichstrommotor und je ein Schwungrad an beiden Enden auf einer Welle mit nur zwei Lagerstellen angeordnet sind, ist eine Weiterentwicklung des vorhergehenden unter 1. genannten Aggregats [14]. Die Drehzahl des für die Nennleistung der Anlage bemessenen Motors wird über seine Erregung geregelt. Im Normalbetrieb wird der Motor aus dem öffentlichen Netz über einen Spartransformator und Siliziumgleichrichter (Wirkungsgrad etwa 97%) gespeist, bei Ausfall oder starker Spannungsabsenkung wird er an die 212 V-Anodenbatterie geschaltet. Da diese Umschaltung innerhalb 0,1 sec vor sich geht, können die Schwungmassen wesentlich kleiner als bei dem unter 1. genannten Aggregat bleiben. Zweckmäßig laufen zwei Sätze parallel, wobei im Normalfall jeder nur die halbe Leistung aufzubringen hat.

Mit der Einführung von Transistoren in die Gerätetechnik wird eine niedrigere Betriebsspannung (etwa 24 V) benötigt, die über elektronische Gleichspannungswandler sowohl aus der 212 V-Anodenbatterie als auch aus der 60 V-Fernsprechbatterie gewonnen werden kann [15]. Steht eine vollkommen unterbrechungsfreie Wechselspannung zur Verfügung, z. B. ein aus einer Batterie gespeister Dauerlaufumformer oder ein Thyristorwechselrichter mit geregelter, sinusförmiger Ausgangsspannung, so kann die 24 V-Betriebsspannung auch durch einfache ungeregelte Netzanschlußgeräte erzeugt werden.

Zur Überbrückung lang dauernder Netzausfälle bzw. als Netzersatzanlagen werden Dauer-Notstromquellen benötigt. Für sie kommen nur Dieselaggregate in Betracht.

*1. Ortsfeste Dieselaggregate.* Solche Aggregate können entweder automatisch oder manuell, z. B. bei Netzausfall, eingeschaltet werden. Im ersteren Fall beträgt die Anlaufzeit etwa 6 bis 10 sec im letzteren 3 bis 5 min, der zweite Wert gilt allerdings nur, wenn das Personal anwesend ist. Die Umschaltzeiten müssen sich mit Hilfe von Kurzzeit-Notstromquellen überbrücken lassen. Bei Vorhandensein ortsfester Dieselaggregate ist daher aus Sicherheitsgründen eine Kurzzeit-Energiereserve zwischen 4 und 6 Stunden je nach Größe des Verstärkeramts zu fordern.

*2. Fahrbare Dieselaggregate.* Sie sind im allgemeinen für eine Leistung bis 125 kVA ausgelegt und für einen Einsatz in bis zu 75 km Umkreis von ihrem Standplatz vorgesehen. Bis zu ihrer Inbetriebnahme am Ort der Störung können daher 6 bis 8 Stunden vergehen, diese Zeit kann sich außerhalb der Dienststunden auf 10 bis 12 Stunden verlängern. Aus diesem Grunde ist von den Stromversorgungsanlagen solcher Verstärkerämter, die nicht auf eine ortsfeste Dieselanlage zurückgreifen können, eine örtliche Energiereserve von 10 Stunden zu verlangen.

Soviel über die Stromquellen in den Ämtern des Weitverkehrsnetzes, in denen auch die bemannten Verstärkerstellen untergebracht sind. Von diesen bemannten oder vollgeregelten Verstärkerstellen aus werden die unbemannten oder teilgeregelten Verstärkerstellen ferngespeist. Wenn mehrere Spannungen, z. B. Heizspannung, Anodenspannung und Signalspannung, benötigt werden, verwendet man in der Regel eine Wechselstromfernspeisung. So wird für die Fernspeisung aller Röhrenverstärker Wechselstrom genommen mit Ausnahme der Seekabelverstärker, bei denen die in Reihe geschalteten Heizfäden der Röhren so dimensioniert sind, daß sie an die Anodenspannung gelegt werden können. Damit wird bei den Seekabelverstärkern mit Röhren nur eine Spannung benötigt, und es kann Gleichstromfernspeisung vorgesehen werden. Auch bei Systemen mit Transistorverstärkern wird Gleichstrom zur Fernspeisung verwendet.

Der Abstand zwischen der Frequenz der Fernspeisung — 0 Hz oder etwa 50 Hz — und der unteren Frequenz des Trägersystems ist so groß, daß der Fernspeisestrom und das Nachrichtensignal gleichzeitig über dieselbe Leitung übertragen werden können. An jeder Verstärkerstelle werden sie durch Stromversorgungsweichen voneinander getrennt. Die Verstärker eines Fernspeiseabschnitts können parallel oder in Reihe gespeist werden. Welche Art der Fernspeisung — Gleich- oder Wechselstromspeisung, Serien- oder Parallelspeisung — für ein Weitverkehrssystem am geeignetsten ist, hängt vor allem

von der Leistungsaufnahme der Verstärker,
von der Zahl der zu speisenden Verstärkerstellen,
von den Genauigkeitsforderungen an Spannung oder Strom,
von den Eigenschaften der Übertragungsleitung

ab.

Bei Koaxialpaaren wird als Stromversorgungsleiter hauptsächlich der Innenleiter benutzt. Wenn die Außenleiter gegeneinander und gegen den Kabelmantel gut isoliert sind, kann der Fernspeisestrom auch auf Innen- und Außenleiter, nur auf den Außenleitern oder zwischen Außenleiter und Schirm (Kabelmantel) übertragen werden. Diese Varianten erfordern besondere Maßnahmen in den ferngespeisten Verstärkerstellen. Die Speisung zwischen Außenleiter und Schirm ist in verstärktem Maße gegen die Beeinflussung durch Starkstrom und Blitzentladungen zu schützen.

Bei Kabeln mit mehreren Koaxialpaaren ist zur Erhöhung der Betriebssicherheit für jedes System eine eigene Fernspeisung einzurichten, die unabhängig voneinander betrieben werden können. Auch im speisenden Amt werden die Übertragungssysteme aus getrennten Umformern versorgt, wobei stets mitlaufende Ersatzumformer (Betriebsumformer und Ersatzumformer je zur Hälfte belastet) vorgesehen werden sollten.

Muß bei Arbeiten an der Kabelanlage aus Sicherheitsgründen für das Personal die Fernspeisespannung abgeschaltet werden, dann schalten sich die Einrichtungen der unbemannten Vsrstärkerstellen selbsttätig auf das jeweilig herangeführte Ortsnetz. Die dabei auftretenden Umschaltlücken sind so kurz, daß sie von den Siebmitteln der Netzanschlußgeräte überbrückt werden, so daß die Trägerfrequenzübertragung keine Störung erleidet. Ist die Verwendung des Starkstromortsnetzes nicht möglich, z. B. bei eingegrabenen Verstärkern und Seekabelverstärkern, dann müssen im Bedarfsfall die Nachrichtenverbindungen über eine andere Trasse geführt werden, was bei einem gut vermaschten Netz keine allzu großen Schwierigkeiten machen dürfte.

Die Gleichstromspeisung ist sehr einfach und betriebssicher, sie eignet sich besonders für Systeme mit Transistorverstärkern. Am häufigsten wird die Reihenspeisung angewendet. Ein Beispiel zeigt Abb. 23. Der Speisestrom wird durch Regelung konstant gehalten, damit ist auch die Betriebsspannung an den Verstärkern konstant. Eine ZENER-Diode schützt vor Überspannung und ein Kondensator, der parallel zur ZENER-Diode liegt, hält Störspannungen vom Verstärker fern.

Um die Beeinflussungsspannungen zwischen Innen- und Außenleiter klein zu halten, ist der Außenleiter des Koaxialpaares innerhalb des Versorgungsbereichs einer speisenden Stelle nicht geerdet; die Verstärkerschaltungen müssen deshalb gegen Erde isoliert eingebaut werden. Eine galvanische Trennung zwischen Verstärkerfeldern ist nur am Ende der Fernspeiseschleife vorhanden. In Abb. 23 ist in jeder ferngespeisten Verstärkerstelle ein Relais eingezeichnet, dessen Spule vom

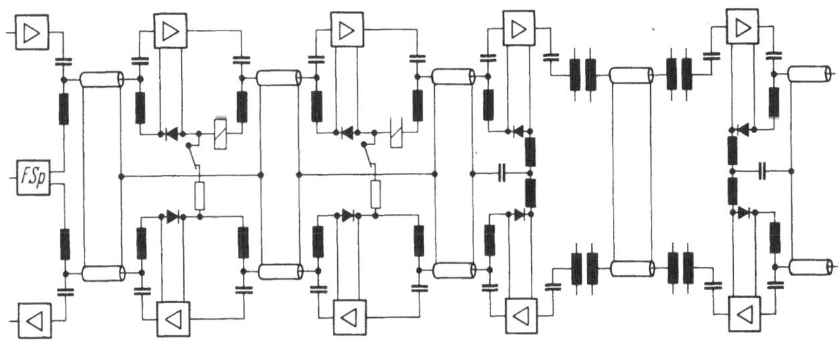

Abb. 23. Prinzip der Fernspeisung. Gleichstromreihenspeisung
*FSp* Fernspeiseeinrichtung

Fernspeisestrom durchflossen wird und das bei Aderbruch eine Querverbindung einlegt, so daß die Fernspeisung der Leitungsverstärker bis zur Fehlerstelle und damit ihre schnelle Ortung ermöglicht wird.

Es kann auch ohne Relais und ohne betriebsfähige Leitungsverstärker der Aderbruch geortet werden, wenn anstelle des Relaiskontakts ein Widerstand in den Querzweig geschaltet wird. Durch Widerstandsmessung zwischen den beiden Innenleitern über den Speisekreis kann die Zahl der parallelgeschalteten Querwiderstände ermittelt und so auf den Fehlerort geschlossen werden. Damit der Querwiderstand während des Betriebes keine unerwünschte Ableitung des Speisestroms verursacht, wird eine Diode mit dem Widerstand in Reihe geschaltet, die so gepolt werden muß, daß sie dem Speisestrom einen sehr großen Widerstand entgegensetzt.

Für die Ortung muß dann in der Fernspeisestelle eine Meßspannung angelegt werden, die eine entgegengesetzte Polung wie die Betriebsspannung aufweist.

Außer diesen beiden Beispielen gibt es noch eine Reihe anderer Möglichkeiten, eine Fehlerstelle zu orten. Diese Verfahren sind für

Systeme mit eingegrabenen Verstärkern sowie für Seekabelsysteme, insbesondere bei Reihenspeisung, sehr wichtig. Wird der Stromversorgungsweg an einer Stelle unterbrochen, fallen alle Verstärker einer Fernspeiseschleife aus.

Abb. 24 zeigt die Gleichstromparallelspeisung über die Phantomleitungen symmetrischer Paare. Die Parallelspeisung ist nur bei geringer Zahl an Verstärkerstellen und kleinen Leitungswiderständen zu wählen. Die in der Verstärkerstelle benötigte Speisespannung wird zweckmäßig durch Reihenschaltung der Stromversorgungsklemmen der Verstärker

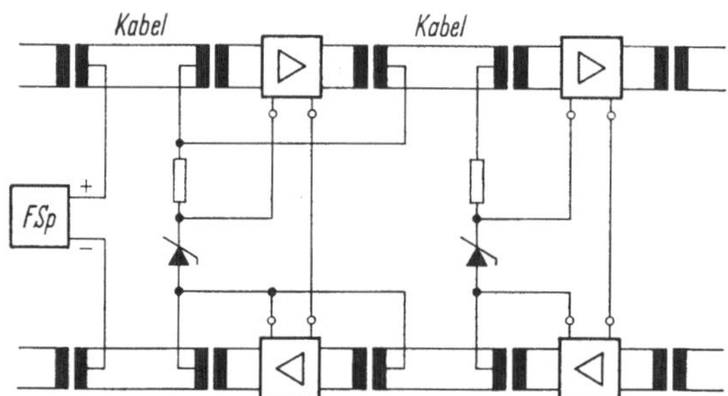


Abb. 24. Prinzip der Fernspeisung. Gleichstromparallelspeisung

erhöht. Eine ZENER-Diode zur Spannungsstabilisierung oder eine Stromregelschaltung ist in jeder Verstärkerstelle erforderlich, wobei mit der Größe der Leitungswiderstände die Stabilisierungsverluste stark ansteigen.

Eine teilgeregelte Verstärkerstelle mit Transistorverstärkern braucht etwa 1 bis 2 W Stromversorgungsleistung bei Strömen von etwa 40 bis 60 mA. Bei Gleichstromfernspeisung ist der Aufwand für die Stromversorgungseinrichtungen sehr gering — abgesehen von den Stromversorgungsweichen werden nur zwei Dioden und zwei Kondensatoren benötigt — und die Leitungsverluste sind klein. Eine Wechselstromfernspeisung benötigt wesentlich mehr Bauteile und wird deshalb für Transistorverstärker kaum angewendet.

Anders ist es bei Röhrenverstärkern. Eine solche Verstärkerstelle benötigt etwa 150 W Stromversorgungsleistung bei verschiedenen Betriebsspannungen. Hier ist die Wechselstromfernspeisung vorzuziehen. Abb. 25 zeigt eine Wechselstromparallelspeisung auf den Innenleitern der Koaxialpaare [16]. Die Speisespannung wird so hoch gewählt $(2 \times 600\,\mathrm{V}_\sim$ bis $2 \times 1000\,\mathrm{V}_\sim)$, daß einerseits der Sprüheinsatz auf dem Koaxialpaar mit Sicherheit vermieden wird und andererseits die Leitungsverluste klein gehalten werden. Der Aufspanntransformator gleicht in den gespeisten Verstärkerstellen den Spannungsabfall auf dem vorhergehenden Kabelfeld aus. Die Übersetzungsverhältnisse werden nur einmal bei der Inbetriebnahme so eingestellt, daß die Niederspannung für die Verstärker und die abgehende Hochspannung die vorgesehenen Werte erreichen.

Bei den Speisespannungen von $2 \times 600$ V~ bis $2 \times 1000$ V~ und einer Frequenz von 50 Hz tritt am Kabel und an den Hochpaßkondensatoren der Stromversorgungsweichen eine kapazitive Blindleistung auf, die die Größe der zu übertragenden Wirkleistung erreicht oder bis zum Fünffachen überschreitet. In jeder Verstärkerstelle wird diese Blindleistung kompensiert; die Leitungsverluste durch Blindströme bleiben dadurch

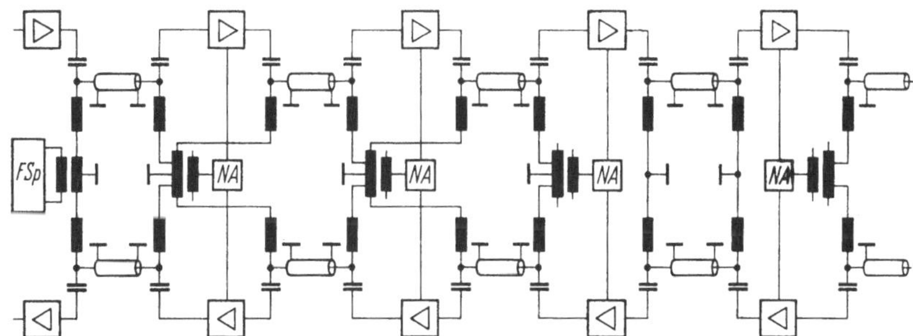

Abb. 25. Prinzip der Fernspeisung. Wechselstromparallelspeisung. *NA* Netzanschlußgerät

klein. Zur Kompensation könnten eigene Drosseln parallel zu den Aufspanntransformatoren dienen oder der Aufspanntransformator erhält einen solchen Luftspalt, daß der Magnetisierungsstrom den kapazitiven Blindstrom eines Feldes mittlerer Länge kompensiert.

Neben den Nachrichtensignalen und der Fernspeisung können durch Beeinflussung auch unerwünschte Spannungen im Kabel entstehen. So kann z. B. durch den Kurzschlußstrom einer dem Kabel parallellaufenden Hochspannungsleitung ein erheblicher Strom im Bleimantel des Kabels induziert werden und damit an dem Mantelwiderstand eine Längsspannung auftreten. Ähnliche Wirkungen können Blitzströme hervorrufen.

Die Längsspannung beansprucht die Isolierung zwischen Kabeladern und Mantel in steigendem Maße an den Enden der beeinflußten Strecke. Diese ist meist für eine Prüfwechselspannung von 2000 V ausgelegt. 60% dieser Prüfspannung sind als Beeinflussungsspannung zugelassen.

Es gibt nun verschiedene Wege, die Beeinflussungsspannung zwischen Kabelmantel und Adern klein zu halten.

1. Ein einfacher, aber teurer Weg ist die Verkleinerung des Reduktionsfaktors des Kabels durch einen Kabelmantel hoher elektrischer Leitfähigkeit, also kleinem Mantelwiderstand. Solche Kabel mit Aluminiummantel werden längs elektrischer Bahnstrecken eingesetzt, da der Bahnbetrieb durchlaufende Adern auf Strecken bis 80 km benötigt.

Über die Kleinkoaxialpaare in solchen Kabeln werden die V 300-Leitungsverstärker mit Gleichstrom in Reihenschaltung gespeist.

2. Durch Trennübertrager in den Verstärkerstellen kann die Beeinflussungslänge unterteilt werden. Die Übertrager müssen für alle Kabeladern an der gleichen Stelle eingesetzt werden.

3. Müssen jedoch Adern lange Strecken ohne galvanische Trennung durchlaufen, dann können in den Verstärkerstellen zwischen den Adern und dem Kabelmantel Ableiter geschaltet werden, welche die Spannungsbeanspruchung der Isolierung begrenzen. Die Ableiter zünden beim Einsetzen der Überspannung und löschen bei ihrem Verschwinden, auch wenn auf diesen Adern eine Gleichstromfernspeisung mit eingeprägtem Speisestrom betrieben wird.

4. Einen billigen und wirksamen Beeinflussungsschutz bieten die im Mittelpunkt geerdeten Aufspanntransformatoren bei Wechselstromparallelspeisung (Abb. 25). Tritt eine Längsspannung am Kabelmantel auf, dann fließen über die symmetrischen Transformatorwicklungen und die mit ihnen verbundenen Kabeladern Ausgleichströme und die Spannungsbeanspruchung der Isolierung wird auf den Spannungsabfall an den Transformatorwicklungen begrenzt. Die Beeinflussungsspannungen werden um so geringer, je kleiner der Widerstand der Hochspannungswicklung im Verhältnis zu dem der Innenleiter wird.

Die Mittelpunktserdung der Fernspeisetransformatoren kann die Beeinflussungsspannung aber nur dann vermindern, wenn über beide an die Hochspannungswicklung angeschlossenen Leiter Strom fließen kann. Ist eine der Adern unterbrochen, dann wird wohl die Fernspeiseenergie über einen Leiter und Erde weiter übertragen, die Beeinflussung aber wird nicht mehr reduziert und tritt in voller Höhe auf die Netzanschlußgeräte über. Die Unterbrechung einer der beiden Adern muß deshalb rechtzeitig festgestellt werden.

Die dazu nötige Unsymmetrie-Überwachungseinrichtung gehört zum Überlastungsschutz der Fernspeiseeinrichtung. Sie ist in jeder Verstärkerstelle eingesetzt und vergleicht die Ströme in den Hochspannungswicklungshälften. Sie veranlaßt die Abschaltung, wenn die Ströme bei „einpoligem Betrieb" den Transformator zu stark erwärmen würden. Wird die Erwärmungsgrenze nicht erreicht, dann ist eine Signalisierung vorteilhaft, damit die Unterbrechung vor der nächsten Starkstrombeeinflussung behoben werden kann. Mit der Stromunsymmetrieüberwachung ist eine Spannungsüberwachung schaltungsmäßig verbunden, die bei 7 bis 10% Überspannung die Abschaltung der Fernspeisung veranlaßt. Solche Überspannungen treten bei Unterbrechung beider Stromversorgungsleiter in der Mitte einer längeren Fernspeisestrecke auf und können Sprühen im Kabel oder in den Stromversorgungsweichen hervorrufen. Spricht dann die Überwachung in einer gespeisten Ver-

stärkerstelle an, so schließt sie die Niederspannung, an die die Netzanschlußgeräte angeschlossen sind, über einen Begrenzungswiderstand
kurz, beseitigt dadurch die Überspannung und bringt die Überwachung
im speisenden Amt zur Überstromauslösung. Dieser Abschaltweg beansprucht keine zusätzlichen Leitungen für die Fehlermeldung.

Bei Gleichstromreihenspeisung sind in den gespeisten Verstärkerstellen normalerweise keine Einrichtungen für die Überwachung der
Fernspeisung vorgesehen. In der Überwachungseinrichtung der Speisestelle wird der Einspeisestrom mit dem bei der Inbetriebnahme eingestellten Normalwert verglichen. Bei Reihenspeisung mit konstantem
Strom wird die Speisespannung überwacht. Abweichungen von etwa
10%, wie sie beim Ausfall von ein bis zwei Verstärkern oder beim Kurzschluß in einem der Netzanschlußgeräte auftreten, sollen eine Signal-
abgabe oder die Abschaltung der Strecke bewirken.

### 5.1.7 Überwachung der Verstärker

Für das betriebssichere Arbeiten einer Weitverkehrsverbindung
ist es nötig, daß nicht nur die Stromversorgung, sondern auch die Verstärker und die übrigen Streckengeräte überwacht werden. Dies geschieht
bei Leitungsverstärkern mit Röhren durch Pilotempfänger. Darüber
hinaus werden die Röhren bei Verstärkern mit Parallelröhren einzeln
überwacht und der Ausfall an die nächste bemannte Verstärkerstelle
gemeldet. Die Signalisierung kann durch Impulstelegramme auf einem
symmetrischen Paar oder auf einem Phantomkreis erfolgen. Aus der
Form des Impulstelegramms kann sowohl die Art des Fehlers als auch
der Fehlerort bestimmt werden.

Bei einem anderen Verfahren werden in der teilgeregelten Verstärkerstelle, in der ein Fehler aufgetreten ist, durch einen Relaiskontakt die
beiden Adern einer Beipackleitung kurzgeschlossen. Von der bemannten
Verstärkerstelle aus wird der Widerstand der so gebildeten Schleife
und damit der Fehlerort ausgemessen. Wenn verschiedene Fehlerarten
erkannt werden sollen, müssen entsprechend viele Beipackleitungen
verwendet werden.

Für Leitungsverstärker mit Transistoren ist die Überwachung mit
Pilotempfängern zu aufwendig, da zwischen zwei bemannten Verstärkerstellen hauptsächlich temperaturgesteuerte und nur wenig oder keine
pilotgeregelte Verstärker verwendet werden. Anders liegt der Fall bei
den Röhrenverstärkern, bei denen jede zweite Verstärkerstelle pilotgeregelt, die Hälfte aller Pilotempfänger also bereits vorhanden ist.
Außerdem sollen die Transistorverstärker in Muffen untergebracht und
eingegraben werden. Man wird deshalb bemüht sein, in einer solchen
Verstärkerstelle mit möglichst wenig Bauteilen auszukommen, um eine
hohe Betriebssicherheit zu erreichen.

Seekabelverstärker und eingegrabene Verstärker sind nicht mehr leicht zugänglich. Bei Seekabelverstärkern ist der Austausch eines fehlerhaften Verstärkers besonders schwierig und kostspielig. Deshalb wurde für Seekabellinien eine große Zahl von Ortungsverfahren und Überwachungseinrichtungen entworfen, die auch für Landkabelverbindungen mit Erfolg eingesetzt werden können. Von den vielen Möglichkeiten, die in Veröffentlichungen und Patentschriften bekanntgemacht wurden, seien nur zwei erwähnt, die einander entsprechen.

In dem einen Fall wird jeder teilgeregelten Verstärkerstelle eine Kennfrequenz zugeordnet, die oberhalb oder unterhalb des Nutzfrequenzbandes liegen kann.

In der zugehörigen Verstärkerstelle wird für diese Frequenz über einen Bandpaß ein selektiver Nebenschluß zwischen der Hin- und Rückleitung hergestellt. Von der bemannten, vollgeregelten Verstärkerstelle aus werden die verschiedenen Kennfrequenzen ausgesendet und wieder empfangen. Die Verstärkerstelle, von der an keine Ortungssignale zurückkehren, ist gestört.

Im anderen Fall wird ober- oder unterhalb des Nutzfrequenzbandes ein Impuls übertragen, der einer Trägerfrequenz aufmoduliert ist. Auch hier wird mittels eines Bandpasses an jeder teilgeregelten Verstärkerstelle ein selektiver Nebenschluß geschaffen, der den Impuls an den Sendeort zurückkehren läßt. Entsprechend der Entfernung von der Sendestelle kommen die Impulse von den einzelnen teilgeregelten Verstärkerstellen verzögert zurück und können im Oszillographen nebeneinander betrachtet werden, Abb. 35. Fällt z. B. ein Verstärker in der sechsten teilgeregelten Verstärkerstelle aus, dann kommen nur 5 Impulse zurück. Aus der Form und Größe der Impulse im Vergleich mit den Impulsen bei der Ersteinmessung können Veränderungen in der Übertragungsqualität festgestellt werden.

Während für die verschiedenen Kennfrequenzen nach dem ersten Verfahren auch unterschiedliche Bandpässe gebraucht werden, wird bei dem Impulsverfahren immer das gleiche Bandfilter verwendet. Dies ist für die Fertigung sehr vorteilhaft. Eine Voraussetzung für beide Verfahren ist die intakte Fernspeisung vor der Fehlerstelle. Bei Reihenspeisung können die Verstärker vor dem Unterbrechungsort mit Hilfe von Relais, Abb. 23, wieder in Betrieb genommen werden. Fernspeiseabschnitt und Überwachungsabschnitt umfassen dieselben Verstärker.

## 5.2 Linien mit symmetrischen Leitungen

**Linien mit Freileitungen.** Die ersten Fernleitungen waren Freileitungen. Im Kapitel über Freileitungen (s. S. 118) sind deren Eigenschaften genauer beschrieben. Da die Freileitungen allen Wettereinflüssen ungeschützt ausgesetzt sind, muß mit starken und gegenüber Erdkabeln schnelleren Änderungen der Übertragungseigenschaften gerechnet werden. Trotz dieser Nachteile wird die Freileitung, wegen ihres geringen Aufwandes an Material und Baukosten, in dünn besiedelten Ländern als Rückgrat des Weitverkehrsnetzes eingesetzt.

Die Freileitungen werden auch trägerfrequent ausgenützt. Es wurden Zweidraht-Getrenntlage-Systeme für 3 Trägerfrequenzsprechkreise, das Z3F-System und für 12 Sprechkreise, das Z12F-System gebaut. Die Übertragungsbereiche liegen von 3,16 bis 31 kHz und von 36 bis 143 kHz so, daß auf einem Leiterpaar gleichzeitig beide Systeme betrieben werden können. Damit kann jedes Leiterpaar mit $1 + 3 + 12 = 16$ Fernsprech-verbindungen, einer Gleichstromtelegraphie unterhalb des Nieder-frequenzkanals und 4 Wechselstrom-Telegraphie-Verbindungen über dem Z3F-System belegt werden. Die Frequenzbänder für die beiden Übertragungsrichtungen sind für das Z3F-System etwa 3,16 bis 16,11 kHz und 18 bis 31,11 kHz, für das Z12F-System etwa 36 bis 84 kHz und 92 bis 143 kHz.

Sollen mehrere Trägerfrequenzsysteme auf verschiedenen Leitungen desselben Freileitungsgestänges parallellaufen, dann müssen besondere Vorkehrungen wegen des Nebensprechens getroffen werden. In den Umsetzereinrichtungen sind deshalb für die beiden Systeme Bandinver-tierung und Bandverschiebung vorgesehen. Für die Systeme Z3F und Z12F gibt es je 4 verschiedene Frequenzpläne [17]. Außerdem sollen die einzelnen Leitungen eines Gestänges so belegt sein, daß alle in einer Richtung die untere Frequenzgruppe, in der Gegenrichtung die obere Frequenzgruppe übertragen, damit zwischen den Bändern gleicher Frequenzlage keine großen Pegelunterschiede auftreten.

Der relative Sendepegel ist bei beiden Systemen am Ausgang des Sendeverstärkers

$$p_S \leqq + 2 \, \mathrm{Np}.$$

Dieser hohe Pegel ist typisch für Freileitungssysteme, da Freileitungen den Beeinflussungen durch Fremdfelder viel stärker ausgesetzt sind als Kabel. Ein Störfeld induziert in eine symmetrisch betriebene Freileitung etwa $10^4$ bis $10^6$ mal mehr Fremdspannung als in eine 80 cm tief verlegte Leitung in einem Kabel mit Bleimantel, das auf der gleichen Trasse verläuft [18].

Der relative Empfangspegel für den jeweils obersten Kanal ist im Regelfall

$$p_E \geqq -4,3 \, \mathrm{Np} \quad \text{für das} \quad \mathrm{Z3F\text{-}System}$$

und

$$p_E \geqq -2 \, \mathrm{Np} \quad \text{für das} \quad \mathrm{Z12F\text{-}System}.$$

Als Grenzwerte für Rauhreif ergeben sich

$$p_E = -5,8 \, \text{Np}$$

bzw. $$p_E = -6,5 \, \text{Np}.$$

Mit einer Hartkupferleitung von 3 mm Durchmesser und 20 cm Leiterabstand erhält man dann, auf den Regelfall bezogen, etwa folgende Verstärkerfeldlängen:

$$l = 300 \, \text{km für Z3F},$$

$$l = 120 \, \text{km für Z12F}.$$

Diese Längen sind in vielen Fällen für das Fernnetz ausreichend, so daß man häufig ohne Zwischenverstärkerstellen auskommen wird. Müssen im Weitverkehr doch einmal Zwischenverstärker gesetzt werden, dann ist darauf zu achten, daß entweder durchlaufende Leitungen für das

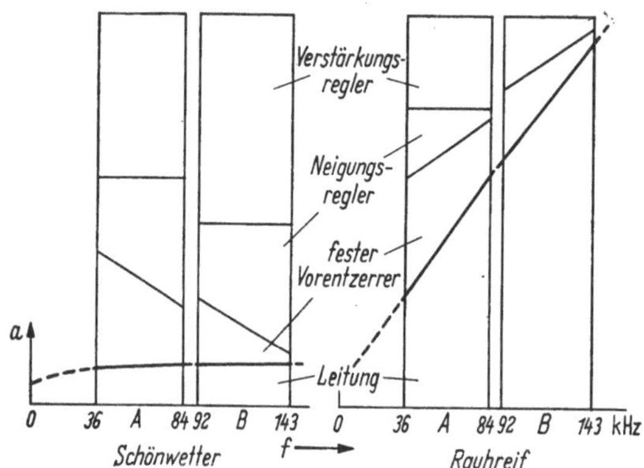


Abb. 26. Zusammensetzung der Dämpfung $a$ bei der selbsttätigen Pegelregelung (schematisch) Z 12 F

jeweilige Trägerfrequenzband gesperrt, oder daß in der Zwischenverstärkerstelle die Trägerfrequenzbänder umgesetzt werden, um eine Rückkopplung des Zwischenverstärkers über dritte Leitungen zu vermeiden.

Während bei der Koaxialleitung die temperaturbedingten Dämpfungsänderungen einen Frequenzgang aufweisen, der einer Längenänderung entspricht, ist dies für Freileitungen bei verschiedenem Wetter nicht der Fall. Die Dämpfungskurven einer Freileitungsstrecke sind bei trockenem Wetter, Nebel, Regen und Rauhreif untereinander nicht proportional. Zur selbsttätigen Entzerrung dieser Dämpfungskurven werden z. B. im Z12F-System für jedes der beiden Übertragungsbänder 2 Pilotfrequenzen verwendet. Die im Übertragungsband jeweils oben liegende Pilotfrequenz steuert einen Neigungsregler und die am unteren Rande liegende steuert einen Verstärkungsregler. Außerdem ist für jedes Band noch ein fester Vorentzerrer vorhanden. Die Zusammen-

setzung der Dämpfung bei selbsttätiger Pegelregelung ist für Schönwetter und Rauhreif schematisch in Abb. 26 dargestellt. Die Summe
aller Dämpfungen muß frequenzunabhängig 8,5 Np gleich der Verstärkung der Z 12 F-Verstärkerstelle sein.

Abb. 27 gibt das Blockschema einer Z 12 F-Zwischenverstärkerstelle wieder. Die Leitungsweichen trennen die Niederfrequenz- und
Z 3 F-Kanäle von den Z 12 F-Bändern, und die Richtungsweiche trennt
die beiden Z 12 F-Bänder. In jedem Verstärkerzug folgt nach der Richtungsweiche der feste Vorentzerrer, dann der Verstärkungsregler, ein
zweistufiger Verstärker, der Neigungsregler, wieder ein zweistufiger
Verstärker und anschließend ein Tiefpaß oder Bandpaß mit Dämpfungsglied oder die Richtungsumsetzer mit 176 kHz-Generator und der
3 stufige Verstärker mit Gegentaktendstufe. Von dem Pilotausgang
dieses Verstärkers wird der Pilotempfänger gespeist, der über einen
Motor den Regler steuert. Vor den Leitungsweichen sind noch Spuleneinheiten untergebracht, welche die Kabelkapazität ausgleichen, wenn
die Freileitungen über Einführungskabel an die Zwischenverstärkerstelle angeschlossen sind.

In der Abb. 27 wird die Bezeichnung Zwischenverstärker *A* und
Zwischenverstärker *B* verwendet. Unter Zwischenverstärker *A* versteht
man eine Zwischenverstärkerstelle, in der das *A*-Band, also das untere
Übertragungsband ausgesendet und das obere Übertragungsband,
das *B*-Band, empfangen wird. Beim Zwischenverstärker *B* ist es umgekehrt.

**Linien mit Kabeln.** Neben den 12 Kanal-Zweidrahtsystemen für
Freileitungen wurden auch solche für Kabel entwickelt, da ein Bedarf
an neuen Fernsprechleitungen wegen der steigenden Teilnehmerzahlen
und dem Ausbau der Fernwahl sowohl im Fernnetz als auch im Bezirksnetz auftrat [*19*].

Ein solches System ist z. B. das Z 12 N-System, ebenfalls ein Zweidrahtsystem, das für unbespulte, symmetrische Zweidrahtleitungen
entwickelt wurde. Die 12 Sprechkanäle einer Richtung sind zu einer
Gruppe zusammengefaßt. Die untere Gruppe liegt im Frequenzband
6 bis 54 kHz, die Gegenrichtung im Band 60 bis 108 kHz. In der Praxis
werden häufig zur Übertragung dieses breiten Bandes bereits verlegte
symmetrische, bespulte Leitungen entspult und ihre Nebensprechkopplungen ausgeglichen.

Die überbrückbare Dämpfung zwischen 2 Endstellen beträgt bei
108 kHz etwa 8,5 Np. Dem Wert entspricht bei einem papierisolierten
Leiterpaar mit 1,4 mm Leiterdurchmesser eine Verstärkerfeldlänge von
etwa 37 km. Für größere Entfernungen können Zwischenverstärker
eingesetzt werden. Je nach der benötigten Anzahl wählt man mit Rücksicht auf die Leitungsgeräusche die Verstärkerfelddämpfung bei 1 oder

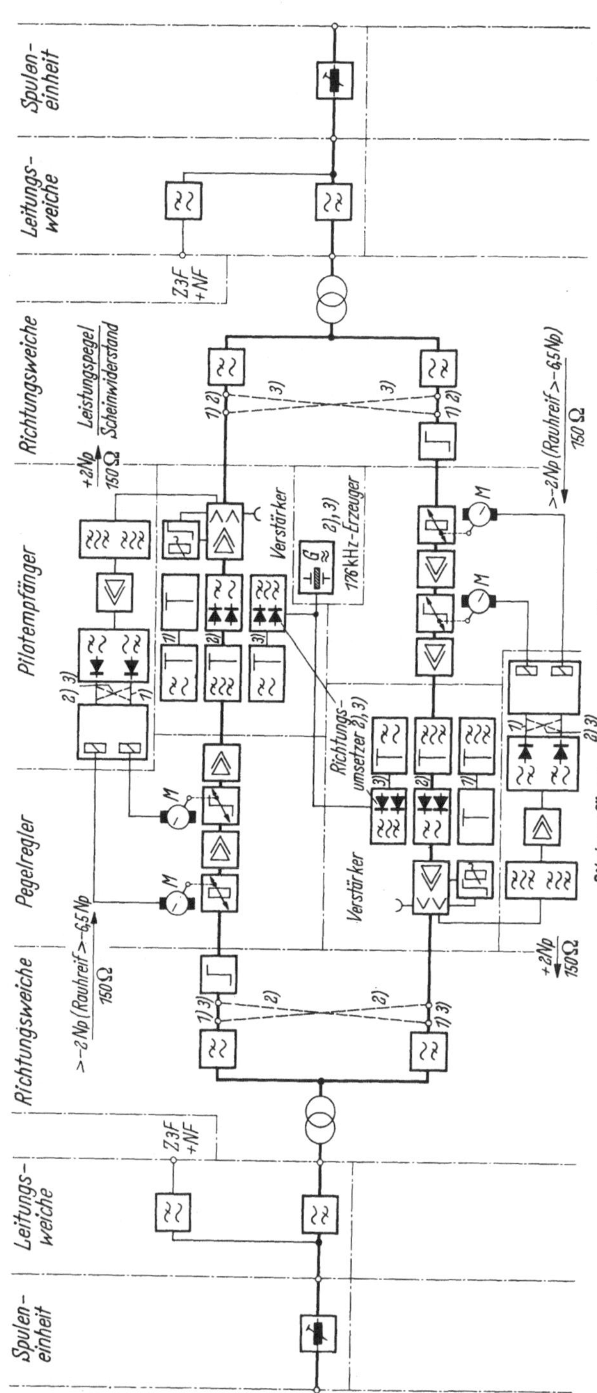


Abb. 27. Übersichtsschaltbild der Zwischenverstärkerstelle Z 12 F

1 ohne Umsetzung; 2 Zwischenverstärker A mit Gruppentausch; 3 Zwischenverstärker B mit Gruppentausch; M Motor

2 Zwischenverstärkern nicht größer als 7,5 Np und bei 3 bis 10 Zwischenverstärkern nicht größer als 7 Np.

Da sich die Übertragungseigenschaften eines Kabels viel weniger ändern als die einer Freileitung hat man beim Z12N-System die selbsttätige Entzerrung durch eine von Hand einstellbare Entzerrung ersetzt und die Pilote weggelassen. Wenn das Z12N-System in Weitverkehrsverbindungen eingesetzt und es gewünscht wird, können Pilote in jeder Übertragungsgruppe zur Überwachung vorgesehen werden.

Abb. 28 zeigt das Übersichtsschaltbild einer Zwischenverstärkerstelle mit Gruppentausch. Der Gruppentausch wird in allen Zwischenstellen nötig, in denen andere Leitungen durchlaufen und damit Kopplungen der Ausgangsspannungen auf den Eingang des eigenen oder benachbarten Verstärkers auftreten können. Durch Gruppentausch lassen sich die unerwünschten Auswirkungen solcher Kopplungswege sicher vermeiden. Wie aus Abb. 29 hervorgeht, kann der Gruppentausch in sehr einfacher Weise durchgeführt werden.

Der Entzerrungsbereich wurde auch beim Z12N-System sehr groß gemacht, um sich an sehr unterschiedliche Verstärkerfeldlängen anpassen zu können.

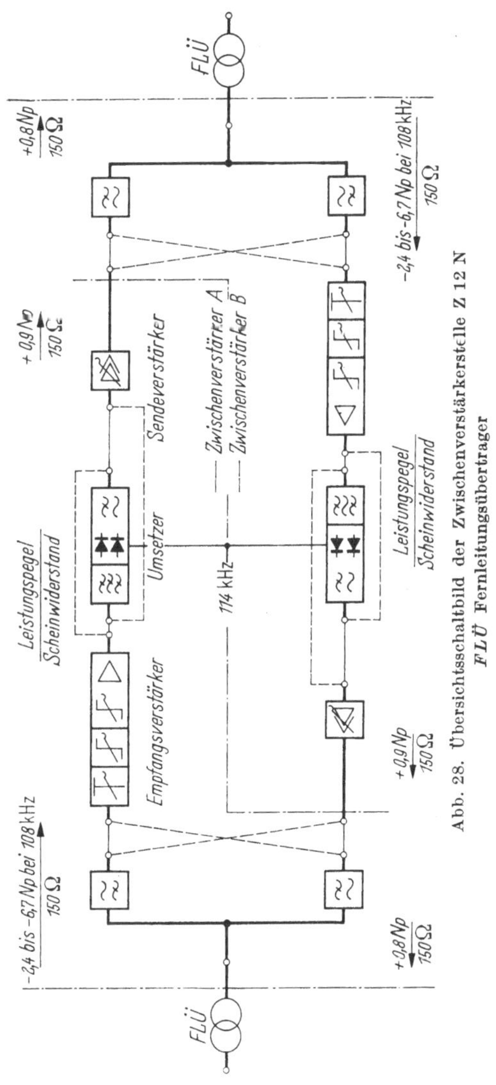


Abb. 28. Übersichtsschaltbild der Zwischenverstärkerstelle Z 12 N. FLÜ Fernleitungsübertrager

nen. Dazu dienen 2 Entzerrer, der Vorentzerrer, der im Übertragungsbereich einen größten Dämpfungsunterschied von wahlweise 0; 0,6; 2,8 oder 3,4 Np ausgleicht, und ein Feinentzerrer im Gegenkopplungsweg der Vorstufe des Leitungsverstärkers, der in 6 Schritten zu je 0,4 Np den Frequenzgang erhöhen kann.

Der größte zu entzerrende Dämpfungsunterschied beträgt demnach im Bereich von 6 bis 108 kHz 5,8 Np. Mit dem Verstärkungsregler im Hauptverstärker läßt sich die Entzerrung für die Teilbänder 6 bis 54 kHz oder 60 bis 108 kHz so einstellen, daß die Einstellunsicherheit ± 0,1 Np beträgt. Abb. 30 zeigt den entzerrbaren Frequenzgang der Verstärkerfelddämpfung.

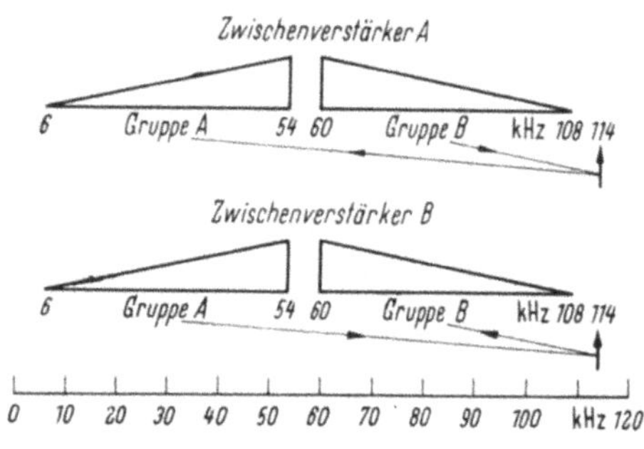


Abb. 29. Frequenzplan für den Gruppentausch Z 12 N

Der relative Sendepegel wurde beim Kabelsystem gegenüber dem Freileitungssystem auf 0,8 Np ermäßigt, weil die Störspannungen auf Kabeln geringer sind.

Symmetrische Leitungen lassen sich mit sehr hoher Symmetrie bauen und bezüglich des Nebensprechens so weit ausgleichen, daß noch breitere Bänder übertragen werden können. Auf papierisolierten Sternviererkabeln erreicht man Bandbreiten von 250 kHz und bei styro-

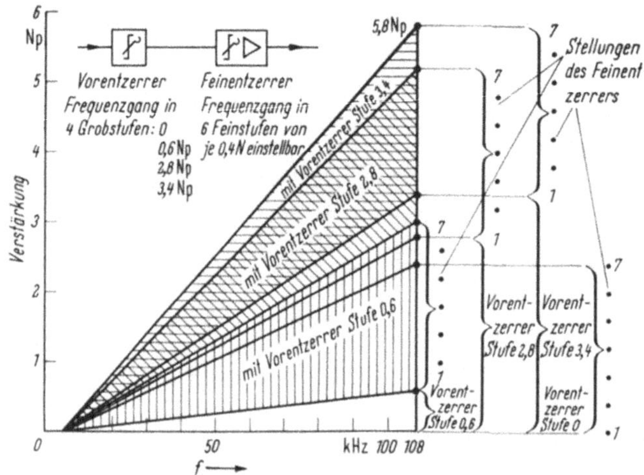


Abb. 30. Einstellbarer Frequenzgang der Leitungsentzerrer Z 12 N

flexisolierten Trägerfrequenz-Sternvierer-Kabeln solche von 550 kHz. Wird Vierdrahtbetrieb gewählt, dann lassen sich auf solchen Leitungen 60 bzw. 120 Sprechkanäle auf einem Leiterpaar unterbringen, wobei wegen des Nebensprechens für Hin- und Rückrichtung Leitungen in getrennten Kabeln genommen werden müssen.

Das für papierisolierte Leitungen entwickelte V 60-System hat einen Übertragungsbereich von 12 bis 252 kHz. Der relative Sendepegel beträgt + 0,5 Np und die Verstärkerfeldlänge etwa 18 km. Der Leitungsverstärker ist in seiner Entzerrung für Verstärkerfelddämpfungen von etwa 3,6 bis 7 Np bei 252 kHz einstellbar. Die Verstärkerstellen können als bemannte oder unbemannte Zwischenverstärkerstellen ausgeführt werden. Nach je 4 oder 5 unbemannten Verstärkerstellen, die zur Entzerrung je ein grob- und ein feinstufiges Netzwerk enthalten, folgt eine bemannte Zwischenstelle, in der auch Temperaturentzerrer vorgesehen sind. Zur Pegelüberwachung werden auf jeder Stammleitung 2 Pilotfrequenzen übertragen, deren Pegel in den bemannten Ämtern von Pilotempfängern kontrolliert werden. Letztere geben Alarm. An den Verstärkungsreglern und Entzerrern können je nach Bedarf die Verstärkungskurven von Hand gesenkt, gehoben oder geschwenkt werden.

Auf den Stammleitungen eines Kabels mit 12 Sternvierern lassen sich mit dem V 60-System 1440 Sprachbänder einrichten. Die Phantomkreise können zur Rundfunkübertragung, für den Dienstverkehr und für die Fernüberwachung unbemannter Verstärkerstellen herangezogen werden.

Die styroflexisolierten Sternvierer des Trägerfrequenzkabels haben einen Leiterdurchmesser von 1,3 mm und bei 552 kHz etwa die gleiche Dämpfung wie die papierisolierten Vierer bei 252 kHz mit einem Leiterdurchmesser von 1,2 mm. Auf 8 Sternvierern können mit dem V 120-System 1920 Sprechkanäle bereitgestellt werden. 60 Sprechkanäle liegen im Übertragungsband von 12 bis 252 kHz — wie beim V 60-System — und 60 im Bereich der Grundübergruppe von 312 bis 552 kHz. Der relative Sendepegel beträgt + 0,2 Np, der kleinste Empfangspegel bei 552 kHz — 6,8 Np. Damit wird die Verstärkerfeldlänge wie beim V 60-System etwa 18 km. Dieser Verstärkerabstand paßt gut zu dem von 36 km für Rundfunkleitungen und ebensogut zu dem Verstärkerabstand von 72 km für mittelschwer oder leicht bespulte Niederfrequenzkabelleitungen.

Die Pegelüberwachung wird beim V 120-System nur mit einem Pilot bei 60 kHz an den Ausgängen der Sende- und Leitungsverstärker durchgeführt. Es wird dabei nur ein Pilotempfänger verwendet, der über ein Schrittschaltwerk bis zu 16 Verstärkerausgänge abtastet und jeden kurzzeitig an den Pilotempfänger legt. — Beim V 60-System wird das gleiche Prinzip für 14 Verstärker angewendet. — Dem Sendeverstärker des Systems V 120 werden außer der Pilotfrequenz 60 kHz auch noch die beiden Meßfrequenzen 253 und 556 kHz zugeführt. Diese Frequenzen liegen außerhalb des Nutzbandes und werden zum Einpegeln der Verbindung auch während des Betriebes benutzt. Für Betriebsmessungen können für Sende- und Leitungsverstärker über schnell schaltende Relais Ersatzgeräte mit einer Umschaltzeit gebracht werden, die kleiner als 2 msec ist und damit auch die Wechselstromtelegraphie nicht wesentlich beeinträchtigt.

Die Anpassung der Verstärker an die Kabeldämpfung erfolgt auch hier mit 2 Entzerrern, einem 2 stufigen Vorentzerrer und einem 24 stufigen Gegenkopplungsentzerrer, genannt „Entzerrungsregler". Mit diesen beiden Entzerrern, deren einstellbaren Frequenzgang Abb. 31 zeigt,

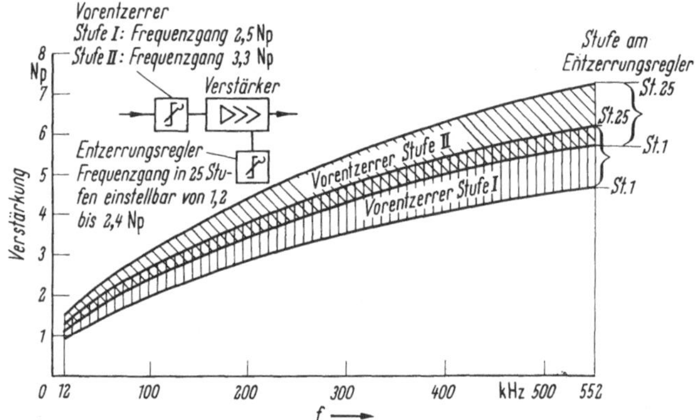


Abb. 31. Einstellbarer Frequenzgang der Leitungsentzerrer V 120

können Verstärkerfeldlängen von etwa 15 bis 20 km ausgeglichen werden. Es bleibt dann noch ein genügend großer Einstellbereich für die Entzerrung der temperaturabhängigen Dämpfungsänderungen des Kabels. Diese Änderungen sind etwa doppelt so groß wie beim V 60-System, und die Temperaturentzerrung muß deshalb entsprechend öfter, in jeder zweiten oder dritten Verstärkerstelle vorgenommen werden. Da der Frequenzgang der temperaturbedingten Dämpfungsänderung bei styroflexisolierten Kabeln, ähnlich wie beim Koaxialkabel, dem Gang der spezifischen Dämpfung weitgehend proportional ist, kann der größte Teil mit dem Entzerrungsregler ausgeglichen werden. Temperaturzusatzentzerrer für den Bereich der tiefen Frequenzen sind dann nur noch in größeren Abständen, etwa alle 200 km, nötig. In den Gegenkopplungsweg der Verstärker können auch Zusatzentzerrer eingesetzt werden, die je einen in seiner Frequenz, Höhe und Breite einstellbaren Dämpfungsbuckel erzeugen, mit denen noch verbleibende Dämpfungsverzerrungen beseitigt werden können. Die Restentzerrung, die normalerweise mit besonderen, einstellbaren Entzerrern (z. B. Echoentzerrer) in den bemannten Ämtern durchgeführt wird, ist beim V 120-System auf die einzelnen Leitungsverstärker längs der Strecke verteilt.

Die hier beschriebenen Systeme mit symmetrischen Leitungen sollen als Beispiele die praktische Ausführung zeigen. Es gibt darüber hinaus noch andere Systeme, wie z. B. das System VZ 12 M, das als Vierdraht- und Zweidrahtsystem für Freileitungen oder Kabel mit oder ohne selbsttätiger Regelung benützt werden kann [20].

Bei allen diesen Systemen ist in der Bestückung der Gestelle keine Trennung zwischen Umsetzergeräten und Streckengeräten durchgeführt. In den Endämtern enthalten die Gestelle sowohl Leitungsverstärker als auch Umsetzereinrichtungen und bei den Z-Systemen sind in den Zwischenstellen Leitungsverstärker und Richtungsumsetzer im gleichen Gestell vereinigt. Im Entzerrungsaufwand ist in den verschiedenen Verstärkerstellen, wie Endstelle, bemannte und unbemannte Zwischenstelle, kein wesentlicher Unterschied.

Die Systeme für Freileitungen und für Luftkabel haben selbsttätige Regler, die den temperaturbedingten Dämpfungsgang der Leitungen ausregeln. Der Bereich des einstellbaren Frequenzgangs der Leitungsentzerrer dieser Systeme und der 12-Kanal-Systeme für Erdkabel ist relativ groß, da sie an sehr unterschiedliche Leitungen und Verstärkerfeldlängen angepaßt werden müssen. Die Systeme V 60 und V 120 hingegen haben kleinere Bereiche des einstellbaren Frequenzgangs, weil sie gleichmäßigere Verstärkerfeldlängen aufweisen und hauptsächlich für den Weitverkehr auf eigens dafür verlegten und ausgeglichenen Leitungen eingesetzt werden. Soweit keine Pilotregelung vorhanden ist, werden die symmetrischen Systeme durch Piloteinrichtungen überwacht [12].

## 5.3 Linien mit Koaxialleitungen

Das System V 300 mit 300 Sprechkreisen auf 2 Kleinkoaxialpaaren 1,2/4,4 mm steht bezüglich der Kanalzahl am Anfang einer Reihe von Trägerfrequenz-Fernsprechsystemen mit Koaxialkabeln für den Weitverkehr. Das Kleinkoaxialpaar wurde zuerst von den Ländern eingeführt, die keine symmetrischen Trägerfrequenzkabel mit V 120-Systemen betreiben, sondern hauptsächlich 12-Kanal-Systeme mit symmetrischen Leitungen und V 960-Systeme mit Koaxialpaaren 2,6/9,5 mm besaßen. So sollte ursprünglich das Kleinkoaxialpaar das Gegenstück zu einer symmetrischen Trägerfrequenzleitung werden, und man dachte zuerst an Systeme V 60, V 120, Z 120, V 240 und endlich an V 300. Das CCITT hat inzwischen Empfehlungen für ein V 300-System herausgegeben und studiert die Ausnützung der Kleinkoaxialpaare für Systeme mit höheren Sprechkreiszahlen.

Das Koaxialpaar 2,6/9,5 mm besteht schon wesentlich länger. Seine Abmessungen und Eigenschaften wurden im Jahre 1946 in Montreux vom CCITT festgelegt. Für diese Leitung wurden die Systeme V 960,

V 1260 und V 2700 in den Jahren von 1950 bis 1960 entwickelt. In der
fraglichen Zeit standen noch keine geeigneten Transistoren für die

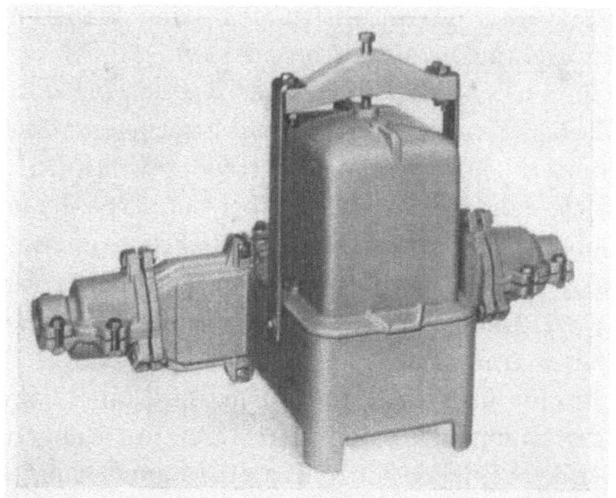

Abb. 32. Kabelmuffe mit angeflanschtem Verstärkergehäuse

Leitungsverstärker zur Verfügung, so daß sie mit Röhren bestückt
wurden.

Das erste System, das Leitungsverstärker mit Transistoren aufweist und an keiner Stelle mehr Röhren verwendet, ist das V 300-System.
Auch die Systeme V 960 und V 2700 werden mit Transistoren neu entwickelt, da die Industrie etwa vom Jahre 1962 an Transistoren auf den
Markt brachte, mit denen es mög-
lich wurde, Transistorverstärker mit
den gleichen und besseren Eigenschaften zu bauen wie sie die Röhrenverstärker aufweisen.

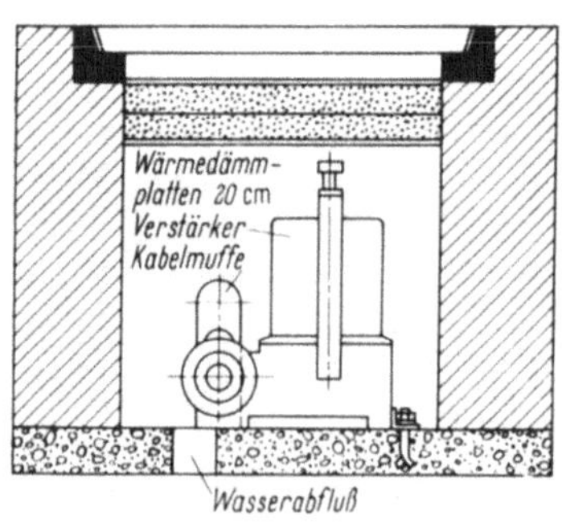


Abb. 33. Schnittzeichnung einer unterirdischen Zwischenverstärkerstelle

Beim Übergang von Röhren- zu
Transistorverstärkern ergeben sich
Änderungen in

a) der Unterbringung
b) der Regelung
c) der Fernstromversorgung
d) der Überwachung und
e) dem Schutz vor Beeinflussungsspannungen.

*Zu a).* Die Verstärkergehäuse können mit Kabelmuffen vereinigt,
Abb. 32, und in Schächten untergebracht, Abb. 33, oder eingegraben
werden. Durch die Wärmedämmplatten erreicht man gleiche Temperaturänderungen für Kabel und Verstärker, Abb. 34.

*Zu b)*. Die Verstärkung kann deshalb durch die Umgebungstemperatur gesteuert werden, um die temperaturbedingten Dämpfungsänderungen des Koaxialpaares auszugleichen. Der Restfehler beträgt z. B. für das System V 300 bei 100 km Streckenlänge ungefähr $\pm 0{,}15$ Np, d. h., die Dämpfungsänderung des Koaxialpaares von $\pm 1{,}4$ Np wird auf etwa den zehnten Teil verringert.

Der Restfehler wird in der bemannten Verstärkerstelle oder, wenn nötig, auch in einer unterirdischen Verstärkerstelle durch einen pilotgeregelten Verstärker aufgefangen.

*Zu c)*. Weil der Transistor nur eine einzige Betriebsspannung benötigt, wird für die Leitungsverstärker von Weitverkehrssystemen meist Gleichstromreihenspeisung angewendet, Abb. 23. Vor- und

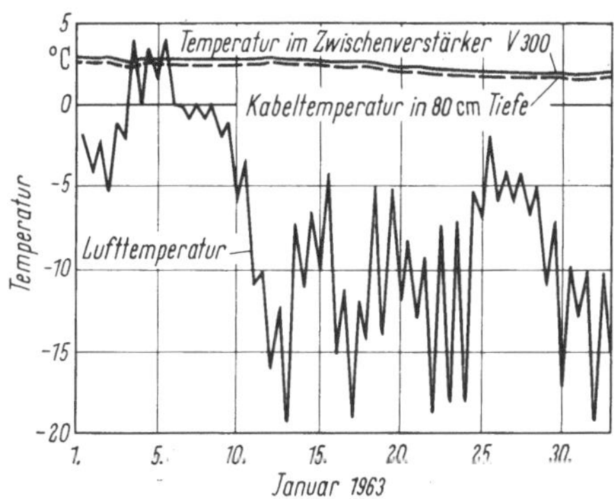


Abb. 34. Temperaturverhältnisse

Nachteile sowie Verfahren zur Ortung einer Unterbrechung der Fernspeiseschleife wurden bereits auf S. 549 erwähnt.

*Zu d)*. Die eingegrabenen Verstärker sind nicht mehr leicht zugänglich, daher kommt der Überwachung besondere Bedeutung zu. Sie soll nicht nur anzeigen, wenn ein Verstärker bereits ausgefallen ist, sie soll schon vorher erkennen lassen, wenn Verstärker in ihrer Leistung absinken und auch erlauben, Wackelkontakte einzugrenzen. Dies ist z. B. bei einer Impulsüberwachung möglich. Bei ihr werden von den Ausgängen der Leitungsverstärker der einen Richtung Bandfilter zu den Eingängen der Verstärker der Gegenrichtung geschaltet. Der Durchlaßbereich der Filter liegt oberhalb des Nutzbandes. Sendet man vom bemannten, überwachenden Amt einen geeigneten Impuls in die abgehende Leitung, so gelangt er innerhalb eines Ortungsabschnitts über die Filter in die Gegenrichtung zum überwachenden Amt zurück. Wegen der Laufzeit kommen nacheinander so viele Impulse zurück, wie Filter eingeschaltet und Zwischenverstärkerstellen betriebsbereit sind, Abb. 35.

Zum Auffinden „kranker" Verstärker — z. B. solcher mit absinkender Leistungsfähigkeit durch nachlassende Stromverstärkung der Transistoren — wird der Fernspeisestrom auf der Strecke verkleinert. Die Verstärker mit kleinerer Gegenkopplung verringern ihre Verstärkung abhängig vom Fernspeisestrom in größerem Maße als Verstärker mit normaler Gegenkopplung und so müssen alle zurückkommenden Impulse, die über den „kranken" Verstärker gelaufen sind, merkbar kleiner sein als die übrigen Impulse. Der erste kleine Impuls gibt den Ort des „kranken" Verstärkers an.

Für die Eingrenzung von Wackelkontakten bietet die Impulsüberwachung ebenfalls einfache Möglichkeiten. Ist der Wackelkontakt dauernd vorhanden, dann schwanken alle rückkehrenden Impulse die über den Wackelkontakt gelaufen sind, und der erste schwankende

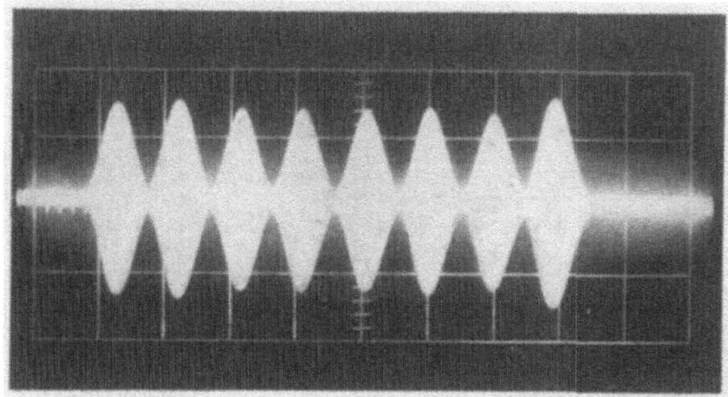

Abb. 35. Ortungsimpulse von einem Streckenabschnitt mit 8 Zwischenverstärkern

Impuls zeigt den Fehlerort an. Tritt der Wackelkontakt nur selten auf, dann können die Amplituden der Impulse über längere Zeit aufgeschrieben werden.

*Zu e).* Während Röhrenverstärker gegen Beeinflussungsspannungen weitgehend unempfindlich sind, ist für Transistorverstärker ein wirksamer Schutz vorzusehen, da die Transistoren schon bei geringen Überlastungen zerstört werden können. Die Empfindlichkeit der Transistoren wurde bereits bei der Fernspeisung berücksichtigt. Durch den Fernspeisebetrieb mit nichtgeerdetem Außenleiter des Koaxialpaares werden die induzierten Spannungen und Ströme klein gehalten. In welchem Maße dies geschieht, zeigen Meßergebnisse bei einem Kurzschlußversuch, Abb. 36. Der Kurzschlußstrom von 1600 A und $16^2/_3$ Hz läuft 50 km parallel zu einem Kabel mit Kleinkoaxialpaaren. Der induzierte Strom wurde etwa in der Mitte der Strecke, die induzierte Spannung am Ende gemessen (Maximalwerte). Im Kabelmantel flossen 35 A, im Außenleiter des Kleinkoaxialpaares 70 mA und im Innenleiter 3,7 mA. Die induzierten Spannungen betrugen 300 V zwischen Kabelmantel und einem durchgeschalteten, einseitig geerdeten, symmetrischen Paar, 180 V zwischen Kabelmantel und Außenleiter der Koaxialleitung und 3 V zwischen Außenleiter und Innenleiter. Weiterhin zeigt die Abb. 36 die induzierten Ströme und Spannungen, wenn der Außenleiter der Kleinkoaxialleitung an einem Ende und an beiden Enden der Strecke geerdet wird. Gegenüber einem Betrieb mit geerdetem Außenleiter sind bei nichtgeerdetem Außenleiter die induzierte Spannung zwischen

Innen- und Außenleiter und der induzierte Strom im Innenleiter um den
Faktor 30 kleiner [*22*].

Während des Kurzschlußversuchs waren V 300-Streckengeräte auf
dem Kleinkoaxialpaar in Betrieb. Beim Versuch mit beidseitig geerdetem
Außenleiter setzte die Übertragung zweimal kurzzeitig je etwa 20 bis
25 msec aus. Die Unterbrechungen wurden durch die Unterdrückung

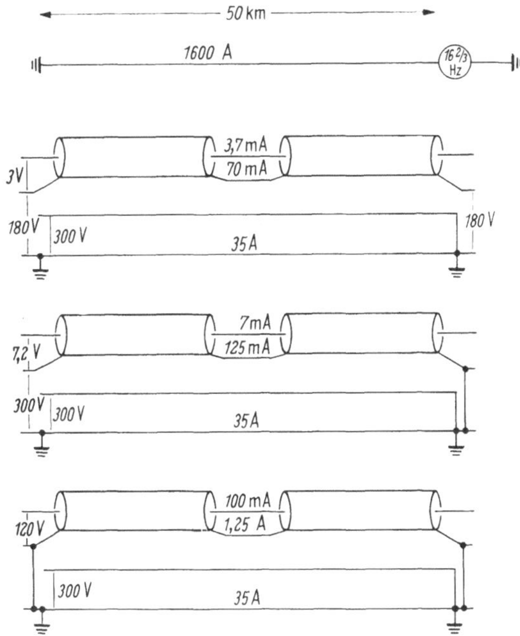


Abb. 36. Induzierte Spannungen und Ströme in einem Kleinkoaxialpaar bei einem Kurzschlußversuch, Beeinflussungslänge 50 km

des Speisestroms während $1^1/_2$ Perioden von $16^2/_3$ Hz durch den induzierten Kurzschlußstrom verursacht.

In der koaxialen Leitung können auch Spannungsstöße von mehreren
1000 V Scheitelhöhe durch Blitze erzeugt werden, deren Frequenzspektrum z. T. im Übertragungsbereich liegt. Diese Anteile können über
die Hochpässe der Stromversorgungsweichen an die Verstärker gelangen
und die Transistoren zerstören. Um dies zu verhindern, werden an die
Leitungsseite der Stromversorgungsweichen Überspannungsableiter geschaltet, deren Ansprechspannung so hoch sein muß, daß sie durch die
Fernspeisespannung nicht gezündet werden können. Die Ansprechspannung der Überspannungsableiter liegt für das System V 300 bei
600 V. Wenn diese Ableiter zünden, entstehen Impulse mit einer Energie,
welche die Transistoren immer noch gefährden. Es folgt deshalb auf
den Grobschutz noch ein Feinschutz, z. B. Überspannungsableiter in

den Hochpässen der Stromversorgungsweichen mit niedriger Ansprechspannung und Halbleiterdioden an den Ein- und Ausgängen der Verstärker.

Zahlreiche Untersuchungen mit Kondensatorentladungen hoher Energie und großer Steilheit des Stromverlaufs haben gezeigt, daß ein derartiger Überspannungsschutz notwendig und ausreichend ist.

### 5.3.1 Das System V 300

Frequenzplan und Umsetzereinrichtungen sind auf S. 426 ff. beschrieben. Die Strecke beginnt und endet mit der vollgeregelten Endverstärkerstelle, Abb. 37. Auf der Sendeseite ist am Übergabepunkt ein relativer Leistungspegel von $-4,1$ Np ($-36$ dB) vom CCITT vereinbart worden. Nach dem Amtsleitungsentzerrer und den Pilotsperren folgen Meßeinspeisung, Piloteinspeisung und Vorverzerrung. Hier werden die Pilote 60 kHz und 1364 kHz mit einem solchen Pegel eingespeist, daß am Ausgang des Verstärkers $G$ der absolute Leistungspegel, bezogen auf den relativen Pegel Null, den Nennwert $-1,2$ Np ($-10$ dB) aufweist. Der Verstärker $G$, dessen Verstärkung etwa 3,3 Np (29 dB) beträgt, wird am Ausgang durch Pilotempfänger überwacht. Dadurch wird gleichzeitig sichergestellt, daß die beiden Pilote mit dem richtigen Pegel über Leitungsverlängerung und Stromversorgungsweiche auf die Leitung gegeben werden [22].

Der Nennwert des Leistungspegels für den obersten Sprechkanal beträgt $-1,5$ Np ($-13$ dB), der des untersten Sprechkanals $-2,3$ Np ($-20$ dB), weil die Vorverzerrung zwischen 1300 und 60 kHz einen Frequenzgang von 0,8 Np (7 dB) aufweist.

Die in der Endstelle ankommenden Signale gelangen über Stromversorgungsweiche und Leitungsverlängerung auf den entzerrenden Verstärker. Seine Verstärkung hebt ziemlich genau den Dämpfungsgang eines 6 km langen Kleinkoaxialpaares auf. Mittels des regelbaren Entzerrers im Gegenkopplungsweg wird über den Pilotempfänger 1364 kHz und den Verstärkungsregler selbsttätig die Verstärkung bei 1364 kHz auf den Sollwert eingestellt. Dabei entspricht der Frequenzgang des Gegenkopplungsentzerrers dem der temperaturbedingten Dämpfungsänderung des Kabels. Der Regelbereich ist so groß gewählt, daß auch die Restfehler durch die Temperatursteuerung der teilgeregelten (eingegrabenen) Verstärkerstellen mit ausgeglichen werden können.

Dem Verstärker folgen verschiedene Entzerrer. Zuerst der systematische Festentzerrer, der systematische Abweichungen entzerrt, die z. B. dann auftreten, wenn die Leitungsverstärker den Dämpfungsgang der Koaxialleitung bei bestimmten Frequenzen nicht genau aufheben. Der vom 60 kHz-Pilot geregelte Entzerrer korrigiert den Dämpfungsverlauf bei den tiefen Frequenzen. Die unsystematischen Verzerrungen, die durch unvermeidbare Toleranzen aller in den Übertragungsweg eingefügten Elemente auftreten, werden durch zwei einstellbare, zwei-

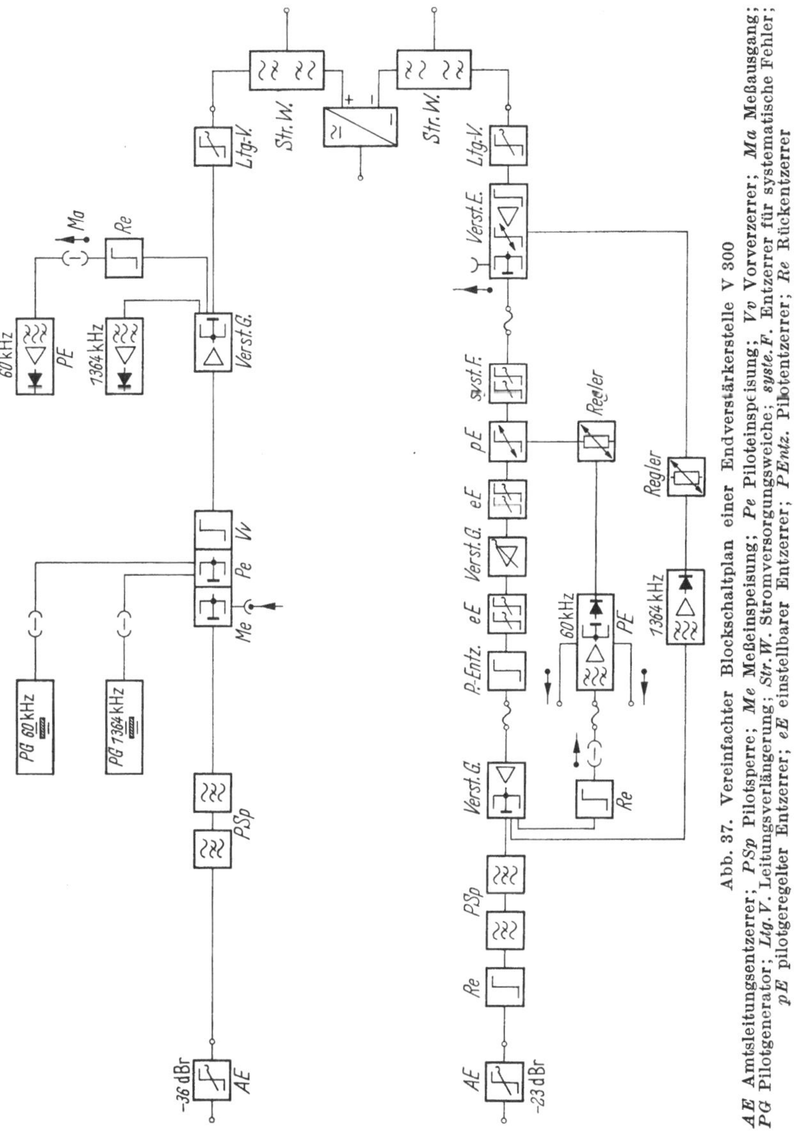

Abb. 37. Vereinfachter Blockschaltplan einer Endverstärkerstelle V 300

*AE* Amtsleitungsentzerrer; *PSp* Pilotsperre; *Me* Meßeinspeisung; *Pe* Piloteinspeisung; *Vv* Vorverzerrer; *Ma* Meßausgang; *PG* Pilotgenerator; *Ltg.V.* Leitungsverlängerung; *Str.W.* Stromversorgungsweiche; *syste.F.* Entzerrer für systematische Fehler; *pE* pilotgeregelter Entzerrer; *eE* einstellbarer Entzerrer; *PEntz.* Pilotentzerrer; *Re* Rückentzerrer

gliedrige Entzerrer ausgeglichen. Für Systeme mit noch breiteren Übertragungsbändern werden zu diesem Zweck oft Echoentzerrer verwendet, die aber für das V300-System zu aufwendig und deshalb unwirtschaftlich gewesen wären. Jedes Glied des Entzerrers erlaubt die Dämpfung frequenzabhängig bis zu 0,38 Np (3,3 dB) anzuheben oder abzusenken. Die glockenförmigen Kurven können in ihrer Höhe, Breite und Lage im Frequenzband unabhängig voneinander verändert werden. Ein Verstärker mit frequenzunabhängiger Verstärkung zwischen den beiden einstellbaren Entzerrern hebt die Grunddämpfung der vor ihm liegenden Entzerrer auf. Mit dem Pilotentzerrer können die Pegel der beiden Pilote 60 kHz und 1364 kHz unabhängig von der Güte der übrigen Entzerrung genau auf den Sollwert gebracht werden.

Mit dem anschließenden Verstärker $G$, an dessen Ausgang die Pilotempfänger geschaltet sind, werden die durch die Entzerrergrunddämpfung abgesunkenen Pegel wieder auf ihren Nennwert gebracht. Bei einer vollgeregelten Zwischenverstärkerstelle würde nun zwischen Verstärkerausgang und Koaxialleitung noch eine Leitungsverlängerung und die Stromversorgungsweiche folgen. Bei der Endverstärkerstelle dagegen kommen nach dem Verstärker $G$ die Pilotsperren, der Rückentzerrer und der Amtsleitungsentzerrer, an dessen Ausgang der vom CCITT empfohlene relative Übergabepegel −2,6 Np (−23 dB) herrscht.

Die vollgeregelte Zwischenverstärkerstelle ist aus zwei Empfangsverstärkereinrichtungen zusammengesetzt, wie sie eben beschrieben wurde. Mit den dort vorgesehenen Entzerrern, die im Leitungszug nur in den vollgeregelten Verstärkerstellen, also alle 50 bis 100 km vorkommen, gelingt es den Dämpfungsverlauf eines solchen Leitungsabschnitts auf etwa ±0,02 Np im Übertragungsbereich zu entzerren.

Die Verstärkerfeldlängen können durch die unterirdische Unterbringung sowohl untereinander sehr genau gleich als auch gleich dem Sollwert gemacht werden. Da die vollgeregelten Verstärkerstellen meist in bereits vorhandenen Verstärkerämtern untergebracht sind und der Abstand zwischen zwei solchen Ämtern wohl nur ganz selten ein ganzzahliges Vielfaches der Verstärkerfeldlänge ist, werden Leitungsverlängerungen vorgesehen, die in den vollgeregelten End- und Zwischenverstärkerstellen untergebracht sind. Die angrenzenden Verstärkerfelder können damit von etwa 0,6 km auf den Sollwert von 6 km verlängert werden.

Die Systeme V 960 und V 2700 mit Transistoren [24] sind im Grunde wie das System V 300 aufgebaut. Anstelle des einstellbaren Entzerrers für unsystematische Verzerrungen treten Echoentzerrer, die als einmal einstellbare Festentzerrer betrachtet werden, da die Dämpfungsänderungen auf einer Strecke durch die temperaturgesteuerten Verstärker und die pilotgeregelten Verstärker und Entzerrer genau genug ausgeglichen werden. Wird das 12 MHz-System jedoch für Fernsprechen und Fernsehen benützt, dann sind zusätzliche Entzerrer für Dämpfung und Laufzeit im Fernsehband nötig.

Das 6 MHz-System mit Röhren wurde zuerst für das Fernsehen im Januar 1956 auf der Strecke Padua—Mailand eingesetzt und zur Übertragung der olympischen Winterspiele 1956 benützt. Die Fernsehverbindung wurde noch bis Triest verlängert. Sie ist seit dieser Zeit in Betrieb.

Mit dem 6 MHz-System [25] können auch wahlweise 1200 oder 1260 Fernsprechkreise aufgebaut werden. Von dieser Möglichkeit wurde besonders in Deutschland Gebrauch gemacht, nachdem im Laufe der Zeit die Fernsehübertragung hauptsächlich auf Richtfunkstrecken durchgeführt wurde. Für die zukünftige Entwicklung sind deshalb die Transistorsysteme V300 und V960 für Fernsprechen und nur das 12 MHz-System V2700 für Fernsprechen oder auch als V1200 + TV für Fernsprechen und Fernsehen vorgesehen. Als Beispiel für ein System zur Fernsehübertragung über Koaxialleitungen soll das 12 MHz-System mit Röhren beschrieben werden.

### 5.3.2 Das System V 2700 und V 1200 + TV
#### (Siemens)

Das Frequenzschema des 12 MHz-Systems [26], das entweder 2700 Sprechkanäle oder 1200 Sprechkanäle und 1 Fernsehkanal (TV = Television) zur Verfügung stellt, ist vom CCITT festgelegt worden. Der Frequenzbereich bis 4 MHz kann entweder mit den Sekundärgruppen 2 bis 16 oder mit den Tertiärgruppen 1 bis 3 belegt werden. Das gilt sowohl für die Belegung nur mit Sprechkanälen als auch für gemischte Belegung. Oberhalb 4 MHz folgen dann entweder die Tertiärgruppen 4 bis 9 oder die Tertiärgruppe 4 und ein Fernsehkanal. Die Sprechkanäle beginnen bei 312 kHz und enden bei 12 388 kHz, die Leitungspilote liegen bei 308; 4287 und 12 435 kHz. Bei 300 kHz wird ein Pilot übertragen, der zum Frequenzvergleich der Trägergeneratoren des Netzes dient.

Zur Strecke gehören je eine Koaxialleitung für die beiden Gesprächsrichtungen und die Verstärkereinrichtungen. Die Leitungsdämpfung und ihre Schwankung wird mit regelbaren Verstärkern aufgehoben, die in bestimmten Abständen in die Leitung geschaltet sind. Für das 12 MHz-System wurden 4,65 km als Planungslänge und 5,0 km als größte Verstärkerfeldlänge gewählt, d. i. die halbe Verstärkerfeldlänge des 4 MHz- und des 6 MHz-Systems. Damit ergibt sich für den Kanal mit der höchsten Übertragungsfrequenz ein relativer Sendepegel am Ausgang des Verstärkers von −1,5 Np (−13 dB). Zur Verbesserung der Geräuschverhältnisse schaltet man vor den Sendeverstärker eine Vorverzerrung; sie wurde so gewählt, daß der relative Sendepegel des untersten Kanals um 0,8 Np (7 dB) auf −2,3 Np (−20 dB) gesenkt wird.

36 a*

Abb. 38 zeigt die Rauschleistungen der Strecke für den Bezugskreis und eine Frequenzbandbreite von 5 MHz bei gleichzeitiger Belegung mit Fernsprechen und Fernsehen. In einer Verbindung von der Länge des Bezugskreises werden 540 entzerrende Leitungsverstärker $E$, 105 Verstärker $G$ mit konstantem Frequenzgang und 35 Leitungsentzerrer $D$ benötigt. Den Beitrag an Rauschleistung, den die verschiedenen Geräte liefern, zeigen die Kurven *1* bis *3*. Die Kurve *4* gibt die Summe aus diesen 3 Kurven an.

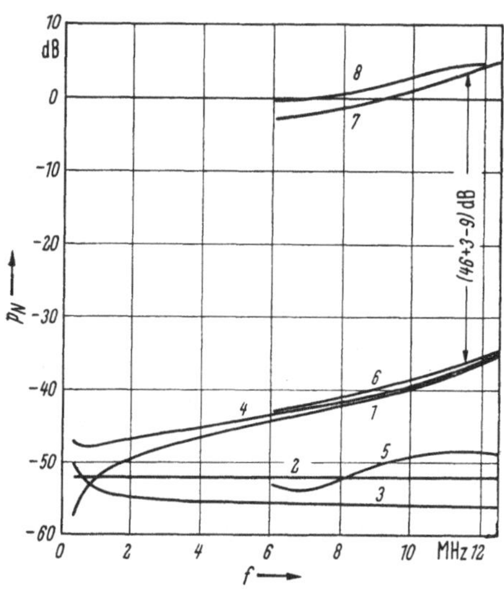


Abb. 38. Rauschleistungspegel der Streckengeräte für den Bezugskreis und eine Frequenzbandbreite von 5 MHz

Kurve *1* Rauschleistungspegel am Ausgang des 540. Leitungsverstärkers $E$; Kurve *2* Rauschleistungspegel am Ausgang des 105. Leitungsverstärkers $G$; Kurve *3* Rauschleistungspegel am Ausgang des 35. Leitungsentzerrers $D$; Kurve *4* Summe der Rauschleistungen (Pegel) aus Kurven *1, 2* und *3*; Kurve *5* Summe der Rauschleistungen (Pegel) aus Fernsehzweigen (vollgeregelte Verstärkerstelle); Kurve *6* Summe der Rauschleistungen (Pegel) aus Kurven *4* und *5*; Kurve *7* Pegelkurve im Abstand von (46 + 3 − 9) dB zur Kurve *6*; Kurve *8* Fernsehleistungspegel für den Bildinhalt

Wie später noch erläutert wird, soll das Fernsehband in den vollgeregelten Verstärkerstellen vom Fernsprechband getrennt über spezielle Entzerrer geleitet und anschließend wieder mit dem Fernsprechband vereinigt werden. Den Rauschleistungsbeitrag dieser Fernsehzweige zeigt Kurve *5*. Die Kurve *6* ist nun die Summe aus Kurve *4* und *5* und stellt die Summe aller Rauschleistungen im Fernsehband dar. Zu dieser Kurve *6* wurde nun eine Parallelkurve *7* im Abstand von $[46 + 3 - 9]\,\text{dB} = 40\,\text{dB}$ gezeichnet. Der Wert 46 dB ist der nach früherer Formulierung vom CCITT empfohlene Geräuschabstand Bildsignal Spitze/Spitze zu Rauschen effektiv, der Wert 3 dB berücksichtigt eine gleichmäßige Aufteilung der Geräusche auf Umsetzer und Strecke, und der Wert 9 dB entspricht $20 \log 2 \sqrt{2}$ (Umrechnung vom Wert Spitze/Spitze auf Effektivwert). Der Fernsehpegel muß oberhalb dieser Kurve liegen. Es wurde ein Leistungspegel für das Fernsehen nach Kurve *8* mit einer Vorverzerrung von 5 dB gewählt. Der Pegel in der Nähe des Fernsehträgers 6799 kHz beträgt somit für den Bildinhalt „weiß" 0 dBm am Verstärkerausgang. Für die 1200 Fernsprechkanäle wurde ein relativer Sendepegel von $-13\,\text{dB}$ ($-1,5\,\text{Np}$) ohne Vorverzerrung vorgesehen.

Abb. 39 zeigt Meßwerte und Garantiewerte für die Klirrdämpfungen des 12 MHz-Verstärkers und Abb. 40 die Geräuschleistungen bei reiner

Sprachbelegung des 12 MHz-Systems, die aus den Meßwerten der Strekkengeräte für den Bezugskreis von 2500 km Länge und für die Sollpegel errechnet wurden. Der relative Sendepegel beträgt für den obersten

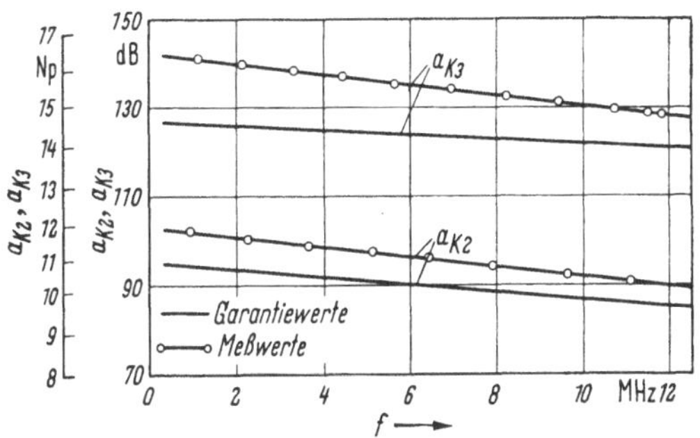

Abb. 39. Klirrdämpfungen des Leitungsverstärkers $E$

Kanal $-1,5$ Np ($-13$ dB), die übrigen Kanäle werden durch eine Vorverzerrung geformt, die sich durch den Ausdruck $e^{-2\Delta p}\,(1 + \alpha\,e^{k\,\Omega})$ darstellen läßt. Dabei ist für $\Delta p = 0,8$ Np, $\alpha = 0,01277$, $k = 5,735$ einzusetzen; $\Omega$ ist die auf die obere Bandgrenze bezogene Frequenz.

Die unteren Kanäle erhalten, wie schon erwähnt, einen relativen Sendepegel von $-2,3$ Np ($-20$ dB). Wie Abb. 40 zeigt, liegen die ermittelten Geräuschleistungen in weitem Abstand unter dem nach CCITT zulässigen Wert.

Beim 12 MHz-System werden 2 Arten von Leitungsverstärkern verwendet: Der Leitungsverstärker $E$ (entzerrend), der im Abstand von etwa 4,5 km die Kabeldämpfung ausgleicht, und der Leitungsverstärker $G$

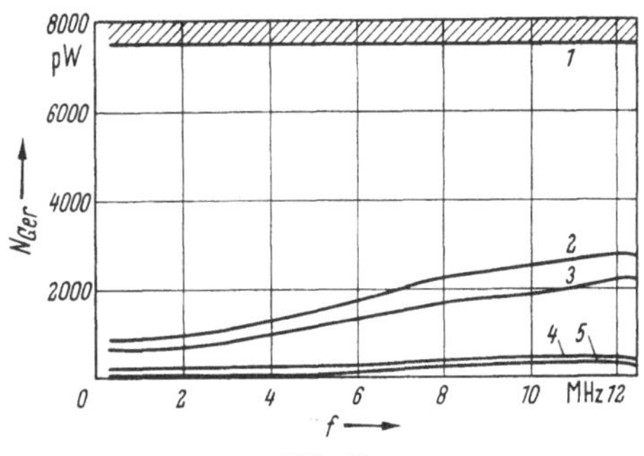

Abb. 40
Geräuschleistungen der Streckengeräte für den Bezugskreis und eine Frequenzbandbreite von 3100 Hz
Kurve *1* Zulässige Geräuschleistung nach CCITT; Kurve *2* Summe der Geräuschleistungen (Kurve *3 + 4 + 5*); Kurve *3* Thermische Rauschleistung; Kurve *4* Klirrgeräuschleistung durch Klirrprodukte 2. Ordnung; Kurve *5* Klirrgeräuschleistung durch Klirrprodukte 3. Ordnung

(gerader, d. h. konstanter Frequenzgang), der am Anfang der Leitung als Sendeverstärker und in den vollgeregelten Zwischenstellen zum Ausgleich der Grunddämpfung von Entzerrern und Filtern eingesetzt ist.

Der Leitungsverstärker $E$ ist 3stufig. In jeder Stufe sind 2 Röhren parallelgeschaltet. Da er mit einer Röhre in jeder Stufe betriebsfähig bleibt, und da die Wahrscheinlichkeit klein ist, daß beide Röhren einer Stufe gleichzeitig ausfallen, ergibt sich eine sehr hohe Betriebssicherheit.

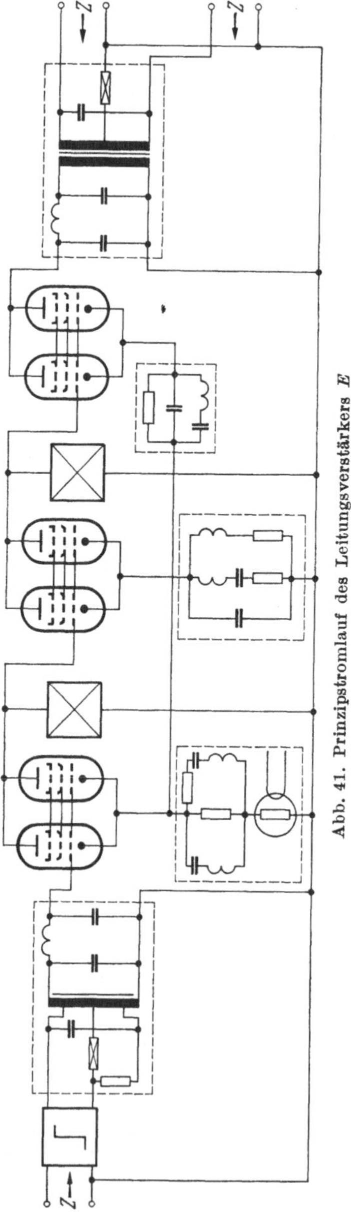

Abb. 41. Prinzipstromlauf des Leitungsverstärkers *E*

Aus diesem Grunde kann auf einen ständig betriebsbereiten Ersatzverstärker mit selbsttätiger Umschaltung verzichtet werden.

Abb. 41 zeigt den Prinzipstromlauf des Leitungsverstärkers *E*. Das Vorübertragernetzwerk hat einen nach hohen Frequenzen zu steigenden Übertragungsfaktor, wogegen das Nachübertragernetzwerk konstante Dämpfung aufweist. Beide wurden als einseitig leer laufende Brückennetzwerke ausgeführt, um die Röhren gut ausnützen zu können und eine gute Anpassung zu erzielen. Die Reflexionsfaktoren gegen 75 Ω sind an den Ein- und Ausgängen des Verstärkers im ganzen Frequenzbereich kleiner als 10%. Der zweite Ausgang des Nachübertragernetzwerks wird als Pilotausgang verwendet. Die Schleifengegenkopplung von etwa 2,6 Np (23 dB) und die Eigengegenkopplung der Endstufe von etwa 1,6 Np (14 dB) bringen hohe Linearität. Das Gegenkopplungsnetzwerk im Kathodenkreis der ersten und dritten Röhrenstufe enthält einen Heißleiter, dessen Widerstandsänderungen den Verstärkungsverlauf nach dem Wurzelgesetz ändern, Abb. 42. Durch den Vorentzerrer wird die Verstärkung bei zwei bestimmten Kurven auf etwa ±0,01 Np genau der Kabeldämpfung angepaßt.

Der Leitungsverstärker *G* arbeitet mit 2 Röhrenstufen; er erfüllt bezüglich Linearität und Reflexionsfaktoren die gleichen hohen Anforderungen wie der Leitungsverstärker *E*.

Den Hauptanteil der Kabeldämpfung entzerrt der Leitungsverstärker $E$, darüber hinaus gleicht er auch den Temperaturgang der
Kabeldämpfung aus. Die selbsttätige Regelung geschieht in jeder zweiten
teilgeregelten Verstärkerstelle. In den übrigen Verstärkerstellen wird
der Pilotempfänger nur zur Überwachung verwendet. Pilotausfall oder
eine plötzliche Verminderung der Pilotspannung um 0,3 bis 0,6 Np
oder mehr werden in die nächste vollgeregelte Verstärkerstelle über

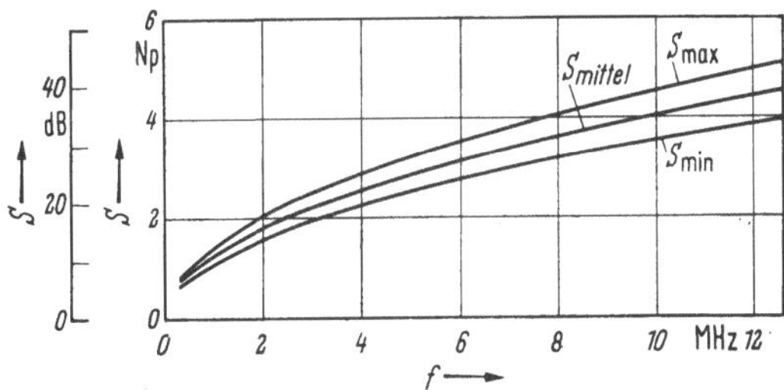

Abb. 42. Verstärkungsverlauf des Leitungsverstärkesr $E$, abhängig von der Frequenz

die Fernüberwachung gemeldet. Die automatisch geregelten Verstärkerstellen melden diese Fehler ebenfalls, regeln jedoch nicht weiter, sondern
bleiben auf der zuletzt eingestellten Verstärkungskurve stehen.

Es ist, vom Betrieb her gesehen, nicht sinnvoll, den Leitungspilot
über einige tausend Kilometer zu führen. Andererseits sollen die Regelabschnitte nicht zu kurz gemacht werden, da sich die Regelfehler, die
bei jedem Abschnitt auftreten, addieren können. Rechnet man für
die Länge eines Regelabschnitts mit 300 bis 500 km, d. h., nach 300 bis
500 km Strecke wird der Pilot gesperrt und wieder neu zugesetzt, dann
enthält ein solcher Abschnitt 65 bis 110 Leitungsverstärker $E$, von
denen etwa die Hälfte, 32 bis 55, selbsttätig geregelt sind. Damit bei
der Kettenschaltung so vieler gleicher Regelkreise kein störendes Überschwingen auftritt, müssen an das Regelverhalten des einzelnen Reglers
hohe Anforderungen gestellt werden. Diese konnten am besten mit einem
sogenannten PI-Regler (Proportional-Integral-Regler) erfüllt werden.
Für die Pilotgeneratoren und Pilotempfänger wurden Transistoren,
für die Regler dagegen Magnetverstärker als aktive Bauteile verwendet.

Nach höchstens 24 teilgeregelten Verstärkerstellen (etwa 115 km)
muß eine vollgeregelte Verstärkerstelle folgen, von der aus die teilgeregelten — je zwölf nach jeder Richtung — fernstromversorgt werden.
Darüber hinaus ist hier eine Feinentzerrung erforderlich, da die Dämpfungsverzerrungen inzwischen auf einige zehntel Neper angewachsen
sein können. Die Strecke soll, wenn sie bei der Einmessung genau
entzerrt wurde, nicht mehr von Hand nachgestellt werden müssen,
sondern durch automatische Regelung auf dem gleichen Stand gehalten

werden. Dazu ist es notwendig, die Einflüsse genau zu kennen, die eine
Veränderung bewirken. Es sind dies die Röhrenalterung und die wechselnde Temperatur der Geräte. Da die Verstärkungsänderungen durch
diese Einflüsse wesentlich geringer sind als der Temperaturgang der
Kabeldämpfung, genügt es, sie nur in den vollgeregelten Verstärkerstellen auszuregeln. Dafür sind die beiden Pilote 12 435 kHz und 308 kHz
mit den dazu nötigen Pilotgeneratoren, Pilotempfängern, Reglern und
den entsprechenden Entzerrern „Röhrenalterungsentzerrer" und „Temperaturentzerrer" vorgesehen, Abb. 43.

Außer diesen pilotgesteuerten Entzerrern sind noch einige einstellbare Entzerrer erforderlich, so die Leitungsverlängerung vor dem Leitungsverstärker $E$, mit denen zu kurze Verstärkerfelder in den Regelbereich der Verstärker gebracht werden. Sie werden bei Bedarf auch in

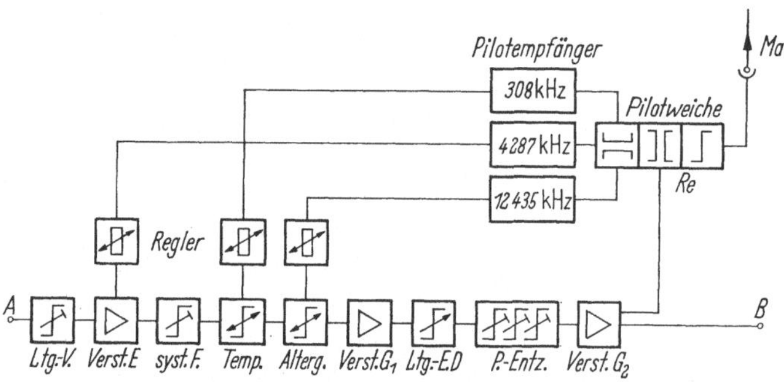


Abb. 43. Vereinfachter Blockschaltplan von der Entzerrung in der vollgeregelten Verstärkerstelle
*Ltg.-V.* Leitungsverlängerung; *Temp.* Temperaturentzerrer; *Ltg.-E. D* Leitungsentzerrer *D*;
*syst.F.* Entzerrer für systematische Fehler; *Alterg.* Röhrenalterungsentzerrer; *P.Entz.* Pilotentzerrer; *Re* Rückentzerrer; *Ma* Meßausgang

den teilgeregelten Verstärkerstellen eingesetzt, und mit ihnen lassen
sich Kabellängen von 0,2 km an in Schritten von 0,2 km bis etwa zur
halben Verstärkerfeldlänge nachbilden. Ein weiterer Entzerrer soll die
systematischen Fehler ausgleichen, die im wesentlichen durch den
Gegenkopplungsentzerrer im Leitungsverstärker $E$ entstehen.

Nach dem Einsatz dieser Entzerrungsmittel bleiben noch geringe
Restverzerrungen übrig, die der Leitungsentzerrer $D$ weitgehend beseitigt. Es handelt sich um einen Entzerrer nach dem Echoprinzip,
mit dem bis zu 34 nachlaufende Echos dem Hauptsignal zugesetzt
werden können, oder anders ausgedrückt, bei dem 34 cos-förmige Dämpfungskurven im Frequenzbereich bis 12,5 MHz einstellbar sind, wobei
die erste eine halbe cos-Schwingung ergibt. Bei der Überlagerung der
cos-förmigen Dämpfungskurven kann im gegebenen Rahmen jeder
beliebige Verstärkungsgang entzerrt werden. Da dieser Entzerrer zum
Ausgleich der Feinstruktur dient, ist sein Aufwand gegenüber dem für
systematische Fehler wesentlich größer.

Der Dämpfungsverlauf des betrachteten Leitungsabschnitts sei mit den bisher beschriebenen Mitteln, z. B. auf $\pm 0{,}05$ Np, entzerrt. Dabei kann es vorkommen, daß die Spannungen der Leitungspilote um diese Toleranz vom Sollwert abweichen, also gerade auf $+0{,}05$ Np oder $-0{,}05$ Np liegen. Es ist jedoch erwünscht, die Leitungspilote mit ihrem richtigen Wert auf den nächsten Leitungsabschnitt zu geben. Um das zu erreichen, wird ein Pilotentzerrer eingesetzt, der bei den Pilotfrequenzen ein genaues Einstellen der Dämpfung ermöglicht.

Bei Belegung mit Sprache und Fernsehen enthalten die vollgeregelten Verstärkerstellen den gleichen, bereits beschriebenen Entzerreraufwand. Anschließend folgt eine Trennweiche, die das Frequenzband für die Fernsprechkanäle vom Fernsehband trennt. Damit kann der Fernsehbereich unabhängig vom Fernsprechbetrieb entzerrt werden. Dies ist auch nötig, weil das Fernsehen etwas höhere Anforderungen an die Dämpfungsentzerrung stellt und darüber hinaus vor allem eine gute Laufzeitentzerrung verlangt. Beides wird erfüllt durch einen Dämpfungsentzerrer sowie einen festen und einen regelbaren Laufzeitentzerrer. Weiterhin sind noch 2 Amtsleitungsentzerrer für Hin- und Rückrichtung vorzusehen, da das Fernsehzusatzgestell, in dem diese Geräte untergebracht sind, vom Leitungsverstärkergestell für vollgeregelte Zwischenämter entfernt aufgestellt werden kann.

Der feste Laufzeitentzerrer setzt sich, je nach Anzahl der Verstärkerfeldlängen zwischen zwei vollgeregelten Verstärkerstellen, aus 1 bis 4 einzelnen Laufzeitentzerrern oder Laufzeitnachbildungen zusammen. Mit den Laufzeitentzerrern für 1 Verstärkerfeld, für 26 Verstärkerfelder und eine vollgeregelte Verstärkerstelle sowie mit den Laufzeitnachbildungen für 1; 4; 9 und 17 Verstärkerfelder kann die Laufzeit eines Leitungsabschnitts von 4 bis 28 Verstärkerfeldern entzerrt werden. Was übrigbleibt, wird mit dem regelbaren Laufzeitentzerrer beseitigt, der ähnlich wie der Leitungsentzerrer $D$ als Echoentzerrer mit nachlaufenden Echos ausgeführt ist, aber nur im Bereich von etwa 6 bis 12,5 MHz wirkt. Bei seiner Einstellung betrachtet man nur die Laufzeit und nicht die Dämpfungsverzerrungen, die ebenfalls auftreten, da der Entzerrer ein Netzwerk minimaler Phase ist. Nach dieser Entzerrung werden die restlichen Dämpfungsverzerrungen durch den Dämpfungsentzerrer ausgeglichen. Dieser einstellbare Entzerrer ist ebenfalls nach dem Echoprinzip aufgebaut, aber mit derart gekoppelten vor- und nachlaufenden Echos, daß cos-förmige Dämpfungskurven bei konstanter Laufzeit erzeugt werden können. Die Dämpfungsentzerrung gelingt ohne Beeinflussung des bereits entzerrten Laufzeitgangs.

Die Beschreibung so vieler verschiedener Entzerrer mag vielleicht den Eindruck erweckt haben, daß die Entzerrung schwierig ist. Dazu kann jedoch aus der Erfahrung heraus gesagt werden, daß die Handhabung der Entzerrer, die ja außerdem nur etwa alle 100 km vorkommen, verhältnismäßig einfach ist. Es wird für einen Regelabschnitt ohne besondere Schwierigkeiten möglich sein, im Fernsprechbereich die Dämpfung auf weniger als $\pm 0,1$ Np ($\pm 1$ dB) und im Fernsehbereich die Dämpfung auf kleiner als $\pm 0,5$ dB ($\pm 0,05$ Np) und die Laufzeit auf kleiner als $\pm 50$ nsec zu entzerren.

Teilgeregelte Verstärkerstellen kommen im Leitungszug weitaus am häufigsten vor; sie müssen daher möglichst einfach und betriebssicher aufgebaut sein. Während in den teilgeregelten Verstärkerstellen die Einrich-

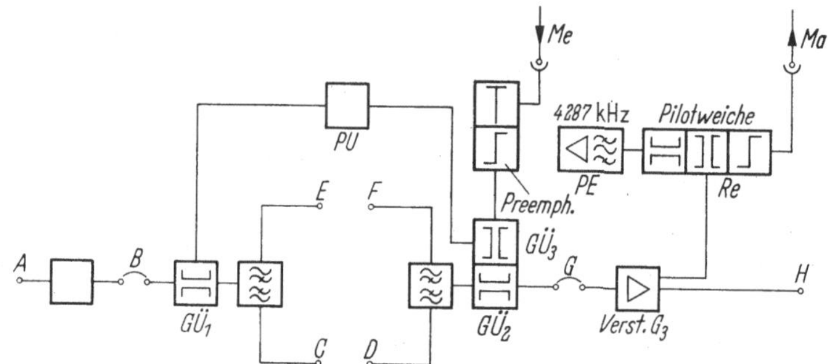


Abb. 44. Vereinfachter Blockschaltplan für die vollgeregelte Verstärkerstelle
$G\ddot{U}$ Gabelübertrager; $Re$ Rückentzerrer; $PE$ Pilotempfänger; $PU$ Pilotumgehungsschaltung;
$Me$ Meßeinspeisung; $Ma$ Meßausgang

tungen für reinen Sprechbetrieb und für gemischten Betrieb gleich sind, unterscheiden sie sich, abhängig von der Betriebsart, in den vollgeregelten Verstärkerstellen wesentlich. Bei gemischtem Betrieb muß das Fernseh- vom Fernsprechband durch Weichen getrennt und, wie beschrieben, zusätzlich entzerrt werden. Außerdem gibt es vollgeregelte Verstärkerstellen für den Abzweig des Fernsehbandes und von Sprechkanalbündeln.

Die vollgeregelte Zwischenstelle für gemischte Belegung enthält etwa die Geräte nach Abb. 44. Für das Kästchen zwischen den Punkten $A$ und $B$ ist Abb. 43 einzusetzen. Die Gabelübertrager $G\ddot{U}_1$ und $G\ddot{U}_2$ dienen zur Durchschaltung der Pilote, die durch das Einfügen der Abzweigeinrichtung im Übertragungsweg gesperrt werden. Dadurch kann die Länge der Regelabschnitte, unabhängig von der Abzweigtechnik, rein nach regelungs- und betriebstechnischen Gesichtspunkten gewählt werden. Mit Hilfe der Gabel $G\ddot{U}_3$ ist es möglich, Meßpilote und — bei Beginn eines neuen Regelabschnitts — Regelpilote einzuspeisen. Die Pilotgeneratoren selbst werden natürlich nur am Beginn eines Regelabschnitts vorgesehen. Der Leitungsverstärker $G_3$ gleicht die Dämpfung von 3,5 Np (30 dB) zwischen den Punkten $B$ und $G$ aus. In den Endämtern werden die Geräte des Leitungsverstärkergestells zwischen den Punkten $A$, $C$ und $E$ als Empfangsverstärkereinrichtung und die Geräte zwischen den Punkten $D$, $F$ und $H$ als Sendeverstärkereinrichtung verwendet.

Abb. 44a zeigt das vereinfachte Blockschema für das Fernsehzusatzgestell, das zwischen die Punkte $E$ und $F$ der Abb. 44 einzufügen ist.

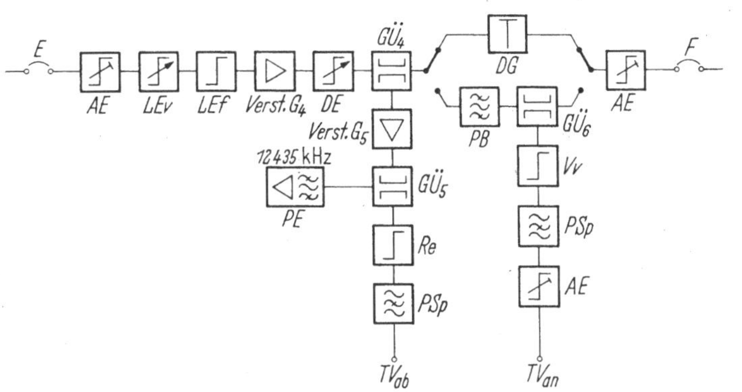

Abb. 44a. Vereinfachter Blockschaltplan für das TV-Zusatzgestell

$AE$ Amtsleitungsentzerrer; $DG$ Dämpfungsglied; $DE$ Dämpfungsentzerrer; $LEf$ fester Laufzeitentzerrer; $LEv$ veränderbarer Laufzeitentzerrer; $Vv$ Vorverzerrer, $PB$ Pilotbandpaß; $PSp$ Pilotsperre; $Re$ Rückentzerrer

Am Ein- und Ausgang liegt je ein Amtsleitungsentzerrer $AE$, damit das Fernsehzusatzgestell auch entfernt vom Leitungsverstärkergestell aufgestellt werden kann. Die Gabel $G\ddot{U}_4$ ermöglicht den Abzweig des Fernsehkanals. An der Gabel $G\ddot{U}_5$ liegt ein Pilotempfänger zum Überwachen der beiden Leitungsverstärker $G$. Vor den Ausgang $TV_{ab}$ für den Abzweig sind ein Rückentzerrer und eine Pilotsperre für 12435 kHz geschaltet. Der Hauptübertragungsweg geht von der Gabel $G\ddot{U}_4$ über einen Umschalter — mit dazwischenliegendem Dämpfungsglied — zum Amtsleitungsentzerrer $AE$ und weiter zum Ausgang. Soll in diesem Amt ein Fernsehprogramm eingespeist werden, dann gelangt es von den Eingangs-

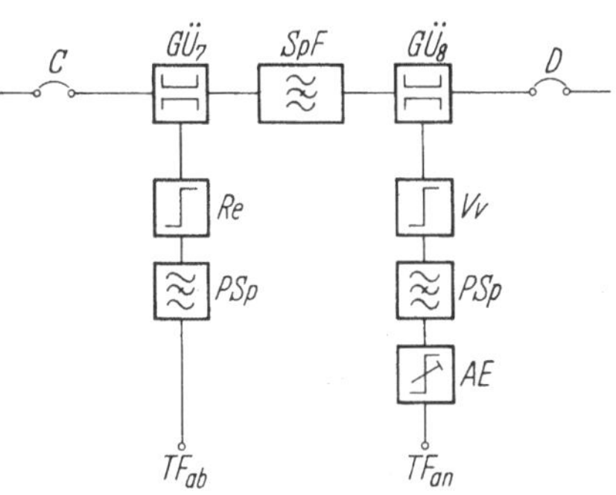

Abb. 44b. Vereinfachter Blockschaltplan für das Abzweiggestell

$SpF$ Sperrfilter; $PSp$ Pilotsperre; $G\ddot{U}$ Gabelübertrager; $AE$ Amtsleitungsentzerrer; $Vv$ Vorverzerrer; $Re$ Rückentzerrer

klemmen $TV_{an}$ über einen Amtsleitungsentzerrer und eine Pilotsperre zur Gabel $G\ddot{U}_6$. Vor der Gabel im Hauptübertragungsweg liegt ein Pilotbandpaß, der nur den Pilot 12435 kHz durchläßt, das Fernsehprogramm jedoch sperrt.

In Abb. 44b ist der Abzweig von Sprechkanälen und die Wiederbelegung der Leitung mit einem neuen, dem abgezweigten entsprechenden

Band angegeben. Die Darstellung zeigt nur eine Übertragungsrichtung; die Gegenrichtung ist mit den gleichen Geräten ausgerüstet. Das Abzweigen geschieht über die vor dem Sperrfilter liegende Gabel $G\ddot{U}_7$, den Rückentzerrer und die Pilotsperre. Am Ausgang $TF_{ab}$ haben alle abgezweigten Kanäle den vom CCITT empfohlenen Pegel von $-3{,}7$ Np ($-32$ dB). In der abgehenden Richtung ist Wiederbelegung möglich. Eingespeist wird über den Eingang $TF_{an}$, den Amtsleitungsentzerrer, die Pilotsperre und den Vorverzerrer. Nach dem Amtsleitungsentzerrer beträgt der Leitungspegel für alle Kanäle $-4{,}0$ Np ($-35$ dB), der dem vom CCITT empfohlenen Wert entspricht. Zwischen die Gabeln $G\ddot{U}_7$ und $G\ddot{U}_8$ ist ein Sperrfilter geschaltet. Es läßt das durchzuschaltende Teilband ungehindert durchlaufen und sperrt die Leitung für den zum Abzweig gelangenden Frequenzbereich. Zweckmäßig ist es, zum Abzweigen und Wiederbelegen die Tertiärgruppen 1 bis 3 oder die Tertiärgruppen 7 bis 9 zu benutzen.

Durch entsprechendes Zusammenschalten der in den Abb. 44, 44a, 44b dargestellten Anordnungen können je nach den Betriebserfordernissen das Fernsehband allein oder Fernsprechbänder allein oder auch gleichzeitig das Fernsehband und ein Bündel von Fernsprechkanälen abgezweigt werden.

Für die Fernstromversorgung der Verstärker wurde beim 12 MHz-System die sogenannte Wechselstrom-Parallelspeisung vorgesehen, die sich schon bei den früheren Systemen bewährt hat. Bei dieser Art der Stromversorgung erhält man kleine Leitungsverluste, da die Spannung in den Zwischenstellen immer wieder hochtransformiert werden kann.

Die Höhe der Spannung an der Speisestelle ist abhängig von der Länge eines Abschnitts. Sie beträgt für eine Strecke von 115 km symmetrisch gegen Erde 2mal etwa 800 V$_\sim$. Der Leitungskreis für die Fernstromversorgung wird von den Innenleitern der beiden zu einem Übertragungssystem gehörenden Koaxialpaare gebildet. Die beiden Außenleiter sind geerdet und mit der Mitte der Speisetransformatorwicklung verbunden.

Beim Bemessen der Stromversorgungseinrichtungen war außer der Berücksichtigung von starkstromtechnischen Gesichtspunkten besonders darauf zu achten, daß jede Störungsmöglichkeit der Fernstromversorgung auf die Nachrichtenübertragung ausgeschlossen ist [27].

### 5.3.3 Seekabelsysteme

**Allgemeines.** Für die Seekabelsysteme gelten im Grundsätzlichen ähnliche Regeln wie sie bisher für Landkabelsysteme beschrieben worden sind. Wie können uns deshalb hier darauf beschränken, die Unterschiede herauszustellen.

Die Seekabel selbst sind bereits in Abschnitt 3, S. 139, vorgestellt worden. Man begann vor mehr als 40 Jahren mit einem koaxialen Seekabeltyp, der den alten Telegraphenkabeln im mechanischen Aufbau ähnlich war (vgl. Abb. 24a auf S. 139). Die erste Transatlantik-Telephonverbindung, TAT 1, verwendet diesen Typ. Auf der Atlantikstrecke war für jede Übertragungsrichtung ein eigenes Kabel mit eigenen Verstärkern vorgesehen. Die Übertragungsbandbreite entsprach der von 36 normalen Trägerfrequenzkanälen, wie sie auf S. 430ff., beschrieben sind. Wegen der außerordentlich hohen Kosten von Seekabelanlagen begnügte man sich aber mit Kanälen mit 3 kHz Trägerfrequenzabstand und kam so auf 48 Sprechkreise. Auf die näheren technischen Daten dieses Systems soll nicht weiter eingegangen werden, weil inzwischen das sogenannte Leichtgewichtkabel eingeführt worden ist, das in Abb. 24b auf S. 139 dargestellt ist. Moderne Seekabelsysteme sind mit diesem Kabel aufgebaut. Es wird nur noch ein Kabel benutzt und die Verstärker sind für beide Übertragungsrichtungen eingerichtet. Das erste System dieser Art wurde von den Engländern entwickelt und auf der CANTAT-Verbindung zwischen Schottland und Kanada im Jahre 1961 eingesetzt. Im Jahre 1963 wurde die bis dahin längste Seekabelstrecke, die TAT 3-Verbindung zwischen den USA und England, in den Dienst gestellt. Diese Verbindung wurde mit dem von BELL entwickelten SD-System aufgebaut [27a]. Es handelt sich ebenfalls um ein Zweidrahtsystem, bei dem die beiden Übertragungsrichtungen in verschiedenen Frequenzbändern von je 400 kHz Breite übertragen werden. Jedes Frequenzband umfaßt 128 Fernsprechkanäle in 3 kHz Abstand, die höchste zu übertragende Frequenz beträgt 1 MHz. Neu an diesem System ist ferner, daß es die direkte Route von 6500 km Länge überbrückt, ohne Zwischenstützpunkte anzulaufen. Das bedeutet für das Übertragungssystem in jeder Beziehung höhere Anforderungen und größere Präzision. Für diese Verbindung ist auch von BELL eine zylindrische Form für das Verstärkergehäuse eingeführt worden, die für die Konstruktion des Verstärkers selbst günstiger ist als der frühere langgestreckte flexible Verstärker.

Beim Entwurf eines großen Seekabelsystems ist eine größere Zahl von Parametern in Betracht zu ziehen, die gegenseitig voneinander abhängen und die die technische Ausführung und die Kosten der Anlage wesentlich beeinflussen.

Gehen wir von den Daten des Kabels aus: der koaxiale Außenleiter hat einen Innendurchmesser von 25,4 mm. Das bedingt bei 1 MHz eine spezifische Dämpfung von etwa 1,3 dB/km oder bei 6500 km eine Gesamtdämpfung von 8500 dB. Diese Dämpfung wird in 182 Verstärkern aufgehoben. Jeder Verstärker hat eine Verstärkung von etwa 48 dB.

Wie man leicht erkennt, bestehen die übertragungstechnischen Schwierigkeiten in folgenden Punkten:

Die Verstärkung der einzelnen Verstärker muß über lange Zeit sehr konstant sein.

Die Entzerrung über das Frequenzband muß sehr genau sein.

Die Verstärker müssen über viele Jahre zuverlässig und betriebssicher arbeiten.

Es muß möglich sein, evtl. auftretende Fehler von Land aus einzumessen.

Die Verstärker müssen über die große Strecke mit Strom versorgt werden.

Auf der anderen Seite gibt es auch einige Umstände, die den Betrieb der Seekabel gegenüber dem der Landkabel erleichtern:

Das Kabel und die Verstärker liegen zum großen Teil im tiefen Wasser bei konstanter Temperatur. Eine von der Temperatur abhängige Verstärkungsregelung ist also nicht erforderlich. Kabel und Verstärker sind im tiefen Wasser auch vor Beschädigung geschützt.

An den Anlandestellen und im Bereich der Kontinentalschwelle zwischen Amerika und Europa z. B. treten geringere Wassertiefen auf. Bei den Anlandestellen handelt es sich um kurze Längen und bei den Untiefen sind die jahreszeitlichen Schwankungen der Wassertemperatur gering. Gegen Beschädigungen werden die Kabel für Flachwasser (bis etwa 700 m Tiefe) durch Stahldrähte armiert, die auch die Zugkräfte aufnehmen. Die TAT 3-Verbindung z. B. enthält 12% armiertes Kabel, das sind 780 km.

**Verstärker.** Das Prinzipschaltbild eines Zweidrahtzwischenverstärkers, auch Querverstärker genannt, zeigt Abb. 45. Das Übertragungsband ist

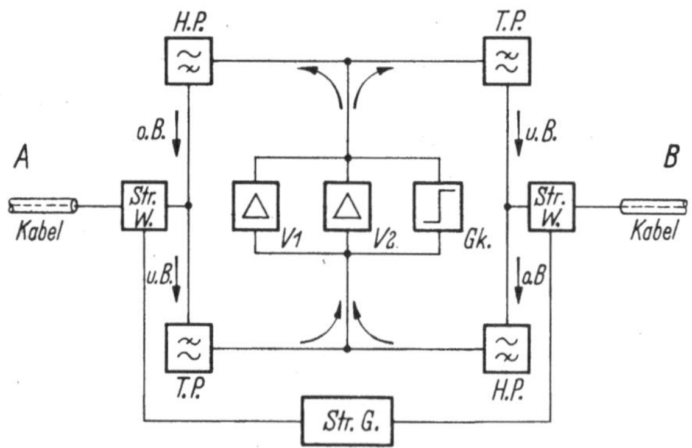


Abb. 45. Seekabelverstärker (Querverstärker)

*V 1* Verstärker 1; *V 2* Verstärker 2; *Gk.* Gegenkopplungs-Netzwerk; *H.P.* Hochpaß; *T.P.* Tiefpaß; *u.B.* unteres Band; *o.B.* oberes Band; *Str.W.* Stromversorgungsweiche; *Str.G.* Stromversorgungsgerät

(Aus Bell Syst. techn. J. [1964] S. 1159)

in zwei gleich große Bereiche aufgeteilt. Das untere Band wird von $A$ kommend über die Stromversorgungsweiche, den Tiefpaß der Richtungsweiche zum Verstärker und weiter über den Tiefpaß der Richtungsweiche am Ausgang des Verstärkers und die Stromversorgungsweiche nach $B$ übertragen. Das obere Band wird sinngenäß für die Übertragung von $B$ nach $A$ benützt. In dem angeführten Beispiel reicht das untere Band von 108 kHz bis 504 kHz und das obere Band von 660 bis 1052 kHz. Es können darin je 128 Kanäle mit 3 kHz Breite untergebracht werden.

Der Verstärker besteht aus zwei parallelgeschalteten 3 stufigen Röhrenverstärkern mit gemeinsamem Gegenkopplungskreis. Die Heizfäden aller Röhren sind in Reihe geschaltet. Wenn einer davon unterbrochen wird, übernimmt ein Spannungsableiter den Strom und im

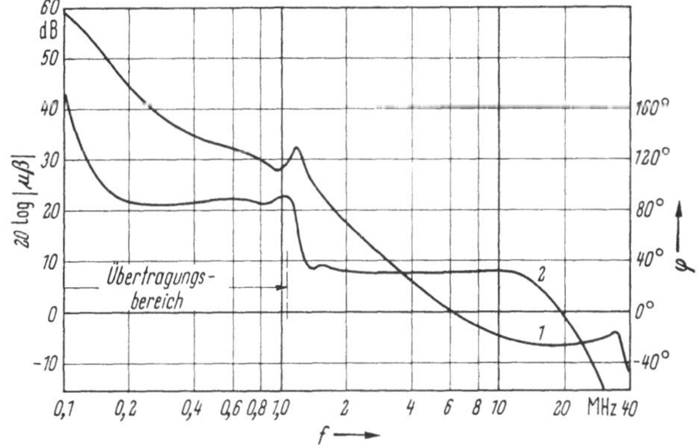


Abb. 46. Schleifenverstärkung $\mu\beta$ eines Seekabelverstärkers

Kurve 1: Betrag der Schleifenverstärkung $\mu\beta$; Kurve 2: Phase $\varphi$ der Schleifenverstärkung $\mu\beta$

(Aus Bell Syst. techn. J. [1964] S. 1247)

Küstenamt wird der Ausfall gemeldet. Mit einem besonderen Ortungsverfahren wird der schadhafte Verstärker festgestellt. Anschließend wird der Speisestrom auf der Strecke abgesenkt bis der Ableiter wieder erlischt. Es fließt dann ein Strom von 140 mA über eine Heizspule, der ausreicht, um eine Legierung zu schmelzen und die Heizfäden des schadhaften Verstärkerteils kurzzuschließen. Mit der intakten Verstärkerhälfte arbeitet das System weiter.

Die notwendige hohe Konstanz der Übertragungseigenschaften erfordert besondere Maßnahmen bei den Verstärkern. Um den Einfluß der Röhrenalterung klein zu halten, werden die Verstärker so entwickelt, daß die Schleifenverstärkung im Übertragungsbereich einen Phasenwinkel von etwa 90° aufweist. Deshalb muß der Betrag der Schleifenverstärkung stark frequenzabhängig gemacht werden, Abb. 46.

**Entzerrung auf der Strecke.** Die Verstärkerfeldlänge beträgt beim SD-System etwa 37 km (20 Seemeilen). Der Leitungsverstärker übernimmt den Hauptanteil der Entzerrung der frequenzabhängigen Dämpfung des Kabels. Der Verstärkungsgang entspricht der Kabeldämpfung eines Verstärkerfeldes bei 3 °C und einem Druck entsprechend 3650 m Wassertiefe. Die Entzerrung geschieht im Eingangsnetzwerk, Ausgangsnetzwerk und Gegenkopplungsnetzwerk des Verstärkers mit einer Genauigkeit von $+0{,}3$ dB bis $-0{,}1$ dB im unteren Band und $\pm 0{,}1$ dB im oberen Band.

Im Kabelwerk werden die Längen der gefertigten Kabelabschnitte so abgeschnitten, daß bei der höchsten übertragenen Frequenz die gewünschte Dämpfung erreicht wird.

Nach jedem 10. Verstärker wird ein Entzerrer eingespleißt. Dieser Entzerrer, Ozean-Block-Entzerrer genannt, ist 11,1 km von dem vorausgehenden und folgenden Verstärker entfernt. Die einstellbare Entzerrerdämpfung entspricht somit etwa der Dämpfung eines 14,8 km langen Seekabels. Der Blockentzerrer übernimmt die Entzerrung der Dämpfungsabweichungen des Kabels vom Sollwert. Außerdem muß er Dämpfungsabweichungen ausgleichen, die durch Unterschiede in der Wassertemperatur und der Verlegungstiefe gegenüber den angenommenen Werten auftreten und Einflüsse auf das Übertragungsmaß des Kabels durch die Beanspruchung bei der Verlegung kompensieren. Dementsprechend enthält der Blockentzerrer einen Teil, der die Abweichungen zwischen dem mittleren Verstärkungsverlauf der Verstärker und dem mittleren Dämpfungsverlauf der Verstärkerfelder bei mittlerer Tiefe und Temperatur ausgleicht. Weiterhin ist ein Entzerrer für Abweichungen im Dämpfungsgang der Richtungsweichen vorgesehen. Den größten Umfang nimmt der Kabelentzerrer ein, der auf 32 verschiedene Gänge eingestellt werden kann. Die Wahl der Kurven beruht auf der Tatsache, daß die Dämpfung von Koaxialkabeln bei hohen Frequenzen durch die Summe von 2 Termen angenähert werden kann. Ein Term ist proportional der Quadratwurzel aus der Frequenz (Dämpfung durch den Leiterwiderstand), der andere ist direkt proportional der Frequenz (Dämpfung durch die Ableitung).

Während des Verlegens wird zuerst zwischen der Uferstation und dem Ende der 370 km langen Strecke (1. Ozean-Block-Entzerrer) gemessen. Wenn das Kabel den Meeresgrund erreicht, nimmt es die Temperatur des umgebenden Wassers an und die Dämpfung nähert sich ihrem endgültigen Wert. Kurz bevor der Ozean-Block-Entzerrer über Bord geht, wird er so eingestellt, daß er das Übertragungsmaß der Seekabelstrecke möglichst gut entzerrt. Nach der Einstellung, die beim SD-System über von außen steuerbare Schrittschaltwerke erfolgt, wird die Meßeinrichtung hinter den nächsten Blockentzerrer geschaltet und der Vorgang wiederholt, bis das ganze Kabel verlegt ist.

Das Auffinden der günstigsten Entzerrereinstellung wird durch eine Vorausberechnung erleichtert, bei der die Meßwerte an den Kabeln, Verstärkern und Entzerrern, die während der Fertigung und Prüfung gewonnen wurden, eingesetzt werden. Weiterhin müssen die bei den Routevermessungen gewonnenen Werte der Tiefe und Temperatur des Wassers verwendet und die durch die Verlegung zu erwartenden Änderungen des Übertragungsmaßes der Leitung berücksichtigt werden. Die bei dieser „Papierverlegung" erhaltene Vorschau gibt wertvolle Hinweise für die wirkliche Verlegung und die Einstellung der 17 Ozean-Block-Entzerrer.

**Pegel in den End- und Zwischenverstärkern.** Nach dem Legen des Seekabels liegen die Pegelabweichungen fest und eine weitere Entzerrung kann nur noch in den Endstellen an Land erfolgen. Um günstige Rauschabstände zu erhalten, werden die Signalpegel sorgfältig einjustiert. Dies geschieht durch die Entzerrer im Sendeamt. Hier ist auch ein Begrenzer vorgesehen, der ein frequenzunabhängiges Übertragungsmaß hat und die positiven und negativen Augenblickswerte der Spannung auf einen festen, vorgegebenen Maximalwert begrenzt. Er soll eine Übersteuerung der Seekabelverstärker durch zu hohe Eingangsspannungen vom Sendeamt her vermeiden. Um höchste Sicherheit zu erreichen, folgen im Sendeamt auf den Begrenzer nur passive Bauteile.

Der Übersteuerungspunkt ist durch den Gitterstromeinsatz der Ausgangsstufe des Leitungsverstärkers gegeben. An diesem Punkt herrscht konstanter Pegel, wenn am Ausgang des Begrenzers frequenzunabhängig konstanter Pegel gesendet wird.

Am Gitter der Endstufenröhre tritt die Summe der Spannungen vom Endamt $A$ und Endamt $B$ auf, da es sich bei modernen Seekabelverstärkern um Querverstärker handelt, bei denen Hin- und Rückrichtung über denselben Verstärker, jedoch in unterschiedlicher Frequenzlage verlaufen. Die Pegel müssen nun so gewählt werden, daß der Leitungsverstärker, der aus zwei parallelgeschalteten Verstärkern besteht, auch dann nicht übersteuert wird, wenn nur noch ein Verstärker arbeitet und sich die Spannungen aus beiden Richtungen ungünstig addieren. Diese maximal zulässige Spannung wird mit $U$ bezeichnet. Man kann nun die Spannungen aus beiden Richtungen gleich groß wählen, z. B. je $\frac{1}{2} U$. Besser ist es, die Spannung vom $B$-Amt höher, z. B. 0,76 $U$, und die vom $A$-Amt niedriger, z. B. 0,24 $U$, zu wählen. Das $B$-Amt sendet im hohen Frequenzband, das $A$-Amt im tiefen Band. Dadurch wird ein um 3,6 dB besserer Geräuschabstand im hohen Band gegenüber der Lösung mit gleich großen Spannungen erreicht. Mit dieser Maßnahme und einer geeigneten Vorverzerrung kann das Rauschen in allen Kanälen gleich groß gemacht werden. Dies ist bei Seekabelsystemen mit TASI (s. S. 328 ff.) notwendig, da die Kanäle während eines Gesprächs wahlweise umgeschaltet werden und die Teilnehmer Unterschiede im Rauschen störend wahrnehmen würden.

Die Spannungen von 0,24 $U$ und 0,76 $U$ verringert man um weitere 3 dB auf 0,17 $U$ und 0,54 $U$, um Unsicherheiten in den Verstärkerpegeln und Veränderungen der Übersteuerungsgrenzen der beiden Begrenzer und der Verstärker zu begegnen.

Betrachtet man auch die Pegelabweichungen, dann ist der Verstärker mit dem höchsten Pegel am kritischsten. Das muß nicht für alle Frequenzen derselbe Verstärker sein. Diese Feinheiten bei der Entzerrung zu berücksichtigen, würde jedoch zu weit gehen. In der Praxis wird wie folgt eingestellt: Im $B$-Sendeamt werden die Dämpfung des Hauptentzerrers und die Dämpfungsglieder, die dem Begrenzer folgen, so eingestellt, daß das größte Signal, das über das System gegeben werden kann, den Wert 0,54 $U$ bis 0,76 $U$ nicht überschreitet, wenn $U$ die Spannung ist, die die kritischste Verstärkerstelle gerade noch nicht übersteuern würde, wenn diese nur mit einem Verstärker arbeitet. Das größte Signal, das vom $A$-Sendeamt angeboten werden kann, ist dreimal so klein wie das vom Sendeamt $B$.

Dieser Sendehauptentzerrer wird bei der Ersteinmessung eingestellt und erst, wenn Verstärkungsänderungen durch Alterung, Temperatur oder Reparatur auftreten, nachgestellt.

Alle übrigen Pegelabweichungen werden vom Empfangshauptentzerrer ausgeglichen. Auf diese Art erhält man außer einer konstanten Übertragungscharakteristik für das ganze System auch günstige Geräuschverhältnisse.

Neben den hier beschriebenen Entzerrern sind noch die Leitungsverlängerungen erwähnenswert, die die Uferverstärkerfelder auf 27 km ergänzen. Die Uferverstärkerfelder werden um mindestens 10 km kürzer gemacht, um Beeinflussungen durch fremde elektromagnetische Felder gering zu halten.

**Betriebssicherheit.** Reparaturen an Seekabelverbindungen erfordern meist viel Zeit und hohe Kosten (0,25 bis 2 Mill. DM). Es ist deshalb bei solchen Verbindungen besonders wichtig, daß die verwendeten Kabel und Streckengeräte eine hohe Betriebssicherheit aufweisen. Sie wird erreicht durch eine sehr sorgfältige Fertigung der Bauteile von besonders ausgesuchten und geschulten Fachkräften und eine ebenso sorgfältige Montage, die in „staubfreien Räumen" durchgeführt wird. Zwischen den einzelnen Arbeitsgängen werden Prüfungen vorgenommen, damit fehlerhafte Teile und Geräte frühzeitig ausgesucht werden können. Bei den Bauteilen für Seekabelverbindungen hat man auf diese Art eine bis viermal geringere Ausfallrate erreicht als bei normaler Fertigung.

Vor der Verlegung der Geräte werden diese einige tausend Stunden in Probebetrieb genommen und die Konstanz ihrer elektrischen Werte laufend genau gemessen.

Kabel und Geräte, die diese Prüfungen gut bestanden haben, sollten die erwartete Lebensdauer von 20 Jahren erreichen. So gab es z. B. bei den 200000 Bauelementen britischer Unterwasserverstärker, die derzeit in Betrieb sind, über einen Zeitraum von nahezu 10 Jahren keinen einzigen Ausfall.

**Fehlerortungsverfahren.** Zur periodischen Nachentzerrung von temperaturbedingten Dämpfungsänderungen und Alterungseffekten werden die gleichen Prüfeinrichtungen benützt wie bei den Landkabelsystemen. Interessanter sind die für Seekabelsysteme typischen Fehlerortungsverfahren, wie z. B.

1. Ortungsverfahren für Kabelfehler für den Fall, daß das Kabel gebrochen ist oder einen Kurzschluß aufweist, d. h. wenn die Verstärker ausgefallen sind. Es wird in einer Brücke das Seekabel mit einer entsprechenden Kunstleitung verglichen, wobei die Kunstleitung nur die für tiefe Frequenzen wichtigen Systemelemente nachbilden muß wie das Kabel, die Stromversorgungsweichen und den Gleichstromwiderstand der Verstärker an den Stromversorgungsklemmen. Der Vergleich geschieht nämlich mit Rechteckwechseln geringer Spannung und ganz tiefer Wiederholungsfrequenz. Dieses Verfahren gibt eine ausreichend genaue Bestimmung des Fehlerabstandes von der Küstenstation [27b].

2. Ortungsverfahren für Verstärkerfehler. In jedem Unterwasserverstärker wird der Gegenkopplungsweg durch einen Quarz in einem schmalen Frequenzband oberhalb des Übertragungsbandes kurzgeschlossen, so daß bei dieser Frequenz — die bei jedem Verstärker verschieden ist — eine hohe Verstärkung auftritt. Es kann nun von der $B$-Sendestelle zur $A$-Empfangsstelle diese Verstärkung gemessen und ausgewertet werden. Besteht kein Durchgang zwischen den beiden Küstenstationen, dann können im Empfangsamt die in diesen schmalen Frequenzbändern auftretenden Rauschspannungen zur Fehlersuche dienen [27c].

3. Ortungsverfahren für Verstärkerfehler. Mit einem zweiten Verfahren können Verstärker ermittelt werden, die im unteren Frequenzband fehlerhaft arbeiten, obgleich die Übertragung im Bereich der Quarzfrequenzen keine Mängel erkennen ließ. Dabei werden vom $A$-Sendeamt aus kurze Impulse mit einer Dauer von 200 µsec und einer Trägerfrequenz von 350 kHz gesendet. Die Wiederholungsfrequenz wird so niedrig gewählt, daß das Signal die gesamte Länge der Seekabelverbindung durchlaufen und zurückkehren kann, bevor der nächste Impuls gesendet wird.

Der Antwortimpuls von 700 kHz entsteht durch die Nichtlinearität 2. Ordnung der Seekabelverstärker aus dem 350 kHz-Impuls und kehrt im oberen Übertragungsband über jeden Verstärker zum $A$-Amt zurück. Im $A$-Amt werden die zurückkehrenden Impulse beobachtet, wobei ein Markierimpuls die Identifizierung jedes einzelnen Impulses erlaubt. Aus dem Vorhandensein oder Fehlen und aus der Größe der Impulse, die über die verschiedenen Seekabelverstärker zurückkehren, kann auf die Übertragungsgüte im unteren Band, im oberen Band und auf die Nichtlinearität 2. Ordnung geschlossen werden. Bei Pegelabweichungen auf der Strecke von 6 dB oder mehr wird das Verhältnis Signal zu Geräusch, bezogen auf den 700 kHz-Impuls, so ungünstig, daß der zurückkehrende Impuls über längere Zeit integriert werden muß [27d].

4. Ortungsverfahren für Verstärkerfehler. Bei einem weiteren Ortungsverfahren, das in der CANTAT-Verbindung eingesetzt ist, werden vom $B$-Amt aus 2 Schwingungen gesendet, deren Frequenzen so gewählt werden, daß ihre Differenz in das untere Übertragungsband fällt. Die 2 Schwingungen werden in einem Seekabelverstärker über Bandpässe einem Modulator zugeführt, der die Differenzfrequenz bildet. Diese neue Schwingung kehrt im unteren Übertragungsband zum Sendeort zurück und kann dort ausgewertet werden. Mit zweimal zehn verschiedenen Frequenzen können 100 Verstärker selektiv überwacht werden.

**Fernstromversorgung.** Die typischen Besonderheiten von Seekabelsystemen wurden im wesentlichen am Beispiel des amerikanischen SD-Systems erörtert, das noch mit Röhrenverstärkern arbeitet. Künftige Anlagen werden Transistorverstärker benutzen, die zusätzlich einen verstärkten Schutz gegen Spannungsstöße benötigen, wie sie durch Beeinflussung an den Anlandestellen und bei Kabelfehlern auftreten können. Wie aus nachfolgender Zusammenstellung einiger Daten des SD-Systems zu ersehen ist, wird für die Fernstromversorgung an den beiden Küstenstationen eine Gleichspannung von je 5500 V, jedoch verschiedener Polarität zwischen Innenleiter und Erde angelegt. Das Kabel wird also sehr hoch aufgeladen, und bei einem Kurzschluß zwischen Innen- und Außenleiter kann ein großer Entladestrom über die Verstärker fließen und die Verstärker gefährden.

Bei Seekabelsystemen mit Transistorverstärkern wird die Fernspeisespannung auch nicht kleiner werden, da man sich bemühen wird, dem wachsenden Verkehr entsprechend die Übertragungsbänder zu erweitern, so daß kürzere Verstärkerabstände und damit mehr Verstärker für eine gegebene Verbindung notwendig werden. Man denkt an Bandbreiten von 10 MHz. Es ist bemerkenswert, daß auch bei Seekabelsystemen mit Transistorverstärkern die Länge einer Verbindung durch die Fernstromversorgung begrenzt wird.

*Einige Daten über das SD-System*

| | |
|---|---|
| Anzahl der Sprechkreise . . . . . . . . . | 128 |
| Länge der Verbindung | |
| New Jersey (USA) — Widemouth (England) . . | 6500 km |
| Maximale Tiefe . . . . . . . . . | 5100 m |
| Anzahl der Seekabelverstärker . . . . . . . | 182 |
| Anzahl der elektronischen Bauteile . . . . . | 36 000 |
| Anzahl der Ozean-Block-Entzerrer . . . . . . | 17 |
| Dämpfung des Kabels bei der höchsten Frequenz des oberen Bandes . . . . . . . . . | 9000 dB |

| | |
|---|---|
| maximale Pegelabweichungen auf der Strecke hinter den Blockentzerrern . . . . . . . . | 250 kHz $+0{,}8$ dB, $-5{,}2$ dB 450 kHz $+3$ dB, $-0{,}8$ dB 750 kHz $+2{,}8$ dB, $-0{,}1$ dB 1050 kHz $+1{,}5$ dB, $-2{,}2$ dB |
| Frequenzgang der Strecke ohne Feinentzerrung in den Küstenstationen . . . . . . . . . . | unteres Band: $+6{,}0$ bis $-5{,}0$ dB oberes Band: $+7{,}0$ bis $-2{,}2$ dB |
| Frequenzgang der Strecke nach der Feinentzerrung in den Küstenstationen . . . . . . . . | unteres Band: $+1{,}4$ bis $-0{,}5$ dB eine Spitze $+5$ dB oberes Band: $+0{,}3$ bis $-1{,}6$ dB |
| Thermisches Geräusch . . . . . . . . . . | $\sim 1{,}5$ pW/km |
| Klirrgeräusch in 99 % der Zeit . . . . . . | unteres Band: 6 dB oberes Band: 9 dB kleiner als das thermische Geräusch |
| Fernstromversorgung . . . . . . . . . . . | $I = 389$ mA $\pm 5500$ V |

## 5.4 Hohlkabellinien

### 5.4.1 Kurzer Überblick

Zur Nachrichtenübertragung in einem Hohlkabel wird der $H_{01}$-Wellentyp benutzt, wie in Abschnitt Hohlkabel S. 154 ff. näher ausgeführt ist. Um große Entfernungen zu überbrücken, müssen in Abständen von 20 bis 40 km Streckenverstärker eingebaut werden. In den Endämtern stehen Sender und Empfänger. Mit diesen wesentlichen Teilen einer Hohlkabellinie befaßt sich der folgende Abschnitt.

Wir wollen uns dabei auf den Betrieb mit Puls-Code-Modulation (PCM) beschränken, der für Weitverkehr auf Hohlkabeln besonders geeignet erscheint. Bekanntlich kann man bei dieser Modulationsart durch Regenerieren der Impulse die Nachricht von den Übertragungsstörungen weitgehend befreien. Deshalb werden regenerierende Streckenverstärker angewendet, die, wie Abb. 47 zeigt, die Sender und Empfänger der Endämter mit enthalten. Es sei darauf hingewiesen, daß die Entwicklung des Systems gegenwärtig noch im Anfang steht, die folgenden Ausführungen also weder endgültig noch vollständig sein können.

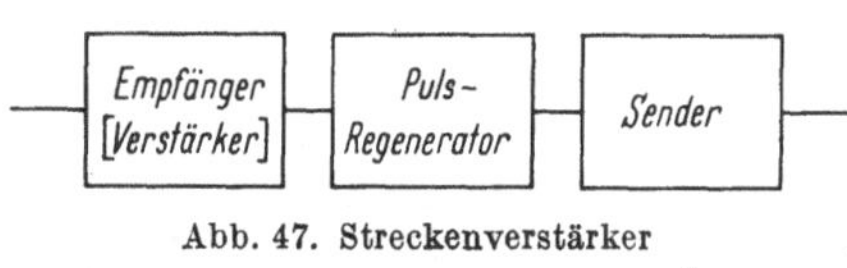


Abb. 47. Streckenverstärker

Der Übertragungsbereich des Hohlkabels reicht von etwa 30 GHz bis etwa 100 GHz. Er wird in Frequenzbänder von 0,2 bis 0,3 GHz Breite aufgeteilt. Jedes Band wird eingenommen von einer Trägerfrequenz, die mit einer unregelmäßigen Pulsfolge moduliert ist. Es enthält ein Gesprächsbündel von z. B. 1800 Kanälen in PCM und kann als kleinste Einheit des Systems bei jedem Streckenverstärker ohne weiteres abgezweigt werden.

Welche Gesichtspunkte sind nun für die Wahl der Bandbreite bzw. Impulsdauer maßgebend?

Je kürzer die Einzelimpulse sind, desto größer wird das Bündel und desto breiter wird das Frequenzband, das jeder Sender verarbeitet. Entsprechend nimmt die Zahl der Sender, Schalter (Modulatoren) und Filter ab. Dies ist ein wirtschaftlicher Gewinn, auch wenn bei gleichem Geräuschabstand die Leistung der Einzelsender im Maße der Bandbreite erhöht werden muß. Andererseits haben Schalter für sehr kurze Impulse meist eine höhere Grunddämpfung. Vor allem aber zerfließen die Impulse durch die Dispersion der Gruppengeschwindigkeit im Hohlkabel um so rascher, je kürzer sie sind.

### 5.4.2 Zeichenverzerrung durch Bandbegrenzung

Wir bestimmen eine günstige Form für die unverzerrten Impulse nach folgenden Gesichtspunkten:

Der zeitliche Verlauf des Zeichens $u(t)$ soll symmetrisch sein zum Höchstwert $U$, der zur Zeit $t = 0$ erreicht wird. Die Halbwertsdauer $\tau$ des Impulses soll gleich dem reziproken Wert der Taktfrequenz (Pulsfolgefrequenz) $f_P$ sein, und es soll sich eine ununterbrochene Pulsfolge (1111...) zu einem konstanten Wert der Höhe $U$ ergänzen. Dann muß das Zeichen symmetrisch zur Halbwertslinie verlaufen und für $|t| \gtrless \tau$ dauernd verschwinden. Die Kurvenform soll abgerundet sein, damit das Spektrum des Zeichens nach hohen Frequenzen rasch abfällt und zur Bandbegrenzung einfache Filter genügen.

Die rechnerisch einfachste Funktion, die alle diese Bedingungen erfüllt, ist die cos²-Kurve; sie wird in folgendem als Form für die unverzerrten Impulse verwendet:

für          $-\tau < t < +\tau$:     $u(t) = U \cos^2 \dfrac{\pi}{2} \dfrac{t}{\tau} = \dfrac{U}{2}\left(1 + \cos\pi\dfrac{t}{\tau}\right)$,

für          $|t| \gtrless \tau$:     $u(t) = 0$.

Der Streckenverstärker (s. S. 602) enthält Bandfilter (Frequenzweichen); sie sind notwendig, um die Bänder der gepulsten Trägerfrequenzen ohne gegenseitige Störung vereinigen und wieder trennen zu können. Man möchte möglichst viele Kanäle nebeneinander unterbringen und deshalb die Bänder eng begrenzen, wobei jedoch die Zeichenform verändert wird.

Den Einfluß der Bandbegrenzung auf die Zeichenform gilt es jetzt abzuschätzen. Hierzu eignen sich zwei typische Zeichenfolgen:

1. der Wechsel $(1010\ldots)$ bestehend aus drei Frequenzen: dem Träger $U/2$ und den Seitenbändern $U/4$ im Abstand $\pm f_P/2$.

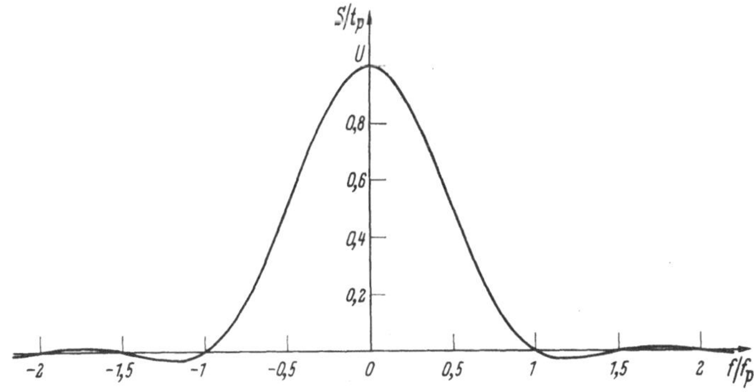


Abb. 48. Frequenzspektrum eines $\cos^2$-Impulses

2. Der Einzelimpuls mit dem kontinuierlichen Frequenzspektrum (Abb. 48):

$$S(f) = \frac{U \sin 2\pi\tau f}{2\pi f(1 - 4\tau^2 f^2)}$$

Wechsel werden von einem (idealen) Bandfilter überhaupt nicht verzerrt, solange die Bandbreite $B > f_P$ ist und überhaupt nicht übertragen, wenn $B < f_P$ ist. $B = f_P$ ist also der unter Grenzwert der Filterbandbreite. Bei diesem Grenzwert sind jedoch die Verzerrungen, die ein Einzelimpuls erfährt, schon beträchtlich.

Eine günstige Bemessung, die wir im folgenden verwenden, ist: $B = 4f_P/3$. Abb. 49 zeigt den Schwingungsverlauf des Einzelimpulses hinter einem zweiwertigen idealisierten[1] Filter dieser Bandbreite. Das

---

[1] Durchlaßbereich $a = 0$;   $b = 2\arcsin 2f/B$
Sperrbereich          $b = \pm\pi$     s. [39]

Überschwingen bleibt dabei unter 10%. Die Fehler für die Taktzeiten $t = n\,\tau$, auf die es bei der Decodierung ankommt (s. S. 498) sind kleiner

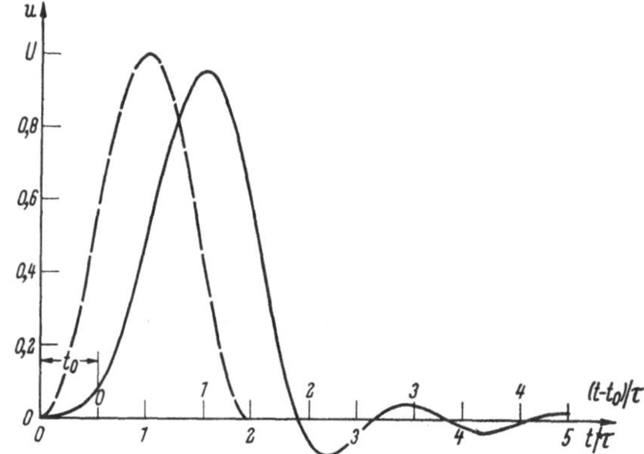


Abb. 49. Schwingungsverlauf des bandbegrenzten Impulses $B = 4/3\,\tau$

als 5%. Beim Senden einer unregelmäßigen Pulsfolge können jedoch durch ungünstige Überlagerung Fehler von 2- bis 3facher Größe auftreten.

### 5.4.3 Zeichenverzerrung durch Dispersion

Die durch Bandbegrenzung hervorgerufenen Schleppen werden noch vergrößert durch die Dispersion in der Hohlleiterstrecke, die man, wie sich zeigen wird, unbedingt ausgleichen muß. Der Frequenzgang der Gruppenlaufzeit $t_g$ des (idealen) Hohlkabels ist innerhalb der (relativ schmalen) Filterkanäle praktisch linear.

Es bezeichne:

| | |
|---|---|
| $D$ | den Durchmesser des Hohlkabels |
| $L$ | die Streckenlänge |
| $f_k = c/0{,}82\,D$ | die Grenzfrequenz der $H_{01}$-Welle, |

dann gilt:

$$t_g = \frac{L}{c\,\sqrt{1 - f_k^2/f^2}}.$$

In der Umgebung der Betriebsfrequenz $f_0$ kann man angenähert setzen (weil $f_0 > 5\,f_k$ ist)

$$t_g = t_{g\,0} - \frac{L\,f_k^2}{c\,f_0^3}\,(f - f_0).$$

Der Laufzeitunterschied $\varDelta t_g$ innerhalb des Filterbandes $B$ beträgt also

$$\varDelta t_g = \frac{L\,f_k^2}{c\,f_0^3}\,B.$$

Für den Phasenwinkel einer Spektrallinie in einem Abstand vom Träger, den wir wieder $f$ nennen wollen, gilt:

$$\alpha = 2\pi \int_0^f t_g \, \mathrm{d}f = [2\pi\, t_{g0}\, f] + \pi \frac{\Delta t_g}{B} f^2 .$$

Den frequenzlinearen Summanden brauchen wir nicht zu berücksichtigen, weil er keinen Einfluß auf die Zeichenform hat und das Zeichen nur um $t_{g0}$ verzögert.

Besonders einfach läßt sich die Wirkung der Dispersion auf die Zeichenfolge des Wechsels erfassen. Die beiden Seitenbandfrequenzen

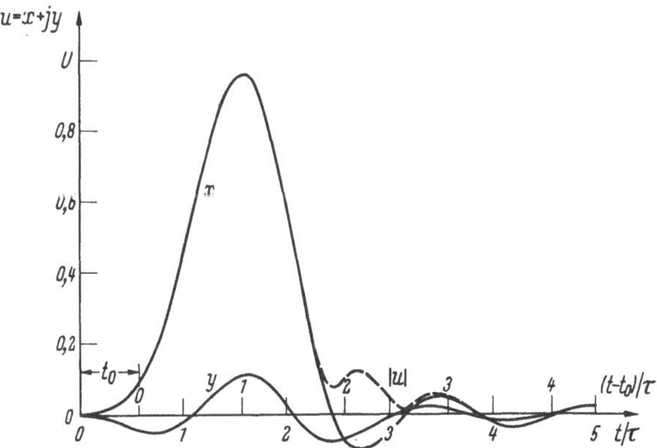


Abb. 50. Schwingungsverlauf des Impulses bei Bandbegrenzung und linearem Laufzeitgang
$B = 4/3\,\tau$;  $\Delta t_g = 0,4\,\tau$

im Abstand $f_s = \pm f_P/2 = \pm 1/2\,\tau$ werden bei einer Bandbreite $B = 4 f_P/3 = 4/3\,\tau$ gleichsinnig um die Phasenwinkel:

$$\alpha_s = \frac{3}{16}\,\pi\,\frac{\Delta t_g}{\tau}$$

gedreht. Dadurch erhält man folgenden Zeichenverlauf:

$$|u(t)| = \frac{U}{2}\left| 1 + \exp j\,\alpha_s \cos \pi\frac{t}{\tau}\right| .$$

Insbesondere ergibt sich für die Taktzeiten der Pausen ($t = \tau$) der Restwert $U \sin(\alpha_s/2)$. Soll dieser Restwert 10% nicht überschreiten, so folgt die Bedingung:

$$\alpha_s \leqq 2 \arcsin 0,1 = 0,20; \qquad \frac{\Delta t_g}{\tau} \leqq 0,34 .$$

Unter dieser Bedingung bleibt dann auch die Verzerrung des Einzelimpulses in zulässigen Grenzen, wie Abb. 50 zeigt.

Nach Früherem gilt:

$$\Delta t_g = 1{,}487 \,\frac{L\,c}{D^2 f_0^3}\,B; \qquad \Delta t_g = 0{,}34\,\tau; \qquad B = 4/3\,\tau .$$

Hieraus folgt die Bemessungsformel

$$L/\mathrm{km} = 5{,}7 \cdot 10^{-8}\, (D/\mathrm{cm})^2\, (\tau/\mathrm{ns})^2\, (f_0/\mathrm{GHz})^3.$$

Nach dieser Formel kann man die Streckenlänge $L$ oder bei gegebener Streckenlänge die tiefste Arbeitsfrequenz $f_0$ bestimmen, die mit Rücksicht auf die Laufzeitverzerrungen zulässig ist. Dies ist in Abb. 51 für einen Rohrdurchmesser von $D = 7$ cm dargestellt. Es zeigt sich, daß man ohne Laufzeitausgleich das Kabel nicht vernünftig ausnutzen kann. Zum Beispiel erhält man bei einer Pulsdauer $\tau = 5$ ns und einer tiefsten Arbeitsfrequenz $f_0 = 35$ GHz eine Streckenlänge von nur $L = 3{,}0$ km. Umgekehrt ergibt sich für eine Streckenlänge $L = 30$ km bei $\tau = 5$ ns eine tiefste Arbeitsfrequenz $f_0 = 75$ GHz.

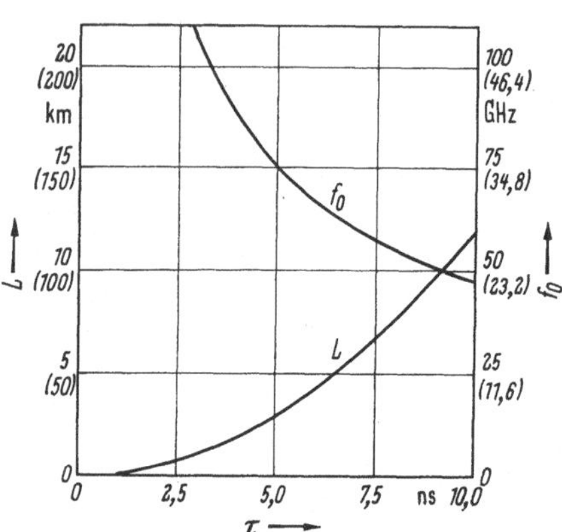


Abb. 51. Zulässige Streckenlänge $L$ oder tiefste Arbeitsfrequenz $f_0$ für $D = 7$ cm

Um bei einer Impulsdauer von 5 ns angemessene Werte zu erhalten, muß der Laufzeitgang des Kabels auf etwa 10 % ausgeglichen werden. Man erhält dann z. B. bei $f_0 = 35$ GHz die gegenüber Abb. 51 zehnmal größere Streckenlänge von 30 km. Kürzere Impulse würden bei gleicher Streckenlänge einen entsprechend genaueren Ausgleich erfordern.

### 5.4.4 Frequenzweichen

Dem Entwurf eines Frequenzplans für die Vielfachausnutzung des Kabels soll zunächst ein Überblick über den notwendigen Filteraufwand vorausgehen.

Zur rückwirkungsfreien Vereinigung oder Trennung benachbarter Kanäle braucht man Frequenzweichen; dies sind „Dreitore" (Sechspole), die in den Eingang eintretende Wellen frequenzselektiv auf 2 Ausgänge verteilen (oder umgekehrt).

Auf der Sendeseite sollen die Weichen die Energie einer Reihe frequenzbenachbarter Sender ohne gegenseitige Beeinflussung auf das Kabel übertragen. Gleichzeitig sollen sie die abgegebenen Frequenzbänder der Sender begrenzen, wenn diese impulsgetastet werden. Auf der Empfängerseite werden Weichen benötigt, um die modulierten Träger wieder zu trennen.

Die Übertragungskurve einer „$n$-wertigen" Frequenzweiche mit TSCHEBYSCHEFF-Verhalten lautet:

$$|A|^2 = 1 + \frac{k}{2}\,[1 + T_{2n}(\eta)]$$

$T_{2n}$  TSCHEBYSCHEFF-Polynom $2n$-ten Grades
$\eta$  Normierte Frequenz, die an den Bandgrenzen $\eta = 1$ wird.

Dabei gilt für die Dämpfung des Ausgangs 1 bzw. 2 in dB:

$$a_1 = 10\lg|A|^2; \quad a_2 = -10\lg(1 - 1/|A|^2).$$

Im Durchlaßbereich pendelt die Dämpfung $2n$-mal zwischen den Werten $a_{10} = 10\lg(1 + k)$ und Null.

Abb. 52 zeigt die Dämpfungskurven 2- bis 4wertiger Frequenzweichen für den Fall: $a_{10} = 1$ dB ($k = 0,26$). Die relative Bandbreite

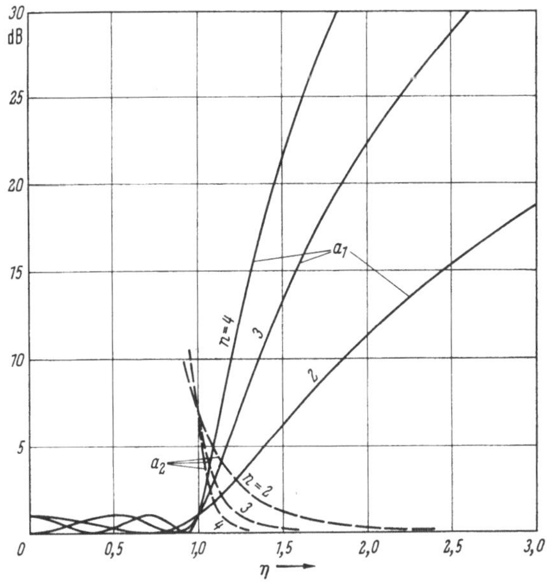



Abb. 52. Dämpfungsverlauf von 2- bis 4wertigen Frequenzweichen

aller hier verwendeten Filter ist gering ($B/f_0 \lessgtr 0,01$). In diesem Fall können wir $\eta = 2(f - f_0)/B$ der Frequenzabweichung proportional setzen.

Für die Empfangsweichen brauchen wir eine Selektivität von etwa $a_1 = 20$ dB am Rand der störenden Nachbarkanäle. Wegen des weiteren Dämpfungsanstiegs im Bereich des Nachbarkanals, erreicht dann die Hüllkurve der übersprechenden Spannung nur wenige Prozente der Zeichenhöhe. Verwendet man eine 3wertige bzw. 4wertige Frequenzweiche, so muß nach Abb. 52 ein Abstand von $\eta = \pm 1,9$ bzw. $\pm 1,5$ zu den Durchlaßbereichen der Nachbarkanäle eingehalten werden. Dem entspricht dann eine Ausnutzung des gesamten Frequenzbereichs von:

$$\text{3 wertiges Filter:} \quad m = \frac{2}{2,9} = 0,69,$$

$$\text{4 wertiges Filter:} \quad m = \frac{2}{2,5} = 0,80.$$

Für die Sendeweichen genügt die relativ geringe Selektivität von $a_1 = 10\,\text{dB}$; der Leistungsverlust in die Nachbarkanäle beträgt dabei für die ungünstigste Randfrequenz nur $a_2 = 0,46\,\text{dB}$. Wie Abb. 52 zeigt, genügen deshalb 2 wertige bzw. 3 wertige Sendeweichen [32].

### 5.4.5 Frequenzplan

Abb. 53 gibt ein Beispiel für den Frequenzplan eines Hohlkabelübertragungssystems [38]. Wir haben dabei folgende Annahmen zugrunde gelegt:

Das größte Bündel, das in Koaxialkabelsystemen einheitlich verwendet wird, ist die Gruppe von 900 Kanälen entsprechend einer Bandbreite von 4 MHz, die noch als ganze unmittelbar codiert werden kann.

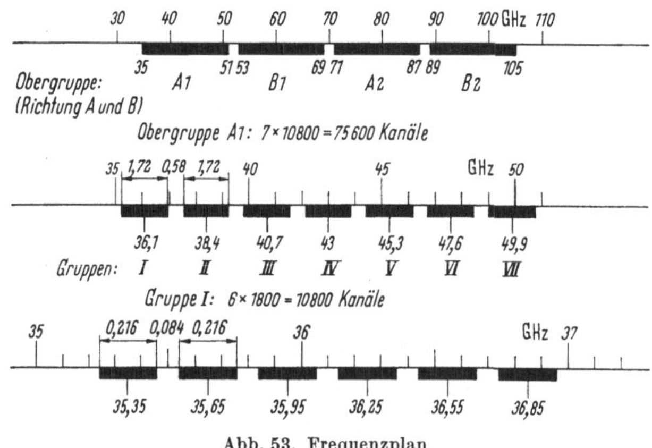


Abb. 53. Frequenzplan

Wenn man die Abtastfrequenz mit 9 MHz festlegt, so ergibt sich bei einem 9er Code die Pulsfolgefrequenz für das Einzelband: $9 \times 9 = 81\,\text{MHz}$. Um die Sender vernünftig auszunutzen, müssen (mindestens) zwei getrennt codierte Bündel durch Zeitmultiplex ineinander verschachtelt werden.

Für das Hohlkabel-Übertragungssystem gelten dann folgende Werte

$$\text{Pulsfolgefrequenz:} \quad f_P = 162\,\text{MHz}$$

$$\text{Puls-Halbwertsdauer:} \quad \tau = 1/f_P = 6,17\,\text{ns}$$

$$\text{Filterbandbreite:} \quad B = \tfrac{4}{3} f_P = 216\,\text{MHz}.$$

Bei einem Abstand der Senderfrequenzen $\Delta f = 300$ MHz können die Weichen verhältnismäßig einfach sein; für ein 2wertiges Sendefilter $(a_S)$ und ein 3wertiges Empfängerfilter $(a_E)$ erhält man (nach Abb. 52):

$$\text{Dämpfung am Rand des Nachbarkanals:} \quad a_S = \ \ 9 \text{ dB}$$
$$a_E = 19 \text{ dB}.$$

Sechs Sender werden zu Gruppen (I—VII) von 1,72 GHz Bandbreite zusammengefaßt. Abb. 53 gibt die Frequenzbandaufteilung in der untersten Gruppe I. Die Bänder jeder Gruppe werden im Empfänger gemeinsam in einen Zwischenfrequenzbereich (z. B. 10 bis 12 GHz) umgesetzt und gemeinsam in einer Wanderfeldröhre verstärkt. Die Verstärkung im Zwischenfrequenzbereich hat den Vorteil, daß die Empfänger für alle Frequenzgruppen zum überwiegenden Teil identisch werden (z. B. Röhren und Empfängerfrequenzweichen), ferner, daß der notwendige Laufzeitausgleich sich im Zwischenfrequenzbereich besser (dämpfungsarm) durchführen läßt.

Es ist zweckmäßig, sieben Gruppen in eine Obergruppe von 16 GHz Bandbreite zusammenzufassen. Im Frequenzbereich von 35 bis 105 GHz kann man dann 4 Obergruppen unterbringen, je zwei für die beiden Gesprächsrichtungen ($A$ und $B$). Die Kapazität der Hohlkabelstrecke beträgt bei dieser Aufteilung etwa 300000 Sprachkanäle.

### 5.4.6 Übersprechen durch nichtlineare Verstärkung

Da wir sechs gepulste Trägerfrequenzen gemeinsam verstärken wollen, muß die Frage der zulässigen Aussteuerung der Verstärkerröhre diskutiert werden. Die Ausgangsleistung $P_2$ einer Wanderfeldröhre steigt mit wachsender Eingangsleistung $P_1$ zunächst linear und erreicht bei der Sättigungsleistung $P_1 = P_s$ einen Höchstwert. Dieser Verlauf sei folgendermaßen angenähert:

$$P_2 = k^2 P_1 \left[ 1 - \frac{P_1}{3P_s} \right]^2 \quad \text{mit} \quad P_1 \leqq P_s.$$

Der Leistungskennlinie können wir formal eine Spannungskennlinie zuordnen:

$$u_2 = k \left[ u_1 - \frac{4}{9P_s} u_1^3 \right],$$

wenn wir $u_1 = \sqrt{P_1} \sin \omega\, t$, $u_2 = \sqrt{P_2} \sin \omega\, t$ setzen und nur die Ausgangsleistung der Grundwelle ($\omega$) berücksichtigen.

In unserem Betriebsfall hat die Röhre sechs äquidistante Frequenzen

$$\omega_m = \omega_0 + m \Delta \omega; \quad m = 0 \ldots 5$$

mit den Amplituden 0 oder $U$ gleichzeitig zu verstärken.

Um die größte Störung zu erfassen, die durch Nichtlinearität auftreten kann, nehmen wir die Amplitude einer mittleren Frequenz, z. B. $\omega_2$ gleich 0, die Amplituden der übrigen Frequenzen gleich $U$ an und berechnen als „Übersprechen" in den Kanal 2 die Summe jener Modulationsprodukte, die die Frequenz $\omega_2$ haben.

Es ist also in der Formel für die Spannungskennlinie zu setzen:

$$u_1 = \sum U \sin \omega_m t \quad \text{mit} \quad m = 0, 1, 3, 4, 5.$$

Das kubische Glied enthält Summanden, die die Frequenz $\omega_2$ aufweisen können, wie in folgendem angedeutet:

$$u_1^3 = \tfrac{3}{4} U^3 \sum \sin(2\omega_m - \omega_n)\, t + \tfrac{3}{2} U^3 \sum \sin(\omega_m + \omega_n - \omega_p)\, t + \text{Rest}.$$

Für den ersten Summanden gibt es zwei, für den zweiten fünf Kombinationen $\omega_{m,\,n,\,p}$, die die Frequenz $\omega_2$ liefern. Wenn wir alle Spannungen gleichphasig addieren, erhalten wir die nur selten auftretende größtmögliche Störung

$$u_{\max} = \frac{4}{9 P_s}\, 9 U^3 = \frac{4 U^3}{P_s}.$$

Wenn sie z. B. 6% der Nutzamplitude $U = \sqrt{P}$ nicht überschreiten soll, so folgt:

$$\frac{P}{P_s} = 0{,}015.$$

Die Eingangsleistung je Kanal darf dann 1,5% der Sättigungsleistung betragen.

### 5.4.7 Rauschpegel und Fehlerwahrscheinlichkeit

Die Länge der Verstärkerabschnitte wird bestimmt einmal durch die erzielbare Genauigkeit des Laufzeitausgleichs, zum anderen durch das Rauschen des Empfangsverstärkers in Verbindung mit Zeichenverzerrungen durch Überschwingen und Übersprechen [33, 34, 35]. Dies sei in folgendem näher erörtert.

Die den einzelnen Kanälen zugeordneten Filter sondern aus dem weißen Rauschen des Empfangsverstärkers je ein schmales Frequenzband der Breite $B$ um eine Mittenfrequenz $f_0$ aus. Dadurch tritt im Spannungsverlauf des Rauschens hinter einem Filter die Frequenz $f_0$ wesentlich hervor, und es ist zweckmäßig, dieses Schmalbandrauschen als eine Spannung der Frequenz $f_0$ aufzufassen, deren Amplitude $r(t)$ und Phase $\varphi(t)$ statistisch schwankt [36]. Der für die mittlere Rauschleistung maßgebende quadratische Mittelwert des Spannungsverlaufs $\sigma^2$ wird auf den Eingang des Empfängers bezogen, der den Eingangswiderstand $R$ und die Rauschzahl $F$ haben möge. Dann gilt:

$$\sigma^2 = k T_0\, R\, F\, B, \quad k T_0 = 4 \cdot 10^{-21}\ \text{W/Hz}.$$

Bei der Zeichenübertragung ist dem Rauschen eine Trägerfrequenz $f_0$ konstanter Amplitude $y$ überlagert. Im Idealfall — also ohne die durch Bandbegrenzung, Laufzeitgang und Übersprechen bedingten Zeichenverzerrungen — würde $y$ während der Zeichenimpulse der Amplitude des Nutzsignals $U$ entsprechen und während der Pausen verschwinden. In Wirklichkeit wird infolge der Zeichenverzerrungen die Höhe $U$ nicht ganz erreicht und während der Pausen verbleibt ein Trägerrest. Wir setzen allgemein

$$y = v\,U\,,$$

wobei die folgende Zeichenverzerrung $v$ zugelassen werden kann,

$$\text{für Zeichen: } v_z = 1{,}0 \ldots 0{,}8$$

$$\text{für Pausen: } v_P = 0 \ \ldots 0{,}2\,.$$

Häufig bezieht man die Leistung des Signals auf die mittlere Rauschleistung und führt die relative Zeichenamplitude

$$z = \frac{U}{\sqrt{2}\,\sigma}$$

und den Geräuschabstand in dB

$$a_S = 20\,\lg z$$

ein. Fehler bei der Regenerierung bzw. Decodierung treten auf, wenn ein mittlerer Schwellwert $S$, der Grenzwert der Ja-Nein-Entscheidung, während einer Pause überschritten oder während eines Zeichens unterschritten wird. Der Schwellwert $S$ wird zweckmäßig so gewählt, daß die Fehlerwahrscheinlichkeit für Zeichen und Pausen gleich groß sind (also ungefähr: $S \approx U/2$).

Infolge des der Trägerfrequenz überlagerten Rauschens kann die Amplitude der Gesamtspannung $\varrho$ auch während eines „Zeichens" *unter* den Schwellwert bzw. während einer „Pause" *über* den Schwellwert treten. Dann ergeben sich Fehler in der Regenerierung.

Abb. 54 zeigt die Wahrscheinlichkeitsverteilungsdichte $w(r)$ des statistisch schwankenden Rauschvektors $r(t)\exp j\,\varphi(t)$ als rotationssymmetrische GAUSS-Verteilung. Ferner sind die Signalamplitude $y$ und die Amplitude der Gesamtspannung $\varrho$ eingetragen.

Die Wahrscheinlichkeit, daß die Amplitude $\varrho$ im Wertebereich $0 \leqq \varrho = S$ liegt, wird durch Integration der Wahrscheinlichkeitsverteilungsdichte über die Kreisfläche vom Radius $S$ gefunden und mit

$$W(S,\,y)\,.$$

bezeichnet; sie entspricht der Wahrscheinlichkeit für die falsche Regenerierung eines *Zeichens*: $W_Z = W(S,\,y_Z)$. Die Wahrscheinlichkeit für die falsche Regenerierung einer *Pause* ist dagegen

$$W_P = 1 - W(S,\,y_P)\,.$$

Diese Fehlerwahrscheinlichkeiten zeigt Abb. 55, wobei der relative Schwellwert: $s = S/\sqrt{2}\,\sigma$ als Abszisse und die relative Signalamplitude:

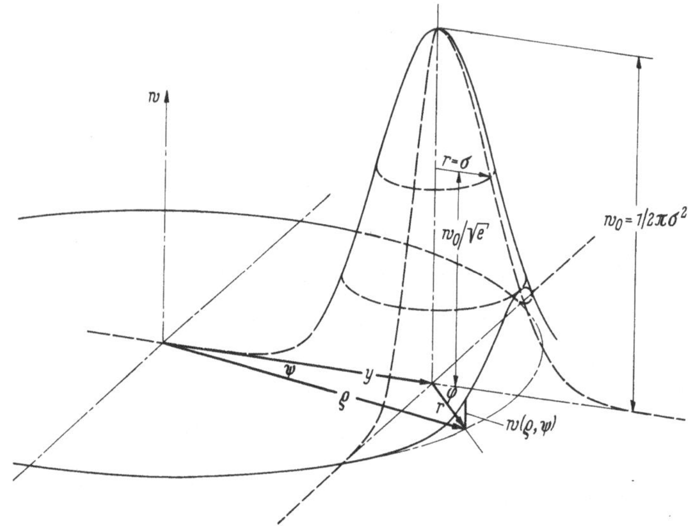



Abb. 54. Wahrscheinlichkeitsverteilungsdichte

$\alpha = y/\sqrt{2}\,\sigma$ als Kurvenparameter auftritt. Da Zeichen und Pausen im Mittel gleich häufig sind, ergibt sich die mittlere Gesamtfehlerwahr-

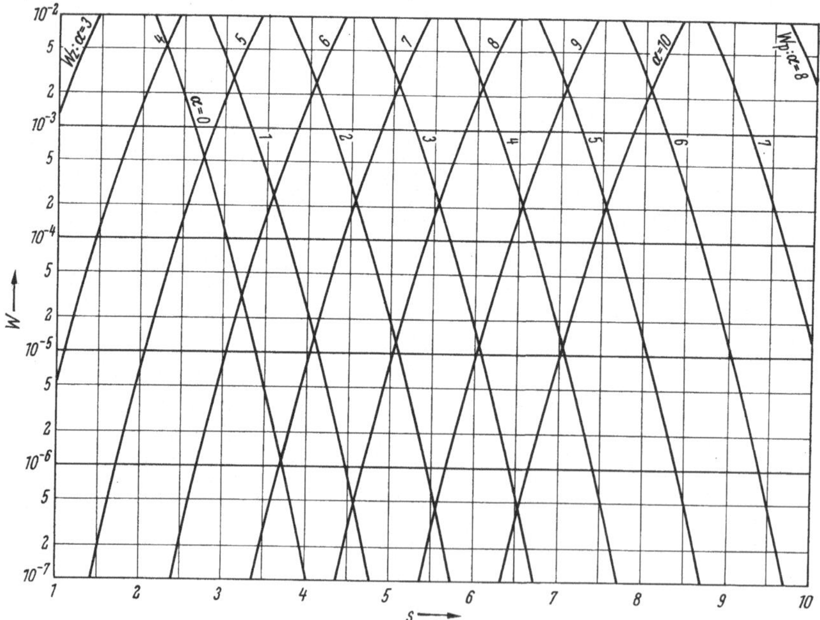



Abb. 55. Fehlerwahrscheinlichkeiten für Zeichen: $W_z$ und für Pausen: $W_P$

scheinlichkeit:

$$W = \tfrac{1}{2}[W_Z + W_P].$$

Die Werte $W_Z$ und $W_P$ hängen wesentlich von der Wahl des Schwellwertes $S$ im Verhältnis zur Zeichenamplitude $U$ ab. Mit wachsendem $S/U$ wird $W_P$ kleiner und $W_Z$ größer. Die Gesamtfehlerwahrscheinlichkeit hat ein Minimum für einen Schwellwert $S_0$, der so gewählt ist, daß die Fehlerwahrscheinlichkeit für Zeichen und Pausen gleich groß sind.

Den günstigsten relativen Schwellwert $s_0$ gemäß Abb. 55 gibt die folgende Tabelle; sie gilt im Bereich $W = 10^{-5} \dots 10^{-7}$.

| Relative Zeichenamplitude $z$ .... | 7 | 8 | 9 | 10 | 11 | 12 | 13 | 14 |
|---|---|---|---|---|---|---|---|---|
| Geräuschabstand $a_s$ .. | 16,9 | 18,1 | 19,1 | 20 | 20,8 | 21,6 | 22,3 | 22,9  dB |
| Relativer Schwellwert $s_0$ . | 3,65 | 4,08 | 4,57 | 5,06 | 5,55 | 6,04 | 6,54 | 7,03 |

Der Schwellwert $s_0$ weicht nur wenig von $z/2$ ab und ist praktisch unabhängig von der Signalverzerrung, wenn diese für Zeichen und Pausen gleich angenommen wird:

$$v = v_P = 1 - v_Z.$$

Die Gesamtfehlerwahrscheinlichkeit $W_0 = W$ (für $s = s_0$) $= W_Z = W_P$ hängt dann nur mehr vom Geräuschabstand $a_s$ und von der Zeichenverzerrung $v$ ab, gemäß Abb. 56, die aus Abb. 55 abgeleitet ist.

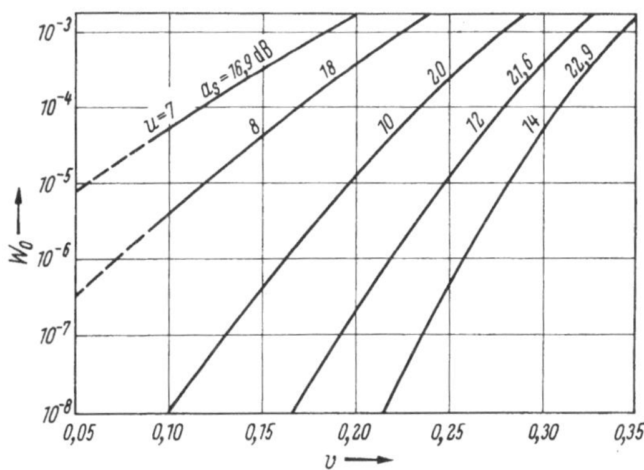


Abb. 56. Fehlerwahrscheinlichkeit $W_0$ bei günstiger Wahl des Schwellwertes $S_0$

Wenn das Modulationsgeräusch der PCM, bedingt durch die endliche Zahl von Amplitudenstufen, nicht merklich (1 dB) verschlechtert werden soll durch Regenerierungsfehler infolge des Empfängerrauschens, so ist bei einem GRAY-Code mit $n = 9$ Codeelementen nach [37] zu fordern

$$W_0 \leqq 4,5 \cdot 10^{-7}.$$

Nach Abb. 56 ergeben sich die folgenden zusammengehörigen Werte

Geräuschabstand: $a_s = 20 \quad 19 \quad 18 \quad$ dB

zulässige Zeichenverzerrung: $v = 0,16 \quad 0,1 \quad 0,055$

Man erkennt, daß ein Geräuschabstand $a_s = 20$ dB mit Sicherheit ausreicht, während $a_s = 18$ dB mit Sicherheit zu gering wäre.

### 5.4.8 Aufbau des regenerierenden Streckenverstärkers

In folgendem wird ein Beispiel eines regenerierenden Streckenverstärkers gegeben. Er besteht aus einem Sendeteil und einem Empfängerteil. Abb. 57 zeigt zunächst den Sendeteil.

Jedem Gesprächsbündel von $2 \cdot 900$ Gesprächen ist ein Sender zugeordnet (z. B. ein Reflexklystron), der kontinuierlich schwingt und auf

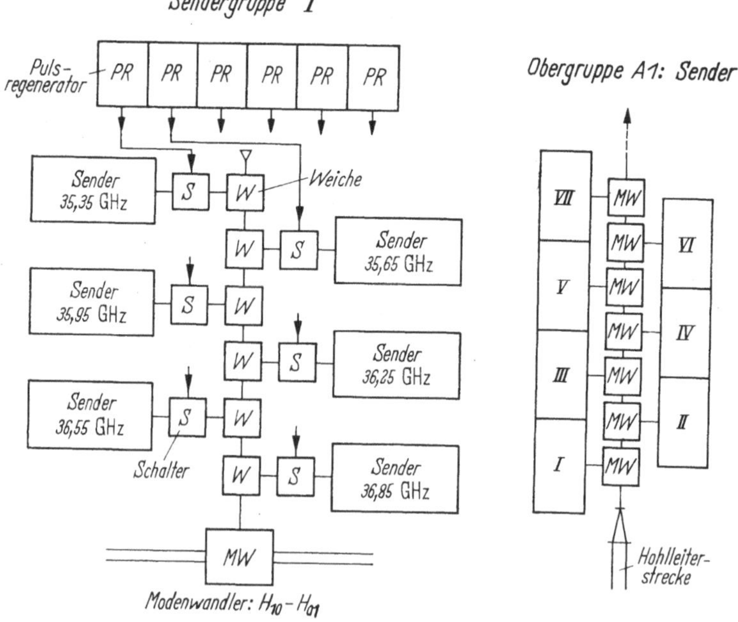


Abb. 57. Senderteil des Streckenverstärkers

1 bis 2 MHz frequenzstabilisiert ist. Als Ausgangsleistung genügen 50 bis 100 mW. Es folgt ein Schalter ($S$) (z. B. Diodenbrücke), der von den Pulsen des Codierers oder von den regenerierten Pulsen gesteuert wird und die Trägerfrequenzimpulse erzeugt.

Sechs Sender einer Gruppe werden nun über Frequenzweichen ($W$) von 216 MHz Bandbreite zusammengeschaltet. Die Sender liefern die Trägerfrequenzenergie als $H_{10}$-Welle im Rechteckhohlleiter. Im Schalter und in den Frequenzweichen wird zweckmäßig ebenfalls noch der $H_{10}$-Modus des Rechteckleiters beibehalten.

Die Energie der Gruppe von 6 Sendern entsprechend einem Frequenzband von 1,72 GHz wird nun in einem frequenzselektiven Modenwandler

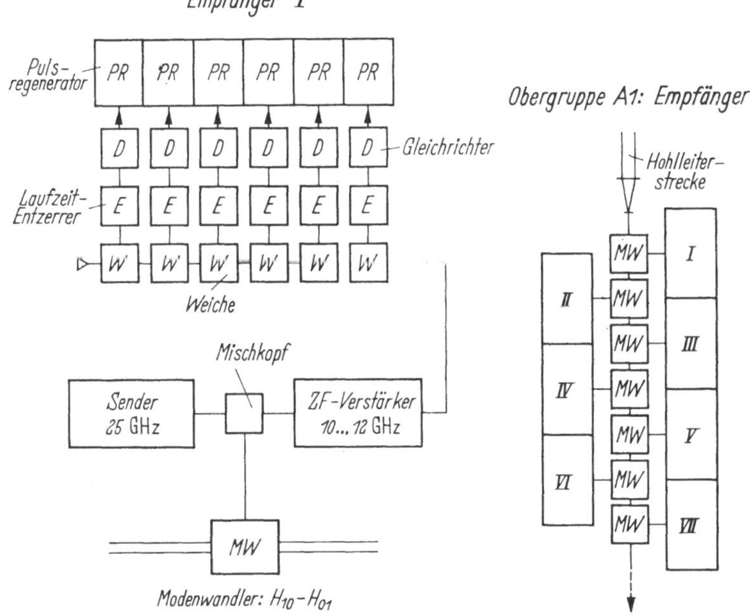


Abb. 58. Empfängerteil des Streckenverstärkers

gemeinsam in den $H_{01}$-Modus des runden Leiters verwandelt [*28, 29, 30, 31*].

Im voll ausgebauten System liegt eine Kette solcher Modenwandler hintereinander, wobei der Durchmesser des runden Leiters nach und nach zunimmt. Es folgt ein Trichterübergang zum Durchmesser der Hohlleiterstrecke (50 oder 70 mm).

Abb. 58 zeigt den Empfängerteil des Streckenverstärkers. Er beginnt in umgekehrter Reihenfolge mit dem Trichter und der gleichen Kette von Modenwandlern, die das Frequenzband in Gruppen von 2 GHz aufteilen und den $H_{01}$-Modus in den $H_{10}$-Modus umwandeln. Jedem Ausgang eines Modenwandlers ist ein Gruppenverstärker zugeordnet. In einem Mischkopf ($M$) wird das zu verstärkende Frequenzband von 1,72 GHz Breite aus der Trägerfrequenzlage in den Zwischenfrequenzbereich (z. B. 10 bis 12 GHz) umgesetzt. Zur Speisung des Mischkopfs braucht man einen Mischoszillator, der genau so aufgebaut sein kann, wie die Sender. Für mehrere benachbarte Frequenzgruppen kann der gleiche Mischkopf verwendet werden. Hinter dem Mischkopf ist der Aufbau sämtlicher Gruppenverstärker identisch. Es folgt der Zwischenfrequenzverstärker, bestehend aus einer rauscharmen Wanderfeldröhre als Vorverstärker und einer nachfolgenden Leistungswanderfeldröhre mit etwa 1 W Sättigungsleistung.

An den Ausgang des Verstärkers ist eine Kette von 6 Frequenzweichen im Zwischenfrequenzbereich angeschlossen, welche die einzelnen Grundbänder von 216 MHz Breite trennt. Dann folgen für jedes Band die Laufzeitentzerrer und schließlich die Diodengleichrichter, die die entzerrten Trägerfrequenzimpulse in Basisbandimpulse verwandeln, die dem Pulsregenerator zugeführt werden.

In folgendem geben wir eine Verstärkungsbilanz des in dieser Weise aufgebauten und praktisch ausgeführten Streckenverstärkers:

Konversionsfaktor des Mischers . . . .    $g = 0{,}2$

Rauschtemperatur des Mischers (am Zwischenfrequenzausgang gemessen) . . . .    $T/T_0 = 2$

Rauschzahl des Mischers . . . . . . .    $F_1 = \dfrac{2}{0{,}2} = 10$

Rauschzahl der Wanderfeldröhre. . . .    $F_2 = 5$

Rauschzahl des Empfängers . . . . . .    $F = F_1 + \dfrac{F_2 - 1}{g} = 10 + 20 = 30$

Rauschleistung je PCM-Kanal bei 216 MHz

Bandbreite . . . . . . . . . . . . .    $P_1 = 4{,}10^{-21}\,\text{Ws}\,F\,\varDelta f = 26\,\text{pW}$
Geräuschabstand . . . . . . . . . . .    $a_s = 20\,\text{dB}$
Signaleingangsleistung . . . . . . . .    $P_E = 100\,P_1 = 2600\,\text{pW}$
Sendeleistung . . . . . . . . . . . .    $P_S = 80\,\text{mW}$
Dämpfung des Schalters und der Weichen    $a_F = 5\,\text{dB}$

Überbrückbare Leitungsdämpfung . . . .    $a = 10\,\lg \dfrac{P_S}{P_E} - a_F = 70\,\text{dB}$

## 5.5 Linien für Rundfunkübertragung

Die Übertragung von Fernseh- und Ton-Rundfunksignalen zwischen den Studios und zu den Rundstrahlsendern ist durch eine Reihe von besonderen betrieblichen Bedürfnissen gekennzeichnet. Sie haben überall zu Organisationsformen und technischen Einrichtungen geführt, die sich von der Fernsprechtechnik wesentlich unterscheiden. So liegt die Erzeugung und meist auch die Ausstrahlung in den Händen der Rundfunkgesellschaften, die Übertragung in der Regel bei den Postverwaltungen, die ihre Leitungen den Gesellschaften vermieten. Die Technik ist nicht auf Gegensprechverkehr über Selbstwähleinrichtungen, sondern auf einseitig gerichteten Betrieb eingestellt. Dabei ist aber nur ein Teil der Leitungen fest geschaltet (z. B. die „Modulationsleitungen" zu den

Sendern), im übrigen besteht die Notwendigkeit, nicht nur die Zusammenschaltung der Leitungen jederzeit zu verändern, sondern auch nach Bedarf sternförmige Verteilnetze bilden zu können. Die der Programmübertragung eigentümlichen Qualitätsansprüche, die an den Empfehlungen des CCITT orientiert sind (s. S. 250 ff.), erfordern schließlich besonders geschultes Wartungspersonal, das die nicht fest geschalteten Leitungen nach Bedarf verbindet und prüft und sie dann nach dieser „Vorbereitungszeit" den Rundfunkanstalten übergibt. Aus diesen Gründen ist der Betriebsdienst für diese Systeme organisatorisch und räumlich meist völlig von anderen Diensten der Post getrennt.

### 5.5.1 Tonrundfunklinien

Tonsignale werden teils in der ursprünglichen Frequenzlage, in der letzten Zeit oft auch mit Hilfe der Trägerfrequenztechnik übertragen, wobei häufig Richtfunkstrecken an die Stelle der Breitbandkabel treten. In der Bundesrepublik Deutschland sind Tonleitungen von insgesamt etwa 100000 km Länge eingerichtet. Das Tonleitungsnetz stützt sich auf zahlreiche Tonübertragungsstellen verschiedenster Größe, in denen handbediente Verteileinrichtungen es erlauben, ankommende Leitungen nach Bedarf auf eine oder viele abgehende Leitungen zu schalten. Die enge Vermaschung gestattet es, von beliebigen Punkten aus Reportagen durchzuführen. Zu Theatern, Sportplätzen und dergleichen sind überdies Ortsleitungen fest verlegt.

Die der Umschaltung und Verteilung dienenden Einrichtungen arbeiten heute noch fast ausschließlich in der Niederfrequenzlage. Die Zuleitungen, die von diesen Punkten zu den Trägerfrequenz-Tonlinien führen, werden bis zum Modulator stets genauso behandelt wie Teile von Niederfrequenz-Tonlinien. Daher bezieht sich das im folgenden über Niederfrequenz-Tonleitungstechnik Gesagte insoweit auch auf den Beginn und das Ende von Trägerfrequenz-Tonlinien.

**a) Niederfrequenzleitungen [40].** Tonleitungen müssen besonders frei von Störungen sein. Deshalb enthielten die Fernkabel früher verschiedene Arten besonders geschirmter Leitungen, die so leicht bespult waren, daß Bandbreiten von etwa 7 bis 8 kHz erzielt wurden. Inzwischen werden die 12 mH- oder 17 mH-Spulen der geschirmten Paare mit 1,4 mm Leiterdurchmesser in Deutschland nach und nach durch 3,2 mH-Spulen ersetzt. Dann können Frequenzen bis etwa 15 kHz übertragen werden. Eine weitere Möglichkeit, störungsarme Niederfrequenz-Tonleitungen zu zu erhalten, ergab sich mit der Einführung der Trägerfrequenzfernkabel für die besonders in Deutschland verwendeten 60- und 120-Kanal-Fernsprechsysteme, bei denen Sprachsignale im Frequenzgebiet oberhalb 12 kHz auf den Stammleitungen von papierisolierten (60-Kanal-System) oder styroflexisolierten (120-Kanal-System) Sternviererseilen übertragen werden. Hier wurden auf den unbespult betriebenen Phantomkreisen sehr gute Tonleitungen mit einer nutzbaren Bandbreite bis etwa 11,5 kHz eingerichtet. Die Planungslänge für die Verstärkerabschnitte beträgt dabei 38 km. Der Planungsabstand für bemannte Tonverstärker- und Verzweigungsstellen ist jedoch in Deutschland einheitlich 72,5 km, so daß sich im allgemeinen jeder zweite Phantomleitungsverstärker in einem unbemannten Amt neben den Trägerfrequenzverstärkern des Fernsprechsystems befindet.

Für den Pegel (s. a. S. 246 f.) gilt bei Tonübertragung folgendes: Der Bezugspunkt (relativer Pegel Null) liegt am Übergabepunkt zwischen der Rundfunkgesellschaft und der Postverwaltung. Am Ausgang aller folgenden Verstärker beträgt der relative Pegel $+6$ dB ($+0,7$ Np). Die üblichen Messungen werden so durchgeführt, daß der absolute Pegel der Meßtöne zahlenmäßig mit dem Wert des relativen Pegels übereinstimmt. Die Aussteuerungsgrenze (100% Aussteuerung) ist auf einen um 9 dB (1,04 Np) höheren Wert festgelegt, sie entspricht also am Verstärkerausgang dem absoluten Pegel $+15$ dB ($+1,73$ Np). Die Programme werden laufend mit dem Aussteuerungsmesser in bezug auf diese Grenze überwacht. Trotzdem müssen die Verstärker eine erhebliche Reserve haben und etwa $+20$ dB (100 mW an 600 $\Omega$) noch einwandfrei abgeben können, damit mäßige Übersteuerungen noch nicht stören. Die hier in bezug auf 1 mW angegebenen Zahlen sind bei der Tonübertragungstechnik mit einer Einschränkung zu verstehen. Bei Tonübertragungssystemen wird nämlich entsprechend den Empfehlungen des CCITT auf konstante Spannung entzerrt und eingepegelt. Dementsprechend wird in den meisten Ländern im Gegensatz zur Fernsprechtechnik der Begriff des Spannungspegels benutzt, wobei die Größe des Widerstandes, an dem die Spannung auftritt, außer acht bleibt. Da der Kennwiderstand an den Pegelmeßpunkten in der Niederfrequenzlage jedoch seit längerem einheitlich 600 $\Omega$ beträgt, entsprechen die Pegelangaben wenigstens bei Abschluß mit dem Kennwiderstand gleichzeitig dem Leistungspegel.

Es besteht aber nicht überall Anpassung; insbesondere ist der Ausgangswiderstand aller Verstärker klein gegenüber 600 $\Omega$. Dadurch bleibt die Spannung von der Größe des angeschlossenen Widerstandes unabhängig. Das gilt besonders beim Anschalten eines Kabels, dessen Eingangswiderstand stark von der Kabellänge und der Frequenz abhängig ist. So wird die Pegelkontrolle vereinfacht. Durch die Tonleitungsübertrager, die auch die galvanische Trennung und damit den Hochspannungsschutz zwischen Amt und Leitung übernehmen, wird dafür gesorgt, daß der niedrigste Wellenwiderstand der Leitung, der je nach Bespulung bei mittleren oder hohen Frequenzen liegt, auf 600 $\Omega$ übersetzt wird. Für die Ortsleitungen werden besondere Übertrager eingesetzt, die mit umsteckbaren Entzerrerelementen kombiniert sind.

Die Entzerrung der Leitungen muß sehr genau vorgenommen werden. Abb. 59 zeigt einige Beispiele für den Frequenzgang der Betriebsdämpfung von Tonleitungen. Früher wurde jedem Fernleitungsabschnitt

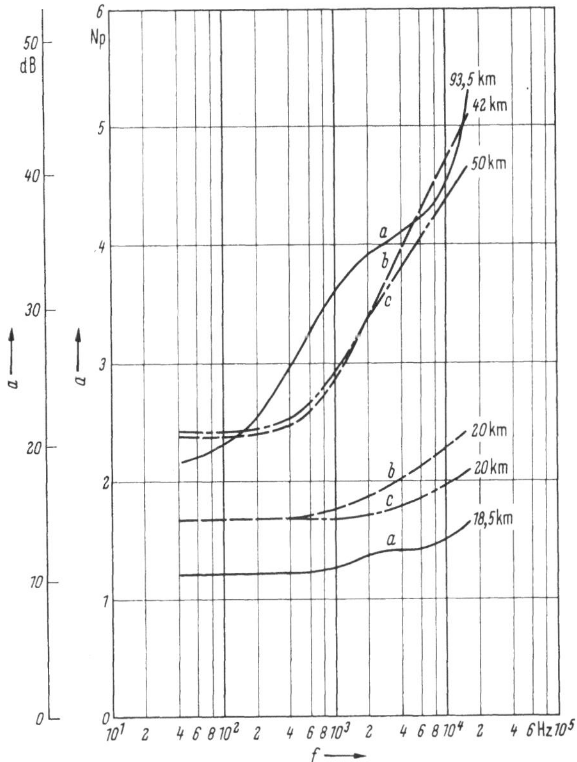


Abb. 59. Betriebsdämpfung einiger Niederfrequenz-Tonleitungen:
*a* Geschirmtes Paar 2×1,4 mm mit 3,2 mH-Spulen in 1,7 km Abstand, *b* Phantomkreis des papierisolierten Trägerfrequenz-Sternvierers mit 1,2 mm Leiterdurchmesser, *c* Phantomkreis des styroflexisolierten Trägerfrequenz-Sternvierers mit 1,3 mm Leiterdurchmesser

ein aus einzelnen Bausteinen individuell zusammengesetzter Vierpolentzerrer zugeordnet. Er wurde durch ein den Wellenwiderstand der Leitung nachbildendes Zweipolnetzwerk ergänzt, durch das am Leitungsende Anpassung hergestellt wurde. (Der Eingangswiderstand der Leitungsverstärker selbst beträgt stets frequenzunabhängig 600 Ω mit geringem Reflexionsfaktor.) Durch diese Maßnahme wurde erreicht, daß sich trotz der Fehlanpassung am Ausgang des sendenden Verstärkers auch bei kurzen Leitungen meist keine störenden Reflexionen bemerkbar machten und daß die Vierpolentzerrer nicht allzu kompliziert wurden.

Nach dem Aufkommen der Gegenkopplungstechnik und deren weiterer Durchbildung wurde es möglich, die Entzerrung durch Verstärker mit frequenzabhängiger Gegenkopplung zu bewirken, wodurch sich die Geräuschspannungen senken lassen. In Deutschland wurde es daher anläßlich der Inbetriebnahme der Phantomleitungen ab etwa 1950 eingeführt, statt der Vierpolentzerrer entzerrende Verstärker zu benutzen. Dabei konnte man die Entzerrung mittels einiger Schalter der Länge der Phantomleitungen und ihrer Art anpassen. Gleichzeitig verzichtete man dabei auf die Leitungsnachbildung, weil die Dämpfung bei diesen unbespulten Leitungen im kritischen oberen Frequenzgebiet groß und der Wellenwiderstand fast konstant ist. Die durch Reflexion im unteren Frequenzbereich hervorgerufenen Verzerrungen konnten durch die im Verstärker vorgesehenen Entzerrungsregler mit ausgeglichen werden. Während die Vierpolentzerrer durch Dämpfungsglieder so ergänzt wurden, daß jeder Leitungsabschnitt eine frequenzunabhängige Dämpfung von 4,5 Np besaß, brachte es die spätere Technik mit sich, daß jeder Fernleitungsabschnitt seinen eigenen entzerrenden Verstärker bekam und auf Pegelgleichheit am Anfang und Ende eingestellt wurde. Außerdem verzichtete man bei den Phantomleitungen auf die vorher oft eingeführte Möglichkeit, Leitungen zeitweise in einer Richtung, zeitweise entgegengesetzt zu betreiben (wechselzeitiger Betrieb), weil die Nebensprechdämpfung hierfür nicht ausreichte.

Der nominell nach CCITT für die „Normale Tonleitung, Typ A" von 50 bis 10000 Hz, praktisch meist bis 30 Hz hinunterreichende Übertragungsbereich bedingt große Übertrager, Drosseln und Kondensatoren, so daß ein Leitungsverstärker stets einen ganzen Gestelleinschub ausfüllte, wobei nur etwa $2/5$ für die Entzerrerelemente und die dazugehörigen Stufenschalter zur Verfügung stand. Kleinere Bauelemente und Schalter ermöglichten es, ab etwa 1962 in Deutschland eine neue Entzerrerbaugruppe zu diesem Verstärker einzuführen, mit der ein größerer Entzerrungsbereich in feinerer Stufung überstrichen werden konnte. Seitdem ist es möglich, mit dem gleichen Verstärker nicht nur die beiden Arten von Phantomleitungen (nach Abb. 59), sondern auch die verschiedenen Arten bespulter Leitungen, die vorher eingeführt waren, ohne Nachbildungsnetzwerk genau und schnell zu entzerren. In Verbindung mit Wobbelsendern und Pegelbildgeräten ist es leicht, etwa erforderliche Nachentzerrungen vorzunehmen, so daß eine sehr gute Entzerrung auch langer Leitungen gewährleistet werden kann. Im Zuge von Umrüstungsmaßnahmen werden diese Verstärker jetzt nach und nach auch bei den älteren Leitungen eingesetzt, die knapp die Hälfte des deutschen Tonleitungsnetzes ausmachen. Dabei wird auch bei diesen Leitungen der wechselzeitige Betrieb abgeschafft.

Die durch die Schwankungen der Kabeltemperatur verursachten
Veränderungen des Frequenzganges der Kabeldämpfung werden in
Deutschland durch besondere Netzwerke ausgeglichen, die mittels Schaltern veränderbar sind. Die Netzwerke sind für die verschiedenen Kabeltypen besonders festgelegt, werden etwa alle 100 bis 200 km eingesetzt
und alle 1 bis 3 Monate nachgestellt.

An allen Verzweigungspunkten befinden sich am Anfang der abgehenden Leitungen Trennverstärker, die ebenfalls einen sehr geringen
Ausgangswiderstand, aber einen hohen Eingangswiderstand ($>10\ \mathrm{k}\Omega$)
und keine Spannungsverstärkung besitzen. Die davorliegenden geradlinigen oder entzerrenden Verstärker sind für eine Nennlast von 600 $\Omega$
ausgelegt und können so bis etwa 15 abgehende Leitungen speisen. Die
Verteilung geschieht mittels jeweils zweier Kreuzschienenverteiler, von
denen sich einer zwischen den ankommenden Leitungen und einigen
„Programmwegen" und der andere zwischen diesen und den abgehenden
Leitungen befindet. Die Zahl der „Programmwege" kann im Vergleich
zur Anzahl der ankommenden und abgehenden Leitungen klein gehalten
werden; so wird einmal die Anzahl der Schaltpunkte erheblich verringert,
zum anderen auch die Möglichkeit geboten, mittels der „Programmwege"
ganze Gruppen von Leitungen mit einem Griff zu- oder abzuschalten.
Die heute in den großen Zentralen der Bundespost befindlichen Verteileinrichtungen sind für je 120 ankommende und abgehende Leitungen
eingerichtet, die über vierzig „Programmwege" verbunden werden
können.

In anderen Ländern zieht man es teilweise vor, die ankommenden
Leitungen nicht mit gewöhnlichen Leitungsverstärkern abzuschließen,
wenn anschließend verteilt werden soll. Man verwendet vielmehr Verstärker hoher Leistung, spart dann die Trennverstärker nach der Verteilung ein und nimmt in Kauf, daß die abgehenden Leitungen untereinander nur durch den kleinen Innenwiderstand des Leistungsverstärkers
entkoppelt sind.

Unter den bei der Deutschen Bundespost eingeführten Meßeinrichtungen für die Tonübertragungstechnik verdient außer dem Pegelschreiber, mit dessen Hilfe der Frequenzgang der Dämpfung auf einem
Oszillographenschirm aufgezeichnet wird, vor allem der Verzerrungsmeßplatz [41] Erwähnung. Mit diesem können nicht nur der Klirrfaktor
2. und 3. Ordnung sehr tiefer und mittlerer Frequenzen, sondern in
einfacher Weise auch die Nichtlinearität bei höheren Frequenzen bestimmt werden, deren Oberwellen außerhalb des Übertragungsbandes
liegen, deren Differenztöne 2. und 3. Ordnung aber in das Band fallen
und bei Tonübertragung besonders stören, weil sie zu einem gegebenen
Klang nicht harmonisch sind. Außerdem wird ein besonderer Geräuschspannungsmesser verwendet, der eine bewertete Messung entsprechend

der auf S. 251, Abb. 4, wiedergegebenen Kurve gestattet und der nicht nur eine Effektivwertmessung mit einer Zeitkonstante von 200 msec bewirkt, sondern statt dessen auch eine Anzeige kurzzeitig auftretender Knackstörungen ermöglicht, die bei der Tonübertragung sehr stören können. Die Aussteuerung wird in Deutschland durch den sogenannten „Aussteuerungsmesser" kontrolliert. Er gehört zur Gruppe der Spitzenanzeiger mit etwa 5 msec Einschwing- und etwa 2 msec Ausschwingzeit. Hiermit können Übersteuerungen mit großer Sicherheit vermieden werden. In anderen Ländern, vor allem in USA, wird statt dessen das „volume unit meter" verwendet, das mit etwa 165 msec Ein- und Ausschwingzeitkonstante eine Art Durchschnittswert anzeigt, der vom Charakter der Darbietung abhängt. Je nachdem wird dann auf einen entsprechend unter dem 100%-Wert liegenden Wert eingeregelt.

Die Leitungsverstärker enthalten heute in Deutschland durchwegs Röhren. Die Trennverstärker (auch Zusatzverstärker genannt) werden dagegen bereits in Transistortechnik eingesetzt. In einem Gestell können bis zu 84 solche Verstärker untergebracht werden.

Abschließend sei erwähnt, daß die Übertragungsqualität fast aller Tonleitungen in Deutschland entsprechend den hier gestellten Ansprüchen besonders hoch ist. Die Empfehlungen des CCITT werden vor allem hinsichtlich der Geräusche und der nichtlinearen Verzerrungen mit großen Reserven eingehalten. Die Dämpfungen und Phasen der Leitungen sind zumeist auch so gleichmäßig, daß die Übertragung von Stereo-Tonprogrammen ($A$- und $B$-Kanal in zwei gleichlaufenden Leitungen) ohne wesentliche Zusatzmaßnahmen möglich ist. Die Übertragung von Summen- und Differenzsignal empfiehlt sich im Gegensatz zur Rundstrahlsendung nicht. Während z. B. nach CCIR bei der Übertragung von $A$- und $B$-Signal 1,5 dB Dämpfungs- und 30° Phasendifferenz zwischen den beiden Kanälen zulässig sind, dürfen zwischen den Kanälen, die die Signale $M = 1/2(A + B)$ und $S = 1/2(A - B)$ übertragen, nur etwa 0,6 dB Dämpfungs- und 4° Phasendifferenz gleichzeitig herrschen, wenn nach der Wiederherstellung von $A$- und $B$-Signal die Nebensprechdämpfung zwischen diesen Signalen besser als 26 dB sein soll. Das gilt auch für Trägerfrequenzübertragung.

**b) Trägerfrequenzleitungen und Kompander.** Die besonders geschirmten bespulten Paare für die Übertragung in der Originalfrequenzlage sind recht kostspielig. Als sich in der Trägerfrequenz-Fernsprechtechnik die Übertragung immer breiterer Frequenzbänder mittels Koaxialkabeln oder Richtfunk einführte, wodurch sich die Kosten je Fernsprechkanal und Kilometer immer weiter senken ließen, lag es nahe, auch Trägerfrequenz-Tonübertragung einzuführen. Das galt um so mehr, als bei Koaxialkabeln und bei Richtfunk Niederfrequenzübertragung unmöglich ist. Dagegen lassen sich Trägerfrequenz-Tonmodulationsgeräte bauen, die beliebig zu den meisten Trägerfrequenz-Fernsprech-Endgeräten passen und mit diesen ebenso für Kabel- wie für Richt-funkübertragung geeignet sind.

Für die Trägerfrequenz-Tonübertragung läßt man fast immer in einem der üblichen Trägerfrequenz-Fernsprechsysteme einige benach-barte (meistens 3) Fernsprechkanäle frei und schafft so einen Träger-frequenz-Tonkanal für Einseitenbandtechnik mit unterdrücktem Träger. Als Tonkanal wird in der vom CCITT genormten Grundprimärgruppe (60 bis 108 kHz, s. a. Abb. 7c auf S. 261) sehr häufig der Kanal 84 bis 96 kHz benutzt, in dem sonst die Fernsprechkanäle 4 bis 6 liegen. Andere Frequenzlagen sind am Schluß erwähnt.

Als diese Übertragungslage (mit der Trägerfrequenz 96 kHz) vom CCITT empfohlen wurde, bestanden schon detaillierte Empfehlungen über die Qualität einer Tonübertragung in einem fiktiven Bezugskreis von 1000 km Länge, die später auf 2500 km ausgedehnt wurde, und man beschloß, diese Qualität für alle Tonübertragungen zu empfehlen, gleichgültig, welche Übertragungstechnik benutzt wird. Dabei war man sich darüber klar, daß man bis auf weiteres in der Praxis gewisse Abstriche machen muß, wenn der Tonkanal als „Gast" in einem Träger-frequenz-Fernsprechsystem eingerichtet wird, weil für diese Systeme im Bezugskreis von 2500 km Länge geringere Anforderungen bezüglich des Geräusches und des Nebensprechens gestellt werden. Wie im einzelnen auf S. 253 erläutert wurde, muß man damit rechnen, daß das Geräusch bei einer solchen Trägerfrequenz-Tonleitung um 11,6 dB (1,34 Np) und das verständliche Nebensprechen um 16 dB (1,8 Np) über den Wer-ten liegt, die für die Tonleitung erwünscht und empfohlen sind. Außerdem zeigt die Erfahrung, daß in den Fernsprechleitungen Knackstörungen vorkommen, die für eine gute Rundfunkübertragung um etwa 15 dB (1,7 Np) gedämpft werden müssen. Verschiedene Wege, diesen Schwierig-keiten abzuhelfen, werden beschritten:

*1. Aussuchen eines bestimmten Kanals.* Verschiedentlich ist es möglich, Primärgruppen zu finden, in denen das für die Fernsprechübertragung zugelassene Maß von Störungen nicht voll ausgeschöpft wird. Dieses Aussuchen bedeutet aber für den Betrieb eine sehr störende Einengung und ist oft undurchführbar.

*2. Anwendung von Vorverzerrung (pre-emphasis) und Rückentzerrung (de-emphasis).* Am Anfang der Leitung wird der Pegel der hohen Fre-quenzen (z. B. über 1 kHz) durch ein Netzwerk (Vorverzerrer) angehoben, der der tiefen Frequenzen abgesenkt. Am Ende der Leitung wird der Frequenzgang durch einen Rückentzerrer entzerrt, dabei werden die über 1 kHz liegenden Anteile des Geräusches mit vermindert, die anderen verstärkt. Da die ersteren besonders stark stören, wird die Störwirkung des Geräusches reduziert. Mit dem Tonleitungspsophometer (s. S. 251)

bewertet, ergibt sich bei den vom CCITT empfohlenen einfachen Netzwerken bei weißem Rauschen ein Geräuschgewinn um etwa 7 dB (0,8 Np).
Die Verständlichkeit des Nebensprechens wird dabei kaum verändert,
Knackstörungen werden nur unzureichend verringert. Der Einsatz
eines Vorverzerrers bringt die Gefahr von Übersteuerungen. Richtet
man es so ein, daß das langzeitige Leistungsmittel durch die Vorverzerrung nicht verändert wird, so wird trotzdem die Leistung der energiereichen Stellen während der Übertragung stark angehoben [42].

3. *Anwendung von Dynamikpressung und -dehnung (Kompander).*
Am Anfang der Leitung verstärkt ein Dynamikpresser (Kompressor)
energieschwache Stellen (und schwächt sehr energiereiche), am Ende
der Leitung stellt ein Dynamikdehner (Expander) die ursprüngliche
Dynamik wieder her. Dabei werden Störungen, wenn sie während leiser
Stellen auftreten, um z. B. 17 dB (2 Np) geschwächt. Ist die Nutzsignal-
leistung gerade hoch, so werden die Störungen für das Gehör vom Programm verdeckt und sind weniger hörbar. Kompander sind aufwendiger
als Vorverzerrungs- und Entzerrungsnetzwerke, sie sind aber gegen
alle Arten von Störungen, also Geräusch, Nebensprechen und Knacke,
gleichermaßen wirksam. Mit Kompandern, die für den Einsatz in der
Trägerfrequenzlage gebaut sind, kann man ohne Beeinträchtigung der
Musikqualität in jedem Trägerfrequenz-Fernsprechsystem, das seine
CCITT/CCIR-Empfehlungen einhält, die vom CCITT empfohlene Ton-
Übertragungsqualität erzielen. Dabei muß die Frequenzlage, wie noch
erläutert wird, im Kanal 84 bis 96 kHz gegenüber der Lage mit dem
Träger bei 96 kHz etwas verschoben werden.

4. *Verschiebung der Übertragungsfrequenzlage gegen verständliches
Nebensprechen.* Neuerdings wird die Frequenzlage gelegentlich auch ohne
Kompander bei Einsatz von Vorverzerrern verschoben, weil das Nebensprechen aus einem Fernsprechkanal mit zunehmender Verschiebung
immer unverständlicher wird. Unverändert bleibt allerdings das Nebensprechen aus einem ebenso verschobenen Tonkanal, wie es z. B. zwischen
zwei in Gegenrichtung in derselben Primärgruppe eingerichteten Tonkanälen eintreten kann. Jetzt wurde vom CCITT alternativ die Trägerfrequenz 95,5 kHz sowohl für die Anwendung einer Vorverzerrung
als auch für die Anwendung eines Kompanders empfohlen. Die Verständlichkeit von Nebensprechen aus Fernsprechkanälen wird durch eine
solche Verschiebung so stark verringert, daß die Anforderungen an die
Nebensprechdämpfung um 15 dB (1,7 Np) herabgesetzt werden können.

Bisher wurde stets zugrunde gelegt, daß die vom CCITT empfohlene
„Normale Tonleitung, Typ A" eine Bandbreite von 50 Hz bis 10 kHz
besitzen soll. Dafür reichen die zwischen 84 und 96 kHz gelegenen
12 kHz auch unter Berücksichtigung der Kompanderregelvorgänge
(s. S. 614), der Filterflanken und sogar eines eigenen Tonkanal-

piloten und des Gruppenpiloten, der bei 84,08 (oder 84,14) kHz liegt, aus. Schmälere Bänder werden entweder in Ländern verwendet, bei denen diese als ausreichend angesehen werden (häufig z. B. in USA), oder bei besonders teueren Übertragungsstrecken wie Überseekabeln. Hierfür wurde beim CCITT die Qualitätsklasse „Normale Tonleitung, Typ B" geschaffen, die sich nur durch die Bandbreite (6,8 kHz statt 10 kHz) vom Typ A unterscheidet und für eine Trägerfrequenz-Tonübertragung gedacht ist, bei der nur 2 Fernsprechkanäle benutzt werden. Breitere Tonfrequenzbänder (z. B. 15 kHz) werden in dieser Technik bisher nur selten übertragen. Der mit der Bereitstellung eines vierten Fernsprechkanals verbundene Mehraufwand wurde oft als nicht lohnend bezeichnet. Doch will man in Zukunft reine Tonprogramm-Primärgruppen mit zwei stereofähigen Tonkanälen von 15 kHz Bandbreite einrichten.

Die Trägerfrequenz-Tongeräte sind praktisch Zusatzgeräte zur Trägerfrequenz-Fernsprechtechnik. Man rechnet alles zu ihnen, was durch ihr Hinzutreten zu den Fernsprecheinrichtungen erforderlich wird, d. h. außer den Modulatoren und Demodulatoren auch die erforderlichen Gabelschaltungen oder Filterweichen. *Streckengeräte*, die besonders für die Trägerfrequenz-Rundfunkübertragung gebaut sind, gibt es fast nicht.

Die Endgeräte beginnen am Niederfrequenzeingang meistens mit einem Tiefpaß, der das Tonsignal bei der erforderlichen Frequenz begrenzt. Für die folgende Modulationsschaltung werden mehrere Varianten benutzt. Häufig wird ein Ringmodulator eingesetzt, der mit der gewünschten Trägerfrequenz, z. B. 96 kHz, gesteuert wird. Ihm folgt ein Bandpaß als Einseitenbandfilter [43], dessen Flanke bei 96 kHz innerhalb etwa 50 Hz zu Dämpfungswerten von etwa 80 dB (9 Np) ansteigen muß. Auch Frequenzen bei 84,14 kHz und darunter müssen stark gedämpft werden.

Eine andere Modulationstechnik verwendet den sog. 90°-Modulator, auch Quadratur- oder Einseitenbandmodulator genannt. Bei diesem werden mit Hilfe phasendrehender Allpässe [44] aus dem Niederfrequenzsignal 2 Signale erzeugt, die möglichst genau um 90° phasenverschoben sind. Die beiden Signale werden je einem Modulator zugeführt und Trägern gleicher Frequenz aufmoduliert, die aber um 90° phasenverschoben sind. Werden die Ausgangsspannungen der Modulatoren addiert, so löscht sich ein Seitenband aus, während sich die Amplitude des anderen verdoppelt, sofern die 90°-Bedingung streng eingehalten wird. Da das in der Praxis nur näherungsweise möglich ist, wird auch hier noch ein Bandpaß benötigt, an den aber geringere Anforderungen zu stellen sind als beim vorgenannten Verfahren. In beiden Fällen entstehen bei gleichwertiger Filterung gleich große Laufzeitverzerrungen, so daß die Wahl lediglich vom Aufwand bzw. vom Stand der Filtertechnik, unter Berücksichtigung der erforderlichen Stabilität, bestimmt wird.

Weitere Varianten finden sich in der Anzahl der Modulationsstufen. Nicht immer wird direkt der Träger moduliert, der der Frequenzlage in der Primärgruppe entspricht. Man wendet auch mehrstufige Modulation über Zwischenfrequenzlagen an. Dabei wird der Aufwand an Modulatoren und Trägergeneratoren höher, der an Filtern unter Umständen niedriger.

Dem Modulationsgerät schließt sich eine Sendeweiche an, die aus einer Gabelschaltung besteht, die zwischen Fernsprech-Kanalumsetzer und Fernsprech-Gruppenumsetzer geschaltet wird. Vor der Gabel liegt im Fernsprechweg meist ein Sperrfilter, das im Bereich 84 bis 96 kHz Störungen aus dem Kanalumsetzer dämpft. Die Dämpfung ist aber in der Regel nicht so groß, daß ein irrtümliches Besprechen der Fernsprechkanäle Nr. 4 bis 6 genügend unterdrückt würde. Die Kanäle müssen vielmehr im Kanalumsetzer stillgelegt werden.

Empfangsseitig liegt zwischen Gruppen- und Kanalumsetzer die Empfangsweiche, die außer einer Gabelschaltung im Tonleitungsweg einen Bandpaß enthält, der alle Fernsprechsignale um etwa 80 dB (9 Np) dämpft und so vom Tondemodulator fernhält. Im Fernsprechweg der Empfangsweiche ist bei Verwendung der Frequenz 96 kHz als Nullfrequenz für die Tonübertragung eine schmale Sperre im Gebiet um 95,95 kHz erforderlich, die verhindert, daß energiereiche tiefe Töne die Wahlempfänger des Fernsprechkanals Nr. 3 (bei 96,15 kHz) zum Ansprechen bringen, deren Eingangsfilter diese Frequenzen meist nicht genug dämpfen.

Zur Demodulation wendet jeder Hersteller das von ihm benutzte Modulationsverfahren in umgekehrter Richtung an. Der durch die unvermeidlichen Abweichungen aller Trägerfrequenzen vom Sollwert entstehende Frequenzversatz ist nicht bemerkbar, solange er insgesamt 2 Hz nicht übersteigt.

Diese Grundausrüstung wird verschiedentlich ergänzt oder abgewandelt, die wichtigsten der bekannt gewordenen Zusatzeinrichtungen werden im folgenden besprochen:

*1. Tonleitungskompander* [45]. Während eine Vorverzerrung stets in der Niederfrequenzlage angewandt wird, unterscheidet man je nachdem, in welcher Frequenzlage die Dynamik geregelt wird, Niederfrequenz- und Trägerfrequenzkompander. Beide sind Silbenkompander, besitzen also Einschwing- und Ausschwingzeiten. Presser und Dehner werden stets von der Hüllkurve gesteuert, wobei die wichtigste Bedingung die gute (reziproke) Übereinstimmung sowohl statisch als auch dynamisch der beiden Geräte ist. Durch die Regelvorgänge werden dem Signal vom Presser Seitenbänder hinzugefügt, die sich mit den vom Dehner erzeugten kompensieren müssen. Das ist nur möglich, wenn diese Seitenbänder zwischen Presser und Dehner ohne lineare Verzerrungen übertragen werden. Andernfalls entstehen nichtlineare Verzerrungen. Damit die Seitenbandbereiche nicht zu breit werden, sollen die Ein- und Ausschwingzeiten nicht zu klein sein, auch würde damit die dynamische Reziprozität schwieriger realisierbar.

Der Einschwingvorgang darf nicht zu lange dauern, weil sonst die Strecke kurzzeitig überlastet würde. Da Klänge nie sofort in voller Stärke ertönen, genügt eine Einschwingzeit von etwa 2,5 msec. Der Ausschwingvorgang ist mit Rücksicht auf das Gehör zu dimensionieren: Hört ein stärkerer Klang plötzlich auf, so entfällt die Verdeckung des Geräusches durch diesen Klang. Der Dehner muß so schnell zuregeln, daß dieses Nachrauschen (Husch-Husch-Effekt) nicht hörbar wird. Ausschwingzeiten von etwa 8 msec sind dazu erforderlich.

Enthält das Signal tiefe Frequenzen, so reichen Regelseitenbänder bis zu 0 Hz bzw. beim Trägerfrequenzkompander bis und über die Nullfrequenz hinaus. Diese Seitenbänder können beim Niederfrequenzkompander weder durch den Ausgangsübertrager des Pressers noch durch die Strecke ohne lineare Verzerrungen übertragen werden, so daß zwangsläufig nichtlineare Verzerrungen auftreten. Man hilft sich, indem man z. B. zusätzlich Vorverzerrung in der Niederfrequenzlage verwendet, damit tiefe Frequenzen nur schwache Regelvorgänge zur Folge haben. Doch ist auch wegen anderer Schwierigkeiten bisher noch nicht von einem Niederfrequenzkompander berichtet worden, der den hohen Qualitätsansprüchen bei Musikübertragung in jeder Weise entspricht. So ist es z. B. schwer möglich, beim Niederfrequenzkompander die Regelzeitkonstanten genügend klein zu halten. Daher wird der Husch-Husch-Effekt leicht hörbar.

Beim Trägerfrequenzkompander ist eine weitgehend lineare Übertragung zwischen Presser und Dehner möglich, wenn man die Nullfrequenz um einige hundert Hertz von der Kanalgrenze entfernt anordnet. Der nach diesem Prinzip entwickelte Kompander wurde von sachverständigen Gremien in mehreren Ländern geprüft. Er führt sich in Deutschland, aber auch in Nachbarländern, mehr und mehr ein. Abb. 60 enthält den bisher verwendeten Frequenzplan; neben dem Gruppenpiloten befindet sich ein Tonkanalpilot, der mit einer Einschwingzeit von etwa 25 msec die Restdämpfung der Strecke ausgleicht und die Wirkung des Dehners unterstützt. Die gestrichelten Linien deuten die Bandverbreiterung durch die Regelseitenbänder an. Abb. 61 gibt das Prinzipschaltbild dieses Kompanders wieder. Die Tabelle zeigt die wichtigsten Eigenschaften der gesamten Endeinrichtung mit Kompander im Kurzschluß. Die mit $V_2$, $V_3$ bezeichneten Werte sind ein Maß für die Intermodulationsprodukte (Verzerrungsfaktor) zweiter oder dritter

Ordnung bei 100%-Aussteuerung durch zwei gleich starke Töne im oberen Frequenzbereich [41]. Die Werte der Tabelle werden durch Zwischenschalten einer CCI-mäßigen Strecke nicht verändert. Nur die

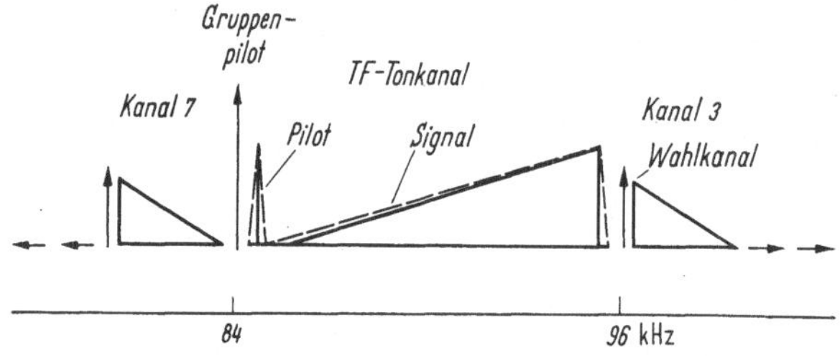


Abb. 60
Trägerfrequenz-Tonkanal mit Kompanderbetrieb in der Grundprimärgruppe *B* des CCITT

Leistung des Streckengeräusches, vermindert um 17 dB, addiert sich zur Geräuschleistung der Endeinrichtungen. Solange das Streckengeräusch kleiner als etwa 40000 pW/Fernsprechkanal (CCITT-Empfehlung: 10000 pW/Fernsprechkanal) ist, wird das bei energiereichen Pro-

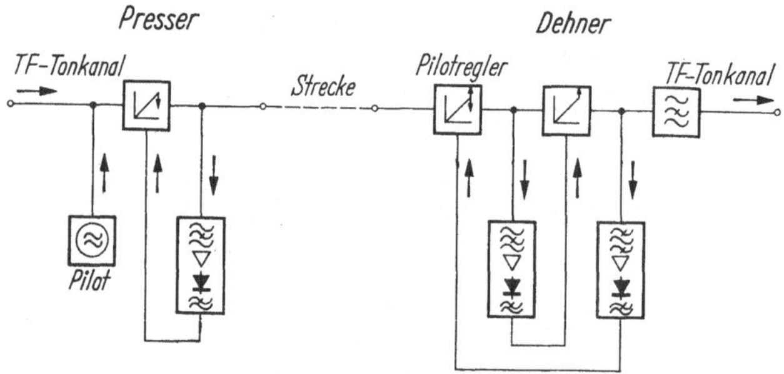


Abb. 61
Trägerfrequenz-Tonkanal-Kompander (Bandpaß und Bandsperren wirken bei der Pilotfrequenz)

grammstellen nicht verminderte Geräusch von allen Arten von Programmen verdeckt, so daß es zur Erzielung einer einwandfreien Übertragungsqualität nicht notwendig ist, Emphasisnetzwerke hinzuzufügen. Bei noch stärkerem Geräusch verhindert diese Maßnahme, daß starke obertonarme Klänge aufgerauht hörbar werden.

*Elektrische Werte für eine Trägerfrequenz-Tonleitungseinrichtung*
*(Endgeräteschleife mit Kompander)*

Übertragungsbereich . . . . . . . . . . . . . . . 50 bis 10000 Hz
Übertragungsfrequenzlage . . . . . . . . . . 85,4 bis 95,35 Hz
Nullfrequenz . . . . . . . . . . . . . . . . . . 85,35 kHz
Kompanderpilot . . . . . . . . . . . . . . . . 84,75 kHz

Dämpfungsverzerrungen:

| | |
|---|---|
| 100 bis 8500 Hz . . . . . . . . . . . . . . . . . | $= \pm\, 0{,}07\ \text{Np}\ (0{,}6\ \text{dB})$ |
| 50 bis 100 und 8500 bis 10 000 Hz . . . . . . . | $= +\, 0{,}08\ \text{Np}\ (0{,}7\ \text{dB})$ |
| | $= -\, 0{,}15\ \text{Np}\ (1{,}3\ \text{dB})$ |

Laufzeitverzerrungen:

| | |
|---|---|
| 10 000 Hz . . . . . . . . . . . . . . . . . . | $\leqq\ 2\ \text{ms}$ |
| 100 Hz . . . . . . . . . . . . . . . . . . . . | $\leqq\ 5\ \text{ms}$ |
| 50 Hz . . . . . . . . . . . . . . . . . . . . . | $\leqq 10\ \text{ms}$ |
| Geräuschspannung am rel. Pegel Null . . . . . | $\leqq 0{,}7\ \text{mV}$ |
| Fremdspannung am rel. Pegel Null . . . . . . . | $\leqq 1{,}4\ \text{mV}$ |

Nichtlineare Verzerrungen bei 100% Aussteuerung:

| | |
|---|---|
| $k_2,\ V_2$ . . . . . . . . . . . . . . . . . . | $\leqq 0{,}1\%$ |
| $k_3,\ V_3$ . . . . . . . . . . . . . . . . . . | $\leqq 0{,}2\%$ |
| Dynamikverzerrung   zwischen 1% und 100%, bezogen auf 35% Aussteuerung . . . . . . . | $\leqq \pm\, 0{,}04\ \text{Np}\ (0{,}35\ \text{dB})$ |

*2. Einfügung des Tonkanals ohne besondere Weichen.* Die Träger-
frequenz-Tontechnik bietet die Möglichkeit, sehr schnell hochwertige
Tonkanäle einzurichten. Das ist besonders für Reportagen wichtig,
wobei dann nicht nur die drei betroffenen Fernsprechkanäle stillgelegt,
sondern auch die übrigen 9 Kanäle der Primärgruppe beim Einschleifen
und Entfernen von Sende- und Empfangsweichen insgesamt 4mal kurz
unterbrochen werden. Daher wurden in Deutschland auch Einrichtungen
entwickelt, die das Einfügen des Tonkanals im Kanalumsetzer selbst
ohne Unterbrechung der übrigen 9 Kanäle gestatten. Hierbei ist es
nicht möglich, die sonst in den Fernsprechweg geschalteten Sperrfilter
zu benutzen. Bei Verwendung einer verschobenen Frequenzlage, die
also gegen 96,15 kHz genügend Abstand (einige 100 Hz) hält, und bei
Einsatz eines Kompanders ist das aber zulässig.

*3. Umschaltbarkeit des Kanals 84 bis 96 kHz für wahlweisen Fernsprech-
oder Tonrundfunk-Betrieb.* Hierbei werden die an sich fest installierten
Sende- und Empfangsweichen zeitweise ausgeschaltet und der Fernsprechweg überbrückt. Danach stehen alle 12 Kanäle dem Fernsprechdienst zur Verfügung. Die Umschaltung muß zur Vermeidung von
Störungen in den 9 ständig betriebenen Kanälen sehr schnell vor sich
gehen. Das gilt vor allem dann, wenn in diesen Kanälen Fernschreibkanäle geführt werden. In diesem Fall ist es auch nötig, die Überbrückung
über einen Vierpol vorzunehmen, in dem die Phasenverzerrungen nachgebildet werden, die das zwischen 84 und 96 kHz dämpfende Sperrfilter
in der Sendeweiche in den benachbarten Kanälen erzeugt [*46*]. Andernfalls treten beim Umschalten leicht Fehler in den Fernschreiben auf.

*4. Laufzeitentzerrung.* Die Übertragungslage wird absichtlich vom
Rande der Primärgruppe entfernt festgelegt, damit von der Träger-
frequenzstrecke nur geringe Laufzeitverzerrungen verursacht werden.
Solche entstehen hauptsächlich durch die Filter in den Endgeräten.

Sie lassen sich bei sorgfältiger Dimensionierung mit den CCITT-Empfehlungen für die „Normale Tonleitung, Typ A" in Einklang bringen. Es sind aber auch Laufzeitentzerrer für Trägerfrequenz-Tonendgeräte gebaut worden. Hierbei kann die gesamte Grundlaufzeit so hoch werden, daß eine Leitung, in der mehrere solche Trägerfrequenz-Tongeräte in Reihe geschaltet vorkommen, nicht mehr als Leitung für einen Fernsehbegleitton verwendet werden kann, weil es störend wirkt, wenn der Ton um mehr als etwa 80 msec nach dem Bild am Empfangsort eintrifft.

*5. Durchschaltefilter.* Um Trägerfrequenz-Tonsignale ohne Umsetzung in die Niederfrequenzlage von einer Primärgruppe in eine andere durchschalten zu können, werden Durchschaltefilter benutzt. Sie entsprechen meist den Trägerfrequenz-Tonempfangsfiltern. Eine Wiederbelegung der drei Kanäle in der ersten Gruppe wurde bisher soweit bekannt nirgends vorgesehen.

*6. Verteiler.* Mit den Trägerfrequenz-Tonendgeräten sind verschiedentlich Verteilereinrichtungen verbunden, die in der Trägerfrequenzlage arbeiten. Hier wird der Ausgangswiderstand der ankommenden Leitungen mittels Verstärkern auf sehr niedrige Werte gebracht, wobei der Spannungspegel erhalten bleibt. Daran können nach Wunsch gleichzeitig mehrere abgehende Leitungen angeschlossen werden.

*7. Trägerfrequenz-Tonübertragung ohne gleichzeitige Fernsprechübertragung.* Zwei Arten der Anwendung wurden bisher bekannt:

Für Fernsehübertragungen besonderer Ereignisse, die sich nicht in der Nähe einer großen Tonverstärkerstelle abspielen, werden häufig gleichzeitig verschiedene Tonkanäle zu einem Bildkanal benötigt (z. B. bei Eurovision). Hierzu werden in Deutschland gelegentlich fahrbare FM 120-Richtfunkanlagen eingesetzt, in denen dann mehrere Trägerfrequenz-Tonkanäle gleichzeitig (max. 10) eingerichtet werden, ohne daß das Übertragungsband im übrigen durch mehr als nur einige Dienstkanäle (Meldeleitungen) ausgenutzt wird. Ohne Kompander läßt sich bei kürzeren Strecken (bis zur nächstgelegenen großen Tonverstärkerstelle) die von CCITT empfohlene Qualität bei bis zu 5 Tonkanälen erreichen.

Verschiedentlich wird Tonübertragung mit Amplitudenmodulation in einfacheren Richtfunkgeräten angewendet, wenn Rundfunkgesellschaften eigene 15 kHz-Verbindungen schaffen wollen. Die Bandbreite der Richtfunkgeräte wird bei weitem nicht ausgenutzt, dafür ergeben sich geräuscharme Kanäle.

*8. Andere Frequenzlagen.* In der Primärgruppe 60 bis 108 kHz werden verschiedentlich auch andere Kanäle benutzt, vor allem die vom CCITT ebenfalls empfohlene Lage 64 bis 76 kHz mit der Trägerfrequenz 76 kHz. Ferner sind vom CCITT die Primärgruppenlage 12 bis 60 kHz mit Regel- statt Kehrlage und die entsprechend durch Spiegelung an 60 kHz entstehenden Tonkanäle empfohlen.

*9. Stereotonübertragung.* Über Stereotonübertragung mit Hilfe von Trägerfrequenz-Tonkanälen ist bisher wenig berichtet worden. Sie ist durchführbar, wenn zwei genügend gleichwertige Kanäle zur Übertragung von $A$- und $B$-Signal zur Verfügung stehen. Es muß dafür gesorgt werden, daß der auch bei Stereoübertragung zulässige kleine Frequenzversatz durch Trägerabweichungen in beiden Kanälen streng gleich ist.

### 5.5.2 Fernsehrundfunklinien

Auch bei der Fernsehübertragung auf Leitungen kann man nach Betrieb in Original- (Video-) Frequenzlage und nach trägerfrequentem Betrieb unterscheiden. Im Gegensatz zur Niederfrequenz-Tonübertragung eignet sich die Videoübertragung aber nicht für den Weitverkehr und hat sich in Deutschland auch im Nahverkehr noch kaum eingeführt. Daher wird dieser Abschnitt nach Weitverkehr und nach Nahverkehr gegliedert. Beim Fernseh-Weitverkehr über Leitungen werden Koaxialkabellinien mit besonderen Einrichtungen für die Laufzeitentzerrung benutzt, wie sie auf S. 527 ff. beschrieben wurden, so daß es hier genügt, die dazugehörigen Umsetzereinrichtungen zu besprechen. Dabei werden die Streckeneinrichtungen [47, 48] mit wenigen Einschränkungen als idealer Vierpol betrachtet.

**a) Umsetzer für den Weitverkehr.** Bei der trägerfrequenten Übertragung von Fernsehsignalen mittels Kabeln wendet man Amplitudenmodulation an, damit der von der Bandbreite wesentlich mitbestimmte Aufwand an Streckeneinrichtungen möglichst klein bleibt und weil man nicht mit größeren Dämpfungsschwankungen und Störeinstrahlungen rechnen muß. Die zur Modulation und Demodulation benötigten Modulatoren und Hilfsgeräte werden in besonderen Endeinrichtungen (Umsetzern) zusammengefaßt.

Für den Weitverkehr würde die beim Trägerfrequenz-Fernsprechen übliche Einseitenbandübertragung die wirtschaftlichste Lösung ergeben, wenn das Videofrequenzband nicht schon von einigen Hertz an voll übertragen werden müßte. So aber ist das vollständige Ausfiltern eines Seitenbandes nicht möglich. Man überträgt daher auch noch einen Teil des anderen Seitenbandes (Restseitenbandverfahren). Damit das Videosignal trotzdem bei der Demodulation unverzerrt wieder entsteht, werden das Hauptseitenband und das Restseitenband zwischen Modulation und Demodulation durch Filter so bedämpft, daß die Amplituden der rechts bzw. links vom Träger befindlichen Seitenlinien, paarweise phasenrichtig addiert, eine frequenzunabhängige Summe ergeben (Bildung einer NYQUIST-Flanke).

In Abb. 62 sind die Frequenzpläne der beiden neueren Systeme dargestellt. Im 6 MHz-System werden neben den trägerfrequenten

Fernsehsignalen nur die drei Leitungspilote (gestrichelte Pfeile) übertragen, die aber in den Streckeneinrichtungen selbst zugesetzt und wieder ausgefiltert werden. In der Übertragungslage wird als Trägerfrequenz 1,056 MHz verwendet, das Hauptseitenband reicht bis 6,056 MHz. Wegen der niedrigen Übertragungsfrequenzlage wird in zwei Stufen mittels der Hilfsträger 14,000 MHz und 15,056 MHz umgesetzt. Zwischen den beiden Modulatoren befindet sich ein Bandpaß, der nur das ge-

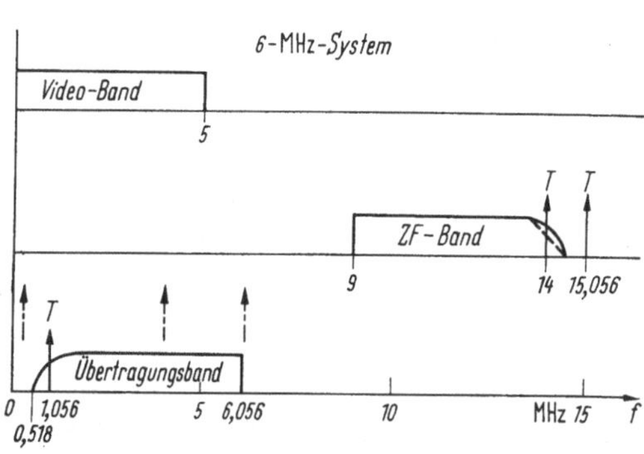


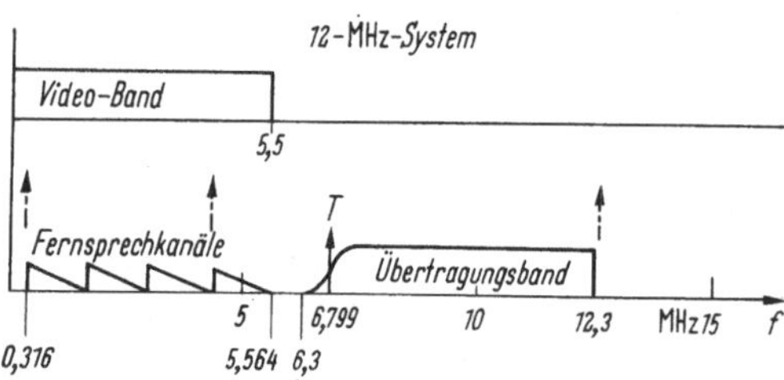


Abb. 62
Frequenzpläne für die Umsetzung von Fernsehsignalen

wünschte Frequenzband durchläßt. Im 12 MHz-System beträgt die Trägerfrequenz bei Fernsehübertragung 6,799 MHz, es lassen sich Videofrequenzen bis 5,5 MHz übertragen, das Hauptseitenband reicht daher bis 12,3 MHz. Unterhalb des Fernsehfrequenzbandes finden hier noch 1200 Fernsprechkanäle Platz, gezeichnet sind 4 Tertiärgruppen zu je 300 Kanälen. Auch das 12 MHz-System verfügt über 3 Leitungspilote; man erkennt, daß sie alle außerhalb des Fernsehfrequenzbandes liegen.

Die NYQUIST-Flanke erstreckt sich bei beiden Systemen über etwa 500 kHz beiderseits des Trägers, ist aber in jedem System verschieden geformt. Weil beim 6 MHz-System das NYQUIST-Filter entsprechend der CCITT-Empfehlung zu gleichen Teilen im Sendeumsetzer und im Empfangsumsetzer untergebracht ist, war für die internationale Zusammenarbeit eine Normung nötig. Um diese zu erleichtern, legte man die NYQUIST-Flanke geradlinig fest. Daher verläuft der Frequenzgang der Signalamplitude bei der Übertragung, d. h. nach einer Hälfte des gesamten Filters, parabolisch, wie es in Abb. 62 angedeutet ist. Erst im Empfangsumsetzer liegt nach der zweiten Hälfte des NYQUIST-Filters die gerade NYQUIST-Flanke vor, wie das in Abb. 62 in der Zwischenfrequenzlage gestrichelt angedeutet ist. Im Empfangsumsetzer ist in der Zwischenfrequenzlage wieder der erwähnte Bandpaß eingesetzt, ergänzt durch ein schmales Sperrfilter, das den Ringmodulator-Trägerrest 15,056 MHz entfernt.

Beim 12 MHz-System wird entsprechend der hierfür geltenden CCITT-Empfehlung die NYQUIST-Flanke vollständig auf der Sendeseite gebildet. Ihr Verlauf ist S-förmig; dadurch können die Filter in einfacher Weise besonders stabil gehalten werden.

Während bei Fernseh-Rundstrahlsendern und auch bei Nahverkehrssystemen Negativ- oder Positivmodulation mit einem Modulationsgrad unter 100% angewendet wird, ist bei den Weitverkehrssystemen

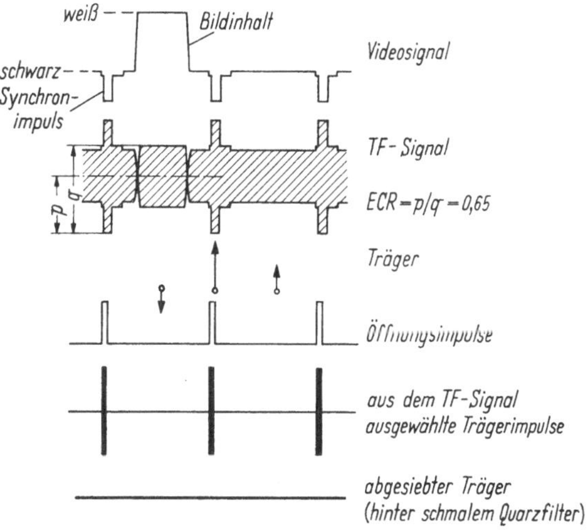


Abb. 63
Fernsehprüfsignal in Video- und in Trägerfrequenzlage und Prinzip der Trägerrückgewinnung

heute ein Modulationsgrad üblich, der 100% übersteigt. Die obere und die untere Hüllkurve des TF-Signals, die sich bei 100% gerade berühren, durchdringen sich dabei (zweite Zeile in Abb. 63, s. auch Abb. 6 auf S. 256).

Als Maß der Modulationstiefe benutzt man den ECR-Wert (ECR = Excess Carrier Ratio = größte Trägeramplitude/Spitze-Spitze-Wert des Videosignals). Wie die zweite Zeile von Abb. 63 zeigt, ergeben Videoweißwert und Videoaustastwert bei 30% Synchronanteil im Videosignal die gleiche Trägeramplitude, wenn ECR = 0,65 ist. Da die Streckenverstärker bei dieser Modulationstiefe vom Bildinhalt nur so weit ausgesteuert werden, wie es unbedingt nötig ist und nichtlineare Verzerrungen besonders klein bleiben, hat sich diese Modulationstiefe sehr bewährt. Das Videosignal wird aber im allgemeinen über Verstärker angeliefert, die die „nützliche Gleichstromkomponente" (mittlere Bildhelligkeit) nicht übertragen. Daher sind dem Videosignal beim Übergang von hellen zu dunklen Bildern langsame Einschwingvorgänge überlagert, die dazu führen, daß der Aussteuerbereich insgesamt 1,6mal größer ist als er es sonst sein würde. Am Eingang der Kabelsysteme sind daher wie bei Fernseh-Rundfunksendern Schaltungen zur Wiedereinführung der mittleren Bildhelligkeit eingefügt, die für eine definierte Modulationstiefe sorgen und eine unnötig große Aussteuerung der Streckenverstärker verhindern. Außerdem werden Brummstörungen im Eingangssignal durch diese Schaltungen erheblich verringert. Nach Wiedereinführung der mittleren Bildhelligkeit wird die gewünschte Modulationstiefe durch Trägerzusatz eingestellt. Man verwendet heute vielfach Diodenringmodulatoren. In diesem Fall kann man die Modulationstiefe dadurch einstellen, daß man dem Videosignal einen nach Polung und Größe entsprechend gewählten Gleichstrom hinzufügt.

Die gewöhnliche Gleichrichtung eignet sich beim ECR = 0,65 aus zwei Gründen nicht zur Demodulation: Einmal ist aus Abb. 63 offensichtlich, daß die Hüllkurve des Trägerfrequenzsignals kein Abbild des Videosignals ist, wenn der Modulationsgrad 100% übersteigt. Außerdem entstehen auch bei Modulationsgraden unter 100% bei Einseitenband- oder Restseitenbandbetrieb die sog. Quadraturverzerrungen [49]. Das wird verständlich, wenn man zunächst zugrunde legt, daß die Amplituden im Frequenzbereich außerhalb der NYQUIST-Flanke den Wert 1 besitzen und daß die Amplitude bei einer bestimmten Frequenz im Restseitenbandbereich den Wert $a\,(0 < a < \tfrac{1}{2})$ sowie die hierzu gehörige zum Träger spiegelbildlich im Hauptseitenband gelegene Amplitude den Wert $1 - a$ hat und wenn man sich dann diese beiden Amplituden in ein symmetrisches Seitenbandpaar mit den Amplituden $\tfrac{1}{2}$ bzw. $\tfrac{1}{2}$ und ein antimetrisches Seitenbandpaar mit den Amplituden $(a - \tfrac{1}{2})$ bzw. $(\tfrac{1}{2} - a)$ zerlegt denkt. Nur das erste Paar stellt Amplitudenmodulation dar:

$$\tfrac{1}{2}\cos(\Omega - \omega)\,t + \tfrac{1}{2}\cos(\Omega + \omega)\,t = \cos\omega\,t\,\cos\Omega\,t.$$

Das zweite Paar kann dagegen als Amplitudenmodulation eines um 90° gedrehten (in Quadratur stehenden) Trägers mit einem um 90° gedrehten Signal aufgefaßt werden:

$$(a - \tfrac{1}{2})\cos(\Omega - \omega)\,t - (a - \tfrac{1}{2})\cos(\Omega + \omega)\,t = (2a - 1)\sin\omega\,t\,\sin\Omega\,t.$$

Das zweite Paar liefert eine mit der Modulationstiefe wachsende Verzerrung der Hüllkurve (Quadraturverzerrung), die ein Spitzengleichrichter als Demodulator unverändert mit in das Videosignal übernimmt. (Die bei Einseitenbandtelephonie mit übertragenem Träger und einfacher Gleichrichtung auftretenden nichtlinearen Verzerrungen stellen den gleichen Effekt dar.) Um die Übernahme der Quadraturverzerrungen in das Videosignal zu vermeiden, werden zur Demodulation Synchrondemodulatoren verwendet, heute meist in Gestalt von Diodenringmodulatoren, die von einem synchronen Träger gesteuert werden. Die

hierbei am Ausgang neben dem gewünschten Videosignal auftretenden
Produkte aus der Quadraturkomponente und dem Träger liegen nur im
Bereich der doppelten Trägerfrequenz und werden mit anderen Neben-
produkten abgefiltert:

$$\sin\omega\, t \cdot \sin\Omega\, t \cdot \cos\Omega\, t = \tfrac{1}{2}\sin\omega\, t \cdot \sin 2\Omega\, t.$$

Die Synchrondemodulation wird auch beim NTSC-Farbfernsehen, und
zwar im Heimempfänger, angewendet. Der Farbträger ist mit den beiden
Farbinformationen in Quadratur zueinander moduliert.

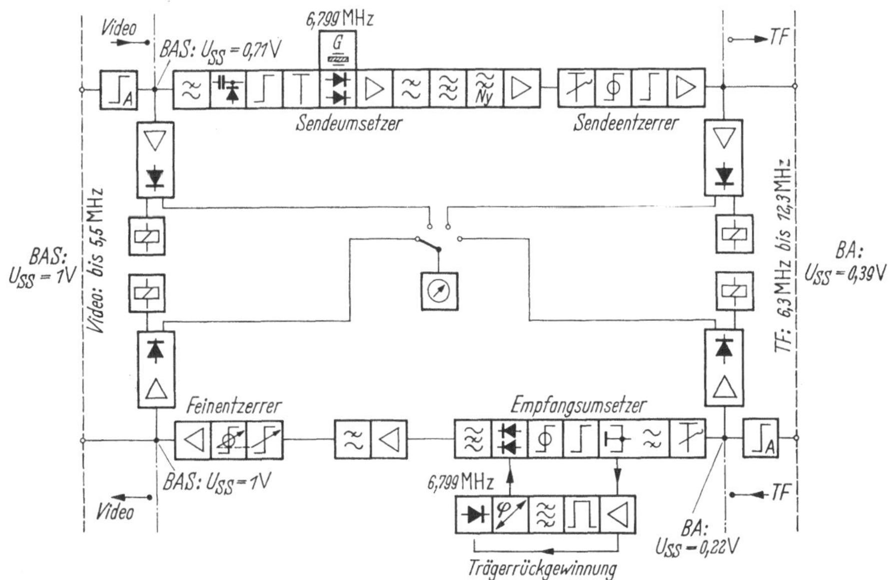


Abb. 64. Blockschaltbild der Fernsehumsetzer zum 12 MHz-System

Der zur Demodulation erforderliche Träger kann am Empfangsort
erzeugt und mit dem im ankommenden Signal enthaltenen Träger
synchronisiert werden. Bei Geräten nach diesem Prinzip sind aber die
Fanggeschwindigkeit oder der Fangbereich oder beide ziemlich eng
begrenzt. Wie noch gezeigt wird, sind bestimmte Methoden, bei denen
der Träger aus dem übertragenen Signal zurückgewonnen wird, hier
überlegen. Zunächst aber soll anhand von Abb. 64, die das Blockschaltbild eines 12 MHz-Umsetzerpaares zeigt, das Zusammenwirken
der einzelnen Teilgeräte besprochen werden. Da die 6 MHz-Umsetzer
bis auf die zweifache Umsetzung im Prinzip wenig davon abweichen,
kann hier darauf verzichtet werden, sie genauer zu beschreiben.

Abb. 64 zeigt oben den Sende-, unten den Empfangsumsetzer.
Video- und Trägerfrequenzsignalisierungen sowie ein umschaltbares

Meßinstrument dienen der Überwachung und Signalisierung, ein Schalt-feld ermöglicht Messungen. Da Fernsehumsetzer häufig in unbemannten Stationen eingesetzt werden, ist die Möglichkeit der Fernüberwachung vorgesehen. In den ankommenden Leitungen sind 3 dB (trägerfrequenz-seitig wegen der höheren Frequenzlage 5 dB) Pegelreserve und Verkabe-lungsentzerrer ($A$) vorgesehen, um die Verzerrungen durch die Amts-verkabelung ausgleichen zu können. Am Eingang des Sendeumsetzers beseitigt ein Tiefpaß oberhalb des Videobandes liegende Störanteile. Die Schwarzwerthaltung führt die Gleichstromkomponente wieder ein, sorgt für konstante Modulationstiefe und unterdrückt tieffrequente Störspannungen. Nach einer Entzerrung im Videobereich wird das Signal mit Hilfe eines Ringmodulators und eines Quarzgenerators von 6,799 MHz umgesetzt. Das trägerfrequente Band durchläuft nach einer Pegel-anhebung in einem geradlinigen Verstärker einige Netzwerke, die die Modualtionsprodukte oberhalb 12,3 MHz unterdrücken, das untere Seitenband wegfiltern und die NYQUIST-Flanke formen. Ein gerad-liniger Verstärker hebt den Pegel wieder an. Im Sendeentzerrer werden die bei der Umsetzung entstandenen Dämpfungs- und Laufzeitverzerrun-gen wieder aufgehoben. Ein weiterer geradliniger Verstärker bringt das Signal auf den Ausgangspegel. Dieser läßt sich mit einem Regler um ± 3 dB ändern, bevor das Signal den Klemmen „TV an" des Fernseh-Zusatzgestells (Abb. 44a, S. 579) zugeführt wird.

Mit einem Pegelregler am Eingang des Empfangsumsetzers kann der vom Fernseh-Zusatzgestell kommende Trägerfrequenzpegel um ± 3 dB geregelt werden. Nach einem Hochpaß zweigt eine Gabel einen Teil der Signalenergie ab und führt sie der Trägerrückgewinnung zu. Der Hauptanteil durchläuft Dämpfungs- und Laufzeitentzerrer, die die durch den Empfangsumsetzer bedingten Verzerrungen aufheben; im Demodulator wird das Signal mit dem aus der Trägerrückgewinnung gelieferten Träger 6,799 MHz in die Videolage zurückgebracht. Die anschließende Sperre dämpft das obere Seitenband und den Träger-rest. Ein Videoverstärker mit Tiefpaß hebt den Pegel an und unterdrückt die höheren Modulationsprodukte. Der Feinentzerrer gleicht die noch verbliebenen Restverzerrungen der Gesamtstrecke aus.

Das Fernsehband und das Fernsprechband werden in dem 12 MHz-System „V 1200 + TV" mittels Filterweichen getrennt und zusammen-gefügt. Die Trennweichen sind nicht in den Endgeräten, sondern im Leitungsverstärkergestell (s. S. 577) enthalten. Das Fernsehsignal läuft durch den Hochpaßteil dieser Weichen. Die Filter in den Endgeräten sorgen in Zusammenarbeit mit diesen Hochpaßteilen dafür, daß z. B. Meßtöne in den Fernsprechkanälen, die mit 1 mW am relativen Pegel Null gesendet werden, so stark gedämpft werden, bevor sie an den Demo-dulator gelangen, daß ihr Demodulationsprodukt mindestens etwa

65 bis 80 dB unter dem BA-Wert des Fernsehsignals[1] liegt. Umgekehrt ist das untere Fernsehseitenband so stark unterdrückt, daß in den Fernsprechkanälen im ungünstigsten Fall Störungen mit dem Pegel $-72$ dB am relativen Pegel Null auftreten können. Auch ohne Trennweichen, d. h., wenn z. B. ein Umsetzerpaar im Kurzschluß überprüft wird, ist die Dämpfung des unerwünschten Seitenbandes am Fernsehdemodulator für tiefe Videofrequenzen etwa 60 dB, für hohe Videofrequenzen stets größer als 45 dB. Beim normalen Betrieb mit Weichen ist sie viel höher.

Die Anwendung von Filtern an den Grenzen eines Übertragungsbandes führt stets zu Laufzeitverzerrungen innerhalb des Bandes. Durch sorgfältige Auslegung der Filter war es möglich, diese Verzerrungen nicht über etwa 700 ns anwachsen zu lassen. Mit Hilfe von 14- bzw. 10 gliedrigen Allpaßgliedern, die mit Hilfe modernster Verfahren aufgebaut wurden [*50* bis *52*], konnten Sende- und Empfangsumsetzer je für sich so entzerrt werden, daß die Laufzeitverzerrungen für ein Umsetzerpaar bis 5,5 MHz Videofrequenz unterhalb von $\pm 25$ nsec verbleiben. Die Dämpfungsverzerrungen wurden in diesem Frequenzbereich unter $\pm 0,15$ dB gebracht. Die restlichen Laufzeit- und Dämpfungsverzerrungen können zusammen mit den Restverzerrungen der Übertragungsstrecke mittels des Feinentzerrers [*53*] noch verringert werden. Dieser arbeitet nach dem Echoentzerrerprinzip: Mit Hilfe einer Laufzeitkette fügt man dem Signal vor- und nachlaufende Echos in einstellbarer Amplitude und Polung hinzu. Damit lassen sich praktisch alle Verzerrungen, die bei der oszillographischen Wiedergabe eines übertragenen Signals in einem Bereich von insgesamt 3 µsec vor und nach einem Impuls- oder Sprungsignal sichtbar sind, zum Verschwinden bringen.

Die Wiedereinführung der mittleren Bildhelligkeit geschah im 6 MHz-System mittels einer getasteten Klemmschaltung, wie sie in ähnlicher Art in der Fernsehtechnik weit verbreitet ist. Für das 12 MHz-System wurde eine

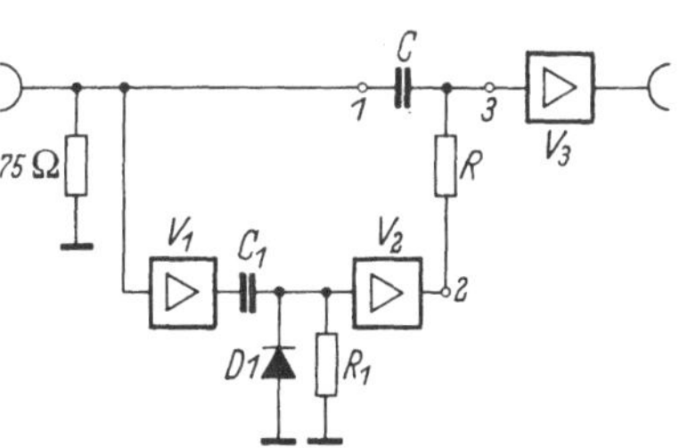


Abb. 65. Prinzip der Schwarzwerthaltung

gegen Rauschen und Störspannungsspitzen unempfindlichere Schwarzwerthaltung entwickelt, deren Prinzip in Abb. 65 angegeben ist. Die Verstärker $V_1$ und $V_2$ haben zusammen die Verstärkung 1, Signalfrequenzen über etwa 1 kHz gelangen über den Weg *1* bis *3*, tiefe

---

[1] Darunter versteht man den Spitze-Spitze-Spannungswert ($U_{ss}$) des aus Bild- und Austastsignal zusammengesetzten (BA-) Signals, während man als BAS-Signal das durch Hinzufügen des Synchronsignals (S) vervollständigte Videosignal bezeichnet (s. Abb. 6, S. 256).

Frequenzen über den Weg *2* bis *3* zum Verstärker $V_3$, der ebenso wie der Verstärker $V_2$ die Gleichspannungsanteile der Videosignale überträgt. $C_1$, $D_1$, $R_1$ arbeiten wie eine gewöhnliche Niveaudiodenschaltung, bei der hier kleine Zeitkonstanten verwendet werden können, weil die dabei auftretenden (hochfrequenten) Verformungen der Impulse über den Weg *2* bis *3* nicht zur Auswirkung kommen. Infolge der kleinen Zeitkcnstante werden Brummstörungen von 50 Hz um 20 dB vermindert. Die an sich bei der Niveaudiode unvermeidliche Integraticn der Vertikalsynchronsignale wird mittels einer besonderen Zusatzschaltung durch Gegensteuerung verhindert [*54*].

Die Arbeitsweise der Schaltung zur Trägerrückgewinnung ist im unteren Teil der Abb. 63 angedeutet. Das Trägerfrequenzsignal (2. Zeile) wird in einem besonderen Ringmodulator, der wie der Demodulator vom Träger am Ausgang der Gesamtschaltung synchron gesteuert wird, zu einem Videosignal umgeformt, von dem nach einem Amplitudensieb nur die Synchronimpulse übrigbleiben. Deren Vorderflanken synchronisieren einen frei laufenden Multivibrator, dessen Eigenfrequenz etwas niedriger als die Zeilenfrequenz ist und der Öffnungsimpulse zu einer Torschaltung abgibt (4. Zeile in Abb. 63). Diese Impulse beginnen zugleich mit der Vorderflanke der Fernsehsynchronimpulse und enden selbsttätig nach etwa 2 μsec. Diejenigen der im Vertikalsynchronsignal enthaltenen Synchronimpulse, die um eine halbe Zeilendauer versetzt zum eigentlichen Zeilenrhythmus auftreten, können den Multivibrator nicht zum Kippen und damit zur Abgabe eines Öffnungsimpulses bringen, weil der Multivibrator zur Zeit ihres Auftretens noch zu unempfindlich ist. Diese Synchronimpulse werden also unterdrückt. Dadurch wird erreicht, daß die Torschaltung streng im Zeilenrhythmus geöffnet und geschlossen wird. Der Torschaltung wird das trägerfrequente Signal zugeführt, an ihrem Ausgang entsteht das Signal entsprechend der 5. Zeile in Abb. 63. In dem so ausgewählten Signal befinden sich keinerlei Reste des Vertikalaustastsignals, des Vertikalsynchronsignals oder des Bildinhaltes mehr. Mit einem Quarzfilter lassen sich die nunmehr nur noch im Abstand von ganzzahligen Vielfachen der Zeilenfrequenz vorhandenen Seitenfrequenzen des Trägers abfiltern. Der Einschwingvorgang der Gesamtschaltung ist in Abb. 66 unter der Voraussetzung gezeigt, daß der Bildinhalt überwiegend Weißsignal enthält. Der noch nicht synchronisierte Multivibrator läßt die Torschaltung zunächst regellos Teile des Trägerfrequenzsignals dem Quarzfilter zuführen, das einen nicht sehr reinen Träger in falscher Polung abgibt (2. Zeile in Abb. 66). Spätestens nach Beginn der Vertikalaustastung wird Schwarzwert übertragen, das Quarzfilter schwingt in die richtige Polung um, dabei muß die Umschwingzeit $T_Q$ kleiner als die Dauer der Vertikalaustastung, der Quarzbandpaß also hinreichend breit (1 kHz) sein. Nun beginnt der schaltungseigene Demodulator sein Videosignal in der richtigen Polung abzugeben (3. Zeile), und es können sich die Impulse, die den Multivibrator synchronisieren, in richtiger Weise entwickeln (4. Zeile). Von nun an werden dem Quarzfilter nur noch die gewünschten Teile des Trägerfrequenzsignals zugeführt. Die gesamte Schaltung ist nach dem Einschalten spätestens beim nächstfolgenden Vertikalaustastsignal, d. h. spätestens nach 20 msec eingeschwungen. Bei mäßiger mittlerer Bildhelligkeit ist sie schon nach 1 bis

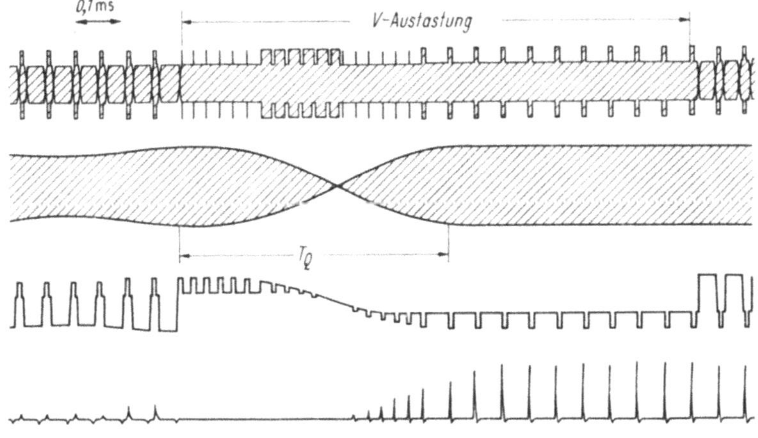


Abb. 66. Einschwingen der Trägerrückgewinnung

2 msec betriebsbereit, da das Quarzfilter gleich in die richtige Phasenlage einschwingt. Im Mittel muß man mit etwa 5 msec rechnen. Trotzdem ist die Schaltung gegen Schwankungen der Trägerfrequenz innerhalb einiger 100 Hz unempfindlich.

Der gefilterte Träger wird nicht nur zur Demodulation benutzt, sondern steuert um 90° gedreht noch einen weiteren Ringmodulator, dem ebenfalls das Trägerfrequenzsignal zugeführt wird. Dieser Ringmodulator wirkt als Phasendiskriminator. Besitzt der Träger nicht die richtige Phase, so tritt hier am Ausgang neben Wechselströmen ein Gleichstrom auf, der nach Betrag und Polung dem Sinus des Phasenfehlers entspricht. Dieser Gleichstrom wird verstärkt und sorgt mit Hilfe eines Motors und eines einstellbaren Phasendrehgliedes dafür, daß sich die Phase nach einmaliger Einstellung von Hand um nicht mehr als $\pm 0{,}25$ Grad verändert. Außer den Vorteilen eines großen Fangbereichs und hoher Fanggeschwindigkeit hat die hier beschriebene Trägerrückgewinnung noch den weiteren Vorteil, daß sie gegen Schwankungen der Modulationstiefe, d. h. also gegen ein Versagen der Schaltung zur Gleichstromwiedereinführung, unempfindlich ist.

40*

Weitere Angaben über diese Umsetzer finden sich in der Literatur [*47, 55, 56*]. Für andere Fernsehnormen mit von 5 MHz verschiedener Bandbreite wurden ähnliche Umsetzer gebaut. Neuerdings gibt es in Osteuropa ein 8,5 MHz-Koaxialkabelsystem K 1920, das über Prag nach Berlin ausgedehnt wurde. Damit können entweder 1920 Fernsprechkanäle oder ein Fernsehkanal, ein Tonrundfunkkanal und 300 Fernsprechkanäle eingerichtet werden [*57*]. Im einzelnen wurden von den verschiedenen Herstellern teilweise abweichende Wege beschritten. So finden sich im 6 MHz-System häufig etwas andere Zwischenfrequenzlagen sowie statt der geradlinigen S-förmige NYQUIST-Flanken [*58*]. Eine andere Methode der Trägerrückgewinnung benutzt nicht „vertikale" Ausschnitte des Trägerfrequenzsignals, sondern unter Verwendung eines Amplitudensiebes „horizontale" Abschnitte der trägerfrequenten Synchronisierimpulse. Hier muß die Modulationstiefe recht gut stimmen, damit vom Amplitudensieb nicht auch Teile des Bildinhaltes durchgelassen werden. Außerdem ist es nicht einfach, den Bildwechselrhythmus zu entfernen, so daß im demodulierten Signal leicht Verzerrungen mit diesem Rhythmus auftreten. Statt den Träger zurückzugewinnen, wurde einmal ein Frequenzvergleichspilot bei $\frac{1}{4} \times 1{,}056\,\text{MHz} = 264\,\text{kHz}$ mitübertragen und auf der Empfangsseite vervierfacht. Auch die Methode, einen Oszillator am Empfangsort zu synchronisieren, wurde verwendet. Man kann hier den Frequenzvergleich nach Verdoppelung von Signal- und Trägerfrequenz ausführen, wodurch einerseits die mit der ständigen Phasenumkehr des übertragenen Trägers verbundenen Schwierigkeiten beim Frequenzvergleich entfallen, andererseits aber eine Unsicherheit bezüglich der Polung am Videoausgang auftritt, so daß man hier ein Gerät benötigt, das aus den mitübertragenen Kennzeichen (Synchronimpulsen) die Polung entziffert und im Bedarfsfall die Polung selbsttätig wechselt. Dieses Verfahren wurde besonders durch das L 3-System bekannt [*49*]. Es hat den Nachteil, daß sich der Empfängeroszillator zu einer Nebenwelle synchronisieren kann, wenn die Oszillatoren um mehr als etwa 20 Hz voneinander abweichen. Auch ist die Fangzeit relativ groß.

Für die Übertragungsqualität einer Fernsehübertragung sind vom CCITT und CCIR Empfehlungen ausgearbeitet worden (S. 250 ff.). Die empfohlenen Zahlenwerte repräsentieren eine kaum merkliche Beeinträchtigung des Bildeindrucks und gelten für einen fiktiven „Bezugskreis" von 2500 km Länge, in dem 2 Zwischenpunkte vorgesehen sind, bei denen das Signal in der Videofrequenzlage auftritt, so daß zu einem Bezugskreis insgesamt 3 Umsetzerpaare zu denken sind. Wie die beigefügte Tabelle zeigt, ist man heute in der Lage, die Umsetzer so zu bauen, daß eine sehr viel größere Zahl von ihnen zusammengeschaltet werden kann, ohne daß das für den Fernsehteilnehmer spürbar ist.

Die für eine Farbfernsehübertragung erforderlichen Übertragungseigenschaften sind in den neueren Kabelsystemen verwirklicht. Insbesondere läßt sich die Amplitudenabhängigkeit der Phase und der Verstärkung (differential phase und differential gain) besonders niedrig halten.

*Elektrische Werte von Fernsehumsetzern für das 12 MHz-System „V 1200 + TV"*

Videosignal:

| | |
|---|---|
| Frequenzbereich[1] | bis 5,5 MHz |
| Polarität | positiv |
| Zeilenzahl | 625 |
| Bildfrequenz | 25 Hz |
| Zeilenfrequenz | 15 625 Hz |
| Zulässige Zeilenfrequenzabweichung | ± 650 Hz |
| Übergabespannung (BAS) Spitze-Spitze | 1 V |
| Zulässige Pegelabweichung | ± 3 dB |

Trägerfrequenzsignal:

| | |
|---|---|
| Frequenzbereich | 6,299 bis 12,299 MHz |
| Trägerfrequenz | 6,799 MHz |
| Nyquist-Flanke | 6,299 bis 7,299 MHz |
| Modulationstiefe (ECR) | 0,65 |

Für ein Umsetzerpaar gilt:

| | | Bezugskreis[3] |
|---|---|---|
| Dämpfungsverzerrungen | ± 0,15 dB[2] | — |
| Laufzeitverzerrungen | ± 25 nsec[2] | — |
| 50 Hz-Dachschräge (Prüfsignal 1) | 1,5%[2] | ± 10% |
| Steigzeit (Prüfsignal 2) | 110 nsec[2] | 160 nsec |
| Überschwingen vorlaufend | 5% | 20% |
| Überschwingen nachlaufend | 4% | 20% |
| Nichtlinearität bei Sollpegel: | | |
| differential gain (Prüfsignal 3) | = 0,995 | 0,80 |
| differential phase | $= 0,2°$ | — |
| Rauschabstand unbewertet | 67,5 dB | — |
| Rauschabstand bewertet | 72,5 dB | 52 dB |
| Brummabstand | 60 dB | 30 dB |

**b) Fernsehübertragung im Nahverkehr.** Hierzu ist im Lauf der Zeit eine Vielzahl verschiedener Systeme für Kabelübertragung, teils in Video-, teils in Trägerfrequenzlage, je nach den örtlichen Erfordernissen und je nach der zu überbrückenden Entfernung entwickelt worden, so daß hier nur ein Überblick über die Hauptprobleme und deren gebräuchlichste Lösungen gegeben werden kann. Allen Systemen ist

---

[1] Eine untere Frequenzgrenze ist nicht definiert. An ihre Stelle tritt die Angabe über die Dachschräge beim 50 Hz-Rechteckwechsel (Prüfsignal 1 des CCITT, s. u.).

[2] Ohne Feinentzerrer.        [3] CCITT/CCIR-Bezugskreis (2500 km).

wie den Fernsehschalt- und -verteileinrichtungen gemeinsam, daß besonders hohe Ansprüche an die Übertragungsqualität gestellt werden, weil Nahverkehrsabschnitte in einer Gesamtverbindung zahlreich auftreten können und weil es nicht wirtschaftlich wäre, den Weitverkehrssystemen zugunsten der Nahverkehrssysteme besonders strenge Forderungen aufzuerlegen.

Die Übertragung in Videolage erfordert schon nach etwa 30 m eines gebräuchlichen Koaxialkabels eine Entzerrung, da die hohen Frequenzen hierbei bereits um 0,5 bis 1 dB gedämpft werden. Werden die Abschnitte länger, so tritt außerdem in steigendem Maße die Gefahr von Brummstörungen auf, weil die zu verbindenden Geräte oft an verschiedenen Erdern angeschlossen sind und sich Erdkreisschleifen ausbilden, in denen Ausgleichsströme des Starkstromnetzes fließen. Bereits in den Funkhäusern und Schaltstellen selbst sind daher besondere Maßnahmen erforderlich. Bei größeren Entfernungen tritt die auf S. 551 ff. im einzelnen besprochene Möglichkeit hinzu, daß — besonders bei Kurzschluß benachbart verlaufender Starkstrom- oder Bahnnetze — Beeinflussungsspannungen auftreten, die nicht nur die Übertragung stören, sondern auch Geräte zerstören können. Der hiergegen und gegen den Brumm übliche Einsatz von Trennübertragern ist wegen der sehr tiefen Frequenzen, die übertragen werden müssen, beim Fernsehen schwierig zu realisieren. Dennoch hat man diesen Weg verschiedentlich beschritten. Durch Verwendung symmetrischer geschirmter Spezialpaare erhielt man in den USA ein System, das in besonderem Maße frei von Nebensprech- und Brummstörungen ist (A 2 A-System [59]). Auch in England wurde ein Videosystem für symmetrische Paare eingeführt [60], das aber für ungeschirmte Ortsleitungen verschiedener Art bestimmt ist. Den stärkeren Störungen in diesen Kabeln wird dabei durch Einsatz von Phantomdrosseln begegnet, d. h. Drosseln, bei denen beide Adern zusammen über einen Eisenkern gewickelt sind. Außerdem sind bei Systemen für symmetrische Leitungen auch die Verstärker erdsymmetrisch aufgebaut Auch ein Koaxialsystem mit Übertragern ist bekannt geworden [61].

Weil die Übertrager im tiefsten Frequenzgebiet nicht mehr einwandfrei übertragen können, müssen diese Systeme durch Klemmschaltungen ergänzt werden. Dabei werden gleichzeitig Brummstörungen mit unterdrückt. Dies ist auch der Grund, warum Klemmschaltungen ebenso wie Phantomdrosseln häufig schon bei kurzen Videoverbindungen über Koaxialkabel eingesetzt werden.

Neuderdings [62] kann man den regelmäßigen Einsatz von Klemmschaltungen vermeiden, indem statt eines Videoübertragers zwei Übertrager verwendet werden, auf die das Frequenzband in geeigneter Weise verteilt wird. Man erreicht dabei so tiefe Grenzfrequenzen, daß Klemm-

schaltungen höchstens gelegentlich nötig sind und kann Leitungen und
Verstärker in bewährter Weise trennen. Solche Systeme lassen sich für
koaxiale und für symmetrische Leitungen bauen.

Die Entzerrung ist bei der Videoübertragung nicht einfach. Ähnlich
wie bei der Niederfrequenz-Tonprogrammübertragung wurde der Wellenwiderstand des Kabels früher bis zu tiefen Frequenzen hin im Abschlußwiderstand nachgebildet, während später vielfach darauf verzichtet
wurde. Bei Abschluß mit einer Nachbildung ist die Betriebsdämpfung
gleich der Wellendämpfung und damit der Kabellänge proportional.
Das hat dann, wenn man stets mit dem gleichen Kabeltyp zu rechnen
hat, den Vorteil, daß man die Entzerrer in einfacher Weise je nach Länge
baukastenartig zusammensetzen kann und nur wenig individuelle Korrektur benötigt. Besonders im Nahverkehr ist das praktisch, weil dabei
sehr unterschiedliche Streckenlängen vorkommen. Hat man aber mit
verschiedenartigen Leitungen zu tun, wie bei dem englischen System, das
vor allem für gelegentliche Reportagen gedacht ist und dessen Entzerrer
sehr weitgehend einstellbar sind, so muß ohnehin individuell entzerrt
werden. Hierbei können die durch Stoßdämpfung bei tiefen Frequenzen
auftretenden Verzerrungen mit entzerrt werden. Im Gegensatz zur
Fernsprechtechnik werden die Entzerrer dabei nicht nach dem Dämpfungsverlauf eingestellt, sondern mit Hilfe bestimmter Prüfsignale, die
Rechtecke und Impulse enthalten und auf Oszillographenschirmen ab-
gebildet werden, auf geringste Verzerrung dieser Prüfsignale. Ein Beispiel für diese Technik ist auch das neuere englische Videosystem [63],
das ohne Übertrager und ohne Klemmschaltungen arbeitet. Dafür wird
in hohem Maße von Phantomdrosseln Gebrauch gemacht, wobei die
hierbei auftretenden Wellenstöße durch besondere Anpassungsvierpole
unschädlich gemacht werden.

In vielen Ländern, vor allem in Deutschland, wird auch im Fern-
seh-Nahverkehr von der Trägerfrequenztechnik Gebrauch gemacht [64].
Weil hier der Aufwand bei den Streckenverstärkern nicht so sehr ins
Gewicht fällt, wendet man Zweiseitenbandübertragung an. Gleichzeitig hält man dabei den Modulationsgrad unter 100%, so daß sich
besonders einfache Umsetzer ergeben. Als Trägerfrequenz wird z. B.
in Deutschland 21 MHz, in England 15 MHz benutzt. Die Übertragung
geschieht mittels Koaxialkabeln. Der hohen Trägerfrequenz wegen ist
der Entzerrungsaufwand relativ gering. Da die Verstärker sowie die
Umsetzer gegenüber den bereits geschilderten Systemen keine Besonderheiten aufweisen, kann hier auf ihre Beschreibung verzichtet
werden. Es ist lediglich zu vermerken, daß die Einhaltung des knapp
unter 100% liegenden Modulationsgrades besondere Maßnahmen erfordert, damit bei der Hüllkurvendemodulation keine Fehler auftreten [65].

### 5.5.3 Drahtfunk

Beim Drahtfunk führt man Nachrichten von einer Zentrale aus über sternförmig verzweigte Leitungsnetze gleichzeitig zu vielen Empfängern. Oft werden die vorhandenen Fernsprechteilnehmernetze verwendet. Die Drahtfunknachrichten werden dann den Fernsprech-, Wähl- und Zählsignalen mittels Frequenzweichen überlagert, Fernsehdrahtfunk [66] meist im Band I, Tondrahtfunk meist im Langwellenbereich [67, 68]. In anderen Fällen wurden Leitungsnetze für diese Frequenzen ausgelegt, bei Fernsehdrahtfunk häufig koaxial, sonst erdsymmetrisch. Es finden sich auch Netze für Niederfrequenz-Tonübertragung, denen z. T. in Hochfrequenzlage andere Ton- und Fernsehsignale überlagert sind [69]. Der Drahtfunk liegt in Händen von Postverwaltungen, Rundfunkgesellschaften oder besonderen Drahtfunkgesellschaften, die selbst Programme zusammenstellen und oft Empfänger vermieten. Gemeinschaftsantennenanlagen, die oft sehr große Ausmaße annehmen, sind vom Drahtfunk zu unterscheiden.

Wegen der großen Vielfalt der eingesetzten Einrichtungen und weil die Empfangsgeräte zumeist handelsüblich sind, muß hier ein Hinweis auf die Sendeeinrichtungen genügen. Mit Rücksicht auf die Verwendung von Rundfunkempfangsgeräten wird stets mit dem Modulationsverfahren gesendet, das für den jeweiligen Frequenzbereich beim Rundfunkempfang typisch ist. Da dabei regelmäßig die Träger mit übertragen werden, sind die sendenden Verstärker mit großen Leistungsreserven und hochlinear auszulegen, vor allem, wenn die Verstärker gleichzeitig mehrere Programme in verschiedener Frequenzlage zu übertragen haben [68]. Besonders bekannt wurde der schweizerische „Telefonrundspruch" [70], bei dem im Langwellenbereich sechs Programmkanäle mit 15 kHz Bandbreite eingerichtet sind. Der Vorzug solcher Drahtfunkeinrichtungen liegt in der besonderen Störungsfreiheit und Übertragungsqualität, insbesondere in Gegenden mit schlechten Empfangsverhältnissen.

Bei der erdsymmetrischen Übertragung von Tonsignalen auf Fernsprechleitungen können nur die Abonnenten die Programme empfangen. Sendet man dagegen erdunsymmetrisch (alle Fernsprechadern gemeinsam gegen Erde), so wirken die Kabel, besonders an den Enden, wo die Adern ungeschirmt verlaufen, ähnlich wie Antennen. Dieses Verfahren ist sehr geeignet, die Bevölkerung in Not- oder Katastrophenfällen mit wichtigen Nachrichten zu versehen. Es kann nur schwer gestört werden und läßt sich leicht auf bestimmte Bezirke beschränken. Der Empfang ist noch in einiger Entfernung von den Telephonleitungen, auch in Kellern, mit beliebigen Rundfunkempfängern mit Langwellenbereich leicht möglich. Im letzten Kriege wurden auf diese Weise Luftschutznachrichten verbreitet. Da Batterieempfänger damals selten waren, war allerdings zum Empfang meist noch das Vorhandensein der Lichtnetzspannung nötig. Zur Aussendung bediente man sich der für den Tondrahtfunk damals vorhandenen Einrichtungen. Indem man die in den Fernsprechvermittlungsstellen zu den Frequenzweichen geführte erdsymmetrische Hochfrequenzspannung erdunsymmetrisch schaltete, erreichte man, daß in den meisten Adern der Fernsprechkabel nennenswerte Nebensprechspannungen auftraten. Neuere Untersuchungen haben gezeigt, daß diese in Zeitnot improvisierte Einspeisetechnik wenig wirtschaftlich ist und zur Planung besserer Methoden geführt, auf die hier aber nicht weiter eingegangen werden kann.

## 5.6 Linien mit Pulssystemen

Der Einsatz von Pulssystemen auf Leitungen des Weitverkehrsnetzes und auf den vielpaarigen Kabeln der Ortsnetze wird neuerdings öfter diskutiert. So hat Bell USA ein 24-Kanal-System mit Pulscodemodulation (T1-System) entwickelt, das auf Ortskabeln eingesetzt wird. Es gibt verschiedene Gründe, die für Systeme mit Pulsmodulation sprechen. Nebensprechstörungen, die aus Systemen auf benachbarten Leitungen kommen, sind bei Pulsmodulation immer unverständlich; da für unverständliches Nebensprechen nicht so scharfe Forderungen gelten wie für verständliches, kann man schlechtere Kabel benutzen, die für Trägerfrequenzsysteme nicht mehr geeignet sind. Auch gegen Knackstörungen aus den Vermittlungseinrichtungen sind Pulssysteme wegen der höheren Frequenzlage unempfindlicher. Außerdem bieten sie eine gute Konstanz im Pegel und Frequenzgang ohne nennenswerten Aufwand für die Entzerrung der Leitung. In Zukunftsnetzen mit Pulsvermittlungstechnik können sie ebenfalls Bedeutung gewinnen. Ein Nachteil ist die gegenüber Einseitenbandsystemen kleinere Verstärkerfeldlänge. Hier sollen nun die Eigenschaften der Kabel und Streckengeräte für diese Art der Nachrichtenübertragung besprochen werden, soweit man sie bis jetzt schon überblicken kann.

### 5.6.1 Kabel- und Systemeigenschaften

Ein homogenes Kabel hat für Frequenzen oberhalb etwa 50 kHz eine Dämpfung $a$, die nach einem Potenzgesetz mit der Frequenz ansteigt, wobei der Exponent je nach den dielektrischen Verlusten im Kabel etwa zwischen $^1/_2$ und $^3/_4$ liegt. Die Phase $b$ nähert sich einem linear mit der Frequenz steigenden Verlauf. Die Praxis zeigt, daß sich ein homogenes Kabel mit verhältnismäßig einfachen Mitteln so entzerren läßt, daß in dem Frequenzgebiet oberhalb 50 kHz Impulse übertragen werden können.

Bei Kabeln mit ungeschirmten Adern ist das Nebensprechen ein wichtiger Faktor für die Qualität der Übertragung. Kann man für die Hin- und Rückrichtung einer Verbindung je ein Kabel nehmen, so spielt nur das Fernnebensprechen zwischen verschiedenen Aderpaaren eine Rolle. Der Grundwert der Fern-Nebensprechdämpfung $(a_f - a)$ nimmt mit der Frequenz $f$ und der Leitungslänge $l$ etwa nach folgender Beziehung ab:

$$a_f - a \approx \ln \frac{K_1}{f \sqrt{l}}. \tag{16}$$

Liegen die Hin- und Rückrichtung einer Verbindung im gleichen Kabel, so stört das Nahnebensprechen am stärksten. Die Nah-Nebensprechdämpfung kann man genähert berechnen nach:

$$a_n \approx \ln \frac{K_2}{f^{3/4}}. \tag{17}$$

Beide Gleichungen kann man bis zu Frequenzen von einigen MHz benutzen; die Konstanten $K_1$ und $K_2$ hängen von den Kabeleigenschaften ab.

Als Modulationsarten kommen bevorzugt Pulsphasenmodulation (PPM) und Pulscodemodulation (PCM) in Betracht. Für PPM spricht der geringere Geräteaufwand und das Fehlen eines Quantisierungsgeräusches, für PCM die Unempfindlichkeit gegen Nebensprechstörungen.

Wegen der Verzerrungen durch das Kabel sollte das Frequenzspektrum der benutzten Impulse möglichst schmal sein und vor allem unterhalb von 50 kHz wenig Energie enthalten. Die Abb. 67a—c zeigen die Amplitudenspektren verschiedener Impulsfolgen. Als Einheit ist auf der Frequenzachse die Pulsfrequenz $f_z = 1/T_z$ gewählt; das Verhältnis von Impulsdauer $\tau$ zu Pulsperiode $T_z$ ist in den drei Beispielen gleich 1/2 gewählt. Die eingezeichneten Ordinaten stellen das Linienspektrum dar, das sich für die periodische Impulsfolge ergibt, die Einhüllende berandet das kontinuierliche Spektrum eines Einzelimpulses. Stochastische Folgen, wie sie bei PCM auftreten, können außer einem kontinuierlichen Anteil auch ein Linienspektrum besitzen.

Die „bipolaren" Impulsfolgen nach Abb. 67b und 67c sind für die Nachrichtenübertragung über Kabel besonders günstig, da ein Gleichstromanteil fehlt und beim modulierten Puls der Hauptteil der Energie auf ein verhältnismäßig schmales Frequenzgebiet um das erste Maximum herum konzentriert ist. Die exakte Berechnung der für die Streckenplanung interessierenden Größen, wie Dämpfung, Nebensprechen usw., ist bei Impulsbetrieb ziemlich umständlich [71]; wegen des schmalen Impulsspektrums ist es aber ausreichend, diese Rechnungen nur für die Frequenz des Spektrums durchzuführen, die mit der größten Amplitude auftritt [72, 73].

Das Nebensprechen zwischen Pulssystemen auf benachbarten Adern ist im allgemeinen unverständlich, es wird also als Geräusch bewertet. Dieses Nebensprechen und nicht das thermische Rauschen bestimmt

gewöhnlich die zulässige Verstärkerfeldlänge. Pulssysteme werden bisher immer in Vierdrahtbetrieb benutzt, d. h. für Hin- und Rückrichtung steht je ein Adernpaar zur Verfügung.

Der Geräuschabstand *auf der Leitung* ist, wenn als Störer nur *ein* System auftritt, durch den Grundwert der Nebensprechdämpfung gegeben, also wenn mit $a_N$ die Nebensprechdämpfung allgemein bezeichnet wird, durch $a_N - a$. Sind $n$ Störer vorhanden, so kann man annehmen, daß sich die Störleistungen addieren. Der Geräuschabstand $\Delta n_L$ auf der Leitung wird dann unter der Voraussetzung, daß die Nebensprechdämpfung für alle Störer gleich groß ist,

$$\Delta n_L = a_N -$$
$$- a - \ln \sqrt{n} \; \text{Np}. \quad (18)$$

Der Geräuschabstand $\Delta n_K$ *in einem Sprechkanal* des gestörten Systems unterscheidet sich von $\Delta n_L$ um einen Wert, der von der Modulationsart abhängt.

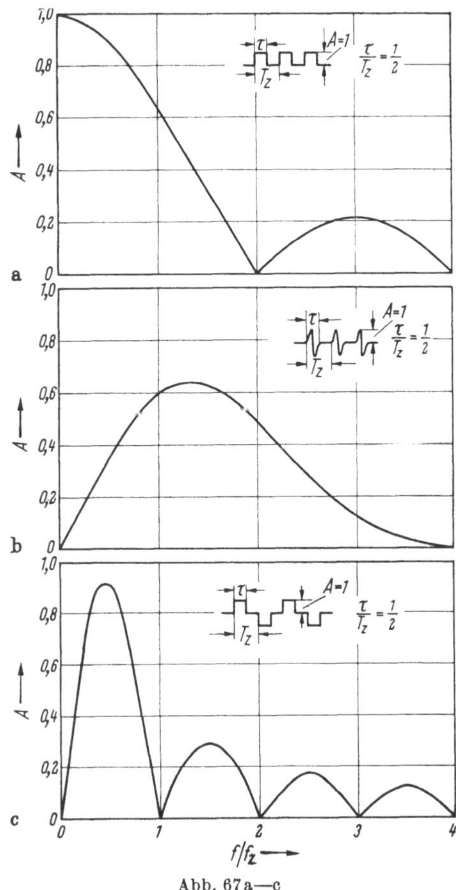

Abb. 67a—c

a) Spektrum des unipolaren Rechteckimpulses mit den Spektrallinien für den Rechteckpuls; b) Spektrum des Sinusimpulses mit den Spektrallinien des Sinuspulses; c) Spektrum des bipolaren Rechteckimpulses mit den Spektrallinien des bipolaren Rechteckpulses

Bleiben die Störspannungsspitzen bei PCM unterhalb eines bestimmten Schwellenwertes, so kann der Empfänger die Nutzimpulse einwandfrei erkennen und die Störimpulse beeinflussen die Nachricht überhaupt nicht. Wählt man als Schwellenspannung die halbe Amplitude der Nutzspannung, so müssen die Störspannungsspitzen mindestens um 0,7 Np unter der Amplitude der Nutzspannung bleiben. Man kann annehmen, daß die Nebensprechspannung, die von vielen Störsystemen stammt, eine statistische Größe mit GAUSSscher Verteilung der Amplituden ist. Unterstellen wir, daß es zulässig ist, wenn alle 3 min in einem Sprechkanal ein kurzer Knack durch einen Fehlimpuls auftritt. Da in dieser Zeit bei 8 kHz Abtastfrequenz und 7 Codeelementen $8 \cdot 10^3 \cdot 7 \cdot 180 \approx 10^7$ Impulse pro Kanal auftreten, die (einseitige) Überschreitungswahrscheinlichkeit also $10^{-7}$ sein soll, ergibt sich für die angenommene Verteilung, daß der Effektivwert der Geräuschspannung um $\ln 5{,}2 = 1{,}6$ Np unter der Schwellenspannung liegt (s. S. 79). Bezieht man diesen Effektivwert auf den Effektivwert der Nutzimpulse, der bei Rechteckimpulsen mit dem Tastverhältnis $\tau/T = \tfrac{1}{2}$ um $\sqrt{2}$, entsprechend 0,35 Np kleiner ist als die Amplitude, so ist der notwendige Geräuschabstand: $0{,}7 + 1{,}6 - 0{,}35 = 1{,}95 \approx 2$ Np, also

$$\varDelta n_L = a_N - a - \ln \sqrt{n} \geqq 2\ \text{Np}. \tag{19}$$

Ist Gl. (19) erfüllt, so tritt im Sprechkanal praktisch kein Geräusch durch Nebensprechen auf. Die einzige Störung bleibt das Quantisierungsgeräusch, das nach Seite 480 bei 7 Codeelementen einen Geräuschabstand von $\varDelta n_0 \approx 4{,}2$ Np (36 dB) ergibt. Ein Momentanwertkompander mit einem Gewinn von $r_K = 2{,}7$ Np ist erforderlich, um den Geräuschabstand auf 6,9 Np (60 dB) entsprechend einem Geräusch von 1000 pW am relativen Pegel Null zu bringen.

PPM besitzt nicht die abrupte Schwelle wie PCM; proportional zum Geräusch auf der Leitung steigt auch das Geräusch im Sprechkanal an. Der Geräuschabstand im Sprechkanal $\varDelta n_K$ wird aber gegenüber dem Wert auf der Leitung $\varDelta n_L$ durch mehrere Einflüsse verbessert. Erwähnt wurde schon (s. S. 72) die Frequenzbanderweiterung, die bei Sinusimpulsen nach Abb. 67b bei günstiger Auswertung im Empfänger eine Verbesserung um den Faktor $\pi (T_z/\tau - 1)/\sqrt{2}$ ergibt; ferner wendet man gewöhnlich einen Momentanwertkompander an. Weiter stören im allgemeinen nur PPM-Systeme, die moduliert sind; da dies im Mittel nur bei der Hälfte der störenden Systeme der Fall ist, gewinnt man den Faktor $\sqrt{2}$. Die Geräuschbewertungskurve verbessert ebenfalls etwa um den Faktor $\sqrt{2}$, so daß man insgesamt den Gewinn $r_0$ genähert durch folgende Gleichung ausdrücken kann:

$$r_0 = \ln \pi \sqrt{2}\left(\frac{T_s}{\tau} - 1\right) + r_K\ \text{Np}. \tag{20}$$

Dabei ist $r_K$ der Gewinn durch den Kompander. Für den Geräuschabstand im Sprechkanal ergibt sich dann:

$$\varDelta n_K = a_N - a - \ln \sqrt{n} + \ln \pi \sqrt{2}\left(\frac{T_s}{\tau} - 1\right) + r_K. \tag{21}$$

Die Pulsperiode $T_z$ ist durch die Kanalzahl gegeben. Die Pulsdauer $\tau$ ist dagegen in gewissen Grenzen frei wählbar; sie bestimmt die Lage der Maximumfrequenz $f_{max}$ im Spektrum und damit die Nebensprechdämpfung $a_N$ und vor allem die Leitungsdämpfung $a$. Da $r_0$ bei Verkleinerung der Impulsdauer $\tau$ nur logarithmisch zunimmt, $(a_N - a)$ aber viel stärker abnimmt, ist es zweckmäßig, $\tau$ so groß wie möglich zu wählen, um einen großen Geräuschabstand im Sprechkanal zu erzielen.

### 5.6.2 Regenerierende Verstärker

Es wäre grundsätzlich möglich, die Leitungsverstärker für Pulslinien entsprechend den Leitungsverstärkern der Trägerfrequenzlinien aufzubauen. Entzerrt man die Dämpfung und den Phasengang des Kabels, so erhält man am Verstärkerausgang die gleiche Impulsfolge wie sie am Anfang des Kabels gesendet wurde, allerdings zusätzlich der unterwegs eingedrungenen Störungen. Da aber in der Pulstechnik weniger der ganze zeitliche Verlauf interessiert — bei PPM muß man nur die zeitliche Lage einer charakteristischen Stelle der Impulse, z. B. einen Nulldurchgang erkennen und bei PCM interessiert nur, ob ein Impuls zu einer bestimmten Zeit da ist oder nicht —, ist es im allgemeinen zweckmäßiger, besondere „regenerierende Verstärker" zu verwenden, mit deren Hilfe zumindest der größte Teil der eingedrungenen Störungen unterdrückt werden kann.

Sie enthalten auch einen entzerrenden Verstärkerteil, an den aber nicht die Ansprüche wie bei einem Trägerfrequenzverstärker gestellt werden. Darauf folgt der Regenerator, der aus dem ankommenden Puls einen neuen, von Störungen weitgehend befreiten Puls erzeugt, der wieder ausgesendet wird. Diese Verstärker können in ähnlicher Weise ferngespeist werden, wie es bei Trägerfrequenzlinien üblich ist.

Als erstes Beispiel sei der Verstärker für das PCM-System mit 24 Sprechkanälen gebracht, dessen Endgerät auf S. 487 ff. besprochen wurde [74]. Die Pulsfrequenz ist 1,544 MHz. Für die Übertragung werden abwechselnd positive und negative Impulse gesendet (s. Abb. 67c), das Maximum der Leistung liegt bei etwa 750 kHz. Die Planungslänge für ein Verstärkerfeld beträgt bei Einkabelbetrieb 6000 feet entsprechend 1,83 km. Die Dämpfung $a$ des hauptsächlich verwendeten 22-gauge-Kabels, das einen Leiterdurchmesser von 0,64 mm hat, beträgt für diese Länge bei 750 kHz etwa 3,0 Np (26 dB). Betreibt man $n = 50$ Systeme parallel in einem Kabel, so ergibt sich nach Gl. (19) eine erforderliche mittlere Nebensprechdämpfung von etwa

$$a_N = a + \ln \sqrt{n} + 2 = 6{,}9 \text{ Np.}$$

Der Verstärker (Abb. 68) enthält 7 Transistoren. Er beginnt mit einem zweistufigen gegengekoppelten Vorverstärker, in dem der Puls verstärkt und entsprechend der Kabeldämpfung entzerrt wird. Anschließend wird der Puls über die Leitungen *1* und *2* in zwei Polaritäten einer Zentrale zugeführt, in der die Spannungen für die Amplituden- und die Zeitfilterung erzeugt werden. Durch Gleichrichtung wird eine der mittleren Impulsamplitude proportionale Gleichspannung erzeugt, die über die Verbindung *3* den Dioden $D_1$ und $D_2$ als Schwellenspannung zugeführt wird. Ferner wird durch Doppelweggleichrichtung und Siebung in einem Schwingkreis hoher Güte eine Schwingung mit der Pulsfrequenz 1,544 MHz gewonnen. Aus ihren Flanken werden Impulse erzeugt, die

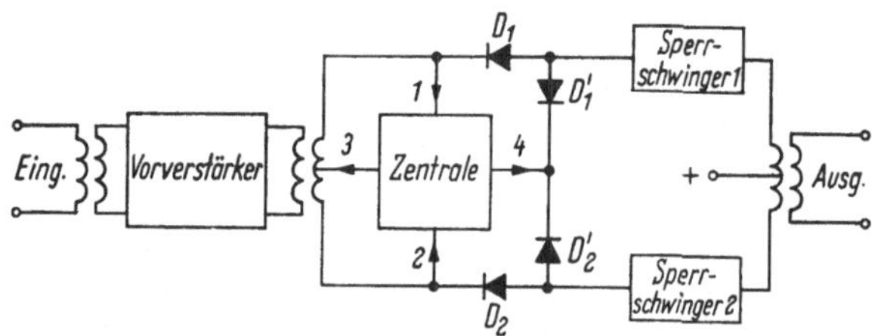


Abb. 68. Blockschaltbild des regenerierenden Verstärkers für PCM 24

über die Dioden $D_1'$ und $D_2'$ die Sperrschwinger *1* und *2* abwechselnd startbereit machen und sperren. Liegt zu den startbereiten Zeiten an den Dioden $D_1$ oder $D_2$ ein Nachrichtenimpuls, der größer ist als die Schwellenspannung, so schwingt der zugehörige Sperrschwinger an und gibt in richtiger Polarität einen in Amplitude und Zeitlage regenerierten Impuls an den Ausgang ab.

Das zweite Beispiel ist ein Leitungsverstärker für das Pulsphasen-Modulationssystem PPM 60 (s. S. 480 ff.). Die Ausgangsimpulse dieses Systems werden für die Übertragung in Sinusimpulse nach Abb. 67 b mit der Dauer $\tau \approx 1\ \mu\text{sec}$ umgewandelt. Da die Pulsperiode bei 60 Kanälen $T_z \approx 2\ \mu\text{sec}$ beträgt, ist die Verbesserung des Geräuschabstandes bei Verwendung des gleichen Kompanders wie bei PCM 24 ($r_K = 2{,}7\ \text{Np}$) nach Gl. (20):

$$r_0 = \ln \pi \sqrt{2} + 2{,}7 = 4{,}2\ \text{Np}.$$

Die Planungslänge eines Verstärkerfeldes ist 1,7 km für Papierkabel mit 0,6 mm Leiterdurchmesser, wenn Hin- und Rückrichtung auf dem gleichen Kabel liegen. Das Impulsspektrum hat bei etwa 1 MHz das erste Maximum; für diese Frequenz ergibt sich die Dämpfung zu $a = 3\ \text{Np}$. Nimmt man den gleichzeitigen Einsatz von $n = 20$ Systemen PPM 60 an, womit man die gleiche Anzahl Kanäle erhält wie mit 50 Systemen PCM 24, ferner eine Nebensprechdämpfung bei 1 MHz von $a_N = 9\ \text{Np}$, ein Wert, den man in einem vielpaarigen Kabel zwischen einer ausreichenden Anzahl von Adern findet, so wird nach Gl. (21) der Geräuschabstand:

$$\Delta n_K = 9 - 3 - 1{,}5 + 4{,}2 = 8{,}7 \text{ Np}$$

entsprechend einem Geräusch von etwa 30 pW für ein Verstärkerfeld.

Der Verstärker (Abb. 69) besteht aus einem Vorverstärker, der zwei Differenzierstufen enthält, die den verzerrten Sinusimpuls umwandeln in einen Impuls mit *einer* Spitze. Über eine anschließende, vorgespannte Diode und einen zweistufigen Verstärker gelangt nur diese Impulsspitze zu einer weiteren Differenzierstufe, die einen Sinusimpuls erzeugt, dessen

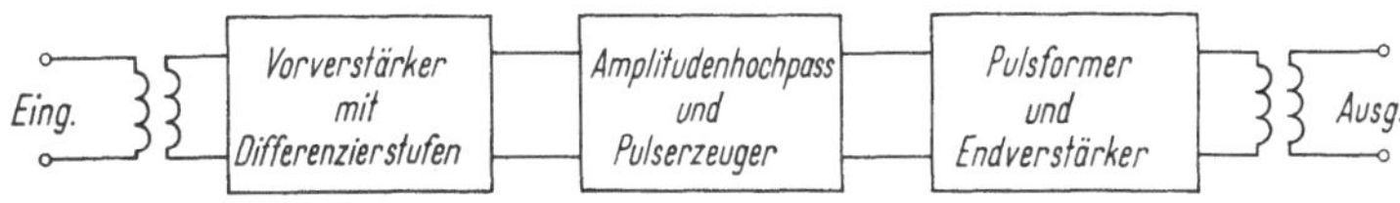


Abb. 69. Blockschaltbild des regenerierenden Verstärkers für PPM 60

Flankenmitte die genaue zeitliche Lage der Impulsspitze markiert. Aus diesem sehr schmalen Impuls wird in der Endstufe ein neuer Sinusimpuls richtiger Dauer für das folgende Verstärkerfeld erzeugt. Dazu wird mit Hilfe der Flanke ein Rechteckimpuls definierter Dauer gewonnen, aus dem durch Differenzieren und geeignete Impulsformung der Ausgangspuls entsteht. Je nach Anforderung an die Ausgangsleistung enthält der ganze Regenerator 10 bis 14 Transistoren.

## Schrifttum


[1] BROCKBANK, R. A.: A Note on the Laying Effect and Aging of Submarine Telephone Cables. Post Off. Electr. Eng. J. 54 Part I (1961) 20—21.

[2] BROCKBANK, R. A., u. C. A. A. WASS: Non Linear Distortion in Transmission Systems. J. Instn. Electr. Eng. 92 Part III (1945) 45—56.

[3] TE WINKEL, I.: A Note on the Maximum Feedback obtainable in an Amplifier of the Cathode-Feedback Type. Philips Res. Rep. (1950) 1—5.

[4] BODE, H. W.: Network Analysis and Feedback Amplifier Design. D. van Nostrand 1945.

[5] SHEA, R. F.: Principles of Transistor Circuits. New York: J. Wiley & Sons 1953. — R. F. SHEA: Transistortechnik. Stuttgart: Berliner Union 1960. — J. DOSSE: Der Transistor. München: R. Oldenbourg 1962 (Ausführliche Literaturzusammenstellung). — E. BRAUN: Breitband-Transistor-Verstärker für Trägerfrequenzsysteme. Frequenz 17 (1963) 295—301.

[6] BODE, H. W.: Variable Equalizers. Bell Syst. techn. J. (1938) 229—244.

[7] KETCHLEDGE, R. W., u. T. R. FINCH: The L 3 Coaxial-System, Equalization and Regulation. Bell Syst. techn. J. (1953) 833—878

[8] OSWALD, J.: Sur une nouveau type de correcteur variable. Cables et Transm. 11 (1957) 218—234.

[9] OBERLÄNDER, E.: Schaltungsanordnung zur Kompensation von Anpassungsfehlern bei der Einschaltung von Zweipolentzerrern in zweiadrige Übertragungsleitungen. DAS 1110690. — H. KEIL u. K. BARTHEL: Regelbares Entzerrernetzwerk. DAS 1188664.

[10] LINKE, J. M.: A Variable Time-Equalizer for Video-Frequency Waveform Correction. Proc. Instn. Electr. Eng. Part III A 99 (1952) 427—435. — H. GUTSCHE: Einsatz von Echoentzerrern in der Trägerfrequenzlage von Breitband-Übertragungsstrecken. Frequenz 14 (1960) H. 9.

[11] KINZER, I. P.: Stability of Tandem Regulators in the L-1 Carrier System. Trans. Amer. Instn. Electr. Eng. Part IIIa 99 (1952) 1179—1186.

[12] WELTI, A., H. FISCHER u. H. SCHLATTER: Steuer- und Regelschaltungen zum Ausgleich der wetterbedingten Dämpfungsschwankungen von Fernsprechleitungen. Techn. Mitt. PTT (1956) 259—268. — H. v. SCHAU: Pegelregelung im Nachrichten-Weitverkehr, Regler und Regelungsverfahren der Nachrichtentechnik. München: R. Oldenbourg 1958. — E. KOCH: Über die Reihenschaltung gleichartiger, selbsttätiger Regler. Regler und Regelungsverfahren der Nachrichtentechnik. München: R. Oldenbourg 1958. — R. W. BLACKMORE u. G. BREUER: Equalisation and Regulation. A.T.E. J. 17 (1961) Nr. 2, 47—65. — K. FRIEBEL u. K. H. KNAPP: Ein Pegelregler für 12-Kanal-Trägerfrequenz-Systeme. NTZ (1963) 591—594. — J. KORN: Eine digitale Leitungsregelung für Trägerfrequenz-Weitverkehrssysteme. NTZ (1964) 521—526. — I. G. ZIRWAS: Patentschrift 1 078 624.

[13] VETTER, I.: Die Stromversorgungsanlagen der Fernmeldeeinrichtungen in den unbemannten Ämtern der Deutschen Bundespost. Fernmelde-Ing. 8 (1954) H. 2.

[14] GANZER, E., u. W. GLIEMANN: Stromversorgungseinrichtungen für Nachrichten-Weitverkehrsämter. Siemens-Z. 35 (1961) 632—641.

[15] LÖRCHER, O., u. H. LUCHT: Stromversorgung von TF-Einrichtungen mit Transistoren. SEL-Nachr. 8 (1960) 191—198.

[16] GANZER, E., u. W. HERING: Die Fernspeiseeinrichtungen des 12-MHz-Trägerfrequenzsystems V 2700. Siemens-Z. 36 (1962) 657—663.

[17] ARENDS, M., u. K. WITT: Neue Trägerfrequenz-Übertragungssysteme für Fernsprech-Freileitungen. Siemens-Z. 30 (1956) 437—443.

[18] SCHULZ, E., u. W. VOGL: Beeinflussung von Trägerfrequenz-Nachrichtensystemen durch hochfrequente Beeinflussungsquellen. Elektrotechn. Z. A 85 (1964) 658—666.

[19] BUCHMANN, E., u. E. FREYSTEDT: Ein Trägerfrequenzsystem für den Nahverkehr mit dichter Belegung des Frequenzbandes (Z 12 N-System). Entwicklungsber. Siemens & Halske 16 (1953) 378. — O. SCHMITT, R. STECHER u. W. ZITZMANN: Der Aufbau des Trägerfrequenzsystems Z 12 N. Frequenz 2 (1955) 33—41.

[20] ARNOLD, W., u. K. LUBOWSKI: Z 12 und VZ 12 M, zwei Trägerfrequenzsysteme für 12 Sprechkreise. Siemens-Z. 37 (1963) 514—521.

[21] BATH, F., u. W. v. WERTHER: Planungsgrundlagen für Trägerfrequenz-Nachrichtenverbindungen auf Kabeln. Fernmelde-techn. Z. 6 (1953) H. 4. — M. DÜLL, u. W. WILD: Das neue kunststoffisolierte Fernkabel der Deutschen Bundespost für das System V 120. Jb. elektr. Fernmeldewes. 8 (1954/1955) 132—161. — W. EBENAU u. O. SCHMITT: Die Streckenausrüstung für das kombinierte Trägerfrequenz-Fernkabel der Form 17a. NTZ (1958) 250—257. — F. FEIL: Leitungsverstärker für symmetrische Trägerfrequenzkabel. Fernmelde-techn. Z. 7 (1954) 454—460. — W. ZERBEL: Das deutsche Trägerfrequenzsystem V 60. Fernmelde-techn. Z. 4 (1951) 193.

[22] BRAUN, E., E. LEITENBERGER u. A. ZIEGLER: Messungen der Beeinflussung einer Kabelstrecke mit Kleinkoaxialpaaren und Transistor-Zwischenverstärkern bei Fahrleitungs-Kurzschlüssen. Signal u. Draht 56 (1964) 196—198.

[23] BRAUN, E., u. K. WITT: Streckenausrüstung des Trägerfrequenz-Fernsprechsystems V 300. Siemens-Z. 37 (1963) 793—799. — A. WAGNER: Eine Trägerfrequenzanlage für 300 Kanäle. Bull. schweiz. elektrotechn. Ver. 55 (1964) 1172—1178. — J. DEZOTEUX: Système transistorisé à 1,3 MHz fournissant 300 voies sur paires coaxiales de 1,2/4,4 mm. Cables et Transm. 16 (1962) 41 bis 50. — B. S. HELLIWELL u. F. WILKINSON: The C 300 a small diameter coaxial system. A.T.E.-J. 16 (1960) 13—31. — A. W. MONTGOMERY: Coaxial-Cable Systems: Past and Future. Electr. Commun. 35 (1958—1959) 221—229.

[24] KOPPEHELE, F.: Ein Streckenversuch mit Transistor-Leitungsverstärkern zur Übertragung von 960 Ferngesprächen. Frequenz 19 (1965) 308—311. — D. R. BARBER: A transistorized 900/960 channel small core coaxial cable system. Transmission aspects of communications networks. 24—28 February 1964 at Savoy Place-London-WC 2. — H. KEIL: Trägerfrequenzverstärker mit Transistoren für 2700 Sprechkreise. NTZ 19 (1966) 69—72. — E. BRAUN: Die Erprobung von Trägerfrequenz-Streckengeräten für 300 Sprechkanäle je Kleinkoaxialpaar. Frequenz 19 (1965) 283—288. — H. LEYSIEFFER u. K. WITT: Transistor-Streckengeräte für Koaxialkabel. Siemens-Z. 39 (1965) 317—319.

[25] WHITE, L. A., R. K. EDWARDS, I. L. McMILLAN u. J. R. WALKLATE: The Melbourne-Morwell Coaxial Cable System. Telecommun. J. Australia 13 (1962) 291—304 u. 105 413. — W. v. WERTHER u. O. H. SCHMITT: Ein Trägerfrequenz-Fernsprechsystem für 960 Kanäle. Siemens-Z. 28 (1954) 183—188. — M. E. COLLIER, u. W. G. SIMPSON: A New 4-Mc/s Coaxial Line Equipment — C.E.L. No. 6 A. Post Off Electr. Eng. J. 50 Part I (1957) 24—34.

[26] BARTHEL, K., u. W. ZITZMANN: Die Streckenausrüstung des 12-MHz-Trägerfrequenzsystems. Siemens-Z. 34 (1960) 777—786. — Verschiedene Verfasser: Equipements de Transmission à 12,5 MHz. Cables et Transm. 16 (1962) H 3. — Verschiedene Verfasser: The 12,5 Mc/s Coaxial Line Transmission System. A.T.E.-J. 17 (1961) H. 1 u. 2.

*Verschiedenes Schrifttum:*

[27] BLACK, H. S.: Stabilized Feedback Amplifiers. Bell Syst. techn. J. (1934) 1—18. — H. BARTELS: Grundlagen der Verstärkertechnik. (1949). Leipzig: S. Hirzel Verlag. — F. RING: Einführung in die Trägerfrequenztechnik. Kl. Buchreihe f. d. Post- u. Fernmeldedienst Bd. 10 (1955). Goslar: E. Herzog.

[27a] Verschiedene Verfasser: The SD Submarine Cable System. Bell Syst. techn. J. (1964) 1155—1459. — R. H. FRANKLIN: Aufbau und Technik des Fernsprech-Seekabelnetzes zwischen Großbritannien und dem Festland. Jb. elektr. Fernmeldewes. Bad Windsheim: Heidecker-Verlag 1963. — B. M. DAWIDZIUK u. F. L. JARVIS: Ein Unterwasserentzerrer, der an Bord des Kabelschiffes zusammengestellt werden kann. Elektr. Nachr.-Wesen 38 (1963) 69—87. — R. A. BROCKBANK: The light weight Submarine Telephone Cable. Brit. Commun. a. Electronics 8 (1961) 282—289. — R. J. HALSEY u. F. E. WRIGHT: Submerged Telephone Reperaters for shallow water. J. Instn. electr. Eng. Part I 101 (1954) 167—203. — Cantat — A new Submarine Telephone Cable System to Canada. Post Off. electr. Eng. J. 54 (1962) 220—222. — F. FEIL: Die Verstärkungskonstanz gegengekoppelter Verstärker. Regelungstechnik 3 (1955) 443—449.

[27b] WEBER, E. F.: Cable Fault Localization Test Sets. Bell Lab Rec. 42 (1964) 289—293.

[27c] LEWIS, H. A., R. S. TUCKER, G. H. LOVELL u. J. M. FRASER: System Design for the North Atlantic Link. Bell Syst. techn. J. 36 (1957) 29—68.

[27d] BARASH, M., u. S. GLAZER: Repeater Fault Locating Test Set for SD Submarine Cable Systems. Bell Lab. Rec. 42 (1964) 397—402.

[28] MARCATILI, E. A., u. D. L. BISBEE: Band Splitting Filter. Bell System techn. J. 40 (1961) 197.

[29] MARCATILI, E. A.: A Circular-Electric Hybrid Junction and Some Channel Dropping Filters. Bell System techn. J. 40 (1961) 185.

[30] MARCATILI, E. A.: Mode-Conversion Filters. Bell System techn. J. 40 (1961) 149.

[31] IIGUCHI, S., B. OGUCHI u. K. YAMAGUCHI: A 48 Gc/s Center-Excited Type Channel Branching Filter for Circular Electric Waves. Rev. of the Electrical Communication Laboratory (Japan) 9, July—August 1961.

[32] JAUMANN, A.: Ringfilter als Frequenzweichen für den mm-Wellenbereich. NTZ 16 (1963) 297.

[33] MARCATILI, E. A.: Errors in Detection of RF Pulses Embedded in Time Crosstalk, Frequency Crosstalk and Noise. Bell System techn. J. 40 (1961) 921.

[34] MARCATILI, E. A.: Time and Frequency Crosstalk in Pulse-Modulated Systems. Bell System techn. J. 40 (1961) 951.

[35] MARCATILI, E. A.: Compression, Filtering and Signal-to-Noise Ratio in a Pulse-Modulated System. Bell System techn. J. 40 (1961) 1421.

[36] SCHLITT, H.: Systemtheorie für regellose Vorgänge. Berlin/Göttingen/Heidelberg: Springer 1960.

[37] KERSTEN, R.: Vergleich des gewöhnlichen mit dem reflektierten binären Code bei der Übertragung von Signalen mit Pulscodemodulation. Frequenz 15 (1961) Nr. 10, 316.

[38] HÖLZLER, E., F. BATH u. H. HOLZWARTH: Gedanken zur Weiterentwicklung der großen Übertragungssysteme. J. elektr. Fernmeldewesens 14. Jg. 1963, 63 u. Entwicklungsber. Siemens & Halske 27, Sept. 1964, 111.

[39] WALTHER, H., u. J. DÖRR: Typische Einschwingvorgänge zu fundamentalen Übertragungsfunktionen. AEÜ 7, 1953, 379.

[40] PAVEL, E. A.: Rundfunkübertragungstechnik auf Leitungen. In: Übertragungstechnik II. Hamburg: Deckers Verlag (1954) 1—137.

[41] PAVEL, E. A., u. M. BIDLINGMAIER: Ein Nichtlinearitäts-Meßplatz für Rundfunkübertragungswege. NTZ 12 (1959) 467—474.

[42] GUTTENBERG, W. v., u. H. HOCHRATH: Untersuchungen über die Geräuschverminderung mittels Pre- und Deemphasis bei Rundfunkübertragung. NTZ 12 (1959) 467—474.

[43] POSCHENRIEDER, W.: Die Wellenparametertheorie als einfaches Hilfsmittel zur Realisierung von Quarzbandfiltern in Abzweigschaltung. NTZ 12 (1959) 132—138.

[44] SARAGA, W.: Design of wide-band phase splitting networks. Proc. IRE 38 (1950) 754—770.

[45] GUTTENBERG, W. v., u. H. HOCHRATH: Ein Kompander für Rundfunkprogramm-Übertragung. NTZ 13 (1960) 113—119.

[46] BENNET, A. J., u. E. T. C. HARRIS: Music channels. Post Off. Electr. Eng. J. 49 (1957) 4, 438—442.

[47] BARTHEL, K.: Fernsehübertragung auf Kabelstrecken. Arch. elektr. Übertr. 9 (1955) 341—349.

[48] BARTHEL, K., u. W. ZITZMANN: Die Streckenausrüstung des 12-MHz-Trägerfrequenzsystems. Siemens-Z. 34 (1960) 777—786.

[49] RIEKE, J. W., u. R. S. GRAHAM: The L 3 Coaxial system, television terminals. Bell Syst. techn. J. 32 (1951) 879—914.

[50] KEIL, H.: Filter und Laufzeitentzerrer für die Fernsehübertragung auf Kabeln. NTZ 9 (1956) 469—475.

[51] BOSSE, G.: Ein Rechenverfahren zur Approximation vorgegebener Laufzeitkurven. Frequenz 17 (1963) 103—107.

[52] MATTHES, H.: Realisierung hochwertiger Laufzeitentzerrer. NTZ 17 (1964) 11—19.

[53] GUTSCHE, H.: Ein Echoentzerrer zur Entzerrung von Fernsehsignalen im Videofrequenzbereich. NTZ 17 (1964) 280—282.

[54] KÜGLER, E.: Eine Schwarzwerthaltung für Videosignale mit Halbleiterdioden. NTZ 16 (1963) 83—86.

[55] GUTTENBERG, W. v., u. E. KÜGLER: Modulation von Fernsehsignalen für gemeinsame Übertragung von Fernsprechen und Fernsehen auf Kabeln. NTZ 17 (1964) 325—331.

[56] GUTTENBERG, W. v., u. E. ETTLER: Die Endeinrichtungen für die trägerfrequente Übertragung von Fernsehprogrammen auf Koaxialkabeln. Siemens-Z. 37 (1963) 739—745.

[57] KOCKEL, L.: Das Breitbandsystem K 1920. Fernmelde-Praktiker 3 (1963) 245—248.

[58] MÄRKL, G.: Planung und Aufbau des Trägerfrequenzsystems V 1260/TV 1 für Koaxialkabel. Felten & Guilleaume-Rdsch., Heft 49 (1962).

[59] DOBA, S., u. A. R. KOLDING: A new local video transmission system. — P. W. ROUNDS u. G. L. LAKIN: Equalization of cables for local television transmission. Bell Syst. techn. J. 34 (1955) 677—712 u. 713—738.

[60] WILLIAMS, M. B., u. J. B. SEWTER: The Provision of circuits for television outside broadcasts. Post Off. Electr. Engng. J. 48 (1955) 166—170.

[61] MAEDA, K.: Coaxial cable video transmission system. Japan Telecommun. Rev. (1959) 41—46.

[62] KEIL, H., u. F. HÜBNER: Videoübertragung auf Koaxialkabeln mit Transistorverstärkern. NTZ (in Vorbereitung).

[63] HALE, H. S., u. I. F. MACDIARMID: Video transmission system for use with coaxial cable. Proc. IEE 110 (1963) 1329—1340.

[64] HOFFMANN, R.: Die Technik der Ortskabelleitungen im deutschen Fernsehnetz. Fernmelde-Ing. 10 (1956) H. 7.

[65] SCHMIDT, H. J.: Das System TV 21c für Fernsehortsnetze. Felten & Guilleaume-Rdsch., Heft 48 (1962).

[66] HOFFMANN, R.: Fernsehdrahtfunk, Zusammenstellung von Verteilungssystemen verschiedener Länder. Rundfunktechn. Mitt. 8 (1964) 189—196.

[67] LANZERATH, H.: Drahtfunktechnik. In: Übertragungstechnik II. Hamburg: Deckers Verlag (1954) 139—190.

[68] SCHMUTZ, K., u. F. OGAY: Ein Breitbandverstärker mit Transistoren für den hochfrequenten Telephonrundspruch. Techn. Mitt. PTT 38 (1960) 420—425.

[69] Techn. Mitt. PTT 38 (1960) 252.

[70] ZIEGLER, R.: Das schweizerische Rundspruchnetz. Techn. Mitt. PTT 38 (1960) 406—419.

[71] KADEN, H.: Das Nebensprechen in Kabeln bei nichtstationären Vorgängen (Impulsen). Arch. elektr. Übertr. 11 (1957) 349—354.

[72] KNAPP, H.: Beitrag zur Technik der Zeitmultiplexübertragung über kurze Entfernungen. Nachr.-Techn. Fachber. 19 (1960) 147—151.

[73] CRAVIS, H., u. T. V. CRATER: Engineering of T 1 Carrier System Repeatered Lines. Bell Syst. techn. J. 42 (1963) 431—486.

[74] MAYO, I. S.: A Bipolar Repeater for Pulse Code Signals. Bell Syst. techn. J. 41 (1962) 25—97.

# 6. Richtfunklinien

Von U. v. KIENLIN, F. KÜNEMUND, H. NOACK und E. SEIBT[1]

## 6.1 Allgemeines

In den letzten Jahren ist in Europa, ähnlich wie in den Vereinigten Staaten, das Weitverkehrsnetz durch eine große Anzahl von Richtfunklinien wesentlich erweitert worden. Die drahtlose Nachrichtentechnik wird besonders dort eingesetzt, wo wirtschaftliche, betriebstechnische oder topographische Bedingungen Vorteile gegenüber der Leitungstechnik erwarten lassen. Bis zum Ende des Jahres 1963 ist z. B. in der Bundesrepublik der Anteil des Richtfunks an Sprechkreiskilometern im Weitverkehrsnetz auf rund 30% angestiegen. Im BELL-System, USA, betrug dieser Anteil im Jahr 1963 sogar über 40%. Für die Übertragung von Fernsehsignalen werden heute fast ausschließlich Richtfunklinien verwendet.

Da die Richtfunktechnik in zunehmendem Maße auch auf internationalen Nachrichtenwegen eingesetzt wird, sind an die Qualität der Übertragung hohe Anforderungen zu stellen; sie entsprechen denen des drahtgebundenen Fernleitungsnetzes. Die Übertragungseigenschaften der Richtfunknetze sollen daher sowohl die Empfehlungen des CCIR und des CCITT als auch die Forderungen der einzelnen Postverwaltungen erfüllen. Die Planungsgrundlagen für solche Netze sind im Kapitel „System- und Netzplanung" (s. S. 244ff.) behandelt; auf diesen Grundlagen wird hier aufgebaut.

Für die verschiedenen Anwendungsfälle haben sich entsprechende Richtfunksysteme eingeführt. So werden z. B. auf den Hauptverkehrslinien, auf denen auch der internationale Verkehr abgewickelt wird, vorwiegend sog. Breitband-Richtfunksysteme eingesetzt. Die Übertragungskapazität dieser Systeme liegt heute etwa zwischen 300 und 1800 Sprechkreisen; dabei kann anstelle von 960 Sprechkanälen auch ein Fernsehkanal treten. Entsprechend dem TH-System von BELL, USA [1], wird demnächst auch in Deutschland ein Breitband-Richtfunksystem eingeschaltet werden, das pro Radiofrequenzkanal die Signale von 1800 Sprechkanälen oder die Signale eines Fernsehbandes mit einigen Tonkanälen zu übertragen gestattet.

Richtfunkgeräte mit mittleren und kleineren Übertragungskapazitäten — also bis etwa 300 Sprechkanäle — werden meistens in den Be-

---

[1] Die Abschn. 6.1 bis 6.4 wurden von U. v. KIENLIN, der Abschn. 6.5 von E. SEIBT, der Abschn. 6.6 von F. KÜNEMUND und der Abschn. 6.7 von H. NOACK bearbeitet.

zirksnetzen, aber auch auf privaten Linien, z. B. bei Energieversorgungsunternehmen, eingesetzt.

Alle diese Richtfunklinien arbeiten normalerweise mit freier Ausbreitung zwischen den Antennen eines Funkfeldes, d. h., die Entfernung der einzelnen Zwischenstationen und die Aufstellungshöhe der Antennen werden so gewählt, daß mindestens die erste FRESNEL-Zone frei von Hindernissen ist. Für die Praxis ergeben sich dann im Mittel Entfernungen von etwa 50 km. Lassen sich aus topographischen, wirtschaftlichen, politischen oder sonstigen Gründen solche Abstände nicht realisieren, so können Entfernungen bis etwa 150 km mit leicht behinderter Sicht und Entfernungen bis zu etwa 400 km mit Hilfe der Streuausbreitung überbrückt werden; die Bedingungen hierfür sind im Kapitel „Wellenausbreitung" (s. S. 180 ff.) beschrieben. Bei derartigen Verbindungen hängt die Zusatzdämpfung gegenüber freier Ausbreitung von dem Grad der Behinderung bzw. von der Größe des Streuwinkels ab, außerdem muß mit häufigen und tiefen Schwundeinbrüchen gerechnet werden. Um trotzdem eine ausreichende Übertragungsqualität sicherzustellen, muß ein erheblicher Mehraufwand sowohl hinsichtlich der Sendeenergie und der Empfängerempfindlichkeit als auch hinsichtlich des Antennengewinns getrieben werden. Außerdem wird bei diesen Anlagen stets mit Mehrfachempfang gearbeitet. Als weiterer Nachteil kommt hinzu, daß wegen der großen Reichweiten leicht andere Dienste im gleichen Frequenzbereich gestört werden können. Solche Verbindungen werden deshalb in internationalen Netzen soweit wie möglich vermieden. Hier sollen nur Richtfunklinien mit freier Ausbreitung behandelt werden.

In jüngster Zeit eröffnet sich ein neues wichtiges Gebiet der Richtfunktechnik, nämlich die Übertragung verhältnismäßig großer Gesprächsbündel oder eines Fernsehsignals über Erdsatelliten. Man hofft hiermit für den rapid anwachsenden Bedarf weitere interkontinentale Nachrichtenverbindungen erschließen zu können. Die speziellen Probleme dieser Technik werden im Kapitel „Nachrichtensatelliten" behandelt.

Eine Weitverkehrsverbindung im nationalen wie internationalen Bereich, die aus Kabel- und Richtfunklinien bestehen kann, wird in „homogene" Abschnitte eingeteilt; es lassen sich somit die Qualitätsforderungen in geeigneter Weise aufteilen. Der vom CCITT und vom CCIR vorgesehene homogene Abschnitt, auch als Modulationsabschnitt bezeichnet, hat eine *hypothetische* Länge von 280 km für Frequenzmultiplexsignale und eine hypothetische Länge von 840 km für Fernsehsignale. Da der ganze hypothetische Bezugskreis, für den die CCI-Empfehlungen festgelegt sind, eine Länge von 2500 km hat, sind für Frequenzmultiplexsignale 9 und für Fernsehsignale 3 homogene Abschnitte vorgesehen. Die *realen* Sprechkreis- und Fernsehverbindungs-

längen eines Modulationsabschnitts weichen mehr oder weniger von
diesen hypothetischen Längen ab. In den entsprechenden Empfehlungen
wird dieses berücksichtigt.

Ein hypothetischer Modulationsabschnitt hat mit Fernsprech-
belegung 6 und mit Fernsehbelegung 18 Funkfelder, wenn man für
Richtfunklinien bei freier Ausbreitung mit mittleren Funkfeldlängen
von etwa 45 bis 50 km rechnet. Im dichtbesiedelten Mitteleuropa bestehen die realen Modulationsabschnitte in der Regel jedoch nur aus
3 bis 6 Funkfeldern.

In Europa entspricht z. B. die Verbindung von Wien nach Stockholm, mit einer Länge von etwa 2400 km und mit 54 Funkfeldern, etwa

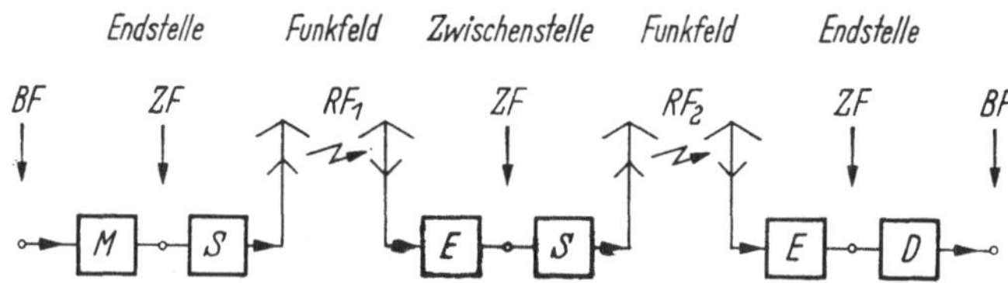


Abb. 1. Vereinfachtes Blockschaltbild einer Richtfunkverbindung für eine Übertragungsrichtung
*BF*, *ZF*, *RF*: Basis-, Zwischen-, Radiofrequenz; *S* Sender; *E* Empfänger; *M* Modulator;
*D* Demodulator

einem hypothetischen Bezugskreis. Diese Richtfunklinie ist Bestandteil
eines ganzen Richtfunknetzes, das von verschiedenen Firmen aufgebaut
worden ist [*2* bis *6*]. Auf den einzelnen Trassen dieses Netzes laufen bis
zu 9 Radiofrequenzkanäle in beiden Verkehrsrichtungen parallel.

Der grundsätzliche Aufbau einer Richtfunklinie im Weitverkehrsnetz ist in Abb. 1 für einen Radiofrequenzkanal in einer Übertragungsrichtung angedeutet. Damit soll ein Modulationsabschnitt dargestellt
sein; hierbei sind die beiden Endstellen und nur eine Zwischenstelle
mit den dazwischenliegenden Funkfeldern angegeben. Am Anfang der
Richtfunklinie wird das Nachrichtensignal, z. B. ein Multiplex- oder Fernsehsignal, in der *Basisfrequenz*-Lage zugeführt. In dem Modulator *M* der
einen Endstelle nach Abb. 1 wird dann ein Hochfrequenzträger mit diesem
Signal — bei FM-Systemen in der Frequenz — moduliert. Das modulierte Signal wird in dem dargestellten Fall vom Modulator in der
*Zwischenfrequenz*-Lage an den Sender *S* abgegeben, in die erforderliche
*Radiofrequenz*-Lage umgesetzt und mit der gewünschten Leistung über
die Antenne abgestrahlt. Am anderen Ende des Funkfeldes wird das
Signal über die Empfangsantenne der Zwischenstation dem Empfänger *E* zugeführt, in die Zwischenfrequenzlage umgesetzt und auf
konstante Ausgangsspannung verstärkt. Die Durchschaltung zwischen
Empfänger und Sender auf den Zwischenstationen erfolgt bei den meisten Weitverkehrssystemen, wie in Abb. 1 gezeigt, in der Zwischen-

frequenzlage. Im Sender wird das Signal wieder in die Radiofrequenzlage umgesetzt und verstärkt an die Sendeantenne geliefert. Die Nachricht durchläuft in gleicher Weise die weiteren Stationen des Modulationsabschnitts und wird vom Empfänger der letzten Station dem Demodulator $D$ zugeführt, der an seinem Ausgang das Signal wieder in der Basisfrequenzlage abgibt.

Außer den Durchschaltepunkten in der Niederfrequenzlage — das ist die Originalfrequenzlage der Sprechkanäle — gibt es bei Richtfunklinien Durchschaltepunkte in der Basis- und Zwischenfrequenzlage. Es kommen aber Fälle vor, z. B. an Landesgrenzen, bei denen das Signal innerhalb des Funkfeldes übergeben werden muß; die Geräte verschiedener Hersteller müssen dann auch in der Radiofrequenzebene durchgeschaltet werden können. Damit bei den verschiedenen Durchschaltepunkten keine speziellen Geräte zur Anpassung der Systeme eingesetzt werden müssen, sind vom CCIR entsprechende Empfehlungen ausgearbeitet worden, auf die später noch näher eingegangen wird.

Wie in der drahtgebundenen Technik die maximale Kabellänge zwischen 2 Verstärkern durch die Leitungsdämpfung bestimmt wird, so bestimmt in der drahtlosen Technik die Funkfelddämpfung die Länge des Funkfeldes. Die Funkfelddämpfung $a$, gemessen zwischen den Klemmen der betreffenden Antennen mit den effektiven Antennenflächen $A$, kann bei freier Ausbreitung nach der Beziehung ermittelt werden:

$$a = 10 \lg \frac{P_1}{P_2}\,\mathrm{dB} = 10 \lg \frac{\lambda^2 d^2}{A^2}\,\mathrm{dB}. \tag{1}$$

Das Verhältnis von Sendeleistung $P_1$ zur Empfangsleistung $P_2$ steigt mit dem Quadrat der Wellenlänge $\lambda$ und der Funkfeldlänge $d$ an; die Dämpfung $a$ nimmt proportional mit dem Logarithmus aus dem Quadrat dieser Werte zu. Bei Koaxialkabelverbindungen hingegen wächst die Dämpfung proportional mit der Wurzel aus der Frequenz und linear mit der Entfernung.

Will man ausreichend große Funkfeldlängen bei freier Wellenausbreitung erreichen, so müssen die Richtfunkantennen im flachen Land auf Türme gestellt werden. Im Mikrowellenbereich benötigt man für 50 km Funkfeldlänge und freie Ausbreitung je nach Gelände Türme von 20 bis 60 m Höhe. Wählt man für das Verhältnis von Antennenfläche $A$ zu Wellenlänge $\lambda$ den Wert 50 m und für die Funkfeldlänge $d = 50$ km, so ergibt sich nach der Beziehung (1) eine Funkfelddämpfung $a$ von 60 dB, eine Größenordnung, die bei den meisten Richtfunklinien eingehalten wird. Für gleiche Funkfeldlänge muß man also z. B. bei Wellenlängen um $\lambda = 30$ cm (1 GHz) eine um den Faktor 6 größere Antennenfläche aufwenden als bei $\lambda = 5$ cm (6 GHz), wenn man dieselbe Funkfelddämpfung erreichen will.

Richtfunkantennen sollten in Winkelbereichen außerhalb der Hauptstrahlrichtung eine möglichst kleine Energie abstrahlen, so daß die Entkopplung gegenüber Verbindungen benachbarter Antennen mit gleicher Frequenz ausreichend ist. Ferner muß die Anpassung der Antenne an die Energieleitung sehr gut sein, wenn Störungen durch Echosignale vermieden werden sollen, die durch mehrfache Reflexion, z. B. an den Enden der Energieleitung, zeitlich verzögert abgestrahlt werden. Diese Echosignale erzeugen bei Systemen mit Frequenzmodulation Laufzeitverzerrungen und damit zusätzliche Intermodulationsgeräusche [7, 8]. In dem Kapitel „Antennen" (s. S. 191ff.) und in dem Kapitel „Hohlleiter" (s. S. 152ff.) sind weitere Angaben zu finden.

Tabelle 1. *Frequenzbereiche für Richtfunk in Region 1 (Europa, Afrika, UdSSR) nach den Vollzugsordnungen des Funkdienstes, Ausgabe Genf 1959*

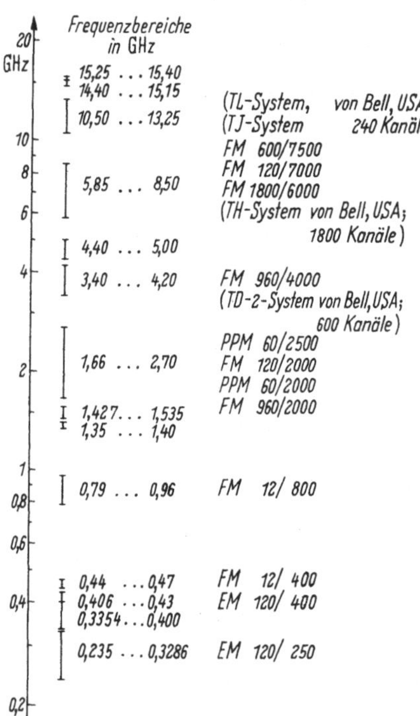


Auf den Stationen einer Richtfunkverbindung sollten die Betriebsräume günstig liegen, so daß die Energieleitungen möglichst kurz und damit dämpfungsarm gehalten werden können. Daher sind für diesen Zweck massive Türme, bei denen die Räume für die Funkgeräte meist direkt unter oder neben den Antennenplattformen liegen, besonders geeignet. Dagegen müssen bei einfachen Gittermasten längere Zuleitungen zu den Antennen in Kauf genommen werden, deren Dämpfung dann am kleinsten ist, wenn Rundhohlleiter als Verbindung eingesetzt werden können.

Es ist Aufgabe der Planung, den günstigsten Ort für die einzelnen Stationen zu ermitteln. Maßgebend ist hierfür außer dem Geländeschnitt auch eine günstige Verkehrslage des zu wählenden Ortes, weil die Kosten des Straßenbaus und der Versorgungsleitungen mit zu berücksichtigen sind. Ferner müssen die Winkel zwischen den Verbindungslinien der einzelnen Stationen bestimmte Forderungen erfüllen, wenn man optimale Verhältnisse für die Frequenzplanung erreichen will.

Bei der Projektierung der Richtfunksysteme ist die Wahl der Radiofrequenzlage von entscheidender Bedeutung. Da der für Richtfunkübertragungen geeignete Frequenzbereich begrenzt ist, hat man internationale Vereinbarungen getroffen, die eine Aufteilung der einzelnen Frequenzbänder unter die verschiedenen Funkdienste vorsehen. Die dafür eingesetzte Institution ist die International Telecommunication Union (ITU), von deren in Genf gefaßten Beschlüssen z. Z. diejenigen vom Jahre 1959 mit den Erweiterungen vom Jahre 1963 gelten. Richtfunksysteme fallen dabei unter die Rubrik der sog. festen Funkdienste. In der Tab. 1 sind die für den Richtfunk wichtigen Frequenzbänder der Region 1 (Europa, Afrika, UdSSR) angegeben; die Frequenzzuteilung in den anderen Erdteilen ist ähnlich festgelegt. Die untere Grenze des Richtfunkbereichs liegt etwa bei 0,2 GHz, da dort der Aufwand für die Antennenfläche schon recht beträchtlich ist. Die obere Grenze ist für Weitverkehrssysteme durch die starke Absorption der Atmosphäre, insbesondere bei überdurchschnittlichen Niederschlägen, im Bereich von etwa 15 GHz gegeben. Die Größe der jeweiligen Frequenzbereiche ist durch den links angegebenen logarithmischen Frequenzmaßstab angedeutet. Auf der rechten Seite sind einige der in Deutschland verwendeten Richtfunksysteme angegeben, die in den entsprechenden Frequenzbereichen arbeiten. Die Kurzbezeichnung FM 1800/6000 soll z. B. angeben, daß es sich um ein System mit Frequenzmodulation für 1800 Sprechkreise handelt, das im Radiofrequenzbereich von 6000 MHz arbeitet. An den entsprechenden Stellen in der Tabelle sind auch die Bezeichnungen der bekanntesten Systeme von BELL angegeben [1, 9 bis 11]. Die allgemeinen Gesichtspunkte, nach denen die Richtfunkgeräte aufgebaut sind, werden in den nächsten Abschnitten behandelt.

## 6.2 Bemessungsfragen und Qualitätsforderungen

Ein Richtfunksystem hat wie jedes andere Nachrichtensystem in der Weitverkehrstechnik die Aufgabe, einen den Qualitätsanforderungen entsprechenden Übertragungsweg auf möglichst wirtschaftliche Weise bereitzustellen. Man wird daher immer einen Kompromiß zwischen den Qualitätsanforderungen und den Kosten für die Herstellung und den Betrieb einer solchen Verbindung schließen müssen. Der Aufwand für ein Richtfunkgerät ist ferner von der erforderlichen Basisbandbreite abhängig, die sich nach der Art des zu übertragenden Signals richten muß. Man ist, wie in der drahtgebundenen Weitverkehrstechnik ganz allgemein, auch in der Richtfunktechnik bestrebt, Nachrichtenverbindungen dem Bedarf entsprechend für immer größere Sprechkreiszahlen auszubauen. Die Kosten für eine solche Verbindung steigen zwar mit dem dafür erforderlichen Modulationsband; solange aber die Kosten pro Sprechkreis mit dem Grad der Mehrfachausnützung fallen, ist diese Bestrebung vernünftig. Daher werden, wie schon erwähnt, auf den

Hauptverkehrslinien vorzugsweise Breitband-Richtfunkgeräte mit großer Sprechkreiszahl eingesetzt. Diese Geräte können meist alternativ ein Fernsehsignal übertragen, so daß die Qualitätsforderungen sowohl für den Fernsprech- als auch für den Fernsehverkehr eingehalten werden müssen.

Die Signale der einzelnen Fernsprechkreise, die auch mit anderen Informationen — z. B. mit Telegraphiezeichen oder Daten — belegt sein können, werden in Multiplexeinrichtungen gebündelt. Diese Einrichtungen sind in den Kapiteln für Trägerfrequenz- und Puls-Endgeräte (s. S. 369ff. und S. 468ff.) beschrieben. Bei der Übertragung von Fernsehsignalen sind dagegen keine zusätzlichen Einrichtungen zur Auf- und Abbereitung erforderlich; das Signal kann direkt in der Videolage vom Studio oder von anderen Aufnahmestellen dem Richtfunksystem zugeführt werden.

Für die Bemessung der Richtfunksysteme, die Multiplex- oder Fernsehsignale übertragen sollen, sind Festlegungen über die Modulationsart und den Signal-Geräusch-Abstand sowie über das Basisfrequenz-, Zwischenfrequenz- und Radiofrequenzband besonders wichtig. Zuerst sollen die wichtigsten Gesichtspunkte betrachtet werden, die zu diesen Festlegungen der für die verschiedenen Gerätetypen charakteristischen Daten geführt haben.

### 6.2.1 Die wichtigsten Modulationsarten für Richtfunk

Die Signale müssen zur gerichteten drahtlosen Übertragung in eine passende Frequenzlage gebracht werden, d. h., die Nachricht wird einem Radiofrequenzträger auf geeignete Weise aufmoduliert. Von den in dem Kapitel „Übertragungsverfahren" (s. S. 52ff.) erwähnten Verfahren zur Modulation eines Hochfrequenzträgers hat sich für die Richtfunktechnik die Winkelmodulation — Frequenz- (FM) und Phasenmodulation (PM) — besonders gut eingeführt. Ursprünglich wurde die Winkelmodulation wegen der Verbesserung des Geräuschabstandes gegenüber der Amplituden- (AM) und der Einseitenbandmodulation (EM) eingesetzt, und zwar ist dieser Gewinn um so größer, je größer der Phasenhub gewählt wird. Bei den modernen Richtfunksystemen kann aber heute das für eine wirksame Geräuschverbesserung notwendige Frequenzband in der Radiofrequenzebene wegen der ständig zunehmenden Frequenzbedarfs nicht mehr aufgebracht werden. Der Phasenhub mußte daher bei den Breitband-Richtfunksystemen so weit herabgesetzt werden, daß man bei dieser Frequenzmodulation nicht mehr von einem geräuschmindernden Verfahren sprechen kann. Trotzdem wird diese Modulationsart z.Z. für Frequenzmultiplex- und Fernsehsignale überwiegend angewendet, weil sich die Phasen- bzw. Laufzeitverzerrungen bei den für Richtfunklinien vorzugsweise verwendeten hohen Radiofrequenzen leichter beherrschen lassen als die Amplitudenverzerrungen bei AM- bzw. EM-Übertragung.

Die zulässigen Verzerrungen sind in beiden Fällen durch das maximal zugelassene Intermodulationsgeräusch in den Sprechkanälen bestimmt.

Anstelle der Bezeichnung „Winkelmodulation" wird meist — von dem Modulationsverfahren ausgehend — nur von „Frequenzmodulation" gesprochen, obwohl durch die Art der Signalvorverzerrung (preemphasis) zumindest für die Sprechkanäle im oberen Basisfrequenzbereich eine Phasenmodulation vorliegt. Hier wird zur Vereinfachung die übliche Bezeichnung „Frequenzmodulation" verwendet.

Unter bestimmten Einschränkungen, d. h. bei Übertragungskapazitäten bis etwa 600 Sprechkanälen, können heute auch die Amplitudenverzerrungen durch spezielle Gegenkopplungsschaltungen so klein gehalten werden, daß Einseitenbandsysteme realisierbar sind; solche Systeme waren bisher nur in der drahtgebundenen Nachrichtentechnik üblich. Der Hauptvorteil dieser Technik ist der minimal mögliche Frequenzbandbedarf in der Radiofrequenzebene, der praktisch der Modulationsbandbreite entspricht. Als Nachteil der EM-Richtfunkanlage muß der heute noch größere Geräteaufwand gegenüber FM-Systemen beachtet werden. Welchen Anteil sich diese Systeme in der Richtfunktechnik erobern können, muß die Zukunft zeigen.

Als weiteres Modulationsverfahren existiert in der Richtfunktechnik noch die Pulsphasenmodulation (PPM). In diesem Fall ist der Nachrichteninhalt mehrerer Sprechkanäle — bis zu 60 Sprechkreise — im Gegensatz zur Frequenzbündelung zeitlich gebündelt; es handelt sich hier also um Zeitmultiplexsignale. Dieses Signal setzt sich, wie im Kapitel „Diskontinuierliche Modulationsverfahren" (s. S. 63 ff.) beschrieben, aus einer den Sprechkanälen entsprechenden Anzahl von Impulsen zusammen, wobei die Phasenlage der einzelnen Impulse durch den Nachrichteninhalt eines Gespräches bestimmt ist. Normalerweise wird der Sender des Richtfunkgerätes im Rhythmus dieser Impulse getastet, d. h., der Sender ist mit den Impulsen amplitudenmoduliert. Da bei diesen PPM-Systemen der Bedarf an Frequenzband größer als bei den FM-Richtfunksystemen ist, werden sie nur selten auf Weitverkehrslinien eingesetzt; dagegen wendet man sie wegen ihres relativ einfachen Aufbaus und ihrer Flexibilität gern in den unteren Netzebenen oder in Sondernetzen an.

Die wichtigsten Richtfunksysteme lassen sich nach ihrer Modulationsart einteilen in solche mit:

a) Frequenzmodulation eines Trägers zur Übertragung von Frequenzmultiplex- oder Fernsehsignalen.

b) Einseitenbandmodulation eines Trägers zur Übertragung von Frequenzmultiplexsignalen.

c) Pulsmodulation eines Trägers zur Übertragung von Zeitmultiplexsignalen.

Einige charakteristische Systeme werden als Vertreter dieser 3 Modulationsarten später noch näher beschrieben.

### 6.2.2 Signal-Geräusch-Abstand bei Multiplexsignalen

Für die Übertragungsqualität einer Weitverkehrsverbindung mit z. B. drahtgebundenen und drahtlosen Abschnitten ist der Signal-Geräusch-Abstand in einem Sprechkanal am Ende der Strecke maßgebend. Nach den Empfehlungen des CCI dürfen dafür bestimmte Werte nicht unterschritten werden. Aus diesen Werten, die im Kapitel „Planungsgrundlagen für Mehrkanalsysteme" (s. S. 259ff.) für die verschiedenen Bezugskreise angegeben sind, läßt sich bei Frequenzmultiplexsignalen für einen Modulationsabschnitt von 280 km Länge ein noch zulässiger Signal-Geräusch-Abstand in jedem Sprechkanal von rund 61 dB ableiten; die entsprechende zulässige Geräuschleistung ist 840 pW, gemessen am relativen Pegel Null. Man kann auch die zulässige Geräuschleistung pro Streckenlänge mit 3 pW/km angeben. Diese sehr vereinfachte Beziehung gilt aber nur für solche reale Abschnitte, die ähnlich den hypothetischen Abschnitten aufgebaut sind.

Bei Richtfunklinien muß im Gegensatz zu Kabellinien zeitweise mit Schwund gerechnet werden, wie im Kapitel „Wellenausbreitung" (s. S. 180ff.) gezeigt wird; die Geräuschleistung am Ende solcher Linien schwankt daher je nach Tages- und Jahreszeit und den damit zusammenhängenden Ausbreitungsbedingungen. Vom Schwund wird aber nicht jedes Funkfeld eines Abschnittes zur gleichen Zeit betroffen, so daß sich diese Schwankungen um so weniger auswirken, je größer die Anzahl der hintereinandergeschalteten Funkfelder ist. Man rechnet im allgemeinen, daß nur 20% der Funkfelder eines Abschnittes in der gleichen Stunde starken Schwund haben.

Auch bei drahtgebundenen Linien treten, allerdings durch andere Ursachen bedingt, Schwankungen der Geräuschleistung und damit des Signal-Geräusch-Abstandes auf; daher werden vom CCI die oben erwähnten Werte als Stundenmittelwerte angegeben. Die über einen Bezugskreis gemessenen Minutenmittelwerte dürfen in 20% der Zeit eines Monats, also in etwa 140 Stunden eine bewertete Geräuschleistung von 7500 pW überschreiten; in 0,1% der Zeit eines Monats, also in etwa 40 Minuten, darf eine 8 dB größere Geräuschleistung (47500 pW) überschritten werden. Für noch kleinere Prozentsätze der Zeit sind noch größere Geräuschleistungen zu erwarten. Alle diese Werte sind Planungsziele, die aber auf Grund umfangreicher Erfahrungen als Mittelwerte eingehalten werden können.

Die am Ende einer Richtfunklinie bewertet gemessene Geräuschleistung setzt sich in erster Linie aus zwei Anteilen zusammen, nämlich der von dem Belegungszustand durch das Multiplexsignal *unabhängigen* und aus der davon *abhängigen* Geräuschleistung. Da im Gegensatz zu dem UKW-Bereich bei Richtfunk im interessierenden Frequenzbereich Fremdstörungen zu vernachlässigen sind, ist der erste Anteil nur durch das *thermische Rauschen* der einzelnen Geräte, insbesondere durch das des Empfängers bestimmt. Der durch den Empfänger bedingte Geräuschabstand ist von der Funkfelddämpfung abhängig und muß bei der Geräte- und Streckenprojektierung vor allem berücksichtigt werden; er kann aus einer Geräte-*Konstanten*, dem sog. *Systemwert*, bestimmt werden. Dieser Systemwert, der üblicherweise in dB angegeben wird, gibt

die Summe aus Funkfelddämpfung und Signal-Geräusch-Abstand in einem Sprechkanal an; er ist von der Sendeleistung, von der Empfängerrauschzahl und von der für das Rauschen wirksamen Bandbreite abhängig; bei FM- und PPM-Systemen außerdem noch von dem Phasenhub.

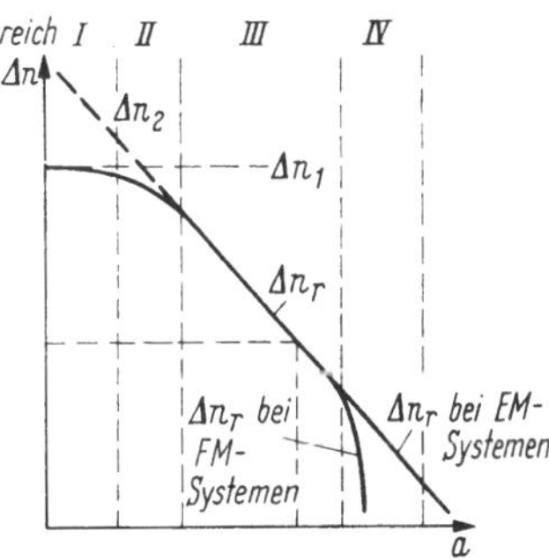


Abb. 2. Signal-Geräusch-Abstand $n$ als Funktion der Funkfelddämpfung $a$

In den gesamten thermischen Geräuschen sind neben diesen von der Funkfelddämpfung abhängigen Geräuschen noch weitere Geräusche einzelner Geräte besonders an den Stellen wirksam, an denen der Signalpegel relativ klein ist. Dieses Geräusch ist von der Funkfelddämpfung unabhängig und wird meist als „*Grundgeräusch*" bezeichnet. Beiträge zu diesem Grundgeräusch können die Basisbandverstärker, die Modulatoren und Demodulatoren, die Sendeverstärker und Oszillatoren liefern.

In Abb. 2 ist der charakteristische Verlauf des resultierenden, belegungsunabhängigen Signal-Geräusch-Abstandes $\Delta n_r$ eines Funkfeldes als Funktion der gesamten Funkfelddämpfung $a$ angegeben. Dieser Geräuschabstand, bezogen auf den Meßpegel 1 mW am relativen Pegel Null, wird nach der Demodulation im Basisband in einem bestimmten Sprechkanal — z. B. im obersten — gemessen. In dem Bereich III der Funkfelddämpfung ist die Kurve allein durch das Empfängergeräusch bestimmt. Der Geräuschabstand $\Delta n_r$ folgt bei gleichem Maßstab für die Koordinaten der unter 45° geneigten Geraden $\Delta n_2$; der Systemwert $S = \Delta n_2 + a$ ist konstant. In diesem Bereich arbeiten normalerweise alle Richtfunkgeräte, wenn die Ausbreitungsbedingungen den für Weitverkehrslinien üblichen Verhältnissen entsprechen. In geringen Prozentsätzen der Zeit können aber starke Schwundeinbrüche auftreten, so daß die Funkfelddämpfung in den Bereich IV der Kurve fällt. Bei EM-Systemen folgt dann die Kurve weiterhin der 45°-Geraden, der Systemwert bleibt auch hier maßgebend für den Geräuschabstand. Bei FM-

und PPM-Systemen tritt jedoch ein sog. Schwellenverhalten auf, und zwar in dem Bereich der Streckendämpfung, bei der die Nutzträgerleistung in die Größenordnung der Rauschleistung am Empfänger- bzw. Demodulatoreingang kommt. Von dieser Schwelle ab wird das Nutzsignal nicht mehr richtig demoduliert und damit verringert sich sowohl der Nutzpegel als auch der Geräuschabstand sehr stark. Man muß durch entsprechende Vorkehrungen — z.B. durch Ersatzschaltungen oder durch Mehrfachempfang — dafür sorgen, daß diese Schwelle nicht gleichzeitig in den Empfangswegen überschritten wird, da sonst die Nachrichtenübertragung unterbrochen wird.

Aus Gründen der Wirtschaftlichkeit wird man die Funkfelddämpfung nicht in den Bereich I gemäß Abb. 2 legen. Zur Aufstellung der Geräuschbilanz muß man jedoch diesen Bereich miterfassen. Hier überwiegen die Grundgeräusche der Geräte; der Grundgeräuschabstand $\Delta n_1$ ist von der Streckendämpfung unabhängig. Der Bereich II zeigt ein Übergangsverhalten.

Der Systemwert $S$ läßt sich aus der Sendeleistung $P_S$, der Rauschleistung $P_n$ am Empfängereingang und aus dem von der Modulationsart abhängigen Faktor $M$ nach folgender Beziehung ermitteln:

$$S = 10 \lg \frac{P_s}{P_n} + 10 \lg M^2 + 10 \lg b^2 \text{ dB}. \tag{2}$$

Die frequenzabhängige Empfindlichkeit des Ohres und der Geräte für Sprachübertragung wird durch den Bewertungsfaktor $b = 1,33$ (2,5 dB) berücksichtigt. Bei der Raumtemperatur $T_0 = 290\,°\text{K}$ ergibt sich für eine an die Antenne angepaßte Empfängereingangsschaltung mit der Rauschzahl $F$ und der wirksamen Bandbreite $B$ die Rauschleistung:

$$P_n = kT_0\, F\, B \tag{3}$$

mit
$$kT_0 = 4 \cdot 10^{-21}\, \frac{\text{W}}{\text{Hz}}.$$

Für die einzelnen Modulationsverfahren ist der Systemwert aus folgenden Werten zu bestimmen:

Frequenzmodulation:
$$B = 2 B_{NF}; \quad \text{und} \quad M = \frac{\Delta F}{f_m}$$

$P_S$     unmodulierte Trägerleistung des Senders
$B_{NF}$     Bandbreite eines Sprechkanals (3,1 kHz)
$\Delta F$     Amplitude des Frequenzhubs bei Aussteuerung mit dem Meßpegel in dem betreffenden Sprechkanal; $\Delta F = \sqrt{2}\, \Delta F_{eff}$
$f_m$     Modulationsfrequenz; entspricht der Frequenz in dem betreffenden Sprechkanal

Einseitenbandmodulation:
$$B = B_{NF} \quad \text{und} \quad M = 1$$

$P_S$     Signalleistung des Senders bei Aussteuerung mit dem Meßpegel in dem betreffenden Sprechkanal

Pulsphasenmodulation:

$$B = B_{ZF} \quad \text{und} \quad M = K\,\frac{\Delta T \sqrt{v+1}}{\tau_a}$$

$P_S$ — zeitlicher Mittelwert der Pulsleistung des Senders
$B_{ZF}$ — Zwischenfrequenz-Bandbreite zwischen den 3 dB-Punkten
$\Delta T$ — Zeithub eines Impulses bei Aussteuerung mit dem Meßpegel in dem betreffenden Sprechkanal
$v$ — Tastverhältnis der Radiofrequenzimpulse (Verhältnis der Zeit zwischen zwei Impulsen und der Impulsdauer)
$\tau_a$ — Anstiegszeit der Impulse nach der Demodulation
$K$ — Korrekturfaktor (etwa zwischen 1 und 2).

Der Faktor $M$ in den Gleichungen gibt die „Geräuschminderung" des jeweiligen Modulationsverfahrens gegenüber EM an. Bei den modernen FM-Richtfunksystemen ist aber, wie schon erwähnt, der Frequenzhub so klein, daß der Phasenhub $\Delta F/f_m$ zumindest für den oberen Bereich des Basisbandes sehr viel kleiner als 1 wird. Statt einer Geräuschminderung tritt dann eine Geräuschvergrößerung ein, die bei reiner Frequenzmodulation, also bei konstantem Frequenzhub mit steigender Basisbandfrequenz immer wirksamer wird. Wendet man eine Vorverzerrung des Frequenzmultiplexsignals an, so kann damit eine gleichmäßigere Geräuschverteilung über das Basisband erreicht werden. Diese Vorverzerrung wird durch ein entsprechendes Netzwerk realisiert. Seine frequenzabhängige Dämpfung ist so ausgelegt, daß der mittlere Summenhub und damit die Aussteuerung mit und ohne Vorverzerrung gleich ist.

Bei der normalerweise verwendeten Vorverzerrung von 8 dB, deren Dämpfungsverlauf über der relativen Frequenz in Abb. 3 gezeigt ist, werden im Bereich der oberen Basisbandfrequenzen die einzelnen Sprechkanalpegel als Funktion der Frequenz stetig derart angehoben, daß das Verhältnis $\Delta F/f_m$ in den Sprechkanälen und damit auch die einzelnen Systemwerte etwa konstant sind; in diesem Bereich ist damit

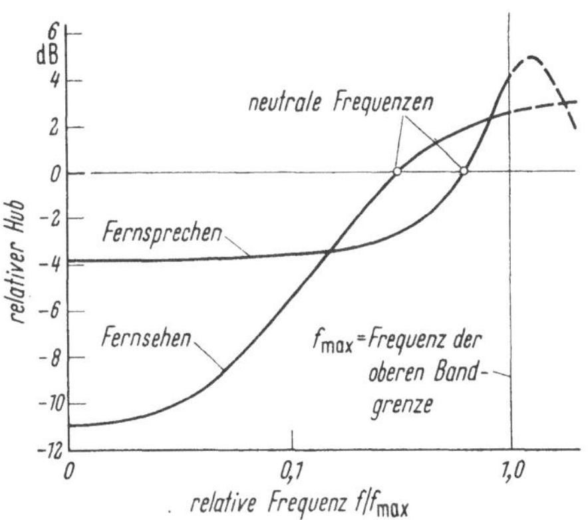


Abb. 3. CCIR Fernsprech- und Fernsehvorverzerrung (pre-emphasis)

Phasenmodulation erreicht. Im unteren Bereich des Basisbandes wird der Pegel der Sprechkanäle stetig so abgesenkt, daß mit und ohne Vorverzerrung die gleiche Summenaussteuerung erhalten bleibt. Der genaue Kurvenverlauf dieser Vorverzerrung, bezogen auf die oberste Basisband frequenz, ist vom CCIR festgelegt.

Bei den EM-Systemen ist der Faktor $M = 1$; der Geräuschabstand am Empfängereingang entspricht demjenigen in der Basisfrequenzebene. Der Systemwert ist über das ganze Basisband konstant.

Bei PPM-Systemen wird dagegen eine Geräuschverminderung ausgenützt. Der Faktor $M$, dessen exakte Größe sich nicht durch eine einfache Beziehung angeben läßt, ist dann größer als Eins. Auch hier ist der Systemwert in allen Sprechkanälen gleich groß.

Aus dem Systemwert und den vorgesehenen Funkfelddämpfungen läßt sich für jeden Gerätetyp zusammen mit dem Grundgeräusch das belegungsunabhängige Geräusch am Ende eines Modulationsabschnitts berechnen. Zu diesem Geräusch kommt das belegungsabhängige Geräusch hinzu; es ist, wie schon erwähnt, in erster Linie von dem Belegungszustand durch das Multiplexsignal, mit dem das jeweilige Richtfunksystem ausgesteuert wird, bestimmt. Die Geräuschleistung steigt in der Regel mit der Aussteuerungsleistung nichtlinear an, z. B. quadratisch oder kubisch.

Diese Geräusche, auch als *Intermodulationsgeräusche* bezeichnet, entstehen bei FM-Systemen in erster Linie durch die nichtlineare Frequenzabhängigkeit der Phase innerhalb des Durchlaßbereichs von Zwischenfrequenz- und Radiofrequenzfiltern, die die erforderliche Selektion gewährleisten. Anstelle der Phasenverzerrungen wird meist die Verzerrung der Gruppenlaufzeit gemessen. Die Modulations- und Demodulationsgeräte liefern besonders durch nichtlineare Kennlinien zusätzliche Anteile zu dem Intermodulationsgeräusch. Bei EM-Systemen sind die nichtlinearen Amplitudenverzerrungen, die in den Umsetzern und Sendestufen entstehen, für dieses Geräusch maßgebend. Alle diese Geräuschquellen erzeugen ein *unverständliches* Nebensprechen zwischen den einzelnen Sprechkanälen.

Für die beiden Geräuschquellen, die thermische und die belegungsabhängige, muß der Geräteentwickler einen bestimmten Anteil von der zulässigen Geräuschleistung reservieren; erfahrungsgemäß ist es günstig, dafür etwa gleich große Anteile für einen Modulationsabschnitt vorzusehen. Es ist außerdem für die Bilanz der thermischen Geräusche zweckmäßig, zu der Funkfelddämpfung für freie Ausbreitung noch einen Zuschlag von 2 bis 6 dB als Schwundreserve zu berücksichtigen.

Es soll noch erwähnt werden, daß bei FM-Systemen eine zusätzliche Störung durch benachbarte Radiofrequenzkanäle auftreten kann, wenn ein zu großer Anteil dieser modulierten Schwingungen bis zum Begrenzer des jeweiligen gestörten Kanals gelangt. Es wird dann die Modulation des störenden Kanals übernommen und damit entsteht ein verständliches Nebensprechen zwischen den Sprechsignalen beider Radiofrequenzkanäle. Da für das *verständliche* Nebensprechen aus Geheimhaltungsgründen verschärfte Forderungen bestehen — z. B. für einen

Sprechkreis eine Nebensprechdämpfung von 58 dB —, ist diese Störung besonders zu beachten. Diese Art des Nebensprechens tritt bei PPM-Systemen auch zwischen den Sprechkanälen auf, die auf zeitlich benachbarten Impulsen liegen. Ein Hauptproblem bei der Entwicklung der PPM-Multiplexeinrichtung und der Art der Senderaussteuerung ist die Einhaltung dieser Dämpfungsforderungen.

### 6.2.3 Signal-Rausch-Abstand bei Fernsehsignalen

Die Qualität eines über Richtfunk übertragenen Schwarz-Weiß-Fernsehbildes wird am Ende eines Bezugskreises nach den im Bild auftretenden Veränderungen und den dazukommenden Störungen beurteilt. Für letztere ist neben den periodischen Störungen das thermische Rauschen maßgebend, das u. a. durch die Streckengeräte verursacht wird. Auf Grund internationaler Verhandlungen wurden vom CCIR Empfehlungen herausgegeben, die die Anforderungen an die Übertragungsqualität eines Fernsehsignals über große Entfernungen festlegen. Aus diesen ist u. a. auch der zugelassene, bewertete Signal-Rausch-Abstand für die z. B. in Deutschland und in vielen anderen Ländern eingeführte 625-Zeilennorm mit 5 MHz Videobandbreite zu entnehmen. Für den hypothetischen Bezugskreis von 2500 km ist ein Wert von 56 dB angegeben, der nur in 20% der Zeit eines Monats unterschritten werden darf. Ein Wert von 52 dB bzw. 44 dB darf nur in 1% bzw. 0,1% der Zeit eines Monats unterschritten werden.

Für den Geräteentwickler ist besonders der erste Wert wichtig; dieser soll in schwundfreien Zeiten gehalten werden. Für einen Fernsehmodulationsabschnitt von 840 km Länge ergibt sich daraus ein zulässiger Signal-Rausch-Abstand von 61 dB. Dieser Abstand ist definiert als das logarithmische Verhältnis der Bildamplitude zwischen dem Austast- und Weißwert zum Effektivwert des Rauschens, der in dem Frequenzbereich von 10 kHz bis 5 MHz bewertet gemessen wird. Die Bewertung, die die subjektive Störwirkung auf das Auge in Abhängigkeit von der Frequenz berücksichtigt, wird gemäß der CCIR Empfehlung 421 durch ein Filter mit Tiefpaßcharakteristik realisiert (vgl. Abb. 5, S. 252). Der erforderliche Systemwert ist mit dem zugelassenen Rauschabstand für ein Funkfeld und der vorgesehenen Funkfelddämpfung festgelegt. Aus der Gl. (2) läßt sich dann die nötige Sendeleistung $P_S$ für ein Richtfunksystem mit FM — diese Modulation ist bei Fernsehübertragung üblich — bestimmen; im Gegensatz zum Fernsprechen gilt hier der Systemwert für das ganze Modulationsband.

Im Anfang der Richtfunktechnik wurde das Fernsehsignal *ohne* Vorverzerrung (pre-emphasis) übertragen. Bei dieser reinen FM steigt die Energiedichte des Rauschens nach der Demodulation proportional mit dem Quadrat der Frequenz an. Dies kann man bei der Rauschleistung $P_n$

durch den Faktor 1/3 berücksichtigen. Die Gl. (2) für den Systemwert ohne Vorverzerrung hat dann die Form:

$$S_{TV_1} = 10 \lg \frac{P_s}{\frac{1}{3} kT_0 F 2 f_{max}} + 20 \lg \frac{\Delta F_{TV}}{f_{max}} + 20 \lg b \; \text{dB} \qquad (4)$$

mit $$kT_0 = 4 \cdot 10^{-21} \frac{\text{W}}{\text{Hz}}$$

$P_s$      Sendeleistung, $f_{max}$ obere Grenzfrequenz des Videosignals.

$\Delta F$     Frequenzhub von Spitze zu Spitze für die Bildamplitude zwischen Austast- und Weißwert.

$b$       Bewertungsfaktor, z. B. für die 625-Zeilennorm mit $f_{max} = 5$ MHz ist $b = 6{,}5$ (16,3 dB).

Es ist heute üblich, das Fernsehsignal *vorzuverzerren*, bevor es über ein FM-Richtfunksystem übertragen wird. Der Frequenzhub in Abhängigkeit von der Videofrequenz ist damit nicht mehr konstant. Mit der nach der CCIR Empfehlung 405 für die 625-Zeilennorm vorgesehenen Vorverzerrung ergibt sich die in Abb. 3 (S. 655) gezeigte Kurve für den relativen Hub. Bei der neutralen Frequenz von 1,51 MHz soll bei einem Videosignal von 1 V der Hub 8 MHz[1] betragen, so daß für 0,01 MHz bzw. 5 MHz der Hub 2,3 MHz bzw. 10,9 MHz ist. Damit sind alle Werte der Gl. (2) bis auf die Sendeleistung $P_S$ und die Rauschzahl $F$ festgelegt. Für die 625-Zeilennorm mit $f_{max} = 5$ MHz ergibt sich mit Vorverzerrung und Bewertung ein Systemwert von

$$S_{TV_2} = 10 \lg \frac{P_s}{F} + 159 \; \text{dB}; \quad P_S \text{ in Watt.} \qquad (5)$$

Neben dem dämpfungsabhängigen thermischen Rauschen muß auch das Grundrauschen der Geräte, insbesondere der Modulatoren und Demodulatoren beachtet werden. Der prinzipielle Kurvenverlauf des Signal-Rausch-Abstandes als Funktion der Funkfelddämpfung $a$ entspricht der Kurve $\Delta n_r$ in Abb. 2 (S. 653). Das Schwellenverhalten bei großen Funkfelddämpfungen kennzeichnet wieder das Verhalten bei FM.

### 6.2.4 Basisfrequenzband

Die Frequenzbereiche und Pegel des Basisbandes sind weitere wichtige Faktoren für die Bemessung eines Richtfunkgerätes. In der Tab. 2 sind die Werte für *Frequenzmultiplex*-Signale nach den Empfehlungen des CCIR angegeben. Das von dem Signal belegte Band ist durch die in Spalte 1 angeführte untere und obere Bandgrenze festgelegt; in der nächsten Spalte ist der Wellenwiderstand der Anschlußleitungen angegeben. Die Ein- und Ausgangsklemmen des Basisbandes einer Richtfunklinie werden in der CCIR-Empfehlung 380 mit $R'$ und $R$ gekenn-

---

[1] Wert von Spitze zu Spitze gemessen.

zeichnet; die an diesen Klemmen vorgesehenen relativen Pegel eines Sprechkanals sind aus den Spalten 3 und 4 zu ersehen. Diese relativen Pegel entsprechen den gemessenen Leistungspegeln in dBm, wenn in einem beliebigen Sprechkreis, z. B. an einer Stelle mit dem relativen Pegel Null ein sinusförmiges Signal mit der Bezugsleistung von 1 mW eingespeist wird (s. S. 246).

Im Kapitel „System- und Netzplanung" wird auf S. 273 erwähnt, daß die „nominelle mittlere Leistung in einem Sprechkanal" $32\,\mu\mathrm{W}$

Tabelle 2. *Frequenz- und Pegelwerte für das Basisband in Abhängigkeit von der Sprechkanalzahl*

| Spalte | 1 | 2 | 3 | 4 | 5 | 6 | 7 |
|---|---|---|---|---|---|---|---|
| | | | relative Pegel | | absoluter Pegel der konventionellen Belastung, bezogen auf 1 mW | Pegel der äquivalenten Spitzenleistung, bezogen auf 1 mW | Pilotfrequenz |
| Höchstzahl der Sprechkanäle | Frequenz-Bandgrenzen | Wellenwiderstand | Eingang $R'$ | Ausgang $R$ | | | |
| | kHz | $\Omega$ | dB | dB | dB | dB | kHz |
| 24 | 12— 108 | 150 | −45 | −15 | 4,5 | 19,5 | 116 oder 119 |
| 60 | 12— 252<br>60— 300 | 150<br>75 | −45<br>−45 | −15<br>−15 | 6,1 | 20,8 | 304 oder 331 |
| 120 | 12— 552<br>60— 552 | 150<br>75 | −45<br>−45 | −15<br>−15 | 7,3 | 21,2 | 607 |
| 300 | 60— 1364 | 75 | −42 | −18 | 9,8 | 23 | 1499, 7000 oder 8500 |
| 600 | 60— 2792 | 75 | −45<br>(−42) | −20<br>(−23) | 12,8 | 25 | 3200 oder 8500 |
| 960 | 60— 4287 | 75 | −45<br>(−42) | −20<br>(−23) | 14,8 | 27 | 4715 oder 8500 |
| 1800 | 300— 8248 | 75 | −37 | −28 | 17,5 | 30 | 9023 |
| 2700 | 308—12435 | 75 | −37 | −28 | 19,3 | 32 | 13627 |

(Pegelwerte in Klammern sind ebenfalls zugelassen)

am relativen Pegel Null ist. Dieser Wert soll bei den Frequenzmultiplexsignalen die mittlere Leistung pro Sprechkreis während der Hauptverkehrsstunde angeben. Die „konventionelle Belastung" ist dann normalerweise die Summe aller mittleren Sprechleistungen; nur für weniger als 240 Sprechkanäle gelten etwas andere Additionsgesetze. Die dafür empfohlenen Werte sind für den relativen Pegel Null aus der Spalte 5 (Tab. 2) zu entnehmen. Diese konventionelle Belastung wird für Meßzwecke im Basisband durch ein „weißes" Rauschspektrum der entsprechenden Bandbreite realisiert. Der am Eingang $R'$ zu messende

Leistungspegel für diese Rauschleistung ist dann die Summe der Pegelwerte aus den Spalten 3 und 5. Für die erforderliche Aussteuerungsgrenze der Verstärker ist der in Spalte 6 angegebene Pegel für die „äquivalente Spitzenleistung" am relativen Pegel Null bestimmend; dies ist die Leistung einer Sinusspannung, deren Amplitude gleich der Spitzenspannung des Frequenzmultiplexsignals in der Hauptverkehrsstunde ist.

Für die Überwachung einer Richtfunkstrecke ist eine zusätzliche Kontrollschwingung — bezeichnet als Richtfunkpilot — vorgesehen, deren Frequenz normalerweise etwa 10% über der Frequenz des obersten Sprechkanals liegt; in einigen Fällen können auch höhere Frequenzlagen oder auch Lücken im Basisbandbereich dafür verwendet werden. Die vom CCIR empfohlenen Pilotfrequenzen sind in der Spalte 7 der Tabelle 2 angeführt. Dieser Pilot wird am Eingang der Richtfunklinie in der Basisbandebene eingespeist und am Ende eines Modulationsabschnittes wieder vom Nachrichtensignal getrennt. Damit können Kriterien erzeugt werden, die die ganze Strecke überwachen und bei Unterbrechnngen oder bei ungünstiger Übertragungsqualität eine Meldung abgeben bzw. die Umschaltung auf einen Ersatzkanal einleiten. Auf die Probleme der Überwachung und Ersatzschaltung wird in Abschnitt „Ersatzschaltungstechnik" (s. S. 696 ff.) eingegangen.

Das *Fernsehsignal* kann bei Richtfunk — im Gegensatz zu Kabelstrecken — ohne zusätzliche Basisband-Einrichtungen anstelle eines Multiplexsignals treten. Die Geräte müssen dabei für ein Modulationsband von einigen Hertz bis zu der obersten Videofrequenz — bei der 625-Zeilennorm 5 MHz oder 6 MHz — ausgelegt sein. Der Gleichstromanteil, der der mittleren Bildhelligkeit entspricht, braucht dagegen nicht übertragen zu werden; er wird durch die bekannten Klemmschaltungen jeweils am Ende eines Videoabschnittes wieder hergestellt. Zusätzlich wird oberhalb des Fernsehsignals noch der Richtfunkpilot übertragen; die Frequenz desselben liegt normalerweise bei 8,5 MHz. Die Amplitude des Fernsehsignals, von Spitze zu Spitze gemessen, soll nach den Empfehlungen des CCIR an den Ein- und Ausgangsklemmen des Basisbandes 1,0 V an 75 Ω betragen. Das Bildsignal zwischen dem Austast- und Weißwert nimmt davon 0,7 V ein, der Rest ist für das Synchronsignal vorgesehen (vgl. Abb. 6, S. 256). Die Polarität ist in der Richtung vom Synchron- zum Weißwert positiv.

Für die Beurteilung der Qualität einer Fernsehübertragung von Schwarz-Weiß-Bildern werden in der Empfehlung 421 des CCIR neben den im vorherigen Abschnitt behandelten Werten für den Signal-Rausch-Abstand solche für periodische Störungen und Impulsstörungen angegeben. Ferner sind dort drei verschiedene Testsignale aufgeführt, mit deren Hilfe Aussagen über die linearen und nichtlinearen Verzerrungen sowie über die Einschwingverzerrung eines Schwarz-Weiß-Sprunges gemacht werden können. Außerdem werden in dieser Empfehlung Angaben über die zulässigen Dämpfungs- und Laufzeitverzerrungen im Bereich des Basisbandes gemacht.

Mit Hilfe dieser Festlegungen soll erreicht werden, daß sich die Qualität des Schwarz-Weiß-Bildes bei einer Übertragung über 2500 km, z. B. von Wien nach Stockholm, nur unwesentlich verschlechtert. In der Technik des Farbfernsehens wird die Farbinformation auf einen zusätzlichen Träger, der vom CCIR für die 625-Zeilentechnik bei 4,43 MHz genormt ist, übertragen. Beim Farbfernsehen nach dem NTSC-Verfahren muß für dieses Trägerfrequenzsignal die Änderung der Verstärkung und Phase in Abhängigkeit von der Bildhelligkeit — mit „differentieller Verstärkung" und „differentieller Phase" bezeichnet — klein gehalten werden.

### 6.2.5 Zwischenfrequenzband

Für Frequenzmuliplex bzw. Fernsehsysteme mit Zwischenfrequenzverstärkung ist die vom CCIR empfohlene Mittenfrequenz des Zwischenfrequenzbandes 35 MHz für eine Radiofrequenz unter 1 GHz; für größere Sprechkreiskapazitäten ist auch 70 MHz zugelassen. Über 1 GHz ist für Systeme bis 1800 Sprechkreisen eine Frequenz von 70 MHz vorgesehen. Die effektive Ausgangsspannung des Zwischenfrequenzverstärkers eines Empfängers soll nach diesen Empfehlungen 0,5 V betragen; die Zwischenfrequenz-Eingangsspannung des Senders wurde mit 0,3 V festgelegt. Für eine Zwischenfrequenz-Durchschaltung, z. B. auf Zwischenstationen, kann somit die Kabelverbindung — Wellenwiderstand 75 Ω unsymmetrisch — zwischen diesen Zwischenfrequenzklemmen eine Dämpfung bis zu 4,4 dB haben.

Die Verstärkung der Zwischenfrequenzempfänger ist je nach Gerätekonzept für eine bestimmte mittlere Funkfelddämpfung vorgesehen. Außerdem muß die Mehrzahl der Schwundeinbrüche ausgeregelt werden können, so daß nur bei sehr großen Zusatzdämpfungen durch Schwund — je nach Anlage über 30 bis 50 dB — die Ausgangsspannung merklich absinkt.

### 6.2.6 Radiofrequenzband

Weitverkehrsverbindungen sollen an allen Übergabestellen, insbesondere an den Grenzen zwischen den Verwaltungen verschiedener Länder, das Nachrichtensignal möglichst ohne zusätzliche Einrichtungen weiterleiten können. An solchen Stellen kann das Signal in der Basisfrequenz-, evtl. auch in der Zwischenfrequenzebene übergeben werden; aber auch eine Übergabe in der Radiofrequenzebene, also gewissermaßen „in der Luft" ist möglich, wenn hierfür wirtschaftliche oder technische Gründe sprechen. Daher sind vom CCIR neben den

Empfehlungen für die Basisfrequenz- und Zwischenfrequenzebene auch
solche für die Radiofrequenzebene ausgearbeitet worden. Wie bei einer
Kabelverbindung meist mehrere Koaxialpaare in einem Kabel vereinigt
sind, so werden auch beim Richtfunk mehrere Radiofrequenzkanäle
über eine gemeinsame Antenne geschaltet. Dafür sind sog. Frequenzraster in den verschiedenen Bereichen von 2 bis 11 GHz festgelegt worden,
um durch eine möglichst günstige Anordnung der einzelnen Radiofrequenzkanäle für die verschiedenen Gerätetypen eine möglichst gute
Frequenzbandausnützung zu erhalten.

Ein solches Frequenzraster muß so ausgelegt sein, daß u. a. eine
gegenseitige Beeinflussung zwischen den Signalen verschiedener Kanäle
genügend klein bleibt und das zur Verfügung stehende Frequenzband

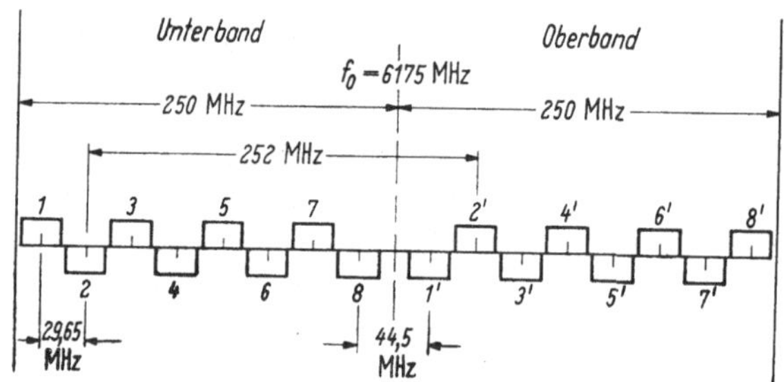


Abb. 4. Anordnung der Radiofrequenz-Kanäle im 6000-MHz-Band nach CCIR
Polarisation für das Unterband:
Kanäle 1 3 5 7 horizontal (oder vertikal)
Kanäle 2 4 6 8 vertikal (oder horizontal)

Polarisation für das Oberband:
Kanäle 2' 4' 6' 8' horizontal (oder vertikal)
Kanäle 1' 3' 5' 7' vertikal (oder horizontal)

optimal ausgenützt wird. Die meisten Raster sind daher so aufgebaut,
daß auf den einzelnen Stationen alle Sendefrequenzen in der einen und
alle Empfangsfrequenzen in der anderen Bereichshälfte eines ganzen
Radiofrequenzbandes liegen. Die Auswirkungen der großen Pegelunterschiede zwischen den Sende- und Empfangssignalen sind bei dieser
Trennung in Sende- und Empfangsbänder leichter zu beherrschen.

In Abb. 4 ist als Beispiel ein Schema für ein Radiofrequenzraster
mit 8 Kanalpaaren im 6-GHz-Bereich, geeignet für 1800-Kanal-Systeme
mit Frequenzmodulation, gezeigt; es wurde von den BELL-Laboratorien
für das sog. TH-System aufgestellt und ist auch vom CCIR übernommen
worden. Hier ist eine besonders günstige Lösung bezüglich der Frequenzbandausnützung und der minimalen gegenseitigen Beeinflussung der
einzelnen Radiofrequenzkanäle gefunden worden. Der gesamte Bereich
von 500 MHz ist in zwei Teile zu je 8 Kanälen mit einem Frequenzmittenabstand zwischen Nachbarkanälen von 29,65 MHz aufgeteilt; der Fre-

quenzmittenabstand der Kanäle an der Mittellücke beträgt dabei 44,5 MHz. Der Kanalabstand von 29,65 MHz entspricht etwa dem 3fachen Wert der verwendeten Basisbreite einschließlich der Pilotfrequenz von 9 MHz. Es überlappen sich damit die zweiten Seitenbänder zweier benachbarter frequenzmodulierter Radiofrequenzträger; die Spektralenergie dieser Seitenbänder ist aber bei dem hier verwendeten sehr kleinen Phasenhub so gering, daß durch geeignete Maßnahmen die gegenseitige Beeinflussung vernachlässigt werden kann. Trotzdem muß aber der Spektralanteil der zweiten Seitenbänder jeweils ohne allzugroße Phasenfehler bzw. Laufzeitverzerrungen übertragen werden, damit das Intermodulationsgeräusch klein genug gehalten werden kann; benachbarte Kanäle lassen sich daher nicht mehr durch Weichenfilter trennen. Dazu wird, wie im Kapitel „Antennen" (s. S. 191 ff.) beschrieben, die Entkopplungsmöglichkeit zweier elektromagnetischer Wellen benützt, die, jeweils zueinander senkrecht polarisiert, von einer Antenne gemeinsam abgestrahlt werden können. Diese sog. Polarisationsentkopplung — man kann dafür etwa 25 dB ansetzen — ist ausreichend, um jeden Kanal von seinem in der Frequenz benachbarten Kanal zu entkoppeln. Wie in Abb. 4 gezeigt, haben daher die Kanäle abwechselnde Polarisationen.

Die zusammengehörenden Empfangs- und Sendekanäle einer Übertragungsrichtung sind in dem Schema mit gleichen Zahlen gekennzeichnet; der Frequenzmittenabstand ist jeweils 252 MHz. In jeder Zwischenstation wird die Empfangsfrequenz um den Betrag der sog. Versetzerfrequenz, also hier um 252 MHz, nach oben oder untern auf die Sendefrequenz versetzt. Das entsprechende gilt für die andere Übertragungsrichtung. Ist die im Kapitel „Antennen" (s. S. 191 ff.) definierte Winkelentkopplung der Antennen einer Zwischenstation ausreichend, also größer als etwa 60 dB, so können für die Empfänger bzw. Sender beider Übertragungsrichtungen die gleichen Kanalfrequenzen benützt werden, d. h. für ein Radiofrequenzkanalpaar sind für die Hin- und Rückrichtung einer Richtfunklinie nur zwei Frequenzen erforderlich. Man kann für eine Richtfunklinie die acht Radiofrequenzkanäle dieses Rasters z. B. mit $8 \times 1800$ Sprechkreisen belegen. Normalerweise werden aber ein bis zwei Radiofrequenzkanäle als Ersatz zur Erhöhung der Betriebssicherheit verwendet. Ist die Winkelentkopplung der Antennen nicht ausreichend, so müssen für die beiden Richtungen verschiedene Frequenzen verwendet werden; man kann dann mit dem gleichen Raster $4 \times 1800$ Gespräche übertragen.

Die Breite der Raster-Mittellücke ist wegen der Beeinflussung der Empfangssignale durch die um die Funkfelddämpfung von etwa 60 dB größeren Sendesignale wichtig. Beim Entwurf eines Frequenzrasters sind noch weitere Störungsmöglichkeiten zu berücksichtigen, für die die

Größe der Zwischenfrequenz und die Lage der einzelnen Oszillatorfrequenzen maßgebend sind. Es darf z. B. die Spiegelfrequenzlage des
Empfängers nicht mit Nutz- oder Nebenwellen der Sender zusammenfallen, was in dem Raster nach Abb. 4 berücksichtigt ist. Es ist so aufgebaut, daß auf einer Station alle Frequenzen aus einer quarzgesteuerten
Grundfrequenz von etwa 15 MHz abgeleitet werden können. Da der
Kanalabstand etwa 30 MHz ist, liegen die störenden Schwingungen in
der Mitte zwischen oder genau auf den Kanalmittenfrequenzen, wenn die
Zwischenfrequenz mit etwa 74 MHz ebenfalls ein Vielfaches der Grundfrequenz ist. Die entstehenden Interferenzen liegen daher oberhalb bzw.
unterhalb des durch die Frequenzmultiplexsignale ausgenützten Basisbandes. Normalerweise wird jedoch entsprechend einer CCIR-Empfehlung auch bei diesem Raster eine Zwischenfrequenz von 70 MHz verwendet; Interferenzen innerhalb des Basisbandes müssen dabei durch
zusätzlichen Selektionsaufwand unterdrückt werden.

Weiterhin können durch kubische Verzerrungen in nichtlinearen
Elementen — wie z.B. unerwünschte nichtlineare Effekte in der Antennenanlage — Intermodulationsprodukte erzeugt werden. Diese Produkte können vor allem dann stören, wenn mehrere Sender und Empfänger an *eine* Antenne geschaltet sind. Hat aber die Mittellücke z. B.
den 1,5fachen Frequenzabstand der Kanäle, wie das beim TH-Schema
der Fall ist, dann liegen die energiereichen Mittenfrequenzschwingungen
dieser Produkte zwischen den Frequenzen der Empfangskanäle und
fallen damit nicht in den Bereich des Basisbandes.

Auf die weiteren, vom CCIR empfohlenen Raster [*12*] wird hier nicht
eingegangen, da sie alle nach ähnlichen Gesichtspunkten aufgebaut
sind; die Kanalabstände sind jedoch je nach der zu verarbeitenden Basisbandbreite sehr verschieden.

## 6.3 Richtfunksysteme mit Frequenzmodulation

Wie schon erwähnt, werden in den Weitverkehrsnetzen heute vorwiegend Richtfunksysteme mit Frequenzmodulation eingesetzt. Diese
Systeme fordern eine ausreichende Phasenlinearität in dem Übertragungsbereich des Zwischenfrequenz- und des Radiofrequenzbandes;
die nichtlinearen Amplitudenverzerrungen in diesen Bändern spielen
dagegen für die Entstehung von Intermodulationsgeräuschen eine untergeordnete Rolle.

Bei der Festlegung des Frequenzhubs, der bei Aussteuerung eines
Sprechkanals mit dem Meßpegel von 1 mW am relativen Pegel Null
auftritt, muß ein Kompromiß zwischen einem guten Systemwert, also
kleinen thermischen Geräuschen, und einer möglichst guten Frequenzbandausnützung gefunden werden. Nach diesem Gesichtspunkt sind

für die einzelnen Frequenzmultiplexsignale vom CCIR bestimmte Frequenzhübe empfohlen worden, die in der Tab. 3 zusammengestellt sind. In der Spalte 2 ist für die einzelnen Sprechkanalzahlen der effektive Frequenzhub $\Delta F_0$ pro Sprechkanal, bezogen auf 1 mW am relativen Pegel Null ohne Vorverzerrung, und in der Spalte 3 der entsprechende

**Tabelle 3.** *Frequenzhub bei Richtfunksystemen mit Frequenzmodulation nach CCIR*

| Spalte | 1 | 2 | 3 | 4 | 5 |
|---|---|---|---|---|---|
| Höchstzahl der Sprechkanäle | höchste Kanalfrequenz $f_{max}$ kHz | eff. Hub $\Delta F_0$ pro Kanal bei 1 mW am rel. Pegel Null kHz | Spitzenhub $\Delta F_S$ MHz | Hubverhältnis $\Delta F_S/f_{max}$ | $M$ $\Delta F/f_{max}$ |
| 24 | 108 | 35 | 0,48 | 4,5 | 0,72 |
| 60 | 300 | 50 | 0,77 | 2,6 | 0,37 |
|  |  | 100 | 1,55 | 5,2 | 0,75 |
|  |  | 200 | 3,1 | 10,4 | 1,50 |
| 120 | 552 | 50 | 0,81 | 1,5 | 0,2 |
|  |  | 100 | 1,62 | 3 | 0,4 |
|  |  | 200 | 3,24 | 6 | 0,8 |
| 300 | 1300 | 200 | 4,0 | 3,1 | 0,34 |
| 600 | 2660 | 200 | 5,0 | 1,9 | 0,17 |
| 960 | 4188 | 200 | 6,3 | 1,5 | 0,11 |
| 1800 | 8204 | 140 | 6,3 | 0,77 | 0,04 |

Spitzenhub $\Delta F_S$ bei der Aussteuerung mit der äquivalenten Spitzenleistung (nach Tab. 2, Spalte 6) angegeben. Das „Hubverhältnis" von Spitzenhub $\Delta F_S$ zur höchsten Modulationsfrequenz $f_{max}$ (Spalte 1) und der Faktor $M$ (Modulationsindex) nach Gl. (2) sind in den Spalten 4 und 5 eingetragen. Der Faktor $M$ gilt hier für den obersten Sprechkanal mit einem um 4 dB vergrößerten Hub entsprechend einer 8-dB-Vorverzerrung. An diesen Werten ist zu erkennen, daß mit zunehmender Kanalzahl das Hubverhältnis und der Faktor $M$ stark abnehmen und bei 1800 Kanälen am kleinsten sind. An dieser Tatsache kann man die fortschreitende Entwicklung der Richtfunksysteme erkennen: Bei den ersten FM-Systemen mit kleinen Sprechkanalzahlen stand noch ein größeres Frequenzband zur Verfügung; der Hub wurde zur Verbesserung des Geräuschabstandes relativ groß gemacht. Bei den modernen Breitbandsystemen ist dagegen das Hauptgewicht auf die optimale Frequenzbandausnützung gelegt worden, so daß hier wegen des kleinen Hubes der Geräuschabstand in einem Sprechkanal geringer ist, als er bei den entsprechenden AM-Systemen sein würde. Der Faktor $M$ in der Gl. (2) ist hier wesentlich kleiner als 1; in dem obersten Sprechkanal eines Richtfunksystems für 1800 Kanäle ist z. B. $M = 0,04$. Der erforderliche Systemwert muß dabei durch die entsprechende Wahl des Verhältnisses von Sendeleistung $P_S$ zu Rauschleistung $P_n$ erreicht werden.

Eine hohe Sendeleistung $P_S$ kann bei diesen Systemen durch den Einsatz von Wanderfehlröhren in der Endstufe erzielt werden. Die Ausgangsleistung dieser Verstärker beträgt für erdgebundene Richtfunklinien im Mikrowellenbereich bis zu 20 W, die Verstärkung ist etwa 30 bis 40 dB. Bei Systemen mit kleineren Sprechkreiszahlen setzt man z. Z. häufig noch Reflexklystrons ein, da hier der Sendeteil besonders einfach ausgeführt werden kann. Ein Klystron kann nämlich gleichzeitig als FM-Modulator und als Sender verwendet werden; die Ausgangsleistung liegt in der Größenordnung von 1 W. Es ist zu erwarten, daß mit weiteren Fortschritten in der Halbleiterentwicklung bei derartigen Leistungen die Senderöhren durch Halbleiterschaltungen ersetzt werden können.

Die Rauschleistung $P_n$ wird durch eine günstige Eingangsschaltung des Überlagerungsempfängers möglichst klein gehalten. Im Mikrowellenbereich erreicht man heute für die Rauschzahl $F$ Werte von 7 bis 20, die resultierenden Rauschtemperaturen am Empfängereingang liegen dann zwischen 2000 und 6000 °K. Mit den in letzter Zeit bekannt gewordenen parametrischen Vorverstärkern — im Kapitel „Nachrichtensatelliten" wird noch darauf eingegangen werden — lassen sich noch kleinere Rauschzahlen bzw. Rauschtemperaturen erreichen. Im Gegensatz zu den Nachrichtenverbindungen über Satelliten wird aber bei den erdgebundenen Richtfunklinien die Antenne immer die Wärmestrahlung der Erde aufnehmen; die Rauschtemperatur $T$ des Antennenkreises kann also den Wert von etwa 300 °K nicht wesentlich unterschreiten, auch wenn der Empfänger keinen eigenen Rauschbetrag dazu liefern würde. Es ist daher für diesen Anwendungsfall unwirtschaftlich, die Rauschtemperatur eines Vorverstärkers wesentlich unter 300 °K legen zu wollen; ist z. B. die Rauschtemperatur des Empfängers auch 300 °K, so ist bei einer Antennentemperatur von ebenfalls 300 °K die Rauschzahl 2.

Im nachfolgenden sind die wichtigsten Bausteine und Schaltprinzipien moderner FM-Systeme beschrieben.

### 6.3.1 Allgemeine Schaltprinzipien

**a) Frequenzmodulator und Frequenzdemodulator.** Bei den FM-Systemen spielt die Linearität der Modulation und Demodulation eine wesentliche Rolle, d. h., zwischen der Amplitude des Basisfrequenzsignals und dem Frequenzhub muß ein möglichst linearer Zusammenhang bestehen. Der Grad der statischen Nichtlinearität und damit der Verzerrungen durch die Steilheitsänderung kann in dem erforderlichen Aussteuerungsbereich ähnlich wie bei den Verstärkerkennlinien bestimmt werden. Neben diesen „statischen" Verzerrungen können aber auch „dynamische" Verzerrungen auftreten, die besonders durch die frequenzabhängige Phasenlaufzeit, z. B. in den Zwischenfrequenzverstärkern, entstehen können. Sie werden durch spezielle Meßverfahren der Gruppenlaufzeit im FM-Übertragungsweg gemessen. Diese nichtlinearen Eigenschaften der Modulations- und Demodulationskennlinien sowie die Laufzeitverzerrungen in den beteiligten Schaltungen erzeugen bei Frequenzmultiplexsignalen ein Intermodulationsgeräusch in den einzelnen Sprechkanälen. Die Messung der Intermodulationsgeräuschleistung bei Belegung mit der konventionellen Belastung ist das den Betriebsfall am besten nachbildende Meßverfahren; es ist deswegen für die Beurteilung der Nichtlinearität und der Laufzeitverzerrungen maßgebend.

Bei den Breitband-Richtfunkgeräten sind die Modulations- und Demodulationsgeräte meist in einem eigenen Gestell, dem sog. Modulationsgestell untergebracht, da dieses im Gegensatz zu den Funkgestellen nur an den Endstationen eines Modulationsabschnittes benötigt wird. Wie in Abb. 1 (S. 646) angedeutet, wird dann das Nachrichtensignal zwischen dem Modulator $M$ und dem Sender $S$ in der Zwischenfrequenzebene durchgeschaltet.

Im *Modulator* muß der ZF-Träger proportional zur Amplitude des Basisfrequenzsignals in der Frequenz moduliert werden. Ist der maximale Frequenzhub, wie z. B. in einem Breitbandsystem, etwa $\pm 6\,\mathrm{MHz}$, so ist bei einer Zwischenfrequenz von $70\,\mathrm{MHz}$ der relative Frequenzhub etwa $\pm 9\,\%$. Mit einfachen Reaktanzschaltungen lassen sich aber solche großen Hübe nicht mit der erforderlichen Linearität erreichen. Es ist daher bisher üblich gewesen, als Modulator für breite Modulationsbänder das Reflexklystron einzusetzen; da diese Laufzeitröhre im Mikrowellenbereich arbeitet, ist bei gleichem Absoluthub der relative Frequenzhub in der Größenordnung von $1\,^0/_{00}$. Die Linearitätsforderungen lassen sich bei diesen kleinen Hüben viel leichter einhalten. Mit Hilfe eines Mischers und der Oszillatorschwingung eines zweiten Klystrons wird der frequenzmodulierte Träger des Modulationsklystrons in die Zwischenfrequenz umgesetzt. Dieses Modulationsprinzip hat sich bisher gut bewährt; es ist aber relativ aufwendig, da der Wirkungsgrad des Klystrons klein ist und außerdem Mikrowellenbauteile eingesetzt werden müssen. Wegen des relativ großen Leistungsbedarfs und der erforderlichen Konstanz der Betriebsspannungen — jede Spannungsänderung erzeugt eine entsprechende Frequenzänderung — nimmt die Stromversorgung für diese Röhren in den Gestellen einen großen Raum ein. Es lag daher nahe, ein anderes Prinzip zu suchen, das diese Nachteile vermeidet. Mit einem modulierbaren Transistoroszillator, dessen Resonanzkreis durch eine Varaktordiode in der Frequenz gesteuert wird, kann man prinzipiell einen sehr einfachen Modulator aufbauen. Die Mittenfrequenz eines solchen Oszillators kann aber im Gegensatz zum Klystron nicht sehr hoch gewählt werden, so daß der relative Frequenzhub wieder ungünstig hoch liegt. Somit treten erhebliche Verzerrungen der Modulationskennlinie auf, die, wie schon erwähnt, schwer zu beherrschen sind. Durch eine dem Modulator nachfolgende Vervielfacherstufe und eine nachfolgende Frequenzumsetzung in das Zwischenfrequenzband kann man zwar den relativen Frequenzhub im Modulator genügend weit herabsetzen, dafür wird aber der Phasenhub des thermischen Oszillatorrauschens entsprechend vervielfacht. Das nach der Demodulation gemessene Grundgeräusch — besonders im Bereich der oberen Basisbandfrequenzen — ist dann u. U. zu groß. Ein geeignetes Prinzip besteht darin, die Oszillatorfrequenz selbst entsprechend den verwendeten Transistoren so hoch wie möglich zu wählen und die Linearität durch eine Gegentaktschaltung zu verbessern. Dazu werden zwei Oszillatoren benutzt, die mit demselben Signal ausgesteuert werden. Die Mittenfrequenz der beiden modulierten Schwingungen ist dabei so gewählt, daß sie in einem Mischer eine Differenzfrequenz bilden, die der Zwischenfrequenz entspricht. Die Modulationsspannungen der beiden Oszillatoren sind so in der Phase und Amplitude eingestellt, daß sich die einzelnen Frequenzhübe addieren, die Verzerrungsprodukte geradzahliger Ordnung aber gegenseitig aufheben. Die hohe Güte moderner Transistoren und Kapazitätsdioden hat die Voraussetzung für diesen einfachen und röhrenlosen Modulator geschaffen [13]. Die prinzipielle Schaltung desselben wird bei der Beschreibung des Breitband-Richtfunksystems FM 1800/6000 (s. S. 673) angegeben.

Bei Richtfunkgeräten, die für kleinere Sprechkreiskapazitäten ausgelegt sind und die u. U. für beweglichen Einsatz eingerichtet sein sollen, wird jedoch nach wie vor häufig als Senderöhre ein Klystron eingesetzt, das dann direkt mit dem Basisfrequenzsignal in der Frequenz moduliert werden kann [14 bis 16]. Auf diese Weise wird im Sendeteil der Umweg über die Zwischenfrequenz vermieden; anstelle eines Modulators, eines Zwischenfrequenzverstärkers, eines Umsetzers und Sendeverstärkers tritt also *ein* Klystron. Dieses einfache Prinzip hat aber auch gewisse Nachteile: Auf Zwischenstellen kann hierbei nur im Basisband durchgeschaltet werden; die Modulation und Demodulation auf *jeder* Station verursacht zusätzliche Geräuschanteile. Außerdem ist es hierbei schwieriger, die Bedingungen für die Linearität, für die Frequenzkonstanz und die Ausgangsleistung gleichzeitig einzuhalten, als bei der vorher beschriebenen Methode, bei welcher Modulator und Sender getrennt sind. Für viele Anwendungsfälle, z. B. für Linien mit kleineren Kanalzahlen, hat sich aber dieses einfache Prinzip sehr bewährt. Man ist jedoch heute, wie schon erwähnt, bestrebt, das relativ aufwendige Klystron durch

Halbleiterschaltungen zu ersetzen. Röhrenlose Richtfunksysteme für mittlere Sprechkreiszahlen sind bereits im Betrieb; sie verwenden Frequenzvervielfacher, um mit Halbleiterschaltungen hohe Frequenzen zu erzeugen. Mit noch weiter verbesserten Leistungstransistoren wird man die Vervielfacher so aussteuern können, daß im Mikrowellenbereich Ausgangsleistungen von mehreren Watt erzielt werden können.

Der *Demodulator* hat die Aufgabe, aus dem frequenzmodulierten Zwischenfrequenzsignal das ursprüngliche Basisfrequenzsignal wieder zu gewinnen; er besteht im wesentlichen aus dem Begrenzer und dem Diskriminator. Anschließend an den Demodulator wird das Baisfrequenzsignal in einem mehrstufigen Verstärker auf den erforderlichen Ausgangspegel angehoben.

In dem Begrenzer muß die Amplitude des Zwischenfrequenzsignals möglichst unabhängig von der Modulationsfrequenz wirksam begrenzt werden, wenn man die Vorteile der FM voll ausschöpfen will. Geeignete Begrenzeranordnungen werden heute mit Halbleiterdioden im Längs- und Querzweig von Netzwerken aufgebaut. Die bei der Begrenzung entstehenden Oberwellen müssen mit Band- oder Tiefpässen ausgesiebt werden. Das in der Spannung nun konstante Zwischenfrequenzsignal wird dem Diskriminator zugeführt. Er besteht normalerweise aus zwei in der Frequenz versetzten Kreisen mit Röhren- oder Halbleiterdioden. Die Steilheit der Diskriminatorkennlinie ist einerseits möglichst groß zu wählen, damit der Einfluß des thermischen Rauschens der folgenden Stufen genügend klein bleibt. Eine gute Linearität ist aber andererseits bei kleiner Steilheit leichter zu erreichen, so daß man zwischen beiden Forderungen einen Kompromiß schließen muß; zusätzliche Netzwerke können noch die Linearität der Kennlinie verbessern. Die Wirkung der durchgeführten Kompensationsmaßnahmen wird durch die Messung der statischen Steilheits- und der Laufzeitverzerrungen in Abhängigkeit von dem Frequenzhub beurteilt. Bei sorgfältigem Abgleich aller Stufen ist beim Demodulator das durch Intermodulation verursachte Geräusch in den einzelnen Sprechkanälen etwa gleich dem thermischen Geräusch.

Für die gesamte Geräuschleistung durch thermisches Rauschen und Intermodulation von Modulator und Demodulator zusammen kann z. B. ein Wert von 100 pW eingehalten werden. Das ist etwa der achte Teil des für einen Modulationsabschnitt zugelassenen Wertes (s. S. 652).

**b) Frequenzumsetzer.** In den Funkgestellen, die gewöhnlich die Empfangs- und Sendeeinrichtungen enthalten, wird die Hauptverstärkung normalerweise in der Zwischenfrequenzlage durchgeführt. Soweit keine Radiofrequenzvorverstärkung vorgesehen ist, wird das Empfangssignal von der Antenne über die erforderlichen Selektionsfilter direkt an den *Empfangsumsetzer* geführt. Dieser Umsetzer muß einen kleinen Konversionsverlust und eine niedrige Rauschtemperatur haben, um mit der Zwischenfrequenz-Eingangsstufe zusammen eine möglichst niedrige Rauschzahl einzuhalten. Im Mikrowellenbereich werden für diese Umsetzer ausschließlich Halbleiterdioden mit nichtlinearem Widerstand wegen ihrer sehr geringen Rauschtemperatur verwendet; diese liegt nur wenig über der eines Ohmschen Widerstandes. Der Konversionsverlust ist etwa 6 dB, so daß mit einer günstigen Zwischenfrequenz-Eingangsstufe im vorliegenden Frequenzgebiet das Empfängerrauschmaß kleiner als 10 dB sein kann. Meist werden zwei Dioden in Gegentaktschaltung verwendet, damit u. a. die in die Antennenleitung eingekoppelte Oszillatorenergie sehr klein und so die Bedingung für diese Nebenwellenabstrahlung leichter einzhalten ist.

Bei Systemen mit Zwischenfrequenz-Durchschaltung muß auf der Sendeseite das angelieferte Zwischenfrequenzsignal in die Radiofrequenzlage umgesetzt werden. Im Gegensatz zur Empfangsseite sind hier verlustarme *Leistungsumsetzer* erforderlich; das thermische Rauschen dieser Umsetzer kann dagegen vernachlässigt werden. Es sind dazu bisher neben Mikrowellenröhren auch Halbleiterdioden verwendet worden. Ist im Sendeverstärker eine Wanderfeldröhre eingesetzt, dann genügt es, wenn der Umsetzer eine Leistung von einigen Milliwatt abgibt. Die hierfür erforderliche Zwischenfrequenzleistung am Eingang des Umsetzers ist bei Verwendung von Widerstandsdioden relativ groß; sie läßt sich bei den modernen Aufwärtsumsetzern mit Kapazitätsdioden, auch parametrische Aufwärtsumsetzer genannt, wesentlich herabsetzen. Für den Leistungsumsetzer mit großer Bandbreite ist bei Widerstandsdioden mit einem Verlust von etwa 8 dB zu rechnen; mit Kapazitätsdioden kann man dagegen einen Gewinn von etwa 15 dB erreichen. Dabei ist eine Gegentaktschaltung zur Unterdrückung der Oszillatorschwingung im Signalweg von großem Vorteil; außerdem wird dann der mögliche Leistungsumsatz gegenüber einer Eintaktschaltung verdoppelt. Die Bandbreite kann bei diesen Leistungsumsetzern so groß gewählt werden, daß Amplituden- und Laufzeitfehler zu vernachlässigen sind. Auch hier sind Bestrebungen im Gange, die erzielbare Seitenbandleistung so zu erhöhen, daß man für bestimmte Anwendungsfälle ohne Sendeverstärker auskommen kann.

**c) Oszillatoren.** Die Umsetzung im Sendeteil erfordert eine wesentlich größere Oszillatorleistung als die im Empfangsteil. Wie bei allen elektronischen Bauteilen wird man, wie schon erwähnt, bestrebt sein, statt der bisher verwendeten Röhren Halbleiter einzusetzen. Da die Oszillatoren im Radiofrequenzbereich, also im Mikrowellengebiet arbeiten, sind hierfür die Transistoren noch nicht brauchbar. Mit Kapazitätsdioden, auch Varaktoren genannt, lassen sich aber Frequenzvervielfacherstufen bauen, so daß in den Grundoszillatoren wieder Transistoren eingesetzt werden können. Diese Vervielfacher sollen möglichst kleine

Leistungsverluste haben; dazu müssen geeignete Kapazitätsdioden hoher Güte und eine entsprechende Schaltung ausgewählt werden. Heute sind bereits eine große Anzahl verschiedener Frequenzvervielfacher bekannt, die pro Stufe und Diode sowohl kleine als auch sehr große Vervielfachungsfaktoren aufweisen. Allerdings nimmt die maximal erreichbare Bandbreite mit größeren Vervielfachungszahlen ab. Sollen die Vervielfacher in Halbleiteroszillatoren über eine größere Bandbreite ohne Nachstimmung die geforderte Leistung abgeben, so ist es vorteilhaft, mehrere Stufen mit jeweils kleinerer Vervielfachungszahl in Kette zu schalten. Wird z. B. eine relative Bandbreite von etwa 5% angestrebt, innerhalb derer die Ausgangsleistung weniger als 1 dB schwankt, so sollten höchstens Vervierfacher verwendet werden. Bei der Hintereinanderschaltung mehrerer Stufen ist immer darauf zu achten, daß die Kette innerhalb des geforderten Bandes keine Instabilitäten aufweist; sie treten um so leichter auf, je mehr Stufen hintereinandergeschaltet werden. Diese Instabilitäten können dabei mit so kleiner Amplitude auftreten, daß sie nur über die Geräuschmessung im Basisband erkannt werden können. Bei Mikrowellenoszillatoren mit Röhren ist es wesentlich leichter, solche Instabilitäten zu vermeiden und so praktisch keine meßbaren Geräuschbeiträge zu verursachen.

Weiterhin ist bei den Oszillatoren die Frequenzkonstanz von ausschlaggebender Bedeutung, weil damit die Frequenz des Senders bestimmt wird; die Frequenzunsicherheit sollte daher je nach Anwendungsfall nicht größer als $2 \cdot 10^{-5}$ bis $10 \cdot 10^{-5}$ sein. Freischwingende Oszillatoren ohne Zusatzeinrichtungen sind u. a. wegen der in den Betriebsräumen auftretenden Temperaturschwankungen nicht geeignet; sie müssen durch entsprechende Regelschaltungen stabilisiert werden. Das Vergleichsnormal ist entweder ein Quarz oder im Mikrowellengebiet ein hochstabiler Resonator. Quarzstabilisierte Oszillatoren werden bis etwa 150 MHz eingesetzt und erfordern neben einer großen Anzahl von Frequenzvervielfacherstufen auch ausreichende Leistungsverstärkung, um trotz der Verluste in den Vervielfacherstufen ausreichende Leistung im Mikrowellengebiet zu erreichen. Bei dem TH-System von BELL, USA, sind z. B. alle Oszillatorschwingungen einer Zwischenstelle mit 2mal 8 Radiofrequenzkanälen aus einer einzigen quarzstabilisierten Grundschwingung mit einer Frequenz von etwa 15 MHz abgeleitet, so daß damit eine ausgezeichnete Frequenzkonstanz und auch, wie schon auf S. 664 erwähnt, eine sehr gute Sicherheit gegen Interferenzstörungen gegeben ist. Diese Methode ist aber sehr aufwendig; in dieser Trägerversorgung, die mit einer kompletten Ersatzschaltung ausgerüstet ist, werden 4 Scheibentrioden und 24 Wanderfeldröhren verwendet.

Bei älteren Richtfunkgeräten mit Zwischenfrequenz-Durchschaltung wird die Oszillatorschwingung häufig in jedem Funkgestell durch Vervielfachung aus einem quarzgesteuerten Grundgenerator gewonnen; mehrere Stufen mit Scheibentrioden sind dazu eingesetzt worden. Der Aufwand ist also auch hier relativ groß. Bei einigen Geräten werden auch frequenzstabilisierte Klystrons verwendet. Die Oszillatorschwingung für den Empfangsumsetzer wird bei diesen Geräten auf den Zwischenstationen durch Umsetzung der Sendeoszillatorschwingung gewonnen.

Die Umsetzschwingung entsprechend der Frequenzdifferenz zwischen Empfangsfrequenz und Sendefrequenz, die z. B. beim System FM 1800/6000 bei 252 MHz liegt, kann durch Quarzsteuerung wieder sehr frequenzstabil gemacht werden; die Abweichung liegt in der Größenordnung von einigen Kilohertz. Bei diesen Versetzerprinzip kompensiert sich die Frequenzabweichung des Sendeoszillators, und dadurch können über einen Modulationsabschnitt keine größeren Frequenzfehler der Radiofrequenz auflaufen. Auf S. 676 werden zwei prinzipielle Ausführungsmöglichkeiten einer Trägerversorgung für FM 1800/6000 beschrieben.

**d) Sendeverstärker.** In den modernen Richtfunkgeräten werden in den Endstufen häufig Sendeverstärker mit Wanderfeldröhren eingesetzt. Diese Laufzeitröhren eignen sich besonders für Breitband-Richtfunksysteme, da sie neben einem für das Mikrowellengebiet günstigen Wirkungsgrad — Größenordnung 10 bis 20% — keine selektiven Kreise und damit eine große Bandbreite haben. Im Gegensatz zu Verstärkern mit Scheibentrioden, die in älteren Geräten oft in mehreren hintereinandergeschalteten Stufen verwendet wurden, ist hier bei Frequenz- und Röhrenwechsel keine Umstimmung von Resonanzkreisen erforderlich; auch auf eine Korrektur der Anpassung von Ein- und Ausgangsleitung kann bei modernen Geräten verzichtet werden, so daß nur noch die Betriebsspannung auf optimale Leistungsabgabe einzustellen ist. Die hohe Verstärkung der Wanderfeldröhre ermöglicht es, die vom Umsetzer gelieferte Signalleistung in einer Stufe auf die erforderliche Sendeleistung zu bringen.

Die elektromagnetische Welle wird in der Wanderfeldröhre durch den Energieaustausch mit dem Elektronenstrahl verstärkt. Dazu ist es nötig, die Geschwindigkeit der Welle in einer Verzögerungsleitung, die normalerweise als Wendelleitung ausgebildet ist, so zu reduzieren, daß sie annähernd der des Elektronenstrahls entspricht. Durch geeignete Dimensionierung der Wendel und durch entsprechende Wahl der Spannung zwischen Kathode und Wendel kann ein optimaler Energieaustausch erreicht werden. Über passende Netzwerke wird die Welle an den Enden der Wendel ein- und ausgekoppelt; im mittleren Bereich der Wendel ist eine Dämpfung eingeschaltet, um eine Eigenerregung in der Röhre zu verhindern. Das für die Fokussierung des Elektronenstrahls längs der Wendelachse notwendige magnetische Feld wird meist nicht mit einer Spule, sondern durch einen geeigneten Aufbau von Permanentmagneten erzeugt. Vorteilhaft werden dabei die Pole dieser Magnete so angeordnet, daß der Elektronenstrahl durch ein alternierendes Feld läuft; damit kann eine ebenso gute Fokussierung wie bei dem Gleichfeld erreicht werden. Der große Vorteil dieses Prinzips gegenüber einem homogenen Feld liegt in der erheblichen Verkleinerung der Verstärkerabmessungen; das Volumen kann etwa auf den dritten Teil reduziert werden [17].

e) **Empfangsverstärker.** An den Empfangsumsetzer schließt sich der Empfangsverstärker an. Er hat die Aufgabe, das von der Antenne kommende Signal auf den erforderlichen Pegel wieder anzuheben und den im Funkfeld auftretenden Schwund auszuregeln. In diesen Verstärkern, die bei größeren Sprechkreiskapazitäten mit einer Zwischenfrequenz von 70 MHz arbeiten, wurden bisher sog. Weitverkehrsröhren, die eine sehr lange Lebensdauer erreichen, eingesetzt. Die Breitbandpentoden haben ein großes Produkt Verstärkung × Bandbreite; bei einer für Breitbandrichtfunk erforderlichen Bandbreite von z. B. 35 MHz und einer maximalen Verstärkung von 85 dB benötigt man für den ganzen Zwischenfrequenzverstärker etwa 12 solcher Pentodenstufen. Die Stufen werden meist über einseitig bedämpfte Bandfilter oder versetzte Einzelkreise gekoppelt. Die Eingangsstufen dieser Verstärker sind auf möglichst kleines Rauschen gezüchtet; Rauschzahlen von 1,7 bis 2 können erreicht werden. Für die automatische Schwundregelung wird bei Röhrenverstärkern der Arbeitspunkt in mehreren Verstärkerröhren verschoben. Die dafür nötige Gitterspannungsänderung wird mit Hilfe der Ausgangsspannung des Zwischenfrequenzverstärkers gesteuert, so daß sich diese bei Schwund nur wenig ändert.

Seitdem es Transistoren mit hohen Grenzfrequenzen gibt, lassen sich solche Verstärker auch röhrenlos aufbauen; rauscharme Transistoren für die Eingangsstufen sind ebenfalls auf dem Markt. Diese Transistoren werden wegen der benötigten Bandbreite in Basisschaltung mit geeigneten Netzwerken zwischen den einzelnen Stufen betrieben. Die Verstärkung kann bei Transistoren nicht durch Arbeitspunktverschiebung geregelt werden, weil sonst wegen der Scheinwiderstandsänderung unzulässige Dämpfungsverzerrungen des Signals entstehen würden. Daher werden besondere Dämpfungsregler, z. B mit Halbleiterdioden, eingeschaltet, die wieder von der Ausgangsspannung des Zwischenfrequenzverstärkers gesteuert werden können.

### 6.3.2 Beispiel eines Breitband-Richtfunkgerätes: FM 1800/6000

Die prinzipielle Wirkungsweise eines Breitband-Richtfunkgerätes FM 1800/6000 [18, 19] soll mit Hilfe der Prinzipschaltung einer Endstelle mit Modulations- und Funkgeräten (Ausführung Siemens), wie es in Abb. 5 gezeigt ist, erläutert werden. Das Frequenzmultiplexsignal

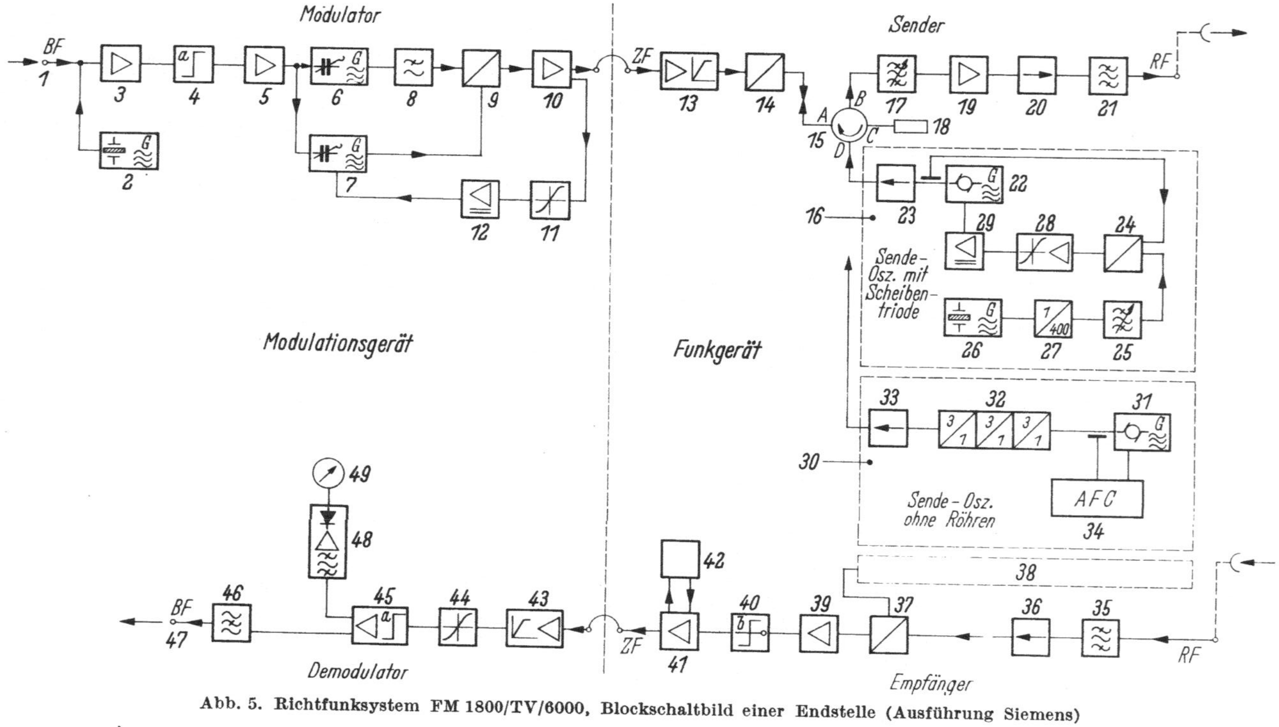


Abb. 5. Richtfunksystem FM 1800/TV/6000, Blockschaltbild einer Endstelle (Ausführung Siemens)

für 1800 Sprechkanäle, das in der Basisfrequenz- (BF-) Ebene einen Bereich von 300 bis 8248 kHz belegt, hat nach der CCIR-Empfehlung (s. Tab. 2, S. 659) am Eingang der Richtfunkeinrichtung pro Sprechkanal einen relativen Pegel von −37 dB. Dieses Signal wird dem Modulator an der Stelle (*1*) in Abb. 5 zugeführt; hier kann der relative Pegel von −37 bis −40 dB betragen, so daß für die Dämpfung des Amtskabels maximal 3 dB beansprucht werden können. An der Stelle (*1*) wird außerdem die zur Überwachung des ganzen Systems verwendete Pilotschwingung zugeführt; sie wird von dem Pilotgenerator (*2*) geliefert und hat eine Frequenz von 9023 kHz. Nachdem die Signalleistung den Vorverstärker (*3*), das Vorverzerrungsnetzwerk (*4*) und den Modulationsverstärker (*5*) durchlaufen hat, wird sie zu gleichen Teilen aufgeteilt und den Modulationsoszillatoren (*6*) und (*7*) zugeleitet. Diese freischwingenden Transistoroszillatoren sind über Kapazitätsdioden in der Frequenz modulierbar; die Mittenfrequenzen, die im Bereich von 200 MHz liegen, sind so gewählt, daß die Differenzfrequenz 70 MHz beträgt. Den beiden Diodenvorspannungen ist die Modulationsspannung in der Weise überlagert, daß die Frequenz beider Oszillatoren gegenläufig gesteuert wird. Im Mischer werden sich daher die Einzelfrequenzhübe addieren. Wie schon erwähnt, kann man durch die geeignete Wahl der Netzwerke und der Vorspannungen diesen Modulator so einstellen, daß sich ähnlich wie bei Gegentaktschaltungen die durch die Nichtlinearität der beiden Kennlinien entstehenden Verzerrungsprodukte 2. Ordnung weitgehend aufheben. Durch zusätzliche Maßnahmen sind auch die Produkte höherer Ordnung genügend klein zu halten. Der Mischer (*9*) wird von der Schwingung des Oszillators (*7*) durchgesteuert; die vom Oszillator (*6*) gelieferte Amplitude ist wesentlich kleiner. Der Tiefpaß (*8*) soll für diesen Zweig die unerwünschten Oberwellen, die zusätzliche Geräusche liefern würden, vom Mischer abtrennen. Das vom Mischer abgegebene frequenzmodulierte Zwischenfrequenzsignal wird in dem Verstärker (*10*) auf die erforderliche Ausgangsspannung von 0,5 V an 75 Ω verstärkt. Durch das über den Diskriminator (*11*) und den Verstärker (*12*) geschaffene Gleichspannungskriterium wird die Frequenz des Oszillators (*7*) so nachgeregelt, daß die Mittenfrequenz von 70 MHz erhalten bleibt.

Das vom Modulationsgerät abgegebene Zwischenfrequenzsignal wird an das Funkgerät weitergegeben und in dem Verstärker (*13*) verstärkt und begrenzt; eine evtl. vorher entstandene Amplitudenmodulation, die unerwünschte Phasenverzerrungen infolge AM-PM-Konversion in der Wanderfeldröhre erzeugen könnte, wird damit beseitigt. In dem parametrischen Sendeumsetzer (*14*) mit zwei Kapazitätsdioden wird das Signal mit Hilfe der über den Zirkulator (*15*) eingespeisten Oszillatorbzw. Pumpleistung in die Radiofrequenzebene mit einer zusätzlichen Verstärkung umgesetzt. Das Filter (*17*) hat dabei die Aufgabe, eines der beiden vom Mischer über den Zirkulator — Anschluß *A* und *B* — zugeführten Seitenbänder an den Sendeverstärker (*19*) weiterzuleiten; das unerwünschte Seitenband wird dagegen zusammen mit der noch vorhandenen Oszillatorrestamplitude am Filter reflektiert und über den Zirkulator — Anschluß $B$ und $C$ — dem Abschlußwiderstand (*18*) zugeleitet. Damit werden alle Rückwirkungen auf den Mischer vermieden. Das von dem Sendeverstärker mit der Wanderfeldröhre auf 10 oder 15 W verstärkte Radiofrequenzsignal wird über eine Richtungsleitung an die Antenne über die entsprechenden Zuleitungen abgegeben. Wird eine Antenne von den Signalen mehrerer Radiofrequenzkanäle gespeist, so ist eine der auf S. 693 f. beschriebenen Kanalweichen einzuschalten.

Für den Oszillatorteil sind zwei verschiedene Ausführungen in Abb. 5 angegeben. In der Ausführung mit Röhre (*16*) ist ein freischwingender Mikrowellengenerator (*22*) vorgesehen; er wird mit der Scheibentriode RH 6 c betrieben und gibt seine Leistung über die Richtungsleitung (*23*) an den Arm $D$ des Zirkulators (*15*) ab. Zur Frequenzkontrolle wird ein sehr kleiner Teil dieser Leistung dem Mischer (*24*) zugeleitet, welcher andererseits aus dem Filter (*25*) zum Frequenzvergleich eine Schwingung mit der gewünschten Mittenfrequenz des Radiokanals erhält. Diese entsteht durch Frequenzvervielfachung (*27*) aus der Schwingung eines Quarzgenerators (*26*). Da dieser Oszillator, ähnlich wie beim TH-System, auf der dem Radiofrequenzraster gemeinsamen Grundfrequenz von etwa 15 MHz schwingt und in *einer* Stufe vervielfacht wird, kann mit dem Filter (*25*) jede beliebige Radiofrequenz des Ober- und Unterbandes für den Frequenzvergleich ausgesiebt werden. An den Mischer (*24*) schließt sich ein Zwischenfrequenzverstärker mit Frequenzdiskriminator an, der stets dann eine Gleichspannung abgibt, wenn der Oszillator (*22*) von seiner Sollfrequenz — 70 MHz ober- oder unterhalb der gewünschten, vom Filter (*25*) bestimmten Radiofrequenz — abweicht. Der Oszillator hat eine motorische Nachstelleinrichtung, der die vom Diskriminator (*28*) gelieferte und im Verstärker (*29*) verstärkte Gleichspannung zugeführt wird.

Eine Oszillatorausführung ohne Röhren (*30*) kann z. B. so aufgebaut sein, daß ein freischwingender Transistoroszillator (*31*) bei einer Frequenz von etwa 220 MHz eine Leistung von etwa 2 W abgibt. In dem angeschlossenen Vervielfacher (*32*) wird dann die Frequenz in 3 Stufen bis auf 6 GHz vervielfacht. Bei günstigem Aufbau beträgt der Leistungsverlust dieser 3 Verdreifacher nur etwa 10 dB. Vom Ausgang der Richtungsleitung (*33*) gelangt die Oszillatorleistung wieder über den Zirkulator (*15*) an den Umsetzer (*14*). Die Frequenz des Oszillators (*31*) kann wie bei der Röhrenausführung durch Vergleich mit einer quarzstabilisierten Schwingung auf den gewünschten Wert nachgeregelt werden (*34*).

Auf der Empfangsseite wird das von der Antenne bzw. von der Kanalweiche kommende Radiofrequenzsignal über einen 5 kreisigen Bandpaß (*35*) und über eine Richtungsleitung (*36*) dem Empfangsumsetzer (*37*) zugeleitet; die Trägerschwingung kommt von einem Oszillator (*38*), der dem Oszillator (*16*) bzw. (*30*) entspricht. Auf Zwischenstationen wird anstelle des Oszillators (*38*) ein Versetzer eingesetzt.

Das im Umsetzer gebildete Zwischenfrequenzsignal wird im Vorverstärker (*39*) verstärkt und nach Durchlaufen des einstellbaren Laufzeit-Ausgleichnetzwerks (*40*), welches die in den Geräten eines Funkfeldes entstandenen Laufzeitverzerrungen kompensiert, dem Zwischenfrequenz-Hauptverstärker (*41*) zugeführt und anschließend dem Demodulator des Modulationsgerätes übergeben. Die Ausgangsspannung beträgt wieder 0,5 V an 75 Ω unsymmetrisch. Der Verstärker (*41*) besitzt eine automatische Schwundregelung, welche mit Hilfe des Regelverstärkers (*42*) Eingangspegelschwankungen von 50 dB ausregelt.

Auf der Demodulatorseite wird das frequenzmodulierte Zwischenfrequenzsignal weiter verstärkt, begrenzt (*43*) und in dem Diskriminator (*44*) wieder in die Basisfrequenzlage übergeführt. Das Basisfrequenzsignal wird dann über den Ausgangsverstärker (*45*) und die Pilotsperre (*46*) der Ausgangsklemme (*47*) des Modulationsgestells zugeführt. Der relative Pegel an dieser Stelle ist −25 dB, so daß, wie am Eingang, für die Dämpfung des Amtskabels ein maximaler Wert von 3 dB vorgesehen ist; der nach Tab. 2 (s. S. 659) erforderliche relative Pegel für 1800 Sprechkanäle am Ausgang der Richtfunkeinrichtung beträgt −28 dB.

Die Pilotschwingung wird dem Ausgangsverstärker (*45*) entnommen und im Pilotverstärker (*48*) verstärkt und gleichgerichtet. Die durch die Instrumentenanzeige (*49*) nachgewiesene Pilotschwingung liefert ein Kriterium für die ordnungsgemäße Funktion des betreffenden Richtfunkabschnittes; dieses Kriterium wird auch zur automatischen Umschaltung auf Ersatzeinrichtungen herangezogen.

Das System arbeitet bei Verwendung der röhrenlosen Trägerversorgung bis auf die Wanderfeldröhre im Sendeverstärker nur mit Transistoren und Halbleiterdioden. Alle Geräte, auch diejenigen mit Hohlleiterbauteilen, sind in Einschüben untergebracht, so daß eine Ersatzbestückung sehr einfach ist. Durch geeignete raumsparende Konstruktion ist der Platzbedarf dieses Systems relativ gering. Zwei Sende- und Empfangseinrichtungen können in einem Gestell von den Abmessungen 2064 × 600 × 225 mm untergebracht werden. Die wichtigsten Daten des Systems sind in der Tab. 4 angegeben.

Tabelle 4. *Systemdaten von FM 1800/6000* (Ausführung Siemens)

| | |
|---|---|
| Radiofrequenzbereich . . . . . . . . . . . . . . . . . . | 5925 bis 6425 MHz |
| Wellenlänge entsprechend . . . . . . . . . . . . | 5,1 bis 4,7 cm |
| Anzahl der möglichen Radiofrequenz-Kanalpaare . . . | 8 |
| Abstand der Mittenfrequenz benachbarter Radiofrequenzkanäle . . . . . . . . . . . . . . . . | 29,6 MHz |
| Abstand zwischen Sende- und Empfangsfrequenz eines Kanalpaares . . . . . . . . . . . . . . . . . . . | 252 MHz |

*Tabelle 4.* (Fortsetzung)

| | |
|---|---|
| Sendeleistung am Senderausgang . . . . . . . . . . | 10 W oder 15 W |
| Unsicherheit der Radiofrequenz bei $+20\,°C \pm 20\,°C$ . | $< \pm 5 \cdot 10^{-5}$ |
| Frequenzunsicherheit des Oszillators bei $+20\,°C \pm 20\,°C$ | $< \pm 2 \cdot 10^{-5}$ |
| Rauschmaß, bezogen auf den Empfängereingang . . . | 9 dB |
| Systemwert für den obersten Sprechkanal mit 10 W . | 141 dB oder |
| mit 15 W . | 143 dB |
| Maximal ausnutzbare Funkfelddämpfung (bis zum Schwellwert) . . . . . . . . . . . . . . . . . . | 110 dB |
| Zwischenfrequenz . . . . . . . . . . . . . . . . . | 70 MHz |
| Zwischenfrequenz-Bandbreite bei 3-dB-Abfall. . . . . | $\pm 20$ MHz |
| Anzahl der Fernsprechkreise je Radiofrequenz-Kanalpaar | 1800 |
| Breite des Basisbandes für Trägerfrequenzsignale. . . | 300 bis 8248 kHz |
| Relativer Eingangspegel an 75 Ω, einstellbar zwischen | $-40$ dB und $-37$ dB |
| Relativer Ausgangspegel an 75 Ω, einstellbar zwischen | $-25$ dB und $-28$ dB |
| Frequenz des funkeigenen Piloten. . . . . . . . . . | 9023 MHz |

## 6.4 Richtfunksysteme mit Einseitenbandmodulation

Richtfunksysteme mit EM [20] sind, wie schon erwähnt, durch ihre optimale Frequenzbandökonomie ausgezeichnet. Außerdem tritt bei diesen Geräten in Abhängigkeit von der Funkfelddämpfung kein Schwellenverhalten des Geräuschabstandes auf, wie das bei den FM- und PPM-Systemen der Fall ist. Der Systemwert bei EM-Systemen ist, wie auf S. 654 gezeigt, nur von dem Verhältnis $P_S/P_n$ abhängig und bestimmt auch bei sehr großen Funkfelddämpfungen, z. B. bei Schwundeinbrüchen, den Geräuschabstand. Bei diesem System wirkt sich im Gegensatz zu FM-Systemen jede unvollkommene Ausregelung dieser Schwundeinbrüche in einer entsprechenden Pegeländerung des Signals im Basisband aus. Es muß also dafür Sorge getragen werden, daß durch geeignete Kriterien die Pegelregelung den Erfordernissen für die Sprechübertragung entspricht.

Das besondere Problem dieser Geräte ist, eine ausreichende Amplitudenlinearität zu erhalten, damit die Intermodulationsgeräusche den zulässigen Wert nicht übersteigen. Das Basisfrequenzsignal wird nach dem Prinzip der Trägerfrequenztechnik über mehrere Frequenzumsetzer und entsprechende Verstärker in die Radiofrequenzlage übergeführt und von der Richtantenne abgestrahlt. Auf der Empfangsseite wird das Radiofrequenzsignal in entsprechenden Stufen in die Basisfrequenzlage rückumgesetzt. Wie bei der Trägerfrequenztechnik wird die erforderliche Amplitudenlinearität der Verstärker durch Gegenkopplung erreicht. Im Gegensatz zur drahtgebundenen Technik ist hier nach der ersten Frequenzumsetzung die Übertragungsbandbreite wesentlich kleiner als eine Oktave, so daß bei den Verstärkern nur die Verzerrungsprodukte ungeradzahliger Ordnung — in erster Linie die kubischen Verzerrungen — eine Rolle spielen. Laufzeitverzerrungen im Übertragungsband, die für FM-Systeme unerwünscht sind, haben bei EM keinen Einfluß auf die Intermodulationsprodukte. Ebenso sind hier die Anpassungsforderungen viel geringer.

### 6.4.1 Allgemeine Schaltprinzipien

Die Anwendung der Gegenkopplung zur Amplitudenlinearisierung von Verstärkern erfordert immer eine entsprechend große Verstärkung im nicht gegengekoppelten Zustand. Für die Endstufe des Senders — hier entstehen wegen der hohen Aussteuerung besonders große nichtlineare Verzerrungen — werden im Frequenzgebiet um 400 MHz vorzugsweise Leistungstrioden oder -tetroden verwendet. Im Mikrowellenbereich ist es möglich, dafür Wanderfeldröhren einzusetzen; wegen der großen nicht stabilen Gruppenlaufzeit dieser Röhren müssen jedoch bei EM besondere Maßnahmen für einen stabilen Betrieb getroffen werden. Da aber bisher nur im Meterwellengebiet die EM-Richtfunktechnik ausgereift ist, soll hier nur dieses Gebiet behandelt werden.

Die Verstärkung der Trioden und Tetroden ist relativ klein, so daß für die erforderliche Grundverstärkung — gemessen bei offener Gegenkopplungsschleife — eine vielstufige Kaskade derartiger Röhrenverstärker eingesetzt werden müßte. Dann addieren sich die Phasendrehungen der einzelnen Stufen, so daß bei der geforderten Bandbreite die Gegenkopplung instabil wird. Schließt man dagegen den letzten Frequenzumsetzer und einen Zwischenfrequenzverstärker mit in den Gegenkopplungszweig ein, dann ist in der Zwischenfrequenzebene diese zusätzliche Verstärkung ohne größere Phasendrehungen zu realisieren; der Sender kann dann aus einer einzigen Radiofrequenzstufe bestehen. Damit läßt sich, wie weiter unten noch gezeigt wird, für Geräte mit mittleren Sprechkreiskapazitäten eine Gegenkopplung von etwa 20 dB mit einer Reserve von 6 dB bis zum Schwingeinsatz erreichen. Auf diese Art der Gegenkopplung wird bei der Beschreibung des Systems EM 120/400 noch näher eingegangen, s. S. 681. Da auch die Zwischenfrequenz- und Basisfrequenzverstärker gegengekoppelt werden, ist eine sehr gute Stabilität des Systems gewährleistet. Mit Hilfe der Gegenkopplung kann man weiterhin eine gute Anpassung für den Quellwiderstand des Senders einer EM-Anlage an die Antennenleitung erreichen.

Die Ausgangsleistung von EM-Sendern ist von der Aussteuerung durch das Frequenzmultiplexsignal abhängig; die Linearitätsbedingungen müssen daher auch bei der maximalen Aussteuerung in der Hauptverkehrsstunde erfüllt werden. Die Spitzenaussteuerung liegt z. B. bei einem 120-Kanal-System um etwa 13 dB über der mittleren Aussteuerung in der Hauptverkehrsstunde, wie Tab. 2 zeigt (s. S. 659). Das Gerät wird zweckmäßig so dimensioniert, daß bei Belegung mit der konventionellen Rauschbelastung die Intermodulationsgeräusche am Ausgang des Gerätes gleichmäßig über das ganze Basisband verteilt sind. Da auch die thermischen Geräusche praktisch keine Frequenzabhängigkeit haben, ist der Einsatz von Vorverzerrungs- und Rückverzerrungsnetzwerken bei EM-Systemen nicht erforderlich.

Bei reinen EM-Systemen ist der Träger in der Übertragungslage völlig unterdrückt, und das Problem der Abbereitung in die Normallage besteht in der Zusetzung einer Trägerschwingung genauer Frequenz; die Frequenzabweichung sollte nicht größer als 2 Hz sein. Bei EM-Richtfunksystemen ist es zulässig, einen Trägerrest sehr kleiner Leistung mit zu übertragen, so daß damit die Rückumsetzung in das Basisband wesentlich einfacher ist. Bei einem System für z. B. 120 Sprechkanäle mit einem Basisband von 12 kHz bis 552 kHz wird die Radiofrequenz-Nutzbandbreite nur um 12 kHz, also um 2% erweitert, wenn man den Trägerrest mitüberträgt. Dieser Trägerrest muß nur klein genug sein, damit er die Aussteuerung nicht merklich vergrößert. Sind z. B. im Sendeteil 3 Umsetzungen erforderlich, so wird die erste Trägerschwingung mit kleinem Pegel — z. B. 6 dB unter dem Meßpegel eines Sprechkanals — nach dem ersten Seitenbandfilter wieder zugesetzt; die weiteren Hilfsträger für die folgenden Umsetzer werden durch entsprechende Selektionsmittel unterdrückt. Die Frequenz der ersten Trägerrestschwingung entspricht im Basisband der Frequenz 0 Hz; sie wird daher auch als „Nullschwingung" bezeichnet.

Auf der Empfangsseite ist die nötige Amplitudenlinearität leichter zu erreichen, da alle Verstärker und Umsetzer bei relativ niedrigem Pegel arbeiten können. Die Zwischenfrequenz-Verstärkungsregelung, die die Schwundeinbrüche ausregelt, darf aber bei EM-Geräten nicht, wie sonst üblich, durch Arbeitspunktverlagerung auf gekrümmten Kennlinien arbeiten. Ausreichende Amplitudenlinearität wird erreicht, wenn man den Grad der Gegenkopplung von einer oder mehreren Verstärkerstufen ändert, z. B. durch gleichzeitiges Variieren von Gegenkopplungswiderständen.

Die erwähnte Nullschwingung kann auf der Empfangsseite der niedrigsten Zwischenfrequenz durch selektive Netzwerke entnommen werden. Nach ausreichender Verstärkung hat sie drei wichtige Funktionen zu erfüllen: Die Schwingung wird zur frequenzgetreuen Umsetzung ins Basisband benützt, weiterhin liefert sie das Kriterium für die automatische Verstärkungsregelung in Abhängigkeit von der Funkfelddämpfung oder in Abhängigkeit von einer Leistungsänderung des Senders. Als dritte Funktion kann die Nullschwingung zur Nachregelung der Frequenz des Oszillators herangezogen werden, der das Radiofrequenzsignal in die Zwischenfrequenzlage umsetzt. Damit kann die Frequenz der Nullschwingung im sehr schmalen Durchlaßbereich des Quarzfilters gehalten werden.

Die Kontrolleinrichtungen, wie Pilotgeräte, Rauschauswertung, Dienstkanalgeräte und Ersatzschaltungen, können auch bei diesem System in üblicher Weise ausgeführt werden.

### 6.4.2 Beispiel eines EM-Richtfunkgerätes: EM 120/400

Das Richtfunksystem EM 120/400 für 120 Sprechkanäle (Ausführung Siemens), welches in dem Radiofrequenzbereich von 335 bis 470 MHz arbeiten kann, soll als Ausführungsbeispiel kurz beschrieben werden.

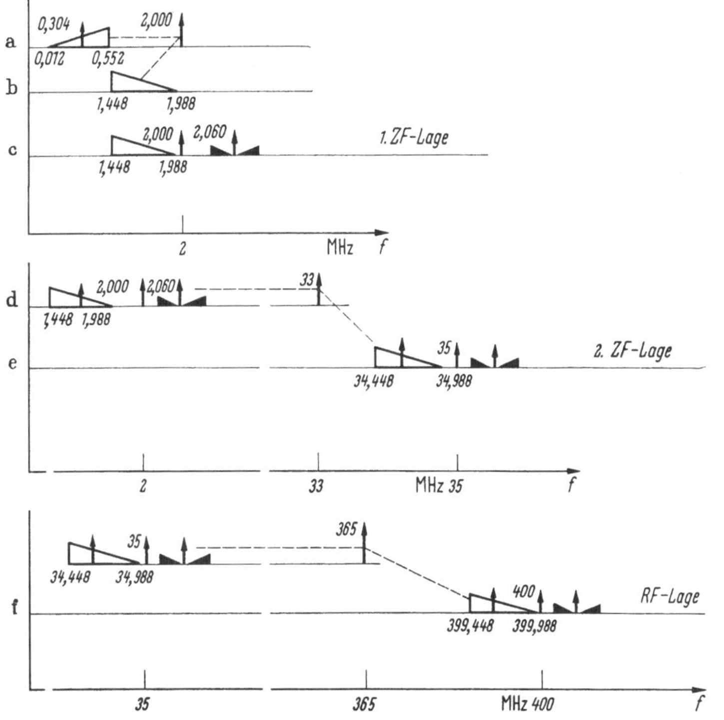


Abb. 6. Richtfunksystem EM 120/400
Prinzip der Frequenzumsetzung im Sender (Ausführung Siemens)
Frequenz des Funkpiloten 0,304 MHz, des 1. Trägers (Nullschwingung) 2 MHz, des 2. Trägers 33 MHz, des 3. Trägers 365 MHz (umstimmbar) und des Dienstgesprächträgers 2,06 MHz
ZF, RF: Zwischenfrequenz bzw. Radiofrequenz

In Abb. 6 ist das Frequenzschema (nicht maßstabsgetreu) für die Frequenzumsetzungen im Sender angegeben. Die Frequenzen der umsetzenden Trägerschwingungen, 1. Träger (Nullschwingung), 2. Träger und 3. Träger, sind im Frequenzschema gekennzeichnet. Abb. 7 zeigt das prinzipielle Blockschaltbild einer Endstelle; es sind nur die für das Verständnis wichtigen Bausteine der Anlage dargestellt. Das Basisbandsignal in der in Abb. 6, Zeile *a*, dargestellten Lage wird an das Gerät bei

Punkt (*1*) der Schaltung nach Abb. 7 angeschlossen. An dieser Stelle wird
auch der systemeigene Pilot, der hier in der Mitte des Basisbandes bei

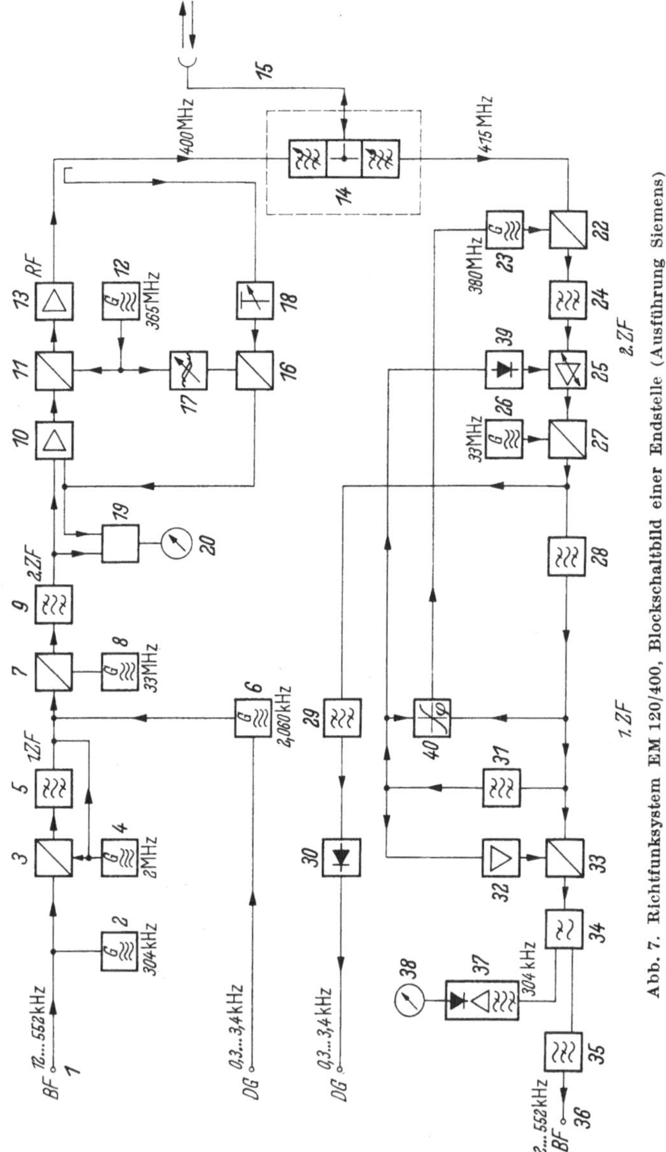

Abb. 7. Richtfunksystem EM 120/400, Blockschaltbild einer Endstelle (Ausführung Siemens)

der Frequenz von 304 kHz liegt, eingespeist (*2*). Mit Hilfe eines Ringmodulators (*3*) und des 2-MHz-Trägeroszillators (*4*) wird entsprechend
Abb. 6, Zeile *b*, in die 1. Zwischenfrequenz- (ZF-) Lage umgesetzt. Das

Filter (*5*) unterdrückt das unerwünschte Seitenband und die Oszillatorschwingung (Trägerrest). Dem Nutzseitenband hinter dem Filter (*5*) wird ein kleiner, definierter Anteil der Oszillatorschwingung — Pegel 6 dB unter dem Meßpegel eines Sprechkanals — als Nullschwingung zugeführt; außerdem wird ein mit dem Dienstgespräch (DG) modulierter Dienstkanalträger (*6*) eingespeist. Abb. 6, Zeile *c*, zeigt dazu die einzelnen Frequenzlagen. Das Signal wird in der nächsten Umsetzung in die 2. Zwischenfrequenzlage übergeführt (Abb. 6, Zeile *d* und *e*), dazu dienen der Ringmodulator (*7*), der 33 MHz-Trägergenerator (*8*) und das Seitenbandfilter (*9*). Nach der Verstärkung in dem Zwischenfrequenzverstärker (*10*) wird das Signal in dem Tetrodenmischer (*11*) mit Hilfe der in der Frequenz veränderbaren Trägerschwingung des Generators (*12*) — hier ist dafür eine Frequenz von 365 MHz gewählt worden — in die gewünschte Radiofrequenz- (RF-) Lage umgesetzt (Abb. 6, Zeile *f*) und über den Endverstärker (*13*) und die Sendeempfangsweiche der Antenne (*15*) zugeführt. Das unerwünschte Seitenband und die letzte Trägerschwingung werden durch den Anodenkreis des Röhrenmischers (*11*), durch das Bandpaßverhalten des Verstärkers (*13*) und durch die Selektion der Sendeempfangsweiche (*14*) unterdrückt.

Zur Linearisierung des Endverstärkers (*13*) und des Mischers (*11*) wird am Ausgang des Senders ein kleiner Teil der Ausgangsleistung abgenommen und in dem Mischer (*16*) wieder in die 2. Zwischenfrequenzlage so umgesetzt, daß diese Schwingung dem Eingang des Verstärkers (*10*) in Phasenopposition zugeführt werden kann. Die Gleichheit in der Frequenz dieser Schwingung wird durch die Verwendung des gleichen 365 MHz-Trägeroszillators (*12*) erreicht, die richtige Phasenlage wird mit dem Phasenschieber (*17*) eingestellt und der Gegenkopplungsgrad mit dem Dämpfungsglied (*18*). Als Kriterium für die gewünschte Gegenkopplung wird in dem Kontrollgerät (*19*) das zurückgeführte Signal mit dem ursprünglichen Signal am Verstärkereingang verglichen; die beiden Einstellglieder (*17*) und (*18*) werden so verändert, bis an dem Instument (*20*) der Ausschlag ein Minimum wird.

Auf dem Empfangsweg gelangt das Signal von der Antenne (*15*) über die Weiche (*14*), die zugleich die erforderliche Eingangsselektion herstellt, zum Empfangsmischer (*22*). Mit Hilfe der Schwingung des Trägergenerators (*23*) und der Selektion des Zwischenfrequenzfilters (*24*) erfolgt die Rückumsetzung in die 2. Zwischenfrequenzlage. Nach einem regelbaren Zwischenfrequenzverstärker (*25*) schließt sich mit dem Trägergenerator (*26*), dem Ringmodulator (*27*) und dem Seitenbandfilter (*28*), die zweite Rückumsetzung in die 1. Zwischenfrequenzlage an. Das Seitenbandfilter (*28*) sperrt auch das Dienstkanalsignal; es wird vorher abgezweigt, im Filter (*29*) ausgesiebt und nach dem Demodulator (*30*) in der Basisfrequenzlage abgegeben. Aus dem Hauptsignal wird die mitgesendete Nullschwingung mit dem Filter (*31*) ausgesiebt, im Verstärker (*32*) verstärkt und mit Hilfe des Ringmodulators (*33*) zur frequenzgetreuen Demodulation des Hauptsignals in das Basisband verwendet. Dieses demodulierte Signal wird über den Tiefpaß (*34*) und die Pilotsperre (*35*) an den Ausgang (*36*) des Systems geliefert. Vor der Pilotsperre wird der Pilotempfänger (*37*) angeschlossen, der durch die Anzeigevorrichtung (*38*) den Ausfall der Pilotschwingung meldet.

Ein Teil der Nullschwingung wird im Regelgerät (*39*) gleichgerichtet und als Kriterium für die Verstärkungsregelung des Zwischenfrequenzverstärkers (*25*) benutzt. Damit die Nullschwingung immer im Durchlaßbereich des Quarzfilters (*31*) bleibt, wird der Phasenwinkel der Nullschwingung am Eingang und am Ausgang des Filters (*31*) in einem Phasendiskriminator (*40*) verglichen und die Frequenz des Trägergenerators (*23*) bei Abweichungen vom Sollwert entsprechend nachgeregelt.

Auf Zwischenstellen wird das Hauptsignal in der 2-MHz-Lage und der Dienstkanal in der Basisfrequenzlage durchgeschaltet. Für Verbindungen mit Überreichweite (etwa 100 bis 180 km) kann eine Leistungsstufe mit 1 kW Spitzenleistung an die Endstufe (*13*) angeschlossen werden; sie wird dann in die Gegenkopplungsschleife mit eingeschlossen. In der Tab. 5 sind noch die wichtigsten elektrischen Daten dieser Anlage angegeben.

Tabelle 5. *Systemdaten von* **EM 120/400** (Ausführung Siemens)

| | |
|---|---|
| Radiofrequenzband | 335 bis 470 MHz |
|     Wellenlänge entsprechend | 90 bis 64 cm |
| Anzahl der möglichen Radiofrequenz-Kanalpaare | etwa 60 |
| Kleinster Abstand der Mittenfrequenz benachbarter Radiofrequenzkanäle | 1 MHz |
| Kleinster Abstand zwischen Sende- und Empfangsfrequenz | 15 MHz |
| Sendeleistung | |
|     bei Aussteuerung mit Spitzenpegel | 50 W |
|     bei Aussteuerung mit konv. Belastung | 2,5 W |
|     bei Aussteuerung mit Meßpegel in einem Sprechkanal | 0,5 W |
| Unsicherheit der Radiofrequenz bei $+20\,°C \pm 20\,°C$ | $< \pm 3 \cdot 10^{-5}$ |
| Rauschmaß, bezogen auf den Empfängereingang | 8,5 dB |
| Systemwert mit 50-W-Stufe | 157 dB |
| Systemwert mit 1-kW-Stufe | 170 dB |
| max. ausnutzbare Funkfelddämpfung | |
|     mit 50-W-Stufe (bis 30-dB Geräuschabstand) | 127 dB |
|     mit 1-kW-Stufe | 140 dB |
| Zwischenfrequenzen | 2 und 35 MHz |
| Zwischenfrequenz-Bandbreite bei 3-dB-Abfall | 560 kHz |
| Anzahl der Fernsprechkreise je Radiofrequenz-Kanalpaar | 120 |
| Breite des Basisbandes | 12 bis 552 kHz |
| Relativer Eingangspegel an 150 Ω symmetrisch | −45 dB |
| Frequenz des funkeigenen Piloten | 304 kHz |
| Frequenzband des Dienstkanals | 0,3 bis 6 kHz |
| Systemwert des Dienstkanals | 140 dB |

## 6.5 Richtfunksysteme mit Pulsphasenmodulation

Richtfunksysteme mit Pulsphasenmodulation (PPM) eignen sich für kleinere Sprechkreisbündel; sie lassen sich, wie schon erwähnt, wegen ihrer besonders einfachen und flexiblen Multiplexeinrichtung, die hier meist zur Richtfunkanlage gerechnet wird, auf Nebenlinien der Postverwaltungen und in den Netzen großer Betriebsgesellschaften vorteilhaft einsetzen. Das Prinzip der Pulsmodulation ist im Kapitel „Diskontinuierliche Modulationsverfahren" (s. S. 63 ff.) behandelt; die speziellen Multiplexeinrichtungen dazu sind im Kapitel „Puls-Endgeräte" (s. S. 468 ff.) beschrieben. Hier sollen daher nur die besonderen Probleme der Hochfrequenzgeräte, die das Zeitmultiplexsignal auf der Sendeseite in eine geeignete Radiofrequenzlage umsetzen und auf der Empfangsseite wiedergewinnen, behandelt werden.

Prinzipiell kann man den Radiofrequenzträger mit den Niederfrequenzpulsen sowohl in der Amplitude tasten als auch in der Frequenz modulieren. In dem ersten Fall wird von der Sendestufe eine hohe Spitzenleistung verlangt, die thermische Belastung ist hierbei entsprechend dem Tastverhältnis der Impulse wesentlich kleiner als bei Dauerbetrieb. Im zweiten Fall muß die Frequenz der Oszillatorschwingung moduliert sein. Auch bei diesen Richtfunkanlagen ist die Größe des Systemwertes, der sich aus den Gln. (2) und (3) ermitteln läßt (s. S. 654), für die Planung einer Strecke von großer Bedeutung. Der in der Gleichung angegebene Faktor $M$, der die geräuschmindernde Eigenschaft des Modulationsverfahrens kennzeichnet, erhöht sich proportional mit dem Zeithub $\Delta T$ der Impulse und mit der Wurzel aus dem Tastverhältnis; mit steigender Anzahl der Sprechkreise wird sowohl der zulässige Zeithub, wie auch das Tastverhältnis kleiner werden und damit auch der Faktor $M$. Für das System PPM 60/2500 mit einer Kapazität von 60 Sprechkanälen und einer mittleren Leistung von 3 W konnte z. B. mit einem $M$ von etwa 4 ein Systemwert von 150 dB erreicht werden; dieser Wert erhöht sich auf 162 dB, wenn Momentankompander (s. S. 478) eingesetzt werden. Für einen geforderten Geräuschabstand von z. B. 72 dB pro Funkfeld erhält man dann eine zulässige Funkfelddämpfung von 78 dB bzw. mit Kompander eine solche von 90 dB.

Wie bei den meisten Richtfunkanlagen mit kleineren Sprechkanalzahlen kann auch hier ein getrennter Dienstkanal eingeführt werden; es wird ein für die eigentliche Signalübertragung nicht verwendetes Kriterium der Impulsform ausgenützt. In dem erwähnten System wird z. B. eine Pulsdauermodulation aller Impulse für den Dienstkanal verwendet.

### 6.5.1 Allgemeine Schaltprinzipien

Bei PPM-Systemen ist der Nachrichteninhalt durch die zeitliche Veränderung der Lage der Impulsflanke bestimmt. Jede zusätzliche

Änderung dieser Flanke, z. B. durch thermisches Geräusch oder Beeinflussung durch Nachbarimpulse, gibt eine Störung im jeweiligen Sprechkanal. Je steiler die zur Auswertung herangezogene Flanke ist, um so weniger wird eine vorhandene Störungsamplitude wirksam. Bei der Amplitudentastung des Senders muß daher dafür gesorgt werden, daß die Impulse des Radiofrequenzsignals möglichst groß sind und daß außerdem keine zusätzlichen, zeitlich inkonstanten Veränderungen, z.B. der vorderen Impulsflanke, die gewöhnlich ausgewertet wird, auftreten. Schwingt der Sender in den Impulspausen nicht, so gehorcht das Anschwingen im Moment der Ansteuerung durch den niederfrequenten Impuls statistischen Gesetzen; es entsteht damit eine zusätzliche Rauschmodulation, die sich bei Auswertung der Impulsvorderflanke im Sprechkanal als Geräusch bemerkbar macht. Diese Rauschstörungen verschwinden praktisch ganz, wenn eine kleine Radiofrequenzleistung mit Hilfe eines zusätzlichen, durchschwingenden Oszillators in den Tastsender eingekoppelt wird. Die Frequenz dieses Oszillators muß dabei nur auf etwa 1% mit der des Tastsenders übereinstimmen. Dieser zusätzliche Aufwand kann vermieden werden, wenn man den Tastsender mit einer geringen Amplitude durchschwingen läßt. Die Schwingungsamplitude in den Pausen zwischen den Impulsen kann so klein gehalten werden, daß bei gleicher Spitzenleistung die mittlere Leistung des Senders nur wenig ansteigt.

Bei der Tastung muß weiterhin dafür gesorgt werden, daß die Rückflanken der Impulse nicht die Vorderflanken der nachfolgenden Impulse beeinflussen, d. h., die große Schwingamplitude des Tastsenders muß vor dem Einsatz des neuen Impulses vollständig abgeklungen sein. Ist dies nicht der Fall, so ergibt sich ein verständliches Nebensprechen in benachbarten Sprechkanälen. Für diese Nebensprechdämpfung bestehen, wie schon erwähnt, sehr hohe Forderungen.

Ein wesentlicher Vorteil der PPM-Technik liegt u. a. in der Unempfindlichkeit dieses Systems gegen Amplituden- und Laufzeitverzerrungen. Es sind daher auch die Anforderungen, die an den Empfangsteil eines PPM-Gerätes zu stellen sind, geringer als bei Systemen mit FM oder EM. Die Geräte können deshalb relativ einfach und robust ausgeführt werden; dieser Vorteil wird allerdings durch den großen Frequenzbandbedarf des Systems erkauft. Die Zwischenfrequenzbandbreite, die gewöhnlich zwischen 2 und 4 MHz liegt, muß mindestens so groß sein, daß am Ausgang des Zwischenfrequenzverstärkers die volle Amplitudenhöhe innerhalb der gegebenen Impulsdauer erreicht wird und daß die Ausschwingvorgänge zwischen den Impulsen genügend schnell abklingen. Am Ausgang des Zwischenfrequenzverstärkers erhält man durch Gleichrichtung die ursprünglichen Impulse wieder. Durch geeignete Wahl einer Vorspannung und der Zeitkonstante kann man dabei den steilsten Teil

der Impulsflanke des Zwischenfrequenzsignals auswerten, so daß die
überlagerten Rauschspannungen möglichst wenig wirksam werden und
so ein optimaler Systemwert erreicht wird. In einem nachfolgenden
Pulsverstärker wird durch geeignete Netzwerke das Signal so regeneriert, daß die Ausgangsimpulse wieder eine konstante Größe und Dauer
aufweisen.

### 6.5.2 Beispiel eines PPM-Richtfunkgerätes: PPM 60/2000/2500

Das System PPM 60/2000/2500 (Ausführung Siemens) ist für
maximal 60 Sprechkanäle ausgelegt und arbeitet je nach Ausführung
in den Radiofrequenzbereichen 2 und 2,5 GHz [21]. Das für diese Anlage

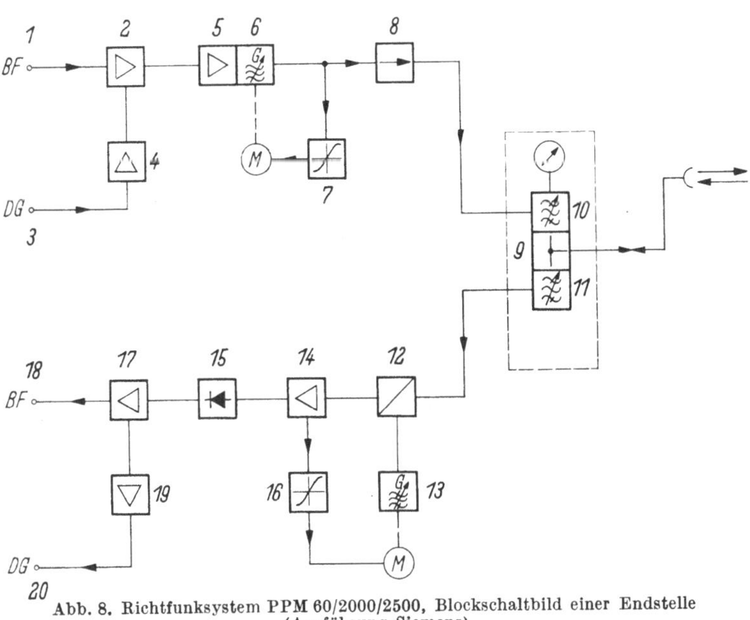

Abb. 8. Richtfunksystem PPM 60/2000/2500, Blockschaltbild einer Endstelle
(Ausführung Siemens)

geeignete Multiplex- bzw. Puls-Endgerät ist im Kapitel „Puls-Endgeräte"
(s. S. 468 ff.) behandelt. Die prinzipielle Funktion der Hochfrequenzgeräte soll anhand der vereinfachten Blockschaltung der Abb. 8 erläutert
werden. Das Basisfrequenzsignal BF, das aus den 60 Kanalpulsen besteht, wird über den Eingang (1) dem Verstärker (2) zugeführt, der die
z. B. auf einer Verbindungsleitung verformten Impulse regeneriert. Am
Ausgang dieses Verstärkers sind die unipolaren Impulse dann in der
Amplitude konstant, und die Impulsdauer ist nur von der Modulation
des Dienstgesprächs (DG), das über den Eingang (3) und den Verstärker (4) eingespeist wird, abhängig. Mit Hilfe der Taststufe (5) wird der mit
der Scheibentriode 2C39 betriebene Sender (6) so gesteuert, daß er wäh-

rend der Impulsdauer eine Spitzenleistung von etwa 25 W und während der Pause zwischen den Impulsen eine kleine Leistung von etwa 200 mW abgibt. Mit einem Tastverhältnis von 6 erhält man eine mittlere Leistung von etwa 3 W.

Die unerwünschten Frequenzänderungen der Sendeschwingung, die durch Temperaturschwankung und Röhrenalterung entstehen können, werden durch eine Nachstimmeinrichtung (7) — bestehend aus einem hochkonstanten Radiofrequenzdiskriminator und einer Motornachsteuerung — automatisch ausgeglichen.

Das Radiofrequenzsignal durchläuft eine Richtungsleitung (8); sie soll die zum Sender rücklaufenden Impulse absorbieren. Es folgt die Antennenweiche (9) mit dem durchstimmbaren Sendefilter (10). Ein mitabgestimmter Hilfskreis wird zur Frequenzmessung verwendet. An die Weiche ist die Antenne angeschlossen.

Das von der Antenne aufgenommene Empfangssignal durchläuft die Antennenweiche über das durchstimmbare Empfangsfilter (11) und wird dem Umsetzer (12) zugeführt. Mittels der Oszillatorschwingung des Generators (13) wird das Signal in die Zwischenfrequenzlage umgesetzt und in dem Verstärker (14) auf den für die Gleichrichtung (15) erforderlichen Pegel angehoben.

Über den Frequenzdiskriminator (16) wird der Oszillator (13) über einen Motor nachgestimmt. Die gleichgerichteten Impulse werden in dem Verstärker (17) auf 10 V verstärkt; die in der Amplitude und Länge konstanten Impulse werden dem Ausgang (18) zugeleitet.

Die auf dem Empfangssignal mitgeführten Dienstgesprächssignale werden in dem Verstärker (19) ausgewertet und können über den Anschluß (20) abgenommen werden.

In der Tab. 6 sind die wichtigsten elektrischen Daten dieser Anlage aufgeführt.

Tabelle 6. *Systemdaten von PPM 60/2000/2500* (Ausführung Siemens)

| | |
|---|---|
| Radiofrequenzband | 1700 bis 2300 MHz bzw. |
| | 2300 bis 2700 MHz |
| Wellenlänge entsprechend | 17,6 bis 13 cm bzw. |
| | 13 bis 11,3 cm |
| Anzahl der möglichen Radiofrequenz-Kanalpaare | 24 bzw. 14 |
| Abstand der Mittenfrequenz benachbarter Radiofrequenzkanäle | 10,9 bzw. 12 MHz |
| Abstand zwischen Sende- und Empfangsfrequenz | 96 bzw. 120 MHz |
| Sendeleistung, zeitlicher Mittelwert | 3 W |
| Spitzenleistung | 25 W |
| Impulsdauer des radiofrequenten Signals | 0,3 µs |
| Unsicherheit der Radiofrequenz bei $+20\,°\mathrm{C} \pm 20\,°\mathrm{C}$ | $< \pm 3 \cdot 10^{-4}$ |
| Rauschmaß, bezogen auf den Empfängereingang | 8 dB |
| Systemwert, ohne Momentanwert-Kompander | 150 dB |
| mit Kompander | 162 dB |

*Tabelle 6.* (Fortsetzung)

Maximal ausnutzbare Funkfelddämpfung (bis zum
   Schwellwert) . . . . . . . . . . . . . . . . . . . 126 dB
Zwischenfrequenz . . . . . . . . . . . . . . . . . . 34,5 MHz
Zwischenfrequenz-Bandbreite bei 3-dB-Abfall . . . 3 MHz
Anzahl der Fernsprechkreise . . . . . . . . . . . 60
Eingangsspannung an 75 Ω . . . . . . . . . . . . 1 bis 10 V
Ausgangsspannung an 75 Ω . . . . . . . . . . . 10 V
Frequenzband des Dienstkanals . . . . . . . . . 0,3 bis 4 kHz
Systemwert des Dienstkanals . . . . . . . . . . 146 dB

## 6.6 Filtertechnik für die Zusammenschaltung von Radiofrequenzkanälen

Mehrere Radiofrequenzkanäle eines Richtfunksystems werden auf
der Sendeseite über Filter und Weichen an eine gemeinsame Antenne
angeschaltet und auf der Empfangsseite auch entsprechend wieder
voneinander getrennt. Außerdem haben die Filter die Aufgabe, für die
erforderliche Selektion der Empfänger zu sorgen.

### 6.6.1 Allgemeines

Die erforderliche Bandbreite dieser Netzwerke liegt etwa zwischen
1% und 20% der Betriebsfrequenz und die Durchlaßdämpfung in der
Größenordnung von 1 dB; für den Reflexionsfaktor werden Werte zwischen 2% und 10% zugelassen. Die Netzwerke werden wegen der relativ hohen Frequenzlage im wesentlichen aus Leitungsabschnitten aufgebaut. Sie werden meist mit Hilfe von Ersatzschaltungen berechnet,
wenn sich damit das elektrische Verhalten der Anordnungen ausreichend
genau nachbilden läßt. Die Filter und Weichen sind also mechanische
Gebilde, deren Abmessungen von der Betriebswellenlänge, also von dem
verwendeten Radiofrequenzbereich, abhängen. Ohne besondere Abstimmeinrichtungen müßte für jeden Radiofrequenzkanal eine eigene
Ausführung gefertigt werden. Diese kann zwar relativ einfach sein, es
würde sich damit aber eine unerwünscht große Typenzahl ergeben. Dagegen ist es vorteilhaft, die Zahl der verschiedenen Ausführungen durch
umstimmbare oder durchstimmbare Filter klein zu halten. Unter Umstimmbarkeit soll im folgenden verstanden werden, daß sich die Geräte
mit zusätzlichen Meßmitteln auf jede gewünschte Kanalfrequenz abstimmen lassen. Im Gegensatz dazu ist mit Durchstimmbarkeit gemeint,
daß die Einstellung auf jede Kanalfrequenz mit möglichst einem einzigen
geeichten Antrieb erfolgen kann, so daß ein Frequenzwechsel ohne längere
Betriebsunterbrechung möglich ist. Dabei sind mit Rücksicht auf kleinsten Filteraufwand bei jeder Einstellung die Sperr- und Durchlaßforde-

rungen etwa mit der gleichen Sicherheit einzuhalten, d. h., die Bandbreite soll möglichst frequenzunabhängig sein.

Zum Aufbau besonders der durchstimmbaren *Filter* eignen sich Schaltungen mit einfachem und einheitlichem Aufbau der Schwingkreise. Diese Voraussetzung ist für eine Kettenschaltung gleicher Leitungsabschnitte, d. h. gleicher Resonatoren mit entsprechenden Koppelöffnungen, Stiften oder Leiterschleifen erfüllt. Die Resonanzfrequenz der Resonatoren kann dadurch geändert werden, daß besonders ausgebildete Teile, wie Kurzschlußschieber, kapazitiv oder induktiv wirkende Stifte, z. B. mit Hilfe eines geeichten mechanischen Antriebes im Resonator bewegt werden. Die mechanische Einstellempfindlichkeit des Antriebes ist um so geringer, je größer die Bewegung der Teile im Verhältnis zu der bewirkten Frequenzänderung ist. Weiterhin soll ein galvanischer Kontakt dieser Teile mit dem Filtergehäuse vermieden werden und die Resonanzfrequenz der Filterkreise möglichst linear von der Einstellung der Abstimmelemente abhängen. Für den Aufbau der Resonatoren werden im Bereich der Dezimeterwellen im allgemeinen Koaxialleitungen und im Bereich der Zentimeterwellen, also oberhalb der Frequenz 3 GHz, Hohlleitungen bevorzugt. Diese Wahl stellt für die Übertragung kleinerer Leistungen einen günstigen Kompromiß dar zwischen der Durchlaßdämpfung und den mechanischen Abmessungen. Für die Übertragung höherer Leistungen werden auch bei tieferen Frequenzen noch Hohlleiter verwendet.

Mehrere Filter können auf verschiedene Weise zu *Weichen* zusammengeschaltet werden. Ist das Verhältnis von Frequenzabstand zu Nutzbandbreite der voneinander zu trennenden Kanäle klein, so werden vorteilhaft Weichen verwendet, deren Eingangsscheinwiderstand am Antennenanschluß konstant ist. Das sind Weichen, die mit Zirkulatoren aufgebaut sind, oder Verzweigungsweichen, die aus Hochpaß und Tiefpaß bzw. Bandpaß und Bandsperre bestehen. Weiterhin können Brückenweichen eingesetzt werden, die einen allseitig konstanten Eingangsscheinwiderstand besitzen. Bei größeren Verhältnissen von Frequenzabstand zu Bandbreite werden oft Verzweigungsweichen verwendet, bei denen z. B. Bandpässe oder Bandsperren eingangsseitig parallel oder in Reihe geschaltet werden. Zum Aufbau von Zirkulatoren [*22* bis *24*] mit nichtreziproken Phasendrehgliedern und von Brückenweichen [*25*] werden Brückenglieder wie 3-dB-Richtungskoppler, Leitungsverzweigungen (Magische T) oder Ringgabeln benötigt, die in verschiedenen Ausführungen in der Hohlleiter- und Koaxial- und Streifenleiterbauweise bekannt sind. Für den Aufbau von Brückenweichen, insbesondere mit Bandpässen, ist der 3-dB-Streifenleitungs-Richtungskoppler seiner Breitbandigkeit wegen gegenüber den anderen Brückengliedern günstiger.

Die Filter und Weichen haben, da sie aus Leitungsabschnitten aufgebaut sind, in mehr oder weniger großem Frequenzabstand oberhalb der Betriebsfrequenz Dämpfungseinbrüche. Es lassen sich damit also keine Forderungen an die Oberwellendämpfung erfüllen. Aus diesem Grund werden den Filtern meist Tiefpässe vor- oder nachgeschaltet.

Durch das Hinzuschalten eines weiteren Bauteils, nämlich einer sog. *Richtungsleitung*, sind größere Toleranzen und Vereinfachungen in Mikrowellenschaltungen zulässig, z. B. dann, wenn stärkere Mehrfachreflexionen zwischen verschiedenen Bauteilen vermieden werden müssen. Eine solche Richtungsleitung ist ein passiver reflexionsarmer Vierpol, der in einer Richtung nahezu verlustfrei durchlässig ist, dagegen die in entgegengesetzter Richtung fließende Energie im wesentlichen absorbiert. Die Wirkungsweise dieses Bauelements für Mikrowellen beruht auf dem nichtreziproken Verhalten vormagnetisierter magnetischer Werkstoffe [*26, 27*].

Im folgenden werden einige Beispiele für umstimmbare und durchstimmbare Filter und Weichen in der Hohlleiter- und Koaxialleiterbauweise mit unversteilerter und versteilerter Dämpfungscharakteristik betrachtet, bei denen unterschiedliche Kopplungsarten bei verschiedenen Verstimmungsprinzipien angewendet werden.

### 6.6.2 Ausführungsbeispiele für Filter

Eine mechanisch meist besonders einfache Lösung ist die Kombination einer kapazitiven Kopplung im Längszweig der Filterersatzschaltung bei kapazitiver Verstimmung der Schwingkreise (Abb. 9a). Diese

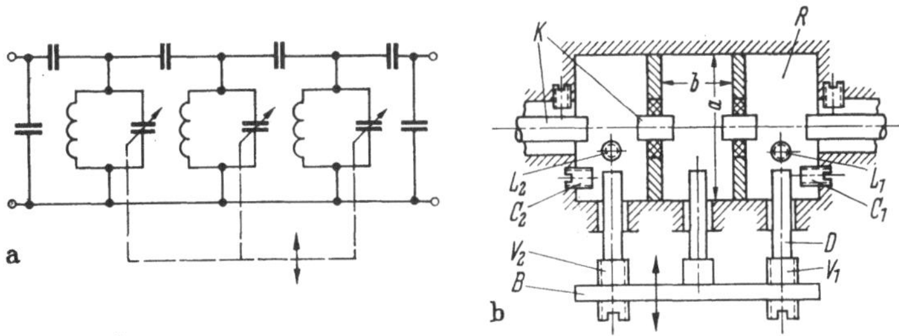

Abb. 9a u. b. Dreikreisiger durchstimmbarer Bandpaß aus Hohlleiterresonatoren
*D* dielektrischer Stift; *K* Koppelstift; *B* Brücke; *V* Verstellschraube; *R* Resonatorgehäuse

Schaltung hat prinzipiell eine große Frequenzabhängigkeit der Bandbreite, sie kann jedoch bei durchstimmbaren Hohlleiterbandpässen durch geeignete Maßnahmen kompensiert werden. Die Hohlleiterresonatoren $R$ (Abb. 9b) mit z. B. rechteckigem, für die $H_{10}$-Welle eindeutigem Querschnitt $a \times b$ oder mit rundem, für die $E_{01}$-Welle eindeutigem Querschnitt mit dem Durchmesser $a$, werden durch die dielektrischen Stifte $D$ in ihrer Resonanzfrequenz durchgestimmt. Gleichzeitig werden die Koppelstifte $K$ derartig mitbeeinflußt, daß die gewünschte Kompensation erreicht wird. Die Stifte $D$ sind durch eine Brücke $B$ mechanisch miteinander verbunden. Die Eintauchtiefe aller Stifte kann gleichzeitig durch einen hier nicht gezeichneten Spindelantrieb verändert werden. Außerdem kann z. B. ein Zählwerk mitgetrieben werden, an dem die Frequenzlage der Filter mit Hilfe einer

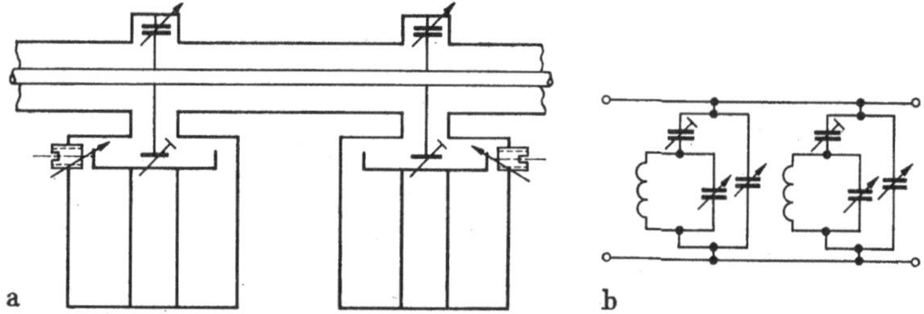

Abb. 10a u. b. Zweikreisiges umstimmbares Filter aus Koaxialresonatoren

Eichtabelle abgelesen werden kann. Mit den Abstimmschrauben $L_1$, $L_2$, $C_1$, $C_2$ und der Relativverstellung der äußeren Durchstimmstifte gegenüber dem mittleren Stift mit Hilfe der Schrauben $V_1$ und $V_2$ kann der Gleichlauf der Filterkreise eingestellt werden.

Eine in ihrer Dämpfungscharakteristik versteilerte zweikreisige Schaltung in Koaxialbauweise mit kapazitiver Kopplung bei kapazitiver Resonatorverstimmung ist mit der zugehörigen Ersatzschaltung in den Abb. 10a und b dargestellt. Die Frequenzabhängigkeit der Bandbreite

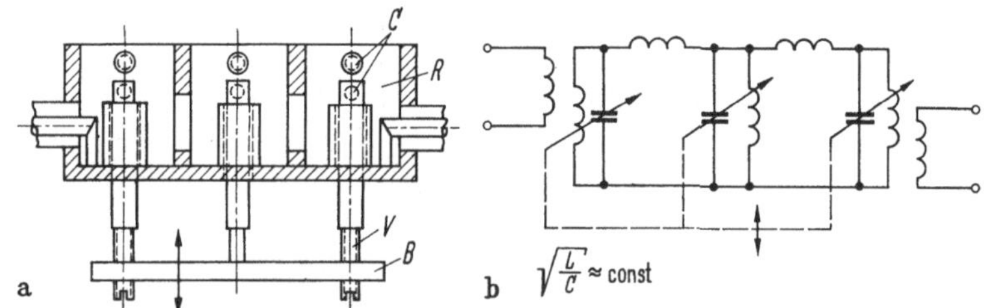


Abb. 11a u. b. Dreikreisiger durchstimmbarer Bandpaß aus Koaxialresonatoren
$R$ Resonatorgehäuse; $B$ Brücke; $V$ Verstellschraube

konnte in Kauf genommen werden, da in diesem Fall nur eine Umstimmbarkeit der Filter erforderlich war; hier können die Kopplungen bei der Prüffeldabstimmung für den jeweiligen Radiofrequenzkanal nachgestellt werden.

Die Abb. 11a und b zeigen einen dreikreisigen Bandpaß in Koaxialbauweise mit induktiver Kopplung und Innenleiterverstimmung und sein Ersatzschaltbild. Wegen der besonders geringen Frequenzabhängigkeit

der Bandbreite kann diese Schaltung innerhalb eines relativ großen
Frequenzbereichs durchgestimmt werden. Die Schrauben $C$ in den
Resonatorgehäusen $R$ sowie die Schrauben $V$ in der Brücke $B$ dienen
wieder zur Gleichlaufeinstellung der Kreise.

In der Tab. 7 sind die elektrischen Daten dieser drei Filterausführun-
gen zusammengefaßt.

Tabelle 7. *Elektrische Filterdaten*

| Filtertyp Abb. | $n$ | $f_0$ MHz | $\Delta f$ MHz | $\Delta f_d$ MHz | $r$ % | $a_0$ dB | $f_d - f_s$ MHz | $a_s$ dB |
|---|---|---|---|---|---|---|---|---|
| 9 | 3 | 6050 | 250 | 28 | 3 | 0,4 | $\pm 56$ | 20 |
| 10 | 2 | 415 | 30 | 7 | 7 | 0,45 | 1,2 | 25 |
| 11 | 3 | 2500 | 400 | 4 | 10 | 1 | $\pm 57$ | 60 |

$n$ Anzahl der Filterkreise,   $f_0$ Bereichsmittenfrequenz,   $\Delta f$ Umstimmbereich
$\Delta f_d$ ausnutzbarer Durchlaßbereich,   $r$ Reflexionsfaktor,   $a_0$ Durchlaßdämpfung
$f_d - f_s$ Frequenzabstand zwischen benachbarten Eckfrequenzen von Durchlaß-
und Sperrbereich,   $a_s$ Sperrdämpfung.

### 6.6.3 Ausführungsbeispiele für Weichen

Abb. 12 zeigt schematisch eine mit zwei 4armigen Zirkulatoren
(I und II) aufgebaute Weiche, die z. B. für das System FM 1800/TV/6000
eingesetzt werden kann. An den Anschlüssen, z. B. 2, 3, 4 und 5, sind

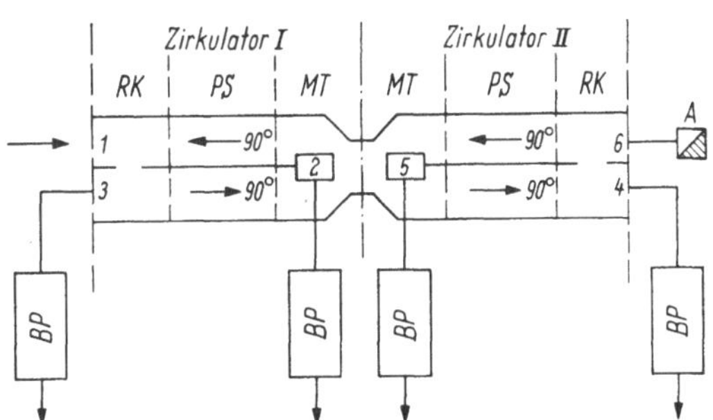


Abb. 12. Kanalweiche mit vierarmigen Zirkulatoren
*BP* Bandpaß; *A* Absorber; *RK* Richtungskoppler; *PS* Phasenschieber; *MT* Magisches T

Bandpässe (*BP*) angeschaltet und an den Anschluß *6* ein Abschlußwiderstand *A*. Die Bandpässe sind ähnlich Abb. 9 b, jedoch mit 5 Resonatoren aufgebaut. Jeder Zirkulator besteht in der hier gewählten Anordnung aus 3 Abschnitten, in denen zwei Rechteckhohlleiter für $H_{10}$-
Wellen mit ihren Schmalseiten aneinandergefügt sind. Der erste Abschnitt
ist als 3-dB-Hohlleiter-Richtungskoppler *RK* ausgebildet, der zweite ist
als nichtreziproker Doppelphasenschieber *PS* mit vormagnetisierten,
magnetischen Materialien aufgebaut und der dritte als Magisches T (*MT*).

Die in den Arm *1* der Weiche eingespeiste Leistung gelangt zum Anschluß *2*. Der dort eingeschaltete Bandpaß läßt nur die Wellen z. B. eines Richtfunkkanals durch, während er alle übrigen reflektiert, die dann zum Arm *3* weiterlaufen. Der Bandpaß am Arm *3* läßt wieder nur die Wellen eines weiteren Kanals durch und reflektiert die noch übrigen, die zum Anschluß *4* laufen usw. Auf diese Weise werden die Wellen verschiedener Richtfunkkanäle getrennt bzw. in einer Leitung vereinigt.

Auch durch Kettenschaltung 3 armiger Zirkulatoren [*28*] lassen sich in Verbindung mit Bandpässen Kanalweichen vorteilhaft aufbauen (Abb. 13). Diese Zirkulatoren sind nämlich in ihrer Bauweise besonders

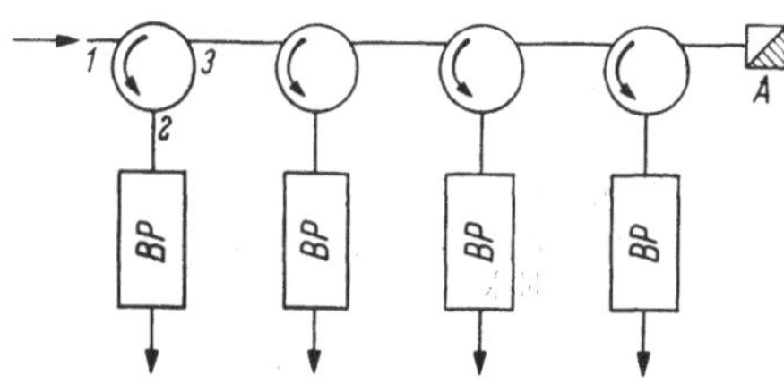

klein und verhältnismäßig einfach. Sie haben im vorliegenden Fall koaxiale Anschlußleitungen wie auch die vorher erwähnten 5kreisigen Bandpässe. Die in den Anschluß *1* des ersten Weichengliedes eingespeiste Leistung gelangt zum Anschluß *2*. Der Bandpaß läßt nur die Wellen eines Radiofrequenzkanals durch und reflektiert alle übrigen, die zu den folgenden Weichengliedern weiterlaufen. Eine weitere Ausführung einer Kanalweiche, die ebenfalls in Breitband-Richtfunksystemen angewendet wird, ist im Prinzip in Abb. 14 als Kettenschaltung von vier Brücken-

Abb. 13. Kanalweiche mit dreiarmigen Zirkulatoren
*BP* Bandpaß; *A* Absorber

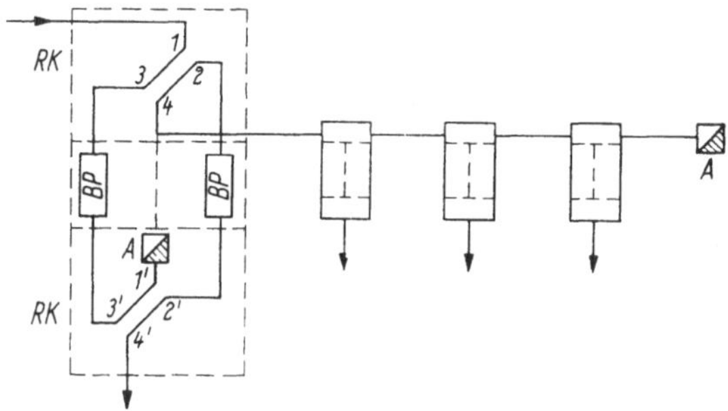

Abb. 14. Kanalweiche aus Brückenweichen mit Bandpässen
*BP* Bandpaß; *A* Absorber; *RK* Streifenkoppler

weichen dargestellt; nur die erste Brückenweiche ist dabei ausführlicher gezeichnet. Zwischen die beiden Streifenkoppler *RK* einer Weiche sind zwei gleiche Bandpässe (*BP*) geschaltet. Teilt sich die z. B. in den Eingang *1* des ersten Richtungskopplers eingespeiste Leistung im Verhältnis 1:1 auf die beiden Filteranschlüsse *2* und *3* auf, so gelangen die beiden gleichen Energieanteile im Durchlaßbereich der Bandpässe zu den Anschlüssen *2'* und *3'* des zweiten Richtungskopplers. Dort vereinigen sie sich im Anschluß *4'*, wobei der Anschluß *1'* entkoppelt und mit dem Widerstand *A* abgeschlossen ist. Im Sperrbereich der Bandpässe dagegen werden die beiden Teilleistungen in den Anschlüssen *2* und *3* reflektiert und vereinigen sich im Anschluß *4* des ersten Richtungskopplers. In dem Anschluß *4'* der Weiche erscheint also eines der vom Antennenanschluß *1* kommenden Empfangssignale des Richtfunksystems,

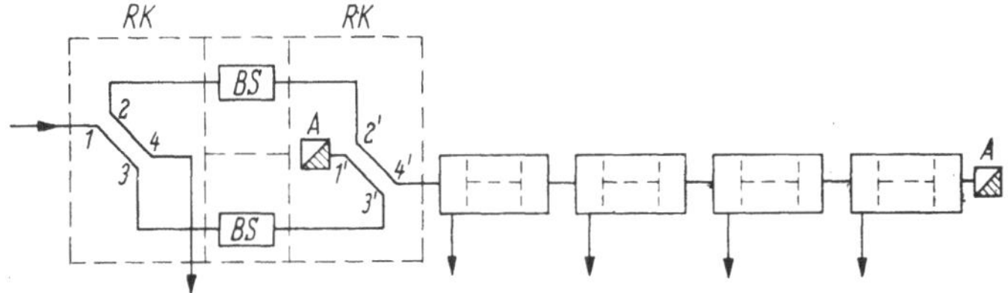

Abb. 15. Kanalweiche aus Brückenweichen mit Bandsperren
*BS* Bandsperre; *A* Absorber; *RK* Streifenkoppler

während die übrigen Signale über den Anschluß *4* zu den weiteren Weichen geleitet werden.

Für das System EM 120/400 sind ebenfalls Brückenweichen mit 3-dB-Streifenleitungs-Richtungskopplern vorgesehen. Abb. 15 zeigt schematisch eine Kanalweiche für 5 Kanäle; nur die erste Brückenweiche ist wieder ausführlicher gezeichnet. Der prinzipielle Aufbau der beiden gleichen Filter *BS* zwischen den beiden Streifenkopplern *RK* ist in Abb. 10 dargestellt. Durch die beiden Dämpfungspole der Filterschaltung wird nach Art einer Bandsperre ein Sperrbereich von der Breite eines Richtfunkkanals erzeugt, während für die übrigen Kanäle in geringem Frequenzabstand oberhalb des Sperrbereichs der Reflexionsfaktor klein gehalten wird. Im Gegensatz zu der Weiche in Abb. 14 werden die Wellen des von den übrigen Kanälen abzutrennenden Kanals von

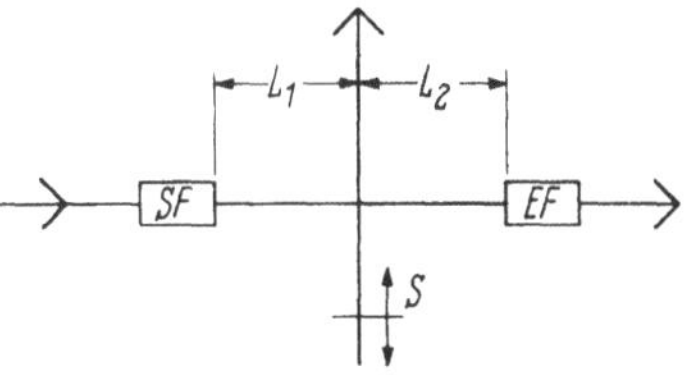

Abb. 16
Verzweigungsweiche aus Bandpässen
*SF* Sendefilter; *L* Leitung; *EF* Empfangsfilter; *S* Stichleitung

den Filtern nicht durchgelassen sondern reflektiert und umgekehrt die Wellen der übrigen Kanäle nicht reflektiert sondern durchgelassen. Aus diesem Grunde sind in Abb. 15 die Anschlüsse *4* und *4'* gegenüber Abb. 14 vertauscht.

Abb. 16 zeigt die eingangsseitige Parallelschaltung eines zweikreisigen Sendefilters *SF* mit einem dreikreisigen Empfangsfilter *EF* zu einer durchstimmbaren Verzweigungsweiche für das System PPM 60/2500. Die beiden Filter sind entsprechend Abb. 11 aufgebaut und jeweils auf verschiedene Frequenzen abgestimmt. Innerhalb des Durchlaßbereichs des einen Filters ist der Eingangsscheinwiderstand des anderen Filters ein nahezu konstanter Blindwiderstand. Dieser Blindwiderstand wird als Leerlauf in die Verzweigung transformiert. Die Lage der transformierten Leerlaufebene ist mit dem Phasenmaß der vor die Filter geschalteten Leitungen $L_1$ und $L_2$ so gewählt, daß eine Welle reflexionsfrei vom Antennenanschluß zu dem jeweils durchlassenden Filter gelangt. Durch eine Änderung in der Frequenzlage der durchstimmbaren Bandpässe weicht die transformierte Leerlaufebene von der optimalen Lage ab. Der dadurch entstehende Reflexionsfaktor in der Verzweigung wird durch eine Stichleitung $S$ kompensiert. Die Stichleitung ist wie die Bandpässe ebenfalls durchstimmbar ausgeführt.

## 6.7 Ersatzschaltungstechnik

### 6.7.1 Maßnahmen zur Erhöhung der Zuverlässigkeit

Von kommerziellen Richtfunkkanälen wird, wie von allen Weitverkehrsverbindungen, eine große Betriebszuverlässigkeit verlangt. Wie bei jeder technischen Anlage können auch bei den Richtfunkgeräten durch Verschleiß und Alterung Bauteile ausfallen; insbesondere werden davon die Röhren betroffen. Außerdem kann der Signal-Geräusch-Abstand durch Schwund oder Gerätefehler auf einen unzulässigen Wert absinken. Will man daher längere Störungszeiten einer Nachrichtenverbindung vermeiden, müssen Ersatzgeräte zur Verfügung gestellt werden, die automatisch an die Stelle der ausgefallenen Geräte treten, oder auf die bei Wartungsarbeiten von Hand umgeschaltet wird. Je nach der Ausführungsart dieser Ersatzschaltung spricht man von „Kanalersatz", wenn in einem bestimmten Streckenabschnitt von einem radiofrequenten Richtfunkkanal auf einen anderen umgeschaltet wird, oder vom „Geräteersatz", wenn nur ein einzelnes Richtfunkgerät auf ein Ersatzgerät geschaltet wird.

Beim *Kanalersatz* liegen die Umschaltpunkte an den beiden Enden des Schaltabschnittes in der Basisfrequenz- oder Zwischenfrequenzebene; es kann aber auch an einem Ende an Basisfrequenz- und am anderen Ende an Zwischenfrequenzpunkten umgeschaltet werden. Aus wirtschaftlichen Gründen werden im allgemeinen für mehrere Richtfunkkanäle *ein* Ersatzkanal und nur in besonderen Fällen zwei gemeinsame Ersatzkanäle benutzt, die im Bedarfsfall an die Stelle gestörter Betriebskanäle treten. Die Erfahrungen mit Richtfunklinien haben gezeigt, daß damit eine sehr gute Betriebssicherheit erreicht werden kann.

Der *Geräteersatz* wird vorzugsweise bei den Modulationsgeräten von Breitband-Richtfunkanlagen und bei Funkgeräten kleiner und mittlerer Sprechkreiszahlen angewendet. Die Umschaltpunkte liegen für die Modulationsgeräte hierbei auf der einen Seite in der Basisfrequenzebene auf der anderen in der Zwischenfrequenzebene; bei den Funkgeräten kann ein Ersatzgerät auch zwischen Basisfrequenz- oder Zwischenfrequenzklemmen und Radiofrequenzklemmen eingeschaltet werden. Wenn auf einer Station ein Ersatzgestell pro Funkgestell vorgesehen ist (Vollersatz), dann wird jeder Ersatzsender und -empfänger jeweils auf die Frequenz des Betriebsgerätes eingestellt. Bei geringeren Anforderungen an die Betriebszuverlässigkeit kann auch 1 Ersatzgerät für 2 Betriebsgeräte dienen; dabei muß aber dafür gesorgt werden, daß sich die Sende- und Empfangsfrequenz des Ersatzgerätes automatisch auf die entsprechenden Betriebsfrequenzen einstellen können.

### 6.7.2 Kriterien

Die einzelnen Richtfunkkanäle werden durch einen eigenen Piloten überwacht, der an den Basisbandklemmen eingespeist und wieder abgenommen wird. Dieser Pilot ist gleichzeitig ein wichtiges Kriterium für die Umschaltung. Der Ausfall des Funkpiloten kennzeichnet eine Streckenunterbrechung. Das Geräusch im Frequenzband um den Piloten ist als Kriterium für die Übertragungsgüte geeignet. Dieser Teil der Basisbänder ist frei von der Belegung, und mit dem ohnehin erforderlichen Pilotempfänger kann die kleine Geräuschspannung auf die für die Steuerung erforderlichen Werte verstärkt werden; die Umschaltung kann selbsttätig auch bereits beim Überschreiten einer einstellbaren Geräuschgrenze durchgeführt werden.

### 6.7.3 Umschaltverfahren

Für die beiden Ersatzschaltungsarten — Kanalersatz und Geräteersatz — werden unterschiedliche Verfahren zur Eingrenzung des Fehlerortes und zur Ermittlung der Fehlerart angewendet:

Bei der *Kanalersatzschaltung* werden bei Pilotunterbrechung oder unzulässiger Geräuschzunahme im Basisfrequenzband einzelne Funkfelder oder die Reihenschaltung mehrerer Funkfelder des Radiofrequenzkanals auf Ersatzkanäle umgeschaltet. Für jeden Ersatzkanal muß eine eigene Radiofrequenz bereitgestellt werden.

Wird einem Betriebskanal ein Ersatzkanal fest zugeordnet, so werden beide auf der Sendeseite in der Basisfrequenz- oder Zwischenfrequenzebene dauernd parallelgeschaltet und bei Bedarf wird empfangsseitig umgeschaltet.

Wird der Ersatzkanal jedoch für mehrere Richtfunkkanäle bereitgestellt, so wird erst mit einem Schaltbefehl von der Empfangsseite die sendeseitige Parallelschaltung zum gestörten Kanal angereizt (alle

Übertragungsstörungen werden nur auf der Empfangsseite erkannt), die empfangsseitige Umschaltung wird mit der Bestätigung der ausgeführten sendeseitigen Parallelschaltung freigegeben.

Um die Ausfallwahrscheinlichkeit der Nachrichtenübertragung bei einem oder zwei Ersatzkanälen für mehrere Betriebskanäle herabzusetzen, wird die ganze Strecke in unabhängige Schaltabschnitte aufgeteilt, und der Betriebskanal wird durch einen Ersatzkanal nur im gestörten Abschnitt ersetzt. Ein Fehler in einem Richtfunkamt verursacht Störungsmeldungen in allen dem Störungsort folgenden Schaltstellen. Es muß zunächst der gestörte Abschnitt ermittelt werden, damit die Ersatzschaltung nur dort ausgeführt wird, während der Ersatzkanal in den übrigen Schaltabschnitten für weitere Anforderungen frei bleibt. Der gestörte Abschnitt ist dadurch charakterisiert, daß am Anfang dieses Schaltabschnittes der Pilot noch vorhanden ist, nicht dagegen an seinem Ende. Durch „Rückfrage" am Anfang jedes Schaltabschnittes prüfen alle dem Störungsort folgenden Auswertungen ob der Pilot an der Sendeseite der Schaltabschnitte noch vorhanden ist und veranlassen oder sperren die Umschaltung.

Bei der *Geräteersatzschaltung* von Modulationsgeräten wird im Prinzip das gleiche Verfahren für die Fehlerorteingrenzung wie beim Kanalersatz verwendet. Für die Geräteersatzschaltung der Richtfunksender wird die Senderausgangsleistung als Umschaltkriterium benützt. Eine von der Empfängerüberwachung angezeigte Störung kann durch Schwund oder Empfängerfehler verursacht werden. Zur Unterscheidung der beiden möglichen Ursachen wird der Ersatzempfänger lose an die gleiche Antenne angekoppelt; er wird nur dann umgeschaltet, wenn nur der Betriebsempfänger „ausgefallen" meldet. Ein anderes Verfahren zum Eingrenzen der Fehlerursache ist die Prüfung der gestört meldenden Betriebsempfänger mittels eines Hilfsoszillators, der bei Bedarf an den Betriebsempfänger angeschaltet wird.

### 6.7.4 Unterbrechungszeiten bei Umschaltungen

Die Unterbrechungszeiten der Nachrichtenübertragung sind, abhängig vom Umschaltverfahren, unterschiedlich lang. Die Dauer eines Umschaltvorgangs setzt sich zusammen aus Fehlererkennungszeit, Fehlerauswertezeit und den Umschaltzeiten der Schalter; die Summe dieser Zeiten kann z. B. 35 msec bis mehrere Sekunden betragen.

Die *Fehlererkennungszeit*, d. h., die Ansprechzeit des Fehlerkriteriums beträgt einige Millisekunden. Sie wird bei Streckenunterbrechungen im wesentlichen durch die Bandbreite der Auswertung bestimmt, die so gewählt werden muß, daß das Verhältnis Nutz-/Störamplitude den Ansprechpunkt des Kriteriums nicht unzulässig beeinflußt. Die *Fehler-*

*auswertezeit* für das Ermitteln der Fehlerart (Senderausfall, Empfänger-
ausfall, Funkfeldunterbrechung) und die Sperrung der Ersatzmöglichkeit
für andere gleichzeitig gestörte Betriebseinheiten bei Vorhandensein nur
einer Ersatzeinheit hängt von der Auswerteschaltung ab; sie beträgt bei
elektronischen Schaltungen weniger als 0,1 msec. Die Summe aus Fehler-
erkennungs- und Fehlerauswertezeit ist die sog. „Vorbereitungszeit".

Die *Umschaltzeit* der Schalter ist bei elektronischen Schaltern kleiner
als 10 µsec, bei mechanischen Relaisschaltern beträgt sie mehrere Millisekunden und bei Motorschaltern für die Radiofrequenzebene etwa
1 sec.

Die *Unterbrechungszeit* einer Richtfunkstrecke kann bei einer „vorbereiteten" Umschaltung, z. B. bei Geräuschanstieg oder bei Umschaltung von Hand auf die Umschaltzeit des empfangsseitigen Schalters
verkürzt werden, d. h. bei elektronischen Schaltern auf kleiner als
10 µsec. Diese Verkürzung ist wichtig, da bei guter Wartung der Geräte
hauptsächlich „vorbereitet" umgeschaltet wird, so daß die durch den
Umschaltvorgang verursachte Unterbrechungszeit den Nachrichtenfluß
nicht merkbar stört.

Bei plötzlichen — durch Pilotunterbrechung gekennzeichneten —
Betriebsunterbrechungen entspricht die Unterbrechungszeit der Nachrichtenübertragung der Dauer des Umschaltvorgangs.

### 6.7.5 Ausführung der Umschalter

In der Radiofrequenzebene werden beispielsweise *koaxiale oder
Hohlleiterschalter* mit Motorantrieb und einer Umschaltzeit von etwa
1 sec benutzt, um die Antenne wahlweise an das Betriebs- oder Ersatzgerät anzuschalten. Die Entkopplungsdämpfung der Eingänge gegeneinander beträgt dabei mehr als 80 dB. Kurze Umschaltzeiten ($\leq 1$ msec)
in der Radiofrequenzebene werden mit umschaltbaren *Ferritzirkulato-
ren* [14] erreicht. Nachteilig bei dieser Anordnung ist die unzureichende,
meist nur 30 bis 40 dB betragende Entkopplung, so daß auf der Senderseite eine weitere Maßnahme erforderlich ist, wie Sendefilterverstim-
mung oder Sendersperrung.

Wenn Betriebs- und Ersatzsender gleichzeitig und miteinander
phasenstarr über eine Gabel betrieben werden, ist keine Umschaltung
erforderlich; bei Ausfall eines Senders tritt je nach Schaltungsart lediglich eine Leistungsminderung entsprechend 6 dB bis maximal 20 dB auf,
die meist den Betrieb nicht stört.

In der Zwischenfrequenz- und in der Basisfrequenzebene werden
vorzugsweise Schutzgasrelais oder elektronische Relais in Halbleiter-
technik verwendet. Mit letzteren erreicht man Umschaltzeiten von
weniger als 10 µsec.

### 6.7.6 Eigenschaften von Umschaltverfahren

In der Tab. 8 sind die Eigenschaften von einigen Umschaltverfahren angegeben, wie sie bei FM-, PPM- und EM-Systemen der Deutschen Bundespost verwendet werden.

Tabelle 8. *Eigenschaften einiger Umschaltverfahren*

| Richtfunkgerät | Frequenzlage der beiden Schaltpunkte | Umschaltverfahren für | Kriterien | Unterbrechungszeit | Schalter |
|---|---|---|---|---|---|
| FM 1800/6000 | Basisfrequenz/ Zwischenfrequenz oder Zwischenfrequenz/ Zwischenfrequenz | Modulationsgeräte und Richtfunkabschnitte | Pilotpegel<br><br><br>Pilotpegel und Geräusch | $\leq 35$ msec; vorbereitet: $< 10$ μsec | Koaxialrelais und elektronischer Schalter |
| EM 120/400 | Basisfrequenz/Basisfrequenz | Richtfunkabschnitte | Sendepegel bzw. Pilotpegel | 100 msec; vorbereitet: unterbrechungsfrei | Schutzgasrelais |
| PPM 60/ 2000/2500 | Basisfrequenz/Radiofrequenz | Funkgeräte | Sendepegel bzw. Empfangspegel | Empfangsstörung: 50 msec Senderstörung: 1 sec vorbereitet: unterbrechungsfrei | umsteuerbare Ringgabel und Koaxialrelais |

### 6.7.7 Beispiel einer Ersatzschaltung für ein Breitband-Richtfunksystem

Anhand des in Abb. 17 dargestellten Blockschaltplans sei im folgenden die Arbeitsweise einer Ersatzschaltung eines Breitband-Richtfunksystemes mit Modulationsgeräten und Kanalersatz kurz erläutert [29, 30].

Es sei angenommen, daß der Modulator *M1* ausfällt. Dies bewirkt eine Störungsmeldung in der Endstelle *A* und gleichzeitig in der Endstelle *B*. In der Endstelle *A* wird der Austausch des Betriebsmodulators gegen den Ersatzmodulator ausgelöst. Von der Zwischenstelle und von der Endstelle *B* werden die sendeseitige Parallelschaltung von Ersatz- und Betriebskanal in der Endstelle *A* und in der Zwischenstelle angereizt; in der Endstelle *B* wird ebenfalls die Demodulatorersatzschaltung vorbereitet. Die vorbereiteten Umschaltungen werden nicht ausgeführt, da die Pilote fehlen und damit die „Rückfrage" negativ ist. Nach der

Modulatorersatzschaltung verschwinden mit der Pilotwiederkehr die Fehlermeldungen und damit der Anreiz in der Zwischenstelle und Endstelle $B$. Ist der Ersatzmodulator gestört oder bereits belegt, so daß die Ersatzschaltung für den Modulator $M1$ unterbleibt, so werden nach einer Warte-

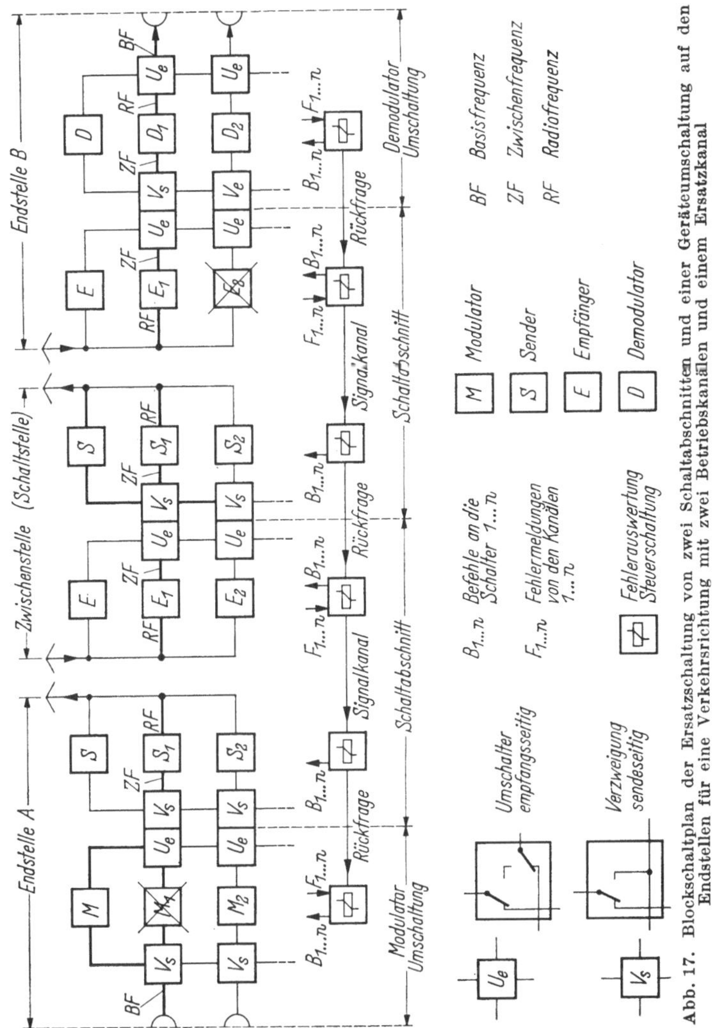


Abb. 17. Blockschaltplan der Ersatzschaltung von zwei Schaltabschnitten und einer Geräteumschaltung auf den Endstellen für eine Verkehrsrichtung mit zwei Betriebskanälen und einem Ersatzkanal

zeit von z. B. 200 msec weitere Fehlermeldungen in der Zwischenstelle und Endstelle $B$ in der Auswirkung gegenüber dieser Fehlermeldung bevorzugt ausgewertet.

Die Kanalersatzschaltung arbeitet unabhängig von der Geräteersatzschaltung also auch, wenn, wie oben beschrieben, der Modulator *M1* nicht ersetzt werden kann, aber während der Dauer dieses Fehlers die Strecke in Band 3 durch Ausfall, z. B. des Empfängers 3, in der Endstelle *B* gestört wird. Dann löst die Fehlermeldung in der Endstelle *B* die Parallelschaltung von Betriebs- und Ersatzkanal in der Zwischenstelle auf Grund der positiv beantworteten Rückfrage vom intakten Empfänger *E2* der Zwischenstelle aus und die Umschaltung in der Endstelle *B* erfolgt. In jedem Schaltabschnitt ist nur eine Ersatzschaltung möglich und weitere Ersatzanforderungen bleiben in Wartestellung; im Beispiel sind also weitere Ersatzschaltungen nur noch im Abschnitt Endstelle—Zwischenstelle und in der Schaltstelle *B* möglich.

## Schrifttum

[1] The TH Microwave Radio Relay System. Bell System techn. J. 40 (1961) 1459—1743.

[2] Kaiser, R.: Die Technik der Übertragung in Vielkanal-Richtfunksystemen mit Frequenzmodulation. Der Fernmeldeing. 11 (1957) H. 2 u. 6; 12 (1958) H. 3, 5, 6, 7, 10.

[3] Richtfunk in Österreich. Festschrift des Bundesministeriums für Verkehr und Elektrizitätswirtschaft. Juni 1959.

[4] Christiansen, P., u. H. Holzwarth: Ein Richtfunknetz zur Übertragung von Fernsehprogrammen und Bündeln von 600 Gesprächen in Dänemark. Siemens-Z. 31 (1957) 289—296.

[5] Willwacher, E., H. Oberbeck, E. Schüttlöffel, R. Steinhart, R. Heer, Hd. Junghans, u. A. Koreis: 4 GHz Richtfunksystem (FM 960/TV/4000) für 960 Gesprächskanäle und Fernsehen. Telefunken-Z. 34 (1961) 285—355.

[6] Christ, K., O. Laaff, u. K. Schmid: Richtfunkanlagen zur Übertragung von Telephonie und Fernsehen im 4 GHz und 2 GHz-Band. SEL-Nachrichten 7 (1959) 123—128.

[7] Bosse, G., u. M. Wagner: Störungen durch Echos bei Vielkanal-Richtfunkstrecken mit Frequenzmodulation. Frequenz 10 (1956) 282—287.

[8] Kienlin, U. v., u. A. Kürzl: Auswirkungen mehrerer Reflexionsstellen in Antennenleitungen bei Richtfunkanlagen mit Frequenzmodulation. Frequenz 16 (1962) 19—28.

[9] Roetken, A. A., K. D. Smith, u. R. W. Früs: The TD-2 Microwave Radio Relais System. Bell System techn. J. 30 (1951) 1041—1077.

[10] Gammie, J., u. S. D Hathaway: The TJ Radio Relay System Bell System techn. J. 39 (1960) 821—877.

[11] Hathaway, S. D., D. D. Sagaser u. J. A. Word: The TL Radio Relay System. Bell System techn. J. 42 (1963) 2297—2353.

[12] CCIR. Documents of the Xth Plenary Assembly, Geneva 1963, Volume IV.

[13] Gabler, E., u. H. Leysieffer: Neuzeitliche Halbleiter-Frequenzmodulatoren für Breitband-Richtfunksysteme. NTZ 18 (1965) H. 4.

[14] Willwacher, E.: 7 GHz-Richtfunkanlage für 120 Gesprächkanäle, FM 120/7000. Telefunken-Z. 34 (1961) 58—64.

[15] Laaf, O.: Aufbau und Wirkungsweise der SEL-Richtfunkanlage FM 120/7000. SEL Nachr. 10 (1962) 224—228.

[16] Maurer, P., E. Seibt, u. C. Colani: Das Richtfunksystem FM 120/7000, eine Übertragungsanlage für 120 Sprechkreise im Mikrowellengebiet. Frequenz 16 (1962) 201—207.

[17] Liebscher, R., W. Eichin, H. Heynisch, u. P. Meyerer: Die Siemens-Wanderfeldröhre RW 6 im J-Band. Nachr. techn. Fachber. 22 (1961) 105—108.

[18] Henke, O., u. K. Köhler: FM 1800/6000, ein vielseitig verwendbares Breitband-Richtfunksystem. Siemens-Z. 38 (1964) 883—890.

[19] Kienlin, U. v., H. Leysieffer, S. Kreil., E. Seibt, u. W. Ulmer: Die Modulations- und Funkeinrichtungen des 6 GHz-Breitband-Richtfunksystems für 1800 Sprechkreise (FM 1800/6000). NTZ 18 (1965) 311—321.

[20] Leypold, H. Leysieffer, u. H. K. Grunow: Entwicklungsprobleme bei Richtfunksystemen mit Einseitenbandmodulation. NTZ 17 (1964) 332—338.

[21] Herrle, G.: Ein neues Funkgestell für PPM-Richtfunkverbindungen im Bereich um 2000 oder 2500 MHz. Siemens-Z. 33 (1961) 248—250.

[22] Fox, A. G., S. E. Miller, u. M. T. Weiss: Behavior and Applications of Ferrites in the Microwave Region. Bell System techn. J. 34 (1955) 5—103.

[23] Haza-Radlitz, Ch. v.: Vergleich der Eigenschaften von Richtungsgabeln, die nach verschiedenen Prinzipien aufgebaut sind. Nachr.-Techn. Fachber. 23 (1961) 35—38.

[24] Deutsch, J., u. A. Voigtländer: Richtungsgabeln für Richtfunksysteme und Meßschaltungen. Frequenz 17 (1963) 72—78.

[25] Künemund, F., u. G. Ensslin: Veränderbare Bandpässe und Weichen für Zentimeterwellen. Frequenz 16 (1962) 149—156.

[26] Hogan, C. L.: The Ferromagnetic Faraday Effect at Microwave Frequencies and its Applications. Bell System techn. J. 31 (1952) 1—31.

[27] Deutsch, J., W. Haken, u. Ch. v. Haza-Radlitz: Neue Richtungsleitungen für Richtfunksysteme. NTZ 12 (1959) 367—370.

[28] Chait, H. N., u. T. R. Curry: New Microwave Circulators. Electronics 32 (1959) Dec. 18, 81—83.

[29] Noack, H., u. M. Jung: Selbsttätige RF-Kanal-Umschaltung für das Breitband-Richtfunksystem FM 960/TV/4000. NTZ 14 (1961) 285—291.

[30] Noack, H., u. H. Panschar: Die Umschalteinrichtung des 6 GHz-Breitband-Richtfunksystems für 1800 Sprechkreise. NTZ 18 (1965) 475—478.

# 7. Kurzwellenverbindungen

## Von D. Leypold, G. Pilz und A. Simon[1]

In diesem Kapitel werden nur Kurzwellen-Richtfunkverbindungen zwischen 2 Punkten behandelt, jedoch nicht Rundfunksender und -empfänger.

## 7.1 Allgemeines

### 7.1.1 Eigenschaften der Kurzwellen

Eine wesentliche Eigenschaft der Kurzwellenfunkverbindungen ist ihre große Reichweite auch bei relativ kleinen Sendeleistungen. Die

---

[1] Die Abschn. 7.1 bis 7.3, 7.5.1 und 7.5.2 wurden von D. Leypold, 7.4.1, 7.4.2b bis 7.4.2e von A. Simon und 7.4.2a und 7.5.3 von G. Pilz bearbeitet.

Dämpfungen solcher Verbindungen sind jedoch sehr veränderlich, die Empfangsleistungen schwanken um mehrere Zehnerpotenzen je nach Sonnenstand, Jahreszeit und geographischem Ort (s. auch das Kapitel über Wellenausbreitung S. 180ff.). Trotz dieser wechselnden Streckendämpfung ist es in den meisten Fällen durch geeignete Frequenzwahl möglich, einen 24stündigen Betrieb aufrechtzuerhalten. Bei starker Sonnenfleckentätigkeit kann der Empfang aber völlig zum Erliegen kommen. Weiterhin entsteht bei Mehrwegeübertragung über verschiedene Weglängen und damit verschiedenen Laufzeiten selektiver Schwund mit Abständen der Minima zwischen etwa 100 Hz und mehreren kHz. Auch die Störgeräusche, die im allgemeinen mit der Wellenlänge zunehmen, ändern sich je nach Tages- und Jahreszeit und dem geographischen Ort des Empfängers. Alle diese Zusammenhänge sind in langjährigen Beobachtungen gesammelt und in den CCIR-Dokumenten [1] veröffentlicht worden. Beim Bau von Kurzwellensendern und Empfängern muß man auf diese Eigenschaften Rücksicht nehmen. Hierzu kommen noch die folgenden Anforderungen.

### 7.1.2 Anforderungen an die Kurzwellengeräte

Da der Bedarf an Funkkanälen sehr groß ist und immer mehr steigt, muß auf größtmögliche Frequenzbandökonomie geachtet werden. Deshalb sind Sendearten (Modulationsarten), die weniger Frequenzband benötigen, solchen mit größerem Bandbedarf vorzuziehen.

Unnötige und unerwünschte Energieausstrahlung ist zu vermeiden. Dies kann dadurch geschehen, daß die Sendeenergie bei guten Übertragungsbedingungen vermindert wird, und daß alle Neben- und Oberwellen beim Sender weitgehend unterdrückt werden.

Da der Aufwand für eine Senderanlage mit der abgebbaren Leistung erheblich ansteigt, kann man die Gesamtkosten für eine Punkt-zu-Punkt-Verbindung herabsetzen, wenn man durch Einsatz hochwertiger Empfänger die erforderliche Sendeenergie verringert.

Zunächst seien die wichtigsten Telegraphie- und Telephoniesendearten [2a)] dargestellt unter Berücksichtigung der oben angegebenen Anforderungen.

### 7.2 Sendearten und Bemessungsfragen

#### 7.2.1 Telegraphie

Im folgenden sind die in der Funktechnik gebräuchlichen Telegraphiesendearten (Modulationsarten), ihre speziellen Eigenschaften und ihre Anforderungen an die Geräte zusammengestellt (s. auch das Kapitel Telegraphie- und Datenübertragung, S. 333ff.).

**A1: Telegraphie.** Ein-Aus-Tastung des Senders.

Dies ist die älteste und noch viel gebrauchte Technik vor allem für Morsezeichen, die durch Veränderung der Telegraphiegeschwindigkeit weitgehend den Betriebsbedingungen angepaßt werden kann. Bei Weichtastung ist die Frequenzbandökonomie sehr gut. Der Empfänger muß einen A1-Überlagerer besitzen, um die getasteten Signale mit einer gewünschten Tonhöhe hörbar zu machen. Bei kleinen Anlagen ist es üblich, von Hand mit der Morsetaste zu senden und die Signale über den Fernhörer zu empfangen. Großstationen verwenden bei Schnelltelegraphie Maschinensender und zum Empfang Rekorder, welche die Morsezeichen als Wellenlinie auf einen Papierstreifen schreiben. Ein geübter Funker kann in beiden Fällen auch bei Störungen die Signale noch entziffern.

**A7A: Wechselstromtelegraphie für mehrere Kanäle in einem 3 kHz- oder 6 kHz-Einseitenbandkanal**

**A7B: Wechselstromtelegraphie in zwei unabhängigen Einseitenbandkanälen**

Für die Übertragung dieser Nachrichtensignale werden normale, für das Fernsprechen gebaute Einseitenbandsender und -empfänger benutzt, welche mit den Geräten der Wechselstromtelegraphie s. S. 365 ff. zusammengeschaltet werden. Mit dieser Sendeart können sehr viele Nachrichten zugleich übertragen werden, sie ist flexibel in Telegraphiegeschwindigkeit und Anzahl der Telegraphiekanäle. Beim Sender und Empfänger ist eine hohe Frequenzkonstanz und ein kleiner Klirrfaktor erforderlich. Diese Technik ist bezüglich Frequenzbandbedarf und Kosten pro Kanal die günstigste. Die Anzahl der Fernschreibkanäle in einem Band von 3 kHz ist je nach Ausnutzungsgrad unterschiedlich. Zur Zeit werden in Verbindung mit Fehlerkorrekturverfahren 12 Fernschreibkanäle im 3 kHz-Band betrieben; mit entsprechend höherem Aufwand an Telegraphieeinrichtungen könnte die Anzahl auf maximal 30 erhöht werden, bei einer Telegraphiegeschwindigkeit von 50 Baud. Bei voller Belegung von zwei 6 kHz breiten Seitenbändern mit Fernschreibkanälen könnte eine weitere Erhöhung um den Faktor 4 erreicht werden (s. S. 365 ff.).

**F1: Telegraphie,** Frequenzmodulation.

Dieses Verfahren zeichnet sich durch eine gute Frequenzband- und Leistungsausnutzung aus. Sender und Empfänger benötigen spezielle F1-Modulations- und Demodulationseinrichtungen. Im Gegensatz zum A1-Empfänger kann hier ein Begrenzer benutzt werden, wodurch der Empfang bei Schwund und schlechtem Geräuschabstand weniger störanfällig ist. Erst durch Einführung dieser Technik ist der drahtlose Fernschreibbetrieb in großem Umfang möglich geworden. Hier sind keine Morsespezialisten mehr erforderlich. Voraussetzung für den Betrieb ist:

Hohe Frequenzkonstanz beim Sender und Empfänger oder selbsttätige Frequenznachstellung beim Empfänger. Mehrfachempfang ist sehr wirkungsvoll und ergibt bei Selektivschwund eine wesentliche Empfangsverbesserung. Bei modernen Geräten mit hoher Frequenzkonstanz können die Frequenzhübe verkleinert und gleichzeitig, z. B. durch Zusammenfassen mehrerer Fernschreibnachrichten nach dem Zeitmultiplexverfahren, die Telegraphiegeschwindigkeit erhöht werden. Die Frequenzbandausnutzung und der Störabstand werden dadurch noch besser.

**F4: Faksimile,** Bildübertragung von Schwarz-Weiß- oder Halbtonbildern.

Schwarz-Weiß-Bilder, hauptsächlich Wetterkarten, werden durch Frequenzumtastung mit maximal 3000 Bildpunkten pro Sekunde übertragen. Bei Bildübertragung mit Halbtonwerten muß die Frequenzkonstanz sehr gut sein, da keine selbsttätige Frequenzregelung während der Übertragung möglich ist. In beiden Fällen werden spezielle Bildgeräte benutzt.

**F6: Telegraphie (Duoplex),** zwei unabhängige Telegraphiekanäle durch Modulation der Frequenz auf vier verschiedene Werte.

Es steht die volle Senderleistung für beide Nachrichten zur Verfügung. Man benötigt jedoch die doppelte Bandbreite gegenüber F1, und hat daher einen um 3 dB schlechteren Geräuschabstand am Empfänger. Die Mehrkosten für den zweiten Kanal sind gering. Werden beide Kanäle im Takt unabhängig voneinander getastet, dann können sehr kurze Telegraphieschritte auftreten, die das System nicht mehr überträgt, es entstehen dann Telegraphieverzerrungen. Die Erfahrung zeigt, daß diese Verzerrungen den Fernschreibbetrieb mit 50 Baud noch nicht unzulässig stören. Bei den mit wesentlich höherer Telegraphiegeschwindigkeit arbeitenden Zeitmultiplexeinrichtungen sind Schrittordner üblich, die von der Multiplexeinrichtung gesteuert werden.


### 7.2.2 Telephonie

Es werden nur die Sendearten für die Übertragung von Telephonie- und Ton-Rundfunksignalen betrachtet, ferner aus systematischen Gründen auch Wechselstromtelegraphie und Datenübertragung.

**A3: Zweiseitenbandmodulation mit übertragenem Träger.**

Dies ist die klassische Technik. Man kommt mit einfachsten Geräten für Sender und Empfänger aus, hat jedoch eine schlechte Frequenzband- und Leistungsausnutzung. Es wird angestrebt, die A3-Modulation in zunehmendem Umfang im kommerziellen Verkehr durch Einseitenbandverfahren zu ersetzen.

**A3A: Einseitenbandmodulation mit einem Kanal.**

Der niederfrequente Kanal wird in die radiofrequente Lage verschoben und anstelle der niederfrequenten Frequenz Null eine Steuerschwingung (Trägerrest) mit kleiner, aber konstanter Amplitude übertragen.

**A3B: Einseitenbandmodulation mit zwei unabhängigen Seitenbändern.** Wie zuvor, jedoch wird je ein Kanal oberhalb und unterhalb der Steuerschwingung übertragen, die als Bezugsfrequenz für beide gilt. Gegenüber der Zweiseitenbandmodulation ist bei der Einseitenbandmodulation das ausgesendete Spektrum für jedes Signal nur halb so breit und durch den Wegfall des Trägers bei gleicher Spitzenleistung der Rauschabstand um 9 dB besser. Weiterhin ist auch der Einfluß des selektiven Schwundes und starker Störsender (Kreuzmodulation) erheblich geringer. Als weiterer Vorteil ergibt sich, daß Einseitenbandsender mit Rundfunkempfängern nicht abgehört werden können. Zur wirklichen Geheimhaltung sind jedoch Verschlüsselungsgeräte erforderlich. Allerdings ist entweder eine sehr hohe Frequenzkonstanz der Sender und Empfänger oder bei den Empfängern eine Frequenznachstellung nötig. Wenn die Treffsicherheit nicht besser als 300 Hz ist, erfordert die Abstimmung solcher Empfänger, vor allem bei A7B-Betrieb, besondere Übung. Durch Einführung der Quarzrastertechnik (s. S. 712ff.) ist die hohe Forderung an die Frequenzkonstanz erfüllbar, so daß man hier ohne Frequenznachstellung auskommt.

**A3J: Einseitenbandmodulation mit völlig unterdrücktem Träger.** Da kein Kriterium für eine Frequenznachstellung mehr vorhanden ist, muß die Frequenz je nach der verlangten Qualität auf 3 bis 100 Hz genau sein. Die Schwundregelung erfolgt nach dem Volumen des Nachrichtenkanals. Diese Technik wird für Datenübertragung mit konstantem Volumen oder für einfache Funksprechverbindungen benutzt. Bei letzteren kann das Frequenzband mit nur geringer gegenseitiger Störung, z. B. im Flug- oder Schiffverkehr, gleichzeitig mehrfach belegt werden.

**A3H: Einseitenbandmodulation mit starkem Träger.** Die Nachricht kann mit einem normalen Zweiseitenbandempfänger empfangen werden, allerdings nur mit schlechter Leistungsausnutzung beim Sender und erhöhtem Klirrfaktor auf der Empfangsseite. Diese Technik wird daher nur als Übergangslösung benutzt, wenn kein Einseitenbandempfänger zur Verfügung steht.


## 7.3 Signalaufbereitung

### 7.3.1 Frequenzumsetzer

**a) Historische Entwicklung.** Bei den ersten Sendern vermied man unerwünschte innere Rückkopplungen dadurch, daß jede Verstärkerstufe als Frequenzverdoppler geschaltet wurde. Die A3-Modulation fand dabei in der Endstufe statt. Die Empfänger hatten Geradeausschaltung mit guter Empfindlichkeit aber geringer Selektion. Mit Einführung der Einseitenband- und F1-Technik wurde bei den Sendern die Vorstufenmodulation erforderlich; bei den Empfängern war schon vorher das Überlagerungsprinzip üblich, das man nun auf mehrere Zwischenfrequenzumsetzungen erweiterte, um beste Selektionswerte zu erreichen. Die hohe Frequenztreffsicherheit wird entweder durch quarzstabilisierte Oszillatoren mit Umschaltquarzen bei Sendern und Empfängern oder

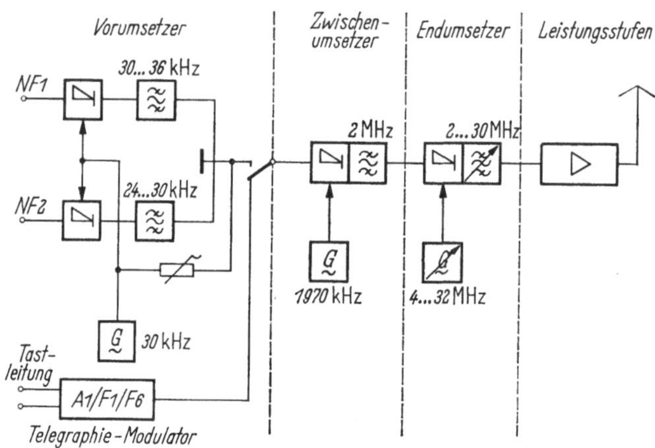


Abb. 1. Vorstufenmodulierter Sender (Siemens)

durch Frequenzregelschaltungen vor allem bei stetig abstimmbaren Empfängern erreicht. Neuerdings benutzt man Quarzrasteroszillatoren anstelle der Umschaltquarze.

**b) Die Vorstufenmodulation.** Auch bei den Einseitenbandsendern behielt man zuerst noch das Prinzip bei, in den Vorstufen gleichzeitig die Frequenz umzusetzen und die Leistung zu steigern. Dadurch wurden die Vorstufen groß und teuer. Einseitenbandbetrieb lohnte sich also nur für hochwertige Verbindungen mit starken Sendern. Die heute zur Verfügung stehenden Leistungstetroden und die verbesserte Abschirmtechnik ermöglichen jedoch nun Geradeausverstärker mit großer Verstärkung und hoher Ausgangsleistung. Die Umsetzung in die Endfrequenz wird in den Vorstufen mit kleiner Leistung und damit auch kleinen Bauelementen durchgeführt. Damit sind heute Funksprechgeräte bis herab zu 10 W in Einseitenbandtechnik wirtschaftlich sinnvoll. Das Blockschaltbild eines Großsenders zeigt Abb. 1. Er besteht aus den Vorstufen, die in Vor-, Zwischen- und Endumsetzer gegliedert sind, und der Leistungsstufe.

Im Vorumsetzer findet die Umsetzung der Eingangssignale in die geforderte Sendeart statt. Um eine ausreichende Nebenwellendämpfung zu erzielen, muß das mit tiefer Frequenzlage im Vorumsetzer erzeugte Signal noch in eine Zwischenfrequenz von 1 bis 2 MHz verschoben werden. Erst von hier aus wird es durch einen Oszillator mit veränderbarer Frequenz in die Endfrequenz transponiert und selektiv verstärkt. Die Leistung des Signals am Ausgang des Endmodulators beträgt etwa $5 \cdot 10^{-7}$ W; sie wird dann in der Vorstufe auf eine Leistung von 0,02 bis 1 W und im eigentlichen Sender erforderlichenfalls bis auf 100 kW verstärkt. Der Oszillator für die Endumsetzung besitzt je nach Forderung als frequenzbestimmendes Element Spule und Drehkondensator, wobei die Frequenz auf $\Delta F/F = 10^{-3}$ bis $10^{-5}$ konstant ist, oder Umschaltquarze mit $\Delta F/F = 10^{-6}$ oder einen Einzelquarz mit $\Delta F/F$ bis $10^{-8}$. Im letzteren Fall wird von dieser Schwingung ein Rasteroszillator stabilisiert (s. S. 721 ff.). Im folgenden soll auf die Vorumsetzer noch näher eingegangen werden.

**c) Vorumsetzer.** Einseitenbandsender werden entweder mit einem einzigen 3 kHz breiten Kanal oder 2 Kanälen von je 3 oder 6 kHz Bandbreite gebaut. Im letzteren Fall reicht das Basisband oft bis 100 Hz herunter, um ein Ton-Rundfunksignal übertragen zu können. Die Flanken der Seitenbandfilter müssen dann sehr steil sein. LC-Filter werden in der Lage zwischen 10 und 40 kHz, elektromechanische Filter von 100 kHz an aufwärts verwendet. Bei geringeren Forderungen an die Unterdrükkung von Nebenwellen kann durch Verwendung der mechanischen Filtertypen der Zwischenfrequenzumsetzer eingespart werden. Die *A1-Tastung* kann in der Endstufe, im Vorumsetzer oder bei beiden gleichzeitig erfolgen. Damit das ausgesendete Spektrum möglichst schmal ist, müssen die rechteckigen Telegraphiezeichen abgerundet werden (Weichtastung). Zu diesem Zweck werden die Gleichstromtastzeichen über einen Tiefpaß dem Telegraphiemodulator zugeführt, der ein linearer Amplitudenmodulator sein muß. Ist allerdings im Leistungsteil ein C-Verstärker vorhanden, so sind dort besondere Maßnahmen erforderlich, um die Kurvenform nicht wieder zu ändern. Günstiger ist ein linearer Verstärker, wie er heute bei universell verwendbaren Sendern üblich ist (s. S. 750 ff.).

Zur *F1-Tastung* wird ein frei schwingender Generator im Takt der Telegraphiezeichen um $\pm \Delta F$ von seiner Mittellage verstimmt. Bei einfachen Sendern kann dazu direkt der frequenzbestimmende Quarzgenerator mit einer Ziehschaltung benutzt werden. Die Einhaltung eines konstanten Hubes bei Wellenwechsel ist dabei allerdings etwas schwierig. Besser ist die Vorstufenmodulation, wobei ein Generator mit tiefer Frequenzlage benutzt wird, so daß die Frequenzunsicherheit nur wenige Hertz beträgt. Der Frequenzhub ist dann unabhängig von der Sendefrequenz, es sei denn, der Sender arbeite mit Frequenzvervielfachung. Die Anforderungen an den F1-Oszillator sind vielseitig: Er soll auf wenige

Hz konstant und der Frequenzhub je nach Anforderung des Betriebes auf Werte zwischen $\pm 70$ und $\pm 600$ Hz einstellbar sein. Dabei muß natürlich der Hub unabhängig von Schwankungen der Tastspannung bleiben. Diese Forderung wäre leichter zu halten, wenn nicht zur Verringerung des unerwünschten Tastspektrums auch hier die „Weichtastung" erforderlich wäre. Es muß ein linearer Frequenzmodulator wieder durch „verrundete" Gleichstromtastzeichen getastet werden. Dieser Modulator ist dann auch für F4-Sendungen benutzbar. Die F6-Modulation entsteht dadurch, daß der erste Kanal $V_1$ mit $\pm 400$ Hz Hub moduliert wird und diesem Hub der des 2. Kanals $V_2$ mit $\pm 200$ Hz überlagert wird. Damit entstehen 4 Frequenzen, die je 400 Hz gegenseitigen Abstand haben.

Das vom CCIR empfohlene Schema hat folgenden Aufbau:

| | $f_1$ | $f_2$ | $f_3$ | $f_4$ | | |
|---|---|---|---|---|---|---|
| | | | | | $f_1 < f_2 < f_3 < f_4$ | |
| $V_1$ | $Z$ | $Z$ | $A$ | $A$ | $A =$ Zeichenpolarität | |
| $V_2$ | $Z$ | $A$ | $Z$ | $A$ | $Z =$ Trennpolarität | |

In neuerer Zeit wird der Hub auf die Hälfte verringert, um auch hier Frequenzband zu sparen. Die Kombination der beiden Kanäle erfolgt

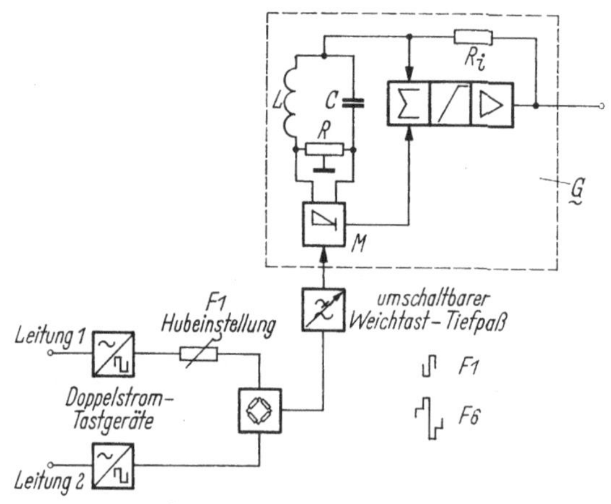


Abb. 2. F1/F6 Telegraphie-Tastschaltung (Siemens)

am einfachsten auf der Gleichstromseite durch Addition der Gleichspannungen.

Eine moderne F1/F6-Schaltung, die bei 30 kHz arbeitet, ist als Blockschaltung in Abb. 2 dargestellt.

Der Oszillator $G$ besteht aus einem Verstärker mit hohem Innenwiderstand $R_i$ und dem 30 kHz Schwingkreis LC, von dessen Spannung die direkte Rückkopplungskomponente abgeleitet wird. An dem Widerstand $R$ in diesem Schwingkreis steht eine zweite, zur obigen orthogonale Spannung, welche über den Modulator $M$ entsprechend der Amplitude und Polung des Taststroms in Größe und Vorzeichen gesteuert und über ein Summierungsglied $\sum$ zur ersten addiert wird. Die gesamte Rückkopplungsspannung bildet daher, wenn der Taststrom nicht gerade Null ist, gegen die direkte Rückkopplungsspannung einen kleinen Phasenwinkel, so daß die zur Selbsterregung notwendige Phasenbilanz bei 30 kHz nicht erfüllt ist. Infolgedessen schwingt der Oszillator mit einer von der Resonanzfrequenz abweichenden Frequenz, die eine solche Phasenverschiebung der direkten Rückkopplungsspannung zur Folge hat, daß der durch die zusätzliche Spannung hervorgerufene Winkel gerade kompensiert wird. Damit ändert sich die Frequenz proportional der Steuerspannung. Diese Steuerspannung wird bei F1 durch ein und bei F6 durch zwei Doppelstromtastgeräte erzeugt, welche die Signale der Fernleitung regenerieren und in Doppelstromzeichen umwandeln, die in ihrer Amplitude fest einstellbar sind. Vor dem Tastmodulator $M$ liegt zur Weichtastung der Tiefpaß, dessen Grenzfrequenz je nach Telegraphiegeschwindigkeit eingestellt wird. Die frequenzbestimmenden Teile des Oszillators befinden sich in einem Thermostaten, und die Betriebsspannungen sind stabilisiert. Damit ist die Frequenz bei den üblichen Betriebsbedingungen auf 5 Hz konstant.

**d) Umsetzer in die Endfrequenz.** Um gegenseitige Störungen frequenzbenachbarter Kanäle zu vermeiden, wurden zahlreiche internationale Vereinbarungen getroffen, nach denen bestimmte Frequenztoleranzen nicht überschritten werden sollten [2b)]. Bei Sendern, die nur diesen Forderungen genügen, reicht jedoch die Frequenzgenauigkeit für Einseitenband- und Frequenzmodulation nicht aus. Der Empfänger muß hier oft auf wenige Hz genau auf den Sender abgestimmt sein. Meist hatten die Empfänger bisher eine geringe Konstanz und waren deshalb mit einer selbsttätigen Frequenzregelung ausgerüstet. Die Sendefrequenz muß dann bei Beginn des Abstimmvorgangs gesucht werden, bis sie in den Fangbereich der Regelung fällt, der etwa 100 Hz beträgt. Will man ohne Suchen auskommen, so ist dies nur mit quarzstabilisierten Oszillatoren möglich. Aus diesem Grund sind viele Funkdienste auf der Sende- und Empfangsseite mit Fest- oder Umschaltquarzen bestückt. Oft müssen jedoch so viele Frequenzen verfügbar sein, daß diese Technik nicht ausreicht.

Für diese Zwecke werden Rasteroszillatoren benutzt, die auf die Frequenzen eines mehr oder weniger feinstufigen Rasters eingestellt werden können. Die Rastergrundfrequenz ist quarzstabilisiert. Auch eine Interpolation zwischen den Rasterfrequenzen ist möglich. Diese Technik erlaubt bei entsprechendem Aufwand eine beliebig hohe Frequenzgenauigkeit.

Wenn die Erzeugung der Rasterfrequenzen mit der Umsetzung der Nachrichtensignale in einem Gerät vereinigt wird, können gleichzeitig mit der Frequenzeinstellung auch die selektiven Hochfrequenzverstärker abgestimmt werden. Die verschiedenen Möglichkeiten derartiger Schaltungen sind im nachfolgenden beschrieben.

### 7.3.2 Rasterfrequenzerzeuger

Abgesehen von den Geräten, welche ein Frequenzraster mit Umschaltquarzen erzeugen, siehe z. B. [3], werden in neueren Geräten alle Frequenzen aus einer einzigen Schwingung von z. B. 1 MHz oder 100 kHz abgeleitet, die durch einen Präzisionsquarz im Thermostaten stabilisiert wird. Durch dekadische Frequenzteilung und Vervielfachung werden die Grundschwingungen erzeugt, aus deren Oberwellen durch gegenseitige Modulation die Endfrequenz gebildet wird. Die Nebenwellen der Endfrequenzen müssen je nach Anwendung 60 bis 120 dB gedämpft sein. Um aus der großen Zahl der einstellbaren Frequenzen (im Kurzwellenbereich bei einem 1 kHz-Raster beinahe 30000) die gewünschte auszuwählen, muß ein rationelles Verfahren benutzt werden. Man verwendet dazu abstimmbare Oszillatoren; wie unten erklärt, geht beim *Syntheseverfahren* ihre Frequenzgenauigkeit nicht in die Ausgangsfrequenz ein, beim *Analyseverfahren* werden sie frequenzstarr auf die Sollfrequenz geregelt. Der Gesamtaufwand wird verringert, wenn man auf die dekadische Einstellung verzichtet und statt dessen einen 100 kHz-Rasteroszillator und einen Interpolator verwendet. Der Oszillator hat dann annähernd 300 Stellungen. Im folgenden soll auf die beiden Verfahren näher eingegangen werden.

**a) Das Syntheseverfahren.** Allgemein wird beim Syntheseverfahren die gewünschte Frequenz durch Addition und Subtraktion mehrerer

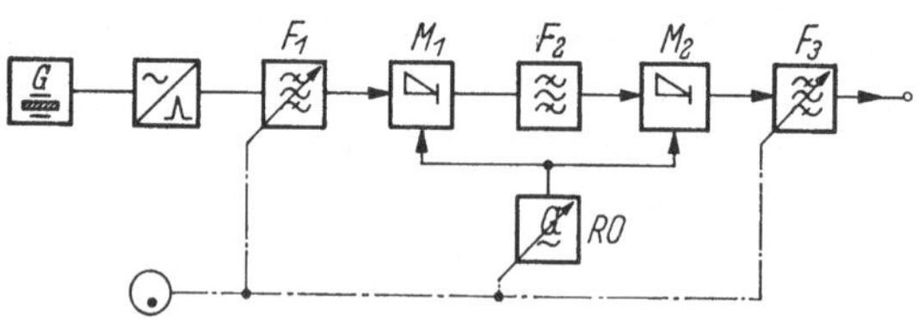


Abb. 3. Rasteroszillator nach dem Syntheseprinzip

Frequenzen in Modulatoren und Filtern gebildet. Um bei Rasteroszillatoren eine beliebige Oberwelle aus dem Spektrum auszuwählen, benutzt man die in Abb. 3 im Prinzip dargestellte Schaltung.

Über eine Vorselektion $F_1$ gelangt die gewünschte Rasterschwingung auf den Modulator $M_1$, wird dort durch den Rasteroszillator $RO$ in den Durchlaßbereich des hochselektiven Filters $F_2$ umgesetzt, danach in $M_2$

wieder mit $RO$ in die ursprüngliche Lage zurückversetzt und im Filter $F_3$ von den unerwünschten Modulationsprodukten getrennt. Zweckmäßig werden die Filter $F_1$ und $F_3$ gemeinsam mit dem Rasteroszillator abgestimmt. Die Frequenzungenauigkeit dieses Oszillators geht nicht in die Ausgangsfrequenz ein. Er muß nur so konstant sein, daß die Rasterschwingung im Durchlaßbereich des Filters $F_2$ bleibt. Bei sehr schmalem Filter $F_2$ kann eine selbsttätige Frequenzregelung des Oszillators zweckmäßig sein. Die Feinheit des Rasters ist durch den größtmöglichen Frequenzfehler des Oszillators gegenüber seinem Sollwert begrenzt. Der Fehler muß kleiner als die halbe Rastergrundfrequenz sein, um

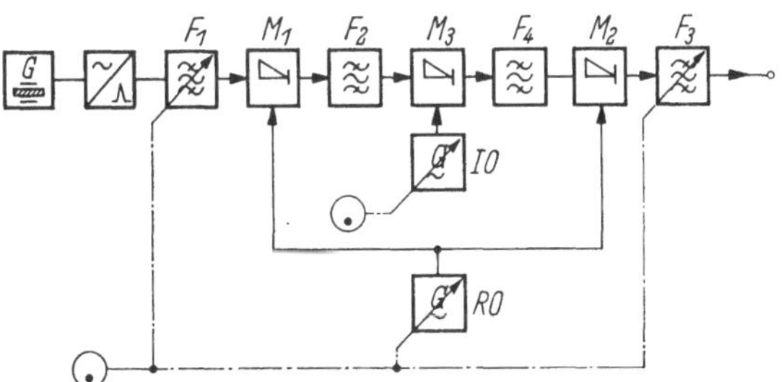



Abb. 4. Syntheserasteroszillator mit Interpolator

Fehleinstellungen zu vermeiden. In dieser Technik sind Geräte mit mehreren 100 Rasterfrequenzen in einem Bereich gebaut worden.

In Abb. 4 ist die Einspeisung der Schwingung eines Interpolationsoszillators IO gezeichnet, deren Frequenz entweder stetig veränderbar ist, oder die nach demselben Prinzip von einem feineren Raster abgeleitet wird. Gleiche Baugruppen haben dieselbe Bezeichnung wie in Abb. 3.

Die durchstimmbaren Filter $F_1$ und $F_3$ können durch feste Tiefpässe ersetzt werden, wenn man die Frequenz des Filters $F_2$ *über* die höchste einstellbare Rasterfrequenz legt. Da man ein genügend selektives Filter in dieser Lage nur schwer verwirklichen kann, wird die Schwingung mit einem Hilfsoszillator in eine tiefe Frequenzlage transponiert, wo das schmale Filter realisierbar ist, und dann wieder zurückversetzt. Wie an einem ausgeführten Beispiel beschrieben ist (s. S. 717), ist der zusätzliche Aufwand für diese Hilfsumsetzung gering. Auch der Rasteroszillator wird durch die hochgelegte Frequenz $F_2$ einfacher, sein Frequenzbereich liegt über dem des Filters $F_2$, und seine Variation ist dadurch $<1:2$, er kann also ohne Wellenschalter in einem einzigen Bereich abgestimmt werden; allerdings muß er relativ konstanter sein als bei tiefer Lage von $F_2$.

Mit dem Syntheseverfahren kann mit tragbarem Aufwand eine Nebenwellendämpfung bis etwa 80 dB erreicht werden. Beim Analyseverfahren sind wesentlich höhere Werte möglich.

**b) Das Analyseverfahren.** Beim Analyseverfahren regelt man einen frei schwingenden Oszillator frequenzstarr auf die gewünschte Frequenz, indem man die Phasenlage seiner Schwingung, meist nach mehrfacher Frequenzumsetzung, mit einer Vergleichsfrequenz in einem Phasendiskriminator vergleicht. Dabei entsteht eine Gleichspannung, deren Größe von der Phasendifferenz der beiden Schwingungen abhängt. Mit dieser Regelspannung wird der Oszillator über eine Reaktanz auf die Sollfrequenz synchronisiert. In der Regelleitung befindet sich ein Tiefpaß, welcher Störfrequenzen weitgehend unterdrückt, wodurch die hohe Nebenwellendämpfung des Analyseverfahrens begründet ist. Eingehende Betrachtungen über Nebenwellen bei diesem Verfahren haben VALDORF und KLINGER in [4] veröffentlicht.

Für die spezielle Forderung, den Oszillator auf eine Anzahl Spektralfrequenzen eines Rasters einzustellen, gibt es eine besonders einfache Schaltung, die als impulsgesteuerter Oszillator (IGO) bekannt ist [5]. Hier wird, s. Abb. 5, die Rastergrundschwingung in einen Impuls mit hoher Spannung verwandelt, der schmaler ist als eine Halbwelle der höchsten Oszillatorfrequenz. Mit dem Impuls wird das sperrende

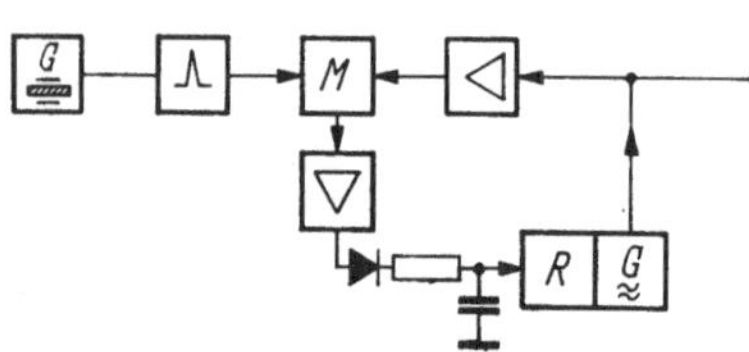

Abb. 5. Impulsgesteuerter Oszillator

Gitter einer Impulsmischröhre $M$ kurzzeitig aufgetastet, so daß der Momentanwert der an einem anderen Gitter angelegten Oszillatorspannung den Anodenstrom steuert. Es entsteht also wieder ein Impuls, und seine Amplitude ist von der Phasenlage des Eingangsimpulses, bezogen auf die Oszillatorschwingung, abhängig. Hinter einem einfachen Verstärker und Gleichrichter kann eine sich um einen Mittelwert je nach Phasenlage ändernde Regelgleichspannung entnommen werden. Diese Regelspannung synchronisiert über einen RC-Tiefpaß und eine steuerbare Reaktanz den Oszillator auf die gewählte Oberwelle. Die Schaltung benötigt außer diesem RC-Tiefpaß in der Regelleitung kein Filter.

Der große, schmale Impuls ist bei folgender Schaltung [6] nicht erforderlich; es genügt, wenn das Oberwellenspektrum alle benötigten Spektralfrequenzen in ausreichender Amplitude enthält. Die synchronisierte Oszillatorschwingung wirkt hier als Träger einer Zweiseitenbandmodulation, wobei die benachbarten Spektralfrequenzen paarweise die Seitenbänder sind. Je nach Phasenlage der Oszillatorschwingung zu den Seitenbandschwingungspaaren entsteht in der Mischstufe $M$ wieder die Grundfrequenz mit ihren Harmonischen in einer mehr oder weniger großen Amplitude, die wie oben zur Frequenzregelung benutzt werden kann. Beide Verfahren zeichnen sich durch große Einfachheit aus. Da die Frequenzregelspannung nicht nur von der Phasenlage, sondern auch noch von der Amplitude der Oszillator- und der Oberwellenspannung abhängt, müssen diese möglichst konstant gehalten werden.

Ein Rasteroszillator, bei dem diese Schwierigkeit nicht besteht, ist in Abb. 6 gezeichnet. An dieser Schaltung seien noch einige Besonderheiten des Analyseverfahrens erläutert. Aus der Frequenz $F_n$ des Quarzgenerators wird in $X_n$ ein Oberwellenspektrum gebildet und mit dem Filter $F_1$ diejenige ausgesiebt, die in unserem Beispiel um $10 F_n$ neben der gewünschten Frequenz liegt. Durch Modulation in $M_1$ mit der Schwingung des Rasteroszillators $RO$, der bereits die richtige Frequenz haben möge, entsteht die Frequenz $10 F_n$, die — mit dem Filter $F_2$ ausgesiebt —

dem Phasendiskriminator $Ph$ zugeführt wird. An seinem anderen Eingang liegt die Vergleichsfrequenz, ebenfalls $10 F_n$, so daß, wenn die Phasen der beiden Schwingungen nicht gerade $90°$ verschoben sind, eine Gleichspannung am Ausgang entsteht. Diese Gleichspannung steuert die Reaktanz $R$ so, daß bei einer Verstimmung des Oszillatorschwingkreises

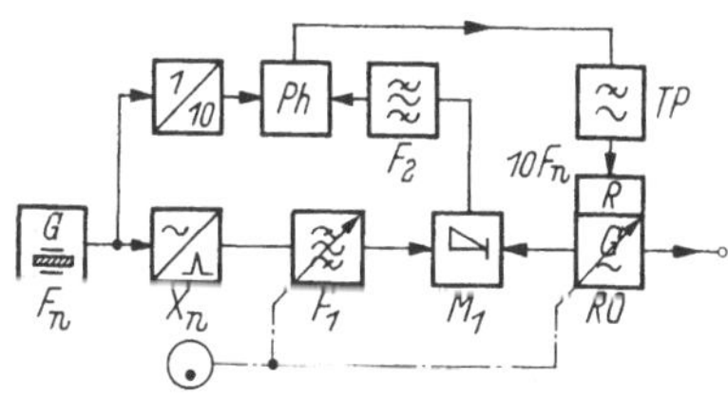

Abb. 6
Rasteroszillator nach dem Analyseverfahren

diese Verstimmung wieder genau ausgeglichen wird. Nur die Phase ändert sich dabei, und zwar so, daß damit gerade die für die Verstimmung der Reaktanz $R$ erforderliche Regelspannung entsteht. Damit diese Regelspannung nur von der Phase abhängig ist, kann man die beiden Eingangsspannungen des Phasendiskriminators auf konstanten Wert regeln oder begrenzen. Den Bereich, innerhalb dessen der Schwingkreis des Oszillators verstimmt werden kann, ohne daß sich die Frequenz ändert, nennt man ,,Festhaltebereich". An seinen Grenzen hat sich die Phase gegen die Mitte um $\pm 90°$ geändert. Bei weiterem Verstimmen kann der Phasendiskriminator keine größere Spannung mehr abgeben. Der Oszillator fällt außer Tritt und schwingt mit seiner Eigenfrequenz weiter. Bei derartig geregelten Oszillatoren ist das RC-Glied in der Regelleitung besonders wichtig. Es stabilisiert einerseits die Regelschaltung und unterdrückt, oft durch einen LC-Tiefpaß unterstützt, alle Nebenwellen, die aus dem Phasendiskriminator austreten. Im synchronisierten Zustand tritt hier als tiefste Frequenz die Rastergrundfrequenz $F_n$ auf, im nichtsynchronen Betrieb dagegen die Differenz zwischen der nächsten Rasterwelle und dem Oszillator. Wenn diese von dem Tiefpaß durchgelassen wird, frequenzmoduliert sie den Oszillator, so daß er sich fangen kann. Der Fangbereich, in dem sich z. B. bei noch weiterem Verstimmen der Oszillator mit der nächsten Rasterfrequenz von selbst synchronisiert, ist meist kleiner als der Haltebereich; er ist durch die Bandbreite des Filters $F_2$ und vor allem die des Tiefpasses begrenzt. Durch eine Fangschaltung, welche die Generatorfrequenz z. B. wobbelt, können Fang- und Haltebereich gleich groß gemacht werden. Die Fangschaltung schaltet sich von selbst ein und setzt sich im gefangenen Zustand auch von selbst wieder außer Betrieb. Wenn möglich, macht man den Fang- und Haltebereich nach beiden Seiten gleich der halben Rastergrundfrequenz. Dann springt beim Durchdrehen der Abstimmung der Oszillator immer auf die seiner Abstimmung am nächsten liegende Oberwelle. Die größtmögliche Einstellungenauigkeit, das ist die halbe Rastergrundfrequenz, kann dann voll für Temperatur- und sonstige Einflüsse ausgenutzt werden.

Auch bei dieser Schaltung kann das Filter $F_1$ durch einen festen Tiefpaß ersetzt werden, wenn der Oszillator und der Durchlaßbereich des Filters $F_2$ über der höchsten Rasterfrequenz liegen. Wie wir bei dem Beispiel in Abb. 8 sehen, wird bei Frequenzumsetzern, deren erste Zwischenfrequenz über dem Radiofrequenzbereich liegt, ein Oszillator in dieser hohen Frequenzlage benutzt. Für die Synchronisierung werden auch hier nur Oberwellen benötigt, die im Radiofrequenzbereich liegen. Das in Abb. 6 gezeigte Verfahren ist allgemein dafür geeignet, die Frequenz eines Oszillators auf die Summen- oder Differenzfrequenz zweier oder auch mehrerer Schwingungen zu synchronisieren. Im folgenden werden einige Geräte als Beispiele für die verschiedenen Techniken angeführt.

### 7.3.3 Beispiele für Geräte mit Rasteroszillatoren

**a) Raster nach dem Syntheseverfahren.** Soweit es dem Verfasser bekannt ist, war es die Firma Compagnie Générale de Télégraphie sans File (CSF), die als erste Empfänger und Sender mit einem 100 kHz-Raster auf den Markt brachte. Sie nannte diese Technik „Stabilidyne" [7]. Bekannt wurde der Empfänger, dessen Blockschaltung in Abb. 7 als Beispiel für dieses Prinzip gezeigt wird. Die Schaltung ist eine Variante zu der in Abb. 4 dargestellten. Die Schwingungen des Rasteroszillators $RO$ setzen einerseits eine vom Filter $F_1$ ausgesiebte 100 kHz Oberwelle auf 1125 kHz und andererseits das Nachrichtensignal auf die erste Zwischenfrequenz um. Die 1125 kHz Schwingung transponiert die Nachricht nun in die zweite Zwischenfrequenz, so daß der Frequenzfehler des Rasteroszillators wieder herausfällt.

Zur dritten Umsetzung der Nachricht wird der Interpolationsoszillator $IO$ benützt. Etwa vergleichbare Filter und Modulatoren sind in den Abb. 7 und 4 gleich bezeichnet. Die Eingangskreise $F_3$ und das Rasterfilter $F_1$ werden gemeinsam in 100 kHz Schritten mit dem Rasterumsetzoszillator $RO$ eingestellt. Da die Hochfrequenzeingangskreise $F_3$ in den tiefen Empfangsbereichen wesentlich schmaler als 100 kHz sind, werden deren Drehkondensatoren zusätzlich über ein Differentialgetriebe unabhängig von den beiden anderen Drehkondensatorantrieben auf die Empfangsfrequenz vollends genau abgestimmt. Die Frequenzanzeige erfolgt über zwei Zählwerke mit Ziffernrollen. Die durch den

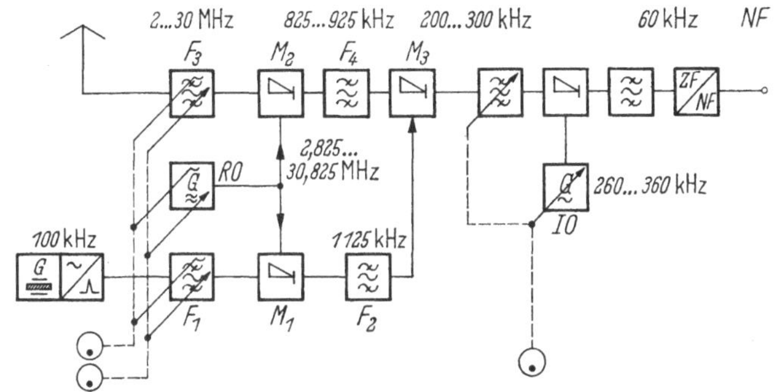

Abb. 7. Stabilidyneempfänger der CSF

Interpolationsoszillator bedingte Unsicherheit der Frequenzeinstellung ist kleiner als 300 Hz.

Ein Steuersender von Siemens mit ähnlicher Schaltung des Rasteroszillators, aber *hoher* Zwischenfrequenz, ohne durchstimmbare Filter und ohne Wellenschalter ist in Abb. 8 gezeichnet. Die in

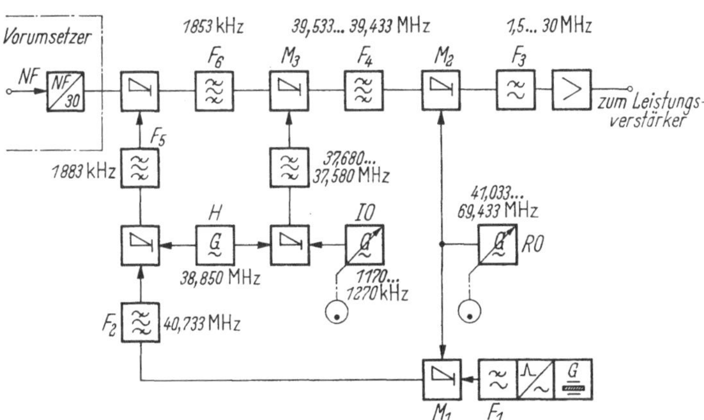

Abb. 8. Sendefrequenzumsetzer mit hoher Zwischenfrequenz (Synthese). (Siemens)

einem Vorumsetzer, in der 30 kHz Lage erzeugten Nachrichtenschwingungen werden über zwei Zwischenfrequenzen ($F_6$ und $F_4$) in die Radiofrequenz umgesetzt. Ein Tiefpaß $F_3$ unterdrückt alle Nebenwellen und der anschließende Breitbandverstärker gibt die zur Aussteuerung des Leistungssenders erforderliche Spannung im

Bereich von 1,5 bis 30 MHz ab. Die Schaltung ähnelt der von Abb. 4, wenn man in Abb. 8 statt der Einspeisung der Nachrichtensignale den Ausgang von $F_5$ mit $M_3$ verbindet. Daß die Frequenzungenauigkeit des Hilfsgenerators $H$ nicht eingeht, kann man leicht nachprüfen. Die Treffunsicherheit der Frequenz ist hier etwa 100 Hz, und die Nebenwellen sind um mehr als 70 dB gedämpft. Durch Frequenzregelung des Rasteroszillators $RO$ und durch Verwendung einer Fangschaltung kann die Summe aller Fehler in der Einstellung annähernd $\pm 50$ kHz gegenüber dem Sollwert betragen, ohne daß eine falsche Frequenz entsteht. Als Regelkriterium wird die Lage der Frequenz der Schwingung im Filter $F_5$ benutzt. Durch den Wegfall des Wellenschalters und der Korrektur der Eingangskreise ist die Einstellung einer bestimmten Frequenz sehr einfach geworden. Der Interpolationsoszillator kann bei Bedarf mit einem 1 kHz-Raster nach dem Analyseverfahren stabilisiert werden. In diesem Fall ist die Frequenzungenauigkeit $\Delta F/F = 10^{-7}$. Genauere Einzelheiten dieser Schaltung sind unter [8] veröffentlicht worden.

**b) Dekadischer Raster mit Kombination von Synthese und Analyse.** Ein typisches Beispiel für die Kombination von Synthese und Analyse in einem dekadisch einstellbaren Rasteroszillator ist die Frequenzdekade der Firma Schomandel [9]. Bei den einzelnen Dekadenstufen, siehe Abb. 9, wird die Frequenz nach dem Analyseverfahren eingestellt. Die Addition der Frequenzwerte nacheinander erfolgt jedoch nach dem Syntheseprinzip. Die Ausgangsfrequenz entsteht als Differenz der Frequenz der 10 MHz-Dekade mit der aus den anderen Dekaden, wodurch ein breitbandiger Ausgang möglich ist. Die Bedienung der Geräte ist einfach, für jede Dekade der einzustellenden Frequenz ist ein Drehknopf mit Skala vorhanden; ein Instrument darüber zeigt die Synchronisation an. Aus Abb. 9 geht hervor, daß mit dem Drehknopf gleichzeitig der Rasteroszillator und ein Filter eingestellt und außerdem der Oszillator der nächsten Dekade korrigiert werden.

**c) Ferngesteuerter Frequenzumsetzer** (s. a. S. 759). Aus technischen und personellen Gründen ist oft eine Fernsteuerung der Funkgeräte notwendig. Dabei gehen die Forderungen vom Ein- und Ausschalten über kurze Entfernungen bis zum vollständigen Bedienen aller Elemente über mehr als 100 km. Entsprechend vielgestaltig sind die Einrichtungen dafür. Über die Fernsteuergeräte selbst soll hier nicht berichtet werden. Besondere Probleme bietet die Einstellung der Frequenz. In den meisten Fällen genügt es, wenn mit der Fernsteuerung aus einer kleinen Zahl von z. B. zehn voreingestellter Frequenzen eine bestimmte ausgewählt werden kann [10]. Bei den oben erwähnten Rasterumsetzern mit hoher Zwischenfrequenz werden dazu auf den Achsen der beiden Drehkondensatoren je zehn einstellbare Scheiben befestigt, welche Kontakte zum Ein- und Ausschalten je eines Stellmotors betätigen. Wenn der Einlauf

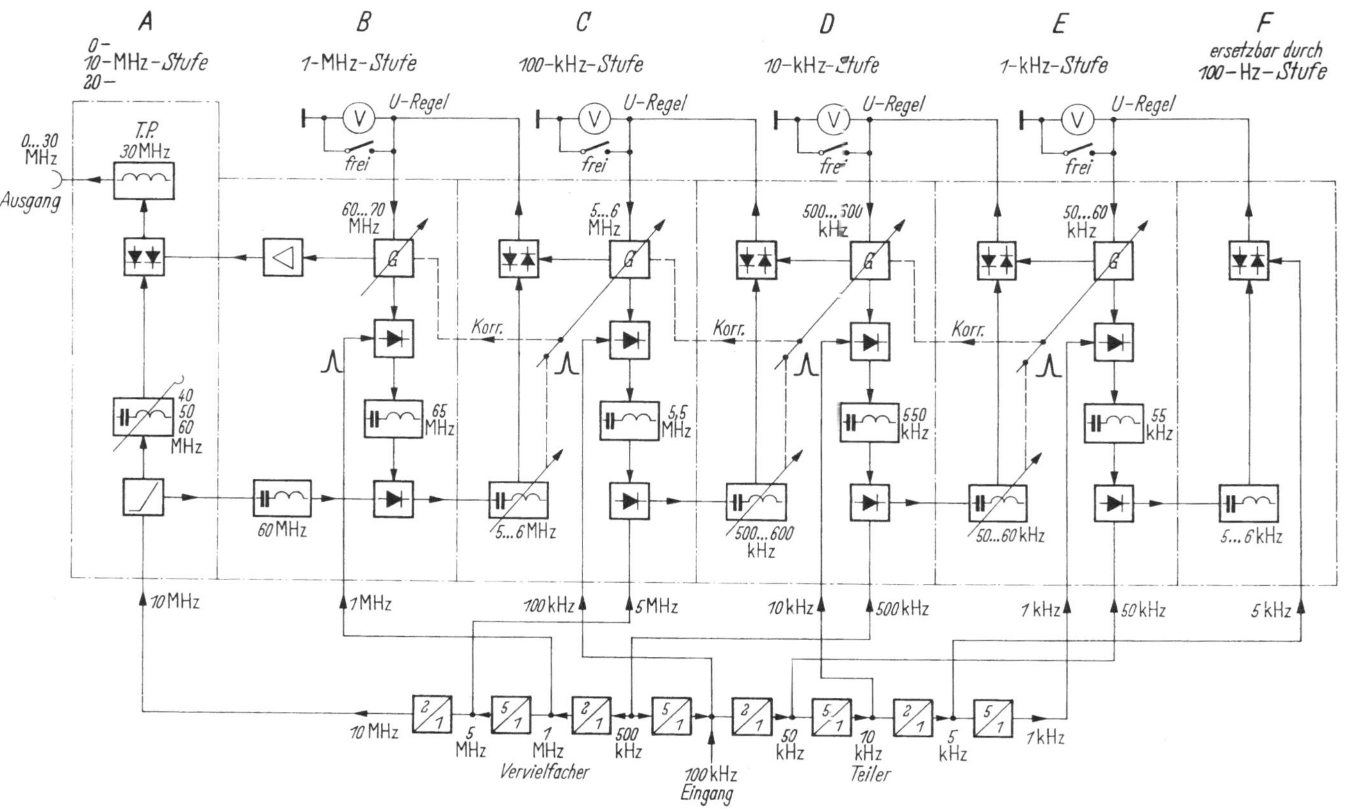

Abb. 9. Prinzipschaltbild der Frequenzdekade (Schomandel)

in die Endstellung immer in derselben Richtung erfolgt, wird eine sehr gute Treffsicherheit erzielt. Die Fernwahl der Rastscheibe ist einfach und kann über eine sehr große Entfernung gesteuert werden.

Soll dagegen jede beliebige Frequenz von fern einstellbar sein, so gibt es 2 Möglichkeiten: Entweder man steuert den Umsetzer auf die gewünschte Frequenz oder man überträgt die Weisung „Frequenz höher" — „tiefer" und meldet laufend den Augenblickswert der Einstellung zurück. Die erste Lösung eignet sich vor allem für Steuersender, die zweite für Empfänger. Bei diesen richtet sich die Einstellung nach der Frequenz des fernen Senders, die, wenn sie vom Sollwert abweicht, von der Kommandostelle aus gesucht werden muß. Besitzen die Sende- bzw. Empfangsfrequenzumsetzer zur Frequenzanzeige ein dekadisches Zählwerk, so kann man dieses für die Fernsteuerung mitbenutzen. Jedes Zahlenrad bekommt dazu einen Kontaktfinger, mit dem es entsprechend seiner Stellung einen von 10 Kontakten erdet. Damit ist die eingestellte Ziffer der Frequenzdekade markiert und kann bei der Empfängerabstimmung rückgemeldet werden. Beim Sender vergleicht eine Koinzidenzschaltung die Befehlskontakte mit dem markierten und bringt über den Stellmotor beide in Übereinstimmung. Eine stetige Abstimmung kann auch durch Drehmelder übertragen werden, allerdings sind für diese Übertragung mehrere Leitungen erforderlich [11]. Man benutzt diese Technik daher vorzugsweise für eine Fernsteuerung über wenige Kilometer. Eine Fernsteuerung mit Drehmeldern über trägerfrequente Kanäle ist unter [12] beschrieben.

**d) Elektronisch fernbedienbarer dekadischer Steuersender.** Bei den bisher beschriebenen Umsetzern ist die Fernsteuerung als Zusatz zu einem fertigem Gerät vorgesehen. Dabei stellt die stetige Abstimmung ebenso wie die Einstellung auf jede der 300 Rastfrequenzen des Beispiels auf S. 717 wegen der erforderlichen Präzision hohe Anforderungen. Umsetzer mit dekadisch einstellbaren Oszillatoren sind in dieser Beziehung wesentlich einfacher. Bei dem im folgenden beschriebenen Gerät, s. Abb. 10, wird die Frequenz elektronisch eingestellt, und es ist kein bewegliches Teil mehr vorhanden. Die Durchführung eines Frequenzwechselbefehls ist daher in etwa 2 sec möglich. Im Vorumsetzer, der dem in Abb. 1 entspricht, werden die verschiedenen Sendearten ebenfalls durch Fernsteuerung umgeschaltet und die Nachrichtenschwingungen in der 30 kHz Lage dem Frequenzumsetzer übergeben.

In 3 Umsetzungen gelangt hier die Nachricht in die radiofrequente Lage. Ein 12 kHz breites Quarzfilter mit sehr steilen Flanken siebt die Schwingungen der ersten Zwischenfrequenz bei 10 MHz aus. Die zweite Zwischenfrequenz ist bei 100 MHz. Von hier erfolgt die Umsetzung in die Radiofrequenzlage 0 bis 30 MHz mit dem Rasteroszillator $RO$, der zwischen 100 MHz und 70 MHz in dekadischen Schritten veränderbar ist. Der über einen Tiefpaß angeschaltete Breitbandverstärker liefert die Eingangsspannung (1 V an 60 Ω) für den auf S. 764ff. beschriebenen Leistungsverstärker. Das Prinzip der dekadischen Frequenzaufbereitung hat zur Folge, daß von Null an alle Frequenzwerte eingestellt werden können. Es ist daher nur eine Frage der Dimensionierung des (RC) Breitbandverstärkers, welche tiefste Frequenz tatsächlich abgegeben werden kann. Alle Schwingungen für die verschiedenen Umsetzungen des Nachrichtensignals werden von einem 1 MHz-Normalfrequenzgenerator abgeleitet, so daß die Sendefrequenz dessen hohe Genauigkeit hat. Die Bildung der Zwischenfrequenz-Umsetzschwingung von 9,970 MHz — die Ungenauigkeit der 30 kHz-Schwingung fällt hierbei heraus — und die der 90 MHz-Schwingung ist aus Abb. 10 ersichtlich. Die dekadische Frequenzeinstellung des Oszillators $RO$ dagegen soll näher beschrieben werden.

Die Frequenzwerte aller Dekaden, mit Ausnahme der 10 MHz-Dekade, werden von den Rasterfrequenzen 8,1 MHz, 8,2 MHz bis 9,0 MHz abgeleitet. Diese 10 Frequenzen entstehen durch Teilung der Frequenz von 1 MHz auf 100 kHz, Verzerren und Aussieben der 10 Oberwellen mit je einem Quarzfilter. Die Dekadenschalter — je 10 Gleichrichter pro Dekade, von denen die Fernsteuerung einen durchlässig macht und 9 sperrt — schalten die gewünschte Schwingung auf einen Modulator, z. B. $M_1$ in der 1 kHz-Dekade. Dem anderen Eingang wird hier die 1 MHz-Schwingung zugeführt. Die Schwingung mit der Summenfrequenz wird ausgesiebt. Sie liegt zwischen 10 und 9,1 MHz. Ein später noch genauer erklärter Frequenzteiler 10:1 teilt auf $1 \cdots 0{,}91$ MHz und führt diese Schwingung dem Modulator $M_{10}$ der 10 kHz-Dekade zu. Abgesehen von dieser veränderbaren Frequenz arbeitet diese Dekade in der gleichen Weise wie die 1 kHz-Dekade. Die 100 kHz-Schritte am Ausgang von $M_1$ reduziert der Teiler auf 10 kHz-Schritte, und am Ausgang der 10 kHz-Dekade betragen sie nur noch 1 kHz. Durch Hinzufügen weiterer derartiger Dekaden können die Frequenzstufen beliebig fein gemacht werden, dieser Gerätetyp ist bereits mit einem 10 Hz-Raster ausgeführt worden. Bei der 100 kHz-Dekade entfällt der Teiler und für die 1 MHz-Dekade wird die ausgewählte 100 kHz-Rasterschwingung vor der Summierung verzehnfacht, so daß hier 1 MHz-Schritte entstehen. Am Ausgang dieser Stufe ist also eine dekadisch zwischen 90 MHz und 100 MHz veränderbare Schwingung $FD$ vorhanden, deren kleinster Schritt in unserem Beispiel 1 kHz beträgt. Für die 3 Schritte der 10 MHz-Dekade wird der Rasteroszillator $RO$ allein über Kapazitätsdioden auf seine Frequenz geregelt. Dies erfolgt einerseits durch 3 Grobstufen, welche entsprechend der eingeschalteten Dekade den Oszillator etwa auf die Mitte des jeweiligen 10 MHz Dekadenbereichs einstellen, also auf 75 MHz, 85 MHz oder 95 MHz. Die genaue Regelung erfolgt frequenzstarr, so daß die Differenz zwischen der Frequenz $FD$ und der des Rasteroszillators $RO$ entweder Null, 10 MHz oder 20 MHz beträgt, entsprechend der Stellung des 10 MHz-Dekadenschalters auf 0, 1 oder 2. Bei Synchronismus entsteht dann am Ausgang des Modulators $M$ eine Gleichspannung (0 MHz) oder eine Schwingung von 10 MHz oder 20 MHz.

Die Gleichspannung in Stellung Null des Dekadenschalters wird im Hilfsringmodulator $M'$ mit 10 MHz zerhackt, dann verstärkt und im Phasendiskriminator $Ph$ mit der 10 MHz Zerhackerschwingung wieder in eine, der ursprünglichen proportionale Gleichspannung umgewandelt. Größe und Polung dieser Spannung hängt vom Phasenunterschied der beiden Schwingungen am Modulator $M$ ab. Will der Rasteroszillator fälschlich seine Frequenz ändern, so entsteht zuerst eine Phasenverschiebung, dadurch ändert sich die Gleichspannung und damit die Kapazität der Regeldiode, so daß die Frequenz wieder auf ihrem alten Wert festgehalten wird. Nur die Phase hat sich etwas geändert, um die erforderliche Regelspannung aufrechtzuerhalten. Dieser Regelvorgang erfolgt sehr rasch, so daß auch kleine Frequenzsprünge kein Außertrittfallen zur Folge haben. $RO$ ist also frequenzstarr an die Rasterfrequenz $FD$ angebunden.

In Stellung $1$ des 10-MHz Dekadenschalters schwingt der Rasteroszillator um 10 MHz über der $FD$ Frequenz. Die in $M$ entstehende Schwingung der Differenzfrequenz von 10 MHz wird unter Umgehung von $M'$ direkt dem Diskriminator $Ph$ zugeführt. In Stellung $2$ des Schalters entsteht 20 MHz Differenzfrequenz. Diese Schwingung wird in $M'$ wieder mit der Zerhackerschwingung auf 10 MHz umgesetzt und dann $Ph$ zugeführt.

Der Oszillator $RO$ ist bei einem Frequenzwechsel vorerst nicht synchronisiert. Der Fanggenerator $F$ mit einer sehr tiefen Frequenz wobbelt $RO$ etwa $\pm 7{,}5$ MHz um die eingestellte Mittellage. Selbst bei einer kräftigen Verstimmung von $RO$ wird dabei kurzzeitig die Sollfrequenz erreicht. In diesem Moment entsteht die Regelspannung, welche einer weiteren Verstimmung durch den Fangoszillator gegenwirkt. Diese Gegenkopplung über den Regelkreis überwiegt die innere Rückkopplung des Fangoszillators, so daß er aufhört zu schwingen, $RO$ bleibt gefangen.

In der Regelleitung befindet sich ein Tiefpaß mit tiefer Grenzfrequenz, der alle Störfrequenzen unterdrückt, die infolge von Nebenwellen der Vergleichsschwingung aus $Ph$ austreten. Damit ist $RO$ auf einfache Weise weitgehend nebenwellenfrei. Der große Fangbereich hat den Vorteil, daß an die Konstanz der Schwingkreiselemente des Oszillators keine hohen Ansprüche gestellt werden müssen. Die Schaltung ist sehr betriebssicher. Man muß allerdings darauf achten, daß keine Störspannungen an die Kapazitätsdioden kommen, da sonst eine Störphasenmodulation entsteht. Die Störspannung kann entweder Rauschen oder eine einzelne Schwingung sein. Rauschen entsteht in den Verstärkern, vor allem aber bei den beiden Vervielfachern für die 100 kHz Oberwellen und die 1 MHz Dekade. Um hier das Rauschspektrum einzuengen

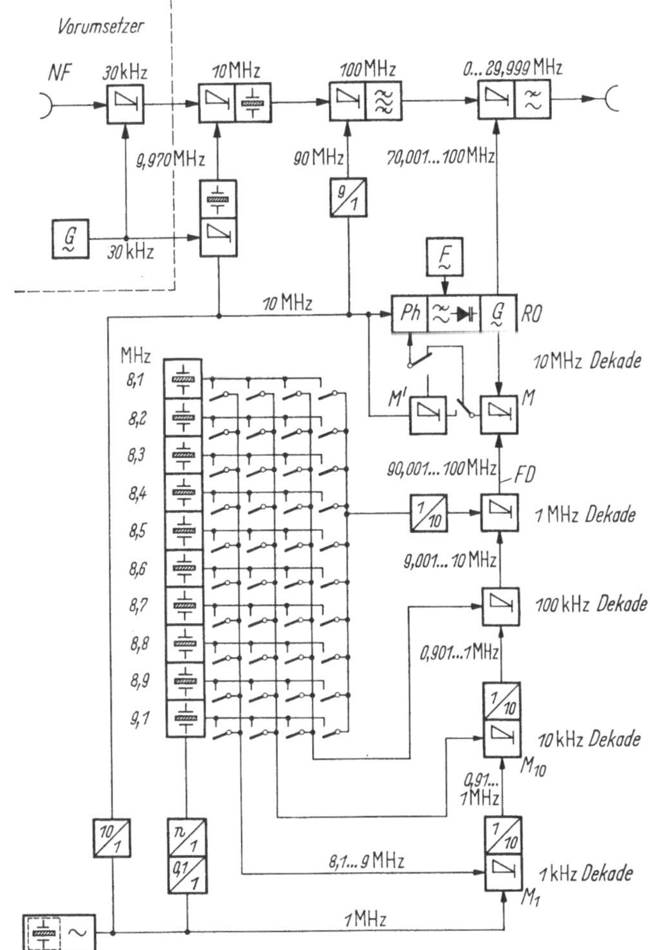


Abb. 10. Fernbedienbarer dekadischer Steuersender (Siemens)

wurden möglichst schmale Quarzfilter benutzt. Störschwingungen entstehen infolge ungenügender Schirmung oder als Kombinationston mit einer Nebenwelle bei der Summierung in den Dekadenstufen. Kommt diese Kombinationsfrequenz in die Nähe der Nutzfrequenz, dann wird die im Diskriminator entstehende tiefe Differenzfrequenz vom Tiefpaß nur noch wenig gedämpft. Um trotz der sehr hohen Forderung an die

Nebenwellendämpfung den Aufwand für die Filter im 100 kHz Raster und in der Summierschaltung klein halten zu können, wurde jeder Teiler durch einen in der Frequenzlage 0,9 bis 1 MHz mittels Kapazitätsdiode geregelten Oszillator mit anschließendem Verzehnfacher gebildet. Die Frequenzregelspannung wird wieder einem Phasendiskriminator entnommen, der diese verzehnfachte Frequenz mit der Summenfrequenz vergleicht. Der Oszillator ist dadurch praktisch nebenwellenfrei, obwohl die Filter nur eine Sperrdämpfung von 40 dB haben. Diese geregelten Oszillatoren ergeben nicht nur eine gute Nebenwellendämpfung, sondern auch hier sind wieder die Anforderungen an die Konstanz der Filter und Oszillatorschwingkreise gering und die Betriebssicherheit hoch.

Beim Ausfall eines Teiles der Regelschaltung schwingt der Oszillator meist weiter, und der Fangoszillator wobbelt die Frequenz des Oszillators in weitem Bereich. Damit ist die eigene Funkverbindung unterbrochen und andere können gestört werden.

Eine selbsttätige Störüberwachung schaltet dann den Ausgang der Steuerstufe ab und gibt Alarm. Als Kriterium für den Störschalter dient u. a. das Auftreten einer Wobblerspannung oder das Absinken einer der Umsetzerspannungen unter einen zulässigen Wert. Durch diese Überwachung wird mit hoher Wahrscheinlichkeit das Aussenden einer falschen Frequenz oder eines schlecht modulierten Signals vermieden und zugleich die Fehlersuche erleichtert. Das Nachrichtensignal selbst wird vom Ausgang des Senders in einer hier nicht gezeichneten Schaltung wieder in die 30 kHz-Lage rückversetzt und dort überwacht. Da das gesamte Gerät keine sich abnützenden Teile enthält, ist die Wartung nur noch in Abständen von etwa 1 Jahr erforderlich. Selbstverständlich können alle durch die Fernsteuerung bedienbaren Funktionen auch durch Schalter an der Frontplatte des Gerätes von Hand durchgeführt werden.

Der Steuersender hat folgende elektrische Werte:

Ausgangsspannung an 60 $\Omega$ . . . . . . . . . . . . . . . . . . . . . 1 V
Frequenzgang der Radiofrequenz zwischen 0,1 MHz und 30 MHz . $<$ 1,4 dB
Dämpfung des nichtlinearen Nebensprechens bei Aussteuerung mit
 2 Schwingungen von 0,5 V, bezogen auf 0,5 V . . . . . . . . . $>$ 60 dB
Geräuschabstand (Fremdspannung) in einem 6 kHz breiten Band
bei A 3 . . . . . . . . . . . . . . . . . . . . . . . . . . . . $>$ 60 dB
bei A 3 B, bezogen auf Vollaussteuerung . . . . . . . . . . . . $>$ 63 dB
Abstand des Amplituden- und Phasenrauschens in einem 6 kHz breiten
 Kanal neben einer Schwingung, die den Sender voll aussteuert . $>$ 60 dB
Nebenwellenabstand, bezogen auf eine Schwingung, die den Sender voll
 aussteuert . . . . . . . . . . . . . . . . . . . . . . . . . . $>$ 100 dB
Ausnahmefälle:
Spiegelwellendämpfung des Nutzsignals . . . . . . . . . . . . . $>$ 75 dB
Interferenzen mit 10 und 20 MHz
bei einem Frequenzabstand $<$ 6 kHz . . . . . . . . . . . . . . $>$ 60 dB
bei einem Frequenzabstand $>$ 20 kHz . . . . . . . . . . . . . . $>$ 75 dB
Umschaltzeit bei Frequenzwechsel . . . . . . . . . . . . . . . $<$ 2 s

Für die erreichten Daten im Nebenwellenabstand sowie im Amplituden- und Phasenrauschen spielt nicht nur das Prinzip der Frequenzaufbereitung (Analyse oder Synthese) eine Rolle, sondern auch der Aufwand an Bauelementen und Schirmnng.

In neuester Zeit wurde ein Steuersender der Fa. Rhode und Schwarz bekannt, der als reiner Synthesizer hierfür folgende Werte erreicht: Der Nebenwellenabstand ist $>100$ dB und der Abstand des Amplituden- und Phasenrauschens in einem 6 kHz breiten Kanal $>73$ dB. Hinsichtlich der Frequenzwechselzeit ist das Syntheseverfahren grundsätzlich überlegen, für den Synthesizer werden hierfür $<0{,}1$ ms genannt. Da zur Zeit noch keine Veröffentlichung über dieses Gerät vorliegt, sei auf die eines Meßsenders von Hewlett Packard hingewiesen, der nach einem ähnlichen Prinzip gebaut ist [49].

## 7.4 Sender

In einem Sender wird das zu übertragende Nachrichtensignal einer Trägerschwingung aufgeprägt und dann über eine Antenne abgestrahlt. Die Aufgaben eines Senders bestehen daher in der Erzeugung dieser Hochfrequenz, ihrer Modulation mit der zu übertragenden Nachricht und der Verstärkung auf die gewünschte Ausgangsleistung. Während in dem vorhergehenden Abschnitt die Hochfrequenzerzeugung und die Modulation in den Vorstufen behandelt wurden, befaßt sich dieser Abschnitt mit den *Leistungsverstärkern*.

Die Ausführung eines Senders richtet sich nach den Betriebserfordernissen. Dies sind z. B. die erforderliche Hochfrequenzleistung, die gewünschte Sendeart und der vorgegebene Arbeitswiderstand. Die allgemeinen Anforderungen und die Qualitätswerte werden von den Anwendern meist in Pflichtenheften festgelegt [z. B. *13*]. Ein Teil dieser Anforderungen ist mit Rücksicht auf die günstigste Ausnutzung des zur Verfügung stehenden Frequenzbandes international festgelegt. Dazu gehört die Dämpfung der Nebenaussendungen [*2*c)], die Breite des belegten Frequenzbandes [*2*d)] und die Frequenztoleranz [*2*b)]. Die Größe des Leistungsverstärkers ist durch die gewünschte Hochfrequenzleistung gegeben. Diese bestimmt die Größe der Röhren, die Höhe der Betriebsspannungen und, daraus folgend, die Größe der Bauelemente.

Die erzeugte Hochfrequenzleistung soll über eine Antenne abgestrahlt werden; der Ausgang des Leistungsverstärkers muß also unmittelbar an den Widerstand der Antenne oder an den der Antennenzuleitung angepaßt werden (s. S. 739 ff.). Für kleinere Sender verwendet man Drahtantennen, deren Eingangswiderstände in Abhängigkeit von der Sendefrequenz große Widerstandsbereiche durchlaufen. Dementsprechend müssen im Sender Schaltelemente untergebracht werden, die eine Anpassung an alle vorkommenden Widerstandswerte ermöglichen [*14*a)]. Der Eingangswiderstand von Breitbandantennen (Reusen-antennen) liegt in der Größe des Wellenwiderstandes der gebräuchlichen Hochfrequenzkabel (60 $\Omega$) und verändert sich nur wenig innerhalb des Arbeitsbereichs [*15*, *16*a)]. Solche Antennen können daher direkt über Hochfrequenzkabel mit dem Sender verbunden werden und erfordern nur einfache Anpassungsschaltungen. Der niederohmige Eingangs-widerstand gibt ferner die Möglichkeit, einfache Antennenwahlschalter zu bauen, die in größeren Stationen zur Umschaltung der Sender auf ver-schiedene Antennen fast immer vorhanden sind. Richtantennen, die viel-fach verwendet werden, können ebenfalls breitbandig ausgeführt werden (z. B. Rhombusantennen); der Widerstandswert ist jedoch größer als bei Reusenantennen und liegt außerdem symmetrisch gegen Erde [*17*, *18*]. Um diese Antennen zusammen mit anderen Breitbandantennen an einen gemeinsamen Antennenwahlschalter anschließen zu können, verwendet man vielfach breitbandige Symmetrier- und Transformationsleitungen [*16*b)] oder Leistungstransformatoren, die den Antenneneingangswider-stand auf einen unsymmetrischen Widerstand von 60 $\Omega$ transformieren.

Ein sehr wesentlicher Punkt für die Dimensionierung eines Lei-stungsverstärkers ist die bereits erwähnte Forderung nach einer aus-reichenden Dämpfung der Harmonischen der Sendefrequenz und son-stiger Nebenaussendungen. Die hierfür bestehenden internationalen Vereinbarungen [*2*c)] legen die zugelassenen Absolutwerte für die ab-gestrahlte Oberwellenleistung unabhängig von der Sendeleistung fest, so daß die Dämpfungsforderungen mit steigender Sendeleistung schärfer werden.

In Abb. 11 ist gezeigt, daß im Leistungsverstärker (*a*) oder in den Vorstufen (*b*) — die Grenze zwischen beiden liegt bei einem Leistungs-pegel von 0,01 bis 1 W — moduliert werden kann. Für einfache Sender werden die Vorstufen nur zur Erzeugung der Hochfrequenzschwingung verwendet, die Modulation wird im Leistungsverstärker oder den Zwischenstufen vorgenommen (Abb. 11a). Die sog. „Sprechsender" im Flugfunk und Seefunk verwenden für Telephoniebetrieb vielfach Anodenmodulation in der Endstufe des Leistungsverstärkers, um mit einer gegebenen Röhrenbestückung eine möglichst große Trägerleistung erreichen zu können. Die Tastung für Telegraphiebetrieb wird meist im Leistungsverstärker oder einer Zwischenstufe vorgenommen.

Für Einseitenbandsender (Sendearten A3A, A3B und A3J) ist dieses Verfahren nicht anwendbar, dort wird in den Vorstufen bei klei-nem Leistungspegel moduliert (s. S. 708) und die modulierte Hochfre-quenzschwingung anschließend verstärkt. Der Leistungsverstärker muß bei dieser Arbeitsweise als linearer Verstärker ausgeführt werden, um Verzerrungen der modulierten Schwingungen zu vermeiden (Abb. 11b).

Größere Sender, die meist für eine Vielzahl von Sendearten gebaut sind,
arbeiten fast ausschließlich mit Modulation in den Vorstufen und ver-

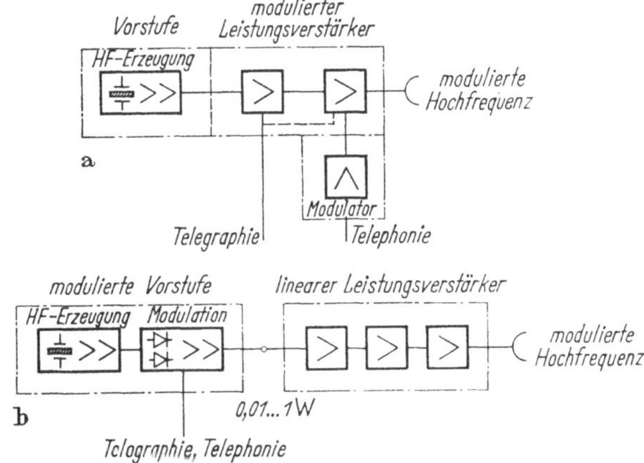


Abb. 11a u. b. Aufbau von Sendern

a) Sender mit Modulation im Leistungsverstärker. Anwenwendung vorwiegend bei einfachen
Sendern kleiner Leistung;  b) Sender mit Vorstufenmodulation. Die Modulation wird meist
bei konstanter Frequenz mit anschließender Frequenzumsetzung durchgeführt. Anwendung
bis zu den größten Leistungen

wenden oftmals in den Leistungsverstärkern besondere Maßnahmen zur
Erzielung der notwendigen Linearität.

### 7.4.1 Bauteile und Schaltprinzipien

Eines der wesentlichsten Bauteile eines Leistungsverstärkers ist die
*Verstärkerröhre*, da die Erzeugung großer Hochfrequenzleistungen mit
Transistoren heute noch nicht möglich ist. Wegen der begrenzten Er-
giebigkeit der Kathoden und der notwendigen Restspannung der heutigen
Elektronenröhren benötigt man mit höherer Leistung auch höhere
Spannungen. Die Bauteile, die diesen Spannungen angepaßt sein müssen, werden ebenfalls mit wachsender Leistung des Verstärkers größer.
Sie werden zu *Schaltungen* verbunden, die so dimensioniert sein müssen,
daß sie die gestellten Anforderungen erfüllen. Diese können je nach dem
Verwendungszweck und der Betriebsart der Sender sehr verschieden
sein, sie werden auch von der Art der *Modulation* beeinflußt. Weiterhin
benötigt ein Sender neben den eigentlichen Hochfrequenzschaltungen
eine *Stromversorgung*, die die notwendigen Spannungen zum Betrieb
der Röhren bereitstellt. Sie umfaßt neben den Umformungs- und Filter-
einrichtungen für die Betriebsspannungen die Überwachungs- und Steuerschaltungen für die einzelnen Spannungsquellen. Aus betrieblichen
Gründen geht man heute immer mehr dazu über, die Sender mit *Fernsteuerung* auszurüsten. Das erfordert besondere Einrichtungen am Sender

und führt schließlich zu einer weitgehenden Automatisierung der Sendeeinrichtungen.

**a) Röhrenauswahl.** In neuerer Zeit sind sowohl Trioden als auch
Tetroden bis zu den größten Leistungen verfügbar. In der Schaltungstechnik bestehen für diese beiden Röhrentypen grundsätzliche Unterschiede.

Wird eine Triode in *Kathodenbasisschaltung* (Abb. 12a) betrieben,
so ist eine Neutralisation [19] der Gitteranodenkapazität erforderlich,
um Selbsterregung zu vermeiden. Die Einhaltung der exakten Neutrali-
sationsbedingungen über einen größeren Frequenzbereich ist schwierig.

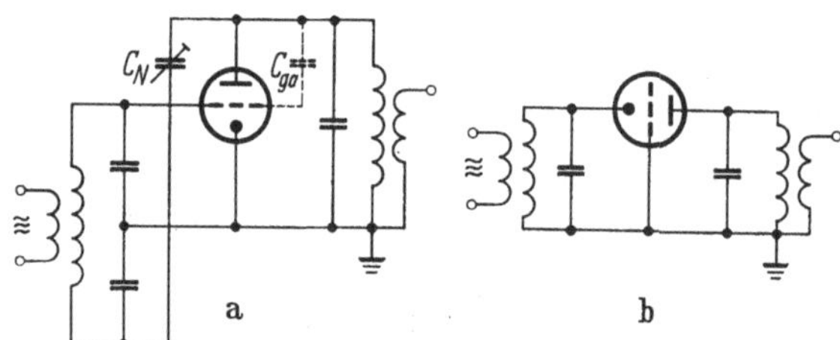

Abb. 12a u. b. Schaltungsarten von Trioden

a) Kathodenbasisschaltung (mit Gitterneutralisation); $C_{ga}$ Gitter-Anoden-Kapazität; $C_N$ Neu-
tralisations-Kapazität;　b) Gitterbasisschaltung

Da eine jedesmalige Nachstellung der Neutralisation bei einem Frequenzwechsel aus betrieblichen Gründen nicht zumutbar ist, verwendet man
für Trioden heute fast ausschließlich die *Gitterbasisschaltung* (Abb. 12b).
Diese hat den großen Vorteil, daß sie im Kurzwellenbereich bei sach-
gemäßem Aufbau keine Neutralisation verlangt [20a)] und eine gute
Linearität zwischen Eingangs- und Ausgangsspannung besitzt. Als Nachteil ist zu erwähnen, daß sie eine große Steuerleistung erfordert, da der
Anodenwechselstrom auch die Steuerspannungsquelle durchfließt. Diese
große Steuerleistung erfordert gegenüber der Kathodenbasisschaltung
einen erhöhten Vorstufenaufwand, ein Nachteil, der aber dadurch
gemildert wird, daß ein großer Teil der Steuerleistung (die sog. Übergangsleistung) wieder im Anodenkreis erscheint und als Nutzleistung
abgegeben wird.

Die Steuerleistung von Tetroden ist ganz allgemein wesentlich kleiner als bei Trioden. Da außerdem Tetroden im Kurzwellenbereich keine
oder nur sehr schwache Neutralisation benötigen, können sie in der
Kathodenbasisschaltung betrieben werden, so daß dieser Vorteil voll
zur Geltung kommt. Um die Verstärkung zu stabilisieren, ist zwar meist
eine Vorbelastung der Gitterkathodenstrecke notwendig, die dort verbrauchte Leistung erreicht aber keinesfalls die Höhe der Steuerleistung
der Gitterbasisschaltung. Man verwendet daher weitgehend Tetroden, um

die Stufenzahl des Senders klein zu halten. Das verkleinert den Aufwand und verringert die Zahl der Abstimmelemente, eine wichtige Tatsache für Sender mit Fernbedienung oder mit automatischer Abstimmung.

Die Linearität ist bei einer Kathodenbasissaltchung immer schlechter als bei einer Gitterbasisschaltung. Es sind daher bei einer Tetrode in

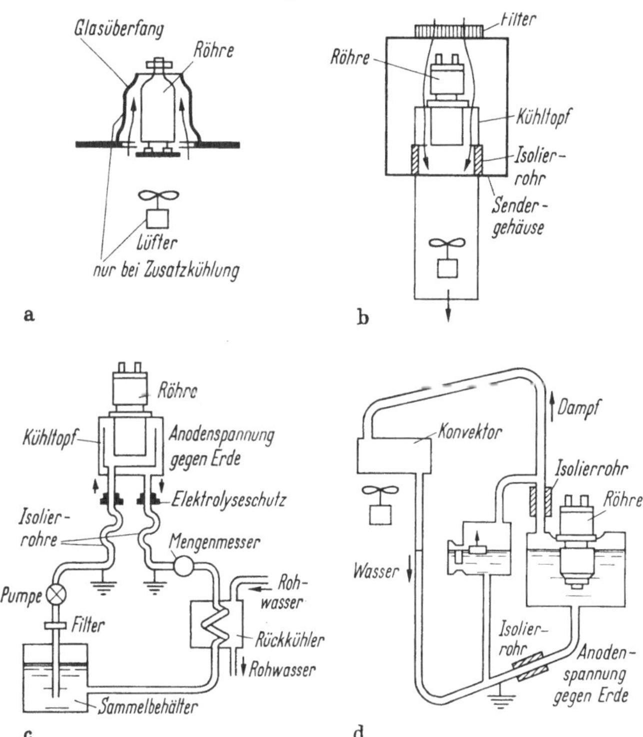


Abb. 13a—d. Beispiele für die Kühlung von Senderöhren

a) Strahlungskühlung, Wärmeabgabe durch Abstrahlung von der glühenden Anode, Zusatzkühlung in manchen Fällen erforderlich, b) Luftkühlung, Wärmeabgabe an vorbeiströmende Luft, c) Wasserkühlung, Wärmeabgabe an vorbeiströmendes (rückgekühltes) Wasser, d) Verdampfungskühlung, Wärmeabgabe durch Verdampfung von Wasser, Zusatzlüfter zur Verkleinerung des Konvektors möglich

Kathodenbasisschaltung zuweilen besondere Maßnahmen notwendig, wenn hohe Anforderungen an die Linearität gestellt werden. Der Wirkungsgrad von Tetroden ist — besonders bei Betrieb als Linearverstärker — wegen der höheren Restspannung etwas niedriger als bei Trioden (s. S. 735).

Um die in den Elektroden erzeugte Verlustleistung fortzuführen, verwendet man verschiedene Kühlungsarten (Abb. 13). Bis zu Anodenverlustleistungen von etwa 2 kW kann die Wärme durch Strahlungskühlung oder durch leicht bewegte Luft fortgeführt werden (Abb. 13a).

Die Luftkühlung gestattet bei entsprechenden Luftmengen die Abführung von Verlustleistungen bis zu etwa 50 kW (Abb. 13b). Die notwendigen Luftleitungen nehmen dann allerdings viel Raum ein, außerdem können beträchtliche Geräusche auftreten. Die Kühlung mit destilliertem Wasser ist bis zu den größten Leistungen verwendbar. Bei der Wasserkühlung (Umlaufkühlung) (Abb. 13c) wird durch eine Umwälzpumpe das Wasser in einem geschlossenen Kreislauf zwischen der Röhre und dem Rückkühler bewegt. Demgegenüber benötigt die Verdampfungskühlung (Abb. 13d) — die modernste Art der Röhrenkühlung bei großen Leistungen — keine zusätzlichen bewegten Teile [*21* bis *23*]. Das Wasser wird in dem Röhrenkühltopf verdampft, der Dampf wird einem Konvektor zugeführt und dort kondensiert, das Kondenswasser fließt wieder in den Röhrenkühltopf zurück. Da der Konvektor bis zu den größten Leistungen ohne zusätzliche Belüftung ausgeführt werden kann, setzt sich diese Kühlungsart, die gegenüber allen anderen den Vorteil der absoluten Geräuschlosigkeit hat, für größere Leistungen immer mehr durch.

**b) Schaltungsaufbau.** Hochfrequenz-Leistungsverstärker werden in überwiegender Mehrzahl als *abgestimmte Verstärker* ausgeführt. Im Gegensatz zu den Vorstufenverstärkern ist hier die Erzielung eines guten Wirkungsgrades (Verbrauch von möglichst wenig Gleichstromleistung zur Erzeugung einer bestimmten Hochfrequenzleistung) und die gute Ausnutzung der Röhren ein wesentliches Problem [*20f*), *24*, *25*]. Daher arbeiten abgestimmte Leistungsverstärker meist als $A/B$- oder $C$-Verstärker. Hierbei ist der Anodenwechselstrom kein formgetreues Abbild der Steuerwechselspannung wie beim $A$-Verstärker. Durch den auf die Grundfrequenz der Steuerspannung abgestimmten Anodenschwingungskreis entsteht eine Ausgangsspannung mit dieser Frequenz, deren Amplitude von dem Grundwellengehalt der Anodenstromkurve abhängig ist. In Abb. 14 sind die $U_g/J_a$-Kennlinien eines abgestimmten Verstärkers für verschiedene Arbeitspunkte dargestellt. Zur exakten Kennzeichnung des Arbeitspunktes verwendet man den dort angegebenen „Stromflußwinkel". Er ist definiert als die halbe Zeit des Stromflusses, gemessen im Winkelmaß. Man sieht sehr deutlich, daß mit fallendem Stromflußwinkel der Gitterwechselspannungsbedarf $U_g$ stark zunimmt, trotzdem aber bei gleichbleibendem Anodenspitzenstrom $I_{asp}$ der Grundwellenanteil des Anodenstroms $i_a$, der maßgebend für die abgegebene Leistung ist, abnimmt. In Abb. 15 sind diese Verhältnisse für konstante Leistung noch einmal genauer dargestellt; man sieht wieder das sehr starke Anwachsen der Gitterwechselspannung $U_g$, wenn der Stromflußwinkel kleiner als 90° wird ($C$-Verstärker). Der benötigte Anodenspitzenstrom wird ebenfalls größer, es müssen also Röhren mit höherem Sättigungsstrom verwendet werden. Der Wirkungsgrad steigt mit fallendem Stromflußwinkel, dieses ist der Grund, warum man Leistungsverstärker mög-

lichst nur als $A/B$-, $B$- oder $C$-Verstärker betreibt. Durch den höheren
Wirkungsgrad wird nicht nur die für eine bestimmte Hochfrequenz-

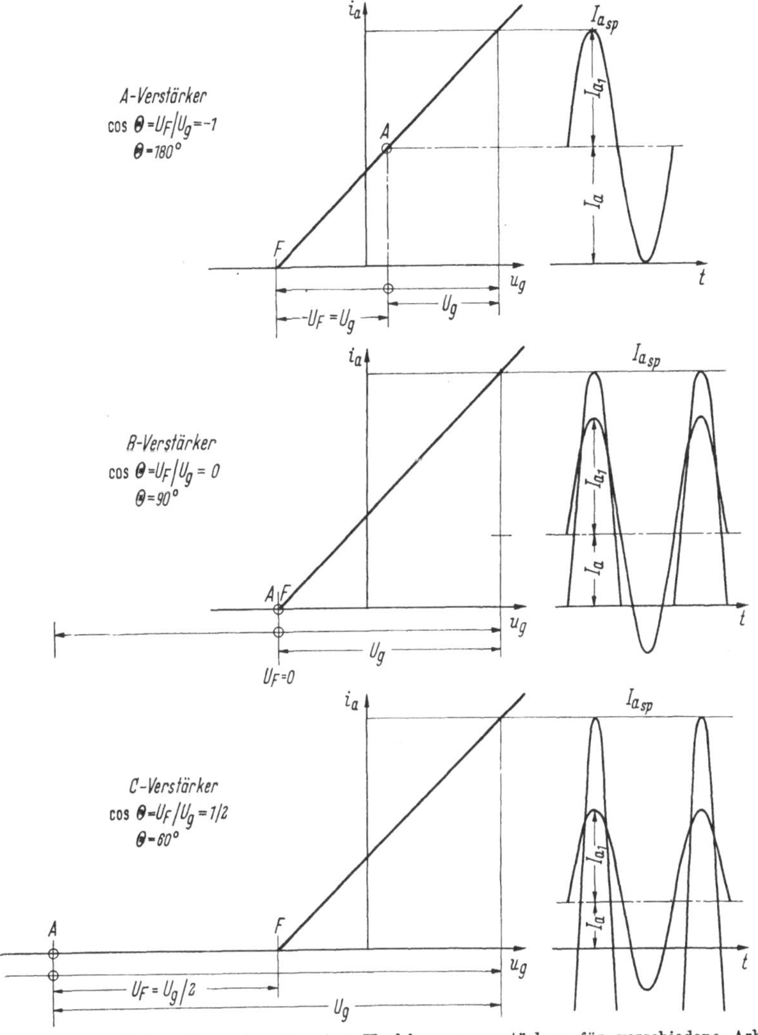

Abb. 14. Kennlinien eines abgestimmten Hochfrequenzverstärkers für verschiedene Arbeitspunkte und Aussteuerung bis zum gleichen Anodenspitzenstrom [nach *24, 25*]. (Die Kennlinien sind geradlinig angenommen, der Einfluß der Anodenrückwirkung ist vernachlässigt)

$u_g$ Gitterspannung } Augenblickswerte; $U_g$ Gitterwechselspannungsamplitude; $I_{asp}$ Anoden-
$i_a$ Anodenstrom
spitzenstrom; $I_{a1}$ Anodenwechselstromamplitude der Grundwelle; $I_a$ Anodengleichstrom;
$t$ Zeit; $A$ Arbeitspunkt; $F$ Fußpunkt der Kennlinie; $U_F$ Spannung zwischen $A$ und $F$;
$\Theta$ Stromflußwinkel

leistung aufzuwendende Gleichstromleistung kleiner, sondern auch die
Anodenverlustleistung der Röhre nimmt stark ab.

Das wird besonders deutlich, wenn man die Verhältnisse bei Veränderung der Gitterwechselspannung betrachtet, wie das bei Ver-

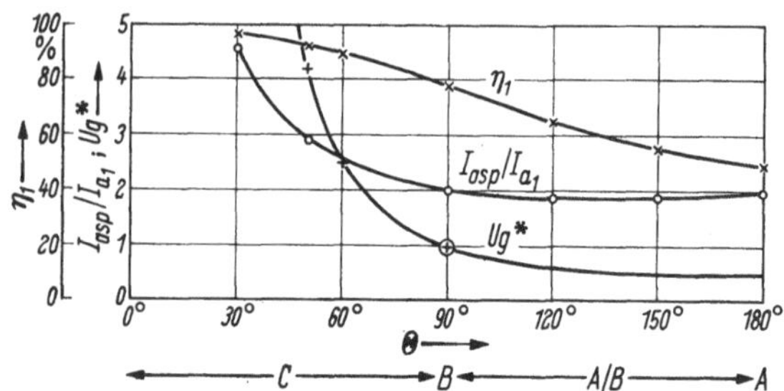

Abb. 15. Gitterwechselspannungsbedarf, Spitzenstrom und Wirkungsgrad eines abgestimmten Hochfrequenzverstärkers bei konstanter Leistung in Abhängigkeit von der Arbeitspunkteinstellung. (Geradlinige Kennlinien wie in Abb. 14)

$\Theta$ Stromflußwinkel; $U_g^*$ bezogene Gitterwechselspannungsamplitude [Wert des $B$-Verstärkers ($\Theta = 90°$) als Einheit gesetzt]; $I_{a_1}$ Anodenwechselstromamplitude der Grundwelle (wegen der Bedingung konstanter Leistung unabhängig vom Arbeitspunkt); $I_{asp}$ Anodenspitzenstrom; $\eta_1 = \dfrac{P^\sim}{P^-}$ Wirkungsgrad (hier für Spannungsausnutzung $h = 1$); $P^\sim$ abgegebene Hochfrequenzleistung; $P^-$ aufgenommene Gleichstromleistung

stärkern für modulierte Hochfrequenz vorkommt. In Abb. 16 sind die auf die maximale Hochfrequenzleistung bezogenen Anodenverluste für die verschiedenen Verstärker dargestellt. Für die unterschiedlichen Arbeitspunkte erhält man stark unterschiedliches Verhalten der Anoden-

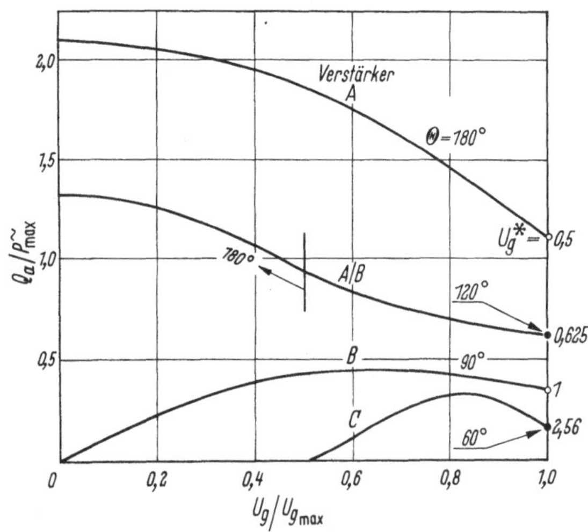

Abb. 16. Relative Anodenverlustleistungen eines abgestimmten Hochfrequenzverstärkers für verschiedene Arbeitspunkte in Abhängigkeit von der Aussteuerung. (Geradlinige Kennlinien wie in Abb. 14)

$\Theta$ Stromflußwinkel; $Q_a$ Anodenverlustleistung; $U_g$ Gitterwechselspannungsamplitude; $U_g^*$ bezogene Gitterwechselspannungsamplitude [Wert des $B$-Verstärkers ($\Theta = 90°$) als Einheit gesetzt]; $P^\sim_{max}$ abgegebene Hochfrequenzleistung $\}$ $U_{g\,max}$ Gitterwechselspannungsamplitude $\}$ Maximalwerte für volle Aussteuerung verlustleistung $Q_a$ in Abhängigkeit von der Aussteuerung ($U_g/U_{g\,max}$), und die Darstellung zeigt deutlich, daß der Wirkungsgrad bei Vollaussteuerung ($U_g/U_{g\,max} = 1$) keine Auskunft über die tatsächlichen Verhältnisse gibt. Man sieht hieraus auch sofort, daß ein Leistungsverstärker niemals als reiner $A$-Verstärker ausgeführt werden sollte, verhalten sich doch die größten Anodenverlustleistungen bei gleicher maximaler Hochfrequenzleistung beim $A$- im Vergleich zum $B$-Verstärker wie 4,7 zu 1, im Vergleich zum $C$-Verstärker sogar wie 6,4 zu 1.

Es bleibt jetzt noch zu untersuchen, welcher Zusammenhang zwischen der Gitterwechselspannung und der Grundwelle des Anodenwechselstroms besteht. Diese sog. „Schwinglinien" sind in Abb. 17 für die verschiedenen Arbeitspunkte dargestellt. Es zeigt sich, daß nur beim $A$- und $B$-Verstärker (bei der angenommen geradlinigen Kennlinie) eine lineare Abhängigkeit zwischen Gitterwechselspannung und Anodenstrom der Grundwelle besteht. Bei allen anderen Arbeitspunkten treten Abweichungen von der Linearität auf. Da ein Betrieb als $A$-Verstärker wegen des schlechten Wirkungsgrades und der schlechten Röhrenaus-

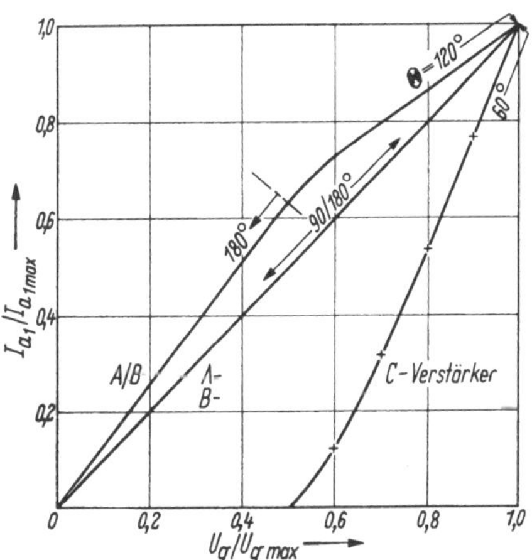


Abb. 17. Schwinglinien eines abgestimmten Hochfrequenzverstärkers für verschiedene Arbeitspunkte. (Geradlinige Kennlinie wie in Abb. 14) $\Theta$ Stromflußwinkel; $U_g$ Gitterwechselspannungsamplitude; $U_{g\,max}$ Gitterwechselspannungsamplitude für volle Aussteuerung; $I_{a_1}$ Anodenwechselstromamplitude der Grundwelle; $I_{a_1 max}$ Anodenwechselstromamplitude der Grundwelle für volle Aussteuerung

nutzung unzweckmäßig ist, werden lineare Hochfrequenzverstärker in der überwiegenden Zahl als $B$-Verstärker ausgeführt. Die tatsächlichen Röhrenkennlinien haben zwar nicht genau den für die obigen Betrachtungen angenommenen linearen Verlauf, die Verhältnisse werden dadurch jedoch nur wenig verändert. Man erzielt aber mit dem $B$-Verstärker keine exakt lineare Schwinglinie, sondern muß den Arbeitspunkt etwas in Richtung auf den $A$-Verstärker verschieben.

Neben der durch den Stromflußwinkel angegebenen Stromaussteuerung ist die Spannungsausnutzung (Verhältnis der Anodenspannungsamplitude der Grundwelle zur Anodengleichspannung) einer Verstärkerstufe ein sehr wesentlicher Wert. Bei konstantem Stromflußwinkel ist der Wirkungsgrad der Spannungsausnutzung — die im Grenzfall den Wert 1 annehmen kann — direkt proportional, außerdem treten bei zu großer Anodenwechselspannung Einsattelungen in der Anoden-

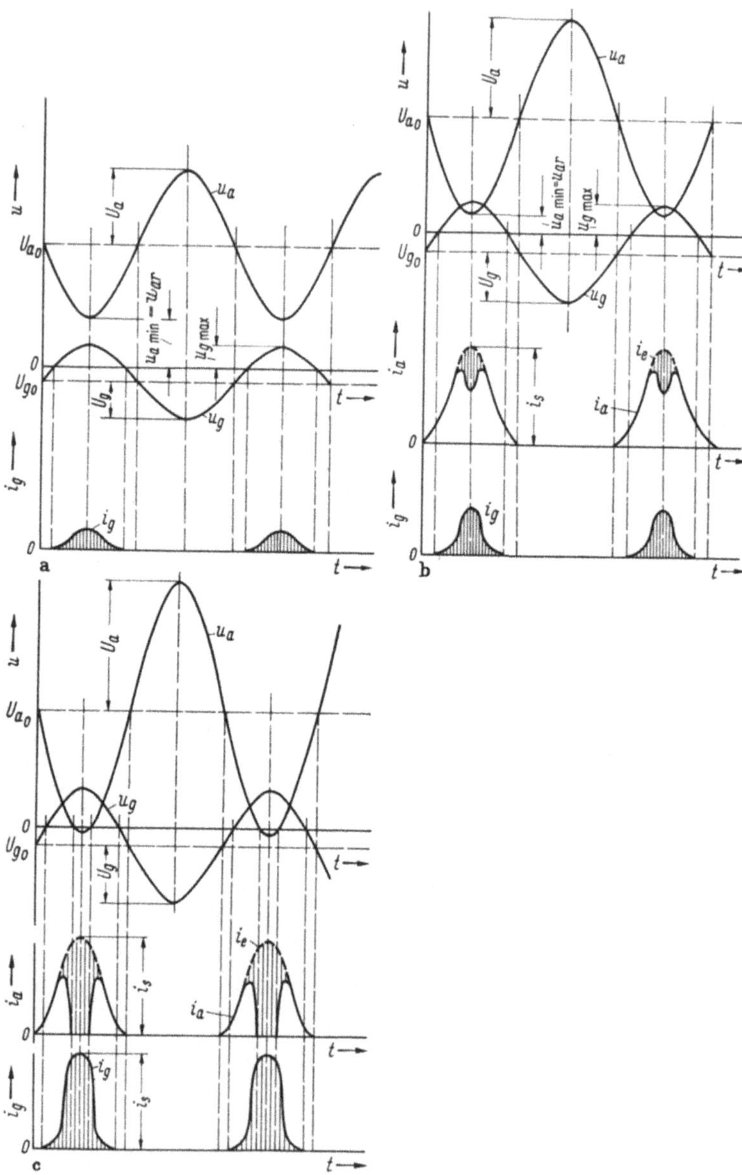



Abb. 18 a—c. Anodenspannung, Anodenstrom, Gitterspannung und Gitterstrom eines ohmisch abgestimmten Senderverstärkers bei verschiedener Spannungsausnutzung [nach *20f.*]

a) unterspannter Zustand, b) schwach überspannter Zustand  c) stark überspannter Zustand

$U_{g0}$ Gittervorspannung; $U_{a0}$ Anodengleichspannung; $\left.\begin{array}{l}U_g \text{ Gitterwechselspannung}\\U_a \text{ Anodenwechselspannung}\end{array}\right\}$ Amplituden

$\left.\begin{array}{l}u_g \text{ Gitterspannung}\\u_a \text{ Anodenspannung}\end{array}\right\}$ Augenblickswerte; $\left.\begin{array}{l}i_g \text{ Gitterstrom}\\i_a \text{ Anodenstrom}\\i_e \text{ Emissionsstrom}\end{array}\right\}$ Augenblickswerte;

$u_{ar}$ Anodenrestspannung; $i_s$ Spitzenstrom; $t$ Zeit

stromkurve und ein starkes Ansteigen des Gitterstroms auf. Man nennt
diesen Zustand „überspannter Zustand", er ist in Abb. 18 dargestellt.
Den Teil des Kennlinienfeldes der Röhre, der dann erreicht wird, bezeichnet man auch als „Übernahmegebiet", weil hier die Stromübernahme zum
Gitter bei Trioden und zum Schirmgitter bei Tetroden stattfindet. Durch
die Einsattelungen in der Anodenstromkurve nimmt der Grundwellenanteil des Anodenstroms ab, so daß die Anodenwechselspannung auch
bei weiterer Erhöhung der Gitterwechselspannung nicht mehr steigt.
Wenn man Wert auf einen linearen Zusammenhang zwischen Gitter-
und Anodenwechselspannung legt, darf man daher die Spannungsausnutzung nicht zu hoch machen. Die Anodenrestspannung muß bei
Trioden größer bleiben als der Scheitelwert der Gitterspannung, bei
Tetroden größer als die Schirmgitterspannung. Da die letztere größer ist
als die Gitterspannung, ist die Spannungsausnutzung und damit der
Wirkungsgrad bei Tetroden im allgemeinen kleiner als bei Trioden.

Das starke Ansteigen des Gitterstroms bei Trioden bedeutet eine
stärkere Belastung der Steuerstromquelle und dadurch evtl. Abweichungen von der Linearität; der überspannte Zustand muß auch aus
diesem Grunde vermieden werden. Bei Tetroden kann durch das Ansteigen des Schirmgitterstroms eine Änderung der Schirmgitterspannung
und damit eine Arbeitspunktverschiebung hervorgerufen werden.

Abgestimmte Hochfrequenzverstärker verwenden *Schwingungskreise* zur Abstimmung auf die zu verstärkende Frequenz. Diese Kreise
werden aus Induktivitäten und Kapazitäten aufgebaut. Als feste Induktivitäten verwendet man Zylinder-, Flach- oder Toroidspulen [*20*b)] für
kleine Leistungen wird dabei gern Hochfrequenzeisen (Massekerne,
Ferrite) zur Steigerung der Induktivität und Güte verwendet [*20*c)].
Veränderbare Induktivitäten, sog. Variometer, werden als Koppel-
variometer, Kurzschluß- oder Schleifervariometer ausgeführt [*20*d)]. Als
Dielektrika für feste und veränderbare Kondensatoren verwendet man
Luft, Keramik, Vakuum oder Preßgas; das letztere wird nur für größere
Leistungen benutzt [*20*e)]. Alle diese Bauteile haben neben den erwünschten Eigenschaften (Induktivität einer Spule, Kapazität eines Kondensators) unerwünschte Eigenschaften, die Leistungsverluste hervorrufen (Verlustwiderstände) und solche, die schon die Bauteile allein zu
resonanzfähigen Gebilden machen (Kapazität einer Spule, Induktivität eines Kondensators). Bei räumlich kleinen Bauteilen, wie sie für Sender kleinerer Leistung verwendet werden, liegt im allgemeinen die Resonanzfrequenz weit außerhalb des Betriebsbereichs, so daß keinerlei
Schwierigkeiten auftreten. Bei Sendern größerer Leistung, die auch Bauteile größerer Abmessungen verwenden müssen, verschiebt sich die
Resonanzfrequenz der Bauteile durch die mit der räumlichen Vergrößerung verbundene Vergrößerung der Kapazitäten bzw. Induktivitäten zu

tieferen Frequenzen, auch wenn der Betriebsfrequenzbereich der gleiche geblieben ist. Dadurch wird es bei Sendern großer Leistung im Kurzwellenbereich schwierig, störende Einflüsse dieser Resonanzen zu vermeiden. Dabei ist es nicht notwendig, daß eine derartige Resonanz mit der Betriebsfrequenz des Senders zusammenfällt, denn auch durch Resonanzen mit Harmonischen der Betriebsfrequenz (die z. B. im Anodenkreis vorhanden sind) treten schon erhebliche Störungen auf. Diese Resonanzen sind ein Grund dafür, daß z. B. abgestimmte Siebkreise bei Sendern größerer Leistung nur schwer mit genügender Siebwirkung bei hohen Frequenzen ausgeführt werden können. Auch die Parallelschaltung von mehreren Kondensatoren miteinander kann große Schwierigkeiten bereiten, da die Verbindungen zusammen mit den Kondensatoren einen Schwingungskreis ergeben. Falls es nicht gelingt, durch sehr sorgfältigen konstruktiven Aufbau die Resonanzen so weit außerhalb des Betriebsbereichs zu legen, daß sie nicht mehr stören, muß versucht werden, durch Dämpfungswiderstände (die nur für die Resonanzfrequenz, aber nicht für die Betriebsfrequenz wirksam sein dürfen) die Resonanzen so weit zu dämpfen, daß sie keine schädliche Wirkung mehr haben.

Die Verlustwiderstände setzen einen Teil der den Bauelementen zugeführten Blindleistung in Wärme um. Während dieser Betrag bei Sendern kleinerer Leistung im allgemeinen so gering ist, daß man ohne zusätzliche Kühlung auskommt, werden bei Sendern größerer Leistung, besonders bei den Induktivitäten, oftmals intensive Kühlungsmaßnahmen (Preßluft, Wasser) notwendig. Je nachdem, ob die Abstimmung der Schwingungskreise eines Leistungsverstärkers induktiv, kapazitiv oder induktiv und kapazitiv vorgenommen wird, entstehen verschiedene Werte der Blindleistung in Abhängigkeit von der Frequenz. Die Blindleistung ist ein sehr wichtiger Wert für die Bemessung eines Leistungsverstärkers: je größer das Verhältnis der Blindleistung zur Wirkleistung, je größer also die Resonanzschärfe ist, desto spitzer ist die Resonanzkurve des Schwingungskreises und desto besser ist die Unterdrückung der Harmonischen. Andererseits bedeutet eine große Blindleistung mehr Verluste in den Schwingkreiselementen, vor allem in den Spulen. Diese Verluste verschlechtern nicht nur den Senderwirkungsgrad, da sie die abgegebene Hochfrequenzleistung verkleinern, sondern erwärmen die Bauteile, so daß diese vergrößert oder zusätzlich gekühlt werden müssen. Zu kleine Blindleistung ergibt eine schlechte Abstimmbarkeit, da die Resonanzkurve zu flach wird, außerdem werden die Oberwellen weniger gut unterdrückt. In den Anpassungsschaltungen können dann wegen des zu großen Innenwiderstandes Schwierigkeiten auftreten. Die Blindleistung ist nicht immer frei wählbar, denn um einen guten Wirkungsgrad der Verstärkerstufe zu erzielen, muß die Spannungsausnutzung möglichst hoch getrieben werden. Damit ist die Anodenwechselspannung schon durch die Anodengleichspannung der verwendeten Röhrentype festgelegt. Bei Kurzwellensendern wird im höchsten Frequenzbereich oft die Röhren- und Schaltkapazität als einzige Kapazität des Schwingungskreises benutzt, so daß damit die Blindleistung des Schwingungskreises festliegt. Außerdem wird durch die Röhren- und Schaltkapazität und die höchste Frequenz die Minimalinduktivität des Schwingungskreises festgelegt. Da diese einen bestimmten Wert aus konstruktiven Gründen nicht unterschreiten kann, ist bei einem Kurz-

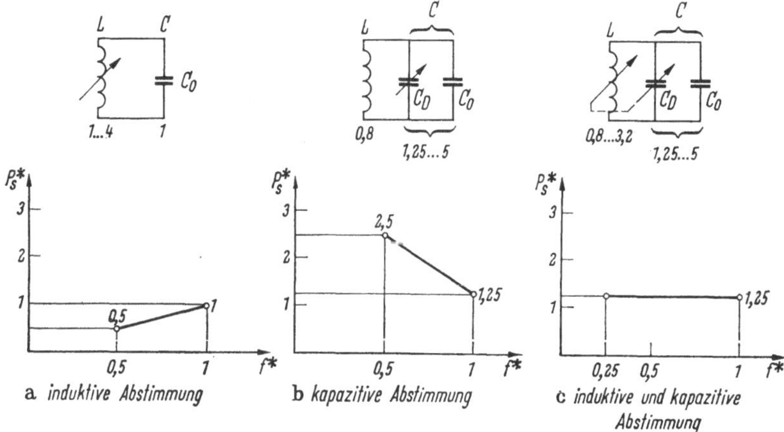



Abb. 19a—c. Blindleistungsverhältnisse in Abstimmkreisen
a) induktive Abstimmung; b) kapazitive Abstimmung; c) induktive und kapazitive Abstimmung

$P_s^*$  Blindleistung
$f^*$  Frequenz
$L$  Induktivität     relative Werte;  $C_0$ Röhren- und Schaltkapazität;
$C$  Kapazität                        $C_D$ Drehkondensatorkapazität (0,25 bis 4 $C_0$)

wellensender größerer Leistung eine Parallelschaltung von Röhren nicht einfach, abgesehen von der Gefahr der Erregung von Störschwingungen.

In Abb. 19a ist gezeigt, daß die Schaltung mit der induktiven Abstimmung bei einer gegebenen Röhren- und Schaltkapazität $C_0$ die kleinste Blindleistung ergibt. Man kann hierbei so dimensionieren, daß die höchste Blindleistung im Kreis den durch $C_0$ gegebenen Wert nur bei der höchsten Frequenz erreicht, bei tieferen Frequenzen sinkt die Blindleistung. Im Gegensatz dazu wird bei der kapazitiven Abstimmung, Abb. 19b, durch die Grundkapazität des Abstimmkondensators (die hier mit 0,25 $C_0$ angenommen wurde) die Blindleistung schon bei der höchsten Frequenz etwas höher als bei der induktiven Abstimmung, steigt aber zu tiefen Frequenzen hin noch weiter an. In dem angegebenen Beispiel ist bei der tiefen Frequenz die Blindleistung bei kapazitiver Abstimmung 5mal so groß wie bei induktiver. Diese Tatsache ist bei dem

Entwurf von Senderschaltungen von großer Bedeutung. Eine Kombination von induktiver und kapazitiver Abstimmung, Abb. 19c, gibt die Möglichkeit, einen „Kreis konstanter Blindleistung" zu schaffen, bei dem die Blindleistung im ganzen Frequenzbereich konstant gehalten werden kann. Bei entsprechender Ausbildung der Bauteile (Kapazitäts- bzw. Induktivitätsänderung in Abhängigkeit vom Drehwinkel) läßt sich auch jeder andere Verlauf erzielen. Wie aus Abb. 19 zu ersehen ist, wird bei gleicher Variation der Bauelemente der Frequenzbereich doppelt so groß wie bei den beiden anderen Abstimmungsarten.

Für den großen Frequenzbereich der heutigen Kurzwellensender (z. B. 1,5 bis 30 MHz oder 3 bis 30 MHz) reichen die in Abb. 19a und b

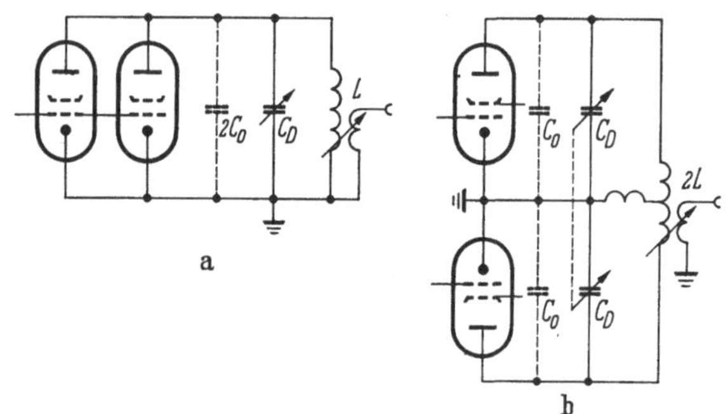


Abb. 20a u. b. Parallelschaltung von Röhren zur Leistungserhöhung. Prinzipschaltbilder für kapazitive Abstimmung
a) Eintaktschaltung,  b) Gegentaktschaltung
$C_0$ Röhren- und Schaltkapazität;  $C_D$ Drehkondensatorkapazität;  $L$ Spule mit induktiver Auskopplung

angegebenen Frequenzvariationen in einem einzigen Bereich nicht aus. Da jedoch in diesen Schaltungen die Blindleistungsschwankung der Frequenzvariation proportional ist, unterteilt man den Gesamtfrequenzbereich in Einzelbereiche, die alle etwa die gleichen Blindleistungsverhältnisse haben. Das ist wichtig, um einerseits die Oberwellensiebung und andererseits den Wirkungsgrad möglichst konstant zu halten. Bei der Schaltung nach Abb. 19c ist eine solche Grobumschaltung nicht notwendig. Es werden aber zwei kontinuierlich veränderbare Elemente benötigt, die den ganzen Kurzwellenbereich überstreichen (s. S. 753).

Um mit einer bestimmten vorgegebenen Röhrentype eine größere Leistung zu erzielen, kann man 2 Röhren zusammenschalten. Da jedoch bei der Parallelschaltung von Röhren eine Erhöhung der Kapazität und eine Neigung zur Erregung von Störschwingungen auftritt, verwendet man vielfach die Gegentaktschaltung. Wie Abb. 20 zeigt, tritt hierdurch keine Kapazitätsvergrößerung der Schwingungskreishälften ein, die minimale Induktivität geht bei Verwendung von 2 Röhren in

Gegentaktschaltung auf den doppelten Wert, da im Schwingungskreis nur noch die halbe Röhrenkapazität wirksam ist. Diese Schaltung hat außerdem noch den Vorteil, daß die geradzahligen Harmonischen unterdrückt werden. Für einen unsymmetrischen Ausgang werden allerdings auf der Anodenseite Schaltungen zum Übergang von symmetrischen auf unsymmetrischen Betrieb notwendig, desgleichen auf der Gitterseite, falls man nicht auch die Treiberstufe in Gegentakt ausführen will. Als Nachteil der Schaltung ist der doppelte Aufwand an Bauelementen gegenüber einer Eintaktschaltung anzusehen, außerdem der zusätzliche Aufwand zum Übergang von Symmetrie auf Unsymmetrie und umgekehrt.

Zur Anpassung an den Arbeitswiderstand des Senders werden sog. Koppelschaltungen verwendet. Wie bereits früher erwähnt, werden

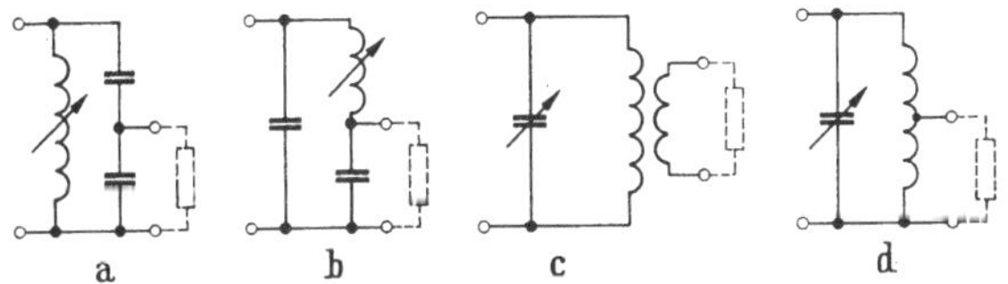

Abb. 21 a—d. Koppelschaltungen für abgestimmte Hochfrequenzverstärker
a) kapazitive Teilung;  b) kapazitive Teilung im induktiven Zweig, c) induktive Kopplung,
d) induktiv-galvanische Kopplung

kleinere Sender direkt an Drahtantennen angeschlossen. Die dafür notwendigen Antennenanpassungen sind meist fest im Sender eingebaut. Sie können auf verschiedene Weise geschaltet werden und müssen in Abhängigkeit von der Frequenz und den verwendeten Antennen sehr große Widerstandsbereiche verarbeiten können [$14$a)]. Größere Sender verwenden vielfach unsymmetrische Ausgänge von 60 $\Omega$ oder 50 $\Omega$. Wegen der Welligkeit des Antenneneingangswiderstandes wird im allgemeinen gefordert, daß der Sender auf einen Arbeitswiderstand von 60 $\Omega$ (50 $\Omega$) mit einer größten „Welligkeit" (s. S. 197) $s = 2$ arbeiten muß. Die Koppelschaltungen (Abb. 21) können mit induktiver oder kapazitiver Teilung oder auch induktiv-kapazitiv ausgeführt werden [$14$b)]. Die letztere Schaltungsart hat den Vorteil, daß zusätzlich die Harmonischen der Sendefrequenz gedämpft werden. Wegen des großen Bereichs des Arbeitswiderstandes müssen die Koppelschaltungen veränderlich ausgeführt werden, man verwendet vielfach die Siebkreise für die Harmonischen gleichzeitig als Koppelschaltungen (Abb. 22a).

Zur Unterdrückung dieser Harmonischen dient zunächst der abgestimmte Anodenkreis, der je nach der Größe der installierten Blindleistung eine mehr oder weniger wirksame Siebung erreicht. Diese Siebung allein ist jedoch bei Sendern größerer Leistung im allgemeinen nicht ausreichend, so daß weitere abgestimmte Siebkreise verwendet werden müssen. Bei größeren Abmessungen der Bauteile läßt sich im Bereich hoher Frequenzen, wie schon erwähnt, wegen der Eigenkapazitäten der Variometer und der Eigeninduktivität der Kondensatoren die erforderliche Siebwirkung nur schwer erreichen. Es werden daher vielfach nicht abstimmbare Zusatzfilter verwendet, die oberhalb der höchsten Sendefrequenz eine genügende Dämpfung sicherstellen (Abb. 22a). Zuweilen werden auch hinter dem abgestimmten Anodenkreis umschaltbare Siebketten eingeschaltet, die den Vorteil haben, daß sie in einem Frequenzbereich von etwa $1 : \sqrt{2}$ nicht bedient werden müssen und dadurch eine sehr einfache Abstimmung des Senders ermöglichen (Abb. 22b). Im Kurzwellenbereich wird dann allerdings wegen der vielen notwendigen Teilbereiche der Aufwand erheblich. Solche Siebketten sind meist Tiefpässe in $\pi$-Schaltung; vielfach werden versteilerte Schaltungen mit Endhalbgliedern und eingeebnetem Wellenwiderstand verwendet. Bei der Dimensionierung muß beachtet werden, daß die Siebketten nicht exakt mit ihrem Wellenwiderstand abgeschlossen werden, sondern mit einem Arbeitswiderstand der vorgeschriebenen Welligkeit.

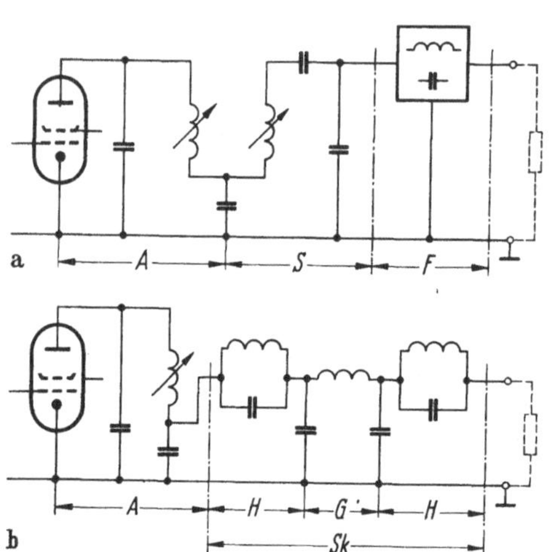

Abb. 22a u. b. Siebschaltungen für Senderstufen
a) abstimmbarer Siebkreis (gleichzeitige Verwendung als Koppelschaltung), b) feste Siebkette
$A$ Anodenkreis; $S$ Siebkreis; $F$ zusätzl. Oberwellenfilter; $SK$ Siebkette; $G$ Grundglied; $H$ Halbglieder

Im Gegensatz zu den abgestimmten Verstärkern, die auf die zu verstärkende Frequenz eingestellt werden müssen. verlangen die *Breitbandverstärker* keine Abstimmung. Sie verwenden keine Schwingungskreise, müssen also ähnlich wie ein Niederfrequenzverstärker die Kurvenform der Hochfrequenzschwingung formgetreu verstärken. Verwendet man Eintaktverstärker, so ist das nur möglich, wenn der Verstärker im $A$-Betrieb arbeitet. Das ergibt aber einen schlechten Wirkungsgrad und eine schlechte Röhrenausnutzung und kommt daher nur für Vorstufen kleiner Leistung, aber nicht für Leistungsverstärker in Betracht. Die Verwendung von Gegentaktverstärkern gibt die Möglichkeit, im $B$- oder $A/B$-Betrieb zu arbeiten. Dadurch wird der Wirkungsgrad besser.

Eine grundsätzliche Schwierigkeit besteht bei Breitbandverstärkern darin, daß die Röhrenkapazität nicht wie beim abgestimmten Verstärker durch den Schwingungskreis ausgeglichen werden kann. Der Verstärker arbeitet also immer auf den (Ohmschen) Außenwiderstand, dem die Röhrenkapazität parallel liegt. Dadurch wird es bei hohen Frequenzen nicht mehr möglich, mit so hohen Außenwiderständen zu arbeiten, daß eine vernünftige Spannungsausnutzung der Anodenspannung erreicht wird, und der Wirkungsgrad geht dementsprechend zurück. Durch Verwendung von besonderen Vierpolschaltungen zwischen der Anode und dem Lastwiderstand gelingt es, die Verhältnisse zu verbessern. In Abb. 23 sind 2 Beispiele von solchen Schaltungen gezeigt. Die Schaltung Abb. 23b

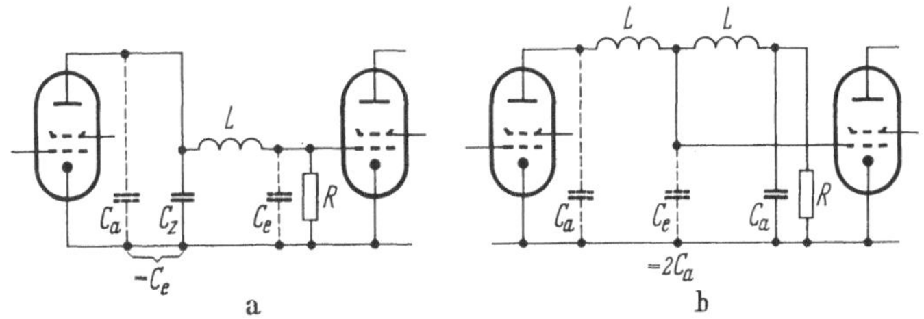

Abb. 23a u. b. Koppelschaltungen für Breitbandverstärker

a) einfache Vierpolkopplung $\quad f_g = \dfrac{1}{R \cdot 2\pi C_e}$ ; $\quad$ b) doppelte Vierpolkopplung $\quad f_g = \dfrac{1}{R \cdot 2\pi C_a}$

$$L = 2\,R^2\,C_e \qquad\qquad\qquad L = 2\,R^2\,C_a$$

$C_e$ Eingangskapazität der Röhren; $C_a$ Ausgangskapazität der Röhren; $C_z$ Zusatzkapazität; $L$ Vierpolinduktivität; $R$ Abschlußwiderstand; $f_g$ Grenzfrequenz des Vierpols

berücksichtigt die Tatsache, daß die Eingangskapazität einer Röhre im allgemeinen etwa doppelt so groß ist wie die Ausgangskapazität. Unter diesen Voraussetzungen wird die Grenzfrequenz der Schaltung $b$ um den Faktor 2 höher als die der Schaltung $a$.

Da man nicht mit abgestimmten Koppelschaltungen arbeiten kann, verwendet man zur Anpassung des Ausganges an den Lastwiderstand entweder Hochfrequenz-Leistungstransformatoren oder vereinzelt Transformationsvierpole. Veränderungen des Arbeitswiderstandes wirken sich voll als Veränderungen des Arbeitswiderstandes der Röhre aus. Dadurch können Wirkungsgradveränderungen und Übersteuerungserscheinungen auftreten. Verstärker dieser Art sind daher als Leistungsverstärker nur selten verwendet worden, dagegen oftmals als Zwischenstufen in Leistungsverstärkern.

Größere Bedeutung hat der *Kettenverstärker* erlangt [*20*g)]. Bei Breitbandverstärkern erweitert die direkte Parallelschaltung von Röhren den Frequenzbereich nicht, weil das für die Verstärkung maßgebende Verhältnis $S/C$ (Steilheit der Röhre zur Ausgangskapazität) nicht zunimmt. Man legt daher beim Kettenverstärker die Eingangs- und Ausgangskapazitäten der Röhren in gitter- und anodenseitige Laufzeitketten und erreicht so unterhalb deren Grenzfrequenz eine Addition der Verstärkungen der einzelnen Röhren (Abb. 24). Nachteilig bei dieser Schaltung ist der eingangsseitige Abschlußwiderstand der Anodenkette, in dem ein Teil der Leistung verbraucht wird. Durch Ausführung der Anodenkette mit zum Ausgang hin gesetzmäßig abnehmendem Wellenwiderstand [26] lassen sich die Verhältnisse zwar verbessern, aber auch dann ist der Wirkungsgrad noch erheblich geringer als der einer abgestimmten Schaltung. Genau wie bei einem einfachen Verstärker ist auch hier aus Gründen des Wirkungsgrades und der Röhrenausnutzung eine Gegentaktschaltung von Vorteil. Bei geeigneter Bemessung läßt sich eine hinreichende Linearität erreichen, so daß auch mehrere Frequenzen gleichzeitig über den Verstärker gegeben werden können, ohne zu störenden

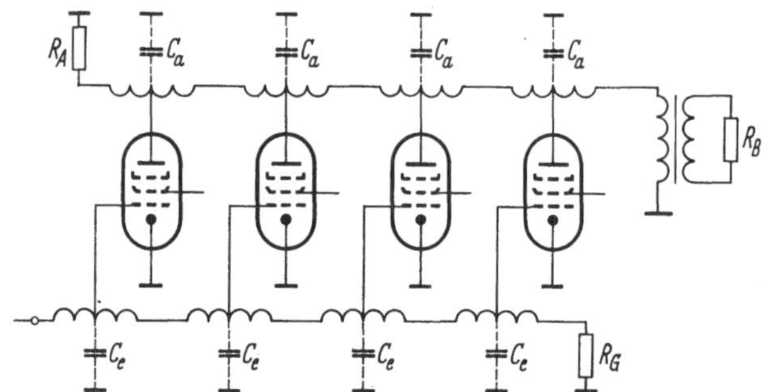

Abb. 24. Prinzipschaltbild eines Kettenverstärkers

$C_e$ Eingangskapazität der Röhren; $C_a$ Ausgangskapazität der Röhren; $R_B$ Belastungswiderstand; $R_G$ Abschlußwiderstand der Gitterkette; $R_A$ Abschlußwiderstand der Anodenkette

Intermodulationserscheinungen zu führen. Das ist für Senderzwecke von großem Vorteil, dadurch ist der Frequenzwechsel bei einem Sender mit Kettenverstärker in der Leistungsstufe außerordentlich schnell durchzuführen, da nur die Vorstufe auf eine andere Frequenz eingestellt werden muß. Es ist auch möglich, einen solchen Leistungsverstärker z. B. am Fußpunkt einer Breitbandantenne aufzustellen und die Hochfrequenz von den Vorstufen über ein langes Kabel zuzuführen. Sender dieser Art sind bis zu Leistungen von etwa 1 kW und Frequenzen bis zu 24 MHz gebaut worden [27]. Die Realisierung größerer Leistungsstufen wird wegen des geringen Wirkungsgrades unwirtschaftlich und scheitert auch an der ungenügenden Unterdrückung der Harmonischen.

c) **Modulationsverfahren.** In der Technik der Nachrichtenübertragung wird die Modulation im Leistungsverstärker, wie schon erwähnt, nur bei kleineren Sendern, vor allem bei den sog. Sprechsendern im Seefunk und Flugfunk angewendet. Solche Sender sind meist nur für die Sendearten A1 und A3 ausgerüstet, und die Sendefrequenz wird durch umschaltbare Quarze stabilisiert. Die Quarzstufe schwingt normalerweise dauernd, da die Anschwingvorgänge in üblichen Quarzschaltungen eine einwandfreie Tastung erschweren. Die Telegraphietastung wird im allgemeinen durch Gitterspannungsverlagerung in einer oder mehreren Vorstufen vorgenommen (Abb. 11a). Für die Sendeart „Telephonie" verwendet man Anoden- oder Anoden-Schirmgittermodulation in der Endstufe. Hierbei wird die Modulationsqualität weitgehend von der Güte des Modulationsverstärkers bestimmt. Die Hochfrequenz-Zwischenstufen haben nur die Aufgabe, genügend Steuerleistung am Gitter der Endstufe bereitzustellen. Daher sind die Linearitätsanforderungen an die Zwischenstufen nur durch den gegebenenfalls gewünschten Telegraphiebetrieb festgelegt und damit im allgemeinen einfach zu erfüllen. Die Anodenmodulation erfordert zwar einen starken Modulationsverstärker, dessen tonfrequente Ausgangsleistung in der Größenordnung der Trägerleistung liegt, sie gestattet aber auch, mit einer gegebenen Röhre die größtmögliche Trägerleistung zu erzielen.

Größere Sender sind in den meisten Fällen für viele Sendearten ausgerüstet, und die Modulation wird in den Vorstufen vorgenommen (s. S. 708 ff.). Der Leistungsverstärker hat nur die Aufgabe, die bereits modulierte Hochfrequenz möglichst amplitudengetreu zu verstärken, da sonst durch Verzerrungen ungeradzahliger Ordnung Störungen entstehen.

Besonders beim Einseitenbandbetrieb sind die Anforderungen an die Linearität hoch. Um sie zu erfüllen, arbeiten die Leistungsverstärker im $A/B$-Betrieb, die Spannungsausnutzung wird niedriger eingestellt als bei einem Verstärker ohne Linearitätsforderungen. Auf diese Weise vermeidet man das Übernahmegebiet der Röhrenkennlinie, in dem die Ausgangswechselspannung nicht mehr linear von der Steuerwechselspannung abhängig ist und der Gitter- bzw. Schirmgitterstrom stark ansteigt. Das Ansteigen des Steuergitter- oder Schirmgitterstroms ergibt durch Rückwirkungen auf die Steuerspannungsquelle oder die Stromversorgung starke Verzerrungen. Die Verzerrungen sind um so kleiner, je kleiner die Spannungsausnutzung und je größer der Anodenruhestrom ist. Leider wird damit aber auch der Wirkungsgrad der Stufe niedriger, man muß daher bei großen Leistungen einen vernünftigen Kompromiß zwischen Verzerrungen und Wirkungsgrad suchen, um eine günstige Röhrenausnutzung zu erzielen. Zur Verbesserung der Linearität ist eine Vorbelastung der Gitterkathodenstrecke vorteilhaft. Dadurch wird der Einfluß des Gitterstroms verringert, der erst von einer bestimmten Aussteuerung an auftritt. Die bei der Gitterbasisschaltung auftretende Übergangsleistung kann man in diesem Sinne auch als Vorbelastung der Gitterkathodenstrecke auffassen. Sie hat den Vorteil, daß sie im Anodenkreis als Nutzleistung verwertbar ist. Weiterhin ist eine gute Stabilität der Stromversorgung wichtig, da die entnommenen

Ströme im Rhythmus der Aussteuerung schwanken. Mit den erwähnten Maßnahmen kann man bei A3B-Sendern zwischen den beiden unabhängigen Seitenbändern Übersprechwerte bis zu etwa 40 dB erreichen, die aber eine sehr sorgfältige Einstellung erfordern. Bessere Werte, deren Einstellung weit weniger kritisch ist, lassen sich durch Anwendung der Hochfrequenz-Gegenkopplung [28a), 28b), 29] erzielen. Diese Schaltungsmaßnahme setzt sich immer mehr durch. Man kann dabei einzelne

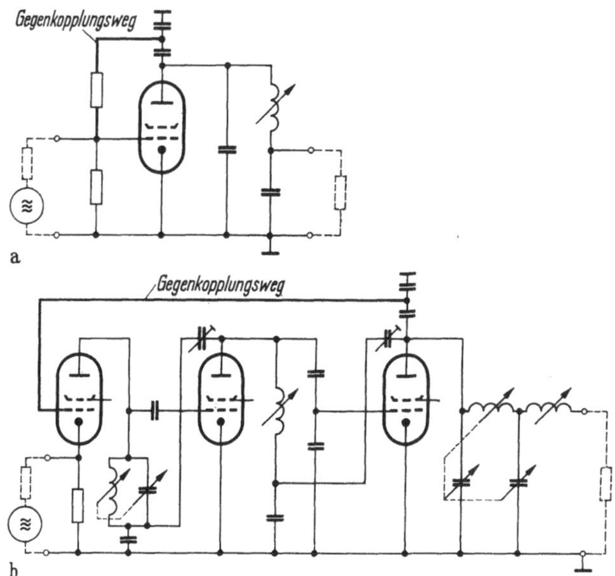



Abb. 25a u. b. Schaltungen zur Hochfrequenz-Gegenkopplung
a) Gegenkopplung einer Stufe, b) Gegenkopplung über mehrere Stufen [nach 28a]

Stufen gegenkoppeln oder mehrere Stufen in die Gegenkopplungsschleife einbeziehen (Abb. 25). Wegen der unvermeidlichen Phasendrehungen in der Gegenkopplungsschleife ist der mögliche Gegenkopplungsgrad um so niedriger, je mehr Stufen die Gegenkopplung umfaßt. Daher ist man bestrebt, bei Sendern mit Hochfrequenz-Gegenkopplung die Stufenzahl möglichst klein zu halten. Dazu sind Tetroden wegen ihrer größeren Verstärkung besonders geeignet. Heute stehen bis zu den größten Leistungen Typen zur Verfügung, die gitterstromfrei gesteuert werden können, z. B. [30]. Die auf diese Weise erreichbare geringere Stufenzahl eines Senders verringert die Zahl der Bedienungselemente und vereinfacht damit die Bedienung. Das ist besonders bei ferngesteuerten Sendern von großem Interesse.

**d) Stromversorgung.** Die Röhren eines Leistungsverstärkers benötigen zum Betrieb verschiedene Spannungen: Heizspannung, Gittervorspannung, Anodenspannung und (bei Tetroden) Schirmgitterspannung. Außer der Heizspannung sind dieses Gleichspannungen, die gesiebt sein müssen, um die Fremdspannung des Senders hinreichend klein zu halten. Zur Erzeugung dieser Gleichspannungen aus dem Wechsel- oder Drehstromnetz verwendet man für kleine und mittlere Leistungen Trockengleichrichter (Selen- oder Siliziumzellen), für große und größte Leistungen auch noch gesteuerte Quecksilberdampf-Glühkathodenröhren. Aber auch hier beginnt sich der Siliziumgleichrichter durchzusetzen. Einphasenanschluß wird nur für kleine Leistungen (bis etwa 1 kW) verwendet. Man erhält zwar eine einfache Schaltungstechnik, muß aber einen höheren Innenwiderstand und größeren Aufwand für die Siebung in Kauf nehmen.

Für die Siebung kleinerer Spannungen mit konstanter Belastung (Gittervorspannungen) verwendet man zuweilen Widerstands-Kondensator-Schaltungen. Größere Leistungen, besonders wenn der Strom im Rhythmus der Modulation schwankt, werden vorzugsweise mit Drossel-Kondensator-Schaltungen gesiebt. Für Spannungen bis etwa 1000 V arbeitet man dabei mit einem Kondensator am Eingang der Siebkette („$C$-Eingang"). Bei höheren Spannungen wird dieser Kondensator zumeist fortgelassen („$L$-Eingang"). Die letztere Schaltungsart erniedrigt bei gegebener Transformatorspannung die erzielbare Gleichspannung, aber auch den Innenwiderstand der Schaltung.

Bei Außenanodenröhren, wie sie für Stufen größerer Leistung (etwa ab 2 kW) verwendet werden, können während des Betriebes Röhrenüberschläge — ein Lichtbogen innerhalb der Röhre, der sämtliche Elektroden miteinander verbindet — auftreten. Ein solcher Röhrenüberschlag stellt einen Kurzschluß der angeschlossenen Gleichrichter dar. Diese müssen also so eingerichtet sein, daß sie einen solchen Kurzschluß ohne Schaden überstehen. Außerdem muß durch eine besondere Schnellabschaltung die vom Netzanschlußgerät abgegebene Energie soweit begrenzt werden, daß die Röhre keinen Schaden nimmt. Bei größeren Sendern wird durch eine besondere Wiedereinschalteinrichtung der Sender nach einer Pause von 0,2 bis 0,5 sec automatisch wieder eingeschaltet. Erst wenn mehrere Röhrenüberschläge in kurzer Zeit aufeinanderfolgen, wird der Sender vollständig ausgeschaltet.

Größere Leistungsverstärker besitzen mehrere Stufen, deren Betriebsspannungen verschieden sind, so daß eine große Zahl von Gleichrichtern notwendig wird. Hinzu kommen noch die Einrichtungen für die Kühlung (Ventilatoren, Umwälzpumpen) und die zugehörigen Überwachungseinrichtungen (Strömungswächter, Temperaturfühler). Die Einschaltung der einzelnen Stromkreise ist an bestimmte Vorbedingungen gebunden. So darf z. B. die Heizung erst eingeschaltet werden, wenn die Kühlung bereits eingeschaltet ist und ordnungsgemäß arbeitet. Die

Anodenspannung darf erst eingeschaltet werden, wenn die Gittervorspannung bereits an der Röhre anliegt usw. Zur Überwachung dieser Abhängigkeiten und zur Einschaltung der gewünschten Stromkreise dienen Verriegelungs- und Steuerschaltungen, welche die Schaltschütze der einzelnen Stromkreise steuern. Während bisher für diese Steuerungen ausschließlich Relaistechnik verwendet wurde. beginnen sich in zunehmendem Umfang kontaktlose Steuerungen (logische Schaltungen mit Halbleitern) durchzusetzen. Sie haben den Vorteil einer wesentlich geringeren Störanfälligkeit und praktisch unbegrenzten Lebensdauer und erhöhen damit die Sicherheit einer Anlage bedeutend.

**e) Fernsteuerung.** Während früher nur vereinzelt fernbediente Sendeanlagen verwendet wurden, hat in der jüngsten Zeit die Fernsteuerung und Automatisierung von Sendeanlagen große Fortschritte gemacht. So verwenden große Stationen heute schon weitgehend Fernsteuerung nicht nur für die Sender selbst, sondern auch für die Zubehöreinrichtungen (Modulationsverteiler, Antennenwahlschalter u. dgl.) [*14*d), *31*a), *31*b)].

Dieses Vordringen der Fernsteuerung und Automatisierung hat im wesentlichen zwei Gründe. Erstens erhöht sie die Schnelligkeit der Betriebsabwicklung, die vor allem im Flugfunk und Seefunk von entscheidender Bedeutung ist. Bei diesen Diensten ist daher schon frühzeitig die Fernsteuerung der Sender von der Empfangsstelle aus eingeführt worden. Zweitens ergibt sie eine Bedienungserleichterung in großen Sendestationen durch Zusammenfassung aller Bedienungseinrichtungen in einer Zentrale und dadurch eine Einsparung von Personal.

Die Fernsteuerung umfaßt grundsätzlich zwei verschiedene Aufgabengruppen: Schalten und Einstellen. Das Schalten ist eine einfache Fernsteueraufgabe, da im Prinzip durch Betätigen eines Schalters in der Fernsteuerstelle nur ein entsprechender Schaltkontakt am Sender geschaltet werden muß. Eine solche Fernsteuerung läßt sich unter Zuhilfenahme der üblichen Telegraphie-Übertragungsverfahren über Leitungen oder auf dem Funkwege über beliebige Entfernungen durchführen. Bei einem entsprechend eingerichteten Sender läßt sich auf diese Weise sehr einfach das Ein- und Ausschalten und die Umschaltung der Sendearten vornehmen.

Eine wesentlich schwierigere Aufgabe ist das Einstellen. Verlangt man z. B. eine kontinuierliche Einstellung eines Abstimmelementes, so bedeutet das eine Fernübertragung einer aus theoretisch unendlich vielen möglichen Stellungen.

In Wirklichkeit ist die Zahl der zu übertragenden Stellungen natürlich geringer. Sie wird durch die gewünschte Genauigkeit festgelegt. Diese Aufgabe ist zwar lösbar, erfordert aber großen Aufwand, und die Übertragung über weite Entfernungen ist umständlich. Da außerdem die kontinuierliche Ferneinstellung allein nicht genügt, sondern auch eine kontinuierliche Rückmeldung des Einstellkriteriums (z. B. der Spannung an dem ferneingestellten Schwingungskreis) erforderlich ist, wird dieses Verfahren sehr selten angewendet. Man führt diese Aufgabe dadurch auf das „Schalten" zurück, daß man am Sender mehrere Stellungen des Einstellelementes markiert und durch Fernschalten eine dieser Stellungen auswählt. Ein Motorantrieb im Sender stellt dann die gewünschte Stellung bei einem oder mehreren Einstellelementen ein. Eine andere Lösung stellen die „Nachlaufsender" dar, bei denen der Leistungsverstärker sich automatisch auf die angelieferte Frequenz einstellt. Es ist damit nur notwendig, in der Steuerstufe die gewünschte Frequenz einzuschalten.

Um am Bedienungsort jederzeit eine Kontrolle über den Senderzustand zu haben, ist eine Rückmeldung vom Sender erforderlich. Hierfür gilt das gleiche wie für das Schalten und Einstellen; kontinuierliche Meldungen sind möglichst zu vermeiden. So wird man z. B. nur selten die genaue Senderleistung zum Bedienungsort zurückmelden, sondern nur die Unterschreitung einer festgelegten Mindestleistung usw. Es ist vorteilhaft, wenn zum Bedienungsort möglichst vollständige Informationen über den Zustand des Senders (eingestellte Leistung, Schaltzustand, Sendeart, gegebenenfalls Frequenz, Antenne usw.) gegeben werden.

Bei den heute verwendeten Sendern kann man hinsichtlich der Bedienungsmöglichkeiten die folgenden Ausführungen unterscheiden:

*Handbediente Sender.* Hier werden alle bei einem Frequenzwechsel notwendigen Einstellungen von Hand vorgenommen. Das Ein- und Ausschalten, evtl. eine Auswahl unter verschiedenen Ausgangsleistungen und die Wahl der Sendearten können in vielen Fällen über eine Fernsteuerung durchgeführt werden.

*Mehrkanalsender.* Unter dieser Bezeichnung versteht man die Kombination mehrerer handbedienter Sender mit einer gemeinsamen Stromversorgung. Die Frequenz, die Leistung und die Sendeart sind bei den einzelnen Sendern völlig unabhängig voneinander von Hand einstellbar. Durch Fernschaltung wird jeweils der gewünschte Sender an die Stromversorgung und an die Antenne geschaltet. Auf diese Weise erhält man neben den Möglichkeiten des handbedienten Senders zusätzlich die Möglichkeit eines ferngesteuerten Frequenzwechsels, der zugleich sehr schnell ausgeführt werden kann.

*Sender mit Frequenzvorwahl.* Hier wird das schon erwähnte Verfahren verwendet, nur einzelne Stellungen eines Einstellelementes zu markieren. Dazu erhält jedes Einstellelement ein sog. Rastwerk [10], an dem je nach Ausführung 6 bis 10 Stellungen mechanisch festgelegt werden können. Die gewünschte Stellung wird elektrisch ausgewählt, so daß bei

Verbindung der entsprechenden Anschlüsse aller Rastwerke beim Schließen eines einzigen Kontaktes alle Einstellelemente des Senders auf
die vorher festgelegten Stellungen laufen. Die Einstellzeit beträgt je
nach Ausführung bis zu 60 sec. Die Einstellung ist ebenso wie das
Ein- und Ausschalten, die Leistungs- und die Sendeartenwahl fern-
steuerbar.

*Sender mit Nachlaufsteuerung.* Während bei der Technik der Frequenzvorwahl nur die am Sender vorher eingestellten Frequenzen ferneinstellbar sind, kann bei der Nachlaufsteuerung jede Frequenz innerhalb des
Sendefrequenzbereichs ferneingestellt werden. Zu diesem Zweck wird der
Leistungsverstärker mit einer Einrichtung ausgerüstet, die alle Einstellelemente nach der von der Vorstufe gelieferten Frequenz einstellt. Dazu
werden Diskriminatoren, Phasenbrücken und Amplitudenvergleichs-
schaltungen verwendet, die über Regelverstärker Servomotoren an den
Einstellelementen steuern. Der Leistungsverstärker wird als linearer
Verstärker ausgeführt, die Sendearten werden in den Vorstufen eingestellt. Diese werden als quarzgebundene Steuerstufen ausgeführt, die
Frequenz wird dekadisch entweder mechanisch oder elektrisch eingestellt.
Diese Einstellung ist ebenso wie die sonstigen Einstellungen fernsteuer-
bar, so daß jede beliebige Kombination vom Bedienungsort aus eingestellt werden kann. Die Einstellzeit beträgt je nach der Größe der Anlage bis zu 60 sec. Um die Bedienung zu vereinfachen, werden für die
häufigsten Verkehrsbeziehungen Programme festgelegt, die alle Informationen (Frequenz, Sendeart, Leistung, Antenne, Antennenrichtung,
Modulationsleitung usw.) für diesen Fall enthalten und durch ein ein-
ziges Kommando eingestellt werden können. Auf diese Weise erhält man
einen ähnlichen Betriebsablauf wie bei der Frequenzvorwahl mit dem
einen wesentlichen Unterschied, daß jetzt auch am Sender nicht vorein-
gestellte Frequenzen von fern einstellbar sind. Da bei dieser Technik
die Leistungsverstärker nicht bedient werden müssen, faßt man bei größeren Stationen die Vorstufen in einer sog. ,,Steuerzentrale" zusammen.
Diese enthält dann alle zu bedienenden und zu überwachenden Geräte.
Eine Bedienung an dieser Stelle ist aber nur dann notwendig, wenn die
Anlage nicht über die Fernsteuerung betrieben wird [*31* b)].

## 7.4.2 Ausführungsbeispiele

Als Beispiele für ausgeführte Geräte und Anlagen sind im nachfolgenden einige Sender beschrieben. Sie unterscheiden sich nicht nur
hinsichtlich der Leistung, sondern auch durch die Art der Bedienung;
entsprechend der Aufzählung im vorigen Abschnitt werden Sender mit
Handbedienung, Sender mit Frequenzvorwahl und Sender mit Nachlaufsteuerung dargestellt. Die einzelnen Typen geben auch einen guten

Überblick über die verschiedenen Möglichkeiten der Fernsteuerung, sie sind auch im Hinblick darauf ausgewählt.

In der Tabelle 1 sind die charakteristischen Daten dieser Sender zusammengestellt. Die angegebenen Abmessungen gelten bei allen beschriebenen Sendern für die Gesamtanlage mit Vorstufe, Leistungsverstärker und Stromversorgung.

**a) 400 W-Sender mit Handbedienung.** Abb. 26 zeigt das Blockschaltbild eines 400 W-Senders für den Frequenzbereich 1,6 bis 25,2 MHz. Er ist für Telegraphie (Sendearten A 1, F 1, F 4) und Telephonie (Sendearten A 3 H, A 3 J, A 3 A, A 3 B) eingerichtet.

Die *Vorstufen* bestehen aus der Signalaufbereitung, in der die zu übertragende Nachricht einer 30 kHz-Schwingung aufmoduliert wird, und dem Frequenzumsetzer, der diese modulierte Schwingung in die Sendefrequenzlage bringt.

In der *Signalaufbereitung* sind die beiden Modulationsverstärker NF I und NF II dynamikgeregelt. Dadurch kann der mittlere Modulationsgrad und damit die Reichweite des Senders erhöht werden. In den Gegentaktmischstufen $M_1$ mit den nachfolgenden Seitenbandfiltern wird die Umsetzung der Nachricht in das obere bzw. untere Seitenband der Trägerfrequenz 30 kHz ($G_1$) vorgenommen. Diese wird zwar bei der Frequenzumsetzung stark unterdrückt, aber je nach Betriebsart hinter dem Seitenbandfilter u. U. wieder ganz oder teilweise zugesetzt. Für die Sendeart A1 ist in der 30 kHz-Lage ein Tastmodulator vorhanden. Für Fernschreib- und Bildsendungen liefert ein besonderes F 1-Tastgerät (s. S. 709 ff.) den in der Frequenz umgetasteten 30 kHz-Träger. Im *Frequenzumsetzer* wird in den Mischstufen $M_2$ bis $M_5$ die modulierte 30 kHz-Schwingung schließlich in die Lage der ausgestrahlten Frequenz umgesetzt. Die dazu gehörenden Oszillatoren $G_2$ bis $G_5$ werden sämtlich (ebenso der Generator $G_1$ in der Signalaufbereitung) von einem Mutterquarz (1 MHz) gesteuert, sei es durch direkte Ableitung der Oszillatorfrequenz ($G_1$; $G_2$), sei es durch Frequenzanalyse ($G_3$; $G_4$; $G_5$) nach dem in [6] angegebenen Verfahren. Die Frequenzwahl geschieht dekadisch an den Zählwerken $Z_1$ (Zehner-, Einer-kHz) und $Z_2$ (Zehner-, Einer-, Zehntel-MHz). Das somit dargestellte 1 kHz-Raster ist für eine maximale Frequenzunsicherheit von $10^{-7}/24$ h ausgelegt. Schaltet man die Synchronisierung von $G_3$ ab, so ist der Sender kontinuierlich durchstimmbar mit einer Treffunsicherheit $\leq 100$ Hz und einer Inkonstanz $\leq 20$ Hz/24 h. Am Ausgang der Vorstufen befindet sich ein mehrstufiger Transistor-Breitbandverstärker, welcher das Signal auf 3 V an 60 $\Omega$ anhebt. Auch die übrigen Baugruppen der Vorstufen sind ausschließlich mit Transistoren bestückt und als steckbare Bausteine ausgeführt, so daß einfachere Ausführungen des Senders ohne den zweiten Niederfrequenzweg und ohne das F 1-Tastgerät möglich sind.

Tabelle 1. *Daten der beschriebenen Sender*
* bedeutet Anodenspannungsmodulation



| | Abschnitt<br>Abbildung | 7.4.2a<br>26 | 7.4.2b<br>27 und 28 | 7.4.2c<br>29 | 7.4.2d<br>30 und 31 | 7.4.2e |
|---|---|---|---|---|---|---|
| **Allgemeines** | Leistung kW | 0,4 | 20/30 | 1 | 30 | 100 |
| | Bedienungsart | Handbedienung | Handbedienung | Frequenzvorwahl | Nachlauf-Automatik | Nachlauf-Automatik |
| | Frequenzbereich MHz | $1,6\cdots25,2$ | $3\cdots30$ | $1,5\cdots30$ | $3\cdots30$ | $3\cdots30$ |
| | Sende-arten Telegraphie | A1<br>F1, F4 | A1, A2<br>F1, F6 | A1, A2<br>F1, F4, F6 | A1, A2<br>F1, F4, F6 | A1, A2<br>F1, F4, F6 |
| | Sende-arten Telephonie | A3H, A3J, A3A,<br>A3B | A3<br>A3J, A3A, A3B | A3, A3*<br>A3A | A3<br>A3J, A3A, A3B | A3<br>A3J, A3A, A3B |
| | Ausgangs-widerstand $\Omega$ $\Omega$ | R: $10\cdots2000$<br>X: $0\cdots\pm2000$ | $60,\ s\leqq2$ | $60,\ s\leqq2$ | $60,\ s\leqq2$ | $60,\ s\leqq2$ |
| | Abmessungen m<br>$B\times H\times T$ | $0,6\times1,5\times0,23$ | $2,5\times2,1\times1,6$ | $0,66\times2,1\times0,77$ | $2,3\times2,1\times1,6$ | $5,4\times2,1\times1,8$ |
| **Vorstufe** | Frequenzerzeugung | Quarzgeb.<br>1 kHz-Raster | L/C-Oszillator<br>+6 Quarze | Quarzgeb.<br>100 kHz-Raster<br>mit Vorwahl | Quarzdekade<br>100 Hz-Raster<br>fernsteuerbar | Quarzdekade<br>100 Hz-Raster<br>fernsteuerbar |
| | Frequenztoleranz | synchr. $10^{-7}$<br>nicht synchr. $10^{-7}$<br>$\pm20$ Hz | LC: $10^{-5}$<br>Quarz: $10^{-6}$ $\Big\}\ \pm10$Hz<br>oder<br>Quarzdekade<br>100 Hz-Raster<br>$10^{-7}\pm10$ Hz | $3\cdot10^{-7}\pm10$ Hz | $10^{-7}$ | $10^{-7}$ |
| | Ausgangs-pegel V/$\Omega$<br>mW | 3/60<br>$\sim150$ | 4/150<br>$\sim100$ | 4/150<br>$\sim100$ | 1/60<br>$\sim20$ | 1/60<br>$\sim20$ |

| | Abstimmung | Röhre | Ua kV | Röhre | Ua kV | Röhre | Ua kV | Röhre | Ua kV | Röhre | Ua kV |
|---|---|---|---|---|---|---|---|---|---|---|---|
| **Leistungsverstärker (Stufenaufbau)** | aperiodisch | | | RS1003 | 0,3 | RS1003 | 0,3 | 2×2St QQE02/5<br>2×2St. QQE03/12 | 0,15<br>0,15 | 2×2St QQE02/5<br>2×2St. QQE03/12 | 0,15<br>0,15 |
| | L-Abst. | | | RS1003 | 0,8 | RS1003 | 0,8 | 3St.<br>4CX350A | 1,2 | 2St.<br>RS1003 | 0,4 |
| | L-Abst. | | | RS1012L | 4,3 | 2St.<br>RS1002 | 3 | | | 2St.<br>YL1050 | 3 |
| | L-Abst. | | | RS1031L | 6/8 | | | RS1082CL | 10 | RS2002 | 9 |
| | LuC-Abst.<br>LuC-Abst. | Transist.<br>2St.<br>4X250B | 2 | | | | | | | | |
| | Endstufenkreise | 1 | | 2<br>+ Filter | | 2 | | 2<br>+ Filter | | 2<br>+ Filter | |
| **Elektrische Werte** | Oberwellenabst. dB<br>Nebenwellenabst. dB | $\geq 40$<br>$\geq 60$ | | $\geq 58\,(\leq 50\text{ mW})$<br>$\geq 70$ | | $\geq 45$<br>$\geq 70$ | | $\geq 70\,(\leq 3\text{ mW})$ | | $\geq 70\,(\leq 10\text{ mW})$ | |
| | NF-Eingang<br>Mikro dB<br>NF-Eingang Leitg. dB<br>NF-Frequenzber. Hz | $-64\cdots-24$<br>$-33\cdots+7$<br>$300\cdots3000$ | | $-12\cdots+10$<br>$100\cdots8000\,(A3)$<br>$100\cdots6000\,(A3A,\,B)$ | | $-12\cdots+10$<br>$100\cdots6000\,(A3)$<br>$250\cdots3000\,(A3^*)$ | | $-12\cdots+10$<br>$100\cdots6000$ | | $-12\cdots+10$<br>$100\cdots6000$ | |
| | NF-Frequenz- gang dB | $\leq 3$ | | $\leq 2$ | | $\leq 2$ | | $\leq 2$ | | $\leq 2$ | |
| | Klirrfaktor %<br>(A3, m = 0,8; 1 kHz)<br>Übersprechdämpf. dB<br>(A3H, A3A, A3B)<br>Fremdspgsabst. dB | <br><br>$\geq 30$<br><br>$\geq 40$ | | $\leq 3$<br><br>$\geq 38$<br><br>$\geq 46$ | | $\leq 3$<br><br>$\geq 32$<br><br>$\geq 46$ | | $\leq 1$<br><br>$\geq 45$<br><br>$\geq 55$ | | $\leq 1$<br><br>$\geq 40\,(f \leq 25\text{ MHz})$<br><br>$\geq 55$ | |
| | Netzanschluß V<br>Scheinleistung } Hz<br>bei $A_1$-Be- kW<br>trieb } $\cos\varphi$ | 220<br>$45\cdots60$<br>1,4<br>0,95 | | 220/380<br>50 und 60<br>44<br>0,95 | | 220 oder 220/380<br>50<br>3,6<br>0,83 | | 220/380<br>50<br>61<br>0,95 | | 220/380<br>50<br>230<br>0,97 | |

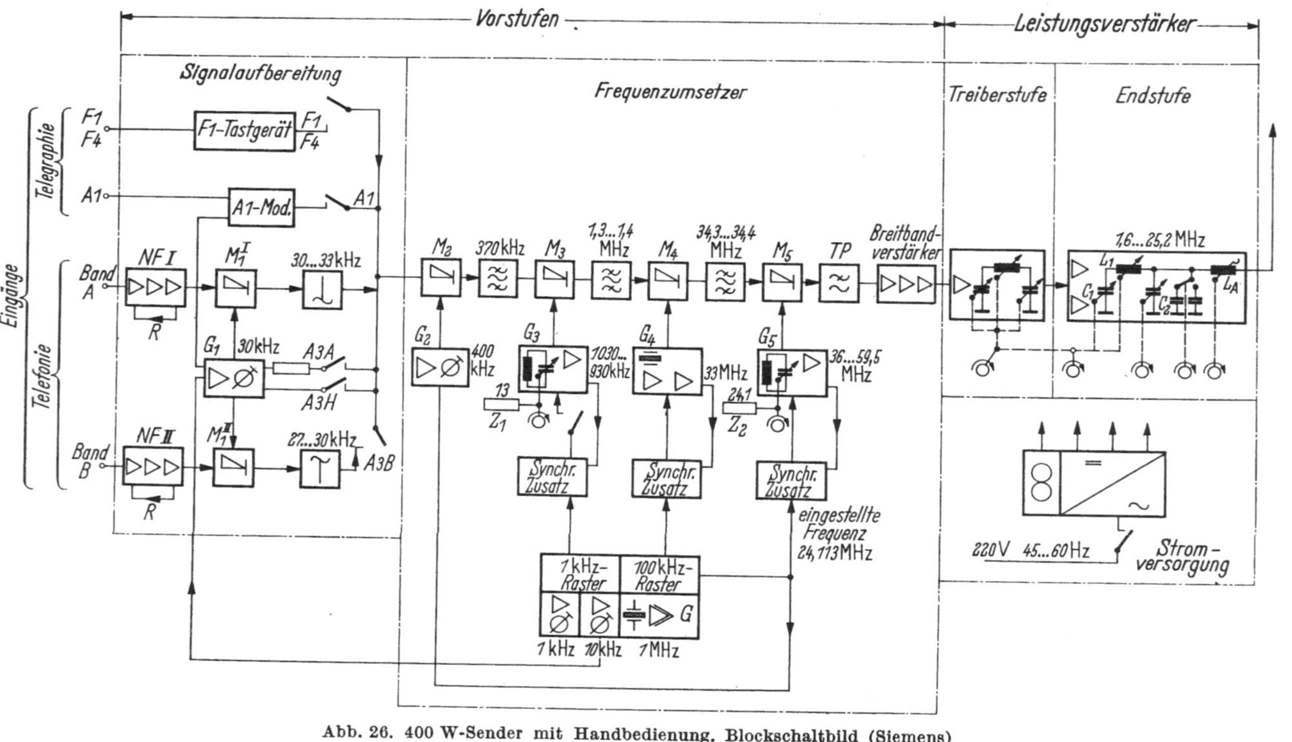


Abb. 26. 400 W-Sender mit Handbedienung. Blockschaltbild (Siemens)

*Die Treiberstufe* ist ebenfalls mit einem Transistor bestückt, die Endstufe mit 2 Röhren 4 CX 250 B. In Tab. 1 sind unter 7.4.2a die Kenn-

daten des beschriebenen Senders zusammengestellt. Wie der Steuerteil enthält auch der *Leistungsverstärker* keine Frequenzbereichumschaltung. Treiber- und Endstufe besitzen je einen als $\pi$-Glied ausgebildeten Schwingkreis mit kombinierter $L$- und $C$-Abstimmung. Beide Kreise werden gemeinsam mittels eines Motors grob abgestimmt. Weil dieser Sender eine weitgehende Anpassung auch an Behelfsantennen ermöglichen muß, sind am Ausgang der Endstufe die in Stufen schaltbare Antennenspule $L_A$, der kontinuierlich und in Stufen schaltbare Kondensator $C_2$ und der Korrekturknopf für eine vom Treiberkreis unabhängige Nachstimmung von $L_1$ und $C_1$ vorhanden.

Die *Stromversorgung* enthält keine Besonderheiten. Sie ist für einphasige Wechselspannung 220 V bei einer Frequenz von 45 bis 60 Hz eingerichtet. Die Gleichrichter verwenden Siliziumzellen. Automatische Schutzschaltungen für die Endröhren bezüglich Anodenverlustleistung, Schirmgitterstrom und Ausfall der Belüftung sind eingebaut.

**b) 20/30 kW-Sender mit Handbedienung.** Dieser Sender ist für einen Frequenzbereich von 3 bis 30 MHz, eine Dauerleistung von 20 kW und eine Spitzenleistung von 30 kW gebaut. Abb. 27 zeigt das Blockschaltbild der Gesamtanlage. Sie besteht aus den Vorstufen, dem Leistungsverstärker, den Kontrolleinrichtungen und der Stromversorgung.

*Vorstufen.* Der Aufbau der Vorstufen entspricht weitgehend der Abb. 1. Die Hilfsfrequenz für die Endumsetzung wird in einem *Steuergerät* erzeugt, das neben einem durchstimmbaren $L/C$-Oszillator hoher Genauigkeit einen Oszillator mit 6 Quarzkristallen enthält. Beide Oszillatoren schwingen im Bereich von 4 bis 8 MHz, sie sind beide in Thermostaten untergebracht. Das gleiche Gerät enthält außerdem den abstimmbaren Vervielfacher (Vervielfachungsziffern 1, 2 und 4), der die Oszillatorfrequenzen in den Bereich der Ausgangsfrequenz (4 bis 32 MHz) bringt. Anstelle des gezeigten Steuergerätes kann auch ein aperiodischer Kristalloszillator mit 10 Quarzen verwendet werden. Er liefert direkt Ausgangsfrequenzen im angegebenen Bereich. Weiterhin steht ein quarzgebundener dekadischer Oszillator mit dem gleichen Frequenzbereich zur Verfügung.

In der *Signalaufbereitung* werden die zu übertragenden Nachrichten zunächst einer Frequenz von 30 kHz aufmoduliert. Bei Telegraphiebetrieb dient hierzu das „Telegraphiegerät", das für die Sendearten: A1, A2 (500 oder 1000 Hz), F1 und F6 eingerichtet ist. Vor das Telegraphiegerät ist eine „Tasteinrichtung" geschaltet, die die ankommenden Zeichen (Einfach-, Doppelstrom- oder Tonfrequenzzeichen) in Doppelstromzeichen definierter Amplitude umformt. Für die Telephoniebetriebsarten: A3, A3J, A3A und A3B wird der „Seitenbandumsetzer" verwendet, dessen Ausgang über den Sendeartenschalter des Telegraphiegerätes in den Signalweg eingeschaltet wird.

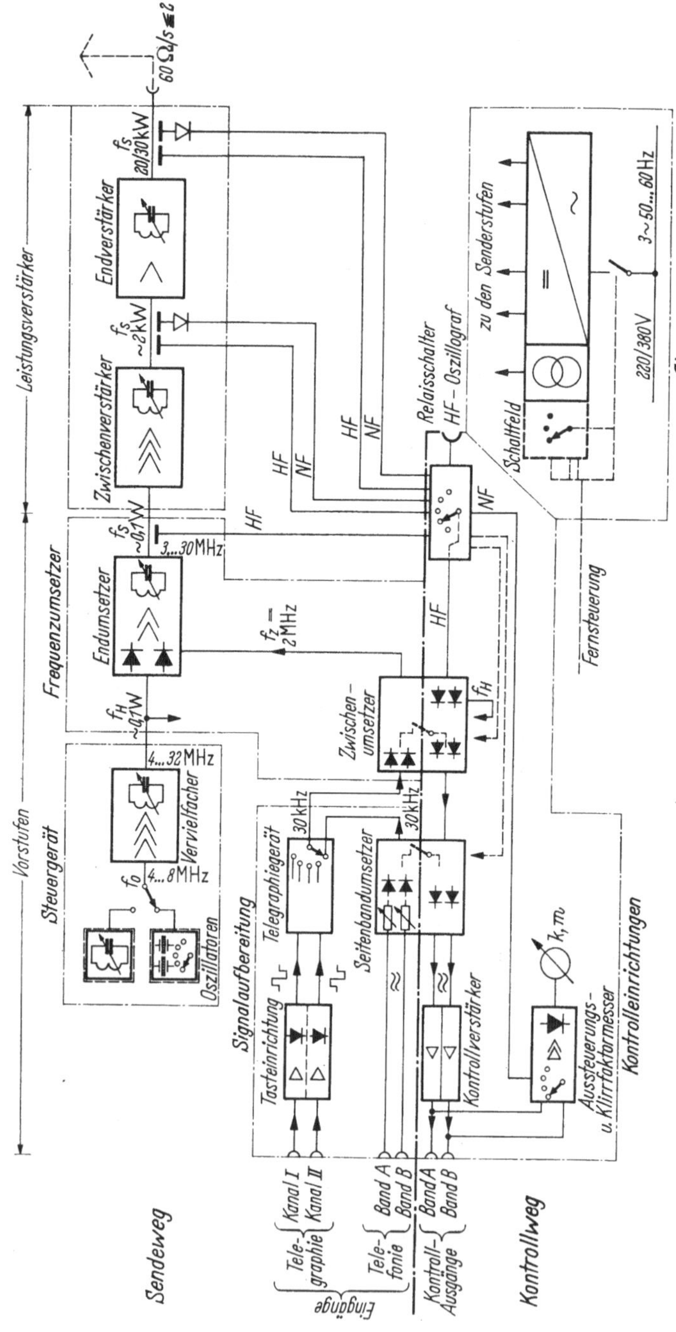



Abb. 27. 20/30 kW-Sender mit Handbedienung. Blockschaltbild der Gesamtlage (Siemens)

In dem *Frequenzumsetzer* wird die in der gewünschten Weise modulierte Frequenz auf die Sendefrequenz umgesetzt. Das geschieht in zwei Geräten: im „Zwischenumsetzer" wird zunächst auf 2 MHz umgesetzt, danach im „Endumsetzer" die Mischung mit der im Steuergerät erzeugten Hilfsfrequenz vorgenommen. Durch abstimmbare Verstärker wird das gewünschte Seitenband ausgesiebt und verstärkt. Damit steht die modulierte Sendefrequenz zur Verfügung, die in dem Leistungsverstärker verzerrungsfrei auf die gewünschte Leistung verstärkt wird.

*Leistungsverstärker.* Der Leistungsverstärker (Abb. 28) besteht aus dem Zwischenverstärker und dem Endverstärker. Der Gesamtfrequenzbereich beträgt in beiden Verstärkern 3 bis 30 MHz, er ist in 3 Grobbereiche (3 bis 6,5 MHz, 6,5 bis 14 MHz und 14 bis 30 MHz) unterteilt. Die Bereiche werden durch Kondensatorumschaltungen eingestellt, der Antrieb für den Bereichsumschalter ist gemeinsam für beide Verstärker.

Der *Zwischenverstärker* ist als Einschub ausgeführt und hat eine Ausgangsleistung von etwa 3 kW. Die vom Endumsetzer gelieferte Spannung gelangt über den Leistungsregler zunächst an eine Breitbandverstärkerstufe. Die Koppelelemente zur zweiten Stufe entsprechen etwa der doppelten Vierpolkopplung (Abb. 23), für die Zuführung der Gleichspannungen ist die Schaltung etwas abgewandelt. Die zweite Stufe ist als abgestimmter Verstärker mit kapazitiver Teilung im induktiven Zweig (Abb. 21) ausgeführt. Die in der dritten Stufe verwendete Röhre — eine preßluftgekühlte Tetrode mit einer maximalen Ausgangsleistung von 5 kW — ist zur sicheren Vermeidung der Selbsterregung mit einer schwachen Hilfsneutralisation über den Kondensator $C_N$ versehen. Um den Einfluß des Gitterstroms klein zu halten, ist die Gitterkathodenstrecke mit dem Widerstand $W$ vorbelastet.

Die Anodenspannung ist bei dieser Stufe nicht in der üblichen Weise über eine Anodendrossel zugeführt, sondern über ein Hochspannungskabel, das auf die Außenseite der als Schleifervariometer ausgeführten Schwingkreisinduktivität gewickelt ist. Drosseln für hohe Wechselspannungen und mit entsprechend großer Induktivität lassen sich in dem geforderten Frequenzbereich (3 bis 30 MHz) und bei den vorliegenden Leistungen nur noch schwer ohne Umschaltung ausführen. Um diese Umschaltung zu vermeiden, andererseits aber auch die Schwingkreiskondensatoren nicht mit Gleichspannung zu belasten, wurde die Spannung an der Drossel in der angegebenen Weise auf die Spannung am Kondensator $C_K$ (etwa $^1/_4$ bis $^1/_5$ der Anodenwechselspannung) herabgesetzt. Eine Umschaltung dieser Drossel ist dadurch nicht mehr notwendig. Die Schaltung des Anoden- und Siebkreises entspricht sonst nahezu der Abb. 22a, lediglich der Längskondensator im Siebkreis und das Oberwellenfilter sind fortgelassen, da bei der kleinen Leistung die Siebwirkung auch ohne Blindleistungserhöhung und zusätzliche

Siebung ausreichend ist. Der zusätzliche Siebkreis wäre für die Aufgabe
als Treiberstufe für die Endstufe an sich nicht notwendig, ebenso der

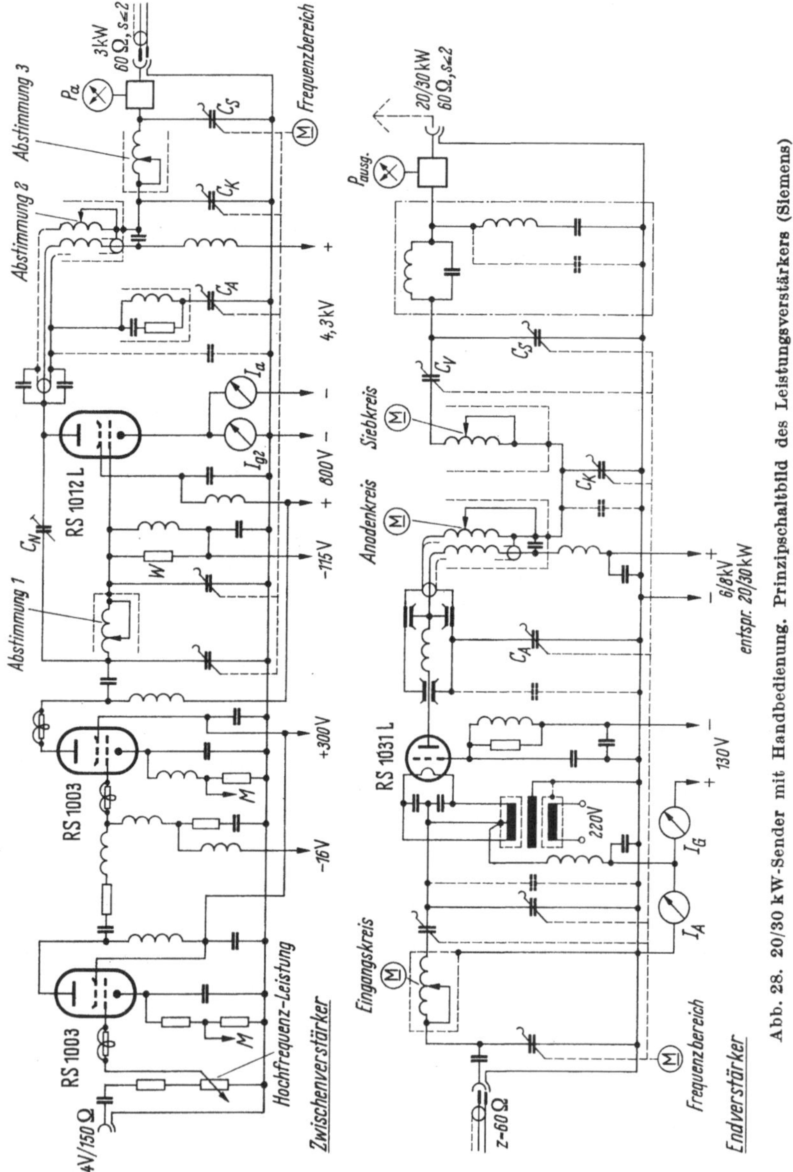

Abb. 28. 20/30 kW-Sender mit Handbedienung. Prinzipschaltbild des Leistungsverstärkers (Siemens)

Leistungs- und Anpassungsmesser am Ausgang und der Eingangskreis
des Endverstärkers. Der Zwischenverstärker ist aber auf diese Weise
ein selbständiger Sender mit 60 Ω-Ausgang für die gleiche Fehlanpassung

wie die Endstufe, so daß auch die Vorstufe direkt auf die Ausgangsleitung durchgeschaltet werden kann, wenn Leistung gespart werden
soll oder bei einem Ausfall der Endstufe. Bei Betrieb mit der Endstufe
wird durch den Leistungs- und Anpassungsmesser im Zwischenverstärker die Abstimmung des Eingangskreises im Endverstärker sehr erleichtert.

Der Zwischenverstärker wird auch als selbständiger 3 kW-Telephonie-
sender (Anodenspannung 4,3 kV) oder als 5 kW-Telegraphiesender
(Anodenspannung 6 kV) verwendet.

Im *Endverstärker* transformiert der Eingangskreis die angelieferte
Spannung auf den für die Ansteuerung der Endröhre erforderlichen Wert.
Eine weitere, sehr wichtige Aufgabe ist es, einen möglichst wirksamen
Kurzschluß für die durch den Gitterstrom der Endröhre erzeugten Ober-
wellenströme zu bilden. Dadurch wird das Auftreten von Oberwellen
in der Ansteuerungspannung — und damit eine Verschlechterung des
Wirkungsgrades der Stufe — vermieden. Der Endverstärker verwendet
die Gitterbasisschaltung, daher liegt die Kathode auf Hochfrequenz-
potential; die Heizspannung wird über einen kapazitätsarmen Spezial-
transformator zugeführt. Das Gitter ist über Kondensatoren hochfrequent
geerdet. Auf der Anodenseite wird die Gleichspannung wieder über
ein auf das Variometer gewickeltes Kabel zugeführt, die höheren Spannungen und Ströme erfordern hier besondere Schutzmaßnahmen gegen
die Zerstörung des Kabels durch die Hochfrequenz. Die Schaltung des
Anoden- und Siebkreises entspricht diesmal genau der Abb. 22a, ein
zusätzlicher Filterkreis für Oberwellen oberhalb 40 MHz ist ebenfalls
vorgesehen. Die Schaltung ist so dimensioniert, daß im höchsten Bereich
(14 bis 30 MHz) die Kapazität $C_K$ nur durch die Kapazität der Vario-
meterschirme gegen Erde gebildet wird, die Kapazität $C_A$ besteht nur
aus der Kapazität $C_{ga}$ der Röhre und der äußeren Schaltkapazität.
Dadurch konnte in diesem Bereich die Parallelschaltung von äußeren
Kapazitäten mit der Gefahr der Resonanzbildung vermieden werden.
Am Ausgang ist —ebenso wie im Zwischenverstärker — ein Leistungs-
und Anpassungsmesser angebracht, der einerseits die abgegebene
Leistung und die auf der Ausgangsleitung auftretende Fehlanpassung
anzeigt, andererseits aber in Verbindung mit den Anzeigeinstrumenten
für Gitter- und Anodenstrom eine sehr einfache Abstimmung des Endverstärkers ermöglicht.

*Kontrolleinrichtungen.* Wie Abb. 27 zeigt, sind am Ausgang jedes
Verstärkers kapazitive Teiler zur Abnahme einer Hochfrequenz-Meß-
spannung und Hochfrequenz-Meßgleichrichter zur Abnahme einer Nieder-
frequenz-Meßspannung angebracht, am Ausgang des Endumsetzers
nur ein kapazitiver Teiler. Über den „Relaisschalter" können die Hoch-
frequenz-Meßpunkte mit dem Abbereitungsweg des Zwischenumsetzers

und mit einer Anschlußbuchse für einen Hochfrequenzoszillographen verbunden werden, die Niederfrequenz-Meßpunkte werden gleichzeitig an den Eingang des Aussteuerungs- und Klirrfaktormessers geschaltet.

Zur Abbereitung der modulierten Hochfrequenzschwingungen werden diese in dem Zwischenumsetzer mit den gleichen Trägerfrequenzen, die zur Aufbereitung verwendet werden, zunächst auf 30 kHz umgesetzt. Im Seitenbandumsetzer wird die Trennung der Seitenbänder und die letzte Umsetzung mit 30 kHz durchgeführt, so daß am Ausgang des Abbereitungsweges die Signale in gleicher Frequenzlage vorhanden sind wie am Eingang der Aufbereitung. Durch die Wahl der Meßstelle kann man die Qualität der Aussendung hinter den verschiedenen Verstärkerstufen getrennt beobachten: Um auch den Aufbereitungsweg überprüfen zu können, läßt sich — über Relais, die vom Relaisschalter gesteuert werden — das Signal in den Frequenzlagen 30 kHz und 2 MHz in den Abbereitungsweg einspeisen, so daß eine sehr schnelle Fehlereingrenzung möglich ist.

Am Ausgang des Kontrollverstärkers — der den Abbereitungsweg abschließt — ist der Aussteuerungs- und Klirrfaktormesser angeschlossen. Mit dem Aussteuerungsteil kann nach entsprechender Eichung die Aussteuerung in jedem Seitenband einzeln und die Spitzenaussteuerung des Senders während des Betriebes überwacht werden. Der Klirrfaktormesser gestattet eine schnelle Kontrolle der Qualität des Senders. Dazu ist im Seitenbandumsetzer ein Prüfschalter vorgesehen, mit dem auf beide Seitenbänder gleichzeitig ein Ton mit der Frequenz 1000 Hz und dem Pegel für die Vollaussteuerung der Seitenbänder geschaltet werden kann. In dem Klirrfaktormesser werden bei der Sendeart A3B nur die Klirrfaktoren $k_3$ und $k_5$ ausgewertet, die ein Maß für das nichtlineare Übersprechen des Senders geben. Durch Betätigung des Relaisschalters ist diese Messung an allen Hochfrequenz-Meßpunkten des Senders möglich.

Für die Sendearten A2 und A3 benutzt man nicht den Abbereitungsweg, sondern die Hochfrequenz-Meßgleichrichter. Mit dem Aussteuerungsmesser ist die Aussteuerung während des Betriebes zu messen, die schon erwähnte Prüfschaltung gestattet, den Sender mit 1000 Hz zu 45% oder 90% zu modulieren. Der Klirrfaktor (bei dieser Sendeart werden alle Klirrfaktoren von $k_2$ an berücksichtigt) wird wieder mit dem Klirrfaktormesser bestimmt.

Man erhält so mit den eingebauten Geräten eine einfache, für den Sendebetrieb völlig ausreichende Kontrollmöglichkeit. Für höhere Ansprüche ist ein besonderes Meß- und Überwachungsgestell vorgesehen, das einen Oszillographen enthält, der nicht nur — über den Relaisschalter — mit den Hochfrequenz-Meßstellen verbunden werden kann, sondern auch mit den Telephonie- und Telegraphieeingängen und den

Niederfrequenz-Meßstellen. Weiterhin sind Geräte zur Überwachung der Telegraphie und zur Messung und akustischen Überwachung der Eingangs- und Meßstellenpegel vorhanden.

*Stromversorgung.* Die Stromversorgung ist — wie bei Sendern dieser Größenklasse üblich — für Dreiphasenanschluß 220/380 V eingerichtet. Die Gleichrichter sind mit Selenelementen ausgeführt. Wie bereits erwähnt, ist die Spitzenleistung des Senders höher als die Dauerleistung, nach der die Stromversorgung bemessen werden muß. Die erzielbare Spitzenleistung hängt ab von der Leistungsfähigkeit der Röhren in der Endstufe und den Vorstufen, die mittlere Leistung darf die zulässige Dauerleistung nicht überschreiten. Die Dauerleistung für die Telegraphiesendearten (A1, F1, F6) wurde auf 20 kW festgelegt, die Spitzenleistung für die Telephoniesendearten (A2, A3, A3B) auf 30 kW. Um dies zu erreichen, wird bei einem Wechsel der Sendearten automatisch die Ansteuerung in den Vorstufen erhöht und die Anodenspannung der Endstufe von 6 auf 8 kV umgeschaltet.

Wie aus dem Schaltbild zu sehen ist, wird für die Grobbereichsumschaltung im Zwischen- und Endverstärker ein Motorantrieb verwendet, ebenso für sämtliche Abstimmungen im Endverstärker. Dies geschah, um umfangreiche mechanische Getriebe zu umgehen; eine Möglichkeit der Ferneinstellung ist dadurch nicht gegeben. Bei diesem Sendertyp kann lediglich der von Hand eingestellte Sender von fern ein- und ausgeschaltet werden. Die wichtigsten Daten des Senders sind in Tab. 1 unter 7.4.2b angegeben.

**c) 1 kW-Sender mit Frequenzvorwahl.** Dieser Sender (wichtigste Daten in Tab. 1 unter 7.4.2c) verwendet an den Bedienungselementen der Vorstufe und des Leistungsverstärkers Rastwerke [10], in denen die Stellungen der einzelnen Bedienungselemente für die verschiedenen Frequenzen mechanisch gespeichert („gerastet") und elektrisch eingestellt werden können. Der Einstellvorgang kann — hauptsächlich bestimmt durch Einstellelemente mit mehreren Umdrehungen (wie etwa beim Frequenzumsetzer) — bis zu 60 sec dauern.

Aus dem Blockschaltbild (Abb. 29) erkennt man einen wesentlichen Unterschied gegenüber dem 20/30 kW-Sender (Abb. 27). Anstelle des dort verwendeten Steuergerätes und des Zwischen- und Endumsetzers wird hier ein quarzgebundener Oszillator mit 100 kHz-Raster verwendet, er ist auf S. 717ff. (Abb. 8) genauer beschrieben.

Dieser „Frequenzumsetzer" transponiert das Signal aus der 30 kHz-Lage in die Sendefrequenzlage. Er hat also einen Eingang für die auf 30 kHz umgesetzte Signalfrequenz und gibt am Ausgang die modulierte Sendefrequenz ab.

Der Leistungsverstärker ist dem Zwischenverstärker des 20/30 kW-Senders (Abb. 28) ähnlich, lediglich in der Endstufe werden wegen der

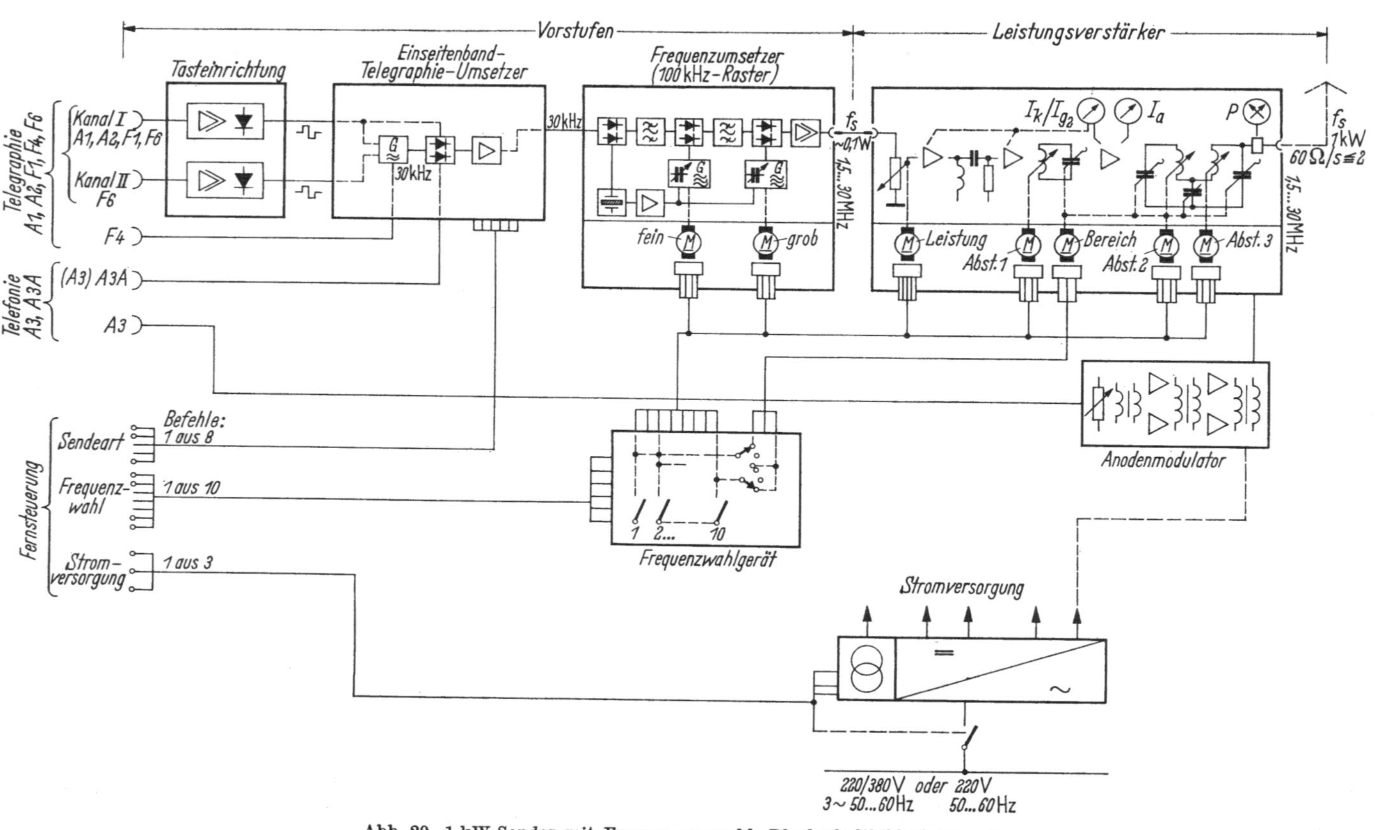


Abb. 29. 1 kW-Sender mit Frequenzvorwahl. Blockschaltbild (Siemens)

kleineren Leistung zwei parallelgeschaltete strahlungsgekühlte Tetroden RS 1002 verwendet anstelle der preßluftgekühlten Tetrode RS 1012.

Die Modulation der 30 kHz-Schwingung mit den zu übertragenden Signalen wird in den Umsetzern der Signalaufbereitung vorgenommen. Neben den Sendearten A 3 A und A 3 sind alle gebräuchlichen Telegraphiesendearten vorgesehen, zur Begrenzung des ausgesandten Spektrums sind Weichtastfilter eingebaut. Die Tasteinrichtung ist die gleiche wie beim 20/30 kW-Sender (Abb. 27), sie ist ebenfalls für die beiden Kanäle der Sendeart F 6 ausgebaut. Die Umsetzer sind mit einer Relaisumschaltung für die Wahl der Sendearten ausgerüstet, so daß auch eine Fernsteuerung möglich ist.

Neben der Ein- und Ausschaltung des Senders lassen sich jetzt von fern 10 vorbereitete Frequenzen und unabhängig davon auch die Sendeart einstellen. Grundsätzlich ist jede Frequenz im Bereich des Senders ferneinstellbar, aber nur nach entsprechender Vorbereitung am Sender selbst.

Die Fernsteuerung muß 3 Gruppen von Befehlen übertragen, jeweils einen in jeder Gruppe:

1. Schaltzustand     1 aus   3 möglichen Befehlen
2. Sendeart          1 aus   8 möglichen Befehlen
3. Frequenzwahl      1 aus  10 möglichen Befehlen.

Die Ausführung der Befehle wird zum Bedienungsort zurückgemeldet.

**d) 30 kW-Sender mit Nachlaufsteuerung [*14*d)].** Bei diesem Sendertyp ist eine weitgehende Fernbedienbarkeit dadurch erreicht, daß der Leistungsverstärker automatisch der angebotenen Frequenz nachläuft (Nachlaufsteuerung, ähnliche Anlagen sind in [*32* bis *38*] beschrieben). Daher ist bei Frequenzwechsel nur eine Umstellung der Steuerstufen notwendig. Der Sender ist nicht nur in dieser Hinsicht das modernste der bisher beschriebenen Geräte (die wichtigsten Daten sind in Tab. 1 unter 7.4.2d angegeben), zur Erhöhung der Betriebssicherheit wurde außerdem die Anwendung von Relais soweit wie irgend möglich vermieden. Das bezieht sich einmal auf die Steuerstufen, wo die Frequenz und die Sendeart über gesteuerte Richtleiter eingestellt werden, ferner auf die Stromversorgung, wo alle Steuer-, Überwachungs- und Verriegelungsschaltungen mit Halbleitern ausgeführt sind, und auch auf die Verstärker und Steuerkreise für die automatische Abstimmung, die ebenfalls ausschließlich Halbleiter verwenden. Der Sender hat einen Frequenzbereich von 3 bis 30 MHz und eine Ausgangsleistung von 30 kW.

*Steuerstufe.* Das Blockschaltbild, Abb. 30, zeigt in der Steuerstufe die wesentlichen Geräte: Seitenbandumsetzer, Telegraphiegerät und Frequenzumsetzer. Da die Geräte — entsprechend dem neueren Entwicklungsstand — alle voll transistoriert sind, wurde es möglich, sie

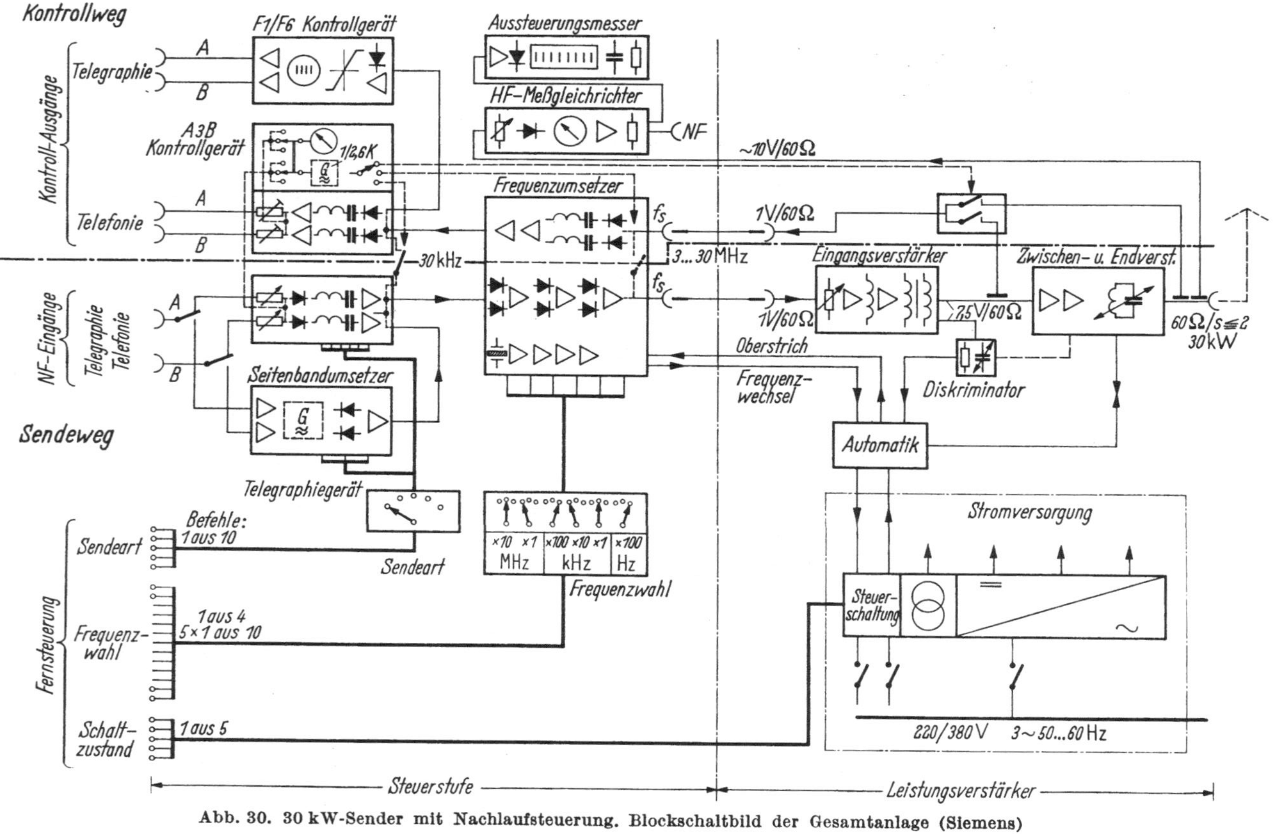


Abb. 30. 30 kW-Sender mit Nachlaufsteuerung. Blockschaltbild der Gesamtanlage (Siemens)

anders zusammenzufassen als bisher. So sind z. B. die Kontrollgeräte mit in dem Steuerstufengestell untergebracht.

Der *Seitenbandumsetzer* ist für die Telephoniesendearten (A3, A3J, A3A und A3B) eingerichtet und liefert am Ausgang ein moduliertes 30 kHz-Signal. Im Gegensatz zu Abb. 27 ist der Abbereitungsweg nicht im Seitenbandumsetzer eingebaut, hierfür wird ein eigenes Gerät, das *A3B-Kontrollgerät*, verwendet. Dieses enthält einen Doppeltongenerator (1000/2600 Hz) zur Prüfung der Intermodulation, die Klirrfaktormessung der Abb. 27 ist hier durch eine echte Übersprechmessung ersetzt. Zur Kontrolle der A3-Aussendungen wird der *Hochfrequenz-Meßgleichrichter* verwendet, am *Aussteuerungsmesser* kann der Modulationsgrad bei A3-Aussendungen oder die Aussteuerung bei A3A und A3B-Aussendungen bestimmt werden.

Das *Telegraphiegerät* gibt am Ausgang eine Frequenz von 30 kHz ab, die entsprechend den Telegraphiesendearten (A1, A2, F1, F4, F6) moduliert ist. Die Umschaltung der Sendearten wird — ebenso wie bei dem Seitenbandumsetzer — elektronisch vorgenommen. Zur Überwachung der Telegraphieaussendungen ist das *F1/F6-Kontrollgerät* vorgesehen, das ebenso wie das A3B-Kontrollgerät mit der abbereiteten Frequenz 30 kHz aus dem Frequenzumsetzer arbeitet. Es enthält ein Oszillographenrohr, um die Frequenzhübe bei den Sendearten F1 und F6 während des Betriebes beobachten zu können. Außerdem gestattet es das Mitschreiben der ausgesandten Nachrichten direkt oder über Leitungen.

Der dekadische *Frequenzumsetzer* arbeitet mit Einmischung der Signalfrequenz, etwa wie das Gerät in Abb. 29. Die dekadische Frequenzeinstellung (kleinste Dekade 100 Hz) wird ebenfalls vollelektronisch durchgeführt. Das Gerät ist auf S. 720ff. (Abb. 10) eingehend beschrieben. Es ist volltransistoriert und gibt eine Spannung von etwa 1 V an 60 $\Omega$ ab. Der Abbereitungszug ist im Gerät eingebaut, die Ausgangsfrequenz ist 30 kHz.

*Leistungsverstärker* [39]. Der Hochfrequenzzug des Leistungsverstärkers besteht aus dem aperiodischen Eingangsverstärker und dem automatisch abgestimmten Zwischen- und Endverstärker. Die Stromversorgung ist mit Siliziumgleichrichtern ausgeführt, die Steuerschaltungen verwenden Halbleiterbauelemente. In Abb. 31 ist das Prinzipschaltbild des Leistungsverstärkers angegeben. Der *Eingangsverstärker* (zweistufiger aperiodischer Gegentaktverstärker) verstärkt die ankommende Hochfrequenzspannung von etwa 1 V an 60 $\Omega$ auf 2 Spannungen von je 7,5 V an 60 $\Omega$. Eine dieser Spannungen wird dem Zwischenverstärker zugeführt. Im Gegensatz zu dem 20/30 kW-Leistungsverstärker nach Abb. 28 ist der *Zwischenverstärker* hier unmittelbar mit dem Endverstärker zusammengebaut. Dadurch ist es zwar nicht mehr möglich, den Zwischenverstärker direkt auf die Antenne zu schalten, aber die Zahl der Abstimmkreise zwischen den beiden Stufen wird wesentlich geringer (1 gegen 3 in Abb. 28). Das ist nicht nur wegen der Verringerung der Abstimmelemente wichtig, sondern wegen der hier angewendeten Hochfrequenz-Gegenkopplung erforderlich (geringste Anzahl von Schwingungskreisen innerhalb der Gegenkopplungsschleife). Die Verwendung einer Tetrode in der Endstufe gestattet eine Verringerung der Stufenzahl (2 abgestimmte Stufen gegenüber 3 in Abb. 28), so daß mit dem gewählten Aufbau recht günstige Verhältnisse hinsichtlich der Anzahl der Bedienungselemente und der Anzahl der Schwingungskreise innerhalb der Gegenkopplungsschleife vorliegen. Die Schaltung selbst zeigt keine Besonderheiten. Der Zwischenverstärker verwendet 3 parallelgeschaltete Tetroden 4CX 350A, die Endstufe wird über einen Schwingungskreis angekoppelt, der gleichzeitig die Neutralisationsspannung für den Endverstärker liefert (Gitterneutralisation). Die Röhre im *Endverstärker* ist die Tetrode RS 1082C, die bis zu Leistungen von mehr als 30 kW gitterstromfrei betrieben werden kann. Anoden- und Siebkreis des Endverstärkers sind in der üblichen Weise geschaltet (entsprechend den Abb. 22a und 28). Die Gleichspannung wird hier direkt über das Anodenvariometer zugeführt, da die verwendeten Vakuumkondensatoren die zusätzliche Gleichspannungsbelastung ohne weiteres vertragen. Von der Anode des Endverstärkers wird eine Hochfrequenz-Gegenkopplung zum Gitter des Zwischenverstärkers durchgeführt. Um die Eingangskapazität der Röhren im Zwischenverstärker zu kompensieren, wird eine mit der Grobabstimmung umgeschaltete Paralleldrossel verwendet, die den Phasenwinkel des Eingangswiderstandes genügend klein hält. Durch ein Schutzgaskontaktrelais ist es möglich, die für die Abstimmvorgänge notwendige Abschaltung der Gegenkopplung ohne wesentliche Verstärkungsänderung durchzuführen.

Für die *automatische Abstimmung* [40] des Leistungsverstärkers müssen zwei verschiedene Arten von Einstellungen durchgeführt werden, die Grobabstimmungen und die Feinabstimmungen. Die *Grobabstimmungen* betätigen nur Schalter, so etwa die Bereichsschalter der Kondensatorgruppen und die Windungskurzschließer der Variometer. Die Genauigkeitsanforderungen an diese Antriebe sind nicht sehr hoch, hierfür werden 24 V-Gleichstrommotore verwendet, die nur in einer Drehrichtung betrieben werden. Sie werden über Transistorverstärker angesteuert, die jeweilige Stellung ist von der Sendefrequenz abhängig und wird vom Diskriminator (s. u.) festgelegt. Die *Feinabstimmungen* arbeiten nach hochfrequenten Kriterien (Amplituden- oder Phasenvergleichsschaltungen) und dienen zur Feinabstimmung der Variometer (Schwenkringe), zur Einstellung der Hochfrequenzleistung und zur Bestimmung der Frequenz (Diskriminator). Die Genauigkeitsanforderungen an diese

Einstellungen sind sehr hoch, hierfür werden 400 Hz-Drehfeldmotoren mit Transistorverstärkern verwendet. Die Vergleichsschaltung mit dem 400 Hz-Verstärker, dem Antriebsmotor, dem Untersetzungsgetriebe und dem Bedienungselement bildet einen Regelkreis, der eine sorgfältige Dimensionierung erfordert.

Die automatische Abstimmung wird eingeleitet von dem *Diskriminator*, der das Bindeglied zwischen den Feinabstimmungen und den Grobabstimmungen darstellt. Die Treiberstufe wird zunächst gesperrt, danach wird der Drehkondensator des Diskriminators mit einem Feinabstimmungskreis so eingestellt, daß die Spannungen am Drehkondensator und am Widerstand (s. Abb. 31) gleich sind. Mit dem Drehkondensator — dessen Stellung nun der angebotenen Frequenz entspricht — ist eine Skalenscheibe gekuppelt, die die Sendefrequenz anzeigt, außerdem eine Kontaktscheibe, die jeweils einen von insgesamt 23 möglichen Grobbereichen einschaltet. Über eine Diodenmatrix sind die einzelnen Grobabstimmungen mit diesem Bereichsschalter verbunden, so daß eine beliebige Zuordnung der Stellungen der einzelnen Grobabstimmungen zu den verschiedenen Bereichen möglich ist.

Damit am Eingang des Zwischenverstärkers (und des Diskriminators) bei der Abstimmung (die Vorstufe sendet hierbei den Oberstrichwert) immer die Spannung 7,5 V vorhanden ist, wird durch einen weiteren Regelkreis gleichzeitig mit der Einstellung des Diskriminators der Eingangsverstärker entsprechend eingestellt (Vergleich der Eingangsspannung des Zwischenverstärkers mit einer stabilisierten Gleichspannung). Auf diese Weise kann der Frequenzgang der Vorstufen oder eines evtl. längeren Zuführungskabels ausgeglichen werden. Nachdem der Diskriminator und der Eingangsregler ihre Einstellung beendet haben und die Hochspannung abgeschaltet ist, laufen alle Grobabstimmungen gleichzeitig in die befohlenen Stellungen. Danach wird die Hochspannung des Senders wieder eingeschaltet, und die Feinabstimmung beginnt. Zunächst läuft der Regler „Hochfrequenzleistung" aus der Grundstellung so lange, bis einer der anderen Regelkreise anspricht. Das wird meist der Gitterkreis des Endverstärkers sein. Er stimmt sich ab und damit steigt die Gitterwechselspannung des Endverstärkers, so daß auch dessen Anoden- und Siebkreis mit der Abstimmung beginnen. Diese ersten Abstimmungen finden meist noch bei verhältnismäßig niedriger Hochfrequenzleistung statt. Erst wenn alle Abstimmungen zur Ruhe gekommen sind, erhöht der Leistungsregler die Leistung weiter, und die einzelnen Kreise stimmen sich genau ab, wobei jedesmal der Leistungsregler angehalten wird. Erst wenn alle Abstimmungen beendet sind, stellt der Leistungsregler die Gesamtverstärkung und damit bei konstanter Eingangsspannung die gewünschte Ausgangsleitung ein.

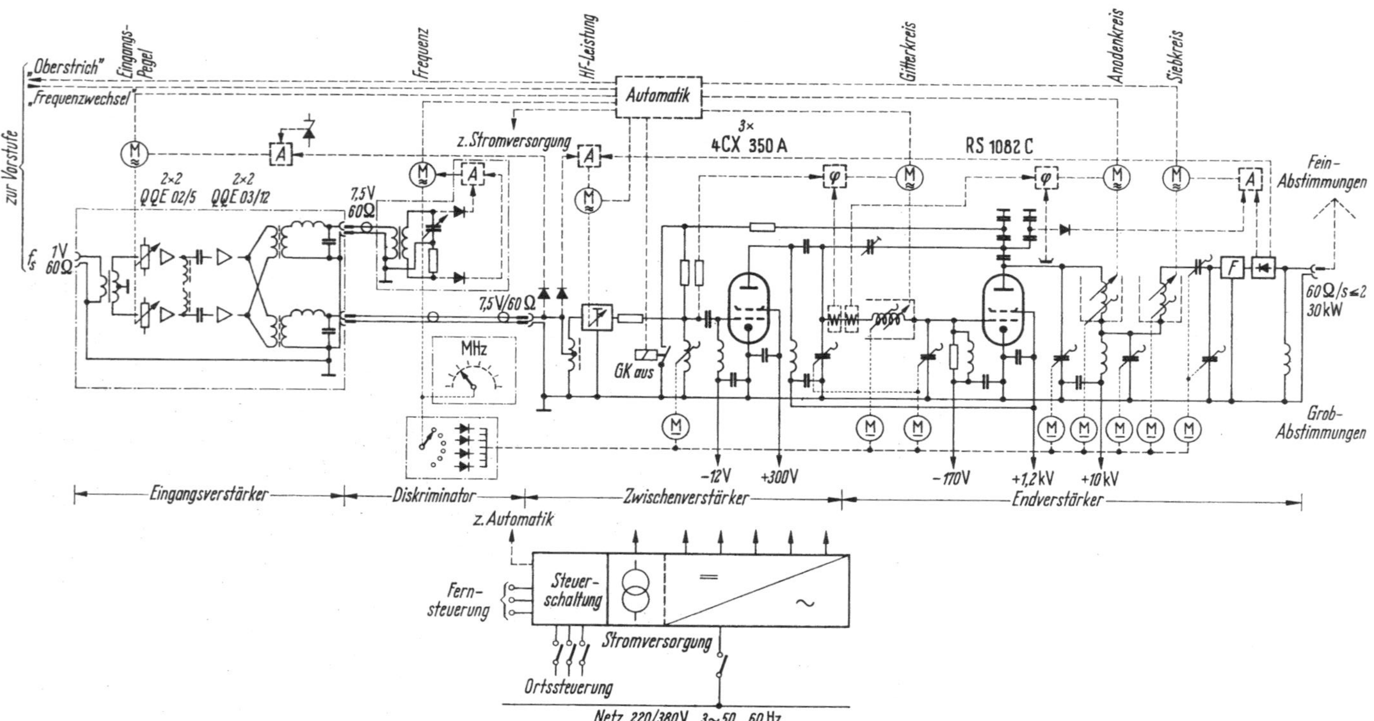


Abb. 31. 30 kW-Sender mit Nachlaufsteuerung. Prinzipschaltbild des Leistungsverstärkers (Siemens)

Gitter -und Anodenkreis des Endverstärkers werden auf einen Phasenwinkel von 180° zwischen Gitter- und Anodenwechselspannung abgestimmt (der Gitterkreis des Endverstärkers ist zugleich der Anodenkreis des Zwischenverstärkers). Da aber die verwendeten Phasenbrücken (Rieggerbrücken) bei 90° Phasenwinkel Nullspannung ergeben, wird anstelle der Anoden- bzw. Gitterwechselspannung der um 90° dagegen gedrehte Schwingkreisstrom zur Messung herangezogen. Bei dem Endverstärker ist dies möglich, da ohne Gitterstrom gearbeitet wird; der Vorbelastungswiderstand hat einen sehr kleinen Einfluß auf den Phasenwinkel. Die Einstellung des Siebkreises und der Hochfrequenzleistung geschieht mit einem neuartigen Leistungsmesser [14c)]. Dieser gibt nahezu unabhängig von der Fehlanpassung eine Spannung ab, die der Wurzel aus der abgegebenen Leistung proportional ist. Benutzt man einen Amplitudenvergleich dieser Spannung mit der Anodenwechselspannung der Endstufe als Kriterium für die Einstellung des Siebkreises, so erreicht man damit, daß die gewünschte Leistung bei einer bestimmten Anodenwechselspannung abgegeben wird, d. h. daß die Rohre immer mit dem richtigen Außenwiderstand arbeitet. Die Einstellung der Gesamtverstärkung wird durch Vergleich der Eingangsspannung mit der Spannung aus dem Leistungsmesser vorgenommen. Da die Eingangsspannung vorher auf ihren Sollwert eingeregelt wurde, ist die obige Einstellung gleichbedeutend mit der Einstellung der Leistung auf ihren Sollwert.

Die *Steuerung* und *Überwachung* aller Vorgänge bei der automatischen Abstimmung wird von der „Automatik" durchgeführt. Wird an der Vorstufe ein Frequenzwechsel vorgenommen, so wird ein Kommando „Frequenzwechsel" zur Automatik gegeben, das die Überwachungsschaltungen anlaufen läßt. Ist eine Neuabstimmung erforderlich, so gibt die Automatik bis zur Beendigung der Abstimmung das Kommando „Oberstrich" an die Vorstufe und leitet alle erforderlichen Maßnahmen zur Abstimmung (Abschaltung der Hochspannung, Freigabe der Grobabstimmungen, Wiedereinschalten der Hochspannung uw.) ein.

Die Fernsteuerbarkeit ist bei diesem Sender in einem extremen Maß verwirklicht. Neben dem Betriebszustand und der Sendeart läßt sich jede Frequenz von fern einstellen. Der Aufwand an Fernsteuerkommandos steigt dadurch natürlich an. Im einzelnen sind folgende Kommandos zu übertragen:

1. Schaltzustand, Leistung     1 aus  5 möglichen Befehlen

2. Sendeart     1 aus 10 möglichen Befehlen

3. Frequenzwahl     $\begin{cases} 1 \text{ aus } 3 \text{ möglichen Befehlen} \\ 5 \times 1 \text{ aus } 10 \text{ möglichen Befehlen.} \end{cases}$

Dazu kommt noch die Rückübertragung über den Zustand des Senders (auch bei Handbedienung!) und für Störungsmeldungen.

Für diese Fernübertragung stehen vollelektronische Einrichtungen zur Verfügung. Zur Erleichterung der Betriebsabwicklung werden feste Programme verwendet, die neben den Befehlen für den Sender auch noch Befehle für die Anschaltung der Modulationsleitungen, der Antenne, der Antennenrichtung usw. enthalten. Auf diese Weise lassen sich große Stationen völlig fernsteuern [*14*d), *31, 36*].

**e) 100 kW-Sender mit Nachlaufsteuerung.** Nach den gleichen Schaltungsprinzipien wie der 30 kW-Sender ist ein 100 kW-Nachlaufsender aufgebaut, dessen technische Daten in Tab. 1 unter 7.4.2e angegeben sind. Der Aufbau der Vorstufen ist der gleiche wie in Abb. 30, damit sind auch die Möglichkeiten der Überwachung und Fernsteuerung die gleichen wie dort. Der Leistungsverstärker verwendet in der Endstufe die Tetrode RS 2002, mit der Leistungen bis etwa 130 kW gitterstromfrei gesteuert werden können. Der Zwischenverstärker ist zweistufig, er verwendet ebenfalls Tetroden. Zur Erzielung der notwendigen Linearität werden 2 Hochfrequenz-Gegenkopplungen verwendet, eine von der Anode der Endstufe zum Eingang des Zwischenverstärkers, sie verwendet die gleiche Schaltungstechnik wie in Abb. 31. Die zweite Gegenkopplung verbindet die Anode der Endstufe mit dem Gitter der Treiberstufe. Bei der Stromversorgung ist die Regelung des Endstufengleichrichters über gesteuerte Siliziumstromtore (Thyristoren) erwähnenswert. Diese Steuerung wird zum Abschalten von Röhrenkurzschlüssen und zum automatischen Hochfahren der Spannung benützt.

## 7.5 Empfänger

### 7.5.1 Allgemeine Forderungen

Man teilt die Kurzwellenfunkstationen in Großstationen und Kleinanlagen ein. Ihre Betriebsbedingungen und damit die Anforderungen an die elektrischen Eigenschaften, an Bedienbarkeit, Größe und Preis sind wesentlich voneinander verschieden.

*Großstationen* sind für den weltweiten Verkehr eingerichtet und werden meist von den Postverwaltungen betrieben. Die Empfangsanlagen befinden sich in einer Gegend mit guten Empfangseigenschaften und geringen örtlichen Störungen. Sie sind auch so weit von den eigenen Sendern entfernt, daß deren Feldstärke hier nur noch gering ist. Es werden Rhombus- und gelegentlich auch Dipolrichtantennen verwendet, die über Verteilerverstärker gleichzeitig mehrere Empfänger speisen können. Da man bestrebt ist, auch unter ungünstigen Übertragungsbedingungen die Verbindung aufrechtzuerhalten, werden an die Empfänger die höchsten Forderungen gestellt. Verglichen mit den Kosten der zugehörigen Sender sind die der Empfänger immer relativ gering. Hier spielt also der Aufwand für eine mögliche Verbesserung noch keine ausschlaggebende Rolle. Abgesehen von Frequenz- und Betriebsartenwechsel, gelegentlicher Kontrolle der Empfangsfeldstärke und -qualität, arbeiten die Großstationsempfänger ohne Bedienung. Die Nachrichten sind oft verschlüsselt und werden über spezielle Funk-Endeinrichtungen in das Drahtnachrichtennetz eingespeist (s. auch S. 321 ff.). Vom Fernmeldetechnischen Zentralamt der Deutschen Bundespost sind unter [41] die Erfahrungen und die Planungsgrundlagen für derartige Großempfangsstellen zusammengestellt, dort ist auch ein ausführliches Literaturverzeichnis angegeben.

*Kleinanlagen* sind meist bewegliche Stationen oder haben mit ihnen gemeinsam, daß Sender und Empfänger an einem Ort beisammen sind. Für den Empfänger ergibt sich daraus, daß der oder die eigenen Sender erhebliche Spannungen an der Empfangsantenne induzieren können. Auch andere örtliche Störungen sind groß. Vielfach werden nur sehr einfache Antennen benutzt. Leichte Bedienbarkeit und rascher Wellenwechsel ist hier sehr wichtig. In den meisten Fällen bedient ständig ein Funker den Empfänger, um direkt die Nachrichten zu empfangen und auszuwerten. In neuerer Zeit werden auch hier Empfänger mit Rasteroszillatoren eingeführt, die eine so hohe Frequenzkonstanz und Treffsicherheit haben, daß keine ständige Bedienung mehr erforderlich ist. Zur Datenübertragung können Funkverbindungen mit höchsten Anforderungen an Frequenzgenauigkeit und Betriebssicherheit erforderlich sein.

### 7.5.2 Großstationsempfänger

Bei einem Großstationsempfänger darf das in einem Funkkanal von der Antenne angebotene Nutz/Störspannungsverhältnis weder durch thermisches Rauschen, noch durch lineares oder nichtlineares Nebensprechen anderer Sender merklich verschlechtert werden. Im einzelnen verlangt man von einem Großstationsempfänger etwa folgende Eigenschaften:

Das **Rauschmaß** soll kleiner als 10 dB sein.

Durch die **Schwundregelung** soll der Ausgangspegel konstant gehalten werden, wenn die Empfangsspannung vom kleinsten noch ausnutzbaren Wert bis über 10 mV ansteigt. Das sind 80 bis 100 dB Regelbereich. Dabei soll bei Telephoniebetrieb (Einseitenband) der Rauschabstand möglichst genau proportional mit der Eingangsspannung zunehmen, bis der Grundgeräuschabstand von etwa 60 dB erreicht ist. Bei Telegraphie genügt für fehlerlose Übertragung ein wesentlich kleinerer Rauschabstand.

Es ist damit zu rechnen, daß in benachbarten Kanälen starke Sender empfangen werden, welche das Nutzsignal auch bei sehr großem Pegelunterschied weder durch **Kreuzmodulation** (verständliches Nebensprechen) noch durch **Kombinationstonbildung** stören dürfen. Für die Messung der vielen Störmöglichkeiten hat die Deutsche Bundespost technische Vorschriften [42] festgelegt. Es sind die Spannungen der störenden Sender zu messen, die bei einem schwachen Nutzsender eine definierte Störung zur Folge haben. Bei Einseitenbandempfängern hat der Nutzsender 10 μV Seitenband EMK bzw. einen um 20 dB geringeren Steuerfrequenzpegel, und das Störsignal am Ausgang darf auf den Eingang bezogen höchstens 1 μV betragen. (Beispiel: Bei der Messung einer Spiegelwellendämpfung von 80 dB würde die Spannung des Störsenders 10 mV betragen.) Bei F1—F6-Empfängern hat der F1-Nutzsender 1 μV EMK, $\pm 200$ Hz Hub, Tastverhältnis 1 : 1 (Wechsel), 50 Baud. Die Störung darf 20% Bezugsverzerrung bei $1^0/_{00}$ der Zeichen nicht überschreiten. (Dies wird bei etwa 6 dB Störabstand, auf den Eingang bezogen also 0,5 μV, erreicht, so daß in obigem Beispiel die Spannung des Störsenders 5 mV sein kann.) Weitere Einzelheiten s. auch unter [43, 44].

Durch die *Selektion der Hochfrequenz- und Zwischenfrequenzfilter* müssen benachbarte Funkkanäle, ferner die bei der Umsetzung entstehenden Spiegelwellen und der Empfang mit Nebenwellen der Umsetzeroszillatoren um 80 bis 100 dB gedämpft werden.

Durch *Mehrfachempfang (Diversity)* sollen im Telegraphiebetrieb die durch den selektiven Schwund hervorgerufenen Störungen so gut wie möglich verringert werden. Die verschiedenen Diversityarten werden später (s. S. 778ff.) genauer beschrieben.

Die selbsttätige *Frequenznachstellung* muß den eingestellten Sender auch bei starkem Schwund und kleinem Störabstand sicher festhalten.

Ein sehr schneller *Wellenwechsel* ist meist nicht erforderlich. Bei durchstimmbaren Empfängern nimmt man das Suchen der zu empfangenden Station in Kauf.

Mit Einführung der *Rastertechnik* ergeben sich neue Möglichkeiten. Es ist wahrscheinlich, daß zukünftig zur Einsparung von Bedienungspersonal und zur Beschleunigung des Betriebes Sender und Empfänger in zunehmendem Maße von einer Funkzentrale aus ferngesteuert werden. Hierbei ist eine Frequenzunsicherheit $< 3$ Hz für Sender und für Empfänger erwünscht und auch erzielbar, so daß die Frequenzregelung entbehrlich wird.

**a) Einseitenbandempfänger.**

*Die Steuerschwingung.* Für verschiedene Regelzwecke des Empfängers überträgt der Sender eine Steuerschwingung, die man aus der Trägerschwingung des ersten Umsetzers ableitet. Sie entspricht der Frequenz 0 der Nachrichtenbänder und wird daher auch als Nullschwingung oder Restträger bezeichnet. Die Steuerschwingung wird mit einem definierten

Pegel, bezogen auf den Seitenbandspitzenpegel, ausgesendet. Mit ihrer Hilfe kann der Empfänger unabhängig vom Aussteuerungsgrad des Senders richtig eingepegelt werden. Neben der „Schwundregelung" dient diese Schwingung noch zur Frequenzregelung und zur frequenzgetreuen Demodulation. Die Steuerschwingung wird mit einem schmalen (Quarz-) Filter von dem $\pm 100$ Hz daneben beginnenden Modulationsband getrennt und dann den Regeleinrichtungen zugeführt.

*Die Schwundregelung.* Die oben aufgestellten Forderungen nach guten Rauscheigenschaften bedingen eine große Verstärkung der Eingangsstufe. Die hohe Nebensprechdämpfung ist dagegen nur zu erfüllen, wenn bis zu der Stelle, wo die Signale der störenden Sender weggefiltert werden, die Verstärkung möglichst klein ist. Das bedeutet möglichst geringe Verstärkung und starke Regelung der Eingangsstufen. Es muß also ein Kompromiß gefunden werden. Die Betriebserfahrung ergibt, daß gute Rauscheigenschaften öfter von Nutzen sind als extrem hohe Nebensprechdämpfungen. Bei manchen Empfängern ist daher die Regelung der Hochfrequenzstufe abschaltbar. Man schaltet sie nur ein, wenn sehr starke Sender stören.

Die Schwundregelung selbst erfolgt meist dadurch, daß eine negative Regelspannung die Steilheit einiger Regelröhren steuert. Als Regelspannung dient die gleichgerichtete Steuerschwingung. Durch ein RC-Glied mit großer Entlade- und kurzer Ladezeitkonstante vermeidet man, daß die Verstärkung bei einem selektiven Schwund der Steuerschwingung hochgeregelt wird, und damit ein Überpegel am Empfängerausgang entsteht. Dagegen wird ein rascher Pegelanstieg, z. B. beim Abstimmen, schnell ausgeregelt. Bei A7A oder A7B Wechselstromtelegraphie ist das Volumen im Seitenband konstant, man kann hier die Seitenbandspannung als Regelkriterium benutzen.

Das Rauschen und die nichtlinearen Verzerrungen einer Röhre werden durch die Steilheitsregelung verschlechtert. Man benutzt daher bei neueren Geräten eine mit Heißleitern regelbare Gegenkopplung, wodurch diese Eigenschaften sogar verbessert werden. Diese Technik ist auch für Transistorgeräte von Vorteil, da hier eine gute Steilheitsregelung noch schwieriger ist als bei Röhren.

Man verwendet Heißleiter mit extrem kleiner Masse und damit kleiner Trägheit, deren Widerstand durch einen Regelstrom gesteuert wird. Zu dem oben genannten Vorteil kommt noch hinzu, daß zwei gleiche Verstärker, die von demselben Regelstrom gesteuert werden, im ganzen Regelbereich die gleiche Verstärkung haben. Diese Eigenschaft, die bei Mehrfachempfang von großem Nutzen ist, kann mit Regelröhren nur unvollkommen erzielt werden.

*Die Frequenzregelung.* Die Steuerschwingung muß auf etwa 10 Hz genau in der Mitte des schmalen Steuerfrequenzfilters gehalten werden, da sonst die Schwundregelung einen falschen Pegel einstellt. Demoduliert man die Einseitenbandsignale statt mit der Steuerschwingung mit einer örtlich erzeugten Schwingung, dann muß die Frequenzgenauigkeit noch besser sein. Meist ist die Frequenzkonstanz von Sender und Empfänger dafür nicht ausreichend, und man benötigt eine selbsttätige Frequenzregelung. Sie wirkt auf den ersten oder zweiten Umsetzeroszillator, dessen Frequenz entweder durch Proportionalregelung, z. B. mit einer elektrisch steuerbaren Reaktanz oder durch Integralregelung, z. B. mechanisch mit einem Elektromotor, verändert wird. Die elektronische Lösung ist billiger, hat aber den Nachteil, daß bei tiefem Schwund der Steuerschwingung die Regelspannung ausfallen kann, und infolgedessen der Oszillator so verstimmt wird, daß die Steuerschwingung nach dem Schwund nicht mehr in den Durchlaßbereich des Filters kommt, damit fällt der Empfänger außer Tritt. Bei der mechanischen Lösung wird die Frequenzabweichung bis auf einen kleinen Restfehler ausgeregelt. Wenn bei einem Schwund der Motor stehenbleibt, ist kein Außertrittfallen zu befürchten, selbst wenn der Einbruch länger dauert. Die Regelgeschwindigkeit soll möglichst klein sein, damit kurze Störungen den Empfänger nicht beeinflussen. Etwa 10 Hz/sec ist ein günstiger Wert.

Für die Erzeugung der Frequenzregelspannung sind viele Varianten bekannt geworden. Man kann einen sehr steilen Frequenzdiskriminator benutzen, wobei es am einfachsten ist, 2 Glieder des Steuerfrequenzquarzfilters zu benutzen. Aus dem Phasenunterschied $\varphi$ der Steuerspannung, der sich zwischen Eingang und Ausgang des Filters etwa proportional der Frequenzabweichung um $\pm 180°$ ändert, wird in einem Phasendiskriminator eine Gleichspannung erzeugt, die sich proportional $\cos\varphi$ ändert. Mit ihr kann ein kleiner Gleichstrommotor direkt angetrieben werden.

Noch besser ist es, einen Generator durch die Steuerschwingung mitzuziehen. Hier erzeugt man die Regelspannung durch Phasenvergleich zwischen Mitzieh- und Generatorspannung.

*Die Einseitenbanddemodulation.* Zur Demodulation werden das obere und das untere Seitenband durch Seitenbandfilter mit sehr steilen Flanken getrennt und dann mit je einem Ringmodulator in die Niederfrequenzlage umgesetzt. Als Umsetzerträger verwendet man zweckmäßig die Steuerschwingung, denn dann entsteht kein Frequenzfehler. Durch selektiven Schwund der Steuerschwingung kann eine kurze Unterbrechung der Demodulation eintreten, die erfahrungsgemäß bei Sprachübertragung nicht bemerkt wird, dagegen bei Wechselstromtelegraphie Fehler verursacht. Benützt man dagegen die Schwingung des zuvor erwähnten Mitziehgenerators zur Umsetzung, dann tritt keine Unterbrechung mehr ein.

**b) Beispiel eines Einseitenbandempfängers.** In Abb. 32 ist das Blockschaltbild eines Einseitenbandempfängers gezeichnet. Er besteht aus der Hochfrequenzstufe, den beiden Seitenbandstufen I und II und der Regelstufe. Als Hochfrequenzstufe sind zwei verschiedene Typen vorgesehen, entweder die unter e) auf S. 787 ff. beschriebene Raster-Hochfrequenzstufe oder, wie in Abb. 32 gezeichnet, eine Festfrequenz-Hochfrequenzstufe. Beide sind gegeneinander austauschbar und haben ähnliche Empfangseigenschaften. Sie sind auch für den im Beispiel d) auf S. 782 beschriebenen Telegraphieempfänger vorgesehen. Beide Hochfrequenzstufen umfassen noch die Zwischenfrequenzstufen bis in die

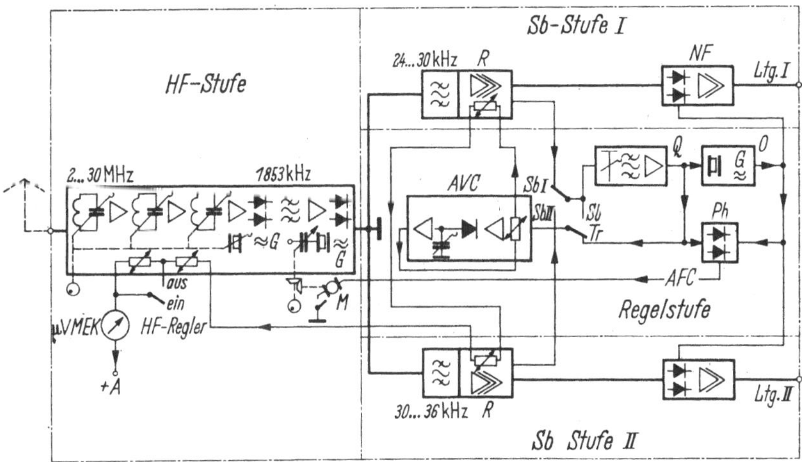


Abb. 32. Einseitenbandempfänger (Siemens)

30 kHz-Lage. Bei der Festfrequenz-Hochfrequenzstufe liegt die erste Zwischenfrequenz bei 1853 kHz, die zweite bei 30 kHz. Für den Hochfrequenzteil sind auf einem Spulenrevolver acht auswechselbare Platten angeordnet, auf denen die auf die jeweilige Sendefrequenz durch Trimmer festabgestimmten 3 Hochfrequenzkreise und ein Schwingquarz für den ersten Überlagerungsoszillator untergebracht sind. Derartige Festfrequenzenempfänger ergeben mit minimalem Aufwand eine optimale Empfangsleistung. Die Frequenz des Schwingquarzes wird mit einem Ziehtrimmer auf den Sollwert fest abgestimmt. Kleinere Frequenzänderungen des Senders oder Empfängers werden durch den Ziehkondensator des Quarzes im zweiten Überlagerungsoszillator (1883 kHz) von Hand oder durch den Nachstellmotor ausgeglichen.

Die rauscharme Doppeltriode CCa als Hochfrequenzverstärker und ein ebenfalls rauscharmer Ringmodulator zur ersten Umsetzung ergeben trotz kleiner Verstärkung einen guten Rauschabstand (Rauschzahl $< 6$). Gleichzeitig erhält man dabei außerordentlich hohe Werte für das nichtlineare Nebensprechen.

Die erste *Zwischenfrequenz* wird mit einem durch 2 Quarze versteilerten Filter ausgesiebt. Ein rausch- und klirrarmer Verstärker hebt die Dämpfung des Modulators und Filters wieder auf, und ein zweiter Ringmodulator setzt in die zweite Zwischenfrequenz bei 30 kHz um.

Die *Seitenbandstufen* sind über eine Gabel an den 30 kHz Ausgang der Hochfrequenzstufe angeschlossen. Sie beginnen mit je einem Seitenbandfilter, das den Bereich 30 bis 24 kHz bzw. 30 bis 36 kHz durchläßt und, durch 2 Quarze versteilert, das andere Seitenband um 80 dB unterdrückt. An jedes Filter schließt sich ein geregelter Verstärker $R$ an, dessen Ausgangspegel durch die Schwundregelung auf einen konstanten Wert gebracht wird. Der Verstärker hat 2 Ausgänge. Der eine führt zum Niederfrequenzumsetzer und dem hochlinearen Niederfrequenzverstärker, welcher das Signal an die Fernleitung abgibt.

Der andere Ausgang führt zur *Regelstufe*, welche aus der 30 kHz-Steuerschwingung die Schwund- (AVC = automatic volume control) und Frequenzregelung (AFC = automatic frequency control) ableitet. Beide Seitenbandfilter lassen diese Schwingung noch durch, sie kann daher den Regelverstärkern über den Schalter SbI/SbII entnommen werden. Nach dem Umschalter trennt ein schmales Quarzfilter die Steuerschwingung von den Seitenbandsignalen.

Zur *Schwundregelung* mit Regelheißleitern in der Gegenkopplung wird wahlweise die Steuerschwingung (Tr) oder bei Wechselstromtelegraphie die Seitenbandspannung (Sb) in der AVC-Baugruppe verstärkt und dann gleichgerichtet. Die Gleichspannung steuert über ein Zeitkonstantenglied, das eine kurze Lade- und eine große veränderbare Entladezeitkonstante hat, eine Penthode, deren Anodenstrom die in Reihe geschalteten Heißleiter durchfließt, Diese besitzen eine sehr kleine Masse, ihr Widerstand folgt daher mit kleiner Zeitkonstante den Stromänderungen. In der Hochfrequenzstufe bewirken sie in den Kathoden zweier Röhren, vom Anodengleichstrom entkoppelt, eine veränderliche Stromgegenkopplung von 20 bis 30 dB. Beim geregelten Verstärker $R$ sind die Heißleiter als mehrfache Spannungsteiler in den Gegenkopplungsweg geschaltet und ermöglichen hier eine Verstärkungsänderung von 80 dB.

Die Verstärkung der beiden geregelten Verstärker ist nur vom Regelstrom abhängig. Es ist daher möglich, die Kanäle vor den Verstärkern zu trennen und nur über einen die Regelgröße zu übertragen. Trotzdem ist der Ausgangspegel bei beiden Verstärkern auf $\pm 1$ dB im ganzen Regelbereich gleich groß. Die auf S. 770 definierte Störung eines 10 µV starken Nutzsignals tritt ein, wenn ein etwa 3 mV starker Störton in das andere Seitenband fällt. Bei der Kanaltrennung *nach* dem geregelten Verstärker, wie es meist üblich ist, sind nur etwa 20 bis 30 dB stärkere Störer zulässig.

Damit im gesamten Regelbereich eine konstante Ausgangsspannung erzielt wird, ist eine *Vorwärtsregelung* erforderlich. Diese wurde hier in die Zuleitung zum Regelstromerzeuger AVC gelegt. Ein Heißleiter quer zur Eingangsspannung wird vom Regelstrom gesteuert und erzeugt dadurch eine inverse Regelung. Wenn mit steigender Eingangsspannung die Verstärkung der Regelverstärker abnimmt, steigt die Eingangsspannung des Regelstromerzeugers. Damit bekommt er eine Steuerspannung, die sich gleichsinnig mit der Empfangsspannung ändert; bei richtiger Dimensionierung bleibt die Ausgangsspannung des Verstärkers $R$ konstant.

Zur Erzeugung der *Demodulationsschwingung* wird ein 30 kHz-Quarzgenerator von der Steuerschwingung mitgezogen, so daß keine Frequenzabweichung bei der Demodulation entsteht. Außerdem erleidet die Demodulation auch bei völligem Schwund der Steuerschwingung keine Unterbrechung.

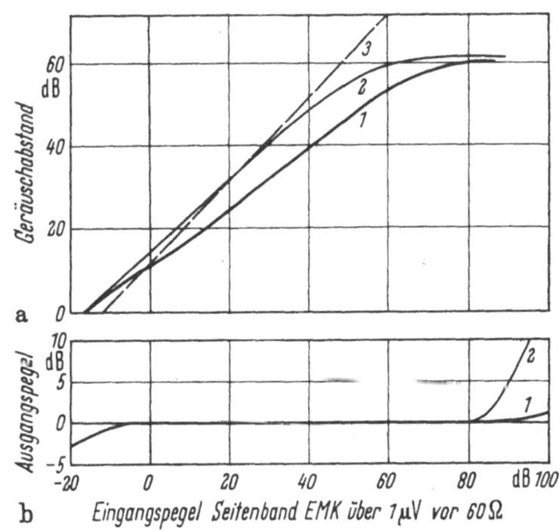


Abb. 33a u. b

a) Geräuschabstand bei 6 kHz Bandbreite 1. mit Regelung des Hochfrequenzverstärkers; 2. ohne Regelung des Hochfrequenzverstärkers; 3. Gerade für Rauschmaß 10 dB; b) Ausgangspegel

Zur *Frequenzregelung* dient ein Phasendiskriminator zwischen Oszillator und Mitziehspannung, der die Regelspannung erzeugt, welche den kleinen Nachstellmotor direkt antreibt. Bei einer Frequenzmitnahme > ±3 Hz spricht er an und verstimmt über eine Rutschkupplung den Ziehtrimmer des zweiten Umsetzeroszillators. Der Ziehbereich des 30 kHz-Oszillators ist etwa ±15 Hz. Mit dieser Genauigkeit muß auf einen Sender abgestimmt werden, bis die Frequenzregelung anspricht. Der Regelbereich ist ±500 Hz.

Abschließend noch die wichtigsten *Meßwerte*:

In Abb. 33a ist der *Geräuschabstand*, in Abb. 33b der *Ausgangspegel* in Abhängigkeit vom Eingangspegel dargestellt. Die Regelung der Hochfrequenzstufe ist abschaltbar (normaler Betriebszustand). Man sieht, daß der Geräuschabstand *ohne* Hochfrequenzregelung bis 50 dB beinahe proportional mit dem Eingangspegel zunimmt (Kurve *2*). *Mit* Hochfrequenzregelung (Kurve *1*), die schon bei kleinem Signal wirkt, nimmt der Geräuschabstand langsamer zu. Die Gerade *3* entspricht dem am Eingang geforderten Rauschmaß von 10 dB (vgl. S. 769). Das Rauschmaß am Anfang des Regelbereichs ist etwa 7 dB. Da der Regelstrom durch die Heißleiter mit wachsendem Eingangssignalpegel abnimmt, ist die obere Regelgrenze beim Strom Null erreicht. Im Gegensatz zu Empfängern mit Regelröhren steigt hier bei noch größeren Hochfrequenzsignalen der Ausgangspegel linear an (Kurve *b2*), falls nicht wie in Kurve *b1* (mit Hochfrequenzregelung) bei größeren Pegeln eine Übersteuerung des Eingangs stattfindet.

Die Dämpfung des *nichtlinearen Nebensprechens* zwischen den Seitenbändern, mit der Zweitonmethode gemessen, ist mit und ohne Hochfrequenzregelung 65 dB. Die auf S. 770 definierte Störung durch 2 Sender in 20 und 41 kHz Abstand von der Steuerfrequenz tritt ein, wenn die Sender etwa 5 mV stark sind. Die Dämpfung der Spiegelwellen ist größer als 90 dB. Näheres über diesen Empfänger kann unter [*45* und *46*] nachgelesen werden. Seine Eigenschaften sind in der Tab. 2 unter 7.5.2 b zusammengestellt.

**c) Telegraphieempfänger.**

*Die Betriebsarten.* Moderne Großstationstelegraphieempfänger sind im wesentlichen für die Betriebsart F1 bzw. F6 ausgelegt. Daneben sind sie noch für A1-, A2- und A3-Betrieb eingerichtet. Es werden auch Universalempfänger gebaut, die zusätzlich für A7A—A7B-Betrieb mit Einseitenbanddemodulation ausgerüstet sind.

Die Hochfrequenz- und Zwischenfrequenzstufen der Telegraphieempfänger gleichen denen der Einseitenbandempfänger. Dagegen sind die Demodulation und die Frequenzregelung den F-Betriebsarten angepaßt. Sie sind für Hübe zwischen 70 und 600 Hz eingerichtet und haben daher regelbare oder umschaltbare Bandfilter, damit man die günstigste Bandbreite entsprechend dem Hub einstellen kann. Für die F-Betriebsarten besitzen sie einen Begrenzer.

*Der F1—F6-Diskriminator.* Es gibt zwei verschiedene Arten von Diskriminatoren, die linearen und die mit geknickter Kennlinie. Der lineare Diskriminator liefert eine dem Hub proportionale Spannung. Sie ist also bei kleinem Hub klein, und die Auswerteschaltung muß auf diese kleine Spannung ansprechen. Hier entstehen bei nicht optimalen oder unsymmetrischen Zwischenfrequenzfiltern und bei nicht genauer Frequenzeinstellung Telegraphieverzerrungen, vor allem, wenn der Geräuschabstand klein ist. Der Diskriminator mit geknickter Kennlinie (wie Abb. 34, Zeile 4) gibt für alle Frequenzen unterhalb der Mittenfrequenz eine konstante Spannung in der einen Polarität und für die Frequenzen oberhalb eine solche in der anderen Polarität ab. Dieser Diskriminator hat den Vorteil, daß er die nachgeschaltete Tastschaltung, die in der Regel aus einer Kippstufe oder einem stark übersteuerten

Begrenzer besteht, in einem großen Hubbereich gleichartig ansteuert. Ein derartiger Diskriminator kann z. B. durch 2 Filter mit Gleichrichtern am Ausgang realisiert werden.

Bei *F 6-Betrieb* und dem linearen Diskriminator muß die Trennung der 2 Nachrichten durch eine Amplitudenbewertung erfolgen. Beim Filterdiskriminator werden 4 Filter benutzt, deren gleichgerichtete Ausgangsspannungen direkt ausgewertet werden können. Eine andere Methode, F6-Kanäle zu trennen, ist in Abb. 34 gezeigt. Der Kanal $V_1$

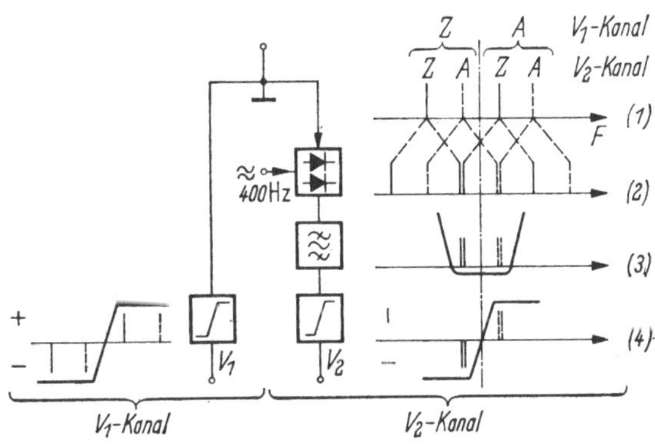


Abb. 34
Gewinnung des Kanals $V_2$ bei F 6-Betrieb durch Modulation mit 400 Hz (Siemens)

wird wie bei F1-Betrieb über einen Diskriminator mit geknickter Kennlinie gewonnen. Vor den Diskriminator des Kanals $V_2$ sind ein Ringmodulator mit 400 Hz Umsetzerfrequenz und ein 600 Hz breites Filter geschaltet. Da der Abstand zwischen den Frequenzen ebenfalls 400 Hz beträgt, fallen durch die Modulation die beiden Trennfrequenzen $Z$ bzw. die beiden Zeichenfrequenzen $A$ des Kanals $V_2$ zusammen und können jetzt mit einem normalen Diskriminator demoduliert werden.

An jeden Diskriminator schließen sich ein Tiefpaß, der das Band entsprechend der Telegraphiegeschwindigkeit weiter einengt, und eine Kippschaltung an, welche die Zeichen regeneriert. Die Rechteckspannungen dieser Schaltung werden dann der Tontast- oder Gleichstromausgangsschaltung zugeführt, welche die Telegraphiezeichen auf eine Fernleitung oder Fernschreibmaschine überträgt.

*Die A1-Demodulation.* Bei der A1-Demodulation erzeugt ein Überlagerer ein tonfrequentes Signal, das entweder direkt oder nach Gleichrichtung über einen Tiefpaß und die Kippschaltung wie bei F1-Betrieb auf die Leitung geschaltet wird. Im letzteren Fall besteht bei kleinem Geräuschabstand die Gefahr, daß Fehlzeichen entstehen, die bei der direkten Übertragung und bei Hörempfang als Störungen erkannt werden. Auch bei den in direktem Empfang mit Recorder (s. S. 705) geschriebenen Telegraphiezeichen sind die Störungen leichter erkennbar, deshalb begnügt man sich meist mit dem einfachen A1-Überlagerer und direktem Tonausgang.

*Mehrfachempfangs-Einrichtungen (Diversity)*. Der Zweck der Mehrfachempfangs-Einrichtungen ist es, den Telegraphieempfang zu verbessern (vgl. das Kapitel über Wellenausbreitung, S. 180ff.). Man geht von der Tatsache aus, daß der selektive Schwund einer bestimmten Frequenz bei mehreren Antennen, mit einem räumlichen Abstand von einigen Wellenlängen des hochfrequenten Signals, meist nicht gleichzeitig auftritt (räumlicher Mehrfachempfang, Raum-Diversity). Durch Aussendung und Empfang der Zeichen über verschiedene Frequenz (Frequenz-Diversity) kann vor allem bei Wechselstromtelegraphie (A7A) dasselbe Ziel erreicht werden. Diese Technik wird oft bei kleinen Anlagen mit wenigen Kanälen benutzt, bei denen die Kosten für einen zweiten Empfänger

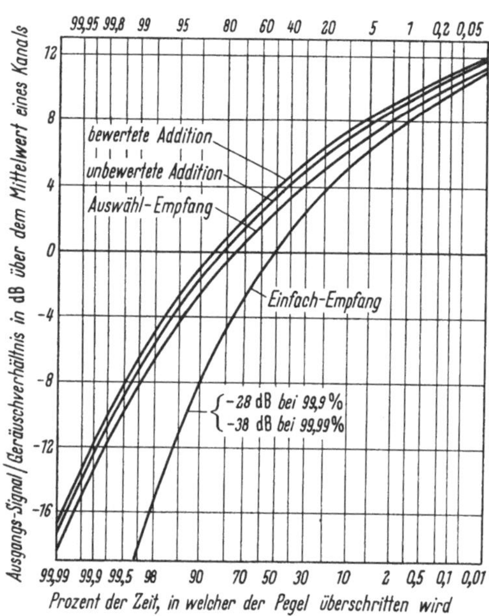


Abb. 35. Schwundverhalten bei Einfach- und Zweifachempfang nach BRENNAN [47]

zu hoch sind. Bei gleicher Sendeleistung und Zweifachübertragung verliert man dadurch 3 dB Geräuschabstand und belegt ein doppelt so großes Radiofrequenzband.

BRENNAN hat die Eigenschaften der verschiedenen Schaltungen für Mehrfachempfang untersucht [47]. Er teilt sie ein in Auswählschaltungen, nichtbewertende und bewertende Additionsschaltungen (Selection-, Equal Gain-, Maximal Ratio-Diversity). Die mit diesen Prinzipien theoretisch erreichbaren Geräuschabstandsverbesserungen gegenüber Einfachempfang können für Zweifachempfang aus der Kurvenschar in Abb. 35 abgelesen werden, welche dieser Arbeit entnommen ist. Für die Berechnung hat BRENNAN folgende Annahmen getroffen:

1. Die Nutzsignale sind bei der Kombination kohärent, die Geräusche dagegen nicht. Dies trifft bei Kurzwellen im allgemeinen zu.

2. Die Schwundverteilung entspricht einer RAYLEIGH-Verteilung. Auch diese Voraussetzung trifft nach neueren Untersuchungen meist zu [48].

3. Die Bewertung der Mehrfachempfangskanäle erfolgt nach ihrem Signal/Geräusch-Abstand. Diese Größe ist jedoch bei Kurzwellen-F1— F6-Betrieb nicht meßbar, da kein von Signalen freies Band zur Verfügung steht.

Man hilft sich so, daß man mit einiger Berechtigung annimmt, daß die Geräusche an den Antennen gleich groß sind, und bewertet die Summenspannung aus Geräusch- und Nutzsignal. Nun muß aber die Verstärkung von den Antennen bis zum Bewerter für alle Kanäle möglichst genau gleich groß sein. Verschieden große Antennenkabeldämpfungen werden durch Dämpfungsglieder ausgeglichen. Unterschiede der Verstärkung erkennt man an der ungleichmäßigen Beteiligung aller Antennen am Empfang. Die Verstärkung wird von Hand korrigiert. Erfreulicherweise ist die bewertende Additionsschaltung, welche den besten Gewinn bringt, auch noch bezüglich eines Unterschiedes in der Verstärkung am unempfindlichsten [15].

Bei der *bewertenden Additionsschaltung* wird vor der Addition die Amplitude des schwächeren Signals (mit dem kleineren Geräuschabstand) im selben Verhältnis noch einmal verringert (quadratische Bewertung). Da der Unterschied zwischen der bewertenden und der nichtbewertenden Addition bei 2fach Empfang nur 0,49 dB beträgt, braucht diese Regel nicht genau eingehalten zu werden. Bei FM, also auch bei F1—F6-Betrieb, ändert sich die Phase der Nachricht nach der Demodulation durch hochfrequente Phasen- und Amplitudenverzerrungen nicht. Daher können die Signale bei den Additionsverfahren nach der Demodulation ohne weiteres parallelgeschaltet werden.

Das *Ablöseverfahren* ist bei Zweiseitenbandempfang besser geeignet als das Additionsverfahren. Beim selektiven Trägerschwund wird bei der Demodulation das gesamte Nachrichtenband verzerrt, so daß man den gestörten Kanal am besten abschaltet. Auch bei ungestörtem Träger ist die phasenrichtige Addition der Seitenbänder nicht gewährleistet, man erzielt also hier keine Verbesserung des Geräuschabstandes durch Addition. Aus diesem Grund ist für Einseitenband-Sprachübertragung der Mehrfachempfang nicht sinnvoll. Wird das Ablöseverfahren bei F1—F6-Betrieb benutzt, dann muß eine sehr schnell wirkende Abwäge- und Umschalteinrichtung vorgesehen werden, die im Bruchteil eines Telegraphieschrittes ohne Einschwingzeit arbeitet. Die Additionsverfahren sind in dieser Beziehung einfacher und ihr Gewinn größer. Sie setzen sich daher immer mehr durch.

Ein spezielles Ablöseverfahren, das wegen seines geringen Aufwandes besonders bei kleinen Anlagen benutzt wird, ist das *Antennenumschalte-*

*verfahren*, welches sich vor allem für F1—F6-Betrieb eignet. Hier werden zwei oder drei Antennen über einen elektronischen Umschalter einem einzigen Empfänger zugeführt. Tritt infolge des selektiven Schwundes einer Telegraphieschwingung bei der Frequenzumtastung plötzlich ein größerer Pegelsprung nach unten auf, so spricht eine an den Zwischenfrequenzausgang angeschlossene Bewertungsschaltung an und gibt damit einen Impuls auf eine Zählkette, die die nächste Antenne über den elektronischen Schalter an den Empfänger anschaltet. Ist nach einer durch die Laufzeit des Empfängers gegebenen Zeit der Pegel an der Bewertungsstelle nicht gestiegen, so wird die dritte Antenne angeschaltet. Mit sehr großer Wahrscheinlichkeit ist an einer der drei Antennen die Spannung ausreichend. Dieser Wechsel erfolgt so schnell, daß das brauchbare Telegraphiezeichen noch rechtzeitig zur Auswertung übertragen wird. Je nach Zwischenfrequenz-Bandbreite kann mit einer Telegraphiegeschwindigkeit bis 200 Baud in dieser Weise noch mit Mehrfachempfang gearbeitet werden. Bei nicht zu kleiner Regelzeitkonstante ist das Verfahren auch für A3-Betrieb von Vorteil.

Telegraphiemehrfachempfang ist nur bei kleinem Geräuschabstand nützlich, bei großem ist er meist nicht mehr nötig. Um eine Übersicht über die praktische Wirksamkeit der verschiedenen Mehrfachschaltungen zu bekommen, wurde ein Vergleichsempfang mit Empfängern desselben Typs durchgeführt. Zwischen Einfachempfang, Antennenumschaltung und Geräteumschaltung mit bewertender Addition ergab sich im Mittel ein Fehlerzahlverhältnis von 12 : 3 : 1. Dieses Verhältnis ist nur als roher Anhaltspunkt zu werten. Bei beiden Mehrfachschaltungen wurden auch Verbesserungen zwischen 1 : 1 bis 100 : 1 beobachtet.

*Die Schwundregelung*. Bei F1-Betrieb wählt man für die Schwundregelung eine kleine Zeitkonstante, bei A1 macht man sie größer, um das Hochregeln der Verstärkung in den Tastpausen zu verhindern. Wichtig ist, wie wir oben sahen, daß bei Zweifachempfang die Verstärkung beider Empfangseinrichtungen von der Antenne bis zur Auswertestelle möglichst gleich groß ist. Dies ist bei Regelröhren in einem größeren Regelbereich nur schwer erreichbar. Man sieht hier einen Verstärkungsregler vor, den der Funker, wenn sich die Empfangsbedingungen geändert haben, so einstellt, daß wieder beide Empfänger gleichmäßig an der Nachrichtenübertragung beteiligt sind. Bei Verstärkungsregelung durch gesteuerte Heißleiter in der Gegenkopplung, wie auf S. 774 beschrieben, ist die Verstärkung so gleichmäßig, daß dieser Regler entfallen kann.

*Die Frequenzregelung*. Der zulässige Frequenzfehler bei F1—F6-Betrieb ist um so kleiner, je kleiner der Hub ist. Bei großem Hub dagegen stören selbst große Fehler noch nicht. Aus diesem Grund war früher ein Hub von 600 Hz üblich, wogegen heute Hübe von nur 70 Hz möglich sind, weil die Frequenzregeleinrichtungen und die absolute Frequenz-

konstanz wesentlich verbessert wurden. Damit ältere und moderne Sende-
und Empfangsstationen zusammenarbeiten können, müssen sie für Hübe
zwischen 70 Hz und 600 Hz eingerichtet sein. Auch die Frequenznachstellung muß dafür und außerdem noch für F6-Betrieb geeignet sein.
Dafür sind viele Lösungen bekannt. Die eine benutzt einen linearen
Diskriminator und regelt die Frequenz so, daß die positiven und negativen Signalamplituden gleich groß sind. Hierbei sind besondere Vorkehrungen zu treffen, daß z. B. bei Pausen oder ungleicher Dauer von
Trenn- und Zeichenschritten keine Fehlregelung entsteht. Diese Schaltungen haben den Vorteil, daß sie ohne Umschaltung für alle Hübe verwendet werden können. Andere Systeme benutzen nur die Trennfrequenz,
die sie durch einen Frequenzdiskriminator überwachen, und halten die
Regelung während der Zeichenschritte fest. Für den Empfang verschieden großer Hübe muß jedoch eine Verstimmung vorgesehen werden, mit
der man den Diskriminator entsprechend dem Hub auf die richtige
Frequenz einstellt.

Sicherer sind Einrichtungen, welche nicht nur die Trenn-, sondern
auch die Zeichenfrequenzen benutzen. Man kann dazu mit einem Ringmodulator die Signale mit der dem Hub entsprechenden Frequenz
modulieren. Dann entsteht von beiden Signalen eine Schwingung der
Mittenfrequenz, welche über einen Frequenzdiskriminator die Frequenzregelspannung erzeugt. Die maximale Bandbreite des Filters, das die
Mittenfrequenz aussiebt, ist begrenzt durch den kleinsten Hub, für den
der Empfänger ausgelegt ist. Bei jedem Telegraphieschritt schwingt
das Filter um. Die Telegraphiegeschwindigkeit, bei der die Regelung
noch funktioniert, ist also durch diese Bandbreite begrenzt. Die
4 Frequenzen bei F6-Betrieb können durch gleichzeitige Modulation
mit 2 Frequenzen (200 und 600 Hz) in die Mittenfrequenz umgesetzt
werden. Eine andere Möglichkeit, alle Frequenzen zur Regelung heran-
zuziehen, besteht darin, für jede Telegraphiefrequenz einen Frequenzdiskriminator zu benutzen. Diese Diskriminatoren müssen dann wieder
entsprechend dem Hub verstimmt werden. Eine Lösung mit erträglichem
Aufwand ist in Abb. 36a gezeichnet. Ein Phasendiskriminator ist einmal
direkt und einmal über ein Laufzeitglied mit veränderbarer Steilheit an
die Zwischenfrequenz geschaltet. Bei den Telegraphiefrequenzen $f_1$ und
$f_2$ beträgt die Phasendrehung durch das Laufzeitglied $3\pi/2$ bzw. $7\pi/2$
(s. Abb. 36b). Die Ausgangsspannung des Phasendiskriminators (s.
Abb. 36c) ist also bei richtiger Abstimmung gleich Null. Bei einer Verschiebung der Empfangsfrequenz erzeugen beide Telegraphiefrequenzen
eine gleichgerichtete Regelspannung, mit der man die Frequenz des
Überlagerungsoszillators in der Hochfrequenzstufe z. B. durch einen
Motor korrigiert. Die LC-Werte des Laufzeitgliedes müssen entsprechend
den verschiedenen Hüben umgeschaltet werden. Für F6-Betrieb ist

ein Laufzeitglied mit 5 Spulen erforderlich, mit dem der lineare Teil der Phasendrehkurve in Abb. 36a von $\pi/2$ bis $17\pi/2$ reicht, so daß bei allen 4 Telegraphiefrequenzen ein gleichsinniger Nulldurchgang entsteht.

**d) Beispiel eines Telegraphieempfängers.** In Abb. 37 ist die Blockschaltung eines Telegraphie-Diversity-Empfängers gezeichnet. Als Hoch-

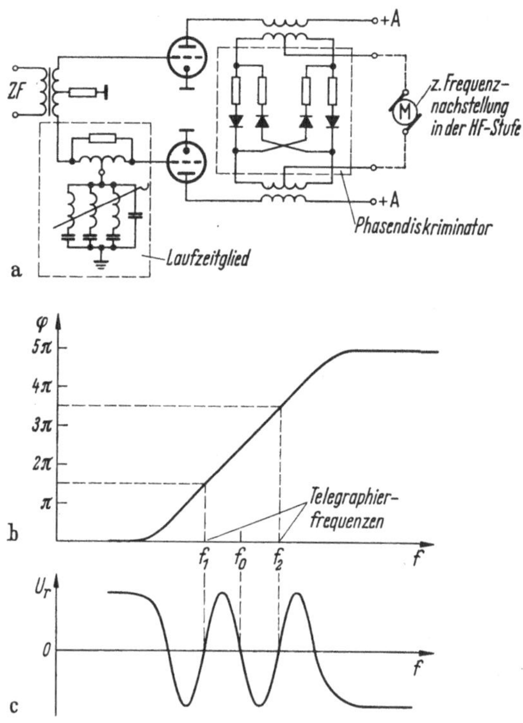


Abb. 36a—c. Erzeugung einer Frequenznachstellspannung bei F1-Empfang (Siemens)
a) Schaltung,  b) Phasendrehung des Laufzeitgliedes,  c) Ausgangsspannung des Phasendiskriminators

frequenzstufen können entweder die im vorigen Beispiel (Abb. 32) geschilderte Festfrequenzen-Hochfrequenzstufe oder die hier gezeichnete, im nächsten Kapitel genauer beschriebene Raster-Hochfrequenzstufe benutzt werden. Wir betrachten den oberen Empfänger. Durch Umschalten des Diversityschalters in Stellung „Einfach" ist unabhängiger Einzelempfang mit beiden Empfängern möglich. Auf die Hochfrequenzstufe I folgen, das in seiner Bandbreite umschaltbare 30 kHz-Zwischenfrequenzfilter $F$ mit sehr steilen Flanken und der Verstärker $R$ mit Heißleiterregelung der Gegenkopplung. Der Verstärker gleicht dem des Einseitenbandempfängers, er hat ebenfalls zwei Ausgänge. Der eine führt wieder zur Baugruppe AVC, welche den Regelstrom für die *Schwund-*

*regelung* in bekannter Weise liefert (s. S. 774). Bei Diversitybetrieb durchfließt der Regelstrom nur einer AVC-Baugruppe die Heißleiter beider Empfänger, und die beiden Ausgänge der Gleichrichter zur Regelspannungserzeugung sind parallelgeschaltet. Dadurch wird die Verstärkung so geregelt, daß die Summe der Nutzamplituden konstant, und die Verstärkung beider Empfänger im gesamten Regelbereich bis auf etwa 1 bis 2 dB gleich groß ist.

Der zweite Ausgang des Verstärkers $R$ führt zum Niederfrequenzumsetzer und zugleich über eine regelbare Dämpfung zum Begrenzer. Im Niederfrequenzumsetzer wird bei A2—A3-Betrieb mit einem Gleichrichter die Niederfrequenz erzeugt. Bei A1-Empfang setzt eine selbstschwingende Mischstufe die Zwischenfrequenz in den Tonfrequenzbereich um. Dazu wird die Signalspannung hinter dem Begrenzer entnommen, dessen Begrenzungsbereich durch eine in Stufen regelbare Dämpfung von normal 36 dB auf 0 dB verringert werden kann. Die Ausgangsspannung wird dadurch mehr oder weniger konstant gehalten, allerdings mit entsprechendem Anheben des Geräusches in den Tastpausen.

Bei F1—F6-Betrieb ist die Dämpfung kurzgeschlossen, so daß der *Begrenzer* Pegelschwankungen bis 36 dB ausgleicht. Genaugenommen ist er kein Begrenzer, sondern ein Schnellregler, der schneller regelt als die durch das Zwischenfrequenzfilter $F$ begrenzte Änderungsgeschwindigkeit der Signale. Bei Diversitybetrieb werden die Regelspannungen der Begrenzer parallelgeschaltet, so daß auch hier wieder die Verstärkung beider Wege gleich groß ist.

Am Ausgang des Begrenzers liegt ein *Verzerrer*, welcher zwei Funktionen erfüllt. Er erzeugt Oberwellen, von denen die neunte ausgesiebt wird, so daß auch der Hub verneunfacht wird. Gleichzeitig findet eine etwa quadratische Amplitudenbewertung statt, d. h., die Amplitude, welche kleiner als der Nennpegel ist, gibt eine um doppelt soviel dB kleinere Amplitude der neunten Harmonischen ab als die normale. Da der Begrenzer immer mindestens eines der beiden Signale auf den normalen Pegel anhebt, und das andere gleich oder kleiner ist, ist durch diese einfache Schaltung die optimale Addition möglich. In der nachfolgenden Umsetzerstufe wird das Signal mit neunfachem Hub wieder auf 30 kHz umgesetzt und der Frequenz-Nachstellbaugruppe AFC und gleichzeitig dem „Telegraphieteil" zugeführt. Außer der Amplitudenbewertung hat die Verneunfachung des Hubes den Vorteil, daß die Anforderungen an die Konstanz der Bauteile des Diskriminators für die Frequenzregelung und die des Telegraphiediskriminators relativ neunmal geringer werden. Weiterhin sind die Filter des Telegraphiediskriminators neunmal breiter, so daß die Einschwingvorgänge nachnachlässigbar klein sind.

Die *Frequenznachstellung* arbeitet nach dem in Abb. 36 beschriebenen Prinzip. Das Laufzeitglied $\varphi$ ist in Stufen für die üblichen Hübe

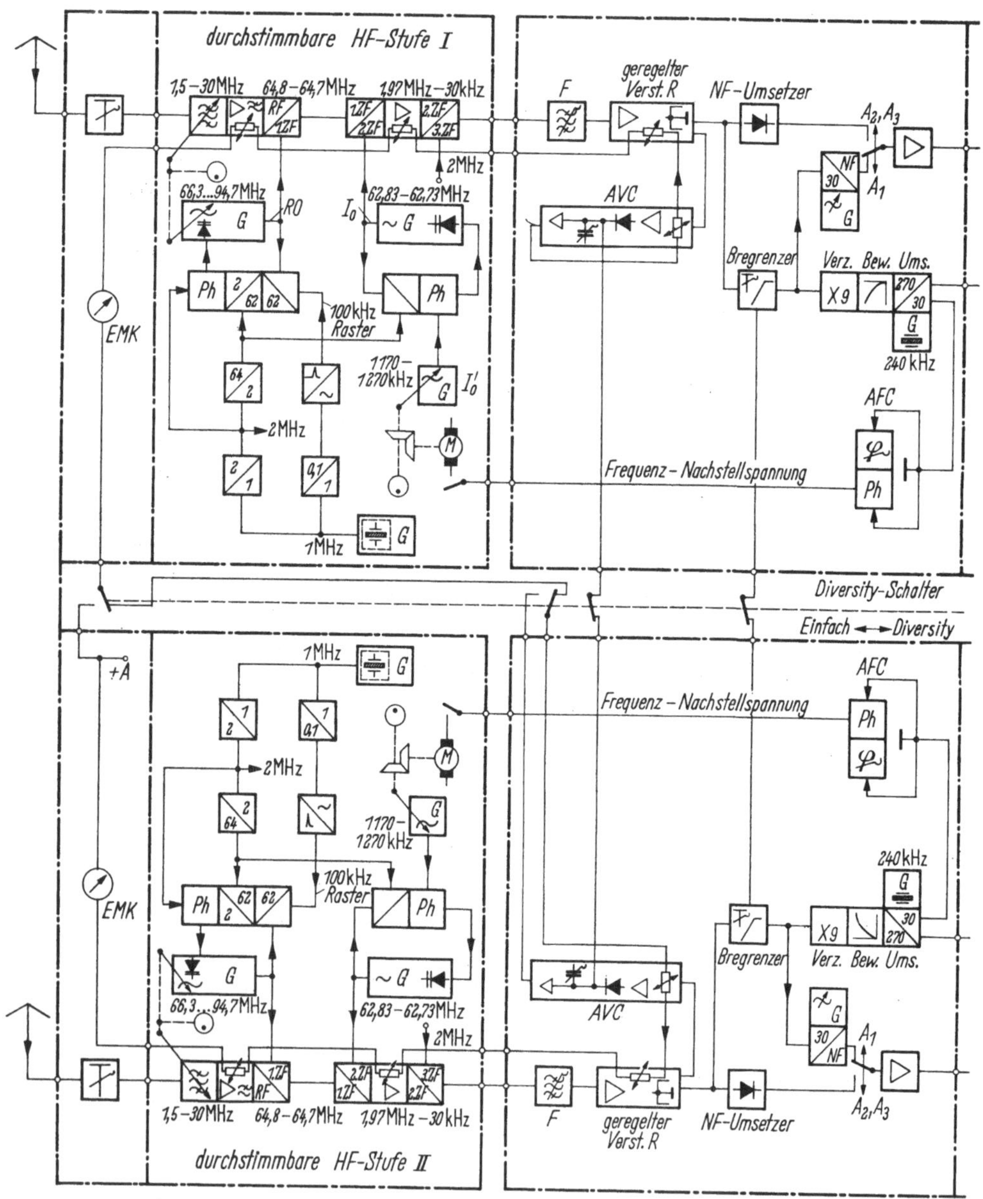


Abb. 37. Telegraphie-Diversity-

und für F6 umschaltbar. Die Einrichtung eignet sich für Telegraphiegeschwindigkeiten bis 3500 Baud. Ein Geräuschabstand, bei dem der Telegraphiebetrieb kaum mehr möglich ist, stört die Frequenznachstellung noch nicht.

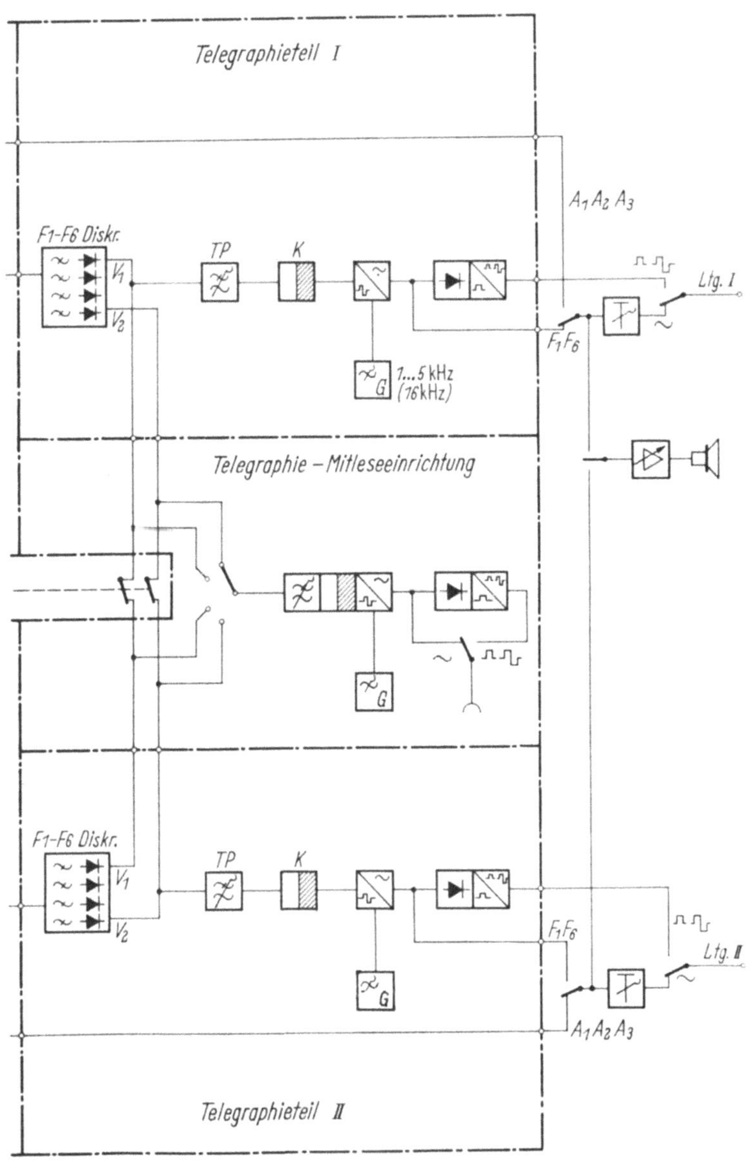


empfänger (Siemens)

Der *Telegraphieteil* besteht aus einem F 1—F 6-Filterdiskriminator mit
4 Filtern, deren Durchlaßbereiche so ausgelegt sind, daß zwei frequenzbenachbarte Filter hinter den Gleichrichtern zu einem Diskriminator mit
doppelter Breite zusammengefaßt werden können. Dadurch ist es mög-

lich, die bei F 1-Betrieb üblichen Frequenzhübe zwischen 70 und 600 Hz ohne Umschaltung zu empfangen. Bei F 6-Betrieb wird der Kanal $V_1$ ebenfalls in dieser Weise gewonnen, der Kanal $V_2$ entsteht aus der Zusammenfassung der dem verwendeten Code entsprechenden Filter über eigene Gleichrichter. Hinter den Gleichrichtern erfolgt die Parallelschaltung der Kanäle. Bei niederer Tastgeschwindigkeit und großem Frequenzhub kann man die Bandbreite nach der Demodulation ohne Verlust an Nachrichteninhalt noch stark einengen und dadurch eine weitere Störbefreiung des Signals erreichen. Diese Bandeinengung geschieht im nachfolgenden Tiefpaß, der der Tastgeschwindigkeit entsprechend eingestellt wird.

Die Kippschaltung $K$ regeneriert die vom Tiefpaß verrundeten Zeichen und führt sie einem Tastmodulator zu, der tonfrequente Einfachtonsignale abgibt. Diese werden entweder direkt auf die Fernleitung geschaltet oder über eine weitere Umsetzung in Einfach- bzw. Doppelstrom-Gleichstromsignale verwandelt. Alle 3 Ausgangsschaltungen sind für maximal 3500 Baud Telegraphiegeschwindigkeit ausgelegt.

Mit einer Telegraphie-Mitleseeinrichtung kann man ohne Störung des Betriebes in allen Kanälen den Empfang kontrollieren. Der „Einfach-Diversity"-Umschalter an den F 1—F 6-Diskriminatorausgängen ist vereinfacht gezeichnet, um eine bessere Übersicht zu erhalten. Wenn z. B. beim Wellenwechsel ein Empfänger außer Betrieb ist, können beide F 6-Kanäle vom anderen Empfänger benutzt werden; dagegen können nicht beide Empfänger einzeln F 6-Signale übertragen, da nur 2 Ausgangsschaltungen vorhanden sind.

Im folgenden sollen noch einige *Meßwerte* dieses Empfängers angegeben werden: Die „verzerrungsbegrenzte Empfindlichkeit" ist als kleinste Eingangs-EMK definiert, bei der weniger als $1^0/_{00}$ der Zeichen mehr als 20% Telegraphieverzerrung haben. Bei einer Schrittgeschwindigkeit von 50 Baud, einem Hub von 200 Hz, einer Zwischenfrequenzbandbreite von 600 Hz und einem Rauschmaß von 8 dB ist eine EMK von 0,15 μV ($R_i = 60\ \Omega$) erforderlich. Bei Zweifachempfang sind es nur 0,12 μV. Dies entspricht einem Rauschabstand von 7 dB bzw. 5 dB im 600 Hz breiten Band. Bei nur wenig größerem Abstand wird die durch andere Einflüsse gegebene kleine Grundverzerrung von 2% erreicht. Ein großer Rauschabstand bringt also hier im Gegensatz zum Einseitenbandempfänger keine Verbesserung. Man regelt daher die Hochfrequenzstufe kräftig, um größtmögliche Intermodulationsdämpfungen zu bekommen. So entsteht z. B. durch den Kombinationston zweier Sender in 20 und 40 kHz Abstand von einem 1 μV starken Nutzsender eine Telegraphieverzerrung in der oben definierten Stärke erst bei einer Stör-EMK von 3 mV, entsprechend einer Stördämpfung von 70 dB. Verstimmt man einen der Sender um einige 100 Hz, dann ist keine Störung mehr fest-

zustellen. Da der Empfang von Kurzwellensendern auf Spiegel- und
Nebenwellen über 100 dB gedämpft ist, ist die Wahrscheinlichkeit einer
Störung durch irgendwelche Sender außerhalb des Nachrichtenkanals
äußerst gering. Genauere Einzelheiten dieses Empfängers wurden unter
[*45* und *46*] veröffentlicht, eine Zusammenstellung der Daten befindet
sich in Tab. 2 in der Spalte 7.5.2 e.

**e) Beispiel einer Raster-Hochfrequenzstufe (Analyseverfahren).** Soll
ein Empfänger stetig oder in kleinen Schritten von z. B. 1 kHz mit
großer Frequenzkonstanz und Treffsicherheit abgestimmt werden, so ist
dies nur mit einem Rasterfrequenzumsetzer möglich. Im Gegensatz zu
dem des Steuersenders (s. S. 717) ist hier eine wesentlich höhere Nebenwellendämpfung erforderlich.

Da man die Antennen von Großstationsempfangsanlagen örtlich so
aufbaut, daß sich in der Nähe keine Funksender befinden, sind hier
Empfangsstörsignale zu erwarten, deren EMK meist kleiner als 10 mV
an 60 $\Omega$ sind. Der Frequenzabstand zum Nutzsignal kann allerdings so
klein sein, daß die Vorselektion die beiden nicht mehr trennen kann. Das
bedeutet, daß die erste und meist auch noch die zweite Umsetzerstufe
beide Signale ohne gegenseitige Störung übertragen müssen, ehe sie dann
in der zweiten Zwischenfrequenz durch Filter getrennt werden.

Daß dies bei geeignetem Aufbau möglich ist, und man zugleich durch
eine Schaltung mit *hoher Zwischenfrequenz* auf die umständliche Hochfrequenzselektion verzichten kann, zeigt die im folgenden beschriebene
Hochfrequenzstufe (s. Abb. 37).

Sie besitzt am Eingang außer dem Tiefpaß für die Spiegelwellen-
unterdrückung nur einen einzigen durchstimmbaren Kreis, damit nicht
die Empfangsenergie des ganzen Kurzwellenbereichs bis zur ersten
Umsetzerstufe kommt. Dieser Kreis ist durch gleichzeitigen Antrieb
eines Drehkondensators und eines Spulenvariometers in dem Bereich
von 1,5 bis 30 MHz durchstimmbar. Er hat eine Bandbreite von 300 bis
1200 kHz und kann daher ohne Korrektur im Gleichlauf mit dem Rasteroszillator *RO* in 100 kHz-Schritten abgestimmt werden. Es ist weder ein
Wellenschalter noch eine Abstimmkorrektur vorhanden.

Die Eingangsstufe ist durch die Verwendung einer Doppeltriode
sehr rauscharm — der Empfänger hat ein Rauschmaß von 8 dB —,
obwohl die Verstärkung möglichst klein gewählt wurde, um den anschließenden mit Siliziumspitzengleichrichtern bestückten Ringmodulator
bei starken Hochfrequenzsignalen nicht zu übersteuern. Dasselbe gilt
für den 64,8 bis 64,7 MHz-Zwischenfrequenzverstärker mit seinem Umsetzer. Der von 66,3 bis 94,7 MHz in 100 kHz-Schritten veränderbare
Rasteroszillator setzt jeweils ein 100 kHz breites Radiofrequenzband
in die Lage zwischen 64,8 bis 64,7 MHz um, der zweite Umsetzer transponiert mit Hilfe der Schwingung des Interpolationsoszillators *Io* das

gewünschte Signal in die Lage um 1970 kHz. Ein 12 kHz breites Filter führt zum dritten Umsetzer, der das Signal in die Ausgangsfrequenz von 30 kHz umsetzt.

Die Frequenzregelung des Rasteroszillators erfolgt nach dem auf S. 715, Abb. 6, gezeichneten Prinzip. Durch Ausregeln der Amplitude der auf 2 MHz umgesetzten Rasterschwingung vor dem Phasenmodulator ist dessen Ausgangsspannung nur von der Phase der beiden Vergleichsschwingungen, nicht aber von irgendwelchen Verstärkungsschwankungen abhängig. Damit ist die Voraussetzung für einen konstanten Festhaltebereich über die ganze Skala erfüllt. Der Oszillator springt, wenn er durchgestimmt wird, bei 50 kHz Verstimmung auf die jeweils nächste Rasterfrequenz.

Nebenwellen des Rasteroszillators können mit ungewünschten Empfangsfrequenzen Zwischenfrequenzsignale erzeugen, welche das Nutzsignal stören. Für das hierdurch entstehende Störspannungsverhältnis $V_{ZF}$ am Ausgang des Umsetzers gilt:

$$V_{ZF} = V_{HF}\, V_{Tr},$$

wenn $V_{HF}$ das Nutz/Störverhältnis vor dem Mischer und $V_{Tr}$ das Nutz/Störverhältnis des Umsetzerträgers ist. Fordert man, daß die Störwirkung eines 10 mV starken Senders in 100 kHz Abstand — wo die Vorselektion noch nicht dämpft — einem Nutzsignal von 0,1 μV entsprechen soll, so muß die 100 kHz-Nebenwelle des Rasteroszillators 100 dB gedämpft sein. Tatsächlich werden über 100 dB erreicht, so daß die auf S. 770 definierte Störung des Einseitenbandempfangs erst bei 300 mV starken Störsignalen eintritt.

Die Umsetzung der Schwingung des Interpolationsoszillators $I'o$ in die hohe Frequenzlage $Io$ erfolgt ebenfalls nach dem Analyseverfahren. Der Oszillator 62,83 bis 62,73 MHz wird rein elektronisch durch die Regelspannung über eine steuerbare Reaktanz auf seine Frequenz geregelt. Bei Bedarf kann der Interpolator des Empfängers mit dem bei den Einseitenband- und Telegraphieempfängern erwähnten kleinen Motor selbsttätig auf die Frequenz des eingestellten Senders nachgeregelt werden. Die durch den Interpolator gegebene Treffunsicherheit von 100 Hz kann durch das auf S. 718 beschriebene 1 kHz-Raster auf $\Delta F/F = 10^{-7}$ verbessert werden; jedoch ist dann keine Frequenznachstellung mehr möglich.

Ein Vergleich zwischen den Empfangseigenschaften der Festfrequenzen-Hochfrequenzstufe in klassischer Technik und der durchstimmbaren mit hoher Zwischenfrequenzlage ergibt, daß bei der letzteren viele Eigenschaften gleich gut oder besser sind. Beide entsprechen den technischen Vorschriften der deutschen Bundespost [42]. Durch die Rastertechnik kommen Störmöglichkeiten hinzu, wie Nebenwellen und Phasenrauschen, die mit der Festfrequenzstufe nicht verglichen werden können, sie liegen jedoch weit unter der durch die Vorschriften gezogene Grenze. Genaue Meßwerte wurden unter [8] veröffentlicht und in Tab. 2 unter 7.5.2e zusammengefaßt. Man sieht also, daß bei sorgfältiger Bemessung die geringe Hochfrequenzselektion keine Verschlechterung der Empfangsqualität zur Folge hat. Dafür sind die einfache Bedienung und der kleine Schaltungsaufwand große Vorteile. Sogar Störsender mit einigen Volt Spannung machen den Empfang nicht unmöglich. Allerdings ist das Nebenwellenpfeifen des 100 kHz-Rasteroszillators jetzt entsprechend stärker hörbar, als es bei einer Hochfrequenzstufe mit 3 oder mehr selektiven Hochfrequenzkreisen der Fall wäre.

### 7.5.3 Kleinanlagenempfänger

Auch außerhalb der Großanlagentechnik werden für sehr verschiedene Anwendungsfälle Kurzwellenempfänger gebraucht. Den Anforderungen entsprechend sind sie kleiner und weniger aufwendig, müssen aber trotzdem den unterschiedlichen Aufgaben gewachsen sein.

Gelegentlich trifft man in älteren Empfangsstationen noch den Rückkopplungsaudionempfänger. Aber er hat nur noch geringe Bedeutung. Heute werden fast ausschließlich Überlagerungsempfänger mit ein- oder mehrfacher Frequenzumsetzung verwendet. Auf sie wird im folgenden anhand von 2 Beispielen eingegangen. Für feste Funklinien gibt es auch Empfänger mit einer einzigen oder mit einigen wenigen Frequenzen.

**a) Beispiel eines Einfachüberlagerungsempfängers (1,5 bis 30 MHz).** In Abb. 38 wird ein vielseitig anwendbarer Kurzwellenempfänger mit einfacher Überlagerung dargestellt (s. auch Tab. 2). Sein Hochfrequenzverstärker hat drei abgestimmte Vorkreise (zwei davon im Eingangsbandfilter). Sie sind ebenso wie der Oszillatorkreis (Temperaturkoeffizient $< 2 \cdot 10^{-5}/°C$) in 8 Frequenzbereiche aufgeteilt und auf einem Trommelrevolver untergebracht. Die Abstimmskala des Gerätes wird individuell (in einem Fotoblitzverfahren) hergestellt und kann später im Betrieb mit dem Frequenzspektrum des eingebauten 100 kHz-Quarzoszillators nachgeeicht werden. Der kleinste Strichabstand beträgt 20 kHz. Dieses Intervall läßt sich anhand der Skala eines Überwachungsinstrumentes bis zu 1 kHz herunter teilen. Die Lage der Zwischenfrequenz gewährleistet mit der Selektion der Hochfrequenzkreise eine Sicherheit von $> 60$ dB gegen Störsignale auf der Spiegel- oder Zwischenfrequenz. Sehr wichtig ist bei Empfängern dieser Art die veränderbare Zwischenfrequenzselektion. Mit 2 Quarzbrückenfiltern läßt sich hier die Bandbreite stetig von $\pm 100$ bis $\pm 4000$ Hz einstellen. Eine Schwankung der Empfangssignale bis zu 90 dB wird durch Schwundregelung auf $\leq 6$ dB am Niederfrequenzausgang verringert. Für die Aufnahme von Fern-

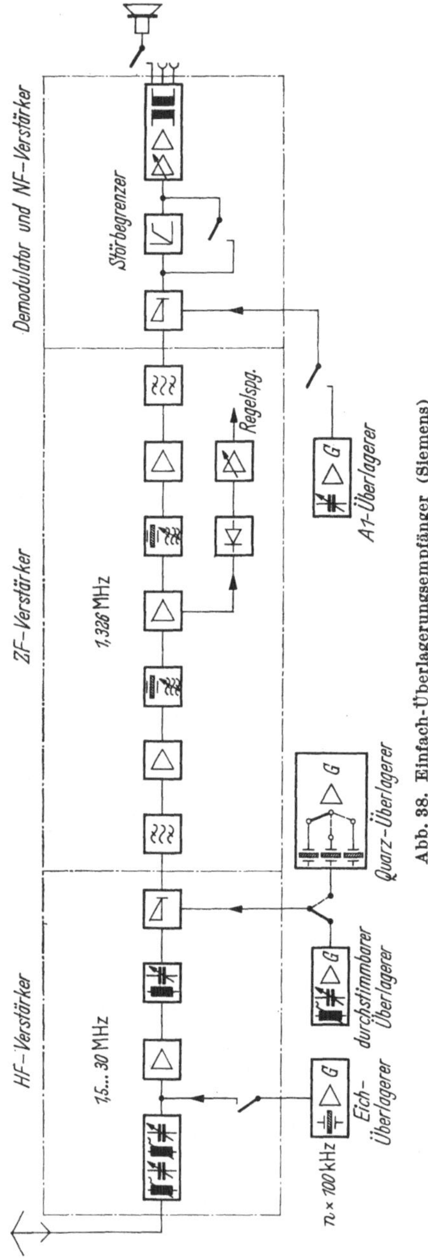



Abb. 38. Einfach-Überlagerungsempfänger (Siemens)

schreibsendungen kann ein Telegraphietastgerät an den Empfänger angeschlossen werden, für den Einseitenbandempfang ein *EB*-Auswahlgerät (mit Frequenzsynchronisierung durch den Restträger des Senders).

Empfänger ähnlicher Konzeption werden von verschiedenen Herstellern gebaut. Einige Ausführungen sind unter Verzicht auf spezielle Eigenschaften reiner Kurzwellengeräte zusätzlich mit Frequenzbereichen für Lang- und Mittelwelle im Gebiet 10 bis 1500 kHz ausgerüstet, so z. B. die meisten Schiffsempfänger.

**b) Beispiel eines Mehrfachüberlagerungsempfängers mit hoher Treffsicherheit (1,5 bis 30,1 MHz).** Der Empfänger, dessen Prinzipschaltbild in Abb. 39 dargestellt ist, wird den hohen Anforderungen an Treffsicherheit und Konstanz gerecht, welche für den Fernschreibempfang mit kleinem Frequenzhub und für den trägerlosen Einseitenbandempfang gelten (s. Tab. 2). Seine vier abgestimmten Hochfrequenzvorkreise ergeben eine Spiegelselektion von $\geq 80\,\mathrm{dB}$.

Der 1. Überlagerer ist zum raschen Absuchen eines größeren Frequenzbereichs stetig durchstimmbar. Er wird jedoch an einen Synchronisierzusatz geschaltet, wenn man große Treffsicherheit braucht. Dazu wird aus dem Phasenvergleich der Überlagererschwingung mit der der jeweiligen Rasterstelle entsprechenden Har-

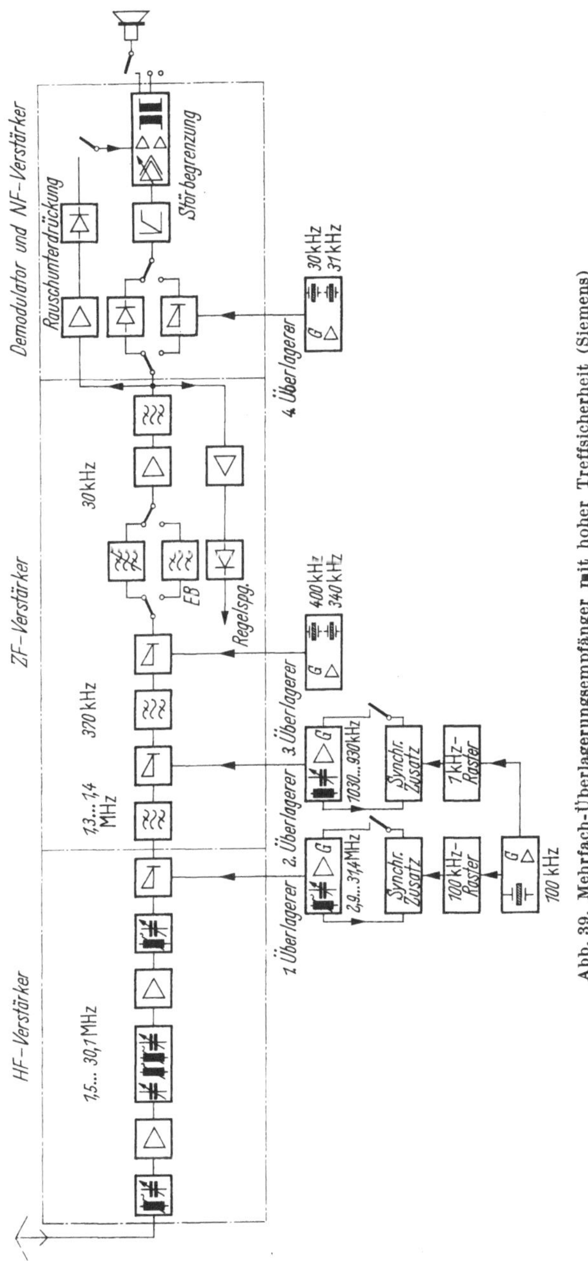



Abb. 39. Mehrfach-Überlagerungsempfänger mit hoher Treffsicherheit (Siemens)

monischen einer 100 kHz-Quarzoszillatorschwingung eine Regelspannung gewonnen. Diese hält die Synchronisierung innerhalb jedes Haltebereichs aufrecht. Auf diese Weise werden mit einem einzigen, sehr genauen Quarz-

Tabelle 2. *Daten der beschriebenen Empfänger*

| | | Abschnitt Abbildung | 7.5.2 b 32 | 7.5.2 e 37 | 7.5.3 a 38 | 7.5.3 b 39 |
|---|---|---|---|---|---|---|
| Eigenschaften der HF- und ZF-Stufen | | Frequenzeinstellung des ersten Überlagerers | Festfrequenzen durch Umschaltquarze | 100 kHz Rasterosz. | durchstimmb. od. 3 Festfrequenzen durch Umschaltquarze | 100 kHz-Rasterosz. (oder durchstimmbar) |
| | | Frequenzunsicherheit $\Delta F/F$ in 24 h | $5 \cdot 10^{-6}$ | 20 Hz | durchstimmbar $1{,}6 \cdot 10^{-5}/°C$ $\pm 5 \cdot 10^{-5}$ bei $\pm 10\% \, U_{Netz}$ | 20 Hz |
| | | bei 1 kHz-Raster Oszillatorspannung an der abgeschlossenen Antennenbuchse | $< 5 \, \mu V$ | $1 \cdot 10^{-7}$ $< 1 \, \mu V$ | $\leqq 100 \, \mu V$ | $\pm 1 \cdot 10^{-7} \pm 2$ Hz $\leqq 20 \, \mu V$ |
| | | Empfangsfrequenzbereich | $2 \cdots 30$ MHz | $1{,}5 \cdots 30$ MHz | $255 \cdots 525$ kHz $1{,}5 \cdots 30{,}3$ MHz | $1{,}5 \cdots 30{,}1$ MHz |
| | | 1. Überlagerer MHz 1. ZF MHz 2. Überlagerer MHz 2. ZF kHz 3. Überlagerer kHz 3. ZF kHz | $3{,}853 \cdots 31{,}853$ 1,853 1,883 30 | $66{,}3 \cdots 94{,}7$ $64{,}7 \cdots 64{,}8$ $62{,}73 \cdots 62{,}83$ 1970 2000 30 | ZF: 1,326 MHz | $2{,}9 \cdots 31{,}4$ MHz $1{,}3 \cdots 1{,}4$ MHz $0{,}93 \cdots 1{,}03$ MHz 370 kHz 400 bzw. 340 kHz 30 kHz |
| | | Frequenznachstellung Frequenzregelbereich | Motor auf 2. Überlagerer $\pm 500$ Hz | Motor auf 2. Überlagerer praktisch unbegrenzt | keine | keine |
| | | Rauschmaß Spiegelwellendämpfung ZF-Durchschlag | $< 8$ dB $> 80$ dB $> 80$ dB | $< 8$ dB $> 90$ dB $> 90$ dB | 11 dB Mittelwert $> 60$ dB $> 60$ dB | 10 dB Mittelwert $> 80$ dB $> 80$ dB |
| | | Empfang mit Nebenwellen des 100 kHz-Rasters | | $> 100$ dB | | $> 70$ dB |

| Abschnitt Empfängerart | Beide HF-Stufen-Typen sind für beide Empfängerarten verwendbar | | 7.5.3a Mehrzweckgerät | 7.5.3b Mehrzweckgerät |
| | 7.5.2b Einseitenband | 7.5.2d Telegraphie-Diversity | | |
| --- | --- | --- | --- | --- |
| Betriebsarten | A3, A3A, A3B, A3J, A3H, A7A, A7B | A1, A2, A3, F1, F6 bis 3000 Baud | A1, A2, A3 (A3A, F1, F6 mit Zusatzgeräten) | A1, A2, A3, A3A, A3H, A3J, (A3B, F1, F6 mit Zusatzgeräten) |
| Bandbreite der ZF-Filter | 6 kHz (3 dB) | 300/600/1500/3000 Hz (6 dB) | 200···8000 Hz kontin. (3 dB) | 300, 1000, 3000, 6000 Hz (3 dB) 3500 Hz bei Einseitenband |
| Selektion | $-250$ Hz und 6500 Hz $> 80$ dB | 500 Hz außer Band $> 75$ dB | 2···10 kHz $> 40$ dB | 1···6 kHz $> 43$ dB |
| Nichtlineares Nebensprechen $d_2$ Störung: $F_1 \pm F_2$ $d_3$ Störung: $2F_1 - F_2$ | $> 20$ mV $\,\widehat{=}\, 86$ dB | $> 15$ mV $\,\widehat{=}\, 84$ dB | | |
| 1. 20 kHz außer Baud 2. von einem auf das andere Seitenband | $> 5$ mV $\,\widehat{=}\, 74$ dB $> 65$ dB | $> 3$ mV $\,\widehat{=}\, 70$ dB | | |
| 3. innerhalb eines Seitenbandes | $> 60$ dB | | | |
| Selbsttätige Pegelregelung (Schwundregelung) | 0,5 µV···50 mV auf $< \pm 1$ dB | 0,1 µV···50 mV auf $< \pm 2$ dB | 5 µV ···100 mV auf $< \pm 3$ dB | 5 µV···500 mV auf $< \pm 3$ dB |
| Verzerrungsbegrenzte Empfindlichkeit | | 0,15 µV bei $\pm 200$ Hz Hub, 600 Hz Bandbreite | | |
| Eingangs-EMK für 30 dB Rauschabstand im 6 kHz breiten NF-Band | 8 (µV) | | $U_e = 5$ µV $(m = 0{,}3,$ $B = 6000$ Hz) ergibt 20 dB Störabstand bei A3 | $U_e = 5$ µV $(m = 0{,}3,$ $B = 6000$ Hz) ergibt 20 dB Störabstand bei A3 |
| Ausgang | $2 \times 600\ \Omega$ symmetrisch, von $-10···+10$ dB regelbar | Einfachstrom, 40 mA Doppelstrom 20 mA Tontastung $0 \pm 5$ dB/ 600 Ω alle bis 3000 Baud NF-Ausgang für A1/A2/A3 600 Ω $0 \pm 5$ dB | ZF: $> 50$ mV an 80 Ω NF: 2 W (5 kΩ $< 10\%$) Leitung 0 dB (600 Ω) Kopfhörer (100 Ω) | ZF: $> 1$ V an 600 Ω NF: 1 W (5 Ω $< 5\%$) Leitung 0 dB (600 Ω) Kopfhörer (100 Ω) |

oszillator 286 Frequenzwerte nach dem Analyseverfahren (s. S. 714) stabilisiert. Unter [6] ist eine Beschreibung des Gerätes veröffentlicht.

Der 2. Überlagerer ist kontinuierlich durchstimmbar. Er interpoliert zwischen den 100 kHz-Stellen und verleiht dem Empfänger bei einer Skalenauflösung von 100 Hz/mm eine Treffsicherheit von 100 Hz (Frequenzinkonstanz $< 20$ Hz/24 h). Auch dieser Überlagerer kann synchronisiert werden, und zwar an den 1 kHz-Skalenstellen. Der zugehörige Synchronisierzusatz nimmt die Frequenzteilung von 100 kHz auf 1 kHz vor, er bereitet ein 1 kHz-Linienspektrum auf und bindet in gleicher Weise wie der Zusatz des 1. Überlagerers den zweiten an dessen 1 kHz-Stellen an. In diesem Fall hat der Empfänger an 28 600 Frequenzstellen eine Genauigkeit von $10^{-7} \pm 2$ Hz. Die Frequenzspektren der beiden Synchronisiersysteme haben so kleine Amplituden, und die drei verschiedenen Zwischenfrequenzen sind so gewählt, daß Eigenüberlagerungen und ungewollte Nebenempfangsstellen nicht störend in Erscheinung treten.

Der 3. Überlagerer ist mit zwei umschaltbaren Quarzen bestückt. Er erlaubt die Auswahl des oberen und unteren Seitenbandes aus einer Zweiseitenbandsendung. Die 6 Zwischenfrequenz- und das Einseitenbandfilter enthalten sehr stabile Ferritspulen.

Ein 4. Überlagerer ist ebenfalls mit 2 Quarzen ausgerüstet. Er liefert bei Einseitenbandempfang die Trägerfrequenz, bei A 1-Betrieb den Überlagerungston. In diesen beiden Fällen ist die Demodulation multiplikativ. Dabei werden frequenzmäßig eng benachbarte Störsender besser unterdrückt als bei der üblichen Hüllkurvendemodulation. Auch ein Störimpulsbegrenzer ist vorhanden, wie in den meisten Kurzwellenempfängern. Hier schneidet er bipolar im Rhythmus des jeweiligen Modulationsgrades die darüber hinausgehenden Störimpulse ab.

## Schrifttum

[1] CCIR Documents of the X. Plenary Assembly Geneva 1963 Vol. II Propagation. Internat. Telecomm. Union Genf 1963.

[2] Radio Regulations Geneva 1959. Internat. Telecomm. Union Genf 1959.
a) Sendearten: 14—19; b) Frequenztoleranzen: Appendix 3, 348—356; c) Nebenaussendungen: Appendix 4, 357—359; d) Bandbreiten: Appendix 5, 360—365.

[3] Communication Receiver 51 J-4. Firmendruckschrift der Collins Radio-Company.

[4] VALDORF, H., u. R. KLINGER: Die Entwicklung einer hochkonstanten dekadischen Kurzwellensteuerstufe für den Bereich 1,5—30 MHz. Frequenz 14 (1960) 335—343.

[5] HUGENHOLTZ, E. G.: Der mit Impulsen synchronisierte Oszillator, ein System für Frequenzstabilisierung. Philips techn. Rdsch. 13 (1951/52) 338—350.

[6] PILZ, G.: Ein vielseitiger Kurzwellenempfänger. Radio Mentor 26 (1960) 968—973.

[7] COLAS, M.: Frequenzumsetzer mit großer Meßgenauigkeit. Deutsche Patentschrift Nr. 855572 und Französische Patente Nr. 992624 und 992850.

[8] LEYPOLD, D., u. P. SCHUCHT: Umsetzer hoher Frequenzkonstanz für den Kurzwellenbereich. Frequenz 17 (1963) 5—12.

[9] SCHMIDT, H. M.: Die Frequenzdekade. Funkschau 25 (1953) 284—285.

[10] FRICKE, R., u. R. SCHÜNEMANN: Kurzwellen-Nachrichtensender für voreinstellbare Rastfrequenzen. Siemens-Z. 36 (1962) 22—27.

[11] RIEDEL, E.: Der Drehmelder — ein Bauelement für die elektrische Fernübertragung von Winkelstellungen. Nachr.-techn. Fachber. Bd. 30: Fernwirktechnik V, 77—80.

[12] HACKS, J., u. B. SCHUMACHER: Die Übertragung von Drehbewegungen über große Entfernungen am Beispiel der Fernsteuerung von kommerziellen Empfangsanlagen. Rohde & Schwarz Mitt., H. 17, Mai 1963, 87—91.

[13] Pflichtenheft der Deutschen Bundespost für ortsfeste Funksendeanlagen im Frequenzbereich von 30—30 000 Hz mit Leistungen ab 1 kW. Ausg. Jan. 1954. Fernmeldetechnisches Zentralamt Darmstadt.

[14] SIMON, A.: a) Anpassungsschaltungen für unsymmetrische Drahtantennen. Frequenz 8 (1954) 48—56; b) Über Koppelschaltungen bei Sendern. Fernmeldetechn. Z. 7 (1954) 241—246; c) Ein HF-Leistungsmesser, dessen Anzeige von der Fehlanpassung unabhängig ist. NTZ 17 (1964) 527—531; d) Entwicklungslinien für den Bau von Kurzwellen-Sendeanlagen. Siemens-Z, 38 (1964) 61—66.

[15] ZINKE, O.: Breitbandantennen für Rundstrahlung im Kurzwellen- und Meterwellenbereich. Fernmeldetechn. Z. 3 (1950) 385—390.

[16] GRAZIADEI, H.: a) Eine vertikale Breitbandantenne von besonderer Formgebung für den KW- und UKW-Bereich. Felten & Guilleaume-Rdsch. 1952, H. 35, 91—104; b) Eine Lösung für einen praktisch frequenzunabhängigen Übergang zwischen einem HF-Koaxialkabel und einer erdsymmetrischen HF-Leitung. Fernmeldetechn. Z. 6 (1963) 311—319.

[17] ZUHRT, H.: Strahlungswiderstand und Gewinn von Rhombusantennen mit angenäherter Berücksichtigung der Strahlungsdämpfung. Arch. elektr. Übertr. 9 (1955) 255—258.

[18] MIRIAM, P., u. E. PALM: Rhombusantennen mit optimalen Betriebseigenschaften. NTZ 13 (1960) 81—91.

[19] BUSCHBECK, W.: „Die Fernsehsendung" in: F. SCHRÖTER: Das Fernsehen. Berlin: Springer 1937, 145—157.

[20] MEINKE/GUNDLACH: Taschenbuch der Hochfrequenztechnik, 2. Aufl. Berlin/Göttingen/Heidelberg: Springer 1962. a) Gitterbasisschaltung, 1051—1053, 1436; b) Spulen allgemein, 17—20; c) Spulen mit HF-Eisen, 34—48; d) Variometer, 24—27, 32—34; e) Kondensatoren, 104—120, 125—130; f) Senderverstärker und Neutralisation, 1018ff.; g) Kettenverstärker, 947—955.

[21] BEURTHERET, C.: Cooling of electron tubes by evaporation of water. Rev. techn. C.F.T.H. 17 (1952) 41—51.

[22] FISCHER, A.: Verdampfungskühlung von Senderöhren und HF-Generatorröhren. Siemens-Z. 30 (1956) 69—73.

[23] HEINZE, W., H. GÖLLNITZ u. W. BAER: Über die Abführung der Wärme von hochbelasteten Anoden in Elektronenröhren. Nachrichtentechn. 8 (1958) 398—410.

[24] BARKHAUSEN, H.: Elektronenröhren, Band 2, Verstärker, 4. Aufl. Leipzig: S. Hirzel 1933, 109ff.

[25] ROTHE, H., u. W. KLEEN: Elektronenröhren als End- und Senderverstärker. Leipzig: Akademische Verlagsgesellschaft 1940, 72ff.

[26] GINZTON, E., W. HEWLETT, J. JASBERG u. J. NOE: Distributed Amplification. Proc. Inst. Radio Engrs. 36 (1948) 956—969.

[27] Stokes, V. O., u. B. M. Sosin: Wide-Band Amplification at High Frequencies. Point to Point Telecommun. 3 (1959), Nr. 3, 11—23.

[28] Bruene, W. B.: a) Linear Power Amplifier Design. Proc. Inst. Radio Engrs. 44 (1956) 1754—1759; b) Distortion Reducing Means for Single-Sideband Transmitters. Proc. Inst. Radio Engrs. 44 (1956) 1760—1765.

[29] Heinicke, E., E. Denecke u. W. Schmidt: 20 kW-Kurzwellensender für Einseitenbandtelephonie. SEL-Nachrichten 1958, 75—80.

[30] Sende- und Generatorröhren, Hochspannungsgleichrichter und Stromtore, Siemens & Halske, Wernerwerk für Bauelemente.

[31] Prokott, E.: a) Funksendeanlagen, II. Teil. Der Fernmelde-Ingenieur 13 (1959) H. 4, 9—17; b) Fernbedienbare Nachrichtensendeanlagen. Telefunken-Ztg. 35 (1962) H. 138, 275—283.

[32] Morcom, W. I.: New approach to h. f. station planning. Proc. IEE 110 (1963) 1583—1585.

[33] Stokes, V. O., u. W. V. Barbone: Medium and high-power automatically tuned linear amplifier. Proc. IEE 110 (1963) 1395—1401.

[34] Wood, J.: A self-tuning 5 kW Linear Amplifier. Electronic Engng. 36 (1964) 524—529.

[35] Heaton-Armstrong, L. J., u. B. S. Jackson: Modern trends in high-frequency transmitter design. Proc. IEE 110 (1963) 1385—1394.

[36] Ruhrmann, A.: Die fernbedienbare Nachrichtensendeanlage Elmshorn. Telefunken-Ztg. 35 (1962) H. 138, 284—298.

[37] Burkhardtsmeier, W.: Neuer 20 kW-Einseitenband-Senderverstärker mit automatischer Abstimmung. Telefunken-Ztg. 35 (1962) H. 138, 313—323.

[38] Zehnel, P. G.: Die Ablaufsteuerung der fernbedienten und automatisch abstimmenden Sender Elmshorn. Telefunken-Ztg. 35 (1962) H. 138, 324—332.

[39] Michler, R.: Hochlinearer 30 kW-Kurzwellen-Senderverstärker mit automatischer Abstimmung. Siemens-Z. 38 (1964) 525—530.

[40] Lang, K.: Automatische Abstimmeinrichtung für Kurzwellen-Nachrichtensender. Siemens-Z. 38 (1964) 519—524.

[41] Kronjäger, W., u. K. Vogt: Planung von Überseefunkempfangsstellen. Der Fernmelde-Ingenieur 16 (1962). a) Funkübertragungsverfahren, Antennen, H. 3; b) Weitverkehrs-Funkempfänger Planungsrichtlinien, Entwicklungstendenzen I und II, H. 11 und 12.

[42] Deutsche Bundespost, Technische Vorschriften TV IV C 301, Jan. 1963: Weitverkehrs-Funkgerät. Funkempfangsanlagen für Kurzwellen zum Einsatz auf festen Funkstellen. Fernmeldetechnisches Zentralamt Darmstadt.

[43] Dehmelt, P., E. Frommer u. W. Kronjäger: Messungen an Funkempfängern I bis III. Arch. techn. Messen 1955 V 373, 14—16.

[44] Kronjäger, W., E. Frommer u. A. Diegelmann: Messungen an Funkempfängern. Arch. techn. Messen 1962 V 3732, 1.

[45] Leypold, D., P. Schucht u. H. Wich: Neue Kurzwellen-Großstationsempfänger für Telegraphie und Telephonie. Frequenz 15 (1961) 48—55.

[46] Meissner, H.: Telegraphie-Einrichtung im neuen Kurzwellen-Empfänger für Groß-Funkstationen. Frequenz 15 (1961) 56—58.

[47] Brennan, D. G.: Linear Diversity Combining Techniques. Proc. Inst. Radio Engrs. 47 (1959) 1075—1102.

[48] Rettig, H., u. K. Vogt: Schwunddauer und Schwundhäufigkeit bei Kurzwellenübertragungsstrecken. NTZ 17 (1964) 57—62.

[49] Van Duzer, V. E.: A 0—50 Mc Frequency Synthesizer with excellent Stability, fast Switching, and fine Resolution. Hewlett-Packard J., Vol. 15, No. 9, May 1964.

# 8. Verkehrsfunktechnik

Von K. Buchta und H. Freytag[1]

## 8.1 Allgemeines

Gegenstand dieses Kapitels sind jene mobilen Nachrichtenverbindungen, für welche sich die Bezeichnung „Verkehrsfunk" eingebürgert hat. Dazu rechnet man nicht den beweglichen Seefunkdienst im Kurzwellenbereich wegen der weltweiten Entfernungen, die überbrückt werden müssen und wegen der dadurch bedingten besonderen Technik, obwohl es sich dabei um Funk im Dienste des Verkehrs handelt. Außerdem sei der Funkverkehr mit Luftfahrzeugen (beweglicher Flugfunkdienst) ausgeschlossen, mit dem z. T. große Entfernungen überbrückt werden sollen. Zudem unterliegen Bordfunkgeräte besonderen technischen Bedingungen, die diesem Dienst eine Sonderstellung einräumen.

Die Verkehrsfunktechnik, die in diesem Abschnitt behandelt wird, umfaßt „bewegliche Funkdienste" über kleine und mittlere Entfernungen zwischen mobilen, also nicht nur transportablen, sondern ortsveränderlichen Funkstellen, die auch während des Betriebes in Bewegung sein können, z. B. Kraftfahrzeuge, Schiffe und Bahnen. Ein besonderes Kennzeichen ist dabei, daß man sich zumeist darauf beschränkt, einen einzigen Nachrichtenkanal je Träger zu bilden, der zur Übermittlung von gesprochenen Nachrichten und von Signalen benützt wird. Der hierin liegende Unterschied zu den Funkdiensten, die in den Kapiteln 6, Richtfunklinien S. 644ff., und 7, Kurzwellenverbindungen S. 703ff., behandelt werden, sei besonders vermerkt.

### 8.1.1 Frequenzbereiche

Über die für bewegliche Funkdienste international in Frage kommenden Frequenzbereiche geben die „Frequenzbereichszuweisungen zwischen 10 kHz und 40 GHz" der Funk-Vollzug-Ordnung („VO Funk"), Genf 1959 [1], erschöpfende Auskunft. Für die Dienste mit kleinen und mittleren Reichweiten ist dabei vor allem der Frequenzbereich zwischen 30 und 470 MHz interessant. Während die tieferen Frequenzen in diesem Bereich insbesondere geeignete Ausbreitungsbedingungen für größere Funknetze im offenen Land haben, sind die höherfrequenten Bänder für Verkehrsfunkdienste in größeren Städten empfehlenswert. Versuche über die Funkausbreitung in stark bebauten Gebieten haben gezeigt, daß selbst Frequenzen bis zu 1 GHz hierfür durchaus in Frage kommen [2].

---

[1] Die Abschn. 8.1, 8.2 und 8.4 wurden von K. Buchta, der Abschn. 8.3 von H. Freytag bearbeitet.

Aus den in der VO Funk für bewegliche Funkdienste genannten Frequenzbereichen wählen die nationalen Verwaltungen als Zuteilungsstellen die Verkehrsfunkbänder aus. Bänder, die den beweglichen Flugfunkdiensten zugewiesen oder gleichzeitig für Rundfunkdienste vorgesehen sind, werden dabei vermieden.

Unter diesen Gesichtspunkten ergeben sich für die Bundesrepublik Deutschland vor allem folgende Möglichkeiten:

4 m-Band: 68 bis 87,5 MHz, mit einer Lücke von 74,8 bis 75,2 MHz
2 m-Band: 146 bis 174 MHz, mit einer Lücke von 150 bis 153 MHz.
Dezimeterwellenband: 451 bis 465,5 MHz, mit einer Lücke von 455,5 bis 464,5 MHz.

Betrachtet man die internationale Situation, so stellt man fest, daß verschiedene nationale Verwaltungen den durch die VO Funk gegebenen Spielraum z. T. stärker für Verkehrsfunkdienste nutzen. Häufig sind solche Dienste z. B. auch in einem Band zwischen 30 und 50 MHz in Betrieb. Sowohl bezüglich der Bandgrenzen als auch hinsichtlich der angewendeten Technik und des Zuweisungsvorganges haben sich von Land zu Land unterschiedliche Regelungen ergeben.

Das 4 m-Verkehrsfunkband war in Deutschland in Funkkanäle mit einem Rasterabstand von 50 kHz aufgeteilt und kanalbündelweise den Bedarfsträgern zugewiesen.

Das 2 m-Verkehrsfunkband war im Bereich 156 bis 174 MHz ebenfalls in Kanäle mit einem Rasterabstand von 50 kHz aufgeteilt.

Der zunehmende Bedarf an Funkkanälen ließ es aber geboten erscheinen, das für Verkehrsfunkzwecke verfügbare Frequenzband besser auszunutzen. Der technische Stand der Geräte erlaubt es heute, die Kanalrasterabstände bis auf 20 kHz zu verringern. Die Kanalzuweisungen im Bereich 146 bis 156 MHz erfolgen nach diesem Gesichtspunkt.

Die nachstehende Tabelle gibt eine Übersicht über die Zahl der derzeit für Verkehrsfunkzwecke verfügbaren Einzelfunkkanäle und einen Ausblick auf die Erweiterungsmöglichkeiten.

Tabelle 1. *Funkkanäle für Verkehrsfunkzwecke*

| Bandbezeichnung | Frequenzlage MHz | Stand 1964 | | Mögliche Erweiterung | |
|---|---|---|---|---|---|
| | | Zahl der Funkkanäle | Kanalraster kHz | Zahl der Funkkanäle | Kanalraster kHz |
| 4 m-Band | 68— 87,5 | 380 | 50 | 950 | 20 |
| 2 m-Band | 156—174 | 360 | 50 | 900 | 20 |
| | 146—156 | 350 | 20 | 350 | 20 |
| Dezimeterband | 451—455,5 | | | | |
| | 464,5—465,5 | — | — | 275 | 20 |
| Gesamtzahl der Kanäle: | | 1090 | | 2475 | |

### 8.1.2 Arten der Betriebstechnik

In Abb. 1 sind die Prinzipschaltbilder für die Betriebsarten Wechselsprechen (Simplex), Gegensprechen (Duplex) und bedingtes Gegensprechen (Semiduplex) dargestellt.

**a)** Beim *Wechselsprechen* (Abb. 1 a) wird nur ein Funkkanal benötigt, der in zeitlicher Folge für die beiden Gesprächsrichtungen belegt wird. Da bei den Teilnehmern immer nur entweder der Sender oder der Empfänger in Betrieb ist, können verschiedene Anlagenteile bei geeigneter Schaltung gemeinsam sein. Damit besteht die Möglichkeit, die Stationen besonders einfach aufzubauen. Alle Teilnehmer können untereinander und mit einer Zentrale verkehren. Da jeder Teilnehmer jedoch

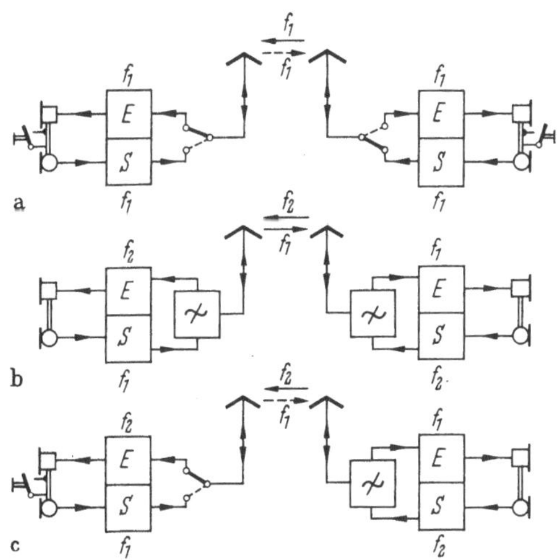

Abb. 1 a – c. Betriebsarten in Verkehrsfunksystemen
a) Wechselsprechen (Simplex), b) Gegensprechen (Duplex), c) bedingtes Gegensprechen (Semiduplex)

entweder nur hören oder nur sprechen kann — er schaltet sein Gerät mittels einer Handtaste um —, ist eine gewisse Sprechdisziplin notwendig. Ein „Inswortfallen" ist nicht möglich. Auch bereitet die Weitervermittlung solcher Gespräche in das Fernsprechnetz Schwierigkeiten. Dem Drahtteilnehmer fehlt die Sprechtaste, die in diesem Fall durch eine Automatik (sprachgesteuerte Funkgabel) ersetzt werden muß. Wegen der notwendigen Umschaltverzögerungen dieser Automatik entstehen für ungeübte Teilnehmer u. U. weitere Schwierigkeiten.

**b)** In Diensten, deren primäre Aufgabe die Verbindung von beweglichen Teilnehmern mit Teilnehmern des öffentlichen Fernsprechnetzes ist, wird deshalb die Betriebsart *Gegensprechen* (Duplex) (Abb. 1 b) bevorzugt. Es werden 2 Funkkanäle benötigt, deren Frequenzabstand („Gegensprechkanalabstand") im Hinblick auf ausreichende

Selektion des Empfängers gegenüber dem eigenen Sender ausreichend groß gewählt wird. Die Empfänger sind dauernd in Betrieb, die Sender werden bei den Fahrzeugstationen zwar auch durch eine Sprechtaste eingeschaltet, aber nur aus Gründen der Stromersparnis. Um auch bei dieser Betriebsart mit einer einzigen Antenne auszukommen, werden Sender und Empfänger über dämpfungsarme Bandpaßweichen zusammengeschaltet. Die Vorteile des Vierdrahtbetriebes müssen also mit erheblichem Mehraufwand an Geräten und doppelter HF-Bandbreite erkauft werden.

**c)** Für größere Netze der nichtöffentlichen Dienste hat sich *bedingtes Gegensprechen* (Semiduplex) (Abb. 1c) bewährt. Dabei kann nur der bewegliche Teilnehmer beim Sprechen nicht unterbrochen werden. Der Aufwand auf der Fahrzeugseite bleibt klein. Es werden allerdings auch 2 Funkkanäle benötigt.

Eine nähere Untersuchung dieses Systems hinsichtlich des Kanalbedarfs für die Funkversorgung geschlossener Gebiete durch Stationen mit kleineren Versorgungskreisen (10 bis 15 km) zeigt trotzdem seine Überlegenheit gegenüber einem System mit der Betriebsart Wechselsprechen auf einer Frequenz [*12*]. Die Distanz, in welcher man nämlich einer ortsfesten Station den gleichen Funkkanal wieder zuteilen kann, ist beim Wechselsprechen durch die Ausbreitungsdämpfung zwischen dem Sender und dem Empfänger seiner räumlichen Nachbarstation im gleichen Funkkanal gegeben. Beim bedingten Gegensprechen hingegen arbeiten die Sender in einem ersten Funkkanal, die Empfänger in einem zweiten. Die ortsfesten Stationen können sich demnach nicht stören. Der räumliche Abstand von Gleichkanalstationen kann deshalb wesentlich kleiner sein, gleiche Funkkanäle also in kleineren Abständen wiederholt werden. Gegenüber der Betriebsart Wechselsprechen auf einem Funkkanal kann man in den Ballungsgebieten des Bedarfes, also besonders bei Dispositionsfunknetzen in Städten und Industriegebieten, mit einem Drittel des sonst benötigten Frequenzbandes auskommen.

Betriebstechnisch interessant wäre ein Gegensprechbetrieb auf nur einem Funkkanal, das Analogon zum üblichen Gegensprechen auf einer Zweidrahtleitung. Beim Stand der Technik läßt sich so ein Verfahren aber auch bei hohem Aufwand noch nicht realisieren. An der Reichweitengrenze müßten dabei nämlich Empfänger und Sender einer Station mit etwa 150 dB entkoppelt sein.

### 8.1.3 Modulationsverfahren

Bei der Wahl eines für bewegliche Funkdienste im Meterwellenbereich geeigneten Modulationsverfahren müssen folgende Gesichtspunkte beachtet werden:

Eignung hinsichtlich der spezifischen Eigenschaften der Übertragungsstrecke. Bei Fehlen der optischen Sicht bedingen Mehrfachreflexionen und Beugungen örtlich sehr unterschiedliche Feldstärken und Laufzeitschwankungen. Zusätzlich sind meist starke Zündstörungen von Kraftfahrzeugen vorhanden.

Geringstmöglicher Bedarf an Frequenzband für einen Sprechkanal. Bei beweglichen Funkdiensten ist dabei in erster Linie die Verständlichkeit zu berücksichtigen. Sofern auch andere Signale als Sprechsignale übertragen werden sollen (z. B. Ruf- oder Steuersignale), müssen diese so gestaltet sein, daß sie den Besonderheiten des nach obigen Gesichtspunkten bemessenen Sprechkanals angepaßt sind.

Geringstmöglicher Aufwand und Strombedarf, vor allem bei den mobilen Funkgerätesätzen.

Auf S. 52ff. sind die Modulationsverfahren grundsätzlich behandelt worden. Bezüglich der vorstehend aufgezeigten Randbedingungen sei noch folgendes bemerkt:

**a) Amplitudenmodulation (AM) und Einseitenbandmodulation (EM).** Drei Varianten sind von Interesse, nämlich Übertragung beider Seitenbänder und des Trägers, der beiden Seitenbänder allein und schließlich eines Seitenbandes mit einem Trägerrest. Allen AM-Verfahren gemeinsam ist der Nachteil, daß Feldstärkeschwankungen direkt in den Nachrichtenpegel eingehen, sofern sie nicht ausgeregelt werden können. Diese Regelung bereitet aber Schwierigkeiten, weil bei Meterwellen und normalen Fahrgeschwindigkeiten die Frequenz der Pegeleinbrüche den tiefen Sprechfrequenzen nahekommt. Zudem fehlt bei den beiden letztgenannten Verfahren ein eindeutiges Regelkriterium. Bezüglich ihres Verhaltens gegenüber Zündstörungen sind AM-Verfahren den Winkelmodulationsverfahren unterlegen, ebenso auch bezüglich der Reichweite, mit Ausnahme vielleicht von Diensten, die sich mit sehr kleinen Störabständen (Verhältnis Signal zu Geräusch $< 15$ dB) begnügen. Der geringe Bandbreitenbedarf der AM-Verfahren weckt trotzdem das Interesse an ihnen. Besonders naheliegend ist es, die *Einseitenbandmodulation (EM)* auch für die beweglichen Funkdienste im UKW-Bereich zu verwenden. Dem stehen z. Z. folgende Schwierigkeiten entgegen:

Das Einseitenbandsignal muß im Sender aus Gründen der Wirtschaftlichkeit bei niedrigem Pegel und in relativ niedriger Frequenzlage (z. B. im Bereich $< 500$ kHz) erzeugt werden. Es wird anschließend durch wiederholte Umsetzung und Siebung in die Endfrequenzlage gebracht und auf die gewünschte Leistung verstärkt. Infolge der unvermeidbaren Nichtlinearitäten dieser Stufen entsteht durch Kombinationstonbildung ein gegenüber dem Idealfall wesentlich verbreitertes Sendespektrum. Unter gewissen Umständen kann sich auch das vorher unterdrückte Seitenband neu bilden. Dies ist möglich im Fall der EM mit Trägerrest, die mit A3A bezeichnet wird und die, wie später erläutert, in unserem Fall besonders interessant ist. Es ist unwahrscheinlich, daß in Zukunft eine ausreichende Linearisierung der Verstärkerstufen mit erträglichem Aufwand in Anbetracht der Schwierigkeiten durch die hohe Frequenzlage gelingt. Daraus ergibt sich, daß man gegenüber einem Phasenmodulationssystem mit 20 kHz-Rasterteilung durch EM unter den Bedingungen des Verkehrsfunks höchstens die doppelte Kanalzahl erzielen kann.

Betrachtet man bewegliche Funkdienste mit Versorgungsradien zwischen 10 und 20 km und ermittelt man die Gesamtbreite aller Funkkanäle, die man für die Funkversorgung einer größeren Fläche, z. B. im Fall der Betriebsart „bedingtes Gegensprechen", benötigt, so sind die auftretenden Gleichkanalstörungen das maßgebliche Bestimmungsstück. Im Falle der Phasenmodulation (PM) reicht für störungsfreien Funkbetrieb ein hochfrequenter Abstand zwischen Nutzsignal und störendem Gleichkanalsignal von 6 bis 15 dB aus. Im Falle der EM dagegen tritt die Gleichkanalstörung als verständliches Nebensprechen auf, und zu ihrer ausreichenden Unterdrückung ist ein hochfrequenter Signalabstand von >30 dB erforderlich. Führt man mit diesen Werten eine Planung für den vorliegenden Fall vergleichsweise durch, so ergibt sich für EM etwa der vierfache Kanalbedarf wie bei PM. Zusammen mit der oben getroffenen Feststellung des halben Bandbreitenbedarfs des Einzelkanals wird also die insgesamt aufzuwendende Bandbreite für obigen Modellfall für EM gegenüber PM doppelt so groß.

Hierzu treten bei der Realisierung von EM-Funkgeräten noch einige Schwierigkeiten auf, die z. T. durch erhöhten Aufwand beherrscht werden können, z. T. noch der Lösung harren. Die Frequenzunsicherheit der Geräte müßte im 2 m-Band etwa $< 2 \cdot 10^{-7}$ betragen. Dies läßt sich in Fahrzeuganlagen nur mit sehr hohem Aufwand erreichen, wobei Thermostaten des hohen Strombedarfs wegen und um schnelle Betriebsbereitschaft zu ermöglichen, zumindest für Fahrzeuganlagen und tragbare Geräte ausscheiden. Vom Sender der ortsfesten Zentrale könnte z. B. ein Trägerrest als Frequenzkriterium mit abgestrahlt werden (A3A). Für Verbindungen von Fahrzeug zu Fahrzeug und bei Wechselsprechen vom Fahrzeug zur Zentrale müssen andere Wege eingeschlagen werden.

Der Vorteil bezüglich der geringen belegten Bandbreiten (theoretisch 3 kHz) kann bei weitem nicht wahrgenommen werden, weil, wie schon erwähnt, das unerwünschte Seitenband als Folge der Nichtlinearität der Senderendstufen nicht ausreichend unterdrückt werden kann.

Die Ausregelung der kurzzeitigen Pegelschwankungen und die Unterdrückung von Zündstörungen gehören zu den Problemen, die in bisher

gebauten EM-Empfängern noch nicht befriedigend beherrscht worden
sind.

Die Gerätetechnik ist bei EM fraglos komplizierter als bei PM-
Geräten, was sich in Gestehungskosten und Betriebssicherheit ausdrücken
muß.

**b) Winkelmodulation (WM).** Die Modulationsverfahren, bei welchen
die Nachricht durch Veränderung des Trägerphasenwinkels übertragen
wird, bieten bei mäßigem Geräteaufwand für die Gegebenheiten der
Verkehrsfunktechnik große Vorteile. Im Vordergrund steht dabei, daß
in weiten Bereichen des Eingangspegels die Größe des Empfänger-
ausgangssignals konstant bleibt. Winkelmodulationsverfahren zeigen bei
geeignet gewähltem Modula-
tionsindex bessere Signal/Ge-
räusch-Verhältnisse als Ampli-
tudenmodulationsverfahren.
Hinsichtlich der Netzplanung
ist dies von großer Bedeutung. Beim Betrieb beweg-
licher Funkdienste muß man
aber häufig damit rechnen,
daß Signale auf unterschiedlich langen Wegen zur Empfangsantenne gelangen. Wenn
diese Signale fast pegelgleich
sind, kommt es bei Winkelmodulation zu Signalverzerrungen. In der Praxis treten
diese aber nur kurzzeitig auf,
so daß sie die Sprachverständlichkeit im allgemeinen nicht

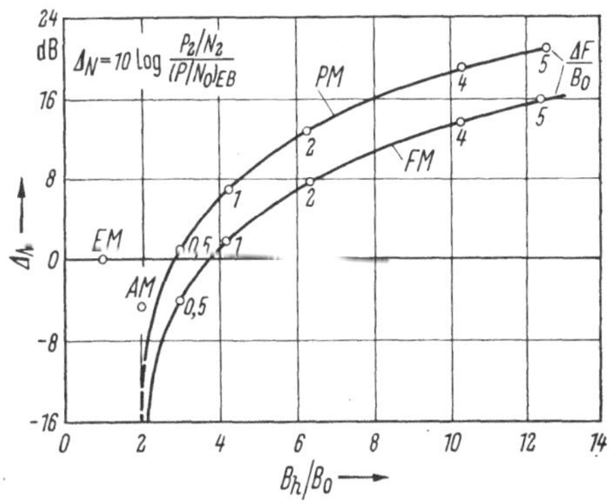


Abb. 2. Gewinn an Geräuschabstand $\Delta N$ und auf-
gewendete Bandbreite $B_h/B_0$ bei Winkelmodulation,
verglichen mit Einseitenbandmodulation aus [7]
$(P/N_0)_{EB}$ Verhältnis von Signalleistung zu Geräuschleistung bei Einseitenbandmodulation; $P_2/N_2$ Verhältnis von Signalleistung zu Geräuschleistung bei
Frequenzmodulation (FM) bzw. bei Phasenmodulation (PM); $B_h$ Hochfrequente Bandbreite (99 %
der Leistung); $B_0$ Basisbandbreite; $\Delta F$ Frequenzhub

beeinflussen. Überträgt man auf einer Funkstrecke aber neben der
Sprache auch Tonrufsignale, so muß man die möglichen verzerrungs-
bedingten Kombinationstöne und Harmonischen bei der Planung der
Tonrufsysteme berücksichtigen, will man Fehlrufe vermeiden.

Mit Winkelmodulation arbeitende Dienste benötigen eine größere
Bandbreite des Funkkanals als solche mit Amplitudenmodulation
(s. S. 58 ff.). Die Signal/Geräusch-Verhältnisse werden in beiden Fällen
vergleichbar, wenn, wie aus der [7] entnommenen Abb. 2 ersichtlich,
$\Delta F/B_0$ zu 0,5 bzw. 1 gewählt wird ($\Delta F$ ist der Frequenzhub, $B_0$ die Basisbandbreite).

Theoretisch ist das vom Signal belegte hochfrequente Band unendlich
breit. Da sich die Energie aber in Trägernähe konzentriert, ist es praktisch
ausreichend, als hochfrequente Bandbreite $B_h$ jenes Band zu betrachten,

in dem z. B. 99% der Energie auftreten. Wie aus Abb. 2 zu entnehmen, ist $B_h$ mehrfach größer als $B_0$.

Bei der Frage nach dem möglichen kleinsten Abstand der Hochfrequenzkanäle $B_K$ (Kanalrasterabstand) geht man von der Seitenbandhüllkurve des Senderspektrums bei Sprache als Modulationssignal aus. Man gestaltet die Flanke der Selektionskurve des Empfängers mit Vorteil so, daß sie sich an die Hüllkurve des Spektrums eines Senders im

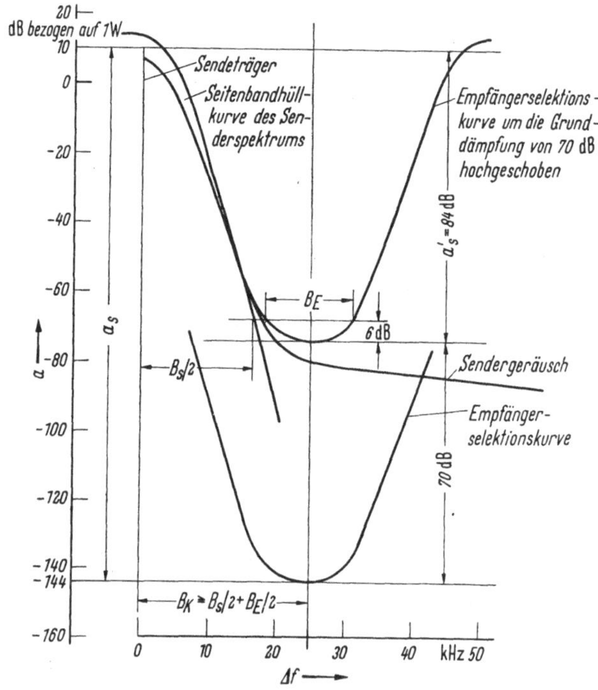


Abb. 3. Darstellung möglicher Nachbarkanalstörungen aus [7]
Sendeträger $+10$ dB, Empfängerempfindlichkeit $-144$ dB über bzw. unter 1 W
$a_S$ Systemwert; $a_S'$ Nachbarkanalselektion; $B_E$ 6 dB-Empfängerbandbreite; $B_K$ Kanalraster-abstand; $B_S$ Sendersignalbreite

Nachbarkanal anschmiegt. Dabei darf man, wie dies in Abb. 3 gezeigt ist, eine Grunddämpfung von 70 dB für den ungünstigsten Fall der Kopplung zwischen einem Empfänger im Nahfeld eines Nachbarkanalsenders berücksichtigen.

Die 6 dB-Bandbreite der Selektionskurve ist mit $B_E$ bezeichnet. Soll das Nutzsignal ausreichend unverzerrt übertragen werden, so muß man $B_E$ so bemessen, daß alle Spektrallinien des Sendersignals erfaßt werden, deren Amplitude 10% des unmodulierten Trägers übersteigen. Für die weiteren Überlegungen sei mit $B_S$ die Breite der Hüllkurve des Sendersignals bezeichnet, und zwar beim Signalpegel der Empfängerbandbreite

$B_E$ gemessen, nachdem die Selektionskurve des Empfängers um 70 dB nach oben verschoben wurde. Dieser Pegelwert liegt demnach 76 dB über dem der Empfängerempfindlichkeit und unter den für die Abb. 3 angenommenen Verhältnissen 78 dB unter dem Pegel des umodulierten Senderträgers. Nach dieser Definition ist $B_S$ immer wesentlich größer als die hochfrequente Bandbreite $B_h$.

Man erkennt nunmehr, daß der Kanalrasterabstand immer größer oder gleich sein muß der halben Summe aus der Sendersignalbreite $B_S$ und der Empfängerbandbreite $B_E$. Zu berücksichtigen bleibt noch die Inkonstanz der frequenzbestimmenden Schaltungen von Sender und Empfänger, die mit $\delta f$ in Rechnung gesetzt wird. Nach den vorliegenden Erfahrungen ist es ausreichend, das arithmetische Mittel der extrem möglichen Frequenzänderungen von Sender und Empfänger in Ansatz zu bringen. Es ergibt sich somit die Bestimmungsgleichung

$$B_K \geqq \frac{B_s + B_E}{2} + \delta f$$

oder

$$2B_K - B_S \geqq B_E + 2\delta f = B_E'$$

(s. Abb. 4).

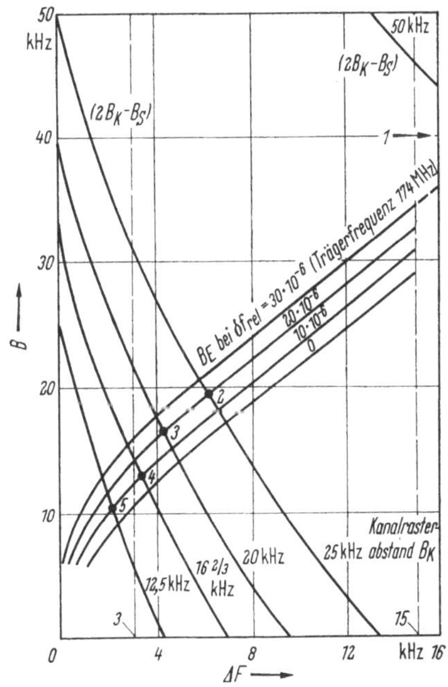



Abb. 4. Ermittlung der zulässigen Frequenzhübe in Abhängigkeit von der Kanalrasterteilung und der Systeminkonstanz $\delta f$ aus [7]

$B_E$ 6 dB-Empfängerbandbreite; $B_S$ Sendersignalbreite; Punkte *1*, *2*, *3* usw. siehe Text

$B_S$ und $B_E$ hängen vom Frequenzhub $\Delta F$ ab. In Abb. 4 sind deshalb $2B_K - B_S$ für verschiedene $B_K$ und $B_E$ bzw. $B_E'$ über $\Delta F$ aufgetragen. Die Schnittpunkte der Kurven ergeben in der Abszisse die unter den gewählten Randbedingungen zulässigen Frequenzhübe oder aus den Parametern der $(2B_K - B_S)$-Kurven die dazugehörigen Kanalraster. Einige Werte sind in der folgenden Tabelle zusammengestellt.

Berücksichtigt man, daß beim Stand der Technik sich ohne Verwendung der für mobile Funkgeräte des Leistungsbedarfs wegen sehr lästigen Quarzthermostaten Frequenztoleranzen je Gerät von $\delta f = 10^{-5}$ gerade noch einhalten lassen, dann ist für bewegliche Funkdienste als kleinster Kanalrasterabstand für Trägerfrequenzen unter 200 MHz 20 kHz empfehlenswert [7].

Tabelle 2. *Kanalrasterteilung, Frequenzhub und Frequenztoleranzen bei Verkehrsfunksystemen mit Winkelmodulation*

| Schnitt-punkt | Kanal-raster | Gesamte Frequenztoleranz[1] | | Grenzwert des Spitzen-hubes | Höchste Modulations-frequenz | Empfänger-bandbreite (6 dB) |
| --- | --- | --- | --- | --- | --- | --- |
| | $B_K$ | $2\,\delta f_{rel}$ | $2\,\delta f$ | $\Delta F$ | $f_m$ | $B_E$ |
| | kHz | $10^{-6}$ | kHz | kHz | kHz | kHz |
| 1 | 50 | 30 | 5,2 | $>15$ | 3 | 35 |
| 2 | 25 | 20 | 3,5 | 6 | 3 | 19 |
| 3 | 20 | 20 | 3,5 | 4,2 | 3 | 16 |
| 4 | 16,7 | 10 | 1,7 | 3,3 | 3 | 13 |
| 5 | 12,5 | 10 | 1,7 | 2,1 | 2,5 | 10 |

$\delta f$ bezogen auf 174 MHz.

[1] je Einzelgerät ist der halbe Wert zulässig.

Da der Spitzenhub bei derartigen Systemen kleinen Kanalrasters stark herabgesetzt werden muß, wie aus Tabelle 2 zu entnehmen ist, vermindert sich das Signal/Geräusch-Verhältnis für ein gegebenes Empfangssignal. Es müssen deshalb alle Möglichkeiten ausgeschöpft werden, um diesen Nachteil auszugleichen. Diese sind:

Anheben der mittleren Aussteuerung und Begrenzung der Sprachspitzen auf der Senderseite, soweit es die Sprachverständlichkeit zuläßt. Üblich ist die Begrenzung der Sprachspitzen auf einen Pegel, der 3 dB über dem Effektivwert des Sprachsignals liegt.

Gutes Einhalten des Frequenzhubes, um mit einer möglichst kleinen belegten Hochfrequenzbandbreite auszukommen. Durch einen steilen Tiefpaß vor dem Modulator werden ferner die im Begrenzer gebildeten Harmonischen außerhalb des Basisbandes unterdrückt.

Geeignete Gestaltung der Selektionskurve im Empfänger. Ferner sollte das NF-Band oberhalb der höchsten Modulationsfrequenz beschnitten werden, damit die Rauschbandbreite möglichst klein wird.

**c) Pulsmodulation** ist bisher für bewegliche Funkdienste ohne Bedeutung geblieben. Der Grund dafür ist einerseits im hohen Bandbreitenbedarf zu suchen, wenn, wie im vorliegenden Fall, nur ein Sprachkanal übertragen werden soll. Ein weiterer Grund liegt andererseits in den Synchronisierungsschwierigkeiten, die entstehen, wenn der Übertragungsweg schnelle Schwankungen der Laufzeit aufweist. Es sei aber vermerkt, daß für spezielle Dienste diese Modulationstechnik an Interesse gewinnt.

## 8.2 Verkehrsfunknetze

### 8.2.1 Ausbreitungsfragen

Im Falle beweglicher Landfunkdienste besteht im allgemeinen zwischen Sendeantenne und Empfangsantenne keine optische Sicht. So gelangt die Senderenergie oft nur auf dem Wege der Beugung oder nach ein- oder mehrfacher Reflexion zum Empfänger. Daher ist eine rechnerische Ermittlung der Feldstärkeverteilung sehr zeitraubend und nur näherungsweise möglich. In der Praxis beschränkt man sich deshalb meist auf das einfache Modell eines ebenen Geländes und berücksichtigt die auftretenden Schwankungen der Empfangspegel durch Absorption, Abschattung und Interferenz durch empirisch ermittelte Abzüge von 10 bis 20 dB. Innerhalb von Gebäuden ist mit zusätzlichen Dämpfungen bis zu 25 bis 30 dB zu rechnen [8].

Oft wird es erforderlich sein, die Möglichkeit der Funkversorgung eines Gebietes durch systematische Registrierung des Störabstandes und der Nutzfeldstärke mit mobilen automatischen Meßgeräten festzustellen. Gute Anhaltspunkte für die innerhalb und jenseits der Sichtgrenze zu erwartende Feldstärke erhält man durch Interpolation der im „CCIR-Atlas für Grundwellenausbreitung " [9] zusammengestellten Werte. Man kann auf den jeweils vorliegenden Fall umrechnen, wenn man berücksichtigt, daß die Feldstärke proportional der Summe der effektiven Höhen der Antennen ist.

Für Verkehrsfunkdienste hat sich vertikale Polarisation eingebürgert, weil sich die Antennen der beweglichen Stationen dann einfacher aufbauen lassen. Übertragungstechnisch sind vertikale und horizontale Polarisation praktisch gleichwertig.

### 8.2.2 Störungen

Auf dem Wege vom Munde des Sprechers bis zum Ohr des Empfängers wirken auf die Nachricht verschiedene Störungen ein. Gegen die *akustische Störwirkung* des Fahrgeräusches, welches auch durch Körperschall zum Fahrzeugmikrophon gelangen kann, schützt zwar eine geeignete Richtcharakteristik und Montage desselben. Nicht völlig dämpfbare Erschütterungen des Fahrzeuggerätesatzes verursachen aber oft eine störende Winkelmodulation der Trägersignale. Störungen auf den Betriebsspannungen können die gleiche Wirkung haben. Der Pegel dieser Störungen an der Senderantenne eines Fahrzeuges liegt bestenfalls 80 dB unter dem Trägerpegel. Das Störspektrum kann sich über ein breites Frequenzband erstrecken. In Abb. 3 ist die Gefährdung der frequenzbenachbarten Funkkanäle (Sendergeräusch) angedeutet.

Auf dem Funkweg treten zu der Nachricht weitere Störungen hinzu. Durch *Gleichkanalstörungen* werden Winkelmodulationssysteme nur bei kleinen Pegelabständen beeinflußt, so daß der gleiche Funkkanal in geringerem geographischem Abstand als unter den gleichen Verhältnissen bei Amplitudenmodulation wieder verwendet werden kann.

*Impulsstörungen* durch die Zündanlagen der Kraftfahrzeuge haben in Stadtgebieten den größten Einfluß auf die Reichweite der Funkdienste. Es handelt sich um unregelmäßige Folgen nadelförmiger Impulse mit einer Dauer von einigen Zehntel- bis zu einigen Mikrosekunden. Das Störspektrum reicht von tiefen Frequenzen bis zu einigen hundert Megahertz. Bei etwa 40 MHz liegt ein Maximum der Störwirkung. Im 400 MHz-Bereich sind Funkstörungen durch Zündanlagen nicht mehr von Bedeutung. Die Impulse der Zündstörungen regen in den Bandpässen der Empfänger gedämpfte Schwingungen an, die um so länger dauern, je kleiner die Bandbreite ist. Wenn man die Störimpulse im breitbandigen Eingangsteil des Empfängers unwirksam macht, z. B. austastet, so kann man eine wesentliche Verbesserung, allerdings mit hohem Schaltungs-aufwand, erkaufen. Bei Empfängern für winkelmodulierte Signale steigt der Einfluß von Impulsstörungen stark an, wenn die Trägerfrequenz und die Mittenfrequenz des Empfangskanals nicht übereinstimmen. Bei Überlegungen hinsichtlich der zulässigen Inkonstanzen aller frequenz-bestimmenden Teile eines Funksystems ist diese Wirkung von um so größerem Gewicht, je kleiner der Signalhub des Systems gewählt wird.

Im Empfänger tritt das *thermische Rauschen* als weitere Störung zum Signal hinzu. Bei mobilen Funkempfängern wird die Rauschleistung meist durch die Rauschzahl $F$ (s. S. 12) charakterisiert. Die für die Rausch-leistung maßgebende Bandbreite des Empfängers sei $B_R$. Berücksichtigt man die auf S. 62 abgeleitete Verbesserung des Signal/Geräusch-Ver-hältnisses bei FM-Empfängern, so ergibt sich zwischen der notwendigen Signalleistung $U^2/4R$ bei einem Frequenzhub $\Delta F$ und dem am Ausgang des Empfängers herrschenden Signal/Geräuschleistungs-Verhältnis $P/N$ ($P$ Signallleistung, $N$ Rauschleistung) die Beziehung

$$\frac{U^2}{4R} = \frac{P}{N}\, F\, \frac{B_R}{\frac{3}{2}\left(\dfrac{B_R}{\Delta F}\right)^2} \cdot 4 \cdot 10^{-21}\,\mathrm{W}.$$

In der Verkehrsfunktechnik fordert man meist $P/N \geqq 10$, welcher Wert bei einem Frequenzhub $\Delta F = \frac{2}{3}\,\Delta F_{\max}$ ($\Delta F_{\max}$ ist der zulässige Spitzenhub des Systems) erreicht werden soll. Zu beachten ist, daß die Bandbreite $B_R$ praktisch immer größer ist als die Basisbandbreite des Signals, weil keine ideale Tiefpaßbegrenzung des Übertragungskanals vorliegt. Moderne Empfänger erreichen das gewünschte Signal/Geräusch-Verhältnis bei einem Eingangssignal von etwa 0,5 µV an 60 Ω. Diesen Wert noch wesentlich zu verbessern, lohnt sich nicht, weil in der über-wiegenden Zahl der Anwendungsfälle das maßgebende Geräusch nicht das thermische Rauschen, sondern die Störung durch die Kraftfahrzeug-zündanlagen ist.

Würde man anstelle der Frequenzmodulation Phasenmodulation mit gleichem Spitzenhub für die höchste Modulationsfrequenz verwenden, so wäre das Signal/Geräusch-Verhältnis um den Faktor $1/\sqrt{3}$ (4,8 dB) ungünstiger. Man kann aber die Verständlichkeit der durch Geräusche

verdeckten Sprechsignale verbessern, ohne daß mehr Bandbreite aufgewendet werden muß. Solche Maßnahmen gehen davon aus, daß das
Signalspektrum der menschlichen Sprache nach höheren Frequenzen
hin mit etwa 6 dB/Oktave abfällt und das die Signale Impulscharakter
haben, wobei Spitzenwerte auftreten, die etwa 20 dB über dem mittleren Effektivwert des Signals liegen. Bei Phasenmodulation kann deshalb der Pegel des Modulationssignals so gewählt werden, daß der Spitzenhub $\Delta F_{max}$ bereits bei einer Modulationsfrequenz von 1 kHz erreicht
wird. Im darüberliegenden Frequenzbereich werden dann kaum Sprachamplituden vorkommen, die einem größeren Hub als $\Delta F_{max}$ entsprechen.
Im übrigen stellt ein Begrenzer sicher, daß der Spitzenhub unabhängig
von der Amplitude und der Modulationsfrequenz eingehalten wird. Vergleicht man diesen Betrieb mit dem Fall der Frequenzmodulation, so
ergibt sich für die Übertragung von Sprache bezüglich des Signal/Geräusch-Abstandes ein Gewinn von 9,5 dB — 4,8 dB = 4,7 dB. Mit Vorteil wird der obenerwähnte Begrenzer auch dazu verwendet, die mittlere
Aussteuerung des Funkkanals für Sprachsignale (s. S. 806) zu erhöhen.
Bei der üblichen Einstellung des Begrenzers (Schwellwert um 3 dB höher
als der Effektivwert des Signals) kann das Signal um etwa 20 dB
bei entsprechendem Gewinn an Signal/Geräusch-Abstand angehoben
werden.

Eine weitere Störung entsteht im Empfänger durch Intermodulation
mit Signalen störender Sender. Im allgemeinen ist der Empfangskanal
in den Eingangsstufen von mehrfacher Breite des Nutzkanals und wird
erst nach Umsetzung in eine tiefe Frequenzlage auf die Breite des Signalspektrums eingeengt. Die breitbandigen Eingangsstufen werden gegebenenfalls nicht nur durch das Nutzsignal, sondern auch durch weitere
frequenzbenachbarte Signale beaufschlagt. An immer vorhandenen
Nichtlinearitäten entstehen besonders bei starker Aussteuerung Intermodulationsprodukte, die bei entsprechender Frequenzlage später vom
Nutzsignal nicht mehr getrennt werden können. Man muß dieser Gefahr
durch sorgfältige geographische Verteilung der Funkkanäle begegnen,
da sie etwa mit der 3. Potenz der Zahl der örtlich gleichzeitig belegten
Funkkanäle steigt. Besonders durch Intermodulationsbildung kann eine
Nachricht aus einem Funkkanal in einen anderen verlagert werden und
so zu einem Empfänger gelangen, dem der Inhalt der Botschaft unbekannt
bleiben sollte. Sind an der Intermodulationsbildung störende Signale
beteiligt, die dauernd ausgestrahlt werden, wie z. B. die des öffentlichen
Landfunks oder solche des Rundfunks, so ist die Zeitwahrscheinlichkeit
für eine solche Fehlleitung des Nachrichteninhalts besonders groß.
Durch geeignete Wahl der örtlichen Betriebsfrequenzen könnte man
Störungsfällen ausweichen. Die starke Nutzung der Verkehrsfunkbänder
und verwaltungstechnische Schwierigkeiten, wie wirtschaftliche Konse-

quenzen lassen dies aber gegenwärtig als meist undurchführbar erscheinen. UKW-Filter mit Kreisen höchster Güte, die im Zuge der Antennenleitungen angebracht werden, sind dann oft das einzige Mittel zur Abhilfe. Ortsfeste Stationen sind ihrer größeren Antennenhöhe wegen meist wesentlich stärker betroffen als Fahrzeuggeräte.

### 8.2.3 Netzgestaltung

Die möglichen Netzformen weisen viele Varianten auf, da die Aufgabenstellungen für bewegliche Funkdienste sehr unterschiedlich sind. Im Prinzip kann man Flächennetze kleinerer und größerer Ausdehnung und Liniennetze unterscheiden. Charakteristische Beispiele sind hierfür einerseits die Funkversorgung eines Stadtgebietes für Taxifunk, das innerstaatliche Netz des öffentlichen Landfunks, andererseits die Funkbeschickung eines Verkehrsweges.

Ausschlaggebend für die Netzgestaltung ist in allen Fällen die mögliche Zahl der Teilnehmer in einem örtlich gemeinsamen Funkkanal. Diese Zahl bestimmt sich aus der den unterschiedlichen Diensten eigenen mittleren Gesprächsdauer und aus der im Besetztfall zumutbaren Wartezeit. Für Dienste mit sehr guter Sprechdisziplin oder beim einseitigen Funkruf kommt man zu Belegungsdauern von wenigen Sekunden je Nachrichtenübermittlung. Ein Funkkanal kann deshalb hierbei von mehreren hundert Teilnehmern gemeinsam benutzt werden, wie es z. B. im Taxifunkdienst praktisch geübt wird. Im öffentlichen Landfunk hingegen, in seiner Eigenschaft als Verlängerung des öffentlichen Fernsprechnetzes durch Funk bis zum beweglichen Teilnehmer, muß mit Gesprächsdauern von mehreren Minuten gerechnet werden.

Die notwendige Zahl der durch je eine ortsfeste Zentralstation beschickten, örtlich belegten Funkkanäle richtet sich also nach der Zahl der im erfaßten Gebiet vorhandenen Teilnehmer. Die Größe des von einer solchen Station bedienten Gebietes ist hingegen weniger durch die Gegebenheiten der Funkausbreitung bestimmt. Das Versorgungsgebiet läßt sich, falls erforderlich, durch geeignete Höhe des Aufstellungsortes der Sendeantenne, Bündelung ihrer Strahlung und ausreichende Sendeleistung allen Anforderungen anpassen. Weiterhin können im gleichen Funkkanal Satellitensender dieselbe Nachricht gleichzeitig ausstrahlen, z. B. längs Autobahnen, wobei dann neben ausreichender Übereinstimmung der Trägerfrequenzen dafür zu sorgen ist, daß die Laufzeiten auf dem Modulationsweg aufeinander abgestimmt werden. Ein Netz von über den Nutzungsbereich verteilten Zweitempfängern kann die durch die geringere Leistung der Fahrzeugsender gegebene kleinere Reichweite der Gegenrichtung ausgleichen.

Übersteigt hingegen das Nachrichtenbedürfnis im Versorgungsbereich einer Feststation den durch die zumutbaren Wartezeiten bestimmten

Umfang, so muß am gleichen Ort ein weiterer Funkkanal bereitgestellt werden. Dabei ergeben sich organisatorische und wirtschaftliche Probleme. Man kann z. B. den Versorgungsbereich teilen oder eine gemeinsame Anruffrequenz einrichten. Andererseits müssen ein erhöhter Geräteaufwand und eine zusätzliche Betriebserschwerung für den Teilnehmer in Kauf genommen werden, weil die Betriebskanäle durch den Teilnehmer von Hand gewechselt werden müssen.

Soll der Versorgungsbereich einer Feststation vergrößert werden, so kann dies durch Vergrößerung des Antennengewinns und der Senderleistung erfolgen. Wenn der gleiche Funkkanal für andere Dienste in einigem Abstand aber wieder verwendet werden soll, wird man versuchen, mit mittleren Antennenhöhen auszukommen und besser die abgestrahlte Leistung erhöhen, weil dann die Feldstärke außerhalb des Versorgungsgebietes kleiner bleibt.

Die folgende Tabelle gibt Anhaltspunkte für die Größe der Versorgungsgebiete einer Feststation für den Betrieb mit Fahrzeugempfängern in Frequenzbändern um 80 MHz, 160 MHz und 460 MHz.

Tabelle 3. *Versorgungsgebiete in mittlerem Gelände*
Ortsfeste Verkehrsfunkstationen mit Winkelmodulation
Senderleistung 15 W und Antennenhöhe 50 m (Sichtgrenze $d = 38$ km)

|  | 80 | 160 | 460 | | MHz |
|---|---|---|---|---|---|
| Kabeldämpfung . . . . . | 1 | 1,5 | 3 | | dB |
| Antennengewinn . . . . | 0 | 0 | 0 | 8 | dB |
| abgestrahlte Leistung . . | 11,9 | 10,6 | 7,5 | 47,5 | W |
| Grenzempfindlichkeit des Empfängers . . . . | 0,5 | 0,7 | 1,3 | 1,3 | μV |
| Grenzfeldstärke . . . . . | 0,42 | 1,18 | 6,5 | 6,5 | μV/m |
| Reichweite . . . . . . . | 39 | 34 | 19 | 28 | km |

Die aufgeführten Richtwerte für die Reichweiten sind unter der Voraussetzung errechnet, daß das Eigenrauschen der Empfänger die einzige auftretende Störungsform ist. Sie gelten über mittlerem Gelände (geländebedingte Dämpfungen im Übertragungsweg wurden durch einen Zuschlag von 15 dB zur Ausbreitungsdämpfung über ebenem Land berücksichtigt).

Wie man aus der Tabelle sieht, nimmt die Reichweite mit steigender Betriebsfrequenz ab. Dies wird besonders bei der Funkversorgung über flachem Land feststellbar sein. In Stadtgebieten ist als Folge der Mehrfachreflexionen an den Häuserfronten, besonders bei relativ hoch angeordneter Senderantenne, z. T. eine andere Situation gegeben. Die bessere Bündelungsmöglichkeit der Strahlung, günstigere Reflexionseigenschaften der Hauswände und das Fehlen von Zündstörungen sprechen in diesen Fällen zugunsten der Funkkanäle in den höherfrequenten Verkehrsfunkbändern.

### 8.2.4 Die verschiedenen Verkehrsfunkdienste

Es gibt bewegliche Funkdienste, die trotz ihrer im einzelnen über mittlere Entfernungen nicht hinausgehenden Reichweite *internationaler Regelungen* bedürfen. Ein Beispiel hierfür ist der im Jahre 1947 zur Entlastung der Kurz- und Grenzwellenbereiche eingeführte internationale Sprechseefunkdienst im 2 m-Band. Er soll in Landnähe und im Hafen den Nachrichtenverkehr der Schiffe übernehmen und auf See die Verständigung von Schiff zu Schiff erleichtern. Diese Aufgabe setzt internationale Absprachen über die Technik des Dienstes voraus.

Die beweglichen Landfunkdienste haben hingegen vorzugsweise *nationalen* Charakter. Regelungen betreffs Technik und Betriebsabwicklung können auf das Hoheitsgebiet der einzelnen Staaten beschränkt sein. So sind gewisse Unterschiede von Staat zu Staat nicht ausgeschlossen. An den Landesgrenzen könnten sich dabei Schwierigkeiten durch nicht aufeinander abgestimmte Funknetze ergeben. Die Verwaltungen sind deshalb bestrebt, ihre Funksysteme mehr und mehr anzugleichen und Frequenzverteilungspläne abzusprechen. Übergeordnetes Ziel ist dabei, „die Anzahl der verwendeten Frequenzen und die Breite des verwendeten Teiles des Spektrums so weit zu beschränken, wie unerläßlich ist, um den Betrieb der notwendigen Funkdienste in befriedigender Weise zu gewährleisten".

Vom Blickpunkt der Betriebsorganisation aus sind bei den beweglichen Funkdiensten zivile und militärische zu unterscheiden. Letztere sollen hier nicht weiter behandelt werden. Unter den zivilen Diensten gibt es *öffentliche* und *nichtöffentliche*. Ein öffentlicher Dienst ist in der Bundesrepublik der **Öffentliche bewegliche Landfunkdienst (ÖbL)** [3]. Er dient dem öffentlichen Fernmeldeverkehr, wird von der Deutschen Bundespost betrieben und bietet Anschlußmöglichkeiten an das öffentliche Fernsprechnetz. Jedem Interessenten steht unter gewissen Zulassungsbedingungen die Teilnahme offen. Der Nichtöffentliche bewegliche Landfunk (NöbL) umfaßt hingegen alle Betriebsfunkanlagen, Fernwirkanlagen und einseitige Funkanlagen, die internen Verkehrsbeziehungen der Genehmigungsinhaber dienen. Er ist nur gewissen Teilnehmergruppen zugänglich. Im allgemeinen besteht hier auch keine Verbindung mit dem Fernsprechnetz. Die Zulassung regelt die zuständige Verwaltung. Folgende Teilnehmerkreise kommen bei echtem Bedürfnis für die Benutzung des Funkweges in Frage:

Dienste der Sicherheitsbehörden (Polizei, Feuerwehr, Hilfsorganisationen),

Dienste von Organisationen mit Aufgaben, an denen öffentliches Interesse besteht (Krankentransportunternehmen, Ärzte, Tierärzte, Energieversorgungsunternehmen),

Dienste von Transportunternehmen (Bundesbahn, öffentliche Verkehrsbetriebe, Taxiorganisationen, Städtische Fuhrparks und Reinigungsbetriebe),

Dienste von Gewerbe- und Industrieunternehmen, wenn diese Unternehmen sich mit der Erzeugung oder dem Transport feuergefährlicher oder schnell verderblicher Güter befassen.

Die wichtigsten in der Bundesrepublik Deutschland bestehenden Verkehrsfunkdienste sollen im folgenden in ihren wesentlichen Merkmalen beschrieben werden:

Der *internationale Seefunk- und Rheinfunkdienst* ermöglicht den Nachrichtenaustausch im Nahbereich von Schiffen untereinander und mit Landfunkstellen. Es sind folgende Verkehrsarten vorgesehen:

Anruf und Sicherheit (Wechselsprechen),

Schiff — Schiff (Wechselsprechen),

Hafenabfertigung (Wechsel- und Gegensprechen),

öffentlicher Verkehr (Gegensprechen),

Radarberatungsdienst seitens der Landradarstationen (Gegensprechen.

Hierfür und für den internationalen Rheinfunk sind insgesamt 26 Sprechwege zwischen 156,05 und 157,40 MHz und zwischen 160,65 und 162,00 MHz auf internationaler Basis zugewiesen worden. Der Sprechkanal mit einer Trägerfrequenz von 156,80 MHz ist beiderseits durch Bandlücken geschützt und dient dem allgemeinen Anruf und als Seenotkanal. Der Gegensprechkanalabstand beträgt 4,6 MHz. Beim Seefunk erfolgt der Anruf vorläufig noch durch offene Sprache. Nach einem geeigneten Selektivrufsystem (s. S. 832) wird aber geforscht. Beim Rheinfunk, der sich übrigens betriebstechnisch durch die Verkehrsart (nur Gegensprechen) und die Modulationsart (Frequenzmodulation statt Phasenmodulation) vom Seefunk unterscheidet, ist der selektive Anruf bereits eingeführt. Für den internationalen Seefunk sind in der Bundesrepublik 9 Küstenfunkstellen eingerichtet, die jeweils außer im Anruf- und Sicherheitssprechweg noch in je einem weiteren Sprechweg arbeiten können. Hinzu kommt eine Anzahl von Küstenfunkstellen für die Beratung der Schiffe anhand der Hafenradarbeobachtung. Für den internationalen Rheinfunk sind entlang des Stromes in den Niederlanden, in der Bundesrepublik und in der Schweiz 9 Landfunkstellen mit 1 bis 2 Sprechwegen in Betrieb.

Der *öffentliche Landfunk* [3] ist in der Bundesrepublik historisch aus dem früheren Stadtfunk, dem Hafen- und Wasserstraßenfunk, dem Landfunk und den Zugfunkdiensten gewachsen. Deshalb ist die

Technik, z. B. bezüglich des Rufsystems, noch nicht einheitlich. Sie wird aber schrittweise auf gleichen Stand gebracht werden. Die Aufgabe dieses Dienstes ist es, einen bestimmten Teilnehmer über das durch den Funkweg verlängerte öffentliche Fernsprechnetz auch dann zu erreichen, wenn er sich mit einem Fahrzeug unterwegs befindet und sein Standort nicht genau bekannt ist. Umgekehrt soll jederzeit ein Gespräch vom Fahrzeug aus mit jedem beliebigen Teilnehmer des öffentlichen Fernsprechnetzes eingeleitet werden können. Kennzeichnend für die Technik des öffentlichen Landfunks ist die Betriebsart Gegensprechen mit einem Gegensprechkanalabstand von 4,5 MHz, Verwendung von Frequenzmodulation, Vollcode-Selektivruf mit Sperrung nicht gewünschter Teilnehmer und Freizeichengabe. Für den Verkehr mit den Fahrzeugstationen ist ein Netz von 76 Feststationen aufgebaut, die in den Frequenzbereichen 157,55 bis 158,25 MHz und 165,10 bis 165,80 MHz für die Empfänger und 162,05 bis 162,75 MHz sowie 169,60 bis 170,30 MHz für die Sender arbeiten [4]. Eine Erweiterung des Dienstes, wobei auch neue Frequenzbereiche diskutiert werden, ist z. Z. im Planungsstadium.

Die *Sicherheitsbehörden* und Hilfsorganisationen, wie Bundesgrenzschutz, Polizei, Feuerwehr, Zollgrenzdienst und Rotes Kreuz, wickeln ihre Dienste vorwiegend im 4 m-Band von 75,275 bis 77,375 MHz und von 85,075 bis 87,175 MHz ab, wo ihnen 43 Sprechwege für die Betriebsart Gegensprechen zum Verkehr zwischen Fahrzeugen und ortsfesten Funkstellen zur Verfügung stehen. Der Gegensprechkanalabstand beträgt 9,8 MHz. Die Fahrzeuge verkehren untereinander im Wechselsprechbetrieb. Die Fahrzeugempfänger sind mit automatischen Frequenzumschalteinrichtungen ausgerüstet. Die mobilen Stationen können so eingerichtet sein, daß sie dauernd sowohl eine vorgewählte Fahrzeugsendefrequenz als auch die zugehörige Sendefrequenz der ortsfesten Stelle überwachen. Beim Eintreffen eines Rufes wird der Umschaltvorgang selbsttätig angehalten. Als Modulationsart ist FM eingeführt. Selektiver Ruf wird nicht verwendet [5].

Die *Deutsche Bundesbahn* betreibt sowohl im 4 m-Band als auch im 2 m-Band bewegliche Funkdienste mit unterschiedlichen Aufgaben. Der Rangierbetriebsfunk dient z. B. der Verbindung zwischen den Stellwerken und den Rangierloks. Für den technischen Betriebsfunk und den Zugbetriebs- und Signaldienst stehen weitere Funkkanäle zur Verfügung.

Die *Energieversorgungsunternehmen* haben ebenfalls in beiden Verkehrsfunkbändern ausgedehnte Netze aufgebaut. Es handelt sich vorwiegend um Nachrichtenverbindungen zu beweglichen Entstörungs- und Montagetrupps, wobei die Funkkanäle aber auch mit Vorrang zu Fernüberwachungs- und Fernschaltaufgaben, z. B. hinsichtlich unbemannter Unterstationen der Energieversorgung, herangezogen werden. Hierfür werden z. Z. im wesentlichen 9 Funkkanäle im 4 m-Band belegt. Funkzubringerlinien arbeiten auch im 2 m-Band. Es wird Frequenzmodulation verwendet.

Unternehmen, die aus wirtschaftlichen Gründen schnell verfügbare Nachrichtenverbindungen zu ihren Fahrzeugen benötigen, haben die Möglichkeit, nichtöffentliche Funkdienste zu betreiben. Ihrem Wesen nach werden diese Dienste oft *Funkauftragsdienste* genannt. Die Lizenz wird beim Vorliegen besonderer Bedingungen durch die Post erteilt. Beispiel für solche Dienste sind die Taxifunknetze, Verbindungen zu den Lieferfahrzeugen in der Bauwirtschaft, zu den Transportfahrzeugen für leicht verderbliche Güter usw. Zahlenmäßig stellen diese Dienste den überwiegenden Markt für bewegliche Funkgeräte dar. Die Sprechkanäle werden heute zum größten Teil im 2 m-Band mit Wechselsprechen oder bedingtem Gegensprechen betrieben. Mehrere Teilnehmergruppen müssen sich oft in einen Kanal teilen, wobei dann ein einfacher Selektivruf eingesetzt werden kann. Kennzeichnend für die Funkauftragsdienste sind die bemerkenswert kurzen Gesprächsdauern, was der Mehrfachbenutzung der Kanäle entgegenkommt. Im Taxifunkdienst kann man z. B. etwa 200 Wagen von einer Zentrale aus über einen Funkkanal steuern.

In vielen Fällen genügt anstelle einer Funksprechverbindung die einfache Verständigung des beweglichen Teilnehmers vom Vorliegen einer für ihn bestimmten Nachricht, die er nach Aufsuchen des nächstliegenden Fernsprechanschlusses auf dem Drahtweg abrufen kann. Man nennt so einen Dienst oft einen *Einseitigen Funkruf.* Das Teilnehmergerät vereinfacht sich in diesem Fall auf einen Funkempfänger mit einem Selektivrufzusatz und entspricht sozusagen einem drahtlos angeschlossenen Telephonwecker. In den USA, in Holland und in der Schweiz sind derartige Dienste eingeführt.

## 8.3 Gerätetechnik

### 8.3.1 Zentralstationen

Verkehrsfunknetze bestehen immer aus einer Zentralstation und einer Anzahl zugeordneter beweglicher Anlagen. Die eigentlichen Funkgeräte in diesen Systemen besorgen die Umsetzung des Basisbandes in die Radiofrequenzlage und die des radiofrequenten Empfangssignals in die Niederfrequenzlage. Je nach Einsatzfall benötigt man zum Funkgerät umfangreiche oder nur einfache Zusatzeinrichtungen. Entsprechend stellt man auch an Reichweite, Störsicherheit und allgemein an die betriebliche Zuverlässigkeit der Funkanlage unterschiedliche Anforderungen. Zentralstationen größerer Funknetze werden meist an funkgeographisch günstigem

Aufstellungsort, z. B. auf hohen Gebäuden, Türmen oder Bergen betrieben und erfordern daher Einrichtungen zur Fernbedienung über größere Entfernungen von einer Leitstelle aus. Die sog. Überleiteinrichtungen besorgen die Anpassung der Signalpegel an die postalischen Leitungspegel, soweit Poststadtkabel für die Signalübertragung von der Leitstelle zum Funkgerätenetz verwendet werden.

Bei Dispositionsfunknetzen mit einer kleinen Zahl von Fahrzeugstationen und einem räumlich begrenzten Wirkungsbereich werden als ortsgebundene Station Fahrzeugfunkgeräte verwendet, deren Zusatzeinrichtung im wesentlichen aus einer Tischstation zum stationären Betrieb der Anlage besteht.

Hinsichtlich des Konzeptes der Frequenzaufbereitung im Funkgerätesatz unterscheiden sich ortsgebundene Stationen und Fahrzeuganlagen meist nicht. Zentralstationen für größere Netze besitzen in jedem Falle Sender höherer Antennenleistung, deren Zuverlässigkeit auch bei einem Dauerbetrieb nicht in Frage gestellt sein darf. Um Empfangsstörungen in der Zentrale gering zu halten, die für die reibungslose Abwicklung des Betriebes sehr hinderlich wären, muß neben einer zweckmäßigen Antennenanordnung auch für eine besonders geringe Anfälligkeit des UKW-Empfängers in dieser Hinsicht Sorge getragen werden. Die Funkanlagen müssen in vielen Fällen auch für eine Aufstellung in unbemannten Stationen geeignet sein. Während die Dimensionierung der Überleiteinrichtung durch die notwendige Anpassung der Empfangs- und Sendepegel der Funkgeräte an die postalisch zugelassenen Leitungspegel für eine Postkabelübertragung im allgemeinen einheitlich ist, richten sich Funktion und Umfang der Leitstelle nach den Erfordernissen des jeweiligen Betriebes.

Die folgende Tab. 4 gibt als Beispiel eine Übersicht über die wesentlichsten Kennwerte stationärer Verkehrsfunkgeräte.

Tabelle 4. *Kenndaten stationärer Verkehrsfunkanlagen*

*1. Allgemeines*

| | |
|---|---|
| Betriebstemperaturbereich . . . . . . . . . | −10 °C bis +40 °C |
| Schüttelfestigkeit . . . . . . . . . . . . . | 3,5 g |
| Betriebsspannungsbereich . . . . . . . . . | ±10 % |
| Frequenzbereich . . . . . . . . . . . . . | 68 bis 87,5 MHz und 146 bis 174 MHz |
| Betriebsart . . . . . . . . . . . . . . | Gegensprechen<br>Bedingtes Gegensprechen<br>Wechselsprechen |
| Kanalraster . . . . . . . . . . . . . | 50 kHz oder 20 kHz |

*2. Sender*

| | |
|---|---|
| Frequenzunsicherheit . . . . . . . . . . | ±2,5 kHz für 50 kHz-Raster<br>±0,8 kHz für 20 kHz-Raster |
| Sendeart . . . . . . . . . . . . . . . | FM oder PM |

*Tabelle 4* (Fortsetzung)

| | |
|---|---|
| Frequenzhub maximal . . . . . . . . . . | $\pm 15$ kHz für 50 kHz-Raster |
| maximal . . . . . . . . . . | $\pm 4$ kHz für 20 kHz-Raster |
| Oberwellenleistung . . . . . . . . . . . | $< 2 \cdot 10^{-5}$ W |
| im Bereich 470 bis 790 MHz . . . . . | $< 2 \cdot 10^{-7}$ W |
| Nebenwellenleistung . . . . . . . . . . | $< 2 \cdot 10^{-7}$ W |
| Modulationsfrequenzgang im Bereich 300 bis 3000 Hz . . . . . . | von $+1{,}5$ dB bis $-3$ dB |
| Klirrfaktor der Modulation im Bereich 1000 bis 3000 Hz . . . . . . . . | $< 10\%$ |

*3. Empfänger*

| | |
|---|---|
| Störstrahlung . . . . . . . . . . . . . . . | $< 2 \cdot 10^{-9}$ W |
| Frequenzunsicherheit . . . . . . . . . . | $\pm 2{,}5$ kHz für 50 kHz-Raster |
| | $\pm 0{,}8$ kHz für 20 kHz-Raster |
| Dämpfung von Nebenempfangsstellen . . . | $> 70$ dB |
| Interkanalmodulationsdämpfung: | |
| für Störträger im UKW-Bereich . . . . . | $> 60$ dB |
| für Störträger im KW-Bereich . . . . . | $> 80$ dB |
| Für Signalgeräuschverhältnis 20 dB erforderliche Eingangsspannung . . . . . . . . | $< 1\ \mu$V |
| Dämpfung von Signalen im Nachbarkanal . | $> 70$ dB |
| Niederfrequenz-Übertragungsbereich . . . . | 300 Hz bis 3000 Hz |
| Klirrfaktor bei 50% der Nennausgangsleistung . . . . . . . . . . . . . . . . | $< 10\%$ |

Im folgenden wird auf die wesentlichen Bausteine der Funkgeräte näher eingegangen. Anhand zweier charakteristischer Anwendungsfälle wird dann ein Überblick über den Aufbau von Leitstellen gegeben.

**a) Die Bausteine der Funkgeräte.** Der Funkgerätezusatz besteht aus Sender, Empfänger, Stromversorgung und gegebenenfalls aus einer Antennenweiche. In Abb. 5 ist das Blockschaltbild einer Wechselsprechanlage dargestellt. Das vom Mikrophon (*1*) abgegebene Signal wird in den Niederfrequenzstufen (*2*) des Senders verstärkt und auf einen Größtwert begrenzt. Man erreicht damit, daß der für das System vorgeschriebene Spitzenwert des Hubes, unabhängig von der wechselnden Größe des Eingangssignals, nicht überschritten wird. Da eine Begrenzung der Signalamplitude den Oberwellengehalt des NF-Signals stark erhöht, wodurch im modulierten HF-Signal Seitenbänder erzeugt werden, die die zugelassene Bandbreite für die hochfrequente Übertragung überschreiten können, ist es notwendig, nach der Begrenzung die Oberwellen durch einen Tiefpaß (*3*) zu dämpfen. Eine ausreichende Natürlichkeit der Sprachübertragung wird durch eine Höhenanhebung vor der Begrenzung wiederhergestellt. Diese Vorverzerrung (pre-emphasis), wie die Rückentzerrung (de-emphasis) des Empfängers haben eine Dämpfungsänderung von 6 dB/Oktave. Für Signalpegel unterhalb des Begrenzereinsatzes ist daher der Amplitudenfrequenzgang im Basisband etwa linear. Man kann aber den mit der Modulationsfrequenz $f_m$ ansteigenden Frequenzhub $\Delta F$ eines Phasenmodulators in FM, d. h. in einen von $f_m$ unabhängigen Frequenzhub $\Delta F$ umwandeln, wenn man im vorliegenden Fall auf eine Vorverzerrung im Modulationsverstärker verzichtet. In der Modulationsstufe (4) wird die in einem Oszillator (5) erzeugte Schwingung in der Phase moduliert. Um hinreichende Frequenzkonstanz zu erreichen, verwendet man Quarzoszillatoren. Wegen der relativ hoch liegenden Übertragungsfrequenzen wird sowohl auf der Sende- wie auf der Empfangsseite meist mit Vervielfachern gearbeitet (Vervielfachungszahl $v$). Im Sender kommt dies der Auslegung der Frequenzmodulationsstufe (4) entgegen, die somit nur einen Bruchteil $1/v$ (im Beispiel Abb. 5, $v = 24$) des Signalfrequenzhubes zu liefern braucht. Um die Anforderungen an die Senderfilter zur Dämpfung unerwünschter Nebenwellen nicht zu hoch zu treiben und den vervielfachten Rauschfrequenzhub des Modulators klein genug zu halten, ist man bestrebt, $v$ möglichst niedrig zu wählen und dementsprechend mit dem Modulator einen möglichst großen Frequenzhub zu erzeugen. Für Phasenmodulation gilt

$$v = \frac{\Delta F}{f_m \Delta \varphi},$$

wobei als $\Delta \varphi$ der Phasenhub einzusetzen ist, den der Modulator ohne unzuträgliche Verzerrungen liefert. Es sind sowohl Schaltungen zur direkten Frequenzmodulation eines freischwingenden Oszillators über eine gesteuerte Reaktanz mit einer Quarznachstimmschaltung zur Stabilisierung der Mittenfrequenz, wie auch Phasenmodulation durch gesteuerte phasendrehende Vierpole bekannt. Zu letzterer Art gehört auch eine Schaltung, bei der ein amplitudenmoduliertes HF-Signal vektoriell mit einem unmodulierten HF-Träger zusammengesetzt wird. Das resultierende Signal ist in Amplitude und Phase moduliert, die unerwünschte Amplitudenmodulation wird durch nachfolgende Amplitudenbegrenzung unterdrückt. Weitere Beispiele für eine Phasenmodulation des Trägers mittels gesteuerter phasendrehender Glieder sind CR-Glied-Modulation, wobei als variables $R$ eine gesteuerte Halbleiterdiode dient, weiter magnetische Phasenmodulatoren und Vierpole mit gesteuerter Kapazität (Varaktoren).

Als Quarzoszillatoren für Sender und Empfänger sind unterschiedliche Schaltungen im Gebrauch. Man verwendet sowohl eine Schwingungserregung in der Grundfrequenz wie in der 3. Harmonischen. Hohe thermische Frequenzkonstanz, wie sie von stationären Anlagen zu fordern ist, kann durch den Einbau der Quarze in Thermostaten erreicht werden, zumal, da die Frage des Leistungsbedarfs keine ausschlaggebende Rolle spielt. Maßgebend für die Wahl der Schwingschaltung sind das Frequenzkonzept des Gerätes und der möglichst gering zu haltende Einfluß inkonstanter Bauelemente auf die quarzstabilisierte Schwingfrequenz. Wenn eine zweite Oszillatorfrequenz zum Betrieb des Gerätes auf einem 2. (Ausweich-) Funkkanal benötigt wird, so verwendet man

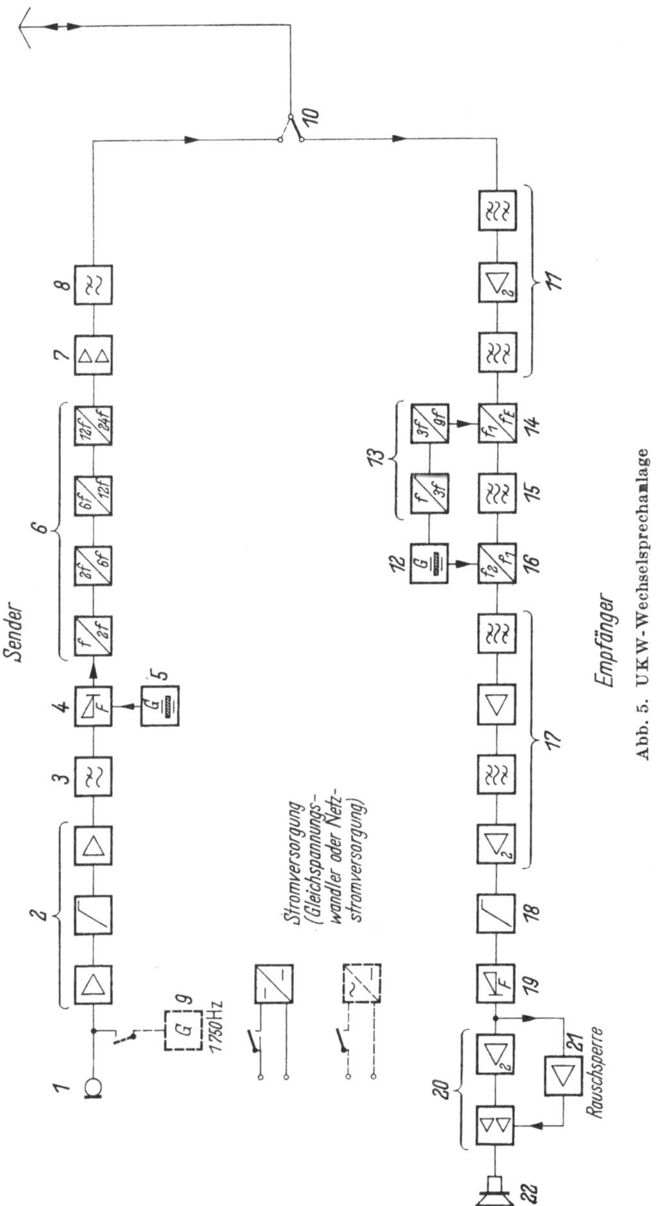


Abb. 5. UKW-Wechselsprechanlage

meist eine getrennte 2. Oszillatorstufe, die alternativ eingeschaltet werden kann.

Die dem Modulator nachfolgenden Frequenzvervielfacherstufen (6) sind C-Verstärker, deren Ausgangskreis auf eine Harmonische der Frequenz des Eingangskreises abgestimmt ist. Um Mehrdeutigkeiten bei der Abstimmung der Kreise zu vermeiden, beschränkt man die Vervielfachungszahl auf 2 oder 3 pro Stufe. Die Dimensionierung der Leistungsverstärkerstufe (7) entspricht üblichen FM-Senderschaltungen. Da Amplitudenverzerrungen ein FM-Signal nicht störend beeinflussen, verwendet man meist Gegentakt-C-Verstärker mit fester Gittervorspannung. Unter Berücksichtigung der Verluste in Röhre und Schwingkreis erreicht man in der Senderendstufe einen Wirkungsgrad von 50 bis 70%. Die in der Leistungsverstärkerstufe — meist einem Gegentaktverstärker — entstehenden Harmonischen der Sendefrequenz dämpft der Tiefpaß (8). In dieser Hinsicht bestehen strenge Forderungen der Postverwaltungen, um mögliche Störungen fremder Funkdienste zu verhindern. Zur einmaligen optimalen Anpassung der Senderausgangsschaltung nach Wirk- und Blindkomponente an Antennenleitung und Antenne sind variable Ankopplungen über schwenkbare Spulen und Trimmerkondensatoren üblich.

Zum Ruf der Gegenstation kann vor Beginn des Funkgesprächs ein Tonsignal gesendet werden. Hierfür wird dem Sendereingang ein Tonrufgenerator (9) zugeschaltet. Als Ruffrequenz haben sich 1750 Hz eingeführt.

Bei Wechselsprechgeräten wird die Antenne über Relaiskontakte (10) jeweils mit Empfänger oder Sender verbunden. Das Antennenrelais wird über eine Sprechtaste bedient. Durch Einfügen einer Antennenweiche anstelle des Antennenumschalters könnte die Anlage zu einer Gegensprechanlage ergänzt werden, deren Sender und Empfänger in unterschiedlichen Funkkanälen mit einer gemeinsamen Antenne arbeiten.

Die Umsetzung der Radiofrequenz im Empfänger in eine Frequenzlage, in der die hohe Kanalselektion erreicht werden kann, geschieht meist in 2 Schritten. Das Eingangssignal wird der 1. Mischstufe über einen Vorverstärker (11) zugeführt, dessen Filter für eine ausreichende Dämpfung des Spiegelwellenempfangs sorgen. Die Sprünge der Frequenzabbereitung werden so gewählt, daß die Anforderungen an die Güte der Selektionsfilter (11, 15) in dieser Hinsicht nicht zu hoch werden. Bei Gegensprechgeräten, bei denen Sender und Empfänger gleichzeitig in Betrieb sind, muß bei der Wahl der Zwischenfrequenzen besonders darauf Rücksicht genommen werden, daß störende Interferenzen von Grundwelle, Harmonischen oder Mischprodukten der Oszillatorfrequenzen vermieden werden. Störungen dieser Art lassen sich im allgemeinen durch Schirmung der Gerätebausteine allein nicht verhindern. Bei dem in Abb. 5 dargestellten Gerätekonzept werden beide Überlagererspannungen einem gemeinsamen quarzstabilisierten Oszillator (12) entnommen. Für die erste Überlagerung in der Mischstufe (*14*) muß die Oszillatorschwingung vervielfacht werden. Dies geschieht in den Frequenzumsetzerstufen (*13*). Das 1. Zwischenfrequenzsignal wird nach der 1. Überlagerung in einem Mehrkreisfilter (*15*) ausgesiebt und der 2. Mischstufe (*16*) zugeführt. Die 1. Zwischenfrequenz $f_1$ ist bei diesem Konzept nach der Gleichung

$$f_1 = \frac{f_E - c\,f_2}{c + 1}$$

von der Eingangsfrequenz $f_E$ und der 2. Zwischenfrequenz $f_2$ abhängig und somit im Übertragungsband nicht konstant. Der Faktor $c$ bezeichnet die Vervielfachungszahl der Oszillatorfrequenz (in Abb. 5 z. B.: $c = 9$). Bei Frequenzkonzepten, die von getrennten Überlagereroszillatoren ausgehen, werden häufig $f_1$ zu 10,7 MHz und $f_2$ zu 460 kHz gewählt.

Die hohe Eingangsempfindlichkeit der UKW-Empfänger kann nur durch rauscharme Vorstufen und Mischstufen erreicht werden. Es verdient hierzu besondere Beachtung, daß eine sehr hohe Eingangsverstärkung des Nutzsignals zwar die im Zuge von Mischung und nachfolgender Verstärkung unvermeidbaren Rauscheinströmungen in ihrer Auswirkung verringert, zugleich aber die Selektivität des Empfängers beeinträchtigen kann. Dies ergibt sich daraus, daß starke frequenzbenachbarte Störsignale bei hoher Vorverstärkung durch eine Verschiebung der Arbeitspunkte vornehmlich in den Mischstufen die Empfindlichkeit herabsetzen. In Abb. 6 ist dies anhand eines Pegelplans des UKW-Empfängers der Abb. 5 dargestellt. Ein Nutzsignal, das mit $U = 0{,}5\ \mu\mathrm{V}$ am Empfängereingang liegt, wird im Zuge der selektiven Verstärkerstufen bis zum Amplitudenbegrenzer im 2. Zwischenfrequenzverstärker um mehr als 140 dB verstärkt. Ein Nachbarkanalsignal, das außerhalb des Durchlaßbereichs der selektiven Verstärkerstufen (*17*) liegt, erfährt eine sehr viel geringere Verstärkung. Im Beispiel der Abb. 6 ist ein um 80 dB stärker als das Nutzsignal einfallendes Nachbarkanalsignal am Eingang der Begrenzerstufe (*18*) um 30 dB schwächer als das Nutzsignal. Aus dem Verstärkungsverlauf für das Nachbarkanalsignal erkennt man jedoch bereits den Einfluß einer beginnenden Signalbegrenzung in den Stufen vor der Hauptselektion (abfallende Kurve). Eine weitere Erhöhung des Nachbarkanalsignals würde zu einer Arbeitspunktverlagerung dieser Stufen und damit zu einer Empfindlichkeitsminderung für den Empfang des Nutzsignals führen. Hieraus ergibt sich, daß die wirksame Selektivität eines Überlagerungsempfängers, dessen Hauptselektionsfilter in tiefer Zwischenfrequenzlage wirkt, in beträchtlichem Maße vom linearen Aussteuerbereich der Vorstufen abhängt. Man sollte deshalb die Selektion in möglichst hoher Frequenzlage vornehmen. Einem Quarzfilter in der Stufe (*15*) kommt daher als

Hauptselektionsfilter große Bedeutung zu, zumal mit engerer Belegung der Frequenzbänder mit Betriebskanälen eine möglichst hohe wirksame Selektivität der Empfänger unerläßlich ist.

Das ZF-Signal wird nach Selektion und hoher Verstärkung, wie bereits erwähnt, einer oder mehreren Begrenzerstufen (18) zugeführt,

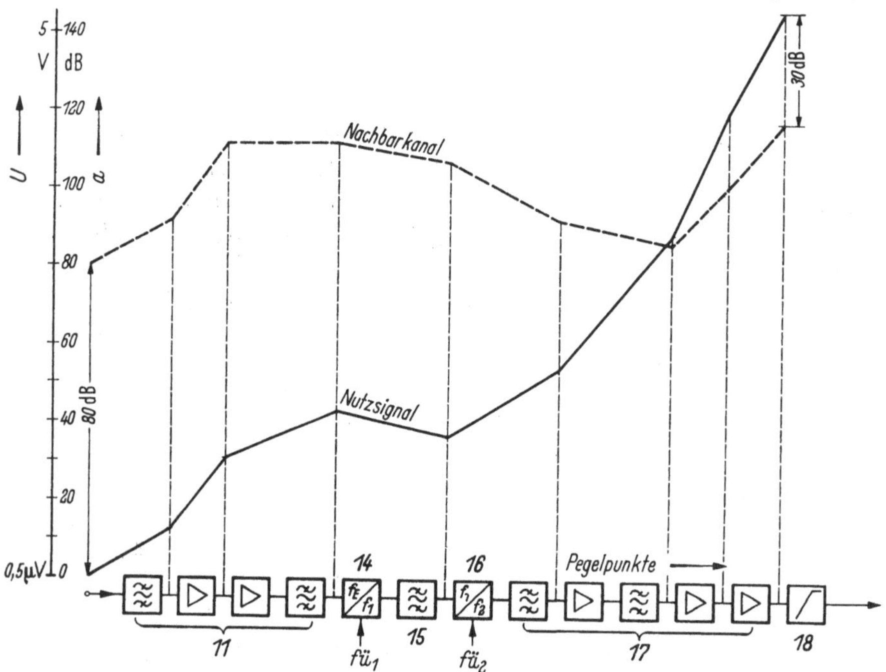


Abb. 6. Pegeldiagramm des Empfängers nach Abb. 5 für Nutzsignal und Nachbarkanalsignal

die störende Amplitudenschwankungen beseitigen und somit auch für einen von Feldstärkeschwankungen der Übertragung befreiten Signalpegel sorgen. Oberhalb des Schwellwertes des Begrenzereinsatzes wird das AM-Rauschen unterdrückt und der Störabstand entsprechend verbessert. Als Demodulator hat sich der RIEGGER-Diskriminator [10] (Stufe 19 in Abb. 5) allgemein durchgesetzt. Der nachfolgende Niederfrequenzverstärker (20) besitzt eine Rauschsperre (21), die bei Abwesenheit des Nutzsignals verhindert, daß die Rauschspannung des Empfängers an die Ausgangsklemmen des Gerätes und damit auch auf angeschaltete Leitungen oder zum Lautsprecher (22) gelangt. Die Wirkungsweise der Rauschsperre beruht auf dem Aussieben der oberhalb des niederfrequenten Übertragungsbereichs liegenden Rauschspannung im Anschluß an die Demodulatorstufe und deren Gleichrichtung nach vorheriger Verstärkung; die gleichgerichtete Rauschspannung sperrt dann den niederfrequenten Signalweg zum Empfängerausgang.

**b) Einrichtungen zur Gesprächsüberleitung und Fernbedienung.**
Wie bereits erwähnt, bedarf es zur Bedienung stationärer Funkanlagen
einer Leitstelle, die bis zu mehreren Kilometern von den Funkgeräten
entfernt sein kann. Im einfachsten Fall beschränkt sich diese Einrichtung auf die Fernbedienung der Station und Pegelanpassung an Postübertragungsleitungen. In Abb. 7 ist das Blockschaltbild einer solchen einfachen Funkstelle für Wechselsprechen wiedergegeben. Die Verstärker bzw. Dämpfungs- und Entzerrungsglieder sind für ein doppeladriges Stadtkabel von max. 12 km Länge ausgelegt. Bei Wechselsprechübertragung zwischen Tischstation und Fahrzeugteilnehmer benötigt man nur eine Doppelader zwischen Leitstelle und Funkgerät. Die Umschaltung von Senden auf Empfang geschieht durch Betätigen der Sprechtaste und darauf der Relaiskontakte *1, 2, 3, 4.* Die Betriebszustände des Funkgerätes einschließlich der Umschaltung der Sender- und Empfängerrelais werden über Gleichstromkommandos über die Zweidrahtverbindung von der Leitstelle ausgelöst. Die Tischstation und der Beikasten enthalten auch Einrichtungen zum Aussenden und zum Empfang von Tonrufsignalen (*5, 6*).

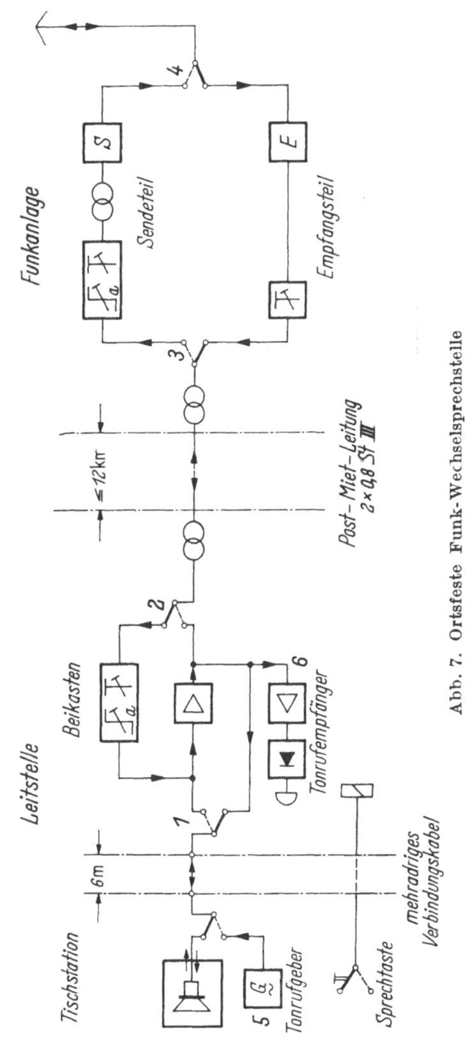


Abb. 7. Ortsfeste Funk-Wechselsprechstelle

Weit höhere Anforderungen werden an die Bedienstation gestellt,
die außer der Fernbedienung der Funkanlage auch die Überleitung
der über Funk abgewickelten Gespräche in das Fernsprechnetz besorgt.
Eine solche Überleitung in ein nichtöffentliches Fernsprechnetz, z. B.

eine Hausanlage, ließe sich auch mit der Anlage nach Abb. 7 herstellen,
wenn man eine sprachgesteuerte Wechselsprechgabel verwendet. Stehen
aber 2 Funkkanäle für Senden und Empfang zur Verfügung, so bevorzugt man Gegensprechen oder zumindest sog. „bedingtes Gegensprechen".
Überleitungseinrichtung bzw. Fernbedienung und Funkanlage sind dann
über eine Vierdrahtleitung verbunden. In Abb. 8 ist eine solche Zentralstation im Blockschaltbild dargestellt [11]. Die Fernsteuerung der

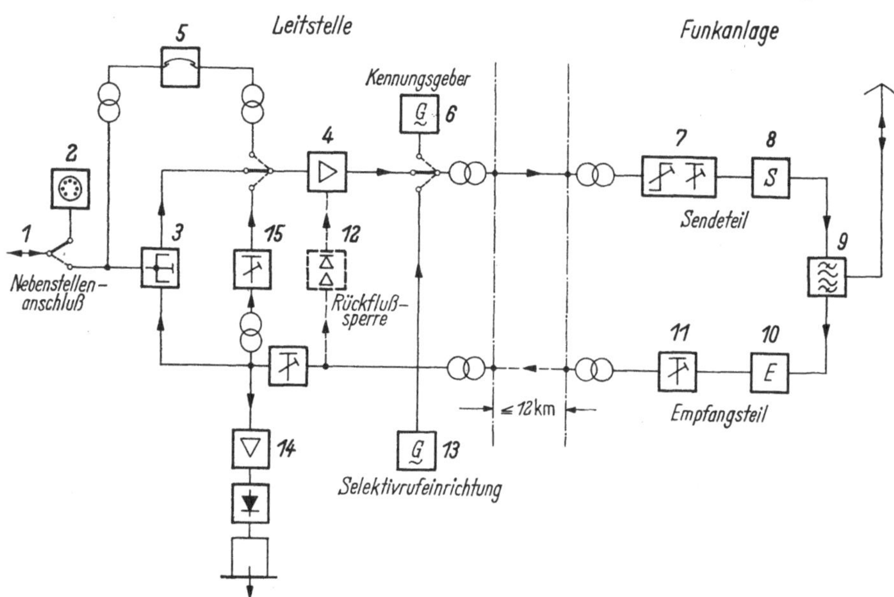



Abb. 8. Ortsfeste Funk-Gegensprecheinrichtung mit Gesprächsüberleitung ins Fernsprechnetz

Betriebsfunktionen, wie z. B. Einschaltung von Sender und Empfänger
und Kanalwechsel, geschieht ebenfalls durch Gleichstromsignale. Für
den 2-Draht-4-Drahtübergang wird eine Gabel (3) benötigt, im Sendezweig ein Senderverstärker (4), der zum Ausgleich von Pegelschwankungen Volumenregelung besitzt. Besteht die Gefahr akustischer Rückkopplungen über die Gegensprech-Fahrzeugfunkanlage und die Funkgabel der Zentralstation, so kann das Volumen des Senderverstärkers
zusätzlich über eine Rückflußsperre (12) beeinflußt werden. Die Leitstelle enthält noch Einrichtungen für Selektivruf [Geber (13) und Empfänger (14)], Kennungsangabe (6) und Durchschaltung des Empfangssignals auf den Sender zum Betrieb der Station als Relaisstelle für den
Funkverkehr Wagen zu Wagen (15). Zur Vermittlung eines Funkgesprächs in das Fernsprechnetz wird der gewünschte Drahtteilnehmer
über den Fernsprechapparat (2) angewählt und mittels des Umschalters (1)
verbunden. Über das Mikrotelephon (5) besteht die Möglichkeit zum

Mithören und Sprechen. Überleiteinrichtungen der Deutschen Bundespost für den öffentlichen beweglichen Landfunk besitzen noch besondere
Einrichtungen für die automatische Auswahl mehrerer abgesetzter
Empfänger sowie für die laufende Betriebsüberwachung. Der Selektivruf-
geber wird dem jeweiligen Rufsystem angepaßt.

### 8.3.2 Fahrzeuganlagen

Beim Entwurf einer Fahrzeuganlage strebt man neben kleinem
Stromverbrauch, geringem Volumen und ausreichender Betriebssicherheit an, die vom Funksystem zu fordernden Eigenschaften mit einem
technischen Aufwand zu verwirklichen, der die Wirtschaftlichkeit
des Einsatzes von Sprechfunkgeräten in Fahrzeugen nicht in Frage
stellt. Seitens der Postverwaltungen bestehen technische Zulassungsbedingungen für Fahrzeugstationen. Durch die Überprüfung jedes Geräte-
typs ist sichergestellt, daß andere Funkdienste nicht durch unerwünschte
Ausstrahlungen gestört werden oder fremde Funkdienste den Empfang
beeinträchtigen. Für das Übertragungsverhalten selbst werden in zunehmendem Maß Empfehlungen für eine gute Übertragungsqualität berücksichtigt. Andererseits gibt es spezielle Funkdienste, wie auf S. 812 ff.
ausgeführt, für die ins einzelne gehende Sondervorschriften gelten,
wie z. B. für Funkgeräte der Sicherheitsbehörden, der Eisenbahn, der
Elektrizitätsversorgungs- und Bergwerksunternehmen, der Schiffs-
funkdienste und der Dienste der Postverwaltung selbst. Aus diesem
unterschiedlichen Bedarf heraus ergeben sich voneinander abweichende
Gerätekonzepte, die sich hauptsächlich in der Anzahl wahlweise ein-
schaltbarer Kanäle, der Beschränkung auf Wechselsprechen oder der
Möglichkeit des Gegensprechbetriebes sowie der zusätzlichen Aus-
rüstung mit Tonrufgebern und -empfängern, Freizeichenempfängern
mit Sendesperre bzw. getrennten Sperrtonempfängern unterscheiden.
Hieraus folgt, daß zwar das Konzept der Frequenzaufbereitung in diesen
Geräteausführungen übereinstimmen kann, daß jedoch der Umfang
der Anlage vom beabsichtigten Einsatz abhängt. Abb. 9 zeigt das Blockschaltbild einer modernen Fahrzeuganlage für eine Sendeleistung von
12 W, wie sie für Funknetze mit Wechselsprechen Verwendung findet.
Sie ist für 6 schaltbare UKW-Kanäle eingerichtet. Die Quarze im Sender-
bzw. Empfängerüberlagerungsoszillator (2, 7) werden vom Bediengerät
aus durch Gleichstromkommandos umgeschaltet. Die Frequenzaufbereitung im Funkgerät ist mit der der Zentralstation nach Abb. 5 etwa
gleich. Das Bediengerät, das in Reichweite des Fahrers im Wagen angebracht wird, während das Funkgerät selbst z. B. im Kofferraum Platz
findet, enthält den Empfängerniederfrequenzteil (6) und die Tonruf-
einrichtung (8) für einen 2 Ton-Code. Zum Sprechen bedient man sich ent-

weder eines fest montierten Mikrophons (*1*) mit eingebautem Transistorverstärker oder eines Handmikrophons. Die Wiedergabe erfolgt über einen Lautsprecher (*7*). In Gegensprechanlagen vermeidet man akustische

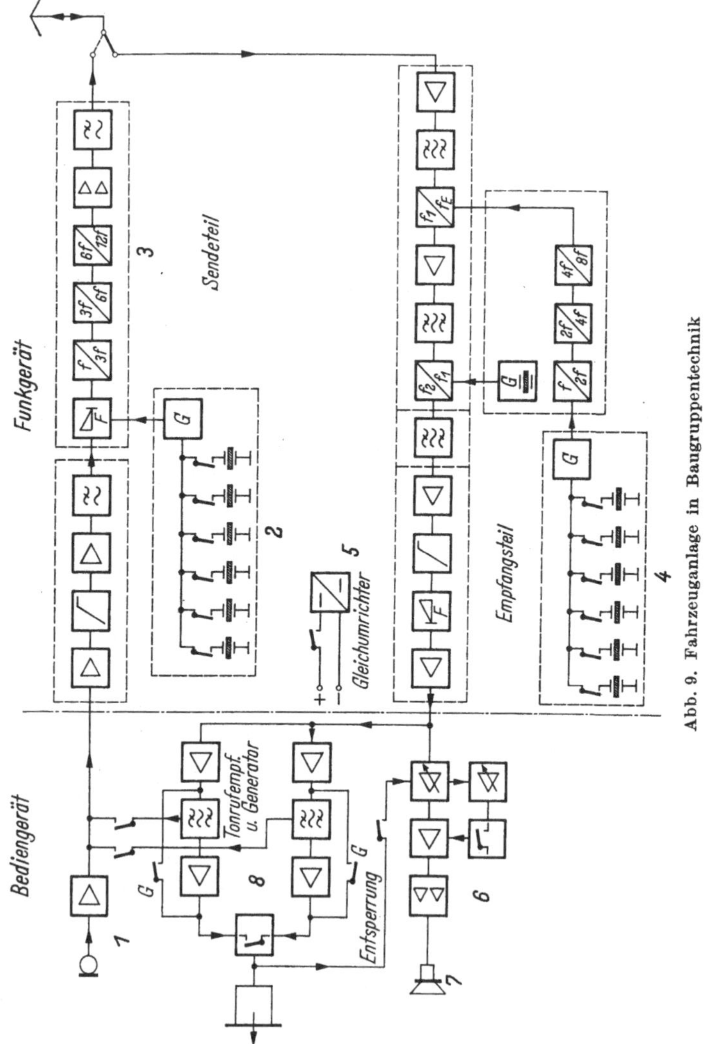

Abb. 9. Fahrzeuganlage in Baugruppentechnik

Rückkopplungen über die Sprechgarnitur durch einen Handfernsprecher. Die Anlage wird über einen Gleichumrichter (*5*) aus der Wagenbatterie betrieben. Der weitgehende Einsatz von Halbleitern ermöglicht es, den Strombedarf so zu senken, daß auch unter ungünstigen Betriebsverhältnissen beim Funkbetrieb die Kapazität der Wagenbatterie nicht erhöht zu werden braucht. Gedruckte Leiterplatten in Verbindung mit Transistoren führen zu einer Verkleinerung des Volumens gegenüber Röhrengeräten und erlauben eine übersichtliche Aufteilung des Gerätes in Baugruppen, was einer einfachen Wartung entgegenkommt. Die von den Röhren des Senderverstärkers (*3*) entwickelte Wärme muß durch die konstruktive Anordnung von den thermisch empfindlichen Geräteteilen mit Halbleitern ferngehalten werden. Dies wird in dem in Abb. 9 gezeigten Gerätekonzept durch räumliche Aufteilung in Röhrenteil und Halbleiterbaugruppen verwirklicht. Spritzgußformteile für Stromversorgung und Gehäuseschalen sorgen für eine gute Wärmeabfuhr.

Gegenüber den auf S. 816 als Beispiel angeführten Kenndaten ortsfester Verkehrsfunkgeräte ist für Fahrzeuggeräte, vor allem, um Quarzthermostaten vermeiden zu können, beim Betrieb im 20 kHz-Raster eine Erleichterung der Frequenzkonstanzbedingungen zulässig. Im Betriebstemperatur- und Betriebsspannungsbereich darf die Abweichung für Sender und Empfänger je bis zu $\pm 1{,}6$ kHz betragen. Die folgende Tab. 5 gibt als Beispiel die Kenndaten eines Fahrzeugfunkgerätes an.

**Tabelle 5.** *Kenndaten eines Fahrzeugfunkgerätes*

*1. Allgemeines*

| | |
|---|---|
| Betriebstemperaturbereich . . . . . . . . . | $-10\,°C$ bis $+40\,°C$ |
| Schüttelfestigkeit . . . . . . . . . . . . . | $3{,}5$ g |
| Betriebsspannungsbereich . . . . . . . . . | $\pm 10\%$ |
| Frequenzbereich . . . . . . . . . . . . . | 68 bis 87,5 MHz und |
| | 146 bis 174 MHz |
| Betriebsart . . . . . . . . . . . . . . . | Wechselsprechen |
| Kanalraster . . . . . . . . . . . . . . . | 50 kHz oder 20 kHz |
| Kanalzahl . . . . . . . . . . . . . . . . | 2, 4, 6 oder 8 |

*2. Sender*

| | |
|---|---|
| Frequenzunsicherheit . . . . . . . . . . . | $\pm 1{,}6$ kHz |
| Frequenzhub maximal . . . . . . . . . . | $\pm 15$ kHz für 50 kHz-Raster |
| maximal . . . . . . . . . . | $\pm 4$ kHz für 20 kHz-Raster |
| Sendeart . . . . . . . . . . . . . . . . | FM oder vorzugsweise PM |
| Senderleistung . . . . . . . . . . . . . | 10 W, 6 W |

*3. Empfänger*

| | |
|---|---|
| Frequenzunsicherheit . . . . . . . . . . . . | $\pm 1{,}6$ kHz |
| für Signal-Geräusch-Verhältnis 20 dB erforderliche Eingangsspannung . . . . . . . . . | $< 1\ \mu V$ |

Im übrigen sei auf die auf S. 816 genannten Werte verwiesen, die auch für Fahrzeuggeräte Geltung haben.

### 8.3.3 Tragbare Geräte

Der Wunsch nach möglichst geringem Volumen und geringem Gewicht ist bei tragbaren Funkgeräten besonders ausgeprägt. Um den Schaltungsaufwand gering zu halten, ist man bereit, Kompromisse zwischen diesem und der Übertragungsqualität zu schließen. Man verzichtet meist auf eine größere Anzahl schaltbarer Kanäle, spart durch empfindlichere Mikrophone eine Vorverstärkung des Sprachsignals vor der Modulatorstufe und verzichtet u. U. auf eine Lautsprecherwiedergabe. Die Ausgangsleistung des Senders ist mit Rücksicht auf die bei gegebenem Batteriegewicht mögliche Betriebsdauer auf $< 1$ W beschränkt. Die damit erzielbare Reichweite von etwa 3 km in ebenem Gelände genügt normalen Betriebsanforderungen. Während man hinsichtlich der Empfindlichkeit der Empfänger zu keinen Konzessionen bereit ist, begnügt man sich mit geringerer Nachbarkanalselektion und einer weniger naturgetreuen und nur auf ausreichende Verständlichkeit ausgelegten Sprachwiedergabe. Derartige Geräte sind heute einschließlich der Senderleistungsstufen mit Halbleitern bestückt. Für die konstruktive Gestaltung fordert man trotz des außerordentlich gedrängten Aufbaus, daß die einzelnen Baugruppen, die im übrigen denen eines Fahrzeuggerätes nach Abb. 9 ähneln, gut zugänglich sind und damit die Wartung erleichtert wird. Die zahlreichen Varianten, wie sie bei Fahrzeuganlagen notwendig sind, sind bei tragbaren Geräten nicht üblich. Man beschränkt sich im allgemeinen auf Wechselsprechen und sieht nur einen einfachen Tonrufempfänger bzw. Geber zur Kennzeichnung des Anrufs vor.

Die Bundespost hat auf Grund der geringeren Reichweite tragbarer Funkgeräte in einigen Punkten die Zulassungsbedingungen erleichtert, wenn die Senderleistung 1 W nicht übersteigt. Beispielsweise darf die Frequenzinkonstanz von Sender und Empfänger bei Betrieb im 20 kHz-Raster je bis zu 1,8 kHz betragen. Weitere Erleichterungen beziehen sich auf die Nebenwellenempfindlichkeit, die Intermodulationsdämpfung, die dynamische Nachbarkanaldämpfung und den Niederfrequenz-Amplitudengang des Empfängers.

Als Beispiel sei eine Zusammenstellung von Kenndaten eines UKW-Handfunksprechers gegeben.

Tabelle 6. *Kenndaten eines UKW-Handfunksprechers*

*1. Allgemeines*

| | |
|---|---|
| Betriebstemperaturbereich | $-20\,°C$ bis $+50\,°C$ |
| Frequenzbereich | 68 bis 87,5 MHz und 146 bis 174 MHz |
| Betriebsart | Wechselsprechen |
| Kanalraster | 50 kHz oder 20 kHz |
| Kanalzahl | 3 |
| Betriebszeit: Empfangsbereitschaft | 20 Std |
| Senden (10% der Zeit) | 10 Std |

*2. Sender*

| | |
|---|---|
| Sendeleistung | 0,5 W |
| Oberwellenleistung | $< 2,5 \cdot 10^{-6}$ W |
| Nebenwellenleistung | $< 2 \cdot 10^{-7}$ W |

*Tabelle 6* (Fortsetzung)

*3. Empfänger*

Für Signal-Geräusch-Verhältnis 20 dB erforderliche
   Eingangsspannung . . . . . . . . . . . . . . .   $< 1\ \mu\mathrm{V}$
Nachbarkanalselektion . . . . . . . . . . . . .   $> 80\ \mathrm{dB}$
Spiegel- und Nebenwellendämpfung . . . . . . .   $> 75\ \mathrm{dB}$

*4. Konstruktionsdaten*

Gewicht. . . . . . . . . . . . . . . . . . . . .   $0,9\ \mathrm{kg}$
Volumen . . . . . . . . . . . . . . . . . . . .   $0,5\ \mathrm{l}$

## 8.4 Ruftechnik

### 8.4.1 Allgemeines

Der Anruf eines Teilnehmers in einem beweglichen Funkdienst kann im einfachsten Fall durch Sprechen erfolgen. Ein solches Verfahren setzt voraus, daß die Teilnehmer den Sprechkanal dauernd überwachen und aus der u. U. großen Zahl von Durchsagen die sie betreffenden erkennen. Erschwerend ist dabei, daß ihnen im allgemeinen der voraussichtliche Zeitpunkt der Durchsage nicht bekannt ist. Wesentlich weniger Aufmerksamkeit ist erforderlich, wenn man ein Rufsignal verwendet, wobei der Sender mit einer Tonfrequenz bestimmter Höhe für einige Sekunden moduliert wird. Für den Ruf von Fahrzeug zu Fahrzeug hat sich die Frequenz 2135 Hz eingeführt. Die Zentrale wird mit 1750 Hz gerufen. Beim Eintreffen dieser Rufsignale kann z. B. durch eine auf den Rufton ansprechende Automatik der normalerweise gesperrte NF-Kanal des Empfängers für eine bestimmte Zeit freigegeben werden, um das Rufsignal und die nachfolgende Durchsage dem Teilnehmer zuzuleiten. Das Rufsignal kann dabei auch weitere optische oder akustische Alarmzeichen auslösen. Wurde der gewünschte Teilnehmer erreicht, so betätigt dieser die Freischaltung und öffnet dadurch seinen Empfangsweg für die Dauer des Gesprächs. Oft ist es aber erwünscht, mit dem Ruf einen bestimmten Teilnehmer oder eine Teilnehmergruppe aus der Gesamtzahl der Teilnehmer in einem gemeinsamen Funkkanal selektiv anzusprechen. Diese Selektivruftechnik in beweglichen Funkdiensten gewinnt mit wachsenden Teilnehmerzahlen immer mehr an Bedeutung. Dabei kann auch die Aufgabe gestellt sein, zusätzlich zum selektiven Anruf eine kodierte Nachricht zu übertragen.

Im Taxifunkdienst hat es sich aus Gründen einer wirtschaftlichen Betriebsabwicklung als vorteilhaft erwiesen, wenn mit Gesprächsbeginn einer beweglichen Funkstelle der Zentrale sofort die Wagennummer (Kennung) bekannt ist. Zu diesem Zweck wird unmittelbar nach Inbetriebnahme des Fahrzeugsenders von diesem automatisch ein Tonfrequenzsignal ausgestrahlt, das in der Zentrale ausgewertet und optisch als

Kennung des Fahrzeugs dargestellt wird. Mit diesem, mit den Mitteln der Selektivruftechnik gebildeten Kennungssignal kann, falls erwünscht, auch ein vom Fahrer auslösbarer Notruf verbunden werden [*13*].

### 8.4.2 Selektivruftechnik

Eine zusammenfassende Darstellung dieses umfangreichen Gebietes würde den gegebenen Rahmen sprengen. Nach wenigen grundsätzlichen Bemerkungen sollen deshalb nur einige der Verfahren kurz erläutert werden, die eine größere Bedeutung erlangt haben.

Beim Selektivruf wird die Rufnummer eines gewünschten Teilnehmers in Form eines geeigneten Codes ausgestrahlt. Nur der Empfänger dieses Teilnehmers soll auf den betreffenden Code ansprechen, wobei die Reichweite des Systems im Rufbetrieb auf diejenige im Sprachbetrieb abgestimmt sein muß, damit keine Einschränkungen eintreten, andererseits aber auch unnötige Belästigungen vermieden werden.

Bei der Gestaltung des Rufcodes sind die möglichen Teilnehmerzahlen maßgebend, aus welchen der gewünschte ausgewählt werden soll. Je nach der Art des Funkdienstes schwankt diese Zahl zwischen einigen 10 und 100000. Der Aufwand für das Selektivrufgerät ist je nach erforderlicher Teilnehmerzahl stark unterschiedlich, so daß sich schon daraus die Existenz zahlreicher Varianten erklärt.

Weiterhin muß das Rufsystem den Gegebenheiten eines Verkehrsfunk-Sprechkanals Rechnung tragen. Der Rufcode muß so gestaltet sein, daß das Signal die Bandbreite eines Kanals nicht übersteigt. Er soll weder durch übliche Sprachsignale noch durch Geräusch vorgetäuscht werden können (Sprachsicherheit).

Gegenüber Tonrufsystemen in drahtgebundenen Netzen sind folgende Störungsmöglichkeiten, die zu Rufausfällen und Fehlrufen führen können, zu berücksichtigen:

Durch lineare und nichtlineare Verzerrungen können starke Signalverformungen eintreten;

Pegeleinbrüche bewirken u. U. zeitweise extrem schlechte Signal-Geräusch-Abstände;

Zündstörungen verursachen Einschwingvorgänge der Trennfilter.

Durch die Gestaltung der Rufsignale kann man einzelnen dieser Bedingungen Rechnung tragen. Ein allgemeingültiger günstiger Kompromiß ist aber schwer zu finden.

Beim *zeitgestaffelten Aufbau des Rufkriteriums* werden beispielsweise die Elemente eines solchen Codes in zeitlicher Folge übertragen. Dabei werden mäßige Ansprüche an die Übertragungsqualität zu stellen sein. Pegeleinbrüche können aber Teile des Codes auslöschen und damit zu Rufausfällen führen. Der Gesamtcode muß daher in einer gegenüber der zu erwartenden Ausfallzeit kurzen Zeitspanne ausgesendet und mehrfach wiederholt werden.

Beim *Vollcoderuf* hingegen werden alle Codeelemente (z. B. 4 Tonfrequenzen) gleichzeitig übertragen. Die Rufzeit wird so groß gewählt, daß auch bei mehrfacher Unterbrechung des Übertragungswegs nach und nach alle Rufkriterien vom Empfänger ausgewertet werden können. Wegen der Vielzahl der für größere Teilnehmerzahlen erforderlichen Einzelfrequenzen, aus welchen der Code aufgebaut wird, müssen die Auswerteschaltung sehr selektiv und deshalb Geber und Filter besonders frequenzkonstant sein. Der für ein Einzelelement des Codes verfügbare Frequenzhub ist ferner nur ein Bruchteil des Gesamthubs.

### 8.4.3 Selektivrufsysteme

Zur Unterscheidung der Einzelelemente eines Codes werden elektrische oder mechanische Schwingungskreise benutzt. Elektrische Filter (Schwingkreise) haben naturgemäß eine geringere Güte, so daß man innerhalb des Niederfrequenzbandes nur eine beschränkte Zahl von gut unterscheidbaren Tonkanälen unterbringen kann. In Deutschland werden häufig die 10 Frequenzen 370, 450, 550, 675, 825, 1010, 1240, 1520, 1860 und 2280 Hz als Elemente der Rufzeichen verwendet und 2800 Hz als Freizeichenton hinzugenommen (geometrische Reihe). Man verwendet für den Code je 2 der 10 Elemente gleichzeitig und kann nach dem Bildungsgesetz $\binom{10}{2} = 45$ unterschiedliche Rufnummern schaffen. Das System ist für kleine Teilnehmerzahlen brauchbar, der Aufwand ist mäßig. Es kann als einfaches Beispiel eines Vollcodesystems gelten.

Auch die Reihenschaltung zweier solcher Rufsignale, wobei eine Rufnummer durch eine Folge von 2 Doppeltönen dargestellt wird, ist in Gebrauch. Es lassen sich $45 \times 44 = 1980$ Rufnummern bilden. Der Schaltungsaufwand hierfür ist nicht unerheblich.

Für größere Teilnehmerzahlen kann man bei gleichzeitigem Aussenden von 2 Elementen unter Verwendung von nur 5 oder 10 Elementen $\binom{5}{2} = 10$ Ziffern darstellen und weitere Ziffern des vollen Codes zeitlich staffeln. Man bezeichnet solche Systeme als „Teilcodesysteme".

Es ist auch möglich, jede Ziffer einer mehrstelligen (z. B. 6 stelligen) Rufnummer durch eine von 10 Frequenzen auszudrücken. Die Codeelemente werden in schneller Folge übertragen. Der Empfänger schaltet sich nach richtiger Aufnahme einer Ziffer auf die nächste zu erwartende weiter. Trifft diese innerhalb einer gewissen Zeit nicht ein, so kehrt er in die Ausgangslage zurück. Die Folge der Töne kann z. B. in 0,5 s gesendet werden. Im Bedarfsfall kann sie nach einer Pause wiederholt werden. Bei diesem Verfahren steht für jedes Element des Rufes der volle Hub zur Verfügung. Die Ansprüche an Linearität des Übertragungskanals sind klein, weil zu jeder Zeit nur ein Kriterium gesendet wird. Das System wird als Folgeruf bezeichnet. Der Folgeruf wurde in den letzten Jahren, besonders auch im Hinblick auf seine Anwendung im Seefunkdienst, einer breiten internationalen Erprobung unterzogen. Er erwies sich dabei nicht nur für UKW-Funkdienste als vorteilhaft, sondern führte auch unter den schwierigen Verhältnissen der Kurzwellendienste mit Einseitenbandmodulation zu brauchbaren Ergebnissen. Durch den Fortschritt der Technik ermöglicht, wird neuerdings eine Tonreihe verwendet, die nur mehr den Frequenzumfang einer Oktave hat. Die den Ziffern 0 bis 9 zugeordneten Tonfrequenzen liegen, einer geometrischen Reihe folgend, zwischen 1124 und 1981 Hz. Eine elfte Frequenz von 2110 Hz wird zur Trennung gleicher Ziffern in einer Ziffernfolge benutzt.

Verwendet man *mechanische Filter* (Resonanzrelais) zur Trennung der Codeelemente, so gewinnt man den Vorteil hoher Trennschärfe bei kleinem Volumen. Man versieht den Schwinganker des mechanischen Filters mit einem Kontakt, der periodisch schließt, wenn der Kreis mit seiner Resonanzfrequenz angeregt wird. Durch eine einfache Folgeschaltung wird dieser Zustand des Kontaktes ausgewertet. Nach dem Bildungsgesetz

$$f_n = (45 + 2n) \cdot 7{,}5 \text{ Hz}$$

können im Niederfrequenzbereich 352,5 bis 637,5 Hz 20 Frequenzen untergebracht werden. Daraus lassen sich $\binom{20}{4} = 4845$ Vollcodeteilnehmernummern aus 4 Elementen bilden. Der Ruf wird so lange ausgestrahlt, bis sich der Teilnehmer meldet oder eine vorgegebene Maximalzeit (z. B. 30 s) erreicht ist. Die Vorteile des Verfahrens liegen in der hohen Selektivität und in der Tatsache, daß zu jeder Zeit die volle Information abgestrahlt wird. Es stellt aber an die Linearität des gesamten Übertragungsweges und an die Frequenzkonstanz der Niederfrequenzgeneratoren und der Resonanzrelais höchste Anforderungen. Dekadische Rufnummern müssen durch komplizierte Umcodierer in den Vollcode umgesetzt werden.

### 8.4.4 Selektivrufsystem des öffentlichen beweglichen Landfunkdienstes

Im Landfunkdienst der Deutschen Bundespost wird z. Z. der zuletzt beschriebene Vollcoderuf verwendet. Zusätzlich zur selektiven Teilnehmerwahl erfüllt hierbei der Rufzusatz noch einige weitere Aufgaben. Der ortsfeste Sender strahlt nämlich dauernd eine Freizeichenfrequenz von 2280 Hz im Fernsprechkanal ab. Wenn der ortsfeste Sender nun eine Fahrzeugstation rufen will, so schaltet er diese Frequenz ab, wodurch alle Fahrzeuganlagen gesperrt werden. Dies ist ein Zeichen für alle Teilnehmerstationen, daß der Funkkanal besetzt ist. Der folgende Vollcoderuf entsperrt nur die gewünschte Teilnehmeranlage. Alle übrigen Stationen können weder mithören noch ihren Sender betreiben. Der gewünschte Teilnehmer quittiert den Ruf, indem sein Sender beim Abheben des Handapparates die Frequenz 1750 Hz ausstrahlt. Daraufhin schaltet die ortsfeste Station den Ruf ab, wodurch wiederum die Fahrzeugquittung beendet wird. Die Gesprächsverbindung ist aufgenommen. Das Gesprächsende wird von der Zentrale durch Wiederaussendung des Freizeichens, vom Fahrzeug durch den Quittungston angezeigt.

Vom Fahrzeug kann ein Gespräch nur eingeleitet werden, wenn der Funkkanal frei ist, das Freizeichen also empfangen wird. Dies wird durch eine Lampe angezeigt, die gleichzeitig meldet, daß das Fahrzeug sich in Reichweite einer ortsfesten Station befindet. Beim Abnehmen des Sprechhörers im Fahrzeug wird der Quittungston abgestrahlt, der nach Empfang ortsfest das Freizeichen löscht und dadurch alle übrigen Teilnehmer sperrt. Es liegt auf der Hand, daß der Vollcodeempfänger mit der Freizeichenauswertung einigen Aufwand erfordert. Zudem bedingt das System infolge des angewendeten Ruhestromprinzips die Betriebsart Gegensprechen und damit einen erheblichen Umfang des Funkgerätesatzes. Dies und auch die Schwerfälligkeit beim Aufbau einer Verbindung sind vermutlich die Gründe, daß dieser Dienst für Dispositionszwecke bisher keine größere Verbreitung gefunden hat. An seiner Stelle gewinnen nichtöffentliche, von den interessierten Unternehmern selbst betriebene Funkauftragsdienste zunehmend an Bedeutung.

## Schrifttum

[1] Vollzugsordnungen für den Funkdienst. Zusatzprotokoll. Entschließungen und Empfehlungen, Genf 1959. Herausgeber der deutschen Übersetzung: Bundesministerium für das Post- und Fernmeldewesen, 1961.

[2] SCHULTZ, C. J.: Is 960 Mc Suitable for Mobile Operation? IRE Conv. Rec., August 1956.

[3] KRONJÄGER, W.: Netzgestaltung, Technik und Betrieb des öffentlichen beweglichen UKW-Land- und Seefunkdienste. Fernmelde-Ing. 13 (1959) H. 1.

[4] JACOBSEN, TH.: Bewegliche Funkdienste; der Öffentliche bewegliche Landfunkdienst in der DBP. Unterrichtsbl. Dt. Bundespost, Nr. 7.

[5] HAGEN, A., u. A. SAMLOWSKI: UKW-Technik im Fernmeldedienst der Sicherheitsbehörden. TS-Bücherei. Duisburg: Carl Karge 1952.

[6] HÖLZLER, HOLZWARTH: Theorie und Technik der Pulsmodulation. Berlin/Göttingen/Heidelberg: Springer 1957.

[7] FREYTAG, H., u. K. H. REITER: Bessere Ausnutzung der UKW-Bänder für bewegliche Funkdienste. Frequenz 15 (1961) Nr. 6.

[8] RICE, C. P.: Radio Transmission into Buildings at 35 and 150 Mc. Bell Syst. techn. J. Jan. 1959.

[9] 2ième Atlas des courbes de propagation de l'onde de sol pour les fréquences comprises entre 30 et 10000 mc/s (Vœu N⁰ 22 du CCIR). Publié par l'Union Internationale de Télécommunications, Genève 1959.

[*10*] Rider, J. F., u. S. D. Uslan: FM-Transmission and Reception. New York: J. F. Rider Publisher Inc. 1950, 2. Ausgabe.

[*11*] Der Dienst bei der Deutschen Bundespost, Bd. 6. Fernmeldetechnik, 7. Teil, Funktechnik. Hamburg/Berlin/Bonn: R. v. Deckers, G. Schenck 1960.

[*12*] Freytag, H., u. H. Haas: Beitrag zur Planung von Wechselsprechnetzen für nichtöffentliche bewegliche Landfunkdienste. NTZ 18 (1965) H. 10.

[*13*] Keidel, K.: Der Funksprechverkehr im Taxibetrieb mit automatischer Kennung und Notruf. Polizei — Technik — Verkehr 12 (1965).

# 9. Nachrichtenverbindungen über Satelliten

## Von W. Stöhr

### 9.1 Allgemeines

Zu den bisherigen Übertragungswegen für den ständig steigenden Weltnachrichtenverkehr auch über Ozeane hinweg — den Kurzwellenverbindungen und den Tiefseekabeln — sind die Funkstrecken über Satelliten getreten. Den Vorschlag, Satelliten als Relaisstellen transkontinentaler Richtfunkbrücken einzusetzen, machte erstmals der Engländer Clarke im Jahre 1945 [*1*]. Er hatte bereits erkannt, daß drei synchron mit der Erde in ihrer Äquatorebene umlaufende Satelliten ein weltweites Nachrichtensystem ermöglichen. Die Fortschritte in der Technologie der nachrichtentechnischen Bauelemente einerseits und der stürmischen Entwicklung der Raumfahrttechnik andererseits rückten vor etwa 10 Jahren die Möglichkeit der Verwirklichung solcher Projekte in greifbare Nähe. Aus Studien der Bell Laboratorien über transozeanische Satellitenverbindungen ergab sich, welche Anforderungen an die einzelnen Nachrichtengeräte im Satelliten und in den Bodenstationen zu stellen sind [*2*]. Die Nachrichtenübertragung über Satelliten entspricht technisch grundsätzlich der beim Richtfunk üblichen Technik. Während jedoch bei Richtfunkstrecken wegen der Erdkrümmung der Abstand der Relaisstationen im Mittel auf 50 km beschränkt ist, ermöglicht der Satellitenfunk die Übertragung bis nahezu zum halben Erdumfang mit einer einzigen, allerdings entsprechend hoch gelegenen Relaisstation, dem Satelliten. Die große Übertragungsdämpfung auf dem langen Weg von einer Bodenstation über den Satelliten zur zweiten Bodenstation stellt eine große Schwierigkeit dar; sie wird durch sehr große Sendeleistungen und besonders rauscharme Empfänger überwunden. Untersuchungen an zunächst gestarteten passiven „Echo"-

Satelliten zeigten, daß die geringe reflektierte Leistung nur für schmalbandige Nachrichtenübermittlung ausreicht [3]. Größere Bündel von
Sprechkreisen oder Fernsehsendungen erfordern aktive Satelliten, d. h.
solche, die Empfänger und Sender enthalten. Nach dieser Erkenntnis
bauten wiederum die Bell Laboratorien den ersten aktiven Nachrichtensatelliten, gaben ihm den Namen „Telstar" und brachten ihn
im Juli 1962 in eine stark elliptische Umlaufbahn mit einer Inklination
von etwa 45°. Bereits die ersten Versuche, Ferngespräche und Fernsehsendungen über diesen Satelliten zu übertragen, waren erfolgreich [4].
Kurz darauf konnte der Satellit „Relay I" in Umlauf gebracht werden.
Im Jahre 1963 folgte der erste geglückte Start eines Synchronsatelliten
und im April 1965 der Abschuß des Satelliten „Early Bird", der gleichzeitig 240 Gespräche zu übertragen in der Lage ist. Praktisch zur gleichen
Zeit wurde der russische Satellit „Molnija I" in eine stark elliptische
Umlaufbahn gebracht. Seit Juni 1965 ist der Satellit „Early Bird" für
den öffentlichen Fernsprechverkehr zwischen den USA und Europa
freigegeben. Tab. 1 gibt eine Übersicht über die ersten Nachrichtensatelliten, das Datum ihres Abschusses, ihre Umlaufzeit, Maximum
und Minimum der Bahnhöhe und Inklination der Bahn.

Tabelle 1. Die ersten Nachrichtensatelliten

| Name | Start | Absolute Umlaufzeit in Minuten | Perigäum, Anfangswerte in km | Apogäum, Anfangswerte in km | Inklination |
|---|---|---|---|---|---|
| Echo I | 12. 8. 60 | 118 | 1 521 | 1 688 | 47,2° |
| Telstar I | 10. 7. 62 | 157,8 | 954 | 5 637 | 44,8° |
| Relay I | 13.12. 62 | 185,9 | 1 320 | 7 430 | 47,5° |
| Telstar II | 7. 5. 63 | 225 | 972 | 10 800 | 43° |
| Syncom II | 26. 7. 63 | 1454 | 35 500 | 36 600 | 33° |
| Relay II | 21. 1. 64 | 194,7 | 2 100 | 7 410 | 46,5° |
| Echo II | 25. 1. 64 | 108,8 | 1 030 | 13 100 | — |
| Syncom III | 19. 8. 64 | ~1440 | 35 672 | 35 908 | <0,1° |
| Early Bird | 6. 4. 65 | ~1440 | 35 700 | 35 900 | <0,1° |
| Molnija I | 23. 4. 65 | 708 | 500 | 40 000 | 65° |

Neben den Hauptstrecken über den Atlantischen und den Pazifischen
Ozean werden viele Nebenstrecken innerhalb großräumiger, unerschlos-
sener Erdteile benötigt, in denen Weitverkehrsverbindungen über
Koaxialkabel oder Richtfunk nicht vorhanden sind. Hierfür sind
Satelliten besonders geeignet, da sie Nachrichtensignale von mehreren
Bodenstationen zugleich übernehmen können und da die Signale auch
an verschiedene Orte der Erde verteilt werden können. Man nennt sie
dann Satelliten mit Mehrfachzugang.

Während die Aufwendungen für Seekabel proportional ihren Längen
sind, sind die Kosten für eine Satellitenverbindung praktisch unabhängig

von der zu überbrückenden Entfernung. Es gibt also eine Grenzentfernung, oberhalb der Satellitenverbindungen billiger sind als Seekabel. Man schätzt heute, daß, bezogen auf etwa 600 Sprechkreise, diese Grenzentfernung bei etwa 3000 km liegen wird, was der halben Entfernung Europa—Amerika entspricht. Wenn sich die Lebensdauer der Satelliten durch bessere Technologie verlängern läßt, verkürzt sich diese Grenzentfernung. Sie werden daher neben den Seekabeln einen festen Platz unter den künftigen interkontinentalen Nachrichtenverbindungen einnehmen.

Im folgenden wird über die Satellitenbahnen, die möglichen Übertragungssysteme sowie über die Geräte in den Satelliten und in den Bodenstationen berichtet. Die Ergebnisse der bisher durchgeführten Experimente werden dargelegt.

### 9.1.1 Mechanischer Aufbau des Satelliten

Die Kosten der Trägerrakete für das Hochschießen des Satelliten in die gewünschte Umlaufbahn um die Erde stellen einen wesentlichen Anteil der gesamten Aufwendungen für ein Netz von Nachrichtensatelliten dar. Daher muß eine Beschränkung der Satellitenmasse auf das unbedingt notwendige Maß gefordert werden. Dies ist besonders bei dem mechanischen Aufbau zu berücksichtigen. Das Satellitenvolumen ist einerseits durch die ihn in seine Bahn bringende letzte Stufe der Rakete begrenzt, andererseits wird die Größe des Volumens durch die Oberfläche bestimmt, die mit so vielen Solarzellen belegt sein muß, daß die benötigte elektrische Leistung für die Stromversorgung der nachrichtentechnischen Geräte und der Fernmeß- und Kommandogeräte gewährleistet ist. Wenn der Satellit mit einer mittelgroßen Rakete abgeschossen werden soll, darf seine Masse etwa 300 kg für Synchronbahnen und etwa 500 kg für mittelhohe Bahnen nicht übersteigen.

Die Satellitenzelle muß so bemessen werden, daß die Strahlungsdiagramme der Sende- und Empfangsantenne für die Nachrichtengeräte sowie der Antennen für die Fernmeß- und Kommandoanlagen durch die Form der Zelle nicht wesentlich beeinträchtigt werden. Für umlaufende Antennen oder gegenüber der Zelle bewegbare Solarzellenpaddel sind Lager mit besonders geringer Reibung vorzusehen. Neben ausreichender Fläche für die Antennen müssen Bereiche der Oberfläche für Antriebsdüsen zur Lage- und Bahnstabilisierung ausgespart werden. Im Inneren der Zelle müssen neben den Behältern für die nachrichtentechnischen Einrichtungen Vorratsgefäße für die Antriebsmittel vorgesehen werden; darüber hinaus Batterien für die Stromversorgung in den Schattenperioden und Zusatzgeräte.

Alle diese Einbauten müssen so vorgenommen werden, daß bei den in der Abschußphase auftretenden hohen Beschleunigungen (bis zu 10 g) und Schwingungen in einem breiten Spektrum (bis 2000 Hz) keine mechanischen Zerstörungen auftreten. Die Wärmeleitung des Systems muß so beschaffen sein, daß die durch Sonneneinstrahlung bedingte einseitige Erwärmung möglichst gut ausgeglichen und die sich in den elektronischen Geräten bildende Wärme abgeleitet wird.

### 9.1.2 Geeignete Satellitenbahnen

Die Bevölkerung der Erde konzentriert sich im wesentlichen auf den Bereich von etwa 60° nördlicher Breite bis rund 30° südlicher Breite, wobei die Besiedlung der nördlichen Zone dichter ist. Bevölkerungsdichte und Zivilisation bestimmen den Bedarf an Fernsprech- und Fernsehverbindungen sowie sonstigen Nachrichtenkanälen. Dieser Nachrichten-Verkehrsbedarf ist nur einer der Gesichtspunkte für die Wahl von Satellitenbahnen; die weiteren sind durch die physikalischen Möglichkeiten für die Form und Lage der Bahnen gegeben. Man wählt sie so, daß zunächst die Linien mit großem Verkehrsbedarf versorgt werden können. Das künftige Ziel wird es jedoch sein, ein weltweites System von Nachrichtensatelliten aufzubauen, über das möglichst jeder Punkt der Erde erreicht werden kann.

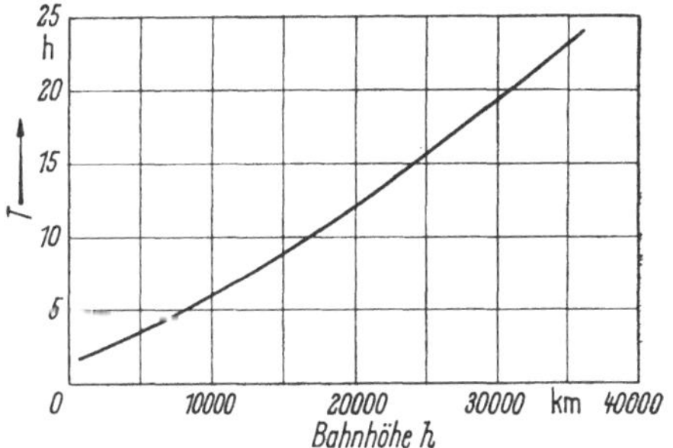
Abb. 1. Umlaufzeit $T$ eines Satelliten als Funktion seiner Bahnhöhe $h$ (Kreisbahn)

Die Bahnen von Erdsatelliten sind nahezu Kreise oder Ellipsen, deren Mittelpunkt bzw. deren einer Brennpunkt der Erdmittelpunkt ist. Der Umlauf der Satelliten vollzieht sich nach den KEPLERschen Gesetzen. Die errechneten Umlaufzeiten für Satelliten in den Kreisbahnhöhen von 1000 km bis zur Synchronhöhe von 36000 km sind in Abb. 1 aufgetragen.

Die Bahnen behalten angenähert ihre Lage im Raum bei und bewegen sich, der Erde zugeordnet, um die Sonne. Zur Beschreibung der Satellitenbahnen relativ zur Erde können verschiedene Koordinatensysteme benutzt werden:

Eine Satellitenbahn kann in der einfachsten Form durch ein rechtwinkliges Koordinatensystem beschrieben werden, dessen Ursprung der Erdmittelpunkt ist. In diesem System liegt die $X$-Achse in der Äquatorebene und ist auf den Frühlingspunkt gerichtet. Sie ist die Schnittgerade der Äquatorebene mit der Ekliptik. Die $Y$-Achse des Systems liegt ebenfalls in der Äquatorebene. Die mit der Erdachse zusammenfallende $Z$-Achse weist in die Nordrichtung.

Das für die Verfolgung von Satelliten meist benutzte Koordinatensystem ist ein rechtwinkliges System, dessen Ursprung der Schnitt von Dreh- und Schwenkachse der Bodenstationsantenne ist (Abb. 2). Die $X$-Achse weist in die Ostrichtung, die $Y$-Achse in die Nordrichtung, die $Z$-Achse zum Zenit. In diesem geographisch topozentrischen Koordinatensystem wird die Lage des Satelliten durch den Azimutwinkel, der positiv im Uhrzeigersinn ausgehend von der Nordrichtung berechnet wird, durch den Elevationswinkel über Horizont und die Entfernung bestimmt.

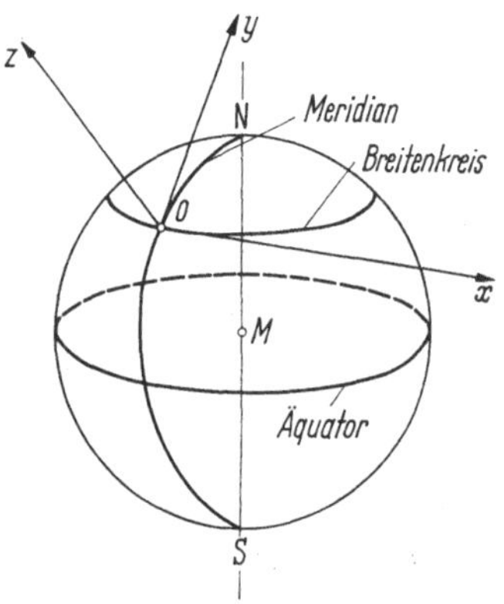


Abb. 2. Koordinatensystem für die von der NASA übermittelten Daten $X, Y, Z$ zur Satellitenverfolgung

Die auf den Satelliten beim Durchlaufen seiner Bahn wirkenden Störungen (Perturbationen) führen zu Bahnabweichungen. Einige Ursachen für Perturbationen sind: Reibungskräfte in der Atmosphäre, der Strahlungsdruck der Sonne, Gravitationsgradienten infolge der Erdabplattung und der inhomogenen Massenverteilung in der Erde sowie die Graviationskräfte von Sonne und Mond. Bei Berücksichtigung dieser Störungen wird die Bahn nicht mehr von zwei Körpern (Erde und Satellit) bestimmt; es ergibt sich je nach der Zahl der störenden Einflüsse ein Mehrkörperproblem. Bei ausreichend kleinen Störungen kann weiterhin mit Kreis- oder Ellipsenbahnen gerechnet werden, jedoch muß eine Zeitabhängigkeit der Bahnparameter eingeführt werden.

Die für ein weltweites Nachrichtensystem notwendige Zahl von Satelliten hängt von der Form und Höhe der Umlaufbahnen ab. Von besonderer Bedeutung sind:

1. Äquatoriale Synchronbahnen mit stationären Satelliten.

2. Umlaufbahnen mittlerer Höhe mit in ihrer Phase gesteuerten Satelliten, vowiegend mit äquatorialen oder polaren Bahnebenen.

Schießt man einen Satelliten in Richtung der sich drehenden Erde in eine kreisförmige äquatoriale Bahn, die 36000 km über der Erdoberfläche verläuft, so ist bei dieser Höhe seine absolute Umlaufzeit 24 Stunden und seine Winkelgeschwindigkeit um die Erdachse gerade so groß wie die der sich drehenden Erde. Ein solcher Satellit erscheint von der Erde aus betrachtet stationär. Von seinem Standpunkt aus kann ein gutes Drittel der Erdoberfläche ausgeleuchtet werden. Es würden also drei solcher Satelliten genügen, um ein weltweites Nachrichtensystem aufzubauen. Benachteiligt sind lediglich die Polgebiete der Erde in Breiten oberhalb etwa 76°, wenn man einen minimalen Erhebungswinkel von 5° voraussetzt. Zu diesen großen Vorteilen eines Systems von stationären Satelliten gegenüber Systemen von Satelliten in mittelhohen Bahnen (Höhen 10000 bis 20000 km, entsprechend absoluten Umlaufzeiten von 6 bis 12 Stunden) treten weitere Vorzüge:

1. Bei den großen Bahnhöhen ist die Häufigkeit der Schattendurchgänge der Satelliten und somit auch die Häufigkeit der Temperaturwechsel geringer.

2. Die Satelliten befinden sich nicht in den dichtesten Strahlungsgebieten der VAN ALLEN-Gürtel, deren Strahlungen den Satelliten auf geringeren Bahnhöhen schaden können.

3. Die Satelliten können ununterbrochen für den Nachrichtenverkehr benutzt werden.

4. Der DOPPLER-Effekt verschwindet praktisch.

5. Der Aufwand für die Nachsteuerung der Antennen in den Bodenstationen ist sehr klein. (Auf die Kipp- und Schwenkmöglichkeit der Antennen sollte jedoch nicht verzichtet werden.) Eine einzige Antenne reicht aus, um den sehr geringen, durch kleine Abweichungen von der Bahn bedingten Relativbewegungen dieser Satelliten zu folgen.

Diesen vielen Vorteilen stehen nur wenige Nachteile genüber:

1. Der Abschuß des Satelliten und die ständige Bahnkorrektur müssen mit größter Präzision erfolgen.

2. Die Laufzeit der Signale über einen Synchronsatelliten beträgt auf dem Weg über die Erdtangenten 275 ms (Tab. 2). Durchläuft eine

Tabelle 2. *Kennwerte kreisförmiger Satellitenbahnen mit verschiedener Bahnhöhe*

| Bahnhöhe | km | 36000 | 20300 | 14000 | 10400 |
|---|---|---|---|---|---|
| Absolute Umlaufzeit des Satelliten . . . . . . . . . . | Std. | 24 | 12 | 8 | 6 |
| Scheinbare Umlaufzeit des Satelliten in äquatorialer Bahn . . . . . . . . . . | Std. | syn. | 24 | 12 | 8 |
| Optimale Strahlbreite des Satelliten (Winkel zwischen den Erdtangenten) . . . . . | Grad | 17° 20′ | 27° 40′ | 36° 30′ | 44° 40′ |
| Anteil der vom Satelliten sichtbaren Erdoberfläche . . | % | 38,2 | 34 | 30,4 | 27 |
| Maximale Entfernung Satellit—Erdstation bei einem Erhebungswinkel von 5° . . . | km | 41250 | 25500 | 18750 | 15000 |
| Maximale Entfernung (längs der Erdoberfläche) für gleichzeitig von Satelliten sichtbare Erdstationen . . . . . . . | km | 16900 | 15800 | 14800 | 13900 |
| Maximale Signallaufzeit auf dem Wege Erde—Satellit—Erde | ms | 275 | 170 | 125 | 100 |

Nachricht zwei Satellitenfunkfelder, so ergibt sich eine Laufzeit von $2 \times 275\ \text{ms} = 550\ \text{ms}$ für jede Richtung, die für Gespräche nicht mehr tragbar ist.

Man überlegt daher, ob nicht Satelliten mit 10400 km Bahnhöhe (absolute Umlaufzeit 6 Stunden), 14000 km Bahnhöhe (8 Stunden)

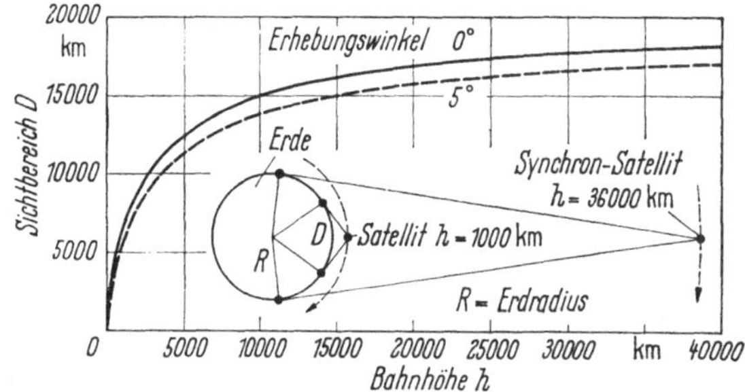


Abb. 3. Maximal möglicher Sichtbereich $D$ von einem Satelliten in Abhängigkeit von seiner Bahnhöhe $h$ in Ebenen durch den Satelliten und den Erdmittelpunkt

und 20300 km (12 Stunden) auf äquatorialen, polaren oder zum Äquator geneigten Bahnen eine gute Kompromißlösung darstellen. In Tab. 2 sind die absoluten und scheinbaren Umlaufzeiten, die optimalen Strahlbreiten der Bordantennen, der Anteil der vom Satelliten ausgeleuchteten Erdoberfläche und die Signallaufzeit in Abhängigkeit von der Bahnhöhe zusammengestellt.

Abb. 3 zeigt den möglichen Sichtbereich über einen Satelliten, der sich in der Ebene durch die Bodenstationen und den Erdmittelpunkt befindet als Funktion seiner Höhe über der Erdoberfläche bei Erhebungswinkeln von 0° und 5° in den Bodenstationen; in Abb. 4 ist der optimale Öffnungswinkel des Strahlungsdiagramms einer Satellitenantenne als Funktion der Bahnhöhe bei einem Erhebungswinkel von 5° in den Bodenstationen dargestellt. Die Abweichungen für Erhebungswinkel von 0° liegen innerhalb der Strichstärke der Kurve.

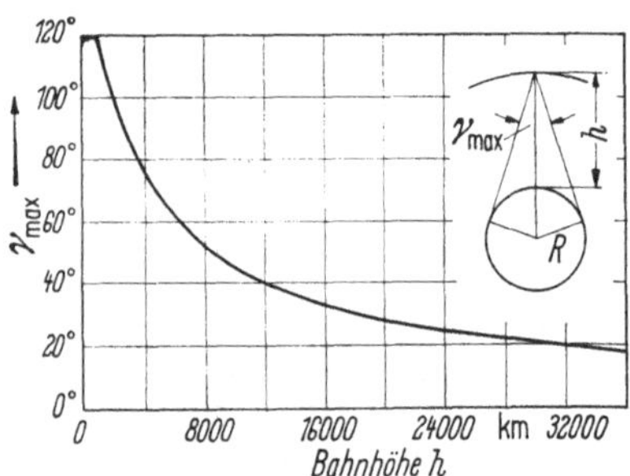


Abb. 4. Optimaler Öffnungswinkel $\gamma_{max}$ des Strahlungsdiagramms einer Satellitenantenne als Funktion der Bahnhöhe $h$, Erhebungswinkel bei den Bodenstationen 5°

Bei Äquatorialbahnen ist der Ausnutzungsgrad zeitlich konstant und nur eine Funktion der Bahnhöhe; bei polaren Bahnen ist er von der jeweiligen Stellung der Erde zu der Bahnebene des Satelliten abhängig und schwankt daher zwischen einem Minimal- und einem Maximalwert. Für einen unterbrechungsfreien Betrieb werden mehrere gesteuerte, äquidistante Satelliten auf gleicher Bahn vorgesehen. Die dafür erforderliche Anzahl ist bei Äquatorialbahnen umgekehrt proportional den Ausnutzungsgraden, bei Polarbahnen umgekehrt proportional den minimalen Ausnutzungsgraden.

Allgemein ergibt sich, daß äquatoriale Umlaufbahnen vorwiegend für Satellitenverbindungen in der Richtung Nord—Süd, polare Umlaufbahnen vorwiegend für Verbindungen in der Richtung West—Ost (besonders für Bodenstationen höherer Breitenlage auf der gleichen Halbkugel) geeignet sind.

Für ein weltweites System mit nachsteuerbaren Satelliten sind für Bahnhöhen von 10 000 km etwa zwölf, für Höhen von 20 000 km etwa acht Satelliten erforderlich. Die Systeme können aus gemischten Bahnen bestehen, beispielsweise aus einer polaren Bahn mit sechs umlaufenden Satelliten und einer gegen die Äquatorebene leicht geneigten Bahn mit ebenfalls sechs Satelliten. In den genannten Zahlen sind keine Reserven für Ausfälle enthalten.

Weltweite Systeme mit ungesteuerten Satelliten erfordern eine wesentlich höhere Satellitenzahl, da ihre räumliche Lage zueinander nach einem Zufallsgesetz wechselt. Soll ein Verkehr mit 99% Wahrscheinlichkeit erreicht werden, d. h. mindestens ein Satellit sichtbar sein, so sind 4- bis 5mal so viele Satelliten notwendig. Ungesteuerte Systeme sind jedoch gegenüber Ausfällen einzelner Satelliten unempfindlicher.

### 9.1.3 Lage- und Bahnstabilisierung

Bedingt durch die begrenzte Stromversorgung in Satelliten kann die Sendeleistung nur einige Watt betragen. Die Strahlung der Bordantennen muß daher in Richtung auf die Erde gebündelt werden. Dies gelingt nur, wenn die Satelliten in ihrer Lage relativ zur Erdoberfläche stabilisiert werden können. Dafür bieten sich drei Möglichkeiten an: Die Spinstabilisierung, die passive Stabilisierung durch den Gradienten des Schwerefeldes der Erde und die aktive 3-Achsen-Stabilisierung.

Da die letzte Stufe der den Satelliten tragenden Rakete meist in ihrer Bahnrichtung spinstabilisiert ist, behält auch der losgelöste Satellit diesen eingeprägten Spin bei. Eine Änderung der Drehzahl ist beispielsweise durch Ausstoßen von Gas oder nach einem das Trägheitsmoment des Satelliten ändernden Prinzip möglich. Dafür werden am Satelliten in einer Ebene senkrecht zur Spinachse zwei kleine durch Schnüre mit ihm verbundene Gewichte vorgesehen, die in entgegengesetzter Richtung durch die Zentrifugalkraft ausgestoßen werden. Durch Ändern der Schnurlängen kann das Trägheitsmoment um die Spinachse verändert werden. Danach wird mit Hilfe von Rückstoßdüsen die Spinachse des Satelliten in die für die angestrebte Umlaufbahn erforderliche

Lage, üblicherweise senkrecht zur Bahnebene, gebracht. Wenn das gewünschte Strahlungsdiagramm in Richtung zur Erde erzielt werden soll, muß die Strahlungskeule der Satellitenantenne entgegen dem Spin umlaufen. Läßt im Laufe der Zeit die Spinfrequenz nach, so muß die Umlaufgeschwindigkeit der Strahlungskeule im gleichen Maße reduziert werden. Die zum Einstellen dieses Gleichlaufs notwendigen Schaltvorgänge können durch Sensoren ausgelöst werden, die die Grenze zwischen Erde und Weltraum abtasten und somit die Richtungen der Tangenten an die Erde ermitteln. Die von den Sensoren gemeldeten Richtungsabweichungen werden am Boden in den Leitstationen ausgewertet und durch Fernsteuerung korrigiert. Die erzielbare Einstellgenauigkeit beträgt etwa $\pm 1°$.

Durch den Spin wird eine Lagestabilisierung in nur einer Achse erreicht. Eine vollständige Lagestabilisierung ist nur dann vorhanden, wenn es gelingt, den Satelliten so auf seiner Bahn zu orientieren, daß er, ähnlich wie der Mond, immer die gleiche Seite der Erde zukehrt. Wird der Satellit als ein System mehrerer räumlich verteilter Massen betrachtet [5], so wirken auf diese unterschiedliche Gravitations- und Zentrifugalkräfte. Obwohl die Unterschiede entsprechend der Größe des Satelliten extrem gering sind, bewirkt die Differenzkraft doch ein Drehmoment, das den Satelliten so zu orientieren strebt, daß seine Achse mit dem kleinsten Trägheitsmoment auf die Erde weist. Das Drehmoment ist proportional der Differenz der maximalen und minimalen Trägheitsmomente. Somit ergibt sich die Möglichkeit, durch geeignete Gestaltung des Satelliten das durch den Gradienten des Schwerefeldes bedingte Drehmoment ausreichend groß zu machen. Eine günstige Verteilung der Trägheitsmomente kann z. B. durch ausfahrbare Massen erzielt werden, die durch ein Stangensystem in ihrer Lage relativ zum Satelliten gehalten werden.

Wirkt das als Richtmoment bezeichnete Drehmoment auf den noch nicht zur Erde orientierten oder durch eine Störung ausgelenkten Satelliten, so treten Pendelungen um die optimale Lage auf. Diese Schwingungen müssen durch Dämpfung zum Abklingen gebracht werden. Die Dämpfungssysteme sind Flüssigkeitsdämpfer oder beruhen auf mechanischer oder magnetischer Hysterese. Eine Drehung des Satelliten um die jeweilige Erdvertikale kann mit Hilfe von Sonnen-Winkelmessern festgestellt werden. Gemäß der gemeldeten Richtungsabweichung kann eine Nachsteuerung des Satelliten von der Leitstation aus erfolgen.

Die erreichbare Einstellgenauigkeit des Satelliten in die Richtung zur Erde beträgt einige Grad. Da die Gravitationskraft mit dem Quadrat der Entfernung von der Erde abnimmt, andererseits mit größerer Entfernung auch der optimale Strahlwinkel geringer wird, ist die mit diesem passiven Stabilisierungsverfahren erreichbare Einstellgenauigkeit für mittelhohe Satelliten günstiger als für Synchronsatelliten. Auch die zusätzlichen Abweichungen durch den Strahlungsdruck der Sonne sowie durch Einschläge von Meteoriten werden sich insbesondere bei hohen Bahnen stärker auswirken als bei spinstabilisierten Satelliten.

Es wurden daher weitere Untersuchungen über eine aktive Stabilisierung mittels Schwungrädern durchgeführt, die recht günstige Ergebnisse lieferten. Bei einem Leistungsaufwand von nur wenigen Watt können mit diesen aktiven Stabilisierungsverfahren Richtgenauigkeiten von einigen Zehntel Grad erzielt werden. Diese Art der Stabilisierung wird insbesondere bei Fernsehsatelliten oder Navigationssatelliten, die mit stark bündelnden Antennen arbeiten, von großer Bedeutung sein.

Die der Bahnstabilisierung dienenden Einrichtungen haben die Aufgabe, die Satelliten nach Abschluß der „Injektionsphase" so nachzusteuern, daß sie die vorgesehene Umlaufbahn und Umlaufzeit möglichst genau einhalten. Falls mehrere Satelliten dieselbe Bahn durchlaufen sollen, muß durch genaue Bahnstabilisierung ihre relative Lage zueinander konstant gehalten werden. Eine weitere, besonders wichtige Aufgabe besteht darin, die im Laufe der Betriebszeit der Satelliten wirksam werdenden Bahnstörungen als Folge von äußeren Einflüssen (Perturbationen) und inneren Einflüssen (Bewegung von Teilen der Satelliten relativ zueinander) zu korrigieren. Diese Störungen können periodisch oder impulsartig auftreten. Es besteht durchaus die Möglichkeit, einige Fehlerursachen zur Kompensation anderer Einwirkungen zu benutzen.

Die Bahnstabilisierung, d. h. die Ausregelung von Geschwindigkeitsdifferenzen und Neigungen relativ zur vorgesehenen Bahn, wird mit Rückstoßdüsen oder Düsenpaaren durchgeführt, aus denen mitgeführtes Kaltgas gesteuert ausströmt. Neuerdings wurde versucht, mit Hilfe der elektrischen Energie an Bord die kinetische Energie der durch die Rückstoßdüsen ausströmenden Masse zu erhöhen, um mit möglichst wenig Treibstoff große Impulse zu erhalten. Es wurden elektrostatisch wirkende Antriebssysteme für kleine Korrekturen geschaffen, wobei Ionen durch Kontaktionisation oder Gasentladung erzeugt, in einem elektrostatischen Feld beschleunigt und in der Austrittsebene des Korrektursystems neutralisiert werden [6]. Das Antriebssystem wird von der Erde aus ferngesteuert.

Das Stabilisieren eines etwa 200 kg schweren Satelliten auf die Dauer von drei Jahren erfordert nach Berechnungen der Hughes Aircraft Corporation einen Treibstoffverbrauch von 70 kg für einen Kaltgasantrieb gegenüber nur einem Kilogramm für einen Ionenantrieb, wenn als Antriebsmaterial Caesium verwendet wird. Dieses wird im Satelliten erhitzt und verdampft. Die Atome werden ionisiert und die Ionen beschleunigt. Das Ionenantriebssystem kann aus den Solarzellen gespeist werden, wenn eine Leistung von 50 W erübrigt werden kann. Es erlaubt eine sehr genaue Regelung. Diese Feinregelung hat besondere Bedeutung für die Synchronsatelliten. Wegen der Elliptizität des Äquators gibt es für Synchronsatelliten nur vier Gleichgewichtspunkte, aus allen anderen Punkten der Bahn wandert der Satellit allmählich aus. Da jedoch die Gleichgewichtspunkte auf Längengraden liegen, die für den Standort von Satelliten für einen weltweiten Nachrichtenverkehr ungeeignet sind, müssen Bahnkorrekturen vorgenommen werden.

Die bisherigen Erfahrungen haben gezeigt, daß Bahnstabilisierungen mit großer Genauigkeit durchgeführt werden können. Jedem Korrekturschub geht eine genaue Bahnvermessung voraus, durch die er nach Größe und Richtung bestimmt wird.

Als Beispiel sei das Ergebnis der Bahnstabilisierung des Satelliten Syncom III genannt, der über dem Pazifischen Ozean stationiert wurde. Die Grobstabilisierung auf der Synchronbahn war nach vier Apogäums-Durchgängen (nach etwa 40 Stunden) abgeschlossen. Die Feinregelung gelang über Funkbefehle vom Boden aus mittels der Kaltgas-Steuerdüsen. Die Satellitenbahn ist nun praktisch kreisförmig. Bei einer mittleren Höhe von 35 800 km beträgt die Differenz zwischen Apogäum und Perigäum nur etwa 200 km, die Umlaufzeit wird auf wenige Sekunden genau eingehalten. Die tägliche Drift beträgt nur etwa $1/_{100}$ Längengrad, die Inklination etwa 0,1°. Bedingt durch die von Null abweichende Inklination ist die auf die Erde projizierte Bahn eine schmale „8", die längs des Äquators wandert, wenn zusätzlich die Synchronhöhe nicht genau eingehalten wird.

## 9.2 Übertragungssysteme

Bei der Planung von weltweiten Nachrichtenverbindungen über Satelliten sind die geographische Lage der zu verbindenden Orte, der augenblickliche und künftige Bedarf an Fernsprech- und Fernsehkanälen und die Übertragungseigenschaften der verschiedenen möglichen Satellitensysteme zu berücksichtigen. Dabei ist anzustreben, daß die Übertragungsqualität der Satellitenverbindungen mindestens gleich der der Kabelverbindungen und der terrestrischen Richtfunkverbindungen ist.

Zunächst ist zu klären, ob eine Punkt-zu-Punkt-Verbindung oder eine Verbindung mit Mehrfachzugang zweckmäßig ist. Beim Mehrfachzugang ist der Satellit eine simultane Relaisstelle, die für mehr als ein Paar von Bodenstationen verfügbar ist, wann immer sich die Notwendigkeit dazu ergibt. Bei der Entscheidung müssen die Anzahl der benötigten Sprechkreise und die Ausbaufähigkeit berücksichtigt werden. Es ist ratsam, die Bündelstärke als Vielfaches der bei CCIR genormten Gruppen zu bemessen. Als Grundeinheit kann eine Primärgruppe von

12 Kanälen oder eine Sekundärgruppe von 60 Kanälen gewählt werden. Für den Weg zum Satelliten und den Weg vom Satelliten können verschiedene Modulationsverfahren verwendet werden.

### 9.2.1 Frequenzbereich und Ausbreitungsfragen

Der Frequenzbereich für den Betrieb von Satellitenverbindungen muß so gewählt werden, daß Troposphäre und Ionosphäre möglichst ungehindert durchstrahlt werden. Im Hinblick auf die sehr schwachen Empfangssignale an den Bodenstationen müssen solche Frequenzbereiche gewählt werden, bei denen weder atmosphärische Störungen durch elektrische Entladungen noch größere, durch Absorption bedingte Rauschbeiträge aus der Atmosphäre auftreten. Ebenso sind die Frequenzbereiche kosmischer Störungen zu meiden.

Somit ergibt sich für Nachrichtenverbindungen über Satelliten ein besonders geeigneter Frequenzbereich, der zwischen 1 GHz bis 2 GHz als unterer Grenze und etwa 10 GHz als oberer Grenze liegt (s. Kap. über Wellenausbreitung, S. 191). Da die Rauschbeiträge der Atmosphäre bei kleinen Elevationswinkeln der Strahlung besonders groß sind und die Erdoberfläche über die ersten Nebenzipfel der Bodenantenne einen zusätzlichen Rauschbeitrag liefert, sollte auf einen Betrieb von Satellitenverbindungen bei Erhebungswinkeln unterhalb etwa 3 bis 5° verzichtet werden.

Der für Satellitenverbindungen günstige Frequenzbereich, das sogenannte „Radiofenster" in den Weltraum, gleicht also dem für den Betrieb von erdgebundenen Richtfunklinien günstigen und für Breitband-Richtfunkanlagen genutzten Bereich. Daher sind Kompromisse in zwei Richtungen nötig, nämlich in der Hinnahme begrenzter Interferenzstörungen und in einer Begrenzung der Senderleistungen und der Antennengewinne.

Die vom CCIR für Nachrichtenverbindungen über Satelliten zugelassenen Frequenzbereiche sind in Tab. 3 angegeben.

### 9.2.2 Streckendämpfung, Sendeleistung und Geräusche

Eine Nachrichtenverbindung über aktive Satelliten besteht aus zwei hintereinandergeschalteten Übertragungsstrecken (Funkfeldern) von einer Bodenstation zum Satelliten und von dort zur zweiten Bodenstation. Diese Strecken sind wesentlich länger als bei terrestrischen Richtfunkstrecken und bedingen eine größere Funkfelddämpfung, man muß deshalb sehr große Sendeleistungen und Antennengewinne anwenden, um ein ausreichendes Signal-Geräusch-Verhältnis zu erreichen. Ein großer Aufwand in der Bodenstation ist gut möglich, weil man hier im Gewicht und im Stromverbrauch kaum begrenzt ist. Im Satelliten dagegen, der mit Rücksicht auf die Tragkraft der Raketen nur eine beschränkte Masse haben darf, sind Sendeleistung und Antennengewinn wesentlich kleiner.

**Streckendämpfung.** Wir betrachten zuerst die schwierige Strecke vom Satelliten zum Boden und berechnen die Streckendämpfung. Eine einfache Überschlagsrechnung ist folgende: Die vom Satelliten abgestrahlte Leistung wird von seiner Richtantenne auf die Erde gerichtet, die als eine Kreisscheibe mit Erddurchmesser $D$ angenähert sei. Die Fläche der Scheibe ist $\pi\, D^2/4$. Von der Bodenantenne mit dem Durchmesser $d$ und der Fläche $\pi\, d^2/4$ wird nur der kleine Teil der Leistung aufgenommen, der dieser Fläche entspricht. Gesamtleistung und Empfangsleistung verhalten sich also wie $D^2/d^2$. Berücksichtigt man noch den Wirkungsgrad der Bodenantenne von 50% und den Leistungsabfall

Tabelle 3. *Frequenzbereiche für Nachrichtenverbindungen über Satelliten*

| Frequenzbereich MHz | Region 1–3[1] (weltweit) | Gleichzeitig für feste und mobile Richtfunkverbindungen |
|---|---|---|
| Richtung Satellit—Erde | | |
| 3400 bis 4200 | + | +[2] |
| 7250 bis 7300 | + | — |
| 7300 bis 7750 | + | + |
| Richtung Erde—Satellit | | |
| 4400 bis 4700 | + | + |
| 5725 bis 5850 | nur Region 1 | — |
| 5850 bis 5925 | nur Region 1 u. 3 | + |
| 5925 bis 6425 | + | + |
| 7900 bis 7975 | + | + |
| 7975 bis 8025 | + | — |
| 8025 bis 8400 | + | + |

[1] Region 1: etwa Europa, asiatisches Rußland, Afrika, vorderer Orient
Region 2: Amerika und Grönland
Region 3: Asien (Japan, China, Indien) Indonesien und Australien
[2] In den Regionen 2 und 3 nur von 3500—4200 MHz

der von der Satellitenantenne ausgehenden Strahlung in Richtung der Tangenten an die Erde — in Richtung auf die Bodenstationen — von ebenfalls 50%, so ergibt sich die Streckendämpfung zu

$$a = 10\lg \frac{4D^2}{d^2}\,\text{dB} = 20\lg \frac{2D}{d}\,\text{dB}\,. \qquad (1)$$

Mit $D = 12\,700$ km und $d = 25$ m wird $a = 120$ dB. Der Wert stimmt recht gut mit der genauen Rechnung überein, deren Resultate in Tab. 4 angegeben sind. Die Dämpfung in umgekehrter Richtung vom Boden zum Satelliten ist natürlich genausogroß. Es fällt auf, daß die Dämpfung von der Frequenz unabhängig und von der Satellitenhöhe fast unabhängig (vgl. S. 865) ist. Das erklärt sich daraus, daß im Satelliten für jede

Frequenz, nämlich 4 GHz für Senden und 6 GHz für Empfangen, und für jede Satellitenhöhe eine eigene Antenne angenommen wurde, deren Strahlungskegel gerade die ganze Erde ausleuchtet. Ferner kann angenommen werden, daß die Bodenantenne für Senden (6 GHz) und Empfangen (4 GHz) denselben Flächenwirkungsgrad hat.

Ist der Satellit spinstabilisiert und hat er statt der Richtantenne eine Rundstrahlantenne, deren Diagramm die Erde tangiert, so ist die Funkfelddämpfung bei 14000 km Bahnhöhe um etwa 5 dB größer, bei 36000 km Bahnhöhe um etwa 9 dB größer als nach Tab. 4. Die angegebenen Werte enthalten keine Reserven für Regen.

Tabelle 4. *Funkfelddämpfungen von Satellitenverbindungen*

| | | 14000 | | 36000 | |
|---|---|---|---|---|---|
| Höhe der Satelliten . . . . | km | 14000 | | 36000 | |
| Umlaufzeit der Satelliten . | Std. | 8 | | 24 | |
| Maximale Entfernung bei 5° Erhebungswinkel . . . . . | km | 18750 | | 41250 | |
| Betriebsfrequenz . . . . | GHz | 4 | 6 | 4 | 6 |
| Grundübertragungsdämpfung (Funkfelddämpfung zwischen Kugelstrahlern) . . . . . . | dB | 190 | 193,5 | 196,9 | 200,4 |
| Logarithmus des Gewinns der Bodenstationsantenne mit 25 m Durchmesser, bezogen auf den Kugelstrahler. . . . | dB | 58 | 61,5 | 58 | 61,5 |
| Logarithmus des Gewinns der Satellitenantenne bei Ausrichtung zur Erde, bezogen auf den Kugelstrahler. . . . | dB | 10 | 10 | 17 | 17 |
| Funkfelddämpfung . . . . . | dB | 122 | 122 | ~122 | ~122 |

**Geräuschbedingungen.** Nach den Empfehlungen des CCIR soll der Stundenmittelwert der Geräuschleistung in einem Sprechkanal bei Satellitenverbindungen, unabhängig von der zu überbrückenden Entfernung 10000 pW am relativen Pegel Null nicht überschreiten. Diese Leistung ist „bewertet" zu messen. Wegen der geringen Sendeleistung im Satelliten hat man der Strecke Satellit—Bodenstation den größten Anteil an den 10000 pW gegeben (Tab. 5). Da ferner die Intermodula-

Tabelle 5.
*Zulässige Geräusche und ihre Aufteilung für Satellitenverbindungen nach CCIR*

| Strecke | Gesamtgeräusch pW | Thermisches Geräusch pW | Intermodulationsgeräusch pW |
|---|---|---|---|
| Bodenstation—Satellit | 2000 | 1500 | 500 |
| Satellit—Bodenstation | 8000 | 6000 | 2000 |
| Summe | 10000 | 7500 | 2500 |

tionsgeräusche eher klein gehalten werden können, erhielt das thermische Rauschen den größeren Anteil am Gesamtgeräusch.

**Sendeleistung und Empfängerrauschen.** Die Sendeleistung im Satelliten ist, wie an anderer Stelle ausgeführt, auf etwa 10 W begrenzt. Bei der genannten Streckendämpfung von etwa 120 dB kommen an der Empfangsantenne demnach nur etwa 10 pW Nutzleistung an, die die Sprachspannungen von 1200 Kanälen trägt. Es müssen deshalb äußerst geräuscharme Empfänger angewendet werden, um diese geringe Leistung noch mit dem geforderten Geräuschabstand zu empfangen. Die Rauschtemperatur $T$ ist ein gebräuchliches Maß für die Rauschenergie $kT$. Man kann auch die Rauschenergie $F\, kT_0 = F\, 4 \cdot 10^{-21}$ W/Hz ($T_0 = 290\,°\text{K}$) als Einheit verwenden. Der Zahlenfaktor $F$ vor dieser Einheit heißt Rauschzahl. Die Rauschleistung erhält man durch Multiplikation der Rauschenergie mit der Bandbreite. Die geringen Rauschtemperaturen oder Rauschzahlen der Empfangsverstärker sind nur dann von Nutzen, wenn auch die Antenne und die Zuleitungen zum Empfänger geringe Rauschtemperaturen haben. Der von der Bodenantenne erfaßte Himmelsausschnitt hat im Bereich der Mikrowellen nur eine sehr kleine Rauschleistung. Mit einer rauscharmen Antenne von etwa 25 m Durchmesser und einem Maser als Vorverstärker erreicht man bei einer Frequenz von 4 GHz und Elevationen oberhalb 5° insgesamt eine Rauschzahl von weniger als $F = 0{,}17$ entsprechend einer Rauschtemperatur $T = 50\,°\text{K}$.

**Modulationsgewinn.** Zur Erhöhung des Signal-Geräuschabstandes (nach der Demodulation) ist ein geräuschminderndes Modulationsverfahren, am besten Frequenzmodulation mit großem Hub, nötig. Für ein Bündel von 1200 Sprachkanälen braucht man einen etwa 50 MHz breiten Radiokanal und einen Spitzenhub von etwa $\pm 20$ MHz.

Für den Fall des Mehrfachzugangs können mehrere frequenzmodulierte Träger verwendet werden. Für die Aufwärtsrichtung vom Boden zum Satelliten kommen auch Teilbündel mit Einseitenbandmodulation in Frage.

**Streckenplanung.** Wie im Kapitel über Richtfunklinien (s. S. 654) und in [7] ausführlich behandelt, ist der Zusammenhang zwischen dem Systemwert $S$ (d. h. der Summe aus dem geforderten Signal-Geräusch-Abstand in einem Kanal $\Delta n$ und der Streckendämpfung a) und der Sendeleistung $P_s$, der Systemrauschzahl $F$ und dem Modulationsfaktor $M = \Delta F / f_m$ durch folgende Gleichung gegeben:

$$S = \Delta n + a = 10 \lg \frac{P_s}{F\, kT_0\, B} + 10 \lg M^2 + 10 \lg b^2. \qquad (2)$$

Man kann den Modulationsfaktor $M$ oder die benötigte Bandbreite als gesuchte Größe ansehen und als gegebene Größen deshalb ansetzen:

$$\Delta n \quad 10 \lg \frac{1\,\mathrm{mW}}{6000\,\mathrm{pW}} = 52\ \mathrm{dB} \ \text{nach Tab. 5}$$

$a$      122 dB nach Tab. 4  also
$S$      174 dB ferner
$P_s$     10 W
$F$      0,17 (entspr. $T = 50\,^{\circ}\mathrm{K}$)
$kT_0$   $4 \cdot 10^{-21}$ W/Hz
$B$      $2 \cdot B_{\mathrm{NF}} = 2 \cdot 3100$ Hz
$b$      1,33 psophometrischer Bewertungsfaktor

Nach diesen Zahlen ist ein Modulationsfaktor $M = \Delta F/f_m = \tfrac{1}{4}$ erforderlich. Bei 1200 Sprachkanälen ist die höchste Modulationsfrequenz $f_{\max} = 5{,}564$ MHz, für den höchsten Kanal muß der Kanalhub also $\Delta F = 5{,}564$ MHz$/4 \approx 1{,}4$ MHz und dessen Effektivwert $\Delta F_{\mathrm{eff}} \approx 1$ MHz betragen, also 5mal soviel wie bei gewöhnlichen Richtfunkstrecken.

Der Spitzenhub $\Delta F_s$ berechnet sich aus

$$\Delta F_s = \Delta F_{\mathrm{eff}}\ \sqrt{z}\ \sqrt{\frac{P_{\mathrm{spr}}}{1\,\mathrm{mW}}}\ \alpha\ \sqrt{2}\ \mathrm{V}. \tag{3}$$

Hierin bedeuten

$z = 1200$ Sprachkanäle,
$P_{\mathrm{spr}} = 32\ \mu\mathrm{W}$ die mittlere Sprachleistung,
$\alpha = 4$ ($\triangleq 12$ dB) den Spannungsspitzenfaktor und
$V = 0{,}63$ ($\triangleq -4$ dB) einen Faktor, der die Vorverzerrung (preemphasis) berücksichtigt.

Mit diesen Zahlen ist $\Delta F_s = 22$ MHz. Der Radiokanal sollte

$$B_{\mathrm{RF}} \geqq 2(\Delta F_s + f_{\max})$$

sein, also möglichst breiter als 55 MHz.

Nun noch ein Wort zur Geräuschschwelle, die erreicht wird, wenn die Nutzträgerleistung etwa bei der 10fachen Geräuschleistung liegt. Die Geräuschleistung in dem 55 MHz breiten Band beträgt

$$P_N = F\,kT_0\,B_{\mathrm{RF}} = 37 \cdot 10^{-15}\,\mathrm{W},$$

die Empfangsleistung etwa $6 \cdot 10^{-12}$ W, diese ist also etwa 160mal so groß wie die Geräuschleistung. Der Faktor bis zur Schwelle beträgt also 16, entsprechend 12 dB. Hierin ist also eine Reserve für Regen und Verluste durch Lageschwankungen des Satelliten vorhanden. Man könnte auch die Sendeleistung im Satelliten noch etwas herabsetzen.

Damit ist die Planung der Strecke vom Satelliten zum Boden abgeschlossen, und wir wenden uns der Strecke vom Boden zum Satelliten zu. Die Streckendämpfung ist dieselbe wie für die Abwärtsstrecke (Tab. 4). Nimmt man Frequenzmodulation mit demselben großen Hub wie abwärts an, so kann die Strecke mit folgenden Daten berechnet werden:

$P_s$    Sendeleistung der Bodenstation 2 kW,

$F$    Rauschzahl 8,5 oder $T = 2500$ °K (Satellitenempfänger),

übrige Daten wie oben.

Damit ergibt sich für den Signal-Geräusch-Abstand $\Delta n = 58$ dB entsprechend 1500 pW am relativen Pegel Null wie nach Tab. 5 zulässig.

**Beeinflussung zwischen Satellitenstrecken und Richtfunkverbindungen.** Da Satelliten- und terrestrische Richtfunkverbindungen dieselben Frequenzbereiche benutzen und gegenseitige Störungen vermieden werden müssen, hat das CCIR noch folgende Empfehlungen herausgegeben [8, 9]:

a) In einem Richtfunkbezugskreis von 2500 km Länge soll das Interferenzgeräusch durch Satellitenstrecken im Stundenmittel 1000 pW am relativen Pegel Null nicht überschreiten. Die gefährdete Richtfunkstrecke ist so zu bemessen, daß die im ganzen zulässigen 10000 pW nicht überschritten werden. Auch kurzzeitige Störungen sind auf 50000 pW in 0,01% eines Monats begrenzt.

b) Damit die Sender der Richtfunkstrecke die Empfänger im Satelliten und in der Bodenstation nicht stören, ist die Strahlstärke[1] auf 316 kW/ Steradiant zu begrenzen (in der Ausdrucksweise des CCIR: $+55$ dB, bezogen auf 1 W). Dabei soll die Senderleistung am Antenneneingang 20 W nicht überschreiten. Auch die Strahlstärke der Bodenstation soll in der Horizontalebene diesen Wert in irgendeinem 4 kHz breiten Band nicht übersteigen (Begrenzung des Elevationswinkels). Ist eine Richtfunkempfangsstelle mehr als 400 km von der Bodenstation entfernt, so darf die genannte Strahlstärke überschritten werden, und zwar entsprechend einem Zuschlag von 2 dB (Faktor 1,6) je 100 km, größte zulässige Strahlstärke ist jedoch 3160 kW/Steradiant.

c) Schließlich ist auch eine Beschränkung der durch den Satellitensender auf der Erde verursachten Leistungsflußdichte erforderlich. In einem 4 kHz breiten Band soll sie bei horizontal auftreffenden Signalen nicht mehr als $0,6 \cdot 10^{-15}$ W ($-152$ dB, bezogen auf 1 W) betragen und bei senkrechtem Einfall auf $2,4 \cdot 10^{-15}$ W ansteigen dürfen.

### 9.2.3 Modulationsverfahren

Bei der Planung von Nachrichtensystemen über Satelliten ist die Wahl des Modulationsverfahrens von großer Bedeutung. Da die Geräuschbedingungen für die Strecke vom Satelliten zum Boden schwerer zu erfüllen sind als für die Strecke vom Boden zum Satelliten, können für

---

[1] Im amerikanischen Sprachgebrauch: **Effective Radiated Power = ERP**

beide Strecken verschiedene Modulationsverfahren zweckmäßig sein. So muß man wegen der heute noch bestehenden Leistungsbeschränkung im Satelliten für die Abwärtsstrecke Modulationsverfahren mit geräuschmindernder Wirkung, etwa durch Frequenzbanderweiterung, anwenden. Zusätzlich ist die Wahl des Modulationsverfahrens davon abhängig, ob das System nur Punkt-zu-Punkt-Verbindungen dienen oder die Möglichkeit des Mehrfachzugangs bieten soll. Bei Punkt-zu-Punkt-Verbindungen wird heute Frequenzmodulation mit großem Hub für beide Strecken bevorzugt. Für Systeme mit Mehrfachzugang gibt es zwei wichtige Prinzipien:

Man sendet von den vielen Bodenstationen eine Anzahl von getrennten frequenzmodulierten Signalen, die im Satelliten nur in der Frequenzlage umgesetzt, verstärkt und wieder ausgesendet werden. In diesem Falle ist die Ausnutzung im Satelliten ziemlich einfach, die Summe der Trägerleistungen und die RF-Bandbreite sind aber erheblich größer als in dem zweiten Fall.

Man sendet eine Anzahl von EM-Bündeln, die aber im Satelliten für die Weitersendung in eine andere Modulationsart umgesetzt werden müssen, z. B. in Breitband-FM oder -PCM. Der Aufwand im Satelliten ist deshalb hoch, man spart aber Sendeleistung und Frequenzband.

Ein Vergleich zwischen FM und PCM geht mit schwachem Vorsprung zugunsten der FM aus, wenn man nur das benötigte Frequenzband und die Sendeleistung betrachtet. Ein endgültiges Urteil kann aber heute noch nicht abgegeben werden, weil die praktischen Erfahrungen mit der Breitband-PCM noch nicht ausreichen.

### 9.2.4 DOPPLER-Effekt

Bei der Bewegung umlaufender Satelliten relativ zu den Bodenstationen werden durch den DOPPLER-Effekt Verschiebungen der Funkfrequenzen verursacht. Die Größe dieser Verschiebungen ist proportional der Funkfrequenz, jedoch unabhängig von der verwendeten Modulationsart. Die Wirkungen des DOPPLER-Effektes sind bei kleinen Elevationswinkeln am größten, weil dort die größten Relativgeschwindigkeiten auftreten.

Bei einem Satelliten mit 8 Stunden Umlaufzeit auf polarer Bahn z. B. beträgt der DOPPLER-Effekt maximal $\pm 5 \cdot 10^{-6}$, das ist bei 6 GHz Funkfrequenz $\pm 30$ kHz. Dieser verhältnismäßig kleine Fehler macht sich bei der Demodulation nicht bemerkbar, da das Signal die Empfangsfilter unbeeinträchtigt passiert. Das Basisband bleibt aber maximal um den Faktor $(1 \pm 5 \cdot 10^{-6})$ gedehnt oder gepreßt. Demoduliert man nun ein Frequenzmultiplexsignal mit dem nicht gedehnten Kamm von Trägerfrequenzen, so erscheint der oberste Sprachkanal in einem 5,5 MHz breiten Basisband (bei 1200 Kanälen) um $\pm 5 \cdot 10^{-6} \times 5,5$ MHz $= \pm 27,5$ Hz verschoben. Nach einer CCITT-Empfehlung ist aber, besonders mit Rücksicht auf Telegraphie, nur eine Verschiebung von höchstens $\pm 2$ Hz zugelassen, der Fehler muß also kompensiert werden. Das ist dadurch möglich, daß man die Trägerfrequenzen z. B. der Sekundärgruppenumsetzer nach Maßgabe des DOPPLER-Effektes bei der Demodulation verschiebt, z. B. automatisch mit Hilfe von Frequenzvergleichspiloten. Die Dehnung oder Pressung innerhalb eines Sekundärgruppenbandes von 240 kHz Breite ist klein genug ($\pm 5 \cdot 10^{-6} \times 0{,}24$ MHz $= \pm 1{,}2$ Hz).

Bei Mehrfachzugang kann der DOPPLER-Effekt stören, wenn die Teilbänder auf ihrem Wege zum Satelliten gegeneinander soweit verschoben werden, daß sie sich überlappen. Man kann dem dadurch begegnen, daß man die DOPPLER-Verschiebung bereits in der sendenden Bodenstation vorhaltend kompensiert oder daß man ausreichende Lücken zwischen den Teilbändern vorsieht.

Bei Synchronsatelliten ist die DOPPLER-Verschiebung vernachlässigbar klein.

### 9.2.5 Laufzeiten

Auf S. 839, Tab. 2, sind die maximalen Signallaufzeiten für die Strecke Bodenstation—Satellit—Bodenstation bei verschiedenen Satelliten-Bahnhöhen angegeben. Danach beträgt für eine Synchronbahn (Entfernung 36000 km) die Zeit für das zweimalige Durchlaufen der Verbindung 550 ms. Zwischen Frage und Antwort in einer Gesprächsverbindung entsteht also eine durch die Laufzeit bedingte zusätzliche Pause von 550 ms. Erfahrungen beim Betrieb des Synchronsatelliten „Early Bird" haben gezeigt, daß eine solche Laufzeit noch nicht als störend empfunden wird. Dabei ist aber zu berücksichtigen, daß beim bisherigen Einsatz des Satelliten die Zuführungslinien zu den jeweiligen Bodenstationen relativ kurz waren und daher keinen nennenswerten Beitrag zur Laufzeit brachten. Es ist zu erwarten, daß die doppelte Laufzeit bei zwei Strecken über Synchronsatelliten von den Fernsprechteilnehmern nicht akzeptiert werden wird. Es würden sich nämlich Zeiten von 1,1 Sekunden, sogar ohne Berücksichtigung der Laufzeiten in den Zuführungslinien, ergeben. Anstelle dessen ist eine Tandemschaltung aus einer Satellitenverbindung und einer Weitverkehrslinie über Kabel oder Richtfunk vorzuziehen. Auch bei zwei hintereinandergeschalteten Strecken über Satelliten in Höhen von 20000 km (absolute Umlaufzeit 12 Stunden) ergeben sich für zweimaligen Durchlauf noch recht lange Laufzeiten von 680 ms. Satellitenverbindungen auf Bahnen mittlerer Höhe von 10000 bis 14000 km haben nach Tab. 2 Übertragungslaufzeiten, die auch bei Hintereinanderschaltung zweier Strecken kleiner sind als bei einer Synchronsatellitenstrecke.

Die Echounterdrückung bereitet in allen genannten Fällen keine nennenswerten Schwierigkeiten.

Beim Übertragen von Fernsehsendungen spielt die Laufzeit keine Rolle, auch für manche Datenübertragungen ist sie ohne Belang.

### 9.2.6 Kommando- und Fernmeßeinrichtungen

Zum Überwachen und Schalten der nachrichtentechnischen Geräte im Satelliten, zum Auslösen der Steuerimpulse für die Lage- und Bahnstabilisierung sowie für die Ermittlung der genauen Position des Satelliten müssen Geräte für Fernmessung, Fernsteuerung (Kommando) und Bahnverfolgung vorgesehen werden. Die Fernmeßeinrichtung überwacht die Funktion der elektronischen Geräte an einer vorgegebenen Zahl von Meßstellen und kann zusätzlich zur Messung der Umweltbedingungen herangezogen werden. Mit Hilfe der Fernsteuerung können von den Bodenstationen aus die Geräte im Satelliten ein- und ausgeschaltet oder umgestimmt werden. Bei auftretenden und rückgemeldeten Störungen können Ersatzschaltungen durchgeführt werden. Damit man die Bahn genau verfolgen kann, erhält der Satellit einen Bakensender, über den nach einem Summen-Differenz-Peilverfahren seine Lage sehr genau bestimmt werden kann. Da die genannten Geräte bereits während der Einschußphase des Satelliten in seine Bahn arbeiten müssen, also zu einer Zeit, zu der eine Stabilisierung noch nicht erreicht ist, wird eine Antenne mit Rundstrahlcharakteristik verwendet.

Für das Fernmessen, das Fernsteuern und die Bahnverfolgung werden Frequenzen vorwiegend um 130 bis 150 MHz, in Zukunft zusätzlich um 400 MHz verwendet. Im Bereich von 1 bis 10 GHz sind neben der Sprach und Fernsehübertragung auch Fernmessen, Fernsteuern und Präzisionssteuern zugelassen.

Die im Satelliten gewonnenen Meßsignale werden im Zeitmultiplexverfahren als Pulscodesignale meist mit 180°-Phasenumtastung des Trägers übertragen. Es sind weit mehr Fernmeßkanäle als Fernsteuerkanäle erforderlich. Der Bakensender muß ununterbrochen in Betrieb sein, damit der Satellit jederzeit geortet werden kann.

In speziellen Bodenstationen (Leitstationen) oder in zusätzlichen Einrichtungen einiger Bodenstationen für die Nachrichtenübertragung werden die Fernmeßsignale aufgenommen und ausgewertet. Eine weitere Aufgabe dieser Stationen ist es, die Fernsteuersignale dem Satelliten zu übermitteln.

Schließlich muß von den Leitstationen aus die Bahnvermessung und -korrektur durchgeführt werden. Für die genaue Bahnvermessung wird im UKW-Bereich eine Antennenanordnung nach dem Interferometerprinzip, für Mikrowellen eine Parabolantenne benutzt. In jedem der Bereiche kann für die Bahnverfolgung eine Winkelgenauigkeit von 20 Bogensekunden erzielt werden.

## 9.3 Nachrichtentechnische Geräte im Satelliten

Nachdem die Anforderungen beschrieben wurden, die den mechanischen und elektrischen Aufbau von Nachrichtensatelliten bestimmen, sei nun der auf Grund der Systemplanung sich ergebende Aufbau der nachrichtentechnischen Geräte für die Satelliten behandelt. Nach den Systemberechnungen ist der Satellit bezüglich der elektrischen Anforderungen mit einer Relaisstelle von Richtfunksystemen zu vergleichen. An die Empfindlichkeit des Empfängers sowie an die Leistung des Senders und an die Bandbreite, innerhalb der die Nachrichten, wie z. B. Gespräche oder Fernsehsendungen, zu übertragen sind, werden ähnliche Anforderungen wie bei Breitband-Richtfunksystemen gestellt.

In ganz besonderem Maße sind Anforderungen an die Zuverlässigkeit des elektrischen Systems unter den erschwerenden Umgebungsbedingungen im Weltraum zu stellen. Der Aufbau der einzelnen Gerätegruppen und deren Zusammenbau müssen so einfach wie nur möglich gestaltet werden. Die Geräte müssen so beschaffen sein, daß sie die mechanischen Belastungen während des Starts und die Strahlungseinwirkungen im Betrieb überstehen. Die Temperatur der Geräte kann durch Regelung innerhalb des Satelliten fast in dem Bereich gehalten werden, der auch bei Nachrichtengeräten auf der Erde üblich ist. Alle nachrichtentechnischen Baugruppen müssen im Hochvakuum arbeiten. Wird eine größere Zahl von Sprechkreisen, z. B. einige hundert, vorgesehen, so empfiehlt es sich wegen der größeren Zuverlässigkeit, den nachrichtentechnischen Teil aus zwei voneinander unabhängigen Systemen aufzubauen. Jedes dieser Systeme muß, abgesehen von den Gewinnen der Empfangs- und Sendeantennen, eine Verstärkung von etwa 100 dB aufweisen. Die Bandbreite soll gemäß der Aufteilung der jeweils 500 MHz breiten Übertragungsbereiche für Senden und Empfangen möglichst etwa 250 MHz für jeden der beiden Übertragungsbereiche betragen.

Zusätzlich zu diesen der breitbandigen Nachrichtenübertragung dienenden Geräten sind die Fernmeß- und Kommandogeräte im Satelliten einzubauen. Dazu kommt ein Bakensender, über dessen Strahlung es möglich ist, die Bodenantenne mit größter Genauigkeit auf den Satelliten auszurichten.

Vor Darlegung der prinzipiellen Schaltungen und der Beschreibung einzelner Komponenten sei kurz auf die Anforderungen an die aktiven und passiven Bauelemente im Satelliten und deren Technologie eingegangen:

Das Volumen und besonders die Masse der Bauelemente für Nachrichtensatelliten müssen sehr gering sein. Die aktiven Elemente sollen einen möglichst hohen Wirkungsgrad haben. Alle Bauelemente müssen sich durch hohe Lebensdauer, große zeitliche Stabilität und Unempfindlichkeit gegen radioaktive Strahlung auszeichnen. Die Lebensdauer sämtlicher im Satelliten verwendeter Elemente soll mindestens 5 Jahre betragen.

Wenn ein möglichst kleines Volumen, geringe Masse und große Zuverlässigkeit auch bei den Baugruppen erzielt werden soll, ist es sinnvoll, aktive und passive Bauelemente bereits bei der Herstellung so zu kombinieren, daß sie eine integrierte Schaltung bilden. Prinzipielle, für Nachrichtensatelliten geeignete Schaltungsarten sind die Dünnfilmtechnik und die Halbleiter-Diffusionstechnik.

Bei dem kleinen Volumen und der kleinen Masse der genannten Schaltungen kann ohne großen Aufwand eine gewisse Redundanz vorgesehen und die Betriebssicherheit gesteigert werden.

Bei der nun folgenden Betrachtung der Schaltung des nachrichtentechnischen Teiles seien als prinzipielle Beispiele der erste, für den öffentlichen Nachrichtenverkehr kommerziell genutzte Synchronsatellit HS-303 („Early Bird") der Hughes Aircraft Company für maximal 240 Sprechkreise und ein von den Firmen ITT Federal Laboratories und Space Technology Laboratories in einer Projektstudie im Auftrag der Comsat[1] entworfener Satellit für „mittlere Höhen" und 1200 Sprechkreise behandelt.

In Abb. 5 ist das Prinzipschaltbild für den nachrichtentechnischen Aufbau des Satelliten HS-303 dargestellt: Ausgehend von der rundstrahlenden, linear polarisierten Empfangsantenne, die einen Gewinn von etwa 2,5 hat, durchlaufen die auf zwei Bändern von jeweils 25 MHz Breite einfallenden Signale über eine Frequenzweiche getrennte Übertragungseinrichtungen. In diesen werden sie verstärkt und vom 6 GHz-Bereich in den 4 GHz-Bereich umgesetzt. Beide Empfängerzweige arbeiten jeweils nur auf eine von zwei Wanderfeldverstärkerröhren, die über einen Hochfrequenzschalter wahlweise von den Bodenstationen aus eingeschaltet werden können. Die Sendeleistung muß daher auf beide Bänder aufgeteilt werden. Die nicht genutzte Senderöhre dient als Reserve. Zusätzlich zu den zu verstärkenden Signalen wird ein Bakensignal zu den Bodenstationen übertragen, das durch Vervielfachen, ausgehend von Quarzoszillatoren, gewonnen wird und die Eigenfeinnachsteuerung der Antennenanlagen in den Bodenstationen ermöglicht. Über die rundstrahlende Sendeantenne des Satelliten, die senkrecht zur Empfangsantenne polarisiert ist und einen Gewinn von

---

[1] Communications Satellite Corporation

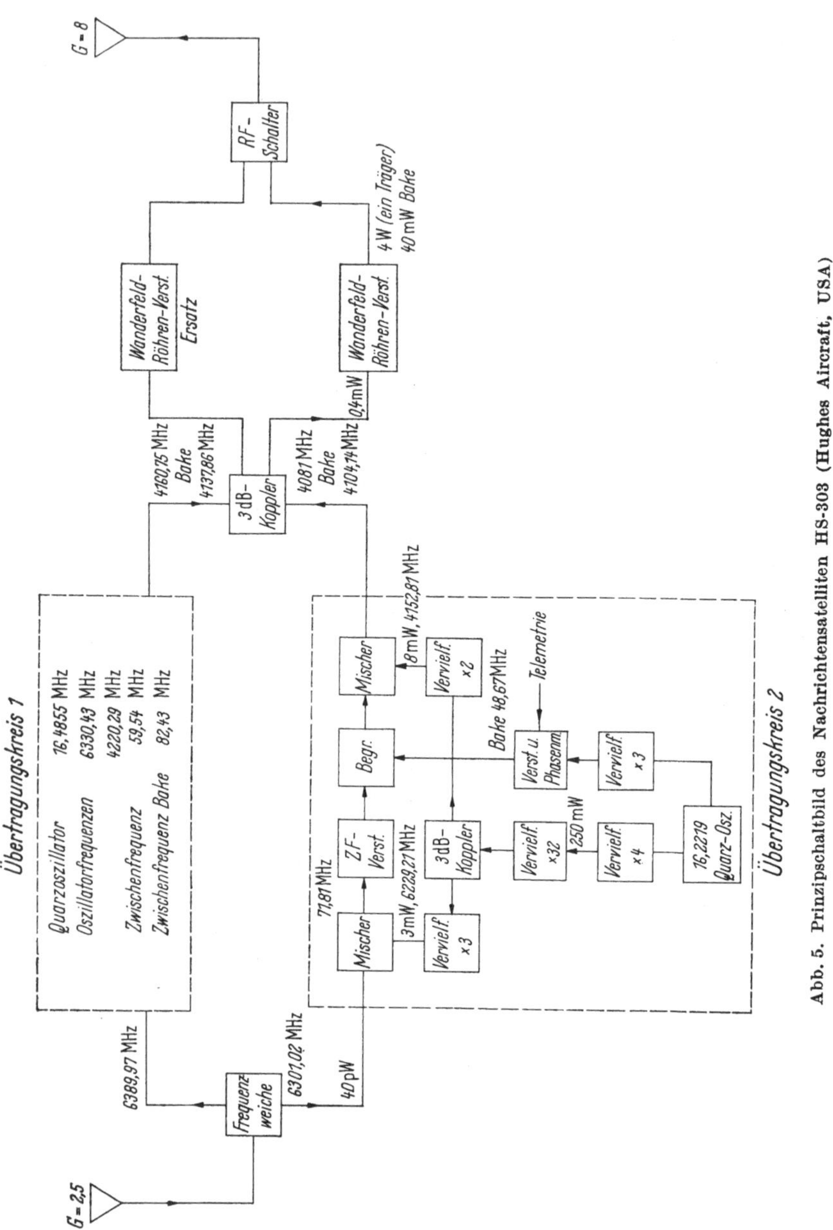


Abb. 5. Prinzipschaltbild des Nachrichtensatelliten HS-303 (Hughes Aircraft, USA)

etwa 8,0 hat, werden die verstärkten und umgesetzten Signale abgestrahlt.

Die zweikreisigen Bandpaßfilter der Frequenzweiche an den Eingängen der Übertragungseinrichtungen unterdrücken Signale außerhalb der gewünschten Bänder. Die mit Dioden arbeitenden Eingangsmischer sind in Streifenleitungstechnik aufgebaut; ihre Umsetzerverluste betragen 6 dB. Die Vervielfacher arbeiten mit Varaktoren, wobei je nach dem Vervielfachungsfaktor Umwandlungsverluste von 4 bis 6 dB auftreten. Für die Kette von jeweils drei transistorierten Zwischenfrequenzverstärkern sind für jeden Verstärker Verstärkungen von 30 dB vorgesehen. In einer Bandbreite von 25 MHz weicht die Gesamtverstärkung nur um $\pm 1$ dB vom Mittelwert ab. Der Amplitudenbegrenzer, der die Aufgabe hat, die die Amplitude modulierenden Geräusche vom Nachrichtensignal fernzuhalten, hat die gleiche Bandbreite. Die Aufwärtsumsetzer sind als symmetrische Modulatoren ausgebildet, die mit einem Paar von Varaktordioden ausgerüstet und in Streifenleitungstechnik aufgebaut sind. Ihre Umsetzverluste betragen etwa 5 dB. Auch die 3 dB-Koppler, die die Verbindung zwischen den Umsetzern und den Senderöhren darstellen, sind in Streifenleitungstechnik aufgebaut. Alle genannten Elemente haben eingangs- und ausgangsseitig einen Wellenwiderstand von 50 $\Omega$.

Die als Senderöhre dienende Wanderfeldröhre hat eine Bandbreite von 100 MHz bei einer Verstärkung von 40 dB und eine Sättigungsleistung von 6 W bei einer Leistungsaufnahme von etwa 18 W.

Einschließlich der um die Leitungsverluste reduzierten Antennengewinne hat der Satellit eine Gesamtverstärkung von etwa 122 dB, wenn nur *ein* Träger berücksichtigt wird. Die Frequenzlagen und Pegel sind aus dem Schaltbild zu ersehen.

Bei dem zweiten Beispiel handelt es sich um den Satelliten eines Systems, das aus insgesamt 16 Satelliten besteht, die sich mit einer absoluten Umlaufzeit von genau 6 Stunden in einer Bahnhöhe von 10400 km über der Erdoberfläche bewegen. Sie sind zu je acht in zwei aufeinander senkrecht stehenden Ebenen durch die Erdachse in festen Abständen über ihre Umlaufbahn verteilt. Sie sollen durch die Wirkung des Gradienten des Gravitationsfeldes der Erde in ihrer Lage relativ zur Erde stabilisiert werden.

Abb. 6 zeigt das Prinzipschaltbild des Nachrichtenteils dieses Satelliten. Er enthält zwei Übertragungskreise von je 225 MHz Bandbreite und zwei Wanderfeldröhren von je 4 W Ausgangsleistung. Wegen der zwei Möglichkeiten der Lagestabilisierung relativ zur Erde müssen die Antennen doppelt vorgesehen werden. Ausgehend von den Empfangsantennen verteilt ein Koppler die empfangene Energie auf die Eingänge der beiden Kreise, die aus folgenden Teilen bestehen: einem Filter zur Trennung der Kanäle, einem Tunneldiodenverstärker mit 35 dB Verstärkung (6 dB Rauschmaß), einem direkt auf den Sendebereich umsetzenden Mischer von 500 MHz Bandbreite (9 dB Umsetzerverlust), einer mit Rücksicht auf geringe nichtlineare Verzerrungen unterhalb

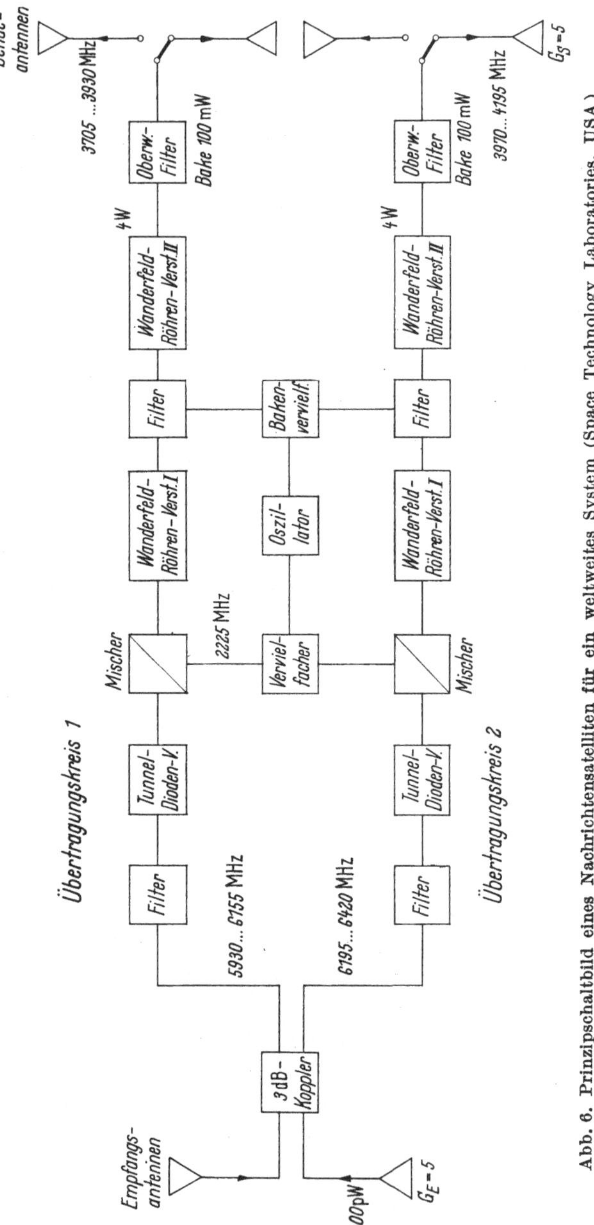


Abb. 6. Prinzipschaltbild eines Nachrichtensatelliten für ein weltweites System (Space Technology Laboratories, USA)

1 mW Ausgangsleistung betriebenen Wanderfeldröhre mit etwa 100 mW Sättigungsleistung, 500 MHz Bandbreite und 35 dB Verstärkung, einem Filter zur Begrenzung der Rauschbandbreite und schließlich einer

zweiten Wanderfeldröhre mit 4 W Ausgangsleistung. Jeder der beiden Übertragungskreise ist über ein Oberwellenfilter mit einem Paar umschaltbarer Sendeantennen verbunden. Durch insgesamt vier Sendeantennen werden zusätzlich Raum und Masse benötigt. Eine Kanalweiche würde zwar zwei Antennen einsparen, aber den gleichen Aufwand an Masse erfordern und einen Einfügungsverlust von 1 dB haben. Die durch Vervielfachung aus dem Grundoszillator erzeugten Bakenfrequenzen liegen zwischen den Nachrichtenbändern im 4 GHz-Bereich. Um eine möglichst große Zuverlässigkeit zu erreichen, werden die vorgesehenen 1200 Sprechkreise auf beide Kreise verteilt.

Allgemein ergeben sich für die weitere Entwicklung von Nachrichtensatelliten die im folgenden genannten, nach Empfangs- und Sendezweig sowie Antennen und Stromversorgung unterteilten Gesichtspunkte.

### 9.3.1 Empfänger

Als rauscharme Empfänger für den Nachrichtensatelliten sind sowohl parametrische Verstärker als auch Tunneldiodenverstärker geeignet.

Parametrische Verstärker benötigen als Energiequelle einen Hochfrequenz-Pumpgenerator, Tunneldiodenverstärker dagegen einen Gleichspannungsgenerator. Bei Verwendung in Satelliten hat der parametrische Verstärker gegenüber dem Tunneldiodenverstärker die Nachteile, daß der Hochfrequenzgenerator mehr elektrische Leistung benötigt, mehr Gewicht hat, mehr Raum beansprucht und eine größere Ausfallswahrscheinlichkeit hat als der Gleichspannungsgenerator.

Andererseits ist die Rauschtemperatur eines Tunneldiodenverstärkers mit Germaniumtunneldioden (etwa 600 °K) zwar höher als die von parametrischen Verstärkern (etwa 150 °K), dürfte aber für Satelliten noch tragbar sein. Mit Gallium-Antimonid (GaSb)-Tunneldioden lassen sich niedrigere Rauschtemperaturen von etwa 500 °K erreichen. Diese Werte gelten im Bereich des Wendepunktes der jeweiligen Kennlinie.

Die in Tunneldiodenverstärkern verwendeten Tunneldioden sind Halbleiterdioden, die einen fallenden Kennlinienteil haben, dessen differentieller negativer Widerstand zur Verstärkung ausgenutzt wird. Dieser negative Widerstand existiert im ganzen Frequenzbereich. Es besteht daher das Problem, unerwünschte Eigenerregung durch besondere Stabilisierungsschaltungen zu unterdrücken. Bei der zu verstärkenden Frequenz muß die parallel zum negativen Widerstand auftretende Sperrschichtkapazität durch eine äußere Induktivität zu einem Parallelschwingkreis ergänzt werden. Mit Hilfe eines Zirkulators wird der zweipolige negative Widerstand zu einem nichtreziproken Vierpolverstärker ergänzt (Reflexionsverstärker). Das Ersatzschaltbild eines Tunneldiodenverstärkers ist in Abb. 7 dargestellt.

Um dem Tunneldiodenverstärker eine hinreichend große Ausgangsleistung verzerrungsfrei entnehmen zu können, müssen Dioden mit relativ großen Strömen verwendet werden. Diese lassen sich jedoch nur dann stabilisieren, wenn ihre Zuleitungsinduktivitäten extrem klein sind.

Um die Verstärkung von Schwankungen der Umgebungstemperatur unabhängig zu machen, ist eine Regelung (oder temperaturabhängige Steuerung) des Arbeitspunktes der Diode erforderlich. Bei hohen Anforderungen an die Rauschtemperatur einerseits und die Ausgangsleistung andererseits ist es zweckmäßig, einen zweistufigen Tunneldiodenverstärker zu verwenden, der z. B. in der ersten Stufe eine Gallium-Antimonid-Diode und in der zweiten Stufe eine Germanium- oder Gallium-Arsenid-Diode enthält.

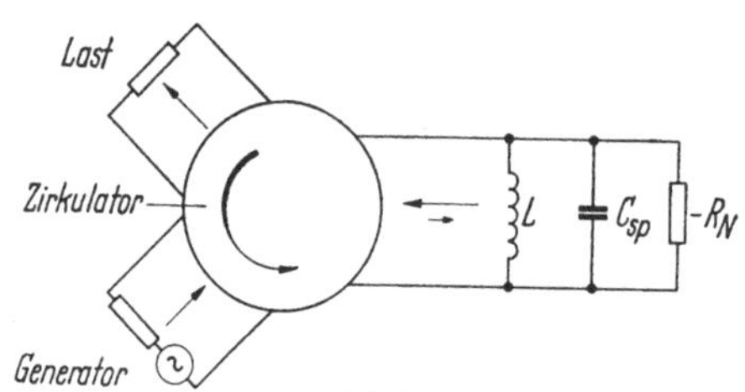


Abb. 7
Ersatzschaltbild eines Tunneldiodenverstärkers

Mit solchen Verstärkern können bei den für Nachrichtenverbindungen über Satelliten verwendeten Frequenzbereichen Bandbreiten von mehreren hundert MHz bei Verstärkungen von etwa 15 dB je Stufe erzielt werden.

Der Tunneldiodenverstärker ist wie der parametrische Verstärker ein Reflexionsverstärker und muß über einen Zirkulator (s. Kap. 6, S. 690) an die Empfangsantenne geschaltet werden. Der dreiarmige, zweckmäßig in Streifenleitungstechnik aufgebaute Zirkulator kann für diese Anwendung bezüglich der Güte, der Anpassung und des Verhältnisses von Sperrwiderstand zu Durchgangswiderstand besonders breitbandig gestaltet werden, wenn das zentrisch zu den Anschlüssen angeordnete Ferrit von einer als Anpassungstransformator wirkenden Schicht aus verlustarmem, dielektrischem Material umgeben wird. Die Dielektrizitätskonstante dieses Materials muß etwa dem quadratischen Mittel der Dielektrizitätskonstante des Ferrits und der zu den Anschlüssen führenden Streifenleitungen entsprechen. Durch die gedrungene Bauform können Volumen und Masse des Zirkulators besonders klein gehalten werden; gegenüber dynamischen Beanspruchungen ist er besonders widerstandsfähig.

Besonders hohe Anforderungen werden an die dem rauscharmen Eingangsverstärker nachgeschalteten Abwärts- oder Aufwärtsmischer gestellt, die ebenfalls eine große Bandbreite haben müssen und ferner auch an die weiteren, mehrstufigen Breitbandverstärker in Zwischenfrequenz- oder Hochfrequenzlage (je nach Aufbau). Bei Wahl einer Zwischenfrequenzlage müssen bei Verwendung von Festkörperbauelementen als aktive Elemente ihre elektrischen Eigenschaften ungeachtet aller Strahlungseinwirkungen auf den Satelliten über einen Zeitraum von mindestens fünf Jahren erhalten bleiben. An die Linearität der Verstärker sind etwa die beim Breitbandrichtfunk in der Technik der Frequenzmodulation üblichen Bedingungen zu stellen. Besonders hohe Linearität der Verstärker ist bei Einseitenbandmodulation auf dem Wege von den Bodenstationen zum Satelliten erforderlich.

Einen weiteren wesentlichen Teil der nachrichtentechnischen Geräte im Sende- und Empfangszweig des Satelliten bildet die Trägerversorgung. Eine getrennte Versorgung beider Zweige bietet die Möglichkeit, Sende- und Empfangsfrequenzen unabhängig voneinander zu wählen. Erst wenn ein internationaler Frequenzplan geschaffen ist, können die Frequenzen für die Grundoszillatoren, die Vervielfachungsfaktoren und damit die Zwischenfrequenzlagen endgültig festgelegt werden. Als Grundoszillatoren werden quarzstabilisierte Transistorschaltungen vorgesehen, aus denen durch Varaktordioden-Frequenzvervielfacher bis in den Bereich der Mikrowellen die Trägerfrequenzen für die Frequenzumsetzer erzeugt werden. Das nächste Ziel der Weiterentwicklung dieser Schaltungen wird es sein, hohe Vervielfachungswirkungsgrade (50%) bei möglichst großer relativer Bandbreite (5%) und geringem Eigenrauschen zu erreichen. Aus Gründen der Raum- und Gewichtsersparnis wird es günstig sein, mehrere Vervielfacherstufen zu einer Kette als Baueinheit zusammenzufassen.

Auch das Bakensignal kann durch Vervielfacher, ausgehend vom Grundoszillator, gewonnen und dem Endverstärker (Wanderfeldröhre) zugeführt werden.

Wenn es gelingt, die Frequenz des quarzgesteuerten Grundoszillators im Satelliten im Laufe seiner Lebensdauer von mehr als 5 Jahren auf etwa $10^{-7}$ konstant zu halten, so entspricht dies Frequenzschwankungen die nur etwa 1% des DOPPLER-Effekts betragen, der bei Satelliten mit 6stündiger Umlaufzeit zu erwarten ist. Es ergibt sich somit die Möglichkeit, eine aus dem Grundoszillator abgeleitete Frequenz (z. B. die Bakenfrequenz) zu den Bodenstationen zu übertragen und dort durch Vergleich mit einem Frequenznormal die jeweilige DOPPLER-Korrektur für den Sender der Bodenstation zu ermitteln. Ein solches Verfahren kann bei Einseitenbandmodulation sowie Mehrfachfrequenzmodulation und Vielfachzugang zum Satelliten vorteilhaft sein. Mindestens kann damit eine Grobkorrektur der Sendefrequenzen in den Bodenstationen erzielt werden. Das Korrekturverfahren ist jedoch nur anwendbar, wenn ein gemeinsamer Grundoszillator für Empfangen und Senden im Satelliten verwendet wird. Eine exakte Kompensation des DOPPLER-Effektes ist sicher nur dadurch möglich, daß jede Bodenstation einen zu ihrem Kanalbündel gehörenden Pilotton (Kanalgruppenpilot) aussendet, den sie nach dem Empfang des Gesamtbündels über den Satelliten zur Nachregelung benutzt.

### 9.3.2 Sender

Der Sender im Satelliten wird nach den Ausführungen über Modulationsverfahren wahrscheinlich stets mit Frequenzmodulation arbeiten. Sind die von der Bodenstation empfangenen Signale einseitenbandmoduliert, so müssen sie nach der Umsetzung ins Basisband durch einen dem Sendeteil des Satelliten vorgesetzten Frequenzmodulator in frequenzmodulierte Signale mit hohem Hub umgewandelt werden.

Der wesentlichste Teil des Sendezweiges ist der im Bereich der Mikrowellen arbeitende breitbandige Endverstärker, der eine Ausgangsleistung von einigen Watt bei einer Verstärkung von etwa 40 dB haben soll. Mit Rücksicht auf die relativ große Bandbreite, hohe Verstärkung und die geforderte zeitliche Konstanz der elektrischen Eigenschaften ist es zweckmäßig, die bereits bei Breitband-Richtfunkstrecken seit Jahren verwendete, erprobte und bewährte Wanderfeldröhre auch im Satelliten einzusetzen. Über die Anforderungen beim Richtfunk hinausgehend muß die Röhre den Umweltbedingungen im Weltraum genügen, besonders muß sie im kalten Zustand den in der Startphase auftretenden Beschleunigungen und Vibrationen widerstehen. Mit Rücksicht auf die beschränkte Stromversorgung im Satelliten muß die Röhre einen möglichst hohen Wirkungsgrad haben. Günstig hierfür ist es, die Röhre „abgebremst" zu betreiben, d. h. die Kollektorspannung beträchtlich unter der Wendelspannung zu halten. Der derzeitige Stand der Technik läßt Sättigungswirkungsgrade von 40 bis 50% zu. Eine lange Lebensdauer kann durch sorgfältige Wahl aller in der Röhre verwendeten Materialien, besonders der Kathodenmaterialien, und durch laufende Überprüfung beim Zusammenbau erzielt werden. Besondere Sorgfalt erfordern dabei der Aufbau der Kathode und der Strahlfokussierung. Geringe Masse der Röhre kann entweder durch permanent-magnetische Fokussierung mittels Platin–Kobalt–Magneten oder durch eine elektrostatische Fokussierung erzielt werden. Auch das für den Betrieb der Röhre notwendige Netzgerät muß möglichst kleine Masse und geringes Volumen haben. Es ist an den Spannungsregler der Bordstromversorgung (Spannung etwa 20 bis 30 V) angeschlossen und besteht aus Zerhacker, Wandler und Gleichrichterteil.

### 9.3.3 Antennen

Da mit Rücksicht auf die begrenzte Leistung der Stromversorgung des Satelliten die Sendeleistung relativ gering ist, muß das Strahlungsdiagramm der Sendeantenne so gestaltet werden, daß möglichst die gesamte vom Satelliten ausgehende Energie in Richtung auf die Erde gebündelt wird.

Es seien daher zunächst, ausgehend von der Voraussetzung ideal guter Lagestabilisierung, rotationssymmetrische Richtdiagramme betrachtet, deren Achse die Verbindungslinie vom Satelliten zum Mittelpunkt der Erde ist. Optimal ist ein konusförmiges, die Erde tangierendes Diagramm, das der Erdform so angepaßt ist, daß auf allen Punkten des angestrahlten Teils der Erdoberfläche innerhalb des Konus gleiche Feldstärke erzielt wird. Da die Feldstärke im Fernfeld umgekehrt proportional der Entfernung abnimmt, muß das Feldstärkediagramm, ausgehend von der Achse proportional den steigenden Entfernungen zu den Bezugspunkten auf der Erde ansteigen.

Bezeichnen wir bei kugelförmiger Strahlung mit $E_0$ die Feldstärke auf der Erde in der Achsrichtung und mit $E$ die Feldstärke auf der Erde unter einem Winkel $\gamma/2$ (Abb. 8), mit $h$ den Abstand des Satelliten von der Erde

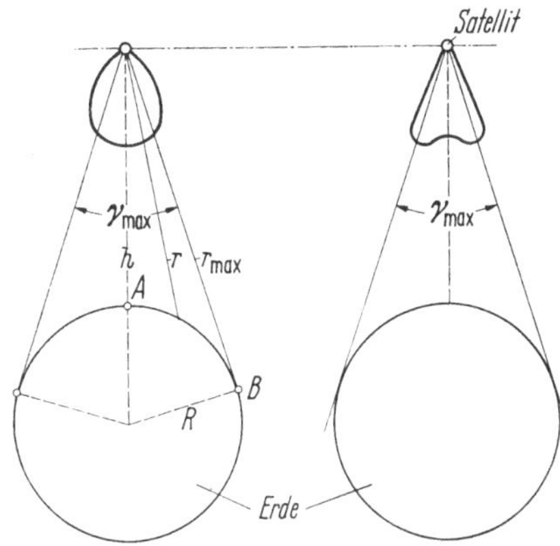


Abb. 8. Strahlungsdiagramme von Antennen lagestabilisierter Satelliten, Diagramme rotationssymmetrisch um die Vertikale

und mit $r$ seinen Abstand von einem beliebigen, in seinem Strahlungskegel gelegenen Bezugspunkt auf der Erde, so soll sein

$$\frac{E}{E_0} = \frac{r}{h}. \tag{4}$$

Für die Winkelabhängigkeit von $r$ ergibt sich (vgl. Abb. 8)

$$r = (h + R)\cos\frac{\gamma}{2} - \sqrt{(h + R)^2 \cos^2\frac{\gamma}{2} - (h^2 + 2hR)}. \tag{5}$$

Für das auf $E_0$ normierte Diagramm $C(\gamma/2)$ erhält man

$$C\left(\frac{\gamma}{2}\right) = \frac{E}{E_0} = \left(1 + \frac{R}{h}\right)\cos\frac{\gamma}{2} - \sqrt{\left(1 + \frac{R}{h}\right)^2 \cos^2\frac{\gamma}{2} - \left(1 + \frac{2R}{h}\right)}. \tag{6}$$

Für die Erdtangente ist $\dfrac{\gamma_{max}}{2} = \arcsin\left(\dfrac{h}{R+h}\right)$.

Betrachtet man als Beispiele wieder Satelliten auf Kreisbahnen mit $h = 14\,000$ km (Strahlbreite $= 36{,}5°$) und $h = 36\,000$ km (Strahlbreite $= 17{,}3°$), so ergeben sich die Längen der Tangentenstrahlen zu $r_{max} = 19\,340$ km bzw. $r_{max} = 41\,900$ km. Die Antenne müßte dann in Richtung der Tangenten an die Erde um 1,38 bzw. 1,17 mal höhere Feldstärke als in Richtung zum Erdmittelpunkt aufweisen. Der Verlauf der Feldstärkezunahme ist für die beiden betrachteten Fälle in Abb. 9 aufgetragen [10].

Es bleibt nun zu untersuchen, wie die Antenne im Satelliten gestaltet werden muß, damit die von ihr ausgehende Strahlung bei geringem Aufwand diesem Optimum möglichst nahekommt.

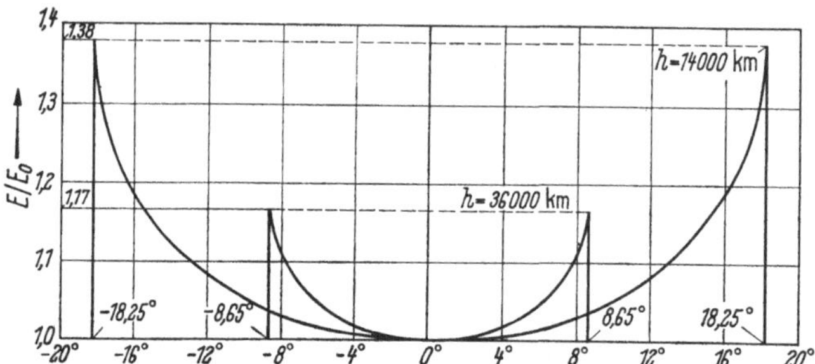


Abb. 9. Relative Feldstärke an der Stirnseite optimaler Satteldiagramme für Satellitenantennen

Geht man zunächst von einer kreisförmigen Apertur mit konstanter Belegung aus (Abb. 10, Zeile a) und wählt die Halbwertsbreite gleich dem Strahlwinkel $\gamma_{max}$, so ergeben sich für die Höhe $h = 14000$ km und die Synchronhöhe $h = 36000$ km die in Abb. 10 aufgetragenen

$$u = \pi \frac{D}{\lambda} \sin \frac{\gamma}{2}$$

$$x = \frac{2\varrho}{D}\ ;\ x^* = \frac{2\pi\varrho}{\lambda} \sin \frac{\gamma}{2}$$

Apertur;  $\frac{\gamma}{2}$ = Winkel geg. Symmetrieachse

| | Diagramm $g\,(\gamma/2)$ | Aperturbelegung $f\,(\varrho)$ | $h = 14000$ km; $\gamma_{max} = 36{,}5°$ Gewinn in Richtung Erdmitte | Erdtangente | $D/\lambda$ | $h = 36000$ km; $\gamma_{max} = 17{,}3°$ Gewinn in Richtung Erdmitte | Erdtangente | $D/\lambda$ |
|---|---|---|---|---|---|---|---|---|
| a | $\dfrac{2\,I_1\,(u)}{u}$;  $I_1$=Besselfkt. 1.Ord. | const | 26,7 | 13,4 | 1,64 | 115 | 57,8 | 3,41 |
| b | konstantes Sektordiagramm | $\dfrac{2\,I_1\,(x^*)}{x^*}$ | 39,8 | 39,8 | ∞ | 176 | 176 | ∞ |
| c | Satteldiagramm (konst. Feldstärke auf der Erde) | $1 \approx \dfrac{\gamma_{max}/\mathrm{grd}}{172}$ | 31,6 | 60,4 | ∞ | 161 | 218 | ∞ |
| d | $\displaystyle\int_0^1 I_1\,(j_2\,x)\,I_0\,(ux)\,dx$;  $j_2 = 7{,}016$ | $\dfrac{2\,I_1\,(j_2\,x)}{j_2\,x}$;  $|x| \leq 1$ | 15,0 | 20,8 | 6,0 | 45,2 | 106 | 10,3 |

Abb. 10. Strahlungseigenschaften von Richtantennen mit kreisförmiger Apertur bei verschiedener rotationssymmetrischer Aperturbelegung

relativen Antennendurchmesser $D/\lambda$. Die theoretisch ermittelten, auf den Kugelstrahler bezogenen Gewinne dieser Antennen betragen in der Hauptstrahlrichtung, d. h. in Richtung auf den Erdmittelpunkt, 26,7 bzw. 115 und in Richtung der Tangenten an die Erde 13,4 bzw. 57,8.

Das Leistungsverhältnis in Achsrichtung der Strahlung (Punkt $A$ der Erdoberfläche in Abb. 8) ist

$$\left(\frac{P_1}{P_2}\right)_A = \frac{G_1}{h_1{}^2}\,\frac{h_2{}^2}{G_2} = \frac{26,7}{115,4}\left(\frac{36\,000}{14\,000}\right)^2 \cong 1,53\,. \tag{7}$$

Der der Erde nähere Satellit liefert also eine um den Faktor 1,53 größere Leistung. In Richtung der Tangenten (Punkt $B$ der Abb. 8) ergibt sich

$$\left(\frac{P_1}{P_2}\right)_B = \frac{G_{1\,T}}{G_{2\,T}}\left(\frac{(h_2 + R)\cos\dfrac{\gamma_2}{2}}{(h_1 + R)\cos\dfrac{\gamma_1}{2}}\right)^2 = \frac{13,4}{57,5}\left(\frac{41\,900}{19\,340}\right)^2 \cong 1,09\,. \tag{8}$$

Dieser Leistungsunterschied von etwa 9 % ist zu vernachlässigen. Es zeigt sich also, daß im Bereich der interessierenden Satellitenhöhen in den für die Verbindungen wichtigen Tangentenzonen, in denen häufig die Bodenstationen liegen werden, unabhängig von der Satellitenhöhe praktisch gleiche Feldstärke auftritt.

Mit einem Sektordiagramm kugelförmiger Begrenzung (Abb. 10, Zeile b) können die Gewinne in Richtung der Tangenten um fast den Faktor drei bei mittelhohen und Synchronbahnen gesteigert werden. Ein solches Sektordiagramm läßt sich jedoch nur mit einer sehr großen kreisförmigen Apertur erreichen, die oszillierend mit nach außen abnehmender Amplitude belegt ist.

Will man auf dem gesamten vom Satelliten angestrahlten Teil der Erdoberfläche *konstante* Feldstärke erreichen, muß das Sektordiagramm nicht kugelförmig, sondern rotationssymmetrisch zur Achse *sattelförmig* begrenzt werden (Abb. 10, Zeile c). Auch dieses ideale Diagramm kann nur durch geeignete Belegung einer sehr großen Apertur erzielt werden. In den Tangentenbezirken würde man gegenüber dem Sektordiagramm zusätzlich den Faktor 1,5 bei $h = 14\,000$ km und den Faktor 1,24 bei $h = 36\,000$ km gewinnen. Wählt man als Näherung eine Belegung mit nur zwei Oszillationen, so ergibt sich bei einem relativen Antennendurchmesser von $D = 10,3\ \lambda$ für einen Synchronsatelliten das erste Strahlungsmaximum in Richtung der Erdtangente (Abb. 10, Zeile d). In Achsrichtung tritt etwa die gewünschte Einsattelung auf. Der Gewinn in den Tangentenrichtungen liegt etwa um den Faktor 1,5 unter dem theoretischen Wert für das ideale Satellitendiagramm. Die Gewinnminderung gegenüber dem idealen Satteldiagramm ist im wesentlichen dadurch bedingt, daß bei kleineren Aperturen der Flankenabfall geringer ist und somit ein nennenswerter Anteil der vom Satelliten ausgehenden Strahlung die Erde verfehlt.

Es besteht nun die Aufgabe, technische Antennenformen mit kreisförmiger Apertur zu finden, die eine geeignete rotationssymmetrische

Verteilung von Amplitude und Phase haben, so daß angenähert ein Sektordiagramm mit der Erde angepaßter Stirnfläche resultiert. Gegenüber einfachen Richtantennen dürfte eine Verdoppelung des Gewinnes erreicht werden können.

Die Darstellung solcher Antennen ist durch Hornstrahler, durch ein System von geeignet gespeisten und räumlich kombinierten Einzelstrahlern und schließlich durch Mehrmodusstrahler möglich.

Die erforderliche Amplituden- und Phasenverteilung in der Apertur tiefer und flacher Hornstrahler kann durch Linsensysteme, durch Rillen in der Hornwandung sowie durch zentrisch um die Hornöffnung angebrachte Sperren oder Zusatzstrahler erzielt werden.

Als Einzelstrahler können Dipole, Schlitzstrahler oder Spiralantennen, die in Form konzentrischer Ringe angeordnet sind, dienen. Die einzelnen Ringe sind über Streifenleitungen, koaxiale Leitungen oder ein Hohlleiterverteilersystem getrennt nach Amplitude und Phase zu speisen.

Einfacher im Aufbau, aber schmalbandiger als Hornstrahler oder Gruppen von Einzelstrahlern sind Mehrmodusstrahler, in denen, wie der Name sagt, höhere Wellentypen angeregt und zur Bildung der Strahlungsdiagramme genutzt werden. Die einfachste Antenne dieser Art entsteht dadurch, daß vor den erregenden Hohlleiter ein kurzer, wesentlich weiterer, höhere Wellentypen übertragender Hohlleiter gesetzt wird.

Die bisher genannten Angaben gelten für eine ideale Lagestabilisierung des Satelliten und der starr mit ihm verbundenen Antenne. Es ist jedoch sinnvoll, das Diagramm um die Größe der möglichen Winkelabweichungen des Satelliten zu verbreitern. Die relative Verbreiterung wird bei einem Synchronsatelliten größer sein als bei einem Satelliten in „mittlerer" Bahnhöhe. Der notwendigen Diagrammverbreiterung kommt entgegen, daß die betrachteten Antennenarten bei den im Satelliten möglichen Aperturdurchmessern die geraden Flanken nur annähern. Die technisch realisierbaren Gewinne werden bei Berücksichtigung aller gewinnmindernder Einflüsse beim Synchronsatelliten etwa 50 und bei einem Satelliten mit einer Bahnhöhe von $h = 14000$ km etwa 12,5 betragen.

Bei spinstabilisierten (kreiselstabilisierten) Satelliten, deren Achse senkrecht zu ihrer Bahn orientiert ist, müssen die Antennen entweder eine Rundstrahlung in der Bahnebene aufweisen (Abb. 11) oder bei höheren Anforderungen an den Gewinn eine entgegen dem Spin umlaufende, stets zur Erde weisende Richtcharakteristik haben.

Analog der Belegung der ebenen kreisförmigen Strahlerflächen müssen beim Rundstrahler geeignete Belegungen der zylinderförmigen Apertur gefunden werden. Auch hier lassen sich in den Ebenen durch die Achse sattelförmige, der Erdform angepaßte Strahlungsdiagramme erzielen. Die errechneten Gewinne für verschiedene Belegungen sind in Abb. 12 für Satellitenhöhen von 14000 und 36000 km angegeben. Da die Pendelungen der Spinachse geringer sind als die erwarteten

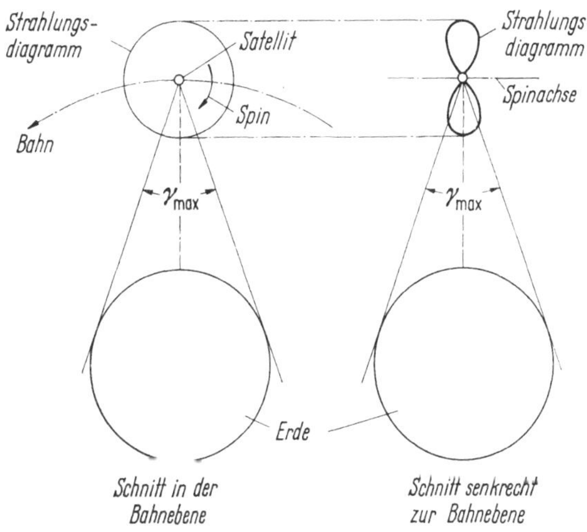


Abb. 11. Strahlungsdiagramme ungesteuerter Antennen für spinstabilisierte Satelliten in der Bahnebene und senkrecht dazu

Pendelungen eines durch Gravitationsgradienten stabilisierten Satelliten, können die errechneten Gewinne nahezu im vollen Umfang erreicht werden. Die sich bei der Rundstrahlung ergebenden Werte sind jedoch

$$u = \pi \frac{a}{\lambda} \sin \frac{\gamma}{2}$$

$$x = \frac{2\sigma}{a} \; ; \; x^* = \frac{2\pi\sigma}{\lambda} \sin \frac{\gamma}{2}$$

$$\frac{\gamma}{2} = \text{Winkel geg. Symmetrieachse}$$

| | | | Höhe $h$ des Erdsatelliten über der Erdoberfläche und Strahlbreite $\gamma_{max}$ | | | | | |
| | | | $h = 14000$ km ; $\gamma_{max} = 36{,}5°$ | | | $h = 36000$ km ; $\gamma_{max} = 77{,}3°$ | | |
| | | | Gewinn in Richtung | | $D/\lambda$ | Gewinn in Richtung | | $D/\lambda$ |
| | Diagramm $g\,(\gamma/2)$ | Aperturbelegung $f(\sigma)$ | Erdmitte | Erdtangente | | Erdmitte | Erdtangente | |
|---|---|---|---|---|---|---|---|---|
| a | $\dfrac{\sin u}{u}$ | const | 3,06 | 1,53 | 1,41 | 6,08 | 3,05 | 2,94 |
| b | konstantes Sektordiagramm | $\dfrac{\sin x^*}{x^*}$ | 3,19 | 3,19 | ∞ | 6,65 | 6,65 | ∞ |
| c | Satteldiagramm (konst. Feldstärke auf Großkreis d. Erde) | | 2,74 | 5,24 | ∞ | 6,22 | 8,43 | ∞ |
| d | $Si\,(u+2\pi)-Si\,(u-2\pi)$ $Si$: Fkt. Integralsinus | $|x| \leqq 1$ $\dfrac{\sin 2\pi x}{2\pi x}$ | 1,75 | 2,49 | 4,1 | 4,42 | 4,42 | 10,3 |

Abb. 12. Strahlungseigenschaften von Rundstrahlantennen mit zylinderförmiger Apertur bei verschiedener Aperturbelegung längs der Achsrichtung

beim Synchronsatelliten um fast den Faktor 10 geringer als bei optimal zur Erde ausgerichteten Diagrammen.

Beispiele für Rundstrahlantennen geringer Bündelung sind die bei den „Telstar"-Satelliten verwendeten Gruppen von Einzelstrahlern (Abb. 13) und die Rundschlitzantennen des Satelliten „Relay" (Abb. 14). Die in Abb. 13 sichtbaren, in die rechteckigen Hohlleiterstrahler eingesetzten, geneigten Dipole dienen der Erzeugung zirkularer Polarisation.

Bei Richtantennen, deren Strahlungsdiagramme unabhängig von der Spinbewegung des Satelliten zur Erde gerichtet sind, unterscheidet

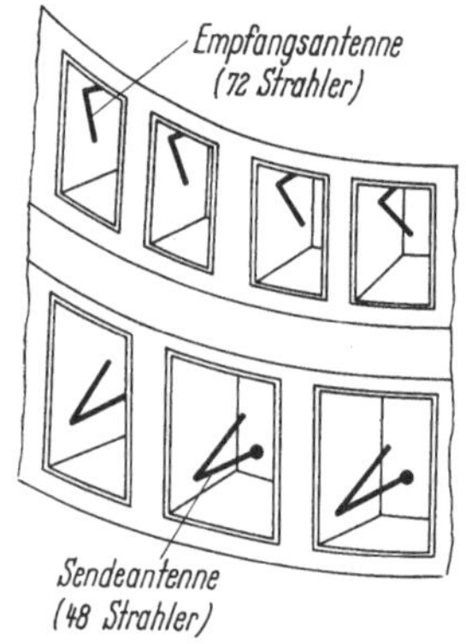


Abb. 13. Ausschnitt aus den rundstrahlenden Antennen des Satelliten „Telstar"

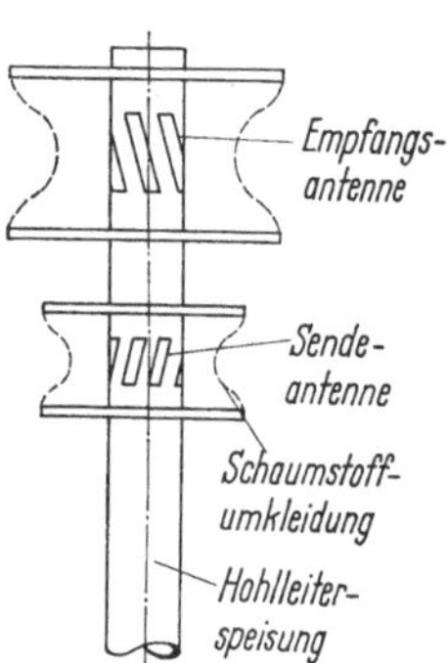


Abb. 14. Rundstrahlende Antennen des Satelliten „Relay"

man mechanisch über Lager bewegte Antennen, mechanisch geschaltete sowie elektronisch geschaltete und phasengesteuerte Gruppen.

Die rotierende Richtantenne hat alle Vorteile der beschriebenen Antennen für lagestabilisierte Satelliten. Ihre Funktion hängt jedoch davon ab, ob es gelingt, ein Lager zu bauen, das mindestens fünf Jahre lang einwandfrei im Vakuum läuft.

Verzichtet man auf die bestmögliche, rotationssymmetrische Ausleuchtung der Erde, so ist eine kontinuierliche, elektronisch gesteuerte Strahlbewegung, beispielsweise über Phasendreher, möglich. Zu dieser Strahlerart gehört grundsätzlich die Kreisgruppe, die mit gleicher Amplitude, jedoch umlaufender Phase gespeist wird. Für eine Halbwertsbreite der Strahlung von rund 20° (Synchronsatellit) erwies sich eine Gruppe von 16 Strahlern auf einem Kreis von $D = 2\lambda$ als geeignet, deren Richtstrahlung mittels 8 Ferritphasenschiebern gesteuert werden kann [11].

Schließlich können die einzelnen Strahler oder Strahlergruppen durch feste oder umlaufende mechanische Schalter oder elektronisch umlaufend durch Dioden- oder Ferritschalter gesteuert werden. Eine

feine Winkelunterteilung erfordert jedoch eine große Zahl von Schalt-
elementen. Allgemein sind Antennenanordnungen mit umlaufender
Strahlungskeule sehr aufwendig.

### 9.3.4 Stromversorgung

Für die Stromversorgung des Sende- und Empfangsteils der nachrichtentechnischen Geräte sowie der Einrichtungen für Fernmessen,
Kommandoübertragung und Aussenden einer Bakenfrequenz sind je
nach der Sprechkreiskapazität des Satelliten Leistungen im Bereich
von mehreren Watt bis etwa 200 W erforderlich. Für einen Nachrichtensatelliten mit einer Kapazität von 1200 Sprechkreisen ist die Stromversorgung auf rund 100 W auszulegen. Für den angestrebten langjährigen Betrieb stehen als Energiequellen Sonnen- oder Atomenergie
zur Verfügung. Die aufzubringende elektrische Leistung kann daher
entweder aus Solarzellen (Photodioden) oder aus Radionuklidgeneratoren, den sogenannten Isotopenbrennern, gewonnen werden.

Die Sonnenzellen werden entweder auf der Oberfläche des Satellitenkörpers oder auf ebenen, relativ zum Satelliten drehbaren, der Sonne
zuwendbaren Paddeln angebracht.

Bei den beschriebenen Satellitenbahnen ändert sich laufend die
Orientierung des Satelliten relativ zur Sonne, so daß stets andere Teile
seiner Oberfläche bestrahlt werden. Wenn eine möglichst gleichförmige
Energieversorgung erzielt werden soll, müßte die mit Solarzellen bedeckte Oberfläche des Satelliten bei großen Bahninklinationen die Form
einer Kugel, bei Synchronbahnen die Form eines Zylindermantels
haben. Setzt man näherungsweise die voll mit Solarzellen belegte
Kugeloberfläche voraus, so ergibt sich aus dem Verhältnis des Kugel-
querschnitts zu ihrer Oberfläche ein Ausleuchtungs-Wirkungsgrad von
25%. Ähnliche Ausleuchtungsgrade werden mit zylinderförmigen oder
als Vieleckprismen geformten Körpern mit beidseitig aufgesetzten
Kegelstümpfen bzw. Pyramidenstümpfen erzielt, in deren Stirnseiten
die Antennen oder Triebwerke eingebaut sind. Da mit Rücksicht auf
verschiedene technologisch bedingte Forderungen für den Aufbau des
Satellitenkörpers eine absolut gleichmäßige Belegung der Oberfläche
durch die zu Moduln zusammengefaßten Solarzellen nicht möglich ist,
wird bei der Bewegung des Satelliten relativ zur Sonne die von den
Zellen abgegebene Leistung um einige Prozent schwanken. Mit den
jeweils der Sonne zuwendbaren Paddeln ließe sich ein Ausleuchtungs-
grad von annähernd 100% (bezogen auf die Fläche der Paddel) erzielen.
Ihre Nachführung erfordert jedoch einen großen regelungstechnischen
Aufwand und die Beherrschung der Lagerreibung auf Jahre hinaus.
Trotz des günstigen Ausleuchtungsgrades sollte man daher bei Nachrichtensatelliten, besonders bei solchen mit hohem Antennengewinn in

Richtung zur Erde, von bewegten Teilen großer Massen Abstand nehmen, da der Satellit hierdurch leicht zu Lageänderungen angeregt wird.

Da der Satellit je nach Höhe und Lage seiner Bahn relativ zur Erde den Strahlungen im Bereich der VAN ALLEN-Gürtel ausgesetzt ist (Elektronen und Protonen), muß für die Solarzellen ein möglichst strahlungsresistentes, zusätzlich durch Schutzfilter (z. B. Quarz) geschirmtes Material verwendet werden. Als geeignet erweisen sich Galliumarsenid-Solarzellen und Siliziumzellen. Für beide ist nach dem heutigen Stand der Technik ein Wirkungsgrad von etwa 12% anzusetzen. GaAs-Zellen sind weniger strahlungsempfindlich als Si-Zellen und lassen höhere Betriebstemperaturen zu. Durch Verwendung von bandförmigem Silizium, sogenannten Silizium-„Webs", kann jedoch die Herstellung von Si-Zellen wesentlich vereinfacht und verbilligt und die Flächenausnutzung verbessert werden. Es wurden bereits Si-Bänder von 50 cm Länge bei 1 cm Breite aus der Schmelze gezogen. Die aus Siliziumeinkristallen geschnittenen Scheiben hatten nur die Flächenabmessungen $1 \times 2$ cm (Normzellen). Wichtig für den Betrieb in Satelliten ist, daß bei Siliziumbändern die Zahl der Leitungskontakte klein gehalten und dadurch die Zuverlässigkeit verbessert wird. Die bei den Bahnen der Nachrichtensatelliten sich ergebenden Temperaturen auf der Oberfläche sind auch für die Siliziumzellen zulässig, so daß die höhere Temperaturbeständigkeit der Galliumarsenidzellen nicht erforderlich ist.

Während der Schattenperioden (Eklipsen), die bei den diskutierten Bahnen allerdings nur selten auftreten und höchstens 1/20 der täglichen Beleuchtungsdauer betragen, müssen Batterien die Stromversorgung übernehmen, die in den Beleuchtungszeiträumen aufgeladen werden. Dafür ist die spezifisch leichte Nickel-Cadmium-Batterie geeignet.

Setzt man in grober Abschätzung einen Verlust von 20% für Filter und Schaltelemente und einen Alterungsverlust von 25% für die Solarzellen nach fünfjährigem Betrieb an, so ist mit einem verbleibenden Gesamtwirkungsgrad von mindestens 7% zu rechnen. Eine Solarzelle der Größe $1 \times 2$ cm gibt danach bei senkrechter Sonneneinstrahlung eine Leistung von mindestens 20 mW (0,4 V, 50 mA) ab. Die zum Erzeugen von einem Watt elektrischer Leistung aufzuwendende Masse für die Solarzellen, einschließlich ihrer Verdrahtung, beträgt bei Berücksichtigung eines Ausleuchtungsgrades von 25% (Kugelform) und der Batterie für die Stromversorgung bei Schattendurchgängen etwa 0,5 kg.

Die abzugebende Leistung der Solarbatterie bestimmt die notwendige Oberfläche des Satelliten ohne Rücksicht auf die räumlichen Abmessungen der zu versorgenden Geräte. Wird beispielsweise eine Leistung von 100 W für einen etwa kugelförmigen Satelliten gefordert, dessen Oberfläche mit Rücksicht auf Antennen und sonstige nicht überdeckbare Einrichtungen nur zu 80% mit Solarzellen belegt werden kann, so ergibt sich ausgehend von der Solarkonstanten (0,14 W/cm²) und einem Gesamtwirkungsgrad von 7 % die erforderliche Oberfläche zu etwa 5 m². Dieser Oberfläche entspricht ein Durchmesser von $D = 1,26$ m.

Im Wettbewerb zu den Solarbatterien stehen für Leistungen bis zu etwa 200 W radioaktive Isotope als Wärmequelle für thermoelektrische Wandler. Die Grundsubstanz der Isotopenbatterie sind künstlich erzeugte radioaktive Stoffe, bei deren Kernzerfall durch Abbremsen der herausgeschleuderten Teilchen in der umgebenden Materie Wärme entsteht. Diese Wärme wird durch thermoelektrische Wandler in elektrische Energie umgewandelt. Da ein Teil der beim Kernzerfall frei werdenden Energie in Form von $\gamma$-Strahlung und Neutronen ausgesandt wird, ist eine Abschirmung der Batterie erforderlich. Die Isotopenbatterien, die zu den in den USA mit SNAP (System for Nuclear Auxiliary Power) bezeichneten Systemen gehören, haben gegenüber Solarbatterien die Vorteile der Unempfindlichkeit gegenüber mechanischen Beanspruchungen, der Unabhängigkeit von der Sonne (keine Speicherbatterie) und den kosmischen Strahlungen und sehr hoher Lebensdauer bei geeigneter Wahl des Materials. Wesentliche Nachteile sind jedoch die augenblicklich noch sehr hohen Kosten und die Notwendigkeit einer Abschirmung. Relativ günstig bezüglich der Abschirmungsmaßnahmen sind $\alpha$-Strahler gegenüber den $\beta$-Strahlern. $\alpha$-Strahlen (zweifach positiv geladene Heliumatome) haben nur sehr geringes Durchdringungsvermögen und werden meist schon am Ort ihrer Entstehung abgebremst, wobei nur schwache sekundäre $\gamma$-Strahlung erzeugt wird. Meist werden die radioaktiven Nuklide in Form von chemischen Verbindungen verwendet, die ggf. beim Wiedereintritt in die Erdatmosphäre verbrennen und damit auf einen großen Raum verteilt werden.

Für Isotopenbrenner wurde bisher Plutonium-238 ($^{238}$Pu), ein $\beta$-Strahler, der nur einer geringen Abschirmung bedarf, in Satelliten eingesetzt. Seine Halbwertszeit beträgt 86,4 Jahre, die Leistungsdichte etwa 0,45 W/g (Tab. 6). Weit günstiger bezüglich der Kosten ist Strontium-90 ($^{90}$Sr) mit einer Halbwertszeit von 27,7 Jahren. $^{90}$Sr ist jedoch ein $\beta$-Strahler (Elektronen), der eine starke Abschirmung für die Bremsstrahlung erfordert. Das Material zerfällt über den Tochterkern Yttrium-90 ($^{90}$Y) zu stabilem Zirkonium-90 ($^{90}$Zr). Durch Abbremsen der $\beta$-Teilchen entsteht Wärme, die durch Thermoelemente in elektrische Energie ungewandelt werden kann. Die Leistungsdichte ist etwas niedriger als bei $^{238}$Pu. Sehr günstig für einen wirtschaftlichen Isotopenbrenner sind die Daten von Curium-90 ($^{244}$Cm), das $\alpha$- und Neutronenstrahlen aussendet, eine für den Betrieb im Satelliten sehr günstige Halbwertszeit von 18,8 Jahren hat, eine hohe Leistungsdichte von 2,5 W/g aufweist, einer nicht allzu starken Abschirmung bedarf und nicht so teuer wie $^{238}$Pu ist. Weitere Radionuklide, wie Promethium-147 ($^{147}$Pm), Curium-242 ($^{242}$Cm) und Polonium-210 ($^{210}$Po) scheiden wegen zu geringer Halbwertszeit für eine Verwendung in Nachrichtensatelliten aus, obwohl $^{242}$Cm und $^{210}$Po sehr große thermische Leistungsdichten haben. Cäsium-137 ($^{137}$Cs) hat zwar eine günstige Halbwertszeit von 27 Jahren, aber eine zu geringe thermische Leistungsdichte. Als $\beta$-Strahler erfordert es eine starke Abschirmung. Allgemein muß für die Radionuklidgeneratoren die Abschirmung so gewählt werden, daß im Zeitraum der Lebenserwartung des Satelliten an den Halbleitern der elektronischen Geräte keine nennenswerten Strahlungsschäden auftreten können.

Tabelle 6
*Radioaktive Isotope für die Stromversorgung von Nachrichtensatelliten*

| Isotop | Strahlungsart | Halbwertszeit in Jahren | Thermische Leistungs- dichte W/g |
|---|---|---|---|
| $^{238}$Pu | $\alpha + \gamma$ | 86,4 | 0,45 |
| $^{90}$Sr | $\beta$ | 27,7 | 0,38 |
| $^{244}$Cm | $\alpha +$ Neutronen | 18,8 | 2,50 |
| $^{147}$Pm | $\beta$ | 2,6 | 0,27 |

Als thermoelektrische Wandler für Isotopenbatterien werden vorwiegend Germanium-Silizium-Mischkristalle verwendet, die bei Arbeitstemperaturen von etwa 800 °C einen Wirkungsgrad von 4 bis 5% haben. Die beim Umsetzen nicht verbrauchte Wärmemenge muß in den Weltraum abgestrahlt werden. Das einzelne Element des thermoelektrischen Wandlers liefert eine Leistung von etwa 2 W. Interessant ist die Tatsache, daß die zum Erzeugen von einem Watt elektrischer Leistung aufzuwendende Masse der für die Stromversorgung von Satelliten geeigneten Isotope einschließlich der Thermowandler und der notwendigen Abschirmung praktisch gleich der Masse der für die Erzeugung derselben Leistung erforderlichen Solarzellen einschließlich der Batterie für Schattendurchgänge ist. Zum Erzeuger von 100 W müssen nach dem derzeitigen Stand der Entwicklung in beiden Fällen Massen von etwa 50 kg aufgewendet werden. Eine wesentliche Verringerung des Massenaufwandes, besonders bei Solarzellen, ist bereits abzusehen.

Es ist sicher, daß Nachrichtensatelliten in den nächsten Jahren nur mit Solarzellen ausgerüstet werden. Wenn es gelingt, die Sicherungsvorschriften für Isotopenbatterien einzuhalten, wenn größere Mengen Isotopenmaterial erhältlich sind und die Preise dafür gesenkt werden können, werden sie in speziellen Fällen die Energieversorgung mittels Solarzellen ersetzen können. Während die Solarbatterie bei vorgegebener

Leistung die Größe des Satelliten bestimmt, ermöglichen Radionuklidgeneratoren eine wesentlich kompaktere, jedoch nicht leichtere Bauweise.

Durch geeignete Reihenschaltung von Solarzellen bzw. Thermo-
elementen kann mit beiden Stromversorgungssystemen die gewünschte
Gleichspannung (etwa 20 bis 30 V) erzeugt werden.

## 9.4 Nachrichtentechnische Geräte in der Bodenstation

Eine Bodenstation oder Erdefunkstelle für Nachrichtenverbindungen
über Satelliten besteht aus dem Sende- und Empfangszweig, die über

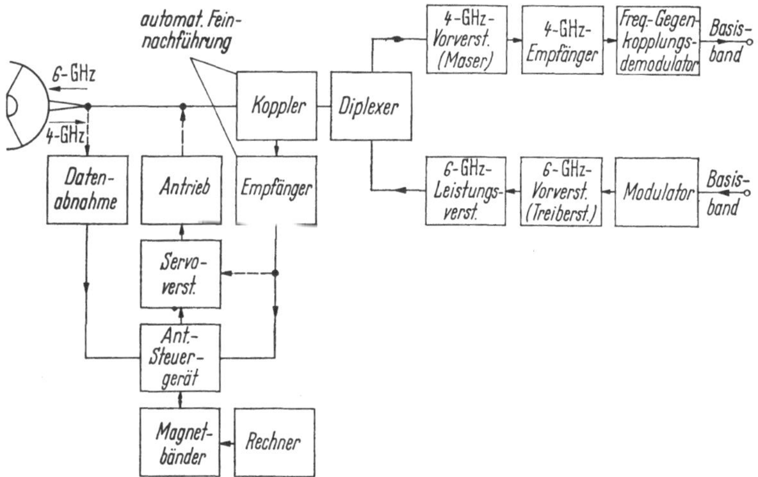


Abb. 15. Prinzipschaltbild einer Erdefunkstelle für Nachrichtenverbindungen über Satelliten

eine Weiche (Diplexer) simultan auf eine Antenne geschaltet werden,
sowie den Einrichtungen zur Steuerung dieser Antenne (Abb. 15). Zusätzlich werden Geräte zur Überwachung des Betriebszustandes und
der Eingangs- und Ausgangssignale verwendet. Die Güte der Station ist
durch das Verhältnis von Antennengewinn zu Systemrauschtemperatur
bestimmt.

Der Empfangszweig für Leistungen der Größenordnung $10^{-12}$ W
beginnt mit einem außerordentlich rauscharmen Vorverstärker, dem ein
Überlagerungsempfänger für frequenzmodulierte Signale großen Hubs
und ein Frequenzgegenkopplungs-Demodulator zur Herabsetzung des
Schwellenwertes nachgeschaltet sind.

Der Sendezweig beginnt, ausgehend vom Basisband, mit einem Modulator. Ihm folgen eine Treiberstufe mit einer Ausgangsleistung von mehreren Watt und eine Leistungsstufe, die über die gesamte Breite des
für Satellitenverbindungen vorgesehenen Sendebereichs einige Kilowatt Hochfrequenzleistung an die Antenne abgibt.

Grundsätzlich können mehrere Empfänger oder Sender, die jeweils über Kanalweichen zusammengefaßt werden, auf eine Antennenanlage geschaltet werden. Der Pegelunterschied zwischen Eingangs- und Ausgangsleistungen beträgt etwa 150 bis 160 dB. Trotz des Frequenzunterschiedes zwischen dem Empfangsband bei 4 GHz und dem Sendeband bei 6 GHz werden an den Diplexer extrem hohe Entkopplungsforderungen gestellt. Darüber hinaus müssen Polarisationswandler vorgesehen werden, die ein Arbeiten der Bodenstation sowohl mit linearer als auch zirkularer Polarisation ermöglichen.

Die in den Bereich der Nachrichtengeräte einzuschließenden Anlagen für die Antennennachsteuerung bestehen aus einer Rechenanlage, einer Programmsteuerung, den Servoverstärkern, den hydraulischen oder elektrischen Antrieben und den Datenabnehmern zur Kontrolle der Antennenstellung. Ergänzt wird die Programmsteuerung durch eine automatisch wirksame Eigenfeinnachführung der Antenne, die aus einem Koppler zur Summen- und Differenzbildung von Bakensignalen, einem Hochfrequenzverstärker und einem Niederfrequenzteil zur Bildung der rücksteuernden Fehlerspannungen nach Betrag und Phase besteht.

Eine voll ausgebaute Bodenstation für interkontinentalen Nachrichtenverkehr wird aus mehreren Antennenanlagen bestehen. Während eine Antenne einen umlaufenden Satelliten verfolgt, ist eine zweite in Bereitstellung zum Erfassen des nächsten Satelliten der gleichen Bahn. Eine weitere Antenne kann beispielsweise auf einen Synchronsatelliten anderer Nachrichtenverbindungen ausgerichtet werden. Die gegenseitigen Abstände der Antennen einer Bodenstation müssen so groß gewählt werden, daß bei den für das Auffassen und Verfolgen auftretenden Elevationswinkeln oberhalb etwa 3 bis 5° keine gegenseitige Abschattung auftritt. Die Abstände bewegen sich etwa zwischen 500 und 1000 m. Das Gelände um die Antennengruppe muß im Bereich der genannten Elevationswinkel frei von Hindernissen sein.

Alle Zuleitungen zu den Antennenanlagen gehen von einem Zentralgebäude aus, in dem sich die Kontrollanlagen für die Steuerung der Antennen sowie die Überwachungsgeräte für die Nachrichtenverbindungen befinden. Dort sind auch die Zusatzeinrichtungen zum Aufzeichnen der Fernsehsendungen sowie Fernseh-Normenwandler aufgestellt.

Der für eine Bodenstation gewählte Ort soll gut zugänglich sein, weil bei der Montage der umfangreichen Sende- und Antennenanlagen schwere und sperrige Bauteile herantransportiert werden müssen. Der Untergrund muß mit Rücksicht auf die genau auszurichtenden Antennenfundamente gute Tragfähigkeit haben. Da die gegenseitige Entkopplung der in gleichen Frequenzbereichen arbeitenden Satellitenverbindungen und Richtfunklinien von entscheidender Bedeutung ist,

erweist sich ein möglichst allseitig von Hügeln umschlossenes, mulden-
förmiges Gelände als besonders günstig. Solche Becken, deren Umran-
dungen Elevationswinkel von wenigen Graden haben, finden sich z. B.
in Endmoränengebieten. Bedingung ist selbstverständlich, daß sich
auf den abschirmenden Bodenerhebungen keine Richtfunk-Relais-
stellen oder Streustrahlanlagen befinden. Auch Radargeräte hoher
Sendeleistung, die zahlreiche Neben- und Oberwellen aufweisen, können
den Empfang der sehr schwachen, vom Satelliten zur Bodenstation
gelangenden Signale stören. Schließlich sollen Satellitenbodenstationen
möglichst nicht im Bereich von Flugschneisen (Luftstraßen) mit starkem
Flugverkehr oder in der Nähe von Flugplätzen liegen. Die Wahrscheinlichkeit, daß ein Flugzeug kurzzeitig den scharf gebündelten Antennenstrahl abdeckt, ist zwar gering, aber selbst bei Entfernungen des Flug-
zeuges von etwa 10 km würde die Satellitenverbindung beim Durch-
fliegen der Hauptkeule unterbrochen. Als gut geeignet erwiesen sich
auch Gelände unmittelbar an der Meeresküste (Goonhilly/Cornwall,
England, und Pleumeur-Bodou/Bretagne, Frankreich), weil dort Störungen durch Richtfunkstrecken im Inneren des Landes weitgehend ausgeschaltet sind.

Die bei der Ortswahl für Bodenstationen entscheidenden Störungsmöglichkeiten zwischen Satellitenverbindungen und Richtfunklinien
seien nun näher betrachtet:

Bei den vorgesehenen Sendeleistungen und Antennengewinnen in
den Satelliten und den vorgegebenen Richtfunkantennen mit kleinen
Nebenzipfeln sind die Empfänger der 4 GHz-Richtfunklinien von den von
Satelliten abgestrahlten Leistungen und die Empfänger der Satelliten
von den Sendeleistungen der 6 GHz-Richtfunklinien ausreichend entkoppelt. Von der horizontal abgestrahlten Leistung von 6 GHz-Richtfunklinien sind die auf den Bereich von 3,7 bis 4,2 GHz abgestimmten
Empfänger der Satellitenbodenstation ebenfalls ausreichend entkoppelt.
Das gleiche gilt für die Beeinflussung der 4 GHz-Richtfunkempfänger
durch die Sender der Bodenstation. Die große effektiv abgestrahlte
Sendeleistung der Bodenstation könnte jedoch die Empfänger der
6 GHz-Richtfunklinien stören und die Sender der 4 GHz-Richtfunklinien die besonders empfindlichen Empfänger der Bodenstation. Es
müssen daher Koordinationsentfernungen für Bodenstationen festgelegt werden.

Ein Maß für die Störung einer Bodenstation ist der Abstand zwischen
der am Stationsort von Richtfunksendern erzeugten Leistung und dem
Eigenrauschen des Stationsempfängers (Rauschleistungspegel der Bodenstation in Andover, USA, ohne FM-Gegenkopplung bei Fernsprechen
$10 \lg P_R/1 \text{ W} = -144{,}5 \text{ dB}$, wobei $P_R = kT\,B$ und die Bandbreite
$B = 25 \text{ MHz}$). Für diesen Leistungsabstand, ausgedrückt in der Pegel-

differenz $\Delta n$ gilt:

$$\Delta n = \left(10\lg\frac{P_S}{W} + 10\lg G_R + 10\lg G_B - a_0 - a_z\right) - 10\lg\frac{P_R}{W}. \qquad (9)$$

Dabei sind:

$P_S$　die Senderleistung der eventuell störenden 4 GHz-Richtfunkstelle
$G_R$　der Gewinn der Richtfunkantenne in Richtung zur Bodenstation
$G_B$　der Gewinn der Bodenstationsantenne in Richtung zur Richtfunkstelle
　　　bei minimal auftretender Elevation
$a_0$　die Grundübertragungsdämpfung zwischen Kugelstrahlern:

$$a_0 = \left(92{,}4 + 20\lg\frac{d}{\mathrm{km}} + 20\lg\frac{f}{\mathrm{GHz}}\right)\mathrm{dB}$$

$a_z$　die Zusatzdämpfung zur freien Ausbreitung in Abhängigkeit von der

　　relativen Sichtbehinderung $\dfrac{\Delta h}{r_F}$, $a_z \gtrless \left(16 + 20\lg\dfrac{\Delta h}{r_F}\right)\mathrm{dB}$

　　Die Höhe $\Delta h$ der geometrischen Sichtlinie über dem Hindernis ist aus dem
　　Geländeschnitt zu ermitteln, $r_F$ ist der Radius des Schnittkreises durch
　　das Fresnel-Ellipsoid beim Hindernis (s. S. 183)
$P_R$　die Rauschleistung des Stationsempfängers.

Das Vorgehen bei Störungen durch Streustrahlverbindungen ist in
[*12*] beschrieben.

Bei Messungen in den europäischen Bodenstationen Goonhilly Downs,
Pleumeur-Bodou und Raisting wurden keine störenden Interferenzen
beobachtet. Die Gelände sind also gut gewählt. An diesen guten Ergebnissen sind aber auch die Antennen der drei Bodenstationen maßgebend
beteiligt, deren Vertikaldiagramme bereits bei den im Betrieb minimalen
Elevationswinkeln von 3 bis 5° Nebenzipfeldämpfungen von mehr als
40 dB in der Horizontalrichtung aufweisen. Wenn bei kleinen Bodenstationen wesentlich kleinere Antennendurchmesser bei evtl. größeren
Sendeleistungen gewählt werden sollten, so sind nur die Antennenarten
verwendbar, deren Vertikaldiagramme außerhalb der Hauptstrahlung
besonders steil abfallen.

Ähnliche Betrachtungen lassen sich für die Störwirkung der Bodenstation auf Richtfunkanlagen anstellen.

### 9.4.1 Empfänger

Wegen der auf einige Watt begrenzten Sendeleistung im Satelliten,
der geringen Bündelung der Bordantenne und der sehr großen Übertragungsdämpfung ist trotz des hohen Gewinns der Antennen in den
Bodenstationen die den Empfängern zugeleitete Signalleistung so klein,
daß Verstärker herkömmlicher, beispielsweise bei Breitband-Richtfunkanlagen eingesetzter Bauart, wegen ihres zu hohen Eigenrauschens
nicht verwendet werden können. Zum Verstärken von Leistungen der
Größenordnung $10^{-13}$ bis $10^{-11}$ W, die die Antenne liefert, müssen extrem

rauscharme Hochfrequenzverstärker eingesetzt werden. Genügend geringes Eigenrauschen haben auf sehr tiefe Temperaturen gekühlte Maser und parametrische Verstärker. Diesen Vorverstärkern, die den Pegel der empfangenen Signale anheben, folgen die bei Breitband-Richtfunkanlagen üblichen, jedoch für Nachrichtenverbindungen über Satelliten modifizierten Überlagerungsempfänger mit Zwischenfrequenz-verstärkern. Zur Demodulation der von Satelliten empfangenen frequenz-modulierten Signale großen Hubs können entweder übliche FM-Demodu-latoren (Geradeausdemodulatoren) oder Frequenz-Gegenkopplungs-Demodulatoren verwendet werden (FMFB = frequency modulated feed back). Letztere kommen zum Einsatz, wenn das Verhältnis Träger-leistung zu Rauschleistung in die Nähe der FM-Schwelle, d. h. auf Werte von etwa 10 dB bis 12 dB (vor dem FM-Diskriminator) absinkt und eine Verbesserung des Schwellenwertes des FM-Empfängers erzielt werden muß. Im Empfänger wird dabei durch Gegenkopplung der Fre-quenzhub reduziert und im Zwischenfrequenzteil ein dem reduzierten Hub entsprechend schmaleres Filter verwendet, was eine Verbesserung des Schwellenwertes zur Folge hat. Die Schwellenwortverbesserung beträgt einige Dezibel und nimmt mit steigender Bandbreite ab. Schließ-lich gehört zum Empfangszweig von Bodenstationen ein der Betriebs-überwachung dienendes Empfängerprüfgestell, das auch die Nach-prüfung der Systemrauschtemperatur ermöglicht.

Der kleinste von einem hochempfindlichen Empfänger noch störungs-frei verarbeitbare Signalpegel ist durch die Rauschleistung bestimmt, die über die Antenne von äußeren Rauschquellen aufgenommen oder in den Elementen des Empfangszweiges der Bodenstation selbst er-zeugt wird. Das Rauschverhalten des Empfangszweiges kann durch die Systemrauschtemperatur (in Grad Kelvin) beschrieben werden. Sie ist zusammen mit dem Antennengewinn ein Maß für die Leistungs-fähigkeit einer Empfangsanlage.

Die Systemrauschtemperatur einer Bodenstation, die proportional der Rauschleistung ist und zweckmäßig auf den Eingang des Vorver-stärkers bezogen wird, setzt sich zusammen aus dem von der Antenne empfangenen Rauschbeitrag, aus den Rauschbeiträgen der Antenne selbst, aus den Beiträgen der zwischen Antenne und Vorempfänger geschalteten Leitungselemente und aus dem Beitrag des Vorverstärkers und des durch ihn durchgreifenden Anteils des Überlagerungsempfängers. Bei einer Elevation der Antenne von 5° soll die Systemrauschtemperatur bei trockenem Wetter den Wert von 50 °K nicht übersteigen (s. S. 848). In der Erdefunkstelle Raisting gesammelte Erfahrungswerte werden auf S. 914 mitgeteilt. Betrachtet man die Auskopplungs- und Entkopplungs-elemente als Teil der Antenne, so genügt es, in diesem Abschnitt auf den Rauschbeitrag der Empfänger, besonders den der rauscharmen

Vorverstärker, näher einzugehen. Vorab sei jedoch die Funktion der für den Einsatz in den Bodenstationen geeigneten Vorverstärkerarten, des Molekularverstärkers und des parametrischen Verstärkers erläutert.

Beim *Molekularverstärker* (Kurzbezeichnung **Maser** = microwave amplification by stimulated emission of radiation) beruht die Verstärkung auf der Ausnutzung von Absorptions- und Emissionsvorgängen in der Materie. Nach der quantentheoretischen Darstellung ist die innere Energie von Materie nur in bestimmten Niveaus vorhanden. Sie kann nur um bestimmte Quanten durch Energieaufnahme vermehrt oder durch Energieabgabe vermindert werden, z. B. durch Wechselwirkung mit elektromagnetischer Strahlung. Für die Energiedifferenz zweier Niveaus gilt

$$\Delta E = E_a - E_b = h\,f_{ab},$$

wobei $h$ die PLANCKsche Konstante und $f_{ab}$ die durch $E_a$ und $E_b$ festgelegte Frequenz ist. Bei Energieaufnahme (Absorption eines Strahlungsquants) wird dem Atom bzw. Molekül der betrachteten Materie die Energie $h\,f_{ab}$ zugeführt, so daß sie in den Zustand der höheren Energie übergehen. Bei Energieabgabe (Emission eines Strahlungsquants) kehren sie in das Niveau geringerer Energie zurück. Durch den Prozeß der „induzierten Emission" könnten viele Teilchen dazu angeregt werden, Energie kohärent an die einfallende Welle abzugeben. Wirkt auf ein Teilchen im höheren Energiezustand eine Welle der Frequenz $f_{ab}$ ein, so geht es mit einer gewissen Wahrscheinlichkeit (Übergangswahrscheinlichkeit) unter Aussenden eines Strahlungsquants $h\,f_{ab}$ in den niedrigeren Energiezustand über. Die emittierte Strahlung stimmt in Richtung und Phase mit der anregenden Welle überein, die dadurch verstärkt wird.

Voraussetzung für den Verstärkungsvorgang ist jedoch, daß sich mehr Teilchen im angeregten als im Grundzustand befinden. Man spricht in einem solchen Fall von einer Inversion der Besetzungszahlen, da im thermischen Gleichgewichtszustand die tieferen Energiezustände immer stärker besetzt sind als die höheren (Abb. 16). Da die Verstärkung der Differenz der Besetzungszahlen in den Zuständen $E_a$ und $E_b$ proportional ist und sich nennenswerte Besetzungsunterschiede nur bei sehr tiefen Temperaturen ergeben, muß der Maser bei einer möglichst tiefen Temperatur, z. B. bei der Temperatur des flüssigen Heliums von 4,2 °K betrieben werden. Bei sehr tiefen Temperaturen sind auch die Relaxationszeiten der invertierten Anregungszustände am größten.

Invertierte Besetzungen können durch einen Absorptionsvorgang, z. B. einen Pumpvorgang, erzielt werden. Beim Drei-Niveau-Festkörpermaser wirkt auf die aktive Substanz eine Pumpquelle ausreichender Leistung und passender Frequenz, die so viele Teilchen vom Grundniveau I in ein höchstes Niveau III anhebt, daß abweichend von den üblichen mit höherer Energie abnehmenden Besetzungszahlen beide Niveaus gleich stark besetzt sind. Durch die Abnahme der Teilchen im Grundniveau kann jetzt ein mittlerer Energiezustand II stärker besetzt sein als das Niveau I, so daß durch induzierte Emission eine Signalwelle verstärkt werden kann, wenn ihre Frequenz der Energiedifferenz von Niveau II und I entspricht (Abb. 16).

Als aktives Material für Maser haben sich Kristalle, die paramagnetische Ionen in geringer Konzentration enthalten, besonders wegen der damit erreichbaren Bandbreite und der Abstimmbarkeit der Signalfrequenz bewährt. Chromdotierte Rubinkristalle ($Al_2O_3$) erwiesen sich als besonders geeignet. Die magnetischen Momente der paramagnetischen Chromionen treten mit den Wechselfeldern der Pump- und Signalfrequenz in Energieaustausch. Der Abstand der Energieniveaus kann durch die Wirkung eines statischen Magnetfeldes so abgestimmt werden, daß er der zu verstärkenden Signalfrequenz angepaßt ist, d. h. die Energiedifferenz gleich $h f_s$ wird.

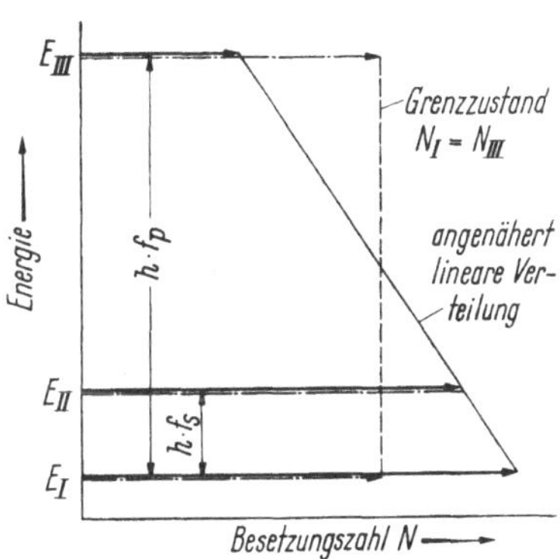


Abb. 16
Besetzungszahlen der Energieniveaus beim Dreiniveau-Festkörpermaser im thermischen Gleichgewicht und im invertierten Zustand.
$f_s$ = Signalfrequenz, $f_p$ = Pumpfrequenz

Im Gegensatz zur Wanderfeldröhre ist beim Wanderfeldmaser die Energiegeschwindigkeit und nicht die Phasengeschwindigkeit maßgebend. Die Energie muß möglichst langsam transportiert werden, damit die Wechselwirkung zwischen der Signalwelle (bzw. Pumpwelle) und den in die Leitung eingelagerten aktiven Elementen (Kristallen) groß wird. Dies wird durch eine Verzögerungsleitung erreicht. Eine ebenfalls in die Verzögerungsleitung eingebettete Richtungsleitung bewirkt, daß rücklaufende Wellen ausreichend stark gedämpft werden.

Die Verstärkung eines solchen Wanderfeldmasers, gemessen im logarithmischen Maß, ist proportional dem Verzögerungsfaktor $S$ der Maserstruktur und ihrer geometrischen Länge $L$, jedoch umgekehrt proportional der Signalwellenlänge $\lambda_S$ und dem Betrag der sogenannten magnetischen Güte $|Q_m|$ des Kristalls (die umgekehrt proportional seiner Suszeptibilität ist). Dabei ist der Verzögerungsfaktor gleich dem Verhältnis der Lichtgeschwindigkeit zur Energiegeschwindigkeit der Signalwelle auf der Leitung. Für die Verstärkung gilt also:

$$10 \lg G = 27{,}3 \frac{S L}{\lambda_S |Q_m|}. \qquad (10)$$

Wird eine Struktur mit Bandpaßcharakteristik, beispielsweise eine
Kammleitung zur Verzögerung der Signalwelle verwendet (Abb. 17),
so ist der Verzögerungsfaktor um so kleiner, je breiter der Durchlaßbereich der Verzögerungsleitung gemacht wird. Die absolute Lage und
die Breite des Durchlaßbereichs hängen von den Querschnittsabmessungen der Leitungen und dem damit gekoppelten aktiven Material ab.
Die mechanischen Abmessungen von Rubinkristall und Verzögerungsleitung müssen daher sehr eng toleriert werden. Da der Durchlaßbereich
der Verzögerungsleitung groß gegenüber der Verstärkungsbandbreite

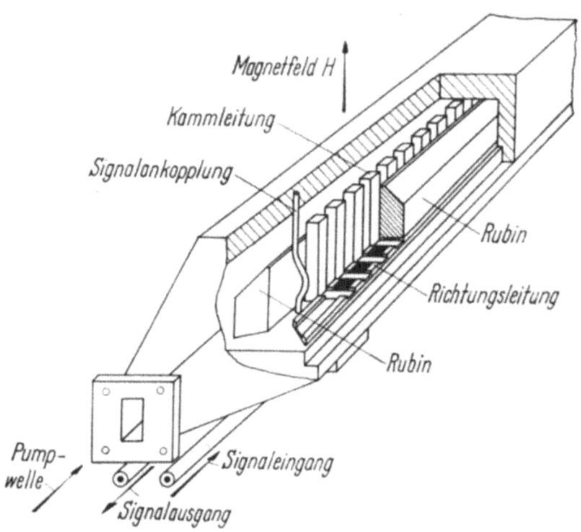


Abb. 17. Wanderfeldmaser (schematisch)

sein muß, ist dem Verstärkungsfaktor damit eine obere Grenze gesetzt.
Die Höhe der Verstärkung muß durch geeignete Wahl der geometrischen
Länge der Verzögerungsleitung erzielt werden.

Die Richtungsleitung besteht aus einem ferrimagnetischen Werkstoff, z. B. aus einzelnen Yttrium-Eisen-Granat-Plättchen, die neben
den Rubinkristallen in die Verzögerungsleitung eingelassen sind. Ihre
gyromagnetische Resonanzfrequenz muß bei Berücksichtigung des
vorgegebenen homogenen Magnetfeldes mit der Signalfrequenz übereinstimmen.

Durch gleichzeitige Variation von Pumpfrequenz und statischem
Magnetfeld kann der Betriebsbereich des Masers durchgestimmt werden.
Es gelang beispielsweise im Frequenzbereich von 3,7 GHz bis 4,2 GHz
mit einer Maserlänge von 125 mm eine Verstärkung von etwa 40 dB
bei einer 3 dB-Bandbreite von 16 MHz verschiebbar über diesen Bereich
zu erzielen (Abb. 18). Dieser Rubinmaser, der mit flüssigem Helium
gekühlt wird, erfordert zum Betrieb ein statisches Magnetfeld von
etwa 3 kOe, das längs des Kristalls auf $1^0/_{00}$ genau eingehalten werden

muß. Die Pumpleistung beträgt 100 mW bei 30 GHz und wird mit einem Reflexklystron erzeugt. Die Rauschtemperatur beträgt etwa 4 °K, wozu der eigentliche Verstärker nur etwa 1 °K beiträgt [*13* und *14*]. Bei den Zuleitungen wurde ein Kompromiß zwischen schlechter Wärmeleitfähigkeit (Heliumverbrauch) und elektrisch gut leitender Oberfläche (Rauschbeitrag) geschlossen.

Die Verstärkungsbandbreite ist im wesentlichen durch die ungesättigte Absorptionsbandbreite des Signalübergangs ohne Pumpenergie, die Linienform der betreffenden Absorptionslinie und durch die Verstärkung des Masers gegeben.

Durch Reihenschaltung solcher Maser kann eine höhere Verstärkung erzielt werden, durch Stufung des statischen Magnetfeldes eine größere Bandbreite. Nach dem derzeitigen Stand der Entwicklung dürfte im Bereich der Zentimeterwellen bei wirtschaftlich vertretbarem Aufwand mit einer Stufe eine Verstärkung von 30 dB bei einer Bandbreite von 50 MHz, über einen Bereich von einigen hundert MHz verschiebbar, erzielt werden können. Die Rauschtemperatur eines Masers ist praktisch unabhängig vom Durchlaßbereich der Verzögerungsleitung, daher ist eine Vergrößerung ihrer Bandbreite zur Erzielung größerer Durchstimmbarkeit nicht schädlich.

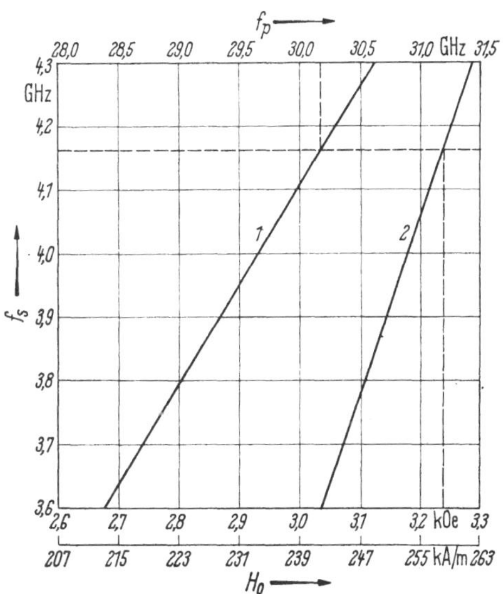

Abb. 18. Signalfrequenz $f_s$ eines abstimmbaren Rubinmasers, abhängig von der Pumpfrequenz $f_p$ (Kurve *1*) und vom Magnetfeld $H_0$ (Kurve *2*) mit Beispiel für die Signalfrequenz des ,,Early Bird''. (Die linearen Kurven sind Näherungen, die nur im Arbeitsbereich von einigen hundert MHz, bezogen auf 4 GHz, gelten.)

Das Volumen des Luftspaltes und die Masse des Magneten können um Größenordnungen verringert werden, wenn der Magnet als supraleitender Elektromagnet mit in das flüssige Helium gesetzt wird und somit der Luftspalt nur den Maser selbst aufzunehmen hat [*15*] Abb. 19). Solche Maser arbeiten mit einem geschlossenen Kühlkreislauf, in dem das verdampfende Helium ständig wieder verflüssigt wird. Dabei bilden Verstärker und Heliumverflüssiger eine Baueinheit.

Im Signalsättigungsbereich des Masers (ab $10^{-8}$ W am Ausgang) beginnt die Verstärkung abzunehmen. Dieser Begrenzungseffekt ist durch die endliche Zahl der für die Verstärkung zur Verfügung stehenden Ionen im aktiven Material bedingt, d. h., die mittlere dem Kristall entnehmbare Leistung ist begrenzt (nicht der Spitzenwert von Strom und Spannung). Bei einer plötzlichen Erhöhung der Signaleingangsleistung sinkt die Verstärkung mit einer relativ langen Zeitkonstanten ab, so daß Verzerrungen des Signals und Intermodulation vernachlässigt werden können. Die hier auftretende Verstärkungsabnahme ist mit der Verstärkungsregelung (Automatic Gain Control) üblicher Zwischenfrequenzverstärker vergleichbar. Definiert man den minimalen Eingangspegel so, daß das Signal-Rausch-Verhältnis des Verstärkers

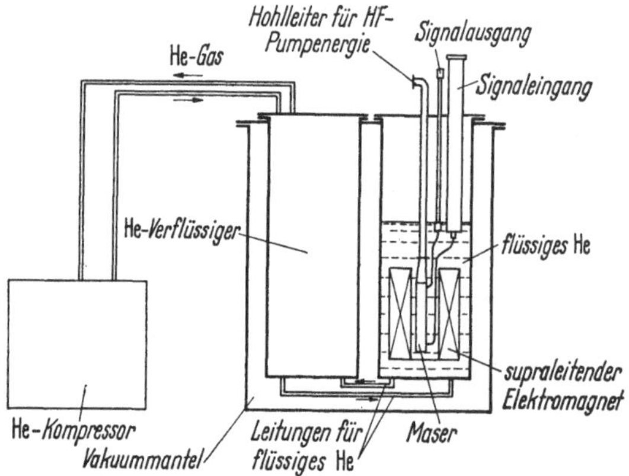


Abb. 19. Wanderfeldmaser mit Supraleitmagnet und geschlossenem Kühlkreis

gerade Eins wird, den maximalen so, daß gerade 1 dB Verstärkungsminderung eintritt, dann beträgt der von Verstärkung und Bandbreite abhängige Dynamikbereich etwa 40 dB.

Wenn die Pumpleistung unter den Sättigungswert absinkt, können nicht alle zur Verfügung stehenden Ionen in den verstärkungsfähigen Zustand gebracht werden. Die Verstärkung erreicht dann nicht den vollen Wert.

Ein Maser gestattet also mit Sicherheit, sehr geringe Rauschtemperaturen zu erzielen. Zu seinen sehr guten Eigenschaften zählen ferner seine hohe Verstärkungsstabilität, ideal lineares Verhalten, Unempfindlichkeit gegen Übersteuerung, Unabhängigkeit von Frequenz- und Amplitudenschwankungen der Pumpquelle sowie die mechanische, thermische und elektrische Stabilität seiner Festkörperbauteile.

Der *parametrische Verstärker* nutzt den Leistungsumsatz in nichtlinearen Reaktanzen aus. Als nichtlineare Reaktanz wird meist die Sperrschichtkapazität einer Halbleiterdiode verwendet. Die Diode, auch Kapazitätsdiode oder Varaktor genannt, wird in Sperrichtung vorgespannt und von dem sogenannten Pumposzillator mit großer Amplitude ausgesteuert. Eine mit kleiner Amplitude zugeführte Signalspannung $U_s$ mischt sich an der nichtlinearen Reaktanz mit der Pumpspannung und erzeugt Summen- und Differenzfrequenzströme. Bei dem hier interessierenden parametrischen Verstärker werden nur bei der Differenzfrequenz 1. Ordnung, der sogenannten Hilfsfrequenz $f_h$ oder Idlerfrequenz, und der Signalfrequenz $f_s$ Wirkleistungen umgesetzt. Es gilt also:

$$f_s + f_h = f_p. \tag{11}$$

Die an der nichtlinearen Reaktanz entstehende hilfsfrequente Spannung $U_h$ hat wieder durch Mischung mit der Pumpfrequenz einen

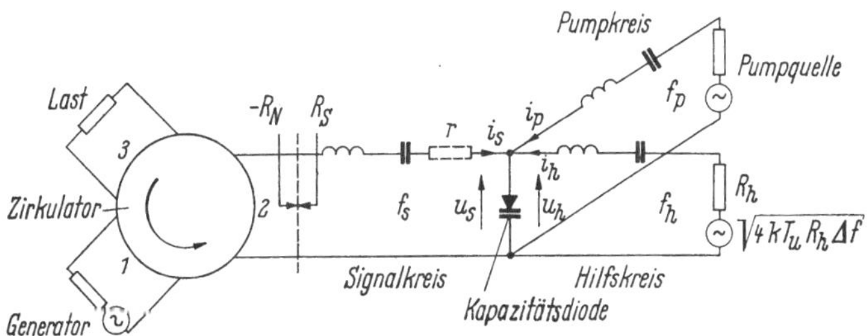


Abb. 20. Ersatzschaltbild eines parametrischen Reflexionsverstärkers

signalfrequenten Strom zur Folge, der jedoch bei geeigneter Bemessung gegenüber dem ursprünglich zufließenden Signalstrom 180° Phasenverschiebung und eine größere Amplitude aufweist. Die gepumpte Kapazitätsdiode entspricht daher einem negativen Widerstand $-R_N$, der bei der Signalfrequenz (und Hilfsfrequenz) auftritt und zur Verstärkung ausgenutzt wird. Die zur Verstärkung der Signale benötigte Leistung liefert der Pumpgenerator. Der Leistungsumsatz an nichtlinearen Reaktanzen wurde von MANLEY und ROWE [16] berechnet.

Die mittlere Sperrschichtkapazität und die Streureaktanzen der Kapazitätsdiode müssen bei den drei beteiligten Frequenzen durch Hinzuschalten äußerer Reaktanzen kompensiert werden. Im Ersatzschaltbild (Abb. 20) werden hierzu Serienresonanzkreise verwendet. Der im Signalfrequenzkreis als Zweipol auftretende negative Widerstand $-R_N$ läßt sich wie im Falle des Tunneldiodenverstärkers zu einem nichtreziproken Vierpol erweitern.

Eine vom Generator auf den Arm 1 des Zirkulators zulaufende Welle tritt am Arm 2 aus, läuft auf die Kapazitätsdiode zu, wird verstärkt reflektiert, tritt am Arm 3 ausreichend vom Arm 1 entkoppelt aus und wird der Last zugeführt (Reflexionsverstärker).

Die Leistungsverstärkung

$$G = \left( \frac{R_S + R_N}{R_S - R_N} \right)^2 \tag{12}$$

ist dem Quadrat des Reflexionsfaktors proportional (s. Abb. 20).

Für die Beurteilung des parametrischen Verstärkers sind wie beim Maser das Verstärkungs-Bandbreite-Produkt und die Rauschtemperatur ausschlaggebend.

Die Bandbreite des Verstärkers wird durch die Bandbreiten des Signalkreises und des Hilfskreises bestimmt. Beide Kreise werden um so mehr durch den negativen Widerstand entdämpft, je höher die Verstärkung ist. Das Produkt aus Spannungsverstärkung $\sqrt{G}$ und Verstärkungsbandbreite $B$ ist

$$\sqrt{G}\,B \approx \frac{2}{\dfrac{1}{B_1} + \dfrac{1}{B_2}}, \tag{13}$$

wobei $B_1$ die Signalkreisbandbreite und $B_2$ die Hilfskreisbandbreite sind.

Durch Mehrfachabstimmung des Signalkreises und/oder Hilfskreises läßt sich das Verstärkungs-Bandbreite-Produkt erhöhen. Eine große Bandbreite des Hilfskreises kann man erhalten, wenn man die mittlere Sperrschichtkapazität und die Streureaktanzen der Diode als Resonanzkreis benutzt ohne äußere Reaktanzen hinzuzuschalten (Diodeneigenresonanz). Nach den bisherigen Erfahrungen scheint die Verwendung der Serienresonanz günstiger zu sein als die Verwendung der Parallelresonanz [17].

Das Rauschen parametrischer Verstärker ist gering, da keine mit einem Schrotrauschen behafteten Ströme auftreten. Die einzige prinzipiell unvermeidbare Rauschquelle ist das thermische Rauschen des zum Leistungsumsatz notwendigen Belastungswiderstandes $R_h$ des Hilfskreises. Entsprechend den MANLEY-ROWEschen Beziehungen wird infolgedessen im Signalkreis die Rauschleistung

$$P_r = \frac{f_s}{f_h}\,kT_u\,\varDelta f \tag{14}$$

umgesetzt ($k = $ BOLTZMANN-Konstante, $T_u = $ Umgebungstemperatur, $\varDelta f = $ betrachtete Bandbreite). Entsprechend ist die Rauschtemperatur des Verstärkers

$$T = \frac{f_s}{f_h}\,T_u. \tag{15}$$

Sie kann durch Wahl einer hohen Hilfsfrequenz $f_h$ und durch Kühlung des Hilfskreiswiderstandes $R_h$ bzw. des ganzen Verstärkers auf sehr kleine Werte gesenkt werden. Praktisch wird der Hilfskreis durch den unvermeidlichen Bahnwiderstand $r$ der Diode belastet (Abb. 20). Er belastet jedoch auch den Signalkreis und erzeugt bei der Signalfrequenz thermisches Rauschen. Die Rauschtemperatur des Verstärkers

$$T \approx \left( \frac{1}{\tilde{Q}^2}\,\frac{f_h}{f_s} + \frac{f_s}{f_h} \right) T_u \tag{16}$$

setzt sich daher aus den im Signalkreis und Hilfskreis erzeugten Anteilen zusammen. Das vom Signalkreis verursachte Rauschen ist von der dynamischen Diodengüte (die umgekehrt proportional dem Bahnwiderstand der Diode, der Kreisfrequenz des Signals und der Grundwellenamplitude der gepumpten Sperrschichtkapazität ist) abhängig und der Hilfsfrequenz proportional. Die Rauschtemperatur ist daher bei der optimalen Hilfsfrequenz $f_{h\,\mathrm{opt}} = \tilde{Q} \cdot f_s$ minimal gleich

$$T_{\mathrm{min}} = \frac{2}{\tilde{Q}}\,T_u\,.\qquad(17)$$

Bei Signalfrequenzen um 4 GHz lassen sich dynamische Güten von etwa acht erreichen, so daß je nach der Umgebungstemperatur $T_u$ in grober Näherung minimale Rauschtemperaturen von $T_{\mathrm{min}} = T_u/4$ erzielt werden können. Diese Werte erhöhen sich insbesondere infolge der Aufheizung des Bahnwiderstandes durch die Diodenverlustleistung vor allem bei extrem tief gekühlten Verstärkern um ein Mehrfaches. Der Zirkulator und ein Teil der Zuleitung müssen mit dem Verstärker gekühlt werden, wenn extrem kleine Rauschtemperaturen erreicht werden sollen. Für den Aufbau von kühlbaren Zirkula-

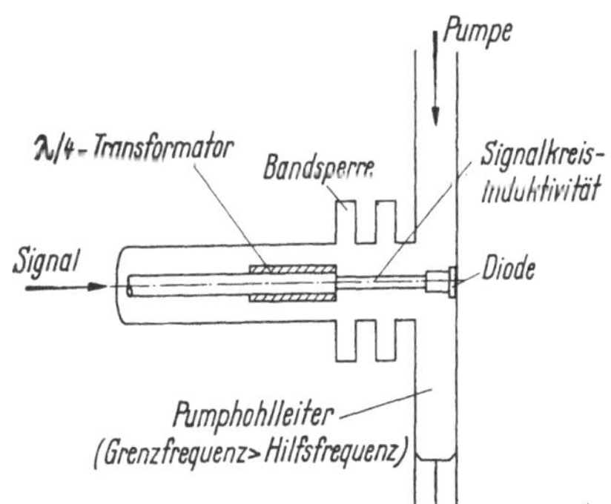


Abb. 21. Prinzipieller Aufbau eines parametrischen Reflexionsverstärkers

toren haben sich ferrimagnetische Werkstoffe mit Granatstruktur besonders bewährt. Der Rauschtemperaturbeitrag dieser Bauelemente beträgt bei Kühlung mit flüssigem Helium nur wenige Grad Kelvin.

Abb. 21 zeigt die technische Ausführung eines parametrischen Reflexionsverstärkers. Bei der Signalfrequenz wird die Diode mit einer Induktivität auf Serienresonanz abgestimmt und der negative Widerstand mit Hilfe eines $\lambda/4$-Transformators auf den gewünschten Wert übersetzt. Bei der Hilfsfrequenz wird mit Hilfe der Bandsperren und des Pumphohlleiters, in dem sich die Hilfsfrequenz nicht ausbreiten kann, ein Leerlauf an die Klemmen der Diode transformiert. Die Sperrschichtkapazität bildet mit der Streuinduktivität der Diode und ihrer Gehäusekapazität bei der Hilsfrequenz einen Serienresonanzkreis. Bei der Pumpfrequenz wird die Diode mit Hilfe eines Kurzschlußschiebers abgestimmt.

Ein für Bodenstationen geeigneter parametrischer Vorverstärker besteht aus zwei gekühlten, in Kaskade geschalteten Verstärkerstufen.

Jede Stufe ist mehrfach abgestimmt. Die Verstärkunsgsmaxima überlappen sich derart, daß im gewünschten Band von 3,7 bis 4,2 GHz, mindestens jedoch über die Hälfte des Bandes, eine Verstärkung von etwa 23 bis 25 dB mit einer Welligkeit von $+0,5$ dB und einem Randabfall von 1 dB erreicht wird. Es ist eine weitere rauscharme Verstärkerstufe nachzuschalten, wenn die erforderliche Gesamtverstärkung von mindestens 35 dB erreicht werden soll. Die dritte Stufe kann ebenfalls ein parametrischer Verstärker oder ein Tunneldiodenverstärker sein. Sie muß nicht gekühlt werden. Bei Kühlung auf die Temperatur des flüssigen Heliums ergibt sich für die ersten beiden Verstärkerstufen einschließlich der Rauschbeiträge von Zuführungen und Zirkulatoren nach dem derzeitigen Stand der Entwicklung eine Rauschtemperatur von etwa $12\,°$K. Die gesamte Rauschtemperatur des Verstärkers hängt schließlich noch von der Art der nachgeschalteten dritten Verstärkerstufe ab. Bei Verwendung eines ungekühlten parametrischen Nachverstärkers, der einen Rauschbeitrag von etwa $150\,°$K hat, steigt die Rauschtemperatur bei 23 dB Vorverstärkung um $0,75\,°$K. Bei Verwendung eines Tunneldiodenverstärkers, der einen Rauschbeitrag von etwa $600\,°$K hat, steigt die gesamte Rauschtemperatur um $3\,°$K. Die Rauschtemperatur des dreistufigen Verstärkers wird daher $15\,°$K nicht überschreiten.

Die Verstärkungsstabilität sowie die Linearität des parametrischen Verstärkers genügen in vollem Umfang den gestellten Anforderungen. Der Dynamikbereich beträgt etwa 35 dB.

Die große Bandbreite der parametrischen Vorverstärker ermöglicht es, mehrere jeweils 50 MHz breite Nachrichtenbänder, die nicht aneinander zu grenzen brauchen, simultan zu empfangen. Am Ausgang des Verstärkers können die einzelnen Bänder durch ein Kanalweichensystem ohne Schaltvorgänge auf die nachgeschalteten Mikrowellenempfänger aufgeteilt werden.

Zusammenfassend ergibt sich, daß mit Masern besonders geringe Rauschtemperaturen von 4 bis $6\,°$K einschließlich der Rauschbeiträge der Zuleitungen erzielt werden können, daß aber die realisierbaren Bandbreiten bei ausreichender Verstärkung von mindestens etwa 25 dB nicht wesentlich mehr als 200 MHz betragen. Mehrstufige, jeweils mehrfach abgestimmte parametrische Verstärker haben bei der gleichen Verstärkung Rauschtemperaturen von etwa $15\,°$K, jedoch reicht die angestrebte Bandbreite von 500 MHz zum Überbrücken des gesamten für den Empfang von Nachrichten über Satelliten festgelegten Frequenzbereichs aus. Über den Betrieb von Masern in Bodenstationen liegen jedoch mehr Erfahrungen vor als über breitbandige parametrische Verstärker. Während die Maser — gleich welcher Art — nur bei extrem tiefen Temperaturen arbeiten, ist, abgesehen von der Höhe der Rauschtemperatur, der Einsatz von parametrischen Verstärkern auch bei höheren Temperaturen, z. B. bei Kühlung mit gasförmigem Helium (20 °K) oder flüssigem Stickstoff, möglich. Die Rauschbeiträge beider Vorverstärker sind stets relativ zur System-rauschtemperatur der jeweiligen Bodenstation zu betrachten. Da die Entwicklung beider Verstärkerarten noch voll im Fluß ist, wäre eine endgültige Beurteilung verfrüht.

Der dem rauscharmen Vorverstärker nachgeschaltete Mikrowellen-empfänger besteht, wie bei der Richtfunktechnik, im wesentlichen aus

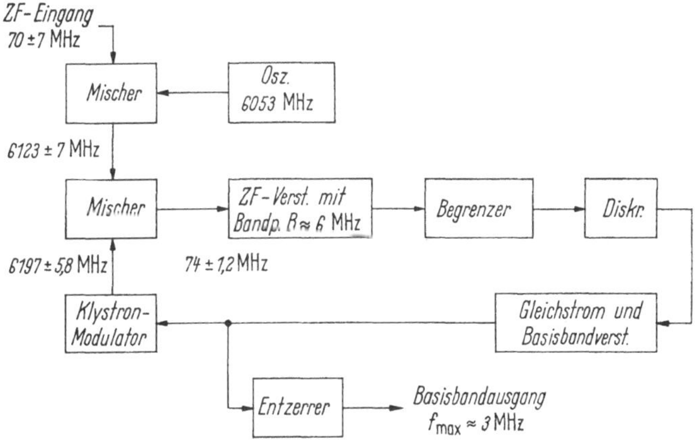



Abb. 22
Blockschaltbild eines FM-Gegenkopplungsempfängers zum Herabsetzen der FM-Schwelle

einem Umsetzer, einem Zwischenfrequenzverstärker und einem Demo-dulator.

Schwankungen der Empfangsspannung bis zu etwa 40 dB können durch eine selbsttätige Verstärkungsregelung ausgeglichen werden. Die Ausgangsspannung in der Zwischenfrequenzlage beträgt 0,5 V an einem unsymmetrischen Ausgang mit 75 Ω Wellenwiderstand. Durch Abstimmen der radiofrequenten Selektionsfilter können die Umsetzer mindestens in einem Bereich von 250 MHz innerhalb des 4 GHz-Empfangsbereichs umgestimmt werden. Die Grundquarze für die Überlagerungsfrequenzen müssen jedoch ausgetauscht werden. Im Demodulationsteil des Empfängers werden die Amplitudenverzerrungen des Signals durch einen Halbleiterbegrenzer (Spannungs- und Strom-begrenzung) weitgehend unterdrückt. Über einen Gegentaktdiskri-minator kann aus der Zwischenfrequenzschwingung das Signal in der Basisbandlage gewonnen werden (1200 Sprachkanäle: 60 bis 5564 kHz; Fernsehen 625 Zeilen: 0 bis 5000 kHz, jedoch kein Gleichstrom, an 75 Ω unsymmetrisch). Zusätzlich zum normalen, aus der Richtfunktechnik her bekannten Demodulator ist umschaltbar ein Demodulator mit Schwellenwertsverbesserung ein wesentlicher Bestandteil der Empfangsanlagen von Bodenstationen für den Nachrichtenverkehr über Satelliten. Dieser Demodulator (Abb. 22) besteht aus einem Umsetzer von der Zwischenfrequenz- in die Hochfrequenzlage und dem eigentlichen, nach dem Prinzip der Frequenzgegenkopplung arbeitenden Demodulator [18]. Bei einem effektiven Kanalhub von 800 kHz kann bei 300 Kanälen eine Schwellenwertsverbesserung von etwa 4 dB, bei 600 Kanälen eine Verbesserung von sicher 2 dB erzielt werden. Die Verbesserung des Schwellenwertes ist nahezu unabhängig davon, ob eine Vorverzerrung (pre-emphasis) angewendet wird oder nicht. Die Vorverzerrung kann daher optimal ohne Berücksichtigung der Frequenzgegenkopplung bemessen werden.

### 9.4.2 Sender

Der Sendezweig besteht, ausgehend vom Basisband, aus dem Modulator, dem Umsetzer in die Radiofrequenz, dem Vorverstärker und dem Leistungsverstärker. Der Modulator liefert eine frequenzmodulierte Zwischenfrequenz von 70 MHz mit hohem Hub (etwa $\pm 20$ MHz) sowohl für die Betriebsart Fernsprechen als auch für Fernsehen. Der Ausgangspegel des zugehörigen Verstärkers beträgt 0,5 V an einer unsymmetrischen Leitung mit 75 $\Omega$ Wellenwiderstand. Wird das Signal über ein längeres Kabel vom Betriebsgebäude zur Antenne übertragen, so muß es nach Durchlaufen des Kabels verstärkt und entzerrt werden. Der Aufwärtsumsetzer ist ähnlich aufgebaut wie der Abwärtsumsetzer des Empfängers. Er ist ebenfalls durch Abstimmen eines Selektionsfilters in einem Bereich von etwa 250 MHz umstimmbar. Das Signal wird mit Hilfe einer Trägerschwingung in die radiofrequente Lage umgesetzt. Das gewünschte Seitenband wird ausgesiebt und mit Hilfe einer Wanderfeldröhre verstärkt. Die Überlagerungsschwingung liefert ein frei schwingender Oszillator. Alle verwendeten Frequenzen sind Vielfache der CCIR-Rasterfrequenz von 14,82 MHz. Die Ausgangsleistung der Wanderfeldröhre, die die Leistungsstufe ansteuert, beträgt etwa 2 bis 10 W, die Bandbreite des Signals 50 MHz. Auf das Kanalbandfilter des Steuersenders, von denen mehrere auf eine Leistungsstufe geschaltet werden können, folgt ein variables Dämpfungsglied zur Regelung der Ausgangsleistung. Über eine Richtungsleitung gelangt das Signal an den Eingang der Leistungsstufe.

Die Baugruppen bis zum Vorverstärker sind denen des Breitbandrichtfunks sehr ähnlich (s. S. 644). Dagegen mußten die Leistungsstufe, die dazugehörige Stromversorgung sowie die Regelung der Senderausgangsleistung als Funktion der Satellitenentfernung speziell für die Satellitentechnik entwickelt werden.

Der Leistungspegel der Endstufe sollte nur zusammen mit dem Antennengewinn betrachtet werden, d. h., vorgegeben ist die Strahlstärke in der Hauptstrahlrichtung (effektiv abgestrahlte Leistung). Nimmt man für den 6 GHz-Bereich einen Antennengewinn von $10^6$ an, der mit einer Antenne von etwa 25 m Durchmesser erzielt werden kann, so kommt man, abhängig von der Sprechkreiszahl und der Übertragungsdämpfung auf eine Sendeleistung von einigen hundert Watt bis zu einigen Kilowatt. Die Endstufe muß ferner in der Lage sein, breitbandig im Sendebereich von 5,925 bis 6,425 GHz zu arbeiten. Im Bereich dieser Frequenzen können die erforderlichen Sendeleistungen mit Klystrons und Wanderfeldröhren erzeugt werden. Der Klystronsender liefert bei gutem Wirkungsgrad hohe Leistungen von 10 kW und mehr, hat aber nicht die für den Bereich der Sendefrequenzen ausreichende Bandbreite. Mit Wanderfeldröhren können bei vertretbarem technologischen Aufwand Leistungen von etwa 5 kW bei etwas geringerem Wirkungsgrad erzielt werden. Sie sind jedoch bezüglich ihrer Bandbreite unübertroffen. Es ist jedoch durchaus möglich, daß im Laufe der weiteren Entwicklung mehrfach abgestimmte Klystrons größerer Bandbreite geschaffen werden können.

Bei der Entwicklung von Wanderfeldleistungsröhren wurde, ausgehend von den vielfach bewährten Wanderfeldröhren für die Richtfunktechnik, zu etwa der tausendfachen Leistung übergegangen. Es wurden leistungsfähige Elektronenkanonen sowie Fokussierungseinrichtungen, hohen Leistungen gewachsene Verzögerungsleitungen und Auffänger mit den für Leistungsröhren geforderten technologischen Eigenschaften entwickelt. Für die Elektronenkanonen wurden ebene Metallkapillarkathoden geschaffen, die Stromstärken von etwa 1 A liefern. Zum Verdichten des Elektronenstrahls auf einem Durchmesser von wenigen Millimetern werden periodisch magnetische Vorfelder benutzt, mit denen sowohl konvergente als auch divergente Elektronenstrahlen an das Hauptmagnetfeld angepaßt werden können. Der größte Unterschied gegenüber den Wanderfeldröhren der Richtfunktechnik tritt in der Struktur der Verzögerungsleitung auf. Die bei Röhren kleiner Leistung verwendeten extrem breitbandigen Wendelleitungen müssen mit Rücksicht auf die thermische Belastung z. Z. durch Strukturen aus massiven, miteinander verlöteten Ringen und Scheiben (Stapelleitung) ersetzt werden. (Die Entwicklung spezieller, hochbelastbarer Wendelleitungen ist jedoch bereits weit fortgeschritten.) Solche Hohlraumresonatorleitungen haben den Charakter von Bandpaßfiltern. Die Eigenschaften der Verzögerungsleitung bestimmen im wesentlichen den Wirkungsgrad der Energieumwandlung und die Bandbreite der Röhre. Der thermisch hoch belastbare Auffänger besteht aus Vakuumkupfer und wird gekühlt. Es wird angestrebt, diese Röhren weitgehend

Tabelle 7
*Betriebsdaten der Wanderfeldröhre YH 1040 (Siemens)*
*mit 2 kW Ausgangsleistung*

| | |
|---|---|
| Frequenzbereich | 5,925 bis 6,425 GHz |
| Ausgangsleistung $P$ | 2 kW |
| Impuls-Sättigungsleistung $P_{Sat}$ | 3 kW |
| Verstärkung $(P = 2\ \text{kW})$ | 30 dB |
| Reflexionsfaktor $r$ | $<20\%$ |
| Heizspannung $U_H$ | 6,5 V |
| Heizstrom $I_H$ | 2,5 A |
| Anodenspannung | 2,6 kV |
| Wehneltzylinderspannung | $-500$ V bis $-1000$ V |
| Leitungsspannung $U_v$ | 16 kV |
| Leitungsstrom $I_v$ $(P = 2\ \text{kW})$ | 100 mA |
| Auffängerspannung $U_A$ | 10 kV |
| Kathodenstrom $I_K$ | 1,1 A |
| Kühlwasserbedarf Auffänger | 25 l/min |
| Kühlwasserbedarf Verzögerungsleitung | 3 l/min |
| maximale Austrittstemperatur des Kühlwassers | 35 °C |

in Metallkeramiktechnik auszuführen. Zum Aufrechterhalten des Hochvakuums in der Röhre müssen im Kathodenbereich und in der Nähe des Auffängers Ionengetterpumpen vorgesehen werden.

Mit einer in den Bell Laboratorien nach diesen Prinzipien entwickelten Röhre mit einer Ausgangsleistung von 2,5 kW wird eine Verstärkung von 28 dB erzielt. Die relative Bandbreite innerhalb von 1 dB Abfall beträgt 12,7%, der Wirkungsgrad bei der mittleren Frequenz des Bereichs 13,8% [19]. Bei der Siemens-Röhre wird der Elektronenstrahl zwischen der Elektronenkanone und dem Auffänger durch ein räumlich periodisches Magnetfeld geführt. Dieses läßt sich mit Permanentmagneten erreichen. Bei einer Ausgangsleistung von 2 kW wird eine Verstärkung von 30 dB innerhalb einer 3 dB-Bandbreite von 500 MHz erzielt. Die Röhre kann ohne Änderung am magnetischen System durch eine andere ersetzt werden. Sie kann mit unterdrückter Kollektorspannung arbeiten und hat daher einen relativ hohen Wirkungsgrad. Er beträgt bei einer Hochfrequenzleistung von 2 kW 17% und bei der Sättigungsleistung von 3 kW 26% [20]. Die Auskopplungsschaltung dieser Röhre unterdrückt weitgehend die Oberwellen. Ein nachgeschalteter Tiefpaß (Oberwellenfilter) dämpft die zweite Oberwelle um weitere 50 dB. Die Röhre, ein Lastwiderstand sowie ein zum Schutz der Röhre gegenüber Fehlanpassung antennenseitig eingebauter Zirkulator werden mit Wasser gekühlt. In Tab. 7 und Abb. 23 sind die Betriebsdaten der Wanderfeldröhre angegeben, die in der Erdefunkstelle Raisting in Betrieb ist.

Ausführliche Messungen an diesen Laufzeitröhren haben gezeigt, daß die für die Qualität einer Nachrichtenübertragung mit Frequenzmodulation kritischen Größen wie die Amplituden-Phasen-Konversion, die Eigenrauschleistung der Röhre und die Verzerrung der Gruppenlaufzeit im Übertragungskanal sehr klein sind.

Die Senderausgangsleistung kann als Funktion der Satellitenentfernung geregelt werden, damit der Empfänger im Satelliten nicht übersteuert wird. Der Regelfaktor beträgt etwa 30.

Nach den von der Comsat erarbeiteten Unterlagen für ein weltweites Satellitensystem ist bei einem Antennengewinn von $10^6$ und
einer Elevation von 5° eine Sendeleistung von 660 W ausreichend, um

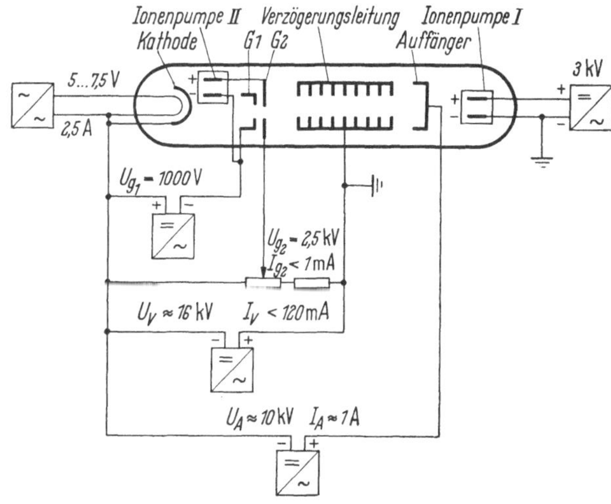


Abb. 23
Stromversorgung für eine **Wanderfeldröhre** von 2 kW Ausgangsleistung **im** 6-GHz-Bereich
Röhre YH 1040 (Siemens)

die Wanderfeldröhre im Satelliten bis in die Sättigung auszusteuern.
Setzt man in den Bodenstationen Sender von 2 kW ein, so ergibt sich
eine dreifache Leistungsreserve, die groß genug ist, um die bei schlechtem
Wetter ansteigende Übertragungsdämpfung auszugleichen. Mehr Reserve
ergibt sich, wenn bei Vielfachausnutzung des Satelliten mehrere Erdefunkstellen gleichzeitig Nachrichten mit dem Satelliten austauschen.
Aus den gleichen Unterlagen der Comsat geht hervor, daß pro Sprechkanal bei klarem Wetter eine Leistung von 0,5 W, bei Regenwetter von
2,0 W einzusetzen ist. Nach diesen Betrachtungen ist eine Sendeleistung
von 2 kW für die gleichzeitige Übertragung von rund eintausend Gesprächen ausreichend. Eine mögliche Lösung besteht darin, die Sprechkreise auf zwei Sender dieser Leistung aufzuteilen. Bei Ausfall des einen
Senders übernimmt der zweite sämtliche Sprechkreise.

Soll schließlich aus Gründen der Frequenzbandökonomie Einseitenbandmodulation auf der Strecke zum Satelliten vorgesehen werden,
so sind an die in Bodenstationen eingesetzten Laufzeitröhren zusätzlich

Anforderungen bezüglich ihrer Amplitudenlinearität zu stellen. Durch Nichtlinearitäten können Differenzfrequenzen und somit Störgeräusche im Übertragungsgebiet entstehen. Bei den derzeitigen Laufzeitröhren für den für Satellitenverbindungen üblichen Frequenzbereich wird die erforderliche hohe Linearität bei Erhaltung des Wirkungsgrades noch nicht erreicht. Die Wanderfeldröhren sind wohl bei kleinem Eingangspegel hinreichend linear, im Aussteuerungsbereich, für den die Röhren bemessen sind, treten jedoch zu starke Verzerrungen auf. Dies liegt daran, daß die Hochfrequenzenergie aus der kinetischen Energie des Elektronenstrahls gewonnen wird, wodurch bei starker Aussteuerung der Elektronenstrahl verlangsamt und der Synchronismus mit der Hochfrequenzwelle auf der Leitung gestört wird.

### 9.4.3 Antennen

Da die Sendeleistung der Satelliten und die Richtwirkung ihrer Antennen sehr klein sind, wird die Leistungsdichte auf der Erdoberfläche außerordentlich gering. Es müssen daher in den Bodenstationen Antennen mit großer Fläche verwendet werden, die sehr großen Gewinn (scharfe Bündelung) bei möglichst geringem Rauschbeitrag haben. Die Antennen sollen so breitbandig sein, daß sie den Simultanbetrieb der in verschiedenen Frequenzbereichen arbeitenden Empfänger und Sender zulassen. Schließlich müssen sie den Satelliten sehr genau nachgeführt werden können und unabhängig von ihrer jeweiligen räumlichen Orientierung sehr große Richtgenauigkeit aufweisen.

Wie bereits gezeigt wurde, muß für die Antennen von Bodenstationen ein Gewinn von etwa $10^6$, bezogen auf den Kugelstrahler, angestrebt werden. Dieser Gewinn erfordert je nach dem erzielbaren Flächenwirkungsgrad der Antenne einen Aperturdurchmesser von etwa 20 bis 30 m. Die Halbwertsbreite der Hauptstrahlungskeule beträgt bei dieser Abmessung etwa 0,2° im Empfangsbereich bei 4 GHz und 0,10 bis 0,15° im Sendebereich bei 6 GHz.

Eine ideale, dämpfungs- und nebenzipfelfreie Antenne rauscht unabhängig von der Temperatur ihrer Umgebung mit der Strahlungstemperatur des in ihrem Strahlungskonus gelegenen Bereichs des Himmels. Zu dieser Rauschtemperatur tragen extraterrestrische Rauschquellen wie Sonne, Mond, Radiosterne und gewisse Bereiche der Milchstraße bei. Den größten Anteil der Rauschtemperatur im Bereich der Empfangsfrequenzen für Bodenstationen liefert jedoch — wenn man von der seltenen direkten Einstrahlung der Sonne absieht — die Erdatmosphäre, insbesondere der Sauerstoff. Auch der Wassergehalt leistet bei stärkerer Bewölkung oder bei Regen einen großen Beitrag zur Rauschtemperatur. Demnach ist die von der Antenne aufgenommene Rauschtemperatur des Himmels abhängig vom Elevationswinkel.

Je größer die Dicke der zu durchlaufenden Atmosphäre ist, desto höher ist die Rauschtemperatur. Hat die Antenne den Strahlungswiderstand $Z$ und wird sie mit einem Widerstand ebenfalls gleich $Z$ abgeschlossen, so wird diesem pro Hertz Bandbreite eine Störleistung von $kT$ Watt zugeführt, wenn $k$ die BOLTZMANNsche Konstante ist. Die Antenne wirkt so, als wäre in Reihe mit ihrem Strahlungswiderstand eine Rausch-EMK der Größe $\sqrt{4kTZ}$ geschaltet [21]. Wenn der zusätzliche, durch eine Antenne selbst erzeugte Rauschbeitrag sehr gering sein soll, müssen die Nebenzipfel, über die das Bodenrauschen aufgenommen werden kann, besonders klein sein. Außerdem dürfen auf den Strombahnen innerhalb der Antenne keine nennenswerten Verluste auftreten.

Der erforderliche hohe Gewinn bei sehr geringem Rauschbeitrag sowie die große Bandbreite und Richtgenauigkeit können nur mit Antennenarten erreicht werden, die nach optischem Prinzip aufgebaut sind. Neben Rotationsparabolantennen sind schräg angestrahlte Parabolantennen und Hornparabolantennen geeignet. Linsenantennen sind, abgesehen von der benötigten Größe, ungeeignet, da es sehr schwierig ist, die phasenkorrigierenden Elemente ausreichend verlustfrei aufzubauen; erschwerend ist außerdem die geforderte Übertragung zirkular polarisierter Wellen durch ein räumlich großes Linsensystem.

Die verschiedenen Arten der Parabolantennen wurden bereits in Kap. 3.5, S. 191, beschrieben. In diesem Zusammenhang genügt es daher nur die für den Einsatz von Großantennen in Bodenstationen für den Nachrichtenverkehr über Satelliten besonders wichtigen Eigenschaften zu behandeln.

Bei Rotationsparabolantennen, die über einen in ihrem Brennpunkt angeordneten Hornstrahler geringer Bündelung erregt werden, muß die Speiseleitung durch eine den Strahler haltende Stütze geführt werden. Bei der Größe der Antenne ergeben sich beträchtliche Leitungslängen und somit Verluste, die sich in einem Rauschbeitrag äußern. Ausreichend kleine Nebenzipfel können durch sektorförmige Gestaltung des Primärstrahlerdiagramms erzielt werden. Das dafür erforderliche, breitbandig Phasen und Amplituden steuernde Leitungs- und Blendensystem ist ebenfalls ein Anlaß zu Rauschbeiträgen. Es ist auch nicht möglich, die Empfänger, wie bei den Antennen für die Radioastronomie üblich, direkt an den Primärstrahler im Brennpunkt der Antenne anzuschließen, da der Kühlkreislauf für die Vorempfänger einer Wartung bedarf, die ohne Störung des Betriebs durchgeführt werden muß. Bezüglich der Nebenzipfeldämpfung sind tiefe Parabolspiegel mit einem Verhältnis Brennweite zu Durchmesser von etwa 0,2 bis 0,3 besonders günstig. Ein zusätzlicher zylindrischer Rand trägt wesentlich zur Verringerung der Nebenzipfel bei. Bei diesen kurzen Brennweiten ist es jedoch schwierig trotz der geringen Bündelung des Primärstrahlers ein sektorförmiges und weitgehend frequenzunabhängiges Primärdiagramm zu erzielen. Als vorteilhaft erweist sich die relativ geringe Länge der Stützen. Wird der Vorverstärker im rückwärtigen Bereich der Antenne angeschlossen, so muß er mit der Antenne geschwenkt werden.

Wesentlich günstiger bezüglich des Rauschbeitrags erweisen sich Antennen, die nach dem CASSEGRAIN-Prinzip ähnlich einem optischen Teleskop aufgebaut sind. Der Primärstrahler befindet sich zwischen Brennpunkt und Scheitelpunkt des parabolischen Reflektors, so daß die Zuleitung wesentlich kürzer ist als bei den vom Brennpunkt aus erregten Parabolantennen. Bei diesem Prinzip sind jedoch die Nebenzipfel im vorderen Halbraum, besonders nahe der Hauptstrahlung, relativ groß [22]. Dies wird verursacht durch die am Fangreflektor vorbeigestrahlte Energie, durch die Abdeckung eines Teiles der Apertur durch den Fangreflektor und dessen Stützen sowie durch Beugung der Primärstrahlung an beiden. Die Stützkonstruktion für den Fangreflektor ist daher so zu bemessen, daß sie bei Einhaltung der geforderten mechanischen (dynamischen) Eigenschaften besonders geringe Abschirmung und Streuwirkung hat. Da mit Rücksicht auf die Stetigkeit der Antennennachsteuerung die Resonanzfrequenz und das Dämpfungsdekrement möglichst hoch sein sollen, sind kurze Stützen (kleine Brennweiten) vorteilhaft. Fachwerkstützen erweisen sich wegen ihres Streuverhaltens ungünstiger als Rohrstützen. Rohrförmige Stützen mit elliptischem Querschnitt, deren große Achsen in die Hauptstrahlrichtung weisen, sind die optimale Lösung.

Der Antennentyp, der die gestellten Anforderungen besonders gut erfüllt, ist die Hornparabolantenne. Sie wurde daher von den Bell Laboratorien für die erste große Bodenstation Andover (Maine, USA) eingesetzt [23]. Den vielen elektrischen Vorteilen steht nur der mechanische Nachteil einer großen Länge gegenüber. Bei einem Aperturdurchmesser von etwa 21 m für einen Gewinn von mindestens $10^6$ bei 6 GHz ergibt sich eine Gesamtlänge der Antenne von 54 m. Die Achse der Hornparabolantenne liegt horizontal. Die Antenne kann sowohl in der horizontalen als auch in der vertikalen Ebene durch getrennte Antriebe in jede Winkellage gedreht werden (Azimut- und Elevationsantrieb). Wenn man die Sende- und Empfangsgeräte durch eine Hochfrequenzdrehkupplung mit dem Trichter verbindet, kann ein Mitschwenken bei Elevationsbewegungen der Antenne vermieden werden (Abb. 24). Dies ist ein Vorteil, den die bisher behandelten Antennenarten nicht aufweisen. Außerhalb $\pm 2°$ von der Hauptstrahlrichtung werden mit dieser Antenne bereits Nebenzipfeldämpfungen von 45 dB überschritten. Diese Werte wurden durch besonders genauen Aufbau erzielt, wobei die Abweichungen von der Parabolkontur bei jeder Stellung der Antenne $\pm 3\,\mathrm{mm}$ nicht übersteigen. Die Rückstrahldämpfung beträgt im Sende- und Empfangsbereich mehr als 80 dB.

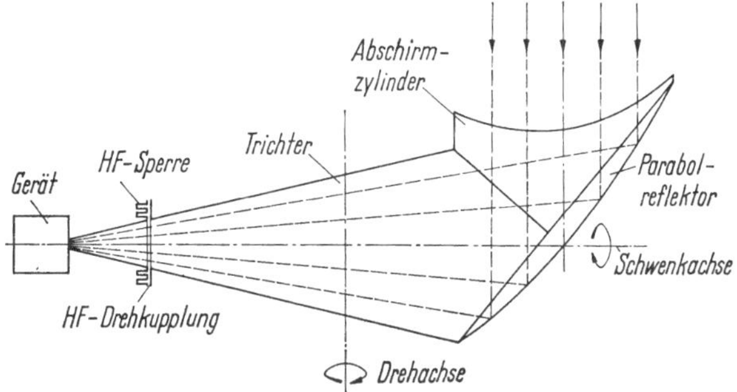


Abb. 24. Hornparabolantenne für Bodenstationen (Bell Laboratorien)

Durch mehrmaliges Falten des großen Hornes ergibt sich eine Hornparabolantenne mit mehreren ebenen Umlenkreflektoren, deren räumliche Abmessungen wesentlich günstiger sind als bei der Ausführung mit geradem Horn (Abb. 25). Die größere Zahl von Reflektoren erfordert

jedoch einen besonders genauen, den statischen und dynamischen Anforderungen genügenden Aufbau der Antenne sowie eine zusätzliche Hochfrequenzdrehkupplung. Ein weiterer Vorteil ist ein bei den Bewegungen der Antenne feststehender Anschluß für Empfänger und Sender [24].

Möglichkeiten zur Verkürzung von Hornparabolantennen durch direkte Spiegelung sind in Abb. 26 angegeben. Abhängig von der Bündelung eines kleinen

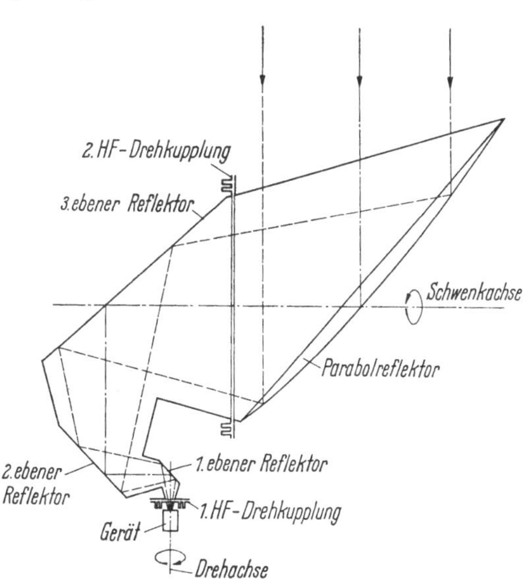


Abb. 25. Gefaltete Hornparabolantenne (Bell Laboratorien)

Hornstrahlers ist eine Strahlumlenkung durch einen ebenen Reflektor oder bei noch kürzerer Bauform durch einen hyperbolisch geformten Reflektor zweckmäßig. Die breitbandig günstigen Strahlungseigenschaften und die ausgezeichnete Anpassung des Hornparabols werden mit diesen Lösungen nicht erreicht [*25*]. Diese Ausführungsform kann durch Einsatz eines wesentlich größeren Erregerstrahlers verbessert werden. Durch Falten des nunmehr gegenüber der Wellenlänge weiten Strahlers ist auch mit dieser Lösung ein bei den Bewegungen der Antenne stillstehender Anschluß möglich.

Die Eigenschaften von Hornparabol- und CASSEGRAIN-Antennen kann man kombinieren [*26*; *27*]. Anstelle des kleinen geraden Speisehorns der CASSEGRAIN-Antenne wird ein gegenüber der Wellenlänge großer Hornparabolstrahler zur Speisung vorgesehen, der sowohl eine günstigere Abstrahlung hat als auch eine Umlenkung des Strahles um 90° bewirkt. Der als Primärstrahler wirkende Hornparabolstrahler erzeugt innerhalb seines Nahfeldes ein nahezu paralleles Strahlenbündel. Dieser Bereich, in dem sich der Fangreflektor befinden muß, ist durch den RAYLEIGH-Abstand $\frac{d^2}{2\lambda}$ [*27*] begrenzt. Der Fangreflektor wird unabhängig von der Frequenz mit praktisch gleicher Ausleuchtung angestrahlt. Da die Feldstärke am Rand des Hornparabols stark abfällt, ist der Anteil der den Fangreflektor verfehlenden Strahlung äußerst gering. Der einspeisende Hornparabolstrahler, der etwa die Größe der beim Breitbandrichtfunk üblichen Antennen hat, kann so wie die große Hornparabolantenne mit geradem Horn gelagert werden. Wie dort kann eine Drehkupplung vorgesehen werden, so daß bei Elevationsbewegungen die Geräte nicht mitgeschwenkt werden müssen. Durch Falten des Hornes um 90° und exzentrische Lagerung oder durch Falten um einen etwas kleineren Winkel und zentrische Lagerung kann ein bei der Bewegung der Antenne stillstehender Anschluß vorgesehen werden. Nach diesem Prinzip wurde die Antenne für die deutsche Satellitenbodenstation in Raisting aufgebaut (Abb. 27).

Schließlich kann ähnlich der auf S. 226 beschriebenen Muschelantenne für Breitband-Richtfunkanlagen auch eine CASSEGRAIN-

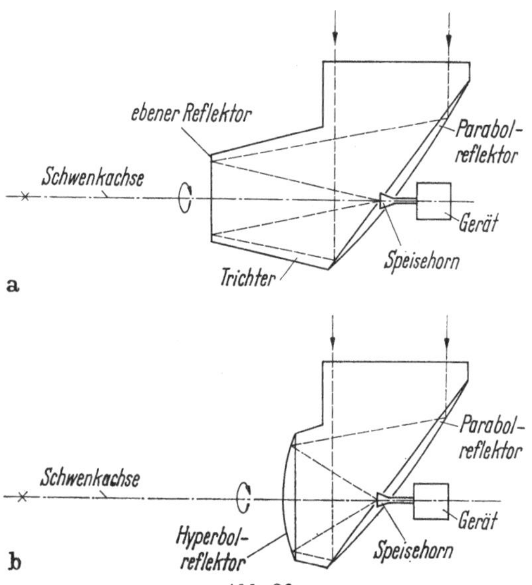


Abb. 26
Möglichkeiten zum Verkürzen von Hornparabolantennen

Antenne aufgebaut werden. Dieses Prinzip, bei dem der Fangreflektor keine abschattende Wirkung hat, wurde von den Bell Laboratorien untersucht [*28*; *29*]. Abb. 28 zeigt eine solche Antenne, die sich um eine

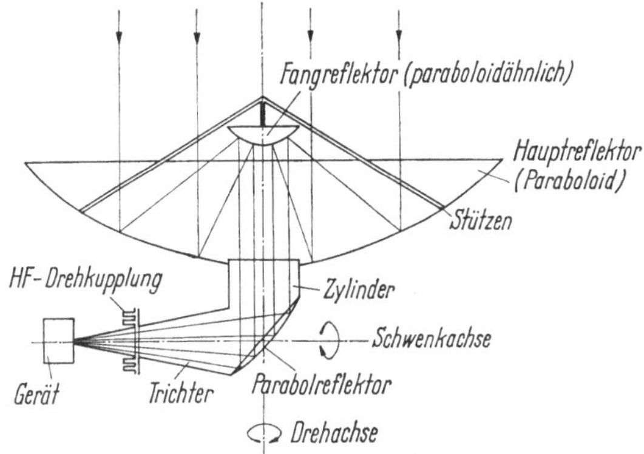


Abb. 27. CASSEGRAIN-Antenne mit Hornparabolspeisung (Siemens)

vertikale Achse und eine um 45° gegenüber dem Azimut geneigte und somit auf einem Konus von 90° Öffnungswinkel umlaufende Achse bewegt. Das bedeutet, daß mit jeder Elevationsbewegung dieser Antenne eine azimutale Bewegung gekoppelt ist (zyklokonische Lagerung). Bei

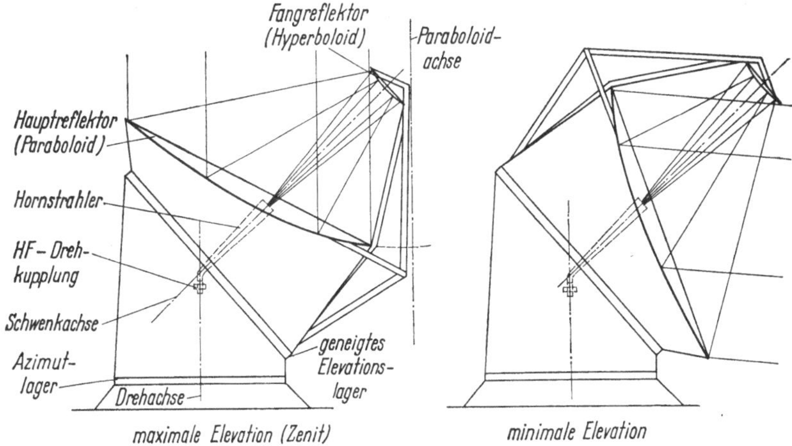


Abb. 28. Schräg eingestrahlte CASSEGRAIN-Antenne (Bell Laboratorien)

dieser Art der Lagerung liegen die singulären Punkte für die Antennenbewegung, in denen die erforderlichen Folgegeschwindigkeiten unendlich groß werden, in der Horizontalebene statt im Zenit wie bei den Antennen mit Azimutelevationslagerung. Die zyklokonische Lagerung könnte also vorteilhaft für zenitnahe Bahnen eingesetzt werden.

Vergleicht man die verschiedenen für Bodenstationen geeigneten Antennenarten, so zeigt sich, daß Antennen ohne störende Aufbauten im Strahlungsfeld, also Hornparabolantennen und schräg angestrahlte Parabolantennen mit großen Primärstrahlern zweifellos die besten Eigenschaften haben. Die Kombination von Hornparabol- und Rotationsparabolantennen kommt jedoch den optimalen elektrischen Werten recht nahe und ermöglicht einen in statischer und dynamischer Hinsicht

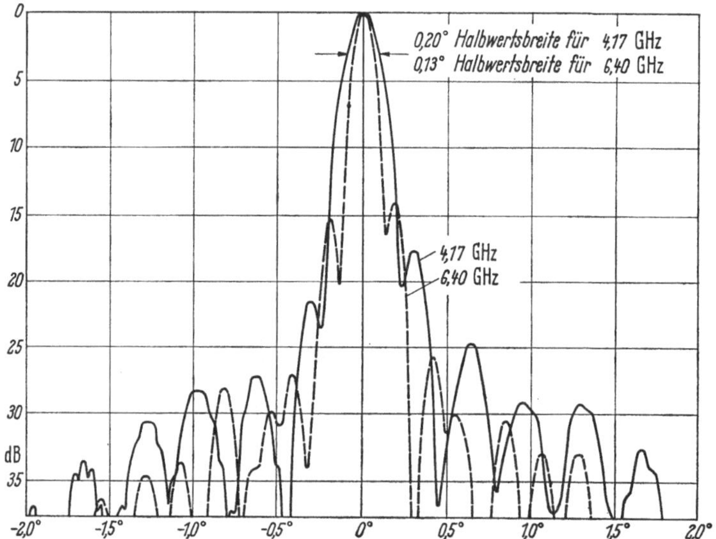


Abb. 29. Hauptstrahlungskeule des Azimutaldiagramms der Antenne für die Erdefunkstelle Raisting bei den Frequenzen 4,17 GHz und 6,4 GHz und zirkularer Polarisation

wesentlich günstigeren Aufbau. Je kleiner die Durchmesser der Antennen werden, desto mehr fällt die Güte normaler Parabol- oder Cassegrain-Antennen gegenüber der des Hornparabolprinzips und seinen Abwandlungen ab. Bei Antennen von beispielsweise nur 10 m Durchmesser sind die Flächenwirkungsgrade der Hornparabolantennen günstiger und die Geräuschbeiträge wesentlich geringer als bei Rotationsparabolantennen.

Als Beispiel für die elektrischen Eigenschaften einer Antenne für Bodenstationen seien einige Werte der in Raisting errichteten Antenne mit 25 m Durchmesser angegeben. Abb. 29 zeigt die Hauptstrahlungskeule des Azimutdiagramms bei den Sende- und Empfangsfrequenzen für den Satelliten „Telstar". Abb. 30 und 31 zeigen die vollständigen Azimutdiagramme bei diesen Frequenzen. Die Rauschtemperatur der Antenne beträgt bei 4 GHz etwa 4,5 °K in Zenitstellung. Davon entfallen 2,5 °K auf die Rauschenergie der Atmosphäre, 1,5 °K auf die über die rückwärtigen Nebenzipfel empfangene Rauschenergie des Erdbodens

und 0,5°K auf Verluste innerhalb der Antenne. Die Rauschtemperatur
am Empfängereingang wird durch die zusätzlich wirksamen Rauschbeiträge der Hohlleiterteile für die Auskopplung der Bakenfrequenz,

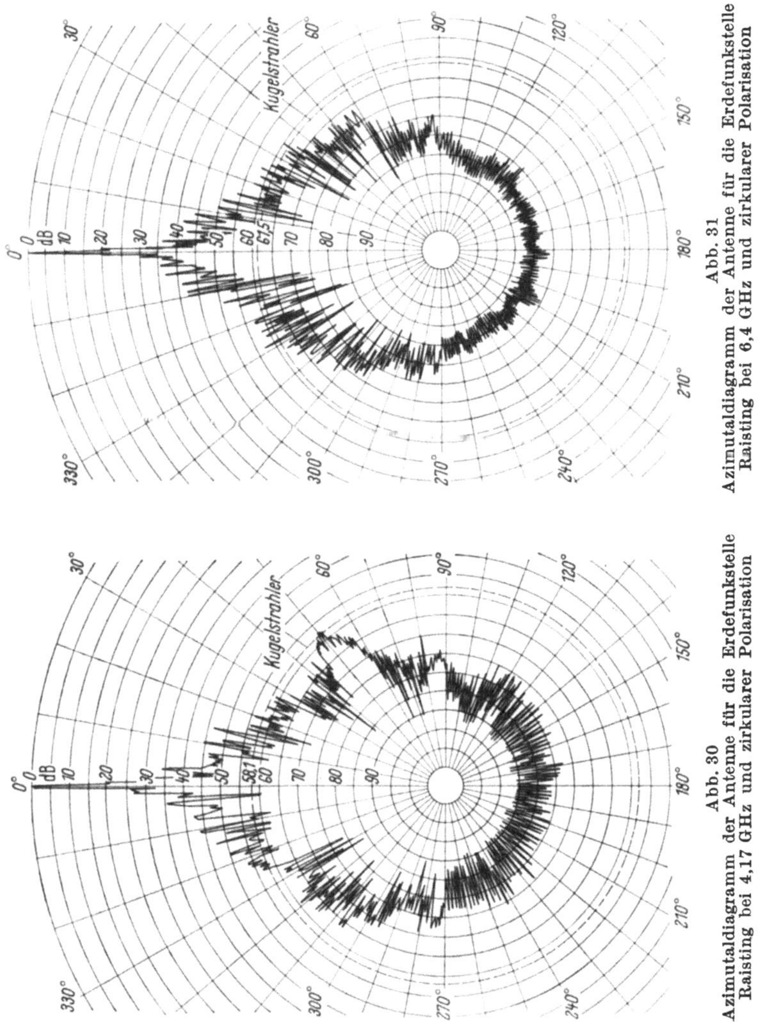

Abb. 31. Azimutaldiagramm der Antenne für die Erdefunkstelle Raisting bei 6,4 GHz und zirkularer Polarisation

Abb. 30. Azimutaldiagramm der Antenne für die Erdefunkstelle Raisting bei 4,17 GHz und zirkularer Polarisation

die Polarisationswandlung oder -drehung und die Sende-Empfangs
Weiche für den Simultanbetrieb von Sender und Empfänger um 11,3 °K
erhöht.

Grundsätzlich kann für die Übertragung auf den Strecken von den
Bodenstationen zum Satelliten und zurück sowohl mit zirkularer Polarisation als auch linearer Polarisation gearbeitet werden. Bei der zirku-

laren Polarisation kann durch entgegengesetzten Drehsinn, bei der linearen Polarisation durch senkrecht zueinander liegende Polarisationsrichtungen eine Entkopplung von etwa 30 dB erzielt werden, wenn die Signale dieselbe Leitung durchlaufen. Für den Betrieb von Nachrichtenverbindungen über Satelliten sind ähnlich wie bei der Richtfunktechnik keine nennenswerten, durch die verwendete Polarisationsart bedingten Unterschiede zu erwarten. Zirkulare Polarisation hat Vorteile bei Regen, weil die an den Regentropfen reflektierten Energieanteile im entgegengesetzten Umlaufsinn, also entkoppelt, zurückwirken. Darüber hinaus bietet die zirkulare Polarisation den Vorteil, daß die Polarisationsebene der Bodenstation nicht der Polarisationsebene des Satelliten nachgesteuert werden muß. Es wird sich daher die zirkulare Polarisation bei den künftigen Satellitensystemen durchsetzen.

In der Bodenstation Raisting wird die Trennung der Sende- und Empfangssignale durch einen „Diplexer" vollzogen, der aus einem Zirkularpolarisator als Polarisationswandler bei zirkularer Polarisation bzw. einem Polarisationsebenendreher bei linearer Polarisation sowie in beiden Fällen einer bei Breitband-Richtfunkanlagen üblichen Polarisationsweiche mit 40 dB Entkopplung und einer als Tiefpaß mit hoher Sperrdämpfung wirkenden Radialkreissperre im Empfangszweig besteht. Die mit diesem Aufbau erzielbare Gesamtentkopplung beträgt etwa 90 dB. Die Zirkularpolarisatoren bestehen aus einem Hohlleiter geeigneter Länge, in den parallel zur Achse eine Scheibe aus dielektrischem Material eingelegt ist. Die parallel zu diesem Dielektrikum einfallenden Feldkomponenten werden um 90° gedreht, die senkrecht dazu einfallenden nicht. Die Polarisationsebenendreher bestehen aus zwei hintereinandergeschalteten Zirkularpolarisatoren. Bei einem Einfallswinkel $\alpha$ der Feldkomponenten gegenüber den dielektrischen Platten wird die Polarisationsebene um $2\alpha$ gedreht. Die Einstellung muß so vorgenommen werden, daß das Dielektrikum in der Winkelhalbierenden zwischen der Polarisationsrichtung des ankommenden Signals und der gewünschten Auskopplungs-Polarisationsrichtung liegt.

Die *kinetischen Eigenschaften* der Antennen für Bodenstationen müssen so bemessen werden, daß die Antennen den Satelliten auf ihren Bahnen mit vernachlässigbar kleinem Schleppfehler folgen können. Die kinetischen Eigenschaften hängen wesentlich von der Art der Antenne und ihrer Lagerung ab.

Für große Antennenanlagen ist die Azimut-Elevationslagerung üblich. Die Antenne wird um eine vertikale Drehachse und eine horizontale Schwenkachse bewegt. Der Drehbereich um die vertikale Achse wird nur durch eine Drehkabelanlage begrenzt, über die die Energieversorgung und die Signalleitungen für Geräte in den mitbewegten Betriebsräumen geführt werden. Der Schwenkbereich sollte von wenigen Graden unter dem Horizont bis einige Grade über den Zenit reichen. Da die Antennen sowohl fast synchrone als auch umlaufende Satelliten auf Bahnen mit großen Inklinationen folgen sollen, ist der Bereich der Verfolgungsgeschwindigkeiten, besonders in der Azimutebene, sehr groß. Beim Betrieb der Antennen muß daher eine stufenlose Änderung der Winkelgeschwindigkeiten in einem Verhältnis von etwa 1 : 1000 möglich sein. Der Variationsbereich muß von einigen Tausendstel Grad pro Sekunde bis zu einigen Grad pro Sekunde reichen. Wenn in diesem Bereich ausreichend große Beschleunigungen erzielt werden sollen, müssen die Trägheitsmomente um die beiden Achsen ausreichend gering sein. Sie bestimmen die maximal erreichbare Beschleunigung. Weitere Voraussetzung für eine stetige und genaue Nachführung sind große Steifigkeit der Antennenstruktur und damit ausreichend hohe mechanische Resonanzfrequenzen. Wird eine Antenne so betrieben, daß sie nacheinander verschiedene umlaufende Satelliten verfolgt, so muß sie in der Lage sein, nach Abschluß einer Satellitenverfolgung schnellstens auf den Aufgangspunkt des nächsten Satelliten einzulaufen. Hierfür sind Geschwindigkeiten und Beschleunigungen genannt worden, die höher sein können als bei der Satellitenverfolgung.

Sollten die Antennen auf einer um 45° gegenüber der Horizontalebene geneigten Ebene gelagert sein (zyklokonische Lagerung), so werden die größten azimutalen Drehgeschwindigkeiten statt in der Nähe des Zenits in der Nähe des Horizonts erreicht, in einem Bereich von Elevationswinkeln, die für die Satellitenverfolgung nicht genutzt werden.

Die Antennen können über mehrstufige Getriebe durch hydraulische Antriebsmotoren oder durch Gleichstrommotoren mit trägheitsarmen Ankern angetrieben werden. Beide Antriebe zeichnen sich infolge ihrer geringen Eigenträgheit durch großes Beschleunigungsvermögen und großen Regelbereich aus. Die Motoren für radomgeschützte Antennen mit etwa 25 m Aperturdurchmesser müssen Leistungen von etwa 15 kW (20 PS) für die Azimutbewegung und etwa halb so viel für die Elevationsbewegung haben. Sie werden für jede Bewegung doppelt vorgesehen und zu den Getrieben so angeordnet, daß beim Eingreifen der Antriebszahnräder nur geringe Verspannungen auftreten können. Bei einem Betrieb ohne Radom ist selbst bei günstiger windschnittiger Form der Antennen etwa die dreifache Leistung, unter Beibehaltung der Form, wie sie unter dem Radom verwendet wird, etwa die zehnfache Leistung aufzuwenden. Die Motoren werden ausgehend von der Antennensteuerung über eine Analogsteuerung und einen Servoverstärker abhängig von den sich ergebenden Fehler-Regelsignalen angetrieben.

Einen Überblick über die typischen mechanischen Daten einer Antenne für Bodenstationen geben die in Tab. 8 zusammengestellten Werte für den Typ der Nahfeld-CASSEGRAIN-Antenne in Raisting.

Tabelle 8. *Mechanische Daten der Cassegrain-Antenne (Nahfeldtyp) in Raisting**

| Gesamtes drehbares Gewicht in der Azimutebene | 290 Mp |
| Gesamtes schwenkbares Gewicht in der Elevationsebene | 120 Mp |
| Trägheitsmoment um die (vertikale) Drehachse | 1400 Mpms$^2$ |
| Trägheitsmoment um die (horizontale) Schwenkachse | 600 Mpms$^2$ |

| | Azimut | Elevation |
|---|---|---|
| Von den hydraulischen Motoren abgegebene mechanische Leistung . . . . . . . . . | $2 \times 25$ PS $\approx 2 \times 18,5$ kW | $2 \times 10$ PS $\approx 2 \times 7,4$ kW |
| Maximales Moment der Antriebe . . . . . | $2 \times 26$ Mpm | $2 \times 18$ Mpm |
| Getriebeübersetzung . . . . . . . . . . . | 6571,14 | 11417,59 |
| Losbrechmoment . . . . . . . . . . . . . | ~7 Mpm | ~3 Mpm |
| Reibungsmoment bei Bewegung  . . . . . | 5,4 Mpm bei 0,1°/s 17 Mpm bei 2,8°/s | 2,5 Mpm bei 0,05°/s 16 Mpm bei 2,0°/s |
| Maximale Anfangsbeschleunigung . . . . . | 2,7°/s$^2$ | 3,1°/s$^2$ |
| Maximale mittlere Beschleunigung . . . . | 1,6°/s$^2$ | 3,1°/s$^2$ |
| Maximale mittlere Verzögerung . . . . . | 2,6°/s$^2$ | 3,7°/s$^2$ |
| Maximale Winkelgeschwindigkeit . . . . . | 3,6°/s | 2,0°/s |
| Minimale Winkelgeschwindigkeit . . . . . | 0,002°/s | 0,002°/s |
| Bremswinkel bis zum Stillstand (bei Verwendung von hydraulischen Antrieben) | 1,9° | 0,72° |
| Niedrigste Resonanzfrequenz des gesamten . Antennensystems . . . . . . . . . . . | 2,6 Hz | 2,2 Hz |
| Gütefaktor dieser Resonanz (Verhältnis Resonanzamplitude zu Eingangsamplitude) | 3 bis 5 | 3 bis 5 |
| Niedrigste Resonanzfrequenz der Fang-reflektorstruktur . . . . . . . . . . | 7,5 Hz | |
| Gütefaktor dieser Resonanz . . . . . . . | 10 | |
| Abweichung der Drehachse von der Vertikalen . . . . . . . . . . . . . . . | 0,0008° | |
| Abweichung der sich schneidenden Azimut- u. Elevationsachsen vom rechten Winkel . . . . . . . . . . . . . . . . . | 0,003° | |
| Dreh- und Schwenkbereich . . . . . . . | ±360° | −1° bis 115° |

* Dieser Antennentyp wurde von Siemens in Zusammenarbeit mit MAN entwickelt.

Die Aufgabe der *Antennensteuerung* ist es, die Hauptstrahlungskeule der Antenne auf den Satelliten auszurichten, ihn beim Auftauchen am Horizont aufzufassen und möglichst ohne Übertragungsverluste durch Richtfehler bis zum Ende des im sichtbaren Bereich liegenden Abschnittes seiner Bahn zu verfolgen. Wird ein Leistungsabfall von 10% zugelassen, so beträgt der Fehlerwinkel etwa ein Sechstel der Antennen-Halbwertsbreite. Für die genannte Halbwertsbreite von etwa 0,2° bei

4 GHz für die Antennen großer Bodenstationen darf somit der zulässige Fehlerwinkel einen Betrag von 0,04° nicht übersteigen.

Für das Auffassen und Verfolgen von Satelliten sind grundsätzlich drei Arten der Antennennachsteuerung zu unterscheiden:

1. Digitale Steuerung nach vorausberechneten Bahndaten (Programmsteuerung)

2. Eigenfeinnachsteuerung nach einer Funkbake im Satelliten

3. Gemischte Steuerung nach den unter 1. und 2. genannten Verfahren.

Der Programmsteuerung liegen die für jeden Satelliten ermittelten Bahndaten zugrunde, die beispielsweise von den Rechenanlagen der amerikanischen Luft- und Raumfahrtbehörde (Goddard Space Flight Center der NASA in Greenbelt, Maryland) geliefert werden können oder durch eigene, nach dem Radarprinzip arbeitende Peilstationen der Satellitengesellschaften ermittelt werden können. Sie werden in Abständen von einigen Sekunden angegeben einschließlich der jeweiligen Entfernung zum Satelliten. Für den Standort der Bodenstationen umgerechnet werden die Daten auf Magnetbänder oder Lochstreifen geschrieben. Diese Sollpositionen werden zum richtigen Zeitpunkt für die Steuerung abgerufen und der Digitalgruppe der Steuereinrichtung zugeführt, die eine Interpolation auf eine Vielzahl von Steuerbefehlen vornimmt. Die tatsächliche Lage der Antenne wird für Azimut und Elevation von einem sehr genauen Datengetriebe abgenommen, ebenfalls in Digitalform umgewandelt und der gleichen Digitalsteuergruppe zugeführt. Dort werden die erhaltenen Informationen über die Soll- und Iststellung der Antenne in dem vorgegebenen Zeitpunkt verglichen und eine Positionsdifferenzspannung in Analogform abgeleitet, die dem Servoverstärker zur Steuerung der Antennenmotoren zugeleitet wird. Der notwendige Gleichlauf der Zeit fordert sehr genau arbeitende Uhrenanlagen für die einzelnen Stationen. Die mit Programmsteuerung erzielbare Folgegenauigkeit der Antenne hängt von der Genauigkeit der vorgegebenen Bahndaten, der Abweichung der Antennenstrahlungsrichtung von der Antennenachse, der Genauigkeit der Positionsanzeige und der Zeitgenauigkeit ab. Erforderliche Korrekturen können im Steuerprogramm berücksichtigt werden. Mit der beschriebenen Bandsteuerung ist nach bisher vorliegenden Erfahrungen eine Richtgenauigkeit von wenigen Hundertsteln eines Grades erzielbar.

Die Programmsteuerung ermöglicht ein schnelles Auffassen des Satelliten. Damit der Einlauf in die Sollpositionen möglichst rasch erfolgen kann, muß die Analogsteuerung auf die dynamischen Eigenschaften der Antenne sowie auf die Eigenschaften der Antriebsmotoren abgestimmt sein. Die Programmsteuerung hat Vorteile bei Bahnen mit sehr hohen Elevationswinkeln, d. h. großen azimutalen Folgegeschwin-

digkeiten, und solchen mit zu erwartenden Störungen der Empfangssignale, beispielsweise bei Sonnendurchgängen und Störungen durch
Flugzeuge.

Wenn *Rechenanlagen* in den Bodenstationen eingesetzt werden, so
ist es ihre Aufgabe, die Bahn des Satelliten, bezogen auf den Antennen-
mittelpunkt im Voraus zu errechnen, und das Ergebnis nach jedem
Durchlauf auf Grund der Feinpeilung mit Hilfe einer Bakenfrequenz
im Satelliten zu verbessern. Wie bei fremd bezogenen und auf Band
gespeicherten Bahndaten bilden auch beim Rechner sechs Parameter
der Satellitenbahn (Azimut, Elevation sowie die ersten und zweiten
Ableitungen) den Ausgangspunkt für die Bahnberechnung. Als weitere
Parameter treten die jeweilige Zeit und die Abstände der Satelliten von
den Bodenstationen hinzu. Somit ist jeder Punkt der Bahn durch acht
Daten gekennzeichnet. Die Datenpunkte werden auf Magnetbändern
gespeichert und können zur Antennensteuerung benutzt werden.

Die Bandsteuerung ermöglicht auch die Prüfung der Richtgenauigkeit der Bodenstationsantennen mit Hilfe der Strahlungen der Radiosterne. Sie erlauben es, die erforderliche Winkelüberprüfung, die auf der
Erde nur mit einem im Fernfeld aufgebauten der Systemprüfung dienenden Satellitensimulator möglich ist, über nahezu die ganze Hemisphäre
durchzuführen. Ihre Winkelbreite muß bei der Größe der vorgegebenen
Antennen weniger als 0,25° betragen. Ihre Lage muß mit einer Genauigkeit von besser als 0,003° bekannt sein. Es wird zweckmäßig das Rauschen
der Sterne innerhalb der Halbwertsbreiten der Antenne gemessen, so
daß die Hauptkeule mit einem Schreiber aufgezeichnet werden kann.
Daraus ergibt sich das Zentrum der Hauptstrahlungskeule der Antenne.
Besonders geeignet für diese Messungen sind die Radiosterne Cassiopeia A
(Rauschtemperatur 94°K, Winkelbreite 0,063°), Taurus A (56,4°K,
0,063°) und Cygnus A (47°K, 0,037°).

Eine genauere Antennennachführung, die sogenannte *Eigenfeinnachführung*, erhält man, wenn der Satellit selbst in die Regelschleife ein-
bezogen wird. Zu diesem Zweck strahlt er zusätzlich zum Nachrichtensignal ein Bakensignal ähnlicher Frequenzlage als Ortungsfrequenz aus.
Mit Hilfe dieser Bakenfrequenz wird eine automatische Eigenfeinnachführung ermöglicht. Die Antenne empfängt dieses vom Satelliten abgestrahlte Ortungssignal. Daraus wird im automatischen Nachführsystem
eine Angabe über die Position des Satelliten gegenüber der Peilachse
abgeleitet.

Befindet sich der Satellit, der das Ortungssignal beispielsweise
zirkular polarisiert abstrahlt, auf der elektrischen Achse der Antenne,
so entsteht im Antennenhohlleiter, sofern dieser kreisförmigen Querschnitt hat, eine $H_{11}$-Welle. Bei einer Ablage des Satelliten von dieser
Achse können jedoch auch Wellen höherer Ordnung entstehen. Wird

nun der Durchmesser des Hohlleiters so gewählt, daß sich neben der $H_{11}$-Welle auch noch die $E_{01}$-Welle ausbreiten kann, so tritt eine $E$-Komponente in der Antennenstrahlrichtung auf. Wird die $H_{11}$-Welle als Bezugssignal verwendet, die erregte $E_{01}$-Welle als Fehlersignal, so kann der Standort des Satelliten eindeutig bestimmt werden. Es wird die $x$-Komponente der $H_{11}$-Welle mit der $E_{01}$-Welle verglichen, um ein Fehlersignal für die Ablage im Azimut zu erhalten. Entsprechend ergeben sich die Ablagen in der Elevationsebene durch Vergleich der $E_{01}$-Welle mit der $y$-Komponente der $H_{11}$-Welle. Die Größe der Zielablage erhält man durch einen Amplitudenvergleich der Signale, der Phasenvergleich gibt die Richtung des Zieles an. Die Signale werden mit Hilfe eines Modenkopplers aus dem Antennenhohlleiter ausgekoppelt und einem rauscharmen Vorverstärker zugeführt, wo sie nach Verstärkung in der Hochfrequenzlage auf eine Zwischenfrequenz von beispielsweise 60 MHz herabgesetzt und weiter verstärkt werden. Danach gelangen sie in Empfänger für die $x$- und $y$-Komponenten. An den Verstärkerausgängen erhält man Gleichstrom-Fehlersignale $\Delta_x$ und $\Delta_y$, die einem Träger aufmoduliert und dem Antennensteuergerät zugeführt werden. Die Amplituden der Gleichstromsignale sind proportional der Größe des Fehlers, d. h. proportional der Ablage des Satelliten von der Antennenachse. Abhängig vom Phasenunterschied zwischen dem Fehlersignal $z$ und den $x$- bzw. $y$-Signalen kann die Polarität am Ausgang der Verstärker positiv oder negativ werden. Die Polarität zeigt an, wie das Ziel zur Koordinatenachse liegt. Die Genauigkeit einer solchen Peilung ist sehr groß, da das Diagramm der rotationssymmetrischen $E_{01}$-Welle eine scharfe Nullstelle in Richtung der Antennenachse aufweist.

Abb. 32 gibt das $E_{01}$-Peildiagramm der Antenne in Raisting in der Azimutebene wieder, das bei einer Bakenfrequenz von 4080 MHz erzielt wurde, zusammen mit den Komponenten der $H_{11}$-Welle. In Abb. 33 sind die entsprechenden Diagramme in der Elevationsebene aufgezeichnet. Das Prinzipschaltbild der beschriebenen Fehlergewinnung durch Eigenfeinnachführung ist in Abb. 34 dargestellt. Abb. 35 zeigt den Wellentypenkoppler, in dem durch konusförmige Verjüngung durch Unterschreiten des Grenzdurchmessers eine Reflexionsebene für die $E_{01}$-Welle geschaffen wird. Die an den Strombäuchen der Wellen angeordneten Schlitze müssen so bemessen sein, daß sie die den gleichen Hohlleiter durchlaufenden Signalwellen bei 4 GHz und 6 GHz nicht stören. Abb. 36 veranschaulicht, wie die ausgekoppelten Wellentypen zur Bildung des Summen- und Differenzsignals zusammengeführt werden [30]. Diese Betrachtungen gelten nur streng, wenn die Frequenz des vom Satelliten kommenden Signals konstant ist. Durch die Bewegung des Satelliten relativ zur Bodenstation tritt jedoch eine Dopplerverschiebung der Signalfrequenz auf, die ausgeregelt werden muß, wenn

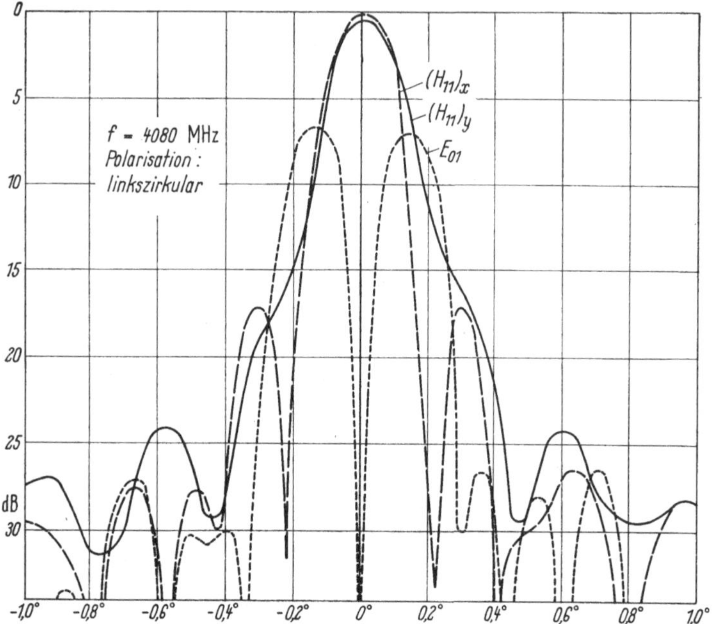



Abb. 32. Peildiagramm der Antenne in Raisting (Azimutalebene)

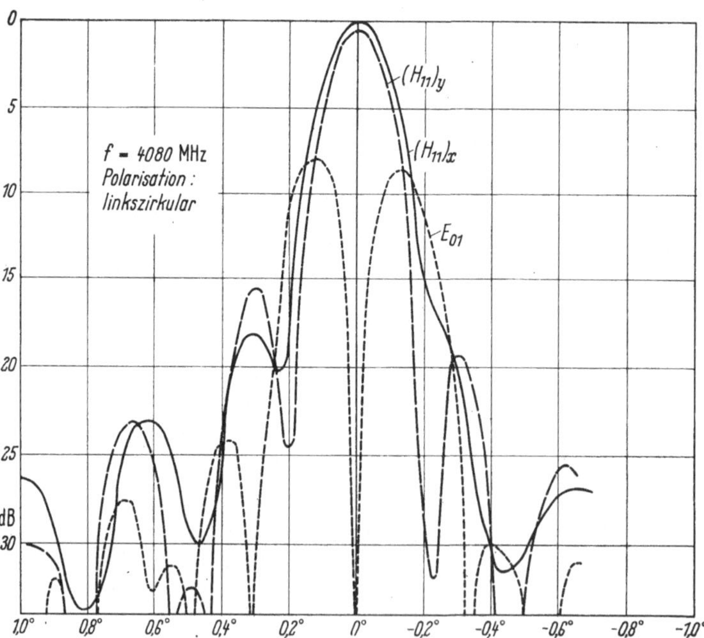



Abb. 33. Peildiagramm der Antenne in Raisting (Elevationsebene)

die Eigenfeinnachführung einwandfrei arbeiten soll. Man erreicht eine Richtgenauigkeit von einigen tausendstel Grad. Die Eigenfeinnachführung benötigt einen wesentlich geringeren Aufwand als die Programm-

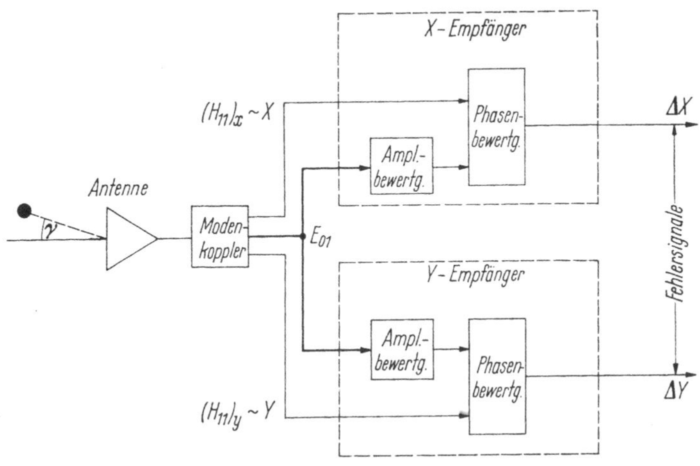



Abb. 34. Prinzipschaltbild zur Fehlergewinnung bei der Eigenfeinnachführung

steuerung. Die Fehlersignale werden direkt auf den Servoverstärker geschaltet. Je nach Antennenart müssen noch Koordinatentransformationen durchgeführt werden, damit die Regelgrößen direkt zur Steuerung der Antriebe benutzt werden können.

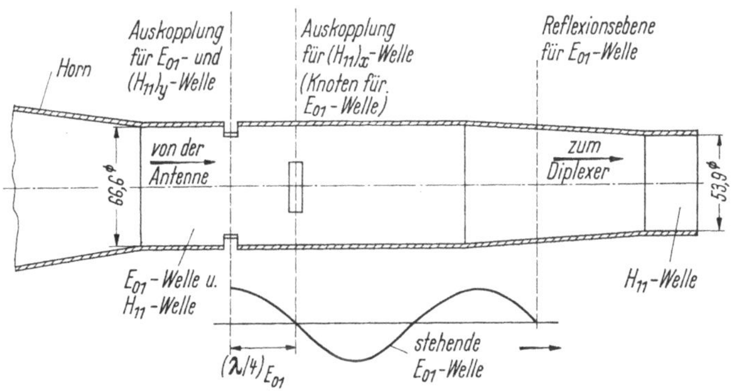



Abb. 35. Wellentypenkoppler für eine Eigenfeinnachführung

Da die Polarisation der vom Satelliten ausgehenden Bakenwelle zirkular oder linear sein kann, wobei die Lage der Polarisationsebene beliebig ist, muß die Eigenfeinnachsteuerung in der Lage sein, beide Polarisationsarten zu verarbeiten. Bei linearer Polarisation muß eine vom Polarisationswinkel unabhängige Fehlergröße zur Steuerung der

Antriebsmotoren erzeugt werden. Dies wird ermöglicht durch zusätzliches Heranziehen der $H_{01}$-Welle und geometrische Addition der $E_{01}$- und $H_{01}$-Wellen im Hochfrequenzteil der Feinnachführung. Die $H_{01}$-Welle wird nur dann angeregt, wenn eine Auslenkung senkrecht zu der durch den Polarisationsvektor und die Strahlrichtung vorgegebenen

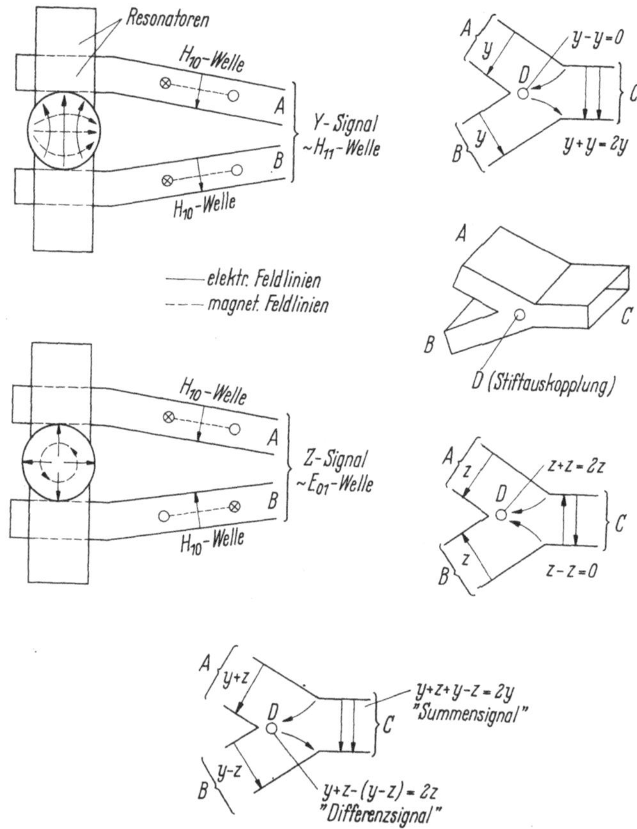


Abb. 36. Auskopplung der Wellentypen und Bildung von Summen- und Differenzsignal

Ebene vorhanden ist. Die beiden zirkularsymmetrischen Wellen $E_{01}$ und $H_{01}$ können zu einem rotationssymmetrischen Fehlersignal addiert werden. Diese für lineare Polarisation geeignete Art der Eigen-Feinnachführung, die unabhängig von der Drehung des Polarisationsvektors relativ zu dem Koordinatensystem der Antenne in der Bodenstation ist, erfordert jedoch eine sehr gute Übereinstimmung der Minima von $E_{01}$- und $H_{01}$-Welle. Wie Messungen an der Antennenanlage in Raisting gezeigt haben, stimmen dort die Minima der beiden Peilwellen auf wenige Tausendstel Grad überein. Dieser Fehler bewegt sich in der

Größenordnung der Meßgenauigkeit. (Bei Messungen in der Elevationsebene wurden die Refraktionen in der Atmosphäre berücksichtigt.)

Ein Arbeiten mit beiden Steuerungsprinzipien ist sehr aufwendig, erhöht jedoch die Betriebssicherheit. Darüber hinaus können die durch die Eigenfeinnachführung verbesserten Bahndaten des Durchganges zum Vorausrechnen weiterer Bahnen benutzt werden. Die Programmsteuerung arbeitet dann in umgekehrter Richtung. Die durch die Eigenfeinnachführung korrigierten Bahndaten können auf ein weiteres Band gespeichert werden.

**Radom.** Die elektrischen Eigenschaften großer, mechanisch nachsteuerbarer Antennen für Satellitenbodenstationen, insbesondere ihre Richtgenauigkeit, müssen weitgehend von Witterungseinflüssen unabhängig sein. Es empfiehlt sich daher, solche Antennen mit Schutzstrukturen zu umgeben, die für elektrische Wellen durchlässig sind. Eine solche mit Radom („Radar-Dom") bezeichnete Schutzhülle vermindert die durch Sonneneinstrahlung bedingten Temperaturdifferenzen innerhalb der Antennenkonstruktion, die zu Deformationen der strahlenden Elemente führen können. Außerdem wird die Einwirkung von Wind, insbesondere von Böen, auf die Gleichmäßigkeit der Antennenbewegung verhindert. Schließlich können Schnee- und Eiseinwirkungen, die sich sowohl auf die Konturgenauigkeit der Antenne als auch auf die Gleichmäßigkeit der Steuerung auswirken, unterbunden werden. Endlich ist ein solches Radom als Bauzelt von großem Wert, unter dessen Schutz die Antenne mit wesentlich größerer Präzision montiert werden kann als im Freien.

Bei den Ausführungsformen der Schutzhüllen unterscheidet man:

a) „Luftgetragene", kuppelförmige Hüllen aus flexiblem Kunststoff, die durch Überdruck im Innenraum aufgeblasen und gehalten werden.

b) „Luftgetragene", doppelwandige Hüllen aus flexiblem Kunststoff, die durch Luftkammern zwischen den Wandungen gehalten werden und keinen erhöhten Luftdruck im Innenraum erfordern.

c) Selbsttragende Kuppeln, die durch ein starres, polygonartig ausgebildetes metallisches Strebensystem gehalten werden, bei dem die Flächen zwischen den Streben durch sehr dünne Kunststoffplatten abgedeckt sind.

Die Materialien für die verschiedenen Radomarten müssen so gewählt und der Aufbau relativ zu allen im Betrieb auftretenden Stellungen der Antenne so vorgenommen werden, daß die Rückwirkungen auf das Strahlungsdiagramm der Antenne in einem möglichst breiten Frequenzband sehr gering sind. Insbesondere sollen die jeweilige Richtung der Hauptstrahlungskeule und die damit zusammenfallende Richtung des Strahlungsminimums zur Einpeilung auf den Satelliten bei Empfang der Bakenfrequenz erhalten bleiben. Ferner sollen die Durchlaßdämpfung und die Reflexionsdämpfung des Radoms klein sein, damit der dadurch bedingte zusätzliche Rauschbeitrag gering ist. Schließlich muß das Radom den möglichen Blitzeinwirkungen und auf die Dauer von mindestens etwa einem Jahrzehnt den thermischen und mechanischen Einwirkungen wie Sonneneinstrahlung, Wind, Regen, Schnee und Eis widerstehen.

Als Material für *luftgetragene Schutzhüllen* hat sich ein zweilagiges Gewebe aus Dacronfäden besonders bewährt, das zum Schutz gegenüber ultravioletten Strahlen und zum Erzielen hoher Reflexion für ultrarote Strahlen durch eine weiße, kautschukartige Schicht aus Hypalon abgedeckt ist. In Tab. 9 sind die wesentlichen Eigenschaften eines solchen Radoms, das für die erste Antenne der Erdefunkstelle Raisting erreichtet wurde, aufgetragen.

Bisherige Erfahrungen mit Radomen dieser Art[1], die in gleicher Wandstärke, aber verschiedenen Durchmessern für die Bodenstationen in Andover, Pleumeur-Bodou (je 64 m $\varnothing$) und Raisting (48,8 m $\varnothing$) errichtet wurden, haben gezeigt, daß die durch das Radom verursachte Auslenkung der Hauptkeule von Antennen mit 21 bis 25 m Aperturdurchmesser im Frequenzbereich von 4 bis 6 GHz nicht mehr als $\pm 5/1000$ Grad beträgt. Richtfehler ähnlicher Größe können durch Schmutzschichten auf dem Radom entstehen. Der gesamte Richtfehler durch beide Einflüsse beträgt höchstens 1/100 Grad. Da bei den genannten Anlagen die Halbwertsbreite bei der höchsten Betriebsfrequenz etwa 0,12 bis 0,15 Grad beträgt, kann ein Richtfehler von 1/100 Grad zu einem Leistungsabfall von 10% (entsprechend 0,5 dB) führen. Die Reflexionsdämpfung beträgt bei trockenem Radom im 6-GHz-Bereich 30 bis 40 dB. Der Übertragungsverlust bei trockenem Radom übersteigt auch bei unsymmetrischer Lage der Apertur zum Radom (Andover) nicht 10% (entsprechend 0,5 dB). Die Nebenzipfelbeeinflussung beträgt bei einem Pegel von $-30$ dB gegenüber der Hauptstrahlung etwa 1 bis 2 dB.

Das beschriebene Radommaterial wird durch Gleitentladungen mit 50 kA Spitzenstrom nicht geschädigt. Durchschläge mit den gleichen Spitzenströmen ergeben Löcher mit einem Durchmesser von einigen Millimetern, jedoch keine Brandschäden [*31*]. Es entfällt daher die zwingende Notwendigkeit, einen Blitzschutz für luftgetragene Radome vorzusehen.

Der Luftdruck im Inneren der Hülle wird nach dem Aufblasen gemäß der herrschenden Windgeschwindigkeit und des äußeren Druckes so gesteuert, daß die auftretenden Verformungen unter vorzugebenden Werten bleiben. Der minimale Stützdruck bei Windstille muß aus Sicherheitsgründen so bemessen werden, daß er einem Mehrfachen des

---

[1] Hersteller: Birdair Structures Inc., 1800 Broadway, Buffalo 12, N. Y., USA

Tabelle 9. *Eigenschaften des luftgetragenen Radoms der Erdefunkstelle Raisting*

*Mechanische und thermische Eigenschaften:*

| | |
|---|---|
| Durchmesser | 48,8 m |
| Gesamthöhe | 39,5 m |
| Oberfläche | 5,200 m² |

Material: Zweilagiges hypalonbeschichtetes Dacrongewebe in Bahnen von etwa 140 cm Breite, überlappend verklebt und in Meridianrichtung zum Zenit nach oben und unten verjüngend ausgelegt. Kreisförmiger Zenitbereich mit parallelen Bahnen.

| | |
|---|---|
| Materialstärke | 1,8 mm |
| Masse des Radoms | 13000 kg |
| Zerreißfestigkeit | $\geq 150$ kp/cm |
| Maximal zulässige Windgeschwindigkeit | 165 km/h |
| Stützluft-Überdruck, je nach Windgeschwindigkeit durch Windmesser gesteuert: | etwa 25 bis 150 kp/m² |
| Minimaler Abstand Radom-Antenne (aus Montagegründen) | etwa 5 m |
| Erwartete Lebensdauer | $\geq 8$ Jahre |
| Wärmedurchlässigkeit (Wärmeeinstrahlung durch Sonne) | 20% |
| Wärmeleistung zum Schneeschmelzen | max. 1 kW/m² |
| Temperaturstabilisierung im Innern (ohne Schnee) | $23° \pm 4,5$ °C |
| Temperaturgefälle im Inneren bei Luftumwälzung | max. 2 °C |

*Elektrische Eigenschaften:*

| | |
|---|---|
| Frequenzbereich (bedingt durch Materialstärke) | bis 10 GHz |
| Relative Dielektrizitätskonstante bei 4 GHz | 3,0 bis 3,1 |
| Verlustwinkel bei 4 GHz | $1,2 \cdot 10^{-2}$ |
| Richtfehler durch das Radom bei 4 GHz | $\pm 3/1000$ Grad |
| Nebenzipfelbeeinflussung bei 4 GHz und $-30$ dB gegenüber der Hauptstrahlungsrichtung | etwa 2 dB |
| Übertragungsverlust bei 4 GHz | 0,4 dB |
| Rauschbeitrag durch Absorption bei 4 GHz | 3 °K |
| Rauschbeitrag durch Reflexion bei 4 GHz | 5 °K |

Eigengewichts der Hülle die Waage hält. Schnee auf dem Radom würde die einfallende und die von der Antenne ausgehende Strahlung stark dämpfen; er muß deshalb — am besten durch Heizung — beseitigt werden. Die Warmluftheizung für das Radom muß daher so ausgelegt werden, daß bei gerichteter Wärmezufuhr zum oberen Drittel die zum Schmelzen von Schnee ausreichende Wärmeleistung von maximal 1 kW/m² erzeugt werden kann.

Für doppelwandige Kunststoffhüllen sind keine Luftschleusen erforderlich. Sie sind aber aus elektrischen Gründen ungünstiger als einwandige Schutzhüllen, weil die von der Antenne ausgehende oder zu empfangende Strahlung nacheinander zwei Schichten durchdringen muß, die nicht dünner bemessen werden können als die einfache Schicht. Diese Radomart wird daher für Bodenstationen zur Nachrichtenübertragung über Satelliten kaum gewählt werden.

Das starre, *selbsttragende* Metallstreben-Radom ist als ein System streuender Elemente aufzufassen, die möglichst gleichmäßig über eine kugelförmige Oberfläche verteilt sind. Es besteht aus den ein räumliches Polygon bildenden Streben, den Verbundstücken und den aus Fiberglas hergestellten „Fenstern" zwischen den Streben. Die tragenden Elemente werden zu Dreiecksverbänden zusammengefaßt, deren nicht einheitliche Seitenlängen viele Wellenlängen betragen, aber klein im Verhältnis zum Antennendurchmesser sind. Die Querschnittsabmessungen der Streben richten sich nach den statischen und dynamischen Anforderungen und haben die Größenordnung der Wellenlänge der auszusendenden oder zu empfangenden Wellen. Wie das flexible, luftgetragene Radom hat auch das Strebenradom gewisse Rückwirkungen auf den Gewinn der Antenne, ihre Hauptstrahlungsrichtung und Halbwertsbreite, den Pegel ihrer Nebenzipfel und ihre Anpassung. Bedingt durch Absorptionen und Reflexionen liefert es ebenfalls einen zusätzlichen Rauschbeitrag für die Antennenanlage.

Wird die Mehrfachstreuung zwischen den einzelnen Streben, Knotenblechen und Fiberglasflächen sowie zwischen diesem System und der Antenne vernachlässigt, so ergibt sich das gesamte Streufeld durch räumliche Addition der Streuwirkungen an den einzelnen Elementen. Für alle Polarisationen ist die Feldstärke im Fernfeld gleich der Summe der ungestörten Feldstärke der Antenne und dem durch das Radom erzeugten Streufeld [*32*]. Durch die abschattende Wirkung des Strebensystems werden aber zusätzliche, relativ breitere Nebenzipfel erzeugt, die rotationssymmetrisch zur Hauptkeule, beginnend mit Schwerpunkten bei etwa $D/2L$ Keulenbreiten ($D$: Antennendurchmesser, $L$: Strebenlänge) auftreten. Sie sind durch Phasenaddition der Streuanteile bedingt und haben einen Pegel von etwa $-30$ bis $-40$ dB (je nach Querschnitt der Streben) relativ zur Hauptstrahlungskeule. In Tab. 10 sind die mechanischen, thermischen und elektrischen Eigenschaften eines Strebenradoms zusammengestellt.

Die elektrischen Eigenschaften der luftgetragenen und der starren Radome unterscheiden sich bei den für Nachrichtenverbindungen über Satelliten empfohlenen Frequenzbereichen nicht so sehr, daß der einen oder anderen Art der Vorzug zu geben ist. Über das Verhalten luftgetragener Radome liegen jedoch mehr Erfahrungen vor.

Den vielen Vorteilen der beschriebenen Schutzhüllen steht ein gemeinsamer Nachteil gegenüber. Außer den thermischen Verlusten und den Reflexionen bei trockenen Hüllen entstehen zusätzliche Verluste bei Regen oder bei nasser Oberfläche. Je nach Stärke und Verteilung der

**Tabelle 10.** *Eigenschaften eines starren Metallstreben-Radoms**

*Mechanische und thermische Eigenschaften:*

| | |
|---|---|
| Durchmesser . . . . . . . . . . . . . . . . | 48,5 m |
| Gesamthöhe . . . . . . . . . . . . . . . . | 43,5 m |
| Oberfläche . . . . . . . . . . . . . . . . . | etwa 6000 m² |

Material: Aluminiumgerüst mit etwa 1200 Dreiecksverbindungen gleichmäßig über eine kugelförmige Oberfläche verteilt. Dazwischen etwa 1200 Fiberglasplatten.

| | |
|---|---|
| Querabmessungen der Streben . . . . . . . . | 6,35 × 15,25 cm |
| Länge der Streben . . . . . . . . . . . . . | 3,0 bis 3,6 m |
| Dicke der Fiberglasfenster . . . . . . . . . | 0,76 mm |
| Masse der Aluminiumteile (Streben und Verbundstücke) . . . . . . . . . . . . . . . . . . | etwa 100 000 kg |
| Masse der Fiberglasfenster . . . . . . . . . | 8000 kg |
| Maximal zulässige Windgeschwindigkeit . . . . | 240 km/h |
| Erwartete Lebensdauer unter den klimatischen Bedingungen von Raisting . . . . . . . . . | >10 Jahre |
| Wärmedurchlässigkeit (Sonne) . . . . . . . . | 5% |
| Wärmeleistung zum Schneeschmelzen . . . . . | etwa 1 kW/m² |

*Elektrische Eigenschaften:*

| | |
|---|---|
| Frequenzbereich. . . . . . . . . . . . . . . | 2 bis 10 GHz |
| Relative Dielektrizitätskonstante von glasfaserverstärktem Polyesterharz bei 4 GHz . . . . . | 4,0 |
| Verlustwinkel des Materials bei 4 GHz . . . . . | $2 \cdot 10^{-2}$ |
| Richtfehler bei 9,3 GHz | ±1,7/1000 Grad |
| 2,5 GHz | ±2,8/1000 Grad |
| Nebenzipfelbeeinflussung bei −30 dB gegenüber der Hauptstrahlrichtung . . . . . . . . . . . | etwa 2 dB |
| Übertragungsverlust von 0,5 bis 10 GHz . . . . | 0,6 dB |
| Rauschbeitrag (fast unabhängig von der Frequenz) | $\leqq$ 10 °K |
| Blitzschutz . . . . . . . . . . . . . . . . . | durch Streben gewährleistet. |

* Vorschlag der Advanced Structures, USA; Daten vom 10. 4. 1964.

Wassermengen über die Oberfläche ist die Wirkung verschieden. Durch eine Wasserschicht auf dem Radom werden die Rauschbeiträge durch dielektrische Verluste und ganz besonders — abhängig vom Elevationswinkel — die Rauschbeiträge durch Reflexion erhöht. Beispielsweise beträgt die Dämpfung durch Absorption und Reflexion beim senkrechten Durchgang einer ebenen Welle durch eine homogene Wasserschicht von 0,25 mm Stärke ohne Berücksichtigung der Dicke des Radoms fast 50% (3 dB) bei 4 GHz [*33; 34*]. Dagegen erzeugt die gleiche Wasserschicht dicht auf der Antennenfläche nur eine Dämpfung der senkrecht durchlaufenden Wellen von 0,2% (0,01 dB). Es ergibt sich also ein durch die relative Lage des Radoms zur Antenne beeinflußbarer „Regenbeiwert". Je nach der Größe dieses von der Regenmenge pro Zeiteinheit abhängigen Beiwertes wird das Signal-Rausch-Verhältnis sowohl durch Schwächung des Signals als auch durch Erhöhung der Systemrauschtemperatur verringert. Dabei ist zu berücksichtigen, daß ein Anteil der Verluste durch das Regenvolumen im Vorfeld der Antenne bedingt ist und auch bei Antennen ohne Radom auftritt [*35; 36*]. Bereits bei starker Bewölkung in Richtung zum Satelliten kann ein geringes Ansteigen der Systemrauschtemperatur festgestellt werden. Abb. 37 zeigt den Verlauf der Systemrauschtemperatur der Erdefunkstelle Raisting

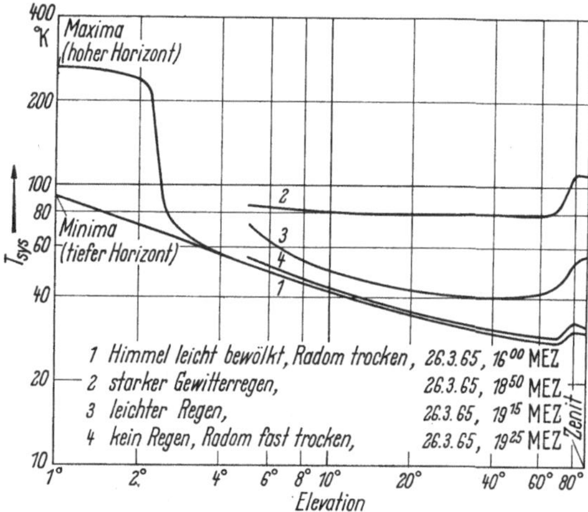


Abb. 37. Systemrauschtemperatur der Erdefunkstelle Raisting als Funktion des Elevationswinkels bei trockenem Wetter, leichtem Regen und starkem Regen

als Funktion des Elevationswinkels bei trockenem Wetter, leichtem Regen und bei einem starken Regenschauer. Sieht man von den kaum vorkommenden zenitnahen Elevationen von $90 \pm 20°$ ab, so tritt bei leichtem Regen, abhängig vom Elevationswinkel eine Erhöhung der Systemrauschtemperatur um maximal den Faktor 1,6 (etwa 2 dB im logarithmischen Maß), bei sehr starkem Regen um maximal den Faktor 2,5 (etwa 4 dB) auf, die nach dem Regen und Ablauf der Regentropfen vom Radom nach wenigen Minuten wieder verschwindet. Parallel zur Erhöhung der Systemrauschtemperatur tritt eine Minderung des Antennengewinns durch die zusätzlich absorbierten und reflektierten Anteile der Strahlung auf, so daß der Regenbeiwert etwas größer ist als aus Abb. 37 hervorgeht. Die Systemrauschtemperatur der ohne Radom arbeitenden Station Goonhilly erhöhte sich bei starkem Regen nur um den Faktor 1,2 (0,8 dB). Es ist jedoch zu berücksichtigen, daß bei Antennen ohne Radom Verringerungen des Antennengewinns durch die Einwirkung von Wind und einseitiger Sonnenbestrahlung auftreten.

Diese Einwirkungen, die für eine Antenne mit Radom ohne Belang sind, können gemäß bisheriger Erfahrung das Signal-Rausch-Verhältnis etwa um den Faktor 1,6 (2 dB) vermindern. Darüber hinaus sind die Anforderungen an die statische und dynamische Festigkeit der Antenne und an das Servosystem weit höher, so daß dieser zusätzliche Aufwand etwa dem für ein Radom entspricht.

Aus neueren Messungen des Übertragungsverlustes durch Regen[1] ergibt sich, daß die Wasserschichten auf den Fiberglasflächen der Strebenradome dünner sind als bisher angenommen. Bei extrem starkem Regen von 40 mm/h wurde ein Übertragungsverlust von maximal 1,5 dB festgestellt. Endgültige Ergebnisse über die Erhöhung der Systemrauschtemperatur als Funktion der Regenmenge stehen noch aus.

Bei Großstationen (Antennendurchmesser 25 m) ist daher zu überlegen, ob man die Antenne ohne Radom betreiben und eine zeitweilige Gewinnminderung durch Windeinwirkung und Sonneneinstrahlung zulassen will oder ob man die vielen Vorteile eines Radoms nützen und bei Regen eine Minderung des Signal-Rausch-Verhältnisses hinnehmen will. Die Entscheidung wird von den örtlichen Witterungsbedingungen, besonders in der Winterperiode, abhängen. Antennen mit kleineren Durchmessern wird man im allgemeinen ohne Radom betreiben.

### 9.4.4 Stromversorgung

Die zentralen Stromversorgungsanlagen für die nachrichtentechnischen Geräte und Antennensteuerungen müssen einen unterbrechungsfreien Betrieb ermöglichen. Sowohl kurzzeitige Spannungseinbrüche als auch längere Unterbrechungen des öffentlichen Starkstromnetzes dürfen den Nachrichtenverkehr nicht beeinträchtigen. Auch an die Konstanz der Frequenz und der Betriebsspannungen werden hohe Anforderungen gestellt.

Bei der Vielfalt der Verbraucher erweist sich der Einsatz von dauernd laufenden Gleichstrom-Wechselstrom-Umformern als zweckmäßig. Diese Umformer werden über Gleichrichter gespeist, denen Batterien für einige Stunden Notbetrieb parallelgeschaltet sind (netzgepufferte Batterien). Bei ungestörtem Netz liefern die Gleichrichter den Gleichstrom für die Umformer und laden die Batterien. Kurzzeitige Spannungseinbrüche oder Netzunterbrechungen können sich bei dieser Schaltung nicht auswirken. Zur Überbrückung längerer Unterbrechungen sind automatisch gesteuerte Notstrom-Dieselaggregate erforderlich (Netzersatzanlage).

Bei einer solchen Stromversorgung ist die Frequenz auf der Verbraucherseite von der Frequenz des speisenden Netzes unabhängig,

---

[1] Bericht der ESSCO (Electronics Space Structures Corporation, Old Powder Mill Road, West Concord, Mass.) April 1966.

auch Spannungsschwankungen werden nicht auf die Verbraucherseite übertragen.

Es erweist sich als vorteilhaft, aus Gründen der Betriebssicherheit oder nach elektrischen Gesichtspunkten Versorgungsgruppen zu bilden, die umschaltbar jeweils an getrennte Umformer angeschlossen sind und sich somit gegenseitig kaum beeinflussen. Die Gruppen können je nach den Anforderungen an die Konstanz der Spannung und der Frequenz verschieden bemessen werden.

Die quarzgesteuerte Stationsuhr, die die größtmögliche Betriebssicherheit erfordert, wird zweckmäßig über getrennte Gleichrichter bzw. Batterien und darauffolgende Wechselrichter versorgt. Auch diese Batteriekapazität muß so bemessen sein, daß sie einen mehrstündigen Notbetrieb zuläßt. Die Gleichstrom-Drehstrom-Umformer erzeugen aus den von geregelten Gleichrichtern (Puffer-Ladegleichrichter) oder über Batterien zugeführten Spannungen eine Betriebsspannung mit einer Konstanz von $\pm 1\%$.

Da an die Stromversorgung der betriebstechnischen Geräte weniger hohe Anforderungen bezüglich Überbrückung kurzzeitiger Unterbrechungen sowie Spannungs- und Frequenzkonstanz gestellt werden, ist es nicht erforderlich, sie ebenfalls über Umformer anzuschließen. Dies gilt für die Geräte der Stützluftanlagen radomgeschützter Antennen und die der Kühlung, Heizung und Beleuchtung dienenden Anlagen. Für alle Geräte müssen jedoch Netzersatzanlagen, seien es Zweitnetze oder Dieselaggregate, vorgesehen werden, die bei Netzausfall die Gesamtversorgung übernehmen. Für eine Radom-Stützluftanlage als wichtigstem betriebstechnischen Gerät sollten sogar mehrere, automatisch umschaltbare Netzersatzanlagen vorgesehen werden.

Der erforderliche Anschlußwert für eine große Bodenstation, die aus zwei Antennenanlagen mit Radomen und einem Betriebsgebäude besteht, beträgt etwa 800 kW. Die Stromversorgungsanlage für die Erdefunkstelle Raisting der Deutschen Bundespost ist in [37] beschrieben.

### 9.5 Bisherige Erkenntnisse und Betriebserfahrungen

Die Ergebnisse der Versuche mit den Satelliten Telstar, Relay und Syncom sowie die Erfahrungen beim Fernseh- und Fernsprechbetrieb über den Versuchssatelliten Early Bird entsprechen den Erwartungen. Aus der Fülle der gewonnenen Erkenntnisse und Betriebserfahrungen seien nun die für die Weiterentwicklung der Nachrichtensatelliten-Systeme wichtigsten zusammengestellt.

Die vorausberechneten Umlaufbahnen konnten mit sehr geringen Abweichungen erreicht werden. Perigäum, Apogäum, Inklination und Umlaufdauer waren in ausgezeichneter Übereinstimmung mit den erwarteten Werten. Selbst bei stark elliptischen, gegen den Äquator geneigten Bahnen kann eine Vorausberechnung auf lange Zeiträume, ausgehend vom bekannten Verlauf der Satellitenbahn zu einer bestimmten Zeit mit großer Genauigkeit durchgeführt werden. Beispielsweise konnten bei Satelliten mit etwa zweistündigem Umlauf die Bahnen so genau vorausberechnet werden, daß die Winkelfehler nach 14 Tagen noch kleiner als 0,1° waren, d. h. daß die Fehler durch die Eigenfeinnachführungen der Bodenantennen ausgeregelt werden konnten. Bei Synchronsatelliten war die nachträgliche Einsteuerung mit sehr großer Genauigkeit möglich.

Bezüglich der Spinstabilisierung zeigte sich, daß die Spinachse bei etwa 150 U/min auf ±1° senkrecht auf der Bahn verbleibt. Das Magnetfeld der Erde erzeugt Wirbelströme, auf Grund deren die Spindrehzahl absinkt. Dieser Effekt wurde mit Hilfe optischer Teleskope quantitativ untersucht. Es wurden Verfahren gefunden, die Drehzahl zu erhöhen oder zu senken und somit nach Jahren noch zu regeln. Somit ist die Spinstabilisierung nicht mehr eine die Lebensdauer des Satelliten bestimmende Größe.

Die Strahlungseinflüsse auf ungeschützte und geschützte Transistoren sowie die Solarzellen wurden in verschiedenen Bahnen relativ zu den Van Allen-Gürteln ausführlich untersucht. Daraus ergaben sich Hinweise für die Bemessung des Strahlungsschutzes. Man kann nun weitgehend strahlungsresistente Transistoren, Dioden und Solarzellen bauen, die auch nach Jahren noch ausreichend funktionsfähig sind. Die bisher aufgetretenen Ausfälle, z. B. bei Telstar I, waren dadurch bedingt, daß die Strahlungsverhältnisse im Raum noch nicht hinreichend bekannt waren.

Temperaturmessungen im Innern der Satelliten gaben Aufschluß über den Erfolg der angewandten Verfahren zum Erzielen eines ausreichenden Wärmeausgleichs. Heute arbeiten die nachrichtentechnischen Geräte in ähnlichen Temperaturbereichen wie auf dem Erdboden.

Zusammenfassend ergibt sich, daß es möglich ist, Nachrichtensatelliten zu bauen, deren Lebensdauer mindestens fünf Jahre beträgt. Es muß nur darauf geachtet werden, daß die Energieversorgung durch Solarzellen und die Halbleiter-Bauelemente so bemessen werden, daß eine Alterungsreserve vorgesehen ist. Eine gewisse Redundanz von Bauelementen und Baugruppen ist anzustreben.

Von den Antennen der Bodenstationen können die Satelliten bereits etwa 1° über dem jeweiligen Horizont erfaßt werden, wenn der Aufgangspunkt bekannt ist. Der Moment der Auffassung ist gleichbedeutend mit dem Beginn der Nachrichtenübertragung. Die Steuerungen der Antennen erlauben es, aus dem Stillstand heraus der Satellitenbewegung zu folgen. Dabei haben sich die Eigenfeinsteuerungen besonders bewährt.

Die minimalen Auffassungswinkel sind also vom jeweiligen Horizont der Bodenstationen abhängig. Bei den an Küsten gelegenen Anlagen kann es durchaus möglich sein, mit der Satellitenverfolgung bereits bei 0° Elevation zu beginnen. Im allgemeinen wird mit Rücksicht auf die Systemrauschtemperatur mit Erhebungswinkeln ab 3° bis 5° gearbeitet werden können. Erfahrungen bei der Station Raisting zeigen, daß bereits bei 3° Elevation keine Abhängigkeit der Systemrauschtemperatur vom Azimutwinkel auftritt, obwohl der Horizont bis zu etwa 2° reicht. Jedoch erst oberhalb 5° hängt die Systemrauschtemperatur von der Polarisation nicht mehr ab (der Reflexionsfaktor des Erdbodens ist von der Polarisationsrichtung abhängig).

Die Kompensation des DOPPLER-Effekts bereitet weder bei der Eigenfeinnachführung noch bei der Nachrichtenübertragung selbst bei stark elliptischen Bahnen keine Schwierigkeiten. Die Laufzeiten sind bei Verbindungen über *einen* Satelliten tragbar, bei hintereinandergeschalteten Strecken nur dann, wenn die Bahnhöhen 14000 km und weniger betragen, d. h. die absoluten Umlaufzeiten 8 Stunden und weniger.

Es erweist sich als zweckmäßig, auch bei Stationen für eine kleine Zahl von Sprechkreisen keine wesentlich kleineren Antennen vorzusehen, am Aufwand für die Empfänger kann man jedoch sparen.

Für Kleinstationen sind Synchronsatelliten von Vorteil, weil dafür nur beschränkt bewegbare Antennen notwendig sind und dadurch der Aufwand für die Antennennachsteuerung wesentlich geringer ist.

Als Antennenarten kommen vorwiegend Rotationsparabolantennen mit verschiedenartigen Erregern in Frage. Dabei erwies sich die Azimut-Elevationslagerung als zweckmäßig. Große Falthörner sind physikalisch sehr interessant, jedoch zu aufwendig. Für kleinere Antennen können Falthörner jedoch vorteilhaft sein, da sie bei gleicher Apertur größeren Wirkungsgrad und größere Nebenzipfeldämpfung haben als Rotationsparabolantennen.

Als rauscharmer Empfänger hat sich der Maser ausgezeichnet bewährt. Wegen der größeren Bandbreite wird sich jedoch der parametrische Vorverstärker trotz der höheren Rauschtemperatur durchsetzen. Er ist besonders für kleine Stationen vorteilhaft, bei denen er mit Heliumgaskühlung bei etwa 20 °K oder mit Kühlung durch flüssigen Stickstoff eingesetzt werden kann.

Auf der Senderseite genügt die Wanderfeldröhre auch beim Mehrfachträgerbetrieb allen Anforderungen.

Die Übertragungsbänder für die Nachrichten werden zweckmäßig so aufgeteilt, daß in den 500 MHz breiten Sende- und Empfangsbändern zwei Bereiche von jeweils 225 MHz Breite liegen. In der Mitte des Empfangsbandes (3950 MHz) ist ein Bereich von ±20 MHz für die Bakenfrequenzen vorgesehen, über deren genaue Frequenzlage noch kein internationaler Beschluß gefaßt wurde.

Beim Vielfachzugang zu Satelliten wird auf dem Weg von der Erde zum Satelliten neben der Frequenzmodulation von mehreren Trägern wahrscheinlich die Einseitenbandmodulation bevorzugt Anwendung finden. Man spart dabei Frequenzband und kann die Aufteilung der Sprechkreisbündel weitertreiben als bei Frequenzmodulation. Für den Weg vom Satelliten zur Erde kommt, soweit man es heute übersehen kann, nur Frequenzmodulation von mehreren Trägern in Frage. Von den Ergebnissen der während der nächsten Jahre durchzuführenden Versuche und von der Gesprächskapazität der bei Vielfachzugang zu einem Satelliten beteiligten Bodenstationen wird es abhängen, welche Modulationsart vorwiegend verwendet wird.

Aus allen diesen Ergebnissen wird deutlich, daß die Versuchssatelliten dazu beigetragen haben, die Verhältnisse im Weltraum und ihre Einwirkungen auf die elektrische Funktion von Nachrichtensatelliten zu klären. Es sind damit die Voraussetzungen für den Aufbau eines weltweiten Nachrichtensatellitensystems geschaffen, das für die Nachrichtenverbindungen innerhalb und zwischen den Kontinenten eingesetzt werden wird. Dieses System wird neben den Fernverbindungen über Kurzwellen und den Tiefseekabeln in steigendem Maße Anwendung finden. Eine Übersicht über bereits bestehende und geplante Bodenstationen für ein weltweites Nachrichtensatellitensystem gibt Tab. 11.

Tabelle 11

*Bestehende und geplante Bodenstationen für Nachrichtenverbindungen über Satelliten*

| Station | Land | Inbetriebnahme |
| --- | --- | --- |
| Andover, Maine | USA | Juli 1962 |
| Goonhilly Downs | England | Juli 1962 |
| Pleumeur-Bodou | Frankreich | Juli 1962 |
| Raisting | Deutschland | Okt. 1963 |
| Fucino | Italien | Nov. 1962 |
| Raö | Schweden | Nov. 1964 |
| Nutley, New Jersey | USA | Sept. 1962 |
| Mojave, California | USA | Dez. 1962 |
| Rio de Janeiro | Brasilien | Dez. 1962 |
| Ibaraki-ken | Japan | Nov. 1963 |
| Madrid | Spanien | April 1964 |
| Mill Village, Nova Scotia | Canada | |
| Brewster, Washington | USA | |
| Oahu, Hawaii | USA | |
| Khed bei Poona | Indien | |

Es ist wahrscheinlich, daß in naher Zukunft auch Synchronsatelliten mit größerer effektiv abgestrahlter Leistung als *Fernseh*-Rundfunksender für die Versorgung von terrestrischen Fernsehsendern, Fernsehnetzen und Gemeinschaftsempfangsanlagen eingesetzt werden. Erst in fernerer Zukunft dürfte eine Direktversorgung von Fernsehteilnehmern über Satelliten mit sehr hoher Sendeleistung möglich sein.

Grundsätzlich würden 3 Synchronsatelliten ausreichen, um die Erdoberfläche zwischen etwa 70° nördlicher und südlicher Breite mit Fernsehprogrammen zu versorgen. Da jedoch die Kontinente nur ein Drittel der Erdoberfläche ausmachen und teilweise wenig besiedelt sind, ist es sinnvoll, kleinere Gebiete von den Satelliten aus zu erfassen. Dadurch werden die Zeitunterschiede innerhalb der Gebiete kleiner, ebenso die Zahl der erfaßten Sprachbereiche und der Fernsehnormen. Weiterhin ergibt sich durch die schärfere Bündelung die Möglichkeit, die Sendeenergie an Bord des Satelliten relativ kleiner zu bemessen.

Sollen beispielsweise Gebiete von der Größe Europas versorgt werden, so sind Antennenbündelungen von etwa 5°, entsprechend einem Gewinn von rund 30 dB, notwendig. Die stärkere Bündelung erfordert größere Bordantennen als bei den bisher üblichen Nachrichtensatelliten und eine Stabilisierung der Satelliten auf einige Zehntel Grad. Stabilisierungen dieser Genauigkeit können nur durch Schwungradsysteme erzielt werden (s. S. 843). Bei spinstabilisierten Satelliten könnte die Antenne wie ein Schwungrad gegenüber dem Satellitenkörper entgegen dem Spin rotieren und mittels Sensoren auf das Versorgungsgebiet eingewiesen werden.

Entscheidend für die Bemessung von Fernsehsatelliten sind das zu wählende Modulationsverfahren und der Frequenzbereich für die Signalübertragung. Die Wirtschaftlichkeit ist zusätzlich durch die erforderliche Masse des Satelliten und damit die Größe der für den Abschuß erforderliche Trägerrakete gegeben.

Bei den terrestrischen Fernsehsendern ist die Restseitenbandmodulation üblich. Würde für das Satellitenfernsehen die gleiche Modulationsart gewählt, so müßte lediglich auf der Empfangsseite das Signal von der gewählten Frequenzlage auf einen freien Kanal der üblichen Fernsehbänder umgesetzt werden. Die Umsetzung könnte bei ausreichender Energie in den Heimempfängern, bei geringerer abgestrahlter Leistung in den Groß-Gemeinschaftsantennenanlagen oder in den Verteilstationen erfolgen, die die Energie in das terrestrische Fernsehnetz weiterleiten. Ein schwerwiegender Nachteil der Restseitenbandmodulation besteht jedoch darin, daß ihr Systemwert wesentlich geringer ist als bei der Frequenzmodulation. Darüber hinaus sind hohe Linearitätsforderungen zu erfüllen. Bei Verwendung von Frequenzmodulation können wegen des wesentlich größeren Systemwertes (bedingt durch die Gewinne durch Frequenzhub, Preemphase und Bewertung sowie die Rauschminderung im Videoband durch Begrenzung und Demodulation) größere Signal-

Geräusch-Abstände erreicht werden. Dies geht zu Lasten der Frequenz-bandökonomie. Ein weiterer Vorteil der Frequenzmodulation ist, daß die Amplitudenlinearität der Verstärkerelemente im Satelliten keinen Einfluß auf die Übertragungsqualität hat. Die Wanderfeldröhren der Satelliten können daher in der Sättigung betrieben werden. Auf der Empfangsseite müssen jedoch die Signale demoduliert und für Restseitenbandmodulation aufbereitet werden. Dieser Aufwand lohnt sich nur für Groß-Gemeinschaftsantennenanlagen oder bei Umsetzern für die Weiterleitung in terrestrischen Systemen. Für die Weiterleitung muß ein bewertetes Signal-Geräusch-Verhältnis von 52 dB für mindestens 99% der Zeit erzielt werden. Wenn die von einer Groß-Gemeinschaftsantennenanlage empfangene Fernsehenergie nach der Modulationsumformung direkt zu den Heimempfängern geleitet wird, so kann ein Signal-Geräusch-Verhältnis von 46 dB noch eine sehr gute Bildqualität liefern.

Die zu wählende Frequenz soll im Bereich des Funkfensters zwischen 0,5 GHz und 15 GHz liegen. Die Fernsehbänder unterhalb dieses Bereiches sind durch kosmisches Rauschen benachteiligt und bereits im vollen Umfang für erdgebundenes Fernsehen belegt. Auch die Fernsehbereiche IV und V (470 bis 860 MHz) sind bereits stark belegt. Der für Nachrichtensatelliten übliche Frequenzbereich von 4 bis 6 GHz ist bezüglich atmosphärischer Absorption und Regenabsorption besonders günstig. Nicht wesentlich ungünstiger sind die Satellitenfrequenzbereiche bei 7 GHz. Noch ungenutzt und für Fernsehen vorgesehen ist der Frequenzbereich von 11,7 bis 12,7 GHz. Während das kosmische Rauschen in diesem Bereich vernachlässigbar gering ist, wirkt sich die atmosphärische Absorption bereits etwas stärker aus, die Regenabsorption bereits erheblich. Bei starkem Regen können Verluste von etwa 2 dB bei 40°, von etwa 4 dB bei 20° Elevation auftreten. Es muß also eine Reserve von einigen dB für Regenabsorption vorgesehen werden. Vergleichsweise würden bei 4 GHz nur Regenabsorptionen von einigen Zehntel dB auftreten.

Geht man von dem geforderten Signal-Geräusch-Verhältnis aus und betrachtet zunächst Verteilstationen mit parametrischem Vorverstärker und einem Antennendurchmesser von maximal 6 m und Satelliten mit einem Antennendurchmesser von 3 m, der dem Durchmesser der Trägerraketen entspricht, so läßt sich die erforderliche Sendeleistung an Bord als Funktion der Betriebsfrequenz errechnen. Es ergeben sich etwa 50 Watt bei 800 MHz, 10 Watt im Bereich von 2 bis 4 GHz, 30 Watt in den Exklusivbereichen bei 7 GHz und etwa 200 Watt im Bereich von 12 GHz, alles unter der Voraussetzung, daß die Antennenbündelung etwa 5° beträgt.

Wenn in den Verteilerstationen am Boden statt der vorgesehenen ungekühlten parametrischen Vorverstärker mit flüssigem Stickstoff oder Heliumgas gekühlte Verstärker gleicher Art eingesetzt werden, können bei Erhaltung des Verhältnisses von Antennengewinn zu Systemrauschtemperatur die Antennendurchmesser reduziert und somit die Bündelungen verringert werden. In Tab. 12 sind die Rauschtemperaturen verschiedener Vorverstärker in Abhängigkeit von der Frequenz aufgetragen.

Tabelle 12

*Rauschtemperaturen verschiedener Vorverstärker in Abhängigkeit von der Frequenz*

|  | 1 GHz | 4 GHz | 12 GHz |
|---|---|---|---|
| Tunneldiodenverstärker ................. [°K] | 350 | 500 | 750 |
| Parametrischer Verstärker ungekühlt ...... [°K] | 30 | 80 | 200 |
| Parametrischer Verstärker auf 77 °K gekühlt . [°K] | 20 | 40 | 80 |
| Parametrischer Verstärker auf 20 °K gekühlt . [°K] | 15 | 20 | 35 |

Alle sich ergebenden Leistungen führen zu Leistungsflußdichten, die größer sind als die gemäß den Empfehlungen der CCIR zugelassenen Werte für Frequenzmodulation hohen Hubs. Die Leistungsflußdichte von $-152$ dB bis $-146$ dB, bezogen auf 1 W je nach Einfallswinkel, wird überschritten. Es wäre somit nur möglich, entweder im Exklusivbereich von 7,25 bis 7,30 GHz zu arbeiten oder mit Trägerverwischungsverfahren (carrierenergy dispersion). Da jedoch der Exklusivbereich auch militärischen Diensten zur Verfügung steht, muß damit gerechnet werden, daß durch wandernde, d. h. nicht ausreichend stabilisierte Synchronsatelliten Abschattungsinterferenzen auftreten, d. h. Durchgänge unerwünschter Satelliten durch den Antennenstrahl einer Erdstation, die auf einen Fernsehsatelliten gerichtet ist (eclipse interference). In den übrigen gemeinsam mit terrestrischen Richtfunkdiensten genutzten Bereichen gibt das Trägerverwischungsverfahren die Möglichkeit, die Trägerleistung und damit die Flußdichte pro Hertz Bandbreite eines frequenzmodulierten Systems zu reduzieren. Dabei wird dem Videosignal ein Signal mit der Bildwiederholungsfrequenz mit 30% Anteil an dritter Harmonischer hinzugefügt (frequenzmoduliert). Bei 400 kHz Effektivhub beträgt die Verminderung der Interferenzstörung etwa 20 dB. Das zugefügte Signal kann in den Bodenstationen wieder entfernt werden.

Um die Kontinuität der Weiterentwicklung des Nachrichtensatelliten zum Fernseh-Verteilsatelliten zu wahren, ist es sinnvoll, für den Weg vom Satelliten zu den Bodenstationen Frequenzmodulation bei *4 GHz* vorzusehen. Auf dem Weg zum Satelliten sollte wie beim Nachrichtensatelliten der 6-GHz-Bereich gewählt werden. Für die Übertragung der Fernsehsendung zum Satelliten genügen Bodenstationen mit einem Antennendurchmesser von ebenfalls 6 m und einer Sendeleistung von maximal 1 kW. Grundsätzlich kann der Fernsehsatellit mehrere Transponder enthalten und somit gleichzeitig mehrere Fernsehprogramme übertragen. Die gleichzeitige Übertragung von Fernsehbild und zugehörigen Tönen kann wie in der Richtfunktechnik erfolgen, wo aus dem Tonsignal zuerst eine frequenzmodulierte Hilfsschwingung erzeugt wird, die zusammen mit dem Bildsignal zur Frequenzmodulation der Trägerschwingung verwendet wird oder nach dem bereits bei dem Satelliten "Early Bird" angewendeten Verfahren, bei dem jedes Tonprogramm einem eigenen $RF$-Träger ausmoduliert wird.

Der Vorteil der Entwicklung eines Verteilsatelliten liegt darin, daß die bei Nachrichtensatelliten gewonnenen Erkenntnisse in vollem Umfang verwertet und die für den Abschuß von Nachrichtensatelliten erprobten Trägerraketen benutzt werden können. Zum Erreichen der Synchronbahn ist jedoch ein Apogäumsmotor erforderlich, dessen Masse von der geographischen Breite der Abschußstelle abhängt. Auch die erprobte Stromversorgung mittels Solarzellen kann beibehalten werden.

Große technische Schwierigkeiten sind noch zu überwinden, bis eine direkte Fernsehversorgung von Satelliten aus möglich sein wird. Dafür sind Leistungen von der Größenordnung einiger kW erforderlich, die nur durch nukleare Stromversorgungen aufgebracht werden können. Außerdem wird es notwendig sein, Empfänger höherer Empfindlichkeit zu entwickeln.

## Schrifttum


[1] CLARKE, A. C.: Extra-Terrestrial Relays. Wireless World, 1945, 305—308.

[2] PIERCE, J. R.: Orbital Radio Relays. Jet Propulsion 25 (1955) 153—157.

[3] JAKES, W. C. jr.: Participation of Bell Telephone Laboratories in Projekt Echo and Experimental Results. Bell Syst. techn. J., 40 (1961) 975—1028.

[4] Report on Project Telstar Experiment. Bell Syst. techn. J. 42 (1963) 739—1908.

[5] YU, E. Y.: Optimum Design of a Gravitationally Oriented Two-Body Satellite. Bell Syst. techn. J., 44 (1965) 49—76.

[6] Mitteilung der Hughes Aircraft Corporation 1965.

[7] HÖLZLER, E., F. BATH u. H. HOLZWARTH: Gedanken zur Weiterentwicklung der großen Übertragungssysteme. Jahrbuch des elektrischen Fernmeldewesens 1963, 14 Jg., herausgegeben von Prof. Dr. K. Herz. Verlag für Wissenschaft und Leben, Georg Heidecker, 1963, 36—65.

[8] CURTIS, H. E.: Interference Between Satellite Communication Systems and Common Carrier Surface Systems. Bell Syst. techn. J., 41 (1962) 921—944.

[9] —: Satellite System Interference Tests at Andover, Maine. Bell Syst. techn. J., 42 (1963) 2715—2740.

[10] REBHAN, W.: Strahlungsdiagramme für Bordantennen von Nachrichtensatelliten. Frequenz 20 (1966) 156—165.

[11] Rosen, H. A.: Synchronous Communication Satellites. Wescon Conventional Record 1963, Part VI, Z 4, 1—8.

[12] Planung und Berechnung von Richtfunkverbindungen, Siemens & Halske AG, Wernerwerk für Weitverkehrs- und Kabeltechnik, 1960.

[13] DE GRASSE, R. W., E. O. SCHULZ-DU BOIS u. H. E. D. SCOVIL: The Three-Level Solid State Traveling-Wave-Maser, Bell Syst. techn. J., 38 (1959) 305—334.

[14] TABOR, W. J., J. T. SIBILIA: Masers for the Telstar Satellit Communications Experiment. Bell Syst. techn. J. 42 (1963) 1863—1886.

[15] SIBILIA, J. T.: A New Maser System for Andover. Bell Laboratories Record, 1964, 403—407.

[16] MANLEY, J. M., u. H. E. ROWE: Some General Properties of Nonlinear Elements. Part I, General Energy Relations. Proc. I. R. E. 44 (1956) 904—913.

[17] HEINLEIN, W., P. G. MEZGER: Theorie parametrischer Reflexionsverstärker. Frequenz 16 (1962) 347—354, 391—401, 422—453.

[18] GIGER, A. J., u. J. G. CHAFFEE: The FM Demodulator with Negative Feedback. Bell System techn. J., 42 (1963) 1109—1135.

[19] GIGER, A. J., S. jr. PARDEE, u. P. R. jr. WICKLIFFE: The Ground Transmitter and Receiver. Bell System techn. J. 42 (1963) 1063—1107.

[20] MAYERHOFER, E., P. MEYERER: Die Wanderfeldröhre YH 1040 als Sendeverstärker in der Funkstelle Raisting. Siemens-Z. 39 (1965) 16—21.

[21] MAYER, H. F.: Zur geometrischen Darstellung einer Richtantenne. Frequenz 8 (1954) 299—301.

[22] HOGG, D. C. u. R. A. SEMPLAK: An Experimental Study of Near-Field Cassegrainian Antennas, Bell Syst. techn. J. 43 (1964) 2677—2704.

[23] HINES, J. N., TINGYE LI, u. R. H. TURRIN: The Electrical Characteristics of the Conical Horn-Reflector Antenna. Bell Syst. techn. J. 42 (1963) 1187—1211.

[24] GIGER, A. J., u. R. H. TURRIN: Triply-Folded Horn Reflector: A Compact Ground Station Antenna Design for Satellite Communications. Bell Syst. techn. J. 44 (1965) 1229—1253.

[25] JONES, S. R., u. K. S. KELLEHER: A New Low Noise High Gain Antenna. IEEE Int. Convention Record I (1963) 11—17.

[26] KINDER, H., u. W. STÖHR: Die Funkstelle Raisting für Nachrichtenverbindungen über Satelliten. Siemens-Z. 38 (1964) 723—733.

[27] TRENTINI, G. v., K. P. ROMEISER u. W. JATSCH: Dimensionierung und elektrische Eigenschaften der 25 m-Antenne der Erdefunkstelle Raisting für Nachrichtenverbindungen über Satelliten. Frequenz 19 (1965) 402—421.

[28] COOK, J. S., E. M. FLAM u. H. ZUCKER: The Open Cassegrain Antenna: Part I. Electromagnetic Design and Analysis. Bell Syst. techn. J. 44 (1965) 1255 bis 1300.

[29] DENKMANN, W. J., F. T. GEYLING, D. H. POPE u. A. O. SCHWARZ: The Open Cassegrain Antenna: Part II. Structural and Mechanical Evalutation. Bell Syst. techn. J. 44 (1965) 1301—1319.

[30] COOK, J. S., u. R. LOWELL: The Autotrack System. Bell Syst. techn. J. 42 (1963) 1283—1307.

[31] PRINZ, H.: Gutachten für die Auslegung einer Blitzschutzanlage am Radom der Satellitenbodenstation Raisting. Institut für Hochspannungs- und Anlagentechnik der Technischen Hochschule München, April 1964.

[32] KAY, A. F.: Electrical Design of Metal Space Frame Radomes. IEEE Transactions on Antennas and Propagation 1965, 188—202.

[33] BLEVIS, B. C.: Losses Due to Rain on Radomes and Antennae Reflecting Surfaces. IEEE-Transactions on Antennas and Propagation 1965, 175—176.

[34] GIGER, A. J.: 4-gc-Transmission Degradation Due to Rain at the Andover, Maine, Satellite Station. Bell Syst. techn. J. 44 (1965) 1528—1533.

[35] HOGG, D. C., R. A. SEMPLACK: The Effect of Rain and Water Vapour on Sky Noise at Centimeter Wavelengths. Bell Syst. techn. J. 40 (1961) 1331—1348.

[36] — —: Estimated Sky Temperatures Due to Rain for the Microwave Band. Proc. IEEE 51 (1963) 499—500.

[37] CHARBONNIER, H., u. N. DURÉ: Die unterbrechungsfreie Wechselstromversorgung der nachrichtentechnischen Einrichtungen in der Erdefunkstelle Raisting. Siemens-Z. 39 (1965) 1167—1173.

# Sachverzeichnis